U0291607

企业简介

Company Introduction

广东道氏技术股份有限公司, 国家高新技术企业, 国内创业板A股上市公司(股票名称:道氏技术;股票代码:300409), 是国内知名的陶瓷全业务链产品、服务提供商。

Guangdong Dowstone Technology Co., Ltd., the national high-tech enterprise, the domestic gem A-share listed company (stock name: Dowstone Technology; stock code: 300409), is a famous domestic ceramic whole business chain products, service provider.

公司在建筑陶瓷领域的主要产品为陶瓷釉料和陶瓷墨水。公司提出"推进技术创新和产品创新的双轮驱动, 技术服务无限贴近客户, 不断地推出新材料和新技术, 解决行业的通用材料技术"的业务方针, 致力于为建筑陶瓷企业提供釉料、陶瓷墨水和辅助材料等优质无机非金属釉面材料, 并为客户提供产品设计和综合技术服务。建筑陶瓷领域的陶瓷墨水一直作为公司的核心产品, 规模优势和技术优势明显, 行业地位突出, 处于国产陶瓷墨水的前列。

The main products of the Company in the field of building ceramics are ceramic glaze and ceramic ink. With the business principle of "driving technology innovation and product innovation simultaneously, providing technical services fit for customers, constantly launching new materials and new technologies and developing general material technologies in the industry", the Company is committed to providing glaze, ceramic ink, auxiliary materials and other quality inorganic nonmetallic glazed materials for building ceramics enterprises, and providing customers with product design and comprehensive technical services. In the field of building ceramics, ceramic ink has always been the core product of the Company, whose advantages of scale and technology are obvious. Occupying a prominent position in the industry, the ceramic ink of the Company ranks the forefront among domestic ceramic inks.

在建筑陶瓷材料领域, 公司具有一系列完善的釉面材料产品线以及分布国内各区域的客户群体, 生产基地辐射国内华南、华东、华中、华北、西南五大区域;核心产品的产能、产量和销量均位于业内前列, 深受国内多家大型建筑陶瓷企业的认可。

In the field of building ceramic materials, the Company has a series of perfect product lines of glazed materials, as well as customer groups distributed in various regions throughout the country. The production bases are available in five major regions of the country, namely, South China, East China, Central China, North China and Southwest China. The production capacity, output and sales volume of core products all rank the forefront of the industry, receiving extensive recognition of many domestic large-scale enterprises of building ceramics.

创新是公司自成立以来一直坚持的发展战略。公司大量培养和引进高质量技术人才, 对科研资源的大量持续投入, 积累了先进无机材料生产技术, 培养和引进了研发、生产、管理方面的专业人才, 形成了较强的自主创新能力, 具备了向新能源材料领域开拓的实力。

The Company has been adhering to the development strategy of innovation since its inception. It has nurtured and introduced a large number of high-quality technical personnel, which, combined with its substantial and continuous investment in scientific research resources, accumulated advanced inorganic material production technology, trained and introduced professionals in R&D, production and management, developing a strong capability of independent innovation and the strength to expand to the field of new energy materials.

2016年开始, 公司依托在原有陶瓷建筑材料方面的技术积累, 积极拓展新能源材料业务领域。公司先后收购青岛昊鑫新能源科技有限公司和广东佳纳能源科技有限公司, 进一步增强了公司在新能源材料领域的技术储备和产业化能力。子公司青岛昊鑫新能源科技有限公司是国内实现石墨烯导电剂规模化生产销售的少数企业之一, 其主要产品为石墨烯导电剂和碳纳米管导电剂.子公司广东佳纳能源科技有限公司是国内重要的钴产品供应商之一, 其主要从事钴盐和三元前驱体等产品的研发、生产、销售.子公司江西宏瑞新材料有限公司为"锂云母综合开发利用产业化"项目的实施主体, 利用新工艺生产高附加价值的碳酸锂产品。

Since 2016, the Company has actively expanded its business in the field of new energy materials on the basis of the accumulation of technologies of ceramic building materials. The Company has successively acquired Qingdao Haoxin New Energy Technology Co., Ltd. and Guangdong Jiana Energy Technology Co., Ltd., which further enhanced the Company's technical reserve and industrialization ability in the field of new energy materials. The subsidiary – Qingdao Haoxin New Energy Technology Co., Ltd. is one of the few domestic enterprises that has achieved large-scale production and sales of graphene conductive agent, whose main products are graphene conductive agent and carbon nanotube conductive agent. The subsidiary – Guangdong Jiana Energy Technology Co., Ltd. is one of the most important suppliers of cobalt products nationwide, which is mainly engaged in the R&D, production and sales of cobalt salts, ternary precursors and so on. The subsidiary – Jiangxi Hongrui New Materials Co., Ltd. is the implementation subject of the project "Industrialization of Comprehensive Development and Utilization of Lithium Mica", which adopts new technologies to produce high-value-added lithium carbonate products.

自此, 公司逐渐完成"陶瓷材料+锂电材料"的产业链布局。

Since then, the company has gradually completed the industrial chain layout of "Ceramic Materials+ Lithium-electricity Materials".

数码打印机
DIGITAL PRINTING MACHINE

NEW 全面升级

- 多重循环墨路
- 加强型抗震机体
- 强抗干扰与信息交互
- 更加稳定输送
- 优异色彩管理
- 人性智能化界面

科达欢迎您

Welcome to Keda

广东科达洁能股份有限公司
KEDA CLEAN ENERGY CO., LTD.

0757-23832995   www.kedachina.com.cn

佛山市美嘉陶瓷设备有限公司
FOSHAN MEIJIA CERAMIC EQUIPMENT CO.,LTD.

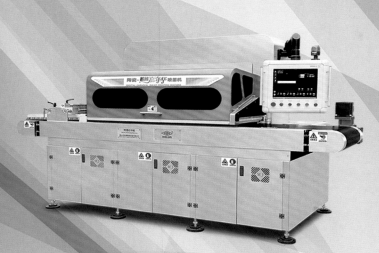

QSDP系列
瓷片喷墨打印机

DDP480系列
花纸激光打印机

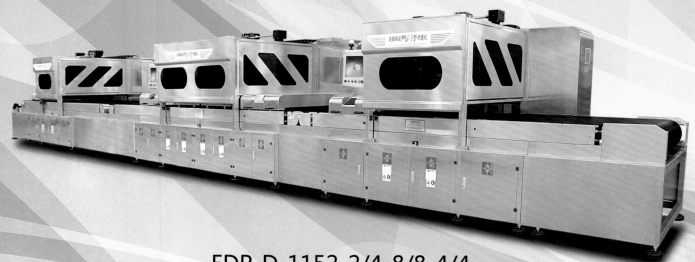

FDP-D-1152-2/4-8/8-4/4
釉中彩工业4.0陶瓷喷墨打印机（三机串联）

新景泰 与世界先进 同步！

淡砖浓墨总相宜！

新景泰2001喷墨机

高 级
搭载目前陶瓷行业高级别的喷头！

高 清
8级灰度，720DPI.
可以打印精细的玉石砖，大理石瓷砖、瓷片！

大墨量
大墨量的仿古砖，水泥砖，黑金花，功能釉，釉料等。

XAAR2001 喷头
最前沿的喷头技术

先进的打印系统

生产现场

新景泰全数码施釉印花线

佛山市三水盈捷精密机械有限公司（新景泰）
电话: 0086-0757-87702069   传真: 0757-87773695
网址Http://www.nkt.com.cn

仿古砖设备专家

佛山禅信新材料科技有限公司
FOSHAN CHANXIN NEW MATERIAL TECHNOLOGY CO.,LTD

简公司介 Company Introduction

佛山禅信新材料科技有限公司，位于中国建陶之都——佛山。公司创立于2000年，以"科技创新、引领潮流"为发展理念，致力于现代陶瓷生产相关的新型材料的研发和生产，为陶瓷行业众多的知名品牌提供高品质色釉料和陶瓷墨水等产品和技术的合作。公司紧跟时代脉搏和引领趋势，不断推出陶瓷喷墨墨水的新产品，如包裹大红、包裹艳黄、包裹黑色、下陷墨水、拨开墨水、负离子等功能墨水。工厂以独特的工艺，严格的质量管理来控制生产，以完善的售后服务来赢得客户的信赖；未来公司团队将不断努力，为推动陶瓷业的技术变革做出应有的贡献。

公司地址：佛山市禅城区季华西路129号绿岛广场2座1113单元
电话：0757-83138448 传真：0757-83137880
邮箱：cx@cxpigment.com 网址：www.cxpigment.com
陶瓷墨水生产基地： 陶瓷色料生产基地：
佛山市南海区狮山科技工业园 佛山市南海区小塘五星工业园

山东陶正 **TAO**COLOR

专注色彩　更多精彩
fous on color　color life better

专业色料厂的专业墨水

● ● ● ● ● ● ● ● ● ●

Professional color factory professional ink

山东陶正新材料科技有限公司
山东淄博淄川区双杨镇双沟派出所东200米
Shuangyang Town, Zichuan, Zibo Shandong, China

SHANDONG TAOCOLOR New material CO.,LTD.
+86 533 5278199 TEL
info@taocolor.cn EMAIL

www.taocolor.cn

数字化的
陶瓷装饰
生态系统

打印机

色彩管理系统

墨水

高效而一体化的生产流程，出色的色彩管理系统

EFI 的数字化陶瓷生态系统与全球化的服务，
在高产能、高质量与环保要求的挑战下为您提供强大的支持。

陶瓷墙地砖数字喷墨印刷
技术与设备应用

Application of Digital Inkjet Printing Technology
and Equipment in the Area of Ceramic Tiles

主　编　黄惠宁
副主编　黄　宾

中国建材工业出版社

图书在版编目（CIP）数据

陶瓷墙地砖数字喷墨印刷技术与设备应用/黄惠宁
主编. —北京：中国建材工业出版社，2018.5
ISBN 978-7-5160-2254-2

Ⅰ.①陶… Ⅱ.①黄… Ⅲ.①喷墨印刷机－应用－陶
瓷饰面砖－生产工艺 Ⅳ.①TQ174.76②TS803

中国版本图书馆 CIP 数据核字（2018）第 082738 号

内 容 简 介

本书根据建筑陶瓷行业近几年来装饰技术尤其是陶瓷数字喷墨印刷技术与设备的快速发展而编写，并考虑到陶瓷生产、设备制造以及陶瓷墨水生产企业的技术人员的需求。全书由六十多位国内外行业同仁参与组织和编写，共分为十三章，分别为：绪论，色彩学基础，陶瓷墨水专用色料生产技术，纳米粉体加工技术基础，纳米粉体加工设备与研磨技术，陶瓷墨水制造工艺技术与设备，陶瓷墨水的品质论证与功能性墨水，陶瓷数字喷墨印刷喷头制造技术与性能，陶瓷数字喷墨印刷设备技术，色彩管理基础，陶瓷数字喷墨印刷设备应用，陶瓷激光打印与数字施釉技术，附录。

本书可作为陶瓷企业设计师、研发工程师、技术管理者、喷墨操作技工，以及陶瓷墨水制造企业、陶瓷喷墨机制造企业设计师与工程师的工具书和参考书，也可作为高等院校相关专业本科生和研究生的参考读物。

陶瓷墙地砖数字喷墨印刷技术与设备应用

主 编 黄惠宁

副主编 黄 宾

出版发行：中国建材工业出版社
地 址：北京市海淀区三里河路 1 号
邮 编：100044
经 销：全国各地新华书店
印 刷：北京雁林吉兆印刷有限公司
开 本：889mm×1194mm 1/16
印 张：37
字 数：1070 千字
版 次：2018 年 5 月第 1 版
印 次：2018 年 5 月第 1 次
定 价：328.00 元

本社网址：www.jccbs.com 微信公众号：zgjcgycbs
本书如出现印装质量问题，由我社市场营销部负责调换。联系电话：(010)88386906

《陶瓷墙地砖数字喷墨印刷技术与设备应用》编委会

荣继华　广东道氏技术股份有限公司董事长，客座教授
柯善军　佛山欧神诺陶瓷有限公司，博士
徐　平　佛山市陶瓷学会执行理事长，高级工程师
徐真祥　萍乡市中欧新材料有限公司总经理，博士，高级工程师
胡御霜　上海泰威技术发展股份有限公司总裁
彭基昌　佛山市三水盈捷精密机械有限公司（新景泰）总经理
程国胜　中山市华山色釉料有限公司董事长，高级工程师
谢悦增　广东唯美陶瓷有限公司副总裁，高级工程师
曾繁明　佛山禅信新材料科技有限公司董事长
徐德君　山东陶正新材料科技有限公司总经理
Jose Vicent Tomas　Claramonte CEO Kerajet S. A（西班牙）

主要参编成员：

万小亮	王小妹	王永强	王燕民	区卓琨	邓永华（中国香港）	邓江文
古战文	石教义	叶志钢	叶焯林	付青菊	冯平仓	冯利利	成继华
任国雄	刘一军	刘任松	刘树	江期鸣	汤振华	李向钰	李茉莉
李洋平	肖艳	吴旭	何俭恒	何振建	沈少雄	张国涛	张柏清
张钟惠	张缇	张磊	张翼	陆永华	陈东	陈军	武桢
武志民	陈东源（中国台湾）	林海浪	金国庭	冼淑明（中国台湾）	郑树龙
官淑慧（中国台湾）	孟庆娟	赵天鹏	赵阳	胡飞	胡柱东	胡俊
柯善军	柳晓冬	钟礼丰	钟琳	秦威	桂劲宁	徐真祥	涂磊
夏芳	黄辛辰	黄承艺	黄宾	黄惠宁	曹贵洪	符文华	巢雪安
彭基昌	彭湘辉	程国胜	谢悦增	谢曦	雷立猛	潘志东	戴永刚

Toby Weiss（西班牙 EFI）　Stefano Mongardi Alcaraz（西班牙 EFI）
Norbert Von Aufschnaiter（意大利 DURST）
Jacob Gimeno Gracia-Consuegra（西班牙 KERAJET）

【本书得到中国建筑卫生陶瓷协会、中国陶瓷产业发展基金会的资助，得到广东金意陶陶瓷集团有限公司、佛山市陶瓷学会、广东陶瓷协会的支持，得到广东道氏技术股份有限公司、广州精陶机电有限公司、广东科达洁能股份有限公司、佛山市美嘉陶瓷设备有限公司、佛山市三水盈捷精密机械有限公司（新景泰）、佛山禅信新材料科技有限公司、山东陶正新材料科技有限公司、快达平中国公司的资助。】

序一

陶瓷喷墨技术与设备发展前景广阔

当我得知由行业知名专家黄惠宁先生主编的《陶瓷墙地砖数字喷墨印刷技术与设备应用》一书即将出版的好消息，并让我为该书作个序，我欣然应允。因为这些年来我一直关注着陶瓷喷墨印刷技术的进步和发展，多次参加陶瓷喷墨印刷技术的论坛并作主题演讲嘉宾，也为《佛山陶瓷》杂志社出版的《陶瓷喷墨印刷实用生产技术汇编》《陶瓷墙地砖喷墨印刷技术应用大全》等文集作过序。

自 2009 年第一台陶瓷喷墨打印机在中国建筑行业开始使用，截至 2017 年底，中国在线运行的陶瓷喷墨打印机接近 4000 台，中国建筑陶瓷行业数字喷墨印刷技术和装备的发展速度令世界瞩目。正由于中国建筑陶瓷行业大量应用了陶瓷喷墨印刷技术，众多国外陶瓷喷墨打印机、喷头、墨水制造商，为了抢夺在这块战略高地的更大话语权，纷纷在中国设立办事处、公司、制造基地；国内的一些陶瓷机械、喷绘企业及色釉料企业纷纷加入陶瓷喷墨打印机、墨水的制造行列，以期在喷墨打印市场中分一杯羹。毫无疑问，中国已经成为全球陶瓷喷墨印刷技术发展最迅猛和竞争最激烈的国家。

《陶瓷墙地砖数字喷墨印刷技术与设备应用》一书正是根据建筑陶瓷行业近几年来陶瓷装饰技术尤其是陶瓷数字喷墨印刷技术与设备的快速发展而编写的，并考虑到陶瓷生产、设备制造以及陶瓷墨水生产企业的技术人员的需求，组织了六十多位国内外行业同仁参与和编写。

陶瓷喷墨印刷技术进入中国也只有短短的几年时间，特别是近些年来的飞速发展，中国的建筑陶瓷行业已进入了数字化喷墨时代，各种进口、国产喷墨打印机、墨水及喷墨产品遍地开花。可是，这毕竟是一项外来的高科技含量的工艺技术，虽然目前国内已有大部分陶瓷生产企业在运用该项技术，同时也诞生了多家国产陶瓷喷墨设备和国产墨水的供应商，但大家对如何熟练地使用该工艺技术，使其价值最大化，仍存在不少疑惑。为此，黄惠宁先生邀请了来自行业的陶瓷喷墨专业人士，撰写《陶瓷墙地砖数字喷墨印刷技术与设备应用》一书，共同探讨海内外陶瓷喷墨技术应用成功的奥秘和分享喷墨印刷技术成功的经验。

《佛山陶瓷》杂志社在 2011 年出版了《陶瓷喷墨印刷实用生产技术汇编》，在 2013 年出版了《陶瓷墙地砖喷墨印刷技术应用大全》，为建筑陶瓷行业喷墨印刷技术的发展和推广起到了一定的作用。这本《陶瓷墙地砖数字喷墨印刷技术与设备应用》正是立足于此，书的内容丰富、资料翔实，涉及陶瓷墙地砖生产、设备制造以及陶瓷墨水生产等诸方面，是行业内目前对陶瓷喷墨印刷技术与设备介绍最为全面的专业书籍。我相信，《陶瓷墙地砖数字喷墨印刷技术与设备应用》一书的出版和发行将对陶瓷行业从事科研、教学、生产技术以及企业管理人员具有指导和参考作用。

是为序。

中国硅酸盐学会陶瓷分会副理事长兼机械装备专业委员会主任

2018 年 1 月

序二

国产喷墨印刷设备自主研发为中国陶瓷产业开辟新路

八年前，一次偶然的机会，在国外亲眼见识到数码喷墨打印机带给陶瓷砖的神奇效果，我就认定喷墨印刷技术在中国必将大有作为。但是国外公司以保护知识产权为名对喷墨印刷技术的开放和传播处处设防，对中国更是完全封锁。抱着一定要将最先进的技术用在中国人自己生产的机器上的决心，佛山市希望陶瓷机械设备有限公司（以下简称"希望公司"）毅然决定自主研发喷墨打印机。前期投入了大量的人力、物力、财力，经过不断的实践与失败后，在 2008 年希望公司成功开发出了国内第一台陶瓷数码喷墨打印机，并在此后引领了国产喷墨打印机的发展潮流，为中国陶瓷行业带来了翻天覆地的变化。也正是因为喷墨打印机所取得的巨大成功，我今天才有幸为《陶瓷墙地砖数字喷墨印刷技术与设备应用》这一部大著作写序。数字喷墨印刷技术在中国陶瓷行业内开始萌芽、兴起到飞速发展，用了不到五年时间，行业人用智慧、勤劳和汗水将数字喷墨印刷技术应用推向了极致，进一步奠定了中国陶瓷在世界的地位。

《陶瓷墙地砖数字喷墨印刷技术与设备应用》这部著作系统地概述了数字喷墨印刷技术从理论知识到实践应用的方方面面，让读者能准确掌握数字喷墨印刷技术的核心。本书作者为陶瓷行业资深专家，以数字喷墨印刷技术应用者的身份著立本书，也让本书更具可读性和实用性。我相信本书不仅是数字喷墨印刷技术知识的集大成者，也将是从事数字喷墨印刷技术应用工程技术人员的一部有价值的工具书。

佛山市希望陶瓷机械设备有限公司董事总经理

邓扬

2018 年 1 月

序三

让陶瓷墨水为中国陶瓷业增添更绚丽的色彩

欣闻由行业知名专家黄惠宁先生主编的《陶瓷墙地砖数字喷墨印刷技术与设备应用》即将完稿，作为一家陶瓷墨水领域的专业供应商，由衷地感到高兴并送上真诚的祝福。

在中国现代建筑陶瓷行业近40年的发展历程中，喷墨印刷技术的出现，可以说是革命性的，它极大地改变了瓷砖装饰工艺，使得瓷砖表面的纹理、图案、色彩更逼真、更丰富、更立体、更细腻，从而提升了瓷砖的美学效果。佛山市明朝科技开发有限公司（以下简称"明朝科技"）能够投身于这场时代的科技巨变当中，并引领潮流，自然有一分自豪与欣慰。

国内同仁最早接触喷墨印刷技术大约是在2005年的意大利、西班牙专业陶瓷展会上。那个时候，大家都用好奇的眼神打量着这项全新的瓷砖装饰工艺技术，直到2009年诺贝尔公司从西班牙Kerajet引进国内首台喷墨打印机才发现这项新技术已悄然进入中国市场。2009年5月，国内知名陶瓷印花机生产企业——希望陶机在广州工业展展出了国产第一台喷墨打印机，2010年3月，佛山金牌亚洲陶瓷从意大利进口NEW TECH数码彩色喷墨印花机，中国陶瓷行业正式进入了喷墨打印时代。

2009年的明朝科技正处于发展的转型期，作为国内黑色渗花釉、金属釉装饰釉料的开拓者和领跑者，当时正陷入低谷期，奋战在"欧素"品牌的金属釉瓷砖市场。2010年初，在西班牙召开的陶瓷展会上，明朝科技以"欧素"为代表，与金牌亚洲同台展出。正是这场展会，让处于转型期的明朝科技发现了陶瓷墨水这个"新大陆"，决定依托自己在陶瓷色釉料装饰领域强大的研发创新能力，进军陶瓷墨水市场。

那个时候的国内墨水市场，洋墨水一统天下。明朝科技从西班牙回国后，立即组织强大的研发力量进行攻关。事实上，在此之前，明朝人已关注墨水研发多年，也做过一些试验和探索，只是没有下定决心进行最后的技术攻关。

我至今还清楚地记得当时决定进军墨水领域时的情景，当时的陶瓷色釉料市场有两个"风口"：一个是全抛釉熔块，市场需求量极大，另一个就是墨水。前者已有企业率先攻占，后者还无企业研发成功。很幸运，我们选择了墨水研发与生产，并在国内知名高校科研团队的支持下，在很短的时间内攻克了一系列墨水生产当中的技术难题。

2011年5月，明朝科技携自主研发、生产的陶瓷墨水参展广州陶瓷工业展，结果一亮相就石破天惊、惊艳全场。在洋墨水一统天下的市场，亮出了中国人自己的墨水品牌。那个时候，国内瓷砖生产企业都不敢相信中国企业会这么快推出国产墨水。接下来的市场推广，自然困难重重，因为大家都担心墨水质量不过关而损坏设备。为此，我们在推广墨水的过程中付出了巨大的努力。同年5月，明朝墨水首先在湖南天欣陶瓷上线使用，效果完全可以与进口墨水相媲美，价格却不到进口墨水的一半。随后，新明珠、马可波罗、蒙娜丽莎、楼兰等企业开始逐步接受我们的墨水，真正拉开了国产墨水的序幕。

作为国产墨水的先行者和领跑者，短短一年多的时间，明朝科技墨水已在国内一百多台喷墨机上使用，取得了良好的效果，由此奠定了明朝科技在墨水领域的市场地位，实现了企业的成功转型。2015

年 5 月，我们再次在国内市场率先推出陶瓷渗透墨水，其逼真的纹理、绚丽的色彩、细腻的质感，赢得诸多企业的青睐。

不忘初心，砥砺前行。作为一家专业的陶瓷色釉料研发商和生产商，明朝科技将在墨水领域精耕细作，为下游企业提供更多、更好的创新产品。同时，祝《陶瓷墙地砖数字喷墨印刷技术与设备应用》顺利出版，从而推动我国陶瓷喷墨装备及材料技术更快、更好地发展。

佛山市明朝科技开发有限公司董事长

2017 年 12 月

序四

喷墨印刷技术开启了陶瓷装饰数字化时代

陶瓷墙地砖是建筑空间环境的重要饰面材料，兼具功能性与装饰性的双重属性。伴随着现代科技的发展，特别是陶瓷装饰技术的进步，陶瓷墙地砖在品质（包括功能、装饰）上获得了巨大的提升，其应用空间和领域不断地拓展，促进了建筑陶瓷行业空前的发展。

始自20世纪80年代末期在线自动丝网印花技术的应用，图案印刷便成为陶瓷墙地砖表面装饰的主要手段。丝印技术最大的不足是其单一的重复，缺少变化，图案精度与层次表现较差。2000年左右开始规模化应用的辊筒印刷，让瓷砖图纹有了一定的变化空间，在精度与层次上也有所提升。这两种方法的共性都是接触式印刷，图案需制成网版或辊筒，具有生产损耗大、效率低、产品花色转换不灵活等缺点。随着计算机及材料技术的飞速发展，2000年陶瓷喷墨印刷工艺在欧洲首先得到应用，由此开启了陶瓷装饰的数字化时代。

喷墨印刷是以数字化的形式传输、贮存图案并控制各种墨水的非接触式喷印。与传统印刷工艺相比，首先是图案的输入/输出非常便利，生产灵活，为后续的个性化定制服务以及智能化生产奠定了基础；二是设计的表现能力强，图案精度高，可以逼真还原如大理石、木材等自然材料的肌理与色彩；三是产量高，介质损耗少，生产损耗低，具有明显的成本优势；四是生产过程清洁，不产生废水等污染物。所有这些积极的因素，使得近十几年来喷墨印刷技术得到迅速推广和普及。2017年，仅国内在线陶瓷喷墨打印机就接近4000台，而且还在不断增长。

诺贝尔公司一直注重产品创新和新工艺新技术的研究，同样，在推动喷墨印刷技术的应用上也写下了浓墨重彩的一笔。2008年底，诺贝尔公司投入近千万元引进了亚洲首台喷墨打印机（Kerajet K-700）用于瓷砖的生产，2009年采购了国产首台喷墨打印机（Hope Jet600），并于2010年投入了应用，由此开启了中国陶瓷数码喷墨装饰的时代。更值得一提的是，早在2011年，诺贝尔公司就开始了渗透喷墨技术的研究，并于2012年与上海泰威和意大利Metco合作开发了国内第一台适用于渗透墨水的喷墨打印机，2013年初推出了国际领先的喷墨渗透瓷质抛光砖，为诺贝尔公司2016年推出的全球新一代瓷砖——瓷抛砖奠定了良好的技术基础。2016年3月，诺贝尔公司更是不惜重金引进了意大利System喷印宽度达1800mm的渗透喷印设备，生产了1600mm×2400mm、1600mm×3200mm等超大规格产品，从此又开创了大板瓷抛砖之先河。

陶瓷喷墨印刷技术历经十余年的应用与发展，在设备（含喷头）以及材料上都取得了长足的进步，墨水的色彩不断地得以丰富，更多的功能性墨水（如下陷、负离子、抗菌等）相继推出，贵金属墨水也开始应用，使得今天的陶瓷砖品种丰富多彩，各种创意设计琳琅满目，极大地美化了人们工作与生活的环境。"赤橙黄绿青蓝紫，谁持彩练当空舞"，数码喷墨印刷技术为今天和未来的陶瓷业画出了一道美丽的七彩虹。

建筑陶瓷行业资深专家黄惠宁先生根据行业近年来陶瓷装饰技术尤其是陶瓷数字喷墨印刷技术与设备的发展主编的《陶瓷墙地砖数字喷墨印刷技术与设备应用》一书，涉及陶瓷墙地砖生产、设备制造以及陶瓷墨水生产等诸方面，内容丰富、资料翔实，是行业内目前对陶瓷喷墨印刷技术与设备介绍最为全面的专业书籍，为大专院校、建筑陶瓷企业从事相关研发、生产的技术人员提供了一本十分有益的学习资料，它的出版发行必将大大推动我国建筑陶瓷行业装饰技术更好、更快地发展。

——写在《陶瓷墙地砖数字喷墨印刷技术与设备应用》出版之际。

杭州诺贝尔集团有限公司副总裁

2018 年 1 月

前　　言

本书是根据国内外陶瓷墙地砖行业近年来数字喷墨印刷技术与设备的快速发展而编写的，并考虑到陶瓷墙地砖生产、设备制造以及陶瓷墨水生产企业的技术人员的需求编写而成。

随着陶瓷墙地砖行业的发展，近几年陶瓷装饰技术也出现了很大的飞跃，从原来的丝网印刷，到辊筒印刷，最近八年陶瓷数字喷墨印刷在行业一经推出便呈现快速发展之势，出现"无砖不喷墨"的现象。自2009年中国引进西班牙第一台瓷砖喷墨印刷设备，到2017年11月全国在线生产的陶瓷喷墨印刷设备已接近4000台（其中广东939台，福建486台，江西462台，四川257台，河南256台，辽宁202台，山东388台），陶瓷喷墨机与陶瓷墨水国产化率大幅上升，设备应用技术与研发设计水平有明显提升。为了科学系统总结我国最近八年来在陶瓷墙地砖领域数字喷墨印刷技术与设备的进步，包括最新的纳米粉碎技术、砂磨机与氧化锆球、最新的陶瓷色料制造技术、最新的墨水制造技术与检验技术、最新的喷头制造与检验技术、最新的喷墨设备制造技术、相关技术标准、专利文献等，同时介绍国外先进的技术，从而推动中国陶瓷喷墨印刷技术与设备整体提升，从仿造到创新，从学习到领先，我们特编写了本书。希望本书成为高等学校的专业教科书、陶瓷企业的工具书，从而推动行业的技术进步。

本书由六十多位行业同仁参与编写，全书分为13章：第1章绪论，第2章色彩学基础，第3章陶瓷墨水专用色料生产技术，第4章纳米粉体加工技术基础，第5章纳米粉体加工设备与研磨技术，第6章陶瓷墨水制造工艺技术与设备，第7章陶瓷墨水的品质论证与功能性墨水，第8章陶瓷数字喷墨印刷喷头制造技术与性能，第9章陶瓷数字喷墨印刷设备技术，第10章色彩管理基础，第11章陶瓷数字喷墨印刷设备应用，第12章陶瓷激光打印与数字施釉技术，第13章附录。

希望本书成为陶瓷企业设计师、研发工程师、技术管理、喷墨操作技工的工具书。

希望本书成为陶瓷墨水制造企业的参考书。

希望本书成为陶瓷喷墨机制造企业设计师与工程师的参考书。

希望本书成为高等院校，如华南理工大学、景德镇陶瓷大学、陕西科技大学、武汉理工大学、天津大学、清华大学等本科生、研究生、博士生教育的选修专业书。

由于水平有限，本书在编写的过程中存在不妥与疏漏之处在所难免，诚恳希望广大读者指正。

编者

2018 年 4 月

目　　录

3

第1章　绪　论

Chapter 1　Introduction

1.1　喷墨印刷技术的历史

喷墨印刷技术的形成经历了三十多年的历程，由不同人在不同时期、不同地点、采用不同方式发明。

基于 19 世纪物理学和电子学领域的进步，如 1831 年法拉第的电磁感应实验，1867 年 William Thomson（即 Lord Kelvin）通过静电控制墨滴释放的流程，1878 年瑞利勋爵发现从喷嘴射出的液滴流在施加周期性能量或在喷嘴口形成墨滴时向微滴施加振动，能够形成尺寸大小和间距均匀液滴，1946 年美国广播公司推出了全球第一台按需喷墨装置（美国专利号：2512743），通过压电盘产生压力波引发墨滴喷射。1951 年西门子公司的 Elmqvist 根据瑞利原理提交了专利"记录型测量仪器"（美国专利号：2556443），同年，西门子公司为第一台喷墨设备申请了专利，通过向预置电荷的喷墨墨滴施加电场，从而偏转和控制连续喷射的墨滴落到印刷介质表面，或落入循环回收的墨槽中。1977 年西门子公司推出第一台商用压电按需喷墨打印机 PT-80 型。1978 年，Silnics 公司推出喷墨打印机 Quietype。

1962 年，C. R. Winstone 首先将这些发明转变为商业喷墨打印设备（美国专利号：3060429），以 Teletype Inktronic 商标进行销售。由于每次只有一个带电墨滴从偏转板之间通过，因此该设备只能以相对较低的速度工作。1961 年，斯坦福大学的 Richaid G. Sweet 研究了氧气如何通过气泡传送到水里后，获得相关专利（美国专利号：3596275），奠定了喷墨印刷技术商业应用的里程碑。与 Winstone 采用的系统相反，该技术通过在偏转板上保持恒定电压来控制墨滴的运动轨迹，并在墨滴上加载可变电压，使多个加载了不同电荷的墨滴能够同时在恒定电压的电场中运行，因此具有较高的运行速度。1969 年 6 月，Videograph 公司推出了第一台商业喷墨打印机 Videojet 9600 型，使 Videograph 公司成为了喷墨打印和条码打印的领导者。1962 年，Brush 仪器公司的 Arling D. Brown 和 Arthur M. Lewis 在 Richaid G. Sweet 的工作基础上，为喷墨打印设备增加一套字符生成器，使其能够存储文字和数字并根据文字和数字信息发出电压信号。1964 年 Sweet 和 Cumming 申请了利用多种喷射方法记录器的专利，进而改进为字符生成器，可用于印刷字符。该专利（美国专利号：33733437）于 1968 年获得发布。基于 Sweet－Cumming 专利，米德技术实验室（Mead Digital Sqstews）于 1973 年推出了迪吉特喷墨打印机，实现了多喷嘴高速字符印刷。1983 年，伊士曼柯达公司收购了米德喷墨技术，公司并更名为 Diconix，使喷墨印刷技术得到不断完善成熟，于 1984 年面向便携式电脑开发了第一台便携式喷墨打印机。

喷墨印刷技术的另一项重要变革始于 1977 年，当时佳能产品技术研究院的工程师意外发现热的烙铁接触到装满墨水的注射器针管，引起墨水从针头向外喷射，从而为加热代替压力使墨水喷射的技术提供了方向。1981 年，佳能公司成功研制出世界上第一台热泡喷墨打印机，并于 1985 年推出了 BJ-80 型热泡喷墨打印机。几乎在同一时期，惠普公司也在从事热泡喷墨印刷技术的研发。最终，佳能公司和惠普公司开始联合开发推广这项技术。

1.2　喷墨印刷技术从引进到国产化发展

纵观中国陶瓷印刷技术三十年来经历的三大历史性阶段——丝网印刷、辊筒印刷到喷墨印刷，每一个阶段的背后，都是一次印刷技术的革命。而中国瓷砖的印刷工艺及装饰效果、产品附加值等，都伴随着每一次印刷技术的革新而得到快速提升。

在这三十年间，如果说陶瓷行业印刷技术领域的某项技术及装备的推广、普及速度能代表"中国速度"，那么喷墨印刷技术的创新发展历程，无疑就是一个极具代表性的案例。它从引进到国产、从起步到发展、从最初的"奢侈品"到全行业普及，再到走向成熟、稳定，直至今后的跨界发展，喷墨印刷在为中国瓷砖印花技术带来颠覆性的改变的同时，更在全球陶瓷行业彰显"中国速度"的崛起。

事实上，自2008年5月，国内首台喷墨打印机在佛山市希望陶瓷机械设备有限公司（以下简称"希望陶机"）宣告诞生后，陶瓷行业喷墨印刷技术在国产化的道路上正式开启了新的篇章，全球喷墨印刷技术格局正式发生裂变，中国瓷砖印花工艺开始迎来颠覆性的变革。

1.2.1　喷墨印刷技术的诞生与国产化萌芽

1998年，全球首台陶瓷喷墨打印机在西班牙Kerajet诞生。作为一款从性能及产品功能上能完胜其他品类印刷，并且可以实现陶瓷墙地砖产品个性化、彰显数码化印刷功能优越性的设备，陶瓷喷墨打印机一度成为少部分高端用户的新宠。此后，喷墨印刷技术在欧洲进入了一个相对漫长的成长和发展阶段。

1998年至2008年，中国晚于欧洲十年获得这项技术。在这十年时间里，陶瓷数码喷墨印刷技术一直由欧洲国家的设备商严密把控，几乎所有设备商集体联手，共同封锁了该技术和设备的对华输出。因此，在2008年以前，中国陶瓷行业对陶瓷数码喷墨印刷技术及设备的认知一直处于空白状态。

直至2008年5月，由希望陶机研发的中国首台陶瓷喷墨打印机正式宣告诞生，为希望陶机几年后成为中国陶瓷喷墨印刷技术领域领军企业奠定了坚实的基石；也同样揭开了中国陶瓷行业喷墨印刷技术国产化的序幕，全球喷墨印刷技术格局正式发生裂变，中国瓷砖印花工艺开始迎来了颠覆性的变革。

提及建筑陶瓷行业陶瓷数码喷墨印刷技术国产化的历程时，同样绕不开这三家陶瓷企业——杭州诺贝尔集团、广东金牌亚洲陶瓷和广东金意陶陶瓷。

2009年下半年，杭州诺贝尔集团在国内首次引进了西班牙Kerajet的陶瓷喷墨打印机，率先在国内生产600mm×600mm亚光仿地毯瓷质有釉砖。但其引进的仅为西班牙Kerajet的一台老款机型，而非最新设备，其工作效率、设备性能均落后于当时欧洲最先进的水平。在一定程度上，从西班牙Kerajet引进的旧款设备非但没有在中国陶瓷行业带来轰动性的影响，相反给部分中国陶瓷业界人士对陶瓷喷墨印刷技术及设备的认知造成了一定的误导。即便到了2009年底、2010年初，国内仍有许多业界人士认为这项设备和技术只适合于小范围内的个性化需求而不能满足大范围工业化的快速生产需求。这个"定论"一度被业内许多陶瓷人士所坚持，且一直持续到2011年。

2010年初，广东金牌亚洲陶瓷引进意大利喷墨设备，在国内率先推出了3D数码喷墨立体300mm×600mm瓷质内墙砖。就在2010年好莱坞大片《阿凡达》席卷全球并一举刷新全球影史票房记录的时候，广东金牌亚洲趁势以"阿凡达"命名的3D喷墨瓷砖狠狠地借机火了一把。在陶瓷行业，"阿凡达"不是好莱坞大片的代称，而是高清3D喷墨瓷砖的代名词。提及"阿凡达"，陶瓷行业几乎家喻户晓、人人皆知。在业内看来，2010年，就数码喷墨印刷技术在中国尚处于起步阶段便能掀起如此火爆的风潮，已经昭示了它日后的不同寻常。同年，广东金意陶公司引进西班牙Kerajet新机型，在国内率先进行600mm×600mm全抛釉瓷质砖及仿古砖的生产。

2016 年，广东金意陶集团（坤成科技）在中国率先引进西班牙 Kerajet 喷金银拉斯达设备并投入生产。

2017 年，广东金意陶集团（坤成科技）与佛山新景泰公司合作，研发中国第一台异型喷金机并投入生产性试验。2017 年 11 月，我国首台低温陶瓷金水生产设备在广东金意陶投入应用。

1.2.2　国产喷墨印刷技术迅速崛起

如果说 2008 年希望陶机为陶瓷数码喷墨印刷技术的国产化书写了浓墨重彩的第一笔，2010 年金牌亚洲陶瓷的 3D 数码喷墨立体砖为这项技术在瓷砖表面的应用书写了华丽的篇章，那么 2010 年至 2011 年的深圳润天智（彩神）和上海泰威则又一次推动了陶瓷数码喷墨印刷技术的国产化进程。在此期间，继希望陶机后，彩神和泰威开始具备为中国市场输入国产喷墨打印设备的能力。

此后，国内越来越多的知名陶机设备商不断加入喷墨印刷技术的研发和生产，从希望陶机到彩神和泰威，再到新景泰和美嘉陶机，陶瓷数码喷墨印刷技术的国产化进程，从星星之火迅速形成燎原之势。

在 2015 年的新之联广州陶瓷工业展上，观展者的目光无不聚焦在喷墨设备上，而参展商也都以展示数码喷墨印刷技术设备及与之相关的产品为重心。在近几年的陶瓷工业展上，国内的参展商和国外的设备商们共同展示了陶瓷数码喷墨印刷技术及配套设备。在短短四年不到的时间里，陶瓷数码喷墨印刷技术在中国陶瓷行业已经迅速发展起来。

在喷墨印刷技术国产化的进程中，国内的设备商们走过了一条跨界及联合的道路。其中，以泰威、彩神、精陶等为代表的企业，成功从喷绘领域跨界到陶瓷领域；而初期选择与陶瓷行业本土设备商联手合作的则以泰威与科达合作、彩神与新景泰合作等组合为代表，合作模式主要为分工协作，即陶机设备企业提供销售渠道，跨界入驻企业提供技术和产品。

然而，在当初看来堪称完美联手合作的模式，在各种因素的影响下，最终以解体告终。不过，跨界而来的企业与本土陶机设备商的联手合作模式，对助推陶瓷数码喷墨印刷技术的国产化进程，起到了至关重要的作用。

即便这种合作模式最终解体，但本土设备商和跨界企业发生的变化都十分显著。在本土设备商中，以新景泰为例，经过短暂的合作之后，他们迅速研发并破译了陶瓷数码喷墨印刷技术，最终诞生了自己全新的喷墨印刷设备，并在之后的时间里，迅速独立并成长壮大。对于跨界设备商而言，他们通过这种合作，迅速扩展了自己的销售渠道，扩大了其产品、品牌在业内的知名度，在后来纷纷迅速扩张，将产品销往全国。

本土设备商通过合作，从最初无技术、无设备，到后来独立研发技术、生产设备；跨界设备商则从最初的无渠道、无知名度，到后来打通渠道、建立知名度，通过这样的合作，无论是对合作双方企业，还是从陶瓷数码喷墨印刷技术国产化进程看，均具有不容小觑的意义。

2008—2011 年是陶瓷数码喷墨印刷技术国产化进程的"星星之火"时期，而 2012—2014 年则是国内陶瓷喷墨印刷技术的"燎原时代"。国内喷墨印刷设备的数量从 2010 年的不足百台，迅速飙升到 2014 年的 3500 台。而 2012—2013 年，在中国以外的海外市场，其喷墨印刷设备总量仅为中国市场的一个零头。

面对如此巨大的市场需求，在 2012—2014 年期间，欧洲设备商们纷纷全面对华解禁，萨克米（Sacmi）、西斯特姆（System）、凯拉捷特（Kerajet）、EFI 快达平（EFI Cretaprint）、西蒂（B&T）等巨头纷纷在中国设点，迅速布局中国市场。但即便如此，由于中国市场的特殊性等因素，他们最终未能跟上中国的发展速度。

1.2.3　国产设备占据 80% 以上市场份额

2012 年之后，随着国产陶瓷数码喷墨印刷设备二代、三代产品的陆续涌现，陶瓷数码喷墨印刷技术装备的国产化步入了稳健发展的成熟阶段。相对于大多数一代甚至初级产品而言,二代、三代产品明显从性能到设计再到切合客户实际生产需求方面,均具备更多的优势。

这种成熟稳健不仅表现在市场上喷墨热潮的持续升温,也表现在国内陶瓷企业负责人对新技术、新产品敞开心扉全盘接受的态度。而在这个国产化进程加速的过程中,来自行业媒体的力量不容忽视。一部分优秀的行业媒体,不断组织各种专业的技术交流及各种论坛,为行业搭建了技术交流平台,不断推动这项技术的变革和发展。

在这一阶段内,作为陶瓷数码喷墨印刷技术的核心部件——喷墨印刷设备喷头生产商,也随之迎来了属于他们的春天。作为高端精密部件,喷头的核心技术并非被普遍掌控,一直以来它仅为英国赛尔、日本精工、美国星光(北极星)、柯尼卡等几家海外企业的核心产品。

随着陶瓷行业的这股热潮,上述几家喷头制造商亦不断加速进军中国。以英国赛尔公司和美国星光喷头为例,他们在中国市场展开了一场持续数年的争夺战。最终,在 2011—2013 年期间,赛尔喷头以在中国市场占有率的绝对优势,赢得了其品牌在中国市场的广泛认知度,并联合其在中国开发的 OEM 国产陶瓷喷墨设备合作商,研发出不同的喷墨设备产品,引领了行业技术的发展。

时至今日,陶瓷数码喷墨印刷技术已在中国市场大范围普及,喷墨印刷设备已成各陶瓷生产企业的标配。业内认为,截至当前,中国市场上的喷墨印刷设备数量至少有 4500 台,市场已逐渐趋于饱和。而这其中,国产设备占据了 80% 以上的市场份额。

1.2.4 喷墨印刷技术的未来发展

如果说 2008—2010 年是陶瓷数码喷墨印刷技术国产化的萌芽期,2011—2012 年是发展期、井喷期,2012—2014 年进入了成熟发展阶段,那么 2015 年之后,则是业内所谓的后喷墨时代。

当陶瓷数码喷墨印刷技术从成熟走向稳健之后,其市场也从井喷期步入饱和时期。所谓的后喷墨时期,就是市场趋于饱和后的一个时期,是陶瓷数码喷墨印刷技术已经日臻完善之后,其技术和市场相对进入了一个平稳发展的阶段。

从目前来看,喷墨技术的下一个创新发展阶段将是往更细化、功能性更显著等领域深耕,一些瓷砖表面的再装饰效果和赋有质感、触感的效果正在广泛产生,技术正在升级落地。同样,国内的设备商们除以开发具备更多样化功能的增值性设备来提升竞争力外,也有许多开始了跨界竞争,从陶瓷领域走出去,将陶瓷领域的数码喷墨印刷技术带入到纺织、瓦楞纸以及玻璃等行业,开发新的市场,为下一轮的"蓝海掘金"备战。

1.2.5 喷墨印刷技术创新发展轨迹

2008 年以前,陶瓷数码喷墨印刷技术在西班牙、意大利等国家已拥有十几年的技术沉淀,此时欧洲国家对中国采取"严防死守"的态度,全面封锁喷墨打印技术及设备对华输出。

2008 年,希望陶机推出第一台陶瓷数码喷墨印刷设备,喷墨印刷技术国产化进程迈开重要的第一步。

2009 年,杭州诺贝尔集团和佛山金牌亚洲陶瓷分别引进了国内和广东区域首台陶瓷数码喷墨印刷设备。其中,诺贝尔集团引入的是西班牙 Kerajet 的设备,金牌亚洲公司引进的则是 Newtech 的设备。

2010 年,欧洲陶瓷数码喷墨印刷设备商逐渐改变对中国市场的策略,有部分设备商的部分型号设备开始对华输出。但此时,欧洲国家并未完全放开对中国市场的封锁,仍有许多设备商对中国市场持戒备防守态度。

2010 年,喷绘行业泰威、彩神等品牌发现数码喷墨印刷技术在陶瓷领域的商机,率先研发生产出第一代国产陶瓷数码喷墨印刷设备。

2011 年,陶瓷数码喷墨印刷技术的国产化进程迅速加剧,国内市场迅速步入井喷期。

2011—2012 年，第二代陶瓷数码喷墨印刷设备的国产化进程开始。

2012—2013 年，国内陶瓷数码喷墨印刷设备进入市场黄金时期，国产化全面开花，国外品牌亦纷纷进驻。

2014 年，陶瓷数码喷墨印刷技术进入成熟期，各类国产喷墨印刷设备性能更为稳定，设备进入细分领域市场，数码喷墨印刷技术的应用也更为纯熟。

2015 年，陶瓷数码喷墨印刷技术进入后喷墨时期，同时也是深度喷墨印刷技术开发期，一些基于数码喷墨印刷技术的其他品类工艺技术逐渐被深入开发。

2016 年至今，数码喷墨印刷技术在瓷砖表面的再装饰工艺逐渐盛行。

1.3 陶瓷喷墨墨水的发展历程

1.3.1 诞生于新世纪元年，从引进到国产化

关于陶瓷喷墨墨水的研究，最早发布成果的是美国 Ferro 与西班牙 Kerajet。根据相关资料显示，1998 年，西班牙 Kerajet 开发了世界第一台工业使用的陶瓷装饰喷墨打印机，陶瓷喷墨墨水则由其与美国 Ferro 公司联合研制。2000 年 1 月 7 日，Ferro 公司向美国专利商标局提交了一份名为"用于陶瓷釉面砖/瓦和表面的彩色喷墨印刷的独特的油墨和油墨组合"的专利，该专利阐述了陶瓷喷墨墨水的制作方法，为陶瓷喷墨印刷技术奠定了良好的基础。

但在 2000—2006 年期间，喷墨系统只有可溶性墨水，相较于目前的墨水而言，这种可溶性墨水的色彩范围低、稳定性差和成本高等弊端，限制了产品推广的可能性，制约了喷墨印刷技术的发展；直到 2006 年，西班牙的 Esmalglas-itaca、Chimigraf、Colorobbia、Torrecid 四家公司相继进入陶瓷喷墨墨水领域，随着物理研磨技术的提升和完善，陶瓷喷墨墨水的发展得到了迅速提升。

使用陶瓷喷墨墨水进行生产，不仅可以丰富表现的颜色，提升瓷砖表面的逼真度，而且简化了生产工艺，性价比也极具竞争力，因此，陶瓷喷墨墨水一经推出，就在陶瓷行业引发了革命性浪潮。

相对来说，在陶瓷喷墨墨水的研究上，国内的色釉料企业起步较晚。虽然记录显示国内喷墨印刷用陶瓷喷墨墨水的研究始于 2000 年，但真正攻克技术难点、实现自主生产是在 2011 年。在 2011 年以前，陶瓷喷墨墨水相关的核心技术被国外的色釉料公司掌握在手上，所以最初几年的喷墨墨水的提供商全部都是外国公司，如 Esmalglas-itaca、Ferro、Fritta、Torrecid 和 Colorobbia 等。

国内市场转折点的来临是在 2008 年。彼时，随着欧洲国家对中国引进喷墨印刷技术设备限制的放松，国内一批优秀的企业开始瞄准喷墨技术市场，开始着手自主研制陶瓷喷墨墨水。迈瑞思、明朝科技是国内首批自主研发并批量生产陶瓷喷墨印刷用墨水的企业。

但国产墨水诞生之初的发展并不顺利，可以说遭遇了重重桎梏。在一大批国产墨水涌现的同时，进口品牌也加大了在中国市场的推广力度，在 2011 年前后，国内的进口墨水品牌除了最早进入中国市场的 Ferro、Torrecid 等之外，Esmalglas-itaca 也进入全面推广阶段，Colorobbia、司马化工、Megacolor 等墨水品牌也陆续涌入国内市场；从 2012 年开始，为更好地服务中国市场客户，包括 Ferro、Torrecid 等多个进口墨水品牌相继在中国设立办事处，其中，Ferro 更是在中国设立了工厂。

因此，在 2008—2011 年期间，虽然有不少企业进军墨水领域，但成效并不理想。直至 2011 年，国产墨水才在"2011 中国国际陶瓷工业技术与产品展览会"（简称"2011 新之联陶瓷工业展"）上首度正式亮相，引爆全场。

迈瑞思 2011 年在新之联陶瓷工业展上展出了 9 种颜色的陶瓷喷墨墨水和 1 种面釉，引发了媒体和专业买家的高度关注，该公司 2009 年前开始研发陶瓷喷墨墨水，2011 年 3 月正式宣布成功研制出陶瓷喷墨印刷用墨水。明朝科技也于同年正式推出陶瓷喷墨墨水，且正式宣告其公司的墨水已经进入生产应

用阶段。

另外，康立泰、万兴色料、柏华科技、汇龙等企业也均在 2011—2013 年正式推出陶瓷喷墨墨水。而道氏技术的陶瓷喷墨墨水在 2012 年 10 月 17 日正式推向市场后，又于 2013 年 12 月通过了省部级技术鉴定，这被认为是"国产墨水技术达到了新水平"的标志性事件。

1.3.2　国产墨水的市场格局与价格变化

在进口墨水的"反击"之下，墨水的国产化之路并不顺畅。从市场格局来看，在 2011 年以前，国内企业对于喷墨工艺处于学习和接受的引入阶段，因此墨水市场也基本由进口品牌占据。从 2011 年开始，国产墨水逐步进入生产应用，直至 2014 年，经过 3 年沉淀的国产墨水才真正开始全面发力，市场份额突破 50%。至今，国产墨水已经占领了国内 70%～80% 的市场份额。

目前在中国，进口墨水与国产墨水分别约占据了 30% 和 70% 的市场份额。进口墨水品牌以产品开发方面的创新能力，引领着市场新方向，牢牢占据着中国墨水市场的近三成市场份额。而由于在基础研究方面的短板，国内企业在墨水等新材料的开发能力上与国外墨水企业还存在着较大的差距，因此短期之内国产墨水很难实现创新引领、打破"三七"之局。

陶瓷喷墨墨水在最早引进中国的时候，价格最高可突破 100 万元/t。随着技术的不断完善和更多竞争者加入墨水市场，墨水的价格逐渐下降。但这种降幅在 2011 年以前并不大。佛山市子陶陶瓷技术有限公司总经理邱子良回忆指出，直至 2011 年前后，多家进口墨水品牌涌入中国市场，国产墨水也相继问世并陆续进入大生产，墨水的价格就数度跳水，其中，每吨进口墨水的价格由 40 万元、30 万元到 20 万元一路下行，而同期的国产墨水则保持着与进口墨水 1/3 差价的价位。

2013—2014 年是陶瓷喷墨墨水市场快速扩容的阶段，但同时也是价格下滑最严重的阶段。笔者通过查阅资料获悉，至 2014 年底，进口颜料墨水价格跌破 10 万元/t，而彼时国产的普通颜料墨水均价约为 7 万元/t。从 2014 年底开始，颜料墨水的价格逐渐趋稳，截止目前，国产的普通颜料墨水价格已经稳定在 4～6 万元/t 之间。

1.3.3　陶瓷喷墨墨水新产品种类

陶瓷喷墨墨水发展十余年来，衍生出了不同材料组成、不同功能和不同效果的几大类产品，包括普通颜料墨水、功能性墨水、渗花墨水、水性墨水等。

颜料墨水是当前陶瓷行业应用最为广泛的墨水，主要用于表面着色。目前，这类墨水已研发大约 12～14 种，包括 7 种不同颜色，其中蓝色发色力最强，黄色发色力较弱，棕色居中，尤其是鲜艳的红色难以到达理想效果。不过从 2016 年开始，陆续有企业宣布攻克大红墨水的难题，相继推出包裹系大红、大黄墨水，如广东宏宇集团、扬子颜料、道氏技术等。

除此之外，始于 2012 年前后的功能性墨水，从 2014 年开始逐步得到重视，尤其是下陷釉、闪光釉、剥开釉等特殊效果墨水在表现瓷砖表面特殊效果方面意义非凡。

对于功能性墨水的出现，业内用"将瓷砖表面效果由 2D 带入了 3D 时代"来形容其意义。具体的理解是，在功能性墨水之前，喷墨机只是一台印花机，主要负责将一个画面印到瓷砖表面，而功能性墨水则实现了下陷、剥开等特殊效果，图案更加立体、逼真。近两年在差异化的市场驱动下，功能性墨水的发展迎来了一个小高峰，也侧面验证了它的价值。

紧随功能性墨水之后，由意大利 Metco（美高）公司研发的渗花墨水于 2013 年首度亮相国内市场。这是一种在瓷质抛光砖表面进行数码喷墨印刷技术，通过将墨水渗透进砖坯，让抛光砖实现色彩、纹理、质感等多重提升的新材料。因此，承载着"让抛光砖重回巅峰"使命的渗花墨水一经问世就得到了诺贝尔、东鹏、蒙娜丽莎、新明珠、能强等知名陶企的追捧，喷墨抛光砖也在 2016 年前后相继问世；墨水供应商方面，继美高公司之后，包括道氏技术、康立泰等多家墨水公司也相继投身渗花墨水的研发和推广。

渗花墨水对抛光砖的升级所起到的积极作用得到了业内人士一致认可。但是从目前的情况来看，若想全面开启抛光砖的喷墨时代，不论是墨水企业还是陶瓷生产企业，都还面临着一系列的问题有待解决：首先是由于渗花墨水的渗透轨迹并非直线下渗，而是在助渗剂的辅助下扩散式向下，因此渗花墨水的渗透深度和纹理精度之间有着无法调节的矛盾。相对而言，渗花墨水现阶段颜色还不够丰富、齐全。此外，为配合渗花墨水工艺，抛光砖坯体配方结构及烧成制度等还有待完善。

水性墨水被认定是陶瓷喷墨墨水的新方向。当前墨水最大的问题是，在釉面砖的生产过程中，当墨水喷印到砖坯之后经淋釉抛光时，油性墨水与水性的釉料之间存在相互排斥的问题，为解决这个问题，当前陶瓷厂家的做法是先利用平板印刷在喷墨处理后的砖面上施一层保护釉，然后再进行淋釉抛光。而水性墨水最大的优势就在于其与釉料同为水性，完全不存在排斥的问题。此外，由于水性墨水的颗粒粒径较大，发色效果也较油性墨水好，因此在色彩表现上也更加丰富。

随着数码喷墨印刷技术在陶瓷行业的深入应用，喷墨墨水产品也在不停推陈出新，为终端瓷砖更丰富的花色和更精细的产品提供技术支持。继功能性墨水、渗花墨水之后，一种应用于三次烧的"玻璃墨水"也已经被引入国内市场，并进入实际生产应用。

1.3.4　陶瓷喷墨墨水的功能性升级

在陶瓷数码喷墨印刷技术出现之前，瓷砖着色多采用丝网印刷、辊筒印刷，这两种工艺会因为换版和冲洗等原因造成大量色釉料浪费；而且由于丝网印刷和辊筒印刷均为接触式装饰方式，在对瓷砖表面的凹凸、下陷等特殊效果进行处理时难免有些捉襟见肘。

区别于传统的着色工艺，墨水是在不破坏色料发色的情况下将其研磨成微小颗粒，借助特殊溶剂保持颗粒悬浮的液体状态，其使用方法是通过喷墨打印机经喷头喷射，使色料颗粒附着于瓷砖表面，因此使用更加灵活、图案更加立体、材料的利用率更高，且由于是非接触式装饰方式，喷墨打印可以突破传统模式的一些人为及设备的限制，实现更多特殊效果，使瓷砖的装饰效果进一步提高。

鉴于上述多重优势，喷墨印刷技术自引入国内后，就掀起了一股喷墨风潮，包括喷头、喷墨机、墨水等相关设备及材料的市场容量都出现了井喷式的发展。截止目前，国内在线喷墨机数量已经突破4500 台，陶瓷喷墨墨水的使用量更是曾一度高达 3000t/月。

陶瓷喷墨墨水诞生之后释放的庞大的市场需求，激发了色釉料企业的生产热情，为数不少的企业纷纷斥资进军墨水市场，其中尤以 2014 年最甚。但彼时恰逢墨水价格大跌，在投资与回报率严重失衡的影响下，不少企业元气大伤，一些小规模墨水企业被收购，还有一些墨水企业因巨额亏损不得不选择放弃。截止目前，国内涉足墨水生产与销售的企业数量已经大大缩减，仅有道氏、伯陶、明朝、迈瑞思、汇龙、三陶 6 家企业的墨水月销售可破百吨。

即使竞争已趋白热化，但在业内人士看来，陶瓷喷墨墨水市场依然大有可为。喷墨对陶瓷行业最大的推动作用是实现了材料标准化、产品个性化以及生产数码化。从这个层面而言，喷墨打印技术的影响远远不止目前所体现出来的这些，其在推动陶瓷行业未来发展有着更为深刻的意义。

而墨水的进一步发展则需要侧重去研究高强度发色色料，强化墨水在加工方法、亮度强度、彩色范围、印刷质量、均匀性和稳定性上的优势；除此之外，鉴于建筑陶瓷功能化是传统建筑陶瓷产业升级的必由之路，如高强保温砖、抗菌陶瓷砖、抗静电陶瓷砖、抗辐射陶瓷砖、光伏发电陶瓷砖、光伏发光陶瓷砖等功能性陶瓷产品。业内认为，未来陶瓷喷墨墨水也需要在功能性上进一步提升与完善，助推陶瓷行业产品转型升级，实现个性化、功能化的发展。

1.3.5　陶瓷喷墨墨水创新发展轨迹

2000 年，Ferro 公司提交名为《用于陶瓷釉面砖/瓦和表面的彩色喷墨印刷的独特的油墨和油墨组合》的专利，阐述了陶瓷喷墨墨水的制作方法，为陶瓷喷墨印刷技术奠定基础。

2000—2006 年期间，陶瓷墨水以可溶性墨水为主，但由于可溶性墨水的色彩范围低、稳定性差和成本高等弊端，制约了喷墨印刷技术的发展。

2006 年，西班牙 Esmalglas-Itaca、Chimigraf、Colorobbia、Torrecid 四家公司相继进入了陶瓷喷墨墨水领域，推动了陶瓷喷墨墨水的发展。

2008 年，中国引进数码喷墨印刷技术，陶瓷喷墨墨水进入中国，同时，国内一批优秀的企业开始着手自主研制陶瓷喷墨墨水。

2011 年，国产墨水突破技术封锁，首度集中亮相"2011 中国国际陶瓷工业技术与产品展览会"，宣告进入生产应用阶段，引爆全场。

2012—2014 年，功能性墨水、渗花墨水相继进入中国市场，墨水的产品体系进一步丰富与完善。

2014 年底，经过 3 年时间的沉淀，国产墨水市场份额突破 50%，实现对进口墨水的逆袭。

2015 年至今，陶瓷喷墨墨水创新产品不断涌现，市场格局也一再变化，由早期的"无序"逐步迈入"有序"阶段，至今已经初步显露出"多头并存"的发展势头。

1.4 陶瓷喷墨印花机与陶瓷墨水的品牌与市场

1.4.1 陶瓷喷墨印花机

陶瓷喷墨印刷技术自 2008 年进入中国，2008 年 5 月佛山市希望陶瓷机械设备有限公司研发了中国第一台用于陶瓷墙地砖装饰的喷墨打印机。杭州诺贝尔集团有限公司在 2009 年下半年采用西班牙 Kerajet 喷墨打印机装饰陶瓷砖，成为国内第一个推出喷墨砖的企业。喷墨印刷设备经历了 2011—2012 年的成长期，迈过 2013 年的井喷期，2014 年步入成熟期。2010 年，中国在线喷墨打印机台数是 12 台，2011 年是 100 台，2014 年底达到了 2636 台。从各产区的喷墨机数量来看，广东、山东、福建、江西、四川位居前五，他们大约分别占据全国喷墨机市场份额的 20.6%、19.11%、13.51%、9.67% 以及 6.42%。中国喷墨打印机的出口市场主要集中在印度和越南。到目前为止，印度总在线喷墨机约 450 台，其中中国的品牌约 200 台，其他则是欧洲的品牌如 Cretaprint、Kerajet、Tecnoferrari；越南总在线喷墨机数量约 60 台，其中中国生产的机器为 12 台。国产喷墨打印机公司在设备的稳定性、性能完善性等方面有了很大的进步，喷墨打印机在创新中走向成熟，喷墨打印机的价格也逐步下降。

1. 喷墨打印机制造商品牌

陶瓷喷墨打印机制造业经过 2012—2013 的爆炸式增长，2014 年进入了回落期，市场需求明显下降，价格竞争激烈，行业进入了洗牌阶段，某些品牌已经退出或者半退出了市场。在国内批量生产销售陶瓷喷墨打印机的品牌主要有 9 家国产公司：希望、美嘉、新景泰、泰威、彩神、精陶、赛因迪、东海、工正等。国外在中国主推的陶瓷喷墨打印机品牌主要有 7 家：意大利的 B&T、西斯特姆（System）、杜斯特（Durst）、萨克米（Scami）、天工法拉利（Tecnoferrari）和西班牙的凯拉捷特（Kerajet）、EFI 快达平（Cretaprint）。

排在前 3 名的国内三大品牌继续占领着市场的大部分份额，约占到 70%。国外品牌的市场占比有所下降，约占 10%，这主要是因为国产设备的价格与服务优势。但由于国内陶瓷市场的萎缩，陶瓷喷墨打印机有向少数品牌集中的趋势，未来竞争将更加激烈。

2. 喷头品牌及市场状况

喷墨打印机的竞争，其实也是喷头的竞争。目前，有能力生产喷头的企业只有英国、日本、美国三个国家；而制造喷墨打印机的企业和国家（意、西、中）都不具备制造喷头的能力。喷头品牌有赛尔、精工、北极星、星光、东芝、柯尼卡等。赛尔喷头的市场占有率最高，约占 80%（国际上总占有率约 70%），价格较高，投入年限长达十年，在用设备多达 6000 台（2014 年底统计数据），独有底部循环技术，使其墨水适应性强，维护容易，不易出现大的堵塞，其八级灰度技术，也使它在打印逼真度方面领先，特别适合目前追求仿自然的市场主流。

1.4.2 陶瓷墨水

1. 国产墨水的发展历程

到 2014 年底，国内陶瓷厂的墨水需求量应在 2000～2200t/月之间。国内自主研发并批量生产陶瓷墨水的企业是迈瑞思，他们的产品在 2011 年 3 月份上市，然后明朝科技在 2011 年 5 月份产品上市，再是道氏制釉在 2012 年 4 月份产品上市。国内企业与欧洲企业基本采用相同的原材料供货商，相近的设备、生产工艺和检测标准，使国产墨水质量与国外的墨水质量非常接近。瓷砖市场也正是由于喷墨技术的普及应用，花色品种发生了翻天覆地的变化。

2014 年康立泰被山东国瓷上市公司成功收购并成立国瓷康立泰，继续在陶瓷墨水国产化方面借力发力；2014 年年底道氏制釉成功在创业板上市，为国产墨水的进一步延伸发展留下无限的遐想。

2. 陶瓷墨水的市场分布

国产陶瓷墨水生产企业有近 20 家，如：道氏、明朝、康立泰、迈瑞思、柏华、万兴、远牧、名墨、研科、陶正、金鹰、色千、三陶、汇龙、正大、大鸿、汇龙、丰霖、永坤等，但真正在市场中使用的可见品牌只有近 10 家。道氏和明朝是国内最早批量投入市场的品牌，到目前还保持着国产品牌中较高的市场占有率，国瓷康立泰（伯陶）墨水发展之势强劲，这三家墨水企业产销可达 500t/月以上；另有 3～4 家墨水企业产销在 100～250t/月；剩下的企业产能均在 100t/月以下。

陶瓷墨水的进口品牌或生产墨水的外资企业有 8 家：意达加、陶丽西、福禄、卡罗比亚、司马化工、美格卡拉、美高和菲特。其中意达加和陶丽西在全国性市场上领先，其他的 5 家墨水只在区域性市场应用。

3. 陶瓷墨水市场占有率

国产墨水从 2013 年约 15% 的市场份额增至 2014 年底的 50% 以上，标志着我国陶瓷工业已进入墨水国产化时代。在服务及商务条件上，国内品牌优势明显。国产墨水企业可以建立起遍布全国的服务网络，同时立体完善的服务体系保证在最短的时间内帮客户解决问题，这也是许多陶瓷生产企业选择国产墨水的原因之一。

国外品牌的占有率方面，意达加从开始至今一直领先，而且也是国内所有品牌中的第一（目前市场占有率约 30%～35%）。原因是进口墨水发展成熟；在稳定性和发色力上具有极大优势；以及具备强大的产品后续开发能力和齐全的发色配套水平；绝大部分进口墨水经过各大喷头公司认证；产品与喷头、设备都具有良好的兼容性和匹配性。这也是陶企青睐进口墨水品牌的重要原因之一。到现在为止，国内暂时还没有一家墨水品牌的质量长期稳定性比意达加墨水好。尽管几年来墨水市场价格已一落千丈，意达加卖的价格还是最高，占有率始终稳居第一。

4. 价格趋势

进口墨水在 2009 年刚进入国内市场时，每吨价格高达几十万元。而在 2014 年年初进口墨水均价已降到 13 万元/t 左右，至年末更是跌破 10 万元/t。主要原因是国产墨水的发展壮大倒逼着进口墨水的价格不断下跌。国产墨水的价格也是一路下滑，2013—2014 年跌得最厉害，一年内降幅约 50％。

1.4.3　陶瓷喷墨技术

上述所说的正在生产和销售的陶瓷墨水是一种油性产品，采用"先干法后湿法"的生产工艺制备而成。国外油性陶瓷墨水可用于瓷砖生产的品种有 8～12 种，正常生产线一般安装 4～8 种颜色，油性墨水研发的重点是提高发色力（强度）和应用稳定性，同时降低成本，重点改善的品种是 Magenta（Pink 粉红等）、Orange（Beige Ochre 黄）。油性陶瓷墨水的技术已经成熟，常规颜色的陶瓷墨水近乎于通用型标准化的产品，大部分厂家的墨水可以互换替代使用。

1. 新色系陶瓷墨水

近年来喷墨应用没有重大的技术突破和重大的花色品种创新。司马化工推出了洋红和绿色等新色系产品，洋红墨水可适应不同烧成温度，弥补了红棕墨水作为红色三原色基的不足，增加了墨水产品的色域。目前新品已用于顺成、东方等大型陶企的生产线上。意大利 INCO 公司新研发的绿色墨水（Green）发色深，Beige Ochre（黄）成本低，新系统墨水称为"Easy"，无毒、环境友好型，20℃下储存 6 个月性能稳定。

2. 功能墨水

为了满足企业产品多样化和个性化的需求，开发了具有亚光、亮光、金属、下陷和闪光等装饰效果的功能墨水，同时结合产品设计创新，有效利用功能墨水的特殊效果，为产品创造增值。目前陶瓷企业主要是对下陷、闪光和凹凸效果有较大的需求。功能性墨水在设备商进行使用时，其性能和普通的墨水是差不多的，甚至比常规墨水要求还要低。

不少西班牙瓷砖企业已经在应用功能性墨水进行瓷砖装饰效果的创新，且在墙砖方面尤为明显。陶丽西已经研制出下陷墨水、亚光墨水、白色墨水、贵金属墨水和保护釉墨水等产品，并应用于意大利、西班牙的陶瓷企业，以及国内二十多家陶瓷企业。前两种墨水多用于瓷片生产，白色墨水则适用于仿古砖开发。Ferro 研发的特殊效果墨水 Inks Nova 4.0，墨水的颗粒尺寸分布 $3\mu m$，使用量 $150g/m^2$。Esmalglass-itaca 的 DPM 亚微米产品系列适合于目前生产销售使用的油性功能陶瓷墨水，如下陷釉、亚光釉、亮光釉。固体颗粒尺寸在 $1\mu m$ 以下，这些材料使用量一般在 $100g/m^2$ 以下。

功能性墨水在仿古砖上的应用能够更好地提升装饰效果，对抛光类瓷砖的装饰作用不大。中国企业在设计、技术和研发方面的投入不多，更多地是选择跟从，这也制约了功能性墨水在国内的普及。

3. 研磨技术

高容量砂磨机设备在 2014 年的陶瓷展会上展出，如东莞琅菱机械展出的适合规模化墨水生产的 60L 和 120L 的大型国产砂磨机设备，为国产陶瓷墨水的稳定性和规模化生产奠定了基础。也有实验数据证明棒梢式砂磨机的研磨效率明显高于涡轮或者盘式结构的产品。Keram-INKS 4.0 陶瓷墨水采用新的研磨系统加工，这种研磨系统采用不同型号的研磨机组合，从而使陶瓷色料研磨后的颗粒尺寸分布比较均匀，研磨后＜$0.5\mu m$ 的颗粒比目前方法少很多。

4. 其他技术

国产墨水都是相对粗放型的，传统的陶瓷色料配方基本经过一定的工艺处理都可以用于陶瓷墨水的生产。目前针对不同的固含量和不同的黏度要求，不同墨水产品的溶剂、分散剂和陶瓷色料也有了进一步精细化调试和选择。

另外，通过提高陶瓷色料的处理工艺也可以提高国产陶瓷墨水的产品品质。陶瓷色料配方引入的原材料直接影响发色和色料后期的导电率,特别是矿化剂的加入对于墨水的生产相对来说是不利的,但是不加入矿化剂又达不到发色要求,因此对于可以不使用矿化剂的陶瓷色料,可以通过增加烧成温度和提高原料的初始细度来达到降低烧成温度和提高反应活性的目的。

在陶瓷墨水进入砂磨机研磨前的工艺处理也是十分关键的核心技术,选择合适的预分散处理工艺也是提高陶瓷墨水品质的技术手段之一。

5. 水性墨水

水性墨水将是下一款热门的喷墨材料。未来的 2~3 年,陶瓷行业将努力从油性墨水向水性墨水过渡,这是由于油性墨水固含量不高、固体颗粒易沉淀、发色力弱、难干燥、黏性大、易堵喷头等一系列问题容易影响瓷砖的生产流程。水性墨水将对目前正在使用油性墨水生产的瓷砖企业及油性墨水生产企业带来一次巨大的冲击。水性墨水本身的盐分具有一定的腐蚀性,但不会腐蚀喷头,也不会对瓷砖原料产生破坏性。

司马化工生产的水性墨水在意大利陶瓷厂家大批量使用已超过了 8 个月,发色力好,色彩范围宽,烧成温度广,大大降低了生产中出现的各种色差、拉线的缺陷,而且更方便机器的清洁保养。Ferro 公司研发的水性陶瓷墨水(实验室产品),墨水的色料颗粒尺寸从<$1\mu m$ 增大到 $3~10\mu m$,墨水的使用量从 $60g/m^2$ 增大到 $800g/m^2$,储存与应用很稳定,色彩稳定性高,目前已研发 10 个品种。Esmalglass-itaca 公司的 DPM 微米产品系列适合于高出墨量的打印喷头,材料使用量一般大于 $100g/m^2$,其中固体颗粒尺寸>$3\mu m$,在 2014 年 CEVISAMA 西班牙陶瓷展上获 ALFA DE ORO 奖。

水性墨水和油性墨水的物理性能相差比较远,喷墨设备的参数调整可能也会比较大,其关键在于水性墨水和喷头的匹配度,目前还没有见到与水性墨水特别吻合的喷头。对用户而言,若要使用水性墨水就要求喷墨量一定要足够大。另外,使用水性墨水意味着陶瓷企业要对生产线进行比较大的调整,带来的成本压力比较大,需要较长时间的推广、普及,但水性墨水会是未来的发展趋势。

6. 数字喷釉

数字釉料或数字喷釉已从概念变成现实。Ferro、Esmalglass-itaca 和 Colorobbia 三家公司已成功研发用于喷射工艺的釉料,并已进入到工业性大生产,这是施釉工艺的一次革命。用喷射的方法取代淋釉、喷釉、甩釉、辊印方法,可以节省釉料,缩短釉线,实现不同肌理效果(不用模具)。快速开发新产品,实现柔性生产,降低成本。数字釉料和数字喷釉将给釉料公司、喷墨设备厂、陶瓷企业带来新的商机。Colorobbia 与 Sacmi 公司 INTESA 合作,2014 年上半年在数字喷釉机上试验 C-Glaze,并进行中试生产。喷釉量可达 $200~1000g/m^2$,适合于不同的生产工艺技术(墙砖和地砖)。Ferro 研发用于数字喷釉的 Inks Nova 4.0,其墨水的颗粒尺寸分布>$5\mu m$,使用量 $500g/m^2$。数字喷釉所用釉浆黏度低、流变性好,颗粒尺寸大,釉浆喷出量可达 $300~800g/m^2$,在陶瓷砖表面产生新的显微结构,产生新的效果。喷釉的设备及技术都已成熟,但是现在的材料、喷头及运营成本的总和要远远高于从喷釉瓷砖获取的利润,因此市场暂时还不能接受。

7. 全数码施釉线

2014 年意大利里米尼展会上展示了全数码施釉线的蓝图,让不少到会者眼前一亮。但瓷砖表面装饰全数码化,从技术上、成本上、市场需要上都有问题,在近期内不足以对批量生产的陶瓷企业产生较大的影响。

1.4.4 国内学术研究

近年来发表的有关喷墨打印机和陶瓷墨水的论文有两百余篇。《佛山陶瓷》增刊出版了两本与之相关的论文集，分别为《陶瓷喷墨印刷实用生产技术汇编》和《陶瓷墙地砖喷墨印刷技术应用大全》。行业也制定了《陶瓷装饰用溶剂型喷墨打印墨水》（DB 44/T 1664—2015）标准（广东省地方标准）和《溶剂型陶瓷喷墨打印墨水》标准（中国建筑材料协会标准）。

1.4.5 国产陶瓷墨水的发展方向

事物具有两面性是必然的，喷墨技术同样如此。喷墨技术的发展，对于行业是迈向数码化的进步，是一个不容忽视的里程碑式的促进，但对于不少企业来说，这也是一个致命的技术。喷墨技术让设计、生产、研发、创新变得非常容易，然而技术越是数码化、智能化，抄袭越容易，这边企业有了创新的产品花色刚刚上市，那边已经将砖拿到手进行扫描输入喷墨设备开始生产了。

其次，如果要实现更丰富的效果以及更好的颜色，就需要进行不同技术的混合应用。相比于国产墨水制造商，进口墨水展商更加注重概念展示和实际体验，后者倾向于整体空间的解决方案，凸显终端产品的呈现效果，并在展示上注重拓宽陶瓷的应用领域，让陶瓷企业进一步明晰相关产品在终端应用的多种途径和方法。在欧洲，像 Siti B&T、萨克米之类的公司，都不会自己单纯进行技术与设备的创新研发，他们首先了解市场需求，然后通过设备企业的研发达到产品效果。从根本上来说还是市场创造了需求。

最后，陶瓷墨水的现有产能或已规划产能已基本超过市场需求，市场扩大、需求量的增加、销售量的变大都不能掩盖总体销售额和总体利润额的下降。墨水企业必须在进一步提高产品的质量和稳定性以及自身产业链整合上下工夫，才能在激烈的市场中生存。近几年，功能性墨水、水性墨水、金属墨水等产品成为众多企业研发的重点，而标准化的生产也逐渐地得到推广。

第 2 章　色彩学基础

Chapter 2　Chromatics Basics

2.1　光与色

色是光作用于人眼引起除形象以外的视觉特性。光是一种能在人眼的视觉系统中引起明亮感觉的电磁辐射。在电磁辐射中，只有波长在 380～780nm 之间的可引起视觉响应，被称为可见光，不同波长的可见光引起不同的颜色感觉。1666 年，牛顿使用棱镜将白色的太阳光分成多种单色光（图 2-1），形成的色阶被称为光谱（表 2-1）。

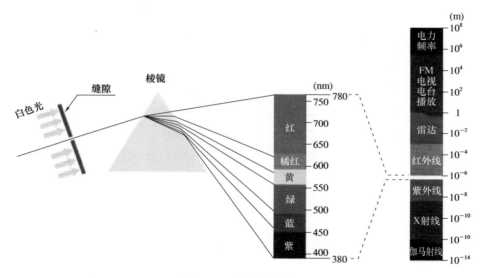

图 2-1　牛顿棱镜实验

表 2-1　光谱色

光谱色	波长（nm）	代表波长（nm）
红（Red）	780～630	700
橙（Orange）	630～600	620
黄（Yellow）	600～570	580
绿（Green）	570～500	550
青（Cyan）	500～470	500
蓝（Blue）	470～420	470
紫（Violet）	420～380	420

由表 2-1 可知，单色光的颜色是连续渐变的，无严格界限，且单色光颜色的感觉随着光强度的变化而变化，光谱中仅有 478nm、503nm 和 572nm 三个点的颜色不受光强度变化的影响。

　　在日常生活中，以由单色光混合而成的复色光居多，如太阳光、火光和人造光源。光源对颜色的影响主要在于其相对光谱分布功率，为光源中各个波长色光的辐射功率相对值与波长的函数关系，如图2-2所示。光源的颜色特性取决于光谱分布中各单色光的相对能量比例，与能量绝对值无关，绝对值的大小只反映光的强弱。

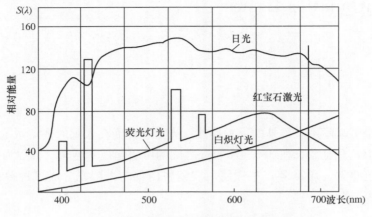

图 2-2　几种典型光源的相对光谱分布

　　光源的光谱功率分布既是其本身颜色的决定因素，也是其照明下观察物体时影响颜色的重要因素之一。不同光谱分布的光源照明同一个物体时会产生不同的颜色。因此，对物体颜色进行评价时，需要使用标准照明体。在普通色度学中，规定使用以下六种标准照明体：

　　照明体 A——完全辐射体在 2856K 时发出的光，其相对光谱功率分布根据普朗克辐射定律计算；

　　照明体 C——相关色温大约为 6774K 的平均日光，光色接近阴天天空的昼光；

　　照明体 D_{50}、D_{55}、D_{65} 和 D_{75}——相关色温分别为 5003K、5503K、6504K 和 7504K 时的昼光。

2.2　颜色的感知

　　颜色是光作用于人的视觉系统后产生的一系列复杂生理和心理反应的综合效果，可分为光源色、物体色和荧光色。自身发光形成的颜色为光源色；自身不发光，凭借光源照明，通过反射或透射形成的颜色为物体色；物体受光照射激发产生的荧光及反射或透射光共同形成的颜色为荧光色。

2.2.1　光度学

　　日常生活中使用的自然光源和人造光源的明亮程度可以在较大范围内变化。1760 年，朗伯建立了光度学（Photometry），在可见光范围内，考虑到人眼的主观因素后，定量测定光的明亮程度。由光度学得到的规格化的明亮度量称为光度量（Photometric Quantity）。光度量在表征明亮程度时考虑了视觉心理因素，引入光谱光视效率，由光谱光视效率与辐射通量的乘积得到光度量。人眼对不同波长光的感知程度不同，功率相同波长不同的单色光，人眼感知的明亮程度不同。人眼感知的灵敏度与波长的相互关系，被称为光谱光视效率，如图 2-3 所示。人眼的明视觉在绿色光（555nm）附近灵敏度最高，暗视觉在 507nm

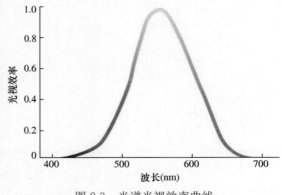

图 2-3　光谱光视效率曲线

附近最高。考虑到个体差异，国际照明委员会（International Commission on illumination）制定了标准光谱光视效率曲线。

光度量包括光能量、光通量、发光强度、照度、光出射度和亮度等，见表 2-2。

表 2-2　光度量的基本概念和关系

名　称	符　号	定义/方程	单　位
光能量 (Luminous energy)	Q	—	流明秒（lm·s）
光通量 (Luminous flux)	ϕ	光源单位时间射出的光能量	流明（lm）
发光强度 (Luminous intensity)	I	光源在指定方向单位立体角内的光通量	坎德拉（cd）
（光）亮度 (Luminance)	L	光源在单位面积上的发光强度	坎德拉每平方米（cd/m²）
光出射度 (Luminous existence)	M	离开光源表面一点处面元的光通量与该面元面积之比	流明每平方米（lm/m²）
（光）照度 (Illuminance)	E	接收面上一点的光照度等于照射在包括该点在内的一个面元上的光通量与该面元面积之比	勒克斯（lx）

2.2.2　颜色的视觉属性

在日常生活中，人们对颜色的感知在很大程度上受心理因素的影响。为了定性和定量地描述颜色，国际上统一规定色相、明度和饱和度作为颜色的三属性，也被称为颜色三要素，大致与色度学的颜色三属性——主波长、亮度和纯度相对应。

1. 色相

色相（Hue，简称 H）指颜色的相貌，是颜色彼此区别的最主要的基本特征，表示颜色质的区别。可见光谱不同波长的辐射在视觉上表现为不同的色相。光源的色相取决于辐射的光谱组成对人眼产生的感觉；物体的色相取决于光源的光谱组成和物体表面选择性吸收后所反射的各波长辐射的比例对人眼产生的感觉。因此，色相是不同波长的光刺激引起的不同颜色心理反应。

对于单色光，色相决定于其波长；对于复色光，色相决定于复色光中各波长色光的比例。颜色主波长相同，色相相同；主波长不同，色相不同，如红色颜料的色感是 700nm 主波长色光辐射的结果，若在此颜料中加入不同量的白、灰或黑，可得到灰艳、亮暗不同的色彩，因为主波长未变，故仍属于一个色相。色相与主波长之间的对应关系会随着光照强度的改变而发生变化，仅黄（572nm）、绿（503nm）和蓝（478nm）三个主波长恒定不变，被称为恒定不变颜色点。通常所指的色相为正常照度下的颜色。

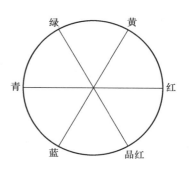

图 2-4　六色色相环

印刷行业通常以黄、品红（Magenta，谱外色）、青、红、黄和蓝 6 种色彩组成色相环（图 2-4），体现了颜色的互补和混合关系；在色相环上，通过中心点的两个对称的颜色是互补色，某一色可由其左右相邻颜色混合得到。

2. 明度

明度（Value，简称 V）不同于亮度，亮度是光度学的概念，而明度是人眼所能感受到的色彩的明暗程度，是判断一个物体比另一个物体能够较多或较少地反射光的色彩感觉的属性。通常采用物体的反射率或透射率表示物体表面的明暗感知属性。反射光或透射光的能量取决于物体表面照度和物体本身的表面状况。对于中性色，白色的明度最大，灰色次之，黑色最小。对于同一色相的色彩，反射率越高，明度值越大。对于不同色相的色彩，即使反射率相同，明度也不同；其中黄、橙黄和黄绿等色的明度较高，橙色和红色的明度居中，青色和蓝色的明度较低。由于明度的差别，同一种色相具有不同颜色，使画面生动，具有立体感。因此，明度是表达彩色画面立体空间关系和细微层次变化的重要特征。

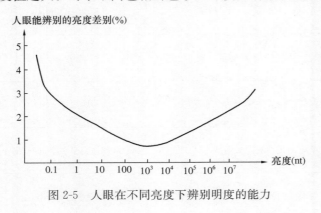

图 2-5　人眼在不同亮度下辨别明度的能力

人眼对色彩明度分辨的精确度取决于光适应作用和亮度水平。亮度太大或太小，人眼分辨明度差别的灵敏度会降低，只有在亮度适中的场合，人眼的分辨能力才处于最佳状态，如图 2-5 所示。

3. 饱和度

饱和度（Chroma 或 Saturation，简称 C 或 S）指颜色的纯洁性，即反射光线或透射光线接近光谱色的程度，也称为纯度或彩度。饱和度一般以色彩中的含单色光成分的比例表示。在纯色的颜料中加入白色或黑色，将降低颜色的饱和度。饱和度的高低是纯色与非彩色混合比例高低的结果，饱和度高，中性灰色含量少；饱和度低，中性灰色含量多。

物体颜色的饱和度取决于该物体表面选择性反射光谱辐射的能力。物体对光谱某一较窄波段的反射率高，而对其他波长的反射率低或没有反射，表明它有较高的选择性反射的能力，则该颜色的饱和度较高，反之较低。

颜色的饱和度还与呈色物体的表面结构有关。如果呈色表面结构光滑，表面反射光单向反射，观察该物体颜色时，可避开该反射方向上的白光，观察颜色的饱和度；对于表面粗糙的物体，由于表面反射是漫反射，在任何方向上都有白光反射，在一定程度上降低了色彩的饱和度。因此，光滑物体表面上的颜色比粗糙物体表面上的颜色鲜艳，饱和度较高。雨后的树叶和花朵颜色显得鲜艳，就是因为雨水洗去了表面的灰尘，填满了微孔，使表面变得光滑所致。

4. 颜色三属性的相互关系

颜色三属性既相互独立，又互相制约。某种颜色中加白可提高其明度，加黑则降低其明度；随着白和黑的增加，在颜色明度改变的同时，颜色的饱和度也会发生相应的变化，白和黑越多，饱和度越小。

颜色三属性可用光谱反射率曲线表示。曲线的峰值反射率对应的波长为色彩的主波长（色相），如图 2-6 所示。峰值反射率高低表示不同的明度，反射率越高，明度越大（图 2-7）；反射峰的宽窄为色彩饱和度的高低，反射峰窄，表示具有较高的选择性，饱和度较高（图 2-8）。

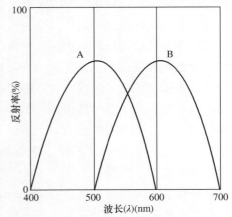

图 2-6　不同色相的光谱反射率曲线

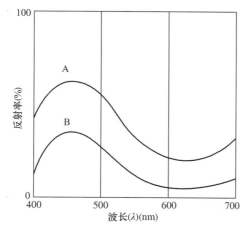

图 2-7　不同明度的光谱反射率曲线

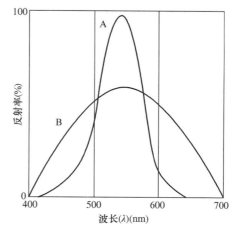

图 2-8　不同饱和度的光谱反射率曲线

2.3　颜色混合规律

不同的色彩混合在一起形成新的色彩叫做混色，经过混色可以再现广阔的色彩范围。照片、打印、印刷和显示等的色彩再现均以三原色为基础。三原色的混色分为色光加色法和色料减色法。

2.3.1　色光加色法

由牛顿的色散实验可知，可见光谱中所占面积最大的是蓝紫（B，420～470nm）、绿（G，500～570nm）和红（R，630～700nm）三种色光。红、绿和蓝以不同比例混合，基本上可以产生自然界中全部的色彩。因此，将红、绿和蓝称为色光三原色。

从能量的角度而言，色光混合是亮度的叠加，混合后色光的亮度必然高于混合前的各个色光，只有亮度低的色光作为原色才能混合出数目比较多的色彩；同时，三原色应具有独立性，通过三原色可以混合出其他色光，而三原色本身不可通过其他色光混合得到。因此，国际照明委员会（CIE）在 1931 年规定色光三原色的波长为红光（R）700nm、绿光（G）546.1nm、蓝光（B）435.8nm。红光为大红色相，具有黄味；绿光比较鲜嫩；蓝光略带红味。

由两种或两种以上色光混合呈现另一种色光的效果，称为色光加色法。

将等量的三原色混合时，遵循以下规律，如图 2-9 所示。

若采用三原色光进行不同比例的双色混合，混合色将偏向于比例大的颜色，形成一系列渐变的混合色。若将三原色光进行不同比例的三色混合，则混合色亮度提高，彩度降低，比例差别越小，彩度越低，即三原色比例越接近，混合色的彩度越低，越接近非彩色。

若两种色光混合后呈现白色光，则被称为互补色。

R＋C＝W（红光＋青光＝白光）

G＋M＝W（绿光＋品红光＝白光）

B＋Y＝W（蓝紫光＋黄光＝白光）

色光加色法的混色方程如式（2-1）

$$C = \alpha(R) + \beta(G) + \gamma(B) \qquad (2\text{-}1)$$

式中，C 为混合色光总能量；(R)、(G)、(B) 为三原

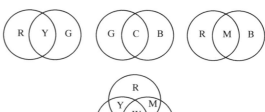

图 2-9　三原色光混合示意图

红光（R）＋绿光（G）＝黄光（Y）

红光（R）＋蓝光（B）＝品红光（M）

蓝光（B）＋绿光（G）＝青光（C）

红光（R）＋绿光（G）＋蓝光（B）＝白光（W）

色能量；α、β、γ 为三原色分量系数。

因此，由式（2-1）可知，色光加色混合的实质是色光能量的相加，混合产生的色光的亮度总是高于原色色光。

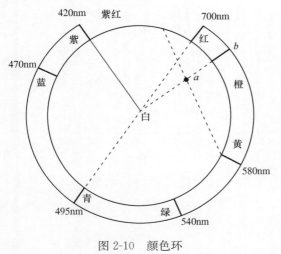

图 2-10　颜色环

颜色的混合规律可通过颜色环表示。将饱和度最高的光谱色按照顺序围成一个圆环，构成颜色立体圆周，即为颜色环，如图 2-10 所示。颜色环内或圆周上每一个位置代表一种颜色，白色位于圆环中心，位置越靠近圆环中心，颜色越不饱和，圆周上的颜色饱和度最大。在颜色环中，互补的两色相隔圆心对应，并与圆心成一直线；任意二非互补色混合后得到的中间色位于连接两色的直线上，并根据二色光的比例，偏向于比例大的一方。

色光加色混合包括色光直接混合（视觉器官外加色混合）和色光反射混合（视觉器官内加色混合）两类。光源在发射光波的过程中直接混合呈色称为色光直接混合；如果参加混合的单色光分别刺激人眼的感色细胞，则称为色光反射混合，包括静态混合（并列混合或空间混合）和动态混合（时间混合）。

当不同的色块面积很小或距离观察者很远时，其反射光能投射到人眼视网膜的同一部位，产生新色调，称为色光的静态混合。当各色彩处于动态，不同的色彩以一定速度交替呈现在眼前时，人眼中会产生不同的色彩混合现象，称为动态混合。麦克斯韦尔色盘为典型的动态混合。

2.3.2　色料减色法

在实际应用中，大量物体经过色料处理，可使无色的物体呈现颜色，有色的物体改变颜色。色料通过对不同波长的可见光进行选择性吸收后呈现出不同颜色。色料混合后，吸收的光增加，反射光或透射光减少，故被称为减色混合。

色料混合后，光能量减少，混合后的颜色明度不如混合前，采用明度高的色料作为原色才能混合出数目较多的颜色。与色光三原色类似，青、品红和黄三色料以不同比例混合可得到的色域最大，而自身不可通过另两种色料混合得到，被称为色料三原色，其减色方程如下：

$$W-R=G+B=Y（黄）$$
$$W-G=R+B=M（品红）$$
$$W-B=R+G=C（青）$$

将色料三原色进行等量混合时：

$$M+C=B（蓝）$$
$$M+Y=R（红）$$
$$C+Y=G（绿）$$
$$M+Y+C=K（黑）$$

将色料三原色进行不等量混合后的色相偏向比例大的原色。

当色料混合时，若色料三原色中的某一个颜色与其他色料混合后呈现黑色，则该二色料为互补色。

$$M+G=K（黑）$$
$$Y+B=K（黑）$$
$$C+R=K（黑）$$

色料减色混合包括透明色彩层的叠合与色料的调和两种类型。在白光中透明滤色片，与滤色片颜色为补色关系的色光被吸收，相同的色光被透过，此为透明色彩层的叠合。色料的调和指几种色料混合后成为新的颜色，亦称为调色。在调色过程中，色料三原色为一次色；两种原色调和得到的颜色称为间色或二次色，如 R、G、B；三原色混合产生的颜色称为复色或三次色，如黑色、枣红色、橄榄绿和古铜色。Y、M、C、R、G、B、黑色、枣红色、橄榄绿和古铜色常被称为色料的基本十色，如图 2-11 所示。

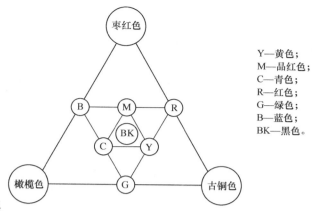

Y—黄色；
M—品红色；
C—青色；
R—红色；
G—绿色；
B—蓝色；
BK—黑色。

图 2-11　色料基本十色关系

2.3.3　色光加色法和色料减色法的关系

色光加色法和色料减色法均与色光和能量相关。加色混合后，亮度增加，而减色混合后，亮度降低。对于色光加色法，互补色相加得到白色，对于色料减色法，互补色相加得到黑色。色光三原色与色料三原色有所不同。色光加色法和色料减色法的对比见表 2-3。

表 2-3　色光加色法和色料减色法的对比

项　目	色光加色法	色料减色法
三原色	R、G、B	Y、M、C
呈色基本规律	(R) + (G) = (Y) (R) + (B) = (M) (G) + (B) = (C) (R)+(G)+(B)=(W)	(Y) + (M) = (R) (Y) + (C) = (G) (M) +(C) = (B) (M) + (C) + (Y) = (BK)
实质	色光相加，能量相加，越加越亮	色料相加，能量减弱，越加越暗
效果	明度增大	明度减小
呈色方法	视觉器官内的加色混合 视觉器官外的加色混合 静态混合 动态混合	色料掺合 透明色层的叠合
补色关系	互补色光相加形成白光	互补色料相加形成黑色
主要用途	颜色测量、彩色电视、剧场照明	彩色绘画、彩色印刷、彩色摄影、彩色印染

2.4　颜色的表示系统

各个颜色都具有色相、明度和饱和度三个属性，因此必须使用三维空间几何模型表示不同的颜色，称之为颜色立体或颜色空间，常用的模型包括：双锥体模型、柱形模型、立方体模型和空间坐标模型，如图 2-12～图 2-15 所示。

双椎体模型（图 2-12）的垂直轴表示白黑系列明度的变化，两端分别代表白色和黑色，中间为中性灰轴，表示非彩色；锥体水平面圆周上点的位置表示色相；锥体水平面的径向表示饱和度，由圆周向圆心饱和度逐渐降低，圆心的饱和度为 0。由该模型可知：明度最高或最低时，饱和度为 0，当明度中等时，饱和度最大。柱形模型（图 2-13）采用柱形立体表示色彩的色相、明度和彩度。对于空间坐标模型（图 2-14），垂直轴表示明度，黄-蓝色轴、红-绿色轴与白-黑轴互相垂直，因此任一颜色都可在此模型中找到相应的坐标点。类似的表示方法还有立方体模型，如图 2-15 所示。

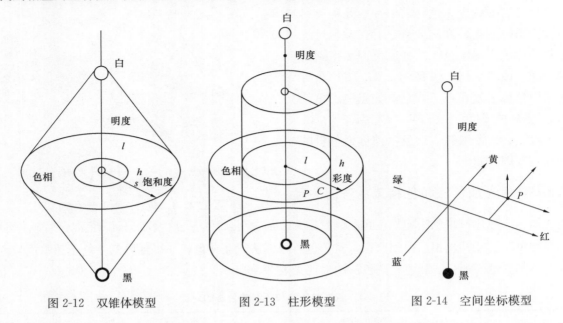

图 2-12　双锥体模型　　　　图 2-13　柱形模型　　　　图 2-14　空间坐标模型

色彩可采用色名系或表色系表示。色名系通过色彩的惯用名称或系统名称表示，而表色系为定量描述色彩的方法，包括显色系和混色系，如图 2-16 所示。

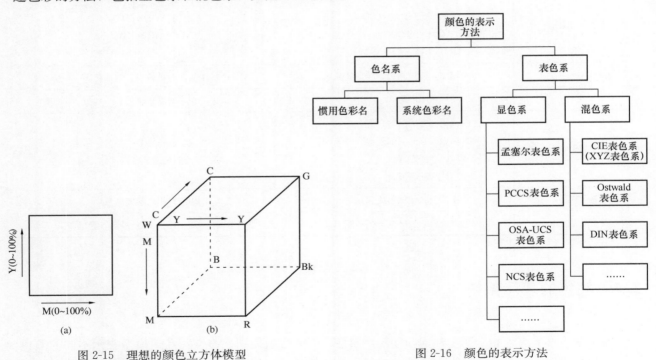

图 2-15　理想的颜色立方体模型　　　　　　　图 2-16　颜色的表示方法

2.4.1　孟塞尔颜色系统

孟塞尔颜色系统（Munsell color system）由 Albert Henry Munsell 创立，采用一个类似球体的模型（图 2-17）表示各表面色的色调、明度和饱和度，模型中的每一部位代表一种特定的颜色，并给以标号。目前国际上已广泛采用孟塞尔颜色系统作为分类和标定表面色的方法。中央轴代表中性色的明度等级，从底部的黑色至顶部的白色，称为孟塞尔明度值 V。某一特定颜色与中央轴的水平距离代表饱和度，称为孟塞尔彩度 C，中央轴上中性色的彩度为 0，离中央轴越远，彩度值越大。垂直于中央轴的圆平面周向代表颜色的色相 H。

孟塞尔颜色立体水平剖面上的各个方向代表 10 种基本色，包括 5 种原色：红（R）、黄（Y）、绿（G）、蓝（B）、紫（P）和 5 种间色：黄红（YR）、绿黄（GY）、蓝绿（BG）、紫蓝（PB）、红紫（RP）；每个基本色进一步分为 10 个等级，采用数字 1～10 表示，5 为纯正的颜色，小于 5 的颜色偏向于 1 号相邻的色相，大于 5 的颜色偏向于 10 号相邻的色相，采用数字与颜色符号组合表示。因此，孟塞尔色相环共有 100 种色相。中央轴代表无彩色黑白系列中性色的明度等级，黑色在底部，白色在顶部，分为 0～10 共 11 个等级，以 N0、N1······N10

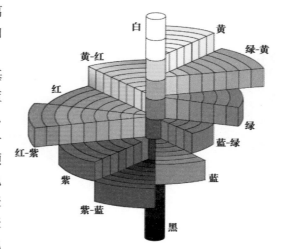

图 2-17　孟塞尔颜色模型

表示。颜色样品离开中央轴的水平距离代表饱和度的变化，中央轴上的中性色彩度为 0，离中央轴越远，彩度数值越大，通常以每两个彩度等级为间隔制作一颜色样品。各种颜色的最大彩度不相同，个别可达到 20。

任何颜色都可采用色相、明度和彩度三坐标给以标定，标定的方法为 HV/C，如标号为 10G6/8 的颜色，色相是绿和蓝绿的中间色，明度值为 6，彩度为 8。中性色用 N 表示，N 后标明度值，如 N5 代表明度值为 5 的灰色。

根据孟塞尔颜色系统，美国在 1915 年出版了《孟塞尔颜色图谱》（Munsell Atlas of Color），并于 1929 年和 1943 年做出修订，制定了孟塞尔新标系统（Munsell Renovation System）。新标系统中的每一色样都具有对应的 CIE1931 色度学系统的色度坐标。目前，孟塞尔颜色图册（The Munsell Book of Color）包括光泽版（Glossy Edition）、亚光版（Matte Edition）和近中性色版（Nearly Neutrals Edition）。

2.4.2　CIE 标准色度系统

CIE 标准色度系统由国际照明委员会（Commission internationale de l'éclairage，CIE）建立，用于采用数字化和标准化的方式表示色彩空间。根据颜色混合规律，任何色彩都可以由色光三原色混合得到，如式（2-2）所示，此为颜色方程。

$$(C) \equiv R(R) + G(G) + B(B) \tag{2-2}$$

式中，以（C）为待匹配的颜色；（R）、（G）、（B）为红、绿、蓝三原色；R、G、B 为红、绿、蓝三原色的数量（三刺激值）；$\equiv$ 代表匹配，即视觉上相等。色度学一般不使用三原色的数量表示颜色，而采用三原色在总量中的相对比例表示，被称为色品坐标，如式（2-3）所示。

$$\begin{cases} r = \dfrac{R}{R+G+B} \\ g = \dfrac{G}{R+G+B} \\ b = \dfrac{B}{R+G+B} \end{cases} \tag{2-3}$$

某一颜色 C 的色品坐标可表示为式（2-4）：

$$C = (r, g, b) \tag{2-4}$$

以标准白光（W）为例，其色品坐标为式（2-5）：

$$W = (0.3333, 0.3333, 0.3333) \tag{2-5}$$

现代色度学采用 CIE 规定的一套颜色测量原理、数据和计算方法对色彩进行定量描述。CIE 标准色度系统以两组基本视觉实验数据为基础,包括 CIE 1931 标准色度观察者和 CIE1964 补充标准色度观察者,且应当在明视觉条件下使用此两类基础数据。

1. CIE 1931 *RGB*

CIE 1931 *RGB* 真实三原色表色系统综合 W. D. Wright 和 J. Guild 的实验结果,取其光谱三刺激值的平均值作为该系统的光谱三刺激值。CIE 规定红、绿、蓝三原色的波长分别为 700nm、546.1nm、435.8nm,匹配等能白光的三原色光亮度比例为 1.0000：4.5967：0.0601,辐射能之比为 72.0962：1.3791：1.0000。CIE 将该比例定义为红、绿、蓝三原色的单位量,即 $(R)：(G)：(B)=1：1：1$。以此为基础,给出了各波长光谱色的三刺激值,波长为 λ 的光谱色的匹配方程如公式 (2-6) 所示。

$$C_\lambda \equiv \overline{r}(\lambda) \cdot (R) + \overline{g}(\lambda) \cdot (G) + \overline{b}(\lambda) \cdot (B) \tag{2-6}$$

式中,$\overline{r}(\lambda)$、$\overline{g}(\lambda)$、$\overline{b}(\lambda)$ 为光谱三刺激值。光谱三刺激值和光谱色度坐标的关系可表示为式(2-7):

$$\begin{cases} r(\lambda) = \dfrac{\overline{r}(\lambda)}{\overline{r}(\lambda) + \overline{g}(\lambda) + \overline{b}(\lambda)} \\[2mm] g(\lambda) = \dfrac{\overline{g}(\lambda)}{\overline{r}(\lambda) + \overline{g}(\lambda) + \overline{b}(\lambda)} \\[2mm] b(\lambda) = \dfrac{\overline{b}(\lambda)}{\overline{r}(\lambda) + \overline{g}(\lambda) + \overline{b}(\lambda)} \end{cases} \tag{2-7}$$

然而,CIE 1931 *RGB* 的三刺激值会出现负值,导致使用不便,因此 CIE 推荐使用 CIE 1931 *XYZ* 色度学系统。

2. CIE 1931 *XYZ*

CIE 1931 *XYZ* 系统在 CIE 1931 *RGB* 系统的基础上选用三个理想的原色 X、Y、Z 代替实际的三原色,避免了 CIE 1931 *RGB* 系统中的负值,使色度系统更为直观。X、Y、Z 在 CIE 1931 *RGB* 色度图中的坐标见表 2-4。

表 2-4 理想三原色

坐 标	r	g	b
X	1.275	−0.278	0.003
Y	−1.739	2.767	−0.028
Z	−0.743	0.141	1.602

CIE 1931 *XYZ* 系统和 CIE 1931 *RGB* 系统色度坐标的关系为式 (2-8):

$$\begin{cases} x(\lambda) = \dfrac{0.49000r(\lambda) + 0.31000g(\lambda) + 0.20000b(\lambda)}{0.66697r(\lambda) + 1.13240g(\lambda) + 1.20063b(\lambda)} \\[2mm] y(\lambda) = \dfrac{0.17697r(\lambda) + 0.81240g(\lambda) + 0.01063b(\lambda)}{0.66697r(\lambda) + 1.13240g(\lambda) + 1.20063b(\lambda)} \\[2mm] z(\lambda) = \dfrac{0.00000r(\lambda) + 0.01000g(\lambda) + 0.99000b(\lambda)}{0.66697r(\lambda) + 1.13240g(\lambda) + 1.20063b(\lambda)} \end{cases} \tag{2-8}$$

基于公式 (2-8),CIE 1931 *XYZ* 系统和 CIE 1931 *RGB* 系统三刺激值之间的关系为式 (2-9):

$$\begin{cases} X = 2.7689R + 1.7517G + 1.1302B \\ Y = 1.0000R + 4.5907G + 0.0601B \\ Z = 0.0000R + 0.0565G + 5.5943B \end{cases} \tag{2-9}$$

在 CIE 1931 XYZ 系统中，用于匹配等能光谱色的 X、Y、Z 三原色数量被称为 CIE 1931 标准色度观察者光谱三刺激值，即 CIE 1931 标准色度观察者颜色匹配函数或 CIE 1931 标准色度观察者，由 CIE 以表格或色度图的形式给出。

由前文可知，描述颜色需要三属性，而在 CIE 1931 XYZ 系统中色度坐标仅描述了颜色的色度，还需要引入表示颜色亮度特征的亮度因数 Y，建立 Yxy 表示方法，才能完全唯一地定量描述一个颜色。Yxy 和 XYZ 的转换关系见式（2-10）：

$$\begin{cases} Y = Y \\ x = \dfrac{X}{X+Y+Z} \\ y = \dfrac{Y}{X+Y+Z} \end{cases} \tag{2-10}$$

CIE 1931XYZ 色度学系统适用于 $1°\sim4°$ 视场的颜色测量，当视角增大时，颜色视觉将发生变化，因此针对 $10°$ 视场的色度测量，CIE 于 1964 年发布了 CIE 1964 XYZ 补充标准色度观察者光谱三刺激和相应的色度图，即 CIE 1964 XYZ 补充标准色度学系统。

3. CIE 1976 $L^* a^* b^*$

CIE 1931 XYZ 系统可定量地描述颜色，并进行颜色计算，但是其色度坐标难以与颜色感觉直接对应，而且无法反应色差。为此，CIE 于 1976 年推出 CIE 1976 $L^* a^* b^*$ 色彩空间和 CIE 1976 $L^* u^* v^*$ 色彩空间及其相关色差公式，作为国际通用的色彩测量标准。对于 CIE 1976 $L^* a^* b^*$ 色彩空间，三个基本坐标分别表示颜色的明度（L^*，0 时为黑色，100 时为白色）、红色和绿色之间的位置（色度 a^*，$-100\sim100$）和黄色和蓝色之间的位置（色度 b^*，$-100\sim100$）。$L^* a^* b^*$ 的计算公式见式（2-11）：

$$\begin{cases} L^* = 116\left(\dfrac{Y}{Y_0}\right)^{\frac{1}{3}} - 16, \left(\dfrac{Y}{Y_0} > 0.01\right) \\ a^* = 500\left[\left(\dfrac{X}{X_0}\right)^{\frac{1}{3}} - \left(\dfrac{Y}{Y_0}\right)^{\frac{1}{3}}\right] \\ b^* = 200\left[\left(\dfrac{Y}{Y_0}\right)^{\frac{1}{3}} - \left(\dfrac{Z}{Z_0}\right)^{\frac{1}{3}}\right] \end{cases} \tag{2-11}$$

式中，X、Y、Z 代表颜色样品的三刺激值；X_0、Y_0、Z_0 代表 CIE 标准照明体的三刺激值。对于标准光源 C，$X_0 = 98.072$、$Y_0 = 100$、$Z_0 = 118.255$；对于标准光源 D_{65}，$X_0 = 95.045$、$Y_0 = 100$、$Z_0 = 108.255$。

另外，CIE 还定义了彩度和色相角，分别如式（2-12）式（2-13）所示。

$$彩度\ C_{ab}^* = \left[(a^*)^2 + (b^*)^2\right]^{\frac{1}{2}} \tag{2-12}$$

$$色相角\ h_{ab}^* = \arctan\left(\frac{b^*}{a^*}\right)（弧度）= \frac{180}{\pi}\arctan\left(\frac{b^*}{a^*}\right)（度） \tag{2-13}$$

基于 CIE 1976 $L^* a^* b^*$ 的色彩标定方法，色差即两个颜色相隔的距离，可用 ΔE 表示，其单位为 NBS（为 National Bureau of Standards 的缩写）。一个 NBS 相当于 $0.0015\sim0.0025$ 色度坐标的变化。

$$明度差\ \Delta L^* = L_1^* - L_2^* \tag{2-14}$$

$$色度差\ \Delta a^* = a_1^* - a_2^* \tag{2-15}$$

$$色度差\ \Delta b^* = b_1^* - b_2^* \tag{2-16}$$

$$\Delta E = \sqrt{(L_1^* - L_2^*)^2 + (a_1^* - a_2^*)^2 + (b_1^* - b_2^*)^2} \tag{2-17}$$

$$\Delta C_{ab}^* = C_{ab1}^* - C_{ab2}^* \tag{2-18}$$

$$\Delta h_{ab}^* = h_{ab1}^* - h_{ab2}^* \tag{2-19}$$

$$色相差\ \Delta H_{ab}^* = \sqrt{(\Delta E_{ab}^*)^2 - (\Delta L^*)^2 - (\Delta C_{ab}^*)^2} \tag{2-20}$$

若以 2 号样为标准色，则 ΔL^* 表示样品和标准样的深浅差，正值表示样品成比标准浅，明度高；负值表示样品比标准深，明度低。Δa^* 为正值，表示样品比标准偏红；反之偏绿。Δb^* 为正值，表示样品比标准偏黄；反之偏蓝。ΔC_{ab}^* 为正值，表示样品比标准色彩度高，含白光或灰分较少；反之样品比标准色彩度低，含白光或灰分较多。Δh_{ab}^* 为正值，表示样品色位于标准色的逆时针方向上；反之表示样品色位于标准色的顺时针方向上。

CIE 1976 $L^*a^*b^*$ 色差公式推出后，得到了广泛的应用，但是其自身存在的不足之处使其在描述颜色时的计算结果并不能始终与目测感觉保持一致，因此，对色差公式的改良始终是各国学者研究的热点，如 FCM（Fine Color Metric）色差公式、LABHNU 色差公式、JPC79 色差公式、CMC（1：c）色差公式、CIE 94 色差公式和 CIE DE 2000 色差公式等。在实际使用时，可根据用途有针对性地选用。

2.5 色度的测量方法

物体在不同光源照射下具有不同的颜色，同时样品材料的性能及其几何条件也会对色度测量造成影响。为了使颜色的测量与计算标准化，CIE 规定了相应的标准照明体（表 2-5）、标准色度观察者和标准的照明观测几何条件。

表 2-5 标准光源

光　源	x	y	色温（K）
A	0.4476	0.4075	2856
B	0.3485	0.3518	4870
C	0.3101	0.3163	6770
D_{65}	0.3127	0.3290	6500
D_{75}	0.2991	0.3150	7500
D_{55}	0.3324	0.3475	5500

CIE 对反射样品推荐了 10 种几何条件；对透射样品推荐了 6 种几何条件。根据光束结构，几何条件可分为两类：一是定向型，如 $45^\circ a：0^\circ$、$0^\circ：45^\circ a$、$45^\circ x：0^\circ$、$0^\circ：45^\circ$；二是漫射型。CIE 推荐的几何条件适用于大多数样品和大多数色度测量仪器。

2.5.1 基本术语

1. 参照平面（Reference plane）

测量反射样品时，参照平面为放置样品或参比标准的平面，几何条件相对于此平面确定；测量透射样品时，有两个参照平面，包括入射光参照平面和透射光参照平面，二者的距离等于样品厚度。CIE 推荐书假定样品厚度可以忽略，两个参照平面合为一个。

2. 采样孔径（Sampling aperture）

采样孔径为参照平面上被测量的面积，大小由被照明面积和被探测器接收面积中较小的确定。如果照明面积大于接收面积，被测面积称为过量（Over filled）；如果照明面积小于接收面积，被测面积称为不足（Under filled）。

3. 调制（Modulation）

调制为反射比、反射因数、透射比的通称。

4. 照明几何条件〔Irradiation or influx（illumillation or incidence）geometry〕

照明几何条件为采样孔径中心照明光束的角分布。

5. 接收几何条件〔Reflection/transmission or efflux（collection，measuring）geometry〕

接收几何条件为采样孔径中心接收光束的角分布。

2.5.2　定向照射的命名

1. 45°方向几何条件（45°x）

测量反射样品颜色时，45°x 表示与样品法线成 45°，且只有一条光束照明样品，x 表示该光束在参照平面上的方位角。方位角的选取应考虑样品的纹理和方向性。

2. 45°环形几何条件（45°a）

测量反射样品颜色时，45°a 表示与样品法线成 45°，从所有方向同时照明样品，a 表示环形照明。45°环形几何条件可减小样品纹理和方向性对测量结果的影响。

3. 0°方向几何条件（0°）

在反射样品的法线方向照明。

4. 8°方向几何条件（8°）

单方向照明，且与反射样品法线成 8°角，在实际应用中，该条件往往可代替 0°方向几何条件。

2.5.3　反射测量条件

（1）di：8°

漫射照明，8°方向接收，包括镜面反射成分，照明面积应大于被测面积，接收光束的轴线与样品中心的法线之间的夹角为 8°，接收光束的轴线与任一条光线之间的夹角不应超过 5°。

（2）de：8°

漫射照明，8°方向接收，排除镜面反射成分，几何条件 di：8°，只是接收光束中不包括镜面反射成分和与镜面反射方向成 1°角以内的其他光线。

（3）8°：di

8°方向照明，漫反射接收，包括镜面反射成分，几何条件同 di：8°，光路是 di：8°的逆向光路。

（4）8°：de

8°方向照明，漫反射接收，排除镜面反射成分，几何条件同 de：8°，光路是 de：8°的逆向光路。

（5）d：d

漫射照明，漫反射接收，几何条件 di：8°，漫反射光从所有方向上接收，照明面积和接收面积一致。

（6）d：0°

漫射照明，0°方向接收，排除镜面反射成分，d：0°是漫射照明的另一种形式，样品被漫射照明，在样品法线方向上接收，可较好地排除镜面反射成分。

（7）45°a：0°

45°环形照明，0°方向接收，样品被环形圆锥光束均匀地照明，该光束轴线与样品法线重合，顶点在样品中点，内圆锥半角为 $40°$，外圆锥半角为 $50°$，两圆锥之间的光束用以照明样品。在法线方向上接收，接收光锥的半角为 $5°$，接收光束应均匀地照明探测器。如果将上述照明光束改为在一个圆环上安装若干离散光源或若干光纤束照明样品，即为 $45°c：0°$ 几何条件。

（8）$0°：45°a$

$0°$ 方向照明，$45°$ 环形接收，几何条件同 $45°a：0°$，采用 $45°a：0°$ 的逆向光路，在法线方向上照明样品，在与法线或 $45°$ 方向上环形接收。

（9）$45°x：0°$

$45°$ 定向照明，$0°$ 方向接收，几何条件同 $45°a：0°$，但照明方向只有一个，而不是环形，x 表示照明的方位，在法线方向上接收。

（10）$0°：45°x$。

$0°$ 定向照明，$45°$ 方向接收，几何方向同 $45°x：0°$，位 $45°x：0°$ 的逆向光路，法线方向上照明样品，在一定方位角上与法线成 $45°$ 角接收。

CIE 标准照明和观测条件与现实情况或光暗室中观察物体时所看到的明显不一致。首先，上述几何条件将纹理均匀化，但是纹理是决定试样外貌的一个重要因素，对色差具有较大的影响。因此实际计算纹理的方式不可能与仪器测量的空间均匀相等；其次，大多数照明是定向成分与漫射成分的组合与 CIE 的标准几何条件存在矛盾。对于漫射材料，几何条件的影响较小；对于高光泽材料，其表面形成一个易画出界限的镜面反射，所以观察者可以通过选择样品消除镜面反射成分。如果样品放置在光暗室的底面，并以 $45°$ 角观察，则光暗室的后部应衬上黑色的天鹅绒以消除镜面反射，此时可选用 $di：8°$ 和 $45°a：0°$ 中的任何一个条件进行测量。对于表面介于高光泽和高漫射之间的样品，它的色貌取决于照明的几何条件。如果能改变定向和漫反射的成分的比例，并保持颜色和照明强度的不变，那么可以观察到这些材料的明度和彩度发生改变。这时优先选择 $45°a：0°$ 几何条件。

2.5.4　透射测量条件

（1）$0°：0°$

$0°$ 照明，$0°$ 接收，照明光束和接收光束均为相同的圆锥形，均匀地照明样品或探测器，轴线在样品中心的法线上，半锥角为 $5°$。探测器表面的响应要求均匀。

（2）$di：0°$

漫射照明，$0°$ 接收，包括规则透射成分，样品被积分球在所有方向上均匀地照明，接收光束的几何条件同 $0°：0°$。

（3）$de：0°$

漫射照明，$0°$ 接收，排除规则透射成分，几何条件同 $di：0°$，只是当不放样品时，与光轴成 $1°$ 以内的光线均不直接进入探则器。

（4）$0°：di$

$0°$ 方向照明，漫透射接收，包括规则透射成分，此几何条件是 $di：0°$ 的逆向光路。

（5）$0°：de$

$0°$ 方向照明，漫透射接收，排除规则透射成分，此几何条件是 $de：0°$ 的逆向光路。

（6）$d：d$

漫射照明，漫透射接收，样品被积分球在所有方向上均匀地照明，透射光均匀地从所有方向上被积分球接收。

2.5.5　多角几何条件

传统的材料在推荐的标准照明与观察几何条件下，在整个漫射角范围内旋转样品时具有相同的颜色。但是，现代的许多材料具有因角变色性，如含有金属片或珠光颜料的涂料。研究表明，为了使多角测量得到的色度数据与因角变色材料的视觉评价相一致，一般应采用三个观察角，具体的角度则可以根据实际的需要选择，如美国推荐使用 15°、45°和 110°逆定向反射角；而德国推荐使用 25°、45°和 75°逆定向反射角。

2.5.6　色度测量仪器

通常使用的色度测量仪器包括色差计、分光光度计和光电积分式色度计等。色差计是一类简单的颜色偏差测试仪器，通过一块模拟人眼感色灵敏度的滤光片，对样品进行测光，可测物体的反射色。采用分光光度法测量颜色包括物体反射或透射光度特性的测定，并根据标准色度观察者光谱三刺激值函数计算出样品的三刺激值 X、Y、Z 等色度参数。光电积分式颜色测量原理有所不同，其在整个测量波长范围内对被测颜色的光谱能量进行一次性积分测量。通过三路积分测量，分别得到样品颜色的三刺激值 X、Y、Z，进一步计算出样品颜色的色品坐标及其他相关色度参数。

参考文献

［1］　日本 MD 研究会，电塾，DTPWORLD，等．图解色彩管理［M］．第一版．北京：人民邮电出版社，2012.

［2］　郑元林，周世生．印刷色彩学［M］．第三版．北京：印刷工业出版社，2013.

［3］　程杰铭，郑亮，刘艳．色彩原理与应用［M］．第一版．北京：印刷工业出版社，2014.

［4］　中华人民共和国国家质量监督检验检疫总局，中国国家标准化管理委员会．GB/T 15608—2006 中国颜色体系［S］．北京：中国标准出版社，2006.

［5］　中华人民共和国国家质量监督检验检疫总局，中国国家标准化管理委员会．GB/T 3977—2008，颜色的表示方法［S］．北京：中国标准出版社，2008.

［6］　中华人民共和国国家质量监督检验检疫总局，中国国家标准化管理委员会．GB/T 3979—2008 物体色的测量方法［S］．北京：中国标准出版社，2008.

［7］　中华人民共和国国家质量监督检验检疫总局．GB/T 5698—2001 颜色术语［S］．北京：中国标准出版社，2001.

［8］　中华人民共和国国家质量监督检验检疫总局．GB/T 5702—2003 光源显色性评价方法［S］．北京：中国标准出版社，2003.

［9］　中华人民共和国国家质量监督检验检疫总局，中国国家标准化管理委员会．GB/T 7922—2008，照明光源颜色的测量方法［S］．北京：中国标准出版社，2008.

［10］　DONDI M, BLOSI M, GARDINI D, 等．Ceramic pigments for digital decoration inks: an overview［C］//CFI—Ceramic Forum International. CASTELLÓN, SPAIN: 2012, 89(8-9): 1-12.

第3章　陶瓷墨水专用色料生产技术

Chapter 3　Production Technology of Pigments for Ceramic Ink

3.1　陶瓷墨水专用色料生产技术

3.1.1　陶瓷墨水专用色料的制备与工艺特点

陶瓷色料是陶瓷墨水的核心。陶瓷墨水的性能要求除普通墨水的颗粒度、黏度、表面张力、电导率、pH 值以外，根据陶瓷墨水应用的特点，对陶瓷色料的要求还有一些特殊性能：（1）要求陶瓷色料粉体在溶剂中能保持良好的化学和物理稳定性，经长时间存放，不会出现化学反应和色料颗粒的团聚，不会出现色料颗粒的沉淀。（2）要求在打印过程中，陶瓷色料颗粒能在短时间内以最有效的堆积结构排列，附着牢固，获得较大密度的打印层，以便煅烧后具有高的烧结密度。（3）色料在加工到喷墨打印机能顺利使用的粒径和粒径分布时（最大颗粒小于 $1.0\mu m$，平均粒径 D_{50} 在 $300\sim400nm$ 的范围内）色料的色饱和度下降不太明显，色料高温烧成后稳定，具有良好的呈色性能以及与坯釉的匹配性能。

目前陶瓷喷墨打印色料的制造方法主要集中于溶胶凝胶法、反相乳相法和分散法。溶胶凝胶法在色料的合成过程中，能够实现反应物之间在分子、离子级别的分散混合，因此该方法制备的色料颜色纯正，发色强度好。通过纳米技术的应用，可以使形成的色料颗粒尺寸在几十个纳米到几百个纳米之间。色料的颗粒及其分布能直接满足喷墨打印对色料粒度的要求。但是溶胶凝胶法使用的原料昂贵，溶胶不稳定，工艺复杂，工艺控制的难度很大。单批做出的颜料可以很好，但不同批次色料性能的重复性较差。因此溶胶凝胶法的研究多处于实验室阶段，要使溶胶凝胶法用于墨水的商品化生产仍有较长的路要走。反相乳相法也存在溶胶凝胶法同样的问题，难以实现工业化生产。另外反相乳相法制得的墨水固含量低，仍有许多技术问题需要解决。分散法的工艺相对简单易行，工艺控制容易实施，尽管分散法制备的色料用于喷墨打印时色料的发色强度会有明显的降低，但它容易实现墨水陶瓷色料的工业化生产，目前国内墨水使用色料主要采用分散法生产。

陶瓷墨水色料要加工到最大颗粒小于 $1.0\mu m$，平均粒径 $300\sim400nm$，对于不同晶体结构的色料，色饱和度的降低情况是完全不同的。具有尖晶石晶体结构的色料，色料的色饱和度降低很小。有些情况下色料的色饱和度还能增加，发色能力细磨后更强，因此选择陶瓷墨水色料时应尽可能选择具有尖晶石晶体结构的色料，如蓝色中的钴蓝系列色料，棕色中的红棕、黄棕色料。尖晶石晶体色料一个最显著的特点是它的发色元素是构成尖晶石晶体的基础成分之一。只要合成色料的晶体较完整，在进行超细处理时，细粉碎会使色料的分散性更好，色料的色饱和度降低不会明显。

黄色颜料中的镨黄，它的主晶相是锆英石，但镨黄中的发色元素镨，不是构成锆英石的基础成分。镨是以掺杂的形式取代部分四价离子而进入晶格。镨的掺杂必然使得锆英石晶格发生畸变，晶体结构的稳定性会明显降低，而且镨掺杂进入硅酸锆晶体中的量是有限的。当对镨黄晶体进行超细粉碎时，畸形的锆英石晶体容易在釉中熔融，而使镨黄的色饱和度明显降低。在陶瓷墨水镨黄的生产过程中，一方面要尽可能使得合成的色料晶体细小，使得超细粉碎时，对晶体结构的破坏最小，同时又要使晶体结构尽可能完整。红色色料中的玛瑙红，属于榍石型晶体结构，发色元素铬也不是构成锡榍石晶体的成分，而是以掺杂形式进入锡榍石晶格。它的情况类似于镨黄，生产陶瓷墨水用玛瑙红色料也必须采取有效的工艺措施，保证玛瑙红在超细粉碎后的稳定性。

3.1.2　钴蓝墨水色料

钴蓝色料（$CoAl_2O_4$）为尖晶石型的晶体结构，属于面心结构立方晶系。在尖晶石晶体结构中，氧离子形成立方紧密堆积结构，阳离子 Co^{2+} 和 Al^{3+} 占据着四面体和八面体晶格，钴蓝的着色离子是 Co^{2+}，Co^{2+} 离子因处在 O^{2-} 离子的包围中，Co^{2+} 与 O^{2-} 形成配位多面体，在配位场的作用下，Co^{2+} 中电子占据的 5 个 d 轨道发生能级分裂，能级分裂能在 $1\sim4eV$ 之间，对应的波长 $\lambda=12400\sim3100A$，处于可见光的波长区间，钴蓝粉体在光的照射下会吸收一定频率的光子，显示其吸收波长颜色的补色。即 Co^{2+} 使得 $CoAl_2O_4$ 晶体呈蓝色。在钴蓝色料中，着色剂钴是构成尖晶石晶体的主要成分之一，当合成色料的晶体较完整时，色料的耐高温性和化学稳定性都很好。钴蓝色料的色饱和度不会发生明显的下降，钴蓝是理想的蓝色墨水色料。

钴蓝色料的合成方法可分为固相法、湿化学法和气相沉积法三大类。固相法包括研磨煅烧法、熔盐分解法等。湿化学法包括共沉淀法、溶胶—凝胶法、水热法等。近年来，还报道了一些新出现的合成法，如喷雾热解法，溶胶凝胶—水热法，超声波辅助化学镀法，反相微乳液法等。目前用于陶瓷钴蓝色料的合成方法主要是固相法和湿化学法。

1. 共沉淀法制备钴蓝色料

共沉淀法是将金属盐制成溶液，然后将溶液均匀混合，在盐混合溶液里加入沉淀剂，控制沉淀条件，使多种金属离子共同沉淀下来，将沉淀物过滤出来后，用溶剂洗涤去掉杂质离子，烘干沉淀物，并在高温下煅烧获得所需要的产物。

共沉淀法制备钴蓝色料一般采用如图 3-1 所示的工艺流程。

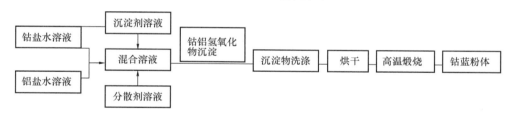

图 3-1　共沉淀法合成钴蓝色料工艺流程

共沉淀法采用的盐类原料，可以是硝酸盐、硫酸盐、氯化盐或草酸盐。沉淀剂可以使用氢氧化钠、氨水、尿素。不同沉淀剂形成的前驱体，经干燥后得到的块状物有明显的不同。使用氢氧化钠作沉淀剂，块状前驱体需要较长时间才能研磨成粉体。使用氨水作沉淀剂，块状前驱体较容易磨成粉体，而使用尿素作沉淀剂，块状前驱体最容易研磨成粉体。将三种沉淀剂制备的钴蓝粉体在 SEM 电镜下进行观察，三种粉体均存在不同程度的团聚现象，其中使用氢氧化钠作为沉淀剂的粉体团聚最严重，使用氨水作沉淀剂的团聚程度次之，使用尿素为沉淀剂的粉体团聚程度最小。

洗涤工艺对钴蓝粉体也有明显的影响。沉淀形成的颗粒，经过 5 次水洗得到的钴蓝粉体颗粒团聚非常严重。而采用先 3 次水洗后两次无水乙醇洗涤的工艺，钴蓝粉体颗粒的团聚程度就大为减轻。这是由于水的表面张力强，颗粒受水的表面张力作用被拉在一起而易团聚。无水乙醇的表面张力远小于水的表面张力，使用无水乙醇后，颗粒间的毛细管作用相比水洗时弱得多，从而大大减轻了团聚程度。另外，无水乙醇的 CH_3CH_3—基团会部分取代颗粒表面的羟基，从而起到一定的空间位阻作用，有利于提高粉体的分散性，降低团聚程度。

温度对钴蓝色料有明显的影响。根据对钴蓝前驱体的热分析可以知道，只有在 900℃ 以上的煅烧温度才可以获得稳定的钴蓝色料。

图 3-2 是不同温度下煅烧制备的钴蓝样品进行 XRD 测试得到的图谱。由图可以看出，随着温度的

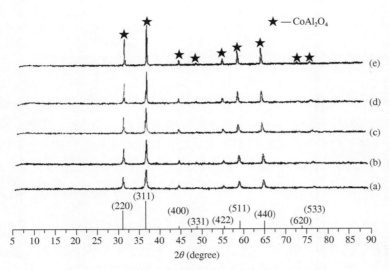

图 3-2　不同煅烧温度制备的钴蓝粉体 XRD 图谱

(a) 900℃；(b) 950℃；(c) 1000℃；(d) 1100℃；(e) 1200℃

升高，$CoAl_2O_4$ 衍射峰变得越来越明显，1200℃煅烧时，$CoAl_2O_4$ 晶化程度最高。从不同煅烧温度制备的钴蓝色料的色泽来看，900℃煅烧制备的钴蓝色料是绿蓝色的，950℃是蓝绿色的，1000℃呈偏暗的蓝色，1100℃是亮蓝色，1200℃为鲜艳的湛蓝色。因此钴蓝色料的煅烧温度以 1200℃ 为宜。

在 1200℃的煅烧温度下，将样品的保温时间定为 1h、2h 和 5h，其钴蓝色料在 SEM 电镜下进行观察。保温 1h 的样品颗粒十分细小，颗粒边界不明晰，保温时间过短晶粒发育不完整。保温时间延长至 2h 后，样品颗粒较小，虽然有一定的团聚，但团聚程度不严重，色料的晶体生长更完整，晶粒间的界面变得更平滑，颗粒的分散变好。当保温时间延长至 5h 后，大量晶粒长大形成微米级大小的颗粒，颗粒的粒径分布宽化。因此 1200℃煅烧保温时间以 2h 为宜。通过不同的工艺煅烧出来的粉体都存在一定程度的团聚现象。为改善钴蓝色料的分散性，在制备前驱体时，将 PEG-400、柠檬酸三铵、阿拉伯树胶和磷酸三钠作为分散剂引入制备前驱体的溶液中，使用 PEG-400、柠檬酸三铵、阿拉伯树胶分散剂，对钴蓝粉体的分散作用不明显，形成的色料都存在明显的硬团聚现象，颗粒粒径分布不均匀。而采用磷酸三钠为分散剂制备的钴蓝色料，颗粒粒径均匀一致，颗粒间边界明晰，只有软团聚现象。因此在前驱体制备过程中，添加适量的磷酸三钠，有利于合成出粒度均匀、分散性较好的钴蓝纳米粉体。

综上所述，共沉淀法制备钴蓝色料，较佳的工艺方案为：采用尿素作为沉淀剂，洗涤工艺除用水洗外还要用乙醇洗，烧成温度为 1200℃，保温 2h，可采用磷酸三钠作为前驱体的分散剂。

2. 分散法制备钴蓝色料

分散法即固相反应法，是将两种及两种以上金属盐或者氧化物研磨混合均匀后，在高温下煅烧制备色料的一种方法。对于生产墨水颜料而言，固相法的最大缺点是它的煅烧产物通常大多数是块状，不能达到喷墨色料对粒径和颗粒分布的要求，而要进行超细粉碎来实现对色料粒度及分布的要求。分散法最大的优点是它的生产工艺简单，工艺控制容易实现，因而能够生产发色稳定，具有较好的重复性的产品。分散法的原料及加工费用低廉，因而其产品在市场上具有一定的竞争力。我们前面介绍的共沉淀法、水热反应法，虽然能够直接合成纳米级别的色料，但是这些方法使用原料昂贵，工艺控制复杂，其制品的重复性很差，目前仍停留在实验室研究阶段，市面上还没有用这些方法生产的商品颜料。

（1）钴蓝色料的原料选择

钴蓝色料的原料主要是氧化钴和氧化铝，氧化钴一般由相应的钴盐煅烧而成。以选择金属钴量≥74%的一级品为宜。为了使合成的 $CoAl_2O_4$ 晶体晶格较完整，合成温度相对较低。氧化铝的成分宜用氢氧化铝来引入。氢氧化铝一般选用超细氢氧化铝产品。超细氢氧化铝，要求在氢氧化铝形成的反应阶段有效地控制颗粒尺寸。超细氢氧化铝要求：$D_{50} < 1.00\mu m$，$D_{90} < 1.70\mu m$。而且超细氢氧化铝生产过程中，漂洗干净，残存的碱成分低。

（2）钴蓝色料的配方

钴蓝色料的配方简单，基本接近理论组成。钴蓝色料的配方见表 3-1。

表 3-1　钴蓝色料的配方

原料名称	氧化钴	三氧化二铬	氢氧化铝	H_3BO_3	氧化锌	氯化钠
百分比范围（％）	20～35	0～30	50～80	0～6	0～3	0～3

在调整钴蓝色料配方时，除了要考虑生产的色料的发色情况、形成颗粒的形状、颗粒分布、超细粉碎的难易程度，还必须注意到使用氢氧化铝生产的钴蓝，配方如果不当，产品就会有较严重的吸湿情况，吸湿严重的色料含水分超标，影响色料在墨水中的使用。因而要使用合适的矿化剂来改善钴蓝色料的吸湿情况。

钴蓝色料的生产工艺流程如图 3-3 所示。

图 3-3　钴蓝色料生产工艺流程图

钴蓝色料的高温烧成过程，在 250～500℃氢氧化铝的脱水范围时应适当地降低升温速度，使氢氧化铝低温脱水完全，有利于 $CoAl_2O_4$ 晶体的生长均衡。钴蓝煅烧 900～1050℃的主晶相为 $CoAl_2O_4$ 尖晶石，颜色为蓝绿色，1100℃以上转变为 $CoAl_2O_4$ 尖晶石，颜色为蓝色。以超细氢氧化铝为原料合成的钴蓝烧成温度以 1150～1200℃为宜，保温 4～5h。

钴蓝色料的湿球磨以细度达到 325 目，筛余<0.1％为宜；使进入砂磨粉碎不沉淀、不堵网。钴蓝色料的砂磨宜采用 0.6～1.0mm 的锆球。砂磨开始时，料：水为 1:1～1.5（质量比），到砂磨结束时，逐渐增加到料：水为 1:1～2，并使砂磨过程中料浆的温度不会明显上升。砂磨最终控制钴蓝色料的颗粒为 $D_{50}<0.8\mu m$，$D_{90}<1.2\mu m$。

图 3-4、图 3-5 分别是西班牙某公司和国内某公司钴蓝墨水色料的粒度分布情况。表 3-2、表 3-3 分别是西班牙某公司和国内某公司钴蓝色料在熔块釉及全抛釉中的发色情况。从上述对照中可以看到国内钴蓝墨水色料在粒度分布和发色能力方面已全面超过西班牙某公司的水平。

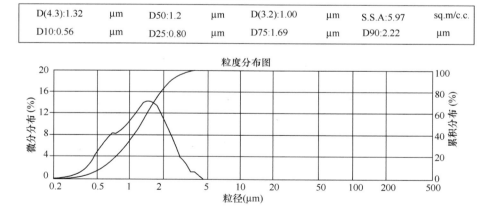

图 3-4　西班牙某公司钴蓝墨水色料粒度分布图

表 3-2　钴蓝墨水色料在熔块釉中的 CIE $L^* a^* b$ 值

样品名称	L^*	a^*	b^*
西班牙某公司钴蓝色料	30.26	14.71	−38.44
国内某公司钴蓝色料	30.24	17.63	−41.95

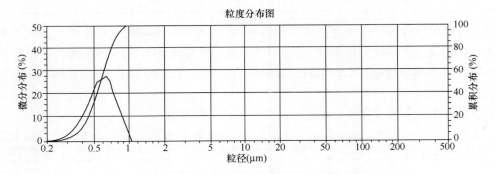

粒度特征参数

| D(4.3):0.58 | μm | D50:0.56 | μm | D(3.2):0.53 | μm | S.S.A:11.24 | sq.m/c.c. |
| D10:0.38 | μm | D25:0.46 | μm | D75:0.67 | μm | 0.90:0.80 | μm |

粒度分布图

图 3-5　国内某公司钴蓝墨水色料粒度分布图

表 3-3　钴蓝墨水色料在全抛釉中的 CIE L^*a^*b 值

样品名称	L^*	a^*	b^*
西班牙某公司钴蓝色料	22.44	15.31	—38.66
国内某公司钴蓝色料	22.30	17.26	—39.80

3.1.3　锆镨黄墨水色料

钒锆黄色料缺乏清晰、明快的色调，并常有褐色调，到了 20 世纪 50 年代后期，终于开发出了一种鲜明的呈柠檬黄色的锆英石型色料，即锆镨黄色料（Pr-Si-Zr）。

锆镨黄色料的合成常见的有固相反应法、溶胶—凝胶法和水热法。我们将重点介绍水热法和固相反应法制备锆镨黄墨水色料。

1. 水热—热处理两步法制备镨黄色料

水热—热处理两步法制备锆镨黄色料采用如图 3-6 所示的工艺流程图。

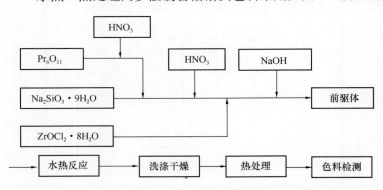

图 3-6　水热—热处理两步法制备锆镨黄色料工艺流程图

首先在 80℃ 水溶条件下，将 Pr_6O_{11} 溶于浓硝酸，待其完全溶解冷却定容后，配置成 0.5mol/L 的溶液，将 1.611g 硅酸钠溶于 50mL 水中，搅拌半小时令其完全溶解。调节搅拌速率到 400r/min，迅速加入 0.5mL 配置好的镨溶液，并快速加入 1mL 浓硝酸，使其完全溶解。然后加入 50mL 浓度为 0.1mol/L 的 $ZrOCl_2$ 溶液，搅拌 2h，逐滴滴入浓度为 1mol/L 的 NaOH 溶液来调节 pH 值。将配置好的前驱体倒入聚四氟乙烯反应釜进行水热反应。将水热反应产物用去离子水洗涤三遍，再用乙醇洗一遍，烘干，将得到的粉末研磨，放入马弗炉进行高温处理，得到产物粉体。

影响水热反应产物的主要因素是前驱物的 pH 值。强酸性环境有利于水热反应过程中硅酸锆成核和成长。在高 H^+ 浓度的环境下，才能反应生成硅酸锆粉体。随着前驱体溶液 pH 值的增加，晶体成分的转变趋势是：$ZrSiO_4 \longrightarrow MZrO_2$（单斜型氧化锆）$\longrightarrow T\text{-}ZrO_2$（四方型氧化锆）。前驱物 pH＝3.0 时，水热反应产物主要是 ZrSiO₄。在较强酸性条件下（pH＝4.5）经水热反应后生成的产物是 M-ZrO₂，在第二步的高温热处理过程中，首先转变为 T-ZrO₂，然后与无定形的硅结合，最终生成硅酸锆，在弱酸性条件下（pH＝5.5），水热反应的产物是 T-ZrO₂，在第二步的高温热处理过程，与无定形的硅反应生成硅酸锆。

在已考察的水热反应温度区间（190～220℃），水热反应生成物的晶型与温度无关。但水热反应温度的提高可以有效地降低第二步热处理的温度，降低生成粉体的粒径，促进煅烧过程对镨的掺杂。在热处理过程中，M-ZrO₂ 比 T-ZrO₂ 具有更高的反应活性，有利于降低热处理温度，从而使产物的粒径减小，分布均匀。

在水热反应过程中，镨不是以镨的氧化物或者氢氧化物单独存在，而是以掺杂的形式存在于硅酸锆的晶格中，并且在硅酸锆中取代的元素是锆而不是硅。镨元素在硅酸锆中的含量随着 pH 值逐渐增加，高温热处理后色料的黄度值也随之增加。

综合考虑水热—热处理两步法制备镨黄色料的晶型、光谱差值、粒径大小、均匀性，制备条件以水热反应温度 220℃，前驱物 pH 值为 3.5，高温热处理温度 900℃ 为最佳。水热—热处理法合成锆镨黄的优势在于它的合成硅酸锆的过程中没有使用任何的矿化剂，而二次热处理的温度只有 900℃ 就能得到纳米级别的锆镨黄色料。

2. 固相法制备锆镨黄色料

锆镨黄色料从它的颜色色调来看非常适合作喷墨色料，它发出的黄色鲜艳、纯正，用它跟其他红、蓝颜色搭配，能够调配出较广的显色色域。但从它构成颜色的晶体结构来说，它不适合作墨水色料。它的发色元素镨不是构成锆英石晶体的基础成分，而是以掺杂的形式取代 Zr 进入晶格。因此在镨黄色料中，进入晶格的镨含量较低，锆镨黄色料的发色强度较低。镨取代锆进入锆英石晶格，必然引起锆英石晶格的畸变，导致锆英石晶体的高温稳定性和化学稳定性下降。在对锆镨黄色料进行超细粉碎以达到墨水色料所需要的颗粒粒径和分布时，必然会使锆镨黄色料的色饱和度明显降低。固相法制备锆镨黄色料的目标是使合成的色料有较多镨进入锆英石的晶格，色料的晶体颗粒尽量细小，分布窄。

（1）锆镨黄色料的原料选择

合成锆镨黄色料选用的氧化镨要求是使用草酸沉淀经煅烧形成的氧化镨。而使用碳酸盐沉淀形成的氧化镨，颗粒平均直径要大得多，不利于镨合成进入硅酸锆晶格。氧化镨的纯度一般要求在 99.5% 以上。

用于生产锆镨黄色料的氧化锆有化学锆和电熔锆。目前有些生产厂商已将电熔锆细磨到 1～2μm 的细度。但是达到这样的细度后，电熔锆很难进一步细磨。化学锆是经化学沉淀再煅烧形成的，它的颗粒的真实晶体尺寸小于 1μm，在生产过程中经砂磨超细处理，能够使平均直径 D_{50} 达到 0.6μm 左右。故氧化锆要选用化学锆，并要求制备氧化锆的过程中脱净氯离子而反应活性还应较高为好。

合成锆镨黄色料使用的石英，尽量选用高纯的石英，要求石英含量达到 99.9%。

（2）锆镨黄色料的配方

锆镨黄色料的配方见表 3-4。

表 3-4　锆镨黄色料的配方

原料名称	氧化锆	石英	氧化镨	氟硅酸钠	氯化钾	NH₄Cl	氟化钠	氟化钡
配料百分含量（%）	60～65	30～33	4.5～6.5	0～2	0～3	0～3	0～2	0～2

（3）锆镨黄色料的生产工艺流程

图 3-7 是固相法生产锆镨黄色料的一般工艺流程。该工艺流程图因厂家设备不同会有所改变。锆镨黄用于墨水的色料，矿化剂在配方中的量比常规的镨黄色料要少得多，矿化剂在半成品中的均匀性是必须注意的问题。成品色料的粉碎除了采用气流磨粉碎外，也可以使用湿法砂磨。

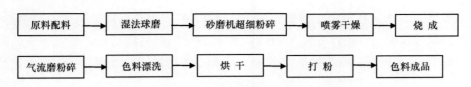

图 3-7 固相法生产锆镨黄色料的工艺流程图

（4）锆镨黄色料半成品的超细粉碎

为了使锆镨黄色料中镨元素能较多地掺杂进入硅酸锆的晶体晶格，形成的色料晶体颗粒细小均匀，使用矿化剂的量要尽可能地少，烧成的温度不能太高。对锆镨黄色料半成品进行超细粉碎是十分必要的。超细粉碎通过砂磨机来实现。为了使砂磨粉碎过程中不堵网，料浆不沉淀，砂磨之前应先对色料进行球磨粉碎。球磨应选择硅球或锆球，不能使用氧化铝球。少量氧化铝的杂质会影响镨黄色料的合成。球磨的细度以达到 325 目全通过为宜。砂磨机的球子以选择 0.4～1.0mm 的氧化锆球为宜。选用这一范围尺寸的球，一方面可以保证砂磨后的半成品有满足要求的颗粒分布，又可以使砂磨过程有较高的效率。

（5）锆镨黄色料的烧成

锆镨黄色料中矿化剂的配入量较少，因此选择的匣钵材质要较致密，烧结程度较高的匣钵，并且匣钵直径要小，以使传热均匀。烧成温度比普通镨黄色料要高，一般为 940～990℃，保温 3～5h。

（6）锆镨黄色料的漂洗

锆镨黄墨水色料允许色料有一定的电导率，但电导率不能超过标准要求，烧成后直接粉碎的锆镨黄色料产品由于残存的离子较多，一般电导率都会超标，因此要对色料进行漂洗。漂洗用纯净水或干净的自来水即可，水的硬度不要太大。根据合成色料的电导率情况一般漂洗 3～4 次即可。

从图 3-8、图 3-9 以及表 3-5、表 3-6 可以看到国内企业生产的镨黄墨水色料在粒度分布和发色强度方面已经达到或超过西班牙某公司产品的水平。

粒度特征参数

D(4.3):7.47	μm	D50:6.75	μm	D(3.2):4.95	μm	S.S.A:1.21	sq.m/c.c.
D10:2.91	μm	D25:04.49	μm	D75:9.91	μm	D90:13.20	μm

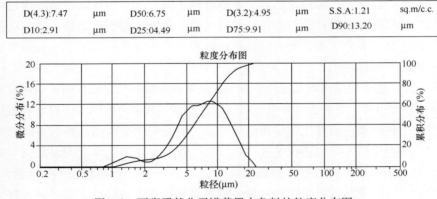

图 3-8 西班牙某公司镨黄墨水色料的粒度分布图

粒度特征参数

D(4.3):2.43	μm	D50:2.41	μm	D(3.2):1.23	μm	S.S.A:4.90	sq.m/c.c.
D10:0.61	μm	D25:1.45	μm	D75:3.33	μm	D90:4.18	μm

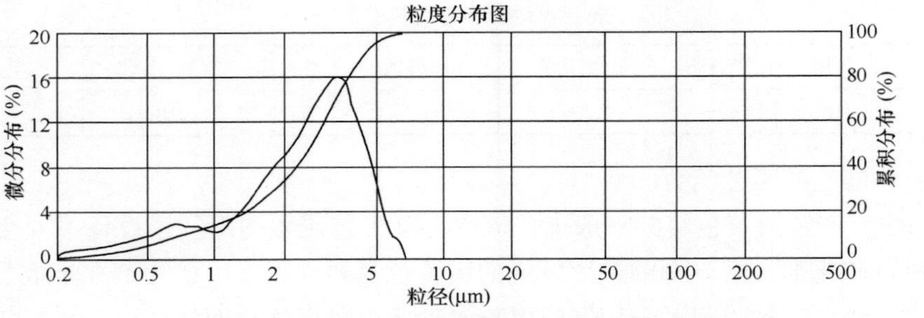

图 3-9 国内某公司镨黄墨水色料的粒度分布图

表 3-5　锆黄墨水色料在熔块釉中的 CIE $L^* a^* b$ 值

色料名称	L^*	a^*	b^*
西班牙某公司锆黄	82.36	−4.77	54.84
国内某公司锆黄	82.15	−5.02	55.02

表 3-6　锆黄墨水色料在全抛釉中的 CIE $L^* a^* b$ 值

色料名称	L^*	a^*	b^*
西班牙某公司锆黄	81.88	−5.06	63.88
国内某公司锆黄	81.70	−4.59	64.54

3.1.4　玛瑙红墨水色料

玛瑙红是少数几种呈红色的陶瓷色料，特别是它可用于高温下呈色，在与之相适应的基础釉中呈美丽的玛瑙红色。从发色机理上看，玛瑙红是 Cr^{4+} 离子固溶于锡榍石中形成的固溶体。铬不是构成锡榍石的基础成分，因此将玛瑙红色料研磨到墨水能使用的细度（$<1.0\mu m$），玛瑙红色料的色饱和度将明显降低。为了使玛瑙红色料在墨水中使用，有必要改进玛瑙红色料合成的方法。下面介绍液相法和固相法合成玛瑙红色料。

1. 溶胶—凝胶法合成玛瑙红

在玛瑙红色料中，Cr^{4+} 固溶于锡榍石的量是非常小的，一般不到1%，日本学者尾崎义治认为，含量在1%以下的微量组分不可能通过固相混合的方式均匀地分散到主成分中去。要提高粉体的化学均匀性必须以均相体系代替非均相体系。下面我们将介绍共沉淀—凝胶法制备玛瑙红色料。

湿法制备玛瑙红色料使用的原料有：$Cr(NO)_3 \cdot 9H_2O$、$SnCl_4 \cdot 5H_2O$、$CaCl_2 \cdot 2H_2O$、$Na_2SiO_3 \cdot 9H_2O$、PEG、$CO(NH_4)_2$ 及表面活性剂。

原料配比见表 3-7。

表 3-7　原料配比

原料	$Cr(NO_3)_3 \cdot 9H_2O$	$SnCl_4 \cdot 5H_2O$	$CaCl_2 \cdot 2H_2O$	$Na_2SiO_3 \cdot 9H_2O$
配比（质量比）	2%	20%	9%	21%

玛瑙红色料的生产工艺流程如图 3-10 所示。

在如图 3-10 所示的工艺过程中，浓度及盐的价数对溶胶凝胶过程产生影响，反应物浓度过大，易形成黏稠的凝胶，造成颗粒不均匀。浓度小易形成均匀的溶胶；介于中间浓度易形成大颗粒的沉淀。利用添加表面活性剂及有机大分子，浓度控制在 $0.1\sim0.2mol/L$ 易形成均匀的溶胶。此外，pH≤7 时，形成的是正溶胶。选用一价负离子盐，如 $Cr(NO_3)$、$CaCl_2$ 等，易形成溶胶，高价负离子盐易形成沉淀。

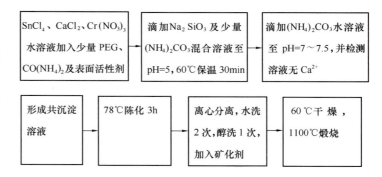

图 3-10　玛瑙红陶瓷色料制备工艺流程图

加料顺序及 pH 值对溶胶凝胶过程有较大的影响。将 Cr、Ca、Sn 盐混合，滴加 Na_2SiO_3 与少量 $(NH_4)_2CO_3$ 混合液，60℃保温0.5h，有利于硅胶的形成，再继续滴加 $(NH_4)_2CO_3$ 至溶液 pH＝7 时，有利于形成完全共沉淀的均匀混合的溶胶。pH<7，沉淀不完全，溶胶为浅绿色，煅烧后为土黄色；pH=7~7.5，溶胶为灰绿色，煅烧为紫红色；pH>8，溶胶中两性氢氧化物 $Sn(OH)_4$ 等溶解，导致沉淀不完全。

表面活性剂及大分子的加入，使胶体表面形成一层分子膜，起到空间位阻作用，阻碍颗粒之间相互接触，降低湿粉体的软团聚现象。表面活性剂降低表面张力，减少粉体干燥过程产生的毛细管吸附力，加上醇洗等工艺，减少粉体在干燥、煅烧过程的团聚现象，制得的颜料粉体，颗粒细小、均匀，呈色好。

用以上溶胶—凝胶法合成的玛瑙红色料，质量优于固相法，且烧成温度降低200℃左右。

2. 固相法制备玛瑙红色料

有关液相法制备玛瑙红色料的报道虽然很多，但是由于成本因素，研究的进展仍停留在实验室阶段。目前能够提供给墨水使用的玛瑙红色料仍是由固相法制造而成。

（1）玛瑙红色料的原料要求

玛瑙红色料色料主要原料包括 SnO_2、CaO、SiO_2 和 Cr_2O_3。

传统方法制作玛瑙红色料，SnO_2 的提供是使用金属锡通过炒锡得到 SnO_2，炒锡得到的氧化锡颗粒非常细小，有利于玛瑙红色料的合成。但是炒锡粉尘大，工作环境恶劣。目前市面上商品化的产品有偏锡酸，使用偏锡酸可以得到炒锡同样的效果。制作玛瑙红色料用的偏锡酸，要求在偏锡酸形成过程中，控制好所使用硝酸的浓度，使形成的偏锡酸颗粒细小、均匀。一般要求使用的偏锡酸含氧化锡>86%，平均粒径 $D_{50}<1\mu m$。

CaO的引入，传统制作玛瑙红色料采用贝壳粉，贝壳粉的反应活性很大，配入玛瑙红色料中使用效果很好。但作为工业化生产，使用贝壳粉原料的来源不稳定。现在用纳米技术生产的碳酸钙同样具有理想的活性，可以选择 $D_{50}<1.5\mu m$ 的轻质碳酸钙。

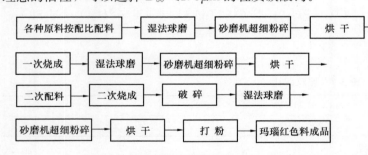

图 3-11　固相法制备玛瑙红色料的工艺流程图

SiO_2 由高纯石英引入。Cr^{4+} 以 $K_2Cr_2O_7$ 引入。

（2）玛瑙红色料的制备工艺

固相法制备玛瑙红色料的工艺流程如图 3-11 所示。

图 3-11 的工艺流程图采用了二次烧成，当然也可以采用一次烧成工艺。但一次烧成制备的玛瑙红色料在墨水中的发色强度要明显下降。

（3）玛瑙红色料的配比

玛瑙红色料的一次配料配比见表 3-8，二次配料配比见表 3-9。

表 3-8　玛瑙红一次配料配比

原料名称	偏锡酸	碳酸钙	重铬酸钾	硝酸锶	硝酸钾	分散剂
质量配比（%）	60~65	35~40	3~4	0~3	0~1	0~1

表 3-9　玛瑙红二次配料配比

原料名称	一次煅烧料	石英	硼酸	分散剂
质量配比（%）	76~80	23~28	0~1	0~1

生产用于墨水的玛瑙红色料，矿化剂的使用量应尽可能少，以免引起晶体过度长大，在后续高强度的超细粉碎过程造成色料色饱和度的大幅下降。分散剂可采用聚丙烯酸钠、磷酸三钠等。

（4）玛瑙红色料的细粉碎

要使玛瑙红色料能够在墨水中使用，应加工到平均颗粒 D_{50} 在 300～500nm 范围，而色饱和度不明显下降。玛瑙红色料半成品的超细砂磨是最重要的工艺。砂磨前为了原料在砂磨过程中不堵网，必须先用湿法球磨，将料浆球磨到 325 目全通过。球磨选用硅球。砂磨机选用的锆球应选用 0.6～0.8mm 的小球。砂磨过程中要选用合适的助磨剂，否则 D_{50} 在 $1\mu m$ 以下就难以将粉体磨细。原料砂磨开始时料：水比约为 1:2.5，随着砂磨的进行要逐渐加水，到砂磨结束时，一般料：水比达到 1:3.5。玛瑙红成品的细度最好达到 $D_{50}<1.0\mu m$，$D_{90}<1.5\mu m$。进一步的细磨可在制墨水时进行。

（5）玛瑙红色料的烧成

玛瑙红色料烧成时保持整个烧成过程的氧化气氛十分重要，特别是第二次烧成时的氧化气氛尤为重要。为了使烧成的玛瑙红色料颜色鲜艳深红，二次烧成玛瑙红色料一般选用小尺寸的开口匣钵，以利于传热均匀、氧化充分。一次烧成玛瑙红色料煅烧温度为 1150～1200℃，烧成周期 15～20h，保温 5～6h。二次烧成玛瑙红色料的温度为 1350～1400℃，烧成周期 20～25h，保温 4～5h。

西班牙某公司及国内某公司生产的玛瑙红墨水色料的粒度分布图如图 3-12、图 3-13 所示，色料在熔块釉中的 CIE $L^*a^*b^*$ 值见表 3-10，在全抛釉中的 CIE $L^*a^*b^*$ 值见表 3-11。

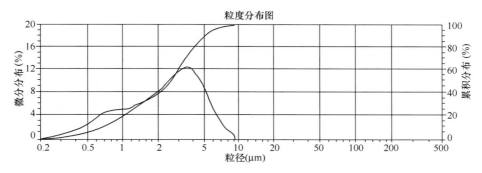

粒度特征参数

| D(4.3):2.43 | μm | D50:2.25 | μm | D(3.2):1.42 | μm | S.S.A:4.21 | sq.m/c.c. |
| D10:0.66 | μm | D25:1.18 | μm | D75:3.39 | μm | D90:4.45 | μm |

图 3-12　西班牙某公司玛瑙红墨水色料的粒度分布图

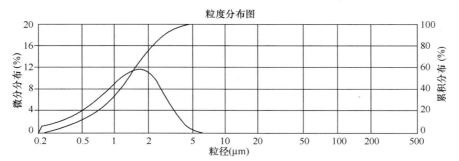

粒度特征参数

| D(4.3):1.37 | μm | D50:1.21 | μm | D(3.2):0.82 | μm | S.S.A:7.36 | sq.m/c.c. |
| D10:0.38 | μm | D25:0.71 | μm | D75:1.84 | μm | D90:2.51 | μm |

图 3-13　国内某公司玛瑙红墨水色料的粒度分布图

表 3-10　玛瑙红墨水色料在熔块釉中的 CIE L^*a^*b 值

色料名称	L^*	a^*	b^*
西班牙某公司玛瑙红	63.29	22.60	8.29
国内某玛瑙红	59.95	24.22	8.32

表 3-11 玛瑙红墨水色料在全抛釉中的 CIE L^*a^*b 值

色料名称	L^*	a^*	b^*
西班牙某公司玛瑙红	49.34	32.04	9.64
国内某玛瑙红	48.02	35.17	9.10

值得一提的是上述国内某公司的玛瑙红色料是通过使用中山市华山高新陶瓷材料有限公司专利技术（发明专利号 201210073805.X）和新型研磨设备生产的墨水色料。从图 3-12、图 3-13 和表 3-10、表 3-11可知，该产品在粒度分布以及发色强度方面都优于西班牙某公司的产品。

3.1.5 黑色墨水色料

1. 微乳液法制备 Co-Cr-Fe-Ni 黑色色料

黑色陶瓷颜料种类较多，但要制造黑色纯正、在釉中有广泛适应性的黑色色料仍然是困难的。陶瓷喷墨打印技术的应用，对颜料要求越来越高。制备超细且颗粒分布窄的黑色色料具有重要的实用价值。Co-Cr-Fe-Ni 通常采用传统的固相高温反应方法制备，制备的钴黑颜料粒度大，且分布不均匀，要在陶瓷墨水中使用，还要增加超细粉碎处理。微乳液法是近年来发展起来的制备纳米陶瓷粉体的新方法，制备出的纳米陶瓷颜料由于高细微度，且具有很好的流动性和润滑性，在陶瓷墨水中可达到更好的分散悬浮和稳定。有报道将微乳液法用于制备 Co-Cr-Fe-Ni 黑色色料，效果较好，现予以介绍。

（1）微乳液法制备 Co-Cr-Fe-Ni 黑色色料使用的原料

微乳液法制备的 Co-Cr-Fe-Ni 黑色色料使用的原料主要有相应的金属盐：$CoCl_2 \cdot 6H_2O$、$Fe(NO_3)_3 \cdot 9H_2O$、$Ni(NO_3)_2 \cdot 6H_2O$、$CrCl_3 \cdot 6H_2O$ 以及微乳液配制的有机试剂：正丁醇、AEO_7、环己烷、无水乙醇。

（2）按照氧化物的配比，20%CoO、37%Fe_2O_3、13%NiO、30%Cr_2O_3 计算相应的 Co^{2+}、Fe^{3+}、Ni^{2+}、Cr^{3+} 盐所需数量，配成 20mL 混合离子水溶液。按质量比为 65：18：17 分别称取环己烷、AEO_7、正丁醇于三口烧瓶中，增溶混合离子水溶液 20mL，得到微乳液 A。按相同比例称取环己烷、AEO_7、正丁醇于三口烧瓶中，增溶一定量的二甲胺水溶液（33%），得到微乳液 B。室温 25℃搅拌下，将微乳液 B 缓慢滴入微乳液 A 中，调节 pH 值到 9，反应 3h 后，离心分离，用 50%乙醇水溶液洗到无 Cl^-，过滤，将前驱体在不同温度下煅烧 1h，得到黑色色料。

（3）液相反应温度的影响

图 3-14 是 20℃、25℃和30℃条件下微乳液体系的拟三元相图。在不同温度下，微乳液区域都在相变线的右上部分，随着体系温度升高，微乳液区域缩小。30℃下的微乳液区域明显比 20℃下的窄小。温度升高，不利于形成微乳液体系。实验中采用 25℃作为制备纳米黑色色料的实验温度，与室温相差小。体系以增溶较多的水相，有较宽的 W/O 型微乳液稳定区域，不仅降低了实验过程中温度控制的难度和成本，也可获得较高的产出率和较大的操作弹性。

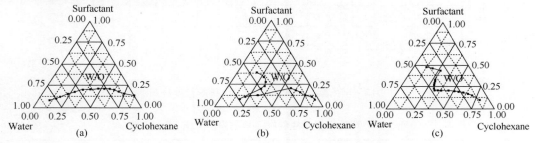

图 3-14 不同温度下微乳液体系拟三元相图

(a) 20℃；(b) 25℃；(c) 30℃

（4）黑色色料粒径分析

图 3-15 是在 1200℃煅烧时间 1h，前驱离子浓度与钴黑色料粒径关系图。前驱离子浓度减小时，颗粒粒径也减小。当前驱离子浓度为 0.1771mol/L 时，粒度分布最小，平均粒径为 198nm，而继续降低前驱离子浓度时，不仅降低产量，也增加成本。考虑到产量及颗粒粒径，选择前驱离子浓度为 0.1771mol/L。

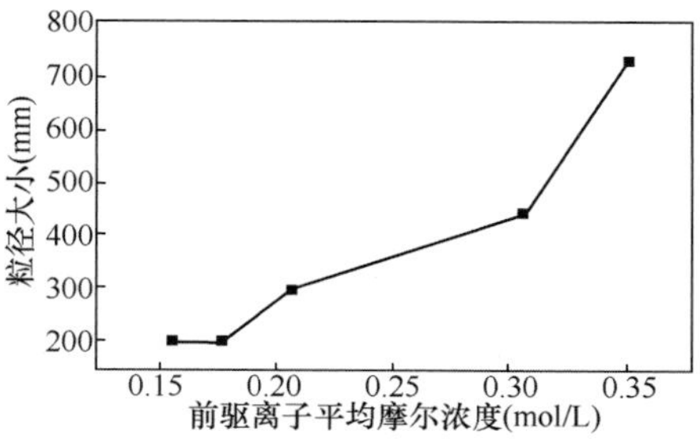

图 3-15　不同前驱离子浓度对钴黑色料粒径的影响

（5）钴黑色料 FT-IR 分析

对钴色料进行 FT-IR 分析表明，钴黑色料的晶体结构中存在四面体和八面体结构，证明钴黑色料的晶体结构是尖晶石型。

（6）钴黑色料 XRD 分析

钴黑色料在 800℃及以上温度煅烧都出现了尖晶石结构特征的衍射峰。说明在较低温度下煅烧已经形成结晶程度较高的尖晶石钴黑色料。但 800℃、900℃和 1000℃煅烧的试样在（104）晶面上出现了一个小的衍射峰。经检索是 Fe_2O_3 的特征衍射峰。结合钴黑色料呈色及能耗分析情况，选择煅烧温度为 1200℃。

（7）钴黑色料颜色分析

表 3-12 是不同煅烧温度下钴黑色料的 CIE L^*a^*b 值。随着煅烧温度的升高，黑色不断加深，偏红现象降低，黄值 b^* 也不断减小，钴黑色料呈色不断向纯正黑色靠近。

表 3-12　不同煅烧温度下钴黑色料的 CIE $L^*a^*b^*$ 值

煅烧温度（℃）	L^*	a^*	b^*
800	27.18	1.99	6.01
900	25.77	1.87	5.47
1000	24.26	1.28	4.88
1100	23.90	0.71	4.62
1200	20.09	−0.41	3.77
1300	18.43	−0.76	3.58

从上述分析可以得出结论：利用 AEO_7/环己烷/正丁醇乳液体系，在 25℃条件下制备得到了钴黑色料前驱体，经 1200℃煅烧 1h 后得到超细尖晶石钴黑色料。钴黑色料的颗粒粒径随着前驱离子浓度的降低而减小，平均粒径可降低到 198nm。随着煅烧温度升高，钴黑色料偏红现象降低，黑色较纯正。最佳烧成温度为 1200℃。将微乳液法制备黑色陶瓷颜料用于喷墨打印墨水，具有一定的潜力和价值。

2. 固相法合成 Co-Cr-Fe-Ni-Mn 黑色墨水色料

Co-Cr-Fe-Ni-Mn 黑色墨水色料，属尖晶石型结构的颜料，该色料的高温性能和化学稳定性非常好。当将该色料进行超细粉碎，加工成满足墨水颜料的粒径和粒径分布时，色料的色饱和度变化不大。但是黑色墨水色料中最主要的成分 Fe_2O_3、氧化钴具有一定的磁性，它们会造成黑色墨水在上线过程中容易产生堵塞故障，其原因就在于颜料在磁场的作用下产生了磁性，使得它经过喷头时，与金属摩擦，容易产生静电吸附，导致堵塞喷头。因此在合成黑色墨水色料的过程中，不仅要考虑合成颜料的呈色、颗粒分布，而且要考虑选择合适的配方和工艺制度来尽量降低黑色颜料的磁化率，以减少黑色色料在使用中的隐患。

（1）Co-Cr-Fe-Ni-Mn 黑色色料的原料要求

氧化铁：可用铁黄引入，铁黄实际上是氢氧化铁，氢氧化铁在脱水过程中分解产生的氧化铁非常微细，反应活性大。

三氧化二铬：可采用超细的氧化铬。

氧化钴：选用钴金属量＞74％的氧化钴。

氧化镍：选用反应活性大的氧化亚镍。

氧化锰：选择反应活性大的电解氧化锰。

（2）Co-Cr-Fe-Ni-Mn 黑色色料的配方（表 3-13）

表 3-13 Co-Cr-Fe-Ni-Mn 黑色色料的配方

原料名称	氧化钴	三氧化二铬	氧化铁黄	氧化亚镍	氧化锰
质量配比（%）	18~20	28~32	35~40	8~10	5~8

在进行 Co-Cr-Fe-Ni-Mn 黑色色料配方研发的过程中，不仅要将色料呈色作为考察的依据，而且要把合成颜料的磁化率控制在较低的水平，以便于色料在墨水中的使用。

（3）Co-Cr-Fe-Ni-Mn 黑色色料的工艺流程（图 3-16）

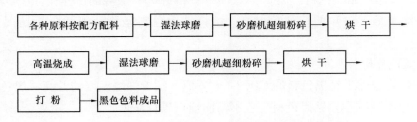

图 3-16　Co-Cr-Fe-Ni-Mn 黑色色料的工艺流程图

（4）Co-Cr-Fe-Ni-Mn 黑色色料的细磨

Co-Cr-Fe-Ni-Mn 黑色色料半成品的超细粉碎选择砂磨机进行。砂磨之前要先使用湿球磨到料浆全部通过了 325 目筛。半成品的砂磨控制半成品的细度在 $D_{50}<0.8\mu m$，$D_{90}<1.2\mu m$。成品的细磨控制细度至 $D_{50}<1.1\mu m$，$D_{90}<1.6\mu m$。进一步的细磨可在制作墨水时进行。

（5）Co-Cr-Fe-Ni-Mn 黑色色料的烧成

Co-Cr-Fe-Ni-Mn 黑色色料，在氧化气氛下烧成，烧成温度为 1200~1230℃，保温 4~5h，烧成周期以 10~24h 为宜。

（6）Co-Cr-Fe-Ni-Mn 黑色色料在釉中的发色特性

西班牙某公司及国内某公司生产的黑色墨水色料的粒度分布图分别如图 3-17、图 3-18 所示，色料在熔块釉、全抛釉中的 CIE $L^* a^* b^*$ 值分别见表 3-14、表 3-15。

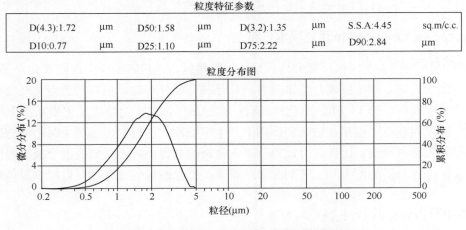

图 3-17　西班牙某公司黑色墨水色料的粒度分布图

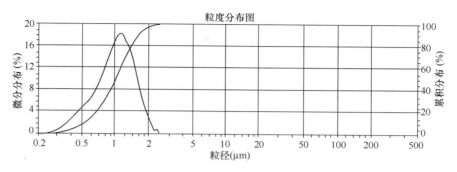

粒度特征参数									
D(4.3):0.99	μm	D50:0.95	μm	D(3.2):0.82	μm	S.S.A:7.31	sq.m/c.c.
D10:0.50	μm	D25:0.70	μm	D75:1.23	μm	D90:1.53	μm

图 3-18　国内某公司黑色墨水色料的粒度分布图

表 3-14　黑色墨水色料在熔块釉中的 CIE L^*a^*b 值

色料名称	L^*	a^*	b^*
西班牙某公司黑色	7.21	3.85	2.71
国内某公司黑色	5.97	3.70	2.63

表 3-15　黑色墨水色料在全抛釉中的 CIE L^*a^*b 值

色料名称	L^*	a^*	b^*
西班牙某公司黑色	10.44	1.75	1.54
国内某公司黑色	9.15	1.58	1.36

从图 3-17、图 3-18 和表 3-14、表 3-15 可以看到，国内某公司用固相法合成的 Co-Cr-Fe-Ni-Mn 黑色墨水色料，其红值 a^*，黄值 b^* 都较低，黑色较纯正。其在熔块釉和全抛釉中的发色强度都明显好于西班牙某公司的产品。

3.1.6　棕色墨水色料

棕色色料属于尖晶石类色料，尖晶石的化学通式为 AB_2O_4。尖晶石的构成分为两种情况，一种是 A 为 +2 价金属阳离子，B 为 +3 价金属阳离子；另一种情况是 A 为 +4 价金属阳离子，B 为 +2 价金属阳离子。标准的尖晶石是由 1mol 的 RO 和 1mol 的 R_2O_3 构成。或者由 2mol 的 RO 和 1mol RO_2 构成。而在陶瓷颜料的实际应用中，根据颜料所需色调的不同，既有 RO 过剩，也有 R_2O_3 或 RO_2 过剩的情况，以下是几个常见的棕色色料的基本化学组成。

棕色 A：$2.4ZnO \cdot 0.5 Fe_2O_3 \cdot 0.5Cr_2O_3$，$ZnO:(Fe，Cr)_2O_3 = 2.4:1$。

棕色 B：$3.0ZnO \cdot 0.5 Al_2O_3 \cdot 0.5Cr_2O_3 \cdot 0.5 Fe_2O_3$，$ZnO:(Al，Cr，Fe)_2O_3 = 2:1$。

用于棕色墨水色料，要求形成的尖晶石具有较好的高温稳定性和化学稳定性。因此在进行配方设计时 $AO:B_2O_3$ 接近 $1:2$。

1. 棕色墨水色料的原料要求

氧化锌宜采用间接法生产，ZnO 含量 >99.5% 以上。氧化铁可以由铁红或铁黄引入，但都要选择颗粒细小、反应活性大的产品。铬绿可选用经超细粉碎的 Cr_2O_3。氧化铝由氢氧化铝引入。

2. 棕色色料的配方组成（表3-16）

表 3-16　棕色色料的配方组成

原料名称	ZnO	Fe_2O_3	Cr_2O_3	Al_2O_3
红棕色料（%）	31～35	32～37	33～38	—
黄（金）棕色料（%）	26～30	28～33	30～35	10～25

3. 棕色色料的生产工艺流程

棕色色料合成的工艺流程如图 3-19 所示。

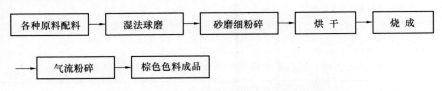

图 3-19　棕色色料的工艺流程图

在图 3-19 的棕色色料的加工过程中，成品直接采用气流磨粉碎，采用这一加工流程，配料使用的原料要求纯度高，配方中不添加矿化剂。产品的电导率能满足要求。如果产品的电导率不能满足要求，那么成品的粉碎宜采用湿法砂磨，砂磨后增加一道颜料漂洗工艺。

4. 棕色色料的烧成

棕色色料在半成品的处理过程中经过了砂磨机超细粉碎，因此烧结所需温度比普通棕色色料略低。但为了墨水色料合成的晶体更完整，实际生产中采用与普通棕色色料相同的温度烧成。在烧成黄棕色色料产品时，300～600℃是氢氧化铝的脱水温度，要适当降低升温速率。

5. 棕色色料的粒度分布和呈色情况

西班牙某公司和国内某公司生产的红棕墨水色料的粒度分布图如图 3-20、图 3-21 所示，色料在熔块釉及全抛釉中的 CIE $L^* a^* b^*$ 值分别见表 3-17、表 3-18。

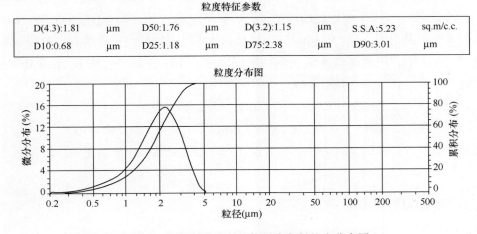

图 3-20　西班牙某公司红棕墨水色料粒度分布图

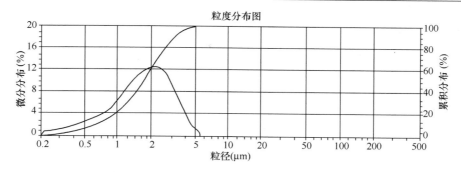

粒度特征参数

D(4.3):1.74	μm	D50:1.60	μm	D(3.2):1.10	μm	S.S.A:5.45	sq.m/c.c.
D10:0.56	μm	D25:1.00	μm	D75:2.34	μm	D90:3.13	μm

图 3-21　国内某公司红棕墨水色料粒度分布图

表 3-17　红棕墨水色料在熔块釉中的 CIE $L^*a^*b^*$ 值

色料名称	L^*	a^*	b^*
西班牙某公司红棕	18.37	23.31	21.31
国内某公司红棕	18.00	25.53	20.73

表 3-18　红棕墨水色料在全抛釉中的 CIE $L^*a^*b^*$ 值

色料名称	L^*	a^*	b^*
西班牙某公司红棕	23.89	19.45	20.63
国内某公司红棕	23.15	20.37	20.02

从图 3-19、图 3-20 和表 3-17、表 3-18 可知国内公司生产的红棕墨水色料在粒度分布和发色强度方面与西班牙某公司的产品是很接近的。

3.2　陶瓷喷墨色料的制备及分散法墨水的制备

3.2.1　陶瓷喷墨色料的生产及其工艺

陶瓷喷墨打印被看作是陶瓷行业的一个重大技术革命，喷墨印刷技术的工业化应用使陶瓷行业产生新的市场机遇。随着喷墨技术在工业化生产中的不断拓展应用，喷墨印刷技术开始进入建筑陶瓷家装市场，可以预见的是，喷墨印刷技术进入陶瓷行业将是未来建筑卫生陶瓷市场发展的必然趋势。

2000 年世界第一台工业使用的陶瓷装饰喷墨打印机是由美国 Ferro 公司开发的 Kerajet 系统，墨水也是由 Feero 公司与赛尔公司联合研制的陶瓷墨水。2000 年 1 月 7 日，Feero 公司向美国专利商标局提交了一份名为《用于陶瓷釉面砖（瓦）和表面的彩色喷墨印刷的独特的油墨和油墨组合》的专利，该专利阐述了陶瓷墨水的制作方法技术，为陶瓷喷墨印刷技术奠定了良好的基础。2006 年以后，陶瓷墨水在西班牙得到了很好的发展，到目前为止，除了西班牙 Feero 公司外，西班牙的 Esmalglass-itaca，Chimigraf，Colorbbia，Torrecid 四家公司也是陶瓷装饰墨水的主要制造商。

目前，国内部分一线陶瓷品牌企业先后引进了陶瓷数字喷墨印刷技术装备，并随后相应推出了数字化陶瓷产品。相信陶瓷喷墨印刷设备的国产化和陶瓷墨水的研制，将在今后很长一段时间内成为陶瓷行业技术人员的攻关重点。

3.2.2　国内陶瓷喷墨设备及墨水的研究现状

目前，中国具有自主知识产权的陶瓷喷墨打印机相关配套的设备和墨水国产化都开始进入工业化投产阶段。在 2011 年广州陶瓷工业展览会上，国内的色料行业龙头企业万兴公司发布并展出了自己的陶瓷喷墨墨水系列产品，代表着国内陶瓷墨水已进入工业化投产状态。在国产陶瓷喷墨打印机方面，早在 2008 年，佛山市希望陶瓷机械设备有限公司就推出了喷墨打印机，并在 2009 年广州工业展上亮相，接着上海泰威技术发展有限公司紧随其后，于 2010 年年底推出喷墨打印机设备。目前新景泰、泰威（科达代理）、美嘉、科越、希望、彩神、精陶已经分别推出了喷墨设备产品。其中，新景泰推出全套喷墨打印机设备，希望陶机推出数码彩喷印花机 350/4、420/4、700/4、1050/4、350/4-6、420/4-6、700/4-6、1050/4-6，以及 X-Y700、X-Y1350 的宽幅数码喷墨印花机，深圳市润天智图像技术有限公司"彩神"推出高速陶瓷数码喷墨印花系统，佛山市美嘉陶瓷设备有限公司推出数码嘉年华喷墨打印机，且产品已被金舵陶瓷订购；佛山市科越陶机推出专利产品 KM46BZD 型喷墨打印机，广东精陶机电陶瓷喷印机（平台直喷型）。作为国内自行开发、自主生产喷墨打印设备全套技术的企业，上海泰威也推出了最新产品"陶印大师 TeckVersa 系列瓷砖喷墨打印机"。

国内研究机构在 2004 年前后开始投入到陶瓷墨水的研究中，在学术派方面主要代表有天津大学研究团队、南昌航空工业大学研究团队、大连理工大学研究团队、陕西科技大学研究团队和华南理工大学研究团队，共发表相关研究论文 32 篇，其中天津大学团队在学术上集合了杨正方、郭瑞松等一批专家。与此同时，部分陶瓷色釉料企业如广东佛陶集团股份有限公司、江门道氏制釉、华山制釉、科信达奥斯博、博奥科技、鹰牌陶瓷等公司也投入到陶瓷喷墨墨水的国产化研究中，并取得 3 个发明专利。值得关注的是，江门道氏标准制釉公司独自获得 2 个专利。

3.2.3　陶瓷喷墨色料的技术要求及制备工艺

陶瓷喷墨印刷技术发展分两个阶段。第一阶段是 2000—2006 年，喷墨系统只有可溶性墨水。在这一阶段，由于所使用的可溶性墨水的低色彩范围、稳定性差和成本高，大大限制了产品所能实现的各种可能性，制约了发展。第二阶段，随着颜料墨水的技术进步，喷墨系统发生了质的飞跃。使用改进后的颜料墨水，喷墨打印系统几乎可以打印市场上的常规颜色，而且价格也极具竞争力。这种技术飞跃的影响甚至可扩大到景观设计，并带动了更多的新设备厂家进入市场及将一些新元素引入到新的色彩制作中。

目前，陶瓷墨水的制造方法仍集中于分散法、溶胶凝胶法和反相乳相法，而以上三种加工方法中，溶胶凝胶法由于制造工艺方法原料昂贵、溶胶不稳定而受到限制，反相乳相法由于制得的墨水固含量低，也存在许多技术问题有待解决，分散法由于颗粒度较大，也需要解决墨水的稳定性问题。

1. 陶瓷喷墨墨水的技术要求

喷墨印刷技术在陶瓷上的应用关键在于陶瓷墨水的制备。陶瓷墨水的组成和性能与打印机的工作原理和墨水用途有关。陶瓷墨水通常由无机非金属颜料（色料、釉料）、溶剂、分散剂、结合剂、表面活性剂及其他辅料构成。无机非金属颜料（色料、釉料）是墨水的核心物质，陶瓷喷墨用墨水要求具备以下特性：

（1）要求陶瓷色料粉体在溶剂中能保持良好的化学和物理稳定性，不会出现化学反应和颗粒团聚沉淀。

（2）要求在打印过程中，陶瓷色料粉体颗粒能够在短时间内以最有效的堆积结构排列，附着牢固，获得较大密度的打印层，以便煅烧后获得较高的烧结密度。

（3）要求打印的色料经高温烧成后具有良好的呈色性能以及与坯釉的匹配性能。

除了核心的发色主体——无机陶瓷色料之外，墨水的介质是核心关键技术之一。介质的功能相当于传统的釉料作用，介质以溶剂的形式把色料粉体从打印机输送到受体上的载体，同时控制着干燥时间。溶剂一般采用水溶性有机溶剂，如：醇、多元醇、多元醇醚和多糖等。高分子分散剂是帮助色料粉体均匀地分布在溶剂中，并保证在喷印前粉料不发生团聚。类似于传统花釉中使用的 CMC 和 STTP 添加剂，可以保障打印过程中的陶瓷坯体具有一定强度，方便生产和操作，同时还可以调节墨水的流动性能。表面活性剂的作用是控制墨水的表面张力在适合的范围内。辅助性材料还有墨水 pH 值调节剂、催干剂、防腐剂等。喷墨墨水的部分性能要求见表 3-19。

表 3-19　陶瓷用喷墨墨水的性能要求

打印机类型	导电性（ms/m）	黏度（mPa·s）	表面张力（mN/m）	最大粒径（μm）	pH 值
连续喷墨	>100	1~10	25~70	<0.15	7~12
需求喷墨	—	1~30	35~60	<0.15	7~12

2. 陶瓷喷墨墨水对色料的要求

陶瓷喷墨墨水的核心就是陶瓷用无机颜料的研制。目前，市场上常见的陶瓷坯釉用色料细度基本上在 325 目筛余 0.3% 左右，再高端一点的辊筒色料基本上 325 目全通过。由此可见，传统印花用色料在细度上的要求不是特别高，要达到喷墨的技术要求，必须将传统的陶瓷色料细度加工到 $<1\mu m$，通过以下对比试验（表 3-20~表 3-22），我们可以看到色料粒径对产品发色的影响。

表 3-20　不同粒径对锆镨黄色料的发色影响

编号	325 目筛余（%）	外观颜色	L^*	a^*	b^*
1	2	≤深黄	34.76	+38.40	+24.94
2	1	≤鲜黄，较深	35.80	+37.82	+23.30
3	0.5	≤浅黄	36.41	+36.41	+22.94
4	0	≤带浅白的黄	38.64	+34.80	+20.23

表 3-21　不同粒径对宝石蓝色料的发色影响

编号	325 目筛余（%）	外观颜色	L^*	a^*	b^*
1	2≤	深紫色	16.58	+22.68	−46.94
2	1≤	深紫色	16.50	+22.68	−47.06
3	0.5≤	稍浅的紫色	15.61	+22.10	−47.30
4	0≤	淡紫色	15.02	+22.08	−47.83

注：筛余为过水筛后留存于筛上部分。

表 3-22　试验采用熔块釉的化学组成　　　　　　　　　　　　　　　　（wt%）

组成	SiO_2	Al_2O_3	B_2O_3	CaO	MgO	K_2O	Na_2O	BaO	Li_2O	ZrO_2
含量（%）	50~60	8~14	8~14	2~7	1.6	2.0	2~9	2.0	1.8	1.6

注：熔块釉的烧成范围为 1050~1100℃。

通过以上实验表明，传统的陶瓷无机色料受粒径的影响较大，锆系色料本身的结构也存在一定的不稳定性和发色饱和度不够的问题。随着粒径的减小，其在釉料中的发色饱和度明显降低，特别是黄值下降得很明显。需要说明的是，宝石蓝色料受粒径影响较小，随着粒径的减小，发色饱和度反而更好。因此，在选择适用于陶瓷喷墨墨水的色料结构时，要首先考虑具备超强的发色饱和度和较好的高温、化学稳定性结构类型的色料。

在目前的陶瓷色料结构体系中，尖晶石结构色料的高温稳定性和化学稳定性都较好，如蓝色中的钴蓝系列，黄色中的棕黄系列和黑色系列，而且尖晶石结构色料有个特点，就是细度越小饱和度越好。因此，选择喷墨墨水色料时应尽可能地选择具有尖晶石等结构类型的陶瓷色料。

3. 喷墨色料的加工设备和工艺

目前，陶瓷色料行业传统的用于加工细度的设备主要有研磨机和球磨机两大类型。研磨机是以刚玉质球石为介质，加工效率低，产品的外观颜色也不好看。广州产的微粉机主要以钢铁质的刀片切割的形式进行加工，该机器加工效率高，色料加工后外观改变不大，但是无法去除色料中的部分可溶性盐类。球磨机进行水球工艺相对复杂，需要后期的烘干工序，制造成本相对较高，生产的色料品质也相对稳定且发色鲜艳。

为了满足喷墨墨水对陶瓷色料细度的要求，当前的加工设备和工艺根本无法满足要求。要进行喷墨色料的生产，首先要打通细度这道关卡。在2011年的广州陶瓷展览会上，已经有厂家展示纳米级加工的机械设备。其中主要有气流磨和水球磨两大类型的设备。蒸汽气流磨是利用过热蒸汽作为介质，通过环形超音速喷嘴加速成高速气流，带动物料加速，相互碰撞实现粉碎。粉碎后的物料经过涡轮气流分级机分级，合格粉体进入后面的收集系统收集，不合格物料返回粉碎机继续被粉碎。整个系统蒸汽保持在过热状态，生产在全干法下进行。气流磨型号及加工效率见表3-23。

表 3-23　气流磨型号及加工效率

型　号	蒸汽耗量	最大进料粒度	出料粒度	生产能力
LNJS-200A	2t/h	<5mm	1~50μm	0.5~7t/h
LNJS-400A	4t/h	<5mm	1~45um	1~8t/h

另外，在广州陶瓷展会上也看到了深圳某厂家展出的高压球磨机，其应用原理是在高压环境下进行高强硬度的湿法球磨，该厂家宣称可以进行粉体纳米级加工。据悉，秦皇岛市太极环纳米公司可承接粉体材料纳米化加工处理，加工粉碎的平均粒径在100~300nm之间（6~18万目），采用纯物理机械法制备纳米材料，分为干法和湿法加工。其设备独有的特点是不但可以粉碎物料还可以使粉末和溶液达到均匀分散及具有乳化功能。

4. 陶瓷喷墨墨水当前存在的问题和发展前景

目前陶瓷墨水在发色饱和度、色彩色调、打印质量、物理化学稳定性等方面，还有许多问题需要解决。如发色强度方面，由于陶瓷墨水喷墨时要求墨滴小，小至4~6pl；喷墨快，喷墨速度快至频率6kHz；墨滴可变，这些参数决定陶瓷墨水的流速、黏度与密度等物理参数，低密度也就决定了墨水中发色的色料密度低，导致产品可调明暗值降低。今后高强度发色色料将是研究的重要课题。另外，现在陶瓷墨水的颜色系统还不够丰富，尽管有报道称目前已经有11种陶瓷墨水被发明，但是对于绚艳的红色色系、黄色色系和黑色色系陶瓷墨水极少见，较窄的彩色范围陶瓷墨水也是制约陶瓷墙地砖装饰应用的根本因素。

研究陶瓷墨水的加工方法和发色强度、颜色系统、喷墨效率、高温和化学稳定性仍是未来陶瓷墨水开发的主题方向。由于陶瓷墨水加工技术的局限性，譬如分散法虽然色系较多、彩色范围较广、成本也最低，但由于其颗粒度较大，陶瓷墨水的稳定性问题仍有待探索；而溶胶凝胶法尽管其粒度较小，但稳定性和生产成本又略显不足；由于陶瓷墨水黏度低、密度低，需要解决墨水的稳定性；反相乳相法在粒度、固含量上都较溶胶凝胶法略好，但稳定性也并非十分理想。因此，选择一种既能保证产品品质又能提高效率的低成本墨水生产工艺是十分有必要的。

陶瓷喷墨印刷技术是未来陶瓷行业发展的必然趋势。目前国内在喷墨墨水和喷墨机械设备上已经取得长足的发展，但是就陶瓷喷墨打印的核心技术而言，我们离国外的先进技术还有一定差距。同时，国内的喷墨陶瓷技术总的来说核心依然在国外，市场上所谓的国产设备，其核心技术仍然引自外国。因此，必须抓住机遇尽快消化和掌握国外先进的陶瓷喷墨色料和打印喷头的生产技术。

另外，喷墨打印在产量上无法跟传统丝网、辊筒方式相比，尤其是在大规格瓷砖产品上的产量仍不尽如人意。在现今的国内市场，喷墨陶瓷被冠以高端产品的光环而受到赞声一片。许多大型企业不惜高成本引入国外先进设备，争先占领市场先机。而随着喷墨陶瓷的神秘面纱逐步褪去，更多的中小型企业加入其中，喷墨陶瓷的高端形象迟早会崩塌，喷墨产品在习惯于"价格战"的国内市场的前景也是不容乐观的。

3.2.4 分散法制备陶瓷喷墨打印墨水

1. 陶瓷喷墨打印墨水的制备方法

喷墨打印的核心是喷头从微孔板上吸取探针试剂后移至处理过的支持物上，通过热敏或声控等形式触发喷射器的动力把液滴喷射到支持物表面。通过采用较多的喷嘴和多次喷射相同的区域，大多数喷墨打印机都能输出中、高分辨率的图像。由于打印时喷头与支持物表面保持一定距离，所以又称为非接触式打印。陶瓷行业的喷墨打印技术很早之前已在国外投入到工业化生产，随着 2008 年金融危机导致的欧美喷墨设备公司对中国设备输出条件的放松及国产喷墨设备的推出，中国人也逐渐迈开了对喷墨墨水探索的步伐。特别是陶瓷喷墨打印机和陶瓷墨水这两项制造技术之前一直被国外垄断，在国内科研人员的不断努力下，经历了 3 年的技术攻关后，目前国产陶瓷喷墨打印机设备和陶瓷墨水均取得重大进展，并在国内陶瓷厂家投入大规模生产。陶瓷喷墨打印机和陶瓷墨水的吨售价也从上百万元直接下降到目前的几十万元，成本的降低为陶瓷喷墨打印技术的普及起到了很好的促进作用。

陶瓷墨水的制造方法仍集中于分散法、溶胶凝胶法和反相乳相法，而以上三种加工方法中，溶胶凝胶法由于制造工艺方法原料昂贵、溶胶不稳定而受到限制，反相乳相法由于制得的墨水固含量低，也存在许多技术问题有待解决。分散法工艺较上述两种方法简单，而且生产成本相对降低，结合目前国内陶瓷色料技术配方上的优势，以及国内超细研磨机械制造商这两年在砂磨机方面取得的突破，使得分散法成为国内大部分陶瓷喷墨打印墨水生产厂家的首选工艺。

2. 陶瓷喷墨打印墨水市场需求与研究趋势

截至 2012 年上半年，全球范围内安装使用的陶瓷喷墨打印机达 1422 台。有关平台结合了全球陶瓷喷墨打印设备制造商提供的数据，统计了全球各大区域、国家及地区在 2010 年前已安装的设备数、2011 年 1 月—2012 年 6 月新安装的设备数，以及 2012 年上半年共安装的设备数。数据显示，全球 2011 年 1 月—2012 年 6 月新安装的陶瓷喷墨打印机达 884 台，占安装总数的 62.2%，表明 2011—2012 年两年陶瓷喷墨打印机在全球范围内已经大规模运用，特别是中国国内市场安装和投入使用的陶瓷喷墨打印机已经超过 400 台。如果按照每台喷墨打印机每月使用墨水 2~5t，平均每台机器使用 3t 计算，全国保守计算 400 台喷墨打印机每月的墨水需求量在 1200t 左右，按照目前陶瓷墨水不断降价的趋势，即使按照每吨墨水 16 万元计算，仅国内市场每月喷墨打印墨水市场份额在 19.2 亿元上下，如果按照陶瓷行业全年满负荷生产 10 个月计算，整个陶瓷行业全年光是花在陶瓷喷墨打印墨水上面的钱就是 192 亿元。当然，这还不包括国外市场。可以预见的是，国内和国外陶瓷喷墨打印机和墨水市场未来将会越做越大，大部分有实力的陶瓷色釉料企业都开始投入到陶瓷喷墨墨水的研制当中，其中又以佛山地区的陶瓷喷墨打印机和陶瓷墨水最为突出。寻求技术突破和改良改善当前陶瓷墨水的性能以及解决现实生产工艺难题成为当前科研人员迫切需要解决的问题。

目前国内陶瓷喷墨打印墨水仍然以进口产品为主，国产墨水已经推向市场的主要有明朝科技与道氏两家公司。在 2011 年 5 月份举行的广州陶瓷工业展览会上，佛山市明朝科技开发有限公司和佛山市博今科技材料有限公司在展会上首次展出了由其自主研发的陶瓷喷墨墨水，此举标志着陶瓷喷墨墨水正式实现国产化。经过这两年的技术改进与工艺摸索，目前国产陶瓷墨水与国外陶瓷墨水具有完全的兼容性，使用前不用清洗，并基本解决了稳定性、发色情况、成本以及墨水与喷头的兼容性等各方难题。随着陶瓷墨水技术的普及，估计国内陶瓷墨水供应商将很快突破 10 家，其中如禾合、威霍普、金鹰等色釉料厂家都完成了陶瓷墨水制造工艺的技术储备。

同时，国产陶瓷墨水由于多是采用分散法生产工艺，结合目前佛山地区的色釉料技术优势，因此陶瓷墨水在色调上相对可以延伸拓展出更为丰富的色彩范围。特别是在常规色彩中的黑色、黄色、棕色、蓝色方面可以做得非常出色，部分指标还优于国外的同类产品。需要说明的是，陶瓷喷墨墨水对粒径的技术要求也由之前的小于 100nm 增加到了小于 150nm。随着溶剂技术和打印喷头的技术改进，相信今后对于粒径的要求会进一步放宽到 500nm 以内。令人疑惑的是，当前国内陶瓷墨水企业遇到的难题，并不是技术层面的问题，而是陶瓷企业对国产墨水产品的不信任。因此，要想获得并扩大对国货的信任感，需要大力推广以改变客户对国内陶瓷墨水的评价，使国内陶瓷墨水逐渐得到陶瓷企业的认可。

3. 分散法制备陶瓷喷墨打印墨水

分散法为制备分散体系的一种方法。其原则是从大块物质出发，利用机械研磨或超声分散等分散手段将其粉碎，制成分散体系。常用的机械研磨设备有球磨机、砂磨机和胶体磨等，但它们通常只能将物质磨细到 $1\mu m$ 左右，而超声分散则广泛用于制备乳状液。陶瓷喷墨打印墨水应用分散法是利用分散介质氧化锆珠研磨手段，将陶瓷无机色料粉碎到纳米级后，利用醇类分散剂和油脂稳定剂使超细固体的色料颗粒稳定地悬浮分散在墨水溶剂中。通常是将陶瓷色料预处理达到 $100\mu m$ 以下时，再同溶剂、分散剂、稳定剂等一起经过砂磨机雾化处理，一般需要研磨 4h 左右，保证粒径小于 150nm 的同时还要求粒径分布范围窄。

通过表 3-24、表 3-25 可以看出，陶瓷钴黑类色料产品受研磨时间的影响不大，含氧化锰和氧化镍类的黑色色料产品对于研磨时间较为敏感，随着研磨时间的增加，色料的外观颜色和在亚光釉料中的发色有较为明显的改变，并向棕黄色调发展。而钴黑类产品则不会出现非常明显的改变。

表 3-24　不同球磨时间对 Fe-Cr-Ni-Mn 黑色色料的发色影响

编号	球磨时间（min）	外观颜色	L^*	a^*	b^*
1	3	黑色	26.9	−0.2	+0.0
2	6	略红黑色	26.7	+0.1	+0.3
3	9	棕红黑色	27.2	+0.5	+0.2
4	12	深棕色	29.8	+6.2	+1.3

注：使用 250g 规格球磨罐，色料 50g，球石 250g，水 80g。

表 3-25　不同球磨时间对 Fe-Cr-Co 黑色色料的发色影响

编号	球磨时间（min）	外观颜色	L^*	a^*	b^*
1	3	带蓝黑色	26.1	−0.2	+0.1
2	6	黑色	25.6	−0.3	−0.3
3	9	略红黑色	25.3	+0.1	+0.0
4	12	带红黑色	26.8	+0.1	+0.1

注：使用 250g 规格球磨罐，色料 50g，球石 250g，水 80g。

需要注意的是，部分矿化剂类如钾盐、铵盐等对于色料的发色具有促进作用，但是在陶瓷墨水制备中，矿化剂容易导致墨水导电率过高而产生诸如结胶和絮凝抱团现象的产生。同时，对于煅烧温度过高或者过低的色料产品在后期的雾化超细研磨过程中容易发生物理和化学变化，导致产品发色不稳定和延长墨水的研磨时间。

（1）陶瓷墨水超细研磨时间与粒径变化

陶瓷喷墨打印对于墨水的细度要求是非常严格的，墨水中固化物的粒径直接影响到墨水的后期稳定性以及保存期物化指标。墨水的细度在小于 500nm 的界限范围后，通常减小粒径所需的球磨时间会明显增加，同时对于表面活性剂的性质和指标提出了更高的要求，工业化生产时，墨水中的固化物含量通常要求在 20％～35％之间。在下面的试验中，笔者采用东莞琅菱机械生产的 1L 容量砂磨机进行研磨处理发现，当墨水中的固含量超过 35％后，研磨至 500nm 为界限，向下研磨的时间明显增加。

当然，随着配方中的固化物的增加，表面活化剂的使用量也必须进行调整，否则容易出现团聚现象，如图 3-22、图 3-23 所示的电镜结构图，在黄色墨水研磨至 500nm 时，固化物含量为 30％，表面活化剂含量图 3-22 为 16％，图 3-23 为 8％，使用的研磨机械为东莞琅菱机械公司生产的 1L 容量砂磨机，研磨时间为 2h（图 3-24、图 3-25）。

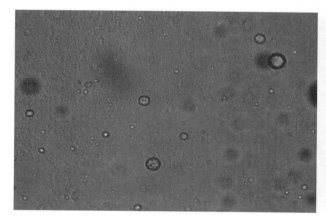

图 3-22 合格黄色墨水电镜下结构图
（注：大颗粒为油性物质）

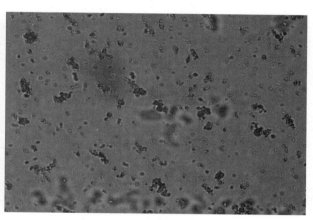

图 3-23 不合格黄色墨水发生团聚现象
（粒径小于 500nm 后继续磨细容易出现）

图 3-24 东莞琅菱机械生产的卧式砂磨机

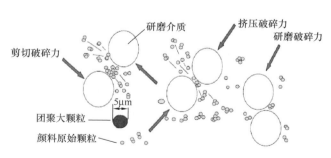

图 3-25 卧式砂磨机研磨原理图

根据实验可知，陶瓷墨水的固含量最佳值范围在 20％～30％之间，固含量偏低对墨水的发色以及成本控制方面不具备经济优势，但是当墨水中的固含量超过 30％的时候，配方中的溶剂同表面活化剂等添加剂的调和显得非常重要，特别是配方中占据主要成本的颜料和表面活化剂随着固含量增加而增加，另外，选择溶剂添加剂时需要匹配溶剂的熔点与挥发点，墨水对于温度的敏感度应尽量调宽。

同时，为了减少砂磨机的磨损和提高研磨的效率，对于进入砂磨机的颜料细度需要严格控制，根据生产实践经验，陶瓷颜料预处理的最佳入机粒径范围在 1000nm 以下，当入机颜料粒径大于 1000nm 时，很容易造成研磨机内过滤网堵塞，同时明显增加研磨时间。另外，墨水按照配方比列调和好之后，由于陶瓷颜料是干粉状的，投入溶剂的瞬间容易发生结团结块的现象，因此最好使用球磨机进行预处理 30min 后，再通过一边搅拌一边使用泵抽到砂磨机中进行循环加细（图 3-26、图 3-27）。图 3-28～图 3-31 为黑色陶瓷墨水加工到合格粒径小于 150nm 所需要的时间以及粒径分布图。

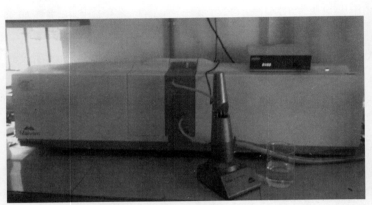

图 3-26　马尔文激光粒度仪 2000E

图 3-27　砂磨机研磨介质（锆球石 0.3mm）

d(0.1):　0.152　μm　　　　d(0.5):　0.499　μm　　　　d(0.9):　1.121　μm

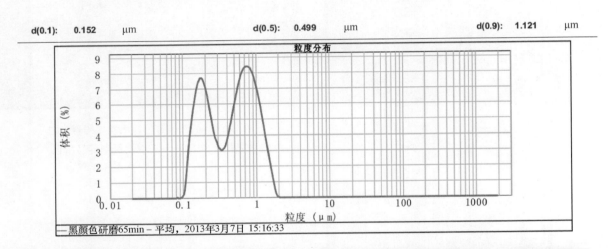

— 黑颜色研磨65min－平均，2013年3月7日 15:16:33

粒度(μm)	范围内体积(%)	粒度(μm)	范围内体积(%)	粒度(μm)	范围内体积(%)	粒度(μm)	范围内体积(%)	粒度(μm)	范围内体积(%)	粒度(μm)	范围内体积(%)
0.010	0.00	0.105	1.84	1.096	4.92	11.482	0.00	120.226	0.00	1258.925	0.00
0.011	0.00	0.120	4.25	1.259	3.42	13.183	0.00	138.038	0.00	1445.440	0.00
0.013	0.00	0.138	5.95	1.445	1.93	15.136	0.00	158.489	0.00	1659.587	0.00
0.015	0.00	0.158	6.89	1.660	0.59	17.378	0.00	181.970	0.00	1905.461	0.00
0.017	0.00	0.182	6.68	1.905	0.00	19.953	0.00	208.930	0.00	2187.762	0.00
0.020	0.00	0.209	5.55	2.188	0.00	22.909	0.00	239.883	0.00	2511.886	0.00
0.023	0.00	0.240	4.10	2.512	0.00	26.303	0.00	275.423	0.00	2884.032	0.00
0.026	0.00	0.275	3.06	2.884	0.00	30.200	0.00	316.228	0.00	3311.311	0.00
0.030	0.00	0.316	2.74	3.311	0.00	34.674	0.00	363.078	0.00	3801.894	0.00
0.035	0.00	0.363	3.15	3.802	0.00	39.811	0.00	416.869	0.00	4365.158	0.00
0.040	0.00	0.417	4.23	4.365	0.00	45.709	0.00	478.630	0.00	5011.872	0.00
0.046	0.00	0.479	5.51	5.012	0.00	52.481	0.00	549.541	0.00	5754.399	0.00
0.052	0.00	0.550	6.69	5.754	0.00	60.256	0.00	630.957	0.00	6606.934	0.00
0.060	0.00	0.631	7.43	6.607	0.00	69.183	0.00	724.436	0.00	7585.776	0.00
0.069	0.00	0.724	7.61	7.586	0.00	79.433	0.00	831.764	0.00	8709.636	0.00
0.079	0.00	0.832	7.19	8.710	0.00	91.201	0.00	954.993	0.00	10000.000	0.00
0.091	0.00	0.955	6.23	10.000	0.00	104.713	0.00	1096.478	0.00		
0.105	0.03	1.096		11.482		120.226		1258.925			

图 3-28　黑色墨水色料研磨 65min 的粒径

d(0.1):　0.139　μm　　　　d(0.5):　0.527　μm　　　　d(0.9):　1.136　μm

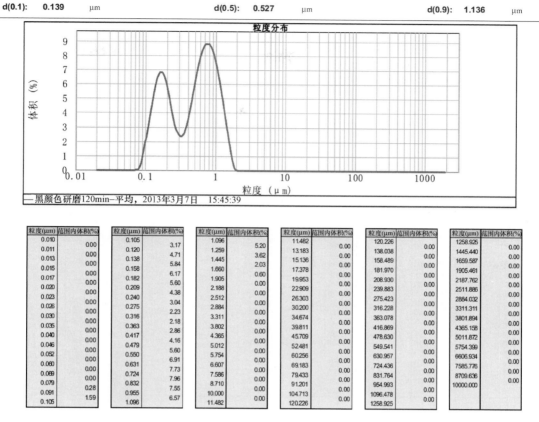

图 3-29　黑色墨水色料研磨 120min 的粒径

d(0.1):　0.109　μm　　　　d(0.5):　1.308　μm　　　　d(0.9):　2.606　μm

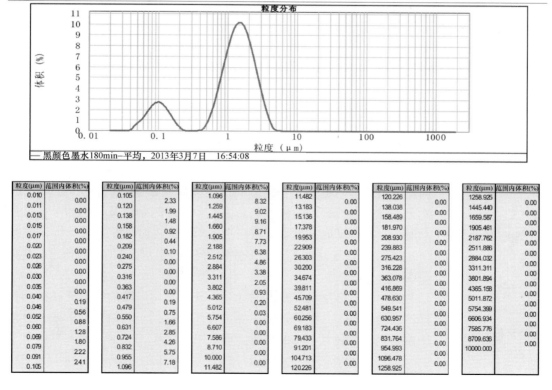

图 3-30　黑色墨水色料研磨 180min 的粒径

d(0.1):	0.084	µm	d(0.5):	0.147	µm	d(0.9):	0.251	µm

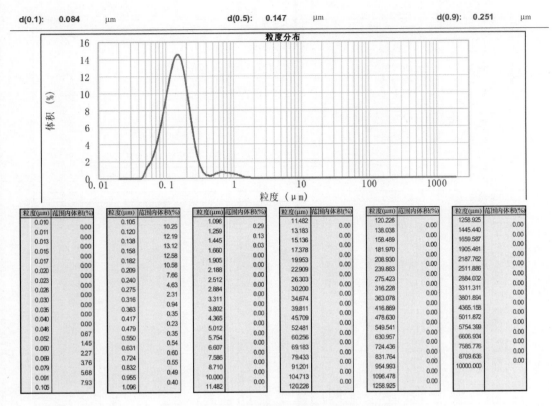

粒度(µm)	范围内体积(%)	粒度(µm)	范围内体积(%)	粒度(µm)	范围内体积(%)	粒度(µm)	范围内体积(%)	粒度(µm)	范围内体积(%)	粒度(µm)	范围内体积(%)
0.010	0.00	0.105		1.096	0.29	11.482	0.00	120.226	0.00	1258.925	0.00
0.011	0.00	0.120	10.25	1.259	0.13	13.183	0.00	138.038	0.00	1445.440	0.00
0.013	0.00	0.138	12.19	1.445	0.03	15.136	0.00	158.489	0.00	1659.587	0.00
0.015	0.00	0.158	13.12	1.660	0.00	17.378	0.00	181.970	0.00	1905.461	0.00
0.017	0.00	0.182	12.58	1.905	0.00	19.953	0.00	208.930	0.00	2187.762	0.00
0.020	0.00	0.209	10.58	2.188	0.00	22.909	0.00	239.883	0.00	2511.886	0.00
0.023	0.00	0.240	7.66	2.512	0.00	26.303	0.00	275.423	0.00	2884.032	0.00
0.026	0.00	0.275	4.63	2.884	0.00	30.200	0.00	316.228	0.00	3311.311	0.00
0.030	0.00	0.316	2.31	3.311	0.00	34.674	0.00	363.078	0.00	3801.894	0.00
0.035	0.00	0.363	0.94	3.802	0.00	39.811	0.00	416.869	0.00	4365.158	0.00
0.040	0.00	0.417	0.35	4.365	0.00	45.709	0.00	478.630	0.00	5011.872	0.00
0.046	0.67	0.479	0.23	5.012	0.00	52.481	0.00	549.541	0.00	5754.399	0.00
0.052	1.45	0.550	0.35	5.754	0.00	60.256	0.00	630.957	0.00	6606.934	0.00
0.060	2.27	0.631	0.54	6.607	0.00	69.183	0.00	724.436	0.00	7585.776	0.00
0.069	3.76	0.724	0.60	7.586	0.00	79.433	0.00	831.764	0.00	8709.636	0.00
0.079	5.68	0.832	0.55	8.710	0.00	91.201	0.00	954.993	0.00	10000.000	0.00
0.091	7.93	0.955	0.49	10.000	0.00	104.713	0.00	1096.478	0.00		
0.105		1.096	0.40	11.482	0.00	120.226	0.00	1258.925	0.00		

图 3-31 黑色墨水色料研磨 210min 的粒径

从上述图中可以得知，由于陶瓷黑色颜料属于高温合成的尖晶石颜料，本身产品结构非常稳定，硬度较其他的产品如锆系、棕色的产品高，因此研磨的时间相对需要 3.5h。而类似的黄色墨水中采用的如果是尖晶石金黄类的发色剂时，通常只需要研磨 2.5h 就能达到 150nm 以下的合格粒径。

另外，陶瓷墨水要求粒径分布范围窄，以及物料表面形貌尽可能规则或者光滑。不同厂家生产的砂磨机在效率上的差别不是很大，加工出来的粒径范围和晶体表面有少许的差别。溶剂和表面活化剂对于研磨效率的影响非常大，合理的溶剂与添加剂的配比也是墨水成功研制的关键技术之一。

（2）砂磨机的选择

砂磨机的线速度，也就是我们常说的砂磨机转速，对砂磨机的研磨效率到底有没有影响，影响有多大？且看如下分析。首先，来看看什么是线速度。物体上任一点对定轴作圆周运动时的速度称为"线速度"。它的一般定义是质点（或物体上各点）作曲线运动（包括圆周运动）时所具有的即时速度。它的方向沿运动轨道的切线方向，故又称切向速度。它是描述作曲线运动的质点运动快慢和方向的物理量。物体上各点作曲线运动时所具有的即时速度，其方向沿运动轨道的切线方向。

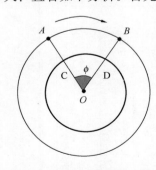

图 3-32 砂磨机的线速度

如图 3-32 所示，A 点到 B 点间每秒的运动距离即为线速度。线速度的单位为 m/s。

再来看看砂磨机线速度的计算。研磨介质运动的线速度在砂磨机筒体内部不同位置是不一样的，轴中心位置线速度最小，筒体壁的线速度最大，介于两者之间的任意一点的线速度可以用公式（3-1）来表示：

$$V = 2\pi\omega r \qquad (3-1)$$

式中，V 为线速度，m/s；π 为圆周率；ω 为砂磨机轴转速，r/s；r 为筒体内该点到轴中心的直线距离，相当于半径。

举例：有一台卧式砂磨机的转速为 1200r/min，即 20r/min，筒体内研磨盘的直径为 30cm，即研磨盘的圆周上任意一点到轴中心的直线距离 0.15m，最大线速度为 $V = 2 \times 3.1416 \times 20 \times 0.15 \text{m/s} = 18.85 \text{m/s}$。我们通常讲的砂磨机线速度是指机器研磨盘的线速度。

最后，我们来看砂磨机线速度与研磨效率之间的关系及影响。众所周知，砂磨机线速度越高，传递给珠子的动能就越大，砂磨机效率就越高。那是不是越高越好呢？当然不是。砂磨机线速度太高的弊端如下：

① 线速度越高，发热越大，机器升温越快，而大多数物料是有温度限制的。

② 线速度越高，对砂磨机研磨介质的冲击越大，所配的研磨介质很可能因此而破碎。

③ 线速度越高，对机器造成的损伤越大，对零件的磨损也加剧。所以对制造机器的材质要求更高。

砂磨机的线速度一般在 9～12m/s 之间，砂磨机真正有效的研磨区域是在研磨盘与桶壁之间的狭小区域，其他部位都是发热区。所以最高效卧式砂磨机是利用合适的线速度把研磨介质都集中在有效研磨工作区内。（东莞琅菱的棒梢型陶瓷墨水专用砂磨机正是基于高效率型。）目前各个卧式砂磨机生产厂家的砂磨机线速度各不相同，其研磨效率也是不一样的。这主要是由机器所采用的材质好坏和所使用的研磨介质强度大小来决定。因此用于生产陶瓷墨水的砂磨机器哪种更实用，相信大家心里都已经有份对照表了。

目前，分散法是制备陶瓷喷墨打印墨水的一个切实可行而又具有成本经济优势的墨水生产工艺技术之一。通过选用合适的陶瓷颜料经过适当的处理，与匹配的溶剂再经过砂磨机研磨处理雾化可以生产出一系列色彩丰富的陶瓷喷墨打印用墨水。发色剂的选用需要从饱和度、高温稳定性、耐磨性、导电率等方面考虑，溶剂与表面活化剂是墨水能否稳定打印的关键技术之一。而对于墨水中的固化物含量和粒径的要求，随着机械设备的技术改进会进一步放宽。如墨水的粒径要求可能会从小于 100nm，逐步提高到 500nm 以下都可以。

陶瓷喷墨印刷技术是陶瓷行业未来发展的必然趋势。国外陶瓷喷墨印刷技术早已工业化生产多年，而国内真正接触到陶瓷喷墨打印技术的核心也就是在这几年的时间。令人感到欣慰的是，在这短短的几年时间里中国陶瓷行业实现了从机械化向自动化的技术提升。

参考文献

[1] 梁家瑜. 喷墨打印用蓝色色料的合成研究[D]. 广州：华南理工大学，2012.
[2] 曹坤武. 镨掺杂硅酸锆黄色颜料以及陶瓷墨水的制备和研究[D]. 上海：华东理工大学，2012.
[3] 王锦，等. 表面活性剂水溶液共沉淀法制备铬锡红陶瓷颜料超细粉[J]. 山东轻工业学院学报，2004，18(3).
[4] 林东恩，刘建雄，张逸伟. 微乳液法制备超细 Co-Cr-Fe-Ni 钴黑陶瓷颜料[J]. 功能材料，2013，1(44).

第4章 纳米粉体加工技术基础

Chapter 4 Processing Technology Basis of Nano-powders

4.1 陶瓷色料颗粒粉碎的基础

粉碎作业在陶瓷色料颗粒物料的加工过程中至关重要，是色料生产必需的工艺步骤。了解颗粒粉碎的相关理论基础和粉碎机理是实施有效粉碎的前提。

4.1.1 单个颗粒的粉碎

在粉碎过程中，单个陶瓷色料颗粒的粉碎往往是和其他颗粒的粉碎同时进行的。由于难以区分哪些颗粒在粉碎过程中发生了粉碎，因此，采用产品的颗粒粒径分布与原始物料的颗粒粒径分布相比较的方法分析粉碎效果。为了了解颗粒被粉碎的基础，应首先了解单颗粒被施加一定应力后，发生粉碎的机理及其相关的概念。

1. 颗粒的断裂力学概念

在研究颗粒的断裂机理时，有关专家提出了"断裂物理学"和"断裂力学"等概念作为材料科学和颗粒力学的分支。颗粒是多种多样的，从小到大均存在缺陷。因此，由于颗粒及其性质的多样性，颗粒粉碎实质上可用断裂过程进行描述。

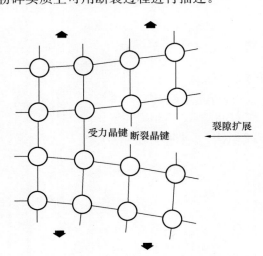

受力晶键　断裂晶键　　　裂隙扩展

图 4-1　在外应力下由于晶体化学键
断裂产生的裂隙扩展

一般认为陶瓷色料颗粒是脆性物质，其断裂是由应力引发应变而产生的。为此，Griffith 提出了断裂理论，成为后来人们研究断裂的基础。断裂理论认为，材料的缺陷（裂纹等）可导致应力在缺陷边缘、裂纹处集中，如图 4-1 所示。裂纹尖端（破碎点）在外应力下具有结合强度不同的化学键，即使施加的应力不足以克服屈服应力，但却可以提供足够的能量使裂纹扩展并产生新表面，当裂纹尖端处的应变可使新表面形成时，颗粒就发生断裂。断裂时的张应力即 Griffith 应力 σ_G 可见式（4-1），同时也是 Griffith 裂纹理论的表达式。

$$\sigma_G \cong \left(\frac{2\gamma Y}{L_{cr}}\right)^{1/2} \qquad (4\text{-}1)$$

式中，Y 为材料的杨氏弹性模量；γ 为比表面能（即单位面积的表面自由能）；L_{cr} 为裂纹长度。

裂纹扩展理论已经被广泛接受，尽管 Griffith 修正理论被用来解释裂纹尖端处应力场传送动能以及材料的塑性行为。值得注意的是，由于存在缺陷，故无需提供足够的能量打破所有的结合束缚点，但所提供的能量比产生新表面所需的多，因为最终的断裂表面将处于拉紧状态而吸收能量。

Griffith 理论需要张应力使裂纹扩展。均匀的压应力会把裂纹压紧，而变化的压应力可以产生张应力。因此，颗粒的粉碎是伸张引起的，而非压缩。对于单个颗粒的粉碎，Rumpf 等考查了多种物料颗粒的应力—应变的关系，以验证 Griffith 裂纹理论，结果说明：颗粒越小，则缺陷越少，其产生裂纹的临界应力越大。在不考虑裂纹分布和密度的情况下，小颗粒的破碎需要较大的应力。由于裂纹吸收的能量与其面积成正比，而应变能与体积成正比，因此小颗粒被粉碎时利用的能量就比较少。这意味着在不考虑初始裂纹和材料强度时，要使小颗粒产生连续裂纹，就需要更大的能量密度和更大的应力。Rumpf 还研究了单一超细颗粒的粉碎。颗粒较细时，应考虑塑性变形因素，当颗粒发生显著变形即将破裂又没破碎时，就达到了材料的易磨性尺寸极限。这个极限是可粉碎的最小颗粒尺寸，而不是粉碎产品的最小颗粒（比易磨性尺寸极限要小）。Oka 等人从理论上分析了颗粒粉碎中的裂纹。图 4-2 表示颗粒被对称应力 F 压缩破坏时的应力和应变情况。在相同的条件下，无规则颗粒和球形颗粒的应力和应变特点很相似，因此，他们主要分析球形颗粒。图 4-2 还显示出球体（颗粒）中心轴上的应力分布。在 z 轴上负载点的初始应力是压应力，而在颗粒内部却是张应力。颗粒的抗张强度比抗压强度

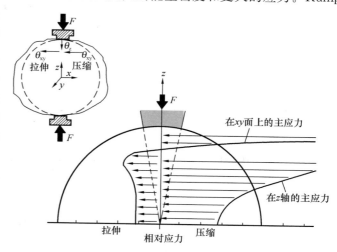

图 4-2　在压应力下颗粒内部的主应力分布

要小得多，所以颗粒的断裂粉碎主要是由张应力引起的。图 4-2 中的张应力可使颗粒粉碎产生一些少而大的颗粒，而压应力可使负载点周围产生一些多而小的颗粒。有关应力分布的方程较为复杂，当杨氏模量和泊松比固定时，内应力和加载应力成正比，与颗粒直径的平方成反比，而颗粒的应变量和颗粒直径的平方成正比，以及正比于颗粒中心到 z 轴的距离。

施加在颗粒上的能量 E_p 是由负载应力 F 和负载点形变量 z_d 决定，即式（4-2）：

$$E_p = F \times z_d \tag{4-2}$$

在该点处的形变 z_d 为式（4-3）：

$$z_d = \frac{F}{dy} K_v \tag{4-3}$$

式中，K_v 为由颗粒的泊松比决定的常数；d 为颗粒粒径。根据弹性理论，Oka 等通过实验确定颗粒内的伸张强度 σ_f，可以大致表示为式（4-4）：

$$\sigma_f = 0.9 \frac{F_0}{d^2} \tag{4-4}$$

式中，F_0 为负载应力值。将式（4-3）和式（4-4）代入式（4-2），颗粒粉碎所需能量可表示为颗粒尺寸及其性质的方程，即式（4-5）。

$$E_p = 1.23 K_v \frac{\sigma_f^2 d^3}{y} \tag{4-5}$$

因此，由 Griffith 理论可知：

（1）颗粒的抗张强度由裂纹和缺陷决定。

（2）颗粒越细，颗粒内部越难产生裂纹。

Oka 等指出，裂纹强度可用 Weibull 概率密度函数表示，假定单位体积内的裂纹数量是一定的，故裂纹强度即颗粒强度与颗粒体积的关系可表示为式（4-6）：

$$\sigma_f \propto V^{-\frac{1}{S}} \tag{4-6}$$

式中，S 为 Weibull 函数的指数，对于一定的颗粒体积，S 增大，裂纹强度降低。因此，可认为 S 是颗粒的均匀性系数。式（4-6）可写成颗粒尺寸的表达式（4-7）：

$$\sigma_f = \sigma_{fr} \left(\frac{d}{d_r} \right)^{-\frac{3}{s}} \tag{4-7}$$

式中，σ_{fr} 为粒径为 d_r 颗粒的裂纹强度。将式（4-7）代入式（4-5），得式（4-8）：

$$E_p = 1.23 K_v \frac{\sigma_{fr}^2}{d_r^{-6/s} y} d^{3(1-2/s)} \tag{4-8}$$

颗粒粉碎所需能量与颗粒尺寸 d 的 $3(1-2/S)$ 次方成正比，即式（4-9）：

$$E_p = K_1 d^{3(1-2/s)} \tag{4-9}$$

式中，K_1 为和颗粒性质有关的常数。

2. 粉碎的最小颗粒

根据 Schönert 的理论，材料形变的基本类型包括三种，如图 4-3 所示。最简单的材料形变是弹性形变，可通过杨氏模量 Y 和泊松比 ν 来表征，且弹性形变与温度及受力速率密切相关，如陶瓷色料等脆性材料在低于它们屈服应力时表现出弹性形变。材料的黏—弹性需用三个参数来表示，除了杨氏模量 Y 和泊松比 ν 外，还加了依赖于温度的屈服应力，材料的黏—弹形变是由与温度和频率相关的杨氏模量、泊松比和黏度来表示。

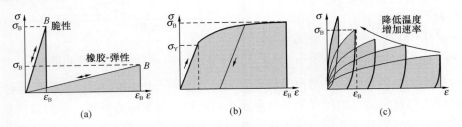

图 4-3　固体材料的受力形变

(a) 线—弹性形变
- 可逆性
- $\sigma = f(Y, \nu) \neq f(t, T)$
- 如陶瓷，玻璃 $\sigma < \sigma_Y$

(b) 弹—塑性形变
- 不可逆性
- $\sigma = f(Y, \nu, \sigma_Y(T)) \neq f(t)$（等方向性）
- 如金属

(c) 黏—弹性形变
- 不可逆性
- $\sigma = f(Y, \nu, \eta) = f(tT)$
- 如聚合物

Schönert 利用 Dugdale 关于断裂区宽度的推导方程式来预测粉碎材料可获得最小颗粒尺寸，即式（4-10）：

$$d_{min} \cong 0.4 \frac{Y G_c}{\delta_Y^2} \tag{4-10}$$

式中，G_c 为临界能量释放率；δ_Y 为屈服强度。脆性材料的 δ 值为 $1\sim10nm$，脆性聚合物的 δ 值为 $1\sim10\mu m$，而可获得的最小颗粒尺寸为 $10\sim20\delta$。由于弹性材料内部的能量不足以提供多次粉碎所需的能量，因此，需要多次施加力作用才能获得亚微米或纳米粒级颗粒，即颗粒的总受力极高。大量的研究试验和工业实践已经证明，采用机械粉碎方法可以制备亚微米或纳米粒级颗粒，尤其是对于脆性材料。Schwedes 和 Peukert 通过实验型介质搅拌磨湿法粉碎获得了粒径为 20nm 的氧化铝颗粒，其粉碎颗粒的组成稳定。Wang 等人采用高能量密度的介质搅拌磨获得了不同陶瓷原料的纳米或亚微米粒级的产品。另外，在干式粉碎系统（如振动磨等）中，也可得到纳米颗粒和纳米晶材料。

4.1.2　粉碎能耗

粉碎颗粒所需能耗一般可表述为式（4-11）：

$$dE_0 = -Kd \frac{d}{d^{fn(d)}} \tag{4-11}$$

式中，E_0 为产生新表面所需的能量；d 为颗粒粒径。一般认为，这个方程中的 $fn(d)$ 可以用常数 n 来代替，即式（4-12）：

$$dE_0 = -Kd\frac{d}{d^n} \qquad (4-12)$$

颗粒粉碎和所需能量的一般关系如图 4-4 所示，可以看出，在不同粒径范围内，n 不为常数。对于某个有限粒径范围，可视 n 为常数。该经验方程式在理论和实践中主要有 Rittinger，Kick，Bond，Holmes，Charles，Svensson 和 Murkes 等形式，其中，Rittinger，Kick 以及 Bond 粉碎能耗方程是大家所熟知的三大功耗定律。虽然，前两个方程是有一定的理论基础，但在宽粒径范围内并不适用，而 Bond 方程是经许多粉碎试验而获得的一种经验方程。

Rittinger 认为粉碎所需的能量正比于颗粒物料新生成的表面积，即式（4-13）：

$$E_o = K_1(S_{0O} - S_{0I}) \qquad (4-13)$$

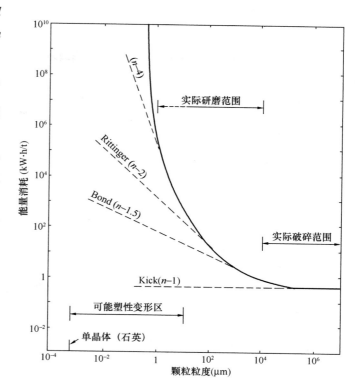

图 4-4　颗粒粉碎与所需能量的关系

式中，S_{0I}，S_{0O} 分别为粉碎前后的比表面积。该方程由式（4-12）积分得到，假设 $n=2$，而且 $S_0 \propto 1/d$，则式（4-13）可变成式（4-14）：

$$E_0 = K_2\left(\frac{1}{d_O} - \frac{1}{d_I}\right) \qquad (4-14)$$

式中，d_I，d_O 分别为粉碎前后的颗粒粒径。对于有一定的粒度分布的颗粒群，d 值应用有代表性的粒径表示，比如平均径。当然，粉碎前后采用的粒径形式应保持一致。

Kick 认为同等重量的物料粉碎所需能量和粉碎前后的颗粒几何粒径有关，即式（4-15）：

$$E_0 = K_3\ln\left(\frac{d_I}{d_O}\right) \qquad (4-15)$$

该方程也是由式（4-12）积分得来的，假定 $n=1$。

经过对许多颗粒物料的大量粉碎试验后，Bond 提出式（4-16）：

$$E_0 = K_4\left(\frac{1}{d_O^{1/2}} - \frac{1}{d_I^{1/2}}\right) \qquad (4-16)$$

另外，Bond 还提出一个特殊的使用形式，即式（4-17）：

$$E_0 = K_4\left(\frac{1}{d_{80,O}^{1/2}} - \frac{1}{d_{80,I}^{1/2}}\right) \qquad (4-17)$$

式中，$d_{80,I}$，$d_{80,O}$ 分别为粉碎前后 80% 的颗粒能通过的尺寸。式（4-16）和式（4-17）都是由 $n=1.5$ 时，对式（4-12）积分而得来的。

Holmes 以及 Charles 等人在能耗方程中使用粒度分布函数，如式（4-18）：

$$E_0 = K_5(d^*)^{-n_1} \qquad (4-18)$$

式中，d^* 为 Gaudin-Schumann 分布方程的尺寸系数；n_1 为常数。

式（4-9）是 Oka 和 Majima 对单个颗粒粉碎的方程，颗粒群的粉碎可以用式（4-19）表示：

$$dE_0 = -K_6 d\left(\frac{d}{d^{(1+6/s)}}\right) \qquad (4-19)$$

对方程两边积分，得式（4-20）：

$$E_0 = K_7(d_O^{-6/s} - d_1^{-6/s}) \quad (S \neq \infty) \tag{4-20}$$

可见，Kick 方程式（4-15）就是式（4-19）在 $S = \infty$ 时的形式；当 $S = 6$ 时，式（4-17）就变成 Rittinger 方程；当 $S = 12$ 时，就变成 Bond 方程式（4-16）。另外，Rumpf 等人还用量纲（因次）分析法得出不同条件下一系列粉碎能耗的类似方程。

4.1.3 颗粒粉碎机理

颗粒的粉碎需要一个超过断裂强度的外加应力。颗粒粉碎的方式与材料物性和施力方式相关。如图 4-5 所示，挤压仅是施加外力的方式之一，颗粒经挤压使其内部产生张应力而破碎，同时，施加压力速率的大小会影响到颗粒的粉碎程度。另外，冲击、剪切等方式都可以对颗粒进行粉碎。

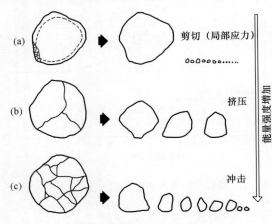

图 4-5 颗粒的不同粉碎机理

剪切粉碎 [图 4-5（a）] 指提供的能量不足以使颗粒破裂，只是表面被磨损导致的颗粒变小。确切地说，是局部应力导致颗粒小面积的研磨，产生很细的颗粒（尤其是局部的冲击磨裂）。挤压粉碎 [图 4-5（b）] 是指施加能量可以使颗粒沿着裂纹破碎，产生几个较小的颗粒。粉碎后颗粒的大小与原始颗粒的大小密切相关。缓慢挤压时，颗粒内部的裂纹应力会得到释放从而使颗粒破碎。冲击粉碎 [图 4-5（c）] 是指在施加能量很大的情况下颗粒被打碎。这种条件下，会产生数量较多、粒径分布较宽的颗粒。冲击粉碎一般是指高速冲击下发生的破碎。颗粒粉碎往往是挤压、冲击和剪切共同作用的结果。从图 4-5 上可以看出，在挤压过程中，在挤压点处就有研磨作用产生的磨损。研磨、挤压等形式也存在于冲击粉碎过程中。当颗粒的一小部分被表面的剪切力破碎后，就同时会有磨损。严格地说，在实际粉碎设备中，颗粒粉碎不会只以一种方式进行。另外，在挤压过程中，在颗粒边角等地方容易出现一些碎片，可以认为是由剪切机理产生的。

4.1.4 粉碎产品的粒径分布

基于各种粉碎机理而得出的产品粒径分布如图 4-6 所示。有关学者尝试着用数学式来表示粒径分布。对单一颗粒的粉碎，已经推导出连续函数。

Gilvarry 用 Griffith 裂纹理论得出：

$$Y^- = 1 - \exp\left[-\left(\frac{d}{K_1}\right) - \left(\frac{d}{K_2}\right)^2 - \left(\frac{d}{K_3}\right)^3\right] \tag{4-21}$$

式中，Y^- 为颗粒粒径小于 d 的累积分布；K_1、K_2 和 K_3 为分别由有粉碎颗粒边缘、面积和缺陷体积密度所决定的常数。

对于细颗粒群来说，式（4-21）可简化为 Rosin-Rammler 方程式（4-22）：

$$Y^- = 1 - \exp\left[-\left(\frac{d}{d^*}\right)^s\right] \tag{4-22}$$

式中，d^* 为特征粒度；S 为 Rosin-Rammler 函数指数。

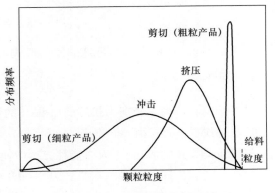

图 4-6 基于颗粒的不同粉碎机理所获得的产品粒径分布

Gaudin 和 Meloy 运用统计学的方法，得出式（4-23）：

$$Y^- = 1 - \exp\left[1 - \frac{d}{d^*}\right]^n \tag{4-23}$$

式中，d^* 为特征粒度，在这里是指原始粒度；n 为分布系数，适用于较大颗粒的单一破碎事件。综合 Gilvarry 的结果和统计学的方法，Klimpel 和 Austin 推导出一般的形式，即式（4-24）：

$$Y^- = 1 - \left[1 - \left(\frac{d}{d^*}\right)\right]^{n_1}\left[1 - \left(\frac{d}{d^*}\right)^2\right]^{n_2}\left[1 - \left(\frac{d}{d^*}\right)^3\right]^{n_3} \tag{4-24}$$

式中，n_1，n_2，n_3 分别为由边缘、区域和缺陷体积密度决定的常数。对于粗颗粒分布，式（4-24）可变成式（4-25）：

$$Y^- = 1 - \exp\left[1 - \left(\frac{d}{d^*}\right)^3\right]^{n_4} \tag{4-25}$$

Kilmpel 和 Austin 指出，其他的分布模式（包括式（4-23））都是式（4-24）的近似值或特殊形式。

对于细颗粒群，式（4-23）、式（4-24）和式（4-25）都和 Gaudin-Schuhmann 方程式（4-26）近似相等：

$$Y^- = \left(\frac{d}{d^*}\right)^n \tag{4-26}$$

式中，d^* 为尺寸系数；n 为分布系数。

Broadbent 和 Callcott 使用其他的分布函数，即式（4-27）：

$$Y^- = \frac{1 - \exp\left[-(d/d^*)^n\right]}{1 - \exp(-1)} \tag{4-27}$$

在颗粒大小的几何级数中计算 Y^- 的值。虽然这个分布模式没有明显的理论基础（不过可认为是 Rosin-Rammler 的修正），但是它的离散值形式（比如矩阵形式）在颗粒粉碎中得到广泛应用。

4.1.5　粒数平衡模型

在上述的粉碎机理中，主要介绍了颗粒粉碎的一些理论。此节将讨论如何用颗粒尺寸平衡方程去分析粉碎过程。自 20 世纪 50 年代以来，Bond 方程在粉碎设备的设计方面已经成为主要的理论和方法，这里提出粒数平衡方程，并不是要减弱 Bond 方程的作用。在未来一段时间内，Bond 方程还将继续使用，尤其是可以用来进行直接的对比和检验设备的效率。

粒数平衡模型采用破碎速率、破碎函数、粉磨时间的粒度分布和选择函数来分析颗粒群粉碎情况。粉碎速率是指大颗粒被粉碎成小颗粒的速率。被粉碎部分的累积粒径分布可以用破碎函数表示。对磨机完整、严格的分析还需要有各个时刻物料的粒度分布情况，可以为粉碎到一定粒度所需的时间提供参考。

1. 破碎函数

破碎函数实质上是指单一粉碎事件的累积粒度分布。与其他函数相比，破碎函数相对比较稳定。比如研磨机的研磨条件、被破裂的材料、原始颗粒尺寸等通常都不影响破碎函数。破碎函数主要与受力方式和材料性质有关，如图 4-3 所示。一些材料的破碎函数是不固定的，通常是原始颗粒大小的函数。原始颗粒尺寸越大，粉碎产品的粒度分布会越窄（即较大的原始颗粒会产生数量较少的细颗粒）。因此，在破碎函数中需要增加一个修正系数 K_b，即式（4-28）：

$$K_b = K_1\left(\frac{d_i}{d_1}\right)^{-n_3} \tag{4-28}$$

式中，d_1 为系数为 K_1 时的颗粒尺寸。

2. 粉碎速率

粉碎速率可以用式（4-29）表示，即：

$$\frac{\mathrm{d}m_i}{\mathrm{d}t} = -k_i m_i \tag{4-29}$$

速率系数 k_i 可描述 i 粒级颗粒的粉碎速率，粉碎速率与 k_i 和原始颗粒尺寸有关。

粉碎速率主要是由材料硬度、粉碎设备，尤其是单位时间内发生的粉碎事件决定的。对于特定的粉碎条件，粉碎速率是被粉碎材料的特性之一。实际的情况要复杂一些。粉碎速率系数达到最大值后，原先的粉碎情况已经发生变化。Austin 指出，虽然这可以解释为颗粒强度有一个变化的范围或磨介提供的能量有个变化的范围，但可以假设大颗粒有两种性质来分析粉碎，即硬（低粉碎速率）和软（高粉碎速率）。Austin 对磨介尺寸影响的分析得出 k_i 的最大值 $k_{i,\max}$ 和磨介大小 D_m 及磨机尺寸 D_M 相关，即式（4-30）：

$$k_{i,\max} \propto D_M^n D_m^2 \tag{4-30}$$

式中，$n = 0.1 \sim 0.2$。值得注意的是，虽然 $k_{i,\max}$ 随磨介尺寸的减小而减小，但如果磨介还能提供足够的能量来进行粉碎，一定大小颗粒的粉碎速率是随着磨介尺寸的减小而增加的。

研磨机内被粉碎的物料的性质也会影响粉碎速率，细的平均粒径对应着高粉碎速率，降低黏度也可以提高粉碎速率。研磨浆料的稀释和加入化学添加剂都可起到降低黏度的作用。

3. 不同粉碎时间的粒度分布

不同粉碎时间的实际粒度分布可以把平均粉碎时间 t_a 分为延滞组分 t_p 和平衡组分 t_m 来描述。Kelsall 等给出了更详细的不同粉碎时间颗粒粒度分布的情形。研究发现，在研磨机中，不同大小颗粒的流动特性比较相近，且与水的流动特性也相似。主要的区别是操作条件，如流动速率、磨介装载量、磨介大小等影响着平均颗粒粉碎时间。另外，浆料密度、颗粒组成和磨介形状等对 t_p 和 t_m 的比值也有一定的影响。

4. 批量粉碎

在进行批量粉碎时，在要求的一定时间内所有的颗粒都留在研磨机中进行粉碎。连续式磨机中的分段粉碎实际上就相当于批量粉碎，平均粉碎时间和批量粉碎时间相同。在这种条件下，一个颗粒粒级由于粉碎而消失时，会有更大粒级的颗粒被粉碎后达到这个粒级。对第一粒级，有式（4-31）：

$$\frac{\mathrm{d}m_1}{\mathrm{d}t} = -k_1 m_1 \tag{4-31}$$

对第二粒级，有式（4-32）：

$$\frac{\mathrm{d}m_2}{\mathrm{d}t} = -k_2 m_2 + b_1 k_1 m_1 \tag{4-32}$$

对第三粒级，有式（4-33）：

$$\frac{\mathrm{d}m_3}{\mathrm{d}t} = -k_3 m_3 + b_1 k_2 m_2 + b_2 k_1 m_1 \tag{4-33}$$

一般地，有式（4-34）：

$$\frac{\mathrm{d}m_i}{\mathrm{d}t} = -k_i m_i + \sum_{j=1}^{i-1} b_{i-j} k_j m_j \tag{4-34}$$

即某粒级粉碎总量＝破碎量＋j 粒级出现在 i 粒级的部分。

在多数情况下，这个方程要用近似数值法求解。用很短时间 Δt 发生的颗粒粉碎量 Δm 来近似表示，即式（4-35）：

$$\frac{\mathrm{d}m_i}{\mathrm{d}t} = \frac{\Delta m_i}{\Delta t}$$
(4-35)

此计算通常比较复杂，一般地需要借助计算机的软件运算。也可以用矩阵代数法解析，破碎速率可用破碎事件的次序来代替，各粒级的颗粒在每次破碎事件中都有一定的被粉碎概率。粉碎过程的平衡方程可以用式（4-36）表示：

$$[O] = [X]^n \cdot [I]$$
(4-36)

式中，$[I]$、$[O]$ 分别为进料和出料粒度分布的 $N \times 1$ 向量；N 为尺寸间隔数；n 为破碎事件次数。为了更好地说明 $[X]$，从两方面来考虑：每次破碎后的剩余物料和粗颗粒破碎后生成的物料。在破碎事件中，粒级 i 的一个颗粒被破碎的概率为 p_i（选择性破碎），则所有颗粒的破碎概率就为 $[p]$。未破碎的颗粒则为（$[1]-[p]$），$[1]$ 是单位矩阵。任何颗粒破碎时相似的产品分布用破碎参数 $[b]$ 来表示，所以粗颗粒破碎生成的部分就可以表示为 $[b] \cdot [p]$。把两者相加得式（4-37）：

$$[X] = [b] \cdot [p] + ([1] - [p])$$
(4-37)

式（4-36）就变成式（4-38）：

$$[O] = \{[b] \cdot [p] + ([1] - [p])\}^n [I]$$
(4-38)

若破碎增加一个分级或卸料函数时，两者可以一并考虑。

虽然，粒数平衡模型可以被用来模拟多种粉碎循环过程的颗粒破碎情况，但目前在粉碎模式的设计上的应用还有限。此外，尽管这方程很有用，但由于还不清楚很多变量的影响，专家和学者在研究如果使用这个方程来模拟粉碎的循环过程，以便分析它们的影响，评价研磨机的研磨效率和指出值得改进的地方。

4.1.6　颗粒粉碎环境

在颗粒被粉碎时，其化学键发生断裂而产生新表面，而新表面的生成又会促进化学键的断裂。颗粒的断裂能与其表面化学活性有直接关系。颗粒表面在一定环境下达到平衡状态，而环境是决定其表面电性和化学活性的重要因素。

Somasundaran 等人详细地探讨了粉碎环境对粉碎效果的影响。水的影响是最普遍的，可提高粉碎效率。另外，无机物离子和有机表面活性剂的加入也会产生较大影响。一般地，适量的表面活性剂的加入可提高粉碎速率，而与颗粒表面不相容的化学添加剂则会降低粉碎速率。湿法粉磨时通常可以加入一些表面活性剂以改善研磨效果，而某些情况下，尤其是添加过量的有机表面活性剂，反而会降低粉磨速率。在干法粉磨中，表面活性剂的应用较为广泛。另外，采用补充蒸汽（温度 250～350℃，工作压力 40MPa）于流态化气流磨粉碎陶瓷色料，可有效地制备 D_{97} 小于 1.2nm 的颗粒。

目前有两种机理来解释表面活性剂对增加颗粒粉碎速率和减少物料颗粒有效硬度的影响（即 Rehbinder 效应）。Rehbinder 把这种效应归结于减少表面能吸收，使产生新表面所需的能量减少。但是，需要表面活性剂能在颗粒破碎之间渗透到裂纹当中。Westwood 则提出了另一种解释。他认为颗粒表面断层的活性（导致裂纹的形成）与由于吸附而产生的表面电荷密切相关。另外，Wang 和 Forssberg 研究发现，添加表面活性剂的分子或离子可物理吸附在被研磨颗粒的表面，从而有效地控制浆料的流变学性能、改善粉碎环境。Klimpel 通过许多实验观察认为，为了达到提高粉碎效果的目的，浆体的流变性能应为低屈服应力的假塑性非牛顿体。

在颗粒粉碎过程中添加辅助外场（如超声波等）也可以改善粉碎环境和效率，尤其是在加工高黏度浆料时效果更明显。

4.2　纳米粉体颗粒度的测试仪器与方法

喷墨打印技术在陶瓷行业越来越流行，随着技术的发展和成本的降低，喷墨打印必将取代其他印刷方式而成为陶瓷行业的主流。喷墨打印所采用的陶瓷墨水就需要其中的着色釉料粒度细小，最大颗粒尺寸要小于 $1\mu m$，颗粒尺寸分布要窄，颗粒之间不能有强团聚。因此要测量陶瓷墨水中的颗粒大小，激光粒度分析仪是最佳选择，使用湿法进样，不需要对样品进行特殊处理，能非常直观地给出粒度大小和颗粒分布曲线，为产品开发提供便捷的检测手段。

4.2.1 激光衍射法的特点和优势

颗粒粒度测量的方法很多，传统的方法主要有筛分法、显微镜法、沉降法、库尔特法、透气法、颗粒计数器分析、电感应法等，这些测试方法存在操作烦琐、测试结果重现性差且测试时间较长、不能在线连续测量等缺点，已经越来越不适应现代工业生产的要求。激光衍射法是目前用途最广泛的一种测量方法，一次测量可以得出多种粒度数据，如体积平均粒径、比表面积、粒度曲线、区间粒度分布和累计粒度分布等。

激光衍射法测量粒度是近年来发展较快的一种测试粒度分布的方法，其主要特点是：

（1）测量的粒径范围广。可进行从纳米到微米量级范围的粒度分布测试，静态衍射粒度仪的测量范围 $0.02\sim3500\mu m$，动态光散射激光粒度分析仪甚至可以测到 1nm 的颗粒。

（2）适用范围广泛。不仅能测量固体颗粒，还能直接测量液体中的粒子。

（3）重现性好。与传统方法相比，激光粒度分析仪能给出准确可靠的测量结果并且能在不同实验室之间得到很好的重现。

（4）测量速度快。整个测量过程 $1\sim3min$ 即可完成，某些仪器已实现了实时检测和实时显示，可以让用户在整个测量过程中观察并监视样品。

（5）操作方便。除了样品的准备过程之外，激光粒度分析仪的测量过程都是自动完成的，因此操作很方便。

（6）可实现在线测量。激光粒度分析仪配备自动取样系统后，可以实现粒度分布的在线测量，实时监控产品质量。

4.2.2 激光衍射法测量粒度的原理

当光线通过不均匀介质时，会发生偏离其直线传播方向的散射现象，它是由吸收、反射、折射、透射和衍射的共同作用引起的。有代表性的样品，以适当的浓度在合适的液体或气体中分散后，让一束单色的光束（通常是激光）通过其间。光被颗粒散射后，分布在不同的角度上，有规律的多元探测器在许多角度上接收到的有关散射图的数值，并记录这些数值供以后分析。使用适当的光学模型和数学程序，对散射数值进行计算，得到各粒度级别的颗粒体积占总体积的比值，从而得到粒度的体积分布。激光粒度分析仪主要依据 Fraunhofer 衍射和 Mie 散射两种光学理论制造，当仪器测量下限大于 $3\mu m$ 或被测颗粒是吸收型且粒径大于 $1\mu m$ 时一般采用 Fraunhofer 衍射理论，当仪器测量下限小于 $1\mu m$ 或者用测量下限小于 $3\mu m$ 的仪器去测量远大于 $1\mu m$ 的颗粒时，都应该采用 Mie 散射理论。

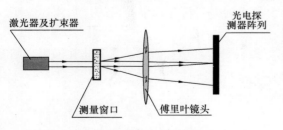

图 4-7 激光粒度仪的经典光学结构

图 4-7 为激光粒度仪的经典光学结构，它由发射、接受和测量窗口等三部分组成。光发射部分主要是为仪器提供单色的平行照明光。接收部分是仪器光学结构的关键。测量窗口主要是让被测样品在完全分散的状态下通过测量区，以便仪器获得样品的粒度信息。

为了测量更为微小的纳米颗粒，科学家发明了动态光散射激光粒度分析仪，其原理是：当纳米颗粒分散在液体中的时候，纳米颗粒在液体分子布朗运动的撞击下进行不规则的运动，颗粒越小，这种运动的速度越快，幅度越大；颗粒越大，运动速度越慢，幅度越小。当激光束照射到纳米颗粒上的时候将产生脉动的散射光信号，这些光信号强度的变化率与颗粒的运动状态有关，也就与粒径有关，利用 Stokes-Einstein 方程就可以计算出纳米颗粒粒径及其粒度分布。

4.2.3 常用激光粒度分析仪

1968 年，法国 CILAS 公司研发了世界首台基于 Fraunhofer 理论的激光粒度分析仪，后来英国 Malvern 公司率先将激光粒度分析仪商用。激光粒度分析仪的性能主要体现在粒度测量范围、激光源的类型、检测器的形状及大小、扫描速度快慢、准确性及稳定性几个方面。下面分别介绍几种国内外主要仪器厂商生产的典型激光粒度分析仪。

1. 国外主要激光粒度分析仪

（1）英国马尔文（Malvern）公司开发的 Mastersizer 2000 全量程应用 Mie 理论。Mastersizer 2000 应用反傅里叶变换光学系统如图 4-8 所示，波长为 632.8nm 的 He-Ne 气体激光器作为主光源，波长为 466nm 的固体蓝光为辅助光源，内置非均匀交叉排列三维扇型检测系统，相当于环形或十字星形的 175 个，半圆形排列的 93 个，可使直接检测角达到 135°，扫描速度达 1000 次/s，分辨率高，测量下限达到 0.02μm。循环系统采用速度可调的离心循环泵，循环管为普通的塑料管，更换简便。它可以配置干法和湿法两种进样装置，测量范围达到 0.02~2000μm，重现性达到 ±0.5%。

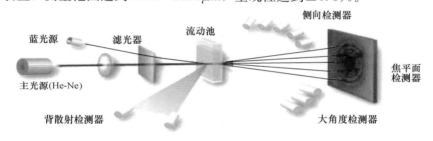

图 4-8 Mastersizer 2000 光学结构示意图

（2）德国新帕泰克（Sympatec）公司以干法粒度测量著称，其生产的 HELOS/RODOS 是世界上第一台获得专利的干法激光粒度分析仪，能对细达 0.1μm 的干粉进行彻底分散，样品用量少，重复性好，测量范围 0.1~3500μm。HELOS/RODOS 采用类似图 4-8 的光学结构，用 5mW、632.8nm 的 He-Ne 气体激光器作为光源，采用 8 组不同焦距的傅里叶镜头，根据样品的粒度分布范围自动更换镜头。它内置 31 个传感器，扫描速度达 2000 次/s。它采用专用的光纤数据传输系统，既防止电磁对探测器的干扰，又保证数据的完整传输。由于它采用 Fraunhofer 理论，无须知道样品的折射率也能得到测量结果，方便用户使用。由于采用干法进样，HELOS/RODOS 与自动取样机械手联合可以实现在线检测，这已经在水泥行业得到应用。

（3）美国贝克曼库尔特（Beckman Coulter）公司生产的 LS13320 全量程应用 Mie 理论及 Fraunhofer 理论，测量范围 0.04~2000μm。它采用 750nm、5mW 的固体半导体激光器作为主光源以及 12W、450nm、600nm、900nm 的辅助光源，使用寿命长达 7 万小时，无需预热，不工作时无损耗。它内部安装 132 个检测器，在 0~135°范围内扇形交叉排布，每个检测器均配独立的积分降噪放大器，能够准确地捕捉到大角度的散射光，从而使测定结果具有高精度和高分辨率，重现性达到 ±1%。图 4-9 为 LS13320 的光学结构图，它采用双傅里叶镜

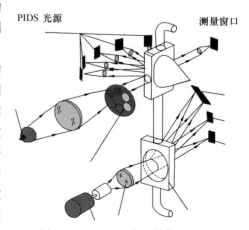

图 4-9 LS13320 光学结构示意图

头及偏振光强度差（PIDS）技术，测量宽分布颗粒时，大、小颗粒的信息在一次分析中都可得到，对于粒度接近入射光波长的颗粒，偏振光在水平和垂直两个方向上的散射差别在很大程度上依赖于粒度与波长的比率，PIDS采用了三种不同波长的单色光同时独立测量，确保了$0.04 \sim 0.4 \mu m$颗粒的测量准确性，但当一个分布较宽的样品需要测量时，只能是细颗粒用PIDS测量，粗颗粒还是要用传统的激光散射原理测量，然后再进行数据拼接。它的循环系统采用速度可调的高速离心循环泵，循环管为硅胶管，测量结束后，自动完成样品检测窗、样品槽和管路的智能清洗。

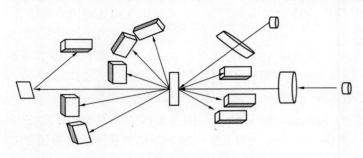

图4-10　LA-950V2的光学结构示意图

（4）日本堀场（HORIBA）株式会社制作的LA-950V2全量程应用Mie理论，量程为$0.01 \sim 3000 \mu m$，重现性为$\pm 0.1\%$。图4-10为LA-950V2的光学结构，它采用双固体光源（5mW、650nm的半导体激光器为主光源，3mW、405nm的LED为辅光源）配置，87个有效检测器对数交叉排布，同时配置侧向检测器和大角度（155°）后向检测器，实现散射空间的无缝隙检测。LA-950V2采用独特的交迭式反傅里叶光学系统，并且在几乎不增加仪器体积的基础上将散射光程增大了4倍，从而成倍提高检测的灵敏度，扫描速度达5000次/s。LA-950V2采用全自动内置式循环、分散、进样系统，采用速度可调的高速离心循环泵，循环管为硅胶管。LA-950V2可以配备干法和湿法两种进样器，干湿法切换极其方便快速，无需任何工具，仅需单手推拉即可完成干湿法切换，测量软件也能自动识别。

（5）法国西拉思（CILAS）公司生产的CILAS-1190，干法分散测量范围$0.1 \sim 2500 \mu m$，湿法分散测量范围$0.04 \sim 2500 \mu m$。CILAS-1190采用半导体激光二级管加光导纤维作为激光源，为了充分保证激光的定位准确，它采用短光具座作为光学永久校正系统，所有光学部件都固定于铸铁底座上，铸铁底座的空间几何设计保证了激光器、测量窗口、傅里叶透镜和检测器等部件牢固地搭配在一起，即使是在运输或是在强机械振动等恶劣的工作条件下，也能保证激光准确通过测量窗口，从而确保检测器收集到所有激光散射信号。在测试过程中也无须重新校正光学系统或更换透镜，测量结果的重现性优于$\pm 1\%$。它的循环系统采用内置蠕动泵，不会污染样品，但泵管需要经常更换。CILAS-1190可与CCD视频相机相连，观察颗粒的分散及聚合情况，并能观察粒径大于$20 \mu m$的颗粒形态。

2. 国内主要激光粒度分析仪

（1）珠海欧美克仪器有限公司生产的TopSizer，测量范围$0.02 \sim 2000 \mu m$，全程应用Mie散射理论，可以采用干湿法进样，测量结果重现性小于$\pm 1\%$。TopSizer采用双光源技术，红光光源为He-Ne激光器，蓝光光源为固体激光器，采用折叠光路设计，并采用高精度全铝合金光学平台，结构紧凑，光路稳固可靠。它采用单镜头设计，透镜后傅里叶变换结构突破了傅里叶透镜的光瞳制约，使最大接收角不受傅里叶镜头口径限制，它采用长焦距的傅里叶透镜，有效焦距550mm，大大增强仪器对大颗粒测量的测试能力，使得测试上限达$2000 \mu m$。由前向、侧向、大角度和后向共98个光电探测器组成的三维立体检测系统，最大探测角140°，最小探测角0.016°，结合蓝光散射信号，实现了全角度范围散射光能信号的无缝隙接收。它的湿法进样系统采用循环回路设计，大功率精密离心泵，搅拌速度可达4000r/min，无级可调，具有高效率的清洗、排干能力。内置超声探头，最大功率可达100W，超声强度无级可调。

（2）丹东市百特仪器有限公司生产的Bettersize2000应用Mie散射理论，采用湿法进样，测量范围$0.02 \sim 2000 \mu m$，测量结果重现性小于$\pm 1\%$。它采用如图4-11所示的单光束双镜头光学结构，以固体半导体激光器作为光源，具有 90 个扇形光电检测器的阵列，采取前向 80 个、后向 10 个检测器的布局，保证了各种粒度颗粒散射信号的有效接收。它内置自动循环分散系统和自动对中系统，包括可空杯运行的超声波分散器、流量连续可调的离心循环泵及水位测量装置。

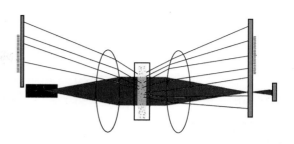

图 4-11　单光束双镜头光学结构

（3）济南微纳颗粒仪器股份有限公司生产的 Winner2005，应用 Mie 散射理论，采用湿法进样，测量范围 $0.05 \sim 780 \mu m$。它采用如图 4-12 所示的反傅里叶变换光学结构，以 2mW 的 He-Ne 激光器作为主光源，以半导体激光器为辅助光源，该结构的优点是最大接收角不受傅里叶透镜孔径的限制，并且采用附加侧向及后向光电探测器的方法，对不同角度的散射光进行全方位的采集，有效提高仪器的分辨能力，同时采用精密四相混合式步进电机组成光路自动对中系统，消除了手动对中光路时带来的麻烦和困难。它可以采用多种粒度的国家标准物质，对仪器进行全量程校准标定，保证了测量结果的准确性。它采用超声和搅拌为一体的湿法分散技术，确保样品均匀且充分地分散，通过电磁循环泵使所有的大小颗

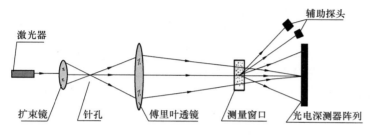

图 4-12　反傅里叶变换光学结构

粒在整个测试通道中均匀分布，保证了宽分布样品测试的准确，重现性小于 $\pm 1\%$。

（4）成都精新粉体测试设备有限公司生产的 JL-6000 全量程应用 Mie 散射理论，采用干法和湿法进样，测量范围 $0.02 \sim 2000 \mu m$，测量结果重现性小于 $\pm 1\%$。它应用经典傅里叶变换光学系统，以波长 632.8nm 的 He-Ne 激光器作为主光源、紫光源为辅助光源，80 个检测器呈前、后、侧三维排列，最大检测角度 165°。另外，它的离心泵循环系统、超声波分散、样品池都设置于主机内部，全密封抗干扰能力强，有效地防止粉尘污染。

4.2.4　颗粒测试标准与方法

目前，现行激光衍射法测试颗粒粒度的国家标准是《粒度分析 激光衍射法 第 1 部分：通则》（GB/T 19077.1—2008），样品制备通常按照国家标准《精细陶瓷粉体颗粒尺寸分布测试用样品的制备》（GB/T 20117—2006）进行。GB/T 19077.1—2008 等同于国际标准 ISO 13320—1：1999，规定了通过对光的角分布散射图的分析，测定两相颗粒体系的粒度分布，标准适用的粒度范围大约为 $0.1 \sim 3000 \mu m$，由于该技术采用的光学模型设定为球形颗粒，所以对非球形颗粒所获得的是等效球形颗粒的粒度分布。

1. 样品制备

采用激光衍射法进行粒度分布测试最关键的是选用合适的分散介质、分散手段，制备出分散均匀的悬浮液样品。GB/T 20117—2006 中建议使用的分散介质包括质量分数为 $0.01\% \sim 0.1\%$ 的六偏磷酸钠水溶液、乙醇或其他合适的有机溶剂。湿法进样一般采取搅拌和超声的方式进行分散。分散的效果可以通过以下几种方式进行评价：

（1）测量体系的 ζ-电位。ζ-电位的绝对值越大越好，最好能高于 60mV。

（2）观察颗粒沉降过程。制成的悬浮液表面层和底层之间应该没有明显的界限（图 4-13）。

（3）测量颗粒尺寸的分布曲线。体系的分散效果越好，获得的颗粒尺寸分布曲线越精细。

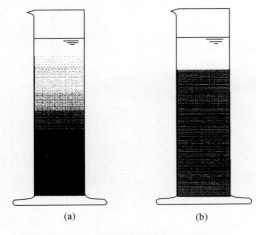

图 4-13　悬浮液中颗粒沉降示意图
（a）分散良好状态；（b）分散不佳状态

2. 样品测试

激光粒度分析仪在接通电源之前应确认仪器所有部件都接地良好，所有的颗粒分散、输送装置、超声振荡、干法分散器等都应接地，防止由于静电放电引起有机溶剂点燃或粉尘爆炸。接通电源后应给与足够的时间使仪器稳定。He-Ne 激光器通常需要 0.5h 的预热时间。通过观察探测器上的激光强度，确认探测器对中良好，并位于透镜的焦平面上。在加入样品颗粒之前，应使用同样品制备相同的分散介质充满整个循环系统，然后测试背景信号，正常状态下背景信号应低于设备的临界值，否则就需要检查仪器，对光学部件进行清洁。

准备工作完成后，启动激光衍射粒度分析仪，加入制备好的样品，样品加入量一般根据仪器的遮光度来控制，通常越细的颗粒所需的样品量越少，颗粒越大、分布范围越宽需要的样品量越多。易水解或易与分散介质发生反应的物质，应用干法测量，否则应用湿法测量。由于实际陶瓷色料颗粒形状为非球形，所以用激光衍射法测出的粒径比实际的粒径数值要大。

3. 马尔文激光粒度分析仪的操作

以应用较多的马尔文（Malvern）公司的 Mastersizer 2000 为例介绍激光粒度分析仪的操作方法。

在手动操作情况下，湿法测量时，在清洗干净的样品槽中加入分散介质，启动超声波消除气泡后，打开泵的开关，使分散介质在系统中开始循环。打开测量软件，定义文件名后，在界面上选择"测量""手动"，软件将会自动进行电子背景测量，然后等待继续执行测量过程。打开测量"选项"对话框，在物质列表中指定要测量的物质，以确定该物质对红光和蓝光的折射率和吸收率。在通常情况下，墨水样品的光学性能参数无法得知，反映在检测结果上，检测结果的残差较大（超过 1.0%）。一般来说，若待测样品的中值粒径大于几微米时，光学参数的选择对结果的影响不大，当中值粒径小于 $10\mu m$ 时，粒径越小，光学参数对结果影响越大。当墨水样品的光学参数未知时，暂取该物质的红光折射率为 1.52，吸收率为 0.1（均为默认值），系统默认蓝光折射率和吸收率与红光相同，其他参数取经验值，确定分散条件合适，并得到重复性较好的结果后，利用软件中的结果后处理功能，改变物质的折射率和吸收率，直至测量结果的残差最小，有效测量结果的残差值应小于 1.0%，即可认为此时的测量结果代表了样品的粒度。若残差值高于 3%，则有必要检查样品分散条件及光学参数选择是否合适。

另外，还要从"分散剂"名称框中选择分散剂，也可以通过按"分散剂"按钮来指定新的分散剂。最后，在"测量"选项卡中进行选择或相关更改，以指定测量样品和背景所需的时间。所有这些都确定以后，即可点击"开始"按钮，则系统根据需要自动进行光学调整并进行光学背景测量。下一步系统会提示添加样品，加入适量样品后，系统将进行样品测量，结果计算并保存计算结果。整个操作过程中最重要的步骤是确定分散条件，如选择分散介质、遮光度大小、超声波开启的时间长短和大小、泵的转速等，可以参考表 4-1 进行设置。

表 4-1　分散条件设置

参数名称	遮光度 （%）	泵速 （r/min）	测量时间 （s）	超声分散时间 （min）	超声波强度 （W/cm²）
参数设置	5～20	2300～3200	3～10	2～4	8～14

　　这里要说明的是，陶瓷墨水通常使用有机溶剂作为分散剂，因此在进行粒度测量时应尽量使用相同配方的有机溶剂作为分散介质，其折射率数值可以查阅标准 GB/T 19077.1—2008 中附录 D 给出的数据。由于一般激光粒度仪的循环系统会使用到有机材质，且光学窗口存在镀膜层，因此在使用有机溶剂作为分散介质时要特别注意试验后的管路清洗和维护，切勿损坏管路系统，以免影响测量结果。

参考文献

[1]　Rumpf，H. Staub Reinhalt. Luft，1967，27(1)，3-13.

[2]　Schönert，K. Preprints GVC-Dezembertagung "Feinmahlund Klassiertechnik"，Köln，German，1993.

[3]　Martin Rhodes. Introduction to Particle Technology，John Wiley & Sons，1998.

[4]　Wolfgang Peukert，Material properties in fine grinding，Int. J. Miner. Process. ，200474S，S3-S17.

[5]　陆厚根，粉体技术导论[M].上海：同济大学出版社，1998.

[6]　卢寿慈.粉体加工技术[M].北京：中国轻工业出版社，2002.

[7]　卢寿慈.粉体技术手册[M].北京：化学工业出版社，2004.

[8]　王燕民.颗粒的物理制备技术，颗粒学-学科发展报告[S].北京：中国科学技术出版社，2010：60-75.

[9]　江红涛，王秀峰，牟善勇.陶瓷装饰用彩喷墨水研究进展[J].硅酸盐通报，2004(2)：57-59.

[10]　胡松青，李琳，郭祀远，等.现代颗粒粒度测量技术[J].现代化工，2002，22(1)：58-61.

[11]　GB/T 19077.1—2008 粒度分析 激光衍射法 第 1 部分：通则[S].北京：中国标准出版社.

[12]　徐峰，蔡小舒，赵志军，等.光散射粒度测量中采用 Fraunhofer 衍射理论或 Mie 理论的讨论[J].中国粉体技术，2003，9(2)：1-6.

[13]　张福根.激光粒度仪的光学结构[C].中国颗粒学会 2006 年年会暨海峡两岸颗粒技术研讨会论文集，北京，2006.

[14]　杨正红.如何判断和选择激光粒度仪[J].现代科学仪器，2000(1)：58-59.

[15]　杨玉颖，解庆红，赵红，等. LS230 激光粒度仪及其应用[J].现代科学仪器，2002(3)：41-43.

第 5 章　纳米粉体加工设备与研磨技术

Chapter 5　Processing Equipment and Grinding Technology of Nano-powders

5.1　纳米材料和纳米技术

纳米材料和纳米技术是纳米科技领域中最有活力，研究内涵十分丰富的的分支学科。

纳米（Nanometer）是一个长度单位，通常界定为 1~100nm。众所周知，人们把肉眼可以看到的物质体系叫做宏观体系，将原子、分子体系叫做微观体系。此外，将在宏观与微观之间还存在着的物质颗粒，定义为介观体系。这一体系现在主要用人工方法把原子、分子合成，形成具有全新特性的颗粒，人们把它们称作超微颗粒或超微粒子，在精细化工领域也常常将超微颗粒称为超细粉体。

超微颗粒通常是指颗粒尺寸介于原子与物质之间的一类粉末，它的尺寸大于原子簇（Cluster），小于通常的微粉。关于超微颗粒国际上还没有明确的定义，日本学者将尺寸为 1~100nm 颗粒定义为超微颗粒。

中国颗粒学界习惯将小于 $1\mu m$ 的亚微米颗粒称为超微颗粒。一般所说的粉体其实是指颗粒的集合体，稳定的颗粒分散体系即胶体状态下的颗粒直径一般在 $1nm \sim 1\mu m$ 之间。

20 世纪 80 年代，人们又将颗粒尺寸介于 1~100nm（$1nm = 10^{-9}$ m）的粉体称作纳米粉体（Nano-powder）。

纳米粉体不全等同于纳米材料，纳米材料是一个很宽的材料领域，它包括三维的块体材料，二维的薄膜材料如石墨烯，一维的碳纳米管，以及纳米颗粒等。因此，纳米粉体材料既属于超微粉体材料范畴，也属于纳米材料范畴。

从颗粒尺寸来看，纳米粉体是超微粉体的一个重要组成部分，从性能和未来发展趋势来看，纳米粉体在超微粉体中最富有活力、最有应用潜力。

美国 IMB 首席科学家 Amstrong 曾预言："正像 70 年代微电子技术产生了信息革命一样，纳米科学技术将成为 21 世纪信息时代的核心。"我国著名科学家钱学森也预言："纳米和纳米以下的结构是下一阶段科技发展的一个重点，会是一次技术革命，从而将是 21 世纪又一次产业革命。"

5.2　纳米材料制备方法

纳米材料（Nano Materials）的制备方法可从不同角度进行分类。

（1）按照反应物状态，可分为干法和湿法。

（2）按反应介质，可分为固相法、液相法、气相法。

（3）按反应类型，可分为物理法和化学法。

物理法主要有蒸汽-冷凝法、溅射法、液态金属离子源法、机械合金化法、非晶晶化法、气动雾化法、固体相变法、机械破碎法、爆炸法、低能团簇束沉积法、塑性形变法、蒸镀法等。化学法有沉淀法，溶胶—凝胶法。

化学合成法也称作从下到上的法（Bottom-up），这里指从原子分子构建纳米器件（或纳米材料），一般靠分子之间特定的相互作用或驱动力实现，那些靠自组装生长一维结构的材料就是此类典型。

物理加工法也称作从上到下的法（Top-down），这里指从散料（Bulk）构建纳米结构的器件（或纳米材料），一般通过物理微米或纳米超细研磨、离子束刻蚀、光刻蚀等。

超细粉末的粒度及分布是其主要形态特征，在很大程度上决定了粉末的整体和表面特性。因为颗粒的尺寸大小决定了作用于颗粒上的单位体积表面力，这些因素又决定了粉末的最终行为，例如二氧化钛粒度在 200nm 时，对可见光的散射率最大，遮盖力最强，广泛用作高档涂料的白色颜料。当二氧化钛粒子减小至 10～60nm 时，则具有透明性，强紫外线吸收能力，可用于高档化妆品、透明涂料。

超细粉末性能在很大程度上取决于其物理结构和形态，而这些物理性质的差异往往导致产品在价格上的巨大差异。如几微米的 $\alpha\text{-}Al_2O_3$ 价格大约 1000 元/t，而纳米级的 $\alpha\text{-}Al_2O_3$ 价格却达 200000 元/t。

超细粉末的形态特征除了颗粒大小和形状外，还包括外表面积、表面粗糙度、表面缺陷、晶体组织及颗粒分布等。形态特征决定了颗粒间的接触机理、粒间作用力、表面能、黏滞性、表面摩擦力、电磁性、传递特性、体积与表面硬度、弹性模型、湿润性和可加工性。

不论是用化学法还是用物理法来制备纳米材料，为了改善纳米粒子的分散性、表面活性，使微粒表面产生新的物理、化学、机械性能以及别的新功能，改善纳米粒子与其他物质之间的相容性，需要使用物理方法（如球形化）或化学方法（表面改性包覆）来改变纳米微粒表面的结构和状态，实现对纳米微粒表面的控制，从而扩大纳米微粒的应用范围。所以，纳米微粒表面改性具有十分重要的意义。

超细粉末的组成影响其使用性能，这包括物理组成和化学组成。从物理组成角度来看，颗粒凝聚体和粉末团聚体也会影响超细粉体的特性，目前人们已经认识到控制团聚的重要性。

超细粉末的优良特性使之作为一种新材料在宇航、电子、冶金、化学、生物和医学等领域展示了广阔的应用前景。

早在一千多年前，中国古代就有了制造和使用纳米材料的历史，如利用燃烧蜡烛的烟雾制成炭黑作为墨的原料以及用于着色的染料，炭黑就是最早的纳米材料。

对于任何一个工业过程，其经济性是决定其存在的决定因素。纳米材料的经济性是有目共睹的。纳米材料的制备技术包括以下几个方面：砂磨（含球磨）及机械合金化工艺和技术、化学合成工艺和技术、等离子体电弧合成技术、电火花制备技术、激光合成技术、生物学制备技术、磁控溅射技术、燃烧合成技术、喷雾合成技术。

5.3　纳米研磨设备

5.3.1　超细研磨设备发展

在微米级范畴，固体是在干的状态下磨碎，如小麦磨成面粉，矿石研磨成超细矿粉。当颗粒的尺寸变得越来越小时，研磨遇到极大的挑战，除产生危害人类的粉尘外，还存在微细颗粒团聚结块等问题。因此，从几微米到十几纳米物料的研磨只有采用湿式研磨方可实现。在湿法研磨中，需要研磨的粗大颗粒物料分散在液体中，液体防止了粉尘的产生，并充当微细颗粒团聚的分离介质。

砂磨机属于湿法超细研磨设备，发源于球磨机。球磨机发源于筒式磨机。筒式磨机问世于 19 世纪末，最早出现的是砾磨机。砾磨机是以难磨物料充当磨矿介质对物料进行研磨的磨矿机，然后逐步发展为今天的球磨机和棒磨机，具体如图 5-1 所示。

球磨机的结构特点是水平放置，绕水平轴旋转的中空筒体。筒体内装有研磨介质和被磨物料。当筒体旋转时，研磨介质随筒壁上升至一定高度受重力作用，呈抛物线落下。物料受到研磨介质挤压、冲击、磨剥、剪切等作用而破碎。球磨机一般装入直径为 25～150mm 的钢球（陶瓷球）或钢棒（棒磨机），其装入量为整个筒体有效容积的 25%～50%。球磨机的磨碎过程是大量钢球同钢球间隙之间的物料以及同钢球层面上的物料相互作用的结果，是钢球作用于物料使其粉碎的一个随机过程。显然，物料

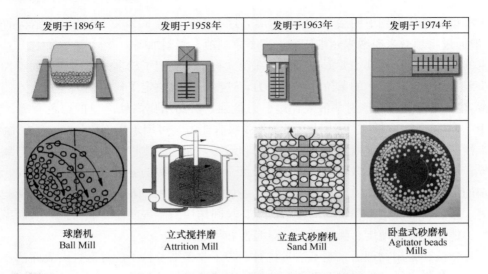

图 5-1　球磨机及砂磨机的发展阶段及结构

中粗粒含量越高，它们受到钢球打击和研磨的概率也越高，在单位时间内受到粉碎的物料量和产生的细粒级也越多。

　　砂磨机在固定研磨筒体内设置搅拌器，在搅拌器的搅动下，研磨介质与物料作多维运动和自转运动，从而在研磨筒内不断地上下、左右相互置换位置产生激烈的运动，由磨介重力以及搅拌器回转生产的挤压力对物料进行摩擦、冲击、剪切作用而破碎。由于砂磨机的破碎机理综合了动量和冲量的作用，因此，进行超细粉碎十分有效，细度达到微米、亚微米、纳米级。砂磨机的能耗绝大部分用于直接搅动研磨介质，而非像球磨机虚耗于转动笨重的磨筒。所以，它的能耗比球磨机低。

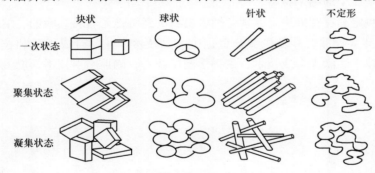

图 5-2　砂磨机研磨物料的颗粒形状

　　另外，砂磨机除具有研磨作用之外，也有搅拌和分散作用，所以砂磨机是一种具有多种功能的研磨设备。

　　进入砂磨机的物料颗粒一般以"干"或"湿"的状态提供，这些粗大颗粒以各种几何形状，并以聚集（Aggaregate）或凝集（Agglomerates）状态存在，如图 5-2 所示。砂磨机的作用就是通过研磨介质将机械动能施加于凝聚的颗粒，使其破碎并均匀地分散在液体中，形成稳定的悬浮液。

　　砂磨机（亦称介质搅拌磨）通过搅拌细小磨介来实现对颗粒物料的有效粉碎。在搅拌器的搅动下，磨介与被研磨物料作回转和自转所产生的对颗粒的挤压、摩擦、冲击、剪切作用而破碎。由于其综合了动量和冲量的作用，因此能有效地进行超细研磨，产品细度可达亚微米级和纳米级。

　　搅拌磨或砂磨机的研磨分散原理如图 5-3 所示，砂磨机的绝大部分能量直接应用于搅动磨介，而非

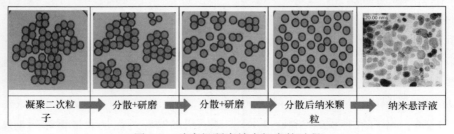

图 5-3　砂磨机研磨纳米细度的过程

虚耗于驱动笨重的研磨筒体（如球磨机），这就使得生产同样量的细度产品所需的能耗比球磨机要低。

5.3.2 砂磨机的种类

砂磨机（Sand Mill or Agitator Beads Mills）根据主轴上研磨元件结构形式可分为盘式、棒梢式、凸盘式和涡轮转子四种结构。

砂磨机根据研磨筒体布局可以分为立式砂磨机和卧式砂磨机。

早期砂磨机不管研磨元件是棒梢式还是盘式，研磨筒体几乎都采取立式布局，因为立式砂磨机结构简单，不需要昂贵敏感的机械密封。立式砂磨机一般采取下部进料，顶部出料，由于受重力和流体拖动力影响，介质沿筒体上下分布不均匀。在介质密度大、流量小的情况下，经常发生介质聚集筒体底部引起磨盘磨损，甚至发生主轴卡死现象。在介质密度小、流量大的情况下，经常发生设备冒顶现象。

（1）盘式砂磨机（Disc Mills）。一般配置 7～10 个不同形状的研磨盘（图 5-4），磨盘间距大，通过磨盘施加给研磨介质的能量较低。另外，盘式砂磨机单位筒体容积的装机功率也较低，约为 0.22～0.45kW/L（千瓦/升）。也就是说设备能量密度较低。所以，盘式砂磨机的研磨效率较低，比较适用于微米级物料细度的研磨。与物料接触的部件选择考虑具有耐磨性好、寿命长、对物料无污染、耐溶剂腐蚀等性能的材料。

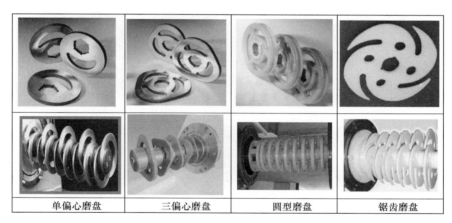

图 5-4 盘式研磨元件

小型卧盘砂磨机采用电机【下置】布局，中型砂磨机采用电机【上置】布局，大型砂磨机一般采用电机【侧置】布局，超大型砂磨机卧盘式砂磨机一般采用【一线辊】布局（图 5-5）。

图 5-5 卧盘式砂磨机的结构布局

盘式砂磨机由于磨盘数目少、能量密度小、研磨效率低，所以一般用于研磨中软物料，对产品粒度要求不太高的情况。研磨工艺一般为小流量单机连续或多机串联研磨工艺。卧盘式砂磨机的结构特点就是筒体容积大，分离筛网尺寸小，过滤面积小。

（2）棒梢式砂磨机（Pegs Mills）一般在搅拌轴上配置几十个甚至几百个形状各异、材质不同的研磨棒梢（图 5-6），有时为了提高破碎强度，甚至在研磨筒内壁也布置与搅拌轴棒梢相互交错的棒梢。棒梢式砂磨机的单位筒体容积装机功率远远大于盘式砂磨机，一般可达 1.0～2.5kW/L（千瓦/升）。所以，棒梢式砂磨机能量密度高，研磨效率高，一般比较适合加工微米级至纳米级产品。棒梢的材质主要选择硬质合金、陶瓷或聚氨酯材料。

图 5-6 棒梢式砂磨机结构

小型棒梢砂磨机采用电机【下置】结构布局，中大型砂磨机采用电机【上置】布局。棒梢式砂磨机一般使用较小尺寸、大密度研磨介质，所以研磨效率高，相应发热量也大。鉴于棒梢式砂磨机的筒体和循环罐散热面积有限，需经常给主轴转子、研磨内筒、出料口进出料法兰进行冷却。对于高效超细棒梢式砂磨机常常配置冷冻机组和热交换器。

棒梢式砂磨机的研磨效率高，产品细度高，但随之而来的是研磨发热量大，与物料接触部件磨损厉害。

（3）凸盘式砂磨机（Tappet Mills）。众所周知，圆盘式砂磨机的装机功率小，能量密低，能量传递较差，研磨效果差，不适合研磨亚微米、纳米细度的产品。特别对于有些物料，粒度降低到 $1\mu m$ 左右很难再减小，如同遇到了一个极限尺寸。

棒梢式砂磨机虽然装机功率大，能量密度高，能量传递有效，研磨效率高，适合加工微米、纳米细度产品。但是，棒梢式砂磨机的研磨棒梢磨损较严重，对棒梢的材质选择要求很高。

为了提高盘式砂磨机的研磨效率并保留其耐磨性优点，降低棒梢式砂磨机的磨损而保持其高效研磨的优点，将盘式结构与棒梢式结构结合构成了凸盘式或凸块式砂磨机。凸盘式砂磨机具有研磨效率高，相对磨损低，结构较为简单的特点（图 5-7）。

（4）涡轮转子砂磨机（Turbo Mills）。研磨元件为涡轮结构，单位装机功率较大小，能量密度高，能量传递较好，研磨效果差，介质离心分离好，可以使用特小尺寸的研磨介质，适合研磨亚微米、纳米细度的产品，如图 5-8 所示。

（5）琅菱 NTV 系列棒梢式砂磨机在陶瓷色素、墨水、喷釉等产品上的应用

目前，琅菱公司生产的 NTV 系列棒梢式砂磨机在陶瓷墨水等相关领域得到了广大陶瓷墨水生产企业的认可，特别是 NTV 系列产品在陶瓷、墨水的生产工艺上具有明显的技术优势，相比较第一代盘式

HTM - 瑞驰凸盘砂磨机	LMZ - 耐驰凸盘式砂磨机	Topas - 布勒凸盘式砂磨机
3 齿凸盘式研磨元件，研磨高效，结构简单，材质选择多样化。动态离心介质分离系统，可以使用小尺寸研磨介质	4 齿凸盘式研磨元件，研磨高效，结构简单，材质可选择陶瓷、高分子材料。介质离心分离系统、可以使用小尺寸研磨介质	6 齿凸盘，研磨高效，材质可选择碳化硅、氧化锆。介质静态分离系统，使用较大尺寸研磨介质，用于较高黏度的物料研磨

图 5-7　凸盘式砂磨机结构

	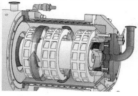	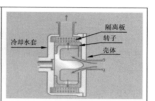

HZM - 瑞驰涡轮转子砂磨机	ECM - 瑞士华宝涡轮转子砂磨机	SC - 日本三井涡轮转子砂磨机
一个涡轮也是分级转子，浆料从轴承侧进入，研磨介质在离心力作用下甩向转子与内筒体之间高能区域，物料在高能区域被磨碎。分离筛网位于无介质聚集的转子中心，介质与筛网极少接触，所以磨损很小。磨细的物料无阻力经过筛网与介质分离后排出，径向转子结构简单	多个涡轮转子固定在轴上，浆料从轴承侧进入，研磨介质在离心力作用下甩向转子与内筒体间区域，物料在高能区域被磨碎。分离筛网位于出口端分级转子中心，介质与筛网极少接触，所以磨损小。磨细物料经过筛网与介质分离后排出。缺点是多个涡轮转子结构复杂	在研磨涡轮转子外部是多个陶瓷环按固定缝隙排列成分离筛筒，同时也是研磨内壁。浆料从端部进入，研磨介质在离心力作用下甩向转子与分离筒组成的研磨区域。物料磨碎后从外环缝隙排出。由于筛网筒也就是研磨内筒，所以分离缝隙环磨损十分严重，且筛网易堵塞

图 5-8　涡轮转子结构砂磨机

砂磨机效率提高了 3 倍以上，同第二代的陶瓷涡轮结构相比，效率提高 30％以上，选用的特殊钢材质更加耐磨（图 5-9、图 5-10）。目前，陶瓷墨水行业中的知名企业基本上采用琅菱的 NTV 系列产品。NT-V 砂磨机是一种连续操作的全封闭卧式湿法研磨机。其工作原理是：利用输料泵将预先搅拌好的物料送入主机研磨槽，研磨槽内加入适量的研磨介质，如氧化锆珠，特殊设计的分散盘或转子对称地安装在主轴上，高速转动时赋予研磨介质高强度的动能，与被分散的物料颗粒撞击产生剪切、混合、乳化、分散的研磨功能，再经由特殊的分离装置，将被分散物与研磨媒体分离并排出，从而达到产品所要求的细度和分散效果的一种物理分散设备。

由于陶瓷墨水与陶瓷色素的生产工艺相差不大，在此就不进行深入的探讨。针对目前陶瓷行业可能进行的釉料喷墨打印技术可行性的不断实现，特别是适用于釉料的喷头产品已经推向市场，陶瓷喷釉产品的加工设备基本上需要满足以下三点要求：

首先是对砂磨机的效率提出了更高的要求，必须保证研磨设备的高效率与高产出率。而琅菱公司的棒梢式 NTV 系列的最大特点就是效率高、产量大。因为数字化喷釉与喷墨印花的差异之一是釉水的喷出量远大于色料墨水的喷出量。这是由于一定厚度的釉料才可以在高温下熔融，并均匀地铺展在坯体表

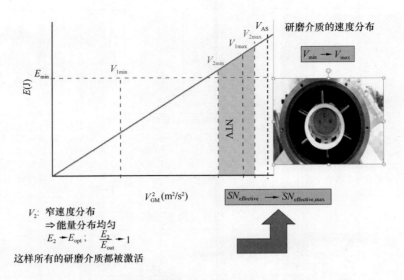

图 5-9　施力数 SN 和施加能量 SE 之间的关系（NTV 系列）

面；另一方面，某些装饰性釉料如结晶釉、无光釉等釉液在降温过程中，产生晶核并生长成为晶体，这也需要一定浓度的釉面才能产生适合尺寸的晶花。传统施釉方法下的釉层厚度通常为 1～6mm，数字化喷釉下的釉层厚度也必须达到上述要求，如陶丽西（Torrecid）展示的喷釉产品的釉面厚度可达 5mm；凯拉捷特（Kerajet）公司相关产品资料显示，其系列产品 K8S、K8M、K8L 的最大喷釉量分别可以达到 500g/m²、1500g/m²、4000g/m²；西斯特姆公司的最大喷釉量可达 1100g/m²。

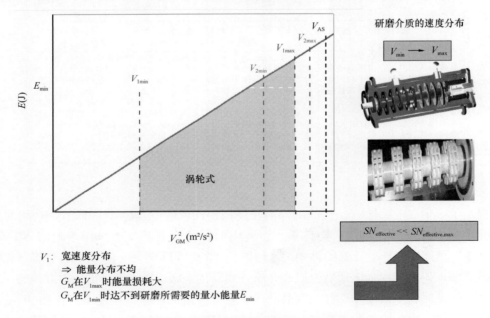

图 5-10　施力数 SN 和施加能量 SE 之间的关系（涡轮式）

其次，由于喷釉产品相对于陶瓷墨水产品的单位产量要求高，釉料本身的需求量是陶瓷墨水的 1～3 倍以上，这需要对砂磨机的耐磨性能提出苛刻的要求，特别是釉料中的某些成分对于陶瓷结构内衬的机器磨损特别大，比如滑石、氧化铝等釉料配方成分对于传统的陶瓷结构内衬磨损较大，而琅菱公司 NTV 系列采用的是进口特殊钢，耐磨系数明显高于陶瓷内衬，并且磨耗非常小，对物料基本没有影响。数字化喷釉与喷墨印花的差异之二是釉水溶质的颗粒尺寸大。从已实施的喷釉墨水来看，釉水固体颗粒的尺寸 D_{99} 为 2μm（D_{99} 指的是 99％的颗粒等于或小于 2μm）。而色料墨水颗粒的尺寸 D_{90} 为 0.5～

0.6μm。釉水颗粒越大，所需喷头孔径越大，单位时间喷出量越大（理论上釉层厚度的控制也可以通过调整瓷砖的给进速度来实现），釉水在喷头中的通过量成倍提高，这无疑增大了喷头的磨损，增加了喷釉设备的耗损及折旧费用（图 5-11～图 5-13）。

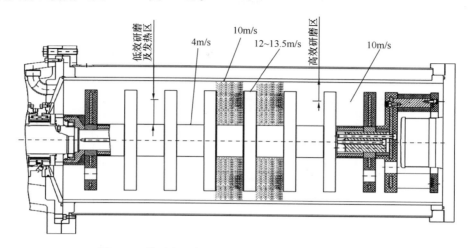

图 5-11　棒式与涡轮在线速度及研磨能量分布的比较

最后，琅菱公司的 NTV 系列产品不仅仅适用于陶瓷墨水、色素、釉料等产品，更是在纳米材料等多功能性材料改性方面具有研磨范围广、适用性强的特点。数字化喷釉与传统施釉方法的差异之三是数字化喷釉可以极大提高瓷砖的功能化。功能性纳米粉体可以分为天然矿物和人造矿物，它们大多数是无机材料，耐高温性能好，可以混入釉料中或者单独使用。将 TiO_2 纳米粉加入釉料配方，可以起到光催化作用，达到自清洁性能、抗菌等效果。将 α-Al_2O_3 和玻璃熔块混合之后的防滑釉水，无机固体颗粒百分位 D_{99} 为 2μm，黏度为 25.5mPa·s，密度为 1.273g/mL，表面张力为 31.6mN/m，喷釉水速度很快，约 100g/m^2。迈瑞思科技有限公司在 2014 年发布的一项负离子釉料墨水的技术指标，经建筑材料工业环境监测中心检测得到负离子砖的负离子浓度平均值为 2022 个/$sNaN^2$（无负离子材料砖的负离子浓度为 230 个/$sNaN^2$）。

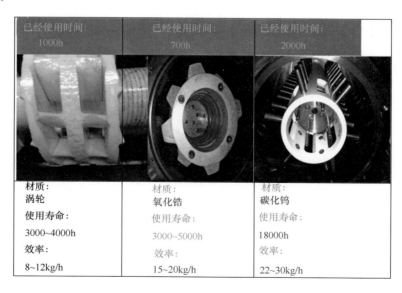

图 5-12　三种涡轮材质的使用性能比较

琅菱致力于纳米研磨与超细分散领域多年，特别是为国产陶瓷墨水的推广作出了自己的特殊贡献。随着瓷砖功能化的实现，包括对功能粉体的分布、浓度、尺寸的控制，随着数字化喷釉的发展，功能粉体可以作为单独的釉料墨水使用时，瓷砖的功能化将极大丰富，产品还可以具备抗菌性能（如银离子无机材料）、负离子性能（如奇冰石、电气石、蛋白石）、红外辐射（如董青石、托玛琳）、防静电（导电釉）、发光（如 CaS、ZnS 粉末）、调湿（多孔材料）等作用。这很可能是数字化喷釉重要的发展方向之一，而在釉料及功能性粉料的再次革命过程中，琅菱公司将为陶瓷行业提供完善的机械设备解决方案。

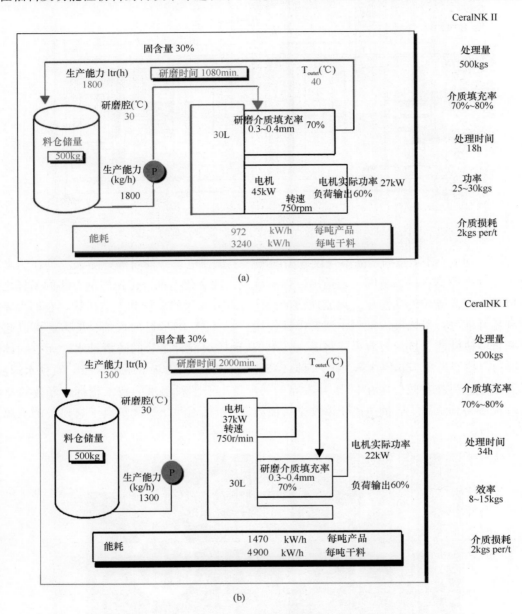

图 5-13　琅菱墨水客户棒式 30L 与涡轮 30L 比较
（a）棒式 30L；（b）涡轮 30L

5.3.3　砂磨机研磨介质分离系统

砂磨机的首要功能是磨碎物料，第二个功能是将研磨介质与物料分开。介质分离装置的功能就是将物料与研磨介质分开。一般情况下，介质直径是分离筛网缝隙的 2～3 倍，随着对研磨物料细度的要求越来越高，使用的介质尺寸也越来越小。

早期砂磨机介质分离筛网筒为静态结构，在使用介质尺寸大于 0.6mm 情况下，这种介质分离系统没有问题。如果使用 0.40mm 以下介质，介质在料浆流体拖动力下聚集在砂磨机出口处，容易引起砂磨机出口筛网堵塞。所以，为了防止小介质堵塞筛网缝隙，开发了动态转子与静态过滤筛网筒结合的分离系统（图 5-14）。该介质分离系统在使用大于 0.2mm 以上的介质时，基本可以保证出口不堵塞。

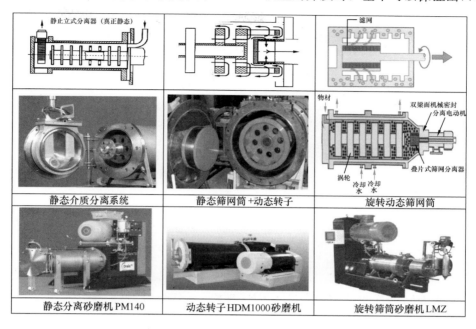

图 5-14　砂磨机介质分离系统

如今，研磨纳米物料使用的介质直径一般为 0.05～0.2mm，而相应的筛网缝隙宽度为 0.025～0.1mm。如此小的研磨介质很容易堵塞静态的过滤筛网，所以，新的砂磨机采用旋转介质分离筛网筒，这样介质在离心力作用下被甩离筛网，彻底解决了极小尺寸介质堵塞分离器的技术难题（图 5-14）。

5.4　研磨介质的种类和选择

5.4.1　研磨介质尺寸

砂磨机一般都使用球形研磨介质。介质直径越小，单位体积介质数目就越多（图 5-15），介质在砂磨机运转时各个磨球之间的接触点越多，对物料的破碎概率就越高，研磨效率相应也提高。

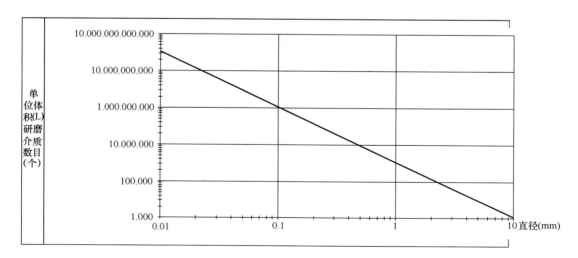

图 5-15　单位体积（L）中研磨介质数目与介质直径的关系

众所周知，运动研磨介质动能可表示为 $E=1/2mv^2$，在转速一定的情况下，若研磨介质尺寸相同，介质密度越大其动能越大，研磨效果越好。

在相同研磨时间下，使用小直径研磨介质时，产品细度比用大直径研磨介质好（图5-16）。过小的研磨介质往往引起砂磨机出口分离器的堵塞。所以，砂磨机分离器的结构及缝隙宽度决定了研磨介质尺寸的大小。

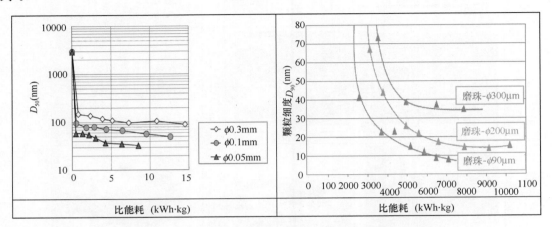

图 5-16　研磨介质大小与产品细度的关系（相同研磨时间）

5.4.2　研磨介质种类

研磨介质的密度越大，动能越大，研磨效率越高。生产胶印油墨时一般使用直径为 1.6～2.5mm 的钢球，而研磨喷绘油墨使用直径为 0.3～0.8mm 的氧化锆珠。

研磨介质种类如图5-17所示。各介质的物理特性见表5-1。

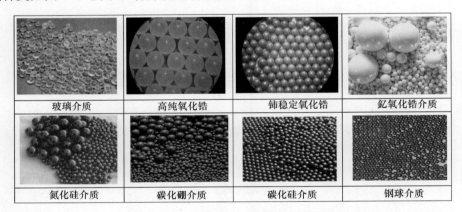

图 5-17　砂磨机使用研磨介质种类

表 5-1　各种研磨介质的物理特性

介质种类	密度（kg/cm³）	d_{min}（mm）	磨损特性
塑料	0.9～2.1	≥0.15	＋
玻璃	2.5	≥0.05	0
石英砂	2.65	≥0.1	－0
渥太华砂	2.65	≥0.2	0＋
Al₂O₃（99.7%）	3.2	≥0.4	0

续表

介质种类	密度 （kg/cm³）	d_{min} （mm）	磨损特性
Al₂O₃（99.7%）	3.2	≥1.0	++
硅酸锆	3.7~3.8	≥0.2	0+
Al₂O₃/ZrO₂	4.1	≥0.6	+
Al₂O₃/Y₂O₃/砖酸锆	4.6	≥0.2	+
ZrO₂/MgO-稳定	5.5	≥0.4	−
ZrO₂/Y₂O₃-稳定	6.0	≥0.05	++
ZrO₂/CeO-稳定	6.1~6.2	≥0.4	+
Steel Shot	7.0	≥0.1	0
钢球	7.75	≥1.0	0+

5.4.3 研磨介质的装填率

砂磨机在近似最佳研磨效果的所需量就是其装填率，卧式砂磨机的装填率一般为 80%~85%，立式砂磨机的装填率一般为 75%~80%，棒式砂磨机的装填率一般为 85%~95%。

质量计量法 ＝ 砂磨机有效容积 ×装填率（75%~85%）×介质堆积密度

总之，研磨介质装填率过高，容易引起砂磨机温升过高或者出口堵塞。研磨介质装填率过低，研磨效率低，磨损加剧，研磨时间延长。

5.5 Y-TZP 研磨介质

5.5.1 Y-TZP 研磨介质慨况

1. Y-TZP 陶瓷简介

自 1975 年 Garvie 报道了部分稳定 ZrO₂（PSZ）的优异性能以来，人们对 ZrO₂ 相变增韧陶瓷（ZTC）进行了大量理论、实验及应用研究，发展了部分稳定氧化锆（PSZ）、四方氧化锆多晶（TZP）、氧化锆增韧氧化铝（ZTA）以及 TZP/α-Al₂O₃（ADZ）等多种高性能陶瓷新材料。其中，Y-TZP 为含 Y₂O₃ 稳定剂的四方氧化锆多晶陶瓷。图 5-18 展示出了上述四种 ZTC 陶瓷的典型微观结构形貌。

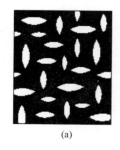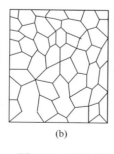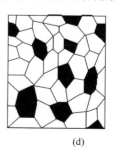

图 5-18 ZTC 陶瓷的四种典型微观形貌
(a) PSZ；(b) TZP；(c) ZTA；(d) ADZ

Y-TZP 陶瓷具有高达 1.5GPa 的抗弯强度和大于 15MPa·m^(1/2) 的断裂韧性，其中力学性能指标与中碳钢相当，被誉为"陶瓷钢"。市场上 ZrO₂ 耐磨陶瓷主要产品有：磨介、密封环、拉丝模、光纤连接器的插芯和套筒，以及各种严酷环境和苛刻负载条件下使用的耐磨部件。采用 Y-TZP 陶瓷模具挤制 ϕ67mm 的铜管，其寿命比采用传统模具提高了 3.5 倍，工效提高了 3 倍，而模具费用只有原来的一半，铜管的精度和表面光洁度也大为改善。又如喷雾干燥工艺的喷嘴，Y-TZP 陶瓷喷嘴的寿命是硬质合金（WC）喷嘴的 6 倍。除工业上应用极其广泛外，Y-TZP 陶瓷已进入了人们的日常生活，如陶瓷剪刀、水果刀、菜刀、手术刀、手表外壳和表链、高尔夫球杆的球头以及牙齿和人体关节等，未来市场空间十分广阔。

二十多年来，我国大批科学工作者从不同角度不同深度，系统开展了以 Y-TZP 为核心的 ZrO_2 相变增韧陶瓷的基础和应用研究。在高性能 ZrO_2-Y_2O_3 粉体制备技术、相变机理、磨损机理以及复合稳定剂等多方面取得了很多成果，为发展我国高性能 ZTC 耐磨结构陶瓷打下了坚实基础。目前我国 Y-TZP 耐磨陶瓷年产规模突破了 2000t，并有部分产品出口到美国、德国、意大利等发达国家。

2. Y-TZP 研磨介质发展现状

（1）研磨介质概念和作用

粉碎设备中靠自身的冲击力和研磨力将物体粉碎的载能体叫研磨介质（grinding media）。自 1876 年球磨机问世以来，各种研磨介质伴随着粉体粉碎设备的发展而发展，同时，各种高性能研磨介质的出现，又大大推动了粉碎设备的进步和粉体产业的发展。在不同行业不同时期，人们对研磨介质称呼也有多种，如"磨球""球蛋""球子"等，对于直径 3mm 以下研磨介质常叫做"研磨珠"或"珠子"。

"一尺之棰，日取其半，万世不竭"。这是我国古代伟大的思想家庄子对物质具有无限可分性的科学预见和形象描述，也是人类超细粉碎技术不断发展的指南。超细粉体特别是纳米粉体具有一系列独特的物理化学性能，引起了世界各国科学家的高度关注。因此，近二十年来，超细粉体的开发、研究、生产成为世界各国竞争的热点。超细粉碎技术是实现粉体超细化的一种非常重要的工艺手段。该工艺易于实现产业化，具有极高的商业价值。

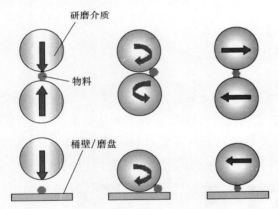

以砂磨机为代表的现代超细粉碎设备与传统的粉碎设备有很大的不同，它是通过输入高的能量，直接推动研磨介质在研磨桶中作各种运动，研磨介质和物料之间产生剧烈的撞击、摩擦和剪切，使物料不断均匀细化和分散（图 5-19）。现代超细粉碎对研磨介质的基本要求是：① 高强度、抗冲击、不破碎；② 耐磨性能好、不污染产品；③ 高密度、高研磨效率；④ 球形度好，降低因研磨介质形状因素引起的能量损失。

（2）Y-ZTP 研磨介质的性能及在陶瓷墨水加工过程的应用

图 5-19 物料在研磨介质的运动中被粉碎

陶瓷研磨珠（ϕ0.1～3.0mm）的产生是由于现代超细粉碎和分散技术的发展而产生的，与传统玻璃珠相比，具有极高的研磨效率和耐磨性；与金属珠相比，具有很高的耐磨性，且不会污染被磨物料。表 5-2 和图 5-20 列举了目前常用的几种陶瓷研磨介质性能。Y-TZP 研磨介质的突出优点有：① 韧性高，耐冲击，在高速运转碰撞中不破碎；② 耐磨性是玻璃珠的 30～50 倍，是硅酸锆珠和微晶 Al_2O_3 珠的 3～5 倍；③ 密度大，研磨效率高，特别适合于高黏度和高纯度物料的研磨与分散。近十年来，Y-TZP 研磨介质在非金属矿、精细化工、高技术陶瓷以及新能源材料等超细粉碎过程中获得了广泛的应用，同时也极大推动了我国超细粉碎技术和产业的发展。

发展陶瓷数字喷墨印刷技术是近几年陶瓷行业最大的热点，引起了世界各国的高度重视。制备高质量陶瓷墨水是发展陶瓷数码印刷（打印）的基础和核心。理论上讲，制备陶瓷墨水的方法有多种，但目前甚至今后一段时间内，商品化陶瓷墨水的制备方法主要是采用各种高能介质磨，将无机色料在特定分散介质中研磨形成稳定性高、发色好、易喷涂的悬浮液（墨水）。为了保证墨水稳定性好，无机色料的粒度应控制 $D_{50} = 200 \sim 350nm$，$D_{90} < 850nm$，$D_{100} < 1\mu m$。由于陶瓷色料一般都要经过高温合成，主要矿物结构有尖晶石型、刚玉型、金红石型、氧化锆型及锆英石型等，且晶粒发育良好，要将这种陶瓷色料研磨到上述粒度标准，几年前都是不可想象的。2011—2013 年间，我国上演了一场由陶瓷墨水、砂磨机、Y-TZP 研磨介质等多行业厂家联合的大会战，共同攻克了陶瓷墨水研磨与分散技术，并成功上线实现产业化。图 5-21 是采用国产砂磨机和国产 Y-TZP 研磨介质加工的墨水粒度分析图，从粒度特征来看已达到了国际先进水平。

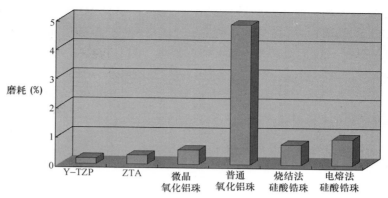

图 5-20　陶瓷研磨介质磨耗对比图

表 5-2　常用陶瓷研磨介质的性能

产品名称	Y-TZP	ZTA 珠	烧结法硅酸锆珠	电熔法硅酸锆珠	微晶氧化铝珠
主要化学组成（％）	ZrO_2：94.6	ZrO_2：20	ZrO_2：60～70 Al_2O_3：28～32	ZrO_2：65 Al_2O_3：33	Al_2O_3：90～92
密度（g/cm³）	6.0	4.2	3.9～4.1	3.8	3.6
堆积密度（g/cm³）	3.7	2.5	2.4～2.6	2.3	2.2
抗弯强度（MPa）	900	450	300	—	280
莫氏硬度	8.5	9	7～8	7～8	9

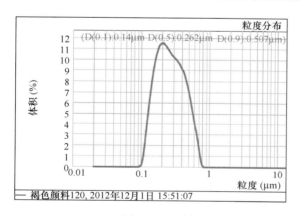

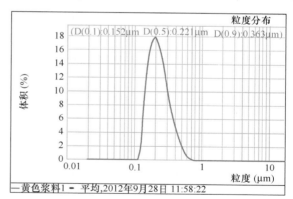

图 5-21　国产砂磨机和国产 Y-TZP 研磨介质加工的墨水粒度分析图

　　无论是国外还是国内的陶瓷墨水厂家，尽管所选砂磨机的研磨原理和结构有所不同，但 Y-TZP 研磨介质几乎是唯一的选择。这主要源于 Y-TZP 研磨介质集高效、耐磨、抗冲击为一体的优势。此外从化学角度来看，墨水中引入少量的 ZrO_2 对其发色效果基本没有影响，这和 Al_2O_3 有很大的不同。需要指出的是，实际研磨过程应根据入料粒度采取分段研磨工艺，初段可采用 $\phi 1mm$ 左右的 Y-TZP 研磨介质，终段采用的 Y-TZP 研磨介质尺寸以 $\phi 0.3 \sim 0.4mm$ 为佳。

　　（3）我国已形成年产 1000t Y-TZP 研磨介质的规模

　　我国 Y-TZP 研磨介质的研发和产业化已有二十余年历史。据统计，目前我国生产 Y-TZP 研磨介质的厂家有二十余家，年总产能超过 1000t。由于各个厂家选用的原材料及工艺技术水平不一，生产出来的 Y-TZP 研磨介质的质量参差不齐，磨损率和冲击损耗率两项衡量产品质量关键指标好坏相差几倍。可喜的是，近年来我国部分企业十分注重技术研发和产品质量的提升，通过选取性能较好的 ZrO$_2$（Y$_2$O$_3$）粉体，优化工艺参数和精细控制生产过程，产品各项性能可与日本同类产品相媲美。至 2014 年底，国产 Y-TZP 研磨介质已占国内各行业所需市场的 70% 以上，并且年出口量超过了 100t。

但是，无论是从外观质量还是内在品质，我国整体 Y-TZP 研磨介质制造水平和日本、法国等相比，差距还是明显的，尤其是 ϕ0.03～0.1mm 这种附加值极高的超微细 Y-TZP 珠，市场基本上被日本企业所控制。

3. 研磨介质的发展趋势

（1）使用 Y-TZP 研磨介质越来越小

随着研磨介质分离系统的进步及对产品细度要求的不断提高，使用 Y-TZP 研磨介质的尺寸越来越小。研磨介质越小，单位体积内研磨介质的个数和接触点就越多，从而提高了研磨效率；其二，研磨介质尺寸和产品最终研磨粒度密切相关，产品细度要求越细，研磨介质尺寸就应越小。此外如图 5-22 所示，小研磨珠比大研磨珠具有更大的曲率半径，在相同的作用力下在物料颗粒表面造成的局部应力更大，物料更易磨细。商品化生产 ϕ0.05～0.2mm 高性能 Y-TZP 研磨介质是下个阶段的目标。

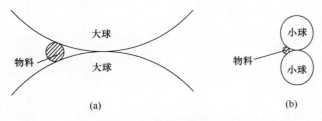

图 5-22　小研磨珠与大研磨珠的物料受力对比示意图
(a) 大球；(b) 小球

（2）高性能 TZP/α-Al$_2$O$_3$（ADZ）研磨介质应用前景

TZP/α-Al$_2$O$_3$复合材料简称 ADZ（Alumina-dispersed Zirconia），在 TZP 基质中引入一定量的 α-Al$_2$O$_3$ 的主要作用有：① 提高强度，增加硬度；② 抑制 TZP 晶粒长大，提高耐磨性；③ 强化晶界强度。ADZ 研磨介质的体积密度为 5.2～5.8g/cm^3，其力学性能和耐磨性比 Y-TZP 研磨介质更优，性价比非常突出，在未来的超细研磨与分散中应用前景广阔。

（3）研发高效成型装置和工艺是长期的努力方向

由于具有高效和成本的双重优势，滚动成型仍然是今后 ϕ3mm 以下的 Y-TZP 研磨介质的主流生产工艺。如何实现滚动成型自动在线分级是今后努力的方向，研发新型高效滴定成型装置是今后的热点。

（4）建立产品标准和规范性能测试方法

应尽快起草直径在 2mm 以下的 Y-TZP 研磨介质的产品标准，规范性能测试方法，有助于推动 Y-TZP 研磨介质的产业升级和发展。

5.5.2　Y-TZP 研磨介质性能检验方法

1. 研磨介质尺寸大小（D）测定

（1）对于标称球径在 0.1mm 以上的研磨介质，可采用精度为 0.02mm 卡尺直接测量；或采用带标尺的显微镜测量，如图 5-23 所示。每粒球选取三个不同径向重复测定，测量的最小值 d_{min} 与最大值 d_{max} 的算术平均值定义为该粒球的直径 D，即式（5-1）：

$$D = \frac{1}{2}(d_{max} + d_{min}) \qquad (5-1)$$

（2）对于标称球径在 0.1mm 以下的研磨介质，采用带标尺的显微镜测量，每粒球选取三个不同径向重复

图 5-23　显微镜尺寸测量图

测定，测量的最小值 $d_{\min}$ 与最大值 $d_{\max}$ 的算术平均值定义为该粒球的直径 D。

（3）判定一批产品尺寸是否合格，至少应随机选取 30 粒球，按上述方法逐个测量，测量的最小球径应大于或等于标称尺寸的下限，测量的最大球径应小于或等于标称尺寸的上限。根据每粒球的测量尺寸可计算磨介的尺寸分布特征。

2. 研磨介质的球形度（ϕ）测定

随机抽取 30 粒球，采用上述方法逐个测量每粒球三个不同径向的直径。每粒球球径测量的最小值 $d_{\min}$ 和最大值 $d_{\max}$ 的比值定义为该粒球的球形度（ϕ），即式（5-2）：

$$\phi = \frac{d_{\min}}{d_{\max}} \times 100\%$$ （5-2）

所测样的球形度的算术平均值即为该批磨介的球形度，即式（5-3）：

$$\phi = \frac{1}{30}(\phi_1 + \phi_2 + \cdots + \phi_{30})$$ （5-3）

Y-TZP 研磨介质的球形度 ϕ 应≥95％。对比研磨介质研磨前后球形度的变化（$\Delta\phi$）可间接判断磨介质量的好坏或研磨设备参数设定是否合理。图 5-24 表明该研磨介质磨损前后球形度变化非常小，说明该 Y-TZP 研磨介质在研磨过程中没有发生异常磨损。

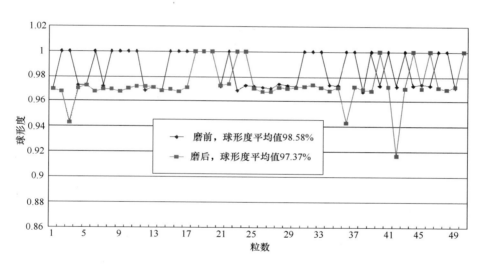

图 5-24　ϕ0.3～0.4mm Y-TZP 研磨介质运行 500h 后球形度变化图

3. 研磨介质密度（ρ）测定

（1）Y-TZP 研磨介质直径大于 0.3mm 时，可以采用《精细陶瓷密度和显气孔率试验方法》（GB/T 25995—2010）规定的方法检测。

（2）Y-TZP 研磨介质直径小于 0.3mm 时，研磨介质已类似粉末状，其密度检测方法可以采用比重瓶法测定，并按式（5-4）计算：

$$\rho = \frac{m_s - m_0}{(m_1 - m_0) - (m_{sl} - m_s)} \times \rho_l$$ （5-4）

式中，m_0 为比重瓶的质量，g；m_s 为（比重瓶＋粉体）的质量，g；m_1 为（比重瓶＋研磨介质＋液体）的质量，g；m_{sl} 为（比重瓶＋液体）的质量，g；ρ_l 为测定温度下的浸液密度，g/cm³；ρ 为粉体的真密度，g/cm³。

（3）采用精密仪器检测，如 DAHO 电子比重计（DH-300 型）等。

4. 磨损率（W）测定

磨损率是衡量研磨介质性能好坏的主要指标。磨损不是材料的固有特性，它不仅和材料本身的性能有关，还取决于试验条件、环境和试样的表面状况。研磨介质磨损率定义为单位质量研磨介质单位研磨时间的质量损失率。根据研磨试验过程是否添加物料，磨损率可分为自磨耗率和物料磨耗率两种。研磨介质自磨耗率的测试方法详见《微晶氧化锆研磨介质球》（JC/T 2136—2012）标准。大量测试数据表明，随着所加物料硬度不同，Y-TZP 研磨介质的物料磨耗率与其自磨耗率有 1～100 倍差别，而且研磨介质表面粗糙度对自磨耗率的测试结果有较大影响。因此评价 Y-TZP 研磨介质的耐磨性采用物料磨耗率会更加快捷和实用。物料磨耗率简称磨损率，除有特别说明外，本节所有有关磨损率的数据都是物料磨耗率。磨损率测试方法如下：

（1）取 1000g 研磨介质放入刚玉陶瓷球磨罐，加清水快速磨 1h 后清洗干净，烘干。

（2）用高精度电子称称取（800±5）g（磨前质量 m_0）试样、200g 白刚玉粉（250 目）、400g 水，放入 1L 刚玉陶瓷罐中，转速为 300r/min 条件下运行 6h 后，取出试样并清洗干净后烘干称重（磨后质量为 m_1），W 计算式（5-5）为：

$$W = (m_0 - m_1)/6m_0 \times 100\% \quad （单位 \%/h） \qquad (5-5)$$

5. 冲击损耗率（P）的测定

冲击损耗率（P）是衡量 Y-TZP 研磨介质在动态环境下抗冲击性能的指标，其测试方法如下：

（1）取 1000g 放入球磨罐加清水快速磨 1h 后清洗干净，烘干。

（2）用高精度电子称取（800±5）g（磨前重量 m_0）试样、400g 尺寸为试样平均直径 10～12 倍的 92% 氧化铝球、400g 水，放入快速磨中研磨 30min 后，取出清洗干净烘干，根据研磨介质的大小选取合适目数的样筛过筛后称重（磨后质量 m_1）。按式（5-6）计算冲击损耗率（P）：

$$P = (m_0 - m_1)/m_0 \times 100\% \qquad (5-6)$$

Y-TZP 研磨介质的冲击损耗率应控制 < 0.1%。

6. 研磨介质的剖面分析

检测 Y-TZP 研磨介质的内部致密性与长期的磨损有许多方法，较为简单实用的方法是通过对研磨介质进行剖面金相分析和对剖面里外不同点进行维氏硬度检测，维氏硬度按《精细陶瓷室温硬度试验方法》（GB/T 16534—2009）规定的方法测定。研磨介质的内部致密性好则其金相图里外无断层［图 5-25（a）］，相反会出现断层现象而影响研磨介质强度［图 5-25（b）］。

图 5-25 Y-TZP 研磨介质剖面金相照片

(a) 内部致密性好；(b) 内部致密性差

通过对研磨介质内部不同位置点做维氏硬度检测（图5-26），根据检测数据结果判定内部结构里外致密的均匀性。

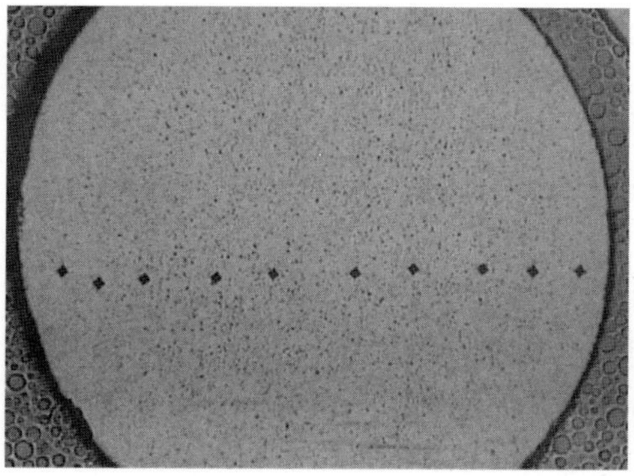

5.5.3　Y-TZP 研磨介质制备技术

由于形状和尺寸的特殊性，制备高性能 ϕ3mm 以下的 Y-TZP 研磨介质的核心是，将超细 ZrO_2（Y_2O_3）粉体高效成球（生坯），且生坯结构均匀一致、密度高。传统的陶瓷成型工艺诸如注浆、热压铸、干压和等静压等工艺难以胜任。下面就成型方法和相应的原料加工技术作一介绍。

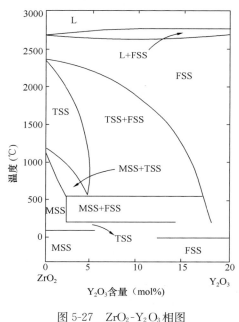

图 5-26　内部不同位置点的维氏硬度检测图

1. Y-TZP 陶瓷研磨介质的配方及原料加工技术

（1）配方

ZrO_2-Y_2O_3 相图（图5-27）可知，Y-TZP 陶瓷中稳定剂 Y_2O_3 的含量一般为 2～3mol%，Y-TZP 力学性能与稳定剂 Y_2O_3 的含量、t-ZrO_2 的晶粒尺寸及微观结构密切相关，稳定剂 Y_2O_3 含量是影响相变临界尺寸的主要因素，相变临界尺寸随着 Y_2O_3 含量的降低而降低，当 Y_2O_3 含量低于 2mol% 时，材料以 m-ZrO_2 相为主，当 Y_2O_3 含量在 2～3mol% 之间时，则以 t-ZrO_2 相为主。研究表明，材料强度的峰值出现在 2.5～3mol% 之间，韧性峰值则在 2mol% Y_2O_3 左右。

但是，Y-TZP 陶瓷存在一个致命弱点，即低温（150～300℃）长期时效性能恶化，特别是在湿气氛或热水溶液中更为严重。对于其详细机理，人们进行了大量的研究，但目前尚无一致的看法。一般的观点是，低温时效时，始于表面并逐步向内部渗透的 t-ZrO_2→m-ZrO_2 相变导致材料性能恶化。增加 Y_2O_3 含量、减小晶粒尺寸和添加高弹性模量的第二相，如 Al_2O_3，是解决 Y-TZP 低温时效性能恶化的有效途径。研磨过程中浆料温度通常在 40～80℃ 之间，研磨室内温度可能更高，无论是研磨介质、研磨盘还是研磨桶，若采用了 Y-TZP 材料，都应该采取降温措施。根据上述分析，我们确定 Y-TZP 研磨介质基本组成为 ZrO_2：Y_2O_3＝97mol∶3mol。需要特别指出的是，国内 ZrO_2（Y_2O_3）粉体厂家在分析日本同类产品时，发现了 ZrO_2（Y_2O_3）粉体中添加了 0.2～0.4wt% α-Al_2O_3 可提高陶瓷的耐磨性。若要引入 Al_2O_3，合理的引入方式有两种：其一，在合成 ZrO_2（Y_2O_3）粉体液相反应过程中引入 0.1～0.3μm α-Al_2O_3，即采用包裹共沉淀工艺；其二，采用机械混合工艺即在后续研磨过程中添加 0.1～0.3μm α-Al_2O_3。第一种引入方式均匀性更好，且有可能在一定程度上改善 ZrO_2（Y_2O_3）粉体的团聚性能。若采用 Zr^{4+}、Y^{3+} 和 Al^{3+} 盐共沉淀方式引入 Al_2O_3，由于 ZrO_2（Y_2O_3）粉煅烧温度一般为 700～900℃，该温度下 Al_2O_3 只能是 r-Al_2O_3，粉体中存在 r-Al_2O_3 将阻碍后期产品烧结，影响产品性能。

图 5-27　ZrO_2-Y_2O_3 相图

（2）原料加工技术

经过二十多年发展，我国业已形成化学液相法 ZrO_2（Y_2O_3）粉体 5000t 以上的生产规模，其中化学共沉淀工艺产量占 90% 左右，水热工艺或水解工艺制备的更高性能 ZrO_2（Y_2O_3）粉体占 10% 左右。日本 TOSOH 是世界著名的高性能 ZrO_2（Y_2O_3）粉体供应商。Y-TZP 研磨介质所用 ZrO_2（Y_2O_3）粉体质量标准见表5-3。

表 5-3　ZrO$_2$（Y$_2$O$_3$）粉体质量标准

化学成分（%）		比表面积（m^2/g）			可烧结性能（$\rho \geq 6.0$g/cm^3）		
ZrO$_2$＋Y$_2$O$_3$	Y$_2$O$_3$	Al$_2$O$_3$	滚动或等静压	滴定工艺	≤1350℃	≤1400℃	≤1450℃
≥99.5	5.2±0.5	0～0.4	15～20	8～12	优	良好	合格

商业化 ZrO$_2$（Y$_2$O$_3$）粉体可以是 ZrO$_2$ 前驱体煅烧后烧块料，或烧块料经湿法研磨喷雾干燥造粒料，或烧块经气流粉碎的气流粉三种形式。众所周知，陶瓷的不同成型方法对粉体工艺性能的要求是不同的。对于干压、等静压可直接购买造粒料，目前也有专供陶瓷注射成形或注凝成形的 ZrO$_2$（Y$_2$O$_3$）粉体。ϕ0.1～3.0mm 微型 ZrO$_2$ 研磨介质主要有滚动成形和滴定成形两种工艺。滴定成形可按注射成形或注凝成形的标准购买 ZrO$_2$（Y$_2$O$_3$）粉体。滚动成形对造粒粉的强度及粉体表面物理化学性能敏感；气流粉由于流动性较差，无法实现自动布粉。如何加工流动性好、易分散、易润湿的 ZrO$_2$（Y$_2$O$_3$）粉体，是滚动法制备高品质 ZrO$_2$ 研磨介质的核心技术之一。

ZrO$_2$（Y$_2$O$_3$）烧块料研磨工艺流程如图 5-28 所示。球磨和砂磨过程高效分散 ZrO$_2$（Y$_2$O$_3$）粉体的分散剂主要有：聚丙烯酸铵（PAA-NH$_4$）、聚羧酸铵和柠檬酸铵等阴离子型表面活性剂。加入阴离子表面分散剂后，料浆中 ZrO$_2$ 颗粒表面 Zeta 电位的绝对值明显增大，双电层厚度增加，抑制了颗粒间由于范德华引力而产生的凝聚趋势，从而改善了分散性能，提高了浆料的流动性。分散剂加入量应以保证浆料具有良好流动性为原则。实践证明分散剂加入量过多，滚动长球过程中往往会产生大量小颗粒，这种颗粒球形度差、结构不致密，易黏附在生坯球的表面，不但大大降低产量，而且严重影响产品的外观和内在质量。其次，应采用分段添加分散剂，即球磨制浆过程加入量为 0.2～0.5wt%，砂磨过程根据浆料流动性变化，分多次补加适量分散剂，尽量控制整个研磨过程分散剂总加入量＜2wt%。图 5-29 是国内某公司 ZrO$_2$（Y$_2$O$_3$）研磨粒度标准。

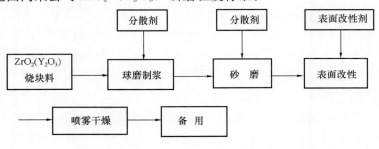

图 5-28　ZrO$_2$（Y$_2$O$_3$）烧块料研磨工艺流程图

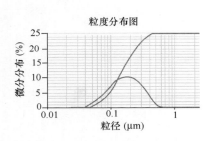

图 5-29　ZrO$_2$（Y$_2$O$_3$）浆料粒度图

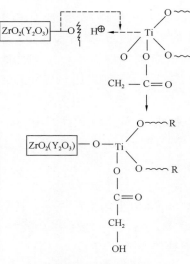

图 5-30　粉体表面改性机理

商业化的 ZrO$_2$（Y$_2$O$_3$）粉体一次粒子尺寸通常只有 50μm 左右，图 5-29 表明，经过超细研磨和分散后，ZrO$_2$（Y$_2$O$_3$）浆料 $D_{50}=156$nm，$D_{90}=308$nm，$D_{100}<632$nm，呈单峰分布。说明商业化的 ZrO$_2$（Y$_2$O$_3$）粉体制备过程中粉体团聚状态控制良好，原有的团聚体在机械研磨和分散剂共同作用下能较好地分散。

原料加工工艺的最大特点是运用了表面改性技术。在浆料中添加水溶性螯合型钛酸酯偶联剂，利用其带有可水解的短链烷氧基与粉体表面的羟基起反应，改变粉体表面性能，使干燥粉体具有好的流动性、易分散、易润湿。其作用机理如图 5-30 所示。此外，浆料添加偶联剂后，流动性也有所改善。实验表明，钛酸酯偶联剂适宜添加量为 0.3～1.5wt%。图 5-30 中原料超细研磨、表面改姓、干燥（造粒）一气呵成，与干法表面改性工艺相比，简化了工序，节省了表面改性专用设备投入，粉体改性的均匀性更好。

2. 滚动成形技术

滚动成形又称团球，是一种较新的陶瓷成形工艺，在我国该方法用于陶瓷研磨介质成形约有 20 年历史。1994 年国内有人率先采用了该工艺试制 $\phi 0.8$mm 以上的 Al_2O_3 和 ZrO_2 研磨介质。陶瓷滚动成形是借鉴了冶金行业圆盘造球和中成药丸成形工艺，属于一种半干湿法成形工艺，其主要工艺过程是：通过喷洒液体（水）润湿母球种（或球核、小球），在润湿的母球表面粘上不断加入的粉体原料，在毛细管力及运转过程机械力作用下长大到所需尺寸。

滚动成形设备投资少，生产效率高，成本低，特别适合生产小尺寸（$\phi 0.1 \sim 3$mm）研磨介质（图 5-31）；该工艺缺点是难以获得单一尺寸研磨介质，需要多次分级；除制备陶瓷研磨介质外，还可生产陶瓷轴承球、陶瓷填料球、石油支撑球及热流载体球等。

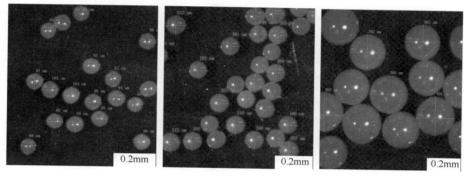

图 5-31　滚动法制备的各种尺寸 ZrO_2 研磨介质

1）滚动成形工艺原理

基本操作过程与要点：

成球盘倾角一般为 $50° \sim 70°$；转速为 $15 \sim 45$r/min，毛坯尺寸越小，转速越高；成形水分一般为 $9\% \sim 15\%$。滚动成形设备如图 5-32 所示。

成球盘转动过程中球核或小毛坯球（母球）依靠与成球盘之间的摩擦力，运行到一定高度，又在重力作用下自行脱落，完成上升、下落的循环运动；湿毛坯在脱落滚动过程中，表面均匀粘附粉料，在毛细管力、冲击力及挤压力等作用下，随着成形球锅的转动，毛坯不断长大。

2）成球过程及机理

（1）母球的制备

母球的制备是生产高质量研磨介质最重要的过程。制备母球的质量标准是：①"圆"，即球形度高；②"实"，即密度高；③"匀"，即尺寸分布窄。为了保证生产效率，母球尺寸（$d_母$）和终端球尺寸（$d_终$）关系一般为：① $d_终 \leqslant 0.2$mm，$d_母 \leqslant 0.1$mm；② $d_终 \leqslant 0.5$mm，$d_母 \leqslant 0.2$mm；③ $d_终 \leqslant 1.0$mm，

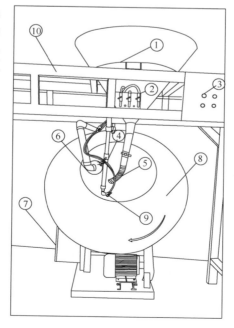

① 自动加粉斗
② 水气调节控制面板
③ 成球机启动正反调节控制面板
④ 喷头位置调节杆
⑤ 加粉位置调节软管
⑥ 除尘管
⑦ 成球机变频装置
⑧ 成球锅(盘)
⑨ 雾化喷头
⑩ 不锈钢支撑架

图 5-32　滚动成形设备示意图

$d_{母}=0.2\sim0.3$mm；④ $d_{终}\leqslant2.0$mm，$d_{母}$ 为 $0.3\sim0.4$mm；⑤ $d_{终}>2.0$mm，$d_{母}$ 为 $\leqslant0.5$mm。

　　母球的制备过程为：在成球锅（盘）中加入足够量 100 目以下微粉，锅面倾角固定为 a（60°左右），并以等角速 ω（每分钟 30 转左右）进行运转，在微粉上面连续喷洒适量的纯水或水溶液，粉料依靠与锅面之间的摩擦力，把料带到一定高度，又在重力作用下自行脱离、下落，完成上升、下落的循环运动。粉料在不断吸附水及随锅运动过程中发生变化如图 5-33 所示：

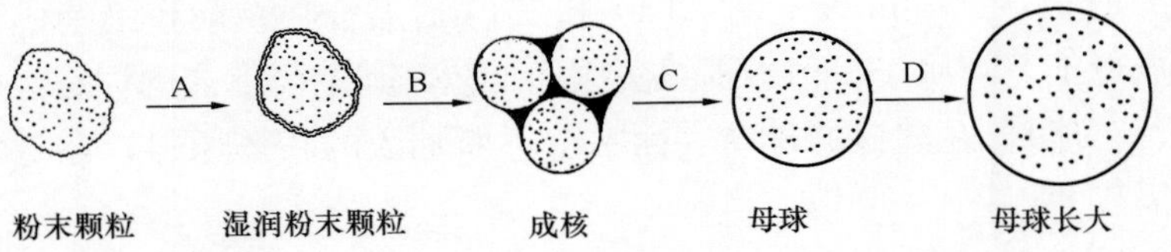

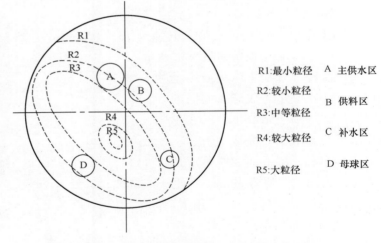

图 5-33　成球示意图

粉末颗粒　湿润粉末颗粒　成核　母球　母球长大

　　过程 A 是粉末润湿过程，经干燥的微粉颗粒是一次粒子的聚集体，内部存在着很多大小不同的连通微小孔隙，组成了错综复杂的通道，这些通道可以看作是无数的毛细管。粉末颗粒在充分润湿条件下，在毛细管力及粉末颗粒运动过程机械力作用下，颗粒内部粒子发生重排，一次粒子相互靠近，密度增加，颗粒表面形成一层水膜。过程 B 是成核阶段，在成球机内，润湿颗粒在机械力的作用下，促使颗粒靠近，被一层水膜所包围的颗粒一接近，水膜就富集在接触点形成水环，将两个或者多个颗粒粘结在一起形成聚集体，这种聚集体在持续上升、下落循环运动中，及进一步增加水润湿的情况下，聚集体中的粒子发生重新排列，毛细管尺寸和形状发生变化，部分孔隙被水填充形成较稳定的多孔径近似球形聚集体，这种聚集体称为球核。过程 C 是球核形成母球阶段。球核在成球锅中继续滚动，互相搓揉、碰撞、挤压，发生如下变化：① 粒子进一步紧密，球核由蜂窝状毛细水逐步过渡到饱和毛细水，孔隙体积逐渐减少，最后完全被水填充；② 毛细管尺寸变小，多余的毛细水被挤到球核表面，使球核表面包裹着一层水膜。球核或通过黏附球核运动中因碰撞或摩擦产生小尺寸的磨屑长大成母球，或通过外加少量细粉长成母球。

　　（2）母球长大过程

　　将制备好的湿母球投放到成球锅中，启动成球机，连续向母球表面喷洒水（或水溶液），母球黏附加入的粉体并在表面张力、毛细管力及随锅运动所产生的挤压、碰撞、摩擦等机械力作用下，以成层（即滚雪球）方式均匀长大。控制母球加入的数量和成球机倾角及转速，以确保母球能随成球锅转动并在锅内作稳定的上升、下落的循环运动。母球运动规律如图5-34所示。

R1：最小粒径　　A　主供水区
R2：较小粒径　　B　供料区
R3：中等粒径　　C　补水区
R4：较大粒径　　D　母球区
R5：大粒径

图 5-34　滚动成形操作功能划分区和各种尺寸毛坯运行轨迹示意图

　　3）影响成球质量的因素

　　（1）原料的性能

　　粉体原料的性能是影响成球质量和成球过程最重要的因素。原料的亲水性、润湿性以及干燥后颗粒的大小、强度和表面电荷都有深刻影响。人们在研究铁矿石成球机理时曾根据原料吸附水特性提出成球指数 K 来判断原料成球性的好坏，其表达式为式（5-7）：

$$K=\frac{W_{最大分子水}}{W_{最大毛细水}-W_{最大分子水}} \tag{5-7}$$

　　式中，$W_{最大分子水}$ 为粉末原料的最大分子水含量，%；$W_{最大毛细水}$ 为粉末原料的最大毛细水含量，%。

　　$W_{最大分子水}$ 和 $W_{最大毛细水}$ 都反映物料的润湿性能的好坏，根据 K 值的不同，总结的标准是：① $K<0.2$，无成球性；② $K=0.25\sim0.35$，弱成球性；③ $K=0.35\sim0.6$，中等成球性；④ $K=0.6\sim0.8$，

良好成球性；⑤ $K>0.8$，优良成球性。

采用阴离子表面活性和钛酸酯改性的 ZrO_2（Y_2O_3）粉体，流动性好、易分散，吸附在母球表面的粉体易润湿，确保了母球以成层方式均匀长大。

（2）水分及水中添加剂的影响

实践证明，成球过程水分控制至关重要。ZrO_2（Y_2O_3）粉体滚动成形最适宜水分为 10.5％～12.0％。水分过高，易发生粘锅、母球聚结等现象，破坏了母球运行轨迹；水分过低，生坯轻度低，易出现分层现象。

成形过程喷洒的液体以纯水为佳。根据环境湿度的变化，在水中添加少量保湿剂、润湿剂和润滑剂，有助于母球表面保湿、改善粉料润湿性能和提高母球滑动性能，从而提高产品质量。需要特别指出的是，实际生产过程中，试图通过在水中添加聚乙烯醇（PVA）等水溶性高分子胶粘剂，改善成球性能和提高成形密度的作用甚微，甚至有害。毛细管力、表面张力及运动过程机械力是滚动成形的驱动力，其中毛细管力作用最大。ZrO_2（Y_2O_3）粉体比表面积大，一次粒子只有 $50\mu m$ 左右，测试 D_{50} 有 $156\mu m$，毛细管直径非常小，添加有机高分子粘结剂，会导致颗粒间特别是毛细管中水分迁移的速度下降，从而影响成形性能；其次，影响母球运行轨迹甚至导致母球聚结。

4）成形方法对生坯密度的影响

表 5-4 数据说明滚动成形 Y-TZP 陶瓷研磨介质生坯密度明显高于等静压工艺，相对密度（理论密度为 $6.10g/cm^3$）达到 59.51％；同种尺寸（$\phi5mm$）生坯，滚动工艺的密度比成形压力分别为 120MPa 和 200MPa 的等静压工艺高出 34.70％和 12.81％。

表 5-4　成形方法对生坯密度的影响

成形方法及条件	滚动成形		等静压成形	
	$\phi2mm$	$\phi5mm$	120MPa$\phi5mm$	200MPa$\phi5mm$
生坯密度（g/cm^3）	3.63	3.61	2.68	3.2
相对密度（％）	59.51	59.18	43.93	52.46

生坯密度的高低是衡量成形工艺和生坯质量好坏的一个重要指标。生坯密度高，坯体结构均匀、粒子扩散距离短、气孔体积少孔径小，从而增加了烧结过程的推动力，促进了烧结过程的进行。实践证明，滚动工艺制备 Y-TZP 研磨介质的烧结温度比等静压工艺要低 30～80℃。

超细粉体特别是纳米粉体，粉体比表面积大、晶粒小、单位体积颗粒间的接触点多，压制过程摩擦力大，颗粒间滑动重排阻力大，成形密度低。滚动成形过程中，粉料是在毛细管力及运转过程机械力作用下，以"滚雪球"方式均匀长大，消除或基本消除了模压工艺中颗粒发生重排过程中的摩擦力，生坯具有较高的密度。1981 年，Rhodes 等人通过沉降分离出含有硬团聚的大颗粒，将上层悬浮液经高速离心注浆工艺获得了生坯密度高达 74％、结构非常均匀的 ZrO_2（6.5mol％Y_2O_3）坯体，并在 1100℃的低温获得致密的 ZrO_2 陶瓷。Mayo 等人采用 Rhodes 同样的方法获得晶粒仅为 $80\mu m$ 的高致密 Y-TZP 陶瓷。由此可见，对于干压或者等静压工艺，改善粉料的润滑性能有助于提高生坯质量。

3. 滴定成形技术

近二十年来，各种液态（浆料）滴定成形技术是制备陶瓷微球的热点，发展了外胶凝法、内胶凝法、注凝法、注射成形以及溶胶—凝胶法等多种工艺。1995 年，E. Brandall 等发明了外胶凝法制备 ZrO_2（Y_2O_3）陶瓷球技术，其具体工艺为：Y^{3+}、Zr^{4+} 混合盐溶液，经稠化（加 PVA）、震动滴球，再经 NH_3-NH_4OH 两级固化形成含钇 $Zr(OH)_4$ 凝胶球，最后经水洗、干燥、煅烧和烧结等工序得制 ZrO_2（Y_2O_3）陶瓷球。内胶凝法是制备核燃料 UO_2 陶瓷球的常用方法，K. Idesinistu 等人用该法制备了 ZrO_2（Y_2O_3）和 ZrO_2（CeO_2）陶瓷球，其基本过程是：Zr^{4+}、Y^{3+} 盐溶液中加入六次甲基四胺

（HMTA）和尿素溶液，通过振动滴到热的甲基硅油中，HMTA 受热在液体小球的各个部位同时均匀分解释放出氨和甲醛，甲醛和尿素缩合生成聚合物，Zr^{4+}、Y^{3+} 离子转变成氢氧化物，即形成球形含钇氢氧化锆凝胶，凝胶球经清洗、干燥、煅烧和高温烧结形成 ZrO_2（Y_2O_3）陶瓷球。上述两种工艺共同点都是：锆（钇）母盐→锆（钇）氢氧化物凝胶球→ZrO_2（Y_2O_3）陶瓷球，凝胶球内含有相当量的 Cl^{-1}，而且湿凝胶内部含有大量水，干燥困难、热处理过程收缩很大，不利于制备高性能 ZrO_2 研磨介质。此外，两种工艺过程较复杂、周期长、生产效率低，很难适应商业化制备 TZP 研磨介质的要求。

注凝—滴定成球技术是一种注凝（Gel-casting）成形工艺，该工艺是 20 世纪 90 年代初由美国橡树岭国家实验室发明，是一种近净尺寸成形技术，尤其适合于制备形状复杂和精度要求高的陶瓷部件。注凝—滴定成形工艺制备的陶瓷研磨介质尺寸均匀、生坯强度高，具有很大的商业价值。下面就该工艺作一介绍。

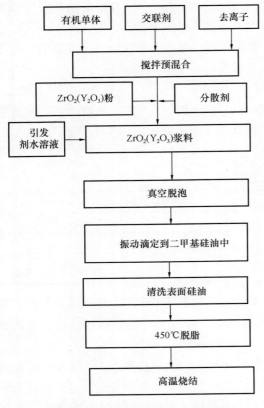

图 5-35　注凝-滴定成形工艺流程图

注凝-滴定工艺流程如图 5-35 所示。

有机单体丙烯酰胺（AM）和交联剂 N,N′-亚甲基双丙烯酰胺（MBAM）用量对浆料的固化速率、成球性能及坯体强度等有显著影响。引发剂过硫酸铵 $(NH_4)S_2O_4$ 的作用是引发单体 AM 发生聚合反应，形成空间网络结构，引发剂含量对液态浆料固化时间有显著影响。上述三种添加剂的加入量与具体原料性能和浆料固含量有关，可通过正交实验优化加入量。表 5-5 是取 5g 固体含量为 80wt% 的 ZrO_2（Y_2O_3）的浆料进行实验的结果。表 5-5 中的实验结果表明，5g 浆料中 AM 用量不宜超过 0.20g，MBAM 用量不宜超过 0.02g，1% 的硫酸铵水溶液加入 2～3 滴为宜。对于 $Zr(OH)_4[Y(OH)_3]$ 粉末原料注凝-滴定成形工艺中，单体 AM 和引发剂含量对成球质量影响见表 5-6、表 5-7。结果表明，有机单体和引发剂适宜用量分别为 20wt% 和 0.4～0.6wt%。

李承亮等通过在硅油中添加催化剂 N,N,N′-四甲基乙二胺（TEMED），使微球在二甲基硅油中的固化温度由 90℃ 降低到 50℃。催化剂的作用是降低聚合反应的活化能，使单体分子聚合反应的发生变得更为容易。

注凝-滴定成形工艺另一个核心问题是，如何制备低黏度、固含量高、不易沉淀的浆料。前面已介绍了 ZrO_2（Y_2O_3）原料选择与浆料加工工艺。此外，有机单体 AM 和 MBAM 加入，能有效降低浆料黏度，改善浆料的流动性能。实践证明，生产过程控制 ZrO_2 固含量为 65～75wt%，优化 AM、MBAM 及引发剂用量能制备尺寸均匀、高质量的 ZrO_2 研磨介质。

表 5-5　优化有机单体、交联剂、引发剂的用量实验

序　号	AM (g)	MBAM (g)	$(NH_4)_2S_2O_8$ 1% 的水溶液（滴）	凝胶化效果
1	0.18	0.01	2	用量适宜
2	0.18	0.02	3	用量适宜
3	0.18	0.03	4	注模前絮凝

续表

序　号	AM （g）	MBAM （g）	(NH$_4$)$_2$S$_2$O$_8$ 1％的水溶液（滴）	凝胶化效果
4	0.20	0.01	3	用量适宜
5	0.20	0.02	4	用量适宜
6	0.20	0.03	2	注模前絮凝
7	0.22	0.01	4	注模前絮凝
8	0.22	0.02	2	注模前絮凝
9	0.22	0.03	3D	注模前絮凝

表 5-6　单体含量对成球质量的影响

单体含量	固化成形效果	煅烧后球的完整性
15wt％	浆料在成形管底部发生交联	—
20wt％	固化效果好，无交联现象	球完整且有一定强度
30wt％	固化效果好，无交联现象	部分球表面开裂，强度较小
40wt％	固化效果好，无交联现象	开裂严重，缺陷较多

表 5-7　引发剂用量与温度对凝胶化时间（min）的影响

温　度 （℃）	引 发 剂 含 量		
	0.2wt％	0.4wt％	0.6wt％
70	4.10	3.05	2.05
80	2.00	1.73	1.57
90	1.72	1.52	1.45

5.5.4　Y-TZP 研磨介质的磨损特性

1. 陶瓷材料磨损基本特性

磨损通常被定义为物体工作表面材料在相对运动中不断损耗的现象。根据材料去除方式及磨屑特征，人们提出了多种磨损机理，如黏着磨损、磨粒磨损、疲劳磨损、剥离磨损以及摩擦化学磨损等。对于一个特定的摩擦学系统，可能出现某种磨损机理，也可能涉及多种磨损机理。陶瓷材料去除通常表现为三种形式，即塑性变形、脆性断裂和摩擦化学机制。

陶瓷一般认为是脆性材料。但业已观察到在静载接触与滑动接触下陶瓷材料发生了塑性变形。摩擦热有可能强化陶瓷材料的塑性变形能力。

脆性断裂在陶瓷材料磨损过程中占有重要地位。Khruschov 认为，陶瓷磨粒磨损所形成的磨屑主要起因于微切削和微开裂。划痕实验表明，次表面的损伤主要表现为塑性变形和开裂。干气氛下，陶瓷滑动磨损主要是脆性断裂，伴有或多或少原子级的塑性变形，取决于陶瓷相似性及诸如滑动速度、载荷和温度等。

许多磨损模型表明，对于脆性材料的磨损，断裂韧性、硬度和弹性模量是重要的力学性能。如 Evans 和 Marshall 所提出的：单位滑动距离（S）的磨损体积（V）与断裂韧性（K_{IC}）、硬度（H）、弹性模量（E）和正压力（P_n）间的关系为式（5-8）：

$$V = P_{n}1.125K_{IC} - 0.5H - 0.625\left(\frac{E}{H}\right)0.8S \tag{5-8}$$

然而，这些理论模型和实验结果不吻合。Ajayi 和 Ludema 认为那些理论所假设的径向裂纹与横向裂纹的连接在实际磨损过程并不是常发生的，滑动磨损源于接近表面的材料断裂与碎裂，而不是径向裂纹和横向裂纹。这种断裂尺度和晶粒大小相当，而径向裂纹和横向裂纹尺寸与压痕尺寸相当。同时，他强调材料的微观结构对材料去除机制有重大影响。

2. 研磨工艺条件对 Y-TZP 研磨介质磨损的影响

研磨工艺参数，诸如物料硬度、砂磨机转速、研磨介质加入量、浆料浓度和黏度等，都对研磨介质、研磨盘和研磨桶内壁的磨损有影响。应在保证产品质量和效率的前提下，选择合适的工艺条件，降低研磨介质等的损耗。下面就主要工艺条件的影响介绍如下。

（1）物料硬度的影响

表 5-8 中的数据表明，被磨物料硬度对 Y-TZP 研磨介质磨损率的影响非常大；物料硬度低于 Y-TZP 硬度时，Y-TZP 研磨介质的磨损率非常小，且随物料硬度增加，TZP 珠磨损增加幅度不大；当物料硬度大于 TZP 陶瓷硬度时，磨损率明显增大，且随物料硬度的提高，磨损率大幅增大。

表 5-8　物料硬度对 φ0.4～0.6mm 的 Y-TZP 研磨介质磨损的影响

物　料	水	软高岭土	煅烧高岭土	白刚玉	碳化硅
物料莫氏硬度	—	2	6～7	9.0	9.5
磨损率（%）	0.023	0.023	0.035	0.403	0.945
物料与 Y-TZP 研磨介质硬度分级	—	小于		略大于	大于

在水中自磨，尽管磨损率低，但研磨后表面比较粗糙（图 5-36），其原因是：没有物料缓冲，研磨介质之间、研磨介质与研磨桶壁以及研磨介质与研磨盘直接发生较激烈撞击，在磨球表面产生较大的撞击坑（图 5-37），形成基体 Y-TZP 材料翻边，最大深度和堆积高度约为 26μm（图 5-38）。据此，在实际生产过程中，保证浆料合适黏度，缓冲研磨介质之间的直接碰撞具有实际意义。图 5-39 说明，软的物料易于向硬的 TZP 研磨介质表面黏附，造成磨球表面粗糙，但其磨损量不大。煅烧高岭土具有较高硬度，白刚玉和 Y-TZP 的莫氏硬度相近，根据相关文献，这两种工况下，Y-TZP 研磨介质的磨损属于抛光磨损，磨损后表面比较光滑（图 5-40、图 5-41）。研磨白刚玉后，Y-TZP 研磨介质表面有颗粒脱落（图 5-42），脱落坑最大深度和堆积高度约为 0.6μm（图 5-43），因此研磨白刚玉，TZP 磨损率大大高于研磨煅烧高岭土。

图 5-36　水中自磨的磨球表面 SEM 照片

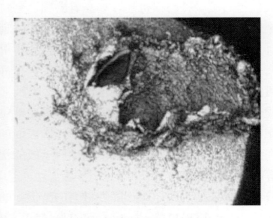

图 5-37　水中自磨的磨球表面金相照片

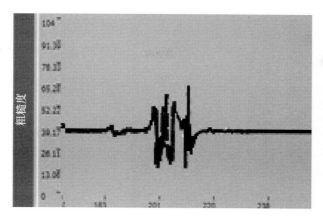

图 5-38　水中自磨的磨球表面粗糙度

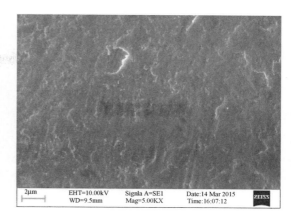

图 5-39　研磨软高岭土的磨球表面 SEM 照片

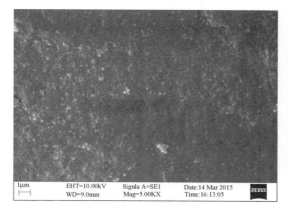

图 5-40　研磨煅烧高岭土的磨球表面 SEM 照片

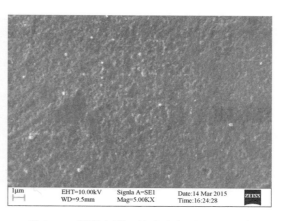

图 5-41　研磨白刚玉的磨球表面 SEM 照片

图 5-42　研磨白刚玉的磨球表面金相照片

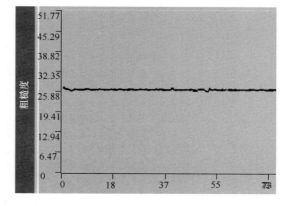

图 5-43　研磨白刚玉的磨球表面粗糙度

　　如图 5-44 所示磨损表面粗糙、有裂纹，是一种典型的磨粒磨损。其表面比较粗糙的另一个原因是，硬的 SiC 可能嵌入到软的 TZP 基体中（图 5-45），凸起物高度达到 1.2μm（图 5-46）。

　　(2) 线速度的影响

　　众所周知，砂磨机运行的线速度是影响研磨效率最主要的参数，同时也是影响研磨介质寿命最主要的外部因素。线速度越高，研磨介质承受冲击越大，单位时间碰撞次数越多，磨损越高。采用 Φ0.4～0.6mm 的 Y-TZP 陶瓷球在不同线速度下，研磨浓度为 60% 的 Al_2O_3 浆料磨损率如图 5-47 所示，线速度由 10.5m/s 提高到 11.5m/s，$\Delta\nu = 9.5\%$，磨损率增加了 16.0%；线速度由 11.5m/s 提高到 12.5m/s，$\Delta\nu = 8.7\%$，磨损率增加了 35.3%。此外，随着砂磨机线速度的提高，砂磨机桶壁及研磨盘的磨损也明显增大。由此可见，在实际操作过程中，选择适当的砂磨机转速具有重大意义。

图 5-44 研磨碳化硅的磨球表面 SEM

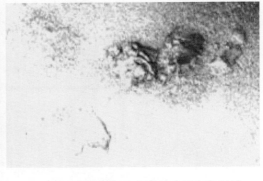

图 5-45 研磨碳化硅的磨球表面金相照片

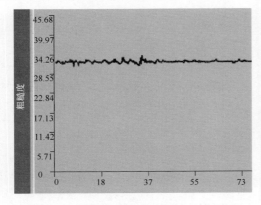

图 5-46 研磨碳化硅的磨球表面粗糙度

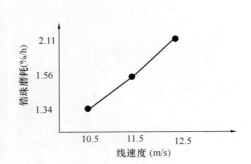

图 5-47 线速度对 Y-TZP 珠磨损率的影响

5.5.5 国内外 Y-TZP 研磨介质性能对比

下面通过多种分析手段对比分析国内外 Y-TZP 研磨介质，结果分别见表 5-9、图 5-48～图 5-51。

表 5-9 国内外部分 Y-TZP 研磨介质物性检测数据对比

序　号	TZP 珠供应商	珠子尺寸 (mm)	密度 (g/cm³)	磨损率 W（%/h）	冲击损耗率 p（%）	球形度 Φ（%）
1	日本 A 厂	$\phi0.3\sim0.4$	6.06	0.27	0.0046	98.72
		$\phi0.65$	6.05	0.38	0.0046	98.65
		$\phi1.5$	6.07	0.39	0.0052	98.86
2	日本 B 厂	$\phi0.3\sim0.4$	6.08	0.26	0.0040	99.32
		$\phi0.2$	6.07	0.24	0.0043	99.14
3	法国珠	$\phi0.3\sim0.4$	6.06	0.23	0.0100	98.12
		$\phi1.4\sim1.6$	6.02	0.43	0.0058	98.66
4	国内 A 厂	$\phi0.3\sim0.4$	6.05	0.26	0.0048	98.59
		$\phi0.6\sim0.8$	6.06	0.40	0.0052	98.64
		$\phi1.4\sim1.6$	6.05	0.38	0.0059	98.67
	国内 A 厂 TZP/Al₂O₃ 珠	$\phi0.3\sim0.4$	5.56	0.19	0.0092	98.72
		$\phi0.6\sim0.8$	5.55	0.22	0.0063	98.36
5	国内 B 厂	$\phi0.3\sim0.4$	6.04	0.32	0.0200	97.66
6	国内 C 厂	$\phi0.3\sim0.4$	6.01	0.52	0.3011	97.89

表 5-10 数据表明：其一，日本 A 厂、日本 B 厂、法国珠和国内 A 厂的产品性能指标极其接近，国内 B 厂的产品质量也较好，能满足研磨陶瓷墨水要求；国内 C 厂的产品磨损高，尤其是冲击磨损率达到 0.3011%，这种研磨介质在实际研磨过程中易碎；其二，同一厂家不同规格的珠子磨损率存在明显

差别，ϕ0.3～0.4mm 珠子磨损明显比尺寸更大的珠子要低，直径在 ϕ0.6mm 以上的珠子，磨损率与珠子大小基本无关。其可能原因是：在相同运行速度下，珠子尺寸小，珠子承受碰撞力小，磨耗就低；当珠子直径≥0.6mm，碰撞力增加和磨损面积减小（研磨介质重量不变）对珠子磨损的影响相互抵消，即磨损率在测试条件下基本与珠子大小无关；其三，国内 A 厂生产的 ADZ（TZP/Al$_2$O$_3$）珠磨损率最小，耐磨性能非常优秀。图 5-48～图 5-51 分析结果表明，国内 A 厂生产的 Y-TZP 珠和三个进口样品对比，晶粒尺寸、微观结构、磨损表面形貌以及晶相组成基本完全一致，并和表 5-9 中的测试数据吻合。

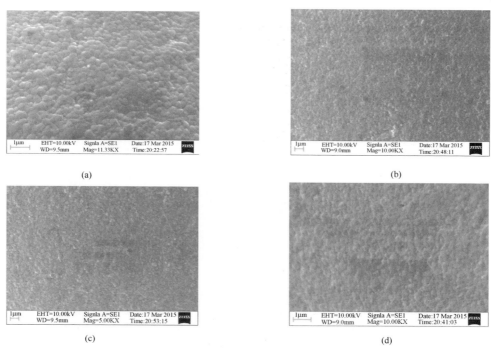

图 5-48　Y-TZP 研磨介质表面的 SEM 照片
（a）国内 A 厂；（b）日本 A 厂；（c）日本 B 厂；（d）法国珠

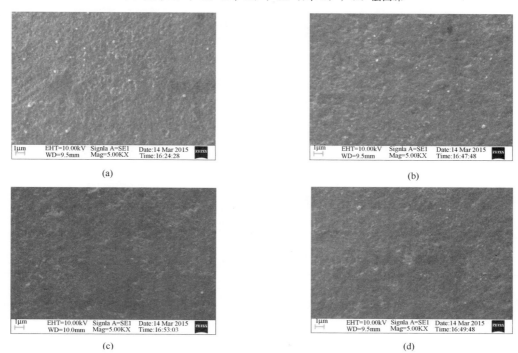

图 5-49　Y-TZP 研磨介质磨损表面形貌 SEM 照片
（a）国内 A 厂；（b）日本 A 厂；（c）日本 B 厂；（d）法国珠

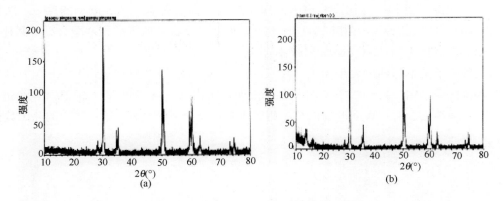

图 5-50　Y-TZP 研磨介质的 XRD 图
（a）国内 A 厂；（b）日本 B 厂

图 5-51　Y-TZP 研磨介质剖面的金相照片
（a）国内 A 厂；（b）日本 A 厂；（c）日本 B 厂；（d）法国珠

　　综上所述，国产 Y-TZP 研磨介质的制备技术近年来取得很大发展，部分企业的产品质量接近世界先进水平。

5.5.6　部分氧化锆珠生产厂家明细

　　部分氧化锆珠生产厂家明细见表 5-10。

表 5-10　部分氧化锆珠生产厂家明细

序　号		企业名称	地　址	联系电话	主要产品	网　址
日本	1	日本 Nikkatto	日本大阪府堺市堺区远里小野町 3-2-24	072-238-3641	YTZ	www.nikkatto.co.jp
	2	日本 Toray	日本东京都中央区日本桥室町 2-1-1	03-3245-5111	钇锆珠	www.toray.co.jp

序　号		企业名称	地　址	联系电话	主要产品	网　址
法国	3	法国圣戈班集团西普公司	BP25-Villa Park 84131 Le Pontet Cedex，France	33-0490399914	ZirmilY、ZirmilCe、ER120、Rimax	http：//www.zirpro.com
韩国	4	韩国赛诺科技有限公司	韩国庆尚南道咸安郡代山面 玉烈里	82-55-584-9181	CZC、CZY、CZM、CZS	www.cenotec.com
印度	5	Jyoti Ceramic Industries PVT. LTD.	C-21，NICE，Satpur Nashik - 422007，INDIA.	91-2532350120	铈锆珠、硅酸锆珠及结构件、工业瓷件等	www.jyoticeramic.com
德国	6	Sigmund Lindner GmbH	Oberwarmenstein acher Str. 38，95485 Warmensteinach，Germany	49-9277-994924	玻璃珠、氧化锆珠等	www.sili.eu
中国	7	广东东方锆业科技股份有限公司	汕头市澄海区莱美路宇田科技园	0754-85506222	锆粉、硅酸锆粉、研磨介质及结构件、陶瓷刀	www.orientzr.com
	8	深圳信柏结构陶瓷有限公司（原深圳南玻）	广东省东莞市塘厦镇石潭埔塘清西路 28 号信柏工业园	0769-38808000	锆粉、研磨介质及结构件、陶瓷刀	www.sgcera.com
	9	萍乡市中欧新材料有限公司	江西省萍乡市芦溪县工业园	0799-7586158	研磨介质及锆刚玉砖	www.zhongouceramics.com
	10	苏州化联高新陶瓷材料有限公司	江苏省苏州市吴中区光福工业园	0512-66956085	研磨介质及硅酸锆粉	www.kdmj.com
	11	赣州科盈结构陶瓷有限公司	江西省赣州市章贡区水东虔东大道 289 号	0797-8462000	锆粉、研磨介质及结构件、陶瓷刀	www.kyceramics.cn
	12	江苏锡阳研磨科技有限公司	江苏省宜兴市丁蜀镇川埠转山头	0510-87481179	研磨介质	www.kingsxiyang.com
	13	江苏格莱德特种陶瓷有限公司	江苏省无锡市宜兴和桥镇同里工业区	0510-87840588	研磨介质及氧化锆粉	www.gldtztc.com
	14	浙江金锟锆业有限公司	浙江省杭州市萧山区临江高新园区经六路 1399 号	0571-82929108	研磨介质	www.jkzro.com
	15	株洲金陶高能材料有限公司	湖南省株洲市天元区河西开发区泰山路	0733-8812788	研磨介质及结构件	www.jintaogn.com
	16	萍乡市禾田陶瓷有限公司	江西省萍乡市安源经济开发区纬二路	0799-6612888	研磨介质	www.pxhetian.com
	17	焦作市维纳科技有限公司	河南焦作市新园路与经三路交叉口北 200 米	0391-3275391	研磨介质及结构件	www.jzwn.com
	18	淄博启明星新材料有限公司	山东淄博高新技术开发区工业路中段	0533-3110125	氧化铝研磨介质、氧化锆珠及结构件、设备	www.chinaqimingxing.com

	序　号	企业名称	地　址	联系电话	主要产品	网　址
中国	19	广州天镒研磨材料有限公司	广州市花都区花山镇平西村南门 125 号	020-29074266	氧化锆珠及结构件等	www.zgtyym.com
	20	河源帝诺新材料有限公司	广州省河源市东源县蝴蝶岭工业园汇通区 1 号	0762-8810227	研磨介质及结构件等	www.durabeads.com

5.6　湿法超细研磨工艺

砂磨机常见的研磨工艺有下面四种（图 5-52）：单机连续，多机串联连续，单机循环，综合循环研磨工艺。下面分析四种不同研磨工艺的特点。

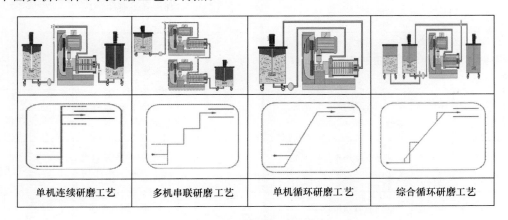

图 5-52　不同研磨工艺的特点

（1）单机连续研磨工艺一般适用于对产品细度、粒度分布要求不高的产品。实际操作中要求一步研磨就达到产品质量目标，否则，如果再研磨一次产量减半，甚至发生过磨现象。

（2）多机串联连续研磨工艺适用于对产品细度及粒度分布要求较高的产品。按照从前到后的顺序，砂磨机使用的研磨介质的规格依次变小，多台设备串联逐步达到产品的质量要求。缺点是设备投资大，各级砂磨机控制协调复杂，每级设备的运行参数改变都会对整个生产线产生负面影响。

（3）单机循环研磨工艺适用于对产品细度及粒度分布要求很高的产品，该工艺的特点是超大流量，n 次循环逐步逼近所磨产品的粒度及粒度分布要求。要求循环缸中的物料不停地充分搅拌，砂磨机出料分离筛网拥有足够大的过滤面积。该工艺的优点是设备投资小，大流量循环有利于砂磨机散热，一般在 4 级砂磨机串联还达不到细度要求的情况下，可以采用这种研磨工艺。

（4）单机三缸（进料单批次 ＋ 循环研磨 ＋ 出料单批次）研磨工艺适用于对产品细度及粒度分布要求最高的产品。第一次加料单批次小流量研磨的目的是敲碎料浆中个别超大颗粒，然后开始超大流量循环研磨，在逐步逼近到产品粒度及粒度要求时，再进行一次出料单批次研磨。

5.7　纳米研磨设备及研磨工艺

纳米超微粉体加工技术总的趋势是研发生产效率高、成本低、产品质量稳定的超微粉体加工工艺及生产设备。

很多领域加工的物料属于"三超"（颗粒超细，物理超硬，化学超纯），要求超微粉体还必须满足"三度"指标，即颗粒尺寸要小（粒度），粒度分布要窄（宽度），外来二次污染要小（纯度）。除以上"三度"指标外，往往还要求颗粒表面形貌（如球形化）、晶型（多孔结构）、缺陷可控性好，好的分散性以及分散于液体后的稳定性。

满足加工"三超"物料，质量达到"三度"指标应该从以下三个方面入手。

5.7.1　砂磨机设计参数

加工纳米产品砂磨机的研磨元件结构已经从盘式 →棒梢式 →凸盘式逐步改进，具体如图 5-53 所示。

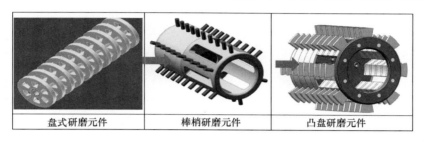

图 5-53　纳米砂磨机研磨元件的改进

盘式搅拌器砂磨机的装机功率小，能量密度低。研磨盘传递给研磨介质的能量效果差，不再适合纳米材料的加工。

棒梢式研磨元件砂磨机的装机功率大，能量密度高。棒梢传递能量十分高效，但是磨损严重，材质选择苛刻。

凸盘式研磨元件是综合了盘式和棒式的优点而开发的一种新的结构。它既有高的研磨效率，又有好的耐磨性。

5.7.2　研磨原理和研磨工艺的影响

按照传统研磨理论，随着所研磨物料颗粒尺寸的越来越小，如果进一步磨细需要输入的能量越来越大，这就是所谓的"高能量研磨"理论。这种高能量研磨理论也可以称作（Intensive grinding）强烈研磨，适用于在微米和亚微米范围中的物料粒度。当所研磨物料颗粒尺寸进入纳米范畴时，实验发现过高的高能量输入反而会使已经磨细的颗粒返粗，这就是所谓的团聚现象。

很多纳米范围的超细粉体多数情况是以团聚（Aggregation）状态下存在，砂磨机的作用是分散（Dispersion）多于研磨功能，或者称作软磨（Soft grinding）。

5.8　陶瓷喷墨超细纳米研磨技术

5.8.1　纳米级分散研磨技术的现况与发展

1. 化学法（Bottom up）；物理法（Top down）

随着 3C 产品的轻、薄、短小化及纳米材料应用的白热化，如何将超微细研磨技术应用于纳米材料的制作及分散研磨已成为当下的重要课题。一般制备纳米粉体有两个方法。一是化学方法，即由下而上的制造方法（Bottom up），如化学沉淀法，溶胶凝胶法（sol-gel）等。另一种方法则为物理方法，将粉体粒子由大变小（Top down），如机械球磨法、物理法等。

到目前为止，化学法或 Bottom up 的纳米粉体制造方法大部分在学术界被研究且已有丰硕的成果，可以得到几纳米的粉体。但其制造成本有时相当高，且不易放大（scale up），同时所得到粒径分布也较大。所以到目前为止，企业界仍以物理机械研磨（top down）方法制备纳米级粉体为主。Top down 方法较易得到粒径分布较小的纳米粉体，同时生产成本相对较低，参数容易控制，将研发实验机台所得到参数放大（scale up）到量产机台。虽然 Top down 方法目前只能研磨到 30 nm，但已能满足业界需求。

2. 干法研磨（Dry grinding）；湿法研磨（Wet grinding）

对纳米粉体制造厂而言，当然希望以干法研磨方法来得到目标纳米粉体。但以机械研磨方式研磨粉体时，在研磨过程中，粉体温度将因大量能量导入而急速上升，且当颗粒微细化后，如何避免防爆问题产生等均是研磨机难以掌控的。所以一般而言，干法研磨的粒径只能研磨到 $8\mu m$。如果要得到 $8\mu m$ 以下粒径，就必须使用湿法研磨。

所谓湿法研磨即先将纳米粉体与适当溶剂混和，调制成适当材料。为了避免在研磨过程中发生粉体凝聚现象，所以需加入适当分散剂或助剂作为助磨剂。若读者希望目标纳米级成品为粉体而非浆料，则需考量到如何先将浆料中的大颗粒粒子过滤及如何将过滤后的浆料干燥以得到纳米级粉体。所以，当读者以湿法研磨方式得到纳米级粉体时，如何选择适当的溶剂、助剂、过滤方法及干燥方法是成功地得到纳米级粉体的关键。

3. 研磨（Grinding）；分散（Dispersing）

研磨的定义是利用剪切力（shear force）、摩擦力或冲力（impact force）将粉体由大颗粒研磨成小颗粒。分散定义为使纳米粉体被其所添加的溶剂、助剂、分散剂、树脂等包覆住，以便达到颗粒完全被分离（separating）、润湿（wetting）、分布（distributing）均匀及稳定的（stabilization）目的。在做纳米粉体分散或研磨时，因为粉体尺寸由大变小的过程中，凡得瓦尔力及布朗运动现象逐渐明显且重要。所以，如何选择适当助剂以避免粉体再次凝聚及如何选择适当的研磨机来控制研磨浆料温度以降低或避免布朗运动影响，是湿法研磨分散方法成功地制备纳米级粉体的关键。

5.8.2 纳米级粉体的分散研磨原理

以机械方法为主的湿法研磨方式是得到纳米级粉体最有效率且最合乎经济效益方法。本文将针对湿法研磨及分散方法的原理及制程作一深入探讨。为了方便说明，以图 5-54Puhler 研磨机为例作一说明。

图 5-54　Puhler 研磨机

图 5-55　PHN 全氧化锆材质纳米
珠磨机置于棒梢转子

如图 5-55 所示的纳米研磨机为密闭式系统，在研磨机研磨室内放了适当材质大小的磨球（研磨介质）。马达利用皮带传动搅拌转子将动力由磨球运动产生剪切力（shear force），浆料因泵推力至研磨室移动过程中与磨球因相对运动所产生剪切力而产生分散研磨效果。其粒径小于研磨室内分离磨球与浆料的动态大流量分离器滤网间隙大小时，浆料将被离心力挤出至出料桶槽以便得到分散研磨效果。上述过程为 1 个研磨过程，若尚未达到粒径要求，则可以重复上述动作，通常大家称之为进行循环研磨，直到粒径达到要求为止。

上述流程可以用如图 5-56 所示的流程图表示并加以探讨说明。

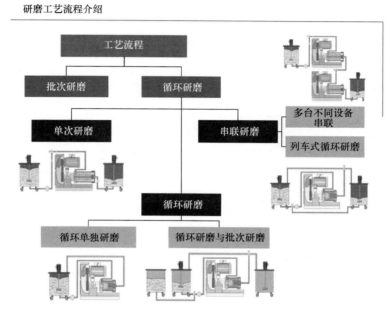

图 5-56　纳米级高速搅拌珠磨机的操控流程

1. 浆料前处理及预搅拌（Pre-mixing）

本系统能否成功地达到研磨或分散目的，主要依靠研磨介质（即磨球）大小及材质的选择是否得当。以笔者曾规划及实际试车数百厂的经验，所选择的磨球直径需为 0.1～0.4mm 或以下。同时，为了让如此小的磨球能够在研磨过程中不受浆料于 X 轴方向移动的推力影响而向前堵在滤网附近而导致研磨室压力太高而停机，其搅拌转子线速度需超过 10m/s 以上。同时，浆料黏度控制调整到 100cps 以下，以便让磨球运动不受浆料黏度影响。同时，浆料的固体成分也需控制在 35% 以下，以防止研磨过程中因粉体比表面积的增加而导致黏度上升而无法继续使用小磨球。当然，为了避免 0.3～0.4mm 磨球从动态分离器流出研磨室或塞在滤网上，滤网间隙需调整到 0.1mm。上述关系可以整理成表 5-11。

表 5-11　纳米级高速搅拌珠磨机不同大小磨球的选择参考法则

操作条件球大小	最后粒径（μm）	起始粒径（μm）	浆料黏度（cps）	固体成分（wt%）	Rotor 转速（m/s）	滤网间隙（mm）
0.02mm	<0.03	<2	<20	<15	>14	0.01
0.05mm	<0.05	<5	<50	<20	>13	0.02
0.1mm	<0.08	<10	<100	<25	>12	0.05
0.2mm	<0.1	<20	<200	<30	>11	0.1
0.3～0.4mm	<0.1	<30	<200	<35	>10.5	0.1/0.15
0.4～0.6mm	<1	<40	<1000	<60	>10	0.22/0.2
0.7～0.9mm	<2	<80	<2000	<70	>9	0.3/0.35

线速度公式（5-9）可以整理如下：

圆周率： $$C = \pi d \tag{5-9}$$

例如：分散盘的最大直径为 450mm，搅拌轴转速度为 1200r/min，则 $C = 0.45m \times 3.1416 \geqslant 1.4137m$，1200r/min÷60s=20r/s，分散盘外周长线速度=1.4137m×20r/s=28.274m/s。

为了达到表 5-11 的要求，在前处理或预搅拌时，需依下列法则准备研磨前的浆料，整理如下：

（1）先决定所欲研磨的最后粒径需求。

（2）将浆料黏度、固含量、研磨前细度、最终要求细度做准备并满足表 5-11 的需求。

（3）预搅拌或前处理系统搅拌转子转速需为高线速度设计。建议切线速度为 2～13m/s，以避免浆料沉淀或不均匀问题的产生。

2. 研磨机部分

为了快速达到研磨粒径要求且使研磨机可以正常地运转，所需控制的法则及参数如下：

（1）依照所需粒径要求选择适当的磨球。例如，若需达到纳米级要求且避免磨球损耗，需选择钇稳氧化锆磨球，莫氏硬度越大越好，磨球表面需为真圆，没有孔隙，磨球大小为 0.05～0.4 mm。磨球选择适当与否将会决定能否成功地研磨到所欲达到粒径要求。

（2）依据磨球大小及浆料黏滞性调整适当的搅拌转子转速。一般纳米级研磨，转速需达 12.5 m/s 以上。

（3）控制研磨浆料温度。一般纳米级浆料的研磨温度需控制在 45℃以下。影响浆料温度的主要参数为控制转子转速、磨球充填率、研磨桶热交换面积大小、冷却水条件及流量。

（4）依据磨球大小选择适当的动态分离系统间隙。一般间隙为磨球直径的 1/2～1/3。

（5）调整泵的转速。在研磨桶可以接受压力范围内，泵的转速越大越好。

如此，可以在同一研磨时间内增加浆料经过研磨机的研磨次数以得到较窄的粒径分布。

（6）记录研磨机所需消耗的电能 kW 值。

（7）取样时，记录每个样品的比能量值，并在分析该粒径大小之后，做出比能量值与平均粒径的关系，以利将来扩大规模用。

（8）达到所需比能量值时即可停机。此时，原则上已达到所需研磨分散平均粒径的要求。

3. 循环桶部分

一般要得到纳米级粉体，均需利用研磨机研磨数十次，甚至上百次才可以达到纳米级粉体。为了节省人力及有利于自动化、无人化操作，笔者极力推荐使用循环式操作模式做纳米级粉体研磨。

其主要的考虑重点如下：

（1）循环桶的大小不宜太大。一般若研磨机最大流量为 3000L/hr 时，则移动缸最大容量为 500L。一般循环桶大小为研磨机最大容许流量的 1/5～1/10 为宜，越小越好。如此可以增加循环桶槽内浆料在同一时间经过研磨机的研磨以得到较好的粒径分布。

（2）循环桶需有搅拌叶片设计，搅拌速度不宜过快，以 0～3m/s 为宜，以避免气泡问题的产生。

（3）循环桶槽需有热夹套层的设计以增加研磨效率。若想有效率地得到纳米级粉体分散研磨，上述前处理、研磨机及循环桶各要素均需具备，缺一不可。

（4）决定平均粒径 D_{50} 的方法。若浆料配方固定，研磨机操作条件也固定，那么平均粒径将决定于比能量值，比能量 E 值定义如式（5-10）：

$$E = \frac{P - P_0}{m' \cdot c_m} \tag{5-10}$$

式中，E 为比能量，kW·h/t；P 为消耗电力，kW；P_0 为无效的消耗电力，尚未加入磨球时，启动研磨机消耗电力，kW；m' 为流量，t/h；c_m 为固体成分，%。

由上可知，比能量的物理意义为每吨粉体每小时所消耗的电力。

如图 5-57 所示，以研磨碳酸钙为例，改变了 6 种不同的研磨机搅拌转子的速度（6.4～14.4m/s），7 种不同流量，以 X 轴为比能量，Y 轴为平均粒径，由此图可以得知，不论流量或搅拌轴速度在允许范围内如何改变，只要比能量值固定，其研磨所得平均粒径都将固定。所以，想让产品品质重现，只要控制相同的比能量值，即可得到相同的平均粒径值。

图 5-57　研磨机消耗比能量与研磨所得浆料平均粒径关系

4. 磨球大小对研磨结果的影响

如图 5-58 所示，不同磨球大小将影响所需的比能量值。由图 5-58 可得知，当使用 1.0～1.4mm 磨球研磨碳酸钙时，需 320kW·h/t，才可达到粒径 $D_{80}<2\mu m$。但当比能量 E 值达到 96kW·h/t 后，改用 0.6～0.8mm 磨球继续研磨，则只需要比能量 180kW·h/t，即可达到相同粒径 $D_{80}<2\mu m$。若浆料起始粒径可以先处理得更小，例如 20μm 以下，则可以改用 0.2～0.6mm 磨球研磨，相信达到 $D_{80}<2\mu m$ 所需的比能量值将再大大地缩小。由上述研究及说明可以得知，磨球越小，则研磨效果越好，所需比能量值越小。

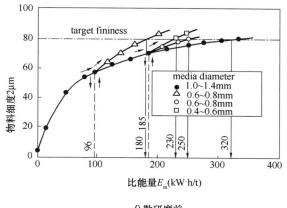

分散研磨前

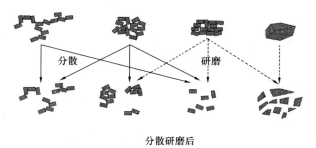

分散研磨后

────── 分散研磨所需的比能量（递增）──────▶

图 5-58　研磨得到相同浆料粒径要求时，使用不同磨球大小与其消耗比能量与关系

5. 决定粒径分布(Particle size distribution)方法

由图 5-59 及图 5-60 所示，可以得知，粒径分布决定于 Peclet 值的大小，Peclet 值越大，则粒径分布越大，Peclet 值定义如下：

$$Pe = \frac{V \cdot l}{D} \tag{5-11}$$

式中，Pe 为 Peclet 值；V 为轴向运动速度，m/s；l 为研磨室长度，mm；D 为扩散系数。

所以当浆料被泵打入研磨室后，当轴向的运动速度越快，同时在轴向的分力越大，且当研磨室内浆料扩散系数越小时，则 Peclet 值将越大，如此可得到较窄的粒径分布。

实际应用时，若操作者在研磨过程中，可在研磨室压力允许范围内，尽量增加流量，如此可以提高 Peclet 值，以便得到较窄的粒径分布，

如图 5-61 所示，Peclet 值越大时，所得到的粒径分布将越窄。

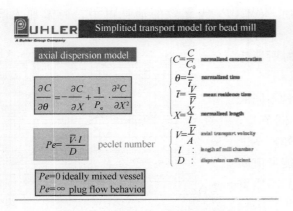

图 5-59　研磨浆料在研磨机内的运动模式

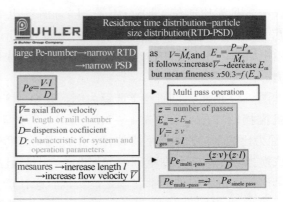

图 5-60　研磨浆料粒径分布决定法则

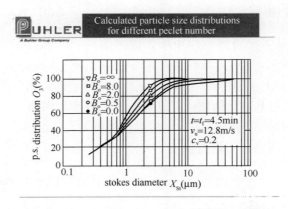

图 5-61　研磨浆料粒径分布决定法则与 Peclet 值的关系

5.8.3　新一代纳米级研磨机的构造

由前文可知，若想有效率地完成纳米级粉体的分散研磨，大流量、小磨球已成为不可或缺的法则。因此，新一代纳米级研磨机的构造需能满足"大流量、小磨球"的设计法则。

下面以图 5-62、图 5-63 示意图为例，作重点报告。

图 5-62　纳米研磨机 PHN 25-CE 整机示意图

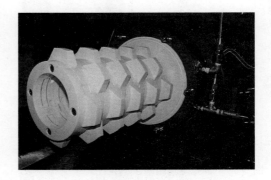

图 5-63　纳米研磨机 PHN 25-CE 氧化锆转子

（1）原则上，当研磨室的体积越小，且产能越高时，就称为较好的研磨机。因为可以降低浆料残余量以方便设备清洗。

（2）分离机构（即专利动态大流量分离器）间隙根据不同磨球大小而任意调整。不需卸下磨球及打开研磨机即可完成。同时，滤网面积越大则研磨机所能使用的流量将越大，更能满足"大流量、小磨球"原则。如图 5-64、图 5-65 所示，滤网间隙需为磨球大小的 1/2～1/3。

派勒 PHN 25 卧式砂磨机主要应用于纳米无机颜料粉体的超细纳米研磨行业。

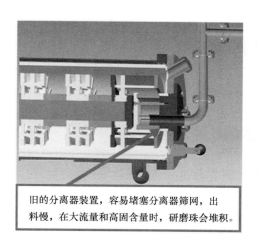

旧的分离器装置，容易堵塞分离器筛网，出料慢，在大流量和高固含量时，研磨珠会堆积。

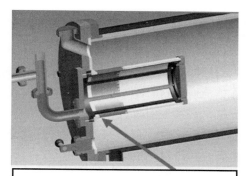

改进后的出料口设置于出料端盖中下处，避免了物料的积压和沉降，容易清洗，不易堵塞，出料快。

图 5-64　涡轮式研磨机旧式分离机 构示意图　　　　图 5-65　改进后的棒梢式研磨机 分离机构示意图

（3）研磨桶需有大面积热夹套层设计，以利于将热量带走并控制良好的研磨浆料温度。

（4）研磨桶内，所有与浆料接触部分材质需适当地选择以避免污染问题的产生，如金属离子析出等问题。

5.8.4　现有设备来源

因为纳米级粉体研磨需使用小磨球、高转速、高能量密度等，同时也需避免污染产生，一般欧洲厂牌设备较适合。当然，若读者已有国产或日制设备，则可以以现有设备做粗磨工艺，然后以欧洲设备做最后一阶段超细纳米研磨，达到"物尽其用"的最佳效果。

5.8.5　应用实例及注意事项

上述原理及方法，笔者已有逾百厂实绩，主要应用领域如下：

（1）Color paste / Color filter / TFT LCD

R、G、B、Y 及 BM 已成功地分散研磨到纳米级，透明度需超过 90%，黏度控制在 5～15cPa·s，含水率在 1% 以下。

（2）Ink-jet Inks

颜料型 Ink-jet Inks 已成功地分散研磨到纳米级，黏度控制在 5 CPS 以下。

（3）CMP（chemical mechanical polish）slurry

半导体晶片研磨所需的研磨液粒径已达纳米级且能满足无金属离子析出要求。

（4）TiOPc（optical contact）

应用于雷射列表机光鼓上所涂布光导体，已研磨分散到纳米级。

（5）纳米级粉体研磨，如 TiO_2、ZrO_2、Al_2O_3、ZnO、Clay、$CaCO_3$ 等，可分散研磨到 30nm。

（6）纳米级粉体分散，如将纳米粉体分散到高分子，或将纳米级粉体添加到塑胶、橡胶等进行分散。

（7）医药达到纳米级要求，且需能满足 FDA 要求。

（8）食品添加剂达到纳米级要求。如 β 胡萝卜素等，需满足 GMP 要求。

（9）电子化学品达到纳米级要求，且能满足无金属离子析出要求。

（10）其他。

5.8.6　结论与建议

由上述可以得知"大流量、小磨球"为纳米级粉体研磨主要的依循法则。若要满足细、快、更少污染的纳米级粉体研磨要求，需满足下列条件：

（1）先认清研磨材料的特性要求。

（2）根据材料特性要求找到适当研磨机。

（3）搭配适当配套设备，如冰水机、压缩空气机、预搅拌机及移动物料桶等。

（4）找到合适产品的助剂。

（5）与上、下游有完善的沟通，以便调整最佳配方与研磨条件，提高纳米粉体的相容性。

5.9　陶瓷数字喷墨墨水研磨技术

5.9.1　陶瓷数码喷墨打印技术

陶瓷数码喷墨打印技术起步于十几年前，是从数码打印技术发展而来。近几年来该技术有了长足发展，正在越来越多地取代丝网印刷，用于陶瓷（主要是瓷砖）表面的装饰。

瓷砖四色陶瓷墨水打印生产线示意图如图 5-66 所示。

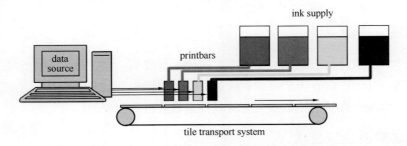

图 5-66　瓷砖四色陶瓷墨水打印生产线示意图

陶瓷喷墨打印技术的主要优点为：

（1）打印装置与陶瓷表面无接触，非平面陶瓷也可打印。

（2）各种材料，如色料、染料、釉料及金属化合物都可打印。

（3）打印图案及打印过程数码编程，灵活多变，适应生产线及市场的需求。

（4）四种基本颜色，蓝绿色、洋红色、黄色及黑色可配出众多颜色。

（5）图像鲜活逼真。

（6）生产线建立时间短、占用空间小。

（7）墨水利用率高、浪费少。

陶瓷喷墨打印技术主要由两部分构成，即陶瓷数码喷墨打印机及陶瓷墨水。在线陶瓷数码喷墨打印机如图 5-67 所示。

5.9.2　陶瓷墨水

不同于打印在纸张与塑料上的喷墨墨水，用于陶瓷表面的打印墨水需满足两个条件：

（1）墨水具有良好的流变性（如黏度，表面张力）及其他适合打印的性能，以满足数码打印的要求。

（2）墨水在打印到瓷砖表面，并经历随后的瓷砖加工过程（如烧成）后，必须产生所需要的颜色效果。

陶瓷墨水的各项性能之间，相互制约，相互影响，因此要得到满足以上两个条件的陶瓷墨水配方极不容易。

图 5-67　在线陶瓷数码喷墨打印机

陶瓷墨水由三部分构成：

（1）固体物料，如无机非金属色料、釉料。

（2）溶剂，通常为有机溶剂。

（3）表面活性剂，如分散剂、消泡剂及流平剂等。

在保持合适的黏度条件下，陶瓷墨水中固相的含量应尽可能高。目前陶瓷墨水固相的含量约在 $20\%\sim30\%$。

对于陶瓷墨水中的固相颗粒的细度要求，要满足两个条件：

（1）颗粒细度要在亚微米范围，一般用 D_{50} 来表示。陶瓷墨水 D_{50} 值在 $200\sim400$nm 之间。

（2）颗粒的粒径分布要窄，即 D_{97} 的值也要小。陶瓷墨水 D_{97} 值一般要小于 0.8μm。

较粗的颗粒容易在打印机头产生堵塞。合适的细度也有助于整个墨水体系的稳定。陶瓷墨水在瓷砖表面呈现的颜色性能，随着色料细度的降低而改善。

对于固液两相系统，要控制物料颗粒细度及颗粒粒径分布，需确定 D_{50} 及 D_{97} 两个值。这两个数值稳定了，就基本控制了物料的颗粒细度和颗粒粒径分布。

5.9.3　陶瓷墨水的研磨

陶瓷墨水的颗粒细度及颗粒粒径分布主要由砂磨机的研磨来实现。

图 5-68　棒梢式砂磨机

由于陶瓷墨水的颗粒细度小及颗粒粒径分布窄，并非所有类型的砂磨机都能满足要求。目前行业中用于陶瓷墨水的砂磨机主要有两种类型，即棒梢式砂磨机（图 5-68）与涡轮式砂磨机。

要达到亚微米（零点几个微米）的细度及优化的颗粒粒径分布，砂磨机必须采用大流量循环及高能量密度的研磨模式。单位时间研磨次数与颗粒细度及颗粒粒径分布的关系如图 5-69 所示。

要满足这种研磨模式，砂磨机的流量要足够大，如 25L 的棒梢式砂磨机，在研磨陶瓷墨水时，流量能达到 $1500\sim2000$L/h。砂

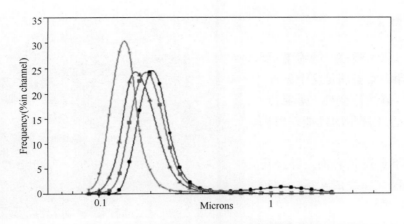

图 5-69　单位时间研磨次数与颗粒细度及颗粒粒径分布的关系

磨机筒体内的能量密度要大，如 25L 棒梢式砂磨机的装机功率为 37kW，而 30L 的盘式砂磨机为 18.5kW。

陶瓷墨水应尽量避免金属污染，用于陶瓷墨水的砂磨机与墨水接触部分都由陶瓷构成。研磨系统都用氧化锆或者氮化硅材质，研磨桶为碳化硅陶瓷。

5.9.4　派勒公司的 PHN 系列砂磨机及在陶瓷墨水中的使用

派勒公司在数年前已开发出用于纳米材料的 PHN 系列砂磨机。在陶瓷墨水面市后，派勒公司对 PHN 系列砂磨机作了针对性的改造，使之迅速适应了对陶瓷墨水的研磨。

PHN 系列是一种棒梢式纳米砂磨机，专用于大流量高能量密度的湿法研磨，以制备超细的亚微米及纳米材料。

PHN 系列棒梢式纳米砂磨机有以下特点：

（1）采用了 OCS 敞开式动态分离系统，且该系统中的筒式分离筛网过流面积超大。由于 OCS 敞开式动态分离系统中的转子能有效地将研磨珠子阻挡在搅拌转子外围，筒式分离筛网周围几乎无研磨介质，使得物料可顺利进入而流出研磨筒体，从而实现大流量循环的研磨模式。

（2）派勒 PHN 系列棒梢砂磨机具有大功率、比能量大的特点，即砂磨机的研磨筒体中，具有大的单位体积能量密度。这样，即使物料在研磨筒体停留的时间很短，也能得到充分的研磨。

（3）派勒 PHN 系列砂磨机，不论砂磨机容积的大小或装机功率的大小，都具有结构及原理相同的研磨系统。因此，从实验型砂磨机 PHN 0.5 所得到的数据，如物料的颗粒大小、颗粒级配分布及产量，都可复制或放大到生产型的 PHN 6，PHN 10，PHN 25，PHN 60，PHN 150 及 PHN 300 砂磨机设备上。

用于陶瓷墨水研磨的砂磨机其主要配置为：

（1）研磨系统：增韧氧化锆（良好的抗断裂韧性及耐磨性）。

（2）研磨桶：碳化硅陶瓷（极好的耐磨性及很好的冷却性能）。

由于在研磨筒体内，所有与陶瓷墨水接触的部分都采用了陶瓷部件，使陶瓷墨水在研磨过程中避免了金属的污染，也适应了溶剂型固液两相系统的研磨。

（3）装机功率：PHN 6CA，15kW；PHN 10CA，22kW；PHN 25CA，37kW；PHN 60CA，75kW；PHN 150CA，200kW；PHN 300CA，300kW。

（4）运行方式：线速度在 8～15m/s 范围变频可调。

（5）进料泵：用于陶瓷墨水 PHN 系列砂磨机的进料泵为隔膜泵。隔膜泵的流量要足够大，以满足大流量循环研磨的需要。

（6）冷却水装置：在研磨过程中，陶瓷墨水的研磨温度不宜过高。温度过高溶剂易蒸发，陶瓷墨水性能也会有变化。因此，冷却水装置是陶瓷墨水研磨的必须配置。

（7）预分散桶：用于陶瓷墨水研磨的预分散桶不宜过大，过大会影响陶瓷墨水物料颗粒的级配分布。对于 PHN 系列砂磨机，在陶瓷墨水的研磨中，所配置的预分散桶容积在砂磨机研磨桶容积的 5～10 倍之间。

（8）陶瓷墨水的产量：砂磨机研磨陶瓷墨水的产量，因陶瓷墨水的种类不同而有较大差异。陶瓷墨水常用的颜色有红色、黄色、黑色、棕色及青色。对于 PHN25CA 棒梢式砂磨机，在进料细度在 5～10μm 的条件下，研磨黄色、黑色及红色墨水的产能约在 20～25kg/h，研磨棕色及青色墨水为 8～12kg/h。以 PHN25CA 的产能作基准，其他 PHN 系列砂磨机的产能大致上与其相应的研磨筒体的容积成比例。

（9）派勒 PHN Super Max Zeta 系列砂磨机在陶瓷墨水行业的一些客户

国内客户一般在佛山、福建、山东、北京等，使用的设备是 PHN 0.5CA、PHN 25CA、PHN 60CA，已超过 80 台。

国外客户在巴西、意大利、印度等，例如：Fritta、Megacolor、Terrico、Italian Jetcolours、SIMAC TECH SRL、Inkera Inks P LIMITED、SOL INKS P LIMITED 等，使用的设备是 PHN 0.5CA、PHN 6CA、PHN 25CA、PHN 60CA、PHN 150CA，已超过 50 台。

（10）派勒 PHN Super Max Zeta 系列棒梢式纳米砂磨机的改进

为了更好地服务于陶瓷墨水客户，派勒公司始终不渝地在对 PHN 系列砂磨机进行改进。目前改进的主要方向有：

① 研磨系统的材质

希望通过不同材质的引进，或是使砂磨机更耐磨，或是使砂磨机成本降低，或使两者兼备。

② 更大型砂磨机的制备

大型砂磨机的使用，可有效地降低投资、运行及管理成本。派勒公司目前在其他行业已销售 5 台 PHN 300CA，设备外观如图 5-70 所示。

③ 新型砂磨机的研发

派勒公司已开发出结构更为新颖的超大流量的 Maxxmill 纳米砂磨机，从目前在陶瓷墨水试用的情况看，前景看好。该型砂磨机可将物料磨得更细，产量更大。砂磨机采用自动切换双缸物料系统，如图 5-71 所示。

图 5-70　PHN Super Max Zeta 300　　　图 5-71　Maxxmill Largemill 460 自动切换系统

陶瓷数码打印技术在陶瓷表面装饰行业有了长足发展。这一过程还在发展中。数码打印技术有可能将更多种类的材料，如陶瓷、金属及有机物打印于陶瓷上，以取得更多的装饰效果或使瓷砖具有更多的功能，如压敏、气敏及声敏等功能。而在这一过程中，用于精细研磨的砂磨机也将发挥一定的作用。

参考文献

[1] Dr. S. Pilotek，Dr. F. Tabellion. Tailoring Nanoparticled for Coating Applications，2005.

[2] Mr. S. Schaer，Dr. F. Tabellion. Converting of Nanoparticles in Industrial Product Formulation ：Unfolding the Innovation Potential，Tecchnical Proceedings of the. 2005 NSTI Nanotechnology Conference and Trade show，2005，2：743-746.

[3] Dr. D. Bertram，Mr. H. Weller. Zerkleinerung und Material transport in einer Rührwerkskugelmühle. 1982. Ph. D. －Thesis，TU-Braunschweig.

[4] Dr. H. Weit Phys，Journal. 1，2002，(2)：47-52.

[5] Dr. H. Schmidt，Dr. F. Tabellion. Nanoparticle Technology for Ceramics and Composites，105th Annual，Meeting of The American Ceramic Society，Nashville，Tennessee，USA（2003）.

[6] Dr. N. Stehr Residence. Time Distribution in a Stirred Ball Mill and their Effect on Comminution. Chem. Eng. Process.，1984，18：73-83.

第6章　陶瓷墨水制造工艺技术与设备

Chapter 6　Manufacturing Technology and Equipment of Ceramic Ink

6.1　陶瓷墨水及其发展历程

6.1.1　陶瓷墨水的概念

广义上的陶瓷墨水包括陶瓷喷墨打印成形、陶瓷功能薄膜成形、电子陶瓷元件喷墨打印成形、瓷砖表面图案装饰等领域使用的由各种特定固体颗粒分散在液体载体中或特定化合物溶解在适合的溶剂中形成的分散悬浮液或溶液。根据目标功能的需要选用不同的固体材料和载液，得到性能用途各异的陶瓷墨水如氧化锆陶瓷墨水、氧化铝陶瓷墨水、钛酸钡陶瓷墨水、氧化银导电薄膜墨水、陶瓷色料墨水、陶瓷渗透墨水等。本章介绍的陶瓷墨水专指用于陶瓷砖图案装饰使用的各种颜色的色料墨水。

6.1.2　陶瓷墨水的发展历程

2000 年世界第一台工业使用的陶瓷装饰喷墨打印机是由美国 Ferro 公司开发的 Kerajet 系统，使用了由 Ferro 公司与赛尔公司联合研制的陶瓷墨水。国产陶瓷喷墨打印机从 2009 年开始由希望陶瓷机械设备有限公司推出，距今仅几年时间，国内数码喷墨使用的喷墨打印机和墨水已经全面国产化并大范围使用。

2000 年 1 月 7 日，Ferro 公司向美国专利商标局提交了一份名为《用于陶瓷釉面砖（瓦）和表面的彩色喷墨印刷的独特的油墨和油墨组合》的专利，该专利阐述了陶瓷墨水的制作方法，为陶瓷喷墨打印技术奠定了良好的基础。2006 年以后，陶瓷墨水在西班牙得到了很好的发展，到目前为止，除了 Ferro 公司外，还有西班牙的 Esmalglass-itaca，Chimigraf，Colorbbia，Torrecid 四家公司都是陶瓷装饰墨水的主要制造商。

从 2009 年杭州诺贝尔引进陶瓷喷墨打印机至今，陶瓷喷墨打印技术在中国得到快速发展。陶瓷喷墨打印机从 2009 年 5 月份的 5 台，到 2010 年年底的 12 台，到 2011 年年底的 92 台，到 2012 年年底的 700～800 台，目前，国内陶瓷喷墨打印机数量超过 4000 台。希望、美嘉、新景泰、彩神、泰威、精陶等一批国产品牌陶瓷喷墨机已经占据了陶瓷喷墨打印机绝大部分的国内市场份额。从 2011 年博今科技、明朝科技推出陶瓷墨水，到 2012 年道氏制釉推出陶瓷墨水，再到 2013 年康立泰推出伯陶陶瓷墨水，同年惠隆制釉推出陶瓷墨水，国产陶瓷墨水从 2011 年的在线装机量几台发展到今天的过千台。正是由于陶瓷墨水的国产化，使得墨水市场价格从 2009 年的 60～100 万元/t 降到了今天的 6～10 万元/t，为广大的瓷砖企业降低了生产成本。陶瓷墨水目前已经成为国内喷墨机的首选，并开始向国外销售。

6.2　陶瓷墨水的制备技术及原理

6.2.1　化学法

化学法制备陶瓷墨水是指利用金属的无机盐、醇盐或羧酸盐化合物，通过化学反应得到金属氧化物或水合物，同时分散到需要的载体中得到良好分散的体系。已经有许多人对化学法制备陶瓷墨水进行了广泛的研究，包括反相微乳液法、溶胶—凝胶法、水解沉淀法等，成功制备了多种氧化物陶瓷墨水、电子陶瓷墨水和装饰用色料墨水。例如郭瑞松用 $ZrOCl_2 \cdot 8H_2O$ 为原料，通过反相微乳液法制备了 ZrO_2 陶瓷墨水；周振君使用异丙醇钛和醋酸钡为原料，通过溶胶—凝胶法制备了钛酸钡陶瓷墨水；通过溶胶—凝胶法，利用一系列的可溶性金属无机盐为原料，制备蓝、粉、黄、黑四种颜色的瓷砖装饰用陶瓷墨水的报道也比较多。

化学法制备陶瓷墨水反应较为复杂，大批量生产工艺难度大，制造成本高，但由于具有颗粒尺寸小，分散后长期存放稳定性高的优点，非常有利于喷头的喷射和墨路的循环，是一种有前途的陶瓷墨水制备技术。

6.2.2 机械研磨法（分散法）

机械研磨法是把陶瓷墨水的固体组分，通常是把粉末和液体载体、以分散剂为主的添加剂等成分一起置于研磨设备内，利用研磨介质之间以及研磨介质和墨水组分之间的复杂相互作用，使固体粉末细化并在载体中得到良好的分散和悬浮，得到符合使用要求的陶瓷墨水。机械研磨法是一种传统的研磨分散技术，很早就有人用来制备了 $BaTiO_3$ 陶瓷墨水、BNZ 微波陶瓷墨水、氧化锆陶瓷墨水以及氧化铝陶瓷墨水。也有利用机械研磨法制备瓷砖用装饰墨水的报道。这些通过机械研磨分散法制备不同成分和用途的陶瓷墨水的研究表明，机械法得到的陶瓷墨水满足压电喷头喷墨的要求，是一种简单易行的方法。分散机械法工艺简单，容易实现批量生产，产品性能稳定，目前市场使用的陶瓷墨水多数为机械研磨法批量生产。

6.2.3 陶瓷色料的表面改性技术及其在有机溶剂中的分散稳定

陶瓷色料为有色的无机化合物颗粒，与树脂相容性差，在使用时以颗粒状态分散于各类介质中。陶瓷色料的表面极性与有机溶剂的极性有较大的差异，这就使得两者相容性差，色料难以在有机溶剂中均匀分散，若直接使用将会影响色料的着色效果。同时，由于色料颗粒的超细化，使得色料表面具有很高的活性，导致色料颗粒处于不稳定状态，颗粒间相互吸引靠近，这也使得色料粒子不能以单一的粒子均匀分散，不能发挥其应用的性能。因此，为了改善色料颗粒与有机溶剂的相容性及色料在溶剂中的润湿分散性，一般是在超细色料制备完成之后，采用对无机色料进行表面改性的方式，使其稳定地保持单个或若干个色料颗粒存在而不发生团聚现象，同时也可提高它在溶剂中的分散稳定性。

粉体表面改性剂，从分子结构上来说，是一端可与粉体表面相结合，另一端能在有机介质中充分溶解的化合物。在无机色料表面改性过程中，一般是根据无机粒子表面的活性基团，选取合适的有机物分子，使得该有机物能够与粒子表面的活性官能团发生化学反应或者化学吸附，从而在颗粒表面形成一层吸附层，改变无机粒子的表面性质，提高与有机介质的相容性。该方法也是目前制备陶瓷墨水过程中改性无机色料的主要方法。常用的粉体表面改性剂主要有偶联剂改性、聚合物表面接枝改性、原位聚合法等方法。

1. 偶联剂改性法

偶联剂是一种具有特殊结构的化合物。偶联剂分子一端的官能团可与粉体表面活性基团发生化学反应，从而形成强有力的化学键合；另一部分为有机碳链，与低极性的有机介质有较好的相容性，从而改善了无机粒子在有机介质中的分散性。目前普遍使用的偶联剂主要有硅烷偶联剂和钛酸酯偶联剂。

硅烷偶联剂通式为 $R\text{-}Si\text{-}X_3$，R 是可与有机物分子相容或发生反应的有机官能团；X 代表水解基团，如烷氧基、卤素和酰氧基等，能与无机粉体表面的羟基发生化学吸附。在使用偶联剂时，X 基团先水解形成硅醇基团，与无机粒子表面上的羟基发生反应，形成 $-Si-O-M$ 共价键，同时分子中剩余的硅醇基团，又互相结合形成网状结构覆盖在粒子的表面，从而改变无机粒子的表面性质。

$$R-Si-(OR')_3 + 3H_2O \longrightarrow R-Si-(OH)_3 + 3R'OH \tag{6-1}$$

$$nR–Si–(OH)_3 + \bigcirc \begin{matrix} –OH \\ –OH \\ –OH \end{matrix} \longrightarrow \bigcirc \begin{matrix} O–Si–R \\ O–Si–R + H_2O \\ O–Si–R \end{matrix} \quad (6\text{-}2)$$

钛酸酯偶联是 20 世纪 70 年代由美国 Kenrich 公司开发的一类新型偶联剂，目前已有几十个品种，是无机色料等广泛使用的表面改性剂。其通式可表示为式（6-3）：

$$（RO）M\text{-}Ti\text{-}（OX\text{-}R'\text{-}Y）N \quad (6\text{-}3)$$

式中，$1 \leqslant M \leqslant 4$；R 为短链烷烃基；R′ 为长碳链烷烃基；X 为 C、N、P、S 等元素；Y 为羟基、氨基、环氧基等基团。

钛酸酯偶联剂分子通过烷氧基团与无机色料表面吸附的微量羟基或质子发生化学反应，接枝到无机色料表面，形成单分子吸附层，并生成异丙醇。偶联剂的－R－Y 可与一些聚合物发生化学反应或弯曲缠绕，增强粉体和有机材料的结合力，提高两者的相容性，从而将两种性质差异较大的材料结合起来，并改善粉体在有机体系中的分散性和相容性。

2. 聚合物表面接枝改性法

将聚合物或共聚物接枝到粉体表面也是一种常用的化学改性方法。在无机粒子表面引入特殊的活性官能团，如过氧化基团、偶氮基团、铈离子等。在合适的反应条件下，粉体表面的活性官能团引发聚合物单体发生聚合反应，将聚合物包裹在粒子表面。当粉体表面接枝上聚合物长链后，聚合物中的长碳链伸展在有机溶剂中，阻止了颗粒间的相互接触，起立体屏蔽作用。这样粉体依靠空间位阻作用在有机溶剂中的分散稳定性显著提高。该方法可以有效地降低无机粉体在有机介质中的团聚现象，经聚合物改性后的色料，也不易产生二次团聚，增加了粉体在有机介质中的分散稳定性。

3. 原位聚合法

原位聚合法是将无机纳米粒子与聚合物单体混合均匀后，在一定条件下使单体发生聚合反应，包裹在粒子表面的方法。在反应过程中，聚合物单体与粉体颗粒混合均匀，使表面改性后的无机纳米粒子均匀分散在有机介质中，且粒子的纳米特性完好无损。

6.3　机械法制备陶瓷墨水的主要原料

6.3.1　溶剂

陶瓷墨水溶剂的选用要求除了低毒、无气味外，对黏度、沸点、倾点、对橡胶的腐蚀或溶胀等方面都有较高的要求，一般要求低黏度、高沸点、低倾点，对橡胶的腐蚀程度低或溶胀不明显。各种溶剂按极性强弱分，有较强极性溶剂、弱极性溶剂、非极性溶剂三种，按和水的相容性分，有水溶性和非水溶性两类。具有较强极性的溶剂主要是醇醚类溶剂；弱极性溶剂主要有联苯类溶剂、脂类溶剂；非极性溶剂主要有各种直链烷烃、异构烷烃、环烷烃及其混合物。溶剂的极性强弱通过偶极矩大小来判断，偶极矩越大则极性越强。上述溶剂中，联苯类溶剂、脂类溶剂、直链烷烃、异构烷烃和环烷烃及其混合物和多数醇醚类溶剂是非水溶性溶剂，而水溶性溶剂主要指水和醇类溶剂以及少数醇醚类溶剂。

6.3.2　超分散剂

提高陶瓷色料在有机溶剂体系中的分散及分散稳定性的方法有多种，其中分散剂法是使用最为广泛且分散效果较好的一种方法之一。尽管传统分散剂在分散介质中显示出有效的分散稳定作用，但由于它们在色料粒子表面的吸附不十分牢固，容易从粒子表面上吸解而导致被分散的粒子又重新聚集或沉淀。为解决传统分散剂的局限性，近年来又开发并应用了高分子分散剂（polymeric dispersant），又称为超分散剂（hyperdispersant）。无机分散剂和有机小分子分散剂主要通过静电稳定机理对颗粒进行分散，而高分子分散剂是通过空间位阻效应对颗粒进行分散。位阻稳定与静电斥力相比，其优点在于位阻机制在水和非水介质中都有效，并且位阻稳定是热力学稳定，而静电稳定是热力学亚稳定。所以高分子分散剂对分散体系中的离子、pH 值、温度等敏感程度小，分散稳定效果好。因此高分子分散剂比无机分散剂和小分子分散剂所分散的体系稳定性好，阻止了沉降和絮凝，延长了储存期，降低了储存能耗。陶瓷色料在墨水非水载体里的分散是通过超分散剂的空间位阻稳定机制实现的。

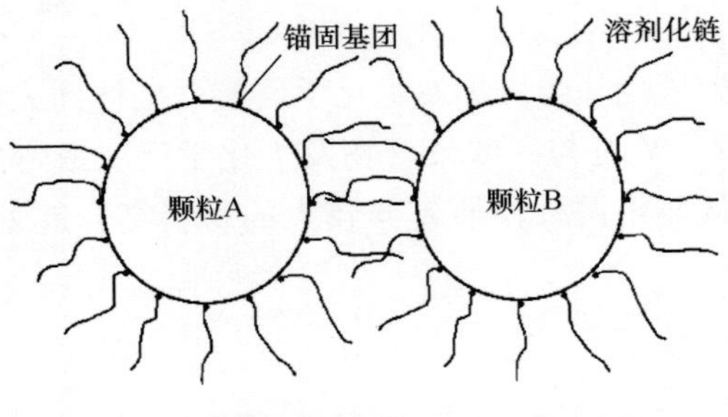

图 6-1　颗粒分散的空间位阻效应示意图

陶瓷墨水使用弱极性的溶剂体系，和水性分散体系不同，颗粒的外围不存在水化双电层引起的静电吸引或排斥作用，色料颗粒之间的作用力主要是由于分子或原子的相互作用产生的吸引力，以及色料颗粒表面颗粒锚固的超分散剂分子在颗粒靠近时产生的空间位阻效应。前者使颗粒吸引互相靠近，后者使颗粒分开，当两种作用达到某种平衡时，得到稳定的墨水分散体系。通过锚固超分散剂层之间的位阻效应使颗粒分散的这种机制就是空间位阻稳定机制（图 6-1）。

固体以微粒状分散于液体中并保持稳定的过程成为分散。被分散的固体粒子称为分散相，分散的液体称为分散介质。分散相均匀地分散在分散介质中所制成的稳定浊液称为分散体系（或称分散悬浮液，也称分散液）。促使分散相均匀分布的物质称为分散剂。一般称经干燥凝聚而未经粉碎的粒子为二次粒子，用研磨机粉碎后的粒子称为一次粒子。若将二次粒子用研磨机在分散介质中粉碎成一次粒子，并加以保持的过程为分散过程。

为了促使分散过程的顺利进行，并使色料分散液稳定，必须在分散过程中加入分散剂，一般来说，分散剂的分散作用主要体现在以下几个方面：

（1）促进研磨效果

当色料粒子团块受到机械力（如搅拌等）作用，会产生微裂纹，但它很容易通过自身分子间的作用力而重新聚集。作为分散剂的物质吸附于色料微粒表面，产生一种“劈楔作用”。裂缝不但无法愈合，而且越来越深和不断扩大，最后使它分裂成微小粒子。如果分散剂是离子类型，则由于它吸附在色料粒子表面上使它们带有相同的电荷，互相排斥，因此促使粒子团块在液体中的分散。另外，分散剂和其他添加剂的存在可降低分散介质的表面张力，促使分散介质渗透到二次粒子表面的间隙或裂纹中，导致二次粒子的分裂。这都有利于降低粉碎二次粒子所需的机械力，缩短研磨所需的时间。

（2）对色料粒子的润湿作用

对分散剂来说，润湿作用是非常重要的。分散前的色料粉末往往呈现团块状，而且被空气包围。进入分散介质中要完全将它分离并将其表面空气取代出来，这一过程的推动力可认为是液体在色料粒子表面上的铺展系数 S，当 $S>0$ 时，接触角为零，液体自发在色料粒子表面上铺展。加入分散剂在界面上吸附，使接触角下降，使 $S>0$，铺展能够自发进行。

（3）防止絮凝作用

由于色料颗粒具有巨大的表面积，表面能很大，是热力学不稳定体系，分散剂吸附在固—液界面上，会使表面积降低，因此大大降低了表面自由能，减少了它们相互聚结的趋势。分散剂及其他添加剂吸附于色料粒子表面，形成保护层，防止粒子再凝聚。其反离子形成扩散双电层，作为保护层。当粒子相互接近时，电性排斥增大，从而防止固化粒子相互接触而絮凝。

概括起来，分散剂的稳定作用可以表示如图 6-2 所示。分散体系中分散剂（如表面活性剂及高分子化合物）的重要作用就是防止分散质点接近到分子间引力占优势的距离，使分散体系稳定而不至于絮凝或聚沉。

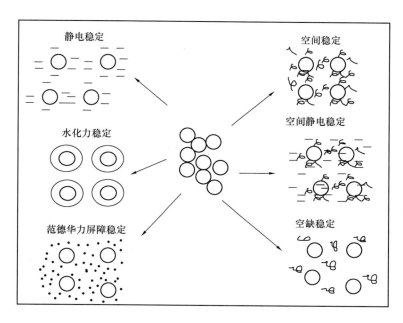

图 6-2　分散体系的稳定方式

6.3.3　色料

目前陶瓷色料墨水使用的色料主要有钴蓝、红棕、米黄、锆黄、桔黄、粉红、黑色、绿色、金黄色料等，色料颗粒要求比传统色料有更细的细度，一般要求小于 $5\mu m$ 或更细；更细的色料颗粒不但方便墨水的快速制备，还能使颗粒内部包裹的对墨水不利的可溶性盐尽可能少；要求纯度较高，主要就是可溶性盐含量要足够低，一般要求 10％水分散液的电导率小于 1000mS/m；还要求含水较低，一般不能大于 0.3％。

色料的可溶性盐主要来源于色料使用原料的杂质，以及色料煅烧过程中使用的矿化剂等，喷墨专用的色料要经过去离子水多次洗涤，将可溶性盐含量降低到许可范围。如果将过量的盐引入墨水中，一方面会导致喷墨设备的喷头和管路加速老化报废，更主要的是会对墨水的性能产生不利影响。盐的存在需加大超分散剂的用量才会达到和纯净色料同样的分散效果，某些盐分的存在还会影响颗粒的分散，容易导致过磨而影响色料的发色；盐的存在还会增加墨水的触变性，使墨水在喷墨机墨路内的通过性变差。色料的含水量对墨水的不利影响与可溶性盐杂质类似，因此也要严格控制含水量。

6.3.4　辅助添加剂

陶瓷墨水使用的辅助添加剂有悬浮剂、表面改性剂、调黏剂、消泡剂等，一些添加剂可以同时起到调节黏度和改善悬浮的效果，传统油墨配方体系使用的添加剂可供借鉴。

表面改性剂在墨水中的作用是改善油性墨层和水性釉层之间的结合，例如生产全抛釉陶瓷砖时，墨层上需覆盖一层釉层，需要添加表面改性剂来改进水性釉面和油性墨层的结合，避免产生裂釉、缩釉、缺釉等缺陷。如果墨层不加盖釉层，但墨水用量较大时，也需要使用改性剂来提高墨水在釉面的固定，减少墨水流动带来的图案模糊。陶瓷墨水中使用的表面改性剂是一类具有亲油基团和亲水基团的表面活性剂，在墨层和釉层的界面，亲油端朝向墨层排列，而亲水端朝向釉层排列，促进水性釉层和油性墨层的结合。选用可在溶剂中溶解的改性剂在墨水中添加或选用在水中溶解的改性剂在釉浆中添加都有明显效果。改性剂主要是聚醚改性硅油、脂肪醇聚氧乙烯醚、烷基酚聚氧乙烯醚等非离子表面活性剂。

6.4 陶瓷墨水的生产工艺

目前陶瓷墨水都是使用机械研磨分散法进行批量生产的，其工艺是先将溶剂、分散剂和辅助添加剂按一定的比例，放入高速分散机搅拌，使各组分溶解在溶剂中，然后再加入陶瓷色料，使色料分散，形成流动性较好的均匀预分散体。预分散时要先将可以在溶剂中溶解的成分先加入，完全溶解后才将陶瓷色料粉末加入搅拌，如果分散后有明显可见的杂质时，需用适当目数的筛网将杂质去除。

预分散好的浆料利用砂磨机进行研磨，图6-3是一种使用广泛的卧式砂磨机，核心部件为一水平放置的研磨缸，缸体为夹层结构，内部可以通冷却水，缸体内衬为耐磨陶瓷筒体，缸体两端盖也是耐磨陶瓷结构。在缸体中央的转轴上安装陶瓷材质或耐磨合金材质的搅拌装置，旋转时对研磨陶瓷小球起到强烈的搅拌作用，通过小球的激烈运动产生的复杂机械作用使色料颗粒得以细化。工作时墨水不断从研磨缸入口进入，从出口流出，反复通过研磨缸，逐次研磨细化，直到得到符合要求的产品。

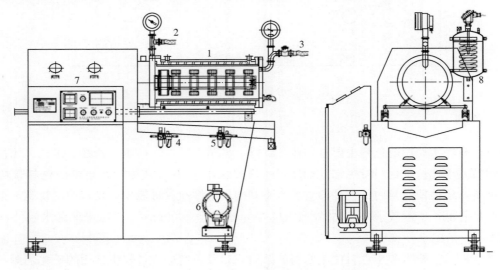

图 6-3 卧式砂磨机示意图

1—研磨腔；2—出料口；3—进料口；4、5—调压阀；6—隔膜泵；7—仪表盘；8—密封液罐

具体研磨工艺配置如图6-4所示。预分散好的混合浆料抽入循环搅拌缸9，通过电磁阀13、隔膜泵6和砂磨机进料口3向砂磨机进料，在研磨腔1内，物料自右至左受到被搅拌盘带动作高速旋转运动的研磨介质的研磨后，从研磨腔出料口2排出，经过管道及电磁阀12进入循环搅拌缸10，当循环搅拌缸9的物料进完后，电磁阀13关闭，电磁阀14打开，循环搅拌缸10内的物料通过电磁阀14、隔膜泵6和砂磨机入口3进入研磨腔研磨，而出料通过电磁阀11进入循环研磨缸9。如此两个搅拌缸交替向研磨腔进料，不断重复，粒度逐渐降低。

实际使用时，也可以将两个搅拌缸合并为一个，即研磨腔排出的物料直接回到进料缸，设备占地少，控制也相对简单，但研磨得到的墨水的粒度均匀性和研磨的效率都会有一定程度的降低。

在研磨的同时，不断取样分析墨水色料颗粒的细度，研磨后期增加分析取样的频率，如果粒度不够细，继续研磨，当粒度达到产品标准后，停止研磨，取样分析黏度，如果黏度不够，要进行调整，当黏度达到产品要求后，将墨水抽出，进入过滤工序。

陶瓷墨水的过滤可以选用由折叠滤芯组成的多级过滤系统。先粗滤，一般使用 $6\sim10\mu m$ 孔径的滤芯，再过中间尺寸孔径的滤芯，一般为 $3\mu m$ 左右，最后过 $1\mu m$ 左右的细孔滤芯。各级过滤器之间用管

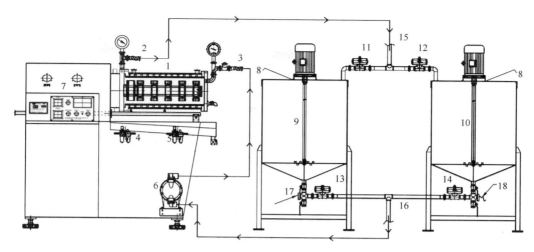

图 6-4　陶瓷研磨工艺配置图

1—研磨腔；2—出料口；3—进料口；4—调温阀；5—调压阀；6—隔膜泵；7—仪表盘；
8—密封液罐；9—搅拌缸；10—搅拌缸；11—电磁阀；12—电磁阀；13—电磁阀；
14—电磁阀；15—进料口；16—出料口；17、18—阀门

道串联形成连续的过滤通路，级与级之间安装液压表，通过液压表的压力变化可以判断滤芯的堵塞情况并及时更换，控制过滤器各级的压力不超过许可范围，以免影响过滤精度或导致滤芯压穿。

6.4.1　陶瓷墨水的组成、制备及性能

陶瓷喷墨打印技术是将超细陶瓷材料粉体制备成墨水，通过计算机控制，利用陶瓷喷墨打印机将墨水直接打印到建筑陶瓷的表面上进行装饰。该技术的采用显著提高了陶瓷的装饰效果（图案更精细、效果更逼真），更重要的是，将大大简化陶瓷的生产装饰工艺，减少生产过程中的污染和原材料消耗，也极大减少了陶瓷生产的能耗。正是由于喷墨打印技术在生产过程中呈现的显著优势，近几年国产陶瓷墨水取得了快速的发展，并且迅速取代了进口墨水，占据了国内主要市场。但是国产墨水的性能和品质还需进一步提升，包括墨水发色的鲜艳度和稳定性，储存稳定性能和喷墨打印性能等。基于目前陶瓷墨水的研发和使用现状，笔者从墨水的配方组成、制备工艺以及性能对陶瓷墨水使用过程的影响等方面做了简单的分析，希望对陶瓷墨水的生产和应用有所帮助。

1. 陶瓷墨水的组成

喷墨打印技术在陶瓷上的应用关键在于陶瓷墨水的制备，陶瓷墨水就是含有某种陶瓷颜料的墨水，陶瓷墨水的组成和性能与打印机的工作原理和墨水用途有关。陶瓷墨水通常由陶瓷颜料、溶剂、分散剂、结合剂、表面活性剂及其他辅料构成。

（1）陶瓷颜料

陶瓷颜料是墨水的核心物质，要求其颗粒度小于 $1\mu m$，颗粒尺寸分布要窄，颗粒之间不能有强团聚，并具有良好的稳定性，受溶剂等其他物质的影响小，通常有如下要求：① 陶瓷颜料在墨水中能保持良好的化学和物理稳定性，不会出现化学反应和颗粒团聚等现象；② 在喷墨打印过程中，陶瓷粉体颗粒在短时间内能以最有效的堆积结构排列，附着牢固，获得较大密度的打印层，煅烧后获得较高的烧结密度；③ 打印的墨水在高温烧成后具有良好的呈色性能以及与坯釉的匹配性能。

（2）溶剂

在陶瓷墨水中，溶剂占了 50％以上质量，它的性能直接影响着墨水的使用效果。溶剂的结构组成、极性、沸点、黏度、表面张力等影响着墨水的性能和生产的稳定性。同时，溶剂的环保性也直接影响着

陶瓷墨水对环境的友好性，主要体现在不含有毒性物质和可挥发物 VOC 的减少。陶瓷墨水对溶剂的主要要求是无毒无味、高沸点、高润湿性能，并且具有合适的表面张力。

（3）分散剂

分散剂具有调节陶瓷墨水的分散性及稳定性功能，使陶瓷颜料在溶剂中均匀分散，并保证在打印前不团聚。陶瓷墨水所用的分散剂主要是通过空间位阻来提高颗粒的稳定性，通常为超分散剂，它是一类新型、高效的聚合物型分散剂，它的分子结构中含有性能和功能完全不同的两个部分，一个是锚固基团，另一个是溶剂化基团。陶瓷墨水分散剂就是通过锚固基团的单点或多点锚固的形式吸附在颗粒的表面，而溶剂化基团则伸展于分散介质中，通过空间位阻效应对颗粒的分散起稳定作用。

（4）胶粘剂

胶粘剂主要用于调整墨水的粘结性和成膜性能，同时还起到调节墨水黏度的作用。

（5）表面活性剂和其他辅料

表面活性剂和其他辅料如润湿剂、流平剂、消泡剂、防沉剂等主要用于调整陶瓷墨水的各项性能指标，如润湿性能、表面张力、气泡以及防沉性能等，用于提高陶瓷墨水的储存稳定性和打印性能。

2. 陶瓷墨水的制备方法及技术要点

目前陶瓷墨水的制备方法主要是分散研磨法，将陶瓷颜料和分散介质搅拌混合后，用纳米砂磨机研磨至合适粒径，以获得稳定的陶瓷墨水。分散法是目前工业生产中使用的方法。分散法对墨水颜料颗粒的粒径控制要求较高，色浆的研磨工艺、研磨稳定性以及墨水的稳定性问题，一直都是陶瓷墨水研究中需要解决的关键技术问题。

（1）陶瓷喷墨颜料的制备技术要点

陶瓷颜料是墨水的核心物质，它直接影响着墨水的稳定性能和使用效果。当陶瓷颜料制备成墨水后，颜料在溶剂中的化学和物理稳定性、打印过程中陶瓷颜料颗粒在短时间内能以最有效的堆积结构排列，和陶瓷颜料在超细化之后在高温烧成后的呈色性能等问题，都与陶瓷喷墨打印用颜料的制备工艺相关。

以往陶瓷颜料的生产工艺简单、粗放，原料的混合均匀度很低，发色体的含量很低，而且晶型稳定性差；颜料在超细化之后发色会变得很浅，或者没有。因此陶瓷颜料的研究过程中需要解决如何使原料在烧成过程中反应更完全，制备的色料结晶度更高，颜料晶体更稳定，发色强度更好，同时为了有利于色料的后续分散问题需要考虑对色料破碎至一定细度，并且利用表面活性剂对颜料进行表面处理。

（2）陶瓷墨水的制备技术要点

陶瓷墨水的制备过程可以分为两个部分，一是陶瓷色浆的制备，二是墨水性能的调节。陶瓷墨水的整个制备过程中，最关键的是陶瓷色浆的研磨。

陶瓷色浆的制备路线如图 6-5 所示，选取合适的分散剂、溶剂和研磨树脂配成分散液，后加入陶瓷颜料进行预混合，使陶瓷颜料被充分润湿，后通过砂磨机研磨至所需粒径，制得陶瓷色浆。通常控制颜料的粒径在 300nm 左右，最大粒径小于 $1\mu m$。

研磨设备的选型和研磨介质的选择以及相关的工艺参数是陶瓷墨水制备过程中的关键因素，直接影响着陶瓷色浆的研磨效率、性能以及生产稳定性。通常研磨设备的内部结构设计和材质的选取对研磨工艺影响很大，正确地选择研磨设备及其工艺方法，是保证产品质量的重要环节，并且在节省能源、降低消耗、提高生产效率方面有着更深刻的意义。除此之外，研磨锆珠的光泽度、硬度、耐磨性、抗碎强度、球

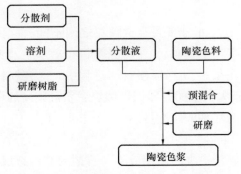

图 6-5　陶瓷色浆研磨的工艺路线

形度和粒径分布等性能对浆料的生产有着重要影响。因此在制备过程中需要研究这些参数对陶瓷墨水性能的影响，通过对它们的控制来提高研磨效率，降低生产成本，实现陶瓷墨水中颗粒球形形貌的控制和窄细粒径分布。

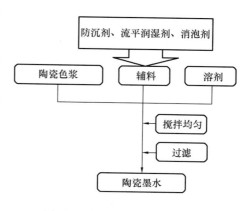

图 6-6　陶瓷墨水性能调配路线

制备好陶瓷色浆之后，下一步则需要将陶瓷色浆调配成陶瓷墨水（图 6-6），在分散好的陶瓷色浆中加入润湿流平剂、消泡剂、防沉剂，并加入溶剂将陶瓷墨水调节至所需的固含量和黏度，后用相应的滤芯过滤掉微量的大颗粒，制得陶瓷墨水。然后对其黏度、表面张力、粒径分布、固含量和稳定性的各项指标进行测试，考察各项物理指标是否符合要求，进一步在墨滴观测仪上观察陶瓷墨水喷墨墨滴的形状，以及在喷墨机上的打印测试性能，通过这一系列测试后才能得到合格的陶瓷墨水。

3. 陶瓷墨水的理化性能对墨水使用过程的影响

（1）黏度

黏度影响陶瓷墨水在墨盒中的流动性以及陶瓷墨水的喷射性能。适当的黏度可确保陶瓷墨水在墨路内循环流动顺畅，有利于陶瓷墨水从喷口的喷出和墨滴的均匀形成。陶瓷墨水的黏度指标也会随着墨盒以及喷嘴板表面温度的改变而变化，黏度高低的不同对应的喷头工作电压也应相应地发生变化，否则会引起喷孔喷射不稳定，容易出现断线、断墨的现象。同时黏度的高低也会影响墨滴的大小，影响喷墨产品的最终发色。

（2）粒径分布

由于喷头孔径和墨路系统的制约，墨水中的颜料颗粒必须足够细小，以保证喷墨的顺畅。为了避免存放和使用过程中颗粒沉淀的出现，也要求颜料的颗粒细小。陶瓷墨水的粒径大小和分布对陶瓷墨水的性能影响很大，颜料颗粒的沉降速度与粒径平方成正比，颗粒越大，沉降速度越大，所以粒径是陶瓷墨水控制的关键。粒径小可以降低陶瓷墨水的沉淀，但是陶瓷墨水的呈色会减弱，粒径越大，墨水的发色越好，但是沉淀会增加，这是一个矛盾的现象。所以，陶瓷墨水中颗粒的粒度分布区域要尽可能窄，这样发色才能稳定，发色强度也高，可以避免细小颜料颗粒带来的呈色减弱，和大颗粒带来的沉淀，这是墨水制备过程中需要攻克的核心技术。

（3）表面张力

陶瓷墨水的表面张力会影响陶瓷墨水在坯体上的铺展性能和渗透性，以及墨滴在喷头上的积墨情况。适当的表面张力可以保证墨滴的均匀形成和不粘喷头，有助于喷墨的长期稳定；陶瓷墨水的表面张力过大，当陶瓷墨水飞出喷头时，容易出现墨滴拖尾的现象，造成拉线问题；若表面张力过小，陶瓷墨水喷出时容易扩散，在空中分离，易产生卫星状墨滴，会使图案的清晰度和层次感降低，并随着时间的迁移，在喷嘴膜形成墨滴，造成挂墨，影响打印效果。

（4）呈色

所选用的颜料必须确保在超细颗粒的状态下具有良好的发色能力，要求选用的颜料在制备过程中反应完全，呈色晶体结晶度高。

（5）陶瓷墨水与喷头的匹配性

陶瓷墨水和喷头的匹配性是比较重要的，如果陶瓷墨水跟喷头不匹配，就会造成喷头堵塞，以及出现打印性能差等现象。与打印机墨路系统的相容性方面，要求陶瓷墨水对喷头和墨路系统不会产生破坏性的损伤或形变，以及满足在不同工作温度下的挥发速度、触变性等性能要求。

（6）陶瓷墨水的储存稳定性能

陶瓷墨水是一种固液悬浮体系，陶瓷墨水中颜料的粒径在 300nm 左右，高固含量并且低黏度，是一种热力学极不稳定体系。影响陶瓷墨水稳定性的因素除了陶瓷墨水本身的分散性能好坏之外，还与陶瓷墨水温度、黏度、陶瓷墨水中的颗粒大小、颜料与溶剂的密度之差有关。所以陶瓷墨水在配方及工艺设计时需要对上述因素进行考虑，尽量减少沉淀。通常陶瓷墨水长时间静置都会出现沉淀，而沉淀有两种情况，一种通过摇床摇晃之后沉淀可以摇开，称为软沉底，另一种通过摇晃之后还有部分沉淀存在，称为硬沉底，软沉底不会影响陶瓷墨水的正常使用，硬沉底会影响陶瓷墨水的有效固含量，最终影响陶瓷墨水的发色从而导致色差。

（7）陶瓷墨水的干燥速率

砖坯的温度、存放时间以及生产环境会影响砖坯的含水率，所以生产中砖坯含水率一直都在波动中，而含水率会影响陶瓷墨水的渗透性能，含水率低，陶瓷墨水渗透快，含水率高，陶瓷墨水渗透较慢。如果砖坯进窑炉前，陶瓷墨水还未干燥，会导致喷墨砖产品产生色差，因此陶瓷墨水的干燥速率影响陶瓷墨水发色的稳定性。此外在生产大灰度瓷片时，陶瓷墨水在砖坯表面干燥慢，会发生扩散，导致图案模糊，清晰度不高，快干陶瓷墨水在瓷片上提高产品的清晰度较为明显。

喷墨打印技术在今后的陶瓷装饰材料中将起到越来越重要的作用，陶瓷墨水的制备和使用会越来越受到釉料厂家和陶瓷厂家的重视，并且对陶瓷墨水的性能也将会提出更高的要求。在陶瓷墨水快速发展的今天，笔者认为陶瓷墨水的制备工艺和应用工艺还有许多问题需要解决，例如如何进一步提高陶瓷墨水的发色强度和鲜艳度，如何提高陶瓷墨水的稳定性、减少沉淀，如何优化陶瓷墨水的性能使之适应复杂多变的陶瓷生产条件等，这些问题都是陶瓷墨水研制过程中一直都面临的问题。

6.4.2 高稳定性陶瓷墨水的制备

陶瓷墨水目前已经成为陶瓷工业中的常规产品，但是由于多方面的原因，无论是国产的或者进口的陶瓷喷墨墨水，都有可能发生不可预测的问题。陶瓷墨水的稳定性是在今天产品相对成熟的条件下最为重要的要求，在某种程度上，陶瓷墨水的稳定性是决定陶瓷产品竞争力的重要元素。

陶瓷墨水的生产环节不多，但是涉及的各种材料和工艺参数很多，每一个参数如果控制不严，可能在普通的质检程序中没有看出有什么变化，但是到了不同机型和不同状态的喷墨机上，可能表现出完全不同的特性，为了生产出质量稳定、性能优越的产品，必须对所有相关环节进行严格的控制和管理。

1. 高质量的原料供应

首先是原材料，陶瓷墨水的原材料有两大块，即色料和溶剂、分散剂等材料。色料供应应来自稳定的供货商，工程师也应参与到色料的配方设定和生产过程及质量管控中，对色料的色度、粒度及电导率等指标严格控制，对溶剂和分散剂等化工材料，坚持使用国外进口的溶剂和分散剂产品，虽然价格相对国产产品较高，但是其质量稳定性也是国产产品无法比拟的。坚持使用高质量的原料供应，不仅对原料的纯度、含水率进行检验，还对成分进行红外、气相色谱-质错检验，对到厂材料进行严格质量检测并与历史留样做对比，这是陶瓷墨水质量稳定的第一个关口。

2. 全自动化生产流程避免人为操作失误

在生产环节上，建立全自动化的陶瓷墨水生产体系，可以根据订单和个性化要求，安排生产流程，所有重要的生产步骤均为电脑管控，特别是在陶瓷墨水研磨生产环节上，可以实现无人控制和远程控制生产，包括溶剂和分散剂的称量和加料、粉体的称量和加料以及生产过程的变化控制和终点，均为中控室内全自动控制。实现这个过程的条件，首先是原材料的高度一致性，同时，生产设备和实验室的中试设备和实验设备均为同一个系列，实验室获得的数据可以直接转换成大生产的数据，而且高质量的生产设备也保证了生产的稳定性,全自动化生产流程也避免了人为操作失误。

3. 产品出厂前反复进行实际测试确保产品没有问题

实验室和质量监控体系非常严格,包括马尔文粒度仪、柏立飞的黏度计和流变仪、SITA 动态表面张力仪以及各种实验室型的电炉、砂磨机、色度计、PALL 过滤器等为陶瓷墨水的各种性能指标的检测打下良好的基础,所有陶瓷墨水在出厂前经过严格的检验,经窑炉烧成检验发色一致。实验室配备良好的试验型的陶瓷喷墨机,可以在厂内完成各种陶瓷墨水的上机检测。新上线的产品在陶瓷厂上线之前,反复进行实际测试,可确保产品出厂前没有任何问题。

4. 高素质的售后人员减少不匹配带来的各种问题

质量体系稳定的另一个保证是拥有一支高质素的售后团队,售后团队可以把陶瓷墨水产品的特性和优势发挥得淋漓尽致,特别是在一个新厂上线的时候,客户对陶瓷墨水的特性尚不熟悉,这个时候,通过售后团队指导和协助客户,可以避免发生一些因不熟悉陶瓷墨水特性而产生的小问题,而且售后团队可以加快陶瓷墨水产品和喷墨机之间的磨合,减少不匹配带来的各种问题。

6.4.3　陶瓷墨水的性能参数随温度的变化规律

陶瓷墨水是由有机溶剂、无机陶瓷色料、分散剂以及一些助剂经过机械分散研磨制得的混合液体,其合适的黏度、表面张力、细度、密度等性能参数有利于喷墨打印机的流畅打印。基于陶瓷生产环境特别是温度、湿度、粉尘量等的多变性,对陶瓷喷墨打印有着重要的影响,所以通过研究环境的变化对陶瓷墨水性能的变化,有利于分析解决陶瓷喷墨生产中遇到的滴墨、挂墨等问题。

1. 实验仪器

实验仪器有数显恒温水浴锅,数显旋转黏度计,表面张力仪,比重瓶,温度计。

2. 实验方法

(1) 黏度随温度的变化实验

① 选择国产棕色墨水和进口棕色墨水各 500mL 作为样品。

② 将数显恒温水浴锅调到 25℃,并用小隔膜泵将热水连接到数显黏度计的套筒。

③ 将墨水样品装入黏度计的测量杯,进行测量,直至数据上下浮动不大且温度计探测墨水温度达到 25℃为止。

④ 记录实验数据。

⑤ 将数显恒温水浴锅从 25℃到 45℃逐步调节,并依照上述步骤进行测量记录。

(2) 表面张力随温度的变化实验

① 选择国产桔色、黄色墨水和进口黄色墨水各 500mL 作为样品。

② 将数显恒温水浴锅调到 25℃,并将墨水样品装入 100mL 烧杯并浸入水中,至温度达到 25℃后测量表面张力。

③ 记录测量实验数据。

④ 按以上步骤分别测量 35～45℃的墨水表面张力。

(3) 密度随温度的变化实验

① 选择国产黄色、米色墨水和进口黄色墨水各 500mL 作为样品。

② 将数显恒温水浴锅调到 18℃,并将墨水样品装入 100mL 烧杯并浸入水中,至温度达到 18℃后测量密度。

③ 记录测量实验数据。

④ 按以上步骤分别测量18～70℃的墨水密度。

3. 实验数据记录

墨水的黏度、表面张力、密度随温度变化的实验数据分别见表6-1、表6-2、表6-3。

表6-1 黏度随温度的变化实验数据

国产棕色墨水		进口棕色墨水	
温度（℃）	黏度（mPa·s）	温度（℃）	黏度（mPa·s）
35	19.23	35	14.52
36	18.45	36	14.03
37	18.06	37	13.71
38	17.4	38	13.29
39	16.71	39	13.02
40	16.14	40	12.68
41	15.72	41	12.3
42	15.33	42	12.05
43	14.97	43	11.7
44	14.58	44	11.50
45	14.22	45	11.32

表6-2 表面张力随温度的变化实验数据

墨色颜色	温度（℃）	表面张力（mN/m）
国产桔色	35.1	27.1
	39.2	26.3
	45.4	25.1
国产黄色	34.8	27.6
	39.7	26.9
	45.2	25.4
进口黄色	35.4	27.9
	39.7	27.1
	46.5	26.6

表6-3 密度随温度的变化实验数据

墨色颜色	温度（℃）	密度（g/cm³）
国产黄色	18	1.307
	35	1.296
	45	1.289
	55	1.282
	70	1.274
进口黄色	18	1.408
	35	1.392
	45	1.386
	55	1.376
	70	1.370
国产米色	18	1.231
	35	1.225
	45	1.217
	55	1.210
	70	1.200

4. 实验结果讨论与分析

（1）黏度随温度变化

陶瓷墨水的黏度随温度变化曲线如图 6-7 所示。

从图 6-7 分析得出，陶瓷墨水的黏度随着温度的升高而呈现线性下降趋势，生产过程中为了减少环境变化对喷墨的影响，喷墨二级墨盒（即直接连接喷墨墨水的中转装置）的温度一般在 35～45℃ 内调节，正常设置温度为 40℃。所以，如果生产中出现滴墨的情况，或者出现由于陶瓷墨水黏度太高造成打印不流畅，可以通过调节温度来调节陶瓷墨水的黏度，从而改善陶瓷墨水的流

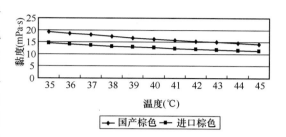

图 6-7　陶瓷墨水的黏度随温度变化曲线

动性。实验结果表明，无论是进口陶瓷墨水还是国产陶瓷墨水，35℃ 比 45℃ 的陶瓷墨水黏度一般都高 3mPa·s 左右。实验也说明国产陶瓷墨水的流动性能可与进口陶瓷墨水相媲美。

陶瓷墨水黏度随着温度的升高而降低的原因是由于陶瓷墨水的主要成分是有机油类溶剂，随着温度的升高，有机溶剂分子之间的引力降低，分子之间的内摩擦力减少，使得剪切力减少，表现为黏度数值减小。

（2）表面张力随温度变化

陶瓷墨水的表面张力随温度变化的情况如图 6-8 所示。

从实验分析数据得知，陶瓷墨水的表面张力随温度的升高而下降，但是，在陶瓷墨水的正常使用温度内（35～45℃）变化不明显，基本不影响陶瓷墨水的表面张力性能。实验也得出国产陶瓷墨水与进口陶瓷墨水的表面张力参数基本一致，由于表面张力会影响到墨滴的形成状态，所以国产陶瓷墨水与进口陶瓷墨水的打印墨滴能够相接近。

对于主要成分是有机油类的陶瓷墨水，随着温度的升高，内部分子运动加剧，分子之间的距离增大，使得分子力减弱，从而导致液体表面使其面积缩小的力减弱，即表现为表面张力减小。

（3）密度随温度变化

陶瓷墨水的密度随温度变化的情况如图 6-9 所示。

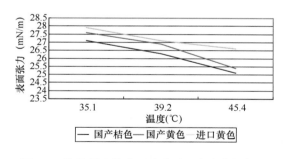

图 6-8　陶瓷墨水的表面张力随温度变化的情况

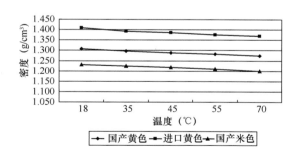

图 6-9　陶瓷墨水的密度随温度变化的情况

实验表明，陶瓷墨水的密度随着温度的升高呈线性降低趋势，但是，在陶瓷墨水的正常使用温度下（35～45℃）的变化只有 0.01g/m³，通过上机调节测试，基本不影响陶瓷墨水的打印。从进口陶瓷墨水与国产陶瓷墨水的对比来看，密度值有一定差别，国产陶瓷墨水要比进口陶瓷墨水的密度低，原因主要是与陶瓷墨水的固含量和溶剂有关。然而，从实际使用来看，密度的差异可以通过调节设备的负压等参数来达到稳定打印的状态。

陶瓷墨水随着温度升高，其中的油品受热膨胀，体积增大，所以测量得到的密度减小。

5. 结果分析

（1）陶瓷墨水在陶瓷喷墨机正常工作温度范围内（35~45℃），陶瓷墨水的黏度随着温度的升高而呈现线性下降，且变化相对较明显，说明陶瓷墨水的流动性在使用过程中可调节，实际生产如果出现滴墨或打印不流畅等与陶瓷墨水性能有关的问题，可考虑通过增减喷墨机二级墨盒的温度来调整。

（2）陶瓷墨水的密度、表面张力在喷墨机正常工作温度内（35~45℃），随着温度的升高而呈现线性下降，但数值变化相对不明显。如生产中出现陶瓷墨水温度在范围内波动，基本可以忽略表面张力、密度变化的影响。

（3）进口陶瓷墨水与国产陶瓷墨水相比，内在的性能参数（表面张力、黏度、密度）随温度变化的规律一致。

6.4.4 陶瓷墨水稳定性研究及发展趋势

随着计算机技术的发展，数字化技术（Digital technology）在我国传统制造业中的应用越来越广泛，现已成为一项非常重要的技术。喷墨打印技术是 20 世纪 70 年代末开发成功的一种非接触式的数字印刷技术（Digital printing technology），其将陶瓷墨水通过打印头上的喷嘴喷射到各种介质表面，实现了非接触、高速度、低噪声的单色和彩色的文字和图像印刷。在喷墨打印技术的基础上，将特殊的粉体制备成适用于陶瓷装饰用的陶瓷墨水，通过计算机的控制，利用特制的喷打装置，可以将配制好的陶瓷墨水直接打印到陶瓷的表面上进行表面改性或表面装饰。陶瓷喷墨打印技术（Ceramic inkjet printing technology）的广泛应用是陶瓷装饰技术的一次历史性革命，具有非常广阔的市场前景。

陶瓷装饰用彩色喷墨打印技术是将陶瓷色料粉体制成彩色陶瓷墨水，通过打印机将其直接打印到坯体、釉面或其他载体上而呈色的装饰方法，成形体的形状和尺寸由计算机控制。喷墨打印法与现有的装饰手段相比具有如下优点：① 能够实现个性化设计与制造，既节省时间，又提高效率；② 几何形状由计算机软件控制，可制作各种复杂图案；③ 有可能突破现有的装饰手段中一些人为因素的制约，进一步提高陶瓷装饰效果；④ 有利于实现多种图案小批量的陶瓷制品生产，特别适合于设计复杂图案；⑤ 可用于块体材料装饰，更适合于薄膜材料装饰。

陶瓷喷墨打印的关键技术之一是陶瓷墨水的制备。所谓陶瓷墨水就是含有某种特殊陶瓷粉体的悬浊液或乳浊液，通常包括陶瓷粉体、溶剂、分散剂、结合剂、表面活性剂及其他辅料。陶瓷喷墨打印技术作为一种数字化技术，在研究和应用领域也主要集中在装饰方面。在陶瓷产业结构调整的关键时期，陶瓷喷墨打印技术应该可以作为撬起产业朝"资源化、低碳化、数字化、个性化、功能化、智能化"发展的支点。

1. 陶瓷墨水的技术特点

所谓陶瓷墨水就是含有某种陶瓷釉料成分、陶瓷色料或陶瓷着色剂的墨水。陶瓷墨水的组成和性能与打印机的工作原理和陶瓷墨水用途有关。无机非金属颜料是墨水的核心物质，要求颗粒度小于 $1\mu m$，颗粒尺寸分布窄，颗粒之间不能团聚，有良好的稳定性，受溶剂等其他物质的影响小。溶剂是把无机非金属颜料从打印机输送到受体上的载体，同时要控制好干燥时间、陶瓷墨水黏度、表面张力等不随温度变化而改变。溶剂一般采用水溶性有机溶剂，如醇、多元醇、多元醇醚和多糖等；分散剂是帮助无机非金属颜料均匀地分布在溶剂中，并保证在喷印前粉料不发生团聚。它的主要成分是一些水溶性和油溶性高分子类、苯甲酸及其衍生物、聚丙烯酸及其共聚物等；结合剂是保障打印的陶瓷坯体或色料具有一定的强度，便于生产操作，同时可调节陶瓷墨水的流动性能，通常树脂能起到结合剂和分散剂的双重作用。表面活性剂的作用是控制陶瓷墨水的表面张力在适合的范围内；其他辅助材料主要有墨水 pH 值调节剂、催干剂、防腐剂等。

陶瓷墨水的性能要求除普通墨水的颗粒度、黏度、表面张力、电导率、pH 值外，根据陶瓷应用特点还要求一些特殊性能。如：① 要求陶瓷色料在溶剂中能保持良好的化学和物理稳定性。经长时间存放，不会发生化学反应和颗粒团聚沉淀；② 要求在打印过程中，陶瓷色料颗粒能在短时间内以最有效的堆积结构排列，附着牢固，获得较大密度的打印层，以便煅烧后具有较高的烧结密度；③ 要求打印的陶瓷色料具有高温烧成后稳定和良好的呈色性能以及与坯釉的匹配性能。

由于目前采用按需喷墨工艺，所以对电导率的要求不高。但如果采用连续喷墨工艺，对电导率会有较高要求。当然陶瓷墨水与喷头材料的适应性、喷头材料和孔径及压电特征等决定了陶瓷墨水的技术特征。

2. 提高陶瓷墨水稳定性的途径

（1）降低色料颗粒的沉降速率

首先，要求色料的粒度较小，并且需经过良好的分散，而不是团聚在一起，所以分散设备、分散方法、分散介质、分散时间等因素很重要。色料颗粒越小，布朗运动越强，颗粒会克服重力影响而不下沉。其次，可尝试降低分散相与分散介质的密度差，可通过调整色料制备工艺降低色料的密度，或通过加入添加剂（如壳聚糖等糖类物质）增加分散介质的密度。但前提是陶瓷墨水的密度要在 $1.0 \sim 1.5 \mathrm{g/cm^3}$ 的范围内。最后，在适应喷墨打印（进口陶瓷墨水要求打印温度下黏度为 $1 \sim 13 \mathrm{mPa \cdot s}$，表面张力为 $30 \sim 32 \mathrm{mN/m}$）的前提下，可以添加适量的黏度调节剂以提高分散介质的黏度 η 来降低 vs。制备陶瓷墨水可以尝试使用的黏度调节剂有：丙烯酸树脂、乙醇、异丙醇、正丙醇、正丁醇、三乙二醇甲醚、聚乙二醇甲醚、聚乙二醇、羧甲基纤维素、N,N-二甲基间甲苯胺、乙二醇苄醚、壳聚糖、四氢糠醇、吗啉等。

（2）选择合适的陶瓷色料种类

尽管目前已经研发出十余种陶瓷墨水，但陶瓷墨水的彩色范围仍较窄，鲜艳的红色色系、黄色色系和黑色色系陶瓷墨水高温烧成后的发色效果仍不是很理想，制约了陶瓷墨水在陶瓷砖装饰上的应用。

首先，陶瓷色料的发色主要决定于微观结构，即离子的结构、电价、半径、配位数及离子间的相互极化作用。陶瓷色料的着色主要可分成三大类：晶体着色、离子着色和胶体着色。第一类是晶体着色，它占了大多数，如刚玉型的铬铝红、金红石型的钒锡黄、锆英石型的钒锆蓝、尖晶石型的钴铁铬铝黑、石榴石型的维多利亚绿等；第二类是离子着色，我国传统的铁青釉就是典型的离子着色；第三类是胶体着色，铜红釉的着色就是依靠氧化亚铜胶体粒子。

其次，发色效果除了与着色离子等因素有关外，还与载体的形式有关。若形成固溶体、包裹体、尖晶石等载体结构，可提高色料的呈色稳定性。再次，陶瓷墨水要求具备超强的发色饱和度和稳定性，而陶瓷色料的粒径对发色效果的影响很大。黑色色料的呈色机理主要是通过颜色的减色混合原理实现的，即通过几种色料颗粒对不同波段的可见光进行选择性吸收，最终将 $400 \sim 700 \mathrm{nm}$ 波段的可见光全部吸收，从而使釉面呈现黑色。特别是含钴的黑色料，粒度越小，黑度越好。棕色色料随着粒度的减小，一般红、黄调会增大，但颜色深度会明显变浅。由于人眼对棕色的色差敏感，即使在 AE 很小的情况下，也能观察出来。锆系三原色色料存在结构不稳定的问题，随着粒径的减小，在釉料中的发色饱和度明显降低。锆系灰色色料随着粒度的减小，呈色更加均匀。钒锆黄色料属"媒染型"色料，结构稳定性差，粒度的减小对色调影响明显。包裹色料受粒度的影响非常大，长时间研磨易使包裹结构受到破坏，缺陷增多，导致发色变浅。Co-Si 系统的宝蓝色料属离子着色，在乳浊釉中的粒度越小，呈色越均匀；在透明釉中，随着粒度减小，游离到釉中的 Co^{2+} 转化为四配位的机会增多，其紫红调减小，蓝调增大。在陶瓷色料结构体系中，尖晶石型陶瓷色料的晶体结构致密、发色稳定、气氛敏感度小，特别是高温稳定性和化学稳定性好。如钴蓝系列、棕黄系列和黑色系列，而且尖晶石结构色料的细度越小饱和度反而越好。

因此，陶瓷墨水最好选择尖晶石等结构类型的陶瓷色料。目前陶瓷墨水色料的生产主要采用固相法，原料的活性、原料的粒度、混料的均匀程度、表面活性剂、矿化剂种类及用量、烧成制度等因素对色料的合成至关重要。由于纳米级原料的表面吸附、团聚作用较大，混料的均匀程度较难控制，且固体反应时组分扩散只能在微米级，因此产品的质量不理想，存在色料色彩明度低、着色能力差、显色稳定性差和色差等问题。由于固相法具有制备工艺简单、成本较低、技术成熟等优点，所以它被广泛地使用。制备时也可考虑以均匀系统代替非均相系统，即采用化学共沉淀法、溶胶—凝胶法、水热法、微乳液法等方法制备高性能陶瓷墨水颜料。也有许多专家在利用化学共沉淀法、溶胶—凝胶法等液相法来制备陶瓷墨水色料，但当前存在所制备的墨水发色较浅、中位粒径$>1\mu m$，且粒径分布不均匀等问题，还需要继续深入研究。可用于加工陶瓷墨水色料的设备，主要有干法气流磨和湿法搅拌式球磨机。其中，气流磨是以气流作为介质，通过环形超音速喷嘴加速形成高速气流，带动颗粒加速，相互碰撞导致颗粒粉碎。粉碎后的颗粒经过涡轮气流分级机分级，合格颗粒进入收集系统，不合格颗粒返回粉碎机继续粉碎。若使用搅拌式球磨机对颜料粗品进行球磨，需要在处理粉体至亚微米级之后，再通过分级设备的分离，以得到亚微米级的产品。

（3）对色料颗粒进行表面改性

目前，针对纳米 SiO_2、纳米 TiO_2、纳米 ZnO、纳米 $CaCO_3$、纳米 Fe_2O_3、纳米 SiC 等纳米级无机粉体的改性技术已经较为成熟。制备陶瓷墨水时可借鉴这些技术对陶瓷色料进行改性。按改性原理的不同，纳米无机粉体表面改性可分为物理法和化学法两大类。物理法表面改性技术包括表面活性剂法、表面沉积法和高能表面改性等。化学法表面改性技术包括机械力化学改性和表面化学改性。其中表面化学改性是利用改性剂中的有机官能团，与无机粉体表面进行化学吸附或反应进行表面改性。它可以分为偶联剂法、酯化反应法、表面接枝改性法。偶联剂法是通过偶联剂与纳米粒子表面的化学反应，使得两者通过范德华力、氢键、配位键、离子键或共价键相结合。酯化反应是指金属氧化物与醇的反应，利用酯化反应法可使得粒子亲水疏油的表面变为亲油疏水的表面。表面接枝改性法是通过化学反应在无机纳米粒子表面接枝高聚物，接枝可分为三种类型：聚合与接枝同步进行、颗粒表面聚合生长接枝和偶联接枝。

（4）选择合适的陶瓷墨水分散剂

分散剂可以帮助陶瓷色料颗粒均匀地分布在溶剂中，并保证在喷墨打印之前微粒不发生团聚。制备陶瓷墨水可以尝试使用的分散剂有：亚甲基双萘磺酸钠（NNO）、聚羧酸类化合物、聚乙二醇 20000、海藻酸钠、聚丙烯酸（PAA-20000）、聚丙烯酸铵、焦磷酸钠等。EF-FA-4300 为聚丙烯酸酯型高分子，主链的多个点位上悬挂有羧基官能团。一般含有 N、O 等官能团的有机物对无机物都有一定亲和性，能够和无机物的羧基形成氢键，锚固在无机物颗粒表面；另一方面主链上的大分子可溶性基团在溶剂中充分伸展，形成位阻层，充当稳定部分，阻碍颗粒碰撞聚集和重力沉降，起到稳定墨水的作用。制备陶瓷墨水可尝试埃克森美孚、空气化工等公司已经成熟的商品化超分散剂，如 Solsperse-13940、EFKA-4010、EFFA-4300 等，不仅分散效果好，而且具有性能稳定、不腐蚀喷头等优点。超分散剂的分子结构含有两个在溶解性和极性上相对的基团，分别产生锚固作用和溶剂化作用。其中一个是较短的极性基，称为亲水基，其分子结构能使其较容易定向排列在物质表面或两相界面上，降低界面张力，对水性分散体系有很好的分散效果。超分散剂的另一部分为溶剂化聚合链，聚合链的长短是影响超分散剂分散效果的重要因素。聚合链长度过短时，不能产生足够的空间位阻，效果不明显；如果过长，将对介质亲和力过高，不仅会导致超分散剂从粒子表面解吸，而且还会引起在粒子表面过长的链发生反折叠现象，从而压缩了空间位阻层或者造成与相邻分子的缠结，最终发生颗粒的再聚集或絮凝。

（5）陶瓷对色料颗粒进行聚合物微胶囊包裹

采用长链聚合物对陶瓷色料颗粒进行聚合物微胶囊包覆，能够有效阻隔陶瓷色料粒子团聚，提高陶瓷色料颗粒与聚合物基体的界面相容性和在介质中的分散性能，包覆后的颗粒可以看成是核层和壳层组成的复合颗粒。聚合物微胶囊包裹可采用物理和化学包覆法。溶液蒸发法、喷雾造粒法或静电吸附法都属于物理包覆过程。溶液蒸发法是将囊壁材料以适当的溶剂溶解后，与陶瓷色料充分混合，再通过加热等方法使溶剂挥发掉，陶瓷色料与聚合物一直保持在液相，直至溶剂蒸干。随着溶剂的不断减少，聚合物不断被吸附在颜料表面，形成微胶囊；喷雾造粒法是将陶瓷色料粉碎至一定细度后，与一定浓度的聚合物溶液混合，制成悬浊的浆料。把该浆料经喷雾装置高速喷出，同时向其中鼓入热空气，颜料再喷出，下落过程中，颗粒表面的溶剂迅速蒸发掉。囊材沉积在颜料表面，形成微胶囊；化学包覆的方法有微乳液聚合法、悬浮聚合法和分散聚合法等。化学包覆成功的关键是聚合物和陶瓷色料粒子间必须有某种结合力产生。但陶瓷色料微粒表面一般为惰性，很难和聚合物产生化学接枝。可在陶瓷色料颗粒表面通过偶联反应接上一些有机基团，如—OH、—RNH_2、—RSH、—NHR、—C＝C—R—N＝N—R、—R—O—O—R 等，或者通过氧化还原或加热使聚合物与陶瓷色料颗粒产生化学反应，直接在粒子表面产生自由基，引发乙烯基单体聚合。在陶瓷墨水的研发过程中可尝试使用的包裹聚合物有：聚甲基丙烯酸甲酯、聚苯乙烯、聚醋酸乙烯酯和聚吡咯等。

3. 陶瓷墨水的未来发展趋势

综观国内外喷墨技术的现状与发展，喷头、设备与陶瓷墨水创新不断，并且创新空间仍然十分巨大，陶瓷墨水的创新将驱动建筑陶瓷产品的转型升级。目前，陶瓷墨水朝着水性体系和功能化两大创新技术方向发展。水性陶瓷墨水又将细分为抛光砖墨水和大墨量墨水，而功能陶瓷墨水又包括具有环境友好型的负离子功能、抗菌杀菌功能、自洁功能、防静电功能和特殊装饰效果功能的下陷 3D 效果、贵金属效果、闪光效果等陶瓷墨水。陶瓷墨水的创新，将促进五位一体釉线技术，实现施釉＋炫彩＋装饰＋功能＋喷釉为一体的釉线装饰材料墨水化，使得建筑陶瓷更具个性化、功能化、艺术化，成为美化人居环境的建材首选。

功能陶瓷墨水是指用于瓷砖的釉面表层，赋予瓷砖有益于人身体健康或特殊效果、特定环境特殊要求的附加功能，是色料墨水成熟应用之后发展起来的陶瓷墨水新品。利用喷墨技术将功能性陶瓷墨水打印在陶瓷砖上，可以实现建筑陶瓷的个性化和功能化，顺应了国家政策和消费主流。对于陶瓷企业研制新产品，打造品牌具有十分重大的意义。

近年来，国内陶瓷墨水企业专注于功能陶瓷墨水的研发，并成功研发出负离子墨水、下陷墨水、爆花墨水、金属效果墨水、闪光墨水、自洁墨水、变色墨水等功能性陶瓷墨水。目前，在各大产区以及海外一些大型品牌企业已经应用功能陶瓷墨水进行产品创新取得了重大的成效。另外，在一些适合我国国情的功能陶瓷墨水方面，负离子墨水在国际上未见相关报道。

（1）特殊陶瓷墨水及陶瓷墨水加工技术

传统陶瓷墨水在亮度强度、彩色范围、印刷质量、均匀性和稳定性等方面还有许多问题需要研究。陶瓷墨水喷墨时要求墨滴小、喷墨快、墨滴可变、能实现 8 级灰度，因为这些方面取决于陶瓷墨水的流速、黏度与密度等物理参数，低密度决定了陶瓷墨水的高亮强度，研究高强度发色色料是今后的重要课题。

尽管目前已经研发出 11 种陶瓷墨水，但陶瓷墨水的彩色范围仍较窄。绚艳的红色色系、黄色色系和黑色色系陶瓷墨水仍极少见，制约了陶瓷墨水在陶瓷砖装饰上的应用。此外，陶瓷墨水的加工技术具有局限性，如分散法虽然色系较多、彩色范围较广、成本较低，但由于其颗粒度较大，陶瓷墨水的稳定性问题仍有待探索。研究陶瓷墨水加工方法和在亮度强度、彩色范围、印刷质量、均匀性和稳定性上有明显优势的产品仍是未来陶瓷墨水开发的主要方向。

（2）负离子功能墨水

负离子陶瓷墨水数码技术是将负离子材料研制成陶瓷墨水并应用陶瓷喷墨机打印在陶瓷砖表面，经烧成后能够永久产生负离子的技术。它具有成本低廉、不影响砖面图案效果、负离子发生量高、放射性达到 A 类合格水平、应用方便等优点。经建筑材料工业环境监测中心按照负离子陶瓷砖的检测标准检测得到的报告,空白样品负离子浓度(本底负离子浓度)平均值为 230 个/s·cm²,而负离子砖的负离子浓度平均值为 2022 个/s·cm²,负离子增量为 1792 个/s·cm²。

负离子砖就是使用数码喷墨打印技术将负离子材料打印在砖面上,再经烧成得到的功能陶瓷砖。砖面上的负离子材料通过微元素的辐射和放电作用,使得空气发生电离产生自由离子,自由离子与其他中性气体分子结合后,就形成带负电荷的空气负离子。砖面上的负离子材料通过高温熔入到砖面,通过技术处理后,不会被磨掉,并且具有永久激发空气产生负离子的功效。空白样品也能检测到一些负离子的原因就是陶瓷砖配方本身就有一些能够释放负离子的材料。负离子砖产生的负离子可以净化空气,能让人精力充沛,提高人们的工作效率,在一些公共场所,如学校、医院、办公楼、养老院、娱乐场所等地方将能发挥很好的作用,有利于改善人们的健康。

(3)变色功能墨水

变色功能墨水是将稀土元素的发光特性充分应用在陶瓷喷墨墨水中,利用稀土独特的光学性能作为着色或助色原料。近些年来,稀土在高级建筑装饰材料和艺术陶瓷、日用瓷等方面的应用越来越广泛,能够达到一些传统色料不能达到的效果。使用稀土原料烧制成的陶瓷是采用一般着色剂的产品无法比拟的,其色泽艳丽、柔润、均匀,如桔黄、娇黄、浅蓝、银灰、紫色等,且独有的变色和发光效果,更是精绝。随着照射光线强弱的不同而变化的各种颜色异彩纷呈、瑰丽多姿。变色功能墨水喷印在陶瓷砖表面经烧结后,由于稀土氧化物谱线繁多,其在可见光区具有多个明显狭窄的吸收峰,在不同光照下能呈现出不同的色彩,其中以钕稀土为变色材料的陶瓷墨水在日光灯下呈现出蓝色的色彩,而在弱光下呈现出粉红调的色彩。变色功能墨水经过对粉体进行改性,具有良好的使用稳定性和高温呈色稳定性,适应现在市面上流行的各种喷头和喷墨设备。

(4)下陷功能墨水

下陷功能墨水是使用在高温条件下能够产生溶蚀效果的材料制得的陶瓷墨水,其下陷效果深浅可调节,下陷线条宽度可减小到 1mm 以下便可以达到相同的瓷砖图案,相比下陷釉节省至少 50% 以上的用量。它的烧成温度范围广,在 1000~1200℃ 之间均可,一次烧、二次烧墙地砖均可。下陷功能墨水不会影响砖面色彩的发色,其表现的立体、简洁、高贵的效果,是新一轮开发新产品高峰的首选科技产品。目前,已在一些知名陶瓷品牌厂家应用,在开发抛釉砖类、墙纸类产品和一些小地砖产品上效果明显,形成异彩纷呈的图案,图案逼真,市场反馈很好,下陷功能墨水开启了 3D 打印新时代。

(5)自洁功能墨水

自洁功能墨水是使用特殊材料制得的陶瓷墨水,经喷墨打印后均匀施在陶瓷砖表面上。随着居住要求不断提高,人们对生态环境的重视程度也越来越高,致力于利用自然条件和人工手段来创造一个更舒适、健康的生活环境,同时又要控制自然资源的使用,保持建筑外观的美丽洁净。自洁陶瓷在日本国家已得到大量的应用,其主要原理是瓷砖表面有一层经高温烧成后能够使得瓷砖表面细腻光亮平滑的材料,即憎水材料,从而使得污垢极难附着在瓷砖表面上,非常容易清洁。一个很简单的检测方法,可以对比喷印了自洁功能墨水的瓷片砖与普通瓷片砖的自洁效果,即在砖面上倒 100g 左右的水,然后用嘴吹砖面的水。将会发现具有自洁效果的砖能够使得水很容易流动,而普通的亮面砖则很难使水流动。所以,对于使用了自洁功能墨水的外墙砖和应用在厨房、卫生间的瓷砖就具有很好的清洁效果。

(6)其他功能墨水

闪光墨水开启喷墨打印金碧辉煌的时代,喷印在瓷砖釉面,高温烧成后析出矿物晶体可使釉面强烈反光。金属墨水点石成金,打造陶瓷中的土豪金,墨水喷印在瓷砖釉面上,有金属般的光泽,有金色、黄、黑色、银灰色等系列。夜光墨水喷印在瓷砖表面后经烧成,瓷砖在黑暗的条件下能够发光。银离子和二氧化钛材料能起到抗菌杀菌的作用,所以把一些银离子和二氧化钛材料制作成陶瓷墨水喷印在瓷砖表面经烧成,使得瓷砖具有抗菌杀菌的效果。除此之外,还有一些珠光效果的墨水、可喷大墨量的亲水釉料墨水、使得瓷砖表面具有凹凸效果的憎水墨水、可粘颗粒的胶水墨水等。

4. 结语

喷墨打印技术在今后的陶瓷装饰材料中将起到越来越重要的作用，陶瓷墨水的制备会越来越受到陶瓷生产厂家的重视。陶瓷墨水制备中存在两个问题：一是陶瓷颗粒在墨水中的稳定分散，二是陶瓷墨水理化性能与打印机硬件要求的匹配。为了实现陶瓷墨水也能像普通打印墨水一样，经高频压电式振动，通过微型喷管形成高速的液滴流，不仅要严格控制陶瓷墨水的电导率、pH 值、黏度和表面张力，更重要的是陶瓷粉体在陶瓷墨水中须为无团聚的单分散状态，稳定性好、无絮凝效应，要保证喷射液滴落向载体后，单分散颗粒在溶剂挥发过程中形成最大密度堆积从而获得高密度陶瓷成形坯体。因此，使陶瓷粉体达到均匀稳定的分散状态是成功配制陶瓷墨水的关键。

目前制备高性能的陶瓷墨水的三种方法中都存在一些不足，如：分散法的主要问题是工艺简单粗糙，固相颗粒过大，分散效果不好，会导致喷墨的喷头堵塞；溶胶法是比较成熟的合成方法，但是制备的陶瓷墨水固相含量低，长期放置会出现沉淀导致其稳定性很差；反相微乳液法属于比较新颖的方法，但制备难度大，成本较高，不适应大规模工厂化生产。如何改进陶瓷墨水的制备方法让其更好地适应喷墨打印机的要求仍然是现阶段亟待解决的技术难题。随着喷墨打印机和陶瓷墨水制造加工技术的日益完善和成熟，这种新技术和材料必将在我国陶瓷墙地砖行业获得广泛的应用。同时我们也建议陶瓷墙地砖行业积极采用这种先进的技术与材料，创造条件使用国产陶瓷墨水，让国产陶瓷墨水能够健康快速发展。

6.5 陶瓷墨水的主要生产设备

6.5.1 预分散机

由于砂磨机的研磨介质尺寸很小，仅为 0.3~0.6mm，研磨过程中陶瓷墨水在砂磨机研磨腔和循环搅拌缸之间循环流动，而研磨介质停留在研磨腔内工作，大多数砂磨机都使用了金属网或陶瓷格栅来拦截分离研磨介质，这种金属网或格栅通过尺寸一般小于 0.2mm，容易堵塞，所以进入砂磨机研磨前的陶瓷墨水混合组分需要进行预分散破坏大团聚体，然后过筛去除异物后，才能进入砂磨机研磨。

使用高速分散机可以得到理想的预分散效果，高速分散剂有两种不同的分散盘，一种配剪切分散头，一种配齿状分散盘。难分散的物料采用剪切分散盘可快速达到理想分散，容易分散的物料采用齿状分散盘就可以达到理想分散效果。在配置齿状分散盘的高速分散搅拌缸中，齿状分散盘高速旋转，靠近分散盘表面的区域，流体线速度高，动压高而静压极低，上下区域的物料在静压差的作用下快速向分散盘移动，粉料团块被分散盘上的齿状结构粉碎，这样不断循环，得到无可见团块的颗粒分散液。而在配置剪切头的高速分散机搅拌缸中，物料在剪切头转子的抽吸作用下，不断穿过定子和转子之间的齿状缝隙，粉料团块不断被挤压、剪切而解聚团，逐渐得到良好分散的色料悬浮液。

6.5.2 砂磨机

砂磨机的核心机构是研磨腔。它是一个陶瓷圆筒，内部安装陶瓷或硬质合金的搅拌器，研磨时，物料从循环搅拌缸由入料口进入研磨腔，和被搅拌器旋转搅拌下高速剧烈运动的研磨介质小球混合，受到碰撞、剪切、挤压等多种形式的机械作用，达到研磨效果，穿过研磨腔的物料经料球分离装置分离后，由出料管排出进入循环研磨缸。物料在研磨腔和研磨机外置的循环搅拌缸之间循环，以一次次地经过研磨腔得到研磨而逐步细化。由于受到研磨介质小球的剧烈研磨和墨水溶剂的长期浸泡，研磨腔内接触物料的部件都是耐磨耐腐蚀的陶瓷材料，使用较多的有氧化钇稳定的氧化锆陶瓷、碳化硅、碳化钨等。氧化锆陶瓷由于耐磨、强度好、价格适中，大量用于研磨腔内的运动部件，如搅拌盘、涡轮盘等；碳化硅耐磨性好，但强度不如氧化锆陶瓷，用于固定部件，如研磨腔筒体、端盖较多；碳化钨耐磨、强度好，但价格昂贵，主要用于棒梢式砂磨机的搅拌棒梢。

6.5.3 研磨介质

陶瓷墨水研磨分散使用的研磨介质一般为直径 0.2～0.8mm 的二氧化锆陶瓷小球，以三氧化钇稳定的白色二氧化锆陶瓷小球使用较多，而氧化铈稳定的小球使用较少。根据研磨机的研磨细度和格栅、分离网的通过尺寸选用合适的研磨介质小球。如果采用分级研磨法生产陶瓷墨水时，粗磨选用较粗的小球，细磨要求使用较细的介质小球，一般细磨选用 0.3～0.4mm 尺寸的小球，粗磨选用 0.6～0.8mm 不等。

研磨介质选用时要考虑几方面性能，即耐磨性、强度和韧性、尺寸均匀性。耐磨小球的耐磨性好，可以使用更长的时间。质量较好的二氧化钇、稳定的二氧化锆小球研磨 1t 陶瓷墨水的磨耗小于 0.5kg。良好的强度和韧性可以避免介质小球在工作中脆裂以致堵塞研磨机分离装置。尺寸的均匀性有助于确保不会有过多比选用尺寸更细的小球堵塞分离器。

6.5.4 过滤器

陶瓷墨水的过滤采用微孔滤芯多级过滤工艺，使用的微孔滤芯为熔喷滤芯或折叠滤芯，采用不同滤孔尺寸的滤芯串联形成多级过滤器。待滤陶瓷墨水在泵的驱动下依次由粗到细通过各级滤芯，达到过滤效果。过滤器的级数越多，过滤效果越好，越不容易堵塞。

过滤器各级滤芯之间安装液压表，可以通过各自压力的变化判断该滤芯的堵塞情况，及时更换。

6.6 陶瓷墨水用溶剂

在油墨、涂料工业中，溶剂一词的广泛涵义是指那些用来溶解或分散成膜物质，形成便于施工的溶液，并在涂膜形成过程中挥发掉的液体。由于溶剂是挥发性的液体，习惯上称作挥发分。大多数油墨、数码喷墨墨水、涂料、胶粘剂含有挥发分，它们在施工和成膜时挥发掉。挥发分在施工时降低黏度，并在施工和成膜时控制黏度变化。挥发分会影响爆孔、流挂和流平，并会影响附着力和户外耐久性，因此设计配方时需要考虑溶剂的选择对墨膜性能的影响。有时，挥发分必须是配方中树脂的溶剂，有时，希望有非溶剂的挥发分。根据溶剂的意义，溶剂包括能溶解成膜物质的溶剂（也称真溶剂），能增进溶剂溶解能力的助溶剂，能稀释成膜物质溶液的稀释剂和能分散成膜物质的分散剂。为了获得满意的溶解及挥发成膜效果，在产品中往往采用混合溶剂，而很少采用单一的溶剂。

陶瓷喷墨墨水中的溶剂主要是作为载体将着色剂从打印机输送到受体上，同时又控制着干燥时间，使陶瓷墨水的黏度、表面张力等不易随温度变化而改变，保证陶瓷墨水的稳定性和打印过程的顺利。由于着色剂的固体属性，其在溶剂中往往处于悬浮状态而非溶解状态，陶瓷墨水的黏度、表面张力等物化性能主要受溶剂影响，因此陶瓷喷墨墨水中所使用的溶剂一般选择本身物化性能较为稳定的溶剂，如脂肪烃、芳香烃、醇类、醚类、醇醚类、酯类等有机溶剂。同时，为确保打印后的文字或图案的干燥速度以防止不同颜色的陶瓷墨水之间的交互混溶，还要求溶剂有一定的挥发性。针对不同颜色的着色成分，需要配以不同的溶剂以保证陶瓷墨水良好的挥发性，即干燥速度。另外，溶剂的安全性、对人体的毒性都是油墨工作者在设计喷墨配方、选择溶剂时所要考虑的问题。

6.6.1　溶剂特性及选择原则

1. 溶解力

溶解力是溶剂能够将溶质（高聚物）分散和溶解的能力。判断溶剂对高聚物溶解力的强弱，一般可以通过观察一定浓度溶液的形成速度或观察一定浓度溶液的黏度来决定。溶解力越强，溶解速度越快，溶液的黏度越低。还可以根据溶液的稳定性或溶液适应温度变化的能力来判断，溶解力越强，溶液贮存中没有不溶物析出或分层，受温度变化产生的不良影响也越小。

溶剂对高分子聚合物溶解力的大小，溶解速度的快慢，主要取决于溶剂分子和高分子聚合物分子间的亲合力所决定的溶剂向高分子聚合物分子间隙中扩散的难易，也即溶剂对聚合物的溶解力不是溶剂单方面的性质。

（1）极性相似原则

极性相似的原则是最早出现的判断溶剂对物质溶解能力大小的经典理论。依据该原则，四氯化碳的分子是个对称的四面体，任何沿着 C—Cl 键中之一的应力都被其他的 C—Cl 键所抵消，整个分子没有电性的不对称，因此测得这个溶剂的偶极矩等于零，称作非极性物质。而与四氯化碳形成对比的甲醇分子，它的一端是羟基基团显负电性，另一端的甲基显正电性，由于分子中电性的不对称分布，应力不再平衡，分子两端各带有不同的电荷，因此这种物质可以测得其偶极矩的数值，我们称其为极性物质。偶极矩数值由零到越来越大，则构成非极性物质—弱极性物质—极性物质系列。

这里所讲的偶极矩是指两个电荷中，一个电荷的电量与这两个电荷距离的乘积。即一个分子中的正电荷（$+\varepsilon$）与负电荷（$-\varepsilon$）的中心分别以 d_1 和 d_2 时，则偶极矩$=\varepsilon \cdot d_1 \cdot d_2$，用以表示一个分子中的极性大小。如果一个分子中的正电荷和负电荷排列不对称，则引起电性的不对称，分子中的一部分具有较明显的电正性，而另一部分具有显著的电负性，这些分子彼此之间能够相互吸引，因此偶极矩的大小表示了分子极化程度的大小，是分子极性理论中判断物质是极性物质、弱极性物质还是非极性物质的依据。表 6-4 列出了一些溶剂的偶极矩数据。

表 6-4　常用溶剂的偶极矩

溶剂名称	偶极矩（10^{-30} C·m）	溶剂名称	偶极矩（10^{-30} C·m）
苯	0.0	丙酮	8.97
甲苯	1.23	环己酮	10.0
对二甲苯	0.0	二丙酮醇	10.80
间二甲苯	1.134	异氟尔酮	13.2
邻二甲苯	1.47	醋酸乙酯	6.27
甲醇	5.55	醋异戊酯	6.37
乙醇	5.6	醋酸正丁酯	6.14
正丙醇	5.53	醋酸异丁酯	6.24
异丙醇	5.60	醋酸异戊酯	6.07
正丁醇	5.60	乳酸丁酯	1.9
异丁醇	5.97	乙二醇乙醚	2.08
乙二醇丁醚	6.94	二氯甲烷	3.80
1,1,1-三氯乙烷	5.24	三氯甲烷	1.2
环己烷	0.0	石脑油	0.0

（2）溶解现象的极性理论

20 世纪 30 年代后，油墨用的树脂越来越多，凭经验选择溶剂和混合溶剂更困难了。"相似相溶"通则从硝基纤维素的经验中扩大了，弱氢键碳氢溶剂与强氢键醇的混合物，它的溶解性与中等氢键的酯和酮相似。极性溶剂分子间互相"缔合"，极性溶剂的黏度要比分子量接近的非极性溶剂黏度高，同时使某些物理性质，如沸点、熔点、蒸发潜热、内聚能提高，挥发度降低。

我们知道，溶质在溶剂中的溶解与溶质和溶剂分子自身的内聚力以及溶质和溶剂分子间的作用大小有关，如果以 A 表示溶剂，B 表示溶质。以 F_{AA} 表示溶剂分子间的自聚力，F_{BB} 表示溶质分子间的自聚力，F_{AB} 表示溶剂和溶质分子间的相互作用力。若同种分子间的自聚力大于不同分子间的作用力，即 $F_{AA} > F_{AB}$ 或 $F_{BB} > F_{AB}$，则两种分子趋于自聚，不相混溶。反之，如果 $F_{AB} \geqslant F_{AA}$ 或 $F_{AB} \geqslant F_{BB}$，则溶质便可溶解在溶剂中。物理化学领域的研究表明，作用于分子间的作用力通常包括范德华力和氢键力，范德华力又包括取向力、诱导力和色散力。在一种物质和另一种物质混合之前，必须克服这些吸引力，即作用于溶剂和溶质分子间的作用力相同时，最容易实现自由混合。当溶剂和溶质的溶解度参数相同时，就表示其单位体积内全部分子的作用力相同，这时溶质在溶剂中便可以溶解，因此溶解度参数作为物质分子间的吸引力的一种测量，可以作为表征物质溶解性的一个物理量。表 6-5 和表 6-6 分别列出了常用溶剂和聚合物的溶解度参数。

表 6-5 常用溶剂的沸点、摩尔体积 V、溶解度参数 δ 和极性分数 P

溶 剂	沸点（℃）	V (mL/mol)	δ (cal$^{0.5}$/cm$^{1.5}$)	P
二异丙醚	68.5	141	7.0	—
正戊烷	36.1	116	7.05	0
异戊烷	27.9	117	7.05	0
正己烷	69.0	132	7.3	0
正庚烷	98.4	147	7.45	0
二乙醚	34.5	105	7.4	0.033
正辛烷	125.7	164	7.55	0
环己烷	80.7	109	8.2	0
甲基丙烯酸乙酯	160	106	8.2	0.096
氯乙烷	12.3	73	8.5	0.319
1,1,1-三氯乙烷	74.1	100	8.5	0.069
乙酸戊酯	149.3	148	8.5	0.070
乙酸丁酯	126.5	132	8.55	0.167
乙二醇乙醚醋酸	156.3	—	8.7	—
酯	76.5	97	8.6	0
四氯化碳	157.5	140	8.65	0
正丙苯	143.8	115	8.66	0
苯乙烯	102.0	106	8.7	0.149
甲基丙烯酸甲酯	72.9	92	8.7	0.052
乙酸乙烯酯	138.4	124	8.75	0
对二甲苯	101.7	105	8.8	0.286
二乙基酮	139.1	123	8.8	0.001
间二甲苯	136.2	123	8.8	0.001
乙苯	152.4	140	8.86	0.002
异丙苯	110.6	107	8.9	0.001
甲苯	80.3	90	8.9	—

续表

溶　剂	沸点（℃）	V（mL/mol）	δ（cal$^{0.5}$/cm$^{1.5}$）	P
丙烯酸甲酯	144.4	121	9.0	0.001
邻二甲苯	77.1	99	9.1	0.167
乙酸乙酯	57.3	85	9.1	0.215
1,1-二氯乙烷	90.3	83.5	9.1	0.746
甲基丙烯腈	80.1	89	9.15	0
苯	61.7	81	9.3	0.017
三氯甲烷	79.6	89.5	9.3	0.510
丁酮	121.1	101	9.4	0.010
四氯乙烯	54.5	80	9.4	0.131
甲酸乙酯	125.9	107	9.5	0.058
氯苯	212.7	143	9.7	0.057
苯甲酸乙酯	39.7	65	9.7	0.120
二氯甲烷	60.3	75.5	9.7	0.165
顺式二氯乙烯	83.5	79	9.8	0.043
1,2-二氯乙烷	20.8	57	9.8	0.715
乙醛	218	123	9.9	0
萘	155.8	109	9.9	0.380
环己酮	118.0	—	8.4	—
甲基异丁基酮	64～65	81	9.9	—
四氢呋喃	46.2	61.5	10.0	0
二硫化碳	101.2	85	10.0	0.006
二氧六环	156	105	10.0	0.029
溴苯	56.1	74	10.0	0.695
丙酮	210.8	103	10.0	0.092
硝基苯	93	101	10.4	0.092
四氯乙烷	77.4	66.5	10.45	0.802
丙烯腈	97.4	71	10.7	0.753
丙腈	115.3	81	10.7	0.174
吡啶	184.1	91	10.8	0.063
苯胺	165	92.5	11.1	0.682
二甲基乙酰胺	16.5	76	11.1	0.710
硝基乙烷	161.1	104	11.4	0.075
环己醇	117.3	91	11.4	0.096
正丁醇	107.8	91	11.7	0.111
异丁醇	97.4	76	11.9	0.152
正丙醇	81.1	53	11.9	0.852
乙腈	153.0	77	12.1	0.772
二甲基甲酰胺	—	—		—
乙酸	117.9	57	12.6	0.296
硝基甲烷	−12	54	12.6	0.780
乙醇	78.3	57.6	12.7	0.268

溶　剂	沸点（℃）	V（mL/mol）	δ（cal$^{0.5}$/cm$^{1.5}$）	P
二甲基亚砜	189	71	13.4	0.813
苯酚	181.8	87.5	14.5	0.057
甲醇	65	41	14.5	0.388
碳酸乙烯酯	248	66	14.5	0.924
二甲基砜	238	75	14.6	0.782
丙二腈	218.9	63	15.4	0.476
乙二醇	198	56	15.7	0.476
丙三醇	290.1	73	16.5	0.468
甲酰胺	111.20	40	17.8	0.88
水	100	18	23.2	0.819

表 6-6　聚合物的溶解度参数

聚合物	δ（cal$^{0.5}$/cm$^{1.5}$）	聚合物	δ（cal$^{0.5}$/cm$^{1.5}$）
聚甲基丙烯酸甲酯	9.0～9.5	聚四氟乙烯	6.2
聚丙烯酯甲酯	9.8～10.1	聚三氟氯乙烯	7.2
聚醋酸乙烯酯	9.4	聚氯乙烯	9.5～10.0
聚乙烯	79.～8.1	聚偏氯乙烯	12.2
聚苯乙烯	8.7～9.1	聚氯丁二烯	8.2～9.4
聚异丁烯	7.7～8.0	聚丙烯腈	12.7～15.4
聚异戊二烯	7.9～8.3	聚甲基丙烯腈	10.7
聚对苯二甲酸乙二酯	10.7	硝酸纤维素	8.5～11.5
聚己二酸己二胺	13.6	聚丁二烯/丙烯腈 82/18	8.7
聚氨酯	10.0	聚丁二烯/丙烯腈 75/25～70/30	9.25～9.9
环氧树脂	9.7～10.9	聚丁二烯/丙烯腈 61/39	10.3
聚硫橡胶	9.0～9.4	聚乙烯/丙烯橡胶	7.9
聚二甲基硅氧烷	7.3～9.6	聚丁二烯/苯乙烯 85/15～87/13	8.1～8.5
聚苯基甲基硅氧烷	9.0	聚丁二烯/苯乙烯 75/25～72/28	8.1～8.6
聚丁二烯	8.1～8.6	聚丁二烯/苯乙烯 60/40	8.7

溶解度参数在油墨工业科研和生产实践中的应用，可归纳为以下几个方面：

① 判断树脂在溶剂中是否可以溶解。

② 预测两种溶剂的互溶性。

③ 预测两种树脂液的互溶性。

④ 判断涂膜的耐溶剂性。

⑤ 帮助选用适宜的增塑剂

（3）溶剂选择

在大多数情况下，如溶剂的溶解度参数差值不大于 $1cal^{0.5}/cm^{1.5}$ 时，就可以互溶。同样理由，高聚物也要求溶解于溶解度参数值相似或相同的溶剂中。对于非晶态的非极性高聚物，选择溶解度参数相近的溶剂即可。对于非晶态的极性高聚物，要求溶剂的溶解度参数和极性都要与高聚物接近才能使其溶解。总之，既要符合"相似相溶"的规律，又要符合"极性相近"的原则。

在选择高聚物的溶剂时，除了使用单一溶剂外还可使用混合溶剂，有时混合溶剂对高聚物的溶解能力甚至比单独使用任一溶剂时还要好。混合溶剂的溶解度参数 δ 混大致可以按式（6-4）进行调节：

$$\delta_{混} = \phi_1 \cdot \delta_1 + \phi_2 \cdot \delta_2 \qquad (6\text{-}4)$$

式中，ϕ_1 和 ϕ_2 分别表示两种纯溶剂的体积分数，δ_1 和 δ_2 是两种纯溶剂的溶解度参数。例如，聚苯乙烯的 $\delta = 9.1\,\text{cal}^{0.5}/\text{cm}^{1.5}$，我们可以选用一定组成的丙酮（$\delta = 10.0\,\text{cal}^{0.5}/\text{cm}^{1.5}$）和环己烷（$\delta = 8.2\,\text{cal}^{0.5}/\text{cm}^{1.5}$）的混合溶剂，使其溶解度参数接近聚苯乙烯的溶解度参数，从而使它具有良好的溶解性能。

有些溶剂的溶解度参数处于测得的树脂溶解度参数范围内却不是都能溶解树脂。在不符合情况中最多的是，溶剂和树脂有明显的不同的氢键合倾向。

溶剂体系的类型、种类，对其树脂性能影响很大。所以对其溶剂的选择也是十分严格和考究的。在配制树脂溶液时，选用溶剂和稀释剂必须注意几个准则：① 溶剂强度；② 挥发性；③ 毒性；④ 气味；⑤ 表面张力；⑥ 成本；⑦ 可燃性；⑧ 施工类型。

总之，要提高树脂的综合性能，溶剂的选择和搭配应该是科学合理的。

2. 黏度

溶剂的选择对树脂溶液的黏度影响甚大，溶剂的溶解力越强，所形成的树脂溶液黏度越低。溶液黏度是溶剂本身黏度和溶剂/树脂相互作用的结果。

油墨或墨水产品中往往使用的是混合溶剂，理想的（即不相互作用）混合溶剂的黏度可由式（6-5）求得。即：

$$\lg\eta = \sum (W_i \lg\eta_i) \qquad (6\text{-}5)$$

式中，η 为混合溶剂的黏度；W_i 为第 i 组分的质量分数；η_i 为第 i 组分的自身黏度。

溶剂黏度对溶液黏度的直接效果可从式（6-6）中见到，该关系式只能对黏度在 $0.1 \sim 10\,\text{Pa} \cdot \text{s}$ 和狭窄浓度范围内有效。

$$\ln\eta_{溶液} = \ln\eta_{溶剂} + K\text{（浓度）} \qquad (6\text{-}6)$$

两个溶剂的黏度差为 $0.2\,\text{mPa} \cdot \text{s}$（$1.0\,\text{mPa} \cdot \text{s}$ 和 $1.2\,\text{mPa} \cdot \text{s}$），似很微小，但可使 50% 的树脂溶液黏度差 $2000\,\text{mPa} \cdot \text{s}$（$10\,\text{Pa} \cdot \text{s}$ 对 $12\,\text{Pa} \cdot \text{s}$）。

溶剂/树脂的相互作用对黏度影响大。区别于上述对溶剂黏度的影响，一般用溶液的相对黏度（η/η_s）来比较。相互作用的影响复杂，即使在较简单体系中，也未完全清楚。但至少有两个因素在起作用。

第一个因素是，大多数油墨用树脂有极性和氢键合取代基，例如羟基或羧酸基，它与其他分子的极性基团有缔合倾向，这常常明显地增大了黏度。通过作用于极性基团来避免或尽量减少树脂极性基团间的这种相互作用的溶剂有降低黏度的倾向。有单一氢键受体点的极性溶剂可有效地降低相对黏度，例如酮、醚、酯。水也可以以氢键相互作用来降低聚合物的黏度。

第二个因素是，溶剂在树脂和溶剂分子紧密地缔合后的流体动力体积的影响。如果树脂和溶剂分子间相互作用强，树脂分子将伸展，则流体动力体积增大。如果不强，分子缩小，则流体动力体积较小。相对黏度似乎直接与流体动力体积相关，然而，当溶剂/树脂间相互作用弱到一定程度，可以存在树脂/树脂相互作用，而不只是树脂/溶剂相互作用，形成了树脂分子簇，则相对黏度和黏度增大。在大多的油墨施工尤其是高固含量油墨，树脂是低分子量的，虽然流体动力体积影响明显，但在两种影响中，树脂/树脂相互作用较强。因而在高固含量油墨配方中总是含有氢键受体溶剂。

3. 溶剂挥发速度

在各种不同条件下要控制干燥速度就需用混合溶剂。在施工过程中，挥发分从墨膜中挥发出去。挥发速度不但影响干燥时间，还影响到最终墨膜的外观和物理性质。与油墨领域中许多课题一样，挥发速度粗看简单，实则复杂。

（1）单一溶剂的挥发

溶剂挥发速度受四个变量的影响：温度、蒸气压、表面与体积之比和流过表面的空气流速。水的挥发还受相对湿度的影响。

对温度而言，重要的是表面温度。这温度在初始可能就是周围空气的温度，随后随溶剂挥发而下降，同时以墨膜内部和周围扩散来的热暖起来。这热的扩散可能快速，使挥发过程中的表面温度下降不大，或可能缓慢，使表面温度急剧下降。有较高气化热的溶剂，以及处于挥发很快的环境中，冷却效果最大。所以溶剂的气化热越高，在其他变量相同时，温度下降程度越大。

在常温下，溶剂蒸气压是重要的参数。常犯的错误是：设想沸点［溶剂的蒸气压在 $101.2 \times 102 kPa$ 时的温度（$1mmHg = 0.1333 kPa$；$1atm = 101.2 kPa$）］与其他温度的蒸气压是成正比的。然而，沸点是不良的指示。例如，苯的沸点是 $80℃$，乙醇是 $78℃$，但在 $25℃$，它们的蒸气压各为 $1.2 kPa$ 和 $0.79 kPa$。因而在 $25℃$同一条件下，苯比乙醇挥发快。相似地，在 $25℃$醋酸正丁酯（沸点 $126℃$）挥发得比正丁醇（沸点 $118℃$）快。

由于溶剂的挥发发生在溶剂/空气界面，所以表面积对体积比形成影响。如果将 $10g$ 溶剂展布在 $100cm^2$ 上，它的挥发要比展布在 $1cm^2$ 上快。油墨从开启的罐内挥发出来要比施工成膜后慢。当用喷涂施工，从喷嘴出来雾化成小颗粒，它的表面积对体积比值很大，所以溶剂挥发速度很高。因此从离开喷嘴到底材表面前，大部分溶剂是挥发掉了。在墨膜干后，表面积对体积的比值还是影响挥发速度，在一定时间后，残留在 $50 \mu m$ 厚墨膜中的挥发分要比 $25 \mu m$ 厚的多。当施工的墨膜较厚时，树脂溶液的浓度和黏度的增大更慢些。

由于挥发速度决定于空气/溶剂界面上空气中溶剂的分蒸气压，所以流过表面的空气流速是重要的。如果挥发出去的溶剂分子不快速地被带走，那么溶剂的分压增大而挥发受压制。空气流速变化显著，决定于施工方法，所以对特定的施工条件，油墨中的溶剂必须加以选择。例如，用空气喷涂时，溶剂挥发明显地要大于用无空气喷涂，因为前者流过液滴空气流较大。刚涂好湿膜的溶剂挥发决定于流过喷涂橱的空气流速。如果同一油墨涂在管子的内外，管外的要比管内的溶剂挥发快，除非管内有通风。空气流速还会影响到工件上的不均匀挥发，在边缘上溶剂的挥发要比中心快。

相对湿度对大多数溶剂的挥发速度影响小，然而对水挥发速度有显著影响。在其他条件相同时，相对湿度越大，水挥发越慢。当相对湿度接近 100%，水挥发速度接近零。当空气热起来，相对湿度就低，有时适度提高空气温度可部分地抵消湿度对干燥的影响，因为加热的空气提高水的蒸气压并降低相对湿度。

（2）相对挥发速度

选择溶剂的重要尺度之一是挥发速度。而蒸气压是影响挥发速度的一个重要变量。然而面对一堆蒸气压数据难以判断这一溶剂的挥发速度比另一种快多少。目前常用相对挥发速度 E 表示其他溶剂的挥发速度与醋酸正丁酯挥发的比较，即式（6-7）。

$$E = \frac{t_{90}（醋酸正丁酯）}{t_{90}（溶剂样品）} \tag{6-7}$$

式中，t_{90} 为样品在给定仪器中于控制条件下挥发 90% 质量所需的时间。

醋酸正丁酯的相对挥发速度为 1。有些文献用百分数表示 E，这样醋酸正丁酯的相对挥发速度相当于 100。但较高的 E 值总是有较快的相对挥发速度，使用时必须看清所用的参比点，二者不能混淆，常用溶剂的相对挥发速度见表 6-7。

在喷涂施工的烘漆配方中，常用挥发快的和很慢的溶剂组合。在漆雾到达工件前，有较多的挥发快的溶剂已挥发掉，使黏度提高，降低了湿膜流挂的倾向。以挥发慢的溶剂来保持足够低的黏度来促进流平和使进入烘房时可能发生的爆孔减至最小。在选择慢挥发溶剂时，可用在 $25℃$的相对挥发速度表和沸点表，这些表中列有许多溶剂。挥发慢的溶剂在 $75 \sim 150℃$间的挥发速度数据报道不多。在不同温度下，例如：琥珀酸、戊二酸和己二酸二甲酯混合物商品在 25℃的挥发速度比异佛尔酮慢 5 倍，然而在150℃几乎相等。

表 6-7　常用溶剂的相对挥发速度及沸点

溶剂		相对挥发速度*	沸点范围（℃）	引火点（℉）
酯类	醋酸乙酯	615	72～80	42
	醋酸丁酯	100	115～130	102
	醋酸戊酯	62	120～150	116
醇类	甲醇	610	64～65	61
	异丙醇	230	81～83	70
	正丁醇	45	116～119	115
乙二醇类	甲基溶纤剂	47	123～126	115
	乙基溶纤剂	32	132～137	130
酮类	丙酮	1160	56～57	15 以下
	甲乙酮	572	78～81	30 以下
	环己酮	25	130～173	130
芳香烃	甲苯	240	110～111	45
	二甲苯	70	135～145	82

*　表示数字越小越难以挥发。

（3）混合溶剂的挥发

混合溶剂的挥发比纯溶剂更复杂。有四个理由要对水和有机溶剂混合物特别考虑：① 常因强的相互作用而偏离拉乌尔定律；② 相对湿度影响水的挥发速度，但对有机溶剂的挥发速度影响小或无影响；③ 会有共沸效应；④ 水的比热容和气化热异常大。

（4）混合溶剂从漆膜中的挥发

当油墨施工后，树脂或其他组分对开始时的溶剂挥发速度影响小。溶剂从树脂溶液挥发的速度与处于同一条件下的溶剂本身的一样或相近。这现象并非不符合拉乌尔定律，因为树脂的分子量大，所以溶入的树脂对蒸气压影响小。然而，当溶剂从墨膜继续挥发后，达到某阶段，挥发速度急剧放慢。这是因为墨膜黏度增高，自由体积减小，溶剂的挥发开始决定于溶剂穿过墨膜到达表面的扩散速度，而不是决定于从表面的挥发。从挥发速度控制转变为扩散速率控制的固体含量水平范围较宽，但常在 40%～60%（体积百分比）

Hansen 认为溶剂挥发分为两个阶段。在第一阶段，速度是受控于那些与混合溶剂挥发相关的因素，即蒸气压、表面温度、流过表面的空气流速和表面积/体积比；与墨膜的厚度是一次方关系。转折点后阶段，挥发减慢，溶剂挥发速度决定于溶剂分子穿过漆膜的扩散速度。在这阶段，挥发速度与墨膜厚度成二次方关系。与此同时，黏度也随之改变，第一阶段称为湿阶段，第二阶段称为干阶段。

在第二阶段中，扩散速度主要取决于存在的自由体积。这就是，溶剂分子穿过墨膜是从一个自由体积穴跳到另一个自由体积穴。决定存在的自由体积的最重要因素是（$T-T_g$）。如果溶剂挥发发生在远高于 T_g 的温度时，则在干燥的任何阶段中扩散速度不能限制溶剂挥发速度。如果树脂的 T_g 高于干燥时的温度，那么溶剂挥发将受控于扩散速度，因为（$T-T_g$）值小了。

到达第二阶段，挥发速度决定于溶剂分子到达表面的速度，而不是它们的蒸气压。当溶剂不断挥发，在残余的树脂溶液中树脂浓度不断增大，故 T_g 随之增高，则扩散速度再度慢下来。如果树脂的 T_g 比漆膜温度足够高，到时候溶剂的挥发将接近零。几年后的墨膜仍然有溶剂残留，如果要在合理的时间内必须基本上挥发掉溶剂，那么必须在高于树脂 T_g 的温度烘烤。新手树脂化学师常有误解，认为聚合物中溶剂的挥发速度可在混合物 T_g 以下的温度用真空来加速。到达这阶段，溶剂的挥发已与溶剂的蒸气压无关，所以与所处的大气压也无关。

溶剂的挥发受增塑剂的影响。在溶剂的挥发进入扩散控制阶段，溶剂浓度随增塑剂浓度的增大而减小。在一定时间间隔后，残留溶剂量随增塑剂浓度的增大而减小。在混合溶剂体系，残留在墨膜中的挥发慢对挥发快的溶剂的比率，随增塑剂浓度的增大而增大。

（5）溶剂平衡

溶剂平衡指从墨膜中逸出的混合溶剂蒸气的组成与混合溶剂的组成要大体保持一致。如果溶解能力强的溶剂组分比其他组分挥发得快，则在干燥后树脂可能析出，墨膜表面产生颗粒，相反溶解能力强的组分挥发得太慢，又因树脂会阻滞与其结构相似的溶剂挥发，从而增加该溶剂在墨膜中的残留量。

4. 表面张力

在涂料/油墨中表面张力是个重要的指标，低的树脂溶液表面张力和低的液体涂料表面张力，无疑是有益的，其优点在于：

（1）有利于对颜料的润湿；

（2）有利于墨膜对底材的湿润；

（3）喷墨打印时得到满意的图案，克服病态墨膜。

5. 溶剂电阻率

采用陶瓷墨水通过电脑数码打印出的图案、花纹具有图案精美、墨水利用率高、无需调色、使用方便、效率高等特点，适合个性化及批量生产。为适应不同喷头的喷墨机，在配制陶瓷喷墨墨水时，电阻率是一个重要的指标参数之一。

组成墨水的各个组分，包括成膜物、颜料、添加剂和溶剂都会影响陶瓷墨水的电阻率。但是选择成膜物和颜料往往是出于对涂膜所需要的装饰性能、机械性能、耐老化性能等多方面的考虑而确定的，而以变更这些组分来调节陶瓷墨水的电阻率，在大多数情况下是不现实的，添加剂的用量一般较少，为达到特定的目的而选择特定的添加剂，往往比较严格，因此，通过溶剂的选择来调整陶瓷墨水的电阻率就显得十分必要了。

不同溶剂依据其极性程度不同，具有不同的电阻率。醇类溶剂、酮类溶剂和乙二醇醚类溶剂的极性较强，具有较高的电阻率。当一种高电阻率溶剂和一种低电阻率溶剂混合时，产生中等的电阻率。混合溶剂的电阻率取决于溶剂的组成，如将正丁醇（极性）加入二甲苯和 IBIB（异丁基异丁酯，非极性）溶剂内，电阻率迅速下降，而用甲基戊基酮与二甲苯及 IBIB 混合时，电阻率则呈较平稳的状态。表 6-8 列出了不同极性的常用溶剂的电阻值。

表 6-8　常用溶剂的电阻值

溶剂名称	电阻值（MΩ）	溶剂名称	电阻值（MΩ）	溶剂名称	电阻值（MΩ）
甲苯	400	醋酸丁酯	70	二甲苯	400
乙醇	12	二丙酮醇	0.12	乙二醇乙醚	0.15
醋酸乙酯	12	醛酯	500	仲丁醇	50
醋酸仲丁酯	300	醋酸甲酯	13	改性乙醇	60
环己酮	1.5	200 号溶剂油	500	无水乙醇	60
一氯甲苯	100				

6. 溶剂毒性与安全性

有机溶剂具有脂溶性，因此除经呼吸道和消化道进入机体内外，尚可经完整的皮肤迅速吸收，有机溶剂吸收入人体后，将作用于富含脂类物质的神经、血液系统，以及肝肾等实质脏器，同时对皮肤和黏膜也有一定的刺激性。

（1）神经毒性

以脂肪烃（正己烷、戊烷、汽油）、芳香烃（苯、苯乙烯、丁基甲苯、乙烯基甲苯）、氯化烃（三氯乙烯、二氯甲烷），以及二硫化碳、磷酸三邻甲酚等脂溶性较强的溶剂为多见。有机溶剂对神经系统的损害大致有三种类型：第一种为中毒性神经衰弱和植物神经功能紊乱。病人可有头晕、头痛、失眠、多梦、嗜睡、无力、记忆力减退、食欲不振、消瘦，以及多汗、情绪不稳定、心跳加速或减慢、血压波动、皮肤温度下降或双侧肢体温度不对称等表现；第二种为中毒性末梢神经炎。大部分表现为感觉型，其次为混合型。可有肢端麻木、感觉减退、刺痛、四肢无力、肌肉萎缩等表现；第三种为中毒性脑病，比较少见，见于二硫化碳、苯、汽油等有机溶剂的严重急性、慢性中毒。

（2）血液毒性

以芳香烃，特别是苯最常见。苯达到一定剂量即可抑制骨髓造血功能，往往先有白细胞减少，以后血小板减少，最后红细胞减少，成为全血细胞减少。个别接触苯的敏感者，可发生白血病。

（3）肝肾毒性

多见于氯代烃类有机溶剂，如氯仿、四氯化碳、三氯乙烯、四氯乙烯、三氯丙烷、二氯乙烷等中毒。中毒性肝炎的病理改变主要是脂肪肝和肝细胞坏死。临床上可有肝区痛、食欲不振、无力、消瘦、肝脾肿大、肝功能异常等表现。有机溶剂引起的肾损害多见为肾小管型，产生蛋白尿，肾功能呈进行性减退。

（4）皮肤黏膜刺激

多数有机溶剂均有程度不等的皮肤黏膜刺激作用，但以酮类和酯类为主，可引起呼吸道炎症、支气管哮喘、接触性和过敏性皮炎、湿疹、结膜炎等。

（5）防治

生产和使用有机溶剂时，要加强密闭和通风，减少有机溶剂的逸散和蒸发。采用自动化和机械化操作，以减少操作人员直接接触的机会。应使用个人防护用品，如防毒口罩或防护手套。皮肤黏膜受污染时，应及时冲洗干净。勿用污染的手进食或吸烟。勤洗手、洗澡与更衣。应定期进行健康检查，发现中毒征象时，进行相应的治疗和严密的动态观察。

6.6.2　陶瓷喷墨墨水常用溶剂

陶瓷喷墨墨水中的溶剂主要起到载体的作用，用于将颜料、助剂、树脂等分散或溶解在其中形成一个稳定的体系。它可以调节成膜物质和颜料组成体系的黏度和流变性，也可以调整体系的干燥及保湿等性能。不同的溶剂对颜料分散性能、树脂和助剂的溶解性能不同。有机溶剂可以为低分子量的醇、醇醚、酯类、酮类、碳氢溶剂中的一种或任意几种的混合物，如多元醇、二乙二醇甲醚、月桂酸异丙酯、N-甲基吡咯烷酮、$C_5 \sim C_{21}$ 烷烃等。

1. 脂肪族烃类溶剂

脂肪族烃类溶剂的化学组成主要是链状碳氢化合物，系石油分馏的产物。

（1）石油醚

石油醚是无色透明液体；有煤油气味；主要为戊烷和己烷的混合物；不溶于水，溶于无水乙醇、苯、氯仿、油类等多数有机溶剂；易燃易爆，与氧化剂可强烈反应；主要用作溶剂和油脂处理；通常用铂重整抽余油或直馏汽油经分馏、加氢或其他方法制得；一般有 30～60℃、60～90℃、90～120℃等沸程规格。石油醚不等于汽油，同时，其结构中没有醚键（C—O—C）。石油醚主要用作溶剂及作为油脂的抽提；用作有机溶剂及色谱分析溶剂；用作有机高效溶剂、医药萃取剂、精细化工合成助剂等；也可用于有机合成和化工原料，如制取合成橡胶、塑料、锦纶单体、合成洗涤剂、农药等。

（2）200 号油漆溶剂油

200 号油漆溶剂油是由 $C_4 \sim C_{11}$ 的烷烃、烯烃、环烷烃和少量芳香烃组成的混合物，主要成分是戊烷、己烷、庚烷和辛烷等，用石油的直馏馏分经除臭、切割、加氢精制而成。它的英文名为 200 号 Paint solvent，又称松香水（mineral spirit；white spirit），因其最初是代替松节油在涂料工业中广泛使用而得名。它是涂料用的一种溶剂油，微黄色液体，101.225kPa 下初馏点 $\geqslant$ 135℃，干点 $\leqslant$ 230℃，闪点（闭口杯）$\geqslant$ 30℃，它能溶解酚醛树脂漆料、酯胶漆料、醇酸调合树脂及长油度醇酸树脂等，主要用途是在油性漆、酯胶漆、酚醛漆和醇酸漆中作溶剂，以降低油漆黏度而便于施工。

（3）抽余油

在石油炼制过程中，抽余油一般指富含芳烃的催化重整产物（重整汽油）经萃取（抽提）芳烃（见芳烃抽提）后剩余的馏分油，其主要成分为 $C_6 \sim C_8$ 的烷烃及一定量的环烷烃，是良好的石油化工原料，可用于烃类裂解制乙烯。

抽余油属于国家职业卫生标准《工作场所有害因素职业接触限值　第 1 部分：化学有害因素》（GBZ 2.1—2007）中列注的职业病危害因素之一，其 60～220℃ 之间加权容许浓度为 300mg/m³，最大超限倍数为 1.5。

2. 芳香烃

芳香烃，通常指分子中含有苯环结构的碳氢化合物。其具有苯环基本结构，历史上早期发现的这类化合物多有芳香味道，所以称这些烃类物质为芳香烃，后来发现的不具有芳香味道的烃类也都统一沿用这种叫法。例如苯、二甲苯、萘等。苯的同系物的通式是 $C_n H_{2n-6}$（$n \geqslant 6$）。

根据来源不同，可将芳香烃分为焦化芳烃和石油芳烃两大类。焦化芳烃由煤焦油分馏而得，石油芳烃系由石油产品经铂重整油、催化裂化油及甲苯歧化油精馏而得。

（1）苯

工业苯为无色透明液体，有芳香烃特有的气味，易含的杂质主要有芳香族同系物、噻吩及饱和烃等，必要时需精制除掉。苯难溶于水（偶极矩为零），除甘油、乙二醇、二甘醇、1,4-丁二醇等多元醇外，能与乙醇、氯仿、四氯化碳、二硫化碳、冰醋酸、丙酮、甲苯、二甲苯以及脂肪烃等大多数有机溶剂相混溶。苯能溶解松香、甘油松香脂、甘油醇酸树脂、乙烯树脂、苯乙烯树脂、丙烯酸树脂等合成树脂。

（2）甲苯

甲苯为无色澄清液体，有苯样气味，有强折光性；能与乙醇、乙醚、丙酮、氯仿、二硫化碳、冰醋酸混溶，极微溶于水；相对密度 0.866，凝固点 −95℃，沸点 110.6℃，折光率 1.4967，闪点（闭环）4.4℃，易燃；蒸汽能与空气形成爆炸性混合物，爆炸极限 1.2%～7.0%（体积）；低毒，半数致死量（大鼠，经口）5000mg/kg；高浓度气体有麻醉性，有刺激性。

甲苯大量用作溶剂和高辛烷值汽油添加剂，也是有机化工的重要原料，但与同时从煤和石油得到的苯和二甲苯相比，目前的产量相对过剩，因此相当数量的甲苯用于脱烷基制苯或歧化制二甲苯。甲苯衍生的一系列中间体广泛用于染料、医药、农药、火炸药、助剂、香料等精细化学品的生产，也用于合成材料工业。

（3）二甲苯

二甲苯为无色透明液体；是苯环上两个氢被甲基取代的产物，存在邻、间、对三种异构体，在工业上，二甲苯即指上述异构体的混合物。二甲苯具刺激性气味、易燃，与乙醇、氯仿或乙醚能任意混合，在水中不溶，沸点为 137～140℃。

涂料产品往往要求使用无水二甲苯。除去混合二甲苯中的少量水分，可以使用氯化钙、无水硫酸钠、五氧化二磷或分子筛作脱水剂。

二甲苯不溶于水，能与乙醇、乙醚、芳香烃和脂肪烃溶剂混溶。由于其溶解力强、挥发速度适中，是短油度醇酸树脂、乙烯树脂、氯化橡胶和聚氨酯树脂的主要溶剂，也是沥青和石油沥青的溶剂，在硝基纤维素涂料中可用稀释剂。在二甲苯中加入 20%～30% 的正丁醇，可提高二甲苯对氨基树脂漆料和环氧树脂等的溶解力。由于二甲苯既可以用于常温干燥涂料，也可用于烘漆，因此是目前涂料工业中应用最广、使用量最大的一种溶剂。

（4）单异丙基联苯、二异丙基联苯、二异丙基萘

单异丙基联苯、二异丙基萘联苯、二异丙基萘是低黏度高沸点溶剂，无色无味，适合于制造陶瓷喷墨墨水。这类溶剂应用于陶瓷和瓷砖的喷墨打印技术优点在于下面几点：

① 高芳香性（疏水性），无味，高沸点；极佳的润湿性；较好的表面张力；高颜料负载能力；和助剂相容性很好；高闪点；

② 喷墨打印，不需要接触到陶瓷或瓷砖；

③ 深或浅的浮雕都可以满足；

④ 可以打印到整片的陶瓷或瓷砖；

⑤ 高颜料密度（可使用更多的颜料）；

⑥ 可以做到和其他的打印系统一样的精确（模印、移印、凸版印刷等）。

上述三种溶剂特点见表 6-9。

表 6-9　Ruetasolv 公司三种溶剂

名　字	Ruetasolv BP M 单异丙基联苯	Ruetasolv BP D 二异丙基联苯	Ruetasolv Dl 二异丙基萘
结构式			
20℃黏度	8.2～9.5mm²/s	20.0～40.0mm²/s	12.0～14.5mm²/s
40℃黏度	4.0～1.6mm²/s	10.0～16.0mm²/s	5～7mm²/s
沸程（℃）	293～315℃	303～335℃	290～300℃
颜色（Hazen, APHA）	<30	<40	<30

（5）溶剂石脑油

溶剂石脑油为无色或浅黄色液体，系煤焦轻油分馏所得的焦化芳香烃类混合物。它的沸程为 120～200℃，主要由甲苯、二甲苯异构体、乙苯、异丙苯等组成。其密度为（20℃/4℃）0.85～0.95g/cm³，闪点为 35～38℃，化学性质和甲苯、二甲苯相似。溶剂石脑油能与乙醇/丙酮等混溶，能溶解甘油松香酯、沥青等，主要用作煤焦沥青和石油沥青的溶剂。在石脑油中加入脂肪烃溶剂可提高其溶解能力，其中高沸点馏分也可用作合成树脂及纤维素酯的稀释剂。

（6）高沸点芳烃溶剂

如前所述，石油芳烃的重芳烃是提取 C₈ 馏分以后，余下的 C₉、C₁₀ 等高沸点馏分的混合物。开始是以"重芳烃"的名称在涂料中应用，主要目的是开发二甲苯的代用资源及降低成本。但是，在实践过程中逐渐认识到，这种开发利用资源的方法实际上是一种浪费。因为将重芳烃通过进一步精细加工，不仅可以分离出偏三甲苯、均三甲苯、乙基甲苯和均四甲苯这些有着非常重要用途的化合物，同时将余下的混合物分馏成不同流程的窄馏分的芳烃溶剂。在涂料中使用，可将芳烃溶剂的沸程范围延伸 50℃ 以上，它在溶解能力及挥发速率方面都是二甲苯所不能比拟的，因此有其独特的用途。这类由石油重芳烃通过精馏后而制得的窄馏程产品，就是本文所述的高沸点芳烃溶剂，借此和粗品重芳烃予以区分。但是

目前也有将高沸点芳烃溶剂称作 C_9 芳烃、C_{10} 芳烃或仍然沿袭重芳烃名称的，望读者届时注意辨别。

高沸点芳烃溶剂具有以下特点：

① 主要成分为芳香烃，在墨膜干燥、溶剂挥发的全部过程中都能保持高度溶解力。

② 在溶剂挥发的最后阶段，仍保持高度溶解力，故使墨膜无桔皮形成，并具有光泽。

③ 可与二甲苯混合，在保持溶解性能的前提下，调整挥发速率，也可与 200 号油漆溶剂油混合，在保持挥发速率的情况下提高溶解力。

④ 闪点较高，较安全。

高沸点芳烃溶剂对醇酸树脂的溶解力比二甲苯低，故代替二甲苯用于醇酸树脂中仅具有经济价值。但对于丙烯酸树脂、氨酯醇酸树脂、丙烯酸醇酸树脂等有较强的溶解能力。因此，使用时需认真考虑混合溶剂的组成和各组分的相对比例。

3. 醇类溶剂

醇、酮、酯和醇醚这 4 类溶剂常常被统称为含氧溶剂。所谓含氧溶剂就是分子式中含有氧原子的溶剂。它们是陶瓷墨水用溶剂中极其重要的一部分，因为它们能提供范围很宽的溶解力和挥发性。很多树脂不能溶解于烃类溶剂中，但能溶于含氧溶剂，这些溶剂具有更大的极性，通过混合可以得到理想的溶解度参数和氢键值的混合溶剂。

含氧溶剂除个别情况外，很少单独使用，它们常和其他化合物混合而具有适宜的溶解力、挥发速率及较廉价的成本。

（1）乙醇

乙醇俗称酒精，为无色透明，具有特殊芳香气味的液体。工业品是体积含量为 95％的乙醇。它能与水、乙醚、氯仿、酯和烃类衍生物等混溶，能溶解虫胶、聚乙烯醇缩丁醛树脂、苯酚甲醛树脂而制成相应的涂料。因其极性较弱，还可以溶解聚酯和聚醋酸乙烯树脂等。但乙醇一般很少单独使用，大多和其他溶剂配合，得到较好的综合性能。如乙醇和醚类溶剂混合可以提高对硝基纤维素的溶解能力，在硝基纤维素涂料中用作稀释剂可以降低溶液黏度。

（2）异丙醇

异丙醇和水能以任何比例混合，溶解力和挥发速率与乙醇相似。但它的嗅味更强烈，现主要用作硝基纤维素和醋酸纤维素涂料的助溶剂。异丙醇和芳烃的混合物能溶解乙基纤维素。

（3）正丁醇

正丁醇为无色透明液体，有特异的芳香气味，它能和醇、醚、苯等多种有机溶剂混溶，能溶解尿素甲醛树脂、三聚氰胺甲醛树脂、聚醋酸乙烯树脂、短油度醇酸树脂等。正丁醇和二甲苯的混合溶剂广泛用于氨基烘漆及环氧树脂漆中。正丁醇用于硝基纤维素树脂的助溶剂，由于其沸点较高，挥发较慢，故有"防白作用"。正丁醇用在水性涂料中可以降低水的表面张力，促进涂膜干燥，增加涂膜的流平性。正丁醇的一个弊端是具有较高的黏度，这对溶液的黏度影响较大。

4. 醇醚及醚酯类溶剂

将乙二醇分别和乙醇、丁醇进行醚化反应，可制得乙二醇乙醚及乙二醇丁醚。如将乙二醇乙醚及乙二醇丁醚上的羟基再与醋酸进行酯化反应，则会制得乙二醇乙醚醋酸酯及乙二醇丁醚醋酸酯。这就是目前我国涂料工业常用的一类醇醚和醚酯类溶剂。

另一类则是以二乙二醇代替乙二醇而发展起来的溶剂，如二乙二醇乙醚、二乙二醇丁醚、二乙二醇乙醚醋酸酯及二乙二醇丁醚醋酸酯等一类醇醚和酯醚类溶剂。

（1）乙二醇乙醚

乙二醇乙醚主要用于硝基纤维素、醋酸纤维素、合成树脂、油漆的溶剂，涂料工业用于配制油漆稀释剂、脱漆剂及制造喷漆的原料，制药工业用作药物萃取剂，塑料工业用作树脂增塑剂，纺织工业用作纤维润滑剂、化纤油剂的分散剂，还可用作汽车制动液、农药分散剂、干洗剂、切削油溶剂以及有机合成中间体、矿物油乳的辅助溶剂、分析试剂等。它能与水、醇、醚、丙酮等多种溶剂混溶，能溶解硝化纤维素、醇酸树脂、聚醋酸乙烯脂，但不溶解醋酸纤维及聚甲基丙烯酸甲酯。乙二醇乙醚对松香、虫胶、甘油松香脂等也有一定的溶解能力。

（2）乙二醇丁醚

乙二醇丁醚为无色易燃液体，具有中等程度醚味。它能溶于丙酮、苯、乙醚、甲醇等有机溶剂；约46℃时能与水完全混溶；能溶解油脂、天然树脂、乙基纤维素、硝化纤维素、聚醋酸乙烯酯，但不溶解醋酸纤维素。产品用途：用作涂料、印刷油墨、图章用印台油墨、油类、树脂等的溶剂，以及金属洗涤剂、脱漆剂、脱润滑油剂、汽车引擎洗涤剂、干洗溶剂、环氧树脂溶剂、药物萃取剂；还可用作乳胶漆的稳定剂、飞机涂料的蒸发抑制剂，以及高温烘烤瓷漆的表面加工等。

（3）乙二醇乙醚醋酸酯

又称甘醇乙醚醋酸酯、乙基溶剂纤剂醋酸酯或醋酸-2-乙氧基乙酯，为无色液体，微有芳香味。

由于乙二醇乙醚醋酸酯的分子结构中存在醚和酯的结构，具有脂肪醚和脂肪酯的特性。它能与多种溶剂相混溶，能溶解油脂、松香、氯化橡胶、硝基纤维素、醇酸树脂、酚醛树脂、三聚氰胺甲醛树脂、聚醋酸乙烯酯、聚甲基丙烯酸甲酯及聚苯乙烯等多种涂料产品。由于其高溶解力及与其他溶剂的高比例混溶性，以及挥发速率较慢，因而便于涂膜的流平，使涂膜均匀，有光泽及附着力提高。

（4）乙二醇丁醚醋酸酯

又称甘醇丁醚醋酸酯、丁基溶纤剂醋酸酯或醋酸-2-丁氧基乙酯，为无色液体，在水中的溶解度比乙二醇乙醚醋酸酯低，20℃在水中溶解 1.1％，水在其中溶解 1.6％，能溶解乙基纤维素、聚醋酸乙烯酯、聚苯乙烯等，但不能溶解醋酸纤维素、聚甲基丙烯酸甲酯、聚乙烯醇缩丁醛等。

（5）丙二醇醚类溶剂

丙二醇醚类溶剂主要包括丙二醇甲醚、丙二醇乙醚、丙二醇丁醚及酯类。

丙二醇醚具有两个强溶解功能的基团——醚键和羟基，前者具有亲油性，可溶解憎水性化合物，后者具有亲水性，可溶解水溶性化合物。丙二醇醚与相应的乙二醇醚类溶剂化学性质相似，但是毒性却低得多。正因为如此，国外正逐步用丙二醇醚类溶剂取代乙二醇醚类溶剂。由于丙二醇醚也具有醚类溶剂共同的特点——溶解能力强及挥发慢，因此作为溶剂可以提高涂膜的流平性、光泽和丰满度，克服某些涂膜常见的病态。它是硝化纤维素涂料、氨基醇酸涂料、丙烯酸树脂涂料、环氧树脂涂料的良好溶剂。

（6）二乙二醇醚类溶剂

二乙二醇醚类溶剂主要包括二乙二醇甲醚、二乙二醇乙醚、二乙二醇丁醚及其他的醋酸酯类。

二乙二醇甲醚是无色、稳定的吸湿性液体，能与丙酮、苯、乙醚和水混溶，是许多天然树脂、合成树脂以及硝基纤维素和醋酸纤维素的溶剂。作为高沸点溶剂，二乙二醇甲醚可提高涂料的刷涂性、流平性及提高涂膜的层间附着力。

二乙二醇乙醚是一种无色的液体，能与水、酮、苯等混溶，可以溶解油脂、合成树脂、硝基纤维素、聚醋酸乙烯脂等，但不溶解醋酸纤维素。

二乙二醇丁醚是一种高沸点无色液体，能与水、丙酮、苯、正庚烷等按比例混溶，能溶解油脂、天然树脂、合成树脂、橡胶等，是硝基纤维素涂料的溶剂，用于合成树脂漆及烘漆中可以提高流动性。

二乙二醇乙醚醋酸酯及二乙二醇丁醚醋酸酯皆属于高沸点的溶剂，在涂料中使用主要是提高流平性及增加光泽。

5. 酯类溶剂

酯类溶剂也是含氧溶剂的一种。油墨中常用的酯类溶剂大多数是醋酸酯，也有少量其他有机酸的酯类。

作为溶剂常用的醋酸酯类化合物，其溶解力随分子量增大及分子中支链的增加而降低。而挥发速率则随分子量的增加而降低，但随着分子中支链的增加而增加。

（1）醋酸乙酯

醋酸乙酯是一种无色透明液体，有水果香味，能与醇、醚、氯仿、丙酮、苯等大多数有机溶剂混溶，能溶解植物油、甘油松香酯、硝化纤维素、氯乙烯树脂及聚苯乙烯树脂等。

（2）醋酸正丁酯

醋酸正丁酯是无色液体，有水果香味，与其低级同系物相比，醋酸正丁酯难溶于水，也较难水解。它能与醇、醚等一般有机溶剂混溶，对植物油、甘油松香酯、聚醋酸乙烯树脂、聚丙烯酸酯树脂、氯化橡胶等有良好的溶解能力。

（3）醋酸异丁酯

醋酸异丁酯的性质和在涂料中的用途与醋酸正丁酯类似，仅是闪点比较低（17.8℃，而醋酸正丁酯为 27℃），因此火灾危险性比前者大。

（4）乳酸丁酯

乳酸丁酯又称 2-羟基丙酸正丁酯，分子式为 $CH_3CH(OH)COOC_4H_9$。它是有乳酸和正丁醇在硫酸催化下酯化的产物。乳酸丁酯是一种有轻微气味的无色液体，沸程 155～200℃，密度（20℃）0.974～0.984g/cm³，闪点 71℃。它的溶解能力好，挥发速度慢，对多种溶剂及稀释剂的互溶性好。乳酸丁酯在涂料中使用可以提高涂膜的流平性，有利于得到高光泽、柔韧性好、附着力好的涂膜，对于清漆还可以提高涂膜的透明度，可以应用于氨基醇酸烘漆、氨基固化丙烯酸树脂漆和硝基纤维素漆中。

6. 水

水性油墨、水性墨水是采用水作溶剂或作分散介质，而油性油墨、溶剂型墨水是采用有机溶剂作溶剂。有机溶剂易挥发，所以油性油墨、溶剂型墨水味重、臭，对人体健康有影响，而水性油墨、水性墨水则相对环保，故用水作为陶瓷墨水溶剂是一个有前景的发展方向。同时，陶瓷墨水中颜料颗粒表面存在着很高的能量，它的表面总是要吸附一定的物质，水分就是其中之一。这里所指的水分是湿存水，是颜料表面所吸附的水，不包括颜料化学组成所包括的结晶水，颜料表面不可能绝对不含水分，即使烘烤得很干的颜料，一旦暴露在空气中仍会吸附水分，吸附的水分量还和周围环境的湿度及温度有关。

颜料含水分并非全是坏事，适当的水分含量是必要的，但水分的存在会影响颜料的研磨分散性，这点在华蓝上很是突出，颜料水分过低，难以研磨；水分过大，产生返粗。水一般来说对制漆是一个絮凝剂，适当的水分不会造成过度的絮凝。水分的存在多少会影响颜料的一系列性能，如色光、吸油量等。为此，根据不同颜料的使用情况，规定不同颜料的合理水分含量。一般颜料规定的含水量不超过 1%，对于华蓝含水量一般要达到 4%，对于炭黑甚至可以高达 10%。

水性墨水中使用的水是要经过处理的去离子水。

6.6.3 陶瓷喷墨墨水溶剂分析及其实例

1. 陶瓷喷墨墨水中溶剂的分析技术（GC-MS）

对于挥发性有机物，气相色谱（GC）是最重要的也是最常用的分离技术之一。目前它已是一种相当成熟，而且应用极为广泛的分离复杂混合物的分析方法。气相色谱分离的样品应是可挥发的，而且是热稳定的，沸点一般不超过 400℃（取决于所用色谱仪汽化室和色谱柱温度能达到的最高限）。

质谱法（MS）的特点是鉴别能力强、灵敏度高、响应速度快，适用于纯化合物的定性鉴定；但一般质谱仪对复杂的多组分混合物的鉴定是无能为力的。同时，质谱的定量也十分繁琐，往往不易得到满意的结果。显然，如果把气相色谱与质谱联用，不仅可以发挥两种分析方法的长处，彼此弥补短处，还可以取得两种方法单独使用时无法得到的数据。这就是把色谱和质谱串联在一起，使经过气相色谱分离后得到的化合物依次进入质谱检测器，一次完成混合物的分离和定性。这样，既发挥了色谱法的高分离能力，又发挥了质谱法的高鉴别能力，为高效、快速、微量的组成分析和结构鉴定提供了有力的工具。

而气相色谱与质谱的联用（GC-MS）系统的发展，则更好地解决了分离后化合物的准确鉴定问题。

2. 陶瓷喷墨墨水中溶剂分析实例

对于像石油烃类溶剂油，常测定溶剂的馏程，表示混合溶剂的特点。表 6-10 列出某陶瓷墨水 A 中使用的溶剂馏程，其初馏点为 253℃，馏程 253～300℃。表 6-11 列出可用于陶瓷墨水的溶剂的物理性能参数。

表 6-10　某陶瓷墨水 A 的溶剂馏程

蒸出溶剂量（mL）	蒸馏温度（℃）
0	253
10	280
20	283
30	284
40	286
50	287
60	288
70	290
80	292
90	296
95	298
98.5	300

表 6-11　陶瓷墨水用溶剂物理性能参数

性　能	数　值
初沸点（℃）ASTM D86	304
终沸点（℃）ASTM D86	349
闪点（℃）ASTM D93	158
密度（15℃，g/cm^3）ASTM D4052	0.815
黏度（37.8℃，mm^2/s）ASTM D446	6
颜色（APHA）ASTM D1209	<5
芳香烃含量（%）ASTM D1319	<0.005
相对挥发速度（$n-BuAc=100$）EC—M—F01	<1
苯胺点（℃，mixed）ASTM D611	101
水含量（ppm）ASTM D6304	40
溶解力参数（$cal^{0.5}/cm^{1.5}$）	6.0
组成（烷烃）	$C_{17}\sim C_{21}$

采用气相色谱-质谱联用技术，分析了市场上几种陶瓷墨水中的溶剂成分及含量。

（1）A 公司的某陶瓷喷墨墨水中溶剂的 GC-MS 测试结果（图 6-10、表 6-12）

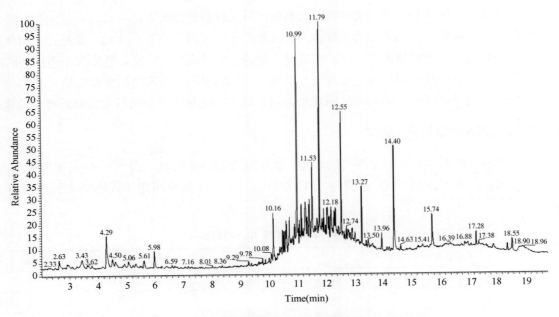

图 6-10　A 公司的某陶瓷喷墨墨水中溶剂的 GC-MS 图

表 6-12　A 公司的某陶瓷喷墨墨水中溶剂的组成

保留时间（min）	物质名称	含量（%）（面积归一法）
4.29	癸烷	9.46
5.98	十一烷烃	2.78
10.16	十五烷烃	4.61
10.99	十六烷烃	20.65
11.79	十七烷烃	20.62
12.55	十八烷烃	14.44
13.27	十九烷烃	6.27
13.96	二十烷烃	1.91
14.40	辛酸	14.66
15.74	癸酸	4.60

（2）B 公司的某陶瓷喷墨墨水中溶剂的 GC-MS 测试结果（图 6-11、表 6-13）

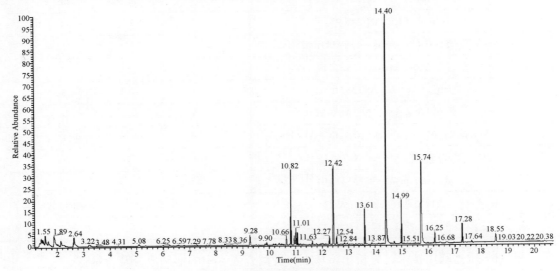

图 6-11　B 公司的某陶瓷喷墨墨水中溶剂的 GC-MS 图

表 6-13　B 公司的某陶瓷喷墨墨水中溶剂的组成

保留时间（min）	物质名称	含量（%）（面积归一法）
9.28	2-壬酮	1.65
10.82	辛酸烯丙酯	12.31
12.42	烯丙酯正癸酸酯	13.22
13.61	8-十五烷酮	6.02
14.40	辛酸	47.27
15.74	10-十九烷酮	19.53

（3）C 公司的某陶瓷喷墨墨水中溶剂的 GC-MS 测试结果（图 6-12、表 6-14）

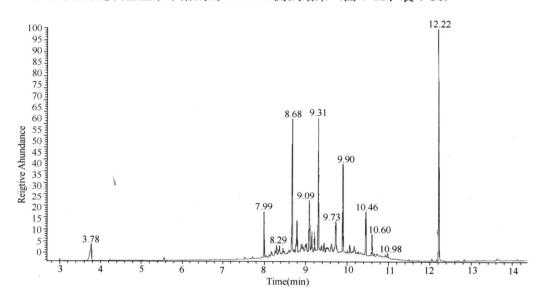

图 6-12　C 公司的某陶瓷喷墨墨水中溶剂的 GC-MS 图

表 6-14　C 公司的某陶瓷喷墨墨水中溶剂的组成

保留时间（min）	物质名称		含量（%）（面积归一法）
7.99	十五烷烃		
8.68	十六烷烃		
9.31	十七烷烃	C15～C19	89.49
9.90	十八烷烃		
10.46	十九烷烃		
12.22	2-已基癸醇		10.51

（4）D 公司的某陶瓷喷墨墨水中溶剂的 GC-MS 测试结果（图 6-13、表 6-15）

表 6-15　D 公司的某陶瓷喷墨墨水中溶剂的组成

保留时间（min）	物质名称	含量（%）（面积归一法）
4.10～6.80	C_9～C_{11}	25
10.40～14.50	C_{15}～C_{20}	75

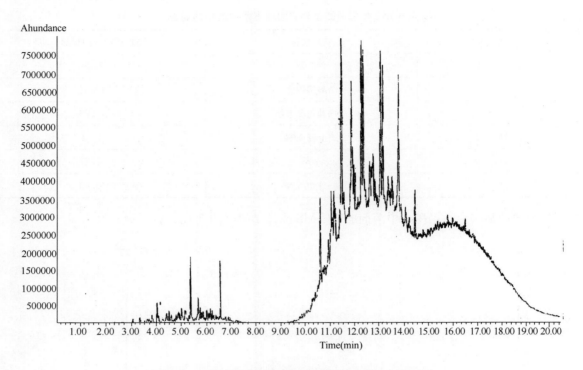

图 6-13　D公司的某陶瓷喷墨墨水中溶剂的 GC-MS 图

6.6.4　陶瓷墨水溶剂发展趋势

陶瓷墨水是由有机溶剂和陶瓷色料两部分组成，其中溶剂部分占陶瓷墨水重量的 50％～70％。国产陶瓷墨水市场占有率从 2013 年的 25％增至 2014 年 50％以上，到目前接近 90％的市场份额，标志着我国陶瓷墨水制备技术已完全成熟，已全面实现国产化。市场规模到 2017 年底也达到了近 3000t/月，意味着每月要消耗 1500～2000t 的有机溶剂。随着陶瓷墨水技术透明化，陶瓷墨水用溶剂及添加剂也慢慢揭开了神秘的面纱。本文着重介绍陶瓷墨水用的有机溶剂的选择标准，使用的溶剂种类，陶瓷墨水助剂中分散剂的原理结构，以及水性陶瓷墨水和有机溶剂今后的发展方向。

1. 陶瓷墨水溶剂的选择

溶剂为陶瓷墨水喷墨打印的载体，可决定陶瓷墨水体系的表面张力、喷墨速度和喷墨打印质量。在选择陶瓷墨水溶剂时，除了考虑溶剂的黏度、表面张力的大小、溶剂对高分子分散剂和添加剂的溶解成膜能力外，应十分重视溶剂的气味、对人体的毒性、空气的污染限制和安全性。

（1）气味：溶剂的气味与对人体的毒性没有任何关系，陶瓷墨水中具有令人不悦的难闻气味是不能接受的，将直接影响产品的应用。

（2）毒性：溶剂可以通过皮肤、消化道和呼吸道被人体吸收而引起毒害。大多数有机溶剂是通过挥发在高浓度蒸汽下对人体产生麻醉作用，因此低挥发率的溶剂比较安全，同时考虑国家（工业企业设计卫生标准）所公布的空气中的最大容许浓度，考查单一溶剂成分对生理作用的毒性，另外防止溶剂与皮肤接触。

（3）空气污染限制：基于溶剂中不饱和键的烃、醇、醛、酯、醚或酮等溶剂挥发到空气中会产生光化学反应，增加周围空气中的臭氧量，产生空气污染，要考虑以上溶剂在陶瓷墨水中的含量以满足当地空气污染环保政策。

（4）安全性：陶瓷墨水中的溶剂是易燃易爆的化学品，要考虑使用溶剂的闪点、爆炸极限以及自燃点，生产、储存和使用的环境温度以及气氛等。

2. 陶瓷墨水溶剂介绍

陶瓷墨水常用溶剂主要有烃类、酯类和醇醚类以及其混合物，各类溶剂的性能特点表述如下：

（1）烃类溶剂

烃类溶剂包括脂肪烃与芳香烃，主要是链状、环状和直链结构，系石油分馏的产物，是非极性溶剂。目前陶瓷墨水用的烃类溶剂分子量在 200～400，要求闪点高于 100℃的高沸点溶剂。具有代表性的有 C_{14}～C_{25} 带支链脂肪烃以及二甲苯和异丙基联苯混合的芳香烃溶剂。早期陶瓷墨水以二甲苯芳香烃溶剂为主，基于价格、气味和环保等因素，苯类溶剂已不常使用，改为价格更为低廉的脂肪烃石油溶剂为主。但由于烃类溶剂极性低，与陶瓷釉面兼容性差，极易产生剥釉、凹釉等打印质量问题。

（2）醇醚类溶剂

醇醚类溶剂是一种含氧溶剂，主要是乙二醇和丙二醇的低碳酸醚。组成中既有醚键，又有羟基，具有亲油性和亲水性，与其他溶剂混合使用，它们提供范围很宽的溶解力和挥发性，很多树脂不能溶于烃类溶剂，但能溶于含氧溶剂中，这类溶剂有更大的极性，通过混合可以得到理想的溶解度和氢键值的混合溶剂，用于改善陶瓷墨水的打印质量和提高陶瓷墨水稳定性。具有代表性的醇醚类溶剂是二甲基-戊二醇，C_{16}～C_{24} 异构醇，二乙二醇二丁醚和三丙二醇丁醚等。醇醚类溶剂一般可提高陶瓷墨水与釉面的兼容性，以保证釉面平滑无缺陷。

（3）植物油脂类溶剂

酯类也是一种含氧溶剂，是由醇和酸通过酯化反应而生成的。植物油脂是由椰子油、棕榈油和橄榄油提纯炼制而成，主要用在化妆品和高级涂料油墨行业。酯类溶剂的极性较烃类稍高，能保证陶瓷墨水的干燥速度，保证打印图案的清晰度。由于其密度一般较烃类高，亦可提高陶瓷墨水的防沉性能。陶瓷墨水中常用的酯类溶剂有月桂酸异丙酯、月桂酸异辛酯、肉豆蔻酸异丙酯、棕榈酸异辛酯和二乙二醇丁醚醋酸酯等。

目前上述 3 类溶剂都在陶瓷墨水行业使用，在国内市场，80％以上的产品以烷烃类溶剂为主，植物油脂类溶剂为辅，以醇醚类溶剂为主体溶剂的极少。在欧洲市场，有超 50％以上以植物油脂类溶剂为主，烷烃类溶剂占 30％～40％，醇醚类溶剂占 10％～15％，针对应用的细分市场不同而使用不同种类的溶剂。

3. 陶瓷墨水用助剂

陶瓷墨水中的助剂主要有润湿分散剂、表面张力调节剂、消泡剂、抗氧化剂和触变剂等，这些助剂对陶瓷墨水的质量稳定性起到了决定性的作用。溶剂的类型决定了陶瓷墨水的表面张力，但较高的表面张力不利于大墨量的喷射，需加入助剂来降低陶瓷墨水的表面张力以改善陶瓷墨水的打印质量。同时色料颗粒的研磨分散稳定性取决于所用的分散剂类型，分散剂是陶瓷墨水助剂中最关键的部分，下面主要就陶瓷墨水中分散剂的原理和结构作一个比较详细的叙述，其他助剂只作简单介绍。

1）润湿分散剂

分散剂是陶瓷墨水中最重要的添加剂，决定了陶瓷色料的研磨效率和成品墨水的稳定性，它对陶瓷色料起到了润湿、分散和防沉的作用。当固体色料和液体接触时，原来的固气界面消失，形成新的固液界面，这种现象称为润湿。如果在液体中加入少量表面活性剂，则润湿和渗透比较容易，加速固体的表面润湿，这种表面活性剂称为润湿剂。固体表面一般可分为高能表面和低能表面两类，高能表面指的是金属及其氧化物、二氧化硅、无机盐等表面，如陶瓷色料，其表面自由能一般在 500～5000mJ/m^2 之间，比较容易润湿。低能表面是指有机固体表面，如石蜡和有机颜料等，它们的表面自由能低于 100mJ/m^2，润湿比较困难。水的表面张力大，等于 72.8mN/m，比有机溶剂的表面张力大很多，所以颜料填料在水中的润湿比在有机溶剂中的润湿慢而且困难，必须有润湿剂的帮助。相对来说，陶瓷色料在有机溶剂中的润湿要容易得多。

固体粉末均匀地分散在某一种液体中的现象，称为分散。固体粉末在液体中往往会下沉，加入某些表面活性剂能使分散容易，分散后的颗粒稳定地悬浮在液体中，这种表面活性剂叫做分散剂。色料分散稳定的体系对陶瓷墨水的生产、储存和使用具有十分重要的意义。由于多分散体系在热力学上是一个不稳定体系，但是通过加入一定数量的润湿分散剂，则可以处于相对稳定状态。陶瓷墨水悬浮体系的稳定或聚沉取决于色料颗粒之间的作用力——排斥力和吸引力，前者是稳定的主要因素，后者则是聚沉的主要因素。这两种力产生的原因及其相互作用的情况，决定了分散剂的设计依据，体系分散稳定的机制可以从下面的理论得到解释。

（1）分散稳定的机理

目前关于颗粒的分散稳定有以下三种机制：

① DLVO 理论——静电稳定机制

DLVO 理论是研究带电胶粒稳定的理论，该理论认为带电胶粒之间存在着两种相互作用力——双电层重叠时的静电斥力和粒子间的长程范德华吸引力。它们相互作用决定了胶体的稳定性。当吸引力占优时，胶体聚沉；当排斥力占优时，并大到足以阻止胶粒由于布朗运动而发生碰撞聚沉时，则胶体处于稳定状态，这就是静电稳定机制。通过调节溶液的 pH 值，增加粒子所带电荷，加强它们之间的相互排斥性，或者加入一些能电离的物质，这类离子对纳米粒子产生选择吸附，使粒子带上正电荷或负电荷，在布朗运动中两粒子产生排斥作用，从而阻止凝聚发生，实现颗粒分散。

② 空间稳定机制

DLVO 理论在解释电解质稳定分散的体系比较成功，而在解释一些高聚物或非离子表面活性剂存在的分散体系稳定时往往不成功。其原因是 DLVO 理论忽略了静电排斥以外的因素，如聚合物吸附层的作用。在聚合物稳定的分散体系中，特别在非水体系中，稳定的主要因素是吸附的聚合物层，而不是双电层。吸附聚合物对分散体系稳定性的影响主要有三方面：一是由于聚合物的吸附而产生一种新的斥力位能——空间斥力位能；二是带电聚合物吸附增加颗粒之间的静电位能，这一点可以从 DLVO 理解；三是高聚物的存在通常会减少颗粒之间的范德华吸引力。在溶剂型陶瓷墨水体系中，分散的稳定性符合以高聚物为主的空间稳定机理。

③ 空位稳定机制

在前述的情况下，如果这种聚合物是一种聚合电解质，在某个确定的 pH 值下，它能起到双重稳定作用，这种情况就成为电解质空间位阻分散机制。

基于上面几种分散剂的稳定机制，陶瓷墨水是以空间稳定机制为主。在体系中分散剂的用量不足或过量时，都可能引起絮凝，在使用分散剂时必须对用量加以控制。

（2）分散剂的组成

分散剂一般由三个部分组成：锚定端基、聚合物主链骨架和伸展链。锚定端基对分散颜料起锚固作用，根据颜料特性设计，可以在聚合物的主链骨架上，可以在侧链上，也可以在嵌段的顶端。聚合物主链骨架是构成分散剂的基础，决定其与体系的兼容性。伸展链是位阻部分，要与分散介质相容，主要是提高稳定性，对降低黏度也有重要作用。

按分子量，分散剂可分为传统型的低分子量润湿分散剂和高分子量分散剂。低分子量润湿分散剂是指分子量在几百之内的化合物，高分子量分散剂是指分子量在数千乃至几万的具有表面活性的高分子化合物。

① 典型的低分子量润湿分散剂有以下几类：

a. 阴离子型：不饱和多元羧酸、磺酸、硫酸和磷酸基等的加成物，如油酸钠 $C_{17}H_{33}COO^-Na^+$；

b. 阳离子型：不饱和多元酸的聚酰胺盐和多元铵盐的改性物，如油铵 $C_{17}H_{33}CH_2NH_3^+OOCH_3^-$；

c. 非离子型：不电离、不带电的长链化合物的烷基酯醚，如聚乙二醇和多元醇醚类；

d. 电中性：聚羧酸的电中性盐和聚羧酸酯和聚氨酯的电中性盐；

e. 偶联剂：有机硅烷和钛酸酯偶联剂。

低分子润湿分散剂对无机颜料有很强的亲和力，因无机颜料通常是由金属氧化物或含有阳离子和氧离子的化合物，具有表面活性中性，对阴阳离子表面活性剂有很强的化学吸附作用，能牢固地锚定在无机颜料的表面上。

② 高分子量分散剂

与传统的润湿分散剂有相应的分子结构相比，高分子量分散剂的分子量不固定，是不同分子结构和分子量的集合。多数是嵌段共聚的聚氨酯和长链线形的聚丙烯酸酯化合物，具有与颜料表面亲和的锚定端基和构成空间位阻的伸展链，锚定端基能牢固地吸附在颜料表面，伸展链又能与溶剂相容。伸展链多数是由聚酯构成的，同时也有聚醚和聚烯烃链，能在多数有机溶剂和芳烃类溶剂中可溶，这类聚合物可提供良好的空间位阻效应。锚定端基必须针对颜料的表面特性来设计，对于具有酸碱性吸附中性的颜料，一般选用胺类、铵和季铵基团，羧基、磺酸基、磷酸基及其他盐类。对于具有氢键给予体和接受体的颜料表面，可采用多胺和多醇为锚固基。对于靠极性和范德华力吸附的颜料可采用聚氨酯类化合物为锚固基。

在众多类型的高分子量分散剂中，效果较好的是 AB 型嵌段高分子表面活性剂。从分子结构上看，AB 型嵌段是超大号的表面活性剂，A 嵌段和 B 嵌段分别类似于表面活性剂的亲水头基和疏水尾链。A 嵌段可以是酸、胺、醇、酚等官能团，通过离子键、共价键、配位键、氢键及范德华力等相互作用吸附在颗粒表面，由于有多点吸附，可以有效地防止分散剂分子脱附，使吸附紧密而持久。B 嵌段可以是聚醚、聚酯、聚烯烃、聚丙烯酸酯等基团，分别适用于极性和非极性溶剂。颗粒的稳定主要依靠 B 嵌段形成的吸附层产生的空间位阻作用，对溶剂化链的长短和均一性有极高的要求，形成厚度适中且均一的吸附层。如果溶剂化链太长，会引起分散体系黏度增加，甚至产生絮凝沉淀，通常认为位阻层的厚度为20nm 时，可以达到最好的稳定效果。

目前陶瓷墨水中使用的分散剂称为超分散剂，是由 AB 型嵌段高分子与低分子分散剂复合而成，具有对陶瓷色料和有机溶剂的广泛适应性。每一个品牌各具特色，由于其嵌段可以是聚醚、聚酯、聚烯烃等，这样导致不同种类超分散剂制成的陶瓷墨水可以具有亲油、亲水或快干等特性，满足不同陶瓷釉面的需要。

2）消泡剂和流平剂

在陶瓷墨水的制备过程中，由于研磨设备的高速运转，常常会产生气泡和泡沫，延长了生产周期，还会造成陶瓷墨水质量问题。解决的办法是在体系中使用消泡剂和抑泡剂。抑泡剂分散于发泡液体中，能拆开引起发泡的活性分子，阻止分子间的紧密接触，阻止了表面黏度对泡沫的稳定作用，使泡沫在起始阶段就受到了控制，起到抑泡作用。消泡剂进入泡沫表面，使泡沫表面张力急剧变化，消泡剂迅速在界面扩散，进入泡沫膜，使泡沫膜变薄，并最终导致泡膜破灭。选择标准是消泡剂的表面张力要小于陶瓷墨水体系的表面张力，不与油墨发生化学反应。消泡剂的添加量应在 0.5％以内，与流平剂搭配使用效果更好，可以消除喷墨过程中易出现的缩孔。消泡剂为不含有机硅的聚合物，如华夏助剂 HX-2000、BYK-051 等。

3）抗氧化剂

抗氧化剂可以抑制陶瓷墨水在储藏和使用过程中出现氧化聚合干燥结膜的现象，主要有酚类、胺类、和醛胺聚合物等。酚类抗氧化能力虽不及胺类，但它有不变色和不易污染的特点，在陶瓷墨水中使用较多的有 2,6-叔丁基-4-甲基苯酚。

4）触变剂

触变剂能赋予陶瓷墨水一定的结构黏性，其黏度随着剪切速率的增加和剪切时间的延长而降低，当除掉剪切速率后，黏度又可以恢复。触变剂可以平衡陶瓷墨水的运动黏度和静态黏度之间的关系，在静态时保持较高的黏度，防止色料颗粒沉降，延长陶瓷墨水的使用寿命。目前可用的触变剂主要有有机膨润土、气相二氧化硅、蓖麻油衍生物、低分子聚乙烯蜡和脂肪酸酰胺蜡等。合适的触变剂，有时也叫防沉剂，适量的使用可有效地降低陶瓷墨水的沉淀和硬团聚，延长陶瓷墨水的储存时间。

4. 水性陶瓷墨水

水性陶瓷墨水是以水为主要溶剂，由水性高分子化合物形成的水基连接料与陶瓷色料、表面活性剂和相关助剂经过研磨加工而成的一种墨水。它的优点是几乎无挥发性有机气体（VOG）排放，对大气无污染。水是最便宜的溶剂，具有成本低廉的优势。

（1）水性陶瓷墨水的组成

水性陶瓷墨水由水溶性乳液聚合物、水、胺类、色料和助剂构成。其中乳液聚合物、水、胺类共同构成了陶瓷墨水的骨架——连接料。水溶性乳液聚合物有聚丙烯醇、聚乙烯甲酯、聚丙烯酸、醇酸树脂、环氧树脂、丙烯酸乳状液和聚醋酸乙烯乳状液等。在水性陶瓷墨水的生产中，都要加入少量的醇类，以利于聚合物的溶解，给予墨性，提高颜料的分散性能，并有加速润湿、抑制气泡等作用。同时还可以调节连接料黏度和干燥速度等打印特性。例如加入乙醇、乙二醇醚，能达到溶剂型油墨的干燥效果。

水性陶瓷墨水中的助剂主要有消泡剂、防腐剂、分散剂和 pH 值稳定剂。消泡剂是水性陶瓷墨水中必加的一种助剂，在其制备和使用过程中，由于黏度及 pH 值的变化，都容易产生气泡。科学使用分散剂、防腐剂、流平剂、交联剂等助剂可改散水性陶瓷墨水的弱点，提高水性陶瓷墨水的性能。

（2）水性陶瓷墨水的生产工艺流程

水性陶瓷墨水的生产主要有以下 8 个步骤：连接料制备→过滤水性成品配料→混合预分散→砂磨→检验→调质→检验→包装。

（3）水性陶瓷墨水的特点

与有机溶剂相比，水有明显不同的性质：在 0℃结冰，100℃沸腾，要考虑陶瓷墨水的低温稳定性和高温挥发性；水的表面张力比有机溶剂高，要用助剂降低表面张力；水的电导率和热导率与有机溶剂相差较大，要考虑陶瓷墨水的非绝缘性；考虑水的偶极矩和介电常数比有机溶剂高，极性高，能形成强氢键，选择极性相配的色料和连接剂；水具有不燃性，便于储存运输，使用时接触安全性高。

水性陶瓷墨水目前处在试验阶段，未找到合适的喷头和未能够连续稳定打印是阻碍其在陶瓷行业推广使用的难题，特别是间歇停机后墨水的防干结问题要解决。

5. 陶瓷墨水溶剂的发展趋势

由于陶瓷墨水中大量使用有机溶剂，从不用和少用的根本目的出发，发展环境友好型溶剂是今后的方向；同时以高效、无毒溶剂代替有毒溶剂亦是当前的一项重要工作。从可持续发展的观点出发，应考虑使用可再生的有机溶剂资源。

（1）使用水溶剂。水是无色透明、无毒无味的液体，而且资源丰富，以水代替有机溶剂作为陶瓷墨水的分散介质，可彻底消除使用有机溶剂带来的危害，水性陶瓷墨水是发展环境友好型的方向，特别是数字化喷釉技术的发展，其溶剂一定是以水性为基础的。

（2）陶瓷墨水溶剂的趋势是用含氧溶剂代替烃类溶剂中的芳烃溶剂，用酯类溶剂代替烃类溶剂，尤其替代毒性及对空气二次污染严重的芳烃类溶剂是切实可行的。

（3）用丙二醇醚酯代替乙二醇醚酯。自 1982 年欧洲化学工业及物理中心发表了有关乙二醇醚类溶剂的毒性报告，其使用开始受到限制。丙二醇醚酯的毒性要远低于乙二醇醚，兼顾其挥发性、溶解力和安全性进行复配调整，可以达到预期目的。

（4）发展生物溶剂。目前的有机溶剂大部分来自以石油和天然气为原料的石油化学工业，是不可再生的。要考虑以农林作物为原料，通过水解或干馏制得有机溶剂，这是可以再生的原料资源，值得进一步关注。

参考文献

［1］　蔡晓峰．喷墨打印技术与陶瓷墨水的制备［J］．佛山陶瓷，2006，7：35-37.

［2］　韩复兴，范新晖，王太华，等．浅析陶瓷墨水的发展方向［J］．佛山陶瓷，2011，21(6)：1-3.

［3］　黄惠宁，柯善军，孟庆娟，等．喷墨打印用陶瓷墨水的研究现状及其发展趋势［J］．中国陶瓷，2012，18：1-4.

［4］　秦威，胡冬娜．陶瓷喷墨色料的生产及其工艺探讨［J］．佛山陶瓷，2011，21(8)：23-29.

［5］　王正东，胡黎明．超分散剂的作用机理及应用效果［J］．精细石油化工，1996，6：58-62.

［6］　张民．超分散剂的发展现状及前景［J］．科技信息，2010，17：26-29.

［7］　Teng W. D., Edirisinhe M. J., Evans J. R. G. Optimization of dispersion and viscosity of a ceramic jet printing ink［J］. J. Am. Ceram. Soc., 1997，80：486-494.

［8］　石教艺，李向钰，张翼．一种陶瓷喷墨打印用油墨及其制备方法［P］．专利号：201210489664.X，2012.

［9］　Krishna P., Reddy A. V., Rajesh P. K., P., K. Studies on rehology of ceramic inks and spread of ink droplets for direct ceramic ink jet printing［J］. J. Mater. Process. Tech., 2006，176：222-229.

［10］　Matthew M., Song J. H., Evans J. R. G. Micro-engineering of ceramics by direct ink-jet printing［J］. J. Am. Ceram Soc., 1999，82：1653-1668.

［11］　胡俊，区卓琨．陶瓷墨水的制备技术［J］．佛山陶瓷，2011，21(9)：23-26.

［12］　A. Atkinson, J. Doobrar, A. Hudd et al. Continuous Ink-Jet Printing Using Sol-Gel"Ceramic"Inks［J］. Joumal of Sol-Gel Science and TeChnology, 1997，24(8)：1093-1097.

［13］　江红涛，王秀峰，牟善勇．陶瓷装饰用彩喷墨水研究进展［J］．硅酸盐通报，2004，23(2)：57-59.

［14］　刘付胜，肖汉宁，李玉平，等．纳米 TiO₂ 表面吸附聚乙二醇及其分散稳定性的研究［J］．无机材料学报，2005，20(2)：310- 316.

［15］　杨静，漪李理，蔺玉胜，等．纳米 ZrO₂ 水悬浮液稳定性的研究［J］．无机材料学报，1997，12(5)：665-670.

［16］　何迎胜，田永中，张翼．用于在陶瓷表面形成图像的油墨组合、油墨及方法：中国，2010101 17934.5［P］．2010，3.

［17］　张信贞，许士杰，陈世浚．高色浓度微细化无机颜料、其制法及无机颜料墨水组合物：中国，200610106160.X［P］．2006，7.

［18］　郭艳杰，周振君，杨正方．Sol-gel 法制备连续式喷墨打印用彩色陶瓷墨水的理化性能［J］．中国陶瓷，2002，38(1)：17-19.

［19］　周松青，赖悦腾，潘信辉，等．分散剂对陶瓷喷墨装饰用墨水静置稳定性影响的研究［J］．陶瓷，2008，35(9)：18-23.

［20］　刘辉彪，李玉良．一种无机颜料水溶胶及制备方法和应用：中国，200410001432.0［P］．2004，1.

［21］　郭瑞松，齐海涛，李金有，等．AEO9/醇/烷/水系反相微乳液陶瓷墨水制备与性能研究［J］．无机材料学报，2003，18(3)：645-652.

［22］　江红涛，王秀峰，牟善勇，等．反相微乳液法制备陶瓷装饰用彩喷墨水［J］．陶瓷，2004，31(4)：15-18.

［23］　王苹，魏明坤，等．高固体含量陶瓷料浆稳定机理及粉体表面改性方法［J］．佛山陶瓷，2001，11(4)：6-8.

［24］　任俊，卢寿慈．固体颗粒的分散［J］．粉体技术，1998，4(1)：25-33.

［25］　马文有，田秋，曹茂盛，等．纳米颗粒分散技术研究进展［J］．中国粉体技术，2002，8(3)：28-31.

［26］　任俊，卢寿慈，沈健，等．微细颗粒在水、乙醇及煤油中的分散行为特征［J］．科学通报，2000，45(6)：583-587.

［27］　郝成伟，吴伯麟，李继彦，等．聚乙二醇分散剂对高纯超细 Al₂O₃ 制备的影响［J］．材料导报，2007，21(8)：163-164.

［28］　郭瑞松，齐海涛，郭多力，等．喷射打印成形用陶瓷墨水制备方法［J］．无机材料学报，2001，16(6)：1049-1054.

［29］　汪丽霞，何臣，侯书恩．纳米氧化锆陶瓷墨水的制备［J］．矿产保护与利用，2005，25(1)：29-32.

[30] 郭瑞松，赵丹，齐海涛. 反相微乳液法非水相 ZrO_2 陶瓷墨水的制备与性能[J]. 天津大学学报，2004，37(5)：428-433.

[31] 林海浪."负离子"陶瓷墨水的作用及应用[J]. 佛山陶瓷，2015，25(2)：28-30.

[32] 王利峰. 喷墨打印用陶瓷表面装饰墨水的制备及其性能分析[D]. 天津：天津大学，2014.

[33] 胡俊，区卓琨. 浅谈陶瓷喷墨用色料的制备技术[J]. 佛山陶瓷，2013，23(12)：1-4.

[34] 郑树龙，张缇，林海浪. 陶瓷墨水的技术创新及功能化发展[J]. 佛山陶瓷，2015，25(10)：1-4，18.

[35] 靳博. 硅酸锆色料及喷墨打印用陶瓷墨水的制备和研究[D]. 西安：西安电子科技大学，2014.

[36] 贺帆. 钴蓝颜料的合成、表面改性以及蓝色陶瓷墨水的初步配制[D]. 广州：华南理工大学，2014.

[37] 张兆宏. 水性蓝色陶瓷墨水的制备及稳定性研究[D]. 广州：广东工业大学，2014.

[38] 曹坤武. 镨掺杂硅酸锆黄色颜料以及陶瓷墨水的制备和研究[D]. 上海：华东理工大学，2011.

第7章 陶瓷墨水的品质论证与功能性墨水

Chapter 7 Functional Ceramic Ink and Quality Evaluation of Ceramic Ink

7.1 陶瓷墨水

7.1.1 介绍

我们对陶瓷墨水的应用感兴趣的主要有两种。第一种是陶瓷片和餐具的装饰，第二种是陶瓷零件的自由成形，3D 打印的一种应用。在文献中有很多关于这两种应用的研究。总体来说，在喷墨工艺作为一种生产应用方面，陶瓷墨水的沉积仍然是一个日益增长的领域。例如，气敏元件中的陶瓷纳米涂层。在本章中部分内容会重点讨论陶瓷颜料的装饰。

对于价值昂贵的餐具和墙砖，市场更趋向于小批量柔性生产，甚至是单件生产。例如替代停售昂贵的餐具或者生产定制的瓷砖。陶瓷颜料目前最先进的装饰技术是丝网印刷，但由于高昂的丝网成本，这种工艺不允许小批量生产。另外一种数字打印工艺是喷墨打印和激光打印。对于陶瓷颗粒的高分辨沉积，原理上讲两种工艺都是可行的。由于它们是不同的工作原理，两种技术各有利弊，激光打印方法就不在这里讨论了。

关于陶瓷墨水的组成和应用有几个难点。首先是陶瓷悬浮液的流变性。一般来讲，悬浮液的黏度表现为剪切依赖性，取决于固体的体积分数、颗粒大小及形状，以及颗粒间的相互作用力。在打印过程中由于高剪切率作用于墨水，与陶瓷墨水剪切相关的黏度可能会严重影响喷墨泵送机理。在接下来的几节中我们会深入探讨悬浮液的流变性。第二，由于陶瓷墨水中的陶瓷色料具有较高的密度，其化学稳定性也是一个重要的问题。固体颗粒在打印喷头中的沉淀会导致喷嘴的堵塞。第三个问题，高硬度的陶瓷颗粒带来的高磨损率。这将导致喷嘴的严重磨损，从而缩短打印喷头的使用寿命。接下来我们也会再回到这个问题上进行讨论。

另外，陶瓷墨水除了满足喷墨打印机的要求外，它还必须具备一些其他性能以满足特定应用要求。用于装饰的陶瓷颜料可能是比较大的颗粒，粒径大小可达到 $10\mu m$。同时其发色效果远逊色于有机颜料，因此要求陶瓷基底上有较高浓度的陶瓷色料。在接下来的焙烧阶段，陶瓷色料将会被烧结。这要求陶瓷色料可以经受高温，温度一般在 $850\sim1150℃$ 之间。涂层熔点及热膨胀性质与陶瓷基底的釉料相似，如瓷片。

陶瓷悬浮液从喷嘴分配或者喷出时也会沉积。打印是一个并行的过程，也就是说，每种颜色或者每种物质都有许多喷嘴同时进行，比方说 128 或者更多。分配和喷出过程通常使用一个单一的喷嘴。陶瓷悬浮液与喷墨墨水的流变性是不一样的，前者可能更黏稠，固含量更高。应用于陶瓷零件的自由成形时，可以达到更高的空间分辨（在微米范围）。有相关文献专门综述了最近的陶瓷墨水用作材料的沉积工艺。

7.1.2 陶瓷悬浮液的流变学

一般来说，悬浮液的流变性能与液体是不一样的，这主要是由于作用于颗粒上的流体动力导致的。图 7-1 解释了打印喷头中的这种现象。因为打印喷头中的流动是在较低的雷诺数范围（在 $350\mu m$ 直径的墨水通道中，液滴形成时的雷诺数为 $1\sim10$），所以毛细管（圆形的）内的速度分布呈抛物线形状，如图 7-1 所示。

在非常低的切变率（也就是流速）情况下，颗粒在化学稳定的悬浮状态下近似以恒速的层流形式，如图 7-2 所示。但是在高切变率下，液体动力将颗粒从恒速流动的层中赶出来。在悬浮液中，有两种因素相互竞争：一种是流体动力，它使悬浮液的微结构发生变形，驱使颗粒聚集在一起。另一种是布朗运动和颗粒间的排斥力，它促使颗粒分离。这两者间的竞争导致悬浮液的切变依赖于悬浮液的黏度。这种效果取决于悬浮液中固体颗粒的有效体积分数、颗粒间的相互作用力（如排斥力的强度），以及颗粒的大小、形状和表面性质。各种物理作用导致悬浮液在中等切变率下会剪切稀化，也可能在高切变率下产生剪切增稠。这种现象在文献中都有描述。在这里我们只讨论这些效果的定性解释，以及与陶瓷墨水喷墨打印相关的结论。

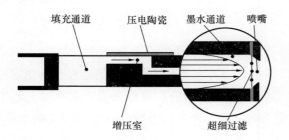

图 7-1　喷墨打印喷头示意图

图 7-2　无细管层流

在触发脉冲过程中，陶瓷墨水被施加高切变率，大约 $\gamma = 10^4 \sim 10^6 S^{-1}$。切变率的大小取决于用于生成液滴的是单脉冲还是多脉冲，也就是说打印喷头是二值图像还是灰度图。在这么高的切变率下是很难进行实验的。所以据我们所知，所有关于悬浮液黏度的研究都是在较低切变率下得到的。

图 7-3　陶瓷悬浮液高切变率实验装置

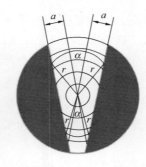

一个稀的陶瓷悬浮液的实验如下进行：将非常少量的碳化硅颗粒（d 约为 $6\mu m$）分散于硅油中（η 约为 $350mPa \cdot s$），形成悬浮液，然后通过玻璃毛细管（$d = 0.6mm$）在高压下泵出，实验装置如图 7-3 所示。毛细管中碳化硅颗粒的速度用一个光传感器探测。从这些数据可以计算出颗粒速度的统计数据。由于传感器的光学性能，只有在毛细管截面的楔形区域中的颗粒被探测到。所测的速度分布取决于区域的形状，以及传感器的测量偏差，如图 7-4 所示。

悬浮液到达毛细管的出口时被剧烈地加速（高达几百 m/s²）。与悬液相比，颗粒具有较大的密度。在加速阶段颗粒相对于液体发生移动。在毛细管边沿，最大切变率大约为 $\gamma_{max} = 8000 S^{-1}$。假定颗粒遵循恒速层流，如图 7-2 所示，可以计算出颗粒速度的预期概率分布，结果如图 7-4 的左部分。如上所述，在毛细管截面的楔形扇区域中测定的颗粒，包含在速度分布中。作为对比，典型的测量结果如图 7-4 右部分。

可以明确一点，试验中观察到太多的快速流动的颗粒。这是由于一种称为马格努斯效应的浮力将固体颗粒驱赶到毛细管的中心。请注意一点，固体颗粒尚未达到平衡状态。图 7-5 示意地画出了马格努斯效应的起因，一种情况是在加速阶段（以及触发脉冲）时固体颗粒具有相对于周围液体的相对速度，另一种情况是固体颗粒没有相对速度。在剪切流中，固体颗粒开始旋转，其表面包覆一薄层边界层的液体。这引起周围流体的驻点向毛细管壁移动，从而产生指向中心的浮力。马格努斯效应从毛细管壁向中

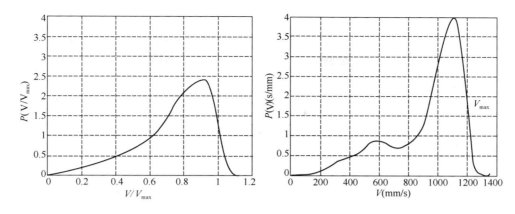

图 7-4 理论预期颗粒速度的概率密度（左）与实际测试颗粒速度的概率密度（右）

心区域逐渐降低，直至消失。这样，固体颗粒被迫聚集在一起，如图 7-2 所示。这只是一种定性的解释，实际上马格努斯效应是很复杂的（图 7-5）。

在低切变区域中的黏度主要取决于悬浮液中固体颗粒的有效体积分数。关于悬浮液低剪切黏度 η_0 与悬浮液流体黏度 η_s 之间的关系，文献中给出了很多解释。对于悬浮液，有两个没有参数的公式，具体如式（7-1）、式（7-2）：

$$\eta_0 = \eta_s(1 + 2.5\phi + 5.2\phi^2)\phi < 0.1 \tag{7-1}$$

$$\eta_0 = \eta_s(1 - \phi/\phi_m) - n, 0.1 < \phi < \phi_m \tag{7-2}$$

式中，ϕ 为固体颗粒的有效体积分数，ϕ_m 为悬浮流动被堵塞情况下的最大有

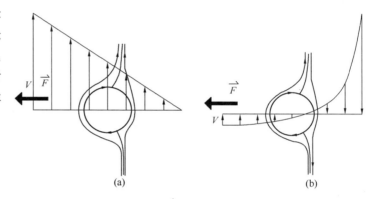

图 7-5 浮力对处于剪切流体中颗粒的作用（马格努斯效应）
（a）颗粒与周围流体速度相关；（b）颗粒与周围流体速度无关

效体积分数。在化学稳定的悬浮液中，颗粒表面的位阻层使得它们的体积增大。这就定义了颗粒的有效体积，是依赖于悬浮液的化学稳定性的。添加分散剂，可以增加颗粒的有效体积，以及有效体积分数，然而颗粒的最大堆积密度却降低了。为了得到定量公式，可以假定固体的最大有效体积分数为 $\phi_m = 0.64$；这是在一个硬球模型系统中，悬浮液的最大体积分数。通常取 $n = 2$，但是 n 也可以是实验数值。如果 $\phi = 0.1$，$\phi_m = 0.64$，上面给出的两个公式成立，可以求得 $n = 1.55$。

公式（7-1）只考虑了流体动力因素，而公式（7-2）包含了颗粒间的作用力。我们期望这些公式至少近似成立。有文献报道，当陶瓷悬浮液的固含量一定时，随着颗粒平均尺寸的增加，其低剪切黏度是逐渐降低。

在中等剪切率以下，陶瓷悬浮液的切变与黏度的关系可以用普通的流变仪测定。图 7-6 给出了高固含量的陶瓷悬浮液和陶瓷墨水的测试结果。

描述剪切稀化的最简单的模型是幂模型，如式（7-3）所示：

$$\eta(\gamma) = \eta\gamma^{(1-n)/n} \tag{7-3}$$

式中，γ 表示剪切率；η 是一个包含温度与黏度关系的常数。对于牛顿流体，$n = 1$；对于剪切稀化的物质，$n > 1$。对于如图 7-6 所示的悬浮液，图 7-6（a）中 $n \approx 1.8$，图 7-6（b）中 $n \approx 1.1$。

图 7-7 定性描述了在大范围的剪切率内，悬浮液黏度的变化规律。我们可以发现这种剪切相关性，例如，浓的胶体悬浮液。但是这些结果不适用于陶瓷墨水，主要是因为这些实验与喷墨工艺相比，固含

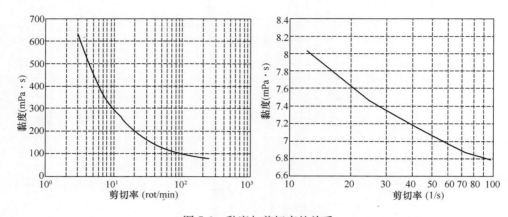

图 7-6　黏度与剪切率的关系

（a）陶瓷料浆含高体积分数的 TiO_2 和 Ag 纳米颗粒；（b）陶瓷墨水含质量分数 15% 的固相

量更高且剪切率更低。这些实验中悬浮颗粒通常是大小为 $1\mu m$ 或更小的球体。而在浓的胶体悬浮液中，剪切与黏度的关系有可能适用于陶瓷墨水。这是由于理论研究表明，稀的胶体悬浮液具有和浓的悬浮液同样的非牛顿流体行为。

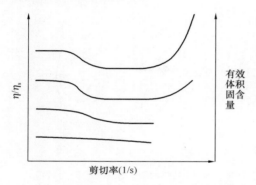

图 7-7　稳定悬浮体黏度与剪切率的定性关系

随着颗粒有效体积分数的增大，黏度和黏度与剪切的相关性均会增大。对于非常低的剪切率，通常存在一个低剪切平台 η_0。对于高的剪切率，存在一个高剪切台 η_∞。在幂模型中没有描述这些特征，因此需要一个更详尽的模型，例如交叉模型，即式（7-4）：

$$\eta(\gamma) = \eta_\infty + (\eta_0 - \eta_\infty)/(1 + c\gamma^m) \qquad (7\text{-}4)$$

式中，c 和 m 是拟合参数（和幂模型中的参数不一样）。

图 7-7 中最显著的特征是在高剪切率下，剪切增稠的起始点。在陶瓷墨水触发脉冲的瞬间，黏度会同时增加。实际上这样会很容易导致泵送机制失效。一种流体能够满足喷墨打印要求，其主要的流变参数是黏度和（动态）表面张力。通常情况下，这些参数为黏度 $\eta = 6\sim20 mPa\cdot s$，表面张力 $\sigma = 25\sim35 mN/m$。根据具体的喷头，这些范围可能更大或更小。在悬浮液情况下，固体颗粒的有效体积分数及其性质，作为附加参数。例如，对于一个化学稳定的悬浮液，如果其固体有效体积分数不断增大，而低剪切黏度（和表面张力）保持在可以接受范围内，那么喷墨过程在某些时候开始不稳定，最终无法喷墨。在这里，喷墨过程的稳定程度可以认为工作中喷嘴故障的概率。难以证明剪切增稠是打印过程中不稳定的起因。但是从胶体悬浮液得到的结果告诉我们，在触发脉冲产生的高剪切率情况下，确实存在剪切增稠现象。

对剪切增稠的一个定性理解是，流体动力（马格努斯效应）驱使颗粒物理接触，由此产生颗粒间的流动润滑力和流动摩擦力，从而导致黏度增加。只有当颗粒可以足够接近，剪切增稠才会发生。因此，悬浮液是否在高剪切率时发生剪切增稠，还是到达高剪切平台，都取决于颗粒间的作用力，也就是排斥力的强度。在陶瓷墨水中添加分散剂或表面活性剂，有助于延迟甚至抑制剪切增稠的发生。

在胶体悬浮液中，除了固含量外，颗粒尺寸和表面粗糙度也会影响剪切增稠。剪切增稠的发生取决于有效颗粒的半径 R。文献中有两个关系式描述这种相关性。一个是佩克莱数，式（7-5）：

$$Pe = 6\pi\eta_s\gamma R^3/kT \qquad (7\text{-}5)$$

Pe 数为控制胶体悬浮液剪切增稠的发生。在这种情况下，发生剪切增稠时剪切率可以（近似）由式（7-6）定义：

$$\gamma_c \sim 1/(\eta_s R^3) \tag{7-6}$$

有文献认为这种关系式仅在小 Pe 数时才成立，也就是对应低剪切率。另外一种方法是式（7-7）：

$$\gamma_c \sim 1/(\eta_s R^2) \tag{7-7}$$

如果最终认为马格努斯效应由颗粒半径 R 决定，那么很显然，在不考虑哪个关系式真正成立，颗粒的剪切增稠的产生与其有效半径是十分相关的。

在本文中另外一个重要的问题是悬浮液的化学稳定性，对喷墨打印来说是不可或缺的因素。对于化学稳定性而言，位阻或是通过电荷，表面积/质量比是十分重要：$S/m=3/(\rho R)$。由于陶瓷色料具有较高的密度 ρ，一个稳定的悬浮液也要求陶瓷颗粒必须不能太大，例如要小于 $2\mu m$。

总的来说，陶瓷悬浮液用在喷墨打印机的问题，会随着固体的（有效）体积分数和颗粒的大小增加而增加。由于和有机颜料相比，陶瓷颜料的发色会更弱，所以在另一方面就需要高的固含量。这一点对于陶瓷零件的自由成形是相同的，此时会要求涂层不能太薄。折衷的办法就是要尽可能使用小的颗粒。

将陶瓷颜料研磨到亚微米大小并且具有窄的尺寸分布，是一个需要花大成本的加工步骤。此外，对于很多颜料来说，颗粒尺寸越大其发色效果越好。因此要获得鲜艳的发色，颗粒的尺寸一定不能太小，特别是对于核-壳结构的颜料，如图 7-9 所示。陶瓷颜料用于喷墨打印机装饰时，其颗粒尺寸一般在 $\phi 0.3 \sim 2\mu m$ 范围内，依不同的颜料而定。这个尺寸已经是相当大了，主要是因为用在喷墨打印机的悬浮液中的颗粒明显小于 $\phi 1\mu m$。为了防止喷嘴堵塞，最大的颗粒直径应该小于喷嘴直径的 1/10。由此可知，传统打印机的喷嘴直径为 $30 \sim 50\mu m$，也可以用在陶瓷墨水中。

7.1.3　陶瓷墨水的化学成分

迄今为止，溶胶-凝胶法涂层技术已经应用在航天、光学、汽车、家用电器和半导体等行业。溶胶-凝胶法是这样的一个过程：含有小分子（溶胶）的分散液干燥后会形成交联的聚合物（凝胶），进一步加热，干凝胶转变为致密的膜层，如图 7-8 所示。

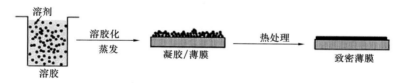

图 7-8　溶胶-凝胶制备薄膜的过程示意图

用于制备溶胶的原材料通常是无机金属盐或者有机金属化合物。由于金属醇盐和烷氧基硅烷易于与水反应，它们是最常见的前驱体。氢氧根离子与金属原子结合，这种反应称之为水解反应，可以用下面的化学反应方程表示：

$$Si(OR)_4 + H_2O \Longleftrightarrow HO\!-\!Si(OR)_3 + ROH$$

R 代表质子或者其他配位基如烷基；因此 OR 是烷氧基，ROH 就是醇。根据水和所用的催化剂的量，水解反应可能很彻底（也就是所有的 OR 基团均被 OH 所替代），也可能烷氧基硅烷只部分水解就停止了。两个部分水解分子可以通过缩合反应交联在一起，例如：

$$(OR)_3Si\!-\!OH + HO\!-\!Si(OR)_3 \Longleftrightarrow (OR)_3Si\!-\!O\!-\!Si(OR)_3 + H_2O$$

或者

$$(OR)_3Si\!-\!OR + HO\!-\!Si(OR)_3 \Longleftrightarrow (OR)_3Si\!-\!O\!-\!Si(OR)_3 + ROH$$

这种水解和缩合反应可以得到低聚物分子结构。需要注意的是，醇此时不单单是一种溶剂。水解和缩合反应是可逆的，在这个化学平衡里醇也参与了反应。

为了开发陶瓷墨水，首先要制备有机—无机混合溶胶，由甲基三乙氧基硅烷和四乙氧基硅烷的水解产物与二氧化硅溶胶（直径为 10nm）混合而成。在硅烷的水解和缩合反应中产生了乙醇。为了避免陶瓷墨水随后在喷嘴处干燥和成膜，通过蒸馏将乙醇置换为己醇或庚醇。

涂层材料是结合陶瓷色料的基体，如锆红、钴蓝和黑色。锆红是一种包裹颜料（核壳型颜料），平均大小为 $\phi 5\mu m$。钴蓝和黑色颜料比较小，大约 $\phi 0.5 \sim \phi 2\mu m$。锆红、钴蓝和黑色颜料的 SEM 图片如图 7-9 所示。

图 7-9　不同组成结构的陶瓷色料扫描电镜图
（a）锆铁红；（b）钴铝蓝；（c）黑色料

为了使色料稳定、避免团聚，用辛三乙氧基硅烷对颜料的表面进行功能化处理。通过这种辛烷基的有机修饰后，可以形成位阻稳定效果，如图 7-10 所示。

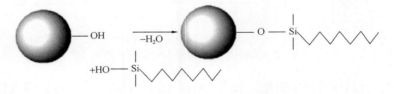

图 7-10　通过硅羟基化使色料表面改性示意图

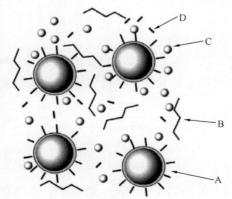

图 7-11　陶瓷墨水组成示意图
A—表面修饰的色料；B—硅烷低聚物；
C—SiO₂ 纳米颗粒；D—硅烷单体

接下来这些颗粒与如上所述的透明硅烷基体结合。在这种硅烷网络中，一边是纳米尺寸的 SiO_2 颗粒，而另一边是色料。两者可以被分散开来而不团聚在一起。图 7-11 示意地画出了陶瓷墨水的化学成分。为了进一步改善其化学稳定性，空间位阻稳定可以和静电稳定结合起来。根据所用的色料不同，这些墨水化学稳定可以长达几个星期。

陶瓷墨水的化学组成如图 7-11 所示。成分 A 表示表面修饰的色料，B 为硅烷低聚物，C 是 SiO_2 纳米颗粒，而 D 为硅烷单体。

在陶瓷衬底上打印陶瓷墨水后，涂层在 150℃ 干燥 15min。经过干燥后，涂层进一步在 1100℃ 焙烧 15min，使其致密化。所用的升温曲线和陶瓷基体的生产工艺是一致的。

　　硅烷单体和低聚物可以与陶瓷基釉形成良好的粘结，也可以混合进色料中。纯的 SiO_2 基体具有高的化学及机械稳定性，这对提高涂层陶瓷产品的强度是非常有用的。

　　我们知道，溶胶-凝胶膜的最大厚度受制于膜层致密化过程中产生的张应力。在高温致密化过程中，当干凝胶中的孔洞坍塌，溶胶-凝胶涂层会发生收缩。根据目前的技术水平，溶胶-凝胶涂层的厚度大约为 $1\mu m$。这里包含的 SiO_2 纳米颗粒提高了膜的固体含量，使得涂层的最大厚度高达 $10\mu m$。

　　另外一个问题是在致密化阶段釉中裂纹的形成。在 1100℃ 左右致密化阶段，此时已经达到了基釉的玻璃化温度 T_g，同时它的黏度降低。由于涂层由纯的 SiO_2 组成，所以涂层的玻璃化温度和纯的石英玻璃是一样的，大约 1400℃。这就导致陶瓷釉中裂纹的形成。为了避免这种影响，将少量的碱性离子添加进去，它们起网络调节剂的作用，可以将涂层玻璃化温度降低到 1100℃ 左右。

7.1.4　液滴形成及喷墨过程的稳定性

　　对于陶瓷墨水，打印过程中液滴的形成和稳定，是施加在喷头上的驱动信号所引起的。用于这些研究的试验打印机如图 7-12 所示。原理上讲，所有的压电喷头运行都是相似的，但具体的驱动信号是不一样的。因此，图 7-14 显示的参数只适用于 Dimatix SL-128 的喷头（有 128 个喷嘴，喷嘴直径为 $50\mu m$）。这种喷头运行在一个相对强的触发脉冲引起的黏度衰减。这就导致墨滴的形成对脉冲信号的形状不敏感，但主要对（梯形）触发脉冲的长度和幅度敏感。这不同于其他打印喷头。

　　图 7-13 的照片给出了不同长度和幅度的触发脉冲形成的墨滴。在所有图片中，脉冲下降边和闪光仪频闪之间的时间延迟是一致的，因此所有墨滴到喷嘴的距离和速度是成比例的。右边的两个墨滴形成不理想的卫星墨滴，也就是有几个墨滴而不是一个。而最左边的墨滴显得有点慢。即使在某些喷头的喷嘴看起来墨滴形成得很好，但如果触发脉冲的力量太小，打印过程也将不稳定。如上所述，打印过程的稳定性可视作是运行中喷嘴失败的概率。

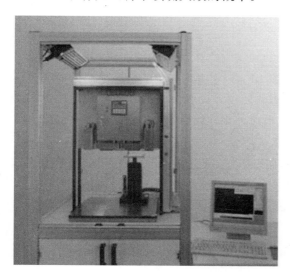

图 7-12　实验喷墨打印机

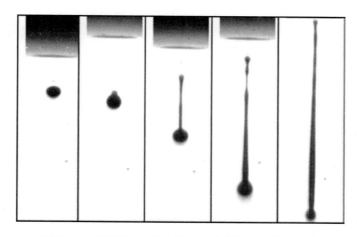

图 7-13　不同脉冲波长和脉冲大小条件下墨滴的状态

　　图 7-14 给出了一个例子，用来评价陶瓷墨水打印过程中墨滴形成和稳定性。加号表示好到可接受的墨滴形成；叉号表示稳固地形成卫星墨滴，或者是打印过程的不稳定或失败。由于评价不总是唯一的，用三角形表示介于两者之间的情况。这其中的一个原因是喷头中不同喷嘴引起的变化。

　　稳定性测试是为了设置参数，而这些参数至少可以形成可接受的墨滴。在这个测试中，重复打印

1000 条线，打印间隔不断增大。经过一个打印间隔，打印过程再次开始，喷嘴就出现故障。在第一个触发脉冲时单个喷嘴不启动，但是经过几个循环后或者彻底不工作了。实验得到的可接受的打印可靠性的参数设置，如图 7-14 所示中的圆圈部分。不是所有好的墨滴形成参数设置都会保证打印过程稳定。大致上，打印过程的稳定性随着触发脉冲的能量而增加，也就是随着波幅的增大而更稳定。另一方面，如果触发脉冲能量太高，会在喷嘴板形成墨水膜，这将损害或者抑制墨滴形成。高达压力波极限强度的的表面张力，可以防止墨水膜在喷嘴板上的形成。

最后在砖上的测试打印如图 7-15 所示。图案是用含有 2.0wt% 钴蓝颜料和 8.0%wtSiO$_2$ 的墨水打印成的。可以清楚地看到，高温焙烧后着色效果明显降低。图 7-15（b）明显可以可见小裂纹，是由于涂层与基釉的熔点和热膨胀系数不同引起的。

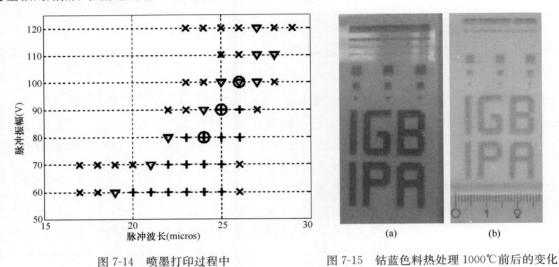

图 7-14　喷墨打印过程中
激励脉冲与墨滴稳定性的关系

图 7-15　钴蓝色料热处理 1000℃前后的变化
（a）烧结前；（b）烧结后

7.1.5　喷嘴的磨损

对于任何陶瓷墨水喷墨打印的工业应用来说，一个重要的问题是由于颗粒的硬度引起的喷嘴磨损，图 7-16 中的试验可以说明这一点。图 7-16（a）的扫描电镜照片是只用液体墨水的打印喷头的喷嘴。作为比较，图 7-16（b）为使用陶瓷颗粒测试的结果。经过 30h 的使用，用钽制成的喷嘴出现退化。随着陶瓷颗粒的增大，喷嘴的磨损更加严重。这在其他文献也有报道，并且认为陶瓷颗粒越小磨损越低。

延长喷嘴寿命的一种方法是采用（高性能）陶瓷制造喷嘴板。Dimatix 公司生产的最新型号的喷头采用了硅基喷嘴板。另一种办法是采用塑料（聚酰亚胺）来生产喷头喷嘴板，Xaar 公司就采用了这种方法。柔性的喷嘴板可以减缓陶瓷颗粒的影响。目前，工业陶瓷喷墨打印机喷头的寿命问题，仍没有得到解决。

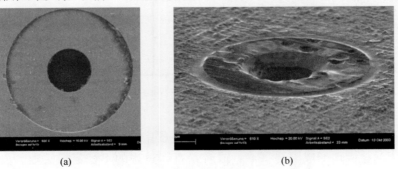

（a）　　　　　　　　　　　（b）

图 7-16　使用 30h 后喷嘴口表面结构
（a）仅应用于液态墨水；（b）应用于含陶瓷颗粒的墨水

7.2　陶瓷墨水的性能及评估

7.2.1　陶瓷墨水的物理性能

1. 黏度

黏度是陶瓷墨水的主要性能之一，对陶瓷墨水的生产、存放和使用都有重要影响。黏度通过旋转黏度仪来测量。通过恒温料筒和恒温水浴的使用，可以测出不同温度下陶瓷墨水的黏度。

在研磨加工环节，如果黏度大，陶瓷墨水在循环管道内部和研磨腔内过滤格栅或筛网的通过速度较慢，在固定研磨时间内陶瓷墨水通过研磨腔的次数降低，研磨效率下降，陶瓷墨水色料颗粒的尺寸均匀性也会下降，另外由于黏度大时陶瓷墨水对研磨介质运动阻力也较大，也会降低研磨效率；在陶瓷墨水的存放环节，黏度增大有利于陶瓷墨水的沉降速度减慢，延长保质期；在使用环节，对于陶瓷墨水在研磨机墨路内穿透过滤器、喷头的狭小空间的流动和喷孔的喷出，黏度小比较有利，但黏度过小又会增加陶瓷墨水从喷孔往外滴墨的倾向。所以要根据不同陶瓷墨水的具体特点和喷头的要求决定陶瓷墨水的合适黏度范围。目前市场上的各种机型使用的各种喷头对陶瓷墨水的黏度要求差别不大，均在 15～30mPa·s 之间。

陶瓷墨水的黏度随温度升高而降低，图 7-17 和图 7-18 分别是国产陶瓷墨水和进口陶瓷墨水的黏度随温度的变化规律，可见变化趋势基本一样。

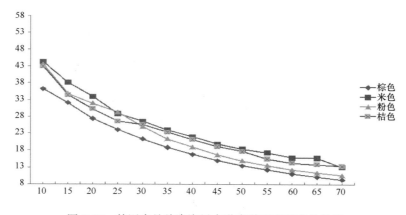

图 7-17　某国内品牌陶瓷墨水黏度随温度的变化趋势

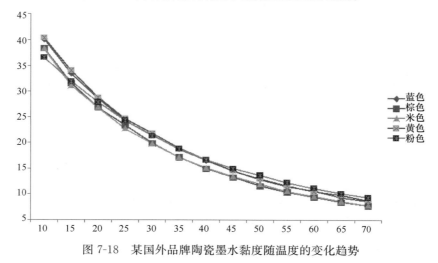

图 7-18　某国外品牌陶瓷墨水黏度随温度的变化趋势

2. 颗粒度及其颗粒分布

颗粒尺寸的测量有沉降法、筛分法、激光法、电阻法、显微观察法。陶瓷墨水颗粒度以及颗粒分布可以通过激光粒度仪来快速测量。激光粒度仪是基于小颗粒对激光的散射或衍射的原理，测量不同尺寸颗粒对激光的散射角和不同角度的散射光的强度，按照光散射理论计算得到颗粒的粒度和粒度分布。激光粒度仪测量得到的是色料颗粒的等效散射光粒径。

颗粒尺寸的表示方法有面积平均径、体积平均径和计数平均径。

对喷墨印花、存放环节和最终烧成后的发色效果而言，对颗粒度的要求是不同的。对于喷射和陶瓷墨水的存放环节，颗粒越细，越有利于陶瓷墨水在喷墨机内部的流动和在喷口喷出，也有利于陶瓷墨水的长期存放而不易出现明显沉淀，但对烧成后的发色不利，因为在高温时颗粒细小比颗粒较粗的色料更容易和釉料发生化学反应，改变色料的原有结构，发色效果变差，甚至不能发色。一般要求陶瓷墨水内的色料颗粒直径不大于 $1\mu m$，D_{50} 为 $0.2\sim0.5\mu m$。由于颗粒分布窄时可以适当放大 D_{50}，有利于陶瓷墨水发色的改善。

3. 表面张力

测定陶瓷墨水表面张力的方法有毛细管上升法、环法和最大气泡压力法等。

测量时先调整毛细管管口位置与试管内待测液体表面刚好接触，然后从分液漏斗放水使盛放待测液体试管内的气压缓慢下降，外部空气从毛细管口进入试管，毛细管口形成气泡，气泡体积缓慢增大，初期时气泡表面与管口齐平，气泡的曲率半径最大，气体持续吸入，气泡曲率半径逐渐减小，毛细管口内外压差逐渐增大；当气泡形成半球形时，气泡半径和毛细管半径相等，曲率半径最小，毛细管口内外的压差最大；而后气泡增大，曲率半径变大，气泡不受管口约束迅速破灭。读取 U 形管压力计上的液面高差计算出气泡内外的最大压差，也就是气泡曲率半径最小时起泡内外的压差，存在如式（7-8）的关系：

$$\Delta P_{max} = K\gamma/r \qquad (7\text{-}8)$$

式中，ΔP_{max} 为压力表读取的最大压差，N/m^2；K 为比例常数，实验证明为 2；γ 为待测液体样品的表面张力；r 为毛细管半径，m。

从而表面张力由式（7-9）计算：

$$\gamma = r\Delta P_{max}/2(N/m) \qquad (7\text{-}8)$$

表面张力对陶瓷墨水性能的影响主要在陶瓷墨水喷射环节起重要作用。

在喷头喷射过程中，压电陶瓷做高频动作，产生墨水微滴，存在如式（7-10）所示的能量平衡关系：

$$E_p + E_g = E_s + E_h + E_s + E_a + mv \qquad (7\text{-}10)$$

式中，E_g 为墨水的重力势能；E_p 为压电陶瓷的输出能量；E_s 为以声波形式损失的能量；E_h 为以热量性质损失的能量；E_s 为新增加的墨滴表面能；E_a 为克服喷头内部负压耗费的能量；m 为墨滴质量；v 为墨滴速度。

由于喷头发生在普通声波范围，频率较低，压电陶瓷片振动产生的声音和热量损耗的能量忽略不计，由于喷头压电陶瓷到喷口处距离小，负压较低，而且和重力产生的压力相抵消，E_a、E_g 也可以不计，这样，压电陶瓷片的能量输出主要转化为新生表面能和墨滴动能，即式（7-11）。

$$E_s = \gamma S_m \qquad (7\text{-}11)$$

式中，γ 为墨水的表面张力；S 为新增墨滴的表面积。

可见，喷头喷墨时需要的输入功率和陶瓷墨水的表面张力成正比，表面张力小时，喷头工作功耗小，容易稳定工作，也容易实现同样喷射频率下的大墨量喷墨；表面张力过大时，不利于顺畅喷射，或者由于墨滴的初速度较低，较多的墨滴不能到达砖面，会产生更为严重的飞墨现象。

在墨滴离开喷口直到落在砖面，墨滴运动距离小于 10mm，墨滴速度约 6～9m/s，耗时仅 1～2ms。通过最大气泡压力法测量陶瓷墨水的表面张力可以得到从起泡产生时刻到气泡破灭时刻共 10s 以上的动态表面张力数据，如图 7-19 所示。一般气泡产生时的表面张力比气泡破灭时的表面张力大约 1～2 倍，这是由于气泡产生后，陶瓷墨水内部的表面活性物质向新生的液气界面迁移需要耗费一定的时间。气泡产生时的表面张力值对墨滴的喷出有重要影响；而气泡破灭，即达到稳定时的表面张力值仅对陶瓷墨水在砖面釉层的铺展和润湿影响明显，较低的表面张力有助于墨滴在砖面的铺展润湿，对墨滴的喷出影响不大。所以从陶瓷墨水易喷性的角度考虑，应该使通过最大起泡压力法测量出的气泡产生时刻的陶瓷墨水表面张力尽可能低。在确保分散悬浮的前提下，选用分子量较小的分散剂，或使用一些可以快速从墨水体相向液气界面扩散的表面活性物质，有助于降低上述气泡产生时刻的表面张力，从而有利于墨滴的喷出。

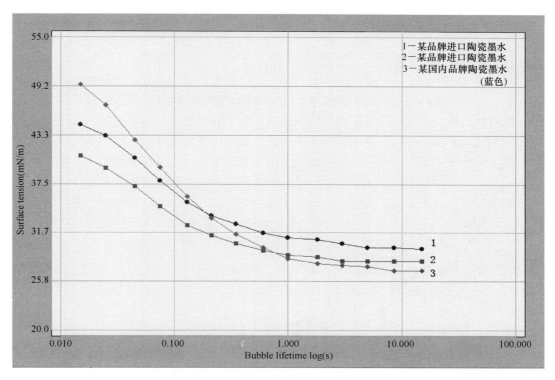

图 7-19　最大气泡压力法测量的进口陶瓷墨水和国产陶瓷墨水的表面张力

4. 触变性

触变性是指在搅拌或其他机械作用下，分散体系的黏度或动力随作用时间变化的一种流变学现象。触变有正触变、负触变和复合触变。如果体系在外部剪切力的作用下，随作用时间的延长黏度下降，静止后又恢复，即剪切变稀，称为正触变。如果正好相反，剪切后黏度上升，静止后又恢复，即存在剪切稠化现象，叫负触变。有一些特殊的流体在剪切过程中黏度先变稀，然后又会变稠，呈现复合触变现象。触变性的影响机理比较复杂，目前尚无统一的认识。一般认为分散体内部的颗粒之间形成了网络结构，在剪切作用下网络结构破坏，从而黏度降低。停止剪切后，网络结构重新形成，但形成过程需要一定的弛豫时间，因而黏度随时间而逐步升高。

陶瓷墨水触变性的简单判定可以通过测量同一剪切速度下剪切黏度随剪切时间的变化情况来判断（图 7-20）。还可以通过测量陶瓷墨水的稳态剪切黏度随剪切速度的变化情况来判断（图 7-21）。触变性的大小可以通过剪切应力-剪切速率曲线上滞回环的面积大小衡量。测量流变性能时，直接测量记录或计算剪切速率从 0 增加到某一个值，然后又降低到 0 的过程中剪切应力的变化绘成一条闭合曲线，闭合环的面积即为触变环，该环的面积越大则触变性越大。也有研究通过触变破解指数、剪切拆解系数和剪切稀化指数等来量化评估触变性。

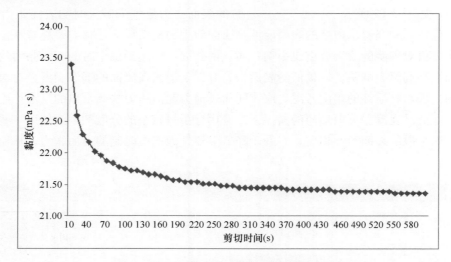

图 7-20　陶瓷墨水的黏度随剪切时间的变化

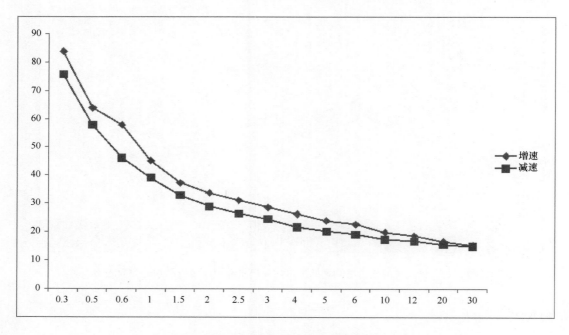

图 7-21　陶瓷墨水的稳态黏度随剪切速度的变化

　　喷墨使用的陶瓷墨水的触变性和强弱对在墨路系统的工作运转性能影响较大。轻微的触变性有利于陶瓷墨水在喷孔内部的保持，降低滴墨的倾向，有利于在墨滴喷到釉面后得到清晰的图案，也有利于避免陶瓷墨水在长期存放过程中色料颗粒的过快沉淀，但触变性过大有可能使陶瓷墨水不易从喷孔喷出，也不易在管路中流动。

　　触变性影响因素有分散剂、触变添加剂、颗粒形貌、超分散剂的锚固牢度等。分散剂的锚固端在颗粒表面的锚固牢度受到颗粒的表面性质和分散剂锚固端结构的影响，一些在颗粒表面锚定不牢固的分散剂分子，在剪切等外力的作用下从颗粒表面脱离，颗粒的分散状态发生变化，表现出具有一定的触变性。通过触变添加剂在分散体系中引入松散的空间网络结构，在剪切作用下破坏，静止后又恢复，使体系表现出一定的触变性。颗粒形貌的影响是指，当分散体中存在具有一定取向度的颗粒时，在剪切作用下具有取向度的颗粒沿着剪切方向形成一定程度的有序排列，会产生一定的触变性。

7.2.2　陶瓷墨水内色料颗粒的分散机理

1. 分散机理

（1）颗粒之间的吸引势能

根据胶体化学理论，两个颗粒之间的吸引势能可以表示为式（7-12）：

$$U_a = -\frac{A}{12}\left[\frac{1}{x(x+2)} + \frac{1}{(x+2)^2} + 2\ln\frac{x(x+2)}{(x+1)^2}\right],\left(x = \frac{h}{2a}\right) \tag{7-12}$$

当颗粒之间的距离较小时（$h \ll 2a$），式（7-12）可以简化为式（7-13）：

$$U_a = -\frac{Aa}{12h} \tag{7-13}$$

式中，U_a 为两个颗粒间的吸引势能；A 为 Hamaker 常数；h 为两个颗粒表面之间距离；a 为颗粒半径。分散体系的 Hamaker 常数为式（7-14）：

$$A = (\sqrt{A_{粒子}} - \sqrt{A_{介质}})^2 \tag{7-14}$$

对于颗粒表面锚固有一层聚合物分散剂分散在溶剂中的体系，应该考虑颗粒分散相、聚合物分散剂、溶剂三种成分的影响。文献提供了这种情况下颗粒吸引势能的计算公式：

$$U_a = -\frac{1}{12}\left[(\sqrt{A_{介质}} - \sqrt{A_{分散剂}})^2 H_s + (\sqrt{A_{分散剂}} - \sqrt{A_{颗粒}})^2 H_p \right.$$
$$\left. + 2(\sqrt{A_{介质}} - \sqrt{A_{分散剂}})(\sqrt{A_{分散剂}} - \sqrt{A_{颗粒}})H_{ps}\right] \tag{7-15}$$

式中：

$$H_s = \frac{1}{x_1^2 + 2x_1} + \frac{1}{x_1^2 + 2x_1 + 1} + 2\ln\frac{x_1^2 + 2x_1}{x_1^2 + 2x_1 + 1} \tag{7-15-1}$$

$$H_p = \frac{1}{x_2^2 + 2x_2} + \frac{1}{x_2^2 + 2x_2 + 1} + 2\ln\frac{x_2^2 + 2x_2}{x_2^2 + 2x_2 + 1} \tag{7-15-2}$$

$$H_{ps} = \frac{y}{x_3^2 + x_3 y + x_3} + \frac{y}{x^2 + x_3 y + x_3 + y} + 2\ln\frac{x_3^2 + x_3 y + x_3}{x_3^2 + x_{3y} + x_3 + y} \tag{7-15-3}$$

其中 $x_1 = \frac{H_0}{2(R+\delta)}$，$x_2 = \frac{H_0 + 2\delta}{2R}$，$x_3 = \frac{H_0 + \delta}{2R}$，$y = \frac{R+\delta}{R}$，$H_0$ 为两个颗粒表面的距离，R 为颗粒半径，δ 为分散剂锚固层的厚度。

（2）颗粒之间的排斥势能

颗粒被超分散剂分子锚固并包裹后，当颗粒靠近时，颗粒表面超分散剂层互相穿插，局部浓度增加，分子产生扭曲消耗能量，从而阻止颗粒进一步靠近，超分散剂分子产生空间位阻效应使颗粒互相分开而实现分散。对颗粒表面锚固的超分散剂分子层进行理想化假设，把锚固的超分散剂分子看成被限制在颗粒表面一个薄层内的理想气体分子，可以通过理想气体状态方程推导出超分散剂锚固后产生的的排斥势能。

薄层内超分散剂分子的浓度（mol/m³）见式（7-16）：

$$C = \frac{\Gamma}{N\delta} \tag{7-16}$$

式中，N 为每摩尔超分散剂的分子数（阿佛加德罗常数），Γ 为单位面积（m²）表面锚固的分子数，δ 为锚固层的厚度。

锚固层重叠部分的体积为：

$$V = \frac{2}{3}\pi\left(\delta - \frac{h}{2}\right)^2\left(3a + 2\delta + \frac{h}{2}\right) \tag{7-17}$$

式中，V 为重叠部分的体积，h 为颗粒表面之间的距离，a 为颗粒半径。

颗粒的排斥势能为：

$$U_r = PV = nRT = \frac{2}{3N\delta}\pi\Gamma RT\left(\delta - \frac{h}{2}\right)^2\left(3a + 2\delta + \frac{h}{2}\right)$$

或

$$U_r = \frac{2}{3\delta}\pi\Gamma kT\left(\delta - \frac{h}{2}\right)^2\left(3a + 2\delta + \frac{h}{2}\right) \tag{7-18}$$

式中，R 为理想气体常数，k 为波尔兹曼常数。

将颗粒表面的分散剂分子假设为理想气体只是一种非常近似的假设，和实际情况有较大偏离。

Mackor 根据颗粒表面锚固的分散剂分子互相作用时发生的熵变提出了熵排斥理论。Pranab Bagchi 和 Robert D. Vold 进一步推导出颗粒之间的排斥势能为：

$$U_r = \frac{4\pi kTR^2\left(L - \frac{H_0}{2}\right)}{(R+L)\left(\frac{3\sqrt{3}L^2}{2}\right)}\ln\frac{\left(\frac{3\sqrt{3}}{2} - 2\right)}{\left[\frac{H_0}{2L} - 3\left(1 - \frac{\sqrt{3}}{2}\right)\right]} \tag{7-19}$$

式中，T 为温度，R 为颗粒半径，H_0 为颗粒表面之间距离，L 为表面分散剂层的厚度。

颗粒间的总作用势能：

$$U = U_r + U_a \tag{7-20}$$

当总作用势能为正而且达到足够的数值，形成稳定的分散体系。

2. 锚固机理

陶瓷墨水在有机载体中得以分散，所借助的超分散剂的分子结构中具有锚固基团和溶剂化链，锚固基团和色料颗粒表面形成牢固的物理化学结合，和溶剂化链溶剂融合在一起，从而实现固体色料颗粒在有机载体中的分散。常见的锚固基团有—NR_2、—N^+R_3、—$COOH$、—COO^-、—SO_3H、—SO_3^-、—PO_4^{2-}。色料研磨过程中颗粒持续细化，不断产生新生表面，超分散剂通过这些锚固基团在不断产生的固体颗粒表面固定，溶剂化链向溶剂中伸展，使这些新生小颗粒得到分散，避免重新聚团。选用合适的超分散剂可以得到黏度低、固含量高和悬浮性良好的陶瓷墨水。选用不同的有机溶剂作为陶瓷墨水的载体，制备不同发色的陶瓷墨水时，分散剂的选用可能需要调整，才能使陶瓷墨水的性能最佳。和传统的分散剂比，超分散剂在颗粒表面可以实现多点锚固，不易因分散剂的脱附而导致絮凝和过快沉淀；超分散剂的溶剂化链长度比传统分散剂的亲油基团分子链长，能够起到更好的空间位阻稳定作用，实现颗粒良好的分散；超分散剂的独特结构使其在溶剂中形成微胶束，有利于使锚固基团向色料颗粒表面迁移排列实现锚固。

3. 分散体系稳定机理

目前已提出的聚合物分散剂的分散稳定化机理有三种：双电层理论（DLVO 理论）；空间稳定理论；竭尽稳定理论。

（1）电荷稳定作用——DLVO 理论

DLVO 理论是研究带电胶粒稳定性的理论。它是 1941 年由苏联学者德查金和朗道（Darjiguin and Landan）以及 1948 年由荷兰学者维韦和奥弗比克（Vermey and Overbeek）分别独立提出来的。这一理论认为带电胶粒之间存在着两种相互作用力：双电层重叠时的静电斥力和粒子间的范德华吸引力。它们的相互作用决定了胶体的稳定性。当吸引力占优势时，溶胶发生聚沉；而当排斥力占优势，并达到足以阻碍胶粒由于布朗运动而发生碰撞聚沉时，则胶粒处于稳定状态。由此可见，DLVO 理论研究带电胶体稳定性的基础是研究这两种力及其相互作用。该理论认为，胶束稳定取决于粒子间的范德华力

（V_A）和静电斥力（V_R），体系平衡时的总能量为两者之和，即

$$V_T = V_A + V_R \tag{7-21}$$

和均随着粒子间距的变化而变化，随粒子间距的接近而迅速增大，也随着间距的接近而升高，增加速度近于一个常数，总势能随粒子间距的接近，经过最大值后迅速下降，粒子趋于吸引，迅速降至，能垒越低，粒子越容易穿过能垒而黏附在一起。

DLVO 理论指出，色料粒子相互接近通常包含三种作用力：电磁力，本质上是吸引力；静电力，可以是吸引力也可以是排斥力，但在考虑色料分散性时几乎全是排斥力；空间位阻力（高分子吸附层），本质上是排斥力。对于粒子是否被吸引或是排斥，两个粒子之间的距离是一个决定性因素。图 7-22 中的总位能曲线要通过一个最大值，这个最大值成为能垒，如果离子相互接近，就必须越过这个能垒。能垒的高度越低，粒子在热运动、布朗运动碰撞中就越可能黏附在一起发生团聚。因此，要提高陶瓷表面装饰墨水体系的分散稳定性就必须提高这个能垒值，提高能垒值的途径有两种：① 增大颗粒表面的静电斥力，② 减小颗粒的范德华吸引力。

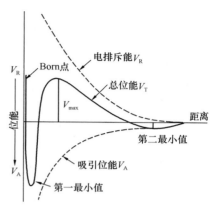

图 7-22　粒子间相互作用力的位能曲线

DLVO 理论认为电荷斥力能够起作用的体系往往要求该体系有较低的粒子浓度（<1vol%）和较低的电解质浓度（<0.001mol/L），这样才能确保足够的粒子间距和双电层厚度。然而实际的水性体系中，粒子和电解质的浓度均超过上述范围。另外，一般使用油墨体系的粒子浓度均在体积分数 10% 以上，并且经常有不同粒径和界面电位的胶束粒子混合在一起，以满足色光及其他的应用性能的要求，此时仅仅靠静电斥力不足以稳定胶束体系，若在粒子表面覆盖一定厚度的吸附层，便可像非水体系中一样，产生立体位阻斥力，从而使胶束体系保持稳定，这就是空间稳定理论发展基础。

（2）空间稳定机理

空间稳定机理也称为立体效应或熵效应，主要是指色料表面上吸附某些高分子化合物，影响到色料粒子之间的更紧密的接触，当粒子表面吸附层中含有聚合物分子时，在一定程度上使粒子失去自由活动，并相应地降低其熵值。空间效应增加了粒子之间的相互排斥力，使分散粒子的接触受到空间阻碍，保持了分散体系的稳定性。有两类理论可以解释空间稳定机理，一类理论是以严格的统计学为依据的熵稳定理论，假定接近吸附层的另一表面不能渗入，吸附层的压缩使该区域内聚合物链段的构型熵减少，产生熵斥力。另一类理论是以聚合物溶液统计热力学为基础的渗透斥力或混合热斥力稳定理论，两个碰撞粒子吸附层可以重叠，重叠区内由于链段间接触使其与分散介质接触减少，产生混合熵的变化。高分子量分散剂被色料粒子表面吸附后，在色料-介质的界面上形成了高分子吸附层。但色料粒子表面只吸附了高分子量分散剂的一部分，其余部分（如聚醚侧链）为介质所溶剂化，扩展到介质中，具有空间位阻，起着明显的稳定作用。

（3）竭尽稳定机理

1980 年 Napper 提出了竭尽稳定机理。该机理认为，两粒子靠近时使聚合物分子从两粒子表面区域，即竭尽区域进入介质中，使聚合物在溶剂整体中的分布更不均匀。若溶剂为聚合物的良溶剂时，能量上不稳定，两粒子需克服能垒才能继续靠近。当两粒子距离很近时，竭尽区聚合物浓度趋近于零，继续靠近仅使溶剂离开竭尽区。聚合物在介质中分布更均匀，存在势能最小值。两粒子靠近过程中势能变化，当存在较高能垒及较低最小值（绝对值）时产生竭尽稳定作用。

比较上述三种机理，竭尽稳定状态与静电稳定状态皆为热力学亚稳态，而空间稳定状态为热力学稳定状态，竭尽稳定机理不需与粒子接触吸附，而双电层稳定作用与空间稳定作用都以聚合物对粒子的吸

附为基础。

总之，提高色料粒子的分散性与稳定性主要有以下途径：

① 通过改变分散相及分散介质的性质来控制 Hamaker 常数，使其值变小，吸引势能下降。

② 调节电解质及定位离子浓度，促使双电层厚度增加，增大排斥势能。

③ 选用吸附力强的聚合物和聚合物亲和力大的分散介质，增大排斥势能，降低吸引势能。

4. 分散稳定性的评价

（1）稳定性能体系中粒子的粒径大小与稳定性能

粒子直径及分布对分散悬浮体的稳定性有很大影响，这也是研磨色料的主要目的之一。粒子在一瞬间都要受到几万次甚至几百万次的碰撞，受到来自于不同方向的高频碰撞的结果是使粒子受到的撞击力相互抵消。当粒子较大时运动速度降低，体系中固含量相同时，粒子大的体系比粒子小的体系比表面积小，形成的双电层的面积小，不利于产生足够的排斥力。

悬浮体系中超细粒子受到的外力可近似表示为，它是粒子所受的重力、粒子受到的浮力以及粒子受到的阻力的综合作用力。

$$V_s = \frac{8}{9} \frac{(\rho_p - \rho_f)}{\mu} g d^2 \tag{7-22}$$

式中，V_s 为颗粒沉降速度，m/s（$\rho_p > \rho_f$ 时，颗粒竖直向下；$\rho_p < \rho_f$ 时，颗粒竖直向上）；g 为重力加速度，m/s^2；ρ_p 为颗粒质量密度，kg/m^3；ρ_f 为流体质量密度，kg/m^3；μ 为介质的粘度，Pa·s；d 为颗粒的粒度，m。由上式可知：颗粒的沉降速度受颗粒的粒度及密度、介质的密度及黏度的影响；在确定的介质中，颗粒的沉降速度主要受颗粒的粒度及密度支配；颗粒的粒度越大，其沉降速度越大。颗粒的沉降是破坏分散稳定性的主要物理因素。

（2）分散体系稳定性的分析

分散胶团同其他物质一样，有引力也有斥力。在引力作用下，胶团趋于相互靠近，以至于产生凝聚或聚焦，而斥力的作用就是阻止胶团相互靠近，从而防止凝聚的出现。空间阻碍作用也是分散悬浮体系稳定性的关键影响因素。要使分散体系稳定，必须使排斥势能>吸引势能，此时，粒子才能克服彼此间的引力而分散；若吸引势能>排斥势能时，则粒子发生聚集。

在判断色料的分散稳定性时，表征分散体系稳定性的方法很多，如采用离心后与离心前吸光度的比值；分散体系最大透射光率随时间的变化关系；单位时间内分散颗粒沉降体积的大小等方法。

7.2.3　陶瓷墨水和釉层的匹配性

陶瓷墨水和釉层的匹配性主要指两方面内容。

一是墨滴喷射到瓷砖有一定含水量的面釉表面后，墨点能够固定而不迁移，即使是大墨量喷墨时也不会迁移，这样才能得到不会失真的图案。由于陶瓷墨水多为不亲水的油性溶剂，在水性釉面往往吸附不牢固而发生迁移，特别是在大墨量喷墨时尤为明显。通过在陶瓷墨水中加入适当的改性剂，可以起到减缓陶瓷墨水在潮湿面釉表面迁移的效果。

二是喷墨后，图案上方还要施加一层抛釉，这是往往由于抛釉在已经被陶瓷墨水覆盖的区域表面润湿不良而出现缺釉、裂釉等缺陷。通过在抛釉浆料内添加适当的釉面改性剂，可以消除由于上述润湿不良带来的各种抛釉缺陷。

7.2.4　陶瓷墨水的发色

陶瓷墨水呈色是利用减色三原色原理，利用粉红、蓝、黄三个主色调以及红棕、米色、桔色、金黄、黑色等不同辅助色调颜色的墨水叠加得到不同的颜色图案效果。陶瓷墨水使用的各种色料由于成分、结构差异很大，高温呈色的稳定性区别也很大。在制备陶瓷墨水时，在满足喷射要求的前提下，不同发色陶瓷墨水的色料颗粒细度和墨水的固体含量以及和陶瓷墨水接触的釉料的成分等需要做不同的调整来适应陶瓷墨水发色的需要。通常，色料颗粒较粗，陶瓷墨水固体含量较大，陶瓷墨水使用后的发色比较好，但又会使釉面的光泽度降低。

7.2.5　陶瓷墨水的稳定性

陶瓷墨水的稳定性主要包括以下几个方面内容。

（1）粒度稳定性，指陶瓷墨水长时间存放后会否返粗。粒度稳定性和选用的配方有很大关系，主要是分散剂在色料颗粒表面的锚固和溶剂化链在溶剂中的溶解要匹配，而且环境温湿度对这种匹配的影响尽可能小。陶瓷墨水研磨时温度一般在 60℃ 以上，温度较高对分散剂在溶剂中的溶解和混合溶剂之间的互相溶解有利，但某些情况下不利于在色料颗粒表面的锚固，研磨时的温度下黏度符合要求的陶瓷墨水分散体有可能在较低温度或室温条件下出现增黏或絮凝现象。在确定配方体系时应排除对温度敏感，特别是低温效果较差的配方体系。

（2）黏度稳定性，指陶瓷墨水长期密封存放或者长期在机运行过程黏度会否异常增大。陶瓷墨水在墨路中流动，不断有空气中的水分进入，如果使用的分散剂或溶剂对水分敏感，黏度可能就会随循环时间延长而升高，表现为黏度稳定性不好。在确定配方时，选用不易吸收水分的溶剂和分散剂，有助于提高陶瓷墨水在墨路中流动的黏度稳定性。

（3）陶瓷墨水长期存放出现的沉淀多少、软硬程度。陶瓷墨水内悬浮的色料颗粒的密度远比溶剂大，在存放或者使用过程中，色料颗粒逐渐向底部沉降是必然的。通过选用合适的分散剂和溶剂，可以减缓色料颗粒的沉降速率，从而提高陶瓷墨水的存放稳定性；还应选择色料沉积层比较疏松，容易再分散的分散剂。沉降速率较慢、沉降物比较疏松的陶瓷墨水的长期稳定性较好。

陶瓷墨水内悬浮分散的色料颗粒的密度远大于有机载体，同时由于色料颗粒的尺寸又没有细到可以稳定悬浮的胶体尺寸范围，长期存放后，色料颗粒会逐渐沉淀下来。为了确保正常使用，陶瓷墨水在装机前都需要借助专用摇墨机作一段时间的摇晃处理，使容器底部沉淀的色料颗粒重新分散悬浮。如果陶瓷墨水的沉淀慢，长期存放产生的沉淀经过正常摇晃可以很快恢复分散悬浮，那么该陶瓷墨水的存放稳定性比较好，长期存放仍然可以使用。

墨水长期存放后，色料颗粒在容器内的分布主要有两种形式，一种是从液面往下色料颗粒的浓度逐渐增加，存放时间较长时，底部有色料沉积层，表面不会析出清澈的液体；另一种是表层析出透明、不含色料颗粒的清澈液体薄层，透明液体以下为从上到下颗粒浓度渐增的陶瓷墨水分散体，长期存放后底部没有明显的沉淀层。后一种形式的陶瓷墨水由于底部不会出现明显沉淀，稍微摇晃就可以实现重新均匀分散悬浮，有利于保证陶瓷墨水的长期稳定使用。

色料在陶瓷墨水内部的沉淀形式和多种因素有关。色料颗粒分布较宽时，容易在容器底部出现不易分散的沉淀；分散剂的用量不够，对色料颗粒表面的包裹锚固不充分，也会使存放产生的沉淀不易分散。加入适当的助剂，使陶瓷墨水分散体系出现轻微的正触变性，有利于避免沉淀出现过快或者产生硬沉淀。

7.2.6　陶瓷墨水在墨路内的运转稳定性模拟

陶瓷墨水在喷墨机墨路内长期运行时，由于空气、水分的吸入，陶瓷墨水的流变性能会发生变化，给墨路的正常运行、喷头的工作状态带来影响，可以通过相关的实验装置模拟测量陶瓷墨水在墨路内运行过程中的变化情况。

图 7-23 为 48h 内墨路内的陶瓷墨水温度随时间的变化趋势。可以看出模拟墨路内墨水流动很不稳定，和温度的变化趋势形成良好的对应关系。温度降低时流动阻力增大，温度增大时流动阻力降低。而

且可以看出墨水运行 48h 后温度回到起始点，但流动阻力明显增大，可能是吸入了空气和水分导致的，显示了环境因素对墨路运转的明显影响。

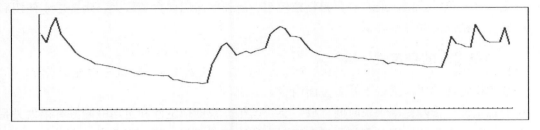

图 7-23　陶瓷墨水温度随时间的变化趋势

7.2.7　陶瓷墨水在机打印状态观测

陶瓷墨水的喷射效果可以使用墨滴观察仪来进行研究。墨滴观测仪一般可以兼容多种喷头，配有微距镜头和高速摄影机，可以连续观察、处理和存储陶瓷墨水在多种喷头的各个喷孔喷出的墨滴大小、墨滴的运行轨迹、墨滴的喷出速度、墨滴的形状、拖尾等多方面数据。喷头的工作参数，例如驱动电压、脉宽、点火频率、温度、负压等可以在较宽范围调整，这样通过在不同工作条件下的喷射效果的直观观察，得到陶瓷墨水用于特定喷头时的最佳工作参数。

以观测到的各种墨滴参数为纵坐标，以喷口序号为横坐标作图，可以得到沿喷孔排列方向上各喷孔喷出墨滴的变化规律（图 7-24）。

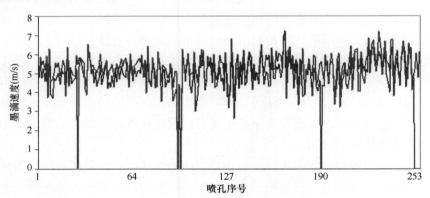

图 7-24　沿喷孔排列方向上各喷孔喷出墨滴的变化趋势

图 7-24 是某两种颜色的陶瓷墨水在北极星喷头上测得的墨滴速度随喷孔位置的变化情况，可以发现，少部分喷孔墨滴速度为零，即陶瓷墨水没有喷出，绝大多数喷孔的墨滴速度在 4~6m/s 之间波动，波动幅度较大，显示喷墨不稳。

同理可作出墨滴体积、球形度、喷射角度等随喷孔序号的变化图，全面反映喷墨质量。为使喷墨质量好，应满足墨滴体积均匀、球形度好、墨滴轨迹垂直于喷头表面、墨滴速度稳定等条件。

7.3　陶瓷墨水的发展历程及相关专利剖析

陶瓷装饰用喷墨打印墨水（以下简称陶瓷墨水）指通过喷墨打印的方式施在待装饰陶瓷制品上，经过 800℃以上温度烧制后起装饰作用的液态物料。按结构划分，可以分为水基型和有机溶剂型陶瓷墨水。陶瓷墨水的发展可以分为六个阶段，见表 7-1。

① 先驱阶段：可溶性金属有机物墨水。

② 常规色阶段：蓝—棕—黄—黑（C—M—Y—K）、蓝—棕—黄—黑—浅蓝（C—M—Y—K—LC）、蓝—棕—黄—黑—浅棕（C—M—Y—K—LM）、蓝—棕—黄—黑—浅蓝—浅棕（C—M—Y—K—LC—LM）。

③ 炫彩阶段：色调开始明艳，出现了白色、绿色、粉红色、米黄色等。

④ 特殊装饰效果阶段：金属墨水（铂金金属光泽、黄金金属光泽、白银金属光泽）、珠光墨水、闪光墨水、下陷墨水、亚光墨水等。

⑤ 3D 打印阶段：意达加公司（Itaca）于 2013 年 9 月推出了颗粒尺寸大于 $3\mu m$、用量超过 100g/m^2 的廉价水性陶瓷喷墨打印新材料（DPM submicron），可实现凹凸模具的效果。

⑥ 功能化阶段：未来还有可能出现杀菌、去污、自洁功能的纳米 TiO_2 陶瓷墨水，具有防滑功能的防滑墨水，以及具有保温功效的陶瓷墨水、红外辐射陶瓷墨水、抗静电陶瓷墨水、光伏发电功效陶瓷墨水等。

表 7-1　陶瓷墨水发展的六个阶段

公司 阶段	福禄 Ferro	意达加 Esmalglass-itaca	陶丽西 Torrecid	卡罗比亚 Colorobbia
① 先驱阶段	可溶性金属有机物墨水	—	可溶性金属有机物墨水	—
② 常规色阶段	Keraminks（米黄、黄、赭石、蓝、青、翠绿、棕、咖啡、粉红、品红）	DCI（7 种常规色，闪光效果和白色墨水）、HCP（增强墨水发色的釉料）	Inkcid 墨水（9 色：蓝、钴蓝、棕、米黄、黄、金黄、黑、粉红、品红）	C-Inks（8 色：蓝、深蓝、棕、米黄、黄、黑、粉红、绿八种颜色）、C-Glaze（白色）
③ 炫彩阶段				
④ 特殊装饰效果阶段	Inksnova（亚光、白色、超白、下陷、珍珠和金属）	DPG（乳白釉和透明光泽釉）	Keramcid 墨水（微细化、闪光、珠光、亚光透明效果）、Metalcid 墨水（黄金、铂金、闪光）、DG-CID、TM-CID	C-Shine（金属、闪烁）、C-Glaze（亚光）
⑤3D 打印阶段	—	数字打印材料 DPM（微米级、亚微米级）	—	
⑥功能化阶段	防滑墨水	—	—	将来可能推纳米 TiO_2 墨水

截至 2013 年 11 月，对于国外陶瓷墨水企业来说，第①阶段为陶瓷墨水配方的探索与合适喷头的寻找；第②阶段、第③阶段已经发展成熟；第④阶段于 2012 年 9 月在意大利开始，并以 2013 年 10 月佛山陶瓷博览会期间陶丽西与金意陶合作推出下陷釉等喷墨砖产品为里程碑；Itaca 于 2013 年 9 月推出陶瓷喷墨打印新材料 DPM（Digital Printing Materials）标志着第⑤阶段的到来；福禄防滑墨水专利的申请标志着第⑥阶段的概念已经形成，但是成为概念炒作，还是变成现实，还需要看市场未来的接受程度。

对于国产陶瓷墨水企业来说，博今推出陶瓷墨水标志着第①阶段的完成，明朝科技、道氏制釉等企业推出粉红色陶瓷墨水标志着第②阶段的逐渐成熟与第③阶段的开始。当前阶段，陶瓷墨水国产化的工作重点还是在于：陶瓷墨水生产过程的质量管理，通过在线生产发现并解决常见问题，喷墨色料的改进。

7.3.1　先驱阶段

对于陶瓷、玻璃装饰用喷墨打印技术的研究从 1975 年就开始，并出现首个专利。2000 年 Kerajet 公司与福禄公司（Ferro）合作进入陶瓷喷墨打印市场，但一直没有找到适用于工业化连续生产的陶瓷喷头。直到英国塞尔公司推出的 Xaar 1001 喷头应用到陶瓷喷墨技术，才使得喷墨技术成功应用于陶瓷砖工业化生产的流水线。

福禄公司在 2000 年使用可溶性金属有机化合物研制陶瓷墨水，并申请了两项专利（US 6402823、US 6696100）。陶丽西公司（Torrecid）最初在 2000 年至 2003 年期间尝试研制可溶性金属盐的陶瓷装饰用墨水，但是失败了，后改用陶瓷色料着色制备陶瓷墨水。以 2004 年为分界点，2004 年以前只开发出了可溶性金属有机物墨水和金属无机盐水性墨水，由于可溶性墨水存在成本较高，以及着色金属离子直接着色存在发色不稳定、高温稳定性差等缺点，制约了陶瓷装饰用喷墨打印技术的发展。

1975 年 7 月 7 日，美国的 A. B. Dick 公司申请了名为"用于玻璃的喷墨打印墨水混合物（Jet Printing Ink Composition for Glass，US 004024096）"的专利，这是关于陶瓷墨水最早的专利。该专利介绍了一种用于玻璃或涂釉陶瓷表面的喷墨打印墨水，其组成包含：20wt％的酚醛清漆树脂，3~7wt％的防挥发剂（乙二醇乙醚或乙二醇酯），乙醇，水（水是乙醇的 50wt％），能电离的可溶性盐（使得墨水电阻率超过 $2000\Omega/cm$）。

1992 年 2 月 26 日，英国的 British Ceramic Research Limited 公司申请了名为"用于陶瓷或玻璃表面打印的喷墨打印机墨水（Ink jet printer ink for printing on ceramics or glass，US 005407474）"的专利。该专利介绍了适合陶瓷或玻璃表面喷墨打印的墨水，该墨水中色料最大颗粒尺寸小到不会堵塞喷头，打印机的过滤系统和墨水较窄的粒度分布使得墨水具有便于打印机运行的低黏度。

1992 年 5 月 23 日，法国的 IMAJE S. A 公司申请了名为"用于标记或物品装饰，尤其是陶瓷物装饰的墨水（Inks for the marking or decoration of objects，such as ceramic objects，US 005273575）"的专利。该专利阐述了一种喷射在物体上的墨水，其中包含：0~40wt％的一种或多种金属盐类（溶解在溶剂中）、0~40wt％的一种或多种溶剂、0~5wt％的一种或多种有机染料、0~10wt％的一种或多种聚合物、一种或多种易挥发性溶剂。

2000 年 1 月 7 日，美国的 Ferro 公司申请了名为"用于陶瓷釉面砖（瓦）和表面彩色喷墨印刷的独特油墨和油墨组合（Individual Ink and an Ink set for use in the color ink jet printing of glazed ceramic tiles and surfaces，US6402823）"的专利，该专利介绍了一种独特的油墨和油墨组合，用于通过喷墨印刷机对物品的釉面表面，例如被加热到 300 ℃以上温度的釉面陶瓷建筑砖（瓦），涂覆独立油墨的组合物，以产生中间色。油墨组合包括至少三种独立的油墨，在加热时，它们分解生成彩色氧化物，或当它们涂覆时，与釉面表面材料生成彩色组合。

2000 年 12 月 4 日，美国的 Ferro 公司申请了名为"陶瓷制品的装饰方法（Method of decorating a ceramic article，US006696100 B2）"的专利。该专利介绍了一种装饰陶瓷制品的方法，墨水包含金属脂肪酸盐，在 25℃左右为黏性油或蜡状固体，通过加热把墨水的张力降至低于 40 mPa·s，使得被加热的墨水的微小墨滴能够附着在陶瓷制品上，然后在氧化气氛中烧成，此发明优选可溶性的墨水组分。

2008 年 12 月 18 日，意大利的 METCO S. R. L. 公司申请了名为"在陶瓷材料上进行数字印刷所使用的油墨，使用所述油墨在陶瓷材料上进行数字印刷的方法，以及通过所述的印刷方法制备的陶瓷制品（Inks for digital printing on ceramic materials，a process for digital printing on ceramic materials using said inks，and material obtained by means of said printing process，EP2008/067836）"的专利，该专利涉及在陶瓷材料上进行数字印刷所使用的含有着色金属的油墨组合的实例。将混有二氧化硅和二氧化钛的添加剂加入到陶瓷坯料中，通过挤压成形得到试验坯体，然后通过 HP 440 喷墨打印机头使用该发明的水溶液油墨组装饰试验坯体，在 1215℃的最大温度下经过 50min 煅烧得到试验样品。测定陶瓷制品上的 L^*，a^*，b^* 值。染色组合物 A，其中含有柠檬酸钴（Co 为 1.7wt％）和柠檬酸锌（Zn 为 3.0wt％）以及作为溶剂的水，煅烧后为蓝色（$L^*=70.4$，$a^*=-1.5$，$b^*=2.9$）；染色组合物 B，其中含有乙二胺四乙酸铁（铁为 7.3wt％）以及水为溶剂，煅烧后为红褐色（$L^*=66.8$，$a^*=9.4$，$b^*=16.7$）；染色组合物 C，其中含有乙酸铬（III）（Cr 为 1.64wt％），酒石酸锑（Sb 为 1.64wt％），二氨二羟基二〔乳酸

(2)—01,02]钛(2—)(Ti 为 4.2wt%)以及作为溶剂的水,煅烧后为黄色($L^* = 78.5$,$a^* = 1.2$,$b^* = 26.0$);染色组合物 D,其中含有柠檬酸铁铵(Fe 为 7.0wt%)、乙二胺四乙酸钴(Co 为 3.8wt%),以及溶剂的水,煅烧后为灰色($L^* = 54.1$,$a^* = -1.2$,$b^* = 0.3$)。

7.3.2 常规色阶段

福禄公司于 2010 年推出了 Keraminks 系列墨水。陶丽西公司在 2004 年推出 Inkcid 系列墨水,Inkcid 系列墨水最初只有几种常规颜色,后来扩张至蓝色、深蓝色、棕色、米黄色、黄色、金黄色、黑色、粉红色、品红色九种颜色。

卡罗比亚公司在 2010 年之前生产名为 ParNaSos 的四色陶瓷墨水(青色、黄色、品红色、黑色),并在其研究中心的网站上宣称此种墨水是通过直接制备悬浮液而得到,而不需要经过传统的粉体分散过程,不存在凝聚的问题。这种陶瓷墨水的粒度分布在 50~80nm 的范围之内,表面没有大的棱角,具有优良的稳定性和流变性,不会磨损和堵塞喷头。所采用的溶剂为二甘醇(沸点为 245℃),不存在溶剂挥发的问题,对人类和环境较为安全。卡罗比亚公司后来在 2010 年推出了 C-Inks 常规墨水,覆盖蓝色、深蓝色、棕色、米黄色、黄色、黑色、粉红色、绿色等八种颜色。

2004 年 8 月 24 日,以色列的 DIP Tech Ltd. 公司申请了名为"用于陶瓷表面的墨水(Ink for ceramic surfaces,US 007803221 B2)"的专利,该专利介绍了一种在陶瓷和玻璃表面喷墨打印的墨水,包含纳米二氧化硅和色料。

2004 年 10 月 12 日,意大利的卡罗比亚公司申请了名为"纳米悬浮液形式的陶瓷着色剂(Ceramic Colorants In the form of Nanometric Suspensions,US 007316741 B2)"的专利。该专利介绍了由纳米级颗粒所组成的悬浮液状陶瓷着色剂,以及它们的产品和用途。

2006 年 1 月 17 日,西班牙的陶丽西公司申请了名为"工业装饰用墨水(Industrial decoration ink,EP 1840178 A1)"的专利。该专利介绍了打印后可经过热处理的工业装饰墨水,该墨水是由无机固相和纳米级液相组成的均匀混合物,可承受 500℃至 1300℃之间的热处理温度范围。固相可提供相应的着色效果,液相可使墨水在喷射过程中能够表现出较好的稳定性。该专利提出了一个四色墨水的实例。不同墨水的固相组成见表 7-2,其中所有的陶瓷色料由其下属色料公司 Al-Farben 公司提供,其他的材料很容易在市场上得到。四种墨水中液相成分是一样的,液相成分约占总重量的 60wt%,其中,链状的脂肪族烃相当于非极性成分、脂肪酸混合物相当于极性成分、聚碳酸酯相当于稳定剂、聚酯酸相当于分散剂。

表 7-2 实施例中不同墨水的固相组成

配　方	描　述	墨水 1(wt%)	墨水 2(wt%)	墨水 3(wt%)	墨水 4(wt%)
AI-3315	蓝色陶瓷色料<5μm	12.1	—	—	—
AI-3309	蓝色陶瓷色料<5μm	22.1	—	—	—
AI-7310	品红色陶瓷色料<5μm	—	29.8	—	—
AI-5007	黄色陶瓷色料<5μm	—	—	17.5	—
AI-8001	黑色陶瓷色料<5μm	—	—	—	34.3
AI-5101	黄色纳米级陶瓷色料<5μm	—	—	17.5	—
Fe_2O_3	红色着色氧化物<5μm	—	6.3	—	—
EBS5003	熔剂:$T_r = 800℃$	3.2	—	2.1	3.2
P_2O_3	熔剂:氧化物	—	1.4	0.4	—
氢氧化铝溶胶	固相悬浮剂	2.5	2.5	2.5	2.5

　　欧洲专利 EP1840178A1 也提及了另外一个四种蓝色陶瓷墨水的实施例。四种陶瓷墨水的固相成分是相同的，均为粒径小于 5μm 的 AI-3315 和 AI-3309 色料、作为熔剂的玻璃料 EBS5003 和作为固体悬浮剂的氢氧化铝凝胶。其中，固体部分大约构成所述油墨总质量的 30%。四种陶瓷墨水的液相成分见表 7-3，其中使用了不同极性的、非极性的分散剂和发色增强剂。

表 7-3　实施例 2 中不同墨水的液相组成

成　分	作　用	油　墨			
		1	2	3	4
环十四烷	非极性的组分：环链脂族烃	42.0	37.5	—	—
正十四烷	非极性组分：开链脂族烃	8.2	7	43.5	49
1-十六醇	极性组分：脂肪族脂肪酸	5.3	5.6	10.5	—
肉豆寇酸	极性组分：脂肪酸	7.1	18.2	13.6	17.5
聚碳酸	分散剂	0.7	0.7	0.7	1.8
聚酯酸	分散剂	0.7	1.0	1.7	1.7
辛酸钴	发色增强剂	6.0	—	—	—

　　2006 年 5 月 21 日，以色列的 SIMON KAHN-PYI Tech，Ltd. 公司申请了名为"适用于陶瓷产品的着色墨水及其制备方法（Pigmented inks suitable for use with ceramics and method of producing same，US 2008/0194733）"的专利。该专利介绍了一种生产陶瓷墨水的方法，通过将 40～60wt% 能在陶瓷热处理温度下稳定的着色剂、分散剂（着色剂质量的 0.4wt%）、沸点在 200℃ 以上的乙二醇乙醚或乙二醇乙酯、长链脂肪族溶剂、表面张力调节剂混合，使得混合物的黏度超过 50mPa·s。球磨混合物，使黏度维持在 50mPa·s 和 800mPa·s 之间，直到平均粒径为 1μm；再添加溶剂到球磨的混合物中，直到表面张力到达 15mPa·s；并将制得的陶瓷墨水依次通过 3μm 和 1μm 孔径的聚丙烯装置过滤。该专利提及了陶瓷墨水制备工艺的流程图，如图 7-25 所示。

　　阶段①：选择高温下发色稳定、不会熔融到釉料中的陶瓷色料。

　　阶段②：选择酸基镶嵌共聚物或者其他高量分子量分散剂，供应商有德国的 Degussa of Dusseldorf，德国的 Byk-Chemie of Wesel，英国的 Avecia of Manchester 等。

　　阶段③：选择合适的稀释剂，不但能作为陶瓷墨水的载体，而且起到调节表面张力和润湿喷嘴的作用（由于无机陶瓷色料是不能被稀释剂溶解，稀释剂在严格意义上不能被称为溶剂）。稀释剂为沸点超过 200℃ 的长链脂肪族溶剂，如乙二醇丁醚乙酸酯。

　　阶段④：添加 40～60wt% 的色料（相对于陶瓷墨水的总质量）、0.4wt% 的分散剂（相对于色料的质量）到介质中，最好在高剪切的条件下（可理解为高速搅拌）。分散剂在室温 25℃ 下，黏度要大于 50mPa·s，优选大于 500mPa·s 的分散剂。

　　阶段⑤：砂磨过程的黏度维持在 500～800mPa·s，直到平均粒径降到大约 1μm。磨球直径大约 0.5mm，转数大约 2000～4000r/min。砂磨机按照预设的周期运行，优选 30min（实际生产时间超过 30min）。另外，砂磨的作用不仅是研磨，还起到分散的作用。陶瓷墨水中色料颗粒的分散包括润湿、分散及分散稳定三个过程。将着色剂润湿，使着色剂粒子表面上吸附的空气逐渐被分散介质所取代后，还要通过剪切力或冲击力将润湿后的着色剂粒子聚集体破碎成更为细小的色料颗粒，被粉碎后细小的粒子通过碰撞可以重新聚集或絮凝，为了阻止这一现象的发生，就要在粒子之间引入足够的斥力（例如颗粒表面包裹一层分散剂）使其达到分散稳定。从理论上讲，这三个过程完成之后，着色剂以初级颗粒的形态分散在介质中，形成稳定的分散体系。

　　阶段⑥：在阶段⑤暂停之后测量混合物的粒度分布，D_{50} 大约为 1.0μm，D_{90} 最好降到为 1.5μm 以下。

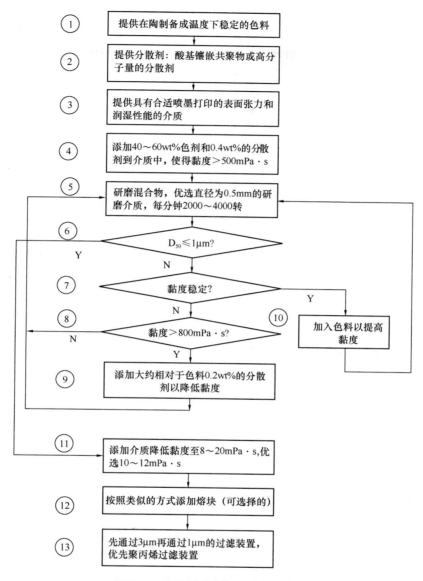

图 7-25　陶瓷墨水制备工艺的流程图

　　阶段⑦：在阶段⑥完成后，测试样品的黏度值。将该值同阶段④的黏度值及阶段⑤初始的黏度值比较，以确定黏度是否稳定。黏度稳定指的是经过 30min 的砂磨预设时间后，黏度变化过不超过 10%，最好不超过 5%。

　　阶段⑧：如果阶段⑦中黏度是不稳定的，例如黏度值上升了，则表明砂磨有效地进行。需要进一步判断其黏度值是否大于 800mPa·s。

　　阶段⑨：如果黏度大于 800mPa·s，需要添加 0.4wt% 的分散剂（相对于色料的质量）到试样中，回到阶段⑤继续按照上述流程操作。

　　阶段⑩：如果在阶段⑦中所测的黏度是稳定的，则表明砂磨的效果不理想。需要按阶段⑩额外添加色料增加黏度，重新进入阶段⑤的环节。

　　阶段⑪：如果在阶段⑥中测出的 D_{50} 大约为 1.0μm、D_{90} 大约为 1.5μm 的情况，就可以直接进入阶段⑪。添加阶段③中的介质，将黏度降到大约 8～20mPa·s，最好是 10～12mPa·s。该添加介质的过程，最好在高剪切的条件下进行（可理解为高速砂磨）。在此阶段才进行稀释的工艺可理解为：在前期砂磨高浓度色料得到的墨水母浆，然后稀释，可提高研磨和分散的效率。

阶段⑫：该阶段可供选择。这是由于添加熔块到试样中，将有助于陶瓷墨水中的色料在烧制工序中融合在陶瓷砖坯体上。添加熔块的过程参照阶段①至阶段⑩的工艺流程进行，最好是加入相同的介质和分散剂。该专利提及了一个实施例：80g熔块、1L乙二醇丁醚乙酸酯、1kg棕色Fe-Cr-Zn尖晶石色料以及5g分散剂。

在阶段⑬：将阶段⑫得到的试样依次通过3μm的过滤装置、1μm的过滤装置过滤，优选聚丙烯材质的过滤装置。

7.3.3 炫彩阶段

意达加公司在2011年推出了提供更广泛色彩范围的DCI墨水和增强墨水的发色强度的HCP釉料。其中，DCI除了蓝色、深棕色、棕色、黄色、粉色、橘黄及黑色这七种颜色之外，还有白色及闪光效果的墨水。DPG含有一种乳白釉（opaque white glaze），可在黑色背景上勾勒出白色的条纹或在彩色背景上描绘出白色的几何图案。

福禄公司在2013年推出升级产品Keraminks 3.0系列墨水，包括Keraminks系列墨水和Inksnova系列墨水。其中，Keraminks系列墨水包括米黄色、黄色、赭石色、蓝色、青色、翠绿色、棕色、咖啡色、粉红色、品红色等11种颜色；Inksnova系列含有白色、超白色墨水。

卡罗比亚公司于2012年1月18日申请了一项名为"一种瓷砖喷墨专用白色釉料（201210014596）"的专利。该专利提供一种瓷砖喷墨专用白色釉料，包括TTKG-533型增艳釉料，还包括硅酸锆粉、高岭土粉、氧化铝粉或FKK-7005熔块，按质量百分比计，TTKG-533型增艳釉料：硅酸锆粉：高岭土粉：氧化铝粉：FKK-7005熔块为100：（10～12）：（2～5）：（3～7）：（12～17）。使用该发明的瓷砖喷墨专用白色釉料制成的瓷砖产品，釉面质感、光泽与硬度等质量指标都较好，且可以根据不同的烧成条件而添加不同比例的硅酸锆与氧化铝粉以得到产品所需求的效果。

7.3.4 特殊装饰效果阶段

特殊装饰效果的陶瓷墨水指通过喷墨打印的方式在陶瓷上实现铂金色、黄金色、珠光、闪光、亚光、下陷等特殊装饰效果的陶瓷墨水。在这里是一个泛指，可能结合喷釉，也可能结合喷干粒等方式。

陶丽西公司在2012年推出了Keramcid系列和Metalcid系列墨水，Keramcid系列墨水能够达到微细节、在亚光釉表面闪光、珠光效果以及亚光-透明效果。Metalcid系列墨水可用于三次烧，能达到黄金效果、铂金效果和闪光效果。在2013年推出了高清印刷的数码喷釉技术DG-CID、用于大量施釉工艺的数码喷釉技术TM-CID、用于已烧结砖面的陶瓷墨水SMART-CID，以及用于日用陶器表面装饰的墨水DECAL-CID。DG-CID系列墨水可在陶瓷表面形成类似于喷干粉而得到一个一个小色片的装饰效果，可以实现透明-闪光、不透明-闪光、亚光-透明、亚光-不透明、半亚光—不透明的装饰效果。DG-CID能应用于瓷质砖、一次烧微晶等现有陶瓷产品，可减少陶瓷表面的釉面厚度，同时提供较高的图像清晰度和品质。TM-CID是专门为实现类似于传统淋釉技术实现的同等厚度釉层而开发的产品，也可用于一次烧微晶、瓷质砖等。SMART-CID用于玻化砖表面装饰的最后一道喷墨工序，可直接在已烧结砖面上喷墨，实现二次装饰效果，该技术可满足特定清晰度要求以及打印深颜色设计，通常被用于三次烧产品。DECAL-CID则改变所装饰的陶瓷产品对象，应用于陶器、西瓦、表面凹凸明显的浮雕脚线等。

意达加公司在2011年也推出了具有各种特殊装饰效果的釉料DPG，包含一种乳白釉（opaque white glaze）和一种透明光泽釉（clear gloss glaze），其中透明光泽釉料能在粗糙或光滑的材料上创造出有光泽的区域。

福禄公司在2013年推出了Inksnova系列墨水，能够实现下陷效果、珠光效果和金属墨水的装饰效果。

卡罗比亚公司在2010年推出了C-Shine及C-Glaze。C-Shine系列墨水为金属效果墨水和闪光墨水。

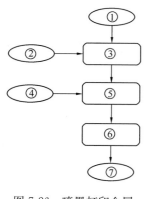

图 7-26　喷墨打印金属
效果陶瓷砖的工艺图

C-Glaze 墨水包括：亚光墨水，通过与有光泽的部位产生对比，可让陶瓷表面产生原始、独创的装饰效果；提供色彩装饰和遮盖作用的白色墨水。

SAMCA 公司于 2013 年 2 月 27 日向欧洲专利局申请了一项名为"通过在陶瓷砖上喷墨打印获得金属效果的工艺（Procedure for obtaining a metallic effect on ceramic bases by ink injection，EP2562144A2）"的欧洲专利。该工艺的原理如图 7-26 所示：①为陶瓷砖坯或其他陶瓷产品，②为含有 Si、Al 氧化物的底釉，④为含有 Fe 作主要元素的金属墨水。底釉②施加在砖坯①上得到第一种复合结构③，继续在③上喷射金属墨水④得到第二种复合结构⑤，⑤通过烧制得到第三种复合结构⑥，即金属釉陶瓷砖的半成品，⑦为陶瓷砖成品。

底釉和金属墨水的配方，见表 7-4。底釉成分为：SiO_2 40%～60%、Al_2O_3 10%～30%、P_2O_5 10%～30%、R_2O+RO 5%～15%、ZrO_2+TiO_2 0%～10%、B_2O_3 0%～10%。其中，R_2O：$Li_2O+Na_2O+K_2O$；RO：$MgO+CaO+SrO+BaO$。金属墨水成分为：P_2O_5 40%～70%、Fe_2O_3 10%～50%。

表 7-4　底釉和金属墨水的配方组成

选　择	金属墨水	底　釉
A	Fe 化合物（氧化物或盐）	P-Si-Al-Li 氧化物
B	Fe-P 氧化物色料	Si-Al-Li 氧化物
C	Fe-P-Li 氧化物色料	Si-Al 氧化物

该专利提供了多个实施例，其中一个底釉和金属墨水组合的配方实施例为：底釉为 SiO_2 54.4%、ZrO_2 3.3%、P_2O_5 16.1%、Al_2O_3 19.1%、Li_2O 1.6%、Na_2O 2.7%、K_2O 0.9%、MgO 1.2%、CaO 0.2%，釉料分散液在坯体上的用量约为 300g/m^2。配套的金属墨水有两种：金属墨水①，用作墨水载体的乙二醇 60wt%、微粉化的 Fe_3O_4 40wt%，砂磨至 D_{99}≤700nm；金属墨水②，30% 磁铁矿（10nm）分散在辛烷中。用 XAAR1001 喷头喷墨打印，墨滴在 6～42pl。将喷墨后的坯体放在辊道窑中（最高温度 1200℃）中烧制 60min。

福禄公司于 2013 年 10 月 10 日申请了一项名为"用于形成功能化釉面的喷墨配方（Inkjet Compositions For Forming Functional Glaze Coatings，US 20130265376 A1）"的美国专利，该专利涉及闪光墨水、亚光墨水、金属效果釉、光滑釉等特殊装饰效果的釉料。

福禄公司的专利 US 20130265376 A1 提供了一个金属墨水的实施例。金属墨水的固相成分是磷酸铁和高磷含量的熔块，熔块的配方见表 7-5。金属墨水按照表 7-6 配料，用砂磨机磨至 D_{99} 为 2μm，然后通过 2.4pm 的绝对过滤器过滤，其物理性能见表 7-7。闪光喷釉的用量大约为 75g/m^2，经过 1 次烧成得到金属光泽效果。

表 7-5　金属墨水的熔块配方

原　料	含量（wt%）	原　料	含量（wt%）
SiO_2	30～45	Li_2O_3	1～4
Al_2O_3	5～20	Na_2O，K_2O	5～15
P_2O_5	10～30	CaO/MgO	5～15

表 7-6　金属墨水的配方组成　　　　　　　　　　　　　　　　wt%

固　相	$FePO_4$	33.9
超分散剂	SOLSPERSE 28000	8.8
稀释剂	Ruetasolv BP-4103	38.7
	Butyl diglyme	18.6

表 7-7 金属墨水的物理性能

性 能	温度（℃）	检测值
黏度（mPa·s）	25.0	27.4
密度（g/mL）	25.0	1.197
表面张力（mN/m）	25.0	30.5

专利 US 20130265376 A1 提供了一个亚光喷釉的实施例：亚光墨水熔块的配方见表 7-8。该熔块软化点高，相对传统的釉料有很强的耐物理化学侵蚀能力。它能够实现 3D 打印效果，不会影响色料的发色。亚光喷釉按照表 7-9 配料，用砂磨机磨至 D_{99} 为 $2\mu m$，然后通过 2.4 pm 的绝对过滤器过滤，其物理性能见表 7-10。亚光喷釉的用量大约为 $10 \ g/m^2$，经过 1 次烧成得到亚光效果。

表 7-8 亚光喷釉的熔块配方

原 料	含量（wt%）
Al_2O_3	30～40
SiO_2	40～60
MgO	10～20

表 7-9 亚光喷釉的配方组成 wt%

固 相		亚光墨水熔块	38.5
超分散剂		SOLSPERSE 13940	7.7
稀释剂		Ruetasolv ZE-5050	45.8
		Butyl diglyme	8.1

表 7-10 亚光喷釉的物理性能

性 能	温度（℃）	检测值
黏度（mPa·s）	25.0	27.4
密度（g/mL）	25.0	1.197
表面张力（mN/m）	25.0	30.5

专利 US 20130265376 A1 提供了一个闪光喷釉（类似于糖果釉，而糖果釉在实际生产中是通过喷干粉来实现的）的实施例。闪光墨水熔块的配方见表 7-11。该熔块软化点低，由于流平作用，不会在釉面产生针孔、气泡等缺陷。它也不会影响色料的发色。闪光喷釉按照表 7-12 配料，用砂磨机磨至 D_{99} 为 $2\mu m$，然后通过 2.4pm 的绝对过滤器过滤，其物理性能见表 7-13。闪光喷釉的用量大约为 $100g/m^2$，经过 1 次烧成得到闪光效果。

表 7-11 闪光喷釉的熔块配方

原 料	含量（wt%）
SiO_2	50～60
B_2O_3	2～8
Al_2O_3	3～11
PbO	0～5
ZnO	2～8
BaO	1～5
MgO	0～2
CaO	5～15
Na_2O, K_2O	2～10

表 7-12　闪光喷釉的配方组成　　　　　　　　　　　　　　　　　　　　　　wt%

固　相	亚光墨水熔块	38.9
超分散剂	SOLSPERSE　13940	7.8
稀释剂	Ruetasolv BP-4103	40.0
	Butyl diglyme	13.0

表 7-13　闪光喷釉的物理性能

性　能	温度（℃）	检测值
黏度（mPa·s）	25.0	27.5
密度（g/mL）	25.0	1.300
表面张力（mN/m）	25.0	32.7

　　福禄公司的专利 US 20130265376 A1 提供了一个下陷墨水的实施例（专利用词虽为 penetrating effect "渗透效果"，但紧接着说明 The penetrating effect consists of a local depression of the surface of the ceramic tile "渗透效果表现为陶瓷砖表面局部区域的下陷"）。下陷墨水的固相组分中添加了钒，能使熔融的釉料产生较低的黏度和较低的表面张力，在烧成后施墨水的部分产生的渗透下陷效应与原有表面产生强烈对比。3 种配方能实现下陷效果：A 为钒的晶体，像五氧化二钒、四氧化三钒、钒酸钠、钒酸铋等；B 为钒化合物与熔块的组合，其中熔块配方见表 7-14；C 为含有钒的熔块，其配方见表 7-15。一个下陷釉墨水实施例的配方见表 7-16（注：$BiVO_4$ 也可用钒化合物与熔块的混合物、含钒熔块替代）。V_2O_5 的加入，一方面能大幅度降低釉面的表面张力，导致釉面下凹；另外一方面，V_2O_5 高温下分解产生 O_2，气体不断冲破釉面，低温溶剂产生的熔融釉浆不断回填，形成平滑的下凹空间。喷墨配方用砂磨机磨至 D_{99} 为 $2\mu m$，然后通过 2.4 pm 的绝对过滤器过滤，其物理性能见表 7-17。下陷墨水的用量大约为 $5g/m^2$，经过 1 次烧成得到下陷效果。

表 7-14　下陷墨水的熔块配方

原　料	含量（wt%）	原　料	含量（wt%）
SiO_2	31～41	Al_2O_3	1～5
PbO	55～65	Na_2O，K_2O	0～2

表 7-15　下陷墨水中含钒熔块的配方

原　料	含量（wt%）	原　料	含量（wt%）
SiO_2	40～60	Li_2O	0～5
B_2O_3	5～20	V_2O_5	5～25
Na_2O，K_2O	5～20		

表 7-16　下陷墨水的配方组成　　　　　　　　　　　　　　　　　　　　　　wt%

固　相	$BiVO_4$	33.7
超分散剂	SOLSPERSE 13940	6.1
稀释剂	Ruetasolv BP-4201	22.7
	Ruetasolv BP-4103	27.4
	Exxsol D140	10.1

表 7-17　下陷墨水的物理性能

性　能	温度（℃）	检测值
黏度（mPa·s）	25.0	26.8
密度（g/mL）	25.0	1.310
表面张力（mN/m）	25.0	31.5

7.3.5　3D 打印阶段

意达加公司在 2013 年的博洛尼亚陶瓷展上展出了一种数字打印材料 DPM（Digital Printing Materials），根据颗粒尺寸大小可分为：亚微米数字打印材料（DPM submicron）和微米数字打印材料（DPM micron）。亚微米数字打印材料包含纳米级的颗粒，可适用于现行的陶瓷喷头，用量小于 $100g/m^2$，可实现透明-反光、亚光-光泽、下陷的特殊装饰效果。微米数字打印材料为颗粒大于 $3\mu m$ 的水性材料，只能用于大喷墨量的新型陶瓷喷头，用量超过 $100g/m^2$，可通过表面填充实现光泽的白色、亚光白色、透明材质、凹凸模具的效果。

7.3.6　功能化阶段

卡罗比亚公司的研究中心 CERICOL 已经对具有高效杀菌、去污、自洁功能的纳米 TiO_2 进行了大量的科研，并申请了多篇英文专利，很可能在今后推出功能化的陶瓷墨水。陶瓷装饰墨水中着色剂的粒度已经接近纳米尺寸，具有一些常规尺寸材料所不具备的新特性。可以针对家庭、实验室、公共洗手间、医院等特定市场，开发出红外辐射陶瓷砖、抗静电陶瓷砖、自洁陶瓷砖、抗菌陶瓷砖使用的陶瓷墨水。

卡罗比亚公司于 2005 年 12 月 5 日申请了一项名为"制备二氧化钛纳米颗粒分散体的方法以及由此方法所得的分散体和二氧化钛分散体应用于表面的功能化"的专利（Process For Preparing Dispersions of TiO_2 In The Form of Nanoparticles，And Dispersions Obtainable With This Process And Functionalization of Surfaces By Application of TiO_2 Dispersions，EP1833763 A1）。该专利涉及制备纳米颗粒形态的化合物的方法，特别是涉及制备纳米颗粒形态二氧化钛分散体的方法。

该专利提供了一种水/二甘醇中二氧化钛纳米颗粒分散体在陶瓷表面的实施例。将制备的纳米颗粒分散体用于在未上釉的瓷载体上制备光催化涂层，添加总重量 5% 的低熔点釉料便于二氧化钛附着于载体。所用釉料具有较低的半球温度，等于 700℃，并且化学成分如下：SiO_2 48.32%，CaO 6.95%，Al_2O_3 2.22%，MgO 1.94%，K_2O 0.049%，Li_2O 13.9%，Na_2O 0.06%，ZnO 4.05%，B_2O_3 22.55%。将分散体施于载体上，其在 700℃ 和 600℃ 热循环，在经上釉烧窑处理后，载体保留了其原始外观和涂层与基质间的良好依附。本涂层高温下的特性通过高温粉末衍射测量（XRD-HT）研究。通过观测，从锐钛型向金红石型的相转移仅始于 800℃，并于 900℃ 时转化完成。

卡罗比亚公司于 2007 年 1 月 29 日申请了一项名为"制备 TiO_2 纳米颗粒水性分散液的方法以及由此所得分散液"的专利（Method for the preparation of aqueous dispersions of TiO_2 in the form of nanoparticles，and dispersions obtainable with this method，EP2007/050826）。该专利涉及制备锐钛矿型 TiO_2 水性分散液的方法，以及这样所得的分散液，具备表面光催化涂层的用途以及气体和液体光催化净化中的用途。该专利提出了将 TiO_2 纳米颗粒水分散液应用于陶瓷或玻璃表面的实施例：将所得的悬浮液以初始浓度或被稀释（用水或醇）后施于陶瓷或玻璃表面（使用喷雾或浸渍涂布技术），所得表面保持其初始特性，这是因为施用的这一层是完全透明的。表面具有完全的光催化功能：自清洁、抗菌、降解有机污染物。5g 浓 HCl，7.5gTX-100，加水到总重 750g，被置于 2L 反应器中，通过外套油循环热透加热，温度提升到 50℃。在这一点迅速加入 50g Ti $[OCH(CH_3)_2]_4$（TIP），可以立即看到白色絮状沉淀。7h 后得到非常稳定的透明溶胶。通过确定溶液中二氧化钛浓度（ICP 技术）以及颗粒尺寸（DLS 技术）进行表征。浓度为 1.5wt% TiO_2，尺寸为 36.67nm，分散性指数为 0.282。

福禄公司的专利"用于形成功能化釉面的喷墨配方（Inkjet Compositions For Forming Functional Glaze Coatings，US 20130265376 A1）"提供了一个防滑墨水的实施例。防滑墨水的固相成分是烧结 α-Al_2O_3 和玻璃熔块，其中烧结的 α-Al_2O_3 晶体具有良好的防滑性，起到将 α-Al_2O_3 粘结到陶瓷砖表面的作用。防滑墨水按照表 7-18 配料，用砂磨机磨至 D_{99} 为 $2\mu m$，然后通过 2.4pm 的绝对过滤器过滤，其物理性能见表 7-19。防滑墨水的用量大约为 $100g/m^2$，经过 1 次烧成，在光泽釉或亚光墨水上表现出防滑的性能。产品不但表现出光滑表面、高透明度、耐酸腐蚀等性能，而且并不影响墨水中色料的发色。

表 7-18　防滑墨水的配方组成　　　　　　　　　　　　　　　　　　　wt%

固　相	烧结 α-Al$_2$O$_3$	37.1
	防滑墨水熔块	4.1
超分散剂	SOLSPERSE 13940	7.4
稀释剂	Ruetasolv BP-4201	34.8
	Ruetasolv BP-4103	4.9
	Exxsol D140	11.6

表 7-19　防滑墨水的物理性能

性　能	温度（℃）	检测值
黏度（mPa·s）	25.0	25.5
密度（g/mL）	25.0	1.273
表面张力（mN/m）	25.0	31.6

7.4　陶瓷墨水的关键性能、常规检测项目及其检测方法

7.4.1　陶瓷墨水的关键性能

1. 陶瓷墨水的稳定性

陶瓷墨水是着色剂分散在分散介质中得到的一种分散体系，这种体系是相对稳定的。分散的稳定性需要考虑到放置一定时间不聚集、不沉淀。聚集指无机色料之间的相互团聚，与色料颗粒间的分散作用有关。沉淀指的是无机色料颗粒不断聚集，直至下沉到分散体系底部，影响因素包括：无机色料的密度、粒度分布、分散体系的组成等。与此同时，分散体系需要选择合适的分散介质、分散剂、粘结剂等有机物，要求陶瓷墨水能保持良好的化学稳定性，长时间存放也不会出现化学反应变化。无机陶瓷色料具有高的密度，陶瓷墨水放置一定时间后陶瓷墨水中的色料发生沉降，只要对其施加搅拌作用，陶瓷墨水会再次变成均匀的分散体系，这是一个可恢复的过程。陶瓷墨水在喷墨机及喷头中是循环流动的，其可恢复性也显得尤为重要。

影响陶瓷墨水稳定性的因素有色料颗粒的布朗运动、重力沉降和颗粒团聚。布朗运动主要取决于墨水温度、黏度、墨水的颗粒。温度越高，布朗运动越强，黏度、颗粒越大，布朗运动越弱，颗粒越不容易团聚。因为色料颗粒比较大，密度较大，所以墨水沉降速度主要取决于色料与溶剂的密度之差，密度差越大，沉降速度越快。沉降速度与粒径平方成正比，颗粒越大，沉降速度越大，墨水的黏度越大，沉降速度越慢。墨水颗粒分散的稳定机理有空间位阻和静电稳定两种。空间位阻，就是在墨水颗粒表面进行聚合物微胶囊包裹，在空间上阻止颗粒之间的聚集。目前该机理在陶瓷墨水行业用得较多，但存在影响墨水黏度的缺点，导致墨水黏度随着时间延长而呈现下降的趋势，影响墨水的稳定性。静电稳定，采用小分子分散剂，适合于水和极性稀释剂，但是目前陶瓷墨水大都使用非极性稀释剂。

2. 黏度

适当的黏度可确保陶瓷墨水在墨路内顺畅地循环流动，有利于陶瓷墨水从喷口的喷出和墨滴的均匀形成。黏度太小，墨水内摩擦力小，液滴呈弯月形而产生阻尼振荡，影响喷射速度；黏度过大，墨水流动性差，且不易形成小液滴。此外，墨水的喷射对其黏度变化也十分敏感，微小的剪切稠化现象都会因

黏度的急剧升高而使打印无法进行。Xaar 在其官网上介绍 Xaar 1001 GS12 喷头能适用陶瓷墨水的黏度范围为 7~50mPa·s（可以理解为可通过调节墨水温度，将喷射时的黏度调节至 7~20mPa·s，但墨水黏度过高过低会影响喷头使用寿命）。Dimatix-Fujifilm StarFireTM SG-1024/M-C 的技术参数说明书中介绍该喷头能适用陶瓷墨水的黏度范围为 8~20mPa·s，推荐范围为 10~14mPa·s。

3. 表面张力

适当的表面张力可以保证墨滴的均匀形成和不粘喷头，有助于喷墨打印的长期稳定。陶瓷墨水的表面张力过大，容易出现墨滴拖尾的现象；表面张力过小，墨滴容易扩散、易产生卫星状墨滴，会使图案的清晰度和层次感降低。与此同时，陶瓷墨水的表面张力会随着陶瓷墨水温度的上升而下降，可利用喷头的温度控制系统调节陶瓷墨水的表面张力。目前，商品化陶瓷墨水喷墨温度下的表面张力约为 20~35mN/m。

4. 粒度分布

由于喷头孔径和墨水通路系统的制约，陶瓷墨水中的色料颗粒必须足够细小，以保证喷墨的顺畅。从避免存放和使用过程中的颗粒沉淀出发，也要求色料的颗粒细小。陶瓷墨水中颗粒的粒度分布要尽可能窄，以避免色料过粗带来的显色不均匀（色料在陶瓷制品上的堆积密度不均匀）与颗粒过细带来的减弱（色料熔解在釉料中）的现象。目前，商品化陶瓷墨水的 D_{50} 约为 200~350nm，D_{90} 小于 850nm。

5. 固含量

固含量是无机陶瓷色料及相关固相添加剂在陶瓷墨水中的质量百分数，主要成分是无机陶瓷色料。固含量越高，单位质量陶瓷墨水中的色料含量越高，越能够提高陶瓷喷墨的发色强度和色彩范围，降低陶瓷墨水的用量，进而降低陶瓷生产企业的成本。在对设计图稿的表现力上，提高陶瓷墨水固含量的作用优于通过对同一位置重复打印进而堆积墨点的作用，这是由于同一位置重复打印容易导致墨点偏离目标位置，降低清晰度。提高固含量，也会带来陶瓷墨水黏度升高的问题。

6. 烧成后呈色

影响陶瓷喷墨发色的主要因素有：色料的种类、晶体结构、纯度、色料在陶瓷墨水中的含量及粒度分布；坯、釉的成分；温度、气氛制度等。相比于普通色料，陶瓷墨水色料要求在超细颗粒的状态下具有良好的发色能力，要求选用的色料在制备过程中反应完全，呈色晶体发育良好，高温稳定性好，耐釉料侵蚀。这就要求色料在原材料的选择上，需选用高纯、粒径均匀、活性高的原材料，在工艺上，要求烧成过程时间更长，以保证晶体生长更完善以及结构的完整性。陶瓷墨水的固含量也影响发色，固含量越高，颜色相对较深一些。由于固含量高会影响陶瓷墨水的稳定性，所以不同颜色墨水的固含量要根据情况进行调整。颗粒越大，越接近色料的发色，色料磨细以后，一些颜色如黄色、红色就会变浅，甚至没有颜色，棕色、桔色墨水色调会发生变化，所以粒径影响色调和颜色深浅。墨水色料由于颗粒尺寸的下降，其熔点比普通色料降低了很多，所以温度波动大后色料可能全部熔化，熔化后就不是晶体而是熔融体，导致色差甚至是褪色。例如钴蓝色料的发色性能取决于配位场分裂能，分裂能不同，所吸收波长也不同，色料就会显现出一系列颜色。Co^{2+}（3d2）吸收橙、黄和部分的绿光，呈带紫的蓝色；Co^{3+}（3d3）吸收绿光以外的色光，强反射绿色而呈绿色。钴蓝陶瓷墨水主要是通过 $CoAl_2O_4$ 色料中 Co^{2+} 的发色，如果 $CoAl_2O_4$ 晶体在高温下成为熔融体，Co^{2+}（3d2）可能会被氧化成 Co^{3+}（3d3）引起色差。

7. 与坯釉的适应性

在其他因素相同的情况下，坯、釉的成分不同，喷墨打印出来的效果可能差别很大。相关研究表明，釉料组成中的多种金属氧化物如氧化锂、氧化硼、氧化锌、氧化镁和氧化锑会影响墨水的发色，应该避免和减少使用。氧化钾对陶瓷墨水发色的不利影响超过氧化钠。氧化钙和氧化钡不会严重影响陶瓷墨水的发色，可被用来替代氧化锂和氧化硼等物质。氧化锡会促进红色的发色，却会使得产品泛红色。氧化钛能促进红色和黄色的发色，却会使产品泛黄色，还会减弱黑色的发色。

8. 干燥性

如果干燥时间过慢，陶瓷墨水的过度扩散会造成颜色的变化和图案的模糊；如果干燥时间过快，陶瓷墨水的扩散不足则引起填充区域空白，墨滴扩展和毛细作用也会导致毛边效应。陶瓷墨水在坯体表面的干燥的主要方式是墨滴在坯体上扩散，次要方式是墨滴在空气中挥发。扩散的速率取决于坯体表面的湿气、坯体的气孔率以及墨水的成分、表面活性剂。干燥时间取决于墨水的扩散系数，墨水的干燥时间与墨水覆盖密度成线性关系，高的分辨率喷墨干燥更容易。

可在陶瓷墨水的研磨过程中加入一定量的醇类溶剂，以提高挥发性；也可以加入少量的扩散剂（如多元醇烷基醚等有机物），以符合喷墨打印要求。为了防止陶瓷墨水在室温下挥发过快，引起喷射的中断和喷嘴堵塞，在制备的过程中需要加入一些沸点高、不易挥发的保湿剂。卡罗比亚公司在陶瓷研究中心的网站上表示，其陶瓷墨水中添加了 DEG（二甘醇，其沸点为 245℃）以避免陶瓷墨水的挥发；并在其欧洲专利 EP 1840178 A1 上提到分散介质的沸点必须超过 200℃。为了防止水性陶瓷墨水的墨滴在坯体上由中心到边缘扩散速率的不同导致色差，以及避免大量水蒸气的生成，目前陶瓷墨水主要是采用油性（有机物）的分散体系，其中 Xaar 1001 GS12 和 Dimatix Fujifilm StarFireTM SG-1024/M-C 喷头在其参数介绍书中要求使用 Oil based ceramic inks（油基陶瓷墨水）。

9. 其他性能指标

除上述各方面，陶瓷墨水与喷头的兼容性（是否会严重磨损喷头、是否会堵塞喷头、在喷头底板上是否会因为陶瓷墨水过度扩展而影响其他喷孔的喷射、是否能够在合适的电压脉冲波形方程下流畅地运行、喷射速度及墨滴容量是否合理、墨滴落点是否准确等）、与陶瓷喷墨打印机的相容性（pH 值、是否会腐蚀、溶解墨路系统等）以及其他性能指标（导电率等）也需要在一定程度上满足陶瓷喷墨打印的要求。

7.4.2　陶瓷墨水的常规检测项目及其检测方法

陶瓷墨水根据放置、在墨路系统中流动、从喷头中喷射出形成墨滴、与坯体结合、烧成后显色等过程的需求，全面检测的项目可分为四个部分：（1）基本理化指标，如密度、黏度、表面张力和粒度分布等；（2）墨水的墨滴性能，如墨滴的形貌、体积、速度和润湿性等；（3）墨水的流动性和稳定性，如外观、pH 值、耐久性、固含量等；（4）高温发色性能，如发色效果、不同批次墨水的色差、高温下与釉料坯体的适应情况。陶瓷墨水检测设备包括墨水理化性能测试设备（旋转黏度计、动态表面张力仪、激光粒度仪等）、墨滴观测仪、喷头配套的检测设备和驱动软件、喷墨打印试验机和色差仪等。

1. 外观

与标样外观目视基本均匀一致，不得有明显可视杂质。

外观的测试方法：将样品和标样装入 50mL 纳氏比色管中，在自然光下目视比较外观和杂质。

2. 黏度

陶瓷墨水黏度的定义：陶瓷墨水中的所有液层按平行方向运动，在层界面上的质点相对另一层界面上的质点作相对运动时，会产生摩擦阻力。物理本质是分子间作相对运动时产生的阻力。

陶瓷墨水黏度过高，需要更高的喷射动能，易发生多点断裂颈缩，形成卫星点；黏度过低，墨水从打印头泄漏出去，在高频率喷射下形成卫星点。要使陶瓷墨水的墨丝与主墨滴之间的连接有最佳黏弹性，断裂的墨丝立即拉向主墨滴，得到无卫星点的墨滴，需要控制墨水在打印温度下的黏度。

陶瓷墨水的黏度会随着墨水温度的上升而下降，因此需要在喷墨打印温度（40℃左右）下检测陶瓷墨水的黏度，才能够客观地评价陶瓷墨水黏度的变化情况。如果陶瓷墨水在常温下的黏度为 7～50mPa·s 之间，一般可通过调节墨水的温度是使黏度在 7～20mPa·s 之间。

考虑到不同喷头的性能差异、打印温度的差异，陶瓷墨水的黏度范围应在 7～40mPa·s（40℃），或由供需双方商定。

黏度的测试方法：

（1）仪器及材料

旋转式黏度计，测量范围 1～106mPa·s，误差±3％；恒温水浴装置，精度±2℃。

（2）检验程序和结果

将试样恒温至 40℃，按仪器说明书操作规程执行测出黏度。

3. 表面张力

陶瓷墨水表面张力的定义：陶瓷墨水表面层由于分子引力不均衡而产生的沿表面作用于任一界线上的张力。因上层空间气相分子对它的吸引力小于内部液相分子对它的吸引力，所以该分子所受合力不等于零，其合力方向垂直指向液体内部，结果导致液体表面具有自动缩小的趋势，这种收缩力称为表面张力。物理本质是液体的收缩力，与温度和界面两相物质的性质有关。

表面张力是墨水喷射的动力源，它使流体不断地颈缩，形成体积均匀的墨滴；与此同时，表面张力控制墨水与墨水通道的浸润情况、墨滴与坯体间的接触角、墨滴在坯体上的的扩散情况。

陶瓷墨水的动态表面张力范围应在 20～35mN/m（40℃），或由供需双方商定。

表面张力的检测方法：

（1）仪器及材料

动态表面张力仪，读数精度 0.1mN/m；恒温水浴装置，精度±2℃。

（2）检验程序和结果

把被测陶瓷墨水倒入烧杯内，恒温水浴至 40℃。使用动态表面张力仪检测陶瓷墨水的表面张力，单位为 mN/m。

4. 粒度分布

由于喷头孔径和墨水通路系统的制约，陶瓷墨水中的色料颗粒必须足够细小，以保证喷墨的顺畅；从避免存放和使用过程中的颗粒沉淀出发，也要求色料的颗粒细小；陶瓷墨水中颗粒的粒度分布要尽可能窄，以避免色料过细带来的显色不均匀（色料在坯体上的堆积密度不均匀）与减弱（色料溶解在釉料中）的现象。

Xaar 1001 GS12 喷头的喷嘴直径大约为 $25\mu m$，喷嘴直径至少是墨水色料颗粒直径的 20～25 倍。尽管有多重过滤，陶瓷墨水的 D_{90} 如果超过 $1\mu m$，会影响喷墨打印的稳定性。由于砂磨机的大范围应用、墨水有机部分的成熟、过滤系统的应用，很多国内外的陶瓷墨水能达到 $D_{50}{\leqslant}0.350\mu m$、$D_{90}{\leqslant}0.600\mu m$ 的性能参数。

陶瓷墨水供应企业需要提供 D_{10}、D_{50}、D_{90} 的报告，要求 $D_{50}{<}0.5\mu m$，$D_{90}{<}1\mu m$，或由供需双方商定。其中，D_{90} 与 D_{10} 的差值，可以反映粒度分布的宽窄。

粒度分布的检测采用激光粒度分析仪法。

1）仪器及材料

（1）激光粒度分析仪

应符合《粒度分析　激光衍射法》（GB/T 19077—2016）标准中第 5 章的规定。

注意：激光粒度分析仪都有一个激光源，虽然功率并不高，但激光束的亮度极高，它能使眼睛受到持久伤害。因此建议无经验者不要直接用眼睛对着激光束，不要用反射面切断激光束。

（2）分散介质

对于水溶性陶瓷墨水，通常用蒸馏水作为分散介质，使用前应静置一段时间或抽真空，以排出空气；对于有机溶剂型陶瓷墨水，可以采用无水乙醇作为分散介质，无水乙醇中乙醇含量应大于 99.5%；如果采用水、无水乙醇无法获得有效的分散效果，则可以使用其他分散介质。为提高分散效果，可以添加陶瓷墨水相关企业所提供的分散介质。

用于分散陶瓷墨水的各种分散介质应具备以下条件：

① 对于激光是透明的。

② 分散介质中不能含有固态或液态的颗粒。

③ 分散介质必须能够完全润湿试验样品。

④ 不产生气泡，试验样品不会在介质中发生溶解、膨胀或者聚合。

⑤ 分散介质的折射率与样品的折射率相差较大。

⑥ 对健康无危险，符合安全要求。

（3）分散剂

为提高分散效果，可以添加陶瓷墨水相关企业所提供的分散剂。

2）检验程序和结果

（1）样品的处理

样品测试前用合适的分散体系制成浓度合适的悬浮液。

（2）开机

接通电源前，检查仪器各部件状态及供电状况是否正常，确认仪器所有部件都接地良好，所有的颗粒分散和输送装置、超声浴槽、干法分散器、真空进气口和真空管道都应接地。打开电源，应给予足够的时间使激光粒度分析仪稳定，通常需要 30min 的预热时间。清洗样品进样系统。运行激光粒度分析仪的测控软件。

（3）湿法进样

启动循环系统，将与制备悬浮液相同的分散体系充满样品进样系统，根据仪器说明书，测量背景信号，样品测试时要扣除背景信号。

（4）测试

在样品池中滴加适量的测试样品悬浮液，遮光度宜控制在 8～12。待系统遮光度稳定之后，根据仪器说明书设置仪器参数进行测试。

5. pH 值

水基型陶瓷墨水的 pH 值范围应在 4.0～10.0；有机溶剂型陶瓷墨水的 pH 值不作要求。

pH 值的检测方法：

（1）仪器及材料

pH 计：精度（pH）±0.01；标准缓冲溶液。

（2）检验程序和结果

用所配标准缓冲液对仪器进行校准后，取待测陶瓷墨水试样，按 pH 计测定方法进行测试。

6. 固含量

固含量是陶瓷墨水在规定条件下灼烧后剩余部分占总量的质量百分数。固含量越高，单位质量陶瓷墨水中色料含量越高，能够提高陶瓷喷墨的发色强度和色彩范围，也能够降低陶瓷墨水的用量。在对设计图稿的表现力上，提高陶瓷墨水固含量的作用优于通过对同一位置重复打印、堆积陶瓷墨水的作用。

陶瓷墨水企业需要提供固含量的报告。

固含量的检测采用高温灼烧法。

将坩埚和盖置于高温炉中，控制温度（1100±20）℃，灼烧 30min。取出稍冷，置于干燥器中，冷却至室温，重复称量至恒重，精确至 0.0001g（质量 m_1）。在坩埚中加入约 1.0g 试样，盖上坩埚盖，称量，精确至 0.0001g（质量 m_2）。将装有试样的坩埚置于电阻炉上，盖上坩埚盖，使坩埚与盖间留有间隙。将电阻炉的功率逐渐升高，对试样进行灰化，直至没有烟及异味气体生成。取出稍冷，置于干燥器中，冷却至室温后称量（m_3）。

按式（7-23）计算固含量 ω（％）：

$$\omega = \frac{m_3 - m_1}{m_2 - m_1} \times 100\% \tag{7-23}$$

式中，m_1 为于 1100℃灼烧干燥后坩埚及盖的质量，g；m_2 为于 1100℃灼烧干燥后坩埚及盖的质量及新盛入试样的质量之和，g；m_3 为于（1025±25）℃灼烧后盛有试样的坩埚及盖的质量，g。

7. 色差

色差是定量表示的色知觉差别，用 ΔE 表示。在此引用的色差是指标样与抽样样品在相同条件下制成的陶瓷制品表面的颜色之间的差值，以 CIELAB 的 L^*、a^*、b^* 色度系统（D_{65} 光源）的 $\Delta E^* ab$ 表示，简记 ΔE^*。

影响陶瓷喷墨发色的主要因素有：色料的种类、结晶度、纯度、在墨水中的粒度分布及含量；坯、釉的成分；温度、气氛制度等。例如所选用的色料必须确保在超细颗粒的状态下具有良好的发色能力，要求选用的色料在制备过程中反应完全，呈色晶体发育良好，高温稳定性好，耐釉料侵蚀。

样品与标样所制样板的色差值比较应符合：$\Delta E^* \leqslant 1.0$，$|\Delta L^*| \leqslant 0.7$，$|\Delta a^*| \leqslant 0.6$，$|\Delta b^*| \leqslant 0.6$。标样指的是经供需双方认可，在同一批产品中抽取一定量的样品保存，用作检验比对的样品。标样的保存环境、封存条件应与样品一致，与样品作比对时应在保质期内。

色差的检测方法：

（1）仪器及材料

陶瓷喷墨打印机；样品、标样实验用陶瓷坯体应该一致；电脑及相应软件；色差仪，精度 0.1；对比用标准色度样品。

（2）检验程序和结果

取陶瓷坯体两块，分别在陶瓷喷墨打印实验机上，使用样品和标样打印出分辨率不低于 200dpi×200dpi、面积不小于 50mm×50mm 的纯色色块各 1 块，再按照企业规定的烧成制度在相应的窑炉中依使用条件烧成（也可以在同一块陶瓷坯体上各打印纯色色块 1 块）。实验前对色差仪进行校正后，将上述试烧而成的试片用色差仪测量，记录待检样品与标样的色度值。

色差的计算公式如式（7-24）、式（7-25）、式（7-26）所示。

$$\Delta L^* = L_1^* - L_0^* \tag{7-24}$$

$$\Delta a^* = a_1^* - a_0^*，\Delta b^* = b_1^* - b_0^* \tag{7-25}$$

$$\Delta E^* = \sqrt{(L^*)^2 + (a^*)^2 + (b^*)^2} \tag{7-26}$$

式中，L_1^*、a_1^*、b_1^* 为样品的色度值；L_0^*、a_0^*、b_0^* 标样的色度值；ΔE^* 为标样与标样比较色差值。

8. 稳定性

常用的方法有沉降体积法、比吸光度法、经时劣化性实验法。

沉降体积法需要较长的一段时间才能体现陶瓷墨水是否稳定，具体操作为取 20mL 陶瓷墨水于有刻度的 20mL 试管中，在温度 25℃下，每隔一段时间测量其上清液体积，计算沉降率。沉降率＝上清液体积/总液体体积×100%。静置沉淀法操作简单，需要时间长，而且分层的界面难以确定。

比吸光度法是指用紫外分光光度计测定一定波长下陶瓷墨水稀释液的吸光度值 A_i（i 为离心时间，min）与离心前陶瓷墨水等稀释倍数的稀释液的 A_0 值的比值 R_i（各离心时间的比吸光度），以衡量陶瓷墨水的沉降稳定性。R_i 越接近 100%，说明陶瓷墨水的沉降稳定性越好。比吸光度法，可用在单一型号墨水研制过程中进行定性对比，但是不适用多种型号墨水间的对比，并且该方法重复性不是很好。

稳定性的检测采用经时劣化性实验法。

（1）仪器及材料

恒温箱，精度±2℃；碘量瓶，250mL。

（2）试验条件

检验应在温度（60±2）℃条件下进行。

（3）检验程序和结果

将被测墨水倒入碘量瓶中，放置在规定的试验条件的恒温箱中，待若干天后取出，放置至室温，磁力搅拌均匀待测。将水基型陶瓷墨水在经时劣化性实验后，按照 1～5 的项目试验；将有机溶剂型陶瓷墨水在经时劣化性实验后，按照 1～4 的项目试验，其结果应符合相关的要求。该项目针对于型式检验或者新产品检验，一般出厂、入厂检验不做要求。

7.4.3 国内外陶瓷墨水的技术参数实例

表 7-20 为某国外陶瓷墨水在其说明书中列出的技术参数表，表 7-21 为某国产陶瓷墨水公司在其产品手册中列出的技术参数表，表 7-22 为另一国产陶瓷墨水企业在其网站上提供的技术参数的汇总表。

表 7-20 某国外陶瓷墨水的技术参数表

参数 \ 墨水	米黄色	蓝色	粉红色	棕红色	黑色	黄色
密度（g/cm³）（20℃）	约 1.32	约 1.15	约 1.30	约 1.39	约 1.20	约 1.34
黏度（mPa·s）（20℃）	25	25	25	25	25	25
黏度（mPa·s）（45℃）	13	13	13	13	13	13
固含量（%）	43	34	45	46	38	45
贮存期（月）	8	8	8	8	8	8
可溶性	不溶于水	不溶于水	不溶于水	不溶于水	不溶于水	不溶于水

表 7-21 某国产陶瓷墨水 I 的技术参数表

参数 \ 墨水	蓝色	红棕	锆黄	桔黄	粉红	黑色
黏度（mPa·s）（25℃±）	19～23	19～23	19～23	19～23	19～23	19～23
表面张力（mN/m）（25℃±）	31～35	31～35	31～35	31～35	31～35	31～35
密度（g/cm³）（25℃±）	1.140～1.180	1.170～1.210	1.175～1.215	1.170～1.210	1.170～1.121	1.160～1.20
粒径 D_{50}（nm）	200～300	200～300	200～300	200～300	200～300	200～300
粒径 D_{99}（nm）	<1	<1	<1	<1	<1	<1
固含量（%）	30～40	30～40	30～42	30～40	30～42	30～40

表 7-22 某国产陶瓷墨水Ⅱ的技术参数表

墨水 参数	黑色	深黄色	桔色	蓝色	黄色	棕色
黏度（mPa·s）	12.5~17.0	16.0~20.0	13.0~18.0	10.5~13.5	12.0~15.5	11.5~14.5
密度（g/cm³）	1.21~1.24	1.26~1.30	1.15~1.18	1.12~1.14	1.24~1.28	1.15~1.17
贮存期（月）	6	6	6	6	6	6
可溶性	不溶于水	不溶于水	不溶于水	不溶于水	不溶于水	不溶于水

7.5 陶瓷墨水细度的存放稳定性

陶瓷墨水是由有机溶剂、特殊陶瓷无机粉体、分散剂和一些添加剂经机械分散研磨得到的一种混合液体。有机溶剂主要是提供无机粉体分散的载体，主要作用是防止无机粉体颗粒之间结团，而通过特殊的超分散剂和一些助剂对粉体表面进行改性，能够进一步防止粉体颗粒之间的团聚。通过粒度分析仪测量不同存放时间的陶瓷墨水，可以分析判断存放时间对陶瓷墨水粉体结团的速度，为陶瓷墨水的稳定使用提供重要参考。

某陶瓷墨水企业生产多种陶瓷墨水，按照陶瓷墨水所含的陶瓷粉体不同，可将其分为功能陶瓷墨水和陶瓷装饰墨水两类。功能陶瓷墨水有下陷墨水和负离子墨水等；陶瓷装饰墨水有黄色、桔黄色、金黄色、米黄色、绿色、黑色、棕色、粉红色、蓝色等颜色。笔者选取了黄色、蓝色、负离子、桔黄色共四种陶瓷墨水来做实验。

1. 实验内容

（1）实验仪器
超声波震荡仪、美国贝克曼·库尔特激光粒度分析仪（LS13320）、一次性塑料杯、吸管。
（2）实验步骤
① 取样：分别选取不同存放时间的黄色、蓝色、负离子、黑色陶瓷墨水产品，充分摇匀直至底部无沉淀后，用吸管在样品瓶中吸取一定量的墨水。
② 制样：滴两滴样品于干净的一次性塑料杯中，加入 30mL 左右的分散液。
③ 启动 LS13320 软件，设置好相关模型后，将样品放置于超声波震荡仪中震荡一分钟后，再滴加适量的样品于粒度仪中。
④ 粒度仪分析完后，记录相关数据。

2. 实验数据记录

分别选取时间间隔为一个月、两个月、三个月、四个月、六个月的墨水作为研究对象，从样品中重新取样检测，实验数据见表 7-23～表 7-26。

表 7-23 黄色墨水粒度不同存放时间测量数据

组 别	项 目	D_{10}（μm）	D_{50}（μm）	D_{90}（μm）	D_{100}（μm）
1	初次检测	0.163	0.365	0.834	1.520
	一个月后检测	0.152	0.361	0.814	1.520
2	初次检测	0.159	0.361	0.816	1.520
	两个月后检测	0.171	0.366	0.812	1.520

续表

组　别	项　目	D_{10} （μm）	D_{50} （μm）	D_{90} （μm）	D_{100} （μm）
3	初次检测	0.155	0.363	0.830	1.520
	三个月后检测	0.149	0.357	0.828	1.520
4	初次检测	0.160	0.365	0.873	1.668
	四个月后检测	0.160	0.369	0.880	1.668
5	初次检测	0.129	0.357	0.861	1.520
	六个月后检测	0.176	0.363	0.829	1.520

表 7-24　负离子功能墨水粒度不同存放时间测量数据

组　别	项　目	D_{10} （μm）	D_{50} （μm）	D_{90} （μm）	D_{100} （μm）
1	初次检测	0.109	0.160	0.228	0.412
	一个月后检测	0.105	0.158	0.229	0.412
2	初次检测	0.107	0.159	0.231	0.412
	两个月后检测	0.103	0.155	0.227	0.412
3	初次检测	0.150	0.156	0.225	0.412
	三个月后检测	0.106	0.155	0.221	0.412
4	初次检测	0.101	0.152	0.223	0.412
	四个月后检测	0.106	0.154	0.221	0.412
5	初次检测	0.108	0.150	0.213	0.412
	六个月后检测	0.103	0.156	0.222	0.412

表 7-25　桔黄色墨水粒度不同存放时间测量数据

组　别	项　目	D_{10} （μmm）	D_{50} （μmm）	D_{90} （μmm）	D_{100} （μmm）
1	初次检测	0.226	0.339	0.578	0.953
	一个月后检测	0.226	0.339	0.589	0.953
2	初次检测	0.091	0.332	0.581	0.953
	两个月后检测	0.084	0.307	0.560	0.953
3	初次检测	0.227	0.341	0.581	0.953
	三个月后检测	0.226	0.329	0.577	0.953
4	初次检测	0.192	0.316	0.571	0.953
	四个月后检测	0.066	0.278	0.547	0.953
5	初次检测	0.087	0.297	0.577	0.953
	六个月后检测	0.062	0.290	0.570	0.953

表 7-26　蓝色墨水粒度不同存放时间测量数据

组　别	项　目	D_{10} （μm）	D_{50} （μm）	D_{90} （μm）	D_{100} （μm）
1	初次检测	0.125	0.172	0.234	0.412
	一个月后检测	0.126	0.172	0.231	0.412
2	初次检测	0.124	0.172	0.239	0.412
	两个月后检测	0.120	0.169	0.235	0.412
3	初次检测	0.127	0.172	0.230	0.375
	三个月后检测	0.127	0.171	0.229	0.375

组 别	项 目	D_{10} （μm）	D_{50} （μm）	D_{90} （μm）	D_{100} （μm）
4	初次检测	0.127	0.170	0.226	0.375
	四个月后检测	0.118	0.166	0.233	0.412
5	初次检测	0.126	0.167	0.222	0.375
	六个月后检测	0.127	0.168	0.221	0.375

3. 实验分析和结论

从实验数据可知，经充分摇匀后重新取样检测各类别陶瓷墨水 D_{10}、D_{50}、D_{90}、D_{100} 最大变化不超过 0.1μm，说明不同类别的陶瓷墨水存放 6 个月内细度数据基本没有明显变化，陶瓷墨水没有发生团聚，即不影响陶瓷墨水的使用。

陶瓷墨水细度存放稳定的原因主要是由于陶瓷墨水中的无机粉体经机械分散后，被陶瓷墨水的添加剂充分湿润，表面得到一定的改性，并且由于陶瓷墨水中的有机溶剂的长链结构能起到一定的空间位阻效应，阻止陶瓷墨水中的无机粉体团聚。所以，合格的陶瓷墨水需要选择合适的有机溶剂和添加剂，使陶瓷墨水长时间保持合适的细度、黏度等技术参数。

7.6 陶瓷墨水标准化建立

近两年来随着我国对国外陶瓷喷墨打印技术的引进、消化与吸收，我国很多陶瓷厂家已经开始使用喷墨打印生产建筑墙地砖，同时，市场上也瞬间涌现出了很多的陶瓷墨水生产厂家。今年来，陶瓷打印墨水的竞争空前激烈，对我们来说既是机遇也是挑战。机遇，在于我们凭着多年来的研发技术积累和终端使用数据积累，加上全套的进口检测设备，已经建立起了严格的质量标准化指标，建立了一套质量跟踪标准化体系，并全面通过了 ISO9001 质量管理体系认证，业务员有信心高举陶瓷墨水专家的大旗，在市场上一路过五关斩六将。挑战，一方面在于我们必须不断地创新，给客户创造更大的价值，一方面也必须不断地提高服务水平，做到客户有问题一呼即应，在最短的时间内解决问题，消除客户对陶瓷墨水质量问题的顾虑。

生产标准化控制以来，有助于我们发现一些小问题，通过不断改进，在人、机、物、料四个方面都取得了较为突出的成效，下面重点从这四方面进行介绍。

1. 物——产品更有针对性，质量更稳定

通过标准化的控制，一方面很大程度上帮助我们分析产品在终端的使用情况，知道了同样的产品在大多数环境下不会出现问题，而在一些特殊的环境，如釉线生产环境、砖坯的参数控制等，产品会出现一些问题。通过对使用数据的收集，一是帮助客户发现问题，建议客户改善生产环境，二是我们不断地调整陶瓷墨水的性能参数，最终做到适合各种环境使用的陶瓷墨水。另一方面，也有助于我们发现生产和检测时出现的规律，知道了不同的研磨机型、不同的生产参数会得到有差异的产品，在实践中不断摸透规律，生产更稳定的产品。总之，我们的陶瓷墨水产品，已经在自主创新的技术上取得了质的飞跃，从早期借鉴进口主流墨水的技术指标，到现在已经能够有针对性地生产适合不同机型、喷头与环境状态的陶瓷墨水。标准化控制以来，质量更稳定。依据内务部提供的客户退货情况数据，并没有因为质量有问题而退货的情况，全部是因为超过保质期而偶有退货。

2. 料——严格的来料检测，保质量稳定

质量稳定的控制，从源头预防作为控制环节的重点。陶瓷墨水生产所用到的色料、溶剂、分散剂和一些助剂，以及研磨锆珠等原材料，通过标准化控制数据的积累，不断地对比，发现哪些料是好料，哪些料不适合，来料检测全部数据标准化。原材料的标准化，一方面使我们赢得了来料的话事权，若某家原材料不好，我们可以选择另一家的，通过选择对比，只会选用性价比更高的材料，且要选择质量供应稳定的供应商，如果某个供应商的产品出现一次严重的质量事故，直接取消其供应资格。另一方面，原材料的标准化，是我们生产控制标准化的基础，原材料标准化，也极大地推动了生产的标准化，工人劳动强度降低，工作起来更舒服，机器运转更稳定，机器故障率降低，所以工人们都极力地配合标准化控制，帮助发现问题，预防问题的发生。

3. 人——从怀疑到信任

首先是自己公司的员工，特别是技术服务人员，前两年都觉得自己的陶瓷墨水产品比进口的要差，上机有问题第一时间想到的就是陶瓷墨水有问题。但是，自从标准化控制以来，加上我们的微信和电话信息共享平台，某个点出问题后，马上反映到微信群或者电话沟通，把编号和批次发上去，就会发现，相同批次的陶瓷墨水在其他厂家并没有问题，就消除了陶瓷墨水产品质量问题的忧虑，从其他方面找解决问题的办法，最终通过调整，慢慢地发现了最适合陶瓷墨水生产的设备和环境参数。经过一段时间的磨合，我们的服务人员已经从怀疑自己到深信自己，通过产品标准化的控制，也推动了喷墨机参数和生产的标准化，大大减少了生产问题的出现。

其次是我们的终端客户不信任，但是，我们深信陶瓷墨水的质量有保证，通过做一些赔偿担保承诺，以及不断地提高我们的服务水平，做到有问题马上来解决，甚至把我们在终端使用积累的经验，做成预防问题发生的方案，教会客户如何做好生产。现在，当我们不仅能解决问题，还能帮助客户提高效益，提升产品价值的时候，我们的客户已经开始信任了。

4. 机——人无我有，人有我优

作为陶瓷墨水的领航者，凭着多年的研发技术积累，首先做到的就是人无我有，即我们的生产设备和检测设备，都是完全依据产品标准化的要求来配套和选型，有些常常被同行忽略的细节，我们都有相应的工序和设备去保证质量。同时，我们根据产品标准化的要求，不断地增加原材料和产品检测的维度，先人一步。举个例子，一些同行可能不重视甚至忽略陶瓷墨水电导率的问题，但实际上我们在终端发现有些电导率高的陶瓷墨水，会存在损坏喷头的风险等问题，所以同行没有的检测设备，我们也配备齐全。

其次是人有我优，陶瓷墨水的细度和黏度等指标的检测设备，同行应该会有，但是究竟数据检测的准确性和重复性有多好，不同的设备肯定不一样，而我们使用进口的检测设备，在数据的准确性和重复性方面就完全没有问题，充分保证了我们实行产品的标准化控制。另外就是研磨分散设备，不同的厂家、不同的生产参数等指标，都会影响到产品的性能，通过标准化的控制，便能很好地保证了产品质量。

总之，通过建立陶瓷打印墨水标准化控制体系，依照我们已经在区质监局成功备案的企业标准要求，强有力地保证了产品的质量。标准化不意味着绝对化，我们抱着永不知足的心态，不断地进行产品创新和升级，将来在标准化的道路上必定会为客户提供更高性价比的产品，为客户创造更大的价值。

7.7　功能性陶瓷墨水

功能性陶瓷墨水是指具备特殊功能表面的陶瓷墨水和具备特殊装饰效果的陶瓷墨水，前者如自清洁性能、抗菌性能、力学性能、电学性能等，后者如凸凹纹理、金属光泽、闪光、亚光、亮光、白花等。功能性陶瓷墨水是陶瓷墨水创新和研发的新方向，它是通过陶瓷喷墨打印喷头将墨水（主要是功能化粉体做成陶瓷墨水，或将功能化粉体加入釉料中）或干粒直接喷射到瓷砖表面，使瓷砖达到特殊功能性或特殊装饰性效果。由于功能性陶瓷墨水常将功能化粉体添加至釉料中，因此与陶瓷色料墨水相比，其墨水颗粒尺寸较大，但是应保证 D_{99} 为 $2\mu m$（D_{99} 指的是 99% 的颗粒等于或小于 $2\mu m$）。为了防止色料或釉料颗粒的团聚和沉降，保持浆料的分散性及稳定性，需要加入合适的分散剂和溶剂使之悬浮；陶瓷墨水的黏度应保持在 $5\sim50mPa\cdot s$，表面张力为 $20\sim40mN/m$，密度为 $0.8\sim1.5g/mL$；而且陶瓷墨水不能对喷墨打印机的组件，如喷头、接管、输送管线等产生化学反应或其他影响。功能性陶瓷墨水的组成及作用见表 7-27。借助喷墨技术，陶瓷企业可省去繁杂的工序与设备，无需借助模具即可实现瓷砖的特殊表面效果，为节省生产空间、降低生产成本、提高生产效率提供很大可能。

表 7-27　功能性陶瓷墨水的组成及作用

墨水组成		常用成分	作　用
陶瓷粉体	功能陶瓷粉体	功能化粉体（ZrO_2、TiO_2、SiO_2、$BaTiO_3$、PZT、Si_3N_4、SnO_2、Al_2O_3等）	陶瓷墨水的核心物质，决定陶瓷墨水的用途及应用
	特殊装饰性粉体	特殊装饰性粉体（CeO_2、$FePO_4$、V_2O_5、WO_3等）	
溶剂		水溶性有机溶剂，如醇、多元醇、多元醇醚和多糖等	提高陶瓷墨水的稳定性，调节陶瓷墨水的黏度、表面张力等
粘合剂		树脂高分子类	调节陶瓷墨水的流变性能，溶剂挥发后保证图案与坯体间具有良好的结合
分散剂		水溶性和油溶性高分子类，如苯甲酸及其衍生物、聚丙烯酸及其共聚物、聚乙二醇	有效地保证陶瓷粉体均匀分散在体系中，在喷印前不发生团聚
表面活性剂		Span80、Tween60、AEO4、Triton-100、脂肪酸聚氧乙烯醋类、脂肪醇聚氧乙烯醋类、烷基酚聚氧乙烯醚、长链脂肪羧酸盐、长链烷基三甲铵盐、油酸等	调节陶瓷墨水的表面张力，一般用量为陶瓷墨水总质量的 3% 左右
其他助剂		pH 调节剂，如氨水、三甲氨、三乙醇胺硫酸盐等；催干剂，如乙醇、异丙醇等；防腐剂等	提高体系的分散稳定性，加快陶瓷墨水的干燥速度，防止陶瓷墨水腐蚀变质等

7.7.1　功能性陶瓷墨水的制备方法

功能性陶瓷墨水的制备关键在于微纳米陶瓷粉体的制备及其在溶剂中的分散稳定性，不发生絮凝或沉淀现象。现阶段，功能性陶瓷墨水的制备方法主要是分散法，少数文献或公司报道了溶胶-凝胶法、反相微乳液法和金属盐溶解法。

（1）分散法是指将陶瓷粉体与分散剂及其他助剂一起加入砂磨机进行砂磨、分散，获得稳定的悬浮液。这种方法主要利用静电-空间位阻稳定理论，将陶瓷粉体均匀分散在体系中。该方法需要陶瓷粉体颗粒最大粒径小于 $1\mu m$，且粒径分布要窄，颗粒球形度要求高，通过研磨和分散并结合分散剂等相互作用使陶瓷颗粒均匀稳定地分散在体系中。分散法制备工艺简单，但需要解决陶瓷粉体的超细化、球型化及提高陶瓷墨水的悬浮流变稳定性，因为研磨法制备的颗粒球形度差，使陶瓷墨水悬浮液的流变性变差，打印时可能发生喷头堵塞，甚至当陶瓷墨水浓度较高时，易发生絮凝、触变等现象。例如，当压电陶瓷（PZT）墨水在不同温度下使用时，采用的溶剂也有差异。其中室温喷墨打印墨水采用甲基基酮/乙醇介质，20vol%PZT 墨水球磨后黏度低于 10mPa·s，30vol%PZT 墨水研磨后黏度低于 5mPa·s，含 20vol% 的 PZT 墨水喷印效果最佳。高温喷墨打印墨水采用蜡介质，20vol%PZT 墨水球磨后黏度接近 10mPa·s。

（2）溶胶-凝胶法是一种制备纳米材料的湿化学方法。其主要是以无机醇盐等作为前驱体，在适当的溶剂体系中，制备纯度高、分散均匀且分布窄、稳定性较高的产品。溶胶颗粒一般为纳米级，能够良好地满足喷墨打印的要求。其主要缺点在于制备工艺较复杂，生产成本高。溶胶是一种热力学不稳定体系，长时间存放易产生沉降现象。目前可以制备出粒度分布窄且分散稳定性好的 ZrO_2、Al_2O_3、TiO_2、Si_3N_4 陶瓷墨水，并获得了功能性分级结构材料。

（3）反相微乳液法是一种新型的陶瓷墨水制备方法，该方法制备的陶瓷墨水分散性极好，数月都不会产生聚沉或絮凝，颗粒粒径通常在数十个纳米以内。最大不足在于制备的陶瓷墨水固含量较低，实用有待提高。文献报道了一种反相微乳液法制备的自清洁纳米 TiO_2 陶瓷墨水，经测试表明，该墨水具有良好的亲水性且自清洁效果与表面喷印厚度有关。

（4）金属盐溶解法是将显色剂溶于水或有机溶剂制得陶瓷墨水，其显色剂主要是可溶性的无机或有机金属盐。该墨水组合的突出优点在于，作为均一有机相的墨水，可以完全避免阻塞打印机喷头。但该方法最大的缺点在于所使用的过渡金属配合物为价格昂贵的金、钌等贵金属配合物，成本过高，且陶瓷墨水使用过程中会产生一些危险的中间产物，不适宜推广应用。

7.7.2　特殊功能性陶瓷墨水

本章介绍陶瓷喷墨打印中的特殊功能性陶瓷墨水的特点及研究进展。目前主要研究的功能性陶瓷墨水包括自清洁性能、抗菌性能、力学性能、电学性能等陶瓷墨水。功能陶瓷墨水的主要核心是功能化陶瓷粉体，如 ZrO_2、TiO_2、SiO_2、$BaTiO_3$、PZT、Si_3N_4、SnO_2、Al_2O_3 等。

（1）自清洁陶瓷墨水

自清洁性是指材料对其表面的清洁程度自我保持的一种能力，主要与表面接触角有关，表面接触角接近 $0°$ 为超亲水性，表面接触角 $>150°$ 为超疏水性。这两种特殊的表面都可以应用于表面自清洁效果。超疏水涂层存在制备工艺复杂、制备面积小、力学性能差、耐油性污染物能力差等问题，缺乏实际使用价值。常用的超亲水性涂层是纳米 TiO_2 膜，一方面 TiO_2 的光催化作用可以将表面的有机污染物降解为低分子量的水和二氧化碳；另一方面，TiO_2 表面亲水性使自洁膜与污染物之间形成一层水膜，阻碍污染物的附着，利用重力、雨水、风力作用下自动脱落，具有节水、节能、环保等优点。同时，还赋予建材表面净化空气、抗菌、除臭、防污、防雾等功能。在建筑、新能源等行业具有重要的应用前景。现阶段的研究重点是如何使 TiO_2 表面长期保持亲水性，这与紫外光照时间和强度、TiO_2 晶面、环境气氛、热处理温度、薄膜厚度等有关。

卡罗比亚公司添加总质量 5% 的二氧化钛粉体于低熔点釉料中，制备光催化涂层。所用釉料具有较低的半球温度（700℃），化学成分见表 7-28。

表 7-28　光催化涂层釉料的配方实施例

SiO_2	CaO	Al_2O_3	MgO	K_2O	Li_2O	Na_2O	ZnO	B_2O_3
48.32%	6.95%	2.22%	1.94%	0.049%	13.9%	0.06%	4.05%	22.55%

2007 年，卡罗比亚公司使用喷雾或浸渍涂布技术在陶瓷表面制备了一透明涂层，该涂层具有光催化、自清洁、抗菌功能。2012 年伊朗报道了一种反相微乳液法制备的用于玻璃上的自清洁纳米 TiO_2 喷墨打印墨水，经测试表明，该墨水具有良好的亲水性且自清洁效果与表面喷印厚度有关。

在陶瓷表面涂敷有机硅或氟碳材料，也可以使陶瓷表面形成亲水或憎水性质的薄膜，理论上后者更适应于喷墨打印设备,但是未有相关陶瓷墨水的研究或应用报道。

(2) 抗菌(杀菌)陶瓷墨水

自清洁陶瓷墨水所述的 TiO_2 同时具有抗菌(杀菌)功能,它是在保持陶瓷制品原有使用功能和装饰效果的同时,增加消毒、杀菌、抗菌、除臭、化学降解及保健等功能,从而能够广泛用于卫生、医疗、家庭居室、民用或工业建筑,有着广阔的市场前景。日本最大的两家陶瓷生产商 TOTO 和伊奈(INAX)公司生产的卫生陶瓷有 98 ％都是抗菌陶瓷。

抗菌(杀菌)陶瓷墨水的核心功能物质之一是 TiO_2 纳米粉,它是通过 TiO_2 的光催化反应来实现抗菌。由于大肠杆菌等细菌的基本组成元素为 C、H、O、N、P 等,构成这些有机物的化学键(O—H、C—H、N—H、O—P 等)的键能一般 <470kJ/mol,而光催化产生的羟基自由基的氧化能力 >502kJ/mol。因此在 TiO_2 光催化反应的作用下,光催化所产生的羟基自由基可以将上述细菌中的化学键切断,不仅能减弱细胞的生命力,而且能够攻击细菌和外层细胞,穿透细胞膜,破坏细菌的细胞膜结构,从而起到杀菌、抑制细菌生长的作用,并且羟基自由基与细菌内有机物的反应没有特异性,所以光催化型抗菌剂具有广普的抗菌性。因此,上例的自清洁陶瓷墨水同时具有抗菌(杀菌)功能。但是,TiO_2 光催化性需要紫外光光照,而太阳光中紫外光不到 5％,因此,现阶段的研究重点是如何提高 TiO_2 膜光催化性能。TiO_2 光催化性能的提高方法如贵金属负载、金属及非金属掺杂、半导体复合等。

抗菌(杀菌)陶瓷墨水的核心功能材料之二是银离子溶出型无机抗菌剂,将 Ag 系抗菌粉体添加到陶瓷釉料中,通过施釉和高温烧成,使抗菌剂均匀分散在陶瓷表面的釉层,通过银等金属离子的溶出,当微量的金属离子到达细胞膜时,因后者带负电荷,依靠库仑引力,使两者牢固吸附,金属离子穿透细胞壁进入细胞内,并与疏基反应,使蛋白质凝固,破坏细胞合成酶的活性,细胞丧失分裂增殖能力而死亡。但是银盐一般都溶于水,因此在载银抗菌陶瓷与水长期接触中(例如卫生洁具中)都存在缓释的问题。随着制品中金属离子的不断溶出,制品的杀菌能力将随使用时间的增长而逐渐降低,同时银等抗菌离子还会在一定程度上影响釉面的颜色。其他抗菌(杀菌)材料还包括稀土与银或 TiO_2 的复合材料和远红外材料(Zr、Mn、Fe、Co、Ni 等氧化物)。但尚未有银系抗菌粉、复合抗菌粉、远红外抗菌粉制成的陶瓷墨水的报道或应用。

银系抗菌(杀菌)剂和 TiO_2 抗菌(杀菌)剂适用于建筑卫生陶瓷的高温烧成。烧成温度较低时,TiO_2 薄膜抗菌(杀菌)陶瓷存在薄膜与坯体结合不紧密的问题,这样的薄膜抗洗刷能力差,容易脱落,且由于薄膜厚度不均匀,在表面易产生彩虹效应,需要专门的镀膜设备并严格控制其工艺。但烧成温度越高,得到的陶瓷抗菌率越低。因此要做抗菌率高的内墙砖比较容易,而卫生陶瓷、地砖比较难。另外,添加 1％～2％的载银抗菌(杀菌)剂将会降低某些釉料的始熔温度,有些釉会与某种抗菌(杀菌)剂在高温下反应,破坏抗菌(杀菌)剂的结构,造成抗菌(杀菌)剂中某物质析出等问题。

(3) 防滑陶瓷墨水

防滑陶瓷墨水提高了产品的湿水防滑能力,也保护了产品的图案。其防滑原理主要是在陶瓷表面形成大量微米尺度的凹洞,应用真空吸盘原理,当地面潮湿、瓷砖受压时,吸力就会增加,达到防滑效果。常常采用防滑颗粒或防滑剂、凹凸磨具、腐蚀剂,或通过调整釉面表面张力和工艺使瓷砖表面形成一定的微观纹路。表面最佳粗糙度应保持在 $25\sim200\mu m$(最好 $50\sim150\mu m$)范围内,最佳光泽度应保持在 5％～20％(最好 8％～12％)范围内:光泽度小于 5％,难以清除釉面污垢;超过 20％,防滑性不佳。

加入防滑颗粒如 Al_2O_3 粉体于釉料中,可以得到防滑釉或防滑陶瓷墨水,并兼具硬度高、耐磨、耐污作用。防滑墨水按照表 7-29 配料,用砂磨机磨至 D_{99} 为 $2\mu m$,然后通过 2.4pm 的绝对过滤器过滤。防滑墨水的用量大约为 $100g/m^2$,经过 1 次烧成,在光泽釉或亚光墨水上表现出防滑的性能。釉面莫氏硬度为 7(一般釉面砖为 6);耐磨性能属 3 级 [(1500 转可见磨损痕迹),一般彩釉砖为 5(600 转可见磨损痕迹)]表面摩擦系数提高了 2～3 倍,而且并不影响陶瓷墨水中色料的发色。

表 7-29　防滑墨水的配方实施例　　　　　　　　　　　　　　　　　　　　wt%

固　相	烧结 α-Al_2O_3	37.1
	玻璃熔块	4.1
超分散剂	SOLSPERSE 13940	7.4
稀释剂	Ruetasolv BP-4201	34.8
	Ruetasolv BP-4103	4.9
	Exxsol D140	11.6

（4）负离子陶瓷墨水

负离子是大气层中一类带负电的离子或离子团，被称作"长寿素"或"空气维生素"，是衡量空气清洁程度的重要指标之一。负离子与空气的粉尘、汽车尾气等大分子颗粒聚合沉积，可以净化空气；负离子中和水体中的重金属离子反应形成沉淀，可以净化水质；负离子与细菌结合，促使菌体的组织结构发生变化，破坏菌体的细胞膜和酶的活性，可以杀菌；负离子容易被氧气分子俘获成为负氧离子团，这类负离子团随着人体的呼吸进入人体，会大大地提高人体肺部氧气的吸收率和二氧化碳的排出率，有利于血液的循环；负离子可以中和人体中的阳离子，活化细胞，改善体质，调节人体离子平衡；负离子能够抑制细菌感染，防治人体细菌感染类疾病，提高人体自愈能力。负离子功能的机理是由于负离子陶瓷材料自身具有的热电效应和压电效应。当温度和压力发生变化时，材料周围形成极高的电压，这个电压和能量足以使空气发生电离，生成的电子附着于邻近的分子并使之转化为空气负离子。可以释放负离子的功能材料见表 7-30，如电气石、蛋白石、奇才石等自身具有电磁场，将负离子功能材料磨成超细粉，按 5%～15%比例加入到釉料或坯料中烧制成负离子陶瓷。烧成温度不宜过高（电气石的负离子释放量会随温度的升高而下降）。负离子墨水已在瓷片、木纹砖等类型的瓷砖装饰上得到应用。

表 7-30　可以释放负离子的功能材料

序　号	名　称	组分及特征
1	奇冰石	主要含硼，少量铝、镁、铁、锂的环状结构的硅酸盐
2	电气石	三方晶系硅酸盐
3	蛋白石	含水非晶质或胶质的活性氧化硅，还含有少量氧化铁、氧化铝、锰和有机物等
4	奇才石	硅酸盐和铝、铁等氧化物为主要成分的无机系多孔无物质
5	古代海底矿物层	硅酸盐和铝、铁等氧化物为主要成分的无机系多孔无物质
6	稀土类天然矿物	稀土类氧化物

迈瑞思科技有限公司在 2014 年发布一项负离子陶瓷墨水，其技术指标见表 7-31。经建筑材料工业环境监测中心检测得到负离子砖的负离子浓度平均值为 2022 个/s·cm^2（无负离子材料砖的负离子浓度为 230 个/s·cm^2）。

表 7-31　负离子陶瓷墨水的技术指标

项　目		指　标
细度	D_{10}	大于 0.005μm
	D_{50}	0.01～0.03μm
	D_{100}	小于 1μm
黏度（40℃）		20～30mPa·s
表面张力		25～35mN/m
密度		1.10～1.19g/cm^3
烧成温度		1000～1200℃
打印发生量		大于 1500 个/s·cm^2

（5）智洁及其他

以日本 TOTO 公司为代表的智洁陶瓷是功能性陶瓷表面的发展趋势之一，智洁陶瓷具有纳米尺度的超平滑表面，在洁具表面形成隔离层，令污垢难以附着，细菌无处繁殖，使洁具不产生黑斑，清洁更方便。目前尚未发展出智洁陶瓷墨水，但其基本原理并不复杂：釉的硅酸盐网络结构中存在着由共价键合的 SiO_2 构成的区域和离子键合的碱金属离子组成的区域，当釉中碱金属离子超过一定数量后，离子键合的区域就会彼此连通，形成连续的碱金属离子通道。一般陶瓷的釉层碱金属离子含量较少，难以形成连续的碱金属离子通道，碱金属离子不能扩散到釉层表面与污染物进行离子交换，达不到抗污的目的。通过增加釉层的碱金属含量，使其中形成连续的碱金属离子通道，同时在坯体和釉层之间增加一层金属离子层，这样该层离子就能够通过碱金属离子通道均匀持续地扩散到釉表面的水化层中与污染物发生离子交换反应，增加污染物的水溶性，使其在水流作用下很容易除去，从而提高其抗污性。

功能化陶瓷粉体的种类丰富，如红外辐射（核心物质为红外辐射粉体如过渡金属氧化物高温烧制的尖晶石多离子掺杂体系）、防静电（核心物质为导电材料）、发光（核心物质为发光粉如硫化锌、硫化钙荧光体、稀土离子激活的铝酸盐、硅酸盐）、调湿（多孔陶瓷粉）、吸收太阳能（黑色物质）等功能。但功能性陶瓷墨水的品类并不多，从实现功能效果的角度来说，喷釉的技术进步将极大地带动功能性陶瓷墨水的发展。

7.7.3 特殊装饰效果的陶瓷墨水

本章介绍陶瓷喷墨打印中的具有特殊装饰效果的陶瓷墨水的特点及研究进展。具有特殊装饰效果的陶瓷墨水包括：凹凸纹理、金属光泽、闪光、哑光、亮光、白花等陶瓷墨水。

（1）下陷墨水

下陷墨水是使陶瓷表面局部区域产生下陷效果，展现凹凸的纹理、逼真的肌理和柔和的质感。陶丽西公司、福禄公司 Inksnova 系列墨水、卡罗比亚公司、道氏公司在近期均展出了凹凸层次感很强的下陷墨水陶瓷砖样品。

下陷效果的产生机理是由于陶瓷墨水中含有使熔融釉的黏度和表面张力显著降低的成分。其配方组成采用低熔点特性的原料或熔块，在烧成熔融时产生较大的烧成收缩。美国专利 US20130265376 中公布的下陷墨水采用的是钒的化合物，如五氧化二钒、四氧化三钒、钒酸钠、钒酸铋等。下陷墨水配方的固相成分可以是钒的化合物，钒的化合物与高铅熔块的混合物，或含钒的熔块。这些配方利用 V_2O_5 降低熔融釉料的黏度和表面张力，导致釉面下凹。同时，V_2O_5 在高温分解产生的 O_2 不断冲破釉面，而熔融釉浆不断回填，形成平滑的局部下凹。下陷墨水其固体成分颗粒百分位 D_{99} 为 $2\mu m$，黏度为 $26.8mPa \cdot s$，密度为 $1.310g/cm^3$，表面张力为 $31.5mN/m$，喷墨速度约 $5g/m^2$。下陷墨水的配方实施例见表 7-32。

表 7-32 下陷墨水的配方实施例   wt%

固　相	$BiVO_4$	33.7
超分散剂	SOLSPERSE 13940	6.1
稀释剂	Ruetasolv BP-4201	22.7
	Ruetasolv BP-4103	27.4
	Exxsol D140	10.1

在使用下陷墨水时要注意：① 由于下陷墨水的凹陷效果与喷墨量有关，喷墨量越少，陶瓷烧成后在施墨水部分产生的渗透下陷效应越不明显，与原有表面产生不了强烈的凸凹对比效果；② 由于 V_2O_5 的助熔作用，当下陷墨水和色料墨水同时使用时，可能会导致图案部分的颜色失真。

（2）金属墨水

金属墨水是使陶瓷表面呈现出金属质感的光泽，主要施于仿古瓷砖上，能产生贵金属般高雅、华丽的外观效果，而且还可以增强陶瓷表面的化学稳定性以及对酸碱的耐受性。陶丽西公司 Metalcid 系列墨水能实现黄金和铂金效果，福禄公司 Inksnova 系列墨水能够实现金属墨水装饰效果，SAMCA 公司被授权了一项喷墨打印获得金属效果工艺的专利。

金属光泽效果的形成机理是由于陶瓷墨水中含有一种或两种以上的结晶组分，当釉熔融后，该结晶组分在釉中形成过饱和状态，而当釉冷却时会从熔融液相中析晶，形成晶体（如铜锰尖晶石，或磷酸铁晶体），属于结晶釉的范畴。熔融釉降温时析出的晶体定向生长，形成一种既有微观有序的平衡结构，又有宏观有序耗散结构的混合结构；定向生长的晶面可使釉面表面反射增强，产生高亮的金属光泽效果。如：在基础釉中加入 CuO、MnO_2、Fe_2O_3、Co_3O_4 中形成了金属光泽效果；在基础釉中加入 CuO、MnO_2、V_2O_5、Fe_2O_3 得到的是亮银色金属光泽效果；在基础釉中加入 CuO、MnO_2、NiO、TiO_2 得到的是仿黄金金属光泽效果；在基础釉中加入磷酸铁得到的是金属光泽效果等。金属装饰效果的喷施是先施底釉，再施金属墨水，金属墨水需要匹配底釉才能呈现良好的金属光泽效果。如 SAMCA 司采用的底釉配方为：SiO_2 40%～60%；Al_2O_3 10%～30%；P_2O_5 10%～30%；R_2O+RO 5%～15%；ZrO_2+TiO_2 0%～10%；B_2O_3 0%～10%。其中，R_2O：$Li_2O+Na_2O+K_2O$；RO：$MgO+CaO+SrO+BaO$。金属墨水成分为：P_2O_5 40%～70%；Fe_2O_3 10%～50%。底釉和金属墨水的匹配可以是：① 底釉为 P-Si-Al-Li 氧化物，墨水为 Fe 化合物；② 底釉为 Si-Al-Li 氧化物，墨水为 Fe-P 氧化物色料；③ 底釉为 Si-Al 氧化物，墨水为 Fe-P-Li 氧化物色料。金属墨水的配方实施例见表 7-33。

表 7-33　金属墨水的配方实施例　　　　　　　　　　　　　　　　wt%

固　相	FePO₄	33.9
超分散剂	SOLSPERSE 28000	8.8
稀释剂	Ruetasolv BP-4103	38.7
	Butyl diglyme	18.6

使用金属墨水时的注意事项与一般结晶釉的制备工艺相似，即需要控制釉的析晶过程才能使瓷砖表面获得优良的装饰效果。首先，釉层厚度对晶核形成和晶体生长影响很大。釉层太薄，则形成的结晶稀而小，不易长大达到所需的尺寸，釉面质感差；而釉层过厚，高温下其流动性增加，易造成产品釉层厚度不均，釉面呈色不稳定、色差大，因此金属墨水的施釉厚度一般为 0.3～0.5mm。其次，结晶釉的结晶体要在一定的温度下才能生成，并在烧成温度下做适当的保温，可以获得满意的釉面质量。这是由于，一方面在一定温度下保持一定的时间才能使晶核长大，另一方面，高温下保温还可以使釉层结构趋向均一化，减少玻璃相的含量，增加晶体的相对含量。同时，还可使加热过程中产生的部分气泡充分地溢出。在烧成温度下需要做适当的保温。保温时间太长，釉面析出的晶体尺度较大，釉可能被坯体吸收，产生桔釉，而保温时间太短，则釉面析出的晶体尺度较小，晶体没有充足的时间长大，还可能造成釉面光泽不佳。对于金属墨水，由于颗粒较细，因此采取的烧成温度也需要适当地降低，保温时间也需要相应地缩短。第三，降温可使高温阶段形成的雏晶在此时进一步适度发育，生长成较均一的釉面结构，产生理想的金属光泽效果。在降温过程中，若冷却速度过大，釉层中的玻璃相含量过高，某些结晶釉中会生成大量微晶，导致釉面无光。冷却速度过小，釉层中的晶相含量过高，雏晶过度发育成大晶体，或会析出大小不一的新晶相，导致玻璃相减少甚至消失，形成了不均匀的釉面结构。第四，某些还原性气氛如 CO、NO 的生成可能会影响晶体的生成，从而影响金属光泽效果。第五，墨水与底釉应具有匹配性，才能呈现良好的金属光泽效果。

（3）闪光墨水

闪光墨水是使陶瓷表面产生闪光装饰效果，闪光晶体对光线产生良好的反射，产生镜面般的反光效果，是近年来在我国墙砖生产中得到较多应用的一种装饰艺术产品。利用闪光墨水可以在陶瓷砖的表面上印制各种不同的花色图案，经过精心的艺术设计，用闪光墨水装饰的陶瓷砖具有高贵淡雅的艺术风格，使人从视觉方面获得愉悦和美感。陶丽西公司的 DG-CID 系列墨水、Keramcid 系列墨水，卡罗比亚公司的 C-Shine 系列墨水都可以实现闪光装饰效果。

闪光效果的机理是由于陶瓷墨水在降温时定向析出某种晶体，这种晶体材料具有不同的折射系数而产生亮光效果，闪光墨水也属于结晶釉的范畴。与金属墨水一样，闪光墨水对底釉的要求较高，需要相匹配的底釉才能呈现良好的闪光效果。发生闪光效果的晶体可以是氧化铈 CeO_2 晶体（折射率为 2.2）或者钨酸钙 $CaWO_4$ 晶体（折射率为 1.93）。闪光墨水与金属墨水同属结晶釉，因此在工艺上也需要控制晶体的成核和生长，可参照金属墨水部分对结晶釉的制备工艺，对闪光墨水效果的呈现有相似的影响作用。闪光效果最佳时 CeO_2 质量分数为 6%～8%，这时析出的 CeO_2 晶体能够在釉表面连续铺展，表面以（200）面平行于釉面，其折射率高达 2.44，高折射率的晶体表面可对可见光产生良好的镜面反射特性。闪光墨水也可以是含钨元素的物质，如氧化钨、钨酸钙或金属钨等，也可以是由钨及钨化合物与熔块釉组成（最佳熔块为具有亮光效果的亮光熔块）。闪光墨水的喷墨速度约为 $75g/m^2$。闪光墨水的配方实施例见表 7-34。

表 7-34　闪光墨水的配方实施例　　　　　　　　　　　　wt%

固　相	亚光墨水熔块	SiO_2	50～60	38.9
		B_2O_3	2～8	
		Al_2O_3	3～11	
		PbO	0～5	
		ZnO	2～8	
		BaO	1～5	
		MgO	0～2	
		CaO	5～15	
		Na_2O，K_2O	2～10	
超分散剂	SOLSPERSE　13940			7.8
稀释剂	Ruetasolv BP-4103			40.0
	Butyl diglyme			13.0

（4）亚光墨水

亚光釉是无光釉系的微结晶釉，光泽度介于 25～35 之间，表面具有自然、柔和、细腻的质感，以及典雅的釉面效果，既保留了陶的质朴厚重，又不乏瓷的细腻润泽，很好地迎合了现代城市人追求简洁明快返朴归真的心理需求。陶丽西公司的 Keramcid 系列墨水和 DG-CID 系列墨水，卡罗比亚公司的 C-Glaze 系列墨水都可以实现亚光装饰效果。

亚光效果的机理是釉面在一定的烧成温度和适当的冷却速度过程中生成无数的微小单晶体，晶体颗粒大小为 $3～10\mu m$，这些晶粒密集堆垒，当光线照射釉面时，发生折射与散射，产生消光效应，也属于结晶釉的范畴。亚光釉料可以是锌亚光釉、钙亚光釉、钙镁亚光釉、钡亚光釉、钛亚光釉、氧化铝亚光釉及锆亚光釉等。其亚光效果分别通过调控配方中 CaO、MgO、ZnO 和 BaO 等物质的含量来实现。锌亚光釉通常是在石灰釉的基础上，用适量的氧化锌替代部分氧化钙，釉中析出的晶体为锌铝尖晶石、硅酸锌等。钙亚光釉较锌亚光釉的晶粒更大，釉面略显粗糙，优点是耐酸侵蚀能力强，铅几乎不溶解出来。釉中析出的晶体为钙长石、辉石等。镁亚光釉的耐污、化学稳定性好，主晶相为透辉石，其釉面平滑细腻、白度好，但镁亚光釉对颜色釉适应性较差。钡亚光釉、锌亚光釉能获得高档次的釉面，但此两者原料成本较贵。由于各元素对于亚光釉面效果各有优势，例如钡对配制亚光釉有利，容易生成优质碱性亚光釉，而钙配制的亚光釉表面不光滑。因此，亚光釉的发展趋势是采用复合组分的亚光釉如镁-钡亚光、锂-钡亚光、钙-镁-钡亚光等。另外，在建筑陶瓷领域适用于低温快烧的复合亚光熔块釉，如 Mg-Ca 亚光熔块、Mg-Ba 亚光熔块、Li-Ba 亚光、Ca-Mg-Ba 亚光熔块等。美国专利 US20130265376 公布了一种喷墨打印用的亚光釉的熔块配方，喷墨打印釉配方由该熔块及分散剂及溶剂组成，釉料颗粒百分位 D_{99} 为 $2\mu m$，黏度为 $25mPa \cdot s$，密度为 $1.303g/cm^3$，表面能为 $32.9mN/m$。其中，亚光釉熔块由 30%～40% Al_2O_3、40%～60% SiO_2、10%～20% MgO 组成，这个亚光釉熔块具有良好的化学稳定性和机械强度,不改变传统色料的显色,并使软化温度点提高,使得釉面可以浮在瓷砖表面,达到类似 3D 效果。亚光墨水的配方实施例见表 7-35。

表 7-35 亚光墨水的配方实施例

固 相	亚光墨水熔块	Al_2O_3 (wt%)	30~40	38.5wt%
		SiO_2 (wt%)	40~60	
		MgO (wt%)	10~20	
超分散剂	SOLSPERSE 13940			7.7wt%
稀释剂	Ruetasolv ZE-5050			45.8wt%
	Butyl diglyme			8.1wt%

亚光墨水与结晶釉制备的工艺影响因素相似,但是由于亚光墨水的颗粒细度一般小于 $2\mu m$,再加上喷施量较薄,烧结之后容易影响微结晶效果,可能亚光也会变成亮光。因此,亚光墨水的制备需要调整墨水配方、墨水的制备工艺来实现,如:降低低温熔剂的含量的同时增加 Al_2O_3 的含量。

(5)其他

除了上述的特殊装饰效果墨水外,还有光泽(意达加公司的 DPG 墨水)、亮光、白花(卡罗比亚公司的 C-Glaze 墨水)、糖果等特殊装饰效果陶瓷墨水。例如美国专利 US20130265376 公布了一种喷墨打印用的亮光墨水的熔块配方,墨水配方由该熔块和分散剂及溶剂组成,墨水颗粒百分位 D_{99} 为 $2\mu m$,黏度 27.5mPa·s,密度为 $1.300g/cm^3$,表面能为 32.7mN/m。其中,亮光墨水釉熔块由 $50\%\sim60\%$ SiO_2、$2\%\sim8\%$ B_2O_3、$3\%\sim11\%$ Al_2O_3、$0\%\sim5\%$ PbO、$2\%\sim8\%$ ZnO、$1\%\sim5\%$ BaO、$0\%\sim2\%$ MgO、$5\%\sim15\%$ CaO、$2\%\sim10\%$ NaKO 组成。这个亮光墨水的软化温度非常低,也不会改变传统色料的显色。为突出陶瓷的装饰效果,陶瓷表面也常采用多种特殊陶瓷墨水和工艺,如陶丽西公司的 DG-CID 系列墨水在陶瓷表面实现透明-闪光、不透明-闪光、亚光-透明、亚光-不透明、半亚光-不透明的装饰效果。

供应丝网印刷和胶辊印刷所需的釉料颗粒细度过大,不符合陶瓷墨水所需色料的使用标准。将釉料颗粒研磨、分散后可以适合陶瓷印花机的生产。但是一方面,当传统釉料产品研磨之后,晶体易遭破坏,或无法发色,或发色很浅。另一方面,传统釉料产品磨细之后,比表面能增加,釉料颗粒的活性也相应提高,这使得釉料的制备工艺需要随之调整,才能呈现出最终的装饰效果。

总而言之,高温色釉料呈色稳定性是个综合性工程,它涉及色釉料的矿物组成、矿物结构,以及色釉料配方中微量元素及矿化剂等添加剂对呈色的影响;原料细度及预处理对呈色的影响;烧成气氛、温度高低及均匀性等对呈色的影响;稳定剂、单功能和多功能高分子墨水溶剂和分散剂等。对色釉料墨水开展专门化、系列化研究有助于色釉料墨水的问题解决和推广应用。

7.7.4 负离子陶瓷墨水技术

1. 负离子陶瓷墨水的性能与指标

负离子陶瓷墨水是将负离子材料与溶剂、分散剂、助剂等原料按照一定的配比,经研磨达到合适性能的陶瓷墨水。前期经过长达六个月的上机测试,以及现在几大陶瓷厂的上机应用,表明,负离子陶瓷墨水能够兼容不同型号的打印机与喷头,不会影响釉的性能,不影响烧成,烧出来后无色无痕,不影响其他颜色发色,不影响设计图案,使用过程不堵喷头,负压稳定,不滴墨,不渗墨,不挂墨,不飞墨等。

2. 负离子的产生原理

原子失去或获得电子后所形成的带电粒子叫离子,而负离子就是带一个或多个负电荷的离子,例如，氧的离子状态一般就为阴离子，也叫负氧离子。

自然状态下，空气分子的极性呈中性，即不带电荷。但在宇宙射线、紫外线、微量元素辐射、雷击闪电、放电、光合作用的光电效应等作用下，空气分子会失去部分围绕原子核旋转的最外层电子，使空气发生电离，逃逸原子核束缚的电子称为自由电子，带负电荷。当自由电子与其他中性气体分子结合后，就形成带负电荷的空气负离子。

负离子砖是使用数码喷墨打印技术将负离子材料打印在砖面上，再经烧成得到的功能陶瓷砖，砖面上的负离子材料通过微元素的辐射和放电作用，使得空气发生电离产生自由离子，自由电子与其他中性气体分子结合后，就形成带负电荷的空气负离子。砖面上的负离子材料通过高温熔入到砖面的技术处理后，不会被磨掉，并且具有永久激发空气产生负离子的功效。空白样品也能检测到一些负离子的原因就是陶瓷砖配方本身就有一些能够释放负离子的材料。

3. 负离子陶瓷墨水的上机应用

由于负离子陶瓷墨水的特色之一就在于打印在砖的表面上，才能够达到负离子高发生量且能有效降低成本。所以，负离子陶瓷墨水要在瓷砖上完图案后才喷印，有六通道以上的可以直接在最后一个通道上负离子陶瓷墨水，如果只有四通道，现在也有把不常用的粉色通道或者黑色通道让出来上负离子陶瓷墨水。负离子陶瓷墨水不一定要用在喷墨砖上，辊筒或者网版印花的砖，也可以用喷墨机把负离子陶瓷墨水喷上去。

现在负离子陶瓷墨水已经在赛尔喷头、柯尼卡喷头、北极星、精工、东芝、星光等类型的喷头打印，效果不受影响，在 Kerajet、System、希望、泰威、精陶、新景泰、美嘉等机器上打印效果也不受影响。

目前，负离子陶瓷墨水已在瓷片、木纹砖等类型的瓷砖装饰上得到大规模应用，技术已经成熟。负离子陶瓷墨水数码喷印的参数见表 7-36。

表 7-36 负离子陶瓷墨水数码喷印的一些参数

喷头负压	喷印方式	喷印用量	喷印灰度
60～85	全喷	3～5g/m²	20～40

4. 负离子砖的检测

目前，已经有负离子的检测标准《材料诱生空气离子量测试方法》（GB/T 28628—2012），然而，负离子的标准检测方法相对复杂，在环境湿度和环境温度等方面都有要求，一般的生产厂家和销售终端没有必要应用这种方法，现在日本有一款专门用来检测负离子发生量的仪器，这款仪器使用便捷，在测量准确度和重复性上都有一定的保障，针对这两种方法，我们做了对比研究，研究成果见表 7-37。

表 7-37 权威检测与使用简便测试数据对比

检测方法	样　品	测量值 1	测量值 2	测量值 3	测量值 4	测量值 5	测量值 6	测量值 7	测量值 8	平均值
标准方法	空白	266	281	367	308	272	258	290	282	290
（个/s·cm²）	负离子砖	2022	2038	2057	2241	2161	2043	2062	2027	2078
自买仪器	空白	1330	660	1580	1080	3580	1580	2330	1610	1720
（个/s·cm²）	负离子砖	8930	7500	6840	8050	9040	6180	8380	7621	7812

注：以上测试数据是在同一片砖的不同点进行测试。

从以上数据来看，权威机构检测的数据相对稳定，数据重复性很好，能够说明负离子砖的功能。而用便捷仪器检测的结果来看，数据有一定的波动，为了排除数据波动带来的影响，我们使用多次测量取平均值的方法来表示数据。

5. 负离子砖的作用

负离子砖顾名思义，就是能够产生负离子的砖，那么，它就具有以下作用：

第一，是能够补充人们每天所需要的负离子数量。据科学家研究，人每天需要约 130 亿个负离子，而我们的居室、办公室、娱乐场所等环境，只能提供约 1~20 亿个。而铺贴了负离子瓷砖的空间，每天能够多释放 30~70 亿个负离子。

第二，负离子砖释放的负离子能让人精力充沛，提高人们的工作效率。在不同地区，空气中存在的负离子数目相当大，经研究工作者测定，按每立方厘米空气中所含负离子的个数计算，在农村有 1000 个左右，海滨有 4000 个，喷泉、瀑布附近则可达 5000 以上。由于这些地方空气中负离子的含量较高，所以使人感到精力充沛。可是在一些人口稠密的大城市，由于空气污染比较严重，负离子浓度就比较低。也有环境部门进行过检测，在城市中，每立方厘米含有的负离子在室外也有几百个，室内就更少了，不超过 1000 个。特别是在电视机和计算机旁边几乎没有什么负离子，长期在这种环境中学习和工作，往往比较疲劳，不利于健康。

第三，负离子砖产生的负离子还可以改善神经衰弱、失眠，通畅心脑血管，降低血液黏稠度，提高人体免疫力，对改善失眠、哮喘，缓解高血压、糖尿病等顽疾具有显著疗效，相关研究在陈景藻主编的《现代物理治疗学》以及清华大学林金明教授主编的《环境、健康与负氧离子》等著作中都有详细阐释。

第四，负离子砖产生的负离子还可以净化空气，它通过还原来自大气的污染物质、氮氧化物、香烟等产生的活性氧（氧自由基）、减少过多活性氧对人体的危害；中和带正电的空气飘尘无电荷后沉降，使空气得到净化。

6. 负离子砖的应用场所简析

综上所述，负离子砖具有改善人体健康和净化空气等作用，那么，它在一些场所将能发挥良好的功效。

首先是一些公共场所，比如学校、医院、办公楼、养老院、娱乐场所等，将能发挥很好的作用，有利于改善人们的健康，让人精力充沛，提高学习、工作效率。

其次是在一些家庭空间，特别是城市地区，本来负离子浓度就低，如果铺上能够激发空气产生负离子的瓷砖，那么将能回归自然，净化空气，让人生活得更健康，精神充沛，家庭美好。

7.7.5　各种功能性陶瓷墨水

功能性陶瓷墨水在使用上主要定义为，将特殊效果釉料以墨水的形态通过喷墨机操作施釉，借以满足瓷砖产品标准化生产需求。因此，功能性陶瓷墨水的问世，是釉用材料的一场革命。

里米尼技术展上大放光芒的功能性陶瓷墨水：

（1）金属釉与下陷釉相结合，瓷砖层次感倍增。

（2）金属釉、亚光釉混搭，别有一番风味。

（3）闪光釉配合深色的图案和底纹。

（4）亚光釉、闪光釉、锆白釉等特殊墨水有序排列。

（5）在所有特殊墨水中，无需借助模具即可实现凹凸效果的下陷釉。

功能性陶瓷墨水的概念，从陶瓷喷墨打印技术诞生之时就已经有人提出，而功能性陶瓷墨水真正在国内市场推广和普及，时间不算长。

不过近两年，国内陶瓷墨水企业不约而同地加快了功能性陶瓷墨水的研发和生产，这方面技术成熟很快，下凹釉、拨开釉、负离子釉、金属釉等都有不少墨水品牌在批量生产，以道氏为例，目前已经涵盖了渗花墨水、下陷墨水、锆白墨水、亮光墨水、剥开釉墨水、防滑墨水、金属墨水和胶水墨水八大系列。

然而就当前来说，功能性陶瓷墨水仍然是小众产品，其应用和普及还处在初级阶段，金属墨水、剥开釉墨水、白色墨水、闪光墨水等还没有形成整线贯穿的气候。道氏技术销售总监高继雄分析，其原因在于：一方面设备改造升级的门槛还比较高，要让客户一下子改掉现有釉线装备，升级并增加喷墨设备，他们很难下决心的，毕竟改过之后就不能回头了；另一方面功能性陶瓷墨水的综合应用效果尚未得到销售终端的广泛认可，客户还难以辨别其附加价值。所以目前功能性陶瓷墨水的用量还不是特别大。但是把眼光放在三五年之后会发现，功能性陶瓷墨水的市场前景是非常广阔的。

比如近期很火的渗花墨水，以道氏技术的渗花墨水为例，已经在东鹏、能强、金意陶等企业得到了良好的应用，在短短的两到三个月时间就可以全面推广。

道氏采用纳米技术助力发色渗花墨水：以传统抛光砖的坯体为主，在产品纹理的成形上采取渗花墨水渗透下陷工艺生产新型抛光砖，与传统渗透砖概念类似，喷墨抛光砖在进行喷墨工艺后，渗花墨水渗透下陷进入砖体，烧成之后再进行抛光工艺。

国外墨水企业则不同，他们确定产品标准化之后还要经过很长的议价时间、配方再确认周期、同国内生产企业的技术和应用的磨合周期等，加上国外企业对我们的工业生产惯性的理解不如我们快，这和国外墨水企业的市场渠道有关。

此外，功能性陶瓷墨水在应用时都不是单纯地应用某一种墨水，而是可以搭配组合使用，比如下陷墨水或者剥开釉墨水在应用时，可以搭配锆白墨水和亮光墨水；金属墨水应用时也可以搭配锆白墨水和亮光墨水，金属墨水在应用时，底釉是比较粗糙的，结合亮光墨水之后就可以兼具防污的效果。各大功能性陶瓷墨水的效果与应用见表 7-38。

表 7-38 各大功能性陶瓷墨水效果与应用

墨水系列	效果与应用
渗花墨水	渗花墨水着色于釉层之中，不同于普通陶瓷墨水的平面着色方式，使得产品的图案颜色呈现出 3D 立体效果，瓷砖产品更趋近于天然石材
下陷墨水	下陷墨水适用于地砖或者瓷片产品，石材裂纹或者几何图形线条表现，呈现细腻柔光的釉面效果
锆白墨水	细致柔光的釉面上，锆白墨水与亮光墨水的交叠运用，瓷砖表面图案在柔和的光影中若隐若现
亮光墨水	突破传统糖果釉产品，运用糖果干粒，揉合亮光墨水与锆白墨水混搭运用，提高产品的观赏性与附加价值
剥开釉墨水	剥开釉墨水可以得到天然大理石般开裂的下陷效果，下陷位置将呈现出高亮度光泽，砖面细腻无光而柔顺，防污效果良好
防滑墨水	只需在生坯釉面喷一道防滑剂（防滑剂由有机-无机纳米颗粒组成），以标准化生产操作方式制定防滑砖的崭新选择
金属墨水	通过喷墨打印的方式在陶瓷上实现铂金色金属光泽、黄金色金属光泽、银色金属光泽等特殊装饰效果的陶瓷墨水，兼具居家防污效果与审美要求
胶水墨水	针对石材类风格瓷砖产品，喷墨胶水墨水使得干粒图形的设计更为自然而且操作简易

7.8 国产陶瓷墨水性能

7.8.1 佛山迈瑞思（MRIS）墨水

迈瑞思墨水的理化指标见表 7-39。

表 7-39 迈瑞思墨水的理化指标

序　号	项　目	指　标	测试条件	备　注
1	黏度（mPa·s）	15～20	40℃	25℃，20～30
2	流变性	弱触变性	—	—
3	表面张力（mN/m）	24～28	25℃	25～30

序　号	项　目	指　标	测试条件	备　注
4	固含量（％）	30～45	—	—
5	颜色品种	7 种	—	蓝、棕、米黄、黄、桔黄、粉、黑
6	外观	稳定分散液	—	—
7	颗粒度（μm）	D_{50}，0.230　D_{90}，0.480	—	D_{10}，0.105；D_{75}，0.310；D_{25}，0.120；D_{100}，0.600
8	密度（g/cm^3）	1.2～1.4	25℃	—
9	有机溶剂	沸点≈300℃	—	—
10	保质期		—	—
11	溶剂型陶瓷墨水组成	有机溶剂（德国）45％～67％，色料（意大利）30％～50％，表面活性剂（德国）2％～5％，助剂（美国）1％～3％		

7.8.2　广东道氏科技墨水

道氏科技墨水的理化指标见表 7-40。

表 7-40　道氏科技墨水的理化指标

品种项目	蓝色	红棕	锆黄	桔黄	粉红	黑色	备注
编号	DSI-CN101 DSI-CN102	DSI-MA201 DSI-MA202	DSI-YW312	DSI-OR301	DSI-PI412	DSI-BK401	6 种颜色
黏度（mPa·s）	25～35	25～35	25～40	25～35	25～35	25～35	25℃，典型值 20
表面张力（mN/m）	31～35	31～35	31～35	31～35	31～35	31～35	25℃，典型值 32
密度（g/cm^3）	1.140～1.180	1.170～1.210	1.175～1.215	1.170～1.210	1.170～1.210	1.160～1.20	25℃
粒径 D_{50}（nm）	200～300	200～300	200～300	200～300	200～300	200～300	典型值 300nm
粒径 D_{90}（μm）	<1	<1	<1	<1	<1	<1	
固含量（％）	35～45	35～45	35～45	35～45	35～45	35～45	典型值 39
黏度（mPa·s）	11～14	11～14	13～16	13～16	11～14	11～14	40℃
保质期	6 个月	6 个月	6 个月	6 个月	6 个月	6 个月	30℃
测试仪器	Horiba 和 Malvern 粒度分布仪，色度仪，滴墨观察仪，Brookfield 黏度计/流变仪，动态表面张力仪						

7.8.3　佛山康立泰——伯陶墨水

伯陶墨水的主要理化指标见表 7-41。

表 7-41　伯陶墨水的主要理化指标

性能	黏度（mPa·s）	密度（g/cm^3）	表面张力（mN/m）	粒度 D_{50}（μm）
指标	16.0～20.0	1.1～1.3	25.0～27.0	0.20～0.40

1. 性能特点

（1）墨水理化指标合理，适用于国内所有喷墨打印机和不同的喷头。

（2）打印性能优异，不拉线，不堵喷头。

（3）颜色正、发色强，宽泛的烧成色彩范围和广泛的产品适应性；墙砖、地砖、脚线砖。

（4）墨水悬浮稳定性好、不易沉淀、寿命长。

（5）与主流墨水有良好的兼容性，保证无间歇转换，节省时间，节约成本。

（6）环保配方产品无臭味，进口原料为墨水的稳定提供保证。

2. 颜色特点

拥有丰富的墨水色料生产经验，超过 15 年欧洲品质色料的生产和质量保障体系，通过生产工艺调整，制备适合墨水要求的陶瓷色料。

（1）棕色：伯陶棕色墨水发色深、色调纯正。在微晶砖和全抛砖中，能够应用棕色中的红色元素和棕色元素来使设计更具有层次感，色调丰富；提供普通棕色墨水和深棕色墨水。

（2）黄色：黄色一直是康立泰的强项。伯陶墨水的黄色色料在地砖生产中高温不失色，墙砖中发色鲜艳明亮；提供普通黄色墨水和深黄色墨水。

（3）黑色：伯陶黑色墨水发色纯正，不偏蓝和红。而市场上的黑色墨水多数偏蓝，很容易使得图案发暗和发绿。

（4）蓝色：伯陶蓝色墨水发色纯正，发色深；提供普通天蓝色墨水和带紫色的深蓝色墨水。

（5）桔色：伯陶桔色墨水的黄值高，发色鲜艳。

3. 技术特点

（1）多套德国名厂墨水生产设备提供强大的产能和质量保证。

（2）建立一套有效的统计过程控制参数 SPC（Statistical Process Control Parameters）墨水质量控制体系，主要控制墨水的理化性能、打印性能和发色强度。SPC 系统控制是保证墨水质量稳定的关键。

（3）良好的稳定性，可长达六个月的保质期。

（4）获得国内主流喷墨打印设备厂商的测试认证。

（5）拥有国内第一家市级墨水技术工程中心——佛山市陶瓷数码喷墨技术研究开发中心，提供强大的技术服务支持

4. 分年度的技术进步

伯陶墨水的发展主要经历了三个阶段：研发试生产阶段，第一代墨水和环保型第二代墨水。

（1）2011.11—2013.02：经过一年多的研发完成试验，中试和大机打印，顺利实现墨水的规模化生产和上线测试工作

（2）2013.03—2013.09：从 2013 年 3 月正式推出第一代伯陶墨水 5 个颜色（黄色、棕色、桔色、蓝色和黑色），经过半年多的检验，调整色料生产和优化溶剂配方，开发第二代环保型墨水。

（3）2013.10—至今：推出第二代环保溶剂型墨水，并在原有 5 色基础上增加 3 个品种（深黄、深棕和深蓝色墨水），满足不同客户的需求。

7.8.4 佛山万兴陶瓷墨水

2012 年，佛山万兴陶瓷墨水研发成功并向市场推广，目前有 10 个品种陶瓷墨水。陶瓷墨水的理化指标见表 7-42。

表 7-42　佛山万兴陶瓷墨水的理化指标

序　号	项　目	指　标	备　注
1	固含量（%）	30～45	固含量越高，发色越深
2	色料平均粒径（nm）	300～500	色粒的颗粒分布集中才有利于发色
3	黏度（mPa·s）	12～20（40℃）	XARR 喷头要求 7～50mPa·s，40～45℃，12～20mPa·s；北极星喷头要求 8～20mPa·s
4	表面张力（mN/m）	32～35	张力大，不易滴墨，但张力过大则打印不畅
5	保质期	6 个月	部分产品可达一年
6	D_{50}（nm）	200～250	—
7	D_{90}（nm）	300～350	—
8	D_{90}（nm）	350～400	—

7.8.5　佛山柏华科技墨水

佛山柏华科技墨水的主要性能指标见表 7-43。

表 7-43　佛山柏华科技墨水的主要性能指标

名　称	颜色	编号	流性类型	烧结温度（℃）	密度（g/cm³）	黏度（mPa·s）	存放条件（℃）	保质期	适用产品
蓝色墨水	蓝色	BH9003	油性	<1250	1.13~1.15(20℃)	16~21(40℃)	15~30	≤6 个月	墙砖
黄色墨水	黄色	BH9008	油性	<1250	1.32~1.36(20℃)	23~29(40℃)	15~30	≤6 个月	墙砖
桔黄墨水	桔黄	BH9006	油性	<1250	1.17~1.19(20℃)	14~18(40℃)	15~30	≤6 个月	墙砖
棕色墨水	棕色	BH9007	油性	<1250	1.20~1.24(20℃)	17~23(40℃)	15~30	≤6 个月	墙砖
粉色墨水	粉色	BH9004	油性	<1250	1.26~1.30(20℃)	17~23(40℃)	15~30	≤6 个月	墙砖
蓝色墨水	蓝色	BH9013	油性	<1250	1.16~1.18(20℃)	16~21(40℃)	15~30	≤6 个月	地砖
深黄墨水	深黄	BH9018	油性	<1250	1.40~1.42(20℃)	25~30(40℃)	15~30	≤6 个月	地砖
金黄墨水	金黄	BH9010	油性	<1250	1.40~1.42(20℃)	25~30(40℃)	15~30	≤6 个月	地砖
深棕墨水	深棕	BH9017	油性	<1250℃	1.30~1.35(20℃)	25~30(40℃)	15~30	≤6 个月	地砖
黑色墨水	黑色	BH9005	油性	<1250	1.26~1.30(20℃)	17~23(40℃)	15~30	≤6 个月	地砖

7.8.6　山东汇龙墨水

山东汇龙墨水有极性墨水系列和非极性墨水系列，具体的理化性能分别如图 7-27、图 7-28 所示。

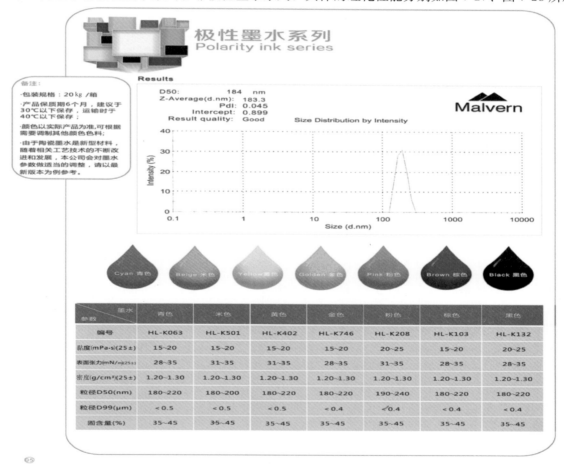

图 7-27　汇龙极性墨水系列

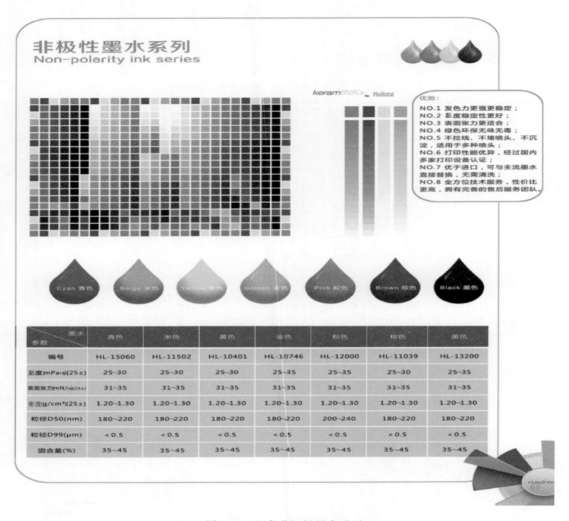

图 7-28 汇龙非极性墨水系列

参考文献

［1］ 郭瑞松，齐海涛，李金有，等. AEO4/醇/烷/水系反相微乳液陶瓷墨水制备与性能研究［J］. 无机材料学报，2003，18(3)：645-652.

［2］ 周振君，杨雪梅. 用 Sol-Gel 法制备陶瓷喷墨打印用 BaTiO₃ 陶瓷墨水［J］. 材料研究学报，2002，16(5)：495-499.

［3］ 郭燕杰，周振君，杨正方. Sol-Gel 法制备连续式喷墨打印用彩色陶瓷墨水的理化性能［J］. 中国陶瓷，2002，38(1)：17-19.

［4］ 周松青，赖悦腾，潘信辉，等. 分散剂对陶瓷喷墨装饰用陶瓷墨水静置稳定性影响的研究［J］. 陶瓷，2008(9)：18-23.

［5］ 丁湘，杨正方，袁启明. BaTiO₃ 陶瓷墨水的制备和性能［J］. 材料研究学报，2002，16(3)：247-250.

［6］ 施建章，汪宏，Werner Jillek，等. BNZ 陶瓷墨水的制备及性质［J］. 无机材料学报，2008，23(2)：257-261.

［7］ 汪丽霞，何臣，侯书恩. 纳米氧化锆陶瓷墨水的制备［J］. 矿产保护与利用，2005(1)：29-32.

［8］ 甘志宏，宁桂玲，林源，等. Al₂O₃ 陶瓷墨水的乳化分散制备工艺［J］. 中国机械工程，2005，16：414-416(S).

［9］ 柯林刚，屠天明，武强珊，等. 陶瓷表面装饰墨水的制备研究［J］. 中国陶瓷，2009，45(1)：30-34.

［10］ 沈钟，赵振国，康万利. 胶体与表面化学［M］. 北京：化学工业出版社，2012.

［11］ 李淑萍，侯万国，孙德军，等. 高等学校化学学报，2001，22(7)：1173-1176.

［12］ 关新春，黄永虎，高久旺，等. 功能材料［J］. 2010，41(4)：632-636.

［13］ 特伦斯·科斯格雷夫 主编，李牛，李妹，周永治，申泮文，译. 胶体科学——原理、方法与应用［M］. 北京：化

学工业出版社，2009 年第一版.

[14] Pranab Bagchi. Pobert D. Vold. Journal of colloid and Interface，1970(33)：405-419.

[15] Berkovsky Bed. Thermomechanic of Magnetic Fluids. Washington，Lonton，Hemisphere，1978.

[16] Mackor E. L…J. Colloid sci，1951，6(443).

[17] Schofield J D. Polymer Paint[J]. ColourJ，1980(170)：914-920.

[18] Cloeley A C D. Improving plastic coloration with hyperdipersant[J]. Plastic Eng，1989(2)：41-45.

[19] Singh，B P. Stability of dispersions of colloidal alumina particles in aqueous suspensions[J]. Colloid and Interface Science，2005(291)：181-186.

[20] Lee J D，J H So，S M Yang. Rheological behavior and stability of concentrated silica dispersions[J]. Journal of Rheology，1999(5)：1117-1139.

[21] 　Duncan J. Introduction to collord and surface chemistry (Fourth edition)[M]. 英国牛津，Butterworth-Heinemann，1992.

第8章 陶瓷数字喷墨印刷喷头制造技术与性能

Chapter 8 Manufacturing Technology and Performance of Ceramic Digital Inkjet Printhead

8.1 陶瓷墨水与喷头匹配

8.1.1 陶瓷喷墨墨水的发展

陶瓷喷墨墨水最早由美国福禄公司研制成功，到现在已经有十多年了，后来又出现西班牙和意大利的色釉料公司生产的陶瓷墨水。最近几年国内色釉料企业也开始研究陶瓷墨水，而且速度非常快，研究的队伍非常大，目前已经有国产的陶瓷墨水，各方面性能与进口陶瓷墨水相差无几，不用多久，国产陶瓷墨水将会代替进口陶瓷墨水。目前还有企业在研发水性陶瓷墨水与喷墨釉。

8.1.2 陶瓷喷墨常用喷头与喷墨飞行轨迹状态

1. 陶瓷喷墨最常用喷头 XAAR1001

因为陶瓷墨水容易沉淀，所以陶瓷墨水必须循环。循环供墨负压对喷墨影响比较大，需要控制好负压真空度。XAAR1001 喷头的基本参数如图 8-1 所示，XAAR1001 喷头有 1000 个喷嘴，打印宽度 70.5mm，X 方向为 360dpi，分 2 排，每排 500 个喷嘴，每排 180dpi；8 级灰度（灰度是指小墨滴连续叠加成一个大墨点），其中 0 也是一级，所以 8 级灰度实际是 7 个小墨滴叠加成一个大墨滴，因最小墨滴了 6pL（皮升），7 级灰度时墨滴为 42pL；适合溶剂，UV，油性墨水。该喷头不能用水性陶瓷墨水，用水性陶瓷墨水会使喷头烧坏。

物理属性	XAAR 1001	物理属性	XAAR 1001
有效喷嘴	1000	喷嘴重量（干重）	122 g
打印条宽度	70.5mm	墨水类型	溶剂，UV，油
行数	2	墨滴容量*	6至42（8级）pL
喷嘴点距（间距）	70.5μm	灰度等级数目	8
墨滴速度*	6 m/s	典型的点火频率*	6 kHz
喷嘴密度（每英寸的喷嘴数目）	360 dpi	尺寸（宽×深×高）	125mm×31mm×61mm

*取决于所采用的墨水和系统整合状况。

图 8-1　XAAR1001 喷头基本参数

XAAR1001 喷头分为 A、B、C 项点火，采用共享 B 技术。共享 B 技术实际是指 3 个喷嘴只用一组压电片，只有 B 喷嘴有压电陶瓷片，A、C 喷嘴是需要共享 B 喷嘴实现点火喷墨，所以喷墨时 A、B、C 三个喷嘴出墨分先后顺序，如图 8-2 所示。

2. 喷墨观测系统

喷墨观测系统（墨滴观测系统）原理如图 8-3 所示。CCD 高速相机加镜头与 LED 灯组合，CCD 相机连电脑显示，当 LED 光线照到 CCD 相机时，相机一片白色，喷头架在 CCD 相机与 LED 灯中间，当喷头工作喷墨时墨滴下落过程会把 LED 光线挡住，CCD 相机看到一个墨滴影子，墨滴影子就是喷头的墨滴，电脑软件上显示出的墨滴。喷头工作需要外部提供的喷头控制板卡，包括循环供墨系统、墨盒加热、负压真空度。喷头板卡控制电压、波形文件、墨水温度、负压真空度、墨水循环快慢等都会影响墨滴形成的好坏，从喷墨观测系统里能够直接反映出来。

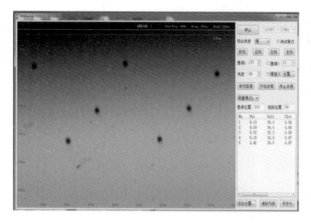

图 8-2　喷头出墨时的飞行轨迹

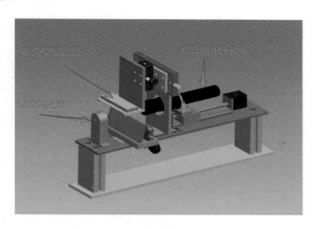

图 8-3　喷墨观测示意图

3. 用喷墨观测系统看各种墨滴的情况

在看喷头几级灰度时，墨滴大小如图 8-4 所示，为一级灰度墨滴。

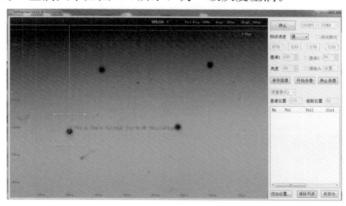

图 8-4　一级灰度时一个墨滴体积大小（6pL）

二级灰度如图 8-5 所示，实际测量为 11pL，理论值为 12pL，实际测量体积大小与喷墨墨水、喷头电压、波形文件等有关。三级灰度到七级灰度时的墨滴体积大小如图 8-6～图 8-10 所示。

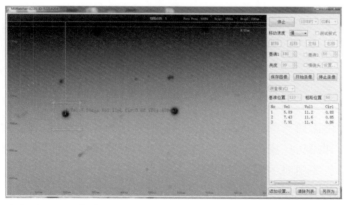

图 8-5　二级灰度时 2 个墨滴叠加在一起时的墨滴大小（11pL）

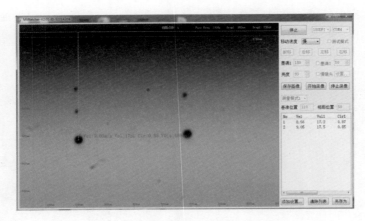

图 8-6　三级灰度时墨滴大小（17pL）

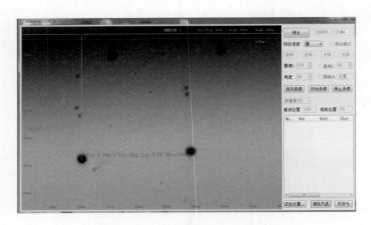

图 8-7　四级灰度时墨滴大小（23pL）

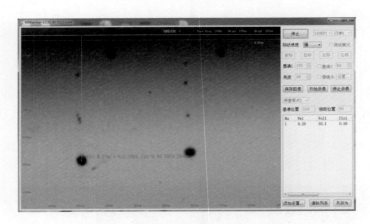

图 8-8　五级灰度时墨滴大小（29pL）

8.1.3　陶瓷墨水温度、电压、波形文件对喷墨的影响

陶瓷墨水在实际打印中需要与喷头匹配良好，如果陶瓷墨水与喷头匹配不好，打印效果就会比较差，因此墨水厂家都需要到喷头厂家认证墨水，认证一般需要检测陶瓷墨水对材料的兼容性、温度与波形补偿、墨滴量体积大小、喷墨时的墨滴速度。

一般检测墨水最常见的物理指标，如黏度、表面张力、粒径、密度、电导率等参数，符合要求的就直接上机打印测试，这种打印测试只能看最终打印效果，不能很好地体现出打印过程中墨水各方面的性

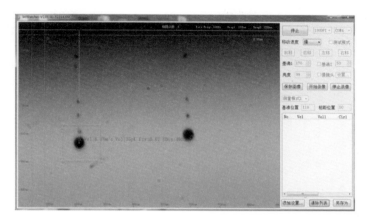

图 8-9　六级灰度时墨滴大小（35pL）

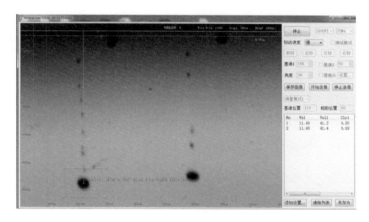

图 8-10　七级灰度时墨滴大小（41pL）

能参数，如果喷头电压与波形文件、墨水温度发现差异，很难判断出确切的问题源，以致无法快速进行调整，只能凭经验摸索。喷头电压、温度、波形文件等参数对喷墨影响很大，如果无法知道陶瓷墨水在各种条件下的喷墨效果，其在实际应用中的打印效果稳定性会大打折扣。

1. 墨水温度对喷墨的影响

陶瓷墨水在喷头喷墨打印时，温度变化会影响喷墨的数据。温度越高墨水的黏度越低，喷墨速度越快。现在只改变墨水温度，其他参数如电压、波形文件不变的情况下观察墨滴速度，如图 8-11 和图 8-12 所示。

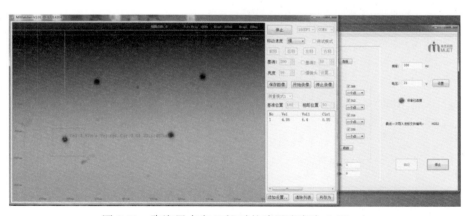

图 8-11　陶瓷墨水在 35℃时的喷墨速度为 4.87m/s

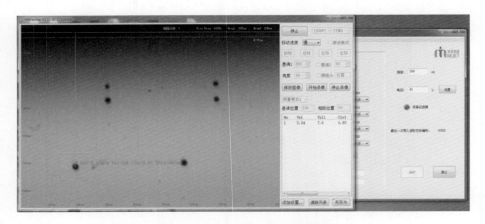

图 8-12　陶瓷墨水在 45℃时的喷墨速度为 5.87m/s

从图 8-11 和图 8-12 可以明显看出，温度越高，喷墨速度越快，而且墨点体积有差别。不同颜色墨水的黏度都一样，各种颜色墨水的喷墨速度需要调节成基本一致，所以要调节各种颜色墨水的温度。

2. 喷头电压对喷墨的影响

在喷头打印时，其他数据如温度、波形文件不变，只改变电压，喷头的电压直接影响喷墨的速度、体积，一般电压越高，喷墨速度越快。电压太高时容易把喷头烧坏，而且喷墨卫星点也会特别多，但电压太低时，喷墨速度比较慢，具体如图 8-13 和图 8-14 所示。

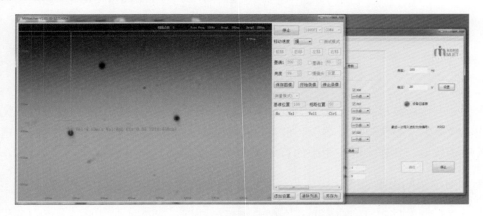

图 8-13　电压为 20V 时的喷墨速度为 4.59m/s，体积为 6pL

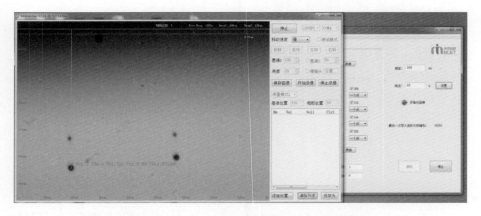

图 8-14　电压为 23V 时的喷墨速度为 7.23m/s，体积为 7pL

从图 8-13 和图 8-14 上可以看出，电压越大，喷墨速度越快，同时墨滴还会出现卫星点。如果有卫星点，卫星点没法与大点叠加，打印时就会落到其他位置，实际打印时图案上会出现拖影或重影现象。

3. 波形文件对喷墨的影响

波形文件就是让喷头压电陶瓷工作的时间，一般有上升沿（充电挤压时间压力）、持续挤压时间（挤压持续时间）、下降沿（挤压释放时间）。不同的时间压力，对喷头挤压出来的墨滴会有影响。可以修改不同的波形来调整墨水喷墨状态，但目前赛尔公司波形没开放，所以客户使用端没法调整波形文件。

在不断的实验中发现，波形文件对喷墨的影响最大，不匹配的波形文件会导致喷墨点无法形成或墨滴乱飞，无法控制墨点。在温度、电压不变的情况下观察喷墨墨滴的飞行状态，如图 8-15～图 8-18 所示。

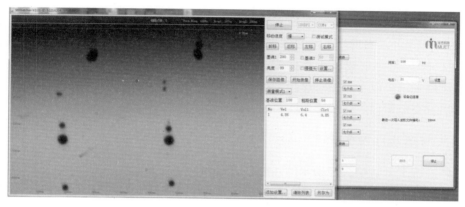

图 8-15　波形文件为 D844 时的墨滴飞行状态

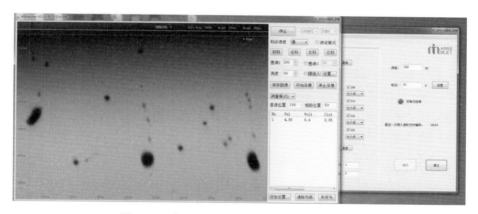

图 8-16　波形文件为 H334 时的墨滴飞行状态

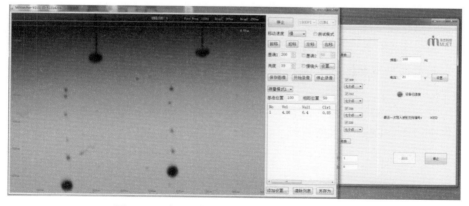

图 8-17　波形文件为 H352 时的墨滴飞行状态

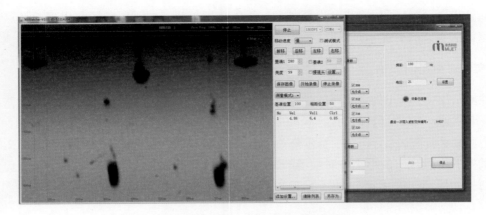

图 8-18　波形文件为 H457 时的墨滴飞行状态

从图 8-15～图 8-18 可以发现，波形文件为 D844 与 H352 时，效果比 H344 与 H457 效果好，但都有卫星点。波形文件为 H344 时喷墨墨点比较乱，无法正常控制墨滴飞行轨迹，波形文件为 H457 时，墨点的灰度叠加比较多，可以看到墨点已经变形。H344 与 H457 波形文件打印图案时，图案比较模糊，有可能会间歇性出现空隙留白。

8.1.4　喷头与墨水匹配分析

（1）喷墨观测系统上分析喷头与墨水的匹配

从以上实验可以看出，喷头与墨水的匹配影响因素比较多，影响喷墨最显著的是卫星点。出现卫星点时，陶瓷墨水的各方面性能都会受到影响，所以需要不停地修改电压、温度、波形文件等参数以获得最佳喷墨效果。如果无法修改更好的墨点，只能修改墨水配方。各方面参数修改完善时，还需要看墨水的稳定性，即墨水长时间打印是否会出现挂墨、拉线等现象。实际应用中，需要不停地实验测试以得到合适的墨水打印参数。

（2）国内外喷头与墨水匹配分析

国外陶瓷墨水厂家一般都自己配有喷墨观测系统，把墨水调得差不多以后，拿到喷头厂家处认证。认证后会得到波形文件，根据波形文件到陶瓷喷墨机上实际打印测试。

国内陶瓷墨水厂家大多自己购买陶瓷生产打印设备或平板打印设备，直接上机打印检测。

8.1.5　陶瓷墨水检验

目前各类陶瓷墨水的检测方法基本一致，主要的检测设备有激光粒度仪（检测颜料粒径大小）、旋转黏度仪（调整成品墨水的黏度）、老化箱（测试墨水稳定性能）、挂样器（检测墨水颜色时使用）、表面张力仪（测试墨水的表面张力）、电导率仪（测试墨水的电导率）、密度仪（测量墨水的密度）、墨滴观测仪（检测墨滴喷墨速度，墨滴体积大小，是否有卫星点，墨水是否与喷头数据匹配）。

目前国内生产陶瓷墨水的大公司检验设备都比较齐全，小的公司只有几个最基本的检测设备。小公司由于设备不全，墨水都是根据配方来调，没法检测数据，只能凭经验感觉，因此出现问题时解决问题比较困难。

从目前的发展看，国产陶瓷墨水的占有率越来越高，国内的技术检测设备也逐渐完备，相信不远的一天，国内市场将全被国产陶瓷墨水所占领。

8.2　陶瓷喷墨打印喷头

8.2.1　喷头的工作原理与分类

1. 压电喷头的工作原理

目前陶瓷喷墨打印领域均采用压电式打印喷头，其工作原理是通过给喷头中的压电器件施加电压信号使之发生高速且轻微的形变，从而挤压喷头内液体产生高压而将液体从喷嘴中喷出。在压电陶瓷片上施加一个脉冲电压，压电晶体立即产生微米级变形，在此作用力下隔膜也随之发生弹性形变，使与其相连的小墨腔的容积迅速缩小，同时产生向喷嘴扩散的压力波，此压力波克服喷嘴中的压力损失和墨水的表面张力，使墨滴在喷嘴处开始形成一个墨滴并喷射出。当墨滴喷射后，压电晶体恢复原状，由于表面张力的作用，新的墨水进入喷嘴。通过并排排列大量喷嘴，可获得不同的打印精度。

压电式喷头按需打印，与其他形式喷头相比，具有无可比拟的优势。

（1）对墨滴控制能力强，容易实现高精度的喷射，液滴体积不均匀系数可控制在 2% 左右。

（2）喷射速度快，喷射频率可高达 10~40kHz。

（3）可通过调整驱动电压来调节液滴体积，实现灰度打印。

（4）使用寿命长，一般压电喷头可喷射出 4 亿滴墨水。

2. 压电喷头的分类

压电喷头根据墨滴喷出的驱动力来分，可分为容积型压电喷头、振动型压电喷头、拍击型压电喷头和声波型压电喷头。

容积型压电喷头根据压电陶瓷的变形方式，又可分为弯曲型压电喷头、剪力型压电喷头、收缩型压电喷头、推挤型压电喷头和共享壁型压电喷头。

（1）弯曲型（Bend Mode）压电喷头

弯曲型压电喷头由压电陶瓷片、振动薄膜、压力舱、入口管道及喷嘴所组成（图 8-19）。当压电陶瓷片承受控制电路所施加的电压，产生收缩变形，但受到振膜的牵制，因而形成侧向弯曲挤压压力舱的液体。在喷嘴处的液体因承受内外压力差而加速运动，形成速度渐增的突出液面。其后作用于压电陶瓷片的电压于适当时间释放，液体压力下降，喷嘴处液滴仍因惯性缘故，克服表面张力的牵引而脱离。

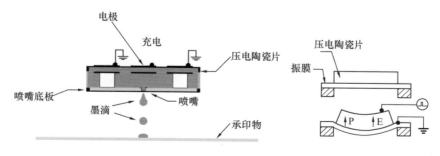

图 8-19　弯曲型压电喷头

（2）剪力型（Sheer Mode）压电喷头

剪力型压电喷头由陶瓷片、电级等组成，没有振膜、压力舱等结构。当压电陶瓷片承受控制电路所施加的电压，产生收缩变形，喷嘴处液体受压喷出。目前陶瓷行业的墨水喷头均采用剪力型压电喷头，因各家公司的喷头结构设计不同，其性能与参数会有差异。剪力型压电喷头如图 8-20 所示。

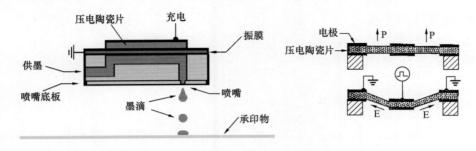

图 8-20　剪力型压电喷头

（3）收缩型（Squeeze Tube Mode）压电喷头

压电陶瓷制成管状环绕在墨水管外面，当对压电晶体管施加正电压脉冲时，压电晶体管沿径向扩展，即内径增加，腔体内部产生负压；此时负压一分为二向两端传递，在墨水入口处压力由负压反射为正压，在喷嘴处压力反射仍为负压；当压力波传递至管中间时，释放正电压脉冲，压电晶体管沿径向收缩，内径恢复至原始大小，腔体内部产生正压力，腔体内正压力得到加强。强化后的压力波传递至喷嘴处，此时压力已可克服墨水表面张力的束缚，墨滴从喷嘴口喷射而出。此种喷头常用于点胶头等产品。收缩型压电喷头如图 8-21 所示。

（4）推挤型（Push Mode）压电喷头

与弯曲型类似，但是它的陶瓷片纵向平行排列，当受到控制电路所施加的脉冲电压，压电陶瓷变形并推挤制动器脚，墨腔压力增大，墨滴承受压力并克服墨水的表面张力，从喷嘴口喷出。推挤型压电喷头如图 8-22 所示。

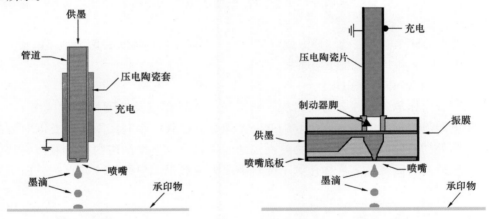

图 8-21　收缩型压电喷头　　　　　图 8-22　推挤型压电喷头

（5）共享壁型压电喷头

采用共享壁型压电喷头，即相邻的喷孔共用一个压电陶瓷片激励单元，为避免腔壁共享所固有的机械上的相互干扰，在每一特定点火周期中，相邻 3 个喷嘴孔只有一个可有效运行。XAAR 喷头采用共享壁结构，通道结构与壁平行，通道侧壁的上半部有铝电极，壁的顶部用薄而硬的黏胶层粘住盖板。当驱动信号进入通道后，共享壁的上半部产生切变形态运动，同时共享壁的下半部也被迫跟随上半部发生相应运动。因此，通道壁形成尖顶 V 形，使得通道中的压力增高，借助于压力的变化，管道中的墨水就被挤压出喷嘴而形成墨滴，具体如图 8-23 所示。

8.2.2　压电喷头结构详解

压电喷头一般由喷嘴板、喷头主体、供墨系统及驱动电路组成。目前市场上使用的喷头均是利用压

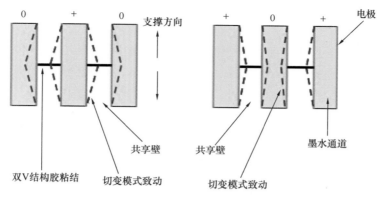

图 8-23　共享壁型压电喷头

电陶瓷片的剪力变形来实现喷墨，其结构大体上类似。本文以 XAAR 的喷头来阐述喷头结构，图 8-24 为 XAAR 1001GS12 喷头的结构示意图。

1. 喷嘴板

喷嘴板是喷头的一个重要部分，直接决定了喷头的打印速度和打印精度。喷嘴板的材质一般为特氟龙薄片或不锈钢薄片。XAAR 喷嘴板均选用特氟龙薄片，具有一定的耐温、耐腐蚀和润滑性，但硬度低、不耐冲刷的特性使得它在作为陶瓷喷墨打印机喷头的喷嘴时，易被陶瓷墨水冲刷腐蚀变形，影响打印精度而报废。Spectra 和 Seiko 喷头系列则选用不锈钢喷嘴板，耐磨性和耐腐蚀性有了极大的提高，倍受客户好评。XAAR 也曾提出一些新的方法来改善喷嘴板材质，如用负性环氧树脂型近紫外线光刻胶 SU8 或类似流体来形成整体式喷嘴板和喷嘴（详情见专利 CN200680018747.3），该方法制备的喷嘴板结构强度太差，并未进入实际生产应用中。

图 8-24　XAAR1001GS12 喷头结构示意图

喷嘴板上有众多的喷孔，例如 XAAR 1001 喷头的喷嘴板有 1000 个喷孔，孔直径 $45\mu m$，孔间距 $140\mu m$，喷嘴精度为 360dpi，这就要求高精密的加工。喷嘴板的加工均采用激光钻孔工艺，XAAR 的世界专利"形成喷嘴的方法与装置"中公布了一种通过把激光束引导在喷嘴板上而形成精确定位、加工微米级喷孔的方法及其设备。通过把激光束先分散成子光束，先瞬间散开然后在喷嘴板预设的位置上聚焦。利用激光的高能量，在喷嘴板上得到锥度精确、入口形状合适、位置准确的喷嘴孔。详情见专利 WO09726137。图 8-25 为电子显微镜下的喷嘴孔照片，孔呈现锥形，但孔的一致性和均匀性高。

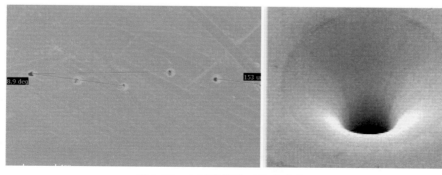

图 8-25　电子显微镜下的喷嘴孔照片

2. 喷头主体

喷头主体包括喷头的压电元件及连接的电路。压电元件是喷头最核心的技术，如何利用元件的压电效应来实现墨滴的喷射至关重要。XAAR 喷头主要是利用 d15 压电陶瓷的变形来实现，即 XAAR 喷头的共享壁技术，其特点如下：

（1）墨腔的容积变化，主要受压电陶瓷变形导致的挤压力影响，但仅依靠陶瓷片自身的变形是不够的，需将压电陶瓷片用有机胶粘结到弹性基体材料上，通过压电陶瓷的收缩变形，导致弹性基体层的变形，进而形成对墨腔中墨水的挤压力。

（2）压电陶瓷既作为驱动元件，同时也可作墨腔使用，两种不同的功能复合至压电陶瓷上，势必导致压电陶瓷自身的制备工艺复杂，技术要求高。

（3）d15 压电系数虽大，但墨腔悬臂深度有限，因此所形成的变形量也是有限的。且该技术方案的压电陶瓷片在高频振动下，受到的机械疲劳应力也比其他技术方案大很多。

因其技术方案需使用有机弹性基体层和粘结剂，陶瓷墨水的离子成分如硫化物或氯化物会导致喷头腐蚀，水会破坏喷头中的粘结剂。为保证喷头的正常使用，喷头企业推出陶瓷墨水的认证，验证喷头材质对陶瓷墨水的兼容性及可靠性。图 8-26 为某喷头企业公开的墨水认证流程图。

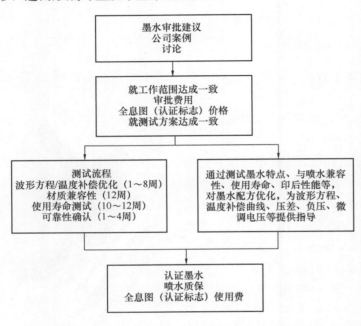

图 8-26　某喷头企业的陶瓷墨水认证流程图

Spectra 喷头的设计是共享顶技术，每个喷嘴都可以同时工作而互不干扰。该项技术另外一个优势在于墨腔采用硅片材质，压电元件与陶瓷墨水用多层惰性聚合物涂层隔离，避免陶瓷墨水的腐蚀。喷头中，所有传递电信号至压电陶瓷元件的电极都用一层或多层聚合物保护起来，使得喷头具有广泛的陶瓷墨水兼容性，甚至可兼容水性陶瓷墨水。

3. 供墨系统

供墨系统是喷头持续高效打印的重要保证。如何保证高速打印过程中喷头不缺墨、少墨是喷头结构设计的重要内容。由于陶瓷墨水密度大、稳定性较差、墨水易沉淀，打印或停机过程中经常会出现喷嘴堵塞现象，导致喷头报废。喷头厂商为拓展在陶瓷墨水领域的应用，推出带有循环功能的喷头。所谓循环，是指陶瓷墨水加进与喷头连通的供墨系统后，如果陶瓷墨水是不断循环流动的，则称该喷头供墨系统是循环的。陶瓷墨水在喷头内部实现循环，可有效防止陶瓷墨水沉淀，延长喷头的使用寿命。其循环原理如图 8-27 所示，喷头接入陶瓷墨水后，自通道 1 流入喷头内部，在压力的作用下，强迫陶瓷墨水通过压电元件到达喷嘴板后继续流动到达通道 2 后，陶瓷墨水流出喷头，从而实现喷头的陶瓷墨水循环。

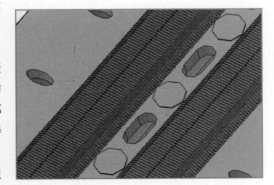

图 8-27　基板-压电元件-喷嘴板组装图
（局部放大）

但陶瓷墨水循环存在一个问题，就是循环时陶瓷墨水的压力变动会传到喷嘴，影响到喷射稳定性。压力变动影响喷射稳定性时，喷嘴可能会吸入外部的空气产生喷射不良或陶瓷墨水会粘垂在喷嘴表面。为实现长时间的喷射稳定，不能让循环时的墨水压力变动影响到喷射是至关重要的。喷头设计时，一般在喷头内部的共通墨水流道与喷嘴面间设置一个压力室，从而使得供墨系统产生的压力变动不会影响到喷射。如图 8-27 所示，通道 1 区域即为压力室。此设计的另外一个优点在于共通墨水流道到喷嘴的距离段，可有效避免由于长距离导致的陶瓷墨水沉淀。

现有喷头品牌中，XAAR 和 Spectra 喷头采用外循环系统，而精工和柯尼卡喷头则采用内循环系统。内循环与外循环的区别在于陶瓷墨水流入喷头后是否会回流至供墨系统，例如精工只有墨水流入口，没有墨水流出口，陶瓷墨水流入喷头后只能靠喷头内部的负压系统来实现陶瓷墨水在喷头中的循环流动。而 XAAR 喷头有墨水流入口和流出口，陶瓷墨水在供墨系统的压力作用下，从流入口流入，经过喷头内部墨水流道后从流出口回流至供墨系统。

喷头的内循环与外循环各有优劣。采用内循环，由于陶瓷墨水不会回流至供墨系统，因此供墨系统无需配备回收过滤装置，不会污染供墨系统中的陶瓷墨水，但缺点也很明显，陶瓷墨水一直在喷头内部流动，易导致陶瓷墨水沉淀并堵塞喷头。采用外循环则可通过陶瓷墨水的流动不断带出喷头内的气泡、污物及陶瓷墨水沉积物，减少空喷和喷头堵塞的可能，另外外循环可带走喷头工作时产生的热量，使墨水温度稳定并可有效减少因此带来的色差，但供墨系统需配置回收和过滤装置，且回流的陶瓷墨水带出的污物会污染陶瓷墨水，导致陶瓷墨水性能有所变化。两种循环设计均存在一定的缺点，但确是防止喷头堵塞的有效途径，无循环设计的喷头是无法在陶瓷产业中持久有效应用的。精工喷头如图 8-28 所示。XAAR 喷头如图 8-29 所示。

图 8-28　精工 510 喷头实物图

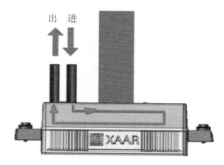

图 8-29　XAAR 1001 喷头图

4. 驱动电路

喷头驱动电路接收到打印机接口单元传输的图像数据和打印信号，根据打印需要，重新组合数据格式，并根据打印信号产生喷头喷墨所需的驱动信号，在驱动信号的作用下将打印数据发至喷头进行打印。由于我国还未有一个厂家可生产自主知识产权的喷头，国外生产厂家不愿意对外公布喷头的驱动电路，因此本文无法详细阐述，仅对一些参数进行解释。

驱动电压是影响墨滴体积的重要因素。驱动电压的幅值是施加到压电陶瓷元件上的电压大小，一般幅值越大，压电晶体的变形越大，喷射出的墨滴体积也越大。在驱动电压幅值保持不变的情况下，驱动电压的上升斜率越陡，墨滴体积越小。驱动电压上升和下降斜率会影响喷头的喷墨速度。斜率越陡，墨滴的喷射速度越快，反之则慢。但驱动电压上升和下降斜率太陡的话，会造成压电陶瓷元件放电不完全，导致喷射的墨滴体积大小不一致，影响打印质量。

由于受喷头尺寸限制，驱动电路通过紧密布线，并采用双面板结构，可有效利用板面空间，减小电路板面积。具体输出波形如图 8-30 所示，经过调整变压器的线圈数，可提供匹配阻抗来改善输出波形。

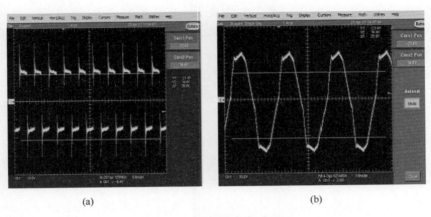

图 8-30　压电喷头的输出波形
(a) 阻抗匹配前；(b) 阻抗匹配后

8.2.3　喷头供应商及参数对比

喷头是陶瓷喷墨打印机中最核心、所占成本最高、技术含量最高的部件，直接影响陶瓷砖打印图案的精确度、打印速度以及生产的稳定性等。国际上喷头的种类很多，但由于陶瓷墨水的特殊性（有机墨水、密度低、分散性好）和陶瓷喷墨打印机的工作环境，目前成功应用于陶瓷打印行业的喷头品牌不多，主要是英国的"赛尔"、美国的"北极星"、日本的"精工"和"柯尼卡"四大品牌。其中赛尔进入该领域最早，目前占陶瓷喷墨印刷行业市场份额的 70% 左右，其他三大品牌占余下 30% 的市场份额。

英国赛尔（XAAR）公司成立于 1990 年，获得剑桥咨询公司开发出的新型数字喷墨印刷技术及专利，并在此基础上生产和销售应用广泛的喷头系列产品。早期以技术授权为主，日本的精工仪器、柯尼卡和东芝都是获得赛尔的技术授权才开始生产喷头。2007 年赛尔推出变革性的 XAAR 1001 喷头，并成功应用于陶瓷喷墨印刷行业，引领了陶瓷装饰技术的革命。目前在陶瓷行业中主要使用的是 XAAR 1001 喷头，型号有 XAAR 1001GS6 和 XAAR 1001GS12。2013 年 XAAR 推出一款新产品 1002GS，主要应用方向为喷釉。其压电喷头核心专利技术如下：

（1）液滴沉积装置（中国专利 CN101415561A，国际专利 WO 2007113554）。此发明涉及一种液滴沉积装置，该装置包括一列流体腔室，所述腔室由一对相对的腔室壁限定，并与用于喷射液滴的喷嘴流体连通；盖件接合至腔室壁的边缘，从而密封所述腔室的一侧。盖件的盖件厚度与腔室壁间距之比小于等于 1:1。

（2）微滴沉积方法和设备（中国专利 CN101218101A，欧洲专利 EP05106209.9，国际专利 WO2007007074）。此发明通过与靠近喷嘴的腔室连通的高阻抗通道提供连续的墨流。通过在流体腔室中产生纵向声波而穿过喷嘴喷射墨水。从通道进入流体腔室中的高速墨水将碎屑或气泡从喷嘴中扫除，避免喷嘴堵塞。

（3）液滴沉积装置（中国专利 CN1150092C，国际专利 WO0038928）。

（4）液滴沉积装置（中国专利 CN1245291C，国际专利 WO0029217）。此发明切割 PZT 压电陶瓷通道形成墨水室，该墨水室通过将电压施加到该室表面上的电极而受振动，并通过在 PZT 壳体和该底板上沉积一导电层，并通过掩蔽或通过选择导电材料可实现电极和轨道所必要的图案。

（5）用于液滴沉积装置的元件及制造方法（中国专利 CN1182966C，国际专利 WO0112442）。此发明为压电喷头中压电陶瓷元件的制备。

（6）液滴沉积装置（中国专利 CN100343060C，国际专利 WO03022585）。

（7）液滴喷涂装置及其制造方法（中国专利 CN1142857C，国际专利 WO9852763）。

（8）微滴沉积的方法及设备（中国专利 CN1367737C，国际专利 WO0108888）。

（9）微滴喷射设备（中国专利 CN1213869C，国际专利 WO0149493）。

（10）用于微滴沉积装置的支架（中国专利 CN1294021C，国际专利 WO03022587）。

（11）打印头组件及其部件的钝化（中国专利 10118462）。本发明涉及打印头组件及其部件的钝化。该打印头组件包括打印头以及用于与该打印头一起使用的过滤器，通过使帕利灵之类的气体涂料流过打印头组件而使该组件钝化。以这种方式封装在打印头制造过程中产生的灰尘颗粒，从而防止灰尘颗粒堵塞喷嘴。还防止了打印头组件与流过打印头的墨水发生物理或化学相互作用。

（12）电子器件或功能器件的制造方法（中国专利 CN1985366）。在挠性基板上具有多个电子器件或功能器件的电子设备或功能设备的制造方法，该方法包括以下步骤：提供具有沉积表面的刚性基板；在所述沉积表面上形成分离层；在所述分离层上沉积多个材料区域，以形成器件阵列；从所述沉积表面分离所述器件阵列；和将挠性基板结合到所述阵列上。

美国 Spectra 公司于 1984 年在美国新罕不什尔州成立，最初定位是针对日益增长的办公市场生产打印热发泡式喷头，因惠普 HP 公司的低成本热发泡喷头出现而放弃并转而研发工业压电式喷头并在市场上取得巨大成功，2006 年被日本富士集团全资收购，目前在全球的注册专利超过 500 个。2009 年 Spectra 公司进入中国的陶瓷市场，因其高速稳定喷墨、使用寿命长、墨水广泛兼容等优势，备受国内陶瓷行业好评，业绩也逐年提高。Spectra 公司采用不锈钢喷嘴板及内部使用涂层保护，Spectra 喷头的每个喷嘴可喷出 250 亿滴墨水，而其他品牌一般只能喷 40 亿滴。目前应用于陶瓷行业的喷头规格有 Galaxy PH-256，Polaris PQ-512 和 StarFire SG-1024。部分压电喷头方面的专利如下：

（1）Recirculation of ink. US20140240415.

（2）Fluid circulation. US20140354717.

（3）Piezoelectric ink jet printing module. EP1439065

（4）Print head with thin membrane. EP1680279/2269826.

（5）Print head nozzle formation. JP2011156873.

（6）Shaping nozzle outlet. EP2349579.

（7）Process and apparatus to provide variable drop size ejection with an embedded waveform. US20090289981/20090289982

（8）Print head Module. US20090122118.

（9）Forming piezoelectric actuators. US20080000059.

（10）Piezoelectric actuators. US20090322187.

日本精工在生产精密钟表方面在全世界家喻户晓，如今在生产压电式喷头方面也具备相当雄厚的实力和基础。其技术来源于 XAAR 的专利授权，并在此基础上开发压电喷头。其特点是内置温度曲线，喷头电压可随温度变化而变化，且喷头价格较低。喷头主要规格有 SPT510 和 SPT508GS。其相关专利有：

（1）压电元件、压电致动器、液体喷射头及液体喷射装置。CN10209758。

（2）液体喷射头、液体喷射装置及液体喷射头的制造方法。CN10149196。

（3）液体喷射头的制造方法及液体喷射装置。CN10149197。

（4）液体喷射头的制造方法、液体喷射头和液体喷射装置。CN10187981。

（5）液体喷射装置及液体喷射方法。CN10179190。

柯尼卡美能达公司最早以影像为主，获得 XAAR 公司的专利使用权后，开始涉足于生产压电式喷头领域并开发基于赛尔技术的压电喷头，硬件方面做得较为成功。2010 年开始研究与开发陶瓷喷墨喷头，2012 年正式进军陶瓷喷墨产业。该喷头具有过滤功能，可有效去除墨水中的气泡，保证墨水的流畅。内加热功能可调节各品牌墨水所需的喷射温度，使瓷砖的发色效果更加完美。全封闭结构特别适合陶瓷企业生产使用。主要规格有 KM1024i 系列喷头。各品牌喷头的技术参数及比较见表 8-1。

表 8-1　各品牌喷头的技术参数及比较

厂家品牌	英国 XAAR		美国 Spectra			日本精工		日本柯尼卡美能达
喷头型号	1001GS6	1001GS12	Galaxy PH-256	Polaris PQ-512	StarFire SG-1024	SPT510	SPT580GS	KM1024
喷孔数（个）	1000	1000	256	512	1024	510	508	1024
精度（dpi）	360	360	100	200	400	180	180	360
打印宽度（mm）	70.5	70.5	64.8	64.9	64.9	71.8	71.5	72
墨滴大小（pL）	6～42	12～84	30/50/80	15/35/85	20—70	35/60	12～36	13～91
喷墨速度（m/s）	6	6	8	8	6～12	较慢	较慢	6
点火频率（kHz）	6	6～12	20	30	10～35	8	14	40
灰度	8	8	无	无	任意灰度	无	3	8
循环	外循环	外循环	外循环	外循环	外循环	内循环	内循环	内循环
喷头材料	特氟龙	特氟龙	不锈钢	不锈钢	不锈钢	不锈钢	不锈钢	不锈钢
墨水类型	油性	油性	广泛	广泛	广泛	油性	油性	广泛

1. XAAR 2001 喷头技术参数（表 8-2）

表 8-2　XAAR 2001 喷头技术参数

喷头	最小墨滴（pL）	灰度级	X-精度	最高墨量（g/m²）	应用
Xaar 2001＋GS12（HL 波形）	80	2	720	240	功能性墨水（如胶水）
Xaar 1003 GS12（HL 波形）	80	2	360	120	
Xaar 2001＋GS40	40	5	720	82	大墨量颜色墨水（如黄色）
Xaar 2001＋GS12	12	8	720	43	地砖
Xaar 2001＋GS6	6	8	720	22	瓷片

2. RC1536 喷头技术参数

（1）RC1536 喷头基本参数

① 压电驱动喷墨方式。

② 1536 个有效喷孔。

③ 物理精度 360dpi。

④ 8 级灰度。

⑤ 打印宽幅 108.3mm。

⑥ 墨点大小 13～120pL。

⑦ 喷头最高喷墨频率 37kHz。

⑧ 墨水内循环系统。

⑨ 墨滴喷射速度 8m/s。

（2）喷头性能

① 8 级可变灰度。

② 喷射频率由精工 1024GS 的 6.5m/s 提升至 8m/s，性能总体提升 30%。

③ 喷射力量与飞行速度提高，同时也提高了打印高度。

④ 配合驱动波形，可产生 13pL、15pL、19pL 三种基础墨滴。

⑤ RC1536 喷头打印宽幅：扩展 1.5～2.0 倍（图 8-31、图 8-32）。喷头扩展对于精度调整和维护难度方面具有优势，减少喷头数量及降低喷头连接处黑白线。

图 8-31　RC1536 喷头

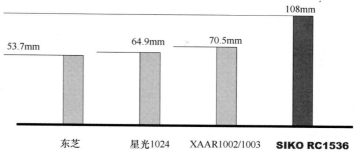

图 8-32　各品牌喷头的打印宽幅

⑥ 高速内循环；速度最高 76m/min；清洗间隔时间延长 30% 以上（图 8-33）。

⑦ 墨水在墨腔中时刻处于循环状态（图 8-34）。

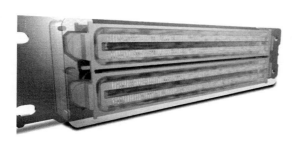

图 8-33　高速内循环

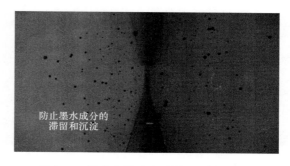

图 8-34　墨水在墨腔中时刻处于循环状态

⑧ 独立壁驱动（图 8-35）。

⑨ 灰度墨滴喷印（图 8-36）。

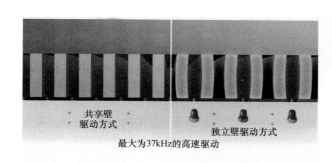

图 8-35　独立壁驱动

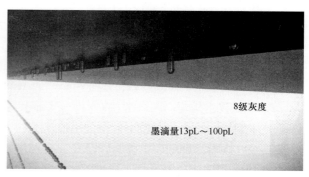

图 8-36　灰度墨滴喷印

⑩ 喷头内部脱气（图 8-37）。

⑪ 喷嘴自动恢复（图 8-38）。

精工 1024GS-12pL 与 RC1536 喷头对照表见表 8-3。

非脱气水性墨水也能容易
进行初始加墨削减废墨的成本

图 8-37 喷头内部脱气

以前的结构   墨水循环结构

图 8-38 喷嘴自动恢复

表 8-3 精工 1024GS-12pL 与 RC1536 对照表

项 目＼喷头型号	1024GS-12pL	RC1536
工作原理	隔离壁式	隔离壁式
喷孔有效宽度	72.17mm	108.3mm
分辨率	360dpi	360dpi
喷嘴片数	4 片	4 片
适应墨水	陶瓷墨水	陶瓷墨水
灰度	是（4 级灰度）	是（8 级灰度）
各级灰度的墨点大小及对应频率	单点－12pL/17.8kHz 2 点－23.8pL/14.5kHz 3 点－35pL/11.8kHz	单点－19pL/37kHz 2 点－29.5pL/27kHz 3 点－42pL/21kHz 4 点－56.5pL/16.5kHz 5 点－70.5pL/13.5kHz 6 点－85pL/11.6kHz 7 点－99.5pL/10.2kHz
喷孔直径	23μm	28μm
喷墨速度	7m/s	7m/s
基准点	有	有
墨水循环方式	外循环	内循环

8.2.4 喷头的发展趋势

MEMS，全称是 Micro electro-mechanical Systems，是将微电子技术与机械工程融合到一起的一种工业技术。MEMS 技术是建立在微米/纳米技术基础上的前沿技术，结合光、机、电、材、控制、物理、化学等多重技术领域的整合型及微小化系统制造技术，将机械构件、驱动部件、电控系统集成为一个整体单元的微型系统。现有品牌的压电喷头，已经开始采用 MEMS 技术制备的器件，例如 Fujifilm Damatix 公司在 M 系列的压电喷头，利用深层蚀刻技术制备硅材质喷嘴板，喷孔可做到内外绝对垂直，优于激光打孔的喇叭型结构，精确控制喷嘴的形状和在硅模中的绝对位置，可在较远喷射距离的情况下获得较高的墨滴打印精度。另外硅材料属于化学惰性材料，结构坚固，可获得连续可靠的操作和长的使用寿命。

另外 Fujifilm Damatix 利用 MEMS 技术开发出突破性的定形压电硅材料工艺技术（图 8-39、图 8-40）。该技术将不再把 PZT 压电晶体放在两个喷嘴间，而是将 PZT 晶体集成进硅薄膜中，然后放在墨水通道上面与之紧密接触构成流体泵腔室，即共享顶技术。该方法使得每一个喷嘴真正成为独立的硅单

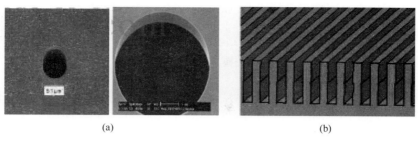

(a)　　　　　　　　　　(b)

图 8-39　Fujifilm Damatix 的 MEMS 技术

（a）喷孔；（b）振动壁

片结构模块。专利新型 VersaDrop 技术充分利用 MEMS 工艺喷墨设计的内在高频率响应特性，可提供比传统灰度方法更优越的多种功能以调节墨滴的大小。该技术采用变幅波压电元件的非谐振激励，精确计算的墨水在离开喷嘴之前被泵入单个喷嘴，从而产生可变尺寸的墨滴，并且适应多种多样喷射液的特性，而不以牺牲喷射生产率为代价。与传统灰度方法相比，VersaDrop 技术是以高速产生单个墨滴的形式调整墨滴的大小，而不是以明显较慢的速度产生一束液滴。

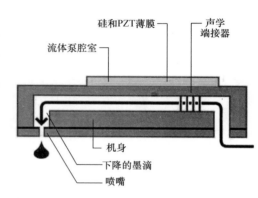

图 8-40　定形压电硅材料技术示意图

　　基于 MEMS 技术的发展，未来喷头的分辨率更高，结构更趋于简单，使用成本将更加低廉。采用硅蚀刻技术可精确控制喷嘴板上的喷孔数目及喷孔大小：缩小喷孔间距、提高喷孔数目可提高喷头的打印精度；增加喷孔孔径，可实现大颗粒墨水的打印（目前墨水的色料粒度约为 $1\mu m$），提高陶瓷装饰的效果；利用微米级定位装置，实现喷嘴板的维护和更换，可大幅降低终端客户的使用成本。

8.3　陶瓷喷墨打印喷头的选择

　　市场上有很多声称适合陶瓷喷墨打印用的打印喷头，而它们的亮点各有不同，宣传口号更是令人眼花瞭乱。在选择打印喷头的时候，究竟怎样才能找到真正适合自身应用范畴的最佳打印喷头，确是一门学问。广告宣传可以写得很华丽，但产品参数却是非常诚实的；所以只要问对问题、找对答案，便能选对打印喷头。

1. 打印喷头如何影响喷墨发色

　　发色是陶瓷业界对打印效果的重要标准之一。在色料颗粒大小同等的条件下，增加打印在砖上的色料颗粒量，才能使得墨水发色程度更好，这就要求陶瓷企业在生产深色砖的时候增加色料颗粒量，即增加墨量。在陶瓷喷墨机内，打印喷头的角色很简单：只要在适当的时候把适当大小的墨滴喷出，落在适当的位置便可。现在主流的打印喷头都是灰阶打印喷头，在使用同一类墨水的情况下，在最高灰度时可喷出的墨滴量是评估打印喷头发色表现时所需关注的重要参数。墨量越大，发色越强。为了满足不同应用的需要，同一系列的打印喷头亦有不同的最大墨滴量以供选择。除了最大墨滴量外，在陶瓷喷墨打印应用中，图案精细度也同样重要。所以，同一个打印喷头可喷的墨滴大小范围越大，应用越广，这样陶瓷厂家就可以用同一台打印机制造不同类型的瓷砖，令生产线更具弹性、产品类型更丰富。

　　市场上有一说法，指打印喷头的喷射力强，发出来的颜色就会越深。如果这论点成立，那么现在手绘上色的陶瓷工艺品肯定要比用喷墨机打印上色的瓷砖失色得多,但事实并非如此。归根究底,发色的强弱是和色料颗粒的数量有关。

2. 每英寸点数(dpi)是打印精度的唯一关键吗

打印效果更砌积木一样,组成的部件越小越密,出来的效果越精细,这是人所共知的。所以每英寸点数越高,精度越高。现在主流的陶瓷喷墨打印喷头都可作灰阶打印,除了每英寸点数外,打印喷头的最大灰度也是选择打印喷头时要考虑的重要参数。

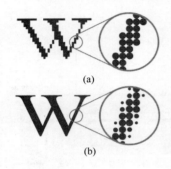

传统二态打印只能用同一种大小的图点以数组形式来表现图像。二态打印可忠实显示百分百实色和空白的部分,可是在边缘部分的格点上,多加一个图点会变得太多,而留白却变得缺少,未能在中间落墨,令最后的图案产生锯齿状[图 8-41(a)]。相反,灰阶打印采用了不同大小的图点数组来表现图像,那些较小的图点可以适当地填补边缘部分,使图案看起来更自然逼真[图 8-41(b)]。也就是说,灰阶打印能在同一每英寸点数的情况下,提升打印效果。早在 1997 年,美国惠普公司已有研究发现,大众对 300dpi、八级灰度打印的图像的观感,优于同一幅以 1200dpi、二态打印的图像的观感。量化一点来说,一个灰阶图像的显现精度,大概为它本身的每英寸点数乘以灰阶数的平方根,即式(8-1)。

图 8-41
(a) 标准二态打印;(b) 灰阶打印

$$显现精度 \approx 每英寸点数 \times \sqrt{灰阶数} \tag{8-1}$$

所以,在比较打印喷头的精度时,应从参数表找出每英寸点数和灰阶数,再以算式(8-1)推算出显现精度作为参考。

3. 如何比较打印喷头的喷墨精准度

要知道墨滴是否准确命中目标,最简单的方法就是看墨滴落点跟目标的距离。打印喷头的墨滴落点准确度就是这样的一个指标。现在市场上有两种表达方法,第一种是说明在打印喷头和打印介质中间指定的距离打印时墨滴的最大落点差,第二种是以偏差角度来表示精准度。两个数值之间可互相换算作直接比较。如图 8-42 所示,喷孔和介质之间的距离为 a,落点差为 b,偏差角度为 θ,则 θ 为 arctan(b/a)。参数表内亦有以毫弧度或度显示,其换算公式(8-2)为:

$$毫弧度 = 度 \times 17.45 \tag{8-2}$$

有一些喷头参数表会用 1σ 条件下的精准度来显示,这是一个以统计方式测出的数值。如图 8-43 的正态分布图所示,1σ 精准度代表着其中 68% 的墨滴的偏差都在标示的数值内;2σ 精准度则代表有 95% 的墨滴的偏差都在标示的数值内,依此类推。σ 数越高,代表性也越高。

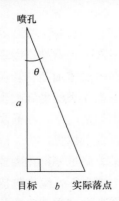

图 8-42 打印喷头的墨滴落点
准确度示意图

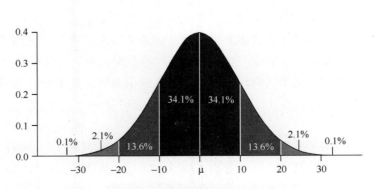

图 8-43 喷头精准度正态分布图

一个墨滴如果不是以垂直角度喷出，该墨滴速度 V 便可分拆成垂直速度 $V_y=V\cos\theta$ 及水平速度 $V_y=V\sin\theta$。V 越大，会造成落点误差的 V_x 也按比例增大，故此对最后落点的误差没有影响。

根据牛顿力学，垂直的距离 a 跟 V_y、墨点飞行时间 t 和地心引力 g 的关系为式（8-3）：

$$a = V_y \cdot t + 0.5 \cdot g \cdot t^2 \tag{8-3}$$

假使水平方向 V_x 受空气影响变为 V_x+U，则得式（8-4）：

$$b = |(V_x+U) \cdot t \tag{8-4}$$

落点误差和墨滴速度、偏差角度、风速的关系复杂，即使墨滴速度较快、偏差角度较小，也有可能在某些空气流动的情况下落点较差（图 8-44）。

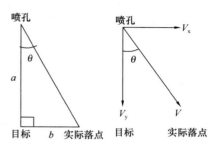

图 8-44 墨滴速度在水平、垂直方向上的拆分示意图

但要注意是，墨滴是呈液体状的，速度过快，墨滴有可能会分散开。这样会造成散点的结果，对提高锐利度反而有负面作用。最后，市场上有说打印喷头输入电压越高，力度越强，墨滴落点更精准。这里有两个美丽的误会。第一，相信大家现在也知道评估落点精准度是由打印喷头的墨滴落点准确度来表示，和墨滴飞行速度无关。而更有趣的是，输入电压与喷射力度没有必然关系，就好像汽车的耗油量跟马力没直接的关系，因为当中涉及效能这一重要参数。一个能以低电压便可达到同样或接近喷射速度的打印喷头，即表示它的效能也相对更高。如果以同一型号的打印喷头来作标准，电压越高，墨滴速度越快；但如前面所说，出现散点的情况也会增加，这也与我们过去在一些陶瓷厂生产在线所看见的情况一样：盲目加大电压对打印质素不但没有改善，反而因散点出现而变得模糊。

4. 怎样才是一个理想的内循环系统

陶瓷墨水里面含有可沉淀、不溶于其载体的色料颗粒。一般的终端喷射打印喷头，墨水在喷孔仓内只能往下垂直流动，十分容易发生色料颗粒沉淀的情况，而且沉淀了的色料颗粒除了喷孔外别无出路，最后导致喷孔堵塞。而拥有内循环系统的打印喷头，除了喷孔以外还有另一个让墨水流通的出口，即墨水回路的部分。墨水内循环的关键有两个：第一，墨水内循环的位置；第二，墨水内循环的流量。墨水内循环的位置越接近喷孔，清洗作用越彻底。如内循环的位置能到达喷孔底部，即使喷孔底部出现了气泡，流动中的墨水也可把它带走，使打印喷头自我修复。所以，打印喷头无需经常通过"压墨"、"滴墨"等从喷孔推走气泡的程序，也可长期持续打印。既然内循环是需要通过墨水流动内循环防止沉淀和带走气泡，墨水的循环流量当然是越高越好。如果流量太低，在高打印密度的情况下，内循环根本不能发挥它的作用。反之，循环流量与打印墨量的比率越高，使墨水循环带来的清洗作用便越稳定。

5. 打印喷头的点火频率和生产力的关系如何

打印喷头的点火频率即是每秒喷出墨点的次数。点火频率越高，喷出墨滴的间距越短。但因各种打印喷头的墨滴形成原理不同，而可提供的灰阶也各有差异，所以不能直接比较。喷墨机的用户应该问在特定的 X 方向和 Y 方向的打印精度及特定的灰阶度下，最大的打印速度是多少才有意义。另外，即使提升了喷墨机的处理速度，仍需生产线上的其他机器配合，才能达到提高生产力的效果。

6. 不同机器的参数对比为何与打印输出对比时的结果有落差

任何比较都要在一个相同的平台上进行才有意义。在对比打印喷头而言，要在其他环境条件不变的情况下作比较。以相同的墨水颜色组合做打印是最基本的。假设喷墨机 A 缺乏黑色而喷墨机 B 装有黑色打印杆；在深色的部分，喷墨机 B 肯定较优胜。如果喷墨机 B 用了下陷墨水，在图案边缘的地方会有白边，深浅色的对比则会更明显，却更不适合与喷墨机 A 作比较。另外，如果纯粹要比较打印喷头的输出，也要考虑喷墨机内锐普（RIP）软件及颜色管理软件（CMS）的因素。锐普软件和颜色管理软件会把要打印的图像进行前处理，不同的锐普软件会把不同的最终图像送到打印喷头里，造成了不公平的比较。

参考文献

[1] 徐荣泽. 压电式喷墨头的优化设计[D]. 西安：西安电子科技大学，2013.

[2] 崔永强，孙中华. 喷墨头技术原理[J]. 中国印刷，2006(1).

[3] 胡俊，区卓琨. 陶瓷喷墨打印喷头的工作原理、技术指标及其发展趋势[J]. 佛山陶瓷，2013(5).

[4] 何振健. 陶瓷喷墨打印技术中关于喷头的解析[J]. 佛山陶瓷，2011(10).

[5] 杨博凯. 压电式喷墨头之结构分析与效能评估[D]. 台湾：大叶大学机械工程研究所，2004.

[6] 魏大忠，张人佶，吴任东，等. 压电驱动微滴喷射过程的数学模拟[J]. 中国机械工程，2005，4.

[7] 彭基昌. 关于喷墨打印喷头内外循环的答疑[J]. 佛山陶瓷，2012(11).

[8] 韩复兴，何振健. 关于陶瓷数字喷墨打印喷头的分析探讨[J]. 佛山陶瓷，2011(7).

第9章　陶瓷数字喷墨印刷设备技术

Chapter 9　Technology of Ceramic Digital Inkjet Machine

9.1　喷墨打印机概论

9.1.1　喷墨打印技术的优点

陶瓷墙地砖的装饰经历了丝网印花、辊筒印花之后，近两年又掀起了喷墨打印的高潮，喷墨打印技术已被称为中国陶瓷墙地砖印花技术的第三次革命，被越来越多的国内陶瓷企业看好。喷墨打印机，较之丝网印花和辊筒印花，具有许多无可比拟的优势。它能在极短的时间内达到个性化的要求，更加适合当今瓷砖装饰时装化、个性化、小批量、多花色的发展趋向。喷墨产品的精细度与高清晰的图片并没有太大区别，并且传统技术的产品都会受到规格方面的限制，而喷墨技术在理论上没有规格限制。另外，近几年来仿古砖生产迅猛发展，一些高端品种诸如仿树皮、仿原木之类的饰釉砖表面是凹凸不平的立体面，其采用丝网印花和辊筒印花都是无法实现的，只有喷墨印花可以随心所欲。喷墨印花不仅更真实地还原自然材料的纹理和效果，还能在凹凸面上实现印刷。

喷墨打印技术集电控、墨水使用、机械合成图案设计、数控操作等多领域先进技术于一身，该技术在瓷砖产品上的运用可使产品分辨率由普通技术的 72dpi 提高到 360dpi，如用通俗的像素来表示，则可由现有辊筒印花效果的 240 万像素提升到 1200 万像素。该技术可灵活处理各种不同批量及不同品种的订单，转产时数码喷墨印花机具有不用更换墨水或清洗墨路的特点，省去了辊筒雕刻及试版工作，大大节省试版、生产等多方面的成本，缩短了生产周期，减少了产品库存，降低了运输成本，缩小了仓库面积；消除了由于和喷印基材接触而造成的破损和缺陷，可以在凹凸不平的表面上印刷，大大减少印刷设备的开支；通过采用软件工具适应新的设计以满足更多消费者的需求，以及变从前不可能的设计为可能。

对于工厂来说，喷墨打印技术还减少了原材料等的库存，降低了一些企业的生产成本压力。此外，由于喷墨设备的自动化性能高，操作便利，还能减少人工劳动。

从设计方面来说，陶瓷砖设计的理念是回归自然。喷墨技术的出现，为陶瓷设计提供了丰富多彩的设计元素，花草鸟虫、飞禽走兽、山川河流……各种大自然的元素由此显得多彩多姿、蔚然成画而信手拈来，大自然的景观也由此都可成为设计师们取之不尽的设计元素。石材、木纹等，另外墙纸、布料等的纹理也能通过喷墨技术得到淋漓的体现。

喷墨打印技术改变了传统的印花技术与瓷砖接触的特点，印刷效果通过喷头自上而下喷出印刷，砖面不再与印刷工具直接接触，可以实现多角度、高致密性上釉，完全呈现瓷砖立体造面设计效果；喷墨打印技术首次实现了在瓷砖立体造型面上的一次性印花，尤其实现了各种凹凸浮面砖和斜角面上的纹理生动印花，凹凸立体面落差可达 4mm 能使凹凸面均匀着色，令各种特殊造型的配件与主砖衔接更自然，整体铺贴效果更天然大气。这一切，让设计的内涵表现得淋漓尽致，让陶瓷更具灵性。正由于以上的种种原因，陶瓷砖采用喷墨打印技术进行装饰迎来了发展的春天。

9.1.2　陶瓷喷墨打印机的发展历程

直到 2000 年世界第一台工业使用的陶瓷装饰喷墨打印机才问世，西班牙的 Kerajet 公司是世界上第一家拥有喷墨设备技术专利的企业,而美国的 Ferro 公司则是世界上第一家拥有喷墨墨水专利的企业。因 2000 年 Kerajet 所研制的喷墨打印机受到专利保护,全世界的其他公司只能内部研发。该专利权在 2008 年开放后,其他原本内部研制喷墨打印机的公司才开始向外销售。因此,喷墨打印机的使用在国内也是近几年的事情。

2008 年 5 月佛山市希望陶瓷机械设备有限公司研发了中国第一台陶瓷砖装饰的喷墨打印机。

杭州诺贝尔集团有限公司在 2009 年下半年采用西班牙 Kerajet 的陶瓷砖装饰的喷墨打印机,成为国内第一个推出喷墨砖的企业。

金牌亚洲于 2010 年 3 月 30 日推出国内首款 3D 数码喷墨立体砖,成为广东陶瓷企业最早推出喷墨打印产品的企业之一。

国内从 2008 年开始研发陶瓷砖用的喷墨打印机,到 2011 年,国内陆续推出一批陶瓷砖用的喷墨打印设备。国内生产陶瓷砖用的喷墨打印机企业主要有两大类,一类是行业内以制造装饰机械为主的企业,另外一类是原来以制造喷绘设备的企业,由于喷墨打印机的工作原理、结构和一般的喷绘设备区别不大,在较短时间内就开发出了适用于陶瓷行业的喷墨打印机。

国内制造陶瓷砖用的喷墨打印设备的企业主要有佛山市希望陶瓷机械设备有限公司、佛山市美嘉陶瓷设备有限公司、上海泰威技术有限公司、佛山市新景机械设备有限公司、深圳市润天智图像技术有限公司、广州精陶机电设备有限公司等。

9.1.3 喷墨打印机的市场

据统计数据显示,到 2011 年 4 月为止,全球已经在使用的喷墨打印机近 400 台,这比起 2009 年当时的设备数量翻了一番,其中,在中国的喷墨打印机已经有 40 台左右,占全球喷墨打印机总量的 10%,涉足喷墨领域的佛山陶企将近 20 家,华东也至少有 2 家企业。世界陶瓷砖生产已进入喷墨打印年代,而作为全球陶瓷生产第一大国,中国必定成为该技术运用的潜力最大的市场之一。

据有关媒体统计,2010 年底,全国仅有喷墨机 12 台,2011 年新增 88 台,2012 年新增 650 台,2013 年是喷墨机设备最火爆的一年,全年新增喷墨机 1250 台,较过去四年的总和还多,2014 年开始转冷,预计全年新增数量为 800 台,同比呈下滑趋势。据陶业长征提供的数据:截止 2014 年 12 月调查的全国各主要建陶省份中,喷墨机上线台数过百的有 8 个。其中,山东省上线喷墨机数量为 488 台,江西省上线数量为 290 台,四川省为 181 台,辽宁省为 143 台,河南省为 134 台,广西省为 109 台,广东省为 536 台,福建省为 345 台,合计 2636 台。

而此前行业普遍认为,全国共有三千余条生产线,其中的半数可使用喷墨设备,按每条生产线配置 2~3 台喷墨打印机计算,我国喷墨打印机市场容量在三千余台,以此来看,国内喷墨打印机市场已然接近饱和。乐观预测,2015 年新增喷墨打印机在 600 台左右。

9.1.4 喷墨打印机

1. 组成及工作特点

喷墨印刷是一种新的无接触、无压力、无印版的印刷技术,将电子计算机中存储的信息输入喷墨打印机即可实现印刷。它还具有无版数码印刷的共同特征,即可实现可变信息印刷。

喷墨打印机一般由喷头系统、喷头清洁系统、供墨系统、带输送系统、带清洁系统、操作及控制系统等组成。喷头系统由喷头、喷头矩阵及喷头板组成,供墨系统包括墨盒、过滤器、墨泵、管路等在内的循环供墨系统,操作及控制系统包括灰度控制器、显示器、路由器、芯片、接口在内的驱动电子设备、控制软件等,这些系统是喷墨打印机的关键核心技术。

陶瓷企业目前所应用的喷墨打印机均为压电式按需喷墨打印机。

2. 国内外喷墨打印机的技术特点

目前国内外的喷墨打印机使用的喷头品牌主要是英国赛尔和美国北极星。由于两种喷头结构的差异，因此形成了两种不同墨路系统。赛尔喷头的墨路称之为内循环墨路，北极星喷头的墨路称之为外循环墨路。

1）国外喷墨打印机的特点

（1）采用的喷头以 XAAR 1001 为主，如 Cretaprint 采用 XAAR 1001，Kerajet 采用 XAAR 1001 和精工 SEIKOGS。

（2）工作稳定性好，故障率低。

（3）Kerajet 机器经过技术上的不断革新，目前是世界上最快的机器。在国外可达 75～90m/min，国内目前只达 20～25m/min。

（4）一台喷墨打印机可打不同规格和不同设计的两块瓷砖。

（5）几家主要喷墨打印机的特点：

① EFI-Cretaprint 快达平

EFI-Cretaprint C3 喷墨打印机，采用紧凑的单底座全新结构机架，使现场安装和维护方便快捷，减少了机器的占地面积；为消费者提供灵活的配置方案，如：4～8 个打印槽，打印宽度可扩充到 1378mm 等；独立的打印通道，即任意一个颜色通道被抽出后，喷墨打印机可正常运转；可同时使用两种不同型号的喷头，若更换其他品牌喷头，并不需改变设备原有的软件设置；选配了 EFI 的 Fiery 数码印刷解决方案（Fiery proServer），其色彩管理系统更完善，操作界面更人性化与便利化。另外，设备优化了多个系统，可随意调整操作控制板方位和进砖方向，性能更加强大。

② Kerajet 凯拉捷特

Kerajet Master（大师型）最高可支持 12 色；全面兼容不同品牌的喷头和喷釉技术；喷头组采用抽拉设计，每个通道配置独立的 PLC 控制，配置了完善的墨路系统和控制系统；拥有完善的图形转换软件，可支持 RGB，mutichannel，CMYK，CMYK＋N 模式的 PSD，TIFF 设计图稿，并具有在线调色和修改图稿的功能；可多排进砖（2～4 排）；配置自动高度探测器、模花探测仪等；该机集喷墨、喷釉、喷干粉于一体，可拓展多种特殊装饰效果，实现瓷砖表面的亚光、亮光、下陷、金色、银色、珠光等多重变化，满足了高附加值瓷砖的生产需求。

③ 西蒂·贝恩特（SITI-B&T）

EVO 移动喷墨打印机（EVO Moving）该设备专门针对小规格瓷砖的生产研发，可完成包括对圆角模具、木框模具、装饰配件和楼梯砖等的喷墨印刷，是 Evolve 系列里面唯一一款能印刷非平面产品的设备，能印刷各种特殊形状的产品。

④ 萨克米还推出了第二代高清度的 COLORA-HD2 系列喷墨打印机。该设备拥有全新的供墨和回收系统、更有效的清洗工艺和完善的机床控制与管理软件，打印宽度达 697～1675mm，速度为 48m/min。

⑤ 西斯特姆的 Creadigit 的喷墨速度达到 40m/min 时，其清晰度仍能达 400dpi，墨滴大小为 30～200pL。

2）国产喷墨打印机的特点

（1）国产喷墨打印机从制造企业的从业背景和采用的喷头结构可将其分为两大类：以希望为代表的原生产陶瓷花机厂家开发的喷墨打印机，均用赛尔喷头。以泰威为代表的原喷绘行业厂家开发的陶瓷喷墨打印机。泰威、彩神采用北极星喷头，精陶采用精工喷头。

（2）国产喷墨打印机的技术进步。国产的喷墨打印机在性能的完善、稳定、可靠性方面做了大量的工作，国产机已步入成熟期，从国产机在中国市场的占有率超过 80％就充分证明了国产机已得到了客户的认可和信任。伴随国内产量的快速加大，对连续生产要求越来越高，生产商和设备商均把提升机器连续运转的可靠性放在首位。

① 由现场装配喷头改为在工厂内完成喷头的装备和调试。由于工厂内已完成了喷头的安装和调试，可大大缩短在用户处的调试时间。

② 注重喷墨打印机软件的开发和控制电路的完善，大大提高了机器的工作稳定性。

③ 国产的的二、三代机集成了国内外喷墨打印机的优点，使性能更加稳定，如具有自动真空清洗喷头和增加了远程控制、诊断功能等；具有双通道打印功能（选配），1台机器可以做到双通道进砖，进行同一种图案或不同图案的打印。

（3）国内喷墨打印机主要品牌的特点

① 希望 在完善和优化设计提高喷墨打印机整体性能的基础上，专门添加了远程操控和监控等功能，方便在特殊情况下用远程操作帮企业排除设备故障。

陶瓷企业对应用功能性墨水（下陷釉、闪光釉等）的热切追求，催生了多通道、多颜色组合的新式喷墨打印机，以满足多元化、个性化的市场需求。即将推出8通道的新型喷墨打印机，预测今后8通道甚至12通道的喷墨打印机将成常规配置。

② 新景泰 迷你瓷片喷墨打印机，是为瓷片生产线量身设计的设备。机身小巧，功能齐备，支持在线插打、单/双通道打印、标准/高速打印，标配6通道，预留花色空间，最大打印厚度为30mm。值得注意的是，机器采用国内首创的双层皮带送砖结构设计，无需另外设置备用通道，能满足设备在维护、停产和试验时不影响原釉线的正常使用的要求，彻底解决喷墨机需要另外设置备用通道的问题。

据介绍，迷你瓷片喷墨打印机采用成熟的墨水供应系统、打印控制系统和赛尔喷头，是综合了新景泰6年来对陶瓷喷墨打印机的深入研究和近3年来的实践经验而设计定型的。

③ 彩神 喷墨打印机C8，该设备能够同时兼容多种类型喷头，如柯尼卡、北极星、东芝等，充分发挥几大不同喷头的不同特点，适应更多不同客户的个性化需求。该设备采用全新的双系统、双核控制，内核为工业级系统，自身具备很好的防护功能，抗病毒能力强，不容易被病毒随便入侵，保证生产的稳定性。而操作系统则属于大家都用习惯的Windows系统，操作起来更便捷亲切。8通道墨水通道，可满足更多的发展需求。

④ 泰威 Teck Versa三代新品，该设备采用自带灰度和内循环的1024（星光）喷头，清晰度达400dpi，具有以下技术特点：双排进砖印刷，对于宽幅的机器喷印小砖可大大提高产能，同时对两组进砖喷印不同花色；边喷印边传图和任意插图，方便不同花色随时转换和生产过程中插入打样而不影响生产进度；独有的专利技术的抽拉式喷头组，方便维护；独有的双循环系统即喷头内置循环和墨路墨水循环，使整个墨路系统始终处于循环动作中，另外配有的墨桶搅拌装置可保证墨水不沉淀，并稳定喷墨点量；自动清洗系统，全自动的清洗装置有挤墨、吸附、自动闪喷等功能，可根据机器的生产情况自行设置好清洗模式和参数。

⑤ 精陶 T系列扫描式陶瓷喷墨打印机（三度烧），可实现不同设计之间的精确对位，其高达1600万色的无极色彩将喷墨技术的真彩色体现到极致，运用多通道打印技术，灵活实现了不同需求的印刷要求，并且突破了传统工艺的束缚，实现了个性化、定制化的瓷砖批量生产。"陶瓷喷墨印花·中央管理系统"可以模拟烧成效果，具有操作简单、节约成本、加速瓷砖开发速度等优点，对系统解决模具制作速度慢和精度不高、设计稿色彩调试困难、喷墨打印中凹凸纹理和喷墨图案不吻合、色差难控制等生产难题。

9.1.5 喷墨打印机今后的发展趋势

国产喷墨打印机产业由发展初期、成长期，现已步入成熟期，各家公司在设备的稳定性、性能完善性方面有了很大的进步，喷墨打印机在创新中走向成熟，各厂家 2013 年均推出了新一代的机型，取得了令世人瞩目的成绩。

（1）加强电路控制，软件方向的研发工作力度，在提高机器的稳定性方面下工夫。

（2）向傻瓜机方向发展，使机器操作更加方便和简单。

（3）降低设备对环境的要求。

（4）进口喷墨打印机研制了功能性更强、兼容性更好、灵活性更高的新型机型，抢夺喷墨打印机这块市场份额。

（5）研发可喷釉、喷干粉（干粒）的喷墨打印机。

9.2　陶瓷喷墨打印机的历程与现状

9.2.1　瓷砖喷墨打印机历程简介

自 20 世纪 70 年代建筑陶瓷装饰技术从手绘技术到网印技术后，由于制版技术的提升，因而得到快速的发展，从单版至多版网印为三级跳进程。与此同时，转写花纸也因网印技术的发展而大量运用在建筑陶瓷水转印工序上。

但自 20 世纪 90 年代，继网印之后的辊印技术陆续在建筑陶瓷装饰行业里应用后，建筑陶瓷装饰技术便鲜有进步。此僵局自 1993 年福禄新型材料集团的西班牙厂 FAS 部门开始瓷砖喷墨打印可行性的探究后被打破，它投入了陶瓷墨水（材料）和瓷砖喷墨打印机（设备）的研发，并在 1998 年成功开发了使用 20 个英国赛尔（XAAR）XJ500 喷头的瓷砖喷墨打印机，以 180dpi 分辨率进行 100％砖坯表面全覆盖的边到边打印。

1998 年亚洲金融风暴后，福禄公司剥离其非主营项目，此时，原 FAS 部门出来的几位研发工程师成立了凯拉捷特设备公司，并在 2000 年推出工业型设备和投产。但由于都是使用渗透盐墨水，装饰艺术性不高，使得设备销售难以有大的突破。

此局面一直到 2006 年以后，西班牙福禄、西班牙意达加、西班牙陶丽西、西班牙飞达、西班牙卡罗比亚等公司开发出高色饱和度的陶瓷色料墨水，以及紧追其后的意大利 Inco、Smalti-ceram、Vetriceramici、Sicer 等公司陆陆续续地投产陶瓷色料墨水，得以改观。并由于与一系列的陶瓷喷墨打印机公司的交叉合作，诸如西班牙凯拉捷特、西班牙 Cretaprint、意大利 Durst、意大利 SITI-B&T（Projecta）、意大利 System、意大利萨克米（Sacmi/Intensa）、意大利 Tecnoferrari 等，瓷砖喷墨打印开始广泛地在欧洲建筑陶瓷业里应用。

9.2.2　瓷砖喷墨打印机现状

我国自 2009 年杭州诺贝尔陶瓷采用西班牙凯拉捷特瓷砖喷墨打印机生产数码喷印瓷片以来，截至 2015 年初，约有 2000 台（含已安装和预定安装数量）投入试产和生产，喷墨砖从最初的瓷片，发展到涵盖地砖（小地板、全抛釉、木纹砖等）、异型砖（脚线、配件等）、三度烧（抛金、拼花等）、外墙砖等建筑陶瓷产品。而国产瓷砖喷墨打印机设备厂也由最早的希望公司，发展到精陶、美嘉、泰威、彩神、新景泰等公司进入市场。

国产陶瓷墨水公司经过不懈的努力，在 2012 年后开始有了长足的发展，诞生了道氏、康立泰（伯陶）、迈瑞思、明朝、山陶、汇龙等一批有研发、生产和市场实力的陶瓷墨水公司，使得瓷砖喷墨打印品质和成本更稳定和低廉，因而带动 2014 年成为中国瓷砖喷墨打印的井喷年。

相信接下来由于陶瓷釉料墨水的成熟以及各种新喷头的问世，瓷砖喷墨打印不是高点停滞，而是继续向另一个峰值迈进。

9.3 瓷砖喷墨打印机的开发标准

瓷砖喷墨打印机属于工业用打印机，其系统配置、复杂程度、技术要求都要高出普通民用、商用打印机甚多。瓷砖喷墨打印机开发标准如下：

（1）防尘防水

因为瓷砖厂灰尘较大，或有水溅到设备上，所以设备的防尘防水要求显得十分重要。防尘防水在工业上通常用 IP 防护等级来表述，IP 后加两个数字，如 IP55，第一个数字代表防尘等级，第二个数字代表防水等级，数值越大，防护性能越强。

（2）抗震性能

瓷砖厂的大型设备较多，如压机、球磨机等，这些设备在工作过程中都会产生较大的震动，通过地面的传导，会影响到喷墨打印机，较大的震动将会影响喷墨打印机运动部件的稳定性和打印精度，所以研制瓷砖喷墨打印机时须充分考虑其自身的抗震性和减震性。

（3）防雷系统

防雷系统可以降低喷墨打印机的雷击风险。

（4）PFC 防护

能适应瓷砖厂复杂的用电环境，避免外部电磁力对设备的弱电系统和打印数据的干扰。

（5）UPS 防掉电（稳压、备用电源）

停电会导致供墨、循环系统中的搅拌电机和循环泵停止工作，而陶瓷墨水和普通的釉料有些类似，一旦长时间停止流动或搅拌，将会发生分层沉淀，沉淀将会对喷头和整个墨路造成严重损坏，所以给喷墨打印机配备临时备用电源很有必要。

（6）防撞保护

由于砖坯在距离喷嘴表面 3～5mm 距离的位置通过，一旦砖坯发生变形、砖坯厚度有差别、碎坯等情况，将有可能刮伤喷头，所以设备的防撞保护就显得很重要，防撞保护是喷头安全的重要保障。

（7）防呆设计

防呆设计，避免产生误操作。发生重大违反安全操作时，设备将发出警示甚至停机。

（8）自动供墨

自动供墨是瓷砖喷墨打印机的基础功能，以保证有源源不断的墨水供向喷头进行长时间的喷印，供墨系统需做到自动化、智能化、安全可靠。

（9）自动清洗

自动清洗是瓷砖喷墨印花机的基础功能，瓷砖喷墨过程中，当喷头进行长时间的喷印后，有可能发生断针、偏针的情况，就需要进行清洗，由于喷头数量多，如果进行手动清洗将是一件费时费力的事情，所以自动化清洗很有必要。

（10）墨水的循环与搅拌

陶瓷墨水属于无机墨水，不循环不搅拌就会发生分层、沉淀、析晶、团聚等问题，所以瓷砖喷墨打印机须具备墨水的循环和搅拌系统。

（11）机械与电器超长使用寿命

瓷砖喷墨打印机须能适应瓷砖厂恶劣的生产环境，并保证能够进行长时间高强度的连续稳定工作。

（12）散热性

电子器件在工作过程都会产生一定的热量，一个好的通风排气系统能大大地降低电路板卡的温度，以保证其稳定高效的工作。

（13）高速、高精度

瓷砖喷墨打印机从诞生至今已经过去十几年的时间，瓷砖厂对喷墨打印机的速度和精度提出了越来越高的要求，随着喷头与打印技术的发展，瓷砖喷墨打印机已由原来的提高速度就会降低精度、提高精度就会降低速度的情况，变为现在的速度与精度两驾马车齐驱并进，既能保证非常高的生产速度也能保证非常高的画质精细度。

（14）高色彩饱和度

色彩饱和度取决天墨点的大小与数量，越大越多的墨点，色彩饱和度也越高。但考虑到精度的问题，过大的墨点会降低打印精度，所以现代瓷砖喷墨打印机通常采用大小墨点搭配使用的打印方式，色彩深的地方用大墨点出墨，色彩浅的地方用小墨点进行出墨，也就是灰阶打印。灰阶喷头的最大墨滴大小可决定色彩的最大浓度，以精工 RC1536 为代表的高浓度 8 级灰阶陶瓷打印喷头，最大墨滴大小可达 100pL，保证色彩饱和度的同时，也不会损失精度。

（15）多通道

随着用户对瓷砖的色彩丰富性的要求越来越高，瓷砖喷墨打印机的色彩通道也越来越多，色彩通道已由原来的安装 3 种色彩墨水的三色通道发展到现在的以精陶 M 系列瓷砖喷墨打印机为代表最多可支持 24 种色彩墨水的二十四色通道，并支持喷釉功能，实现了真正的多通道。

（16）图档加密

图档加密是图片设计档案安全性的保证，防止泄密。

（17）微距进砖

支持更小的瓷砖间距的打印，以提高瓷砖生产效率，避免浪费墨水。

（18）双排进砖

支持双排瓷砖同时进行生产打印。

（19）操作简单

设备操作系统需易学易用，对设备操作人员无须太高的技术要求，设备各按键控制智能化、自动化，无须进行过多的手动操作。

（20）维护便捷

设备的维护需要做到简单便捷。喷墨打印机已由最初的通道拼装式（维护空间小、调整难度大，维护不方便），发展到现在的以精陶 M 系列瓷砖喷墨打印机为代表的通道独立式，维护空间大、易调整，生产过程中不生产的色彩通道可以进行单独保湿，甚至可以在生产过程中更换卸下一个通道进行单独维护，维护的便捷性越来越高。

9.4　瓷砖喷墨打印机结构原理

9.4.1　瓷砖喷墨打印机外观

瓷砖喷墨打印机的外观图如图 9-1 所示。

9.4.2　瓷砖喷墨打印机机械结构组成

瓷砖喷墨打印机主要由机架底座、输送平台、喷车模组、清洗保湿模组、电控仓、供墨仓、恒温水箱（通常外置）这几大部分组成（图 9-2）。

（1）机架底座

机架底座是支撑整个机台的基础，是保证机器运行平稳的前提条件。瓷砖喷墨打印机的机架底座如图 9-3 所示。

图 9-1　瓷砖喷墨打印机外观图

机架底座通常采用高强度的金属材料制作，保证其承载性，具备一定的抗震性、减震性，以适应陶瓷厂恶劣的环境。

为了节约生产空间，随着机器的不断发展，新型喷墨打印机通常都具有非生产阶段的过砖功能。

（2）输送平台

输送平台主要是由皮带支撑平台、皮带、主动辊、从动辊等几部分组成。瓷砖喷墨打印机的输送平台如图 9-4 所示。

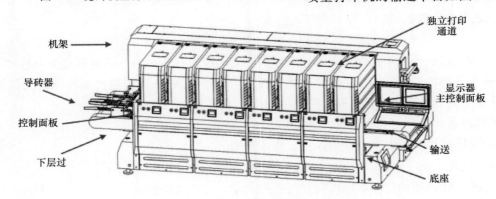

图 9-2　瓷砖喷墨打印机整机结构示意图

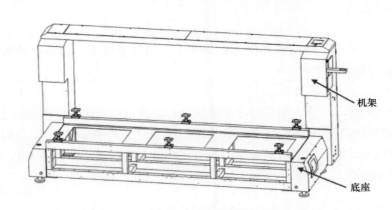

图 9-3　瓷砖喷墨打印机机架底座

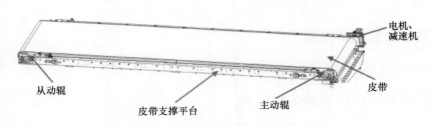

图 9-4　瓷砖喷墨打印机输送平台

为了适应高强度的运动走砖，输送平台需要具备耐磨损、易清洁、平稳性等特性。

瓷砖喷墨打印机的其他主要机械结构，包括喷车模组、清洗保湿模组、电控仓和供墨仓。图 9-5 为一款独立通道的瓷砖喷墨打印机的主要机械结构。

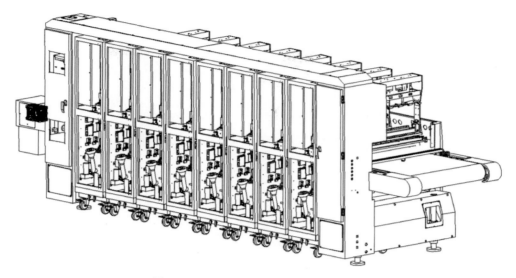

图 9-5　独立通道瓷砖喷墨打印机结构图

（3）喷车模组

喷车模组主要用于固定打印喷头和安装相关组件的模块，需要具备高精度、高强度等特点。

（4）清洗模组

清洗模组主要是指清洗喷头、保湿喷头和回收墨水的相关组件，因其喷头内外循环系统的区别，模组也有所区别。内循环喷头系统，清洗模组主要是为了清洗和保湿，通常不对墨水进行回收再利用；外循环喷头系统，除了清洗和保湿之外，通常对墨水进行回收再利用。

（5）电控仓

电控仓是机器用于安装 PLC、电路板、电子线路等的空间。

（6）供墨仓

供墨仓是指安装供墨系统的空间，包括主墨桶、供墨泵、过滤器、副墨瓶、管路等的空间。

（7）恒温水箱

恒温水箱是保证墨水温度的水浴加热系统，通常外置。陶瓷喷墨打印机的恒温系统，基本采取的是水循环恒温，水循环恒温比电加热恒温具有节能、均温的优势。电加热恒温会发生局部（靠加热丝的地方）温度过高的情况，并且温差大，不利于墨水的恒温，水循环恒温系统可以把温度控制得比较精确。如果不同颜色墨水的黏度差别过大，有时须采用各通道独立的恒温系统。

9.4.3　执行打印动作后，各部件的运动动作

执行打印动作后，喷车模组、清洗模组、皮带的运动顺序如图 9-6～图 9-8 所示。

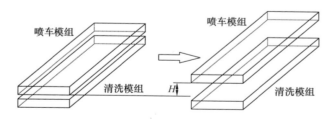

图 9-6　瓷砖喷墨打印机喷车模组的运动动作图

（1）点击打印开始后，喷车模组上升。

（2）喷车上升到设定位置后，清洗模组开始移动。

（3）清洗模组移动到设定位置后，喷车模组开始下降，待喷车模组下降到打印位置后（通常距离砖

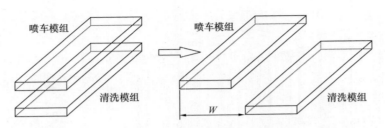

图 9-7　瓷砖喷墨打印机清洗模组的运动动作图

坯表面 3～5mm），皮带电机开始转动。

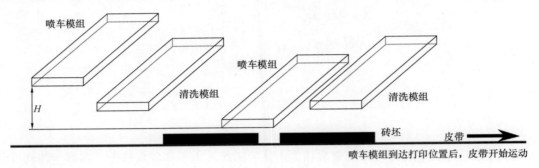

图 9-8　瓷砖喷墨打印机皮带电机的运动动作图

9.4.4　皮带、滚珠丝杆、滚珠直线导轨

瓷砖喷墨打印机运动部件的核心是皮带、滚珠丝杆、滚珠直线导轨。

图 9-9　皮带

（1）皮带（图 9-9）

皮带用于承载和运送砖坯，由橡胶、纤维等复合材料构成，具有噪声小、成本低、精度高、走砖效率高等优势，所以瓷砖喷墨打印机广泛采用皮带进行砖坯的运送。

（2）滚珠丝杆（图 9-10）

滚珠丝杆由螺杆、螺母、钢球、预压片、反向器、防尘器组成，它的功能是将旋转运动转化成直线运动。滚珠丝杆由于其制造工艺，比齿轮、链条、同步带具有精度高、定位准的明显优势，所以成为瓷砖喷墨打印机运动系统必不可少的部件。选用滚珠丝杆要充分考虑精度、运动速度、负载力、进给参数、使用环境等因素。

图 9-10　滚珠丝杆

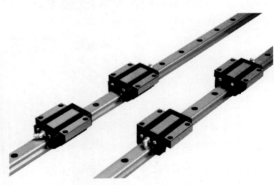

图 9-11　滚珠直线导轨

滚珠丝杆在瓷砖喷墨打印机上的应用主要有喷车模组升降、清洗模组平移等。

（3）滚珠直线导轨（图 9-11）

滚珠直线导轨是用来支撑和引导运动的部件，按给定的方向作往复直线运动。滚珠直线导轨主要由直线导轨和滚珠滑块组成。为了方便更换和运输，直线导轨和滚珠滑块一般是分开的，在瓷砖喷墨打印机的应用中，会和滚珠丝杆、同步带等配合使用。

滚珠直线导轨在瓷砖喷墨打印机上的应用主要有喷车模组升降、清洗模组平移等。

9.5　供墨系统

瓷砖喷墨打印机供墨系统是打印机供墨系统的分支，与普通打印机有着千丝万缕的联系，原理也基本相同，理解了普通打印机的供墨原理，才能更好地理解瓷砖喷墨打印机的供墨原理。

喷墨打印机供墨系统按连接方式分，大致分为直接墨盒式、二级/多级墨盒供墨式。

9.5.1　直连墨盒式

直连墨盒是指喷墨打印机中用来存储打印墨水，并最终完成打印的部件。墨盒有一体式墨盒和分体式墨盒。

（1）一体式墨盒

如图 9-12 所示，一体式墨盒自身包含喷头。一体式墨盒就是将喷头集成在墨盒上，当墨水用完更换一个新的墨盒之后，也就意味着同时更换了一个新的打印喷头。使用这种墨盒可以实现比较鲜艳的色彩。

（2）分体式墨盒

图 9-13（a）为墨盒，图 9-13（b）为喷头，分体式墨盒与喷头是分开的。

图 9-12　一体式墨盒

图 9-13　分体式墨盒

（a）墨盒；（b）喷头

墨水流向：内置墨盒→喷头。

分体式墨盒是指将喷头和墨盒设计分开的产品。这种结构设计的出发点主要是为了降低打印成本，因为这种墨盒不是集成在打印喷头上的，所以在墨盒无效时，打印喷头可以继续使用。

在分体式墨盒中，根据颜色的情况又可以分为单色墨盒和多色墨盒。单色墨盒是指每一种颜色独立封装，用完哪一种颜色换哪一种即可，不会造成浪费。而多色墨盒则是指将多种颜色封装在一个墨盒内，如果一种颜色用完了，即使其他几种颜色都有，也必须把整个墨盒全部换掉。

为了提高墨盒的利用率并尽可能地减少污染，墨盒从最初的多色一体已逐渐过渡到了各色分离式

图 9-14 连续式供墨系统

结构。

（3）连续式供墨系统（分体式墨盒的延伸）

连续式供墨系统如图 9-14 所示。

墨水流向：外置墨盒→内置墨盒→喷头。

连续式供墨系统是通用耗材的一种，相对于同为通用耗材的墨盒来说，连续式供墨系统是对原装墨盒的一种替代，降低了用户的打印成本。

连续式供墨系统，采用外置墨水瓶再用导管与打印机的墨盒相连，这样墨水瓶就源源不断地向墨盒提供墨水。此种供墨系统最大的优点是价格比原装墨水便宜很多。其次供墨量大，加墨水方便，供墨量是原装墨盒墨水量的数倍。

9.5.2 二级、多级墨盒连续供墨式

此类供墨系统因为结构相对复杂，对系统的密封性、洁净性、防腐性、遮光性、耐磨性、消泡性等提出了更高的要求。

供墨系统的构成可以类比浇灌草坪，如图 9-15 所示。

根据墨水的成分，供墨系统也将要作一定的改动，以适应各种成分的墨水。墨水包括有机墨水和无机墨水，通常普通喷墨机、UV 机使用的墨水属于有机墨水，陶瓷喷墨打印机使用的墨水属于无机墨水。

有机墨水内的颜料（染料）粉体是溶于水和溶剂中，而无机墨水内的颜料（色料）粉体是不溶于水和溶剂中，所以使用有机墨水的供墨系统，通常仅需要微弱的流动即可保持墨水的稳定性；使用无机墨水的供墨系统需要得到足够的流动，才能保证墨水内颜料（色料）粉体的悬浮。

图 9-15 二级、多级供墨系统的构成
（类比浇灌草坪）

1. 普通喷墨打印机供墨系统

普通喷墨打印机供墨系统示意图如图 9-16 所示。

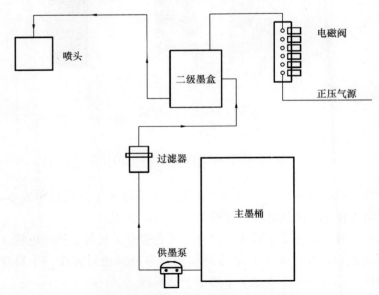

图 9-16 普通喷墨打印机供墨系统示意图

墨水流向：主墨桶→供墨泵→过滤器→二级墨盒→喷头。

2. 瓷砖喷墨打印机循环供墨系统

外循环供墨系统，以精工 508GS 陶瓷喷头为例，示意图如图 9-17 所示。

墨水流向：主墨桶→供墨泵→过滤器→二级墨盒→墨条→喷头→回收→主墨桶。

内循环供墨系统，以精工 RC1536 喷头为例，示意图如图 9-18 所示。

墨水流向：主墨桶→供墨泵→主过滤器→二级墨盒→喷头→消泡过滤器→循环泵→主过滤器→二级墨盒。

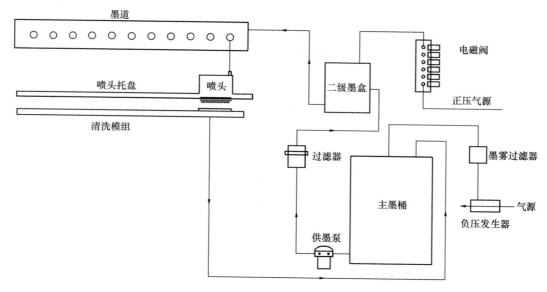

图 9-17　瓷砖喷墨打印机外循环供墨系统示意图

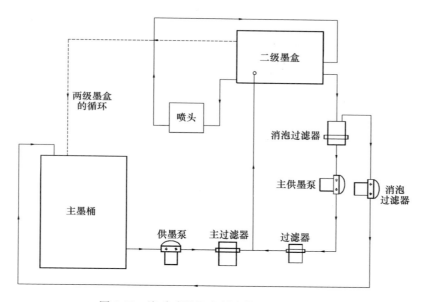

图 9-18　瓷砖喷墨机内循环供墨系统示意图

3. 瓷砖喷墨打印机供墨系统的作用、组成和基本注意事项

与普通喷墨打印机一样，瓷砖喷墨打印机的供墨系统也是给喷头提供持续打印的墨水。它一般由储存搅拌桶（主墨桶）、抽墨泵、循环泵、二级墨盒、过滤器、消泡过滤器、墨管、接头等组成。

与普通喷墨打印机相比，瓷砖喷墨打印机供墨系统的系统独立度更高，结构也更复杂，控制要求和成本也更高。原因在于陶瓷墨水采用的是无机墨水，很容易发生沉淀等。同时，因为喷孔的细小（微米级），喷孔堵塞是瓷砖喷墨打印机最常见的故障及损坏原因，所以外部的环境因素（灰尘等）至关重要。

由于目前不同品牌的陶瓷墨水所采用的溶剂品种不尽相同，所以，在选用墨水上机之前，必须认真做好供墨系统中与墨水接触的管路、过滤器、供墨泵等部件与墨水相容性的详细测试，以确保所用构件不被墨水腐蚀或降低其寿命，以致因此堵塞喷头。不同型号、品牌的喷头对墨水的黏度、表面张力、电导率、悬浮分散性等指标的适应也不尽相同，应在使用前做好测试。同时，不能随意更换墨水，以免对喷头和供墨系统造成不可恢复的损伤。

喷墨打印机供墨系统按控制方式分，大致分为虹吸控制、负压控制、内循环压力差控制，瓷砖喷墨打印机根据机器型号和喷头型号的不同，以上三种控制方式都有所使用。

（1）虹吸控制

虹吸供墨原理：虹吸（syphonage）是利用液面高度差的作用力现象，将液体充满一根倒 U 形的管状结构内后，将开口高的一端置于装满液体的容器中，容器内的液体会持续通过虹吸管从开口于更低的位置流出。虹吸的实质是因为重力和分子间粘聚力而产生。虹吸原理如图 9-19 所示。

管内最高点液体在重力作用下往低位管口处移动，在 U 形管内部产生负压，导致高位管口的液体被吸进最高点，形成虹吸现象。

当喷头底面低于二级墨盒液位时，喷头淤墨滴墨。

当喷头底面与二级墨盒液位平齐时，喷头仍然有一些淤墨。

当喷头底面高于二级墨盒液位 3～10mm 时，喷头喷孔形成弯液面，此时适合喷墨。具体如图 9-20 所示。

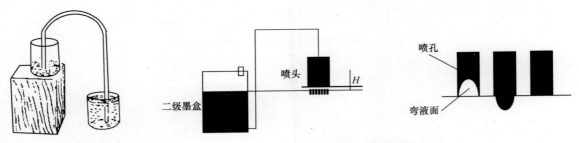

图 9-19　虹吸原理　　　　　　　　　　图 9-20　虹吸控制供墨

（2）负压控制

由于喷车运动时干涉与控制自动化等因素，有些平台式多通道喷墨打印机需将二级墨盒上置，所以要采用负压方式平衡墨水重力，防止喷头滴墨。负压控制供墨示意图如图 9-21 所示。

与虹吸结构相比，此种方式优点在于避免喷车运动时的干涉和智能化控制压力，缺点在于结构复杂一些，成本也相对高一些。

（3）内循环压力差控制

此种方式通过墨水的流动来平衡墨水重力，形成喷头打印的弯液面。具体如图 9-22 所示。

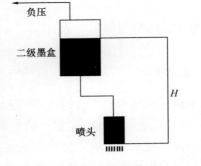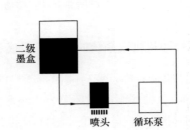

图 9-21　负压控制供墨　　　　　　　图 9-22　内循环压力差控制供墨

9.6　过滤系统

瓷砖喷墨打印机的过滤系统包括墨水过滤系统和空气过滤系统。

9.6.1　墨水过滤系统

墨水过滤系统的作用：去除墨水中的杂质、大颗粒等，防止堵塞喷头；消除墨水中的气泡。

墨水过滤系统的组成：初步过滤、主过滤、喷头防护过滤和消泡过滤。

（1）初步过滤

主墨桶加墨时的滤网（图 9-23），主要起到墨水的初步过滤效果，以判断墨水的质量是否发生问题或已超过保质期。

（2）主过滤

从主墨桶往副墨瓶供墨，为了保证墨水的细腻与均质，需要采用过滤器进行过滤。墨水过滤的主体就是过滤器（图 9-24）。

图 9-23　滤网

图 9-24　过滤器

目前主流的陶瓷喷头孔径一般在 $20 \sim 60\mu m$ 之间，喷头对墨水的粒径要求通常是不大于 $1\mu m$，过滤器既要保证过滤精度又要有较长的使用寿命，精度与寿命成反比，所以根据不同的喷头以及不同的墨水，需要选择适合的过滤器。同时因为陶瓷墨水具有较强的腐蚀性，所以过滤器的材质要有防腐性。

（3）喷头防护过滤

喷头防护过滤器（图 9-25）一般安装在喷头的上方，以防止墨水中较大粒径的杂质进入喷头，引起喷头的堵塞，是对喷头的最后一道防护。

（4）消泡过滤

消泡过滤器主要起消泡、过滤和缓冲等作用。消泡过滤器示意图如图 9-26 所示。

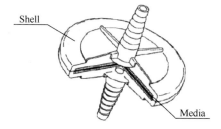

图 9-25　喷头防护过滤器

图 9-26　消泡过滤器示意图

墨水在循环过程中，由于各种原因会产生一些微小的气泡，随着不断累积，一旦气泡进入喷嘴位置就会破坏喷嘴处的弯液面而引起断墨。为了解决这一问题，就需要在系统中安装消泡过滤器。消泡过滤器是通过脱气消泡膜组件消除墨水的气泡和多余气体空气，墨水在膜丝外壁流过，同时在膜丝内壁施于真空。墨水中的气体和气泡从膜丝外壁移向内壁真空，从而去除墨水中的气体。

9.6.2 空气过滤系统

空气过滤系统的作用：去除压缩空气中的杂质、油水等，防止在正压清洗喷头时杂质或油水进入喷头，造成喷头的损坏；防止某些气动元件的损坏，如气缸、电磁阀等。

空气过滤系统的组成：冷凝干燥机、油水分离器、减压阀、空气过滤器。

从气源出来的压缩空气中含有过量的水汽和油滴，同时还有固体杂质，如铁锈、沙粒、管道密封剂等，这些杂质会缩短元器件的使用寿命或损坏元器件，尤其是进入墨水和喷头，直接对喷墨的稳定性造成影响。从冷凝干燥机开始到机器之间的管道长度不得过远，以避免压缩空气在传输过程中产生的水汽与粉尘。

（1）冷凝干燥机

因为油水分离器、空气过滤器主要过滤压缩空气中液态和固态的杂质，而对气态的水汽起不到很好的过滤作用，所以冷凝干燥机的作用就显得极为关键。

潮湿的压缩空气进入冷凝干燥机，压缩空气迅速冷却，潮湿空气中的油分、水分达到饱和温度迅速冷凝，经过气水分离器高速旋转，油分、水分因离心力的作用与空气分离，分离后的污水从自动排水阀处排出，从而过滤掉压缩空气中大部分的油分和水分。冷凝干燥机如图 9-27 所示。

（2）油水分离器

当压缩空气进入油水分离器后产生流向和速度的急剧变化，再依靠惯性作用，将密度比压缩空气大的油滴和水滴分离出来。如图 9-28 所示为常见的撞击式和环形回转式油水分离器。压缩空气自入口进入分离器壳体后，气流先受隔板阻挡撞击折回向下，继而又回升向上，产生环形回转。这样使水滴和油滴在离心力和惯性力作用下，从空气中分离析出并沉降在壳体底部，定期打开底部阀门即可排出油滴、水滴。

图 9-27 冷凝干燥机

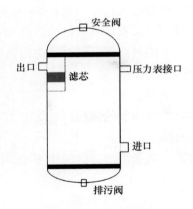

图 9-28 油水分离器

油水分离器由外壳、分离器、滤芯、排污部件等组成。当含有油、水和固体杂质的压缩空气进入分离器后，沿其内壁旋转而下，所产生的离心作用使油水从气流中析出并沿壁向下流到油水分离器底部，然后再由滤芯进行精过滤。滤芯通常采用的是粗、细、超细三种纤维滤材折叠而成，具有很高的过滤效率，并且阻力小，气体通过滤芯时，由于滤芯的阻挡、惯性碰撞、静电吸引力和真空吸力等而被牢牢地粘附在滤材纤维上，并逐渐增大变成液滴，在重力作用下滴入底部，由排污阀排出。

（3）减压阀

减压阀主要是通过调节气流面积，改变压缩空气的输出气压，并通过自身的控制与调节系统，使输出气压在输入气压浮动的一定误差范围内保持恒定。减压阀实物图如图 9-29 所示。

喷墨打印机的减压阀通常同时具有减压、稳压和过滤三种功能，为防止减压阀的损坏，控制系统需对减压阀进行实时监控，避免因气压失控而损坏喷头。

（4）空气过滤器

空气过滤器是对洁净气源的第三道防护，需具备过滤效率高、流动阻力低、寿命长等特点。图 9-30 为小型空气过滤器的实物图。

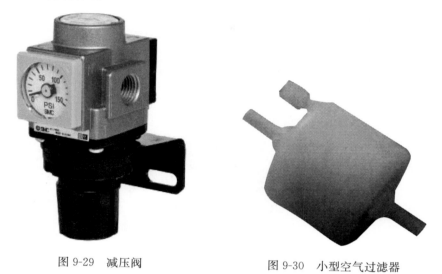

图 9-29　减压阀　　　　　　　　图 9-30　小型空气过滤器

9.7　喷墨系统

喷墨系统架构图如图 9-31 所示。

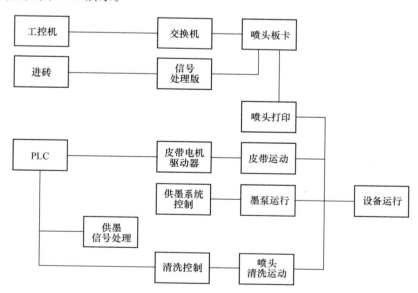

图 9-31　喷墨系统架构图

喷墨系统一般分打印控制部分和设备运行部分两大类，两大部分互相配合运行。

9.7.1　打印控制主要功能

（1）图稿数据传输。将图稿数据文件通过传输介质和处理板卡发送到喷头，喷头依照得到的数据控制喷孔是否出墨。

（2）打印信号管理。通过外部信号（一般为光眼信号）的输入，处理后控制喷头喷墨，可以把这个信号当作打印的点火信号。

（3）打印参数设置。打印参数的设置，控制不同颜色通道的喷头喷墨次序、响应延时时间、喷墨电压调整等，让不同的喷头能够准确地喷印在瓷砖上，组成正确的图案。

（4）打印状态监测。监测设备喷头的运行状态以及打印情况。

9.7.2 设备运行主要功能

（1）供墨系统控制。根据墨路状态情况，控制供墨泵等主动器件供墨到墨瓶。

（2）负压系统控制。结合副墨瓶与喷头高度，以及喷头本身喷孔墨滴弯液面情况，设置负压值。通过检测副墨瓶压力，控制负压系统的负压发生器或者其他器件，维持喷头墨水弯液面。

（3）喷头清洗控制。结合清洗托盘海绵，控制副墨瓶压力，清洗喷头。陶瓷墨水的特殊性决定了喷头需要定期清洗，所有清洗设备最好与回收系统配合一起，做到不浪费墨水。

（4）喷头托盘运动。喷头在打印状态和非打印状态、清洗状态等，托盘位置的固定。

（5）打印皮带运动。与生产线连线，用于运送瓷砖进行打印。同时监控保护光眼、跳砖光眼、上下线联动信号等，做到对喷头的保护。

9.7.3 喷头控制板卡介绍

喷头控制板卡功能示意图如图 9-32 所示。

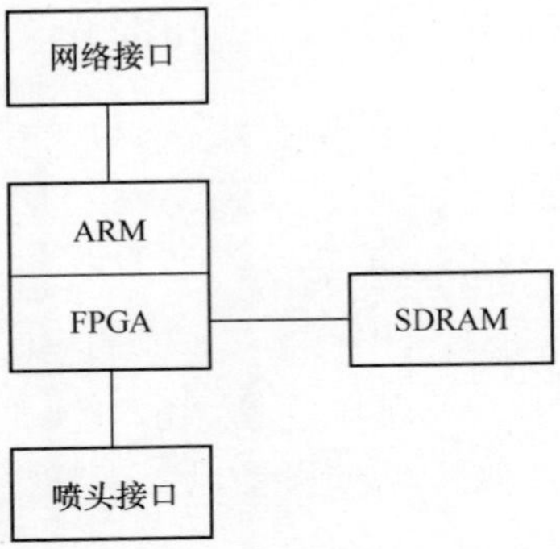

图 9-32 喷头控制板卡功能示意图

喷头控制板卡的主要运行流程如下：

（1）与上位机通讯，通过板卡 10M 网口，接收打印数据。

（2）将打印数据存入板卡 SDRAM。

（3）接收上位机的打印控制命令和打印参数设置。

（4）根据打印参数，从内存 SDRAM 里读取打印数据，发送数据到喷头。

（5）当收到开始打印信号后，给喷头发送打印信号和打印数据，控制喷头打印。

每一块板卡都是独立与主机连接，连接方式为网络 TCP/IP 协议，有独立的 IP 地址对应。这样的系统架构扩展性非常好，可以单个喷头扩展，最小控制单元简化到单个喷头。并且每个板卡的内存只存储单个喷头的打印数据，可以有效利用内存的存储空间。上位机可以对独立的喷头做特殊命令发送。

板卡上有 2 个主芯片，ARM 芯片主要用于与上位机的网络通信、控制命令的接收和板卡状态的反馈。FPGA 芯片主要用于对喷头的打印控制，以及对内存的读写处理。

FPGA（Field—Programmable Gate Array），即现场可编程门阵列，它是在 PAL、GAL、CPLD 等可编程器件的基础上进一步发展的产物。它是作为专用集成电路（ASIC）领域中的一种半定制电路而出现的，既解决了定制电路的不足，又克服了原有可编程器件门电路数有限的缺点。

系统设计师可以根据需要通过可编辑的连接把 FPGA 内部的逻辑块连接起来，就好像一个电路试验板被放在了一个芯片里。一个出厂后的成品 FPGA 的逻辑块和连接可以按照设计者而改变，所以 FPGA 可以完成所需要的逻辑功能。

这些 FPGA 的优点，特别有助于喷墨打印机设备控制喷头这种需求量少而改动大的开发环境。

9.8　传输系统

瓷砖喷墨打印机的传输系统架构图如图 9-33 所示。

1. 主体结构

（1）工控机千兆网口：数据发送端，工控机 CPU 处理完图稿 RIP 数据后，通过千兆网口发送。

（2）千兆工业交换机：用于所有数据的传输转发，是总数据的接收端和各个百兆交换机数据发送端。

（3）百兆工业交换机：用于对应喷头组数据的转发，从千兆交换机接收数据，发送到连接的喷头板卡。

（4）喷头板卡：控制喷头出墨，从百兆交换机接收数据，处理打印数据。

整体的数据架构，类似于网络树状拓扑结构。

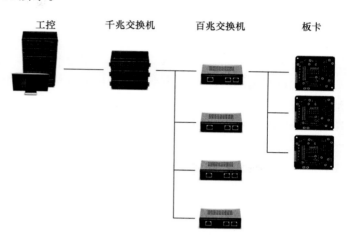

图 9-33　传输系统架构图

2. 千兆以太网络

千兆以太网是建立在以太网标准基础之上的技术。千兆以太网和大量使用的以太网与快速以太网完全兼容，并利用了原以太网标准所规定的全部技术规范，其中包括 CSMA/CD 协议、以太网帧、全双工、流量控制以及 IEEE802.3 标准中所定义的管理对象。

千兆以太网对其他以太网的兼容性很好。同百兆以太网一样，千兆以太网使用与十兆以太网相同的帧格式和帧大小以及相同的 CSMA/CD 协议。所以整体的网络架构也是以此为基础，工控机的千兆以太网输出，通过千兆以太网交换机拓展百兆以太网交换机，然后百兆以太网再拓展十兆以太网的喷头 PCB 控制板卡。

图稿 RIP 的数据，通过网络树状结构层层传递，对应喷头打印的数据最终传输到 PCB 控制板卡上，PCB 控制板卡依据上位机的打印设置，处理图稿数据，控制喷头喷墨。

3. IP 地址分配

IP 地址是指互联网协议地址（英语：Internet Protocol Address，又译为网际协议地址），是 IP Address 的缩写。IP 地址是 IP 协议提供的一种统一的地址格式，它为互联网上的每一个网络和每一台主机分配一个逻辑地址，以此来屏蔽物理地址的差异。

IP 地址就像是我们的家庭住址一样，如果你要写信给一个人，你就要知道他（她）的地址，这样邮递员才能把信送到。计算机发送信息就好比是邮递员，它必须知道唯一的"家庭地址"才能不至于把信送错。只不过我们的地址使用文字来表示，而计算机的地址用二进制数字表示。

IP 地址的长度为 32 位（共有 2^{32} 个 IP 地址），分为 4 段，每段 8 位，用十进制数字表示，每段数字范围为 0～255，段与段之间用句点隔开。例如 159.226.1.1。IP 地址可以视为网络标识号码与主机标识号码两部分，因此 IP 地址由两部分组成，一部分为网络地址，另一部分为主机地址。IP 地址分为 A、B、C、D、E 共 5 类，它们适用的类型分别为大型网络、中型网络、小型网络、多目地址、备用。

常用的是 B 和 C 两类。

IP 地址类型分公有地址和私有地址,公有地址(Public address)由 Inter NIC(Internet Network Information Center 因特网信息中心)负责。这些 IP 地址分配给注册并向 Inter NIC 提出申请的组织机构。通过它直接访问因特网。私有地址(Private address)属于非注册地址,专门为组织机构内部使用。

以下列出留用的内部私有地址:

A 类 10.0.0.0~10.255.255.255。

B 类 172.16.0.0~172.31.255.255。

C 类 192.168.0.0~192.168.255.255。

因为我们选用的是 C 类小型网络,因此这里重点介绍 C 类网络。一个 C 类 IP 地址是指,在 IP 地址的四段号码中,前三段号码为网络号码,剩下的一段号码为本地计算机的号码。如果用二进制表示 IP 地址的话,C 类 IP 地址就由 3 字节的网络地址和 1 字节主机地址组成,网络地址的最高位必须是"110"。C 类 IP 地址中网络的标识长度为 24 位,主机标识的长度为 8 位,C 类网络地址数量较多,有超过 209 万个网络。它适用于小规模的局域网络,每个网络最多只能包含 254 台计算机。

C 类 IP 地址范围 192.0.0.0~223.255.255.255。C 类 IP 地址的子网掩码为 255.255.255.0,每个网络支持的最大主机数为 256-2=254 台。

在一个局域网中,有两个 IP 地址比较特殊,一个是网络号,一个是广播地址。网络号是用于三层寻址的地址,它代表了整个网络本身;另一个是广播地址,它代表了网络全部的主机。网络号是网段中的第一个地址,广播地址是网段中的最后一个地址,这两个地址是不能配置在计算机主机上的。

例如在 192.168.0.0,255.255.255.0 这样的网段中,网络号是 192.168.0.0,广播地址是 192.168.0.255。因此,在一个局域网中,能配置在计算机中的地址比网段内的地址要少两个(网络号、广播地址),这些地址称之为主机地址。在上面的例子中,主机地址就只有 192.168.0.1 至 192.168.0.254 可以配置在计算机上了。

设备是个小型的网络架构,选择 C 类内部私有地址 192.168.0.0~192.168.255.255,设备习惯性地选择了 192.168.1.1~192.168.1.254 和 192.168.2.1~192.168.2.254 这 2 个网段,当然也是可以选择其他的网段,对于系统运行是不会有影响的,比如 192.168.10.1。

注意的是,工控机的千兆网口地址必须和对应连接的喷头板卡处于一个网段中,这样一个主千兆口所能分配的喷头板卡,从 IP 端,会限制为最多 254 个。从数据传输效率考虑,也不会用一个千兆网口带如此多的喷头板卡。

4. 设置工控机 IP 地址

"开始→运行→cmd→ipconfig/all"可以查询本机的 IP 地址,以及子网掩码、网关、物理地址(MAC 地址)、DNS 等详细情况。

本机的 IP 地址可以通过"网上邻居→本地连接→属性→TCP/IP"进行设置。

工控机主机设置的 IP 地址,一般落于 192.168.1.1~192.168.1.9 之间,192.168.1.10 之后的地址一般都设置成喷头板卡地址。

5. 设置喷头板卡 IP 地址

主机的 IP 地址,可以通过安装系统里面的 TCP/IP 设置。喷头板卡的 IP 地址需要用开发的小工具设置,这个小工具的注意功能就是重写喷头板卡里 ARM 芯片的 IP 地址。

设置 IP 的工具界面如图 9-34 所示。

其中需要预先知道板卡现有的原 IP 地址,然后输入设置的新地址,点击设置 IP 地址,即可完成板卡的 IP 地址设置。

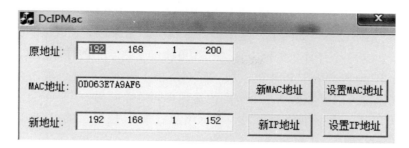

图 9-34　设置 IP 地址工具界面

如果预先不知道板卡 IP 地址，可以通过复位，让板卡 IP 地址复位到 192.168.1.200。所有板卡出厂的地址为 192.168.1.200.

6. MAC 地址

MAC（Medium/Media Access Control）地址，用来表示互联网上每一个站点的标识符，采用十六进制数表示，共六个字节（48 位）。其中，前三个字节是由 IEEE 的注册管理机构 RA 负责给不同厂家分配的代码（高位 24 位），也称为"编制上唯一的标识符"（Organizationally Unique Identifier），后三个字节（低位 24 位）由各厂家自行指派给生产的适配器接口，称为扩展标识符（唯一性）。一个地址块可以生成 224 个不同的地址。MAC 地址实际上就是适配器地址或适配器标识符 EUI-48。MAC 地址就如同我们身份证上的身份证号码，具有全球唯一性。

在一个稳定的网络中，IP 地址和 MAC 地址是成对出现的。如果一台计算机要和网络中另一外计算机通信，那么要配置这两台计算机的 IP 地址，MAC 地址是网卡出厂时设定的，这样配置的 IP 地址就和 MAC 地址形成了一种对应关系。在数据通信时，IP 地址负责表示计算机的网络层地址，网络层设备（如路由器）根据 IP 地址来进行操作；MAC 地址负责表示计算机的数据链路层地址，数据链路层设备（如交换机）根据 MAC 地址来进行操作。IP 地址和 MAC 地址这种映射关系由 ARP（Address Resolution Protocol，地址解析协议）协议完成。

IP 地址就如同一个职位，而 MAC 地址则好像是去应聘这个职位的人才，职位既可以让甲坐，也可以让乙坐。同样的道理，一个结点的 IP 地址对于网卡是不做要求的，基本上什么样的厂家都可以用，也就是说 IP 地址与 MAC 地址并不存在绑定关系。有的计算机流动性比较强，正如同人才可以给不同的单位干活的道理一样，人才的流动性是比较强的。职位和人才的对应关系就有点像 IP 地址与 MAC 地址的对应关系。比如，如果一个网卡坏了，可以被更换，而无须取得一个新的 IP 地址。如果一个 IP 主机从一个网络移到另一个网络，可以给它一个新的 IP 地址，而无须换一个新的网卡。当然 MAC 地址除了仅仅只有这个功能还是不够的，就拿人类社会与网络进行类比，通过类比，我们就可以发现其中的类似之处，更好地理解 MAC 地址的作用。无论是局域网，还是广域网中的计算机之间的通信，最终都表现为将数据包从某种形式的链路上的初始结点出发，从一个结点传递到另一个结点，最终传送到目的结点。数据包在这些节点之间的移动都是由 ARP 负责将 IP 地址映射到 MAC 地址上来完成的。其实人类社会和网络也是类似的，试想在人际关系网络中，甲要捎个口信给丁，就会通过乙和丙中转一下，最后由丙转告给丁。在网络中，这个口信就好比是一个网络中的一个数据包。数据包在传送过程中会不断询问相邻节点的 MAC 地址，这个过程就好比人类社会的口信传送过程。相信通过这两个例子，我们可以进一步理解 MAC 地址的作用。

MAC 地址和 IP 地址的主要区别在于，对于网络上的某一设备，如一台计算机或一台路由器，其 IP 地址是基于网络拓扑设计出的，同一台设备或计算机上，改动 IP 地址是很容易的（但必须唯一），而 MAC 地址则是生产厂商烧录好的，一般不能改动。我们可以根据需要给一台主机指定任意的 IP 地址，如我们可以给局域网上的某台计算机分配 IP 地址为 192.168.0.112 ，也可以将它改成 192.168.0.200。而任一网络设备（如网卡，路由器）一旦生产出来以后，其 MAC 地址不可由本地连接内的配置进行修改。如果一个计算机的网卡坏了，在更换网卡之后，该计算机的 MAC 地址就变了。

寻址协议层不同。IP 地址应用于 OSI 第三层，即网络层，而 MAC 地址应用在 OSI 第二层，即数据链路层。数据链路层协议可以使数据从一个节点传递到相同链路的另一个节点上（通过 MAC 地址），而网络层协议使数据可以从一个网络传递到另一个网络上（ARP 根据目的 IP 地址，找到中间节点的 MAC 地址，通过中间节点传送，从而最终到达目的网络）。

设备里的每块喷头板卡都有自己唯一的 MAC 地址，是出厂时硬件烧录的，不能轻易更改。通过赋予每块板卡唯一的 IP 地址，让 MAC 地址和 IP 地址做到一一对应关系，通过软件对 IP 地址的管理，同时管理的各个板卡的 MAC 地址。

应注意的是，在设备这个小的局域网架构里，MAC 地址必须需要是单播地址，不能是组播地址。组播地址对于网络中的数据传输造成很大的浪费，传输效率会降低很多。板卡数量越多，影响越厉害。

MAC 地址单播和组播的分辨，IEEE 802.3 规定：以太网的第 48bit 用于表示这个地址是组播地址还是单播地址。如果这一位是 0，表示此 MAC 地址是单播地址，如果这位是 1，表示此 MAC 地址是多播地址。

更加直接的判断，就是 MAC 地址的第一个 byte 的 bit0，这一位就是第 48bit。也就是说 MAC 地址数值上的第 2 位，如果这个数值是偶数，比如 0、2、A 等就是单播，如果是奇数，比如 1、3、B 等就是组播。这里数值都是 16bit，0～F 代表 0～16。

下面简单介绍下单播、组播的区别。

单播：网络节点之间的通信就好像是人们之间的对话一样。如果一个人对另外一个人说话，那么用网络技术的术语来描述就是"单播"，此时信息的接收和传递只在两个节点之间进行。单播在网络中得到了广泛的应用，网络上绝大部分的数据都是以单播的形式传输的，只是一般网络用户不知道而已。例如，你在收发电子邮件、浏览网页时，必须与邮件服务器、Web 服务器建立连接，此时使用的就是单播数据传输方式。

组播："组播"也可以称为"多播"，在网络技术的应用并不是很多，网上视频会议、网上视频点播特别适合采用多播方式。因为如果采用单播方式，逐个节点传输，有多少个目标节点，就会有多少次传送过程，这种方式显然效率极低，是不可取的；如果采用不区分目标、全部发送的广播方式，虽然一次可以传送完数据，但是显然达不到区分特定数据接收对象的目的。

设备打印系统里，每块板卡的数据都是独立对应于图稿该喷头打印部分，所以使用组播方式传输是非常浪费的，导致网络上充斥大量多余浪费的询问和数据。因此，必须要采用单播方式，即 1 对 1 的传输方式。

7. TCP/IP 协议

设备上板卡的通讯，采用标准的 TCP/IP 协议。TCP/IP 是 Transmission Control Protocol/Internet Protocol 的简写，中译名为传输控制协议/因特网互联协议，又名网络通讯协议，是 Internet 最基本的协议，也是 Internet 国际互联网络的基础，由网络层的 IP 协议和传输层的 TCP 协议组成。TCP/IP 协议定义了电子设备如何连入因特网，以及数据如何在它们之间传输的标准。协议采用了 4 层的层级结构，每一层都呼叫它的下一层所提供的协议来完成自己的需求。通俗而言：TCP 负责发现传输的问题，一有问题就发出信号，要求重新传输，直到所有数据安全正确地传输到目的地。而 IP 是给因特网的每一台联网设备规定一个地址。

选用 TCP/IP 协议，也是基于这个协议的成熟和以下几个优点：

（1）TCP/IP 协议不依赖于任何特定的计算机硬件或操作系统，提供开放的协议标准，即使不考虑

Internet，TCP/IP 协议也获得了广泛的支持。所以 TCP/IP 协议成为一种联合各种硬件和软件的实用系统。

（2）TCP/IP 协议并不依赖于特定的网络传输硬件，所以 TCP/IP 协议能够集成各种各样的网络。用户能够使用以太网（Ethernet）、令牌环网（Token Ring Network）、拨号线路（Dial-up line）、X. 25 网以及所有的网络传输硬件。

（3）统一的网络地址分配方案，使得整个 TCP/IP 设备在网中都具有惟一的地址。

（4）标准化的高层协议，可以提供多种可靠的用户服务。

我们常用的 ping 命令，就是针对 TCP/IP 协议测试，设备也是通过这个简单的 ping 命令来判断主机与板卡的协议通讯。利用命令行测试设备主机和板卡通讯是个最直接和简单的方法。

单击"开始"/"运行"，输入 CMD 按回车，打开命令提示符窗口。

首先检查 IP 地址、子网掩码、默认网关、DNS 服务器地址是否正确，输入命令 ipconfig /all，按回车。此时显示了你的网络配置，观察是否正确。

Ping 一个局域网地址，观察与它的连通性，如果出现"Request timed out"（请求超时），表明配置出错或网络有问题。正常情况会收到来自 ping 地址的回复，如图 9-35 所示。

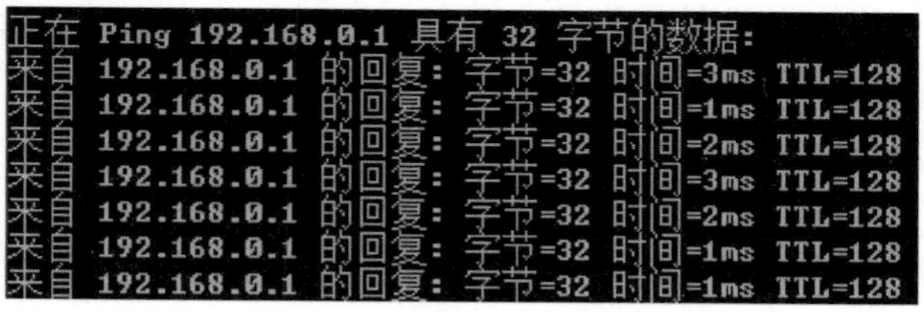

图 9-35　来自 ping 地址的回复截图

通过专用的抓包软件，还可以方便地判断设备局域网内各个板卡的通讯情况，如图 9-36 所示，说明各个 IP 地址的喷头板卡命令返回都正常。

如果出现如图 9-37 的情况，说明该 IP 地址的板卡通讯存在延时，有严重的丢包问题。

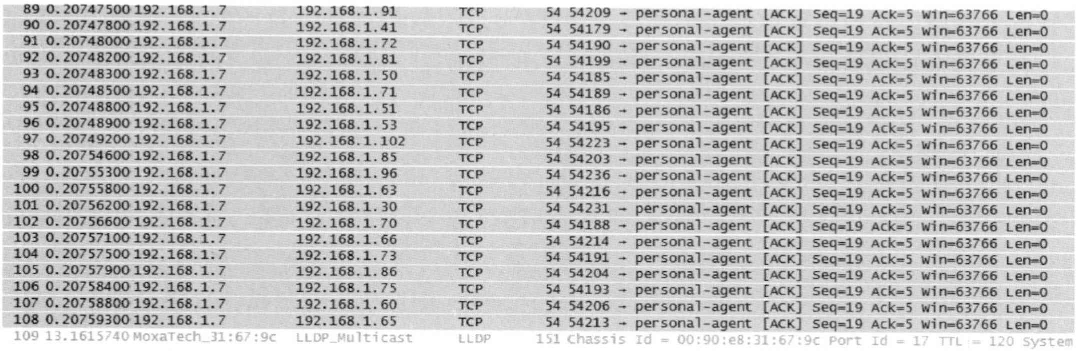

图 9-36　表示各个 IP 地址的喷头板卡命令返回正常截图

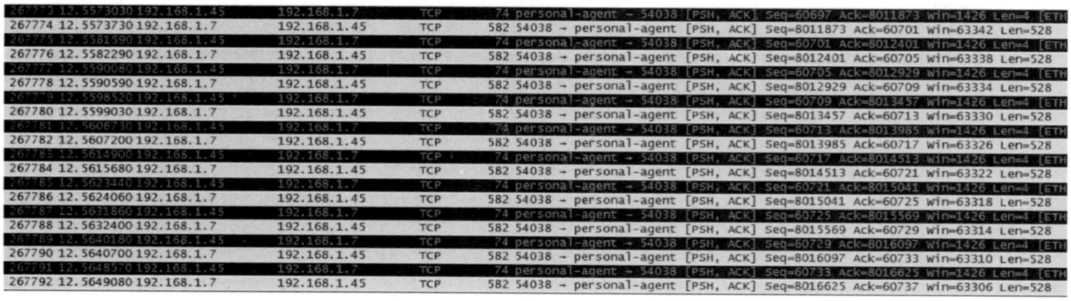

图 9-37　表示各个 IP 地址的喷头板卡命令返回异常截图

9.9　管理系统

管理系统主要分栅格图像处理器（RIP）和打印控制软件两部分。

9.9.1　RIP

RIP 是一种能够将图像处理为高分辨率点阵图像的工具，形成的图像可以由喷墨打印机设备在被打印介质上输出。RIP（Raster Image Processor）的中文名称是栅格图像处理器，它是一种解释器，用来将页面描述语言所描述的版面信息（各种图像、图形和文字）解释转换成可供输出设备输出的数据信息，并将其输出到指定的输出设备。也可以说是将图形、图像、文字解译成打印机、照排机能够识别的语言。

RIP 也可以理解成将您的图像转变为一系列可印或打印的 C、M、Y、K 色点的工具即光栅图像处理器。在它真正创造出这些点的图形之前，它必须首先根据打印文件的图像信息、文字信息、色彩机构，内嵌 ICC 特性文件，结合用户在软件中选择的打印介质（ICC Profile 色彩特性文件）、打印精度、网点类型，来定义 C、M、Y、K 色点密度、位置、大小、点扩散比率、叠印比率来处理，即挂网，解译成打印机能够识别的语言，即 0 或 1 的命令行。

陶瓷行业和普通喷墨行业不同的地方，在于陶瓷墨水的颜色不是标准的 C、M、Y、K 颜色，所有对于 ICC 的应用不能套用标准化流程，并且调色的需求和工作量变得尤为重要。并且在 PS 软件中，分色功能的正确性直接影响图片 RIP 处理后的色彩还原度。

陶瓷的分色，比较主流的做法是用色彩管理软件，配置成设备安装的墨水，打印生成的标准色卡，通过校色仪读取打印烧成后色卡的色彩信息，用色彩管理软件运算得出 ICC 曲线。PS 软件直接调用 ICC 曲线将标准 CMYK 或者 RGB 图稿转换成针对陶瓷设备墨水的分色图稿。

RIP 软件分通道，对每个通道单独 RIP 后，组合成打印数据文件。打印数据文件被打印控制软件调用后，后台处理对应设备每个颜色通道和每个喷头的数据，传输到每个喷头的喷头板卡，喷头板卡控制喷头打印。

9.9.2　打印控制

打印控制软件，均为设备厂商自主研发，配合喷墨设备一起开发使用的。它的主要作用是处理打印数据、控制设备运行、发送喷墨参数指令、设备状态显示等。对于设备使用者而言，可以将其看作一个设备的交互界面，所有指令和处理的输入端口。有的厂家将 RIP 功能也兼容到打印软件中（图 9-38）。

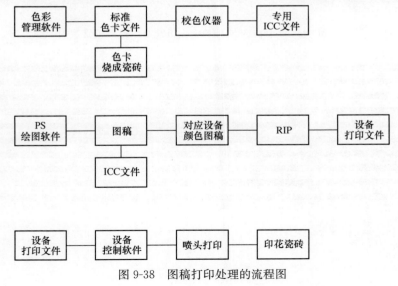

图 9-38　图稿打印处理的流程图

9.10　控制系统

瓷砖喷墨打印机的控制系统是实施皮带传输与喷车运动机构、喷头打印、墨路水路气路、各传感器信号、连线控制、附属设备控制等的综合运用。大多数瓷砖喷墨打印机根据实际情况，一般把喷头打印相关的板卡和软件操作系统与电气运动控制系统加以区别，便于设备本身的维护。本章节主要阐述电气控制系统。

9.10.1　电气系统组成（与选择）

在工业装备领域，电气系统是必不可少也是较核心的环节。陶瓷设备的应用场合属于工业环境较恶劣的陶瓷生产工厂，现场的粉尘、高温、水蒸气含量较高，而陶瓷生产线属于连续生产方式，即不可产生长时间的暂停。例如烧结瓷砖的窑炉一旦点火开炉，一年也就岁休一次进行维护。这对于电气控制系统的可靠性和便于维护提出了很高的要求。

陶瓷设备的电气成套控制系统，主要由电源系统、可编程逻辑控制器、人机界面、动力执行器、各类传感器等组成。现简单介绍各系统当今知名的电气系统供应厂商，按地域分，欧美系有西门子、施耐德、ABB 等，日系有三菱、欧姆龙、松下等，台系有台达、永宏等。

以上各厂商基本属于电气自动化领域的综合性供应商，他们的产品涵盖了工业生产领域的各个细分市场与零部件供应，而国内的电气系统供应厂商主要为细分领域提供某一主要部件，例如雷赛、昆仑通泰、步科、汇川等。近十几年来国内自动化零部件供应商发展迅猛，产品性能与品质显著提高，接近或达到国外同类进口产品，且在价格和服务上有较大的本地化优势，正稳步替代进口产品。

尽管电气配件供应市场呈现百花齐放品种繁多的景象，但每一家设备制造商总会根据自己的实际需要去选择合适的产品，即只有适应市场与客户需求的产品才是最佳的选择。

9.10.2　电气结构

1. 电气结构示意图

瓷砖喷墨打印机的电气结构示意图如图 9-39 所示。

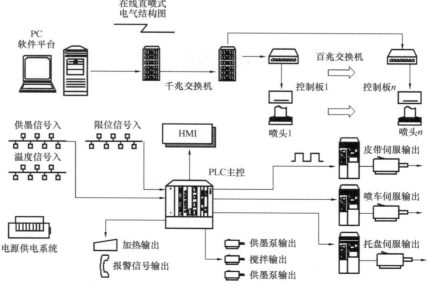

图 9-39　瓷砖喷墨打印机的电气结构示意图

2. 设备电气结构与动作流程

由 PLC 控制多组伺服：喷印控制皮带作匀速运动，喷头模组在维护期间的升与降、托盘左右移动的配合，各位置传感器、供墨信号传感器的输入等。打印控制台的软件系统与板卡只负责与喷头传输数据，实现打印。

以下通过描述一台设备完整的动作流程来说明设备的运行。

设备从上电开机后，有一个自检过程：首先是设备的喷车进行上升找到高位的原点信号。由 PLC 的定位模块输出 PWM 脉冲信号驱动喷车的升降伺服实现。在喷车上升后，延时一段时间，托盘模组开始向旁边作水平移动，到达托盘原点位后停止，即与喷车模组分离动作流程完成。此工艺动作是为了非正常断电或停电后喷车位置移动，必须重新准确定位，避免出现因不准确的定位而造成的碰撞故障。

设备进入上电后的维护流程，一般由设备操作员观察各喷头的表面状态，确认状态主要是喷头墨路相关的零部件情况，才可作出下一步工作判断。若喷头等需要维护，可执行喷墨、擦拭、设备清洁等工作。

确认设备良好可进入打印模式。在人机界面上执行打印模式操作，电气系统根据与喷印板卡的联络信号符合，即开始喷车下降运动，到达设定的打印高度后停止。注意打印高度必须与当前生产产品高度匹配，并对前级高度检测装置进行仔细的校对，避免发生报警停线或严重的碰撞事故。

设备进入打印模式后，一般属于长时间工作状态。副墨瓶内的墨水开始不断地消耗，墨位浮子降低达到要求供墨信号输入到 PLC，主控系统会输出对应的供墨泵动作，从主墨桶补充对应的墨水到副墨瓶，保持连续打印的需求。

由于瓷砖的生产过程会带来持续的环境变化累积，例如喷头喷孔状态也会产生变化，有可能会造成喷印的色差等情况出现。在电气控制系统中，有一项很关键的设定就是维护周期动作。常用的方式就是计件或计时，自动进行维护动作。在计件方式下，设定相应的打印瓷砖片数，当数量达到后，喷车进行维护动作。计时则是设定时间周期。是使用计件还是计时维护，还是由设备操作员观察当前喷印状态进入手动维护模式，都要根据当前产品的工艺特点来选择。

当设备在打印生产过程中，进入维护模式时，PLC 会发出停线要求信号，通知外部生产线不要再送砖进来了。在打印完当前皮带上的产品，皮带送出瓷砖后停止运动，喷车开始上升到原点，接着托盘模组开始向喷车模组下方运动，到定位点后停止。于是喷车下降到与托盘模组贴合。此时形成了一套完整的维护线路墨路系统，根据设定正压系统开始向喷头压墨水，而托盘下方的管路形成负压方式吸墨，回抽的墨水经过滤器等过滤后，重新回到主墨桶内进行再利用。

当设定的维护时间到达，停止正压泵与回收泵工作，喷车开始上升到原点后托盘也左右移动，各自回到待机位置，喷车再次下降到打印高度位置。电气控制系统通过连线系统，通知打印系统维护工作完成，并通知生产线再次进砖打印。这样，一个完整的打印中自动维护流程就完成了。此系统大大减少了人工工作强度和节约了维护时间，自动化的维护更加准确，且提升了瓷砖的生产产量。

9.10.3　电气仓布局与维护

陶瓷喷墨打印机的任何电气设备，都要有一个集中放置的电气仓体。电气仓体内有可编程逻辑控制器模块和交流接触器、空气开关、中间继电器、接线排、伺服驱动器、变频器、控制板卡等。众多用电设备集中于一个仓室内，其中的布局和规划是有一定规则和讲究的。

电气仓常见的有两种形式：立柜式独立电气布局和设备附加式。立柜式一般位于设备之外的靠墙体附近放置，如果用电器件较多，根据功率和功能，还要分割成几个独立柜体，甚至要几个房间放置，例如电站的供配电系统。而陶瓷设备属于小型用电设备，其电气仓一般是附带在设备内部的。电气仓结构布局图如图 9-40 所示。

现在介绍下设备内小型电气仓的基本布局和一般设计原则。

（1）由于体积受限，电气仓的紧凑性要求不可能选择较大号的导线槽，根据预先的估算，选择合适的型号，让线路安装完成后可以方便地抽取更换其中任意一根即可。如果出现难以抽出，说明线槽太小，需要更换更大型号。

（2）不能将装有显示器的操作面板安装在靠近电缆和带有线圈的设备旁边，例如电源电缆、接触器、继电器、螺线管阀、变压器等，因为它们可以产生很强的磁场。

（3）功率部件（变压器、驱动部件、负载功率电源等）与控制部件（继电器控制部分、可编程控制器）必须

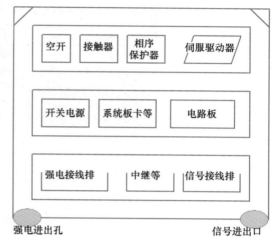

图 9-40　电气仓结构布局示意图

分开安装。但是并不适用于功率部件与控制部件设计为一体的产品，变频器和相关的滤波器的金属外壳，都应该用低电阻与电柜连接，以减少高频瞬间电流的冲击。理想的情况是将模块安装到一个导电良好，黑色的金属板上，并将金属板安装到一个大的金属台面上。喷过漆的电柜面板，DIN 导轨或其他只有小的支撑表面的设备都不能满足这一要求。

（4）设计控制柜体时要注意 EMC 的区域原则，把不同的设备规划在不同的区域中。每个区域对噪声的发射和抗扰度有不同的要求。区域在空间上最好用金属壳或在柜体内用接地隔板隔离。并且考虑发热量，进风风扇与出风风扇的安装，一般发热量大的设备安装在靠近出风口处。进风风扇一般安装在下部，出风风扇安装在柜体的上部。

（5）根据电柜内设备的防护等级，需要考虑电柜防尘以及防潮功能，一般使用的设备主要有空调、风扇、热交换器、抗冷凝加热器。同时根据柜体的大小选择不同功率的设备。关于风扇的选择，主要考虑柜内正常工作温度、柜外最高环境温度，求得一个温差，再根据风扇的换气速率，估算出柜内的空气容量。已知温差、换气速率、空气容量这三个数据后，求得柜内空气更换一次的时间，然后通过温差计算求得实际需要的换气速率，从而选择实际需要的风扇。因为一般夜间温度下降，故会产生冷凝水，依附在柜内电路板上，所以需要选择相应的抗冷凝加热器以保持柜内温度。

（6）对电柜的日常维护和检修。检查电柜周围环境，利用温度计、湿度计、记录仪检查周围环境的温度和湿度，避免凝露和冻结；检查全部装置是否有异常振动、异常声音；检查电源电压主回路电压是否正常；检测独立部件的接地电阻，可用兆欧表测量它们与接地端子间的绝缘电阻，应在 $5M\Omega$ 以上；加强紧固件，观察元件是否有发热的迹象；检查端子排是否损伤，导体是否歪斜，导线外层是否破损；检查滤波电容器是否泄漏液体，是否膨胀，用容量测定器测量静电容应在定额容量的 85% 以上；检查继电器动作时是否有异响，触点是否粗糙、断裂，部分透明壳的注意检测触点是否发黑；检查冷却系统是否有异常振动、异常声音，连接部件是否有松脱。

9.10.4　控制核心 PLC 与人机交互界面 HMI

电气设备的运动控制，由电气仓内的 PLC 来负责集中控制，例如皮带的运转，墨水的供应、搅拌、回收过滤，主墨桶液位，副墨瓶液位，正负压气压的建立与切换，温度控制，风路循环，内外线联络等功能。根据具体机型的区别，要求 PLC 自带多路脉冲输出，一般自带 2 路和扩展 4 路 PWM 类型。要求高的场合，可使用 4 路带 NC 定位模块的方式。

电气控制系统中的各种参数设置与监控，必须使用到一种可方便观察与操作的部件，一般采用人机界面，英文简称 HMI。HMI 主界面截图如图 9-41 所示。

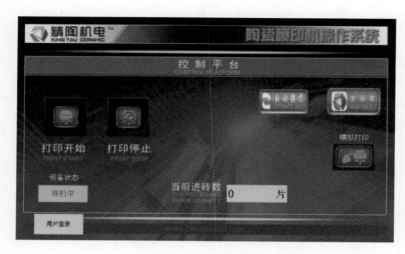

图 9-41　HMI 主界面截图

　　操作人员通过此设备上的触摸键盘功能可作为输入参数、功能配置、运动状态监视等。首先是区别"在线联机"和"打印状态"功能，只有处于非连线打印的时候，才能执行一些功能，如手动维护操作功能等。

　　瓷砖打印设备也有选择组态软件的方式，即用 PLC 与 PC 主机通讯，在显示器上开辟一个窗口界面进行参数显示和部分功能设置的方案。此方案为了保证软件通讯的实时性、可靠性，还要求具备与系统软件的兼容性，因此对计算机的稳定性要求很高。在瓷砖设备上使用较少，主流基本是用前者，即PLC 独立控制的方式。

9.10.5　运动执行机构（电机与伺服）

　　任何设备当使用到运动执行机构时，都离不开电动机、电磁阀、气缸等。其中电机类适用于旋转、带动，电磁阀用于开关、开度控制等，气缸一般用于气动回路控制。

　　电动机有很多种门类，按电源分有直流电机、交流电机；按结构分有伺服电机、步进电机。陶瓷设备上的供墨等系统，大量使用了小功率直流电机。在皮带、喷车等功率场合，一般使用伺服电机。伺服电机适用于高速度、高精度和高可靠性的场合，而步进电机一般用于速度要求相对不高的定位和保持力矩的场合。

　　伺服系统一般由以下几个部分组成：驱动器与电机、编码器与光栅磁栅、各传感器（光电开关、接近开关、压力开关、墨位开关等）。

　　一般皮带的运动，都是要求带动瓷砖在喷头下方作匀速运动。匀速运动最好的部件就是采用伺服电机。有些精度不高的产品，基于成本的选择，也可以采用大功率变频器加交流电机的控制方式，瓷砖厂的生产线一般采用大功率交流电机直接带动皮带线方式，更经济合用。

　　伺服的选择首要条件是满足本设备的功率输出。作为一个大功率部件，配合机械设计上的减速器，选择好对应的出力扭矩、刚性惯量等参数外，还要考虑到伺服的抗干扰与抑制干扰输出，过多的干扰输出会对喷头板卡系统产生不利的影响。

　　除大功率使用伺服类电机外，陶瓷设备还大量使用小功率的直流电机，例如供墨泵、活塞泵、电磁阀与气缸等动阀等执行器类部件。

　　伺服与电机的实物图如图 9-42 所示。

图 9-42　伺服与电机的实物图

9.10.6　进/出线控制

与陶瓷厂生产的传送带系统进行连接，必须通过一定的联络机制。连接的顺畅性会直接影响到陶瓷的顺利生产。这类信号的稳定性依赖于传感器的选择、传输线路的方式与防护等。传感器需要定期进行检查和清洁维护，因为一旦出现故障，轻则出现停线、撞砖、损坏皮带等问题，重则可能影响喷车精度和直接损坏喷头，甚至造成人员伤亡事故。

根据各陶瓷厂生产线的不同工艺要求，打印设备一般有通知前端进砖允许信号、过砖功能信号、出砖开始信号等最基本的功能。部分设备还要有整砖完成信号、加减速启动信号等复杂功能。

（1）进砖与出砖信号：在正常生产期间，由板卡通知 PLC 设备当前处于打印状态，PLC 负责检测前端是否有砖在等待，有则通知生产线皮带运动，把砖传递到打印皮带上来。在打印完成后，打印皮带需要把砖传递出去，先要通知出砖开始，以让出砖生产线的皮带速度与皮带保持基本同步，这样砖才能顺利过渡。

（2）过砖功能：在设备不打印而生产线和皮带继续运转，把砖传递到其他的生产工艺线或设备上去。一般不建议这样使用，原因是可能加大打印皮带的磨损。

（3）整砖信号：这类信号用于多通道打印设备，为了提高设备的利用率，且客户的产品属于较小的情况下，把多片砖在上打印皮带之前进行拼接、整理，再完成整幅面功能后，返回一个整砖完成信号给 PLC。

9.10.7　电源系统简介（与设备稳定性关系）

瓷砖机作为一台综合性的用电设备，因其功率较大，多采用三相交流供电输入。输入为三相五线制，标记为 L1/L2/L3/N/PE 五条线组成。其中 L1/L2/L3 两两之间电压为 AC380V，与 N 之间均为 AC220V，不可缺相。

为了设备的安全性和减少外部的供电冲击干扰，更好的选择是使用三相隔离变压器方案。供电线路经接入设备内置的三相隔离变压器后，再分相使用。陶瓷厂用电环境恶劣，电源内干扰谐波与浪涌冲击较多，配备隔离变压器的作用可最大限度地减少这类对瓷砖机稳定性的影响。

在电源的前端，还安装有防雷器、缺相保护器、热保护空气开关、漏电开关等一系列电气标准部件和安规部件。再输入到交流开关电源，转换为 30V-24V 和 12V-5V 等低压直流用电设备和板卡使用。

一般喷墨房还要考虑加上附属用电设备的功率需求。例如冷冻干燥机（机内空调）、墨水摇摆机、喷头清洗机、抽风过滤风机、不间断电源 UPS 及房价空调等用电设备。

9.10.8　检砖安全防护装置

众所周知，瓷砖喷墨打印机的喷头是一种精密的部件，且价格比较昂贵，这就对陶瓷喷墨打印机提出了更高的防护要求和维护规则。由于种种因素，很难保证每一块待打印的砖坯完整和平整，任何情况下，砖坯都不能发生撞击喷头的情况，因此在进砖打印之前，检测到被打印物是否有超过喷头的安全高度，就显得非常重要。在打印皮带上放置多个高度点的激光型传感器，是较为常见的一种方式。这类传感器采用的是激光光源，在粉尘环境有穿透性，且抗干扰性好，光束集中距离较远等优点，因而被大量采用。

在 HMI 上设定打印高度后，激光传感器同步升降到一个安全高度，一旦在皮带上的瓷砖高度超过设定而阻挡住激光信号，就会立刻被传递到 PLC 上，PLC 根据预设好的应急预案，会产生应急动作：停止皮带运动，控制喷车上升等。

如果发生其他生产性故障，也可以通过连接到 PLC 上的紧急停止按钮，通知上下线联动停止。

9.11 恒温控制系统（冷却系统）

瓷砖喷墨打印设备内有 3 个主要的循环，即墨路循环、水路恒温循环、气路正负压循环。这 3 个循环之间存在一个互相影响和关联的因素：温度。喷头在打印工作中，会产生热量，此热量直接传递给喷头内部管路中的墨水。墨水要保持一个最佳的工作温度，以保证打印效果，但在管路循环过程中，墨水要不断经过不同的温度空间或者无法做到完全保温的零部件上。众所周知，气体容易随着环境温度的变化而迅速地产生膨胀与收缩，气路上正负压就会随之变化而不稳定。

墨水的黏度会随着温度的变化而变化，打印的流畅性最终影响到图案打印到产品上的效果。这样就要求设备必须有一个恒温的工作环境，最直接的要求是墨水温度的恒定。如果使用黏度有波动的墨水，在经过喷头喷出后，就会造成打印色差。

瓷砖喷墨打印机采用两级恒温系统，按部位划分：喷车恒温和墨路恒温两类。喷车恒温可采用水循环方法，我们知道在喷头上贴上加热片当温度低于设定时会起到加热作用；墨水在主墨桶和二级墨盒也可以进行加温和管路上增加保温措施。

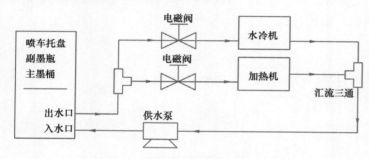

图 9-43 单路水循环恒温系统结构图

随着温度的上升，可能会超过墨水所能承受的温度，此时就必须采取降温措施。一般是采用在喷头托盘上设置水路进行循环。恒温系统即起到加温作用同时也起到抑温作用。通过水的流速和温度，调节托盘温度同时传导到喷头上。流水的速度和温度通常由设备外置独立的恒温水箱进行控制。单路水循环恒温系统结构图如图 9-43 所示。

由于不同颜色的墨水的物理特性差异，其温度曲线也不尽相同，如果想要精确控制，则需要采用多组独立的恒温系统，即针对每一个颜色通道，可单独实现恒温控制。一般在每个温控仓内，主体有冷冻机和加热机两部分，对外表现为进水口和出水口两个供水管路。在设定好一个温度值后，进水口内的温度被 PLC 探测到有差异，PLC 会控制进水口内的三通阀把循环水导向不同腔体。如果设定温度高于进水水温，即需要加热。循环水经加热机腔体内后，出水口温度基本达到设定，再供给到陶瓷喷墨打印机的墨条模组内。

9.12 抽风系统

（1）概述

抽风系统实际分恒温和环境排放两类。一是保证喷墨房内的温度符合设备的工作要求和操作人员的工作环境要求。二是通过正压除尘和过滤墨雾气味等。

（2）内部循环

图 9-44 为设备内蒸汽吸附组件结构示意图。

喷头是高精密的部件，要求环境尽量干净，但是瓷砖的生产环境粉尘严重，加上喷头闪喷和正常喷墨产生的墨雾，还有热压出来的素坯会有水蒸气出现，这几项因素同时作用，会在喷车模组内产生粘结，这种情况要求必须加装蒸汽吸附组件。蒸汽吸附组件一般安装在喷头模组的两侧，产生一个轻微的气流方向，吸气压力又不能太大，以免影响墨滴喷墨。

陶瓷喷墨打印机在打印工作中，墨水会在空气中产生挥发，气味会影响操作人员的嗅觉系统，蒸汽会随着气流附着在设备上温度较低的部位，形成凝露现象。当凝结得超过一定体积，就会影响到设备的正常工作。

良好的设备内部结构设计会让蒸汽形成一定的通路，通过干净的气源导流出水蒸气和墨水气味。

（3）大循环

大循环是指喷墨房的通风性、恒温环境、微正压防尘与空气过滤系统。图 9-45 为喷墨房气流示意图。

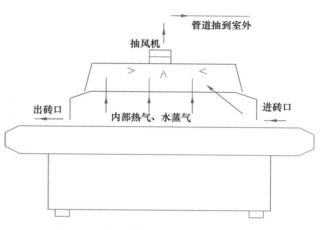

图 9-44　设备内蒸汽吸附组件结构示意图

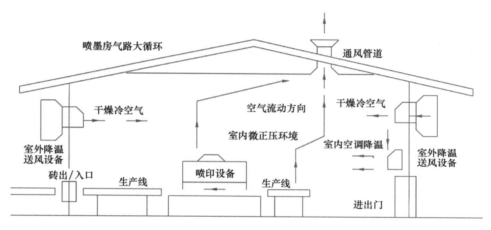

图 9-45　喷墨房气流示意图

喷墨房的设计必须有足够的排风管路。一般是采用正压除尘系统，即通过外部净化后的空气压入喷墨房，让喷墨房的进气略大于出气即可。

9.13　瓷砖喷墨打印机的维护与保养

9.13.1　喷墨房内环境的要求与维护

室内环境的温度、湿度的急剧变化，会导致墨水使用的安全周期缩短，降低喷头工作的稳定性，加剧设备机械运行部件的磨损，降低设备水、墨、气路管道的密封性及精密电子器件的可靠性，严重影响设备的正常运行。

（1）室内温度、湿度的要求

为确保室内的温度、湿度的稳定，设备房需安装配置温度计、湿度计、加湿器和空调等器件、设备，务必保持设备房温度 22～30℃，湿度 50%～75%，并保持设备使用环境的空气净化。

（2）设备场地的要求

首先，必须建立专用且与外界隔离密封的设备房来摆放设备，所建的设备房应远离震源。

其次，保持维护好设备房内工作环境的整洁，因为灰尘会影响喷头的打印效果，缩短喷头的使用寿命，加剧设备机械运行部件的磨损，因此应该对设备房内进行每天一次的打扫整理，以保证设备房及设备的整洁。

9.13.2　周边环境的要求与维护

陶瓷喷墨打印机是一款工业级、高精密的喷墨打印设备，既有精密的机械传动部件及电子器件，又包含了复杂的电子电路。为避免周边的设备、电器及静电等对设备的稳定性造成影响，建议在使用前对设备的周边环境进行以下检查：

（1）设备房需配备一个独立的电源输入控制柜，供电必须保证设备 24 小时供电连续，且控制柜输出勿接其他用电设备，设备房内的空调单独引入输入电源，以免电气干扰造成设备运行不稳定的故障。

（2）严格按照设备标识的电源规格接入输入电源，以防止引起设备电路的损坏。

（3）需确保并检查接地线路的真实有效，严禁将设备的地线与建筑的避雷针地线共用。

（4）需为设备提供长期洁净的正压气源，由于陶瓷生产环境恶劣，气源的含水、油量较大，请配备空气净化装置。

（5）定期检查接线端子的牢固性和供电的稳定性。

（6）请勿在设备上任何位置放置其他物品，防止物品跌落到传送带或喷头下面，造成事故。

（7）请勿让阳光直射打印设备。

（8）更换任何器件，请务必和原型号相同，以免造成不必要的问题，甚至严重的事故。

9.13.3　输送带的保养维护

输送带是设备重要的高精度传动部件，其功能是衔接上端生产线，传送砖坯至打印区域并将完成打印的砖坯送往下端生产线，为保证其输送功能的可靠性、稳定性，保护瓷砖在生产过程的品质，需定期检查维护输送带的传动精度，定期清洁输送带的内、外层的粉尘及其他附着物，延长输送带的使用寿命。

1. 输送带的传动及表面清洁维护

（1）定期为传动辊的轴承添加润滑脂，确保输送带的传动稳定性及瓷砖打印生产的品质，可根据监听传动过程中是否有异响和砖坯上图案的打印效果来判断是否添加润滑脂。

（2）定期清洁输送带的内、外层的粉尘及其他附着物，确保输送功能的可靠性、稳定性，输送带内部可用洁净的正压气源进行清洁，外部表面可用沾有清洗液、酒精的湿布进行表面清洁并及时擦干。

（3）请避免直接在输送带上喷印图案。

2. 输送带清洁器的保养维护

（1）由于输送带清洁器长期与墨水及粉尘接触，其活动部件易磨损、卡滞，影响其执行规定功能，请定期对转轴及弹簧添加润滑脂使其保持灵活运动。

（2）清洁器刮片长期与输送带贴合摩擦，其本身属易损件，请定期更换，以保证对输送带的清洁效果。

（3）请定期清理输送带清洁器下方的集尘斗。

9.13.4　丝杠、导轨及联轴件的保养维护

对于一款工业级、高精密的喷墨打印设备，严格保证其运动部件传动的可靠性及稳定性，定期检查紧固、磨损情况及添加润滑剂是非常重要的。

（1）定期检查运动部件的紧固情况：

① 检查丝杠与传动联轴件间的紧固情况，是否有松动或打滑等现象。

② 检查丝杠与丝杠固定座的紧固情况，丝杠在传动过程中是否有轴向窜动或抖动，丝杠螺母是否有松动现象。

③ 检查导轨的安装是否紧固，传动过程中是否有晃动或抖动现象，滑块与导轨传动过程中是否有异响或卡滞现象。

（2）定期检查运动部件的润滑及磨损情况。

（3）定期检查丝杠、导轨、轴承等传动部件的润滑情况，观察其润滑油是否变黑，是否有粉尘颗粒及磨损粉屑附着在其表面，定期清洁并利用黄油枪添加指定的美孚 2 号锂基脂进行润滑。

9.13.5　主墨桶及副墨瓶墨水搅拌器的保养维护

由于陶瓷墨水成分特殊，长期静置会出现沉淀、分层、变质等现象，为提高陶瓷墨水的利用率及设备打印性能，故设备上主要用于储存墨水的主墨桶及副墨瓶均配备了墨水搅拌器。

（1）定期检查墨水搅拌器的工作可靠性，工作过程中通过搅拌器的观察窗观察搅拌轴的转动情况，是否有卡滞、打滑或停止等现象，监听工作过程中是否有异响，便于及时维修。

（2）定期检查核对墨水搅拌器工作的实际转动频率与设置是否对应，以便及时纠正与维修。

墨路系统大致由主墨桶、墨管、供墨蠕动泵、过滤器、副墨瓶、金属墨条、喷头、保湿海绵以及一些相关配件组成，在设备打印时为设备提供连续性循环供墨，是喷墨打印设备的重要组成部分，一旦供墨系统出现了故障，轻则设备出现渗墨、漏墨、无法连续供墨、供墨报警、副墨瓶窜墨，重则出现打印断墨、喷头堵塞或损坏、设备使用寿命降低等现象，因此需要对墨路系统进行周期性的保养维护。

9.13.6　主墨桶的保养维护

（1）定期检查主墨桶内的墨水余量，及时添加墨水，严禁添加含有杂质或过期变质墨水，避免损坏喷头。

（2）添加墨水的操作过程中尽量避免墨水溢出及滴洒，注意保护周边部件的清洁，加墨完成后请塞好加墨口的盖子，避免粉尘进入。

（3）岁休时需彻底清洁主墨桶。

9.13.7　供墨泵及过滤器的保养维护

设备打印时通过墨路系统中的传感器控制供墨泵执行连续性供墨，如供墨泵出现故障或损坏，则无法完成供墨的连续性。过滤器则对墨水中的杂质或者颗粒进行过滤，防止墨路和喷头的堵塞。需定期对供墨泵及过滤器进行保养维护。

1. 定期检查和维护供墨泵

（1）检查供墨泵工作过程中是否有卡滞、异响等现象。
（2）注意管接头连接要可靠，内管不能有扭、折现象等。

2. 定期检查和维护过滤器

（1）检查过滤器两端与管路连接的可靠性，防止出现连接松动或渗墨现象，及时清洁及维修。
（2）定期更换过滤器，防止过滤器内部堵塞，保证墨路系统的通畅，注意不同墨水对过滤器的过滤寿命是不同的。
（3）注意区分过滤器的进、出端，注意管接头连接要可靠，墨管不能有扭、折现象等。

9.13.8　副墨瓶的保养维护

（1）定期检查副墨瓶内墨水液位的情况，定期更换副墨瓶的液位显示管。

（2）定期检查副墨瓶管接头处是否有渗墨现象，请及时清洁及维修。

（3）岁休时清洗副墨瓶内腔。

9.13.9 墨路系统管路的保养维护

（1）定期检查管路的连接可靠性及密封性，防止管路出现破损、漏墨、渗墨，及时清洁、维修、更换。

（2）定期清洁金属墨条的墨道，防止管内墨水沉淀或聚团堵塞喷头。

（3）定期清洗及维护墨水回收管路的相关配件。① 清洁、更换保湿海绵及海绵橡胶座；② 清洁海绵托盘的墨水回收管路；③ 检查及更换用于墨水回收的金属外层墨水管；④ 更换墨路系统中相关部件时，请务必更换和原设备相同的部件，以免造成重大事故。

9.13.10 供电电源检查与维护

（1）定期检查供电电压是否合格，不能有电压剧烈波动和缺相等现象。

（2）定期检查不间断电源的工作情况。

（3）定期检查进电源线端子的可靠性。

（4）设备的用电安全不容忽视。定期检查设备的接地情况，防止操作人员发生触电或机器损坏等情况。

（5）定期检测防雷器的工作状态，防雷器开关是否为开启状态，让设备处于良好的防雷状态。

9.13.11 设备内部电气检查与维护

（1）定期检查电路板上的插件是否有松动现象。

（2）定期核实供电电源的电压值。

（3）定期检查伺服驱动器上的接插件，检查接插件是否松动及电缆是否有发热严重现象。

（4）由于工作环境的恶劣，请随时检查喷墨打印机各仓门是否关好，防止由于长时间未关仓门而导致灰尘对设备内部的破坏。

9.13.12 气路检查与维护

（1）检查设备所使用气源：① 由专业的无油空气压缩机产生纯净气源，提供给喷头正压使用，定期检查空压机的气压，定期释放空压机气罐内和油水分离器内的积水；② 净化气源给墨水回收使用，且务必要配备空气净化器，定期检测空气净化器、油水分离器内是否有积水并及时排放。

（2）定期检查气路是否存在漏气现象。

（3）定期检查用于喷头正压清洗的气压值是否正常。

9.13.13 打印控制硬件的保养维护

（1）定期清理电脑外表的灰尘，在不工作的情况下，定期清理电脑里面的灰尘，避免电脑出现异常。

（2）定期清理交换机上的灰尘。

（3）定期检查网线的水晶头是否出现爆裂和松动。

（4）定期清理喷头板外壳的灰尘和墨水痕迹，检查指示灯是否正常。

（5）定期清洗喷头外壳的灰尘和墨水痕迹。

（6）检查喷头连接线的可靠性。

（7）定期用干净的软布清洁显示屏，不可以用尖锐的硬物刮、撞显示器，避免损坏。

9.13.14　打印软件的维护

（1）定期备份参数，要求备份参数的文件保存在两台以上的存储器内。
（2）定期清理临时打印文件。
（3）定期清理操作系统垃圾文件，定期更新杀毒软件病毒库。

9.13.15　恒温系统的保养维护

（1）使用中尽量减少打开水箱盖的时间及次数，避免粉尘及其他杂质落入水箱堵塞管路、损坏水泵。
（2）定期检查水箱内的水量，及时补充（设备自带缺水报警装置），定期清洁水箱及更换水箱内的蒸溜水和防冻液，保证水循环的流动性及温度控制的有效性。
（3）定期检查、核对水箱内的实际水温与设定温度是否一致。
（4）定期检查水路是否通畅或水泵是否损坏。
（5）定期检查用于水箱内的液体有无变质（变稠或有其他杂质）。
（6）定期检查水管或水管接头有无漏水现象，定期检查水管排放的位置是否有外力损坏的可能性，防止破裂。

9.13.16　喷头的保养维护

喷头由很多细小的喷嘴组成，喷嘴大小与灰尘颗粒差不多。如果灰尘、细小杂物等进入喷嘴中，喷嘴就会被堵塞，从而出现堵头或偏针的情况。所以喷头的维护至关重要，在日常保养与维护中应该做到以下几点：

（1）不要将喷头从设备上拆下并单独放置，确实需要拆下的话，喷头放置的时间不得超过 5min，就必须用清洗液进行清洗，长时间放置墨水会产生沉淀，从而将喷嘴阻塞，如果出现喷嘴阻塞，应立即用清洗液进行清洗。
（2）不要用手指去碰触喷嘴，人体的油脂易导致喷孔的堵塞。
（3）不要用工具去碰触喷嘴，以防划伤喷嘴。
（4）不要将汗、油、药品（酒精）等沾到喷嘴上，引起墨水的成分、黏度的变化，造成墨水凝固阻塞。
（5）不要用面纸、镜片纸、布等擦拭喷嘴表面，如果喷嘴表面有过多的墨水或杂质，需要清理擦拭的话，应用专用喷头擦拭棉棒或专用喷头擦拭纸进行清理，清理时尽量不要擦拭喷头喷嘴的中间，而应当清理喷嘴的两边；喷头擦拭纸为一次性使用，喷头擦拭棉棒也不得过多次使用，如果墨水已在擦拭棉棒上产生沉积，擦拭棉棒不得再次使用。
（6）不要长时间关机，以免造成墨水的沉淀而引起堵塞喷头的情况。
（7）不要长时间不打印喷头状态图，通常一天至少打印两次以上喷头状态图；打印图片前要打印喷头状态图，保证喷孔无堵塞。若在同一位置出现堵孔或偏针的情况，多次正压清洗不出，就要用针筒注清洗液清洗，确保喷头无堵孔偏针现象。
（8）不要用过大的气压去冲洗喷头。
（9）不要使用任何未经认证或认可的墨水、清洗液、接头、墨管、过滤器、墨瓶、搅拌器、注射器，以免相互之间发生反应而引起喷头堵塞的情况。

9.14　喷头

喷头是喷墨打印的一项核心技术，作为打印机上的重要核心部件，它决定着最终画面的打印效果和质量，同时还决定着设备的稳定性。

目前国外的喷头制造商主要有：HP（惠普）、Canon Finetech（佳能）、SⅡ Printek（精工）、XAAR（赛尔）、Konica Minolta（柯尼卡美能达）、Dimatix（包括 Spectra 系列和星光）、Toshiba TEC（东芝）、Epson（爱普生）等。

9.14.1 喷墨方式

1. 连续式喷墨（CHK）

墨水由泵或压缩空气输送到一个压电装置，对墨水施加高频震荡电压，使其带上电荷，从喷嘴中喷出连续均匀的墨滴流，喷孔处有一个与图形光电转换信号同步变化的电场，喷出的墨滴便会有选择性地带电，当墨流经过一个高压电场时，带电墨滴的喷射轨迹会在电场的作用下发生偏转，打印到介质上，未带电的墨滴被收集器收集重复利用。连续式喷墨又分为二值偏转和多值偏转，二值偏转是指墨滴只分为带电和不带电两种，黑滴带电量相同；而多值偏转，墨滴可根据需要给予不同的带电量。连续式喷墨技术示意图如图 9-46 所示。

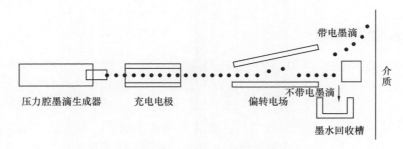

图 9-46　连续式喷墨技术示意图

2. 按需式喷墨（DOD）

按需式喷墨是指只在打印需要时才进行喷墨。图片数据先转换成喷墨机能识别的喷墨信号，再通过喷墨机的控制板控制喷头进行喷墨。

按需式喷墨包括压电式、热发泡式等。

（1）热发泡式

工作原理：利用加热原件，迫使喷嘴处的部分油墨汽化，所产生的气泡迫使墨滴从喷嘴喷出。喷出墨滴后，加热原件停止工作，在油墨表面张力和冷凝作用下，气泡收缩所产生的负压会将墨水再次吸入，加热原件开始工作，准备下一次的循环喷印。由于接近喷头喷嘴部分的墨水被不断加热，累积的温度不断上升，因此需要利用墨盒上部的墨水循环冷却。热气泡喷印是在较高温度下进行喷码的技术，一般需要使用低黏度、高表面张力的墨水，以确保喷墨设备能持续长时间高速的喷印。

（2）压电式

工作原理：通过给压电陶瓷（PZT 片）施加电压，使压电陶瓷产生高速轻微的形变，从而将喷嘴中的墨水压出。由于表面张力的作用，当墨水压出后，新的墨水又补充进来，以保证持续不断地喷出墨水。根据压电陶瓷变形的方式，又分为压缩模式、弯曲模式、推动模式、切变模式。

瓷砖喷墨打印机采用的喷头是按需式压电喷头。

（3）热发泡式喷头与压电式喷头比较（表 9-1）

表 9-1　热发泡式喷头与压电式喷头比较

项　　目	热发泡式喷头	压电式喷头
寿命	短	长
价格	低	高
精度	高	高
色彩	鲜艳度高	略低
稳定性	一般	高
生产成本	高	低
停机保存功能	一般 （长期不喷会造成喷头的堵塞，但因为喷头价格便宜，所以后果没有压电喷头严重）	一般 （长期不喷会造成喷头的堵塞，所以保养维护很重要）
各种墨水成分适应性	差（以水性墨水为主）	好（可适应各种成分墨水）

9. 14. 2　压电式喷头的组成

喷头一般由喷嘴部分、PZT 片、喷头框架、供墨系统以及驱动电路组成。

下面以一款常见的压电陶瓷喷头——精工 508GS 喷头（图 9-47）进行说明。

（1）喷嘴板

喷嘴分布在喷嘴板的上面，是决定喷头出墨墨滴大小的前提。

（2）喷嘴板保护片、PZT 保护片

喷嘴板保护片、PZT 保护片用来保护喷嘴板和 PZT 片，防止喷墨板和 PZT 片的损坏。

（3）PZT 片

PZT 片是喷头的核心，起着控制喷墨泵的作用，喷头的出墨也是通过 PZT 片来实现，PZT 片是决定喷头寿命和频率的前提。

（4）供墨系统包括墨水流路和墨囊

墨水流路是给喷头提供连续打印的墨水；墨囊（部分种类喷头未装墨囊）主要是吸收墨水供给时的压力变动。平台式喷墨机因为喷车运动时液位的浮动，通常要采用带墨囊的喷头。

图 9-47　精工 508GS

1—喷嘴板保护片；2—喷嘴板；3—PTZ 保护片；4—PZT 片；5—墨水流路；6—墨囊；7—喷头固定架；8，9—电路控制板；10—驱动板；11—喷头壳

（5）喷头固定架、喷头壳

喷头固定架用以支撑搭建整个喷头，安装喷头各种零部件，因为各种喷头的零部件形状有所区别，所以喷头固定架的形状也截然不同。

（6）驱动电路，包括电路控制板、驱动板

通常也可以将控制板和驱动板集成在一起，电路控制板、驱动板通过控制喷头电气信号和驱动信号从而有效控制喷头的出墨方式、出墨频率等。

9.14.3 压电式喷头的出墨点型

压电式喷头的出墨点型包括二值和灰度。

（1）二值打印是指相同墨水喷出量，也就是相同墨点大小进行打印的方式，如图 9-48（a）所示。进行高质量打印时，喷头喷出的墨点要尽可能细小，但是墨点过于细小的话，相同颜色深度内所需的墨点就要增多，因而打印速度将会变慢。如果采用大墨点的喷头，虽然可以减少墨点来达到相同颜色深度，不致使打印速度变慢，但会使图片精度受损，达不到高质量打印的要求。

（2）灰度打印是指每个喷嘴可以改变喷墨量，也就是变化墨点进行打印的方式，如图 9-48（b）所示。进行高质量打印时，由于墨点大小会根据不同颜色深度进行自动识别，所以既不会降低打印速度，也不会影响打印精度。

目前瓷砖喷墨打印机所使用的喷头最多的是八阶灰度。

八阶灰度包括 0、一阶灰度点、二级灰度点、三阶灰度点、四阶灰度点、五阶灰度点、六阶灰度点、七阶灰度点。

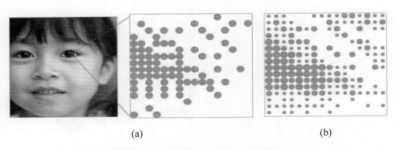

图 9-48　灰度与二值墨点分布对比图
（a）二值；（b）灰度

（3）灰度喷头的喷墨方式

灰度喷墨可以在紧跟着喷出的第一滴墨之后，连续喷出第二滴墨和第三滴墨，也称为多滴方式。可以控制的墨滴数为三滴，是四级灰度，可以控制的墨滴数为七滴的是八级灰度。多个墨滴是在刚从喷嘴喷出后，通过表面张力等的综合作用，形成一个大的墨滴之后，再到达打印材料上。根据喷出的墨滴数的不同，在打印介质上的墨点的直径也不同，从而可以获得利用多级灰度的高精度打印效果。

一阶灰度点、二阶灰度点、三阶灰度点分别如图 9-49、图 9-50、图 9-51 所示。

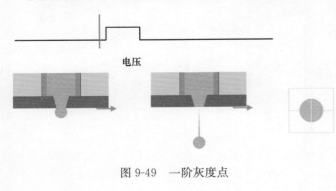

图 9-49　一阶灰度点

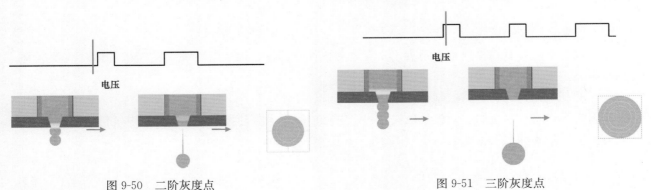

图 9-50　二阶灰度点

图 9-51　三阶灰度点

9.14.4　共享壁式微压电喷头和隔离式微压电喷头

1. 共享壁式微压电喷头工作原理

相邻喷嘴需要共享壁，交替式喷墨，就是共享壁式喷头。

如图 9-52～图 9-54 所示，当墨水喷出 A 喷嘴时，也使用相邻的 B 喷嘴和 C 喷嘴的壁，因此 B 喷嘴和 C 喷嘴无法喷出墨水。A 端子输入波形，B 端子和 C 端子输入不激活。当 A 喷嘴完成喷墨后，再进行 B 喷嘴和 C 喷嘴的喷墨，然后再进行 A 喷嘴的喷墨，反复按该顺序进行动作。

（1）A 喷嘴出墨图（图 9-52）

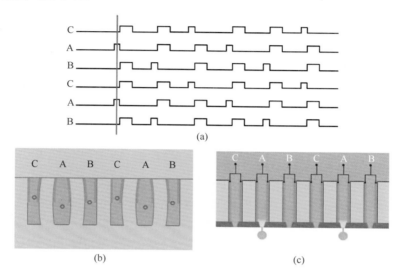

图 9-52　A 喷嘴出墨图
（a）喷嘴出墨—电压；（b）A 喷嘴出墨—俯视图；（c）A 喷嘴出墨—正视图

（2）B 喷嘴出墨图（图 9-53）

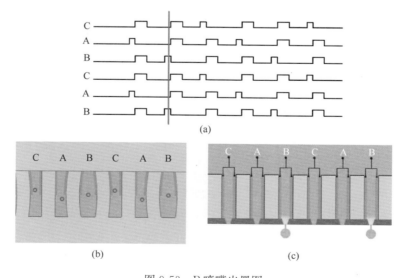

图 9-53　B 喷嘴出墨图
（a）B 喷嘴出墨—电压；（b）B 喷嘴出墨—俯视图；（c）B 喷嘴出墨—正视图

（3）C 喷嘴出墨图（图 9-54）

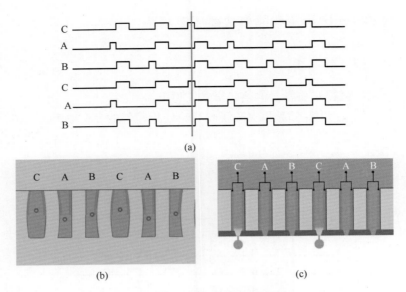

图 9-54　C 喷嘴出墨图

（a）C 喷嘴出墨—电压；（b）C 喷嘴出墨—俯视图；（c）C 喷嘴出墨—正视图

2. 隔离壁式微压电喷头工作原理

隔离壁式喷头是由于全部喷嘴室独立，因此，可以让全部喷嘴用相同的时序喷墨。与共享壁式喷头相比，虽然其物理分辨率只有共享壁式的 1/2，但是由于其不受相邻壁之间的影响，相邻喷嘴之间的干扰也少，因此可以以 3 倍的频率来喷墨。隔离壁式喷头出墨图如图 9-55 所示。

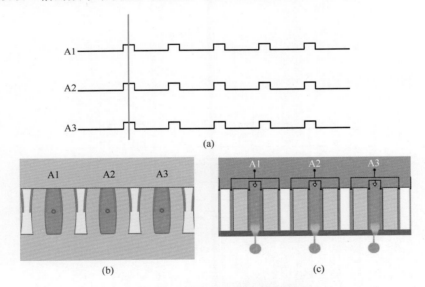

图 9-55　隔离壁式喷头出墨图

（a）隔离壁式喷头出墨—电压；（b）隔离壁式喷头出墨—俯视图；（c）隔离壁式喷头出墨—正视图

3. 共享壁式喷头与隔离壁式喷头比较（表 9-2）

表 9-2　共享壁式喷头与隔离壁式喷头比较

项　目	共享壁式喷头	隔离壁式喷头
喷射频率	低	高

续表

项　目	共享壁式喷头	隔离壁式喷头
物理精度	高	高（如果是单片，物理精度只有共享壁式的一半，但通常采用多片集成，来达到更高的物理精度）
生产速度	低	高
喷头成本	较低	较高
色彩饱和度	较低	高（单位时间内喷射出更多的墨水）
喷射速度	低	高
安装所占空间	较小	较大（因为常采用多片喷嘴）

9.14.5　温度表

墨水黏度与温度成反比。温度低时，墨水黏度会上升，就需要提高驱动压；温度高时，墨水黏度会降低，就需要降低驱动电压。喷头上带有检测温度的热敏电阻，通过热敏电阻检测喷头墨水温度，参考喷头控制部件的温度表，控制合适的驱动电压。

不同种类、不同颜色的墨水温度黏度曲线是不同的，所以墨水在使用前，需要由喷头公司制作适合的温度表，以保证喷墨的稳定。喷头的温度检测如图 9-56 所示。

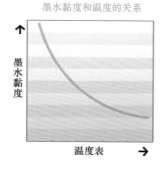
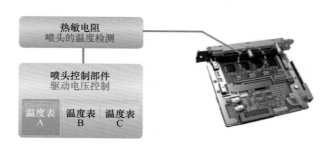

图 9-56　喷头的温度检测

9.14.6　预热、吐沫与刺激

为了进行稳定的打印，有多种方法可以对喷头进行控制。

（1）预热方法是在原始位置施加不喷出墨水的波形来驱动 IC 发热，从而用其热量来加热喷头（流路中的墨水）。图 9-57 为喷头预热电压波形图，图 9-58 为喷头预热工作图。

图 9-57　喷头预热电压

（2）吐沫方法是在喷墨打印前，在不打印的位置上喷出少量的墨水，以除掉因干燥而增加了黏度的墨水。图 9-59 为喷头吐沫电压波形图，图 9-60 为喷头吐沫工作图。

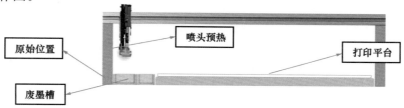

图 9-58　喷头预热工作图

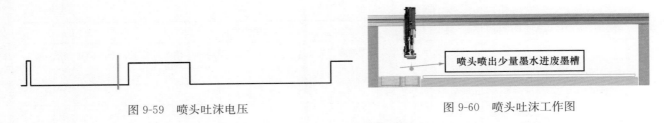

图 9-59　喷头吐沫电压　　　　　　　　图 9-60　喷头吐沫工作图

（3）刺激方法是在喷墨打印中，对不喷墨的喷嘴施加不喷出墨水的波形，以防止喷嘴表面干燥。图 9-61 为喷头刺激电压波形图，图 9-62 为喷头刺激工作图。

图 9-61　喷头刺激电压

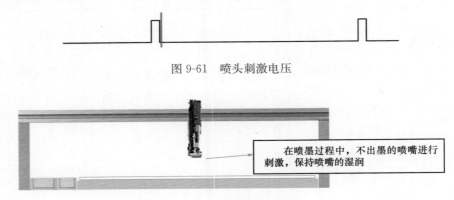

图 9-62　喷头刺激工作图

9.14.7　喷头横向打印精度与纵向打印精度的介绍

打印精度采用 dpi 来表示，Dots（点）Per（每）Inch（英寸），多少 dpi 就是每英寸里有多少个点。

（1）横向打印精度主要是根据光栅或磁栅的精度来决定

多通道打印扫描式的陶瓷喷墨打印机的通常使用直线型高精度磁栅或光栅，在线直喷式的陶瓷喷墨打印机通常采用码盘型高精度光栅。通过基准光栅或磁栅的精度，再用软件倍频的方式来获得更高的打印精度。

（2）纵向打印精度主要是根据喷头物理精度来决定，单通道打印时（在线直喷式陶瓷喷墨打印机就是单通道原理），主要取决于喷头本身的物理精度，为了得到更大的墨点和防止接线，有时也会采用多组喷头并列的方式。但多通道打印时，假设喷头的物理精度为 180dpi，通过步进的方式进行多次覆盖以提高纵向打印精度（倍频处理），可以实现 360dpi、540dpi、720dpi 等的纵向打印精度。

无论是横向打印精度还是纵向打印精度，理论上讲，单位面积内的墨点越多，精度越高，但如果发生墨点叠加的情况只会增加颜色深度和防止拉线而不会增加精度，如果墨点叠加过多的话，甚至会发生晕墨等适得起反的效果。

9.14.8　常用陶瓷喷头的介绍

1. XAAR 喷头

（1）XAAR 公司的历史

为获取、开发和商业应用最早由剑桥咨询公司研发的新型数字喷墨印刷技术，XAAR 公司于 1990 年在英国剑桥成立。在最初阶段，XAAR 的业务主要集中于向印刷机制造厂商转让技术，其中主要是办公应用方面的技术。而到了 1999 年，XAAR 开始在瑞典制造喷墨打印喷头，为喷绘应用开发出了一系列二态喷头。目前 XAAR 依然继续为这一领域研发二态喷头，而中国市场也依然是 XAAR 在这类产品方面的一个销售重点区域。

2003 年，XAAR 推出了首款灰度喷头；2007 年，在持续的研发投入之后，XAAR 推出了带有"真正内循环专利技术（TF Technology™）"的 XAAR 1001 喷头，在喷墨印刷可靠性方面又有了显著的提升。由此，XAAR 在数字喷墨印刷创新方面被公认为业界领袖。XAAR 1001 在中国及全球市场，逐渐成为陶瓷行业占有优势的喷头。

2013 年，XAAR 推出了新的改进型 XAAR 1002 喷头，以取代 XAAR 1001，并提供 3 种不同的墨滴大小尺寸选项。XAAR 1002 GS6 可喷射 6～42pL 动态变量墨滴，喷印淡色暗部与精致细部最为理想。XAAR 1001GS12 喷头则可喷射 12～84pL 的更大墨滴，可喷印更浓密的色彩效果或提高生产量，提供双倍的着色强度。而 XAAR 1002 GS40 喷头则带有 40～160pL 的墨滴尺寸选项，可喷射高达每平米 40g 的多种高色料、大颗粒墨水或液体。而这一切，都为瓷砖生产厂家通过印制强烈、浓密和生动的色彩，以及多种不同的上釉效果，提供了更高的个性化和附加值（图 9-63）。

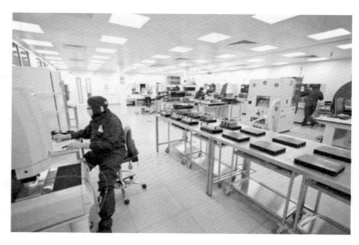

图 9-63 生产 XAAR 喷头的无尘车间

（2）XAAR 喷头的制造

XAAR 最初的制造工厂位于瑞典的 Järfallä。它是 XAAR 在 1999 年从一个专利技术特许使用方那里并购获得的，当时 XAAR 正从技术提供者转变为制造者。瑞典的工厂生产针对宽幅喷绘及打码标识市场的 XAAR 喷头。而位于英国剑桥的工厂自 2006 年投产以来，已经获得了迅速的发展，制造 XAAR 1002 喷头。两处工厂都是在无尘车间环境中进行生产，工艺流程及设备都是专门为生产 XAAR 喷头而设计和建造的。

喷头的生产制造是一个相对较新的行业，与早年的半导体生产的某些特征有相同之处，尤其是没有现成的工艺流程及设备供应这一情况的存在。XAAR 运用的许多工艺流程及设备都是自己研发的，或是精心挑选的供应商为 XAAR 提供的。XAAR 的指导原则是，生产的成品必须具备市场领先的性能及可靠性。

事实上，喷头的制造，就是生产一个由精密微加工的不同机械零部件、电子控制电路和液体精确处理等整合而成的系统。在极端复杂的喷头制造过程中，会有成千上万次的度量程序，以确保满足极精确的规格要求。喷头的最后检验，也是实际的印刷测试，喷头会被充上墨水并喷射，以检测每个印墨通道及喷射出的墨滴的参数表现。

（3）XAAR "真正内循环专利技术（TF Technology™）

墨水内循环可使得墨水总是处于持续的流动之中，防止沉淀和喷嘴堵塞。这在喷印高浓色料的黏稠性陶瓷印花墨水时尤为重要。XAAR 1002 喷头喷印的不同黏稠性墨水，适用范围要远远大于其他喷头。

XAAR 1002 喷头运用 XAAR "真正内循环专利技术（TF Technology™）"，以及"混合侧面喷射"结构，使墨滴在喷射过程中，以极高的流速再循环直接通过喷嘴的后部。XAAR 1002 喷头中的墨滴流速，要远高于其他喷头，而且其再循环的方式也是独一无二的。具体如图 9-64（b）所示。

其他喷头制造商也声称提供"再循环"，但其实运用的是不同的方式。比如，在许多底端喷射的喷头中，墨水只在上层通道中循环流动，而并不在下层通道中循环。这也就是说，下层通道的喷嘴后部并无墨水再循环流动。而压电材料位于下层通道的顶部，下压推送墨水从喷嘴喷出。这样就会形成一个真空效应，墨水会被从上层通道吸向下层通道，因而在下层通道会进入或积累残渣和气泡，进而会造成喷嘴的堵塞。而这些残渣和气泡只能靠流动循环从喷嘴处冲走移除。具体如图 9-64（a）所示。

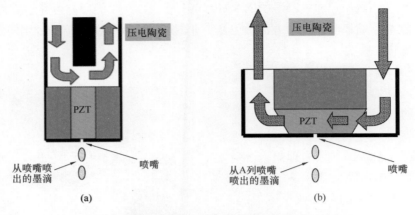

图 9-64　其他喷头与 XAAR 喷头的内循环原理比较
(a) 其他喷头；(b) XAAR 喷头

因此，没有应用"真正内循环专利技术（TF Technology™）"的喷头，工作的可靠性就较差，导致更长时间和更经常性的维护，造成机器营运成本的提高和停工时间的加长。

2. Dimatix 的星光 1024 喷头

国内墙砖对墨滴尺寸的要求一般为 12～15pL，地砖为 25～35pL，特殊效果（釉料等对色彩无特别要求，但对速度和覆盖量要求较高的陶瓷应用）则需 65pL 以上的大墨滴。星光 1024 陶瓷喷头系列由此推出了大中小和单双色 6 个版本的喷头：最小尺寸（12pL）用于墙砖等高精度图像打印，中尺寸（25pL）用于地砖等高速打印，大尺寸（65pL）则适合超高速打印，特别是喷釉等特殊效果，如下陷釉和渗透效果等。

值得注意的是，星光 1024 喷头首创了喷头的可拆卸维修性。原来市面上的普通喷头，若发生个别喷孔堵塞或损坏，用户不得不废弃更换整个喷头。而星光 1024 喷头的每个部分（喷头内部过滤器、4 片内部电路控制板、喷嘴面板等）都可以单独拆卸、清洗、更换，且操作简易便捷。用户仅需简单的清洗或者更换部分零件，便可大大节省重新购买整个喷头的成本。

另一方面，普通喷头的寿命通常为 6～18 个月，星光 1024 喷头的寿命至少达 3 年，通过持续改进，预计其未来寿命可达 5～6 年。喷头较长的使用寿命得益于其经历严酷生产环境考验的全钢结构，减轻了瓷砖碰撞等物理损害。同时其内部材料对墨水有更好的兼容性，体现在其高耐腐蚀性、对墨水要求更低，这也给予用户更大的墨水选择空间。

相比普通喷头 20m/min 的打印速度，星光 1024 喷头可达 53m/min。这一高速运作保证了现阶段陶瓷企业对大产量的要求。由于该喷头能实现快速打印，在满足产量的同时更可能节省一整条生产线。举例来说，如果某陶瓷企业有 4 条生产线（3 条生产、1 条备用），则至少配有 4 台喷墨打印机。若使用装有星光 1024 喷头的喷墨设备，经过喷头的高速运作，在同样产量的情况下，可能只需 2 条生产线就可达到原来 3 条生产线的效果，最终为用户节约一条生产线的成本，并且节省至少一台喷墨打印机的花费。

二十多年前 Dimatix 就开始研发适用于陶瓷生产的喷头，并为适应陶瓷行业严酷的生产环境不断对产品进行改进。

首先，双重不间断墨水内循环系统。包括墨水腔体大循环与喷嘴面板表面小循环（1024 个喷嘴孔内的独立小循环）同时并进，使质量较大的油基墨水保持均匀流动，以免沉淀堵塞喷头，同时排出多余气泡，防止拉线和斜喷等问题，并减少开机启动和停机维护的时间。

　　然后，更大的打印距离。星光 1024 喷头的喷射速度达 8m/s，是普通喷头的两倍，这就允许喷头与瓷砖表面的距离更大，可达 8～10mm。这进一步减少了喷头与瓷砖的碰撞概率，降低喷头损坏的概率；同时还赋予同一台打印机更多的陶瓷打印种类和设计空间，如表现凹凸表面、腐蚀效果、打印弧形腰线等。

　　另外，单位时间内出墨量的增加。在同样的打印速度下，星光 1024 喷头的最大出墨量约为普通喷头的 4 倍，普通喷头的出墨量为 14～18mL/m²，星光 1024 常规喷头（星光 1024-MC）的出墨量为 30～40mL/m²，星光 1024 喷釉喷头（星光 1024-LC）的出墨量为 70～80mL/m²，在灰阶打印下的出墨量更可达 200mL/m²。

3. SEIKO 和 XAAR 喷头的保养

　　国内所销售的设备市面上主要分为日本精工（SEIKO）喷头与英国 XAAR 喷头两大类。由于精工喷头与 XAAR 喷头的结构和设计有区别，在日常保养方面也会有所不同，所以我们不能按照 XAAR 喷头日常的操作方法来操作精工喷头。

　　首先，由于精工喷头的精度比 XAAR 喷头高很多，也就是说精工喷头的单孔墨点很小，只有 35pL，而 XAAR 喷头的墨点有 80pL。在这种情况下对墨水的要求就非常高，墨水的色料颗粒和杂质等都会对喷孔产生影响，造成喷孔堵塞和喷孔偏针。所以首先要选用精工专用墨水，因为墨水的颗粒、黏度等指标都和普通的 XAAR 喷头墨水完全不一样，选择其他喷头适用的墨水或代用墨水都会对精工喷头造成影响，轻则会出现频繁断墨、打印模糊等问题，重则会导致喷头内部损坏，造成无法挽回的损失。

　　相比于 XAAR 喷头，精工喷头要求室内的清洁度也相对较高，虽然精工设备的供墨系统采用封闭式设计，但还是避免不了细微的灰尘进入供墨系统。这些灰尘可能在喷头内部造成沉积从而堵塞喷孔，所以保证室内环境的清洁也十分必要。测试结果表明，工作在比较清洁环境中的设备比工作在环境粉尘度比较大的设备，其喷头出现堵头及偏针的概率要明显偏低。

　　与 XAAR 喷头相比，精工喷头的电路部分是暴露在外面的，在清洗及夜间保护的时候一定注意不要将清洗液及墨水接触到裸露的电路部分，及喷嘴连接部分，如果沾到清洗液或液体，一定要及时擦干净，然后晾干后才可以通电使用，否则会损坏喷头的电路板及电极。

　　精工喷头因为打印精度比较高，所以在喷孔堵塞后会明显影响打印质量，所以在发现喷头堵塞时，一定要即时清洗。因为墨水特性的关系，如果不及时清洗喷孔，则该喷头中的墨水将会彻底凝固，不利于清洗通畅。

　　XAAR 喷头在夜间保护的时候很多客户会反复使用同一张无纺布，这样会使无纺布在闲置的时候被空气中的杂质污染以及无纺布中的墨水成分干涸，不利于对喷头的保护。所以建议使用精工喷头设备的客户在夜间保护的时候，需要保证无纺布的清洁，及无纺布清洗液的含量，经常更换新的无纺布，以免对喷头喷孔造成损伤。

　　精工喷头的喷嘴周围为钢片所保护，以防止喷头在打印过程中被划伤，但是喷头的喷嘴部分并不是钢制材料，所以不可用硬物以及不符合标准的棉签和纸巾擦拭喷头表面，否则会造成喷嘴周围的泼水膜损坏，造成喷头打印中滴墨。

　　喷头在拆下清洗时，可能会使用注射器进行清洗，很多 XAAR 喷头用户大多使用塑料注射器进行喷头清洗，而且在清洗喷头之前不会对注射器内部进行清洗。强烈建议精工喷头的用户在对喷头进行清洗的时候使用玻璃注射器清洗，因为塑料注射器的塑料部分，尤其是黑色的橡胶部分会与清洗液产生化学反应被腐蚀，被腐蚀的橡胶成分会扩撒到清洗液里造成清洗液污染，进入喷头内部造成喷头滤网及喷孔堵塞。精工喷头在清洗时候尽量采用设备自身的清洗功能清洗。

XAAR 喷头用户很多时候在喷头堵塞时采用浸泡的方法，有些客户会对 XAAR 128 喷头长达 1 星期甚至更长时间的浸泡，这样做的目的是让喷头内部及喷嘴得到充分的清洗液长时间浸泡，以得到比较好的清洗效果。但是对于精工喷头来讲不可以使用清洗液长期浸泡，因为超过 48 小时以上的浸泡会对喷头产生影响，造成喷头喷孔偏针等现象。使用清洗液浸泡精工喷头单次时间要在 48 小时以内。

对于长期不使用的喷头（使用过的喷头），XAAR 一般使用专用保护液注到喷头内部，此液体有不易挥发的特点，可在一定时间内保证喷头喷孔湿润而不被堵塞。但是这种保护液不适用于精工喷头，精工喷头在长期不使用的情况下，可用精工专用清洗液将喷头内部墨水清出，直至流出的清洗液无明显颜色为止，然后将喷头内部的清洗液自然空出，按日常喷头保护方法，用无纺布和保鲜膜将喷头保护好即可。

9.15 主要喷墨打印机机型特点介绍

9.15.1 西斯特姆（System）喷墨打印机

西斯特姆喷墨打印机特点见表 9-3。

表 9-3 西斯特姆喷墨打印机特点

参　数 \ 型　号	STD	XL	XXL	BS
通道数量	6 和 8	6 和 8	6 和 8	6
每个通道喷头数量	3～11	11～18	11～22	15～28
最大打印宽度	710mm	1160mm	1410mm	1800mm

1. 装置描述

Creadigit 是瓷砖制造业内装饰所用的最灵活的数码印刷系统。当瓷砖装饰需要复制和模拟天然石材、大理石和花岗岩时，Creadigit 技术使其能够装饰任何陶瓷表面，并取得满意效果。Creadigit 的独特印刷系统是装饰二次延压瓷砖和浮雕瓷砖以及粗糙和带纹路平面时理想的选择。

2. 技术特征

（1）机器上安装的是最新一代喷头，分别有 MC，SC，LC 三种型号，分辨率为 400dpi，油墨在喷嘴板色阶上循环，其具有 4 个灰阶，其中 MC 颜色最深的油墨每滴体积为 80pL。所有机型均可同时采用以上三种不同墨滴尺寸的喷头，可以适用不同深浅灰度图案的要求以及各种功能性墨水。

（2）配合 system 自主研发的墨水波形文件，可以在同种喷头喷射不同的透墨量。

（3）可分别拉出喷头组进行维护。

（4）由无刷电机控制的高稳定性传输。

（5）通过无刷电机上升喷头高度，最大行程为 250mm。

（6）由无刷电机控制的喷头清洁。

（7）根据实际湿度，推荐每 4 小时清洁一次色带。

（8）颜料盒可由桶或塑料盒添加。

（9）为预防沉降，每一颜料盒内都装备了一台恒温器，颜料在环形管道内不间断地循环。

（10）可通过向负责人发送警告通知来提供远程协助。

（11）可在生产过程中在每一测试槽道内打印图像。

（12）安装了 Server Linux 的机器内部电脑的槽道内可储存 500G 字节的图像，DSP 可储存 32G，400m² 的图像，借助专利技术的 RIP 和内存 32G 的 DSP，可以实现任意随机的打印，一个图案不同区域任意选取打印以及多个不同图案的任意选取打印。

（13）每一槽道内喷头、打印板和颜料的精确温度调节。

（14）可使用 RIP 评估图像所使用油墨的品质。

（15）传输皮带清洁和清洗系统。

（16）安装在色带之间的烟气吸入系统。

system 喷墨打印机的技术特征见表 9-4。

表 9-4　system 喷墨打印机的技术特征

喷头数量	多达 6 个
每条色带的喷头数量	多达 11
最大打印宽度（mm）	690
墨滴尺寸（最大值）（pL）	25、50 和 80 公称皮升的打印色带
技术类型	4 色阶灰度图/位图
喷墨类型	按需喷墨
横向分辨率（dpi）	400/色带
纵向分辨率（dpi）	速度为 40m/min* 时为 400（8m²图像） 速度为 50m/min* 时为 300（11m²图像） 速度为 60m/min* 时为 200（16m²图像） * 最大速度取决于所用的油墨
最高分辨率为 400×400dpi 时的最大覆盖面积为（6 条色带）	第 1 色阶：45gr/m² 第 2 色阶：91gr/m² 第 3 色阶：130gr/m²
标准图像的色阶使用范例（覆盖面积）	第 1 色阶：最大为 90%（25pL） 第 2 色阶：最大为 10%（50pL） 第 3 色阶：最大为 5%（80pL）
安装功率	18kW，不需无间断电源
电气连接	400V 3P + PE TN
气动连接	5 条色带 20NL/min 管 6/8mm
颜料	CMYK system CMYK 系统 除 4 种基本色外，也可能会组合 6 种额外颜色（条件是其符合西斯特姆 S. p. A. 油墨标准）。应用纯色背景和前景时也可添加白色或黑色油墨
必要的配件（排除在供应之外）	加压和空气调节室 可以安装在 Creadigit 前的吸入系统，以便于消除瓷砖产生的烟气
清洁系统	使用无接触式吸入气刀的喷头清洁系统
机器尺寸	长 3.600mm 宽 1.800mm
传输皮带的离地高度	950～1200mm 之间
最高入砖温度	50℃
喷头—瓷砖打印高度	2mm

3. Creadigit 的主要优势

（1）分辨率更高：其分辨率高达 400dpi。

（2）速度更快：借助完美的机器传动设计和强大的 DSP 传输功能，Creadigit 使得能够高速生产，皮带速度为 40m/min 时仍能保持分辨率 400dpi，即使一台仅含有 4 条色带的机器也能够做到。

（3）无阴影条纹或其他人工痕迹：得益于完美的融合、颜料内转循环、独有的 RIP 以及喷头光学安装，即使是最复杂的图像也能实现极好的清晰度、深度和颜色强度，从而避免了阴影线、条纹等缺陷。

（4）最大油墨量：由于喷头的 4 个色阶能实现较大的油墨体积（0、25pL、50pL 和 80pL），因此可以获得市场上最大的克数量，密度为 $1.3g/cm^3$。

（5）生产力更高：得益于其构造特点，Creadigit 不需频繁地自动清洗喷头以防止打印时一些喷嘴的偶然"损失"。

（6）打印精确度更高：得益于更强大的压电体，其点火速度更高，从喷嘴至陶瓷衬底上预期点的墨滴轨迹使得色点能够落在其应在的位置，即使在通常需要离瓷砖表面更远的深度表层结构也是如此。

（7）随着时间延长打印稳定性增加：Creadigit 拥有一个获得专利的颜料回路，其具有多重循环，使得油墨能高度均匀地流动，且长时间停顿后机器还能够回到打印状态，从而使得装饰时能够立即得到第一选择的瓷砖。

（8）维护更实用：得益于色带的结构，单一喷头可在原位进行更换，几乎不用调整即可马上使用。此外，西斯特姆的喷头是组合式的且零件可以回收，从而降低了最终用户的成本。

（9）安装更方便：紧凑设计和简易设置使其能够快速安装在客户的装置上。

（10）更符合人体工程学：人体工程学设计使得操作员能够在其界面工作区（HMI）就能够控制所有的机器功能。此外，每条色带都能够从两边轻易地拔出和接触到，从而为平常的清洁操作提供便利。可以在前面从油墨或软塑箱内重新填充颜料。

（11）持续时间更长：得益于一体化皮带清洗的专有系统以及高效的蒸汽真空系统和整体不锈钢结构，即使在高湿度条件以及接触在工作区通常用来清除油墨的溶剂和化学试剂时，机器也能持久运行。

（12）数字化系统更加可靠：超大尺寸的组件使得 Creadigit 的点火压电体承受的压力更小，从而在频繁使用时故障率也较低，寿命更长。

（13）完全整合：西斯特姆能够为全球客户提供瓷砖数码装饰的一套完整"价值主张"。由于将机器、RIP 软件、仿形软件、所得的图像和颜色能力以及周到的售后服务完美整合到了一起，所以可以轻松实现上述优势。

4. 光栅图像处理器（RIP）

Creadigit 和 Laserlab Diamond 2004 AOM 配备专利技术的 RIP 软件（光栅图像处理器），该软件有助于数字化处理所要打印的图像文件。

RIP 可以为 Creadigit 独特地创建西斯特姆 S. p. A. 专有的 .RDG 格式文件，为 Laserlab 机器独特地创建西斯特姆 S. p. A. 专有的 .BIN 文件。

5. 色彩管理系统（Neo Stampa）

借助 Neo Stampa 色彩管理软件，可以利用 ICC RGB 打印机配置文件进行彩色校正，并且 Neo Stampa 可使软打样在各种图像处理软件中均完全兼容以及在这些软件中进行域内处理。

9.15.2 得世（DURST）喷墨打印机

得世喷墨打印机是以最新一代设备产品加玛 XD 系列（GAMMA XD）为配置进行的，该系列标准框架有两种，分别为加玛 XD98 系列（图 9-65）及加玛 XD148 系列，最大打印宽度为 957mm 和 14800mm。

1. 色彩通道配置

事实上，目前 8 色通道的设置，是得世（DURST）认为在达到目前国际先进效率水平下，比较适合经济成本搭配的配置。笔者相信一定会有用户这样认为：人家的色彩通道已经可以达到 12 色，甚至无限添加，贵公司这样的产品，太落后了等评论。笔者通过以下的解析对得世 8 色喷印进行简析。

图 9-65　得世加玛 98 系列

（1）色彩配置：假设一台喷墨打印机只有一个颜色，那么颜色的表达效果，如果按照 10 个色彩等级区分，无非就是从 10% 到 100% 颜色（深度）表达；而如果一台喷墨打印机有两个颜色，那么颜色的表达组合和运算将达到 100 种；同样的道理，随着颜色通道的增加，颜色的组合的运算将按照色彩通道的 N 次方增加；在这个前提下，提升色彩通道，最直接的方式绝对是提升色彩管理软件的运算能力，而色彩运算能力快慢简单地体现于设备硬件性能（同样的电脑配置，随着颜色通道增加，色彩运算方法复杂因而产生图像打印装载过程变慢），因此设备制造商必须根据用户的色彩通道配置要求，花更多的成本采购一台更加强大的计算机，用户的购买成本相应的也将极大增加。

（2）色彩调配：如果用户照了一张相片，准备直接打印在砖面上，那么前提是用户必须把照片格式转换成设备专用格式（TIFF），然后把文件导入喷墨打印机，通过喷墨打印机图形管理软件，根据用户的实际色彩配置，自动生成最优颜色并把照片图像尽可能地还原喷印在照片上，在此基础上，用户将根据喷印效果，使用人工干预方式（通过设计师对输入图像的色彩校正）把个人认为最优化方式打印出来并投入生产；然而，较多的实际色彩配置（例如 12 色）将直接使得人工干预的方式变得更加复杂——电脑色彩调配可以自动运算，但是人工干预方式只能通过人手（图像设计师）多次对多种色彩组合进行测试和调整，达到最优效果。固然此种精细化的干预能够使得打印效果有适量提升，但是因此投入的开发成本和效率却是成倍增加。投入合适的成本达到最优效率，因此得世 8 色配置是两者比较合理的平衡。

（3）足够的单色彩表达能力：配置 12 个颜色通道和使用 12 个颜色通道，是两个不同的概念，前者可能只使用了 8 个颜色而后者是实际可以使用 12 个颜色。实际生产之中，用户往往因为发觉喷墨打印机单色喷墨的色彩表达不能达到要求而增加同样颜色的通道，例如做瓷砖仿真时候，发觉喷印的喷墨量效果不足，层次感未能够达到用户要求，而受限于本身喷头的极限喷墨量，用户往往只能使用两个颜色通道来喷一种颜色，姑且不论增加一个同颜色通道会使得喷印精度降低而直接影响喷印清晰度，这种同色通道搭配方式本身就是对设备效率的一种浪费，因为用户既增加了采购成本，也使得色彩调配的人工干预效率降低。

得世加玛系列喷墨量数据参考见表 9-5。

表 9-5　得世加玛系列喷墨量数据参考

分辨率（dpi）	最大带速（m/min）	最大出墨量（油墨密度 1.2g/cm³）（g/m²）	
		单色	全 8 配置色
300×200	90	10.0	80.0
300×250	73	13.0	104.0

续表

分辨率（dpi）	最大带速（m/min）	最大出墨量（油墨密度 1.2g/cm³）（g/m²）	
		单色	全 8 配置色
300×320	57	16.0	128.0
300×400	46	20.0	160.0
300×500	37	25.0	200.0
300×640	29	32.0	256.0
300×800	23	40.0	320.0
300×1000	18	50.0	400.0

（4）喷印效果：过多的色彩通道配置不利于喷印效果，而喷印效果直观地受到两方面的影响——图形软件和喷印引擎硬件。考虑到不同公司采用的图像引擎不同，此处对图形软件不作表述，因为笔者手上没有具体的参数对比和分析，因此除却图形软件的影响，单独论述喷印引擎颜色通道配置，须分两方面论述：① 墨点成线，线成像：我们知道，喷印的原理就是喷头上面的喷嘴把墨滴通过高速喷射在砖坯表面，高频的墨点喷射使得墨滴落在砖面上形成线条——可以说，瓷砖表面的成像原理就是点成线，线成像，不同的墨滴的覆盖和混合使得砖面颜色变得丰富；其中，从细微观打印清晰的效果来看，墨点在砖面上的落点精度越高，不同墨点的重合精度越精准，打印的效果则越优质；同时，墨点因为高速喷印在砖面上面，小墨点受到空气阻力等各种原因，会产生墨点喷印偏移（图 9-66），尽量使得不同大小的墨点准确地落在色彩成像软件管理地范围内，是衡量喷印效果高低的重要依据。因此，配置颜色通道越多，不同色彩通道墨滴重合精度越低，砖面清晰度越低；② 喷印引擎的制造和组装工作：喷头装配工艺越精确，喷印的精度越高，因此喷印的质量和效果越高。（备注：得世喷头所采用的可变墨滴技术和垂直喷印专利技术能够有效提升喷印效果。）

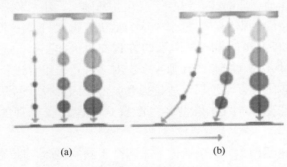

图 9-66　得世专利喷片技术效果图与
普通喷印效果图对比
（a）得世专利喷片技术效果图；
（b）普通喷头墨点喷印效果图

得世特殊喷片专利技术简介：采用特种二氧化硅薄片作为底片，喷涂超硬氧化涂层，保证高压喷点垂直喷印于砖片表面，极大地改良喷印效果并且对腐蚀和刮花有强效抗性，图 9-66（a）为得世特殊喷片专利墨点喷印技术效果，图 9-66（b）为普通喷头墨点喷印效果。

（5）墨水过期的影响：墨水有保质期，瓷砖生产厂家必须根据其产品生产方向合理地选择墨水通道，一般按照标准色 CMYK＋N 的配置，生产中一般会采用几个颜色通道专用于喷印特殊颜色墨水，而特殊颜色墨水在生产中用量较少，有时候没有在保质期间内使用完毕，由此将导致墨水重新灌装，使得剩余墨水被废弃而产生额外的生产成本。

以上的观点，主要是为了解析用户在选型过程中的第一个问题：合理颜色通道数量设置和选择。

2. 喷头的选择和服务的便利性

基本上所有的用户对喷头的选择都非常关注。一般的用户会向销售人员咨询喷墨引擎所采用的喷头，涉及的问题无非是喷头的基本参数等，似乎知道了喷墨打印机采用的喷头，就能够知道喷印质量；虽然这种选择略显粗糙，但是不得不承认选择喷头的型号和参数作为喷印核心，确实能够在一定程度上可以猜测喷印的大致效果；不过从深层角度分析，简单对喷头基本参数的对比，是不能了解及凸显不同喷头的卓越之处的。笔者将从以下几点，简单论述得世（DURST）专业喷头的在参数之外用户较少了解的一些特征，包括其专利技术对喷头喷印效果产生的影响和喷头模块改良后对用户售后服务提供的便利。

得世专业级喷头是基于富士 DIMATIX 公司蓝宝石系列进行开发的，市面上流通的普通喷头为星光1024 系列，两者喷头的参数比较大致如图 9-67 所示。

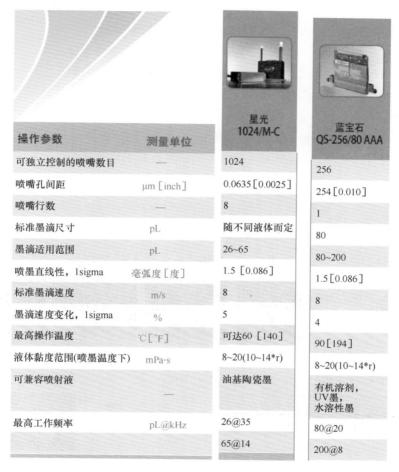

操作参数	测量单位	星光 1024/M-C	蓝宝石 QS-256/80 AAA
可独立控制的喷嘴数目	—	1024	256
喷嘴孔间距	μm[inch]	0.0635[0.0025]	254[0.010]
喷嘴行数	—	8	1
标准墨滴尺寸	pL	随不同液体而定	80
墨滴适用范围	pL	26~65	80~200
喷墨直线性，1sigma	毫弧度[度]	1.5[0.086]	1.5[0.086]
标准墨滴速度	m/s	8	8
墨滴速度变化，1sigma	%	5	4
最高操作温度	℃[℉]	可达60[140]	90[194]
液体黏度范围(喷墨温度下)	mPa·s	8~20(10~14*r)	8~20(10~14*r)
可兼容喷射液	—	油基陶瓷墨	有机溶剂，UV墨，水溶性墨
最高工作频率	pL@kHz	26@35 65@14	80@20 200@8

图 9-67　DIMATIX 喷头数据与星光 1024 喷头比较

（1）采用专利技术，消除滴墨状况及喷印过程中的阴阳色问题，能够更加高效地减少砖喷拉线发生。

得世专利高效喷头如图 9-68 所示。该款喷头最特别的地方就是其配置喷头内部双墨水循环系统，该系统能够有效地保证喷头工作时候的最优喷墨量。该专利技术用简单的话来表述，原理就好像是物理学中的电器并联技术——支线电压值和主线电压值是一致的，所有吸附墨滴的压力是一致的，无论是喷印的时候还是生产待机的时候，如果内部吸附压力过高则喷孔墨水不能高效喷出，直接产生的效果就是砖坯上面的喷墨量不足，甚至产生大量的拉线；反之，如果吸附压力不足，则会出现墨滴大量下滴，砖坯上面出现"滴墨"情况；由于这种专利技术仅仅存在于得世（DURST）设备上，所以一般设备往往极容易出现滴墨及拉线现象；另外，因为喷墨的均匀性，使得喷头喷印所有的砖坯上的墨水量都能够保证一致，因此也极大地减少了砖坯图像阴阳色的发生。

（2）改进喷头安装模块，提供极

图 9-68　得世专利高效喷头

简模块化更换方案，有效提高售后维护效率。

喷头模块概念，使得用户能够在问题出现而制造商未能第一时间到达现场进行设备维护的时候，通过现场工程师简易的安装替换，把出现问题的喷头在最短的时间内（15～20min）进行替换，缩短因为喷墨环节出现问题而影响整条生产线停止的时间，达到提高整条生产线连续生产的稳定性和持续性，极大地提高生产效率。得世高效喷头更换系统如图9-69所示。作为瓷砖生产厂家，对实际生产中因为各种故障产生而引起空窑和生产线停机问题深恶痛绝，特别是目前喷墨工艺环节问题，当喷墨打印机出现报警、滴墨、砖面出现拉线的情况下，为了保证产品合格率而不得不对喷墨设备进行维修，每一次的生产线停顿，意味着极大的损失——干燥器和窑炉必须保持恒温燃烧，天然气必须不断地消耗浪费，更甚的是，当砖坯不能源源不断地供应窑炉生产的时候，窑炉将出现干烧情况，影响窑炉燃烧气氛，使得重新入窑的砖坯出现各种质量问题，甚至砖坯炸窑情况。对于以上情况，一方面既增加了无意义的成本消耗（成本消耗不简单是天然气，还包括整个企业的一切销售、人力、租赁等），降低了生产效率，另一方面则间接影响了砖坯质量问题而降低了销售利润（一片一等品的砖和次等品的砖坯存在必然的利润差价）。

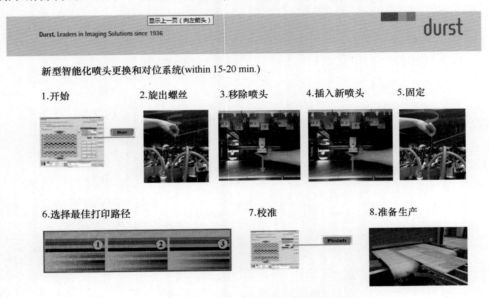

图 9-69　得世高效喷头更换技术系统

备注：目前大致有不少厂商都采用了快速模块更换技术，但是这个技术是否成熟，取决于搭载喷头模块的引擎加工精度和定位精度以及软件智能色彩校正系统——喷印引擎加工精度和装配精度会影响模块的定位，软件智能调整会对喷印墨点定位作精度微调，从而使得新喷头与原喷头完美匹配。

3. 精加工保证对传动系统稳定性和喷印精度及独特的砖坯检测系统

采用优质材料通过德国式精度加工，最后经过专业装配工艺，有效地提升传动系统的稳定性和传动精度。尽管这些细微的地方不显眼，但是却往往因此直接使得设备效率得到很大的提升。

（1）高精度配件加工及专业的组装工艺能够保证传动系统的稳定性。

在实际生产环境中，喷印效果好与坏也受到实际现场环境影响，例如生产线中的压机压制产生的震动，是会直接影响离压机不远的喷墨打印机的喷印效果的——尽管这个影响很微小，喷头吸附的墨滴会因此在砖面上产生滴墨情况，这要求喷墨设备性能的稳定性达到避免这些情况的影响的要求。

（2）顶尖的砖坯检测系统能够防止砖坯对喷头的损坏。

得世（DURST）所采用的智能砖坯检测系统，使得喷印引擎能够根据砖坯的实际厚度进行调整，避免因为叠砖、凹凸砖进入喷墨打印机内对喷头产生的损毁。目前，国内不同地域的砖坯由于配方影响，压制设备、干燥设备和窑炉设备的影响，生产出来的素坯（指没有进行砖面效果装饰的砖坯）有可能会出现砖面质量问题，例如砖坯平整度不同，砖面凹凸不平等，而喷墨打印机喷印效果最好是离砖面1～2.5mm 之间；一旦砖坯的平整度超过喷头的喷印高度，直接影响就是砖片输送进喷墨打印机里面的时候撞碰喷头，使得喷头损毁，而间接的是必须通过人工干预的方式把砖坯从喷墨打印机内取出来（情况类似于普通打印机的卡纸情况），每次人工干预需要的时间，则意味着企业生产效率的损失，意味着企业花费了成本但是却没有得到任何的回报。得世砖坯检测系统如图 9-70 所示。

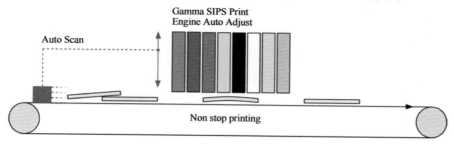

图 9-70　得世砖坯检测系统

4. 改善软件运行系统，减少软件出错的几率，增加设备持续运行效率和双线/多线打印功能

（1）采用 LANUX 64 位操作平台开发的界面操作平台，而不是采用 Windows 系统，可以极大地减少了设备生产过程中，因为网络连线产生的资料外泄，电脑病毒攻击及黑客入侵（图 9-71）。

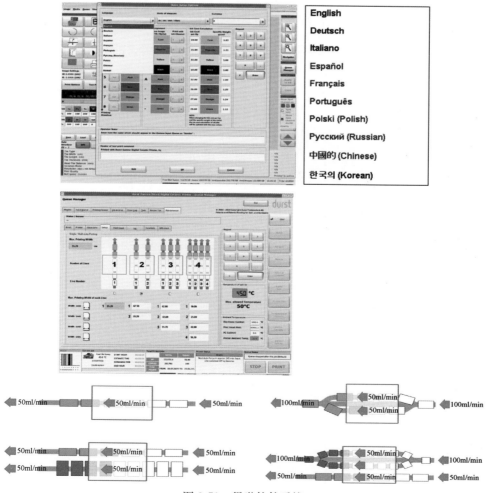

图 9-71　得世软件系统

众所周知，目前 Windows 系统，因为系统漏洞，每年大量的用户资料被泄露，举例说明：喷墨设备一般会与网络连接，保持计算机的状态，并且也方便了远程设计人员对新产品的设计效率，然而，基于 Windows 系统漏洞，现在有专业的商业间谍公司，通过这些漏洞盗取客户的资料及数据，并采用这些资料和数据进行"山寨"生产，给原来的产品生产公司带来极大的损失；而基于 LANIUX 系统开发的软件系统，可以绝对避免出现以上情况，保证客户绝对私隐。

（2）双线/多线打印功能。

此功能为用户省了多购买一台设备的成本。

随着中国人口红利的消失，中国一线操作工人越来越短缺，因此生产企业必须提升生产效率。采用优质高效的设备，减少生产岗位上出现的错误，提升生产工艺的稳定性和持续性，是能够有效地提升企业生产效率的。所谓"开源节流"，一方面指增加产品竞争力，另一方则是减少成本浪费及提升效率，两者结合，是企业持续增长的保证。一分钱一分货的道理大家都懂，得世（DURST）不是"差不多"先生，它代表的是喷印行业中的最卓越性能。

从 2005 年开始得世成立专门用于陶瓷喷印的部门，开始了用于瓷砖表面装饰的喷印设备研发，并参与及制定了瓷砖的喷墨过程。回顾得世（DURST），其拥有超过 80 年的喷印成像经验，积累大量的复制图像及图形喷印独特技术，得世（DURST）采用现今最尖端的数字喷印技术，应用于传统瓷砖表面装饰，极大地提升了瓷砖的独特性及广泛应用性；凭借其独有专利成像技术，专业的开发团队及极致的制造工艺，根据陶瓷生产企业的不可间断性，开发及研制出最新一代高效率、超稳定、极简易维护的全新瓷砖喷墨设备。

9.15.3　希望（HOPE）银河系列喷墨打印机的特点

数码喷墨打印机之所以能在短时间内风靡陶瓷行业，与其传统印花机不可比拟的优势密不可分，以下列举的是数码喷墨打印机的主要特点：

（1）工作模式多样，适应不同的使用情况且切换快捷方便。

（2）与砖坯无接触的喷印，确保砖坯不受损伤，可喷印凹凸的模板砖。

（3）可选多级灰度喷印，图案细腻逼真。

（4）颜色丰富多样，且可以直接通过打印做到特殊效果。

（5）只需设计图像，无需制版费用，可印刷个性化图案（图 9-72）。

（6）具有人性智能化的故障显示及各种提示，使用和维护方便。

图 9-72　数码喷墨打印机喷印的模板砖

从喷墨技术开始运用至今，各类品牌的数码喷墨打印机通过长时间客户端运用积累的经验，不断地对喷墨打印机进行升级改进，无论是机器外观还是性能都有了很大程度的提高。希望机械作为其中的一员，也在通过协助企业解决生产问题的过程中不断获得创新的灵感，并使之融入到设计制造当中，满足了不断涌现的陶瓷制造新工艺对喷墨打印机设备性能的高要求。2014 年希望公司推出的银河系列喷墨打印机正是顺应了市场的要求而研发的。在数码喷墨打印机主要特点的基础上，银河系列喷墨打印机还具备以下优势（图 9-73）：

结构紧凑精巧，8 个色彩通道，真正意义上的灰度打印；可选用多种品牌喷头，喷头安装板采用抽拉式结构，便于使用和维护；自动清洗装置与抽风装置一体化，大幅度延长连续生产时间；先进的墨水温度和压力控制系统、自动墨水回收系统，实现环保节约化生产；稳定可靠的打印软件系统，工程打印可实现超大规格图稿打印。

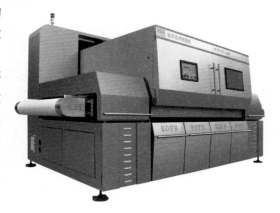

由数码喷墨打印机的自身特点所决定，为了对其能够进行更好的操作维护，操作人需要遵守以下基本要求：设备操作人员要熟悉机器说明书，一定要严格按照操作规范进行操作维护；在操作维护设备前，一定要在规范的要求下进行；不能凭自己的主观判断操作，如不懂得操作维护，需要请教专业的技术员；保证设备在正常运行下进行调试操作；设备中除指定的参数可更改外，不能随意更改其他参数；设备须设专人负责。

图 9-73　希望银河喷墨打印机

9.15.4　C8-600/1200 型彩神陶瓷数字喷墨打印机

1. C8 系列陶瓷喷印机的特点

彩神 C8 系列陶瓷喷印机是深圳市润天智数字设备股份有限公司推出的第四代陶瓷数字喷墨打印机（简称喷印机），有 C8-1200 和 C8-600 两个型号，专门用于瓷砖生产线完成隧道式在线喷印。C8 系列陶瓷喷印机具有以下特点：

（1）采用了先进的柯尼卡美能达喷头，喷墨频率高达 40kHz

C8-600/1200 型陶瓷数字喷印机采用了柯尼卡美能达公司最新研制的具有世界领先技术的喷头，主要特征为：

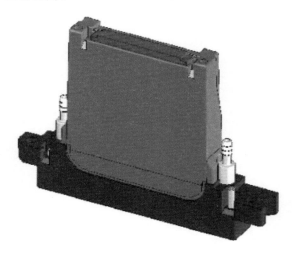

① 喷头型号：KM1024I。

② 单个喷头喷孔数量：1024 孔，4 排。

③ 单个喷头印刷长度：72mm。

④ 单个喷头分辨率 360dpi。

⑤ 灰度级数：8 级灰度。

⑥ 墨滴大小：可印刷 12pL 至 84pL 七种大小的墨滴，画面更精细，色彩更饱满。

⑦ 外观形状：如图 9-74 所示。

⑧ 封装型式：采用全封闭封装型式，抗污染能力强，更加适合陶瓷喷墨印刷。

⑨ 封装骨架：采用铝合金骨架，抗冲击能力强，提高了喷头的可靠性。

（2）釉色一体喷印

图 9-74　KM1024I 喷头外观形状

最多可配置八个印刷单元，可实现釉色一体喷印，既喷印普通墨水，又喷印下陷釉。根据产品特点，可选用 3～8 个印刷单元。

（3）既可用于地砖喷印，又可用于瓷片喷印

具有八级灰度喷印，图案细腻，印刷墨色可深可浅，既可用于地砖喷印，又可用于瓷片喷印。

（4）自动墨水控制系统，确保喷印流畅

墨水自动循环系统、自动清洗系统以及多重过滤系统，有效预防墨水沉淀，确保喷印顺畅。

（5）负压环境防止污染

采用了单独飞墨控制系统，防止飞墨对机内其他配件的污染。

（6）Windows 与 Linux 双系统组合

既具备 Windows 系统的大众性和使用方便性，又具备 Linux 系统的稳定性和可靠性。

（7）多种喷印功能

具备单图循环喷印功能、单图随机喷印功能、套图喷印功能、过砖功能、双砖功能等。

（8）独立墨水液位指示，缺墨声光报警系统。

（9）全新设计的 FloraC8 图形化软件界面，更具时尚感。

（10）知名品牌配件

为了确保机器的稳定性，C8 的关键零配件都选用了世界知名品牌，主要有基恩士（Keyence）的接近开关，日本山社（Samsr）的集成电机，施耐德（Schneider）的驱动电机，精锐广用（APEX）的减速机，美国 Micropump 的齿轮泵，美国 PALL 的过滤器，意大利安耐（Aignep）的金属球阀、工业级触摸屏等。

2. 技术参数

彩神 C8 系列陶瓷喷墨打印机的技术参数见表 9-6。

表 9-6　彩神 C8 系列陶瓷喷墨打印机的技术参数

机　型	C8-600	C8-1200
最大印刷宽度	702mm	1123mm
喷头	KONICA 1024I	
灰度	八级	
适用墨水	陶瓷墨水	
墨水颜色数量	4/5/6/7/8 色；4/5＋3 釉	
墨桶容量	连续供墨/容量 10L	
打印精度	360dpi	
喷绘速度	10～36m/min 可调	
皮带离地面高度	1050～1060mm	
介质最大厚度	40mm	
软件	FloraC8 喷绘软件，PhotoPrint	
外接电源	主机：三相交流 380V，50/60Hz，32A 风机：交流 380V，50/60Hz，3kW	
外接气源	0.6MPa，无水及杂物的清洁空气	
环境温度	20～25℃	
相对湿度	40%～80%，无凝结	
外形尺寸（长×宽×高）	5150mm×2060mm×2150mm	5150mm×2440mm×2150mm
质量	3200kg	3600kg

注：1. 机器配置不同，最大速度有所不同；

　　2. 机器高度为关门状态，不包括警示灯；宽度包括输送带电机。

3. C8 产品图片

C8 系列陶瓷喷墨打印机的实物图如图 9-75 所示。

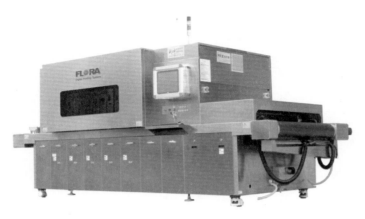

图 9-75　C8 系列陶瓷喷墨打印机的实物图

第 10 章　色彩管理基础

Chapter 10　Color Management Basics

10.1　色彩管理原理

一个训练有素的设计师能够设计出许多精美的瓷砖，但是，当他在一个熟悉的工作环境和熟悉的瓷砖生产流程中，他能否仅仅通过在 Photoshop 或其他的调图软件中人工地调整曲线来得到精确的结果？通常的过程是：生产大量的针对同一款设计的不同变体，然后从中选择所谓的样砖来进行生产。一旦生产条件如釉面的颜色或窑温有所改变，还需要通过不停地对所选设计文件进行相应的调整来抵消这种因生产条件的变动而引起的改变。

这一过程需要一位训练有素的高素质设计师来实现，但同时也需要经常去生产线上了解确切的生产条件（如墨水、釉面、瓷砖的形状大小等）并再次打印大量样砖。而这一过程往往需要花费 1~2h 来完成，如果调整次数过多，所需的时间也会翻倍。

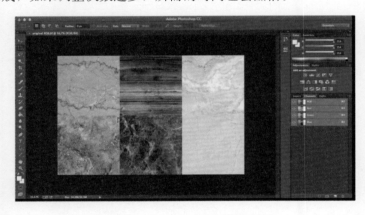

图 10-1　Photoshop 人工调色界面

这一过程很花时间，但是一个好的设计师能通过这种方法设计出许多精美绝伦的瓷砖。

在 Photoshop 中人工调色、曲线编辑（图 10-1）比自动色彩管理程序耗费的时间更多。

然而，如果这位设计师面对的是一个巨大的生产条件变动而不是日常的细微生产波动，比如墨水设置的改变、釉面由深色变为浅色或者由生产墙砖变为生产地砖等，那么他将没法通过之前的感觉来调整到想要的颜色。而且，当他必须用不同的显示器、绘图仪或者在不同的生产条件下工作时，他的调色技术也会受到很大程度的影响。这时，色彩管理的意义就凸显出来了，它能帮助这些调色专家实现更精确的色彩再现。

不管是怎样的输入设备（照相机或扫描仪）还是输出过程，色彩管理都能保证更精准的颜色再现，这些设备和过程的颜色特性都被记录在一个 ICC（International Color Consortium）文件或者其他更先进的专有文件格式里，比如专门为富有挑战的瓷砖印刷而定制的 EFI Fiery proServer 里的文件格式。

所以，使用色彩管理的一个非常重要的原因，就是，颜色的精准输出可以通过它来实现，而不是通过反复地尝试错误来调整颜色和变体设计来实现。

1. 什么是色彩管理

色彩管理就是通过对在这一图像生产流程中出现的所有输入和输出设备的特征化或者描述，来达到期望的色彩再现，而不用考虑使用何种设备、釉面和墨水。

为了实现这一目的，色彩管理系统需要将原始的 RGB 设计转换为相应的喷墨打印机墨水顺序，如蓝、棕、黄、黑；或者改变已有设计的颜色值来消除因过程和墨水的不同而带来的差异。

当使用色彩管理的时候，在最终的打印文件出来前，还需要做一些内置的准备工作。这看似延长了生产过程，但是，这些中间过程能够确保之前提到的人工调节所存在缺陷的减少或完全消除。

2. 色彩管理所需步骤

（1）RGB 输入色彩文件：如果从一个 RGB 扫描文件或者图片开始，那么对输入设备的特性化和创建一个准确的 ICC 文件来描述这一颜色获取过程是非常必要的。没有这样的文件，就不能准确地将扫描仪颜色空间转换到最终的瓷砖印刷颜色空间。

（2）输出设备线性化：在任何色彩管理有效执行前，瓷砖印刷过程都必须是线性化的。这一过程保证了整个生产流程的线性化输出，它通常是在瓷砖喷墨打印机上的软件里实现。只有经过线性化的机器才能被色彩管理文件精确地描述，因此，这一过程必须在生成色彩文件之前完成。目前，大部分喷墨打印机厂家只提供一维曲线来进行线性化，但是由 EFI 提供的独一无二的色彩管理系统与印刷引擎结合体，实现了由一个向导程序引导的线性化工作流程，它不仅能线性化喷墨打印机，还能提供一个清晰的反馈给操作者，来确定这台喷墨打印机是否已成功线性化（如内置截图，线性化向导）。通常，已存在的印刷过程会被当作目标或是要求的输出条件，如果这一印刷过程没被线性化，那么将很难制作这一设备的特性文件。（同下面的陶瓷装饰所面临的挑战做对比。）

（3）EFI 可以提供并且在 Cretaprint 设备上轻松使用线性化向导做机器的线性化（图 10-2）。

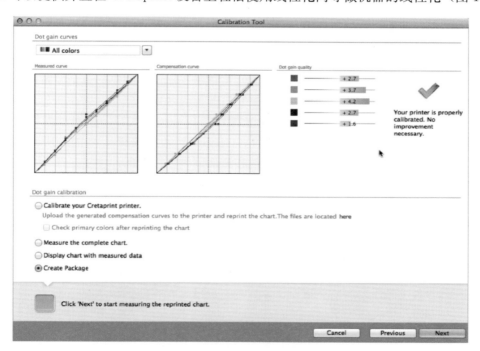

图 10-2　机器线性化

（4）印刷过程的特性文件制作：色彩管理流程和任务里的所有印刷过程都需要制作准确的色彩特性文件。要实现这一过程，就需要打印出一个色卡（通过一台线性化了的设备），然后通过光学仪器测量来生成一个准确描述该输出过程的特性文件。一个输出过程可以是不同的生成线，但也可以是在同一生产线上使用不同的分辨率、釉面或者窑温。只有生产过程稳定了，色彩特性文件才能保持准确。一个色彩特性文件可以看作是在某一特定时间段里对某一个特定印刷条件下的快照。只有该生产过程在快照之后保持不变，该色彩特性文件才能达到期望的结果。需要注意的是，即使在不稳定的生产过程中，比如瓷砖印刷领域，色彩管理也能为其带来不菲的价值和显著的提升，但做完特性文件后的所有生产波动都只能通过打印变体文件、人工调整曲线或者重新制作一个特性文件来消除。还需注意的是，Fiery proS-ever 所使用的独特的线性化方式和特性文件制作技术，所有过程都能通过一个更小的色卡来实现（线性化和特性文件制作都使用同一张色卡）。这样就能减少打印次数，并能在很小的瓷砖上印出优质的结果，这是其他的大色卡所不能实现的。

10.2　同色异谱和同色异谱现象

同色异谱，或者更确切地说，同色异谱现象是一种我们每天都要经历的物理现象；而且很不幸的是不管是否使用色彩管理还是通过人为的调整，它让颜色的评判和色彩的交流更富挑战。测量几何学与光线和观察条件都是消除同色异谱现象的必要条件。

1. 什么是同色异谱

同色异谱是指不同光谱能量分布的物体表面颜色的匹配。换句话说，颜色是否会这样表现（同色异谱）：无论在何种光照和观察条件下，人眼所观察到的颜色都是一样的。不幸的是，这种情况很少出现，然而我们面临的更多的是与之相反的情况，即所谓的同色异谱现象（注意：这两个术语经常互换，当提到同色异谱的时候，就是指同色异谱现象）。

2. 什么是同色异谱现象

同色异谱现象是指当两个颜色在某一特定光源或观察条件下观察时是一样的，但在另一种光源或观察条件下观察时就不一样了。不幸的是，这种现象非常普遍，这使得颜色的评估非常困难。

考虑一下这种情况：当你去你最喜欢的运动服装店购物时，你找到了一条蓝灰色的短裤，这时你继续逛，然后又发现了一件同样颜色的 T 恤和帽子来配这条短裤。这太好了！但是当你把它们拿到太阳底下的时候，发现短裤、T 恤和帽子的颜色完全不一样了！这条短裤和 T 恤都是用同样的材料，由同样的工厂生产的，并由同样的染房用相同的染色剂和添加剂染制而成的。帽子是用不同的材料在不同的场所生产的，并用不同的染色剂和染色过程染制而成的。

在商店灯光下，衣物显示相同的颜色（图 10-3）。（同色异谱现象）

在太阳光下，衣物显示的颜色不再相同（图 10-4）。（同色异谱失效）

图 10-3　衣物显示相同的颜色　　　　　　图 10-4　衣物显示的颜色不同

对于陶瓷装饰领域来说，这就意味着，同色异谱现象使得两块瓷砖或者数码印刷纸样与瓷砖之间在日光下看起来是匹配的，但在商店里或者其他光源组合下看起来是不匹配的。

这些都是需要随时注意的，因为不同的光源和不同光源之间的光谱能量分布，比如电灯泡、日光，甚至不同灯泡以及在同一场所中不同的观察条件下，会使颜色的视觉评测变得几乎不可能。

能确保色彩评测不被这种现象影响的唯一方法，就是使用一个经过绝对标准化定义的光源。

在传统的图像印刷领域，最常用的标准光源之一就是被定义为 D_{50} 的光照条件，简单地说就是一个色温为 5000 凯尔文温度的光源，就如同在一个略微多云的天气下一样。D_{50} 光源灯泡应该被用在任何可能进行颜色评估的地方，而且一个专用灯箱是测评高质量颜色复制品所必须的，因为这也是使视觉评测更稳定，颜色不变的唯一方法。

最理想的标准印刷品观察光源系统有 JUST Normlight 和 GTI GRAPHIC TECHNOLOGY, INC. 两种。

D_{50} 灯箱（图 10-5）对于评估颜色的正常发色来说是必不可少的，因为灯光可能是色彩最大的影响者。

正确的光照条件可以通过一个 Ugra 光源指示条进行快速参照。如果你在一个标准的 5000 凯尔文温度光源下观察时，这一测控条上的所有色块都会呈现出同样的橄榄绿，如图 10-6 所示。

如果你的光源展现不同明度的颜色，那么该光源就不是理想光源，这时便不能很好地评判纸样和样砖之间的颜色匹配度，如图 10-7 所示。

5000 凯尔文温度的标准光源则会发出等同颜色的光线，同时在不同色块之间也不存在明度上的差别。

图 10-6　标准光源下的 Ugra 测控条显色

图 10-5　D_{50} 灯箱

图 10-7　非理想光源下的 Ugra 测控条显色

10.3　瓷砖色彩管理应用实践

一般意义上的样砖，是指存储好的已经生产过的砖样产品，用来为再次生产提供一个参考。这一类的样砖是在进行视觉上的调整时才用得上，或者说需要参考目标时才用得上。通常来说，通过进行颜色管理也可以达到快速对样的目的，但前提是一定要有有效的色彩特性文件，测量数据或者至少也要有生产这块砖样时的一块色卡砖样，以便用来表述当时的生产条件。没有上述的任何一种，那就无法通过色彩管理的方式实现快速对样。

10.3.1　ICC 文件在陶瓷喷墨打印中的应用

在陶瓷喷墨打印调图中，喷墨机-墨水 ICC 文件的调用可通过在 Photoshop（以下简称"PS"）中"指定配置文件"和"转换配置文件"实现。

在实际调图中，喷墨机－墨水 ICC 文件的作用可分为两个方面考虑：即模拟显色和自动分色。

1. ICC 文件的模拟显色功能

在 PS 中通过指定配置喷墨机前四个主色的 ICC 文件（简称主 ICC 文件），以及通过转换、复制、指定除前四色外各专色通道的灰度图、色号等信息，直观的在电脑屏幕上显示使用陶瓷墨水打印图稿烧成后的综合颜色效果，可称为屏幕打样效果。通过指定配置主 ICC 文件以及定义其余各专色色号从而在电脑屏幕上预览图稿打印烧成后的实际效果，是 ICC 文件的主要作用。

这方面主要考虑主 ICC 文件在电脑屏幕上模拟显示前四个主色的色彩准确程度。其余各专色因 PS

中多色转换时工作机制的限制，屏幕显色本身会和实际颜色存在较大差异。此为 PS 转换多色 ICC 文件时固有的系统性显色偏差（图 10-8、图 10-9）。可凭经验在 PS 调色板上指定屏幕效果上与实际砖版颜色更为接近的专色通道颜色加以改进，而不是仅仅直接使用转图得到的专色通道颜色。

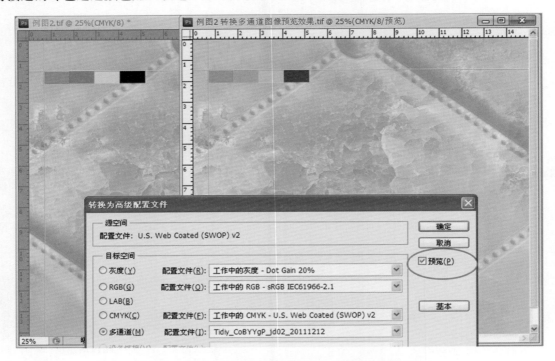

图 10-8　原图与转换配置多色 ICC 文件前预览效果对比

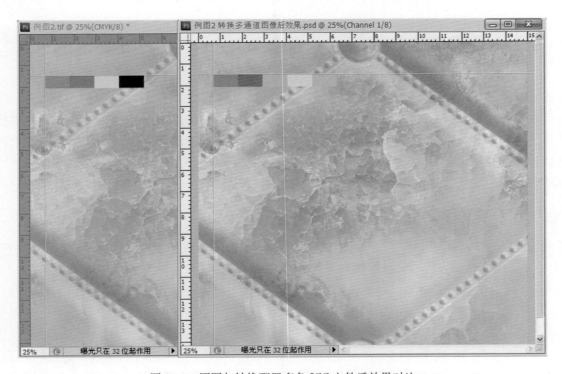

图 10-9　原图与转换配置多色 ICC 文件后效果对比

可见转换后颜色显示效果与预览效果有较大差异。通常为点击确认后实际显色效果较预览效果偏红，与原图及实际砖版颜色差异加大。此时墨水各通道颜色为专色状态显示，各色与实际颜色差异更大。这是 PS 转多色图时固有的偏差问题。

图 10-8～图 10-10 是预备调版图的一般流程。完成了利用喷墨机－墨水 ICC 文件转换原稿 CMYK 色彩空间图像到喷墨机工作文件的初步工作。可在试打印烧成后根据砖版与设计稿的效果差异在 PS 中进一步调整试版图以尽量接近设计效果。

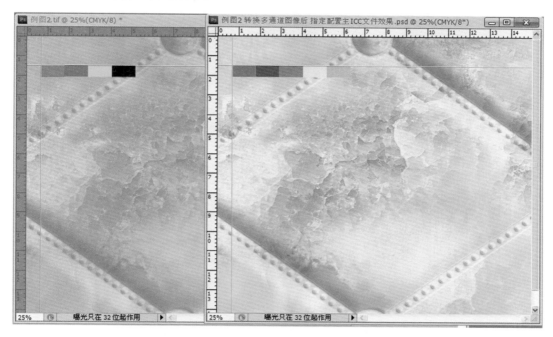

图 10-10　转换配置多色 ICC 文件，并指定配置主 ICC 文件后效果与原图对比

（1）陶瓷墨水与 ICC 文件的系统性偏差

在陶瓷喷墨打印中制作及运用 ICC 文件时存在的系统性的偏差之一，是使用非标准 CMYK 颜色的墨水，与制作及运用 ICC 文件的软硬件是基于标准 CMYK 颜色的机制不能完全的匹配。个别制作 ICC 文件的色彩管理软件如 I1 Profiler 甚至在喷墨机第四色为黄色等浅色时会自动报错，这是因为软件默认第四色必须为黑色之类深色所致。其次，陶瓷喷墨打印排色不完美也造成制作运用 ICC 文件时的系统性偏差。早期因无包裹色可用，且很少厂家使用黑色，通常的排序多为蓝、棕、黄、桔（或金黄）等。现在包裹色在陶瓷喷墨打印中已成熟运用，新上喷墨机有条件使用时应考虑将包裹红排在第 2 色、包裹黄排在第 3 色作为主色，相应棕色排到第 4 或其他通道。使用黑色时应定位在第 4 通道。通常喷墨机前四色主色色彩及其排序与标准 CMYK 颜色越接近，各色彩管理软件制作得到的 ICC 文件越精准，应用 ICC 文件时效果更佳；反之偏差越大。这点是喷墨机安排选用颜色及其排序时就需要细致考虑的。

（2）影响 ICC 文件使用效果的因素

① 制作 ICC 文件的软件工作原理与默认设置；

② 制作 ICC 文件的分光光度计的扫描精准度；

③ 制作 ICC 文件测试图的设计；

④ 制作 ICC 文件的流程是否完善，制作过程的参数设置；

⑤ 制作 ICC 文件的测试打印过程是否和稳定的生产过程一致；

⑥ 扫描测试色卡时的过程误差。

以上为制作 ICC 文件过程中的影响因素，通常由墨水公司处理完善。

① 生产过程工艺状况是否稳定；

② 调版用显示器发色的精准度；

③ 观察屏幕与砖版时的光源、背景等环境因素。

对于以上生产现场的色彩管理，业内对工艺波动造成发色波动的影响都有一定的认识和重视。而显示器发色和观察环境是容易被忽视的，如陶瓷厂多数使用苹果一体机调版，因长期开机工作等原因，普遍存在一年后屏幕明显老化泛黄斑等问题，但很少有厂家校正过显示器的发色或直接更新电脑（图10-11、图10-12）。

图 10-11　某厂电脑观察色卡样砖时的差异，可看出左侧屏幕偏差较大

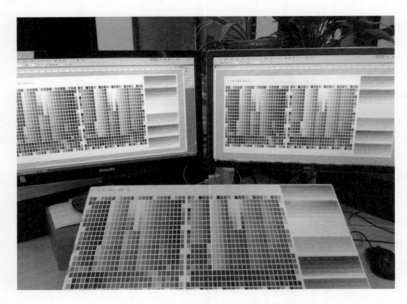

图 10-12　左侧屏幕初步校正后对比效果

（3）ICC 文件显示颜色的偏差与调图的考虑

因喷墨机 ICC 文件运用在屏幕上显示颜色时普遍与实际砖版存在一定程度的偏差。除了根据前述影响因素对 ICC 文件及屏幕、环境等因素加以调整改进外，在偏差可接受的范围内，应考虑前面提到的系统性偏差问题，而不是盲目追求绝对的完美匹配。在各方面影响因素都调整到较佳状态时，重点关注屏幕显色与砖版实际颜色间的差异特点，并在后续的调图过程中将此差异考虑进去。这方面需要细致准确的色彩分辨能力和经验的积累，也是陶瓷喷墨打印色彩管理中更多的需要人工介入的原因。

实际操作中可注意以下几点：

①　通常在显色偏差不太大的时候设计调版人员可根据打印色阶图、色卡测试图对照，凭经验在调图时对相应颜色及灰度区间做对应程度的修正即可。

②　因生产工艺调整等情况，墨水发色变动不大的情况下，重做的 ICC 文件效果不一定更佳。通过比对选用效果最佳的即可，不必拘泥于是否是新的 ICC 文件。由于陶瓷墨水均非 CMY 三原色的原因，陶瓷墨水的 ICC 文件在转换设计稿过程中对灰度细节的还原度不一定十分理想。在考虑 ICC 文件转图的灰度精细问题上，如非明显的发色改变，频繁制作 ICC 文件并无更具操作性的意义。通常在同一条生产线和喷墨机固定使用同一套颜色的情况下预备调版图时，可选定一个转图效果最佳的 ICC 文件专用于转图。

③　在陶瓷生产中工艺波动有时难以避免，而陶瓷墨水发色对工艺波动相对敏感。跟线调图人员常需要处理不同阶段同一产品复版的问题。在已明确墨水发色变化的颜色品种、变化方向、程度，且变化幅度不大的情况下，相对使用新 ICC 文件重新从设计图稿开始调图，不如就原生产图稿直接指定配置原来的主 ICC 文件或显色更近似的新主 ICC 文件以显示发色，再根据实际发色变化的特点对各通道相应的灰度区间做对应幅度的调整会更快捷、准确，而且细节更能和原生产版保持一致。

④　影响陶瓷喷墨打印中屏幕显色准确性、墨水发色稳定性的因素众多。实际调版中应注重色阶、色卡测试图的比对运用。色阶、色卡测试图均可用于观察比对屏幕显色与砖版效果的差异特点，精准把握后便于在调图过程中作出相应预估、调整。在生产波动后也可对比前后的测试图找准发色变化的特点，快速处理复版问题。对于灰色等通常屏幕显色精准度差的情况，以及其他屏幕显色偏差较大的情况，均可通过查对色卡颜色对应的各通道墨水的灰度组合，从而快速调整图稿需要的各通道对应灰度，得到需要的准确颜色（图 10-13）。

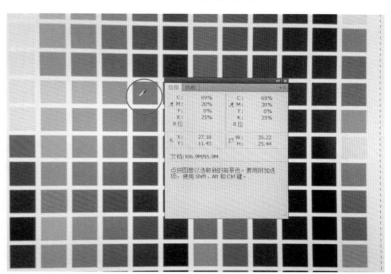

图 10-13　善用色卡图检索需要的颜色在各通道的灰度值

图 10-13 中蓝灰色块显示从第一到第四通道灰度值分别为 69、20、0、25。多色模式注意按单一颜色通道查看对应灰度 K 值，以免出错。

2. ICC 文件的自动分色功能与人工辅助分色

在 PS 中通常需要通过"转换配置文件"选项，调用喷墨机对应的多色 ICC 文件或包含所有颜色的多个 ICC 文件的方式，将设计图稿转换为正式调版前的预备文件（简称转图），并依此进行调图。这一过程实际就是一个将原稿色彩通过 PS 调用喷墨机－墨水对应的 ICC 文件自动转换分色到各墨水通道的过程。这方面主要考虑转图时灰度细节还原的精细程度和色彩分配的合理性。

因陶瓷墨水色彩非标准 CMYK 颜色，而 ICC 文件制作、PS 中的转图机制普遍基于标准 CMYK 色彩颜色，加上陶瓷墨水大部分为复色色彩、排色顺序等因素，使用陶瓷墨水的 ICC 文件转换图形时灰度细节还原度往往不够理想。在设计稿浅色尤其带灰调的浅色部分，以及原稿色域超出墨水色域较多的情况下，灰度细节不理想的问题更突出，一般黄色灰度细节会较差。可通过熟练掌握 PS 技法，灵活处理原稿各通道灰度图在喷墨机对应各通道灰度图中的应用加以完善。这可理解为增加人工分色处置，提升色彩匹配的精细程度。

转换配置（ICC）文件与指定配置（ICC）文件的结合运用。

通常调版新手比较依赖通过"转换配置文件"的方式开始调图。但灰度细节往往会丢失较多，色彩和图案的层次较原稿变得更平板。

因陶瓷墨水的色域较多数设计稿窄，且各主色与标准 CMY 三原色存在较大差异，转图得到的各颜色灰度精度可能不高。成熟、熟练的设计师应考虑采用直接指定配置文件与转换配置文件相结合的方式开始调图。以最大程度保留原稿的细节层次，提升最终产品色彩的层次感和丰富性（图 10-14）。

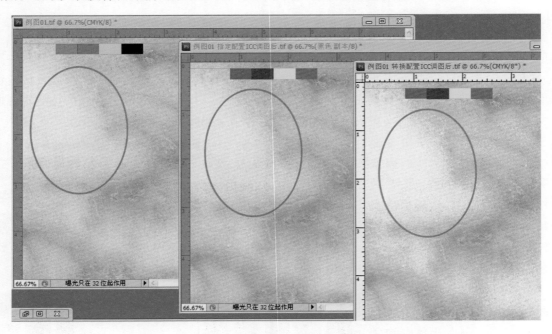

图 10-14 使用同一 ICC 文件，指定配置 ICC 与转换配置 ICC 调图后与原图对比

注意红圈中灰度细节的差异。ICC 文件足够精确及设计稿色域不超过墨水色域时，转图效果较好。但大多数情况下实际的陶瓷墨水 ICC 文件在浅色及灰色转图后的灰度细节会稍差。

从图 10-15～图 10-18 可见陶瓷墨水的 ICC 文件在浅色及灰色部分的转图时灰度精细度较差。仔细

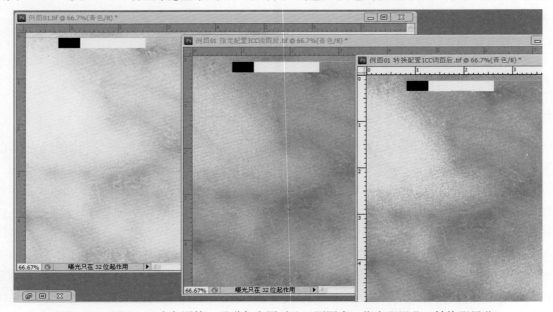

图 10-15 图 10-14 中各图第一通道灰度图对比（原图青，指定配置蓝，转换配置蓝）

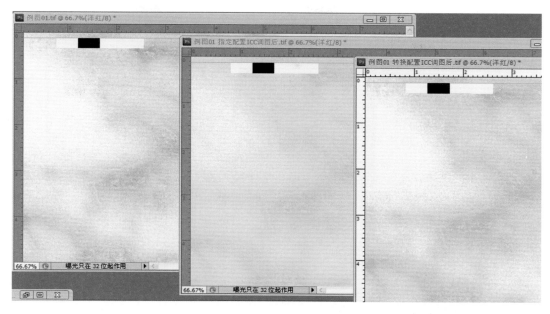

图 10-16　图 10-14 中各图第二通道灰度图对比（原图洋红，指定配置棕，转换配置棕）

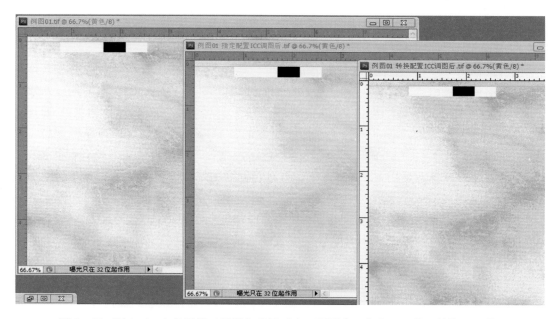

图 10-17　图 10-14 中各图第三通道灰度图对比（原图黄，指定配置黄，转换配置黄）

分析各通道灰度对比图，还可看到主要依靠指定配置 ICC 文件，保持原图灰度模式调图时，根据墨水发色特点需要的分色考虑。如例图所用 ICC 文件显示蓝色发色偏浅，最终蓝色的灰度图总体较原图深，即墨量使用略大；对于使用棕色、米色混合蓝色来实现灰色，图中可以看出相较于棕色的发色深，米色更能在与蓝色混色中实现浅灰色不同层次的细腻表现。此外，由于米色的充分利用，因此棕色、黄色需要的灰度总体是减少了的。

　　一般的方法为：将原稿首先转换为 CMYK 色彩模式，复制整图。在复制图上指定配置主 ICC 文件，再增设其余各专色通道，并指定对应的颜色。此时该复制图可称为调版预备图。对于通常前三色为蓝棕黄的情况，此时蓝色、黄色通道灰度图细节和原稿一致，仅需调整颜色深浅，以接近原稿色彩。部分情况需要调整局部灰度时再采用转图得到的灰度图等，运用"应用图像"等其他技法加以调整，或作出相应选区加以微调。棕色一般会需要做更多局部调整。黑色墨水通道不论排在什么位置，均可直接拷

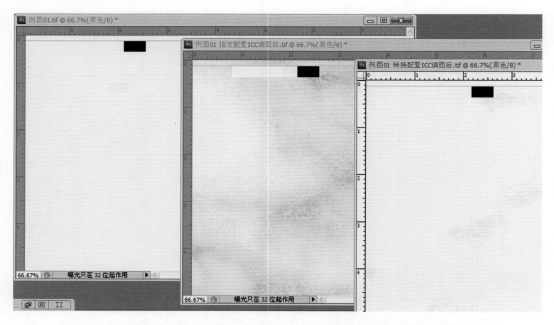

图 10-18　图 10-14 中各图第四通道灰度图对比（原图黑，指定配置米，转换配置米）

贝原稿 CMYK 色彩模式下 K 通道灰度图到黑色通道。无黑色墨水的情况下分别叠加 K 通道灰度图到蓝色、棕通道，具体叠加比例视效果决定。

其他专色可根据与 CMYK 各颜色的近似程度拷贝、叠加 CMYK 色彩模式对应通道灰度图到墨水相应通道。如：桔色可采用"正片叠底"方式叠加 MY 通道灰度图；金黄可拷贝 Y 通道灰度，再叠加约 20％M 通道灰度；粉色拷贝 M 通道灰度图再叠加 20～30％C 通道灰度；绿色拷贝 Y 通道灰度图再叠加 30～40％C 通道灰度。此过程主要为了考虑调版图的各通道灰度细节尽量与原稿保持一致，通常颜色显示会和原稿差异较大，需要随即调整各通道颜色深浅组合，以接近原稿效果。在此基础上结合利用转图得到的灰度图等，灵活运用 PS 各种技法，再对布置好的调版图各墨水通道灰度图局部作出整体效果更接近原稿的调整。

尤其对于 psd 格式的专色原稿，除可按上述基本原理预备调版图外，还应考虑尽量直接拷贝 psd 格式原稿上近似墨水颜色通道的灰度图到对应墨水颜色的通道，避免原稿图转换到 CMYK 色彩模式时部分的灰度细节损失。

通过上述主要依靠直接指定配置 ICC 文件的方式预备调版图，能最大限度的保留原稿灰度细节，更好地表现原设计的细节和色彩层次。但调图时需做较多的局部细节调整，需要对 PS 各技法有熟练的掌握；对原稿色彩分拆分配、对墨水色彩叠合效果有较丰富经验。

10.3.2　陶瓷喷墨打印中影响发色稳定的因素

陶瓷喷墨打印色彩管理中常需要处理的问题就是如何稳定生产过程的发色。通常重点在稳定生产工艺，但其他相关因素也不容忽视。

1. 墨水性能特点对发色效果的影响因素

墨水单色的明度、排色次序、全套墨水的整体色域、与釉料熔融反应的性能会直接影响到 ICC 文件应用的效果。

墨水的黏度、密度、表面张力、颗粒度、分散稳定性、黏度-温度的变化率均对墨水的喷墨质量、密度分布、色彩融合等喷印性能有影响，从而影响实际的发色。

墨水的颗粒度、粒度分布直接影响墨水发色对工艺波动的适应性。

2. 喷墨打印机工作状态对墨水发色的影响

喷墨机的墨水温度设置、喷头工作电压、喷头工作的波形文件、喷头负压、喷头灰度等级组合、墨水循环系统是否稳定正常、喷墨机接地是否良好以及其他机电故障等均可能影响到实际发色。

3. 工艺因素对墨水发色的影响

釉料。釉料组分的改变与波动容易导致墨水发色的波动。熔融温度范围窄及高温活性强的釉料容易导致墨水发色的波动。发色浅或发色不正的釉料容易存在发色波动。

施釉及干燥工艺。重点关注喷印前后釉层水分的波动。含喷水量、釉浆密度、施釉量、釉线干燥、储坯时间等。一次烧成产品还应关注喷印前坯体温度的稳定，二次烧成产品应关注素坯吸水率。

烧成制度。空窑、疏砖、烧成周期变动、烧成温度和气氛的波动、急冷带温度的波动均可能导致墨水发色的波动。

10.3.3　陶瓷喷墨打印发色波动处置要点

1. 完善工艺管理制度，确保生产过程各工艺要素的稳定

陶瓷喷墨生产过程中处置发色波动的首要任务是完善工艺管理制度，前述 4.3 节各工艺因素都有影响；论述相关生产工艺与发色波动的资料也很多，可作为参考。在此基础上设定切实可行的工艺监控目标和参数，确保生产过程的工艺稳定，从源头上减少发色波动的问题。并就有关发色波动问题建立原因追溯查找、确认发色波动产生原因的制度。有助于逐步完善相关工艺管理制度。

2. 重视墨量标定

喷墨打印生产中墨量的标定通常都未被重视。墨水质量波动及喷墨机工作状况不良均可能导致实际喷墨量波动，从而导致发色波动。各机、各通道应定期检查核对喷墨墨量是否正常、稳定。尤其发现墨水发色明显波动的时候应及时检查核对，以确认或排除机器、墨水工作状态的问题。

3. 善用色阶和色卡

在生产稳定的情况下应就各机各颜色测定标准墨量留底，在此基础上就各常用釉料打印色阶图、色卡图烧成留底以备比对。

出现发色波动或调版与生产差异大等情况时首先打印测试色阶图以和留样标准版对照，确认各颜色的色调和深浅变化特点。便于快捷处理复版以及查对导致发色波动的原因。

个别厂家频繁出现发色波动问题，可考虑平时调版时在边部附上色阶图一起打印出来，便于随时检查对照线上发色是否稳定。而且便于追踪发色波动的时段特点等，利于追溯可能导致发色波动的各种因素。注意留白处可观察釉料底色是否有变化。必要时烧白砖对照检查。

4. 发色波动分色分析

属于个别颜色明显有变化时应测定该颜色墨量，检查是否有墨量的波动；检查墨水颜色、黏度与标样是否一致；有无沉淀、摇墨是否到位；同时检查是否存在工艺波动导致个别颜色波动。

属于颜色综合变化，如棕、黄、桔、粉都有一定程度的发色波动，通常应该是工艺因素导致的波动，应尽快查明工艺因素变动的地方，并尝试调整回标准状态。

5. 釉料原料、墨水入厂检验发色一致性

目前陶瓷厂普遍未建立釉料原料、墨水的发色检测制度。釉面砖（瓷片）及全抛釉生产中，因釉料的高温熔融性能较强，对墨水发色的影响较大。通常需要就釉料熔块、成釉等原材料进行单独的入厂发色检验。

10.4 相对其他流程不同/更多的色料

色彩管理在最初实际上是应用于柔版印刷和胶版印刷这两种印刷方式，而这两种印刷方式几乎都是通过 4 色油墨来进行印刷的。青、品、黄、黑、四色油墨通过彼此叠加组合，就可以呈现出所有需要的颜色。因此，所有的色彩管理解决方案在开发时，也都是基于这样的市场需求。同时所使用的算法，也都是基于这 4 种颜色叠加混合所有颜色的原理。其中，中性黑色是用来体现设计中的明暗色调。

但在陶瓷行业中，往往会使用多于 4 种墨水去打印生产。更为棘手的是，这些墨水的颜色组合方式与传统印刷所使用的青、品、黄、黑没有任何的相通之处。棕色、橘色、粉色等墨水颜色组合之所以在陶瓷行业里被认定为最佳的颜色组合，是因为只有这些颜色能够跟传统印刷行业里的色彩管理技术进行匹配，例如 ICC（国际色彩联盟）。Fiery proServer 使用了类似于工业标准 ICC 的特性文件制作技术，能够生成专门针对陶瓷行业的特性文件，最高可以支持对 6 种不同的颜色以及 8 个通道进行分色。这种独一无二的分色文件算法，能够覆盖所有颜色组合以及保证再现颜色的同时最大限度地减少墨水的总用量。

10.5 双重墨水通道

陶瓷印刷领域另外一个显著的特殊需求，就是某种颜色的墨水会在印刷色序中出现两次。比如在实际生产中，经常会使用双棕或者双橘，以避免由于喷头堵塞而出现的拉线。将比较深的颜色分为两个打印通道，可以从视觉上有效地减缓拉线问题。一个好的色彩管理方案，应该将这一点考虑进去，从算法上去分析，例如，即使颜色是一样的，也要将这个颜色信息平均分配给两个打印通道。

10.6 面釉加色

由于色彩管理系统最开始是针对胶印市场开发的，因此算法也都是针对白色或者类似颜色的印刷媒介，比如视觉上发黄或者发蓝的白色。在陶瓷印刷领域，为了减少墨水的用量，生产厂商往往会选择底釉加色。最简单的例子就是接近于黑色的深色大理石类的设计。在白色底釉上喷印这一类的设计，需要使用大量的深色墨水，这样不仅会增加生产成本，也会使得生产变得难以控制。因此，在这一类的情形下，就会将面釉加色到跟最终想要的砖样一个色调，这样就能够有效地减少墨水的用量。

对面釉加色后，对于任何基于胶版印刷且承印物为白色的色彩管理模块，都是一个极大的挑战。Fiery proServer 不仅可以应对这种情况，同时还可以在尽可能减少墨水总用量的同时找到最佳的墨水组合来再现产品。

10. 7　测量的局限性

色彩管理工作流程的每一个环节，都是基于色卡测量所采集来的数据。只有在生产过程比较稳定的情况下，才能确保色彩管理系统输出好的色彩信息，因为生产条件一旦发生变化，之前测量所得的数据就不再能反映当下的生产环境，因而也就必须重新测量变化后的数据，或者是在颜色变化十分微小的情况下，使用曲线进行视觉上的微调。但即使整个过程能够确保 100% 的稳定，测量数据这个过程本身，也会由于种种原因的影响而产生波动。理想的测量方式是只有一束入射光，同时所有感应头在某一个角度接收所有反射光。这就意味着某些本应该被感应头接收的光线，却因为某些表面特定的形状产生的光泽反射或者受表面自身的一些特性所影响，从而进入不到感应接收器中，造成测量出现误差。通常来讲，测量所产生的误差可以通过多次测量取平均值的方式来避免。或者使用一个可以测量更大面积色块的设备，然后在这个色块的数据基础上取平均值。但后一种方案存在着两种缺陷：测量大面积色块需要更多的光学元器件，增加成本；需要制作一个极大的色卡出来，不切实际。

10. 8　Cristalina 和其他应用难点

Cristalina 是在测量非常厚且表面光泽度非常高的平面时产生的一种测量偏差现象。通常的测量方式，或者已有的测量方式在测量这一类光泽度非常高的砖面时，测量所得的数据结果会比视觉看起来的偏暗很多。这样的情形下如果使用色彩管理系统，就会导致最终的喷墨打印纸样比真实的砖样偏暗或者出现更加糟糕的结果。

EFI 开发了一种非常简单却有效的过程来避免产生这样的问题，仅需要在测量之前增加一个环节，就可以极大地改进测量的精确度。这个环节是否可以适用于砖样以及具体的操作，是在 Fiery proServer 安装调试时的一个重要部分。

10. 9　不稳定的生产工艺条件

如上文所提及的一样，色彩管理系统是基于测量数据和特性文件的。如果陶瓷生产条件不稳定，所测量的数据和所生成的特性文件就不再能反映当下的生产条件。此时操作者有两个备选解决方案：重新读取色卡文件生成新的特性曲线，或者通过目测后在 Photoshop 里（或其他工具）通过拖拽曲线来调整图像文件的灰度信息，来补偿生产所产生的变动。尽管保持压坯、上釉、打印和窑炉整个生产过程恒定不变几乎是不可能的事情，但尽可能地控制其处于相对稳定的状态还是很有必要的。这个可以通过不时地在生产线上打印一块色卡来实现（例如每天，每小时）。这样的控制过程能够很好地帮助厂家判断生产过程的稳定性，同时提供一个清晰的度量体系，在任何情形下都需要重新生成一个新的特性曲线。没有这个度量体系，就无从判定为何会出现某些变化，色彩管理系统的功能也就会被大大削弱。

EFI Fiery proServer 是陶瓷行业里首个完整的色彩管理解决方案。在开发初期其仅仅是针对 EFI 快达平喷墨打印机，实现用最少的墨水总用量还原最佳的颜色，目前已对其他机器开放。

Fiery proServer 拥有强大的 Windows 处理器，D_{50} 标准光源，Fiery proServer 的服务器运行软件（客户端同时支持安装在 Windows 和 Mac 上）。在软件和硬件方面，EFI 也会提供相应的技术支持，并且会培训客户如何操作系统。

　　Fiery proServer 的强大优势可以归结为以下三点：纸上喷墨校样，重新分色和墨水使用优化。下面将会简要介绍这些功能。更多的信息请访问网址 www. efi. com。

1. 过程控制

　　过程控制是指在一个过程中所有变量能够保持不变，从而使得色彩管理软件所生成的特性文件能够始终有效，且不管何时生产出来的产品都能够保证颜色上的一致。过程控制是进行色彩管理的基础。Fiery proServer 不是用来做过程控制的工具，恰恰相反它是需要过程能够得以控制，从而确保其结果的精确性。如果生成过程每天都在变化，甚至每个小时都在变化，那么要么每次变化后都要重新打印色卡制作新的特性曲线，要么就是通过视觉进行调整。

2. 喷墨校样

　　Fiery proServer 能够通过在纸张上模拟打印最终砖上烧出来的颜色效果，独立于生产地点和设备，集快捷、低成本、低重量等众多优点于一身。这些喷墨纸样可以用来集中地或者分散地去模拟最终的颜色，具有精度高和艺术一致性的特点。

　　喷墨纸样允许新产品研发部门完全独立于终端生产部门，能够及早地发现各种不必要出现的问题，减少线上的错误调整，比如错误的调整方向、反复地进行无意义的试版。若客户在很远的地方，运输纸样也比运输砖样要省时省力得多。

　　喷墨打样系统如 Epson SP4990 可以制作轻量、低成本的样砖（图 10-19）。

3. 重新分色

　　Fiery proServer 能够在不同生产基地中间生产稳定的、高质量的样砖，在不同的生产条件下，如新的面釉、墨水、打印分辨率以及不同的窑温下，也同样能够保证一致。因此一款产品设计能够从一种生产条件下通过 Fiery 的公共色域转换作用，能够在另外一种生产条件如不同的喷墨打印机、墨水组合之下，重新得到一样的颜色，如墙砖和地砖（图 10-20）。

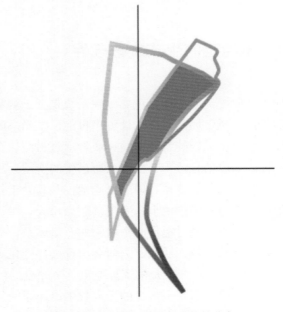

图 10-19　Epson SP4990 喷墨打样系统　　　　图 10-20　Fiery proServer 重新分色

　　图 10-21 展示的是 2 个不同墨水设置，而且可以看出它们的色相大部分都不同。这种墨水设置的改变

就导致了视觉上的颜色偏移。Fiery proServer 能够将瓷砖设计调整到两个设备或墨水设置的共同色域内。

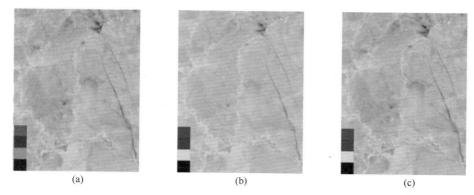

(a)　　　　　　　　　　(b)　　　　　　　　　　(c)

图 10-21　不同墨水设置的打印效果

（a）原墨水打印；（b）不同墨水打印；（c）经 Fiery proServer 调整后不同墨水打印

图 10-21（a）为原墨水设置打印的设计；图 10-21（b）为原设计用不同公司的墨水打印，颜色偏差很大；图 10-21（c）为原设计经过 Fiery proServer 调整后，即使用不同的墨水也能基本实现没有颜色偏差。

4. 墨水优化

Fiery proServer 通过对可用墨水的完美组合，确保了用最少的墨水实现最优质的颜色输出。根据不同的瓷砖图案，它能够轻易省去 10％或者更多的墨水而不影响打印质量。如果细小的颜色差别能被接受的话，还能够选择省去更多的墨水。图 10-22 展示的是质量最好且没有颜色偏差的复版效果。

如图 10-22（a）所示为用 ICC 调整的原设计有 86％的墨水覆盖率的效果，如图 10-22（b）所示为经 Fiery proServer 优化后的设计有 66％的墨水覆盖率而不损失图像质量。

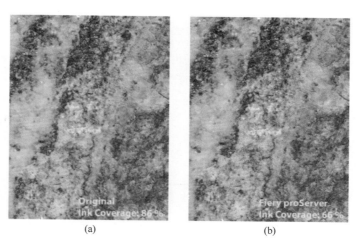

(a)　　　　　　　　(b)

图 10-22　没有颜色偏差的复版效果

（a）86％墨水覆盖；（b）66％墨水覆盖

如图 10-23 所示的 ICC 分色文件分别展示出了每个颜色通道，并能明显地由此看出大量的蓝色、棕色和黄色墨水被用来实现中性灰和提高图像密度。

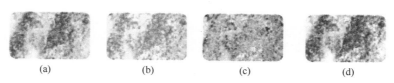

(a)　　　　　　　(b)　　　　　　　(c)　　　　　　　(d)

图 10-23　ICC 分色文件展示的颜色通道

（a）17％蓝；（b）21％棕；（c）29％黄；（d）19％黑

图 10-24 是用 proServer 优化后的不同颜色通道图，显示出了它是怎样达到省墨水效果的。油墨被最优地有效利用。更多的黑色墨水被用来增加中性灰色和提高图像密度。这样我们就能减少蓝色、棕色和黄色墨水的用量，实现明显的省墨效果，而不影响图像和颜色的质量。

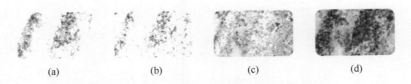

图 10-24   proServer 优化后的不同颜色通道图
(a) 40％蓝；(b) 11％棕；(c) 21％黄；(d) 30％黑

10.10   全新的陶瓷设计色彩管理解决方案

（1）颜色复制的生产技术具有前所未有的革命性概念。

（2）专利的"指纹"（护照）颜色控制方案考虑适合任何情况的变化（如釉料、烧制条件等）。

（3）全过程控制（包含打印机、油墨、釉料、烧制等）可实现高效生产一致性。

（4）重复工作时快速匹配颜色。

（5）开发新产品。

（6）使传统工作数字化。

（7）线性化的操作模式：机器与机器相匹配。

（8）更换单色或多种颜色时的作业调整。

（9）专为 Durst 及其他打印机而设计。

Durst 新推出的 Copy Rip Durst 工业版，简化了陶瓷打印工作流程（图 10-25），为文件处理和过程

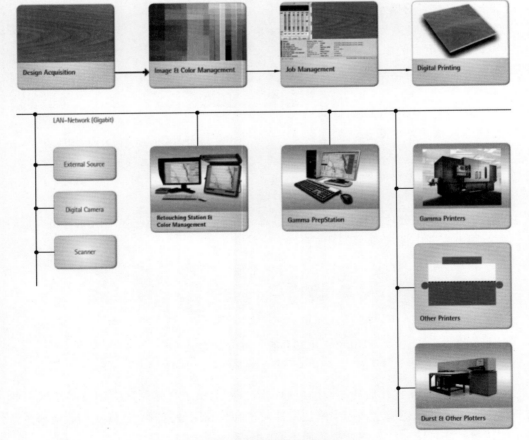

图 10-25   陶瓷打印工作流程

控制提供了新的可能性。任何 Mac（至少配备 OSX Leopard）皆可安装此软件。这就意味着在运行 Copy Rip Durst 工业版的电脑上可以使用 Photoshop 对图像润色加工。

1. Copy Rip Durst 工业版特点

（1）支持预设置，使用简单，出错率极低，Durst 陶瓷打印机直接将设置和 Copy Rip Durst 工业版副本文件读取到相应的 Durst 陶瓷打印机上（图 10-26）。

（2）根据四色文件生成 5～6 个印刷色。

（3）自动使颜色适应任意数量的 Durst 陶瓷打印机。

（4）对使用的各个釉料进行线性化校准，提高打印质量。

（5）通过线性化，保持打印过程（施釉、烧制等）的稳定性。

（6）集成解析工具以创建并控制 ICC 配置文件。

（7）打印喷头可通过时间表进行监控。

（8）经过多次测量，精确读取数据。

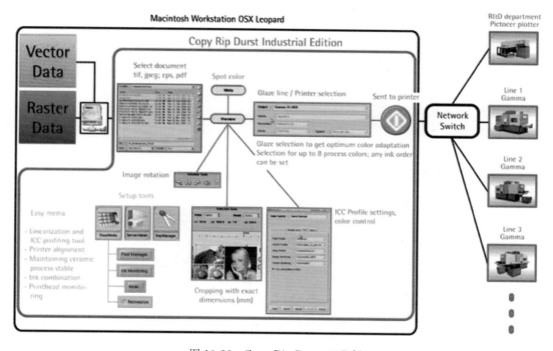

图 10-26　Copy Rip Durst 工业版

2. 主要特性说明

所有影响给色量的设定，如介质、分辨率、印刷模式和印刷速度等，都设置在 Copy Rip Durst 工业版中（图 10-27），并且通过图像文件传送到 Durst 陶瓷打印机上。打印机自动读取并自动输入这些设定。

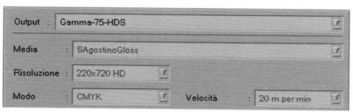

图 10-27　给色量的设定

Media（介质）设置包括线性和颜色配置。

Mode（模式）设定复制颜色组合。

使用 Output（输出）选项可以分别控制所有 Durst 陶瓷数码喷墨打印机，轻松地将每个图像文件直接传送到选定的 Durst 陶瓷打印机上。

每个 4 色文件可以使用 Copy Rip Durst 工业版调至 5 个或 6 个印刷色来打印，可以自由选择颜色组合。例如，可以选择不同的墨水组合作为打印设置。通过这种方法，可以利用简单的 4 种颜色配置来模拟 Photoshop 中的多色显影。不需要阿尔法通道或其他辅助方法就可以创建 5 色或 6 色通道的印刷品。

我们经常需要在不同的釉线上对不同尺寸的瓷砖印刷相同的设计图案。这就要求每个数码喷墨打印机都进行相同的打印。Copy Rip Durst 工业版可以帮助您轻松校准所有 Durst 公司的数码喷墨打印机。总体上各个打印机（使用相同油墨）可通过最大密度来实现色彩适应（图 10-28 至图 10-32）。

最佳线性化功能连同最大颜色密度，获得最大色度空间，效果出色。此外，还通过线性化对施釉、烧制等不同的过程变量以及喷头老化进行补偿。运用补偿功能，使用户能以最低的消费重新进行某些产品的复制。

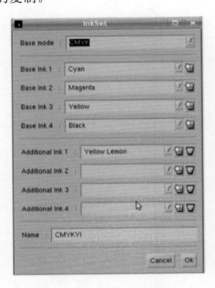

图 10-28　墨水参数设定界面

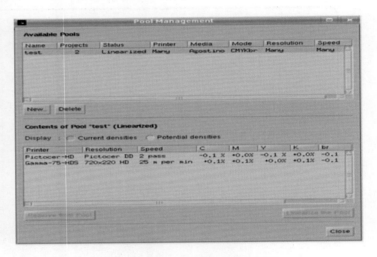

图 10-29　墨水组合打印设定界面

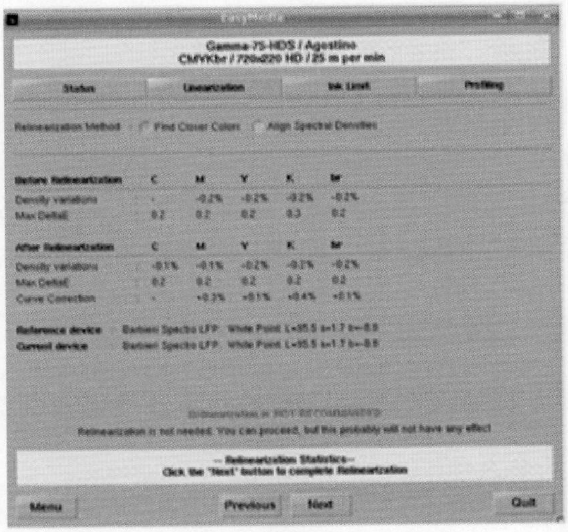

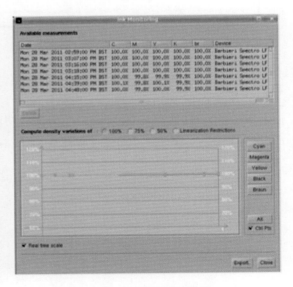

图 10-30　喷墨打印界面设定

图 10-31　补偿界面设定

　　喷头随着时间的推移而产生老化，影响每个喷嘴的滴墨量。Copy Rip Durst 工业版可以借助图表，跟踪喷头的老化情况，并在一定程度上进行补偿，经济实惠。根据此曲线反映的情况，Durst 客服部门可以迅速得到通知并对设备进行调校。

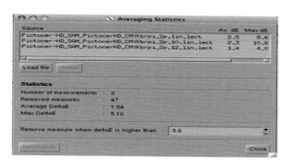

图 10-32　优化平均设定界面

　　在砖坯表面粗糙或施釉不均匀的情况下，参考点根据打稿目标的各个测定区域而改变。这样会有损线性和颜色配置的创建质量。为了将此影响降至最低，Copy Rip Durst 工业版提供了一个特别的解决方案，即对每个目标点进行多次自动测量然后求平均值，从而获得更精确、更好的测定值。

参考文献

［1］　王武林．色彩管理浅述——色彩管理及色彩管理系统［J］．印刷杂志，2003（5）：49-54．
［2］　W Craig Revie．ICC color management for print production［R］．http：//www.color.org/craigrevie.pdf

第 11 章　陶瓷数字喷墨印刷设备应用

Chapter 11　Application of Ceramic Digital Inkjet Machine

11.1　陶瓷行业喷墨印刷技术应用现状

从 2008 年至今，中国陶瓷数码喷墨印刷技术得到迅猛发展，陶瓷喷墨打印机在陶瓷企业生产中得到广泛应用。喷墨打印技术已趋于成熟和稳定，现在稍有规模的陶瓷厂都几乎找不到没有应用喷墨打印机的了，喷墨打印机产品的生产如同 5 年前的辊筒机一样普及。瓷砖市场也正是由于喷墨打印技术的普及应用，花色品种发生了翻天覆地的变化，给中国陶瓷装饰行业带来了深远的影响。喷头、设备和墨水三个方面的齐头并进，促使喷墨打印技术的飞速发展。

11.1.1　喷墨打印机的组成结构

喷墨打印机由五大主体部分和外辅助部分组成：

（1）瓷砖输送机构。它主要由驱动电机（一般是伺服电机）、减速驳箱、辊筒、送砖皮带（一般是平皮带）、送砖平台等组成。在皮带的选择方面，除了高精度、高强度、耐温性、耐疲劳等性能要求外，由于喷墨打印机所用的墨水有的是由有机溶剂加无机色粉组成，要尽量选用抗溶剂能力强、范围宽的皮带（特别是表层）。否则会因为皮带表面的变形而影响精度，或者降低皮带的使用寿命，影响打印效果，甚至出错。

（2）喷头系统。喷头是目前陶瓷喷墨打印机的核心，所占成本最高、最重要、技术含量最高的部件。数码喷绘技术在陶瓷喷墨打印机出现前已经在其他行业应用多年。但由于陶瓷墨水的特殊性（要高温煅烧之后发色）和陶瓷喷墨打印机的工作环境较恶劣，所以，陶瓷喷墨打印机要用专用的喷头。喷头的安装方式也有两种，一种是将所有喷头安装在同一个安装板上；另一种是将每个颜色的喷头分别安装在独立的安装板上，而且该安装板可以独立拉出皮带外，以便做喷头的人工清洁和维修保养。

（3）供墨系统。陶瓷喷墨打印机供墨系统的作用是给喷头提供持续、稳定的墨水。它一般由储存及搅拌桶、供墨泵、外循环泵、二级墨盒、过滤器、负压自动控制系统、墨水恒温系统等组成。不同的喷墨打印机有不同的供墨系统。

（4）控制系统及操作系统。控制系统的作用是实施输送皮带、喷头打印、供墨系统等的综合控制，使其按预设的数据控制系统运行、打印精确图案。操作系统是为喷墨打印机而设计的人机界面，方便操作人员进行管理，如工作图片的传输、打印格式、生产数据显示、墨水温度和负压的检测、清洗操作等。

（5）喷头自动清洁系统。由于室内灰尘无法完全清除，喷出的墨点有部分会"飞"起来粘附在喷头的表面或挂积在附近机件上（尽管大部分的飞墨由抽风机抽走），这是喷头外部因素，喷头内部也因长时间使用而产生局部沉积使喷孔堵塞。所以要定时清洁喷头。为了减少人工清洁的劳动强度，陶瓷喷墨打印机都设有自动清洁系统，它一般由墨盘、墨盘伸入伸出系统、刮片或吸嘴、真空泵及管路等组成，可以自动完成整个清洁过程，每次清洁需时 3～5min。而清洁的间隔时间可以根据实际情况设置，使机器自动执行。

（6）外辅助系统。喷墨机房要求有正压空气控制系统（可用外置风机产生），并且空气经过滤后才打进；恒温恒湿（可安装空调实现，一般要求室温在 18～25℃之间）；为了减少对喷墨房环境的依赖，一般喷墨打印机也会设计有密封性较好的防尘罩，以防止外部灰尘落入机器喷射区域。

11. 1. 2　喷头应用状况

陶瓷行业喷墨生产使用的喷头品牌主要有赛尔、精工、北极星、星光、东芝、柯尼卡等，目前喷头的主流产品是赛尔喷头（图 11-1），市场占有率最高，约占 80%，从去年开始，星光 1024 喷头（图 11-2）的应用受到青睐，有后来居上的发展势头。喷头的竞争，演变成喷墨打印机的竞争。制造喷墨打印机的企业集中在中国、意大利、西班牙等三国，但生产喷头的企业却只有英国、日本、美国三个国家。喷头的工作原理非常简单，无非是压电晶体通电工作挤压喷射墨水，但它是精密生产的产品，且有专利保护。赛尔喷头投入陶瓷行业时间超过十年，有独有底部循环技术，不易出现堵塞，再加上八级灰阶打印技术，如虎添翼。产品型号有 XAAR1001、XAAR1002 的 GS6、GS12 等产品，打印精度 360dpi，自然墨滴分别为 6～42pL、12～84pL，最近新推出的 5 级灰度 GS40 大墨量的墨滴体积可达 160pL。

图 11-1　赛尔喷头　　　　　图 11-2　星光 1024 喷头

星光 1024 喷头由于具有结构简单、耐腐蚀的不锈钢底板、可以拆御清洗等特点，获得市场的好评，它有 12pL、25pL、65pL 三种规格的自然墨滴，最高打印可达 200pL，4 级灰阶，400dpi 的打印精度，它的市场应用将会越来越广泛。

11. 1. 3　喷墨打印机应用状况

我国大约有 3300 条各类瓷砖生产线，喷墨打印机需求量大约是 3000 台左右，位居全球之首，目前在线总量约 2800 台，接近饱和，分布在广东、山东、福建、江西、四川等陶瓷生产基地，喷墨打印机以国产设备为主，大约市场占有率为 90%，分别是美嘉、希望、彩神、泰威、新景泰、精陶等这几家主要生产商，国外品牌有快达平（Cretaprint）、凯拉捷特（kerajet）、B&T（Projecta）、天工法拉利（Tecnoferrari）、得世（Durst）、西斯特姆（System）等。中国品牌的喷墨打印机有天时地利的优势，虽然品牌不如国外产品，但技术同国外的差距在缩小，有价格优势，服务周到并且及时。新增的喷墨打印机主要集中在印度和越南两个国外市场，中国的品牌喷墨打印机不足 50%。

喷墨打印机的打印机头分为整体式和分体式两种。整体式的打印机头（图 11-3）是把所有颜色通道装在一个升降机构上，这种结构简单、机头庞大；分体式的打印机头（图 11-4）是每个通道都有一个升降机构，中间有一个间隔带可以观察，便于观察各颜色打印状态，也便于查找问题。

每个打印通道又分为整体式和分体式两种。整体式打印通道是同一个通道（或颜色）的所有喷头都共用一个供墨系统，而分体式打印通道是把通道分为几个区，例如 13 个喷头以上组合的就分为 A、B、C 三个区，每个区都有独立的供墨系统。这两种结构形式的供墨系统都有各自不同的特点，但功能必须一致。

喷头在线清洗方式常见的是真空吸墨，也有用海绵擦墨的。清洗后的墨水被大部分机器废弃，少数

图 11-3　整体式机头

图 11-4　分体式机头

的机器会回收过滤以后重新使用。

11.1.4　墨水应用状况

随着陶瓷喷墨打印技术的飞速发展，近几年，国产墨水从无到有，开始大举抢占进口墨水过去一统天下的中国市场，市场占有率上升到 50％以上。国产墨水的批量应用技术已经成熟，墨水制造商纷纷度过了堵喷头的风险期，有了自己特色的产品。价格上，国产墨水目前已经降到每吨 6～7 万元，具有明显的优势。

目前主要的国内墨水生产商有道氏、明朝、康立泰、柏华、迈瑞斯、万兴、名墨、远牧、研科、陶正、色千、金鹰、三陶、汇龙等，国外的墨水生产商有意达加、陶丽西、卡罗比亚、福禄等，其中，福禄是最早研制和生产的。

墨水的主体颜色有蓝色、棕色、黄色、桔色、粉色、黑色等。还有其他一些功能性墨水如白色、下陷墨水、金属釉、闪光釉、亚光釉等，红色墨水至今还没有开发出来。墨水分为水性墨水和油性墨水，国内的机器使用油性墨水，水性墨水还没批量使用。墨水应用的另一个分支是 Metco 公司生产的渗透墨水，它是一种有机溶剂，加上助渗剂和添加剂，墨水的渗透能力得到了极大提升，数码喷墨大批量用在渗花砖的生产将是今后的一个发展方向，国内诺贝尔瓷砖和蒙娜丽莎瓷砖已经率先使用。

11.1.5　当前喷墨打印技术的总结和趋势预测

一年一度的建筑陶瓷装备与工艺技术行业盛会马上就要拉开帷幕，这是在行业寒冬下的一个展览会。在当下的信息时代，各大主要参展商都纷纷提前发布相关展览资讯，使大家或多或少都已经闻到了展览会的味道。由于大家的专业知识和资讯各有局限，因此也难以对相关信息作深入的了解。本章从技术等角度，对陶瓷喷墨技术的发展过程简要总结，进而分析有关喷墨打印机、墨水的发展趋势以及喷墨渗花技术等热点话题，作为给大家观展的一些指南。

1. 陶瓷行业喷墨打印技术的发展历程回顾

喷墨打印技术正式应用于陶瓷行业始于 2000 年左右，兴起于欧洲。由于喷头、墨水、机器制造等相关技术难度大，故起步之初发展缓慢，至 2008 年该技术开始传入中国，欧洲的喷墨普及率也只有 3 成左右。同时，由于欧洲同行担心喷墨打印技术传到中国会进一步影响欧洲陶瓷行业在国际上的竞争力，故从一开始欧洲同行就对中国封锁喷墨机器和墨水打印技术，一律不得卖给中国企业（现在看来果然如此，喷墨打印技术在中国的发展，短时间内把我们与欧洲同行的陶瓷花色品种的技术水平差距拉到几乎同一水平上）。直到 2008 年欧洲金融危机爆发，欧洲陶瓷行业发展进一步恶化，他们才开始放开喷墨打印技术。于是到 2009 年，国内的诺贝尔、金牌亚洲等几家陶瓷企业开始购买欧洲的机器和墨水，最早进入中国市场的喷墨机器有 Durst、Kerajet、快达平等品牌，而意达加墨水也随之进入大家的视野。陶丽西早期因为只跟 Durst 捆绑销售，故稍晚了一步才在我们的机器上使用。国内的机器制造和墨水生产企业也是从这一年开始了国产化进程。国人的追赶速度很快，到 2010 年国内的科达、泰威、新景泰、彩神、希望等机器制造商，与道氏、明朝、康立泰等墨水生产商相继推出国产的喷墨机器和墨水。直到去年，短短的五年内，国内的喷墨机从无到有，由于与国外同行的技术相当，服务优良，国产喷墨机器和墨水后来居上，牢牢占据了市场的主导地位。目前中国建筑陶瓷市场在用喷墨机器中，国产机占有率达 9 成左右，而在越南、印度建筑陶瓷市场的占有率约 4 成左右。墨水在国内建筑陶瓷市场的占有率也超过 70%，近年开始向越南、巴基斯坦等国家渗透。

2. 目前的一些状况

那么，到了目前，我国的陶瓷喷墨打印技术水平状况如何？这问题可以有多方面多角度的分析，笔者将从以下几方面作简要综述。

（1）从喷头角度

目前的在线机还是以英国赛尔喷头为绝对主角，约占 70% 左右的份额。这几年来不少其他喷头产品要杀进陶瓷喷墨打印机市场，经过几年的多轮进攻，星光喷头由于具有微循环结构，而且有多个喷墨打印机品牌的推动，目前占 10% 左右的份额，稳居第二的位置。其他的几个品牌喷头由于技术有些局限，多数是独家在推广，再加上服务等原因，占有率一直难以上升，还在苦苦挣扎。

（2）从国内外机器技术比较角度

经过十年的经验积累，国内近五年呈普及式发展。目前国内外喷墨打印机的技术差异越来越小。同是主流品牌相比，使用相同喷头的机型无论从打印功能、效果等方面的差异都不明显。这也是尽管目前国内外品牌的机器的价格差异并不大，但国人还是将国产机器作为第一选择的原因。因为一般来说国产品牌的服务无论如何都会比进口的到位。当然，欧洲的机器在某些性能方面也有它的优势，再加上外来的和尚好念经，进口机器还是会有一定的市场。

（3）从墨水角度

如上所述，国产墨水从 2010 年才正式面世，目前已稳占七成的份额。主要原因还是技术赶了进口的水平，使用国产墨水或进口墨水无论从发色还是打印效果、保质期都差异不大。同样，国产品牌的服务贴身，能协助客户进行产品开发，及时帮助客户解决问题，比较容易协调机器、墨水、用户三方的利益，因此比较受国内用户的欢迎。

（4）从价格角度

多年来我们都感慨：没有国人参与的竞争不算是（商业）竞争。过去短短的5、6年，陶瓷印花喷墨化的发展，可以说是一场惊心动魄的行业大混战。参与战团之多，时间之迅速，价格降幅之大堪称打破了陶瓷行业过往任何一项技术革命的历史。其中国内的喷墨打印机品牌在展会上曾出现过的超过15家，加上国外的品牌接近10家，真的算大混战。于是价格也由最初的两百多万元降到目前的60～70万元（按350宽，4色机型计）。墨水国产化的竞争更惨烈，有一年展会上曾出现多达37家墨水品牌，还有不少没有参加展览的。这应该是源于大家按当时二十多万元一吨的价格估计墨水市场有几十亿甚至上百亿。而现在卖价却每吨只有5万元左右。每个月也只有2000t左右的实际用量。到了现在，喷墨打印机品牌近一半被淘汰，仅剩下6～7家。而排名靠前的3家占了六七成的份额。墨水品牌的淘汰更彻底，国产前两名就占了超过六成的份额。当然，在这样的形势下，生存下来的机器和墨水制造商的日子也不好过。利润率低甚至无利经营，售后服务成本高，还承受着巨大的坏账风险，这种项目充满着鸡肋的味道，占有率低的品牌混下去就实在太难受！

3. 技术趋势

经过以上的历程分析，其实能看出陶瓷喷墨打印技术的发展经过疯狂的生长后，目前遇到了技术瓶颈期。机器和墨水的同质化十分明显，这也能解释目前的微利甚至无利经营状态。大家都在痛苦地经营着。那么，这项技术的发展将会何去何从？除了在现在的状态下继续同质化竞争，还有没有新的惊喜出现？在此综合我们的调查研究成果来作以下几方面的预测：

（1）喷头市场的竞争还未结束

喷头市场竞争还未结束，有同质化趋向，但不会出现严重同质化。因为赛尔目前的超高市场份额，以及独到的循环技术优势（有严格的专利保护），还有新型号的推出，估计在短期的2～3年内，赛尔的市场份额第一把交椅地位是不变的。现在喷头制造商已经很清楚陶瓷墨水的特性，于是星光等喷头近年也不断推出新的型号以图进入陶瓷数码打印的市场（之前的北极星等喷头公司是不适合用在陶瓷行业的），而这些新型号在结构和技术上也都或多或少有参考赛尔的一些成功经验去改良，甚至有打专利或授权的擦边球去设计定型的。因此，喷头技术也有同质化的趋向，只是国外企业大多都比较尊重知识产权，所以就算别人的方式很好，也是绝对不会山寨别人的，而是自己再投入研发，另找新方法去提升技术，这样完全同质化的产品就不会出现。由于以上原因，多种喷头共存，赛尔的市场占有率有所下降也是可以预期的，大家可以在展会上留意一下。

（2）机器向多通道一体化发展

由于瓷砖图稿的设计色域较广泛，而墨水的发色总是有局限性，如蓝色、棕色比较容易发色，黄色，粉色发色就困难一些。如果仅使用一个型号的喷头的话会力不从心，无法开发表面装饰更丰富的产品，因此需要多型号喷头搭配，才能满足越来越宽的墨量打印要求。再加上下凹釉、哑光釉、负离子釉、白釉、金属釉等功能性墨水越来越多地被应用，喷墨打印机向多通道组合发展将成为一种趋势。如果加上目前热门的喷墨渗花的应用（一般要8通道或更多），那多通道是买新机时的必然考虑。新景泰此次展会上亮相的标配10通道的新King Jet喷墨打印机也是为了顺应这一潮流而研发的，一体式设计既可以减少占地空间，也可以减少客户的投资成本。如果十个通道用两台机来组合，占地面积大，性价比低，而且对位精度很难达到要求。配合这一体式多通道的设计，整体式升降，拉出式通道是必然的选择。新Kingjet除了沿用5大经典设计之外，还有5大创新亮点，欢迎同行现场品鉴。也让大家留意各大喷墨打印机品牌有没有新机型出来，有什么共同点和不同点。

（3）喷釉技术步履艰难，未有突破

在两年前意大利的里米尼展会上，多家意大利公司均展示了数码喷釉技术，甚至有公司推出连线数码表面装饰，即全线用喷墨打印机喷底釉、印花、施干粉等。而时至今日，喷釉技术还未有明显的进展，没有厂家再应用这样的工艺流程去做大生产。其主要原因是目前还没有一款性能和性价比适合喷釉的喷头，也没有一种能适合喷头使用、性价比又接近目前工艺的墨水。所以利用喷墨打印机施釉还遥遥无期。这次展会上估计也难觅相关设备。这种状况与笔者当时在意大利里米尼看完 System 公司的演示线后的想法一样：这样的短线组合从工艺、成本上未必有优势。所以笔者认为这不会马上引起施釉线的大革命。这只是其中一个方向，基于目前的数码技术，瓷砖表面装饰可以这样做，但不接地气。现在新建的生产线还得按现工艺来布置。

（4）瓷砖渗花产品将占据一席之地

虽然艰难，但基于喷墨打印技术的瓷砖渗花产品一定会在中国开花，并占据一席之地。喷墨渗花砖具有抛光砖的特性，及釉面砖的花色，改变了普通抛光砖花色不好，釉面砖（全抛釉）因为有透明釉层耐磨性差的缺点，所以前景诱人，也迅速成为了大家热议的话题。然而，这种技术的难点不少：不论是机器设备制造商还是墨水供应商都经验不足，技术尚未成熟。这涉及的面显然比普通喷墨打印技术要广，包括墨水制造、专用喷墨打印机的硬件软件开发、喷头与墨水的适应性试验、陶瓷厂的工艺适应性改造、砖坯平整度控制等。目前已批量试生产的企业，因机器喷头损坏、试产、误产损失等学费交了不少。但尽管这样，笔者还是预测喷墨渗花技术在中国将会取得成功。依据是：①墨水制造技术已经取得突破，并没有因为买不到原材料、生产设备等原因而不能生产，这从目前越来越多的公司可以提供渗花墨水的情况可以验证。尽管大家都还不是很成熟。②与渗花砖生产相适应的喷墨打印机，国内品牌是可以做到的，只是需要时间和机会。新景泰这次展会上展示的新 Kingjet 喷墨打印机就是专门为满足喷墨渗花砖生产而设计的。从去年开始研发，到今年定型投产，已经引起不少客户的兴趣。

（5）机器、墨水品牌继续被整合

不论中国或者欧洲，机器和墨水品牌还会继续被整合，结果是更少数的几个品牌占据更大的市场份额。

既然我们又遇上一个喷墨渗花的市场机遇，为什么还是这样预测呢？这基于笔者在这两年对喷墨渗花的研发实践中看到：在喷墨打印机方面，尽管现在渗花墨水喷墨打印机还处于研发阶段，原来的喷墨打印机生产商都有机会从这一个市场中争取到一定的份额，从目前低迷的市场需求状况中抖擞一下精神。但是这种机器与原来普通墨水喷墨打印机的技术还是比较相似的。在竞争激烈的目前，即使是新的应用，机器价格并不能特别的高，改变不了喷墨打印机这个项目的微利、无利经营状态。所以，纵然有新机会，却会继续洗牌。在墨水方面，渗花墨水目前的价格很高，然而，从过去一年我们从无到有，目前看来它并没有很高的进入门槛，也就是会有不少人涌进来。技术就会比较快地趋于同质化，当制造技术趋向成熟时，价格快速下跌到像普通墨水那样痛苦经营的状况也就成了必然。所以，当喷墨渗花技术成熟之时，也是走回少数品牌占据多数份额之日。这需要多久？笔者认为，如果说过去的一年是喷墨渗花元年，那未来的一年则是成熟之年，会有很多渗花墨水公司冒出来。之后，就进入边普及边淘汰的阶段。而且，由于目前行业机会点少了，当技术被多数人掌握时，竞争洗牌的速度是很快的。说不定只用一年，市场就会恢复平静。

11.2　喷墨打印技术在陶瓷各砖种生产中的应用

数码喷墨打印技术在陶瓷行业生产中取得了惊人的突破，可谓是行业进行了一场新的革命，几乎涵盖了所有的砖种生产，有的还在继续延伸，本节简单概述全抛釉、陶瓷薄板、仿古砖、瓷片等几个典型的砖种如何应用喷墨生产，其他没描述的砖种大致雷同，不再重复。最后，把渗透墨水的应用及新型的喷墨渗花砖系列产品的生产作一个简介。

11.2.1 喷墨打印技术在全抛釉中的应用

1. 全抛釉产品的发展

在喷墨打印技术到来之前，市场上已经流行全抛釉产品多年。全抛釉产品相对之前的传统抛光砖和普通釉面砖来说是一个全新的产品系列。其主要的生产工艺为在干燥坯表面施一层面釉，然后在面釉上采用丝网或辊筒印花进行图案装饰，之后再通过丝网印刷或钟罩淋釉的方式在砖坯表面施一层比较厚的透明釉，高温烧成之后进行抛光。这样生产出来的产品集抛光砖与仿古砖的优点于一体，既有釉面砖的丰富图案与绚丽色彩，又有类似于抛光砖的光滑亮洁和表面质感。全抛釉砖实物图如图 11-5 所示。

图 11-5 全抛釉砖

近几年随着喷墨打印技术的普及，全抛釉产品的印刷方式也从传统的丝网印花和辊筒印花向喷墨印花转换。喷墨全抛釉的出现，将瓷砖富丽堂皇的装饰效果提升到了一个全新的高度。作为一种全新的生产工艺，设备厂商在喷墨打印机综合性能上的改进以及对喷头型号推陈出新，新的型号喷头越来越适用于生产全抛釉类产品。同时瓷砖生产厂家也在材料与技术层面不断地完善，让喷墨全抛釉产品的品质得到快速提升。

2. 喷墨全抛釉产品的技术特点

喷墨全抛釉产品属于釉下彩釉面砖，分别由坯体、面釉、喷墨印花和全抛釉组成。坯体工艺类似于一般普通的釉面砖，主要的不同是它在施完面釉后，使用目前流行的喷墨打印机进行图案打印，再施一层透明的抛釉，烧成后采用软磨块进行抛光，抛去一部分表面的全抛釉层，这样可以完全保留住面釉和喷墨印花的图案与颜色。喷墨全抛釉瓷砖不同于普通抛光砖，其表面的釉料为专用的通明釉，经过高温烧结后分子完全密闭，致密度高几乎没有间隙，具有耐磨、防污的特点。

喷墨打印技术使用的喷头精密度高，最高分辨率可达 400dpi，打印到砖面上的图案纹理非常清晰。表面的全抛釉经过抛光，产品晶莹剔透，光洁明亮，釉下纹理清晰自然。与上层透明釉料融合后，整体层次更加主体分明，让喷墨全抛釉产品源于石材而更胜于石材。

3. 喷墨打印与丝网、辊筒印花的对比

（1）优势

① 喷头精度高，纹理非常逼真，更能够还原出各种设计图案的真实细节。而丝网与辊筒在印花过程中会产生水印、走网等问题，会导致图案有不同程度的模糊。

② 喷墨打印技术是采用电脑控制系统来传图打印，图案面积更加灵活多变，可打印的面积可以从几平方米到几十平方米不限。而且喷墨打印机有定点、步进和随机三种打印模式可任意选择，在生产过程中能实现瓷砖表面真正的图案变化，确保每一片瓷砖的图案效果都是不同的。与丝网印花的单一图案以及辊筒印花的小面积图案变化相比，喷墨打印技术简直就是革命性的提升。

③ 喷墨打印技术自动化程度高，产品图案颜色稳定，生产的产品适合于工程大面积铺贴使用。

④ 喷墨打印省去了丝网、辊筒印花所需要的花釉加工，节省了花釉加工过程使用的电力、人工等成本。另外在生产线使用过程中也减少了花釉的浪费。

⑤ 喷墨打印操控灵活，转换产品快捷方便，可用于小批量定制产品的生产。

（2）缺点

① 喷墨打印所使用的墨水发色相对于色料来说，其发色品种较为单一，有很多颜色无法做到丝网、辊筒印花呈现的那种色彩。

② 对于生产一些深颜色的产品容易产生拉线，对喷墨打印机以及喷头的保养和维护要求比较高。

11.2.2　喷墨打印技术在陶瓷薄板生产中的应用

生产大规格瓷质板材（900mm×1800mm×5.5mm），与普通的釉面砖工艺不同，各工序对生产工艺提出了更高的要求，目前生产釉面砖主要采用喷墨打印技术，有时也用立式胶辊机印花。

（1）喷墨打印机要求能够生产打印长 2.2m、宽 1.1m 的砖坯，因此喷墨打印机的平台比一般砖的平台要求要大一些；为了达到要求，目前使用 5 个通道，每个通道 17 个星光 1024 喷头；因为喷墨打印机是宽幅、无接触、无压力式的打印，在薄板砖坯上印花有无与伦比的优势，不会对砖坯产生任何外力的损伤。

（2）喷墨打印机使用 5 种墨水，分别为青色、棕色、米黄色、柠檬黄、咖啡色（比较少用）；墨水发色相对比较稳定，但是釉性比较重，容易产生釉坑或者缩釉；其主要原因是与普通砖工艺相比，瓷质薄板在喷完墨后喷透明釉，含水量比较大，与墨水结合性比较差；普通工艺是淋透明釉，含水量比较小，且透明釉用量比较大，对釉坑、缩釉有一定的改善。因此对墨水的要求比较高，需要改善墨水的亲水性能。

图 11-6　喷墨薄板

（3）瓷质板的喷墨图要求比普通砖大，最小要求 1.0m×2.0m 的图，喷墨打印机图比较宽，左右两边容易出现阴阳色，一种办法是通过调整喷墨打印机两边的喷墨量来调整阴阳色，另外一种办法是通过调整图两边的阴阳色来弥补。

（4）生产工艺要求：喷墨前砖面上面釉温度要求控制在 35～40℃；釉面平整；釉线速度和喷墨打印机速度保持一致，或者要保证打印平台足够长，确保喷完墨不出现拉线或者前后两头不出现模糊图形；定时清洗喷头，减少出现滴墨现象。喷墨薄板如图 11-6 所示。

11.2.3　喷墨打印技术在仿古砖系列产品中的应用

1. 产品简介

陶瓷仿古砖是从国外引进的系列，是从彩釉砖演化而来的，实质是上釉的瓷质砖。与普通的釉面砖相比，其差别主要表现在釉料的色彩上面，仿古砖属于普通瓷砖，与瓷片基本是相同的，所谓仿古，指的是砖的仿古效果。仿古砖有极强的耐磨性，兼具防水、防滑、耐腐蚀的特性。仿古砖结合了抛光砖和瓷片的优点于一身，有着高硬度、高强度的砖坯，又不失丰富的纹路花色，涵盖了仿石、仿岩、仿木、仿皮和仿金属等各种纹理的特征及强大的空间表现力。仿古砖大多是仿造以往的样式做旧，用带着古典的独特韵味吸引着人们的目光，为体现岁月的沧桑、历史的厚重，其通过样式、颜色、图案营造出怀旧的氛围。它注重设计师的创意，诉求一种文化韵味。仿古砖的图案以仿木纹、仿石材、仿皮革为主，也有仿植物花草、仿几何图案、仿织物、仿墙纸、仿金属等。烧成后图案可以柔抛，也可以半抛和全抛。仿古砖属于有釉砖，其坯体的发展趋势以瓷质为主（吸水率≤0.5%），也有炻瓷质的（吸水率 0.5%～3%）、细炻质的（吸水率 3%～6%）、炻质的（吸水率 6%～10%）。

喷墨仿古砖是以喷墨打印方式，在已施好发色良好的面釉砖坯上喷印墨水图案，再进行表面墨水色彩保护的仿古砖产品。部分产品还要做特殊纹理效果装饰和后续处理加工。

2. 喷墨仿古砖特点

喷墨仿古砖相对传统色彩印花工艺如平板、辊筒印刷，有着显著不同的特点：① 无接触喷墨打印，解决传统印花在凹凸不平的砖坯印花难的问题，开拓一个全新的陶瓷印花模式；② 图案多接近于自然原物的变化特点和风格，理论上可有无限随机变化的概念，解决传统方式的图案单一、变化少的不足；③ 设计修改不会引起物质损耗，快捷、效率高，设计和色彩的调整在电脑上通过一定的软件处理后，通过打印即可见到效果，传统方式需要出菲林片制作花网板或进行辊筒雕刻才能进一步试验，需要物质基础，不成功则有物质白白消耗，而且时间较长；④ 在精细度方面，由于打印喷头的精度远高于传统物质，所以产品精细度、边界清晰感要好于传统印花方式。

当然有些传统工艺固有的特点，喷墨打印方式还是不能完全表达的。如：① 颜色的丰富性，受制于墨水的开发、设备的分布，色彩的表现不够丰富和完美；② 与传统印花的叠加方式不同，其浓重感和过度的自然性有一定的差异；③ 因设备方式的差异，如喷墨打印机需要更精细的维护，操控环境高，喷头的堵塞和喷头之间色彩的均匀性有待改进，喷墨打印机的拉线、滴墨等问题有待于设备的改进和墨水质量的提高，才会让喷墨产品进一步完美。

图 11-7 喷墨仿古砖

3. 喷墨仿古砖的釉料工艺特点

（1）釉料特点：同传统釉料不同，仿古喷墨面釉须满足如下要求：① 有助于墨水的发色，可有效克服因墨水色彩不丰富的不足；② 和表面效果釉的结合不产生釉面缺陷；③ 釉料要具有有效快速吸附墨水、不扩散的特点，产品才具有更高的清晰度；④ 烧成范围宽，有利于墨水发色的稳定，减少产品的色差。

（2）生产工艺方面。喷墨后的仿古砖产品均需在表面进行防护釉处理，一是保护墨色的磨损，二是提升产品的防污能力。防护釉要具有透明度好、防污强、有助于墨水发色的特点。喷墨仿古砖如图 11-7 所示。

11.2.4 喷墨打印技术在瓷片全抛釉中的应用

（1）产品简介。喷墨瓷片与其他普通的瓷片特性一样，但喷墨瓷片系列有独特的印花优势，采用了数码喷墨打印技术，利用智能尖端电脑控制高精还原，精确读取图像喷墨颜色，细致入微，改变了传统的接触式压力印刷，实现与砖面不接触的"凌空"印刷。这种技术不仅印刷凹凸面、斜面无障碍，而且纹理不会重复叠印，随机性使得每片砖的纹理均不一样，纹理的变化更丰富，仿真效果更佳，达到产品一片一景的效果。

（2）工艺流程：砖坯压制→干燥→素烧→清理砖面→喷水→淋底釉→淋面釉→喷墨打印→烧成→抛光→分级入库。

（3）瓷片全抛釉的生产应用需要注意的是：

① 在保持原有砖形不变的情况下，提高瓷片抗热振性。产品热稳定性差，会出现后期龟裂等问题。在抛釉层中要形成足够大的压应力，需要 $500kg/cm^2$ 的压应力，且抛釉膨胀系数小于面釉膨胀系数 $0.5 \times 10^{-6}/℃$。

② 抛釉、面釉、底釉和坯体应力匹配要适当。在底釉中形成应力平衡后，总应力大小决定着坯体

形状。坯体需要形成约 750kg/cm² 左右的压应力。底釉给予坯体一定的压应力，使坯体略呈龟背状为好。

③ 墨水和面釉要匹配，否则容易产生釉坑，在平面上产生不该有的凹凸不平的感觉。

④ 一般瓷片生产都是二次烧成，吸水率大，砖坯在一次素烧之后，再淋釉，瓷片上印花颜色较淡、肌理细腻、温馨雅致，使用 8 级灰度等级的 XAAR 喷头较合适。

⑤ 由于一次素烧之后，砖坯有一定的硬度，在过喷墨打印机平皮带时，难免会有一些砖渣掉在皮带上，如果使用刮胶清洗喷墨皮带，砖渣极容易卡在皮带和刮胶之间，导致皮带磨损。所以不能使用刮胶，可用人工的方式清理。喷墨瓷片如图 11-8 所示。

图 11-8　喷墨瓷片

11.2.5　喷墨打印技术在喷墨渗花砖中的应用

1. 喷墨渗花工艺概述

渗花砖是 20 世纪出现的一种产品，大部分渗花砖和微粉砖均需要抛光。20 世纪 80 年代末、90 年代初出现的渗花产品为瓷质渗花砖，而现在新出的喷墨渗花瓷质抛光砖，两者的渗花原理基本相似，但工艺过程却是大相径庭。喷墨渗花瓷质砖不但具备微粉砖部分的优异性能，且更具成本优势。

2. 坯料、面釉配方

与普通产品相比，喷墨渗花产品对坯料和面釉的要求更高，为了达到较好的产品效果，采用淋釉工艺，淋釉的质量较普通产品要大，其重点和难点体现在以下几个方面：① 坯釉的膨胀系数和烧成范围；② 坯体和面釉的建材白度；③ 坯料和面釉的稳定性；④ 坯体的干燥坯强度；⑤ 面釉对发色的影响；⑥ 面釉的收缩率；⑦ 面釉的渗透性；⑧ 面釉的耐磨性；⑨ 半成品的断裂模数、热稳定性、耐酸碱性、防污防滑性等。

3. 喷墨渗花工艺

喷墨渗花工艺流程：砖坯压制→干燥→清理砖面→喷水→淋釉→二次干燥→喷墨打印→烧成→抛光→分级入库。

（1）砖坯压制可用平面磨具和凹凸磨具两种。

（2）第一次干燥为坯体干燥，同全抛釉、仿古产品一样。

（3）为了避免产品表面出现缺陷，故需进一步清理干燥坯砖面。

（4）喷水工序有两个目的：第一，降低干燥坯的表面温度，提高生产效率；第二，防止淋釉后砖面出现针孔。

（5）在保证产品效果的同时，降低成本，故选择了淋釉工艺。

（6）由于淋釉后，坯体表面的含水率提高，其对产品发色有较大影响，需进行二次干燥，同时也保证了坯体的釉线强度。

（7）喷墨打印工序采用四通道打印，分别是蓝色墨水、黄色墨水、棕色墨水、助渗剂。

（8）烧成工序同全抛釉、仿古产品大同小异。

（9）抛光过程需根据最终的产品效果记忆具体的生产情况进行操作，比如：在生产正常的情况下，有凹凸磨具的渗花产品，凹凸效果较小时，抛光厚度可控制在 0.05～0.1mm；平面效果时，抛光厚度可控制在 0.08～0.15mm。

4. 喷墨渗花原理

渗花技术是运用发色较强的可溶性盐类作为着色剂，经过合适的工艺将其制备成可用于喷墨打印的渗花墨水，采用喷墨打印方式将预先设计好的图案打印在淋釉干燥后的坯体上，依靠助渗剂对坯体的浸润作用以及坯体通过毛细管力、表面吸附力、范德华力和离子扩散力对渗花墨水起到吸附作用，将含有可溶性盐的墨水渗透到坯体内部，达到渗花的目的。经过1180℃左右的温度烧制后，可溶性盐中的氧化物分解而着色。

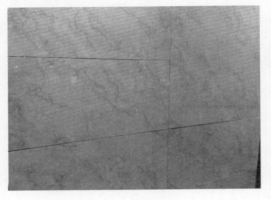

图 11-9　喷墨渗花砖

5. 喷墨渗花产品的效果

此款产品较抛釉砖具有更好的层次感，纹理细腻，立体感强，较丝网印刷瓷质渗花砖，产品的图案更加丰富，色彩变化多样，表现力突出。喷墨渗花砖如图 11-9 所示。

11.3　陶瓷数码彩色喷墨打印机

11.3.1　陶瓷数码彩色喷墨打印机概述

1. 发展概述

自 20 世纪 90 年代以来，陶瓷行业得到了迅猛的发展，其中印花设备的进步起到了重要的推动作用。伴随着陶瓷印花产业化的需求，陶瓷企业对印花的速度、质量、精度等要求不断提高，陶瓷印花设备也经历了重大的变革。从最早期的手工作业，到机械化传统链条式印花机、皮带式精确套版印花机、辊筒打印机，再到数码彩色喷墨打印机，陶瓷印花设备在短短二十多年的时间里，以飞跃的步伐进入了数字化时代，拉开了陶瓷数字印刷的大幕。

作为国内陶瓷印花设备领军企业，希望陶瓷机械设备有限公司专注各类陶瓷印花设备的研发、生产、销售已近 20 年，这是一个不断积累和进步的 20 年，也是一个见证了陶瓷行业高速发展的 20 年。在此期间，希望公司研发出了中国第一台数控平网陶瓷打印机、中国第一台陶瓷辊筒印花机、中国第一台陶瓷数码彩色喷墨打印机，引领了中国陶瓷印花技术的创新和发展。

陶瓷数码彩色喷墨打印机的出现颠覆了传统陶瓷印花格局，将陶瓷行业带入了全新的发展阶段。在本文里，我们将跟着希望公司的视角从特点、构成、发展方向等方面来进一步了解数码彩色喷墨打印机（下文简称喷墨机）。

2. 优势和特点

（1）只需设计图像，无需制版费用，可印刷个性化图案，可对承印物实现各种复杂造型的表面装饰。

图文信息在计算机里经色彩管理、数据转换、分色等处理后传送到相应的 CPU 管理器、通过驱动板卡编译为工业喷头能识别的信息，按需驱动喷头压电陶瓷从而喷射出不同墨点大小的釉墨阵列，还原成可视的图文，这样无需传统的开发、试版、定版、制版的繁复流程，降低了开发难度，简单易操作，促进了花式与种类开发，为个性化生产提供了条件。

（2）具有常规、分割和随机喷印等多种工作模式。

操作人员可根据生产的具体要求灵活选择不同的工作模式。选择常规模式进行喷印，每片砖喷印的图案都一样，有高度的一致性；分割模式下可打印大面积不重复的拼图；随机模式下每一片砖的图案都可能有变化，常用于生产仿石、木纹等瓷砖。

（3）套色精确、更换印花规格极为方便。

数字化印刷采用数码处理位置信号，通过伺服电机、喷头等执行元件实现精确套版，解决传统生产对版时间长、套版精度不高、对操作人员的要求高等问题。

（4）与砖坯无接触、无压力的喷印，确保砖坯不受损伤。

减少了砖坯印刷时因接触、碰撞、粘网造成的损伤或印刷不良等问题，减少了损耗。

（5）可喷印凹凸的模板砖。

解决了传统平网、辊筒印花机不能在凹凸模板砖上印花的局限，使瓷砖产品 3D 化。

（6）可选用多级灰度喷印，图案细腻饱满、层次感强、色彩丰富。

（7）分辨率高，打印效果清晰。

喷头分辨率的单位为 dpi，表示每英寸范围内可喷印的最多墨点，常用横向与纵向相乘来表达。陶瓷喷墨机选用的喷头分辨率一般可达 360dpi×360dpi 以上。

3. 技术构成

喷墨机是一种将陶瓷表面装饰与现代工业控制、计算机技术结合起来，利用电脑同时控制大量喷头，非接触式地将多种颜色的釉墨直接喷印到陶瓷表面进行装饰的机器。一台喷墨机由运动系统、供墨系统、喷印系统等多个部分组成。

1）外观与结构（图 11-10）

图 11-10 喷墨机的外观与结构

2）运动系统

（1）传送机构、喷头定位机构、清洗机构组成喷墨机的运动系统。

（2）传送带将承印物传递至喷头定位机构下方，同时将位置信号反馈到打印系统，由打印系统控制并驱动喷头完成印刷工作。

（3）一个合格的喷头定位机构需具备使所有喷头平行并与传送带运动方向垂直的功能，能够用指令控制喷头升降，可根据承印物的厚薄调整合适的打印高度，清洗时喷头相对传送带位置可以精确调整，配合完成清洗。

（4）当喷头被水汽、环境中的粉尘、自身喷射的散墨点污染后，清洗机构能够在短时间内清理喷头，使其恢复到正常工作的状态。

3）供墨系统

由于陶瓷墨水是用纳米的无机颜料组成的悬浊液，容易产生团聚、沉淀。在内循环喷头出现前，曾使用过不循环与外循环的解决方案，都不能很好地解决因墨水产生团聚、沉淀、絮凝等导致的喷孔堵塞问题。内循环喷头的出现，让墨水直接在喷孔表面流动，极大地缓解了墨水由内部原因所导致的喷孔堵塞。

各内循环的喷头对喷孔弯液面、压差、流速都有其计算的方法，设计供墨系统时需参考式（11-1）~式（11-5）。

如 XAAR 1001 GS12C 喷头：

$$进墨口压力 = 给墨槽压力 - 给墨过滤器阻抗 + 回墨槽压力 \tag{11-1}$$

$$出墨口压力 = 回墨压力 + 回墨槽压力 \tag{11-2}$$

$$弯液面压力 = (进墨口压力 + 出墨口压力)/2 \tag{11-3}$$

$$压差 = 进墨口压力 - 出墨口压力 \tag{11-4}$$

$$流速 = 压差 / 喷头的阻抗 \tag{11-5}$$

示例：

假设给墨过滤器阻抗为 7kPa，给墨压力为 0Pa，给墨槽压力为 0Pa，回墨压力为 17.5kPa，回墨槽压力为 8kPa，喷头的阻抗为 0.9，则有

进墨口压力 = 0 - 1 + 8 = 7kPa；

出墨口压力 = -17.5 + 0 + 8 = -9.5kPa；

弯月面压力 = (7 - 9.5)/2 = -12.5kPa；

压差 = 7 + 9.5 = 16.5kPa；

流速 = 165 / 0.9 = 183mL/min。

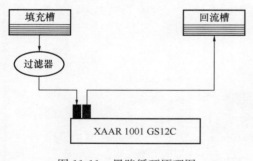

图 11-11　墨路循环原理图

墨路循环原理图如图 11-11 所示。喷孔弯液面图如图 11-12 所示。

贮墨桶、墨盒、二级循环墨桶、加热恒温恒压系统、墨路循环系统组成喷墨机的供墨系统。供墨系统原理图如图 11-13 所示。

（1）贮墨桶用于贮存釉墨，需要时向二级墨桶供应釉墨。

（2）墨盒安装在喷头上方，为所有喷头的喷印提供连续稳定、干净、恒温的釉墨。

（3）二级墨桶安装在墨盒的后方，通过墨管、过滤器、真空泵、主循环泵等元件与墨盒连接，用于贮存与喷印要求温度相同的釉墨，随时供应到墨盒。

（4）加热恒温恒压系统与墨路循环系统用于为喷头连续提供温度与压力恒稳定的釉墨。

4）喷印系统

（1）喷头的工作原理

釉墨在喷头的压电陶瓷内流动，通过数码信号控制压电陶瓷使其在要求的时间按一定的规律通电，通电的压电陶瓷会产生变形，将釉墨从喷孔中挤出从而形成一个墨点。不同的通电规律可形成不同大小的墨点，也就是不同的灰度等级。

（2）喷墨机的工作原理

喷墨机运用先进的图像打印处理系统对目标设计图进行分析，处理成控制数据和信号，从而控制喷头进行相应的墨水喷射以完成陶瓷砖面印花工作。

① 喷墨机会对目标设计图进行颜色拆分，并将不同颜色的图案信息传送到不同的喷头。

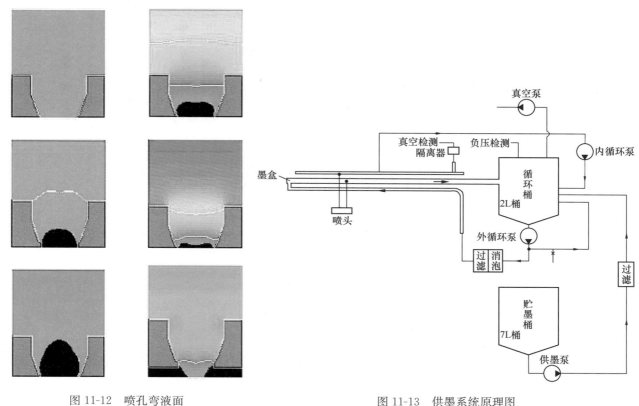

图 11-12　喷孔弯液面　　　　　　　　图 11-13　供墨系统原理图

② 将不同颜色的图案转换为一个个墨点的数据，每个点再加上灰度等级的信息。

③ 将数据传送到喷头，通过控制喷头每一个喷孔喷射的时间和墨点大小，从而还原出一幅图案。

（3）灰度控制又称为可变墨点控制技术，是通过墨滴大小控制灰度的一种方法，该技术的产生为单通道打印出高质量的产品提供可能，尤其对于需要过度柔和的仿石、人物与自然风景图案、某些木纹更是必不可少。其缺点是控制难度与成本会倍增。

使用可变墨点控制技术可增加目视 dpi，根据国外的数据，有公式（11-6）：

$$目视\ dpi＝物理\ dpi×\sqrt{灰度等级} \tag{11-6}$$

有灰度等级的墨点情形（图 11-14）：圆形的是墨滴，方形的是砖。

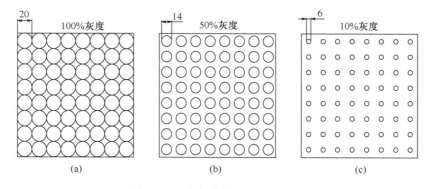

图 11-14　有灰度等级的墨点情形
(a) 100%灰度；(b) 50%灰度；(c) 10%灰度

图 11-15 是有灰度的喷墨机喷印的大、中、小墨点放大 200 倍的照片。

无灰度等级的墨点情形如图 11-16 所示。

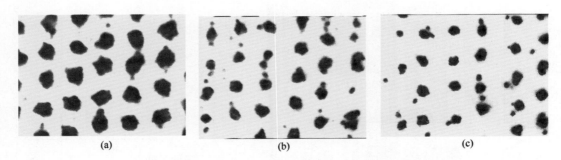

图 11-15　有灰度等级的墨点放大 200 倍照片

（a）100％灰度（大墨点）；（b）50％灰度（中墨点）；（c）10％灰度（小墨点）

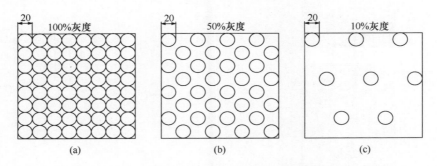

图 11-16　无灰度等级的墨点情形

（a）100％灰度；（b）50％灰度；（c）10％灰度

与无灰度等级喷印（如网版）的效果相比较，用灰度等级控制喷印会使图案更加细腻饱满，层次感更强，效果更逼真。

图 11-17 是无灰度的喷墨机喷印的与图 11-16 表现同一灰度时墨点放大 200 倍的照片。

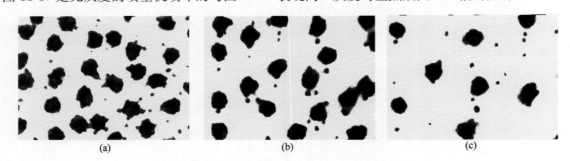

图 11-17　无灰度等级的墨点放大 200 倍的照片

（a）100％灰度；（b）50％灰度；（c）10％灰度

其控制原理如图 11-18 所示。

当需要打印一个小墨点时只使用第一个波，在压电陶瓷两端施加一个低电压（图 11-18 约为 40V），压电陶瓷只工作一次；当需要打印一个中墨点时使用了 1、2 两个波，在压电陶瓷两端先施加一个低电压，几微秒后再施加一个中电压（图 11-18 中第二个波，约 66V），打出了第二个墨滴，由于施加的电压比第一个高，所获得的质量与速度就比第一个墨滴大，在下落的过程中就会追上第一个墨滴，组合成一个中墨滴；同理当 1、2、3 的电压波都使用时，下落的过程中就能组合出一个大的墨点。

图 11-19 是电压-速度曲线。

图 11-20 是电压-质量曲线。

图 11-21 是墨滴观测仪的高速摄像下不同灰度下的墨滴组合。

总结：与无灰度等级喷印（如网版）的效果相比较，用灰度等级控制喷印会使图案更加细腻饱满，

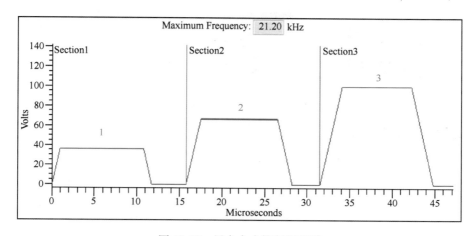

图 11-18　墨点大小控制原理图

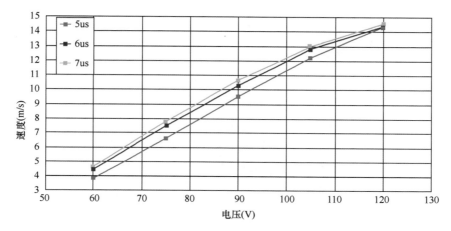

图 11-19　电压-速度曲线

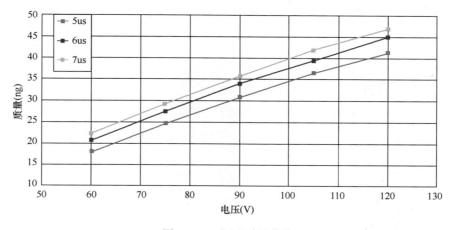

图 11-20　电压-质量曲线

层次感更强，效果更逼真。

（4）色彩管理、非线性补偿曲线

几乎所有的数码及彩印产品等从线性输入到输出再到彩色光线进入眼睛都会产生非线性失真，如果我们认真比较就会发现相同的信号用不同品牌的电视机放映会有色差，甚至同一品牌同一型号的不同批次也会有差异；同一台家用打印机用不同的纸打印的效果会不一样；同一摄影底片用不同的相纸也会有不一样的视觉效果。

喷墨机喷印图案时是接近线性的，但经过多道处理工序后会产生非线性失真，所以不同的釉线、机器、窑炉生产出的产品之间在视觉效果上也会有差异。通过借助仪器生成补偿曲线，可以在很大程度上弥补非线性失真的问题，使不同釉线、机器、窑炉生产出的产品在视觉效果上趋于一致，并且更接近真实的颜色，调图也更容易。但是线性补偿曲线只能解决非线性失真的问题，并不能解决色域问题（图 11-22）。

图 11-21　不同灰度下的墨滴组合

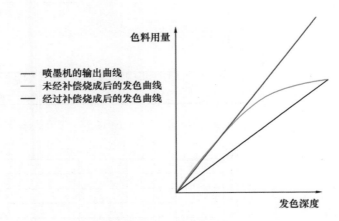

—— 喷墨机的输出曲线
—— 未经补偿烧成后的发色曲线
—— 经过补偿烧成后的发色曲线

色料用量

发色深度

图 11-22　色域问题

国际色彩协会（the International Color Consortium，简称 ICC）提出并创建了一套共同遵循的色彩标准和理论。以制定的标准为依据，通过检测、定义从输入到输出中影响色域的文件，取得相关呈现色域的数据，并进行修正，从而完成所见即所得的色彩管理过程。喷墨机大多引入色彩管理解决各种因素所造成的偏色问题，使图案调整更加方便准确。虽然色彩管理不能完全解决色域问题，但能在一定程度上扩宽色域。

采用非线性补偿曲线和色彩管理相结合的方式既可以解决非线性失真的问题，又能很好地弥补色域的局限性，不失为一个好的解决方案。

（5）维护与保养

① 合格的供电环境与良好接地。

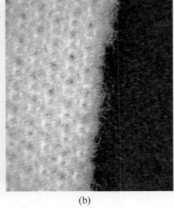

(a)　　　　　　　　　　(b)

图 11-23　不同厂家的擦拭布的显微镜照片
(a) 封边擦拭布；(b) 未封边擦拭布

② 喷墨房减少粉尘。

③ 合适的温度、湿度。

④ 电脑病毒防护。

⑤ 减少含硫、氮等化合物的空气污染。

⑥ 合理的操作、喷头保养方式，如每天不生产时进行保养性空喷、单方向擦拭喷头等，具体的按各厂商的操作说明书操作即可。

⑦ 使用合格的墨水。

⑧ 使用可靠的易损件。图 11-23 是外观相同、不同厂家的擦拭布显微镜下的照片，不封边的擦拭布边沿的纤维很容易会塞进喷孔。

⑨ 定期更换合格的墨水过滤器、空气过滤器。

4. 发展方向

超薄、大尺寸是建筑陶瓷的发展方向之一，但是破损率高一直是制约其推广的重要因素。喷墨机采用无接触印刷，可最大限度地减少薄板砖在印花环节的破损，开发宽幅的喷墨机可以推动节能、环保陶瓷薄板砖的发展。

随着陶瓷生产 3D 化成为一种新的趋势，利用大墨量数码喷墨打印技术在平面砖表面喷印釉墨从而实现模具效果，这对于追求有模具效果的仿石、仿木砖的生产提供了更方便、成本更低的选择，也是其发展方向之一。

喷墨机向多通道、多颜色、多效果方向发展，生产厂家可以根据实际需要选择不同墨滴大小的喷头进行组合，也可以利用普通墨水、功能性或特殊效果墨水进行组合，生产更加丰富、多元化、有市场竞争力的终端产品，从而避免陶瓷产品的恶性同质化竞争。

随着喷墨机在陶瓷装饰领域的应用普及，喷头技术的进步和墨水工艺技术的发展，相信在未来的时间内，施釉线的全数码化应用将会成为新的发展趋势。用数码喷釉设备替代传统的淋釉工艺，实现精准施釉；利用数码操控，形成特殊效果，再与常规数码喷墨机组合，使终端产品的颜色和结构更加丰富和多元化。

5. 普及使用

从最开始只有高端品牌陶瓷企业选用，到现在成为陶瓷企业的标配印花设备，陶瓷喷墨打印机的大规模应用为陶瓷行业带来了革命性的变化，从传统的印刷方式转变到数码印花方式，改变了陶瓷企业的生产模式和销售模式；促进了创新，产品质量普遍提升；且降低了污染，减少了库存浪费和损耗，大大优化了产业结构。颠覆了传统陶瓷印花格局的喷墨打印机开启了陶瓷行业大发展的新纪元。

11.3.2　喷墨打印机安装

1. 喷墨打印机房应具备的条件

（1）喷墨打印机机房环境：大小适宜，洁净无尘，配置空气净化器。

（2）主机房工作温度 22～26℃，油墨储存温度 20～22℃，主机房湿度 50%～70%，油墨储存区湿度 50%～70%。

① 请按实际空间及环境测算空调装机量及规格（一般至少 2 台 3 匹空调），降温使用。

② 主机房不得安装非喷墨打印机用外水管、燃气管，电缆桥架等。

（3）压缩空气配置：压力 85～120 PSI（6.0～8.4kg/cm³）颗粒度小于 10μm，无油水，流速 ≥34L/min。

① 用户现场必须配置洁净压缩空气气源，颗粒度小于 10μm，无油水。

② 用户现场压缩空气进入喷墨打印机房后，需加装空气过滤器并加装油水过滤器（非喷墨机自带油水过滤器）后方可接压缩空气至喷墨打印机进气管。

（4）主机房气压要求：主机房内必须保持正压。

（5）喷墨打印机房建材：采用隔热及密封性建材，如岩棉彩钢板、岩棉夹心板、隔热防火砖等。

（6）主机房地面：硬质、平整、水平。地面承重 ≥4t/m²。机器安装左右水平误差要低于 1mm。

（7）辅助器材：吸尘器、抹布、拖把、刮水板、灭火器、橡胶手套、工作台、储物柜、温度计、湿度计、红外探温仪、鞋套等。

说明：喷墨打印机房的最佳正压量可以由一个基本公式（11-7）表示：

$$喷墨房内所需最佳正压送风量＝墨水负压风机风＋1000m³/h（固定正压量）\qquad(11-7)$$

我们以实际应用案例来分析：两台某品牌喷墨打印机，安装在同一喷墨打印机房，房间面积为 70m²，高度 3m，负压风机风量为 900m³/h，一台喷墨打印机工作时所需正压风量为 900m³/h＋1000m³/h＝1900m³/h，两台喷墨打印机工作时为 900m³/h＋900m³/h＋1000m³/h＝2800m³/h。房间面积越大，正压所需风量的固定值则相应增大。

在实际应用中，影响正压的因素除了房间面积、喷墨打印机负压风机风量外，其他因素还有房间的密封性，密封越好，风量损耗越小。同时，喷墨打印机房外部的气流气压也同样能够影响正压，气流气压越低，正压所需风量所受外力越小。第三，房间内正压出风口位置大小均匀，气流流动合理和均匀，都可有效降低压力差。

测试正压方法为，将薄纸放在进出砖口处，喷墨打印机运行时，薄纸能向外轻飘为合格，否则应增加风机，以加大进风量。

安装空气净化器，喷墨打印机房内粉尘的含量取决于正压送到喷墨打印机房内空气的粉尘含量和房间外部的粉尘含量。正压的空气质量越高，喷墨打印机房越洁净。空气经过正压空气过滤器后，空气中 95％的粉尘被过滤，均匀送到喷墨打印机房内，使喷墨打印机房内形成正压，注入洁净空气的同时防止粉尘进入。

2. 电源环境要求

（1）满足喷墨打印机功率、电压、电流的要求，主机房内必须安装电器控制箱，包括照明、喷墨打印机电源、空调、其他备用插座等。为了防止突发性的停电，设备必须联结到备用电源（发电机或者 UPS 电源）。

（2）设备安全保护接地电阻应小于等于 4Ω，并且单独接地。

（3）周围必要的配套设备：喷墨打印机在生产热坯产品时必须在釉线上从淋釉到设备机房进砖口安装从上到下的吹风机，吹风口斜对入砖方向角度 30°～45°，确保砖坯进砖前除尘，温度控制在 40℃左右，不得超过 42℃，具体温度控制要求需匹配油墨特性，使用红外测温仪在砖进喷墨打印机前进行温度检测。如图 11-24 所示，一个喷墨打印机房装两台喷墨机，一台是快达平的四个头机器，一台是美嘉的五个头机器。进喷墨打印机前分别装有贮坯机和对中机构，便于喷墨打印机短暂停机几分钟清洗喷头时，釉线的砖坯存放在贮坯机架上，待喷墨打印机开动后，砖坯逐步从贮坯机里释放出来。对中机构把在釉线上走偏的砖坯摆正。每台喷墨打印机自带一台抽飞墨用的负压风机，把室内的空气抽出来过滤之后排放，用变频器控制它的风量。室外安装一台维持喷墨房正压所需的风机，用管道把风鼓进喷墨房，

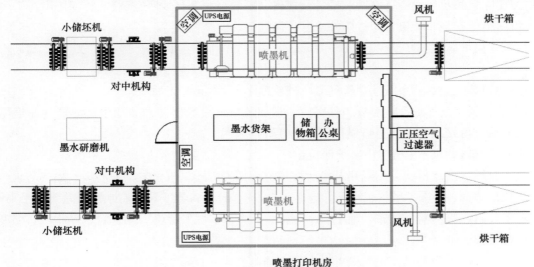

图 11-24 喷墨打印机房及配套设施布局图

经过滤芯把空气中的尘埃过滤，用远大生命手机测尘器检测，控制室内每升空气微尘 PM2.5 个数在 200 以内。通常，喷墨之后的砖，要经过一个烘干箱，使墨水尽快干燥，再进行平板丝网加印，表面还要淋一层覆盖釉。

11.3.3　喷墨打印机调试

喷墨打印机调试的主要内容是各色喷头对齐、对位套色及色差调整。

如图 11-25 所示，图中米黄色的数字"2"、棕色的数字"2"与蓝色的数字"2"没有重叠，有不同程度的分开距离，必须把它们完全叠在一起，这需要调整各色对位。如图 11-26 所示为需要进行色差调整的情况。

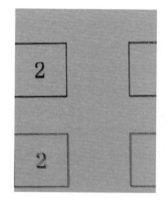

图 11-25　需要对位调整

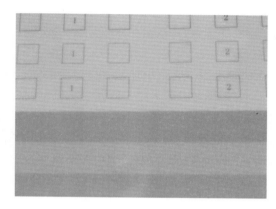

图 11-26　需要色差调整

调整方法，以美嘉喷墨打印机为例（其他机器大同小异），调试步骤如下：

1. 单通道 X，Y 向对齐

1）点击"测试"，点击"浏览"：

（1）找到并选中单通道用的单色喷头对齐图（调各喷头 X，Y 向），点击"打开"；

（2）选中要调试的通道，如通道 1 或通道 2……（注：只能选一个通道）；

（3）点击"确定"；

（4）放好砖后，按"皮带运行"按钮。

2）拿到打印出的图后：

（1）点击"设置"输入密码"×××"点击"确定"；

（2）选"喷头对齐设置"项在主板号选中要调节的通道。（注：此时会看到左边是 Y 向调节，右边是 X 向调节。）

3）看图分析并调节：

（1）调 X 向对齐（X 向，即皮带传动的方向，也就是进砖方向）：① 选基准（即选该通道中的一个喷头，喷的线主要是便于做其他喷头作调整参考）；② 调整方法是：比基准线高的则加数值，比基准线低的则减数值；③ 在相应的喷头中调参数时，每加或减一个数则会移动 0.07mm（即 1＝0.07mm）；④ 直到所有喷头喷出的线成一条对齐的线为好。

（2）调 Y 向对齐（Y 向即是 X 向相交的方向，也就是进砖方向的左右两侧方向）。

调节的方法是：① 喷头与喷头交接处有重叠实线时则加数值；② 喷头与喷头交接处有空白时则减数值；③ 调后一个喷头参数，如喷头 1 与喷头 2 之间有重叠或空白则只调整喷头 2，依此类推；④ 每加减一个数值则会移动 0.07mm 即（1＝0.07mm）直到把喷头间交接处调成无空白、无重叠线为止。

4）按顺序用以上方法把所有通道一一调节。

2. 四色（五色）对位

（1）点击"测试"，点击"浏览"：

① 找出并选中四色（五色）对位的图。

② 点击"确定"。

③ 放好砖后，按"皮带运行"按钮。

（2）拿到打印出的图后点击"设置"输入密码点击"确定"：

① 看图分析如何调整。

② 以最快最佳的方式调整两色的前后及左右两侧的重合。

③ 调整前后（即 X 方向）；点击"主板设置"；分析图后，选中要调的通道进行调节；在"主板设置"中的"主板号"选通道，然后在"Internal. p. D. offset"项调整；调节方法是：比基准色前的则加数值，比基准色后的则减数值，至于加减多少，要看两色之间的距离（约按 1 比 1 来计）以 mm 为单位，直到调重合为止。

④ 调 Y 向对位（即左右两侧）；点击"喷头对齐设置"并看图分析；在"Y 向对齐"中调"喷头 1"的参数；至于要选哪个通道调节，数值是增加还是减少，要看手中对位图的实际情况而定；每增加或减少 1 个数值则移动 0.07mm 直到使两色重合为止。

3. 单通道色差调整

（1）点"测试"，点"浏览"：

① 找到并选中单通道用的单色喷头色差校正图（调各喷头色差），点击"打开"（色差校正图 XAAR7 levels. prt 是赛尔公司提供的标准色差校正图）；

② 选中要调试的通道，如通道 1 或通道 2……（注：只能选一个通道来调试）；

③ 点"确定"；

④ 放好砖后按"皮带运行"按钮。

（2）拿到打印的图后：

① 点"设置"输入密码，点"确定"或按"回车"键；

② 选"喷头设置"项，在"主板号"选中要调的通道；

③ 看图找该组中其中的一个喷得比较好的喷头作参考；

④ 选中要调的喷头，在"应用移量"中输入数值后点"应用偏移量"，该喷头的整体电压会增减（注：加电压则直接输入数值，减电压则要在数值前先输入减"—"号）；

⑤ 喷头区内有色差的要先进行喷头内电压微调直到整个喷头色差一致；

⑥ 把该组喷头喷出的效果、灰度、深浅调成一致为好；

注意调节的电压范围在 18～26V 之间，太高会对喷头造成损伤，太低则无法喷出墨水。

以上调整之后，要保存参数。

11.4 喷头维护

喷墨打印设备中的喷头非常娇贵，是喷墨打印机的关键零部件，约占据整台设备成本的 70%。其状态影响着设备最终的打印质量，因此需要耐心维护和保养。喷头以压电陶瓷元件为驱动器，利用不同脉冲频率、电压值为驱动电压，通过驱动压电陶瓷发生体积形变，使压电陶瓷片产生弹性变形，该变形使喷头喷嘴处形成一个墨滴，并从喷嘴喷射出，达到承印物指定位置。压电式喷头对墨水的控制能力强，容易实现高精度的喷射，并且反应速度快。喷墨工艺既受墨水的物理性能、喷头孔内径的影响，又受波形方程、温度补偿方程的影响。

　　针对以上特性，正确地使用喷头，能保证设备工作稳定运行，提高设备打印质量，节约产品生产成本。由此可见，喷墨打印设备应用过程当中，必须掌握喷头的正确使用、维护和保养方法。从喷头使用过程来讲，可分为拆封、安装、注墨、打印、清洗、待机、拆卸、储存等几个方面，任何一个环节都必须注意正确的操作方法。一般来讲，拆封、安装、加墨均是由设备专业的技术人员完成，正常生产过程当中，用户常碰到的是打印、清洗、待机、拆卸、储存等几个环节，简单来说就是使用、维护和保养。

　　喷头在使用过程当中，应密切关注喷头的状态变化，制定完整的操作注意事项以及使用过程中的状态记录表格。在喷印过程当中，典型的故障就是画面会出现拉线（白线），一旦产生拉线，要立即查出产生拉线的原因，是喷孔未出墨，还是喷嘴表面有污物造成喷孔出墨不正常。还有一种情况，个别喷孔由于局部堵塞或喷孔变形，打出来墨汁旁落，呈现偏离，用状态图可以看到附近有叠加的一条多余的颜色较深的实线，紧接着旁边是一条白线。这种情况也是拉线的一种。图 11-27 是打在生坯上的实图，图中同时存在拉线和偏心线。

　　喷头是否堵塞，用放大镜可以观察到，也可以用手机的照相机把倍率拉到最大拍到。图 11-28 是星光 1024 喷头的一个喷片，其底部的喷孔畅通时的照片。从图 11-28 中可以看到个别的孔有局部堵塞，会导致打偏。

图 11-27　拉线和偏心线

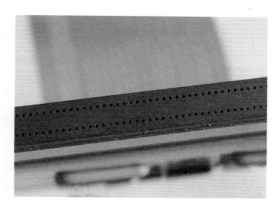

图 11-28　星光 1024 喷头底部喷孔

　　拆开喷头，可以看到喷头的内部有些孔被墨水堵塞了，如图 11-29 所示。

　　及时清洗可以有效避免喷头工作状态变差。一般情况下，使用设备自带的清洗程序，利用压力使墨水从喷嘴板的喷孔流出，然后擦试干净，基本上可以解决上述问题。但此时需要注意的是拉线产生的位置是否固定，分析拉线产生的频率间隔。如果产生拉线的位置一直固定在某一处，则需引起重视，主动寻找原因，随着连续不断的工作，极有可能造成不可逆的损坏。正常使用时，喷头出现的故障并不是瞬间产生的，往往是因为操作过程当中不注意而累积出来的。设备操作技术员根本不知道喷头什么时候出现了问题，当喷印出来的产品没有办法通过质量检验时才开始着手处理。在生产前，使用设备自带的清洗程序，清洗好喷头，确保喷头工作正常，并打印喷头状态，仔细查看，留底存档，记录时间。记录打印过程当中产生拉线的频率和位置，

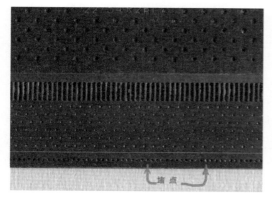

图 11-29　星光 1024 喷头内部的堵点

以及临时处理的方法，每周做一次汇总审查，交换班时做好喷头的状态的交接，上班前打印状态图，了解喷头状态，下班时打印状态图，查看喷头状态变化。在使用过程当中，应尽量避免喷头长期外露，定期检查喷头上的墨路和电路连接情况，清理喷头周围的灰尘，墨水以及其他垃圾，保持喷头的工作环境清洁，以免因此而形成隐患。清理喷头环境时，必须在断电的情况下进行，不得带电对喷头做任何操作，不要在切断喷头电源时立即操作，断电后稍等 10～30s 再对喷头进行操作。由于控制电路断电后，还会有电子器件处于放电状态，须等待其放电完全后再操作才是安全的。由于喷头属于精密电子器件，很容易受静电影响，在操作喷头前人体必须充分释放静电，譬如：洗手，带静电手环等。设备上的常规清洗程序，往往是解决喷头出现拉线时使用，另外也是保持未使用到或是使用频率不高的喷头，让其内部墨水的流通，不要让墨水在喷头喷嘴管道内停留过长时间。定期使用清洗液清洗喷头，可以保持墨水流路畅通，清洁喷孔内外残余墨水，有利于保持喷头的喷孔畅通。由于喷头长时间打印，喷头喷嘴板上会残留墨水，在常规清洗时不一定能够清洁干净，久而久之，墨水可能会因为风干而在喷嘴板表面干涸，长时间不清洗，会越积越多，从而影响喷墨性能，容易生产拉线。清洗时使用无尘布蘸取清洗液，轻轻擦拭喷嘴板，擦拭时不要来回擦，保持一个方向；另外注意擦拭时，应只擦喷孔两边的区域，先不要直接接触喷孔。擦拭时，最好是按垂直于喷孔的方向来清洁，平行于喷孔方向擦拭时容易将污物堆积到喷孔上。如遇到不容易清洁的墨迹，应先沾取少量清洗液，湿润墨迹表面，过几分钟后再进行清洁或使用专用洁净的无尘布浸泡的方式，再用清洗液湿润，然后贴在喷嘴板上，几分钟后，再使用无尘布清洁。在整个清洁过程当中，力量一定要小，无尘布接触喷嘴板后即可，不要有按压的动作，以免损坏喷嘴板，影响喷墨性能。

设备处于待机状态时，必须将喷头设置成自动定期闪喷，并启动墨水循环程序，不要长时间让喷头暴露在空气中，一方面是因为墨水容易在喷头嘴管道里沉积，另一方面是因为喷头喷嘴表面的墨水容易被风干而堵塞喷孔。在生产过程中，某些喷头组不需要使用，可以将机器设置维护打印，即每走完几片砖坯，在砖坯的尾端打印一条各色线条，此方法也起到了闪喷的作用。定期更换墨水过滤器、空气过滤器、供墨系统易损件，可以有效减少堵塞隐患。在岁末停机、检修时，喷头连续会有十几天左右的时间不工作，在这段时间内一定要做好喷头的保养工作，延长喷头的寿命。停机后，首先将喷头拆除，再做其他的检修工作，如果不想拆除，至少要保证喷头内有墨水循环流动，开启定时自动闪喷。拆除前需将喷头进墨管切断，以免进墨口墨水流出，滴落在喷头上，损坏电路接插件和电路板电子器件；拆除喷头时，提前准备好放置器具，由于喷头数量较多，切勿随意摆放，而且拆除下来的喷头内部可能还存有一定量的墨水，喷头拆下来后，不要让墨水流至喷头上；拆除喷头后尽快将喷头的进出墨管嘴堵塞，避免因为厂区内的灰尘进到喷头内部，喷头封好后，转移到清洁、少尘的环境中进行清洗，此时的清洗是全手工进行，有条件的可以增加清洗设备则更好，清洗的目的主要是将喷头内部的墨水清理干净，清洗时至少要分三个阶段清洗，直至内部清洗干净，清洗时一定要注意，清洗将清洗液洒落在喷头的电路板和数据接口上。将清洗完的喷头注入保湿液，然后封存于阴凉环境中。如果没有保湿液，可以使用清洗液代替，方法是先在不锈钢盘内铺入无尘布，再倒入一定量的清洗液，浸湿即可，再将喷头内注满清洗液后立放置在盘内，需要注意的是将喷嘴板接触无尘布，放稳喷头后，再进行密封存放，由于清洗液易挥发，定期补充清洗液。

值得注意的是，以上所使用的清洗液必须是墨水厂家提供，而且要配套，不同厂家的不能混用。要使用认证的陶瓷墨水，陶瓷墨水要求与喷头有较好的兼容性，在使用过程中性能稳定，避免堵塞喷头、斜喷射、飞墨等问题的出现。喷头企业开展了对陶瓷墨水认证工作，主要涉及墨水与喷头材质兼容性、使用寿命测试、喷头优化、可靠性测试等环节。材质兼容性，即通过测试材质兼容性来分析墨水在喷头构成材质上的效果，以及喷头材质使用液体的效果。例如，有些墨水可能从喷嘴溢出，在喷嘴面板上附着扩散，覆盖住喷嘴，导致墨滴不能喷出或者斜喷。即使是认证过的墨水也要提高警惕，有些陶瓷墨水的生产企业，为了降低生产成本或研发新产品，不断改良墨水的配方，事先不通知用户，就发货给用户试用，使用后很可能造成喷头堵塞，绝大多数墨水使用企业没有专用的墨水的检验仪器设备，疏于防范，墨水良莠不分、来者不拒，喷头使用一段时间后堵塞，只能是哑巴吃黄连，有苦说不清。

对于已形成堵塞的喷头，建议先浸泡后清洗处理，市面上流传的超声波清洗效果并不理想，成功率非常低，但喷头损坏率非常高。实在是清洗不了的喷头，要委托专业的人员用专业的工具去清洗维修。有些已经渗漏的喷头，就没有清洗价值，不必做无用功了。

11.5　喷墨机常见问题及解决方法

喷墨机的种类多，各有各自的特色，生产过程中出现故障、难免会影响生产，本节以美嘉赛尔喷头的喷墨机为例，例举喷墨机常见的一些问题及解决方法，列出了一些在生产中实际产生的典型案例，其他机型的也会有穿插，故障原理都一样，不再详细说明，供仅参考。

11.5.1　拉线

拉线分为以下几种情况。

1. 喷头堵塞造成拉线

当喷头堵塞时，会造成打印图案贯穿前后的连续白线（图 11-30）。

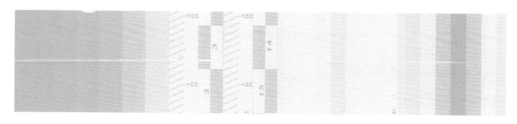

图 11-30　喷头堵塞造成拉线

解决方法：
（1）用 100％灰度图案连续打印。
（2）用无纺布浸清洗液捂喷头清洗（溶解）。（须捂住喷头几分钟）
（3）提高喷头电压打印，用 100％灰度连续打印。须慎用，否则会烧坏喷头。
（4）降低负压滴墨并连续自动清洗喷头几次。
（5）用钳子夹住出墨管，让喷头滴墨并用无纺布浸清洗液清洗。需多清洗几次，直到喷头状态良好。
（6）以上方法无效果时，必须用喷头清洗器来清洗。

2. 缺墨造成拉线

当供墨系统出现故障时，会造成供墨不足，从而造成大面积拉线（图 11-31）。

图 11-31　缺墨造成拉线

解决方法：

（1）过滤器堵塞造成供墨不足，更换过滤器。

（2）供墨泵坏造成供墨不足，更换供墨泵。

（3）供墨管路堵塞造成供墨不足，检查供墨管路。

（4）排除供墨系统故障之后还是供墨不足，加大供墨泵频率。

3. 喷头内有气泡造成非连续拉线

当喷头内有气泡时，会造成非连续拉线如图 11-32 所示。

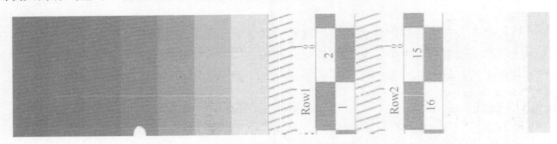

图 11-32　喷头内有气泡造成非连续拉线

解决方法：

（1）降低负压滴墨或连续打印 100％图案，后清洗喷头。

（2）加大消泡泵频率及加大供墨泵频率。

（3）墨水黏度太低造成（温度太高产生气泡），降低墨水温度。

4. 灰尘太多，造成细小密集的拉线

解决方法：

（1）找出产生灰尘的原因，用 100％灰度连续打印，比较严重的需用喷头清洗器清洗。

（2）用自锁钳夹住喷头出墨管，让喷头滴墨，并用无纺布浸清洗液清洗喷头直到消除拉线，需多清洗几次。

5. 挂墨拉线

当喷头电压设置过高或者主板灰度等级设置不当（0246/0357 两种），墨水温度不正常（过高产生水蒸气），喷头也会挂墨。

解决方法：

（1）将喷头电压调整到合适的范围。以打印测试图的图案清晰，不漂不散为准。一般根据不同的墨水，不同的灰度等级。灰度高的，电压可以调低，大概在 18V 左右。灰度低的，电压可以调高，大概在 26V 左右。前提是安装喷头时每通道的喷头的初始电压大致相同。

（2）将主板灰度设置调低。主板灰度调过后，要打一下测试图看有无色差。

（3）将温度调整到合适的范围。

6. 整个通道都有拉线

整个通道都有拉线，有可能是墨水过期或已经沉淀没有摇均匀，应更换好的墨水（要定时看墨水是否过期，或是快过期的墨水一定不能用）或是摇匀墨水。

7. 喷头不能打印

整个喷头不能打印出来，或是能够打印出一点，闪喷也不能喷出，如图 11-33 所示。

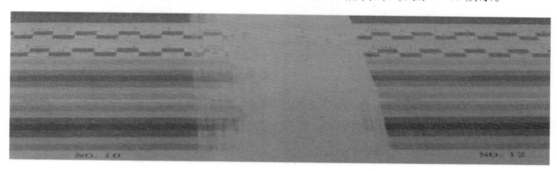

图 11-33　喷头不能打印或能够打印出一点

解决方法：

（1）升高喷头电压 2~3V 或更高，但喷头最高电压不要超过 28V。

（2）调换主板与喷头板的数据连线，是否连接正常。

（3）更换喷头板，再测试。

（4）以上都排除后，最后考虑换喷头。

8. 喷头与喷头间有白线或重叠线

打印时可以看到图案上喷头与喷头间有白线或重叠线。

解决方法：

（1）检查该通道的 Y 向对位是否对好，重调对应喷头的 Y 向调整对位。

（2）在打印过程中图案有喷头间白线，或者是因喷头打印高度设置过高造成（会散开）。将打印高度调到喷头前面防护底板离砖坯 2~4mm（砖坯厚度比较均匀的情况下。）

（3）抽风系统的风量调节不合适（太大会散开），也会造成喷头间有白线。根据实际生产情况调节风量。

11.5.2　负压不稳

当供墨系统有问题时，会出现负压不稳现象。

解决方法：

（1）消泡泵坏造成负压不稳，更换消泡泵；消气泵是有方向的，检查是否接反，正常安装消气泵。

（2）查清供墨系统管路有否折弯堵塞现象，理顺供墨系统管路。

（3）过滤器堵塞造成负压不稳，更换过滤器。主过滤器一定要 1~2 个月更换一次，视实际的情况而定，或许会更早些。此要求是必须的。

（4）墨盒密封不好漏气造成负压不稳。重新锁紧墨盒或更换墨盒。应急时可以将对应墨盒的溢流管夹住（减少漏气），看负压可不可以稳定。

（5）过滤器接头或是循环泵接头处是否密封，如果没有请用密封胶密封。

（6）负压传感器接入的墨盒的接头处是否密封不好，请用密封胶密封。

（7）负压传感器损坏造成负压不稳，更换负压传感器。

（8）固态继电器不动作造成负压不稳，更换继电器。

（9）墨水温度不合适，有时也会造成负压不稳。墨水温度过高或过低都不行。

（10）查看供墨系统的供墨泵、消泡泵、循环泵有无损坏（图 11-34），有则更换。

图 11-34　负压不稳时的解决方法

（a）检查主循环泵接口是否漏气；（b）检查过滤器接口是否漏气（负压会不稳定）；
（c）检查墨盒负压接头是否漏气

11.5.3　缺墨

（1）当供墨系统出现故障时，就会出现缺墨现象。

（2）墨盒出现漏气，或是负压不稳也会造成缺墨，解决方法按照负压不稳进行解决。

（3）供墨泵供墨不足，加大供墨泵的频率，或是供墨泵到了使用寿命（3～6 个月）需要更换供墨泵。

11.5.4　网络连接断开

当电源出现供电不良时，就会出现主板断开网络连接的情况。

解决方法：

（1）退出打印系统，停止"Printer Hub"连接，重新运行"Printer Hub"，看是否可以连接。可以连接，就继续执行打印作业。

（2）当上面的方法不行时，将主板＋5V 电源断开再合上，等 10s，再重新连接"PrinterHub"。如果可以连接，进入打印软件，再进入设置，点击确认，退出。此时喷头板的三个指示灯是绿色才是正常的。如果出现红灯表示不正常。

（3）查电源板输出电压是否有＋5.2V 左右，否则更换＋5V 开关电源板。

（4）主板不良造成网络连接断开，更换好的主板。更换主板前需保存主板的参数。更换主板后需更改相对应的主板的 IP 地址并且需导入正常生产的主板的参数。

（5）查＋5V 电源板，坏就更换。

（6）网络电缆连接不良，重新压接水晶头或更换网络电缆。

（7）有干扰造成网络连接断开，查出并消除干扰。

（8）交换机端口不良或交换机坏，将水晶头重插其他端口。插有水晶头的网络电缆，相应交换机的端口指示灯会显示为绿色。

正常的网络连接（Printer Hub）界面如图 11-35 所示。

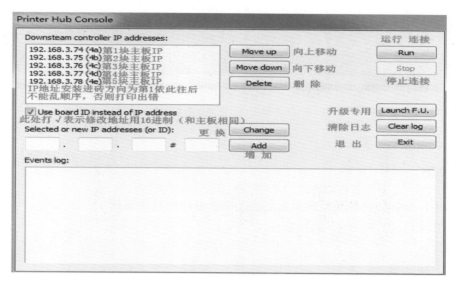

图 11-35　正常的网络连接（Printer Hub）界面

连接正常后的 Printer Hub 界面显示如图 11-36 所示。

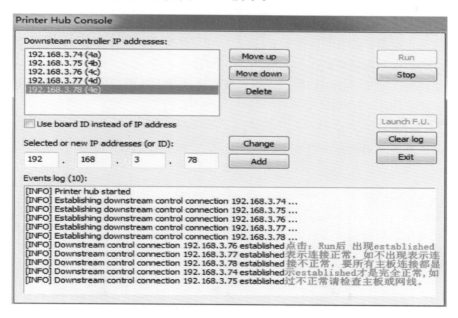

图 11-36　网络连接正常后的 Printer Hub 界面

如果有一块主板连接不正常，进入打印软件后显示如图 11-37 所示。

当所有的主板连接正常才会出现如图 11-38 所示界面。

如果出现某个颜色打印不出数据，在皮带开启的状态下观察是否有速度，如果速度是 0.0m/min，可能是主板与主板之间的数据传输线连接有问题，检查并重新插连接线。一定要把所有的主板＋5V 电

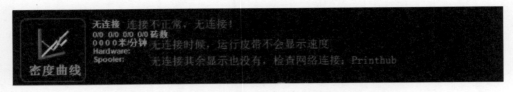

图 11-37　一块主板连接不正常时的打印软件界面显示

图 11-38　所有主板连接正常时的打印软件界面显示

压关闭才能进行，否则要烧坏主板。

11.5.5　滴墨

在打印过程中，有时会有墨滴到砖面上。这是由于打印中有墨雾凝聚在喷头边上，时间长了就会滴到砖面上。分为几种情况：

（1）喷头滴墨；

（2）喷头防护板滴墨；

（3）抽风口滴墨。

解决方法：

（1）在打印作业中打开抽风系统，抽走多余的墨雾；

（2）注意观察喷头有多余墨水就要清洗喷头；

（3）负压不稳造成滴墨，检查供墨系统；

（4）可以将自动清洗时间调短；

（5）清洗喷头底板、喷头、抽风口时都需用无纺布清洗，不能用其他东西清洗。

11.5.6　挂墨

在打印作业中，喷头有墨水挂在喷头上。

解决方法：

（1）负压设定太低造成挂墨，升高负压。定时清洗喷头；

（2）墨水温度过高，降低墨水温度。如果不能降低温度可能是温度传感器松了或是坏了，请检查；

（3）溢流管被夹住，松开溢流管；

（4）主板灰度等级设置过高或者打印电压设置过高，喷头也会容易挂墨；

（5）所在通道打印图的平均灰度大于 70%，降低打印图的灰度等级。

11.5.7　喷头底板有水蒸气

砖坯温度过高时就会在喷头底板处产生水蒸气。

解决方法：

（1）降低砖坯温度；

（2）提高喷墨打印机的皮带速度；

（3）人工清洗喷头底板的水蒸气。

11.5.8　有喷头打不出

在打印过程中，有时出现喷头打不出图案或整个通道打不出的现象，这是由于数据传送出错造成。解决方法：

（1）查看喷头头板指示灯有否亮绿灯，主板的数据端口的指示灯是否亮绿灯，亮红灯则数据连接错误，重新插好数据线或更换数据线；

（2）有时网络连接出错或网络连接断开也打不出，这时就要重新连接网络或找出断网的原因；

（3）有时中间有一截打不出，这也是由于数据连接出错造成。需关闭打印软件再重新启动打印软件进行打印；

（4）喷头排线接触不良，要用无水酒精清洗喷头排线；

（5）喷头头板有区间损坏造成喷头也损坏，更换喷头头板及喷头。更换喷头后要重调喷头电压，否则会有色差。

11.5.9　墨水温度异常

喷墨打印机的墨水温度不正常，超出设定值，或高或低。

解决方法：

（1）主板送出的加热信号不正常；

（2）固态继电器不良；

（3）电源供电不正常；

（4）墨盒上的传感器不良，造成墨水温度不正常；

（5）墨盒的加热棒、传感器没有导热硅脂，造成加热不均匀或检测温度不正常。

11.5.10　图案有阴阳色

在生产打印图案过程中，产生图案颜色一边深一边浅，或者有色痕。主要原因及解决方法：

（1）机器各个通道颜色没有调整平衡，重新调整各个通道的电压；

（2）用 photoshop 软件查看原图，是否是原图有阴阳色；

（3）机器的供墨系统不正常，负压不稳，造成喷头喷墨不均匀，造成图案有阴阳色；

（4）墨水温度局部不正常，造成墨水黏度不均匀，打印图案有阴阳色。检查各个墨盒的温度有否不正常。

11.5.11　走位

生产打印过程中，有时打印的图案看上去模糊，不够清晰。这是由于每个通道打印时图案对位没有对好，重新用对位图对位，调整机器，使对位图对位清晰。

11.5.12　喷墨打印机典型问题及解决实例

1. 实例一

（1）故障现象：如图 11-39 所示，米色 3 号喷头一半打不出。

（2）故障分析：一般出现这种现象是由于在更换喷头时没有装好，或者员工在搞清洁的时候碰到了喷头排线，使之松动，如图 11-40 所示用笔圈住的插线排和插座已经严重错位。

（3）故障解决办法：将喷头板电源关闭，将喷头排线装好，重新配置喷头。

图 11-39　喷头一半打不出　　　　　　　图 11-40　喷头排线没插好

2. 实例二

（1）故障现象：如图 11-41 所示的软件界面出现通讯错误故障，喷墨打印机第三个通道主板无法连接。

（2）故障分析：这种类型的故障一般是更换主板的时候改错主板编号，还有就是员工误操作把主板编号更改。

（3）故障解决办法：根据第三通道主板上的编号，修改通讯软件上与之相对应的编号，再重新启动软件。

3. 实例三

（1）故障现象：棕色状态图很差，缺墨严重，如图 11-42 所示，A、B、C 三个区的负压上蹿下跳，相互之间有影响，关掉一个区的供墨，其他区的负压相对稳定一些。

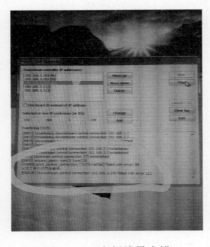

图 11-41　主板编号出错　　　　　　　图 11-42　三个区缺墨

（2）故障分析：三个区的二级墨盒的透气管（兼溢流口）连通在一起，通过一个过滤器出口连接外界空间，当供墨频率太高时，墨水从过滤器溢出，当墨水停止溢出后，过滤器内的墨水干涸板结，堵塞过滤器，三个二级墨盒之间互相牵制、互相扰动，负压难以稳定。如图 11-43 所示。

（3）故障解决办法：更换透气过滤器。

4. 实例四

（1）故障现象：如图 11-44 所示，喷墨打印机过白砖，电脑显示屏上打印砖数没有变化。

（2）故障分析：由于叠砖、烂砖、灰尘等物件，挡住了进砖感应电眼。

（3）故障解决办法：清理挡住电眼的杂物，保证电眼能够完整地感应到打印砖数。

图 11-43　二级墨盒透气过滤器

图 11-44　出砖时过白砖

5. 实例五

（1）故障现象：如图 11-45 所示，喷墨打印机色三温度报警，图 11-46 所标识的那根管道没有跳动。

图 11-45　温度报警

图 11-46　供墨管不跳动

（2）故障分析：供墨泵停止工作导致二级墨盒液位低，致使温度感应器感应不到温度。

（3）故障解决办法：可以直接敲打供墨泵，这是一种临时解决方案，如果敲打后仍频繁出现温度报警，就要更换成那种无碳刷式的供墨泵。

6. 实例六

（1）故障现象：如图 11-47 所示是在快达平的机器上做的木纹砖，棕色墨使用量大时，在板面上垂直走砖方向出现猫抓形状缺墨，周期性出现一次，B 区供墨指示工作比 70%，且有时负压不稳。

（2）故障分析：供墨跟不上，个别喷头因墨流阻滞打不出。通常是过滤器阻塞引起。

（3）故障解决方法：更换供墨回路的过滤器。

7. 实例七

（1）故障现象：砖坯表面出现反闪喷白条，如图 11-48 所示。

图 11-47 猫抓式缺墨　　　　　　　　　　　图 11-48 反闪喷白条

（2）故障分析：这是快达平的机器上，输送皮带因受到腐蚀而鼓泡，走砖时砖坯在触发感应光电开关时，因皮带鼓泡发生细微的跳动引起误动作，喷头在砖面上打白条，相当于一个反闪喷的动作。每走十几块砖就出现这样一块砖。

（3）故障解决方法：换传动皮带。

8. 实例八

（1）故障现象：米色通道所有喷头滴墨，负压正常，调高负压后不滴墨。

（2）故障分析：发现后面主墨罐液位太高，液位正常时液位在中间位置。与其他通道相对比，供墨盒到中间液位还在不停地供墨，导致液位太高。如图 11-49 用笔圈中所示。

（3）故障解决办法：检查中间液位传感器，发现没有信号输出，更换之后正常。

9. 实例九

（1）故障现象：米色 10 号喷头打不出来，蓝色没有盖住，如图 11-50 所示。

图 11-49 墨位高溢出　　　　　　　　　　图 11-50 一个喷头打不出

（2）故障分析：通信连接方面的问题可能是：① 数据线接口接触不良；② 头卡或主板有问题 。

（3）故障解决方法：① 重新连接数据线配置喷头；② 更换新的头卡、主板或者数据线。

10. 实例十

（1）故障现象：棕色 4 号蓝色 3 号状态差。喷头护板横梁上有砖坯刮擦而过的痕迹，如图 11-51 所示。

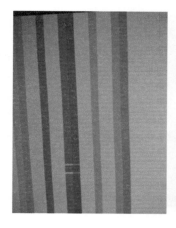

图 11-51　喷头被擦伤堵孔

（2）故障分析：由于砖局部变形凸起部分擦到喷头，导致喷头受损，部分喷孔打不出。

（3）故障解决办法：更换喷头，重新调试传感器（光电对射电眼）的高度，检查限高保护是否报警正常有效。

11. 实例十一

（1）故障现象：喷墨打印机停止工作，不能启动，四个通道不停滴墨。

（2）故障分析：可能原因之一程序出错（图 11-52）；原因之二喷墨打印机 UPS 电源跳闸，重新合上关开。

（3）故障解决方法：关掉后面 PLC 电源，等待几秒后再合上电源，重启电脑各程序 。

12. 实例十二

（1）故障现象：如图 11-53 所示，泰威机出现蓝色喷头的状态图上蓝色某个喷头好多点打不出，呈现白色气泡点。

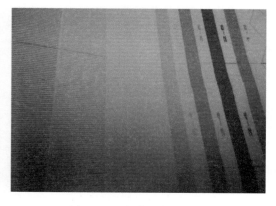

图 11-52　PLC 出错　　　　　　　　　　　图 11-53　状态图气泡密集

（2）故障分析：有可能打印机没有经常打印，墨水流通不畅，导致喷头有堵塞，或者喷头里有气泡。

（3）分析解决办法：可以先将喷头的出墨管关闭，然后挤墨几次、清洗，还不行的话，把喷头拆下来用清洗液清洗一次，如果还是好多点打不出的话，要考虑更换喷头。

11.5.13　陶瓷喷墨产品出现严重色差的原因及解决办法

1. 修正喷墨文件

技术部对喷墨文件进行再修改，减少图案落差、深浅现象，但没有什么变化，色差依然。

2. 喷墨打印设备的检查

对喷墨打印机运行参数进行检查，如喷头电压是否波动、气压是否稳定等可能引起的颜色差异。同时，也通过每一小时打印状态图，选择生产的图定时打印试烧，均未发现有异常。

3. 对窑炉的烧成条件进行调整

以前生产灰色、灰黄色系产品时，由于其对窑炉温度相对敏感些，色号较多，但这一次用测温环检测釉烧窑实际温度，其平面温差在可接受范围（相差3℃），对釉烧窑再做调试，没有明显效果；而通过观察，也并不是因为窑炉火位差导致的颜色差异，因为出窑色差的产品并不固定在某一火位，否则可以通过调整窑炉不同火位温度或者气氛来解决，或者是直接分火位包装。

4. 检查施釉工艺是否有波动，从而影响喷墨产品色差

一般情况下，施釉工艺，特别是淋釉重量发生变化，会影响到喷墨墨水的干燥速度，导致产品颜色发生变化。但经过观察，却没有发现淋釉重量的明显波动，但意外发现淋釉时，一排砖坯的收水速度差异很大。

这次色差的原因是素烧后的砖坯底色不一样。由于个别产品（如图案灰度较均匀的黄色、黄灰色系产品）对产品底色比较敏感，所以当砖坯白度、烧结度差别较大时，则会直接表现为表面色差。另外，这些烧结度不一样的砖坯在淋釉时，其收水时间有较大差异，喷墨印花后的干燥时间也有差异，所以色差现象更明显。

为什么素烧砖坯底色差别这么大呢？

（1）素烧窑温差的影响

目前瓷片厂家都在追求高产量，普遍使用的都是宽体窑，不可避免地出现平面温差，如第一火位温度偏低，第三、四火位温度偏高，导致一排砖尺码不一，烧结度不同。

（2）砖底浆使用不当

瓷片生产厂家素烧窑使用的砖底浆为氧化镁，氧化镁在陶瓷应用中有助熔作用，这种底浆均匀涂用时，对每件砖的影响是相同的。但当不同位置的生坯涂上的氧化镁浆的厚度不同时，其助熔效果就不一样，涂得多的砖坯，其助熔就更明显，素坯烧结度就好，颜色就发暗。偏偏该厂素窑上氧化镁浆时，刚好就是第三、四火位处上得最多，出来的素坯底色就有明显差别，因此产生比较严重的色差。

（3）经过车间改进氧化镁底浆的涂用设备，稳定底浆浓度后，此问题得以解决。

11.5.14　陶瓷如何解决深色喷墨产品变"糊"的问题

在陶瓷产品的生产中，喷墨打印具有很多普通印花无法达到的优势，而且能化解工人成本居高不下的局面，因此短短几年，喷墨打印产品占比已达到80%以上，不出几年，能达到完全取代其他印花的目标。当然，喷墨打印要完全取代普通印花方式，必须在设备与原料墨水提高性能，扩大使用范围的前提下，否则一切都是空谈。

不得不说，现在的喷墨打印还存在很多局限性。例如，生产的深色产品，打印出来变"糊"了，完全看不见图案纹路，就像一滩墨渍。

1. 原因分析

深色产品的喷墨文件灰度较高（通常达到 60％以上），由于受喷墨墨水发色能力的限制，其墨水用量过大，喷印在釉面上无法快速干燥而变"糊"。

喷墨打印图案要达到理想的清晰度及层次感，除了要求在喷墨打印机喷头等硬件上支持外，墨水的发色、面釉的性能（发色、乳浊度与干燥速度）都必须有完美的搭配。可以说，在其他条件不变的情况下，喷墨打印后，墨水干燥速度越快，烧成后所呈现的图案清晰度越好。

2. 解决措施

（1）在釉线上安装面釉烘干设备，提高喷墨打印的干燥速度。

受施釉生产线上设备安排位置的限制，有些厂家只是借用丝网印花烘干设备（通常在几台丝网印花机之间、喷墨打印机后面），其效果并不理想。一般为了让喷墨墨水快干，最好将烘干设备安装在喷墨打印机之前，但要在进打印机前消除釉面水汽，减少对喷头的影响。

（2）减少底釉、面釉的施釉量。

从工艺调整上来说，这是最简单有效的方法，减少底釉、面釉就是减少面釉收水时间，喷墨后的干燥时间自然会缩短，前提是要保证釉面质感。瓷片亮光产品可以在底釉上减少幅度大一些（毕竟深色砖不必担心透水问题），面釉则视烧成后釉面平整度而定；其他亚光产品则可以同时减少底釉、面釉的施釉量。

（3）调慢喷墨打印的速度（如从 24m/s 调至 15m/s 等）。

虽然调慢速度会影响生产的产量，但考虑到深色产品所占的份量不大，这一点还是非常可行的，而且从调试效果来看，也是很有效的方法。

（4）改良墨水配方，提高墨水干燥速度。

改良墨水，是陶瓷企业做不到的事情，但做为墨水生产厂家，必须充分考虑，毕竟深色产品的生产是不可避免的。

（5）使用发色能力强的墨水。

墨水的发色能力强，其墨水用量自然就少了，干燥速度快，可以减少变"糊"的问题。目前一些厂家生产的包裹色料墨水，也就是为了解决类似问题，希望能尽快成熟、稳定。

3. 总结

为了避免深色产品变"糊"，以上措施同时调整，其效果会更加明显。当然，在时间允许时，可以对坯料配方，底釉、面釉配方或工艺进行调整，尽量让底面釉收水速度加快，这对深色喷墨打印产品的图案清晰度有很大帮助。

11.5.15　陶瓷喷墨打印生产中的常见问题

喷墨打印技术是一种非接触式的印刷技术，其打印过程是将连续的微小墨滴从直径为数十微米的喷嘴中喷出，以每秒数千滴的速度快速地打印到打印材料上。该技术发明于 20 世纪 60 年代中期，在 70 年代末期实现了工业化，90 年代后发展迅猛。目前，主流的喷墨打印机的成像技术有两种，一种是微压电技术，一种是热发泡技术。随着数字化技术的不断发展，喷墨打印技术已广泛地应用于办公室文件打印、广告喷绘、数码照片冲印等各个领域。2000 年，世界第一台工业使用的陶瓷装饰喷墨打印机问世；2008 年，陶瓷喷墨打印技术开始登陆中国大陆。截至目前，陶瓷喷墨打印机在我国多个省市得到了应用。如今，世界陶瓷生产已进入喷墨打印年代，而作为全球陶瓷生产第一大国，中国成为了该技术运用潜力最大的市场之一。但由于我国运用喷墨打印技术时间比较短，技术还不够成熟，在应用的过程当中还会遇到很多问题，本文对其中几个问题进行简单的概述。

1. 陶瓷喷墨打印在生产过程中的常见问题

（1）产品设计问题

陶瓷品种类五花八门，花色成千上万，产品的生命周期越来越短，更新周期较快，长则 1～2 年，短则数月。随着喷墨打印机的投入使用，更加速了其更新周期。目前，专门针对喷墨打印机的特点而设计的图案并不多，很多都只停留在丝网印刷或辊筒印刷的要求范围内，例如，图稿不够大、层次单一、没有根据喷墨打印机陶瓷墨水的发色特点而设计等。而受销售能力、设备能力、市场竞争等因素的影响，大多数企业在设计方面都走进了误区，图案花式设计等以模仿、抄袭居多。没有根据企业文化、企业特色进行产品设计，产品缺乏创新性及核心竞争力。基于以上的原因，纵然喷墨打印机适合做出多种类别的产品，若企业随意设计、喷涂打印，再好的喷墨打印机也不能使企业产生独有的竞争力。

基于以上原因，想让喷墨打印技术在企业生产发展营销中产生持久的效益和市场竞争力，企业必须更重视设计团队的培养，并形成一套科学的、创新性强的、基于企业现状、针对企业文化特色的设计理念。根据销售模式、产品开发、生产能力等对市场的现状和趋势进行分析，形成一支源于客户需求和产品路线的产品设计团队，为企业持续提供产品设计，这样才能充分发挥出喷墨打印技术的作用。

（2）墨水的成本和保质期问题

目前，陶瓷墨水还存在保质期短和颜色数量不足的缺陷。由于陶瓷墨水极易沉淀，因此该产品保质期相对较短，一般陶瓷墨水的保质期只有 2～3 个月。尽管喷墨打印机的喷头内部装有内循环系统，但陶瓷墨水与普通的液体墨水不同，它是陶瓷色料和液体墨水的混合体，加上色料的密度较高，因此，循环系统只能减少陶瓷墨水沉淀问题，却无法完全避免。由于陶瓷墨水的保质期短，这就使得瓷砖企业进口墨水产品只能通过空运的运输模式实现，造成了陶瓷墨水价格居高不下的状况，从而加重了企业的生产成本。国内陶瓷墨水企业要想突破这些难题，尚需要企业资金、人才等方面的巨大投入。

（3）拉线滴墨问题

拉线、滴墨是喷墨打印机在生产中常见影响质量和连续生产的问题，这主要是由于喷头堵塞引起的。每若干组喷头只负责打印一种颜色，当大面积深色喷墨打印时，这几组喷头的喷墨量加大造成喷头的阻塞和表面附着污染物，喷射不到的地方即为拉线缺陷。因为喷孔和墨点很细，细小的杂质、灰尘、水汽都足以将喷孔堵塞，或将喷出来的墨点挡住，所以堵塞是喷墨打印机的常见病。

一般来说，堵塞又分为喷头内堵和喷头外堵。

喷头内堵一般由墨路污染、墨水沉淀两大原因引起。墨水沉淀与墨水的悬浮性有关，由于墨水体系不稳定，着色剂容易团聚、沉降引起的堵塞喷头或者残余油墨粘附在喷头上。也与机器本身的墨水供给系统关系十分密切。良好的供给系统可以保证喷头在待机、连续满打、小量断续打印等状态下都保持喷孔畅通，供墨充足。可以从墨水的升级、喷头孔径的扩大，以及优化墨水供给系统这几个角度寻找出路。在打印过程当中，一旦产生了拉线，要立即查出原因，及时清洗排查可以有效避免因此而造成的喷头工作状态变差、工作效率降低以及影响产品质量等问题。

喷头外堵一般是机器外部污染造成的，外部污染有来源于生产车间的灰尘，也有来源于砖坯带入的泥尘等。要减少砖坯带入的泥尘污染，必须做好进喷墨打印机房砖坯的清洁处理。一般要求将温度降至40 ℃以下，基本没有水汽冒出来，吹干净坯体的飞边、釉粉、灰尘等。这些问题可以通过安装多台吹风机来达到目的。要减少车间带入喷墨打印机房内的污染，可以通过对向房内打进的空气进行除尘过滤来解决。

（4）发色问题

发色效果的问题包括：墨水的颜色系列单调、陶瓷色料细度对发色的影响、烧成过程中色料的不稳定和晶体长大。发色是目前喷墨打印技术在陶瓷应用中的相对弱势，虽然目前已经研发出十余种陶瓷墨水，但红色色系、黄色色系和黑色色系等鲜艳的陶瓷墨水仍极少见，制约了陶瓷墨水在陶瓷砖装饰上的应用。尽管喷墨打印机可以精确地喷出层次丰富的图案来，但同样的图案和墨水，在不同的釉料和烧成制度下，发出的颜色和层次是不同的。在实际生产中，有可能会因为各种因素而造成明显的失真，从而对产品的质量造成影响。所以，不仅需要通过调整喷墨打印机参数达到好的产品效果，还需通过合理选择墨水、适当调整墨水配方、摸索最佳的烧成制度等手段，才能使产品颜色层次达到最佳的设计效果。在手感方面，因为喷墨陶瓷机的油墨量一般较少，所以难以产生如丝网印刷、辊筒印刷那种厚重的、有一定的凹凸感的图案效果。若要达到类似的效果，一般可采用模具效果以及平板印花结合喷墨打印，印花后增加打点、喷釉、干粒等方法来达到完善单纯喷墨的效果。

（5）墨滴与坯体结合的问题

在打印过程中，陶瓷色料颗粒要求能在短时间内以最有效的堆积结构排列，附着牢固，获得较大密度的打印层，以便煅烧后具有较高的烧结密度。在实际生产中，存在墨滴在坯体上的润湿性不好，以及墨滴在坯体上过度扩散的问题。润湿性不好可以通过添加适当的分散剂，使得陶瓷墨水中非极性的物质能够与极性的陶瓷坯体形成润湿。至于墨水在坯上过度扩散，可能是由于墨水的表面张力过小，可以通过选择合适的分散剂、降低分散剂添加量、提高色料的含量等方法来提高墨水的表面张力。

2. 总结

陶瓷喷墨打印技术在应用方面还存在着很多的问题，以上仅是对其中部分问题的概述。根据我国建筑陶瓷的发展历史，现在大部分企业的技术水平，以及近年我国众多企业在推广使用喷墨打印机的种种情况，要使陶瓷喷墨打印机的各项优点发挥出来，企业不仅要投入资金购买机器，更重要的是要有相应的人才、技术架构和相应的制度建设等。而这些基础工作的建设，远比花钱买一台陶瓷喷墨打印机更重要、更难以实施。这一点必须引起已买陶瓷喷墨打印机的以及想买陶瓷喷墨打印机的企业的重视。

11.5.16　陶瓷生产工艺对陶瓷墨水发色的影响

在陶瓷喷墨打印生产中，墨水品质和喷印质量固然是决定墨水发色的关键因素，而陶瓷生产工艺对墨水发色的影响更是多方面的。由于墨水中色料颗粒的细度较普通印刷釉约细 100 倍，决定了陶瓷生产工艺对墨水发色效果和稳定性的影响较印花装饰工艺要大得多。

在墨水品质和喷印质量不变的前提下，影响墨水发色的实质要素是：釉料的化学组成对墨水色料发色的影响；在喷印、干燥过程中墨水中的色料颗粒在釉料表面的渗透和附着；色料颗粒在高温下被釉料熔体浸润分散、侵蚀熔解的程度。陶瓷生产工艺对墨水发色的影响正是通过以上三个方面体现的。

1. 陶瓷喷墨墨水的发色特性

（1）蓝色、钴蓝（Co-Al-Zn）或深蓝（Co-Si）、钴蓝（Co-Al-Sn-Zn）对釉料的适应性较强，色彩饱和度随烧成温度变化较稳定。但应避免釉中的锌、镁含量过高，以免色调偏紫。

（2）红棕、锆铁红（Zr-Si-Fe）、深棕（Fe-Cr-Zn-Al）对釉料适应性较强，在锆乳浊釉上发色更好，色彩饱和度随烧成温度变化稳定性一般。含锌、硼和钡较高的面釉容易导致色调偏黄。

（3）米黄、黄棕（Fe-Cr-Zn-Al）的发色性能和红棕类似。

（4）桔黄的发色性能和米黄类似。

（5）金黄的发色性能和米黄类似。

（6）黄色、镨黄（Zr-Si-Pr）对釉料的适应能力强，在锆乳浊釉中呈色会更好，适应温度范围较广。

（7）粉色、铬锡红（Sn-Cr-Ca-Si）对釉料适应性差，色彩饱和度随温度变化较明显。含锌釉料容易导致颜色明显减淡；较高的钙含量对粉色发色有利。

（8）黑色、钴黑（Fe-Cr-Co-Mn）对釉料适应性差，主要是随釉料组成的变化色调容易变动；色彩饱和度随烧成温度变化稳定性一般。釉中的锌、镁易导致色调变化。釉中钙、钡有利于黑色的发色，在锆乳浊釉上发色较淡。

（9）绿色、铬绿（Cr-Al）对釉料适应性一般，色彩饱和度随烧成温度变化较稳定，在透明釉上发色较佳。

2. 釉料的化学组成对发色的影响

釉料的化学组成对不同的色料发色影响是不一样的。建筑陶瓷釉料中常会用到的熔剂氧化镁、氧化锌、氧化硼等组分对大多数墨水色料的发色是不利的，一般应考虑少用。相对而言，氧化钾、氧化钠、氧化钙、氧化钡的影响较小。

通常含氧化锆成分较高的基础釉料，对同样含有氧化锆成分的锆尖晶石型色料镨黄、锆铁红等的发色会明显优于其他不含锆的色料。这是由于釉料中所含的氧化锆因组分同质，减弱了锆尖晶石型色料在高温下的晶体结构被破坏分解，起到了一定的"保护"作用所致。在含锌较高的基础釉料中，金黄、米黄和红棕色系含铁的色料发色相对较好。而对于黑色色系的艳黑和钴黑，基础釉料中的氧化锌和氧化锆都是不利于发色的。同样粉色的发色也对氧化锌的含量十分敏感，一般氧化锌含量超过 1% 时粉色墨水的发色就开始明显减弱。这种不同组分对于不同色料发色影响的差异，要在实际调配配方中综合釉面效果、墨水发色的需要、产品主流色调的需要权衡取舍。

釉料的化学组成对墨水发色的另一个重要影响因素，是配方得到的釉料最终的成熟温度范围。相对于固定的烧成制度，略偏高的成熟温度使釉料的高温熔融能力略微偏低，有利于保存更多未被釉料侵蚀熔解的色料颗粒，从而提高色彩的饱和度；同时由于釉料熔体的反应活性相对较小，也有利于减少墨水的色调变化。但过高的釉料成熟温度加上深色图案用墨量大时，可能导致部分色料颗粒不能浸润到釉料熔体中，从而形成"桔皮"直至"生烧"的现象，此时墨水在深色部分的发色并不准确，即超出一定墨量后墨水的色彩饱和度不会随墨量的增加而增加，甚至略有降低；反之，略偏低的釉料成熟温度范围将不利于墨水发色的色彩饱和度和色调的稳定。而且略偏低的釉料成熟温度范围在烧成温度和保温时间有波动的时候，对墨水发色的稳定也是不利的。

而釉料成熟温度范围的宽窄更多地表现在对墨水发色稳定性的影响上。较窄的成熟温度范围将使釉料的高温熔融能力和反应活性随烧成温度、保温时间的波动明显变化，从而导致墨水发色的波动。

此外，同样的墨水在化学组成大致相同的釉面上，由于色彩叠加的效应，釉面白度高的釉料相对白度低的釉料得到的单个墨水的发色饱和度、色彩纯度更高，整套墨水可应用的色域更广。

3. 釉料的制备与施釉对发色的影响

釉料的制备对墨水发色的影响因素主要体现在釉料的细度和保水性能上。釉料的细度越粗，施釉干燥后釉面的堆积密度越小，喷墨时墨水在釉层渗透得越多越深入，烧成时和釉料的反应更完全。但具体色彩饱和度和色调的变化，根据喷墨的墨量、烧成制度、色料的发色特性会有所不同。同时，理论上釉料的细度差异也会导致釉料成熟温度的差异从而影响墨水的发色。不过生产实际中釉料细度的波动不会太大，实际影响并不明显。

釉料的保水性能主要通过影响喷墨时釉面的干湿程度来影响墨水在喷墨后釉面的渗透和附着，从而影响墨水最终的发色。保水性能越好，喷墨时釉面水分越大，墨水渗入釉料的程度越浅，烧成时与釉料的反应越不完全。但对墨水最终发色的具体影响效果，也因喷墨的墨量、烧成制度、色料的发色特性会有所不同。

施釉工艺中喷水和施釉的均匀程度主要影响墨水在釉面发色的均一性。其本质是因喷水和施釉不匀，形成喷印时釉面水分不匀从而导致墨水在釉面的渗透附着不匀，最终影响墨水发色的均一性。同理，喷水量和施釉量的波动也会导致墨水发色的波动。

4. 釉面的水分和温度对墨水发色的影响

喷墨时釉面水分的多少及均匀程度对墨水在釉面的发色影响和釉料的保水性能对墨水发色的影响是同样的。其本质就是釉面的水分影响墨水在釉面的渗透附着。喷印时过大的釉面水分不仅影响单个墨水本身的发色，还可能造成墨水因渗透干燥过慢，不同墨点间产生融合混色情况，从而降低色彩的细节层次。生产实际中需要重视的是确保喷墨时釉面水分的充分干燥和稳定，以保障墨水发色的稳定和减少其他喷墨缺陷。

釉坯温度的高低对喷印到釉面的墨水黏度和墨水中溶剂的挥发速度均有一定程度的影响。釉面温度越高，墨水的黏度越低，越容易渗入到釉料中；同时釉面温度越高，墨水中溶剂的挥发干燥速度越快，越难渗入到釉料中。在两者对墨水渗入釉料速度产生的影响差异大的情况下，釉面温度的变化有机会造成墨水发色的变化。

5. 喷墨排色顺序对墨水发色的影响

在常用的陶瓷喷墨墨水中，黄色和粉色相对其他颜色的色彩饱和度一般偏低。为了尽量提高黄色和粉色的实际发色强度，可考虑在安排墨水的喷印顺序时将黄色、粉色安排到靠后的通道上。在喷墨时多色重叠的区域由于黄色、粉色靠后叠加喷印在其他颜色墨水上，可略微减弱烧成时釉料与黄色、粉色的反应程度，相应提高其色彩饱和度。

6. 喷印后的干燥和储坯对墨水发色的影响

喷印后釉坯的干燥过程对墨水发色的影响主要是通过釉料中的可性溶盐随水分排出迁移到釉料表层，从而改变釉料表层的化学成分形成的。可溶性盐在釉料中随水分的定向迁移产生明显影响的过程是较缓慢的，在釉线连续生产的过程中由于干燥过程相对较稳定，不容易观察到这种影响。但在入窑储坯时间过长的情况下，可以造成储坯后的产品和连续生产产品的色差。生产中调版对版要在连续生产状态下打印就是出于这点以及对釉面水分稳定的考虑。

7. 烧成制度对墨水发色的影响

由于墨水中的色料是经过高温烧制形成的，自身在建筑陶瓷的烧成温度范围变化并不大。烧成制度对墨水发色的影响实质是通过影响釉料在高温下对色料颗粒的反应熔融性能形成的。其主要影响因素有三个方面：烧成温度、保温时间和烧成气氛。不同的颜色对烧成制度的敏感程度不一样。

（1）在烧成温度相对釉料的成熟温度偏低时，容易造成墨水中色料颗粒不能和釉料完全反应熔融，形成部分生烧。此时墨水在釉面表现为桔皮或哑光状，表层颜色较淡，和釉料反应部分则为较深、饱和的颜色。

（2）烧成温度与釉料的成熟温度匹配时，由于墨水的色料颗粒粒径以及正常喷墨墨量形成的色料层厚度决定了刚好能完全熔入釉料中而又不被釉料过多侵蚀熔解。墨水的发色正常，色彩饱和度高，光泽与釉面基本一致，整体效果最佳。

（3）烧成温度相对釉料成熟温度偏高时，由于釉料的熔融反应能力大幅提高，墨水中的色料颗粒被釉料熔融破坏掉原有晶体结构的部分将会较多，甚至被完全熔入釉料的熔体中，残余的色料颗粒大幅减少或完全消失。在后续的冷却过程中不能重新形成原有发色晶体的结构，最终导致发色明显减弱甚至无色。

在烧成温度与釉料的成熟温度匹配的情况下，保温时间的长短与墨水发色的强弱成近似反比的关系。过短的高温保温时间可能存在少部分未能熔入釉料的色料颗粒。高温保温时间在 2～5min 时通常墨水中的色料颗粒和釉料反应熔融的程度恰好能浸润到釉料中且保留较多的原有晶体不被破坏，此时墨水的发色效果最佳。随着高温保温时间的加长，色料颗粒被釉料侵蚀熔解的部分增多，墨水的发色将有所减弱。但其变化程度随保温时间的继续增加将逐步减弱，这是由于在釉料固有的成熟温度范围内且烧成温度本身不变的情况下，釉料与墨水色料颗粒的反应活性是固定的，残余的色料颗粒数量和体积取决于色料颗粒被侵蚀熔解的部分在釉料中的扩散速度。在正常的烧成温度下，由于釉层厚度及黏度的关系，扩散速度较小，导致色料颗粒被侵蚀熔解的速度逐渐减弱。

此外，较长的保温时间将增加釉层的结晶倾向，被熔融色料晶体中原有的金属氧化物有机会在新的熔体中形成新结晶体，从而形成新的色调；或因釉料形成的结晶而改变釉料对光波的吸收、反射、折射、透光率等光学性能，从而改变未熔融部分色料颗粒的呈色。事实上，在合适的釉料组成、烧成温度和气氛的情况下，色料中含铁的颜色如红棕和黑色，在高温保温时间较长时就容易在釉面形成金属釉的效果，整体色调也较正常保温时有一定差异。

烧成气氛的不同对墨水的发色也有影响，一方面是因为影响了坯体和釉料的基本色调从而形成了对墨水发色色调的混色效应。另一方面由于墨水中的色料颗粒粒度较细，在高温下部分被釉料熔融分解，且集中于釉层表面，相对于氧化气氛，还原气氛有机会造成色料颗粒被熔解后，原有的发色金属高价氧化物被还原成低价氧化物，从而形成新的发色基团，最终影响墨水得到的实际颜色。

不同的墨水颜色由于成分组成和晶体结构的不同，其高温稳定性，与不同釉料的反应特性也不同。通常蓝色、绿色、镨黄、金黄随烧成制度的变动变化较小，棕色、桔色、米色次之，而粉色最为敏感。

陶瓷生产工艺对喷墨打印墨水发色的影响是多方面的，其中釉料的化学组成、喷印时釉面的水分、烧成制度对墨水在使用中发色的影响最为明显。生产实际中除了要关注了解各工艺细节对墨水发色的影响，更重要的是充分认识到喷墨打印由于墨水发色的工艺特性要比普通印花敏感得多。严格保证生产工艺状况的稳定才能保障墨水在生产使用中达到稳定的发色效果。

11.6 喷墨打印技术与丝网、辊筒印刷技术的优劣分析

喷墨打印技术是一种无接触、无压力、无印版的印刷复制技术，它具有无版数码印刷的共同特征，可实现可变信息印刷，丝网印刷的印版呈网状，印刷时印版上的油墨在刮墨板的挤压下从版面通孔部分漏印至承印物上，进而完成印刷作业的印刷方式。

11.6.1 印刷机简介

（1）丝网印刷机

现代丝网印刷技术，是利用感光材料通过照相制版的方法制作丝网印版（使丝网印版上图文部分的丝网孔为通孔，而非图文部分的丝网孔被堵住）印刷时通过刮板的挤压，使色料通过图文部分的网孔转移到承印物（砖坯）表面上，形成与原稿一样的图文，丝网孔径大小决定了图案细节，通常分辨率较低。丝网印刷由五大要素构成，即丝网印版、刮板、印釉、印刷台以及承印物，丝网印刷的设备简单、操作方便，印刷、制版简易且成本低廉，适应性强。丝网印刷机如图 11-54 所示。

图 11-54　丝网印刷机

（2）喷墨打印机

陶瓷生产行业的喷墨打印机采用的是压电喷墨方式，是一种按需喷墨技术，压电晶体在电场的作用下挤压喷腔内的墨水，使之按要求喷出来。把需要印刷的设计画面，分解成三原色和黑色（CMKY）这四个基本色彩模式，转化为数码信号分别存储进电脑，控制四组不同墨水的喷头实行喷墨，把墨水分别喷印到砖坯表面的对应位置上，几组颜色的墨水按规律混色在一起，还原成最初需要打印的图案效果。这种颜色的组合模式可以衍变，不同的生产公司有不同的使用方法。陶瓷喷墨打印机如图 11-55 所示。

（3）辊筒印刷机

辊筒印刷技术是一种柔性印刷技术。把需要印刷的设计画面，分解成几个不同的单色，分别印在不同的橡胶辊筒上（通俗的说法），然后在辊筒上进行激光布点雕刻，图案的实体部分越浓，雕刻的孔点越密，最密点可达 220 目以上。工作时这些小孔吸满了色料，当辊筒运转，底部的小孔接触到砖面，受到挤压后，色料就被释放出来贴在砖坯表面上。这些释放掉色料的小孔顺着辊筒转到上面之后，又重新吸满色料，为下一轮印花做准备，就这样周而复始地做同样的动作。几种不同的单色同步印刷，混色之后便形成了图案。辊筒印刷机如图 11-56 所示。

图 11-55　喷墨打印机

图 11-56　辊筒印刷机

11.6.2　三种印刷方式的比较分析

（1）通常一幅彩色图案，是由多个单色印完之后组合叠加而成。采用喷墨打印方式时，在一台喷墨打印机上，4 种颜色的喷头按排装在一起，使用 CMKY 打印模式，一名操作工就可以实现；而在平板丝网印刷机上，则需要多台机间隔安装，每台机上都需要一名操作人员。相比之下，丝网印刷需要的人工和设备占地都相应增加。喷墨打印集中所有颜色于一次印刷，极大提高了色彩的丰富性和层次感，给予瓷砖绚丽的色彩美感。

（2）喷墨打印机每隔 2h 左右（有的喷头可以坚持 6h 以上），要进行一次喷头底板维护，使用机器自带的自动清洗程序，擦拭喷头底部，吸干多余的墨汁。有些喷头不需要打印时，也可设置成定时自动闪喷，防止喷头长期不喷墨而堵塞，不需要人工的干预。丝网印刷时，丝网也要定期进行一次底部擦拭，防止色釉凝固和网孔堵塞，大约每隔几十片砖就要擦一次，完全是人工进行，通常擦网版是利用走砖间隙进行，工人擦拭过程中要动作敏捷，身手要快。

（3）丝网印刷要求制作网版，辊筒印刷要进行图案雕刻，都是有形的，每修改一次，成本都非常高，时间长；而喷墨打印是一种无版印刷，只需要在电脑上输入数码图，转变信息格式，加网即可打印，而且修改图也非常方便，不需要任何费用，不需要中间耗材，更换版面快捷，转版需要的时间非常短，通常几个小时之内能转换完成。

（4）丝网印刷是用丝网直接压在砖坯上，而且要用刮胶板加压，是一种硬接触，对砖坯有影响，易引起崩边和丝网磨损；前面一套花纹没干，急着印下一套就会出现图案套色模糊。辊筒印刷是用辊筒与砖面接触，是一种软接触印刷，但辊筒容易被细砂粒磨损；喷墨打印机是一种无接触式的印刷方式，可以在凹凸不平的立体表面上喷印，其打印效果是丝网印刷和辊筒印无法实现的。

（5）丝网印刷设备简单，投资小，成本低，操作简单。辊筒印刷机和喷墨打印机前期投资较大，对环境的要求高，操作人员要经过专门的培训才能上岗，特别是喷墨操作人员，最好有电脑操作经验。

（6）丝网印刷和辊筒印刷印出来的产品千篇一律，而喷墨打印可以变化着打印，随机截图打印，步进截图打印，将一张大图分割成若干小图打印，然后拼凑组合一张大图，随心所欲，其功能得到了极大的延伸，喷墨打印技术不仅能制作同一纹理的瓷砖，更可以同时制作不同纹理的瓷砖，赋予每片瓷砖不同的纹理，丰富了瓷砖的多样性，极具个性化特性。

（7）喷墨打印和辊筒印刷可以与丝网印刷互补，组合起来使用，各自发挥其优势。丝网印刷用于印批量固定的图案，或印某些特定的釉；喷墨打印机打印的颜色偏浅，如果要取得较深色的瓷砖，最终要靠辊筒印刷去弥补，当然，采用大墨量的喷头，也不失为一种办法，但仍有些不足量。

11.7 陶瓷喷墨打印机的日常维护保养管理

（1）喷墨机打印房要保持正压，温度控制在 $15\sim25℃$ 之间，湿度控制在 $50\%\sim70\%$。

（2）每日必须清洁机房卫生一次，清洁机器外箱体表面一次，室内地面每班用拖把拖两次，吸尘两次，尽量不要用扫把扫地，避免扬起灰尘。

（3）室内的机器卫生每班要清洁两次以上，每日清洁机器皮带表面一次，清理时要用拧干的湿毛巾擦机器（电器部分不能用湿毛巾擦）。不能使用扫把和吹风，避免扬起灰尘。

（4）喷墨打印机上清洗喷头的各色托盘要保持干静。托盘上吸真空的清洁帽不能有墨水。清洗时一定要用无尘布加清洗液清洗，不能用其他东西代替。

（5）在没有生产或长时间停产时，每个班打印两次 100% 灰度图，每次打印 $3\sim5min$，打完后转入自动清洗喷头工序，每天滴墨一次。每次打印完要把喷头升到安全高度并把托盘伸入，机器生产时每 $2h$ 清洗一次。

（6）为避免打印 100% 灰度图时烧坏喷头，要求一次打印不能超过 $5min$，如需增加打印，必须间隔 $5min$ 后再开始打印 100% 灰度图（即打 $5min$ 停 $5min$，可反复如此操作），打完后自动清洗喷头。严禁墨桶里无墨水时打印，空打很容易把喷头烧坏。

（7）气体是否含有油水，并及时排除油水，确保压缩空气在 $5\sim8bar$ 范围内。电磁阀和气缸，是靠压缩空气来驱动的，例如清洗托盘的伸入伸出、真空吸墨发生器等，使用不洁净的空气介质，很容易使这些元器件动作不灵活，甚至导致堵塞。

（8）空气净化器的过滤器、空调机的滤网每周清洁除尘一次。

（9）定期检查托盘清洗帽有没有吸力。当喷头处于清洗位置时，清洗帽是否接触到喷头。

（10）每季度更换墨水过滤器、供墨系统易损件。

（11）升降导轨、皮带辊筒轴承每月加润滑油一次。

（12）皮带刮刀在调试或更换时必须保持皮带平衡并定期清洗。

（13）砖坯温度要控制在 $38\sim42℃$ 以下。

（14）每日通过软件或液位传感器监控一级墨桶及二级墨盒液位并及时加墨，记录加墨日期和每种油墨的生产日期及批号，避免过期油墨注入墨桶进行供墨。每个月要把墨桶里的墨水更换一次，并清理桶底沉淀的墨渍。

（15）每季度检查一次 UPS 电源的电池的供电能力，利用停线的机会，停止 UPS 的进线电源，看它能否持续供电 30min 以上。

（16）随时检查机台，防止有小螺钉、砖渣等杂物掉进皮带夹层，导致皮带磨损、走偏。

11.8　陶瓷数字喷墨印刷技术与陶瓷传统印刷技术的区别

中国是陶瓷生产大国，墙砖、地砖等建筑陶瓷产品又是人们生活密不可分的重要组成部分，随着中国经济的腾飞，尤其是房地产业的迅速发展，人们对建筑陶瓷产品的需求不断提升。近十年来，中国建筑陶瓷生产的增长速度每年都超过 10%，至 2014 年，我国陶瓷砖生产线共 3440 条（不含西瓦），总日产能 4503.6 万 m²（不含西瓦），产量占全球的 65%，出口占全球产量的 25% 以上。

墙地砖印花工艺是一种艺术设计与技术相结合的特殊工艺，它具有经济、实用、美观三方面的特点。作为陶瓷生产工艺核心的印刷技术，我国建筑陶瓷行业前后经历过平板丝网印刷、辊筒印刷和数字喷墨打印三大技术时期，其相互间的印刷工艺完全不同，装饰效果也不一样。

11.8.1　陶瓷印刷技术及特点

1. 陶瓷丝网印刷技术及特点

印刷距今已有两千多年的历史，被世界公认是我国古代四大发明之一。孔版印刷与凸版印刷、凹版印刷、平版印刷并称现代四大印刷术。陶瓷印花最早主要采用平板丝网印刷技术，也叫孔版印刷。在 20 世纪 70 年代，丝网印刷技术主要在意大利、西班牙等西方国家广泛应用。改革开发后，佛山部分陶瓷企业通过引进、消化、吸收、创新的发展模式，使丝网印刷技术在我国陶瓷行业得到快速发展与普及，由此我国成为了世界上丝网印花产量最大、品种最丰富和功能最齐全的国家。

丝网印刷是一种古老的印刷方法，其印刷的基本原理是：利用丝网图形部分网孔透釉料，非图文部分网孔不透釉料的基本原理进行印刷。印刷时在丝网一端倒入釉料，用刮刀在丝网的釉料部位施加一定压力，同时朝丝网另一端移动。釉料在移动中被刮板从图形部分的网孔中挤压到陶瓷砖坯上。由于釉料的黏性作用而使印迹固着在一定范围之内，印刷过程中刮板始终与丝网印版和砖坯呈线接触，接触线随刮刀移动而移动，由于丝网与砖坯之间保持一定的间隙，使得印刷时的丝网通过自身的张力而产生对刮板的反作用力，这个反作用力称为回弹力。由于回弹力的作用，使丝网与陶瓷砖坯只呈移动式线接触，而丝网其他部分与砖坯为脱离状态，保证了印刷尺寸精度和避免蹭脏砖坯釉面。当刮板刮过整个印刷区域后抬起，同时丝网也脱离砖坯，工作台返回到上料位置，至此为一个印刷行程，从而实现图像复制。简单来说，丝网印花印刷时是

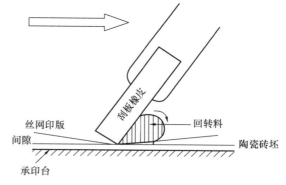

图 11- 57　丝网印刷原理示意

通过刮刀的挤压，使花釉通过网版图文部分的网孔转移到砖面上，形成与原版一样的图案。丝网印刷技术原理示意图如图 11-57 所示。

陶瓷丝网印刷技术具有制版工艺简单、操作灵活、工序少、效率高等特点，利于实现机械化生产，可以进行不同产量的生产印花转换。但是，陶瓷丝网印刷技术由于其直接印刷方式，会使坯体开裂的几率增大，不能印刷到砖坯的边缘；网版的磨损也会造成生产的停顿和产值量不高，另外，丝网网版在晒网时，在网布上所涂的感光胶次数或厚薄，或者冲洗网版的通透度等，都会在实际生产过程中影响丝网

的使用寿命与产品的质量。最大的问题就是不能对凹凸面的瓷砖进行印花，从而使得丝网印花产品的图案比较单一，很难表现出瓷砖图案的多元、多变、丰富及立体层次的效果。

2. 陶瓷辊筒印刷技术及特点

为了进一步满足人们对瓷砖装饰艺术效果的追求，陶瓷墙地砖生产企业普遍采用印刷技术来改善瓷砖表面的花色，提高其品位。在陶瓷生产强国意大利，瓷砖的釉面装饰效果一直领导着世界瓷砖生产潮流，为达到这些效果，他们不断改进印刷技术。早期的陶瓷辊筒印刷技术就是在平板丝网印刷的基础上开发的，把原来间歇式的平板丝网印刷改变成了连续式的辊筒印刷，辊筒印刷可分为丝网辊筒印刷（图11-58）与橡胶辊筒印刷（图11-59）两种。据悉，在20世纪中期，意大利西法尔公司就发明了辊筒印刷技术，并在1999年获得了中国专利授权。意大利在国内比较出名的生产辊筒印刷机及辊筒的公司有：Tecno，Italia，System。

图11-58　丝网辊筒印刷机图

图11-59　橡胶辊筒印刷机图

我国20世纪90年代末期引进的辊筒印刷机基本上是其升级版的橡胶辊筒印刷机。由于设备和使用成本，以及国产技术不成熟等原因，2000年前，辊筒印刷技术一直在国内陶瓷行业未能普及，从2002年开始，随着辊筒印刷技术的不断改进，逐渐蔓延了整个陶瓷行业。如今这种橡胶辊筒印刷设备已被国内众多企业所采用，通常在一条印花墙地砖的生产釉线中配有1～2台橡胶辊筒印刷机，每台橡胶辊筒印刷机可以多达6个辊套色。从个别到一般这个过程算起来也不过10年。国内比较出名的橡胶辊筒印刷机生产厂家为佛山希望陶机。

橡胶辊筒印刷机的辊筒是一种特制的硅胶橡胶印筒。这种橡胶最大的特点就是其本身很耐磨，并且有弹性，弹性不仅能增加筒的耐磨性，还可使釉料能在垂直的区域中均匀分布。其制作原理：将瓷砖要印制的图案文件，通过计算机控制的陶瓷激光雕刻机的激光，根据图案数据信息不断变换发射激光束强度进行打点，雕刻直接做在橡胶面上，在印花胶辊上呈现出与原设计稿相应的微孔，形成印刷图案。激光技术使胶辊网板对位准确，花纹极清晰细腻，网点致密度可高达220目以上，利用印花釉填入辊筒表面的微孔，辊筒不停地转动，花釉在刮刀压力的作用下，被均匀地填充到所雕刻的精细微孔中，在转动过程中与皮带上运行的砖面接触，产生图案，每片砖的图案几乎不完全重复，产品印刷精美，色彩鲜艳，并且印出的釉面具有立体结构层次，在釉面砖生产中使用，其优势更加明显。

由于采用柔性印刷技术，辊筒印刷突破丝网印刷不能实现的印刷，实现瓷砖表面凹凸印花，从而使砖的表面层次更加丰富，图案过度自然，纹理效果更加逼真，可与天然石材相媲美。在生产过程中，辊筒印刷实现全自动化控制操作、自动上釉、皮带传送；可以重复、间歇使用，不会造成釉面缺陷；还可以连续性生产，砖坯破损少，产量大，对位精准，图案纹理清晰细腻、辊筒使用寿命长，极大地提升产品的品质和生产效率。但是由于辊筒设备成本和使用成本偏高，辊筒制作周期比较长，以及辊筒规格固定（周长最大为1440mm），极大地影响了产品的成本和产品图案设计效果。

根据陶瓷墙地砖产品规格大小和产品釉面效果，可以选择不同规格、硬度的橡胶辊筒。

（1）辊筒规格大小分类（表 11-1）

表 11-1　辊筒规格大小分类

辊筒规格类型 辊筒参数	720	720LL	720XL	1440L	1440LL	1440XL	1440XLL	1440XLL-BS
高度（mm）	620	720	1180	620	720	1000	1180	1480
周长（mm）	720	720	720	1140	1140	1140	1140	1140
对应产品类型	较小规格墙砖			地砖以及超大规格墙砖				

（2）辊筒的硬度及其特点（表 11-2）

表 11-2　辊筒的硬度及其特点

名　称	类　型	特点及适应范围
WALL	T1	1. 极好的雕刻和高的印刷分辨率； 2. 对位精准； 3、瓷砖边角印刷好
IN	IN	1. 极好的雕刻和高的印刷分辨率； 2. 瓷砖边角印刷好； 3. 适合瓷砖桔釉不平的印刷
EDGE	RE	1. 极好的雕刻和高的印刷分辨率； 2. 更适合瓷砖边角印刷； 3. 更适合瓷砖桔釉不平的印刷
SOFT	SS	1. 瓷砖边缘好的印刷分辨率； 2. 最适用瓷砖桔釉不平的印刷； 3. 适合模花的砖坯
PLUS	R@	1. 瓷砖边缘更好的印刷分辨率； 2. 最适用瓷砖桔釉不平的印刷； 3. 适合模花的砖坯

3. 陶瓷数字喷墨印刷技术

早在 2000 年，在意大利每年一届的博洛尼亚陶瓷展会上，展示了用陶瓷数字喷墨印刷技术生产的产品，其工艺及喷墨打印效果已经做到相当完美。在其后的实际使用过程中，意大利及西班牙有相关企业也逐渐解决了喷头的技术瓶颈，从而在欧洲得到迅速的发展。由于欧洲对这种技术进行封锁，直到 2008 年世界金融危机时候，陶瓷喷墨打印技术才得以在全球陶瓷行业中普及。

从杭州诺贝尔集团在 2009 年采购 Kerajet 的喷墨打印机并于当年 5 月份在杭州投产，到 2010 年 3 月广东金牌陶瓷公司推出广东首片喷墨砖至今，我国在线的陶瓷喷墨打印机数量得到巨大的提升。2010 年底，全国仅有喷墨打印机 12 台，2011 年新增 88 台，2012 年新增 650 台，2013 年是喷墨打印机设备最火爆的一年，全年新增喷墨打印机 1250 台。至 2014 年，根据由中国建筑卫生陶瓷协会和陶瓷信息报社共同发起的最新数据显示，全国上线喷墨打印机 2636 台。

2009 年的广州陶瓷机械展中，国内陶瓷印花设备制造厂——佛山希望陶机推出了第一台国产的陶瓷喷墨打印机，从而加速了陶瓷喷墨打印技术的过程化。目前，希望、泰威、精陶、新景泰、美嘉等一批国产品牌陶瓷喷墨打印机已经占据了陶瓷喷墨打印机绝大部分的国内市场份额，并占据印度市场的 90％左右。从 2011 年博奥科技、明朝科技推出陶瓷墨水，到 2012 年道氏制釉推出陶瓷墨水，再到 2013 年康立泰推出伯陶陶瓷墨水、远泰制釉推出远牧陶瓷墨水，国产陶瓷墨水从 2011 年的在线装机量几台发展到今天的 200～300 台。正是由于陶瓷墨水的国产化，导致进口墨水价格从 2009 年的 60～100 万元/t 降到了今天的 15～18 万/t，为我们广大的陶瓷砖生产企业降低了生产成本。相信陶瓷墨水国产化是必然趋势，国内陶瓷墨水企业将占据陶瓷墨水更大的市场份额。

(1) 陶瓷数字喷墨打印技术的原理

陶瓷数字喷墨打印技术是将计算机上设计好的喷墨文件输入到喷墨打印机，图案深浅效果转换成数字信息，通过喷墨打印机的程序来控制小墨滴大小级别，从直径数 $10\mu m$ 喷头喷射出来，以每秒数千滴的速度沉淀在砖面上，形成图案，实现无制版、无接触、无压力的印花技术。喷墨打印机主要由打印软件控制系统、供墨系统、喷头系统、机械运动与防护系统、清洗系统等部分构成。其中喷头系统是喷墨打印技术的最核心技术。陶瓷喷墨打印喷头采用压电喷墨的工作方式。另外，墨水盒、墨水供墨系统也有极高的技术含量。

(2) 陶瓷数字喷墨打印技术的特点

陶瓷印刷技术从第二次革命向第三次革命的推进中，喷墨打印技术至少在五个方面打败丝网印刷、辊筒印刷，取得突破性的发展。

① 打破了辊筒印刷的版数限制。它可以随心所欲，不受版数限制，集中所有颜色于一次印刷，极大提高了色彩的丰富性和层次感，给予瓷砖绚丽的色彩美感。

② 打破平面坯体的限制。通过喷墨打印技术，可以将平面的瓷砖转换成任何凹凸不平、不规则的表面，由此赋予瓷砖完美的立体效果。

③ 打破了重复纹理的限制。和辊筒印刷带给我们的是千篇一律或几乎雷同的纹理效果所不同的是，喷墨打印技术不仅能制作同一纹理的瓷砖，更可以同时制作不同纹理的瓷砖，赋予每片瓷砖不同的纹理，丰富了瓷砖的多样性。

④ 打破了传统制作时间的限制。从设计输出→网板制作→印刷→烧成，至少需要 3d。辊筒印刷，至少需要 2d。而喷墨打印，从设计输出→喷墨打印→烧成，只需要 3～4h 的时间，大大提高了生产效率。

⑤ 打破瓷砖设计的限制。可以是常用的大理石纹或各式各样的壁纸等，更可以是街头随手拍来的风景照，取材自然，纹理更加逼真。

但陶瓷喷墨印花技术目前也有其不完美之处：

① 喷墨设备一次性投资比较大，所使用的喷头需要从国外进口，其价格比较贵。

② 喷墨打印的最关键的核心技术与设备被英国和日本所垄断。

③ 墨水颜色还不够丰富，喷墨打印的颜色比较浅，而且墨水的价格也比较高。

④ 在陶瓷喷墨打印生产过程中，喷头容易堵塞，墨水容易被氧化，从而造成产品出现拉线、色痕、色差等缺陷。

⑤ 产品更快被模仿、克隆，陶瓷市场的竞争日益激烈。

11.8.2　三大陶瓷印刷技术综合对比分析

(1) 从产品图案清晰度方面来分析。假如丝网、辊筒印刷产品图案效果就像油画，那么喷墨打印产品则是一幅国画或者书法作品，喷墨打印的墨水薄，且具有渗透性。喷墨打印的打印分辨率高达 360dpi，而丝网或辊筒的则为 72dpi、128dpi。如果用像素概念来对比，喷墨打印高达 1200 万像素高清图案，而丝网、辊筒最多也只有 240 万像素。因此，不用担心精细图案原稿设计不能表达再现问题，喷墨打印能精准地再现天然石纹的每一个细节，做到随机自然的纹理效果，喷印出来的产品仿真程度更高。

(2) 从产品成本上来分析。一般来说，平板丝网印花印 $2000m^2$ 就要换一个网，而一个辊筒可印 13～15 万 m^2。目前进口陶瓷墨水的价格为 13～18 万元/t，国产陶瓷墨水价格为 10～15 万元/t，陶瓷

砖墨水用量从 $10g/m^2$ 增加至 $15g/m^2$。单纯从釉料的成本上来分析，喷墨印花要比丝网、辊筒印花要高一些，但是如果从整体生产成本来看，就不一定要高，喷墨打印工艺所使用的墨水，是买了直接使用的，不用像丝网或辊筒印刷那样需要采购大量的物料，再经釉料加工球磨花釉，也避免了加工过程的错误和使用的浪费，同时也可减少物料的库存。因此，喷墨打印技术在一定程度上降低瓷砖的生产成本，减少传统印花工艺带来的不可避免的浪费。另外，相对于产品的档次来说，喷墨打印效果最好，辊筒印刷次之，而丝网印刷粗犷一些。

（3）从节能减排环保方面来分析。丝网、辊筒印刷因为需要换网和冲洗辊筒等原因造成色釉料的大量浪费，而喷墨打印因为采用标准统一的墨水（蓝、棕、黄、黑、粉红等），且机器上使用墨盒和墨桶装墨水不易浪费，从而最大限度地降低了墨水浪费，降低了污染，节约了成本。在生产中，车间发生错误率降低，进一步节省人工成本，创造更加洁净和智能化的生产车间。

（4）从产品装饰效果来分析。丝网印刷产品的图案比较单一，很难表现出瓷砖图案的多元、多变、丰富及立体层次的效果；而辊筒印刷设计图案的周长最大为 1440mm，虽然有随机变化效果，但是因其图案大小有限，极大地影响了产品图案设计效果；而喷墨打印的图案理论上可以有无数，无限度地接近大自然的图案纹理变化，现在一般都有 $8\sim15m^2$ 的不同设计图案变化，极大地满足人们对瓷砖装饰艺术效果的追求，产品装饰展示效果相当自然。

（5）从人力成本方面分析。在人力成本大幅度上升的大背景下，喷墨打印技术的采用能够大幅度减少对版人员、传统辊筒与丝网工艺的跟线人员以及釉料加工人员和管理人员。采用喷墨打印技术之后，一条生产线能节省 $6\sim8$ 名要求较高且成本也相对较高的印花工、制版工，因此改用喷墨打印工艺后，不仅提升了产品品质和花色，还降低了陶瓷企业的生产成本，成本降低之后瓷砖厂就有钱去建新的生产线了。

11.9　陶瓷墨水发色色域对釉料及烧成温度的要求

11.9.1　陶瓷墨水的制备方法

陶瓷墨水制备的关键在于超细陶瓷粉体的制备及其在溶剂中的稳定分散，即保证粉体在溶剂中处于单分散状态，无絮凝效应。目前陶瓷墨水的制备方法主要有分散法、反相微乳液法、溶胶凝胶法和金属盐溶解法，其中分散法是目前工业化生产的主要方法。

1. 分散法

分散法是目前陶瓷墨水制备中最常见的一种方法。其工艺是先将超细陶瓷粉体或着色剂颗粒同溶剂、分散剂等一起通过球磨混合，加入结合剂、表面活性剂、调节剂、电解质等助剂后，进行超声分散或机械分散，得到稳定的悬浮液即陶瓷喷墨墨水。分散法制备工艺简单，成本较低，且制得的陶瓷墨水发色效果及发色稳定性较好，是目前已商品化的陶瓷墨水主要采用的生产方法。

分散法与传统的浆料制备较为接近，根据静电位阻稳定机制，需要加入各种物性调节剂以及助剂使墨水达到短时间内的均匀稳定状态。利用分散法制备陶瓷墨水主要包括超细粉体的制备和墨水的调制两个部分。首先粉体的最大粒径要在 $1\mu m$ 以下、粒度分布要窄、粉体颗粒球形度要好，通过球磨、超声分散等手段实现团聚打开，使陶瓷颗粒分布于胶粒区间；同时需控制 pH 值对粉体表面电势及分散剂的离解、舒展等特性的调节，最终通过静电位阻稳定机制来防止粉体团聚，使陶瓷墨水中的超细颗粒处于包裹吸附和稳定的单分散状态。

使用分散法制备陶瓷喷墨墨水的代表是西班牙陶立西公司，该公司是陶瓷喷墨墨水研发的先驱之一，在 2006 年申请了"工业装饰墨水"的专利。其墨水由提供着色效果的无机固相和保证墨水在打印过程中稳定性的液相均匀混合而成。其中无机固相主要包括陶瓷色料、发色增强剂、熔剂、固体悬浮剂等，占墨水总质量的 40％；液相主要包括非极性组分链状脂肪烃、极性组分脂肪酸混合物、稳定剂聚碳酸酯以及分散剂聚酯酸，占墨水总质量的 60％。

2. 反相微乳液法

微乳液体系是外观透明或半透明且在光学上各向同性的热力学稳定体系，宏观上主要由表面活性剂、助表面活性剂、油、水四种成分组成；微观上由表面活性剂界面膜所稳定的几种液体的微滴所组成。反相微乳液法制备陶瓷墨水的工艺是先确定微乳液体系最大溶水量，在此条件下用着色剂的水溶液取代体系中的水，混合反应后制得陶瓷墨水。通过反相微乳液法制得的陶瓷墨水，颗粒尺寸一般在几十纳米，优点是具有良好的分散性，能够长期稳定地保存。缺点：一是墨水中的固含量较低，从而影响发色性能，因此反相微乳液法的关键在于保证体系中尽可能高的溶水量；二是由于制备工艺复杂而导致生产成本高。

反相微乳液法制备陶瓷墨水是一种新的尝试，其关键在于要获得溶水量（即水油比）尽可能高的微乳液体系，才能使陶瓷墨水具有实用性。此外，所选择的体系还应具有较高的盐溶液浓度，同时应保证颗粒度和稳定性。

此方法国内高校和研究机构已经做了大量研究，制得的陶瓷墨水均能满足按需式喷墨打印机的要求，但由于连续相烷烃本身为不良导体，导致反相微乳液陶瓷墨水的电导率达不到连续式喷墨打印机的要求。

3. 溶胶凝胶法

溶胶凝胶法是制备超细粉体和纳米材料的一种湿化学方法，已经获得广泛应用，工艺技术也已经成熟，只是在陶瓷喷墨墨水领域尚属于摸索阶段。该方法用于陶瓷墨水的制备时，只利用到溶胶制备这一步，其工艺是将无机盐或有机盐作为前驱体，同溶剂混合并搅拌进行水解及聚合反应，通过调节 pH 值获得相应的溶胶，溶胶经陈化浓缩后加入表面活性剂、导电盐等助剂来调节其理化性能，使之满足喷墨打印机的要求，即制得陶瓷墨水。溶胶凝胶法制得的陶瓷墨水优点是分散性好、颗粒度小；缺点：一是溶胶放置时间长容易产生沉积现象；二是制备工艺复杂，所用原料昂贵，成本较高。

溶胶凝胶法最根本的目的在于获得均匀稳定的溶胶，即稳定的陶瓷墨水，因此其对反应条件以及工艺参数要求比较严格，如要求反应环境为均相系统，溶剂量、有机盐种类、溶液浓度以及水解温度等工艺参数均须严格控制。

南昌航空工业大学使用此类方法，制得了一系列满足连续式喷墨打印机要求的陶瓷墨水，包括红、蓝、黄、黑四种颜色。在实验室制得的墨水性能满足生产需求，但还没有进入实际生产阶段。

4. 金属盐溶解法

金属盐溶解法是将显色剂溶于水或有机溶剂制得陶瓷墨水，其显色剂主要是可溶性的无机金属盐或有机金属盐。通过该方法制得的墨水具有稳定性高、不堵塞打印机喷头等优点，但该方法成本较高，且技术尚未成熟。

使用金属盐溶解法制备陶瓷喷墨墨水的代表是美国 Ferro 公司，于 2000 年申请了专利"用于陶瓷釉面砖（瓦）和表面彩色喷墨印刷的独特油墨和油墨组合"。该专利通过将过渡金属配合物溶于芳香族烃溶剂制得了红色、黄色、蓝绿色、黑色的陶瓷墨水组合。该墨水组合的突出优点在于，作为均一有机相的墨水，可以完全避免堵塞打印机喷头。但最大的缺点是所使用的过渡金属配合物为价格昂贵的金、钌等贵金属配合物，成本过高，且墨水使用过程中会产生一些危险的中间产物，不适合推广生产及使用。目前市场基本淘汰了此墨水生产方法。

11.9.2　陶瓷喷墨墨水的组成与种类

陶瓷喷墨是一种将陶瓷色料粉体制成多色墨水，将小墨滴从直径数十微米的喷嘴喷出，以每秒数千滴的速度沉积在坯体、釉面或其他载体上的技术。陶瓷喷墨墨水用于传统陶瓷的表面装饰，是利用墨水中的色釉料进行表面着色，但又不同于传统喷墨打印墨水，需考虑着色物经过高温煅烧后的颜色变化。陶瓷墨水的本质是一种将无机色料与有机溶剂混合，通过不同的制备方法制成的可用于工业生产的高温着色溶液。目前已商品化的陶瓷墨水的主要生产方法是分散法。

1. 分散法制陶瓷墨水的组成及作用

分散法制陶瓷墨水通常由着色剂、溶剂、分散剂、结合剂、表面活性剂、催干剂以及其他助剂组成。其常见成分及作用见表 11-3。

表 11-3　陶瓷喷墨墨水的组成及其作用

墨水组成	常见成分	作用
着色剂	各种无机色料	核心物质，决定墨水的用途和应用范围
溶剂	水溶性有机溶剂	提高墨水的稳定性，使其黏度、表面张力等不易随温度变化而改变
分散剂	水溶性和油溶性高分子类	使着色剂均匀地分布在溶剂中，并保证在喷打之前不发生团聚
结合剂	树脂高分子类	调节墨水的流动性能，溶剂挥发后保证图案与坯体间有良好的结合
表面活性剂	脂肪酸聚氧乙烯醋类、脂肪醇聚氧乙烯醋类	调节墨水的表面张力
其他助剂	pH 调节剂、催干剂、防腐剂等	提高着色剂的分散稳定性，提高墨水的干燥速度，防止墨水腐蚀变质等

（1）着色剂

着色剂是由着色离子或质子团与其他氧化物形成的具有一定结构的稳定晶体或固熔于稳定晶格结构的固熔体。作为陶瓷墨水核心部分的着色剂，是墨水显色的关键组分，主要包括各种金属氧化物及金属无机盐等颜料，其在陶瓷墨水中要有较高的溶解度或分散度；同时要有合适的粒径和较窄的粒径分布，颗粒之间不易团聚，以免堵塞打印机喷头。

（2）溶剂

溶剂的作用一是作为着色剂的载体，二是保证陶瓷墨水的稳定性及打印过程的顺利，要求其具有较低黏度、易挥发且与其他助剂相容的特点。溶剂分为水溶性溶剂和油溶性溶剂，陶瓷喷墨墨水多采用油溶性溶剂。

（3）分散剂

分散剂具有调节陶瓷喷墨墨水的分散性及稳定性的作用，使着色剂在溶剂中均匀分散，并保证在打印前不团聚、不堵塞喷头。分散剂可有效地阻止陶瓷喷墨墨水的聚沉，合理选择分散剂和含量是制作陶瓷墨水的关键。

分散剂增强了着色剂颗粒之间的排斥作用，主要通过三种方式来实现：① 增大陶瓷色料颗粒表面电位的绝对值，提高颗粒间的静电稳定作用；② 通过高分子分散剂在着色剂颗粒表面形成的吸附层之间的位阻效应，使颗粒之间产生很强的位阻排斥力；③ 调控着色剂颗粒表面极性，既增强分散介质对它的润湿性，又增强了表面溶剂化膜，提高了颗粒表面结构化程度，使结构化排斥力大大增强。

（4）其他助剂

其他助剂有结合剂、表面活性剂、催干剂、pH 调节剂等。结合剂的作用是保证墨水中着色剂与溶剂之间的相容性，调节墨水的流动性能；表面活性剂是用来调节墨水表面张力，利于喷墨打印机的喷头顺利将墨水喷射到砖面上；催干剂可以提高墨水的干燥速度，防止不同颜色的墨水互相之间交融渗透；pH 调节剂控制陶瓷墨水的 pH 值，减少对喷头的腐蚀，常见的 pH 值调节剂有硫酸盐、氨水等。

2. 陶瓷喷墨墨水的种类

目前陶瓷喷墨墨水的颜色虽然远不及常规平板和辊筒色料丰富，但是近年来国内外对其研究非常多，发展速度迅速。短短几年内国内有大量关于陶瓷喷墨墨水的论文和专利，国内多家色釉料公司已实现了工业化生产。

（1）按喷墨打印类型分类

根据陶瓷喷墨打印机的类型不同，陶瓷墨水分为连续式喷墨打印用陶瓷墨水和需求喷射打印用陶瓷墨水两种。由于两种喷墨打印机在工作原理方面有一定的差异，因此所用的陶瓷墨水的性能要求也有所不同。其中连续式喷墨打印机工作时，墨滴的路径由水平及垂直偏向板以静电偏向的方式控制，因此墨水本身需要具备一定的导电性能，通常采用导电盐［如 NH_4NO_3、$(NH_4)_2SO_4$］来调节墨水的电导率；需求喷射打印墨水对电导率没有要求。目前陶瓷生产中普遍使用连续式喷墨打印机，后续讲到的喷墨打印机和喷墨墨水均为连续式的。

（2）按烧成温度分类

陶瓷产品种类繁多，不同的烧成温度使用的喷墨墨水也不一致，可分为高温墨水和低温墨水，其中高温墨水主要用于瓷质釉面砖，烧成温度 1150℃ 以上；低温墨水主要用于瓷片、三次烧配件等，烧成温度 1100℃ 以下。

（3）按矿物结构分类

陶瓷喷墨墨水按其着色剂组成大致可分为六类，即氧化物型、复合氧化物型、硅酸盐型、硼酸盐型、磷酸盐型和铬酸盐型，每类中又可分为几个小类。此分类方法与传统色料相同，不再详细叙述。

（4）按颜色分类

国内外目前研制出的喷墨墨水不多，大致包括红、黄、蓝、黑 4 种颜色，其颜色主要由着色剂的组成决定，具体分类情况见表 11-4。

表 11-4　陶瓷墨水按颜色分类

墨水颜色	墨水着色剂
红（棕）色	Fe_2O_3、Cr-Se、Ce-Pr、Pr-Ce-La/Y、Cr-Al
黄色	V-Zr、Pr-Zr
蓝色	V-Zr、Co-Si、Co-Zn-Si、Co-Al、Ni-Al
黑色	Co-Zr-Fe、Fe-Cr-Mn、Fe-Co、Co-Cr-Fe

11.9.3　喷墨墨水发色与釉料组成的关系

1. 传统色料的主要组成及发色与釉料组成的关系

（1）黑色色料

黑色色料中除（Cr，Fe）O_3 外均为常规尖晶石系色料。在尖晶石系色料中，CoO 是鲜明的黑色所不可缺少的成分；黑色色料组成中均不含有 ZnO，与高温下 $ZnOCr_2O_3$ 尖晶石的生成有关，不利于黑色色料发色。

氧化锰有益于黑色的呈色，但它往往会导致釉中产生气泡，在建筑陶瓷中很少会加入氧化锰。黑色尖晶石类色料在石灰-钡釉和含铅熔块釉中会呈现非常鲜明的黑色,因此氧化钙、氧化钡能增强尖晶石类黑色色料的发色,而氧化铅在现代建筑陶瓷中基本没有使用。

(2) 黄色色料

黄色色料主要有两种晶型,一是单斜晶体类,代表是钒锆黄,是在 ZrO_2 中固溶入少量的 $Y2O_3$,使 ZrO_2 保持单斜晶形,再由钒吸附在单斜晶形的 ZrO_2 原始晶体表面而形成的;二是金红石类,代表为 Ti-Cr-Sb 色料,是在金红石型的 TiO_2 中,用 Cr^{3+} Sb^{5+} 和 TiO_2 反应,从而形成不等价置换固溶体。

釉料中氧化锌利于黄色色料发色,氧化钙等碱土金属会抑制黄色色料发色。

(3) 棕色色料

在棕色色料中尖晶石型色料占有极其重要的位置。ZnO 是尖晶石型棕色色料的主要成分之一,ZnO (Al,Cr,Fe)$_2O_3$ 是尖晶石型固溶体。通过改变固溶体中 Al^{3+}、Cr^{3+}、Fe^{3+} 间的比例,可以得到从肤色到棕黄、棕红、棕黑等广泛范围的各种颜色。Zr-Si-Pr-Fe 系棕色是将同为锆英石型的锆镨黄 (Zr-Si-Pr) 和锆铁红 (Zr-Si-Fe),通过均匀混合而得到的调和色。

以上的这两大类棕色料在含 ZnO 的釉中均呈现鲜明的色调,ZnO 有利于棕色色料发色。氧化钙等碱土金属会小幅减弱棕色色料的发色,其中色料中的 Cr 含量越少颜色变化就越大。

(4) 蓝色色料

以 $CoOAl_2O_3$ 尖晶石作为主晶相的色料统称为钴蓝,而将含有 ZnO 的这类色料称为海碧蓝。Co-Al-Si 系色料是将氧化钴与高岭石、腊石配合后烧成的 $CoOAl_2O_3$ 尖晶石。Co-Zn-Si 系色料是在氧化钴中加入 ZnO、SiO_2 烧成得到。Co-Si 色料则在氧化钴中加入 SiO_2,烧成后所得到 Co_2SiO 橄榄石。Zr-Si-V 锆英石系钒锆蓝是蓝色色料的主流之一,它与钴系蓝相比呈色偏绿。

蓝色色料发色相对稳定,在多种配方和温度的釉料中没有非常明显的变化,但釉中氧化铝含量过高时会影响 $CoOAl_2O_3$ 尖晶石系蓝色色料的发色。

(5) 紫红色色料

Ca-Sn-Si-Cr 系铬锡红色料是在锡榍石 (CaO、SnO_2、SiO_2) 中固溶入微量的 Cr 形成的。它在不含 ZnO、MgO,且 Al_2O_3 含量低的釉中呈现鲜明的玛瑙红色。

Zn-Al-Cr 系尖晶石型桃红和铬锡红的情况相反,它在 ZnO、Al_2O_3 含量高的釉中,呈现鲜明的桃红色;MgO 等碱土金属氧化物不利于其发色。

(6) 包裹色料

镉黄 (Zn,Cd) S 和镉硒红 Cd (S,Se) 的色调非常鲜明、艳丽,但它们不耐热,在高温釉中会分解。锆英石 $ZrSiO_4$ 在高温下是很稳定的,用它来包裹高温下不稳定的镉硒红和镉黄可以得到既艳丽又稳定的色料,它们统称为包裹型色料。其制作方法为将 $CdCO_3$、NaS、Se、ZrO_2、SiO_2 等原料和矿化剂加水均匀混合后干燥,再在 $900\sim1000℃$ 下加热,在 $500℃$ 附近 Cd (S,Se) 系固溶体生成,在 $750℃$ 以后 $ZrSiO_4$ 开始生成。反应结束后用浓硝酸等除去没有被 $ZrSiO_4$ 包裹好的 Cd (S,Se),即制得包裹色料。

包裹色料在高温下发色鲜艳稳定,受釉料配方影响不大。但包裹色料在釉料加工过程中需要特别注意,不能长时间球磨,避免球磨后损坏色料的包裹层,从而导致发色能力大幅下降。

2. 喷墨墨水发色与釉料组成的关系

虽然陶瓷喷墨墨水的制备方法与传统色料有所不同,但采用的发色原理仍然与传统色料相同,多是依靠过渡金属元素发色,所使用的配方对墨水发色会有较大的影响。本书以某建筑陶瓷公司的亚光砖面釉为基础,通过在配方基础上外加氧化铝、氧化锌等原料试验面釉配方变化对喷墨墨水发色的影响。墨水使用蓝、棕、黄、黑四色墨水在面釉上打印色卡,并在同一生产窑炉中烧成,比较墨水发色的区别。其中墨水常规参数见表 11-5。

表 11-5　喷墨墨水常规参数

参　数 ＼ 颜　色	蓝色	棕色	黄色	黑色
主要着色元素	Co，Si，Al	Fe，Cr	Vr，Zr	Co，Fe，Cr
黏度（mPa·s）	19～23	19～23	19～23	19～23
表面张力（mN/m）	31～35	31～35	31～35	31～35
密度（g/cm³）	1.14～1.18	1.17～1.21	1.175～1.215	1.16～1.20
粒径 D_{50}（nm）	200～300	200～300	200～300	200～300
粒径 D_{99}（μm）	<1	<1	<1	<1
固含量（％）	30～40	30～40	30～42	30～40

制作成的色卡使用 EFI Color Verifier 设备扫描，得出蓝、棕、黄、黑 4 色墨水的 L，a，b 值，用以量化配方对墨水发色的影响。其中 Lab 模式是由国际照明委员会（CIE）于 1976 年公布的一种色彩模式，是 CIE 组织确定的一个理论上包括了人眼可见的所有色彩的色彩模式。Lab 模式由三个通道组成，L 通道是明度通道，数值越大则亮度越高，对它调整只发生亮度变化而没有色彩变化；a 通道的颜色变化是从绿色到红色，正值为红色且越大越红，负值为绿色且越小越绿；b 通道则是从蓝色到黄色，正值为黄色且越大越黄，负值为蓝色且越小越蓝；调整 a 和 b 通道只有色彩变化而没有亮度变化。

（1）氧化铝对喷墨墨水发色的影响

通过调整配方中氧化铝含量试验铝对喷墨墨水发色的影响。图 11-60 为 3 个不同配方的墨水色卡图，其中图 11-60（a）为原始配方色卡，图 11-60（b）为外加 1.5％氧化铝的色卡，图 11-60（c）为外加 3％氧化铝的色卡。表 11-6 为 3 个配方的蓝、棕、黄、黑 4 种单色墨水对应的 L，a，b 值。

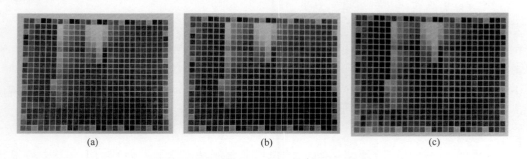

(a)　　　　　　　　　　(b)　　　　　　　　　　(c)

图 11-60　氧化铝对喷墨墨水发色影响图

(a) 原始配方色卡；(b) 外加 1.5％氧化铝色卡；(c) 外加 3％氧化铝色卡

表 11-6　1、2、3 号配方对应蓝、棕、黄、黑单色墨水的 L，a，b 值

方案	蓝			棕			黄			黑		
	L	a	b	L	a	b	L	a	b	L	a	b
1	40.83	5.00	−34.96	40.87	17.40	14.16	61.38	18.89	38.66	24.57	0.16	0.17
2	41.46	5.26	−36.89	42.67	16.49	13.57	63.72	18.45	38.41	26.80	0.29	0.65
3	42.67	5.78	−36.74	42.54	21.38	20.89	68.22	13.40	34.06	27.87	−0.35	0.04

从表 11-6 中看出 4 色墨水的 L 值随氧化铝含量的提高而增加，说明氧化铝可以提高墨水的鲜艳程度，但是氧化铝含量过高会使釉面生烧。蓝色墨水随氧化铝含量增加 a 值增大、b 值减小，发色变强；棕色墨水随氧化铝含量增加 a、b 值增大，发色变强；黄色墨水随氧化铝含量增加 a、b 值减小，发色变弱；黑色墨水随氧化铝含量增加 L 值增大，发色变弱。整体而言，面釉配方中增加氧化铝含量有利于

蓝色、棕色墨水发色，不利于黄色、黑色墨水发色。

（2）氧化锌对喷墨墨水发色的影响

通过调整配方中氧化锌含量试验锌对喷墨墨水发色的影响。图 11-61 为 3 个不同配方的墨水色卡图，其中图 11-61（a）为原始配方色卡，图 11-61（b）为外加 1％氧化锌的色卡，图 11-61（c）为外加 2％氧化锌的色卡。表 11-7 为 3 个配方的蓝、棕、黄、黑 4 种单色墨水对应的 L，a，b 值。

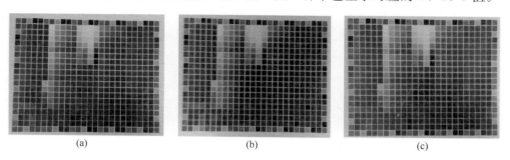

(a)　　　　　　　　　(b)　　　　　　　　　(c)

图 11-61　氧化锌对喷墨墨水发色的影响图

（a）原始配方色卡；（b）外加 1％氧化锌色卡；（c）外加 2％氧化锌色卡

表 11-7　1、4、5 号配方对应蓝、棕、黄、黑单色墨水的 L，a，b 值

方案	蓝			棕			黄			黑		
	L	a	b	L	a	b	L	a	b	L	a	b
1	40.83	5.00	−34.96	40.87	17.40	14.16	61.38	18.89	38.66	24.57	0.16	0.17
4	40.09	4.01	−34.09	41.71	16.61	12.33	60.69	18.21	39.19	25.18	0.15	−0.15
5	39.48	5.69	−36.29	41.14	19.16	17.92	62.71	18.16	40.10	22.13	0.83	2.27

从表 11-7 中看出蓝色墨水随氧化锌含量增加 a 值增大、b 值减小，发色变强；棕色墨水随氧化锌含量增加 a、b 值增大，发色变强；黄色墨水随氧化锌含量增加 a、b 值增大，发色变强；黑色墨水随氧化锌含量增加 L 值变化不大，发色无明显变化。整体而言，面釉配方中增加氧化锌含量有利于蓝色、棕色、黄色墨水发色，对黑色墨水影响不大。

（3）氧化钡对喷墨墨水发色的影响

通过调整配方中碳酸钡含量试验钡对喷墨墨水发色的影响。图 11-62 为 3 个不同配方的墨水色卡图，其中图 11-62（a）为原始配方色卡，图 11-62（b）为外加 2.5％碳酸钡的色卡，图 11-62（c）为外加 5％碳酸钡的色卡。表 11-8 为 3 个配方的蓝、棕、黄、黑 4 种单色墨水对应的 L，a，b 值。

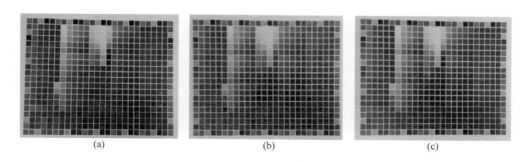

(a)　　　　　　　　　(b)　　　　　　　　　(c)

图 11-62　氧化钡对喷墨墨水发色的影响图

（a）原始配方色卡；（b）外加 2.5％碳酸钡色卡；（c）外加 5％碳酸钡色卡

表 11-8　1、6、7 号配方对应蓝、棕、黄、黑单色墨水的 L, a, b 值

方案	蓝			棕			黄			黑		
	L	a	b	L	a	b	L	a	b	L	a	b
1	40.83	5.00	−34.96	40.87	17.40	14.16	61.38	18.89	38.66	24.57	0.16	0.17
6	41.33	4.25	−33.99	40.65	16.56	13.21	60.82	19.12	37.03	24.74	0.23	0.34
7	40.36	6.24	−36.05	42.53	18.51	19.07	63.78	15.59	30.75	27.21	−0.14	0.0

从表 11-8 中看出蓝色墨水随氧化钡含量增加 a 值增大、b 值减小，发色变强；棕色墨水随氧化钡含量增加 a、b 值增大，发色变强；黄色墨水随氧化钡含量增加 a、b 值减小，发色变弱；黑色墨水随氧化钡含量增加 L 值增大，发色变弱。整体而言，面釉配方中增加氧化钡含量有利于蓝色、棕色墨水发色，不利于黄色、黑色墨水发色。

（4）氧化镁对喷墨墨水发色的影响

通过调整配方中滑石含量试验氧化镁对喷墨墨水发色的影响。图 11-63 为 3 个不同配方的墨水色卡图，其中图 11-63（a）为原始配方色卡，图 11-63（b）为外加 2.5％滑石的色卡，图 11-63（c）为外加 5％滑石的色卡。表 11-9 为 3 个配方的蓝、棕、黄、黑 4 种单色墨水对应的 L，a，b 值。

(a)　　　　　　　　　　(b)　　　　　　　　　　(c)

图 11-63　氧化镁对喷墨墨水发色的影响图
(a) 原始配方色卡；(b) 外加 2.5％滑石色卡；(c) 外加 5％滑石色卡

表 11-9　1、8、9 号配方对应蓝、棕、黄、黑单色墨水的 L，a，b 值

方案	蓝			棕			黄			黑		
	L	a	b	L	a	b	L	a	b	L	a	b
1	40.83	5.00	−34.96	40.87	17.40	14.16	61.38	18.89	38.66	24.57	0.16	0.17
8	42.61	4.99	−34.08	40.19	17.29	13.74	62.55	17.40	37.18	22.62	0.24	1.50
9	38.34	6.94	−39.93	36.65	20.40	21.22	61.29	17.16	39.27	20.61	0.15	1.86

从表 11-9 中看出蓝色墨水随氧化镁含量增加 a 值增大、b 值减小，发色变强；棕色墨水随氧化镁含量增加 a、b 值增大，发色变强；黄色墨水随氧化镁含量增加 a、b 值减小，发色变弱；黑色墨水随氧化镁含量增加 L 值减小，发色变弱。整体而言，面釉配方中增加氧化镁含量有利于蓝色、棕色墨水发色，不利于黄色、黑色墨水发色。

（5）氧化钙对喷墨墨水发色的影响

通过调整配方中碳酸钙含量试验氧化钙对喷墨墨水发色的影响。图 11-64 为 3 个不同配方的墨水色卡图，其中图 11-64（a）为原始配方色卡，图 11-64（b）为外加 2.5％碳酸钙的色卡，图 11-64（c）为外加 5％碳酸钙的色卡。表 11-10 为 3 个配方的蓝、棕、黄、黑 4 种单色墨水对应的 L，a，b 值。

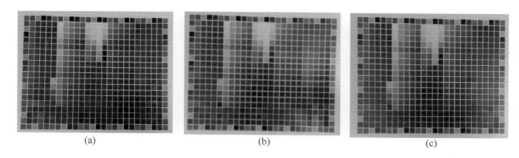

图 11-64　氧化钙对喷墨墨水发色的影响图

（a）原始配方色卡；（b）外加 2.5％碳酸钙色卡；（c）外加 5％碳酸钙色卡

表 11-10　1、10、11 号配方对应蓝、棕、黄、黑单色墨水的 L，a，b 值

方　案	蓝			棕			黄			黑		
	L	a	b	L	a	b	L	a	b	L	a	b
1	40.83	5.00	−34.96	40.87	17.40	14.16	61.38	18.89	38.66	24.57	0.16	0.17
10	36.64	7.51	−39.20	39.05	20.89	22.67	62.86	15.34	35.56	23.34	−0.46	0.83
11	37.10	7.35	−38.77	41.23	21.44	24.44	65.05	13.83	34.09	23.64	−0.41	0.54

从表 11-10 中看出，蓝色墨水随氧化钙含量增加 a 值增大、b 值减小，发色变强；棕色墨水随氧化钙含量增加 a、b 值增大，发色变强；黄色墨水随氧化钙含量增加 a、b 值减小，发色变弱；黑色墨水随氧化钙含量增加 L 值变化不大，发色无明显变化。整体而言，面釉配方中增加氧化钙含量有利于蓝色、棕色墨水发色，不利于黄色墨水发色，对黑色墨水影响不大。

（6）氧化硅对喷墨墨水发色的影响

通过调整配方中石英含量试验氧化硅对喷墨墨水发色的影响。图 11-65 为 3 个不同配方的墨水色卡图，其中图 11-65（a）为原始配方色卡，图 11-65（b）为外加 2.5％石英的色卡，图 11-65（c）为外加 5％石英的色卡。表 11-11 为 3 个配方的蓝、棕、黄、黑 4 种单色墨水对应的 L，a，b 值。

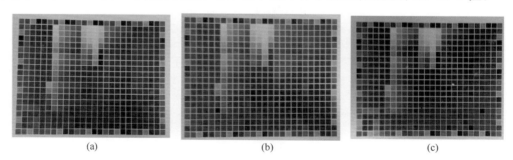

图 11-65　氧化硅对喷墨墨水发色的影响图

（a）原始配方色卡；（b）外加 2.5％石英色卡；（c）外加 5％石英色卡

表 11-11　1、12、13 号配方对应蓝、棕、黄、黑单色墨水的 L，a，b 值

方　案	蓝			棕			黄			黑		
	L	a	b	L	a	b	L	a	b	L	a	b
1	40.83	5.00	−34.96	40.87	17.40	14.16	61.38	18.89	38.66	24.57	0.16	0.17
12	38.90	5.00	−35.91	40.85	16.26	13.24	59.56	18.18	38.34	20.72	0.33	1.24
13	40.08	4.35	−34.25	40.18	16.50	11.78	59.79	19.09	39.72	22.55	0.07	−0.07

从表 11-11 中看出蓝色墨水随氧化硅含量增加 a、b 值变化不大，发色无明显变化；棕色墨水随氧化硅含量增加 a、b 值减小，发色变弱；黄色墨水随氧化硅含量增加 a、b 值变大，发色变强；黑色墨水

随着氧化硅含量增加 L 值变小，发色变弱。整体而言，面釉配方中增加氧化硅含量有利于黄色墨水发色，不利于棕色、黑色墨水发色，对蓝色墨水影响不大。

11.9.4 喷墨墨水发色与烧成温度的关系

1. 高温墨水发色与烧成温度的关系

试验烧成温度对高温墨水发色的影响。图 11-66 为 6 个不同烧成温度的墨水色卡图，表 11-12 为蓝、棕、黄、黑 4 种单色墨水对应的 L，a，b 值。其中墨水的主要着色物蓝色为 Co，Si，Al，棕色为 Fe，Cr，黄色为 Vr，Zr，黑色为 Co，Fe，Cr。

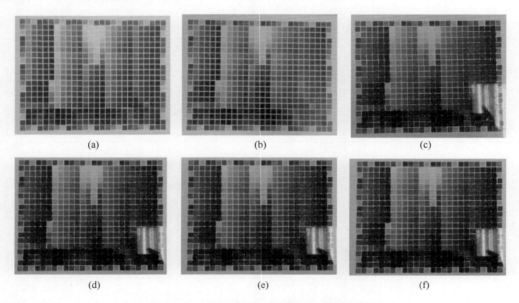

图 11- 66　烧成温度对高温墨水发色的影响
(a) 1180℃烧成；(b) 1140℃烧成；(c) 1100℃烧成；(d) 1060℃烧成；(e) 1000℃烧成；(f) 900℃烧成

表 11-12　不同烧成温度对应蓝、棕、黄、黑单色墨水的 L，a，b 值

烧成温度	蓝			棕			黄			黑		
(℃)	L	a	b	L	a	b	L	a	b	L	a	b
1180	48.28	−0.43	−36.0	60.31	18.81	30.34	75.26	9.07	32.01	38.20	−2.06	3.57
1140	47.67	2.74	−35.4	58.66	15.97	27.67	71.59	7.03	25.42	44.11	−2.63	0.07
1100	56.52	4.88	−33.6	54.18	24.85	34.84	76.40	8.14	27.69	48.04	6.36	14.39
1060	57.23	5.79	−34.2	52.61	27.28	35.94	77.57	12.58	35.79	45.78	6.79	14.64
1000	57.52	5.81	−34.5	53.11	27.59	36.37	78.23	12.83	35.92	45.83	6.91	14.82
900	57.69	5.92	−35.1	53.37	27.88	36.62	78.55	12.97	35.97	45.82	7.03	14.87

从图 11-66 明显看出，烧成温度对高温墨水发色影响很大，随着烧成温度降低发色明显变强，烧成温度降到 1100℃后发色无明显变化。从表 11-12 中看出，蓝色墨水随着烧成温度降低 L、a 值增大、b 值减小，发色变强且变明亮；棕色墨水随着烧成温度降低 L 值减小，a、b 值增大，发色变强且变暗；黄色墨水随着烧成温度降低 a、b 值增大，发色变强；黑色墨水随着烧成温度降低 L、a、b 值增大，发色先变强，随着烧成温度逐渐降低偏红黄色而不纯。整体而言，降低烧成温度有利于蓝色、棕色、黄色墨水发色，不利于黑色墨水发色。

2. 低温墨水发色与烧成温度的关系

试验烧成温度对低温墨水发色的影响。图 11-67 为 4 个不同烧成温度的墨水色卡图，表 11-13 为蓝、棕、黄、粉 4 种单色墨水对应的 $L，a，b$ 值。其中墨水的主要着色物蓝色为 Co，Si，Al，棕色为 Fe，Cr，黄色为 Pr，Zr，粉色为 Cr，Se。

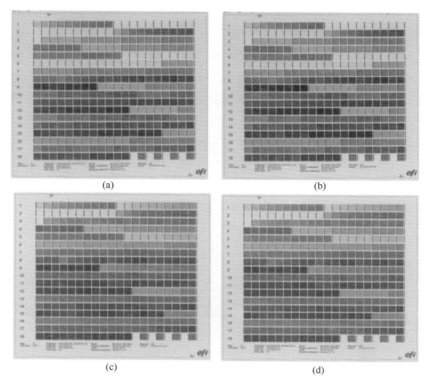

图 11-67　烧成温度对低温墨水发色的影响
（a）1180℃烧成；（b）1100℃烧成；（c）1000℃烧成；（d）900℃烧成

表 11-13　不同烧成温度对应蓝、棕、黄、粉单色墨水的 $L，a，b$ 值

烧成温度（℃）	蓝			棕			黄			粉		
	L	a	b	L	a	b	L	a	b	L	a	b
1180	57.32	6.89	−31.23	38.72	31.79	35.77	82.57	−7.23	31.29	66.27	7.39	3.29
1100	58.47	6.72	−31.59	39.43	32.17	35.97	85.23	−8.14	35.73	70.31	11.28	5.34
1000	59.28	6.22	−31.72	41.24	33.49	36.03	93.02	−8.8	42.07	74.51	24.34	7.51
900	62.71	4.36	−29.85	41.18	34.29	38.81	92.64	−8.87	57.11	75.77	25.23	7.88

从图 11-67 明显看出，烧成温度对低温墨水发色影响很大，随着烧成温度降低发色明显变强，烧成温度降到 1000℃后发色无明显变化。从表 11-13 中看出，蓝色墨水随着烧成温度降低 L、b 值增大，a 值减小，发色变明亮，颜色无明显变化；棕色墨水随着烧成温度降低 L 值减小，a、b 值增大，发色变强；黄色墨水随着烧成温度降低 a 值减小，L、b 值增大，发色变强；粉色墨水随着烧成温度降低 L、a、b 值变大，发色变强。整体而言，降低烧成温度有利于棕色、黄色、粉色墨水发色，对蓝色墨水发色影响不大。

11.10　陶瓷墨水的进厂检验方法及标准

随着 2012 年国产陶瓷墨水的问世,打破了原来进口陶瓷墨水一统天下的垄断局面,价格也由最初的每吨六十多万元一路下行至 20 万元以下。目前国产陶瓷墨水品牌道氏、明朝、康立泰等均在全力抢占市场,这些企业的兴起和技术的不断成熟,促成了国内陶瓷墨水成本的大幅下降,为陶瓷企业的发展带来了生机。随着国产陶瓷墨水技术的日益完善,建立和完善一套完整的验收方法和标准成为行业的一种需要。本文结合国内陶瓷企业的生产、使用情况,针对陶瓷墨水的外观、气味、发色、粒度、黏度、沉淀稳定性、pH 值、表面张力等关键指标的控制要素,拟定了以下有关陶瓷墨水的进厂检验方法及标准:

(1) 目的:保证陶瓷墨水的进厂质量稳定。

(2) 适用范围:陶瓷墨水原料,黄、粉红、红棕、蓝、黑等。

(3) 检验项目:① 外观;② 固含量;③ 粒度分布;④ 表面张力;⑤ 黏度;⑥ 气味;⑦ 色差;⑧ pH 值。

11.10.1　感官质量指标

陶瓷墨水感官质量指标见表 11-14。

表 11-14　陶瓷墨水的感官质量指标

项　目		验收标准	检验方法
外观	色泽	进厂墨水与标样目视基本均匀一致,不能有明显可视杂质	取样品和标样各 30mL 装入 50mL 比色管中,在自然光下目视比较外观和杂质
	悬浮性	进厂墨水与标样静置相同时间,沉淀状况一致	取样品和标样各 250mL 倒入 500mL 广口瓶中,静置 12h 和 24h,目测对比沉淀物状况
气　味		气味与标样无明显差异,无刺激性气味	取样品和标样各 200mL 倒入 500mL 烧杯中,放在鼻子边轻闻,比较气味
色差		样品与标样所制样板的色差值比较应符合:$\Delta E \leqslant 1.0$,$|\Delta L| \leqslant 0.6$,$|\Delta a| \leqslant 0.5$,$|\Delta b| \leqslant 0.5$	1. 检测仪器及材料: (1) 色差仪:精度 0.1; (2) 350 目花网; (3) 陶瓷砖坯; (4) 1300℃实验电窑 2. 检验操作 (1) 取 300mL 样品和标样分别用 350 目花网在陶瓷砖坯上印 10～100 灰阶图案; (2) 放入实验电窑从室温升至 1200℃保温 30min 煅烧,降温,冷却至室温; (3) 用色差仪检测样品颜色

11.10.2　物化指标

陶瓷墨水的物化指标见表 11-15。

表 11-15　陶瓷墨水的物化指标

项　目	验收标准	检验方法
固含量	标样与样品在规定条件下灼烧后剩余部分占总量的质量百分数偏差不超 5%	采用高温灼烧法检测，步骤为：1. 将坩埚和盖置于高温炉中，控制温度（1100±20）℃，灼烧 30min。取出稍冷，置于干燥器中，冷却至室温，称量，精确至 0.0001g（质量 M_1）。重复称量至恒重。在坩埚中加入约 5.0g 试样，盖上坩埚盖，称量，精确至 0.0001g（质量 M_2）。将装有试样的坩埚置于电阻炉上，盖上坩埚盖，使坩埚与盖间留一间隙。将电阻炉的功率逐渐升高，对试样进行灰化，直至没有烟、异味气体生成。取出稍冷，置于干燥器中，冷却至室温。2. 将经过灰化处理的装有试样的坩埚置于室温的高温炉中，盖上坩埚盖，使坩埚与盖间留一间隙。将高温炉逐渐升温至（1025±25）℃，并在该温度下灼烧 60min。取出坩埚，盖上盖，稍冷。将坩埚和盖置于干燥器中，冷却至室温，快速称量。将坩埚和盖再次置于高温炉中，于（1025±25）℃灼烧 15min。取出坩埚，盖上盖，稍冷。将坩埚和盖置于干燥器中，冷却至室温，快速称量。直至前后两次称量不超过 1.0mg。如重复灼烧后称得质量增加，则以称量增加之前最后一次称得的质量计算分析结果，精确至 0.0001g（质量 M_3）。按下式计算固含量 ω（%）：$$\omega=（M_3-M_1）/（M_2-M_1）\times100\%$$
粒度分布	$D_{50}<0.5\mu m$，$D_{90}<1\mu m$	采用激光粒度分析仪法，具体步骤为：1. 对于水溶性陶瓷墨水，通常用蒸馏水作为分散介质，使用前应静置一段时间或抽真空，以排出空气；对于有机溶剂型陶瓷墨水，可以采用无水乙醇作为分散介质，无水乙醇中乙醇含量应大于 99.5%；如果采用水、无水乙醇无法获得有效的分散效果，则可以使用其他分散介质。为提高分散效果，可以添加陶瓷墨水相关企业所提供的分散介质。2. 分散剂有利于提高分散效果，可以添加陶瓷墨水相关企业所提供的分散剂。3. 测试时在样品池中滴加适量的测试样品悬浮液，遮光度宜控制在 8～20。待系统遮光度稳定下来之后，根据仪器说明书设置仪器参数进行测试
表面张力	表面张力范围在 10～35mN/m（40℃）	1. 检测仪器 （1）动态表面张力仪：读数精度 0.5mN/m； （2）恒温水浴装置：精度±2℃ 2. 检验操作 取 300mL 样品倒入 500mL 烧杯内，用恒温水浴装置恒温至 40℃，再用动态表面张力仪检测样品的表面张力
黏度	黏度范围在 7～50mPa·s（40℃）	1. 检测仪器 （1）旋转式黏度计：测量范围 1～106mPa·s，误差±3%； （2）恒温水浴装置：精度±2℃ 2. 检验操作 将试样恒温至 40℃，按旋转式黏度计说明书操作规程执行测出黏度
pH 值	水溶性陶瓷墨水的 pH 值在 4.0～9.0 范围内	用精度为±0.01 的 pH 计检测，测量前要先用标准缓冲液校准仪器

　　发色效果与稳定性是陶瓷墨水的技术核心，也是生产使用的重点关注要素。陶瓷墨水的稳定性，主要体现在是否容易出现团聚、沉淀、堵塞喷头等几个方面，墨水质量波动时在实际生产中还容易出现在坯体上润湿性不好以及墨滴在坯体上过度扩散的问题。总而言之，墨水的各项性能检测良好的同时，关键要看其在实际生产使用中的效果和稳定性。

11.11　各种陶瓷砖常见的墨水组合应用

　　喷墨打印技术的发展必须依赖于陶瓷墨水的研发和应用。陶瓷墨水必须是纳米技术制造出的超微细的无机材料，目前墨水的色系有蓝、棕、镨黄、粉红、黑色等 11 种之多，以 CMKY 四色为主。红色主要以红棕、粉红为主，青色主要是钴镍铝毒，黄色有镨黄、桔黄、金黄等，黑色主要为钴镍铁黑，还有白色、透明、下陷、金属等特殊效果墨水。

陶瓷墨水的应用理论上是可以用 CMYK 四色来表现出任何色系的图案，但由于陶瓷墨水的应用目前还存在两个方面的问题：

（1）发色的效果不理想。尽管目前已经研发出十余种陶瓷墨水，陶瓷墨水的色系范围仍较窄，还没有可以广泛应用的深红色或鲜红色色系，并且在烧成温度偏高的瓷质砖、炻质砖中部分色系发色不太理想，存在粉红、镨黄发色偏浅，黑色不正等问题，制约了陶瓷墨水在陶瓷砖装饰上的应用。

（2）拉线问题。喷墨打印技术虽然已在国内遍地开花，从瓷片、仿古砖、全抛、微晶到三度烧配件，让人有一种"无砖不喷墨"的状况。但喷墨拉线始终是困扰生产使用的主要问题，据不完全统计，在生产缺陷中喷墨拉线占比在 50% 以上，是制约陶瓷喷墨打印技术发展的一大技术瓶颈。

所以在实际应用中陶瓷喷墨除了采用 CMYK 四色印刷外，还拓展到了六色、八色套印模式。这里的拓展套印工艺是建立在 CMYK 的四色套印基础上的，通过拓展标准的四色单元得到。也就是说这里的六色或八色系统中并没有添加新的颜色，只是分别使用它们中某个色系的较浅和较深系列，像棕色有深棕、浅棕；黄色有镨黄、桔黄、金黄等。如果用 CMYKLmLy 来代表六色套印，这里的 M 和 Y 代表深棕和桔黄，而 Lm 和 Ly 代表两种颜色的较浅色。这些名称不表明颜色顺序，它们仅仅表明印刷中所用的颜色的色相。这种使用两种不同油墨密度叫做双域或双色复制，它是目前陶瓷喷墨打印比较盛行的一种做法。使用双色拓展套印油墨最大的优点是它大大扩展了打印色域的范围，同时对喷墨拉线缺陷也有一定的改善作用。

目前行业各品类产品常见"着色"墨水组合主要有如下几种方式：

11.11.1 三度烧配件产品

三度烧配件的烧成温度普遍在 1000℃ 以下，所以陶瓷喷墨墨水在此类产品上的应用有得天独厚的优势，各种陶瓷墨水在此类产品上均能发色良好，而配件开发要求颜色搭配艳丽、色系丰富，所以陶瓷墨水的组合以全面、丰富为原则，一般根据喷墨打印机通道数量配置各种类的陶瓷墨水颜色，实际应用案例见表 11-16。

表 11-16　三度烧配件产品的墨水组合实际案例

序　号	喷墨打印机通道	墨水组合案例	组合原则和效果
1	4 色打印	蓝色、棕色、镨黄、粉红	1. 原则：采用 CMYLm 模式； 2. 效果： （1）颜色丰富； （2）黑色通过 CMY 叠加获取
2	6 色打印	蓝色、棕色、桔黄、黑色、金黄、粉红	1. 原则：采用 CMYKLyLm 模式； 2. 效果： （1）色域广； （2）有利于生产深颜色产品
3	8 色打印	蓝色、棕色、桔黄、黑色、金黄、粉红、青色、柠檬黄	1. 原则： 采用 CMYKLyLm 模式； 2. 效果： （1）色域广、色彩艳丽； （2）有利于生产深颜色产品

11. 11. 2　瓷片类产品

陶瓷喷墨墨水在瓷片类产品的发色仅次于三度烧配件产品，各种墨水基本上也都能发色良好，而瓷片产品以图案细腻过渡自然、颜色淡雅居多，深色产品较少，所以一般很少使用黑色墨水，喷墨打印机也多用小墨量、有灰阶等级的喷头，像赛尔 GS6 一类的喷头，生产使用案例见表 11-17。

表 11-17　瓷片类产品的墨水组合案例

序　号	喷墨打印机通道	墨水组合案例	组合原则和效果
1	4 色打印	蓝色、棕色、镨黄、粉红	1. 原则：采用 CMYLm 模式； 2. 效果： (1) 颜色丰富； (2) 黑色通过 CMY 叠加获取
2	5 色打印	蓝色、棕色、镨黄、镨黄、粉红	1. 原则：采用 CMYyLm 模式； 2. 效果： (1) 色域广； (2) 有利生产颜色较深产品
3	6 色打印	蓝色、棕色、棕色、镨黄、镨黄、粉红	1. 原则：采用 CMmYyLm 模式； 2. 效果： (1) 色域广； (2) 有利于改善拉线，有利于生产深颜色产品

11. 11. 3　仿古、全抛釉类产品

仿古、全抛釉类产品基本都是瓷质产品，烧成温度高，陶瓷墨水在这一类产品中的发色普遍不理想，存在红色系和黄色系偏浅，黑色发色不纯，墨水颜色发暗不够艳丽等不足，所以这一类的产品墨水组合种类较多，不像三度烧配件和瓷片类产品相对统一，为了拓宽色域、有利深颜色产品的生产，同时减少生产过程拉线缺陷的产生，生产厂家一般会根据自身的生产条件对墨水进行有针对性的组合使用，具体案例见表 11-18。

表 11-18　仿古、全抛釉类产品的墨水组合案例

序　号	喷墨打印机通道	墨水组合案例	组合原则和效果
1	4 色打印	1. 蓝色、棕色、桔黄、桔黄 2. 蓝色、棕色、桔黄、金黄 3. 蓝色、棕色、桔黄、黑色	1. 原则：采用 CMYy、CMYLy、CMYK 模式； 2. 效果： (1) 色域较窄，红色系和黄色系表现不足； (2) 黑色通过 CMY 叠加获取，深色产品生产难度大
2	5 色打印	1. 蓝色、棕色、柠檬黄、金黄、黑色 2. 蓝色、棕色、镨黄、深棕、桔黄 3. 蓝色、棕色、镨黄、桔黄、粉红 4. 蓝色、棕色、桔黄、黑色、金黄 5. 蓝色、棕色、桔黄、黑色、镨黄 6. 蓝色、棕色、棕色、桔黄、金黄 7. 蓝色、棕色、棕色、桔黄、桔黄	1. 原则：采用 CMYKLy、CMYmy、CMYmLy 模式； 2. 效果： (1) 偏红、偏艳色系表现欠缺； (2) 有利于改善拉线，有利于生产深颜色产品
3	6 色打印	1. 蓝色、棕色、镨黄、桔黄、粉红、黑色 2. 蓝色、棕色、棕色、桔黄、桔黄、黑色	1. 原则：采用 CMYKmy、CMYKLyLm 模式； 2. 效果： (1) 相比 4 色和 5 色，色域相对要宽； (2) 有利于改善喷墨拉线，有利于生产深色系产品

综观国内陶瓷墨水的使用情况，目前主要集中在喷色应用阶段，个性化装饰领域应用还刚起步。第一代喷墨打印机主要是实现产品"着色"功能，因为第一代喷头孔径较小（像赛尔 GS6、GS12 喷头），虽然喷墨精确度较高（分辨率达到 360dpi），但墨量小，可喷印墨量只有 $20\sim30g/m^2$，墨水为油性。而第二代喷墨打印机，便是实现了功能性墨水的应用，像下陷釉墨水、亮光墨水、亚光墨水、金属墨水等效果，可喷印 $30\sim100g/m^2$ 的墨量，也是以油性墨水为主。正在发展的第三代喷墨打印机，除了可以实现上述二代机的功能外，还可以喷固体干粒、喷釉料。从装饰到功能，喷墨打印的"数字化、个性化"理念应该是国内建筑陶瓷企业喷墨打印技术应用发展的必由之路，为了解决陶瓷喷墨墨水发色效果不理想、提升喷墨产品的装饰效果，国内喷墨上下游企业都在寻求突破，尝试新的应用组合：

（1）硬件方面，采用大孔径喷头与小孔径喷头结合的方式，如赛尔 GS12 与赛尔 GS40 组合使用，用赛尔 GS12 的喷头喷色，赛尔 GS40 的喷头喷下陷、亮光、亚光等功能墨水，另一种趋势是在瓷质砖中用赛尔 GS12 喷发色较好的墨水像蓝色、棕色、黑色等，赛尔 GS40 喷镨黄、红色系墨水。

（2）墨水组合使用。墨水组合使用有两种形式，一是不同厂家的墨水组合使用，像有些厂家生产瓷质砖为了获得更好的发色效果，采用"蓝色（意达加）＋棕色（陶丽西）＋桔黄（意达家）＋深棕（福禄）＋金黄（陶丽西）"多厂家墨水组合的方式；二是不同细度的墨水组合使用，颗粒细度≤$1\mu m$ 的墨水与细度 $3\mu m$ 的组合使用，细颗粒的墨水采用小孔径的喷头，粗颗粒的墨水使用大孔径喷头，从而起到提升陶瓷喷墨墨水的发色强度，扩展喷墨打印技术的应用空间的效果。

（3）特殊装饰墨水与普通"着色"墨水组合使用，这类应用很多也是结合大、小孔径喷头同时使用，一般"着色"墨水使用小孔径喷头，特殊装饰墨水，像下陷、亮光、亚光等使用大孔径喷头。

11.12　陶瓷喷墨打印机的操作

近几年，陶瓷喷墨打印技术飞速发展，喷墨打印机制造公司也如雨后春笋般涌现，不过各式喷墨打印机在操作上都大同小异，都基本按照开机→启动电脑→打印准备→打印图案→关机的基本操作流程进行，下面列举三种使用较为普遍的喷墨打印机的详细操作流程，供大家认识与比较。

11.12.1　常用三种喷墨打印机列举

（1）希望喷墨打印机
① 开机（水、气、电）→② 启动电脑→③ 打印准备［启动 XUSB 信号盒→点亮喷头（盒子软件）→运行打印（板手）软件（盒子软件要关闭）→加载文件→清洗喷头→打印设置（速度、高度、打印模式、打印起点等）］→④ 打印图案→⑤ 关机。

（2）快达平喷墨打印机
① 开机（水、气、电）→② 启动电脑→③ 打印准备［运行 crelaplotter3 打印软件→启动喷供墨系统→开启喷头电源→渲染文件（打印模式）→加载文件→清洗喷头→打印设置（速度、高度、打印起点等）］→④ 打印图案→⑤ 关机。

（3）泰威喷墨打印机
① 开机（水、气、电）→② 启动电脑→③ 打印准备［运行 TeckPrint 软件→启动供墨系统→开启喷头电源→TeckImage RIP 文件（打印起点、打印格式"prt"）→加载文件（打印分区、打印模式）→清洗喷头→打印设置（速度、高度）］→④ 打印图案→⑤ 关机。

从上述流程中可以看出，打印准备是喷墨打印机操作中最为关键及重要的一步。打印机相关软件的启动及设置，打印文件的调试及设置，均须在这一步中完成。在生产中，对喷墨打印机的打印设置，对最终的砖面效果的呈现至关重要，其中喷墨打印机打印模式设定和打印质量的选择，对喷墨文件效果的表达有决定性的作用。

11.12.2　打印模式

各类品牌喷墨打印机的打印模式大致相同，主要分为正常打印模式、增量（分割）打印模式、随机打印模式、连续打印模式、"拼图"打印模式、手动打印模式等多种。较为常用的有正常打印模式、增量（分割）打印模式、随机打印模式。

1. 正常打印模式

正常打印模式类似平板固定图案印花，只打印文件设定的部分。其打印尺寸和打印文件位置都是固定的，如果打印模块中只有一个文件，会将该文件固定循环打印；如果在同一模块中加载多个文件，采用正常打印模式，会将该模块所有文件设定位置循环依次打印图 11-68。

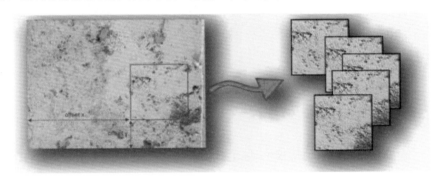

图 11-68　正常打印模式

在正常打印模式下，用户可以按照自己的想法，完全地控制所要打印的图片花色，相对直观、简便，易于操作，并且在一定程度上可以仿制后面所有打印模式的效果，因而，在喷墨陶瓷砖试制和生产中使用最多。

2. 增量（分割）打印模式

增量打印模式与平板跳印方式相近，会根据前一次的位置，按照增量数值和偏移方向推移切割打印图片，增量的方向可以是水平和垂直的，增量的数值可以是负值，如果用户对两个方向增量都定义，就会得到一个斜方向的增量，用户也可以定义一个负值来改变增量的方向（图 11-69）。

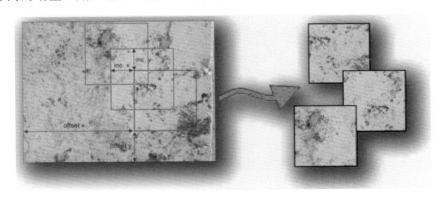

图 11-69　增量（分割）打印模式

增量数值和方向设定后为固定值，其移动方向与偏移大小有迹可循，如果设置增量数值大于打印砖面尺寸，增量打印模式将会裁出同一大文件上完全不同位置花色进行打印，直至剩余图片不足打印一片砖，然后重新跳回打印初始位置。在生产中，一般只使用单增量切割打印。使用增量打印模式的文件尺寸，一般为水平或垂直方向中一方较大而另一方与该方向上的打印区域设定尺寸一样或相近，按较大尺寸一方的方向依次切割打印。如果文件横竖尺寸都较大，增量模式只能打印其移动轨迹位置上的部分文件，大文件很多位置的花色不能打印出来。在生产中，一般横竖尺寸都较大的文件，更偏向于用随机模式打印。

3. 随机打印模式

在随机打印模式下，用户不能规定打印区域，而是让系统随机地在图片上选择规定大小的区域进行打印（图 11-70）。

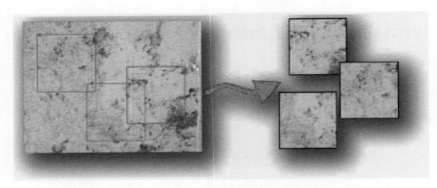

图 11-70　随机打印模式

随机打印模式可以在比规定打印区域大的文件上随机裁取文件进行打印。因而，在这种打印模式下所呈现的板面，虽然有相同文件位置花色，但不完全重复，富有变化，在实际生产中使用较多。

4. 连续打印模式

在前面介绍的增量打印模式下，会有水平或垂直连续打印的选项。连续打印模式使得用户可以打印一些前后相接的设计，更有效地利用设计的版面（图 11-71）。

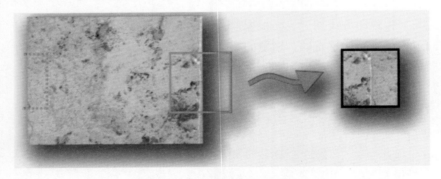

图 11-71　连续打印模式

当然要使用这个选项，使用的设计文件必须是两边相接的。比如，当打印区域在设计右边区域以外时，在设计外的打印区域会自动移至设计的左边。要达到这样的效果，用户需要启用水平连续打印模式。打印的效果和老的辊筒打印类似。同样，若用户希望打印的区域掉到底边之外，能自动移至设计的上部作填补则需要启用垂直连续打印模式。

5. "拼图"打印模式

在"拼图"打印模式下，设计会被分割成拼图样样式，每次打印拼图上的一个格，在这个模式下，用户可以设置打印的格子数以及每个格子之间的间距。如果用户定义了增量，那么格子之间就会有间距。如果增量为 0，那么格子之间就没有间距，打印出来图案就和在预览区域中看到的一样是互相连接的。如果增量为负值，那么打印出来的图案就会有公共部分。（图 11-72）。

图 11-72　"拼图"打印模式

用户可以通过改变行和列的数量来改变想要打印格子的数量，如果用户不希望把格子铺满设计的话，可以减少行和列的数量。如果用户输入的行和列比整幅设计可以分割的数量还多，那么多出来的部分会被分割。

6. 手动打印模式

在手动打印模式下，每一个打印的区域都必须先定义，然后才会被打印。定义好的打印位置会生成一个列表。要对模型中的每个设计进行定义就必须点选每个设计，然后定义每个设计的打印位置。在输入了 X 坐标和 Y 坐标后，用户需要把位置加入到位置列表中。模型中的每个设计的位置列表都是独立的。因此用户需要为模型中的每个设计调整位置列表。对于每个设计，每个位置列表中的位置数目应该和每张图片的打印数量一致。然后对剩下的设计进行相同的操作。

11. 12. 3　打印质量

打印质量主要由喷头、打印软件和打印分辨率三个方面决定，它的合理选择和使用直接关系到喷墨打印效果。

1. 喷头

喷墨打印质量基本由喷头决定，喷头是目前陶瓷喷墨打印机最核心、所占成本最高、最重要、技术含量最高的部件。目前成功应用于陶瓷打印机的喷头品种不多，主要有英国的"赛尔"、富土的"北极星"和"星光 1024"、日本的"东芝"三大品牌。"赛尔"是应用最早的，"富土"由于具有钢结构，易维护、高速、喷距长、供货足等优点，近几年也被不少的品牌机器选用，如 Durst 及国内的几个品牌都在使用。"东芝"与"赛尔"属相似技术，但由于相比欧美产品它在欧洲的使用率较低，所以目前未被大量选用，各喷头比较见表 11-19。

"赛尔"、"东芝"喷头具有一定量的的灰度等级，可以同时喷射出不同体积的墨滴。理论上灰度等级越高，组合使用的不同体积的墨滴的种类越多，打印文件越清晰，打印质量越好。但实际使用中，使用较高的灰度等级，会增大喷头及喷墨打印机负荷，长期使用过高的灰度等级，会造成打印喷头短时内磨损和堵塞，容易出现条痕、拉线等喷墨缺陷。生产中快达平花机一般使用 GS6 NORMAL，希望喷墨打印机一般选择 4 灰度等级。

表 11-19 各喷头的性能比较

喷头型号	分辨率 (dpi)	喷头尺寸 (mm)	最大墨滴体积 (pL)	灰度等级	内循环	对应花机品牌
赛尔 1002 型（GS6）	360	70.55	42	8 级	有	快达平、希望
赛尔 1002 型（GS12）	360	70.55	84	8 级	有	快达平
赛尔 1002 型（GS40）	360	70.55	280	8 级	有	快达平、天工-法拉利
东芝 535 型	300	53.7	92	8 级	—	快达平
北极星 512 型	200	64.77	35	8 级	—	泰威
富士胶卷星光 1024	400	65	65	任意灰度	有	希望、西斯特姆

2. 打印软件

不同品牌的喷墨打印机配有不同的打印软件，对打印墨滴的处理方式不同，也会对打印质量产生一定的影响。例如：同样安装赛尔 1002 型（GS6）喷头，快达平喷墨打印机会将各个体积的墨滴选择出一部分，按照设定分组，根据文件灰度变化选择性地打印。而希望喷墨打印机只是按照设定选择出规定大小的墨滴，全部用于文件打印。具体见表 11-20。

表 11-20 各喷墨打印机的打印模式比较

喷墨打印机品牌	打印质量	打印模式
快达平	（1）二进制；（2）灰度打印：5-GS2、7-GS3、LIGHP-GS3（5-GS2 中 5 表示有 5 种墨滴，2 表示有 2 组墨滴，这 2 组墨滴分别由 5 种墨滴组成），层次表现越丰富，对喷墨打印机要求也越高	（1）正常（固定）：具有截取图像功能； （2）分割（增量）； （3）随机：可 X、Y 轴同时随机取样； （4）网格（拼图）； （5）手动； （6）打印试验产品
希望	8 级，一般只采用 4 级灰度打印，灰度等级越高，层次表现越丰富，对喷墨打印机要求也越高	（1）正常（固定）； （2）分割（增量）； （3）随机：X 轴随机取样或 Y 轴分割取样
泰威	设计文件经 RIP 软件处理后，直接加载打印	（1）正常（固定）； （2）分割（增量、步进）； （3）随机：X 轴随机取样

3. 分辨率

打印分辨率也是影响砖面呈现视觉效果的重要方面。一般分辨率较高的文件，花色过渡更为细腻。但使用过高的分辨率，花机和喷头的负荷较大，生产难度也较大。生产文件分辨率的设置一般要求与喷墨打印机喷头分辨率一一对应。

喷墨打印机的操作使用除了要对打印质量和打印模式进行有针对性的选择和使用外，在实际生产中还应注意一些操作事项：

（1）喷头严禁来回擦拭，应顺着一个方向轻轻擦拭，否则将损坏喷头。

（2）喷印高度必须设置正确，设置过低有可能损坏喷头。

（3）喷印高度校准时，喷头下面不可有砖，否则有可能损坏喷头。

（4）打印文件加载过程中，见砖对射光纤不能见砖，否则所加载的图案有可能出错。

（5）印花机禁止用水冲洗。

（6）注意文件名的格式和路径：① 文件格式一般为 TIFF 格式；② 文件中不能有两个以上的图层；③ 文件名中不能含有中文字符和特殊字符；④ 文件分辨率要与喷墨打印机喷头分辨率匹配。

（7）过滤器要定期更换，更换过滤器时一定不能污染新过滤器及与其连接的管道，并且更换的时间尽可能短，环境空气尽可能清洁（主要粉尘尽可能少）。

（8）机器如遇突然停电，应立刻关闭喷墨打印机主电源开关，并在 5min 内正常关闭工控机，待电源正常后再按正常程序开机。

随着科技的不断发展，陶瓷喷墨打印机的操作也不断向着智能化和数字化发展。目前，如快达平喷墨打印机已经实现终端移动控制调试，可以随时随地对喷墨打印机进行调控。视觉识别系统（CRETA-VISION）和色调调整套件（TAS）在陶瓷喷墨打印中的使用，大大提高了陶瓷喷墨的准确性和可控性。在不久的将来，陶瓷喷墨打印必将成为陶瓷砖印花方式的主流，并且向着行业的各个方向发展，如喷釉打印釉面砖、喷粉打印抛光砖、3D 打印陶瓷工艺花纹。未来，陶瓷生产也将伴随着喷墨打印技术的发展走向集成化、科技化发展。

11.13　陶瓷喷墨工艺的图案处理

11.13.1　图像的数字化

图像通常是指显示在纸上、相片上或屏幕上的所有具有视觉效果的画面。

图像通常有如下几种分类方法：按图像的点空间位置和灰度的大小变化方式，可分为连续图像和离散图像；按图像的记录方式的不同，可分为模拟图像和数字图像。

1. 模拟图像和数字图像

模拟图像：我们日常所接触到的如照片、海报、书中的插图等都可以称为模拟图像。如果将模拟图像用电信号表示，所显示的波形是连续变化的信号波形。

数字图像：将模拟图像经过特殊设备的处理，如量化、采样等就可以转化成计算机能够识别的二进制表示的数字图像。同样如果把数字图像用电信号表示，那么所显示的波形就是方波（表 11-21）。

表 11-21　模拟图像和数字图像的特点

特　点	模拟图像	数字图像
处理速度	相对较快，拍照、录像、投影等闭合的系统内很快完成	处理（如扫描）相对较慢
灵活性	较差，处理方式很少，往往只能简单地放大、缩小等	可以精确地、灵活多样地进行处理
传输	由于以实物为载体，受到外界因素的制约，传输较难	以电子数字信息为载体，传输方便，特别是网络上
再现性	保存性较差，胶片等会受时间、环境等影响，复制多次效果不同	不会因为保存、传输或复制而产生图像质量上的变化

图像数字化存在如下缺点：经过数字化的图像会有所损失和失真；数字化后的文件不能直接观看，必须借助播放设备才能观看；由于采用二进制形式的存储方法，所以数据量巨大。

2. 图形、图像数字化原理

将模拟图像转化成数字图像的过程就是图形、图像的数字化过程。这个过程主要包含采样、量化和编码三个步骤。采样的过程要涉及两个重要参数：分辨率和色彩深度（影响数字化图形、图像显示效果的因素）。

一幅图像的空间采样频率变化时，对于图像质量的影响是十分明显的，采样频率从高到低的变化过程就是得到的图像中的细节信息随着图像空间分辨率的减少而逐渐丢失。

如何进行颜色值量化？需要先讨论单色灰度图像。在数字图像中各个像素的明暗程度是由灰度值的数值大小来表示。研究表明，人眼所能分辨的由白到黑的分辨级数为 256 级，即人能够分辨的灰度级数为 256 级。因此，可以把灰度图像的颜色值量化为 256 灰度级，每一级对应一个 0～255 之间的一个值，即每一级对应一个灰度值。由于 256 为 2 的 8 次方，所以描述一个单色图像的一个像素需要 8 bit 数据。对于一个单色图像来说，256 灰度级的灰度变化足够描述它的各个细节。如果在量化时少于 256 级，则会发现原来图像上很清楚的部位变得模糊，丢失许多图像细节。如果在量化时多于 256 级，理论上图像的信息量会增加，但由于人眼的分辨能力所限，实际上感受不到明显的变化。

（1）分辨率

① 输入分辨率：表示输入设备在每英寸线内捕捉的信息量，它以每英寸的点数（dpi）来测量。

② 显示分辨率：第一种表示方法是描述一台显示器在同一时间可以显示的总信息量。PC 机常见的显示分辨率有：640×480（Pixel），800×600（Pixel）和 1024×768（Pixel）。第一个数字表示屏幕的横向像素数量，第二个数字表示屏幕的纵向像素数量。显示器的显示分辨率越高，工作时一次所能看到的图像的范围越大。第二种表示方法是在屏幕上每英寸所描述的点数或线数。如，在 17 英寸的显示器上用不同的显示分辨率显示图像，只会影响图像显示的范围，不会影响图像数据的输出质量。

③ 输出分辨率：是指图像最终输出到彩色打印或者其他数字印刷设备上所需要的密度信息。输出分辨率是影响印刷质量的重要因素。如果输出分辨率低于印刷设备的要求，则会使印刷图像缺少层次，并且图像出现颗粒状。反之如果输出分辨率过高，会增加不必要的输出时间和成本，反差的微细层次也可能会丢失。

④ 图像分辨率：是指以像素为表示数字图像的总信息量。高分辨率的图像比相同打印尺寸的低分辨率图像包含更多的像素，因而像素点较小。如：72dpi 分辨率的 1 英寸×1 英寸图像包含总共 5184 像素，而 300dpi 分辨率的 1 英寸×1 英寸图像包含总共 90000 像素。

怎样确定图像分辨率呢？这要视图像最终发布的媒介而定。如果制作的图像用于网页显示，则只需要满足典型的显示器分辨率（72dpi 或 96dpi）就够了。但是，如果用于打印输出，使用太低的分辨率会导致清晰度很差、画面粗糙。但使用太高分辨率（比输出设备能够产生的像素还要高）会使图像文件增大，并降低图像的打印效率。因此应根据发布的需要来选择图像分辨率。

（2）色彩深度

色彩深度用来表示图像颜色信息的多少。更多的色彩深度代表了更多的颜色信息。记录每个点的某一个因素的数据位数，就是指位图中记录每个像素点所占的位数，它决定了彩色图像中可出现的最多颜色数，或者灰度图像中的最大灰度等级数。由于计算机采用二进制计数，如每个像素的色深度为 1 位，则只有两个颜色的可能，非黑即白；如色深度为 8 位，则有 2 的 8 次方即 256 种可能出现的颜色。如果图像色彩模式为 RGB，每通道为 8 位，则共有 256×256×256≈1670 万种可能出现的颜色。

（3）分辨率与数字化图形、图像的效果

输入分辨率、输出分辨率和显示分辨率相互关联，共同影响数字化图形、图像的效果。

3. 数字图像的种类

点阵图像：也称作位图图像。计算机记录位图（Bitmap Image）的方式是将整个图像分割成如棋盘的方格点，进而储存每一个点的信息。

矢量图像：计算机记录矢量图像（Vector Image）的方式是用图像的坐标及图形种类与相关参数，通常用于美工插图与工程绘画。点阵图像和矢量图像的比较见表 11-22。

表 11-22　点阵图像和矢量图像的比较

对比项目	点阵图像	矢量图像
特征	能较好表现色彩浓度与层次	可展示清楚线条或文字
用途	照片或复杂图象	文字、商标等相对规则的图形
图影缩放效果	易失真	不易失真
制作 3D 影象	不可以	可以
文件大小	较大	较小
常用的文件格式	BMP、PSD、TIFF、GIF、JPEG	EPS、DXF、PS、WMF、SWF

11.13.2　图像扫描仪的工作原理、性能及应用

扫描仪是除键盘和鼠标之外被广泛应用于计算机的输入设备。我们可以利用扫描仪输入照片建立自己的电子影集；输入各种图片建立自己的网站；扫描手写信函再用 E-mail 发送出去以代替传真机；还可以利用扫描仪配合 OCR 软件输入报纸或书籍的内容，免除键盘输入汉字的辛苦。所有这些为我们展示了扫描仪的不凡功能，它使我们在办公、学习和娱乐等各个方面提高效率并增进乐趣。

1. 扫描仪的工作原理

扫描仪是图像信号输入设备。扫描仪对原稿进行光学扫描，是利用光电元件将检测到的光信号转换成电信号，再将电信号通过模拟/数字转换器转化为数字信号传输到计算机中。无论何种类型的扫描仪，它们的工作过程都是将光信号转变为电信号，光电转换是它们的核心工作原理。

2. 扫描仪的性能

扫描仪的性能取决于它把任意变化的模拟电平转换成数值的能力。扫描仪按种类可以分为手持扫描仪、台式扫描仪和滚筒式扫描仪，价格从千元至百万元不等。

扫描仪的主要性能指标有 x、y 方向的分辨率，色彩分辨率（色彩位数），扫描幅面和接口方式等。各类扫描仪都标明了它的光学分辨率和最大分辨率。图 11-73 为德国 CRUSE 高清晰扫描仪。

3. 扫描仪的应用

（1）选择原稿类型

扫描仪驱动程序的用户界面会提供扫描原稿类型的选择菜单。进行适当的选择可以在满足要求的情况下节省磁盘空间，不同的扫描仪可能会提供不同的原稿类型选择。

（2）分辨率与文件大小

一般的扫描应用软件都可以在预览原始稿样时自动计算出文件大小，但了解文件大小的计算方法

图 11-73　德国 CRUSE 高清晰扫描仪

更有助于在管理扫描文件和确定扫描分辨率时做出适当的选择。

二值图像文件的计算公式是：水平尺寸×垂直尺寸×（扫描分辨率）2 /8。彩色图像文件的计算公式是：水平尺寸×垂直尺寸×（扫描分辨率）2×3。例如用彩色 RGB 方式扫描一幅普通彩色照片（3R 3.5 英寸×5 英寸），扫描分辨率为 300dpi，那么得到的图像文件长度为 5×3.5×3002×3＝4725000 字节即 4.7MB（这个计算公式假设每一种颜色的色深是 8 位并且没有考虑图片存储时的压缩算法，实际文件大小会因保存文件的格式差异与使用的色深有很大的不同）。

（3）选择扫描分辨率

扫描分辨率＝放大系数×打印分辨率/N（N 为打印机喷头色数）。

扫描分辨率越高得到的图像越清晰，但是考虑到如果超过输出设备的分辨率，再清晰的图像也不可能打印出来，仅仅是多占用了磁盘空间，没有实际的价值。因此选择适当的扫描分辨率就很有必要。

11.13.3　图像处理

在对图像进行数字化后，接下来就是按需求对图像进行处理，瓷砖花色设计使用最广泛的软件是图像处理软件 Photoshop，它可以让设计者自由地对已有的位图图像进行编辑加工处理，还可运用一些特殊的效果实现设计者的构思和创意。

Photoshop（Ps）是 Adobe 公司开发的一种多功能图像处理软件，具有图像采集、裁剪、合成、混合、效果设计等功能，可支持多种图像文件格式，可在 Macintosh 计算机或装有 Windows 操作系统的 PC 机上运行，是平面设计的专业处理工具。

其基本功能包括图像扫描、基本作图、图像编辑、图像尺寸和分辨率调整、图像的旋转和变形、色调和色彩调整、颜色模式转换、图层、通道、蒙版、多种效果滤镜和多种具体的处理工具，支持多种颜色模式和文件格式，用户可通过相应操作及其组合实现数字图像修复、特殊效果设计等。

1. 图像处理的主要内容

图像处理是指对位图图像进行的数字化处理、压缩、存储和传输等内容，具体的处理技术包括图像变换、图像增强、图像分割、图像理解、图像识别等。处理过程中，图像以位图方式存储和传输，而且需要通过适当的数据压缩方法来减少数据量，图像输出时再通过解压缩方法还原图像。

图像处理的主要内容包括图像内容编辑、图像效果处理和添加特殊效果 3 个环节，其中涉及各种类图像处理工具和相关概念。

（1）图像内容编辑

图像内容编辑主要指通过各种编辑技术实现图像内容的拼接、组合、叠加等，具体编辑技术包括选择、裁剪、旋转、缩放、修改、图层叠加等，还可加入文字、几何图形等。

（2）图像效果处理

图像效果处理是对采集的图像根据需要进行校畸、滤噪、增强、锐化、复原等技术处理，从而满足不同的处理需求。

校畸：是为了消除图像模糊或畸变而采取的处理技术，旨在改善图像质量。通过图像校正处理，可消除畸变，恢复图像的本来面目。图像校正技术一般在成像设备中使用。

滤噪：即图像的平滑处理，主要是为了去除实际成像过程中因设备和环境所造成的图像失真，如光电转换过程中敏感元件灵敏度的不均匀性、数字化过程的量化噪声、传输过程中的误差以及人为因素等，均会使图像变质，此时可通过滤噪消除图像噪声，恢复原始图像。

增强：图像增强技术旨在变换图像的视觉效果或把图像转换成某种适合于人或计算机分析、处理的形式，有选择地突出某些感兴趣的信息，同时抑制一些不需要的信息，以提高图像的使用价值。例如通过调整图像的亮度或对比度，可突出图像中的重要细节，满足人的视觉要求或方便图像的其他后续处理。图像增强包含多种具体处理技术，按增强的作用域不同可分为空域增强、频域增强、色彩增强三类。

锐化：锐化也是图像增强技术的一种，它主要是通过加强图像轮廓边缘的处理，形成完整的物体边界，突出边界和细节，从而达到将目标图案从背景图像中分离出来或将表示同一物体表面的区域检测出来的目的。

复原：图像复原则是指从所获得的变质图像中恢复出真实图像的处理，其关键是建立图像变质模型，然后按照其逆过程恢复图像。

这些效果处理技术在图像处理软件中组合使用，形成了不同的图像处理功能。

（3）添加特殊效果

添加特殊效果是在图像进行内容编辑和效果处理的基础上，根据应用需要所采取的图像创意效果处理，即在取得较好的图像质量的同时，对图像进行艺术加工和效果处理。在进行具体处理时，可根据需要选择相应的滤镜效果。

2. 图像处理常用工具

一般图像处理软件所提供的图像处理工具包括：

（1）命令菜单：提供分类处理命令，如编辑类、图像类、图层类、效果类等。

（2）工具箱：提供常用的各种处理工具。

（3）面板：组合常用工具和命令，形成快捷处理能力。

几个参数：

（1）不透明度——不同工具绘图时，笔墨覆盖的程度，0％全透明，100％全覆盖。

（2）流量——绘图时笔墨扩散的量；

（3）强度——模糊、锐化、涂抹工具作用的强度。

（4）曝光度——减淡、加深工具的曝光程度，曝光量越大，透明度越低。

在各种图像处理工具中，最常用的绘图工具有画笔、颜色调配、渐变、色彩调整以及文字等工具，使用这些工具可以完成基本的图像处理功能。

3. 图像处理中的几个重要概念

（1）选区：选区的目的是为了选择图像中的局部，进行特殊处理。

（2）路径：路径的目的是为了绘图或定义选区。

（3）滤镜：数字图像处理中的各种特殊效果处理。

（4）图层：多图层叠加产生的图像效果，可按照从上到下的顺序对每个图层进行效果混合处理，最终得到整幅图像的综合效果。

（5）蒙版：蒙版是一种灰度图像，可按照不同灰度级遮盖（或显示）下层图层的部分或全部内容；蒙版可分为通道蒙版、图层蒙版和快速蒙版三种。

（6）通道：颜色模式中，一种原色的明暗变化（单一色相的灰阶图像）构成一种颜色通道；原色的灰度越亮，表示此原色用量多（越浓），反之，表示此原色用量少（越淡），RGB 模式，有 R、G、B 三个颜色通道；各颜色通道叠加，构成图像的彩色效果，即彩色复合通道——RGB 通道。由于颜色通道存储的只是一种原色的灰阶变化信息，因此，用户可以对各原色通道分别进行明暗度、对比度调整等操作，以达到优化图像效果的目的，并通过复合通道观察效果；如果要对某个通道进行操作，最好先复制一个通道副本，然后在副本通道上进行操作。

11.13.4　陶瓷印花工艺的图像处理

瓷砖的主要生产过程为：备料→压制成形→干燥→施釉及印花→烧成→抛光/打蜡。其中施釉及印花过程（即印刷过程）是窑前彩图瓷砖生产的关键，其工艺方式和过程较大程度地决定了原材料消耗率、正品率、产品档次、生产成本、能耗、污染、排放等因素。作为陶瓷生产工艺核心的印刷技术经历了三个时期：丝网印刷、辊筒印刷和喷墨印刷时期。

1. 丝网印刷工艺

在陶瓷喷墨打印技术出现之前，瓷砖花色一般采用丝网印刷和辊筒印刷两项技术，第一代的丝网印刷技术，是一种平面印刷。丝网印刷属于孔版印刷，它与平印、凸印、凹印合称为四大印刷方法。其原理是通过一定的压力使墨水透过孔版的孔眼转移到承印物上，形成与原稿一样的图案或文字。丝网印刷具有制版简易、操作方便、适应性强等特点，但是由于丝网印刷的网印是一种平面转印印刷，在对凹凸砖面的印刷上受到限制，难以实现表面的多元化和立体效果，并且印刷效率也低。

传统丝网印刷工艺的图像处理，是运用印刷色彩复制的方法，先对素材进行扫描等数字化处理操作，根据需求用图像处理软件对原稿进行图像编辑、效果处理以及艺术加工。图像经设计达到想要的装饰效果后，将彩色原稿中的每种颜色独立分解提取成为对应的专色通道，经激光照排机等打印设备输出为载有图文信息的胶片，再通过制版和印刷来完成原图像颜色的传递和合成。

2. 辊筒印刷工艺

与丝网印刷相比，辊筒印刷是一种柔性印刷，其突破在于可以实现在一定凹凸面上的印刷，从而使砖的表面层次更加丰富，对自然的仿真度更高。其原理是通过多个涂有不同色彩涂料的辊筒连续转动来实现瓷砖表面的彩色印花，从而提高了印刷工艺的生产效率。辊筒印刷技术的出现可以说是瓷砖印刷技术的一大进步。

辊筒印刷工艺的图像处理，在印前设计处理方面与丝网印刷基本一致，也要先对素材原稿进行图像处理和艺术加工，然后提取彩色图像中每个颜色对应专色通道，只是将菲林输出与制版环节改为辊筒雕刻后，即可进行印刷合成图像颜色。

3. 喷墨打印工艺的图像处理

喷墨打印技术是一种无制版、无接触式压力的喷墨印刷技术。它将电子图像直接成像在陶瓷介质表面，省却了传统陶瓷印制的多项工艺过程，从而突破了传统印花技术的局限，可以达到前两种技术无法印刷出的效果。喷墨打印技术的工作原理类似于喷墨打印机，将需要的彩色图案通过电脑传输处理后把专用的墨水打印在瓷砖生坯上，整个打印过程只需几秒钟，然后再经过高温烧制即可成为靓丽炫彩的瓷砖产品。

11.13.5 陶瓷喷墨设计图案的处理

陶瓷喷墨设计图案的处理主要有两种方式，一是在 PS 软件中通过加载特定的 ICC 文件来处理图案，二是图案进行前期处理后通过 PS 软件调整。

1. 在 PS 软件中通过加载特定的 ICC 文件

在 PS 软件中通过加载特定的 ICC 文件来对设计图案进行颜色、层次的处理，这种方式的使用首先要求制作针对陶瓷釉料、窑炉、墨水相对应的 ICC 文件。ICC 实质是一种显示打印设备和软件的颜色价值的单位表，它是基于与标准的 CMYK 四色的对比得出的显示值，通过加载这一文件可以更准确地描述设备和文件的色彩空间范围，使电脑显示与打印颜色更加接近，从而提高图案处理的效率和效果。在实际应用中有三种不同的处理情况：

（1）以 CMYK 文件格式加载喷墨 ICC 配置文件后进行图案处理。

（2）以 RGB 文件格式加载喷墨 ICC 配置文件后进行图案处理。

（3）多通道文件先转换成 RGB 或 CMYK 文件格式再加载喷墨 ICC 配置文件进行图案处理。

以上三种情况进行图案处理时，ICC 的使用是关键，在 ICC 的加载转换时有四种方式，分别是：可感知的、相对色度、饱和度、绝对色度（在 Photoshop 颜色管理面板和转换为配置文件面板中都能找到）。

（1）可感知的（perceptual rendering intent）

这是最常用的一种转换方式。这种方法在保持所有颜色相互关系不变的基础上，改变原设备色空间中所有的颜色，但使所有颜色在整体感觉上保持不变。

这是因为我们的眼睛对颜色之间的相互关系更加敏感，而对于颜色的绝对值感觉并不太敏感。比较适合较大的 RGB 色域向较小的 CMYK 色域转换使用。

简单理解：可以叫做整体压缩。优点是能保持图像上所有颜色之间的对比关系；缺点是图像上每个颜色都会发生变化，经常可以看到图像整体会变浅之类的问题。

（2）相对色度（media-relative colorimetric rendering intent）

相对色度是要准确复制出色域内的所有颜色，而裁剪掉色域外的颜色，并将被裁剪掉的颜色转换成与它们最接近的可再现颜色。相对色度再现意图对于图像复制来说，比感知再现意图是更好的选择，因为它保留了更多原来的颜色它适合色域差别不太大的 ICC 之间的转换，如日本印前 CMYK 的 ICC 转换成美国的 ICC。

简单理解：尽量符合原始。优点是多数颜色不变，缺点是个别超出色域的颜色变化很大。

（3）饱和度（saturation rendering intent）

这种方法试图保持颜色的鲜艳度，而不太关心颜色的准确性。它把源设备色空间中最饱和的颜色映射到目标设备中最饱和的颜色。这种方法适合于各种图表和其他商业图形的复制，或适合制作用彩色标记高度或深度的地图，以及卡通、漫画。

（4）绝对色度（absolute colorimetric rendering intent ）

绝对色度不把源设备色空间的白点映射为目标设备色空间的白点。要是源设备色空间的白色偏蓝，而目标设备色空间的白色微微泛黄，在使用绝对色度再现意图时，就会在输出的白色区域上增加一些青墨来模拟原始的白色。绝对色度再现意图主要是为打样而设计的，目的是要在另外的打样设备上模拟出最终输出设备的复制效果。

简单理解：模拟纸白，白色变化很大。不适合一般常规转换，只是在很少的情况下使用，可以不用去掌握。

ICC 的加载转换，都必须遵照以上四种转换方式。同时，我们在转换图像的 ICC 文件时，最好是分别看看不同转换方式给图像带来什么变化，从中选择最适合现有图像的转换方式。

以这种形式进行图案文件处理时在文件加载 ICC 前要注意图片处理模式的选择，当打开一幅彩色图片时，它可能是 RGB 模式的，也可能是 CMYK 模式的。那么在使用 Photoshop 时，是使用 RGB 模式还是使用 CMYK 模式进行彩色图片处理呢？首先应该注意的是，对于所打开的一幅图片，无论是 CMYK 模式的图片，还是 RGB 模式的图片，都不要在这两种模式之间进行相互转换，更不要将两种模式转来转去。因为，在位图片编辑软件中，每进行一次图片色彩空间的转换，都将损失一部分原图片的细节信息。如果将一个图片一会儿转成 RGB 模式，一会儿转成 CMYK 模式，则图片的信息损失将是很大的。这里应该说的是，喷墨打印的印刷模式很多都要求是 CMYK 模式的图片，否则将无法进行打印。但是并不是说在进行图片处理时以 CMYK 模式处理图片的打印效果就一定很好，还是要根据情况来定。其实用 Photoshop 处理图片选择 RGB 模式的效果要强于使用 CMYK 模式的效果，只要以 RGB 模式处理好图片后，再将其转化为 CMYK 模式的图片后输出打印就可以了。因为 RGB 模式是所有基于光学原理的设备所采用的色彩方式。例如显示器，是以 RGB 模式工作的。而 RGB 模式的色彩范围要大于 CMYK 模式，所以，RGB 模式能表现许多颜色，尤其是鲜艳而明亮的色彩。

总之，使用 Photoshop 处理彩色图片应该尽量使用 RGB 模式进行。但在操作过程中应该注意使用 RGB 模式处理的图片一定要确保在用 CMYK 模式输出时图片色彩的真实性；使用 RGB 模式处理图片时要确信图片已完全处理好后再转化为 CMYK 模式图片，最好是留一个 RGB 模式的图片备用。

2. 进行前期处理后通过 PS 软件调整

应用色彩管理软件对喷墨设计先进行前期处理，再通过 PS 软件调整完成。

从某种意义上讲，色彩管理是一个关于色彩信息的正确解释和处理的技术，即管理人们对色彩的感觉；客观地说，就是在色彩失真最小的前提下将图像的色彩数据从一个色空间转换到另一个色空间的过程。在整个图像复制工艺中，所涉及的设备都具有其自身表现的色彩能力，即不同的色空间。色彩管理的主要目的就是实现不同色空间的转换，以保证同一图像的色彩从输入到显示、输出中所表现的外观尽可能匹配，最终达到原稿与打印产品的色彩和谐一致。建立设备的色彩描述文件（profile）是色彩管理的核心，描述文件对系统中每个设备的具有代表性的颜色特征加以描述，如普通打印机特性化曲线、陶瓷喷墨打印机特性曲线等，色彩管理系统利用这些具有代表性的颜色特征实现各设备色空间的匹配和转换，最终达到所见即所得的效果。

进行色彩管理必须遵循一系列规定的操作过程，才能实现预期的效果。色彩管理过程有 3 个要素，简称为"3C"（即"Calibration"标准、"Characterization"特性化及"Conversion"转换）。

（1）标准

为了保证色彩信息传递过程中的稳定性、可靠性和可持续性，要求对输入设备、显示设备、输出设备进行标准，以保证它们处于校准工作状态。

（2）特性化

当所有的设备都校正后，就需要将各设备的特性记录下来，这就是特性化过程。彩色桌面系统中的每一种设备都具有其自身的颜色特性，为了实现准确的色空间转换和匹配，必须对设备进行特性化。对于输入设备和显示器，利用一个已知的标准色度值表（如 IT8 标准色标），对照该表的色度值和输入设备所产生的色度值，作出该设备的色度特性化曲线；对于输出设备，利用色空间图，作出该设备的输出色域特性曲线。在作出输入设备的色度特性曲线的基础上，对照与设备无关的色空间，作出输入设备的色彩描述文件；同时，利用输出设备的色域特性曲线作出该输出设备的色彩描述文件，这些描述文件是从设备色空间向标准设备无关色空间进行转换的桥梁。

（3）转换

在对系统中的设备进行校准的基础上，利用设备描述文件，以标准的设备无关色空间为媒介，实现各设备色空间之间的正确转换。由于输出设备的色域要比原稿、扫描仪、显示器的色域窄，因此在色彩转换时需要对色域进行压缩转换。

目前国内许多公司都在开发此类的色彩管理软件，像 EFI-快达平、希望陶机等公司都相继推出了与自身设备相配套的软件系统，以 EFI-快达平的 Fiery 软件为例：

（1）对普通打印机做色度特性化，建立相应的色彩描述文件；对照输入图像的 RGB 值，依据描述文件转换到标准色空间。

（2）对设计调色电脑显示器做色度特性化，建立显示器的描述文件，通过 CMS 转换到标准色空间。

（3）对陶瓷喷墨打印机进行色度特性化，建立输出设备的描述文件；依据描述文件转换到标准色空间。

通过对显示和输出设备进行特性化校准后，所有设备都处在同一标准色空间下，从而获得显示、普通打印和喷墨打印统一的颜色外观，极大地提升了图案处理的效率和效果。简单说来，色彩管理实际上只做了两件事：第一件，它们描述了每一个像素的色彩感觉；第二件，改变这些像素的数值从而在不同的设备间保持色彩的一致。

色彩管理系统作为当前喷墨图案处理技术发展的一个重要方向，它的诞生和发展与陶瓷喷墨打印技术的应用发展息息相关。在人力资源成本日益上涨的今天，它的出现必将为广大建筑陶瓷企业和业内人士所重视。

11.14　陶瓷喷墨印刷技术与陶瓷传统印刷技术的互补应用

11.14.1　陶瓷喷墨印刷的应用局限

陶瓷喷墨打印技术，因其所喷印的图案效果比较接近大自然，图案高清且变化大、纹理清晰、层次分明、凹凸立体装饰等特点，已广泛地应用于瓷砖装饰，从而提升了产品的档次，增强了品牌竞争力。综合分析现有市场上喷墨砖产品，可以发现其印刷技术还有待提升，具体如下：

（1）由于喷墨墨水发色及其种类的有限性，使得所研发、生产的喷墨产品的颜色色系相对较为单一、色彩种类比较少（如没有纯黑色、艳红色）。

（2）喷墨产品的装饰手法相对比较单一，一般只用彩色喷墨印花工艺，从而使得喷墨产品效果相对单调，产品容易被模仿。

（3）由于墨水发色和喷墨喷头比较小等因素，喷墨印刷产品的颜色深浅不能达到辊筒、丝网印刷所表现的深度。例如黑金花、景泰蓝、雨林绿、珊瑚红等石材效果，都只能运用传统的丝网或辊筒印刷来开发生产。

陶瓷墨水在亮度强度、彩色范围、印刷质量、均匀性和稳定性等方面，还存在许多问题需要研究。如：亮度强度，要求墨滴小，小至 4～6pL；喷墨快，喷墨速度快至点火频率为 6kHz；墨滴可变，如赛尔 XAAR 1001 喷头，墨滴可变范围为 0～42pL，能实现 8 级灰度，这些参数决定了陶瓷墨水的流速、黏度与密度等物理参数。目前，陶瓷墨水的彩色范围仍然比较窄，尽管有报道说目前已经有 11 种陶瓷墨水被发明，但是对于鲜艳的红色色系、黄色色系和黑色色系的陶瓷墨水极少见，较窄的彩色范围也是制约陶瓷墨水在陶瓷砖装饰中应用的根本因素。此外由于陶瓷墨水加工技术的局限性，如分散法虽然色系较多、彩色范围较广，成本也最低，但由于其颗粒度偏大，陶瓷墨水的稳定性问题仍然有待探索；而溶胶凝胶法尽管颗粒度较小，但稳定性和生产成本方面又略又不足；反相微乳液法在颗粒度、固含量上都较溶胶凝胶法略好，但稳定性也并不是十分理想。陶瓷墨水加工方法和在亮度强度、彩色范围、印刷质量、均匀和稳定性上有明显优势的产品仍是未来陶瓷墨水开发的主题方向。

由于传统陶瓷墨水细度要求很高，全部要求达到纳米颗粒，加工成本过高，设备技术要求高。众所周知，陶瓷喷墨打印墨水发色靠的是色料颗粒，而色料颗粒本身为了可以与溶剂更好地融合，加上喷头孔径的限制，就需要其颗粒的粒径尽量的细小，但是从发色角度来看，色料的粒径越小，其发色越淡，由此就产生了这个难以解决的发色问题。而今，意大利企业推出了水性墨水，显然对解决之前发色上的瓶颈缺陷迈出了一大步，使墨水的发展空间更为广，成本方面也比油性墨水低，由于不沉淀，存放的时间很久，延长了墨水的保质期。在使用方面，水性墨水使用前无须搅拌，节省了生产时间。但也有人认为，这种墨水虽然取得了很大的进步，但在墨水的加工及性能方面还存在一些不尽如人意的地方，因为陶瓷的制造工艺是以就地取材为主。因此，墨水的加工及性能真正能做到像现在釉料加工和传统的丝网、辊筒印刷釉料加工及使用性能相接近，其使用的范围会更为广泛。

因此，在现阶段的瓷砖装饰生产实际中，如何使先进的陶瓷喷墨打印技术与其他工艺技术（如传统印花技术、干粒工艺技术、特色釉料装饰技术等）有机地结合，从而建立起喷墨综合装饰的工艺平台，这是我们工艺技术人员要深入研究的内容。

11.14.2　陶瓷喷墨印刷与传统印刷的互补应用方法

单纯的喷墨打印瓷砖是一条不能充分发挥陶瓷喷墨打印优势的路，未来的发展是喷墨打印结合传统工艺，如喷墨打印与干粉、干粒、二次布料、面釉、单头辊印、四头辊印、丝网、云彩喷釉、凹凸模具等传统工艺相结合。

在现阶段的喷墨打印瓷砖装饰生产实际中，已经有很多企业努力攻关喷墨综合装饰技术，推出多重传统工艺结合陶瓷喷墨技术的新产品，如：通过多种风格的产品喷墨文件纹理来表现产品纹理的变化；通过丝网、辊筒、晕彩来补充喷墨打印表现不出来的颜色色调；使用特殊材料：如金属釉、金粉、银粉、荧光粉、干粒来表现产品特殊的点缀效果；用凹凸模面、下陷墨水来表现产品凹凸变化效果。这样，产品的主要瓷砖装饰生产工艺如下：传统印刷印补色＋喷墨＋干粒、喷墨＋金属釉＋干粒、凹凸模具＋喷墨＋虹彩、喷墨＋辊筒＋下陷等。同一种颜色的同一款瓷砖通过多种工艺的配合，能够产生几何倍数级的变化效果。比如用于地面铺贴的蓝色仿古砖，3 种不同模具＋有无干粒＋亚光与光亮面釉＋弧线摆动的云雾喷墨，从而可以达到 $3 \times 2 \times 2 \times N$ 种变化效果。

11.14.3 互补应用存在的问题及展望

陶瓷喷墨打印技术和传统印刷技术不断地互补结合，满足了现阶段产品效果的需求，但是不能充分发挥陶瓷喷墨打印最初的智能化的控制要求，并且这些多种装饰手法结合出来的产品，其产品的图案细腻度、层次感以及色彩丰富性都不能完全表达大自然石材、木纹的效果。

作为全球最先进的陶瓷技术的发布平台，在 2014 年 9 月 22—26 日举行的第 24 届意大利里米尼国际陶瓷技术展 TECNARGILLA，这次展会上出现的一系列技术和设备创新，尤其是喷墨装饰工艺的创新，喷头的创新，使墨水的发色范围更丰富，材料的创新，使各种瓷砖装饰工艺琳琅满目。

在这次展会上，意大利、西班牙的色釉料和设备公司展示了最新的喷墨技术。美高（Metco）公司展示了具有渗花釉特性的陶瓷喷墨产品，这被行业学者评价为，"渗花釉墨水在定位渗花釉和多色彩墨水取得全面成功之时，便是抛光砖产品的反攻之日。"而意达加展出了柠檬（黄）、西瓜（红）等图案，陶丽西展出了一直拖着鲜红尾巴的鸟的图案。意大利瓷砖向观众集中展示了红、黄、青、橙、蓝、黑、白等十余种颜色的效果。此外，凯拉捷特展出的产品中，应用了金色墨水，节省成本和拥有高大上的装饰效果有望同时实现。

喷墨新工艺不仅让瓷砖色彩更丰富，同时也让瓷砖更"凹凸有型"。首先，下陷墨水已逐步普及，多家墨水公司同时推出了下陷墨水。其次，亮光及亚光墨水的同步应用更显立体美感。最后，水性釉料的推出，更是颠覆了模具瓷砖的生产工艺。随着喷头技术的突破，喷釉成为可能，堆釉可实现精准对位的立体效果，一定的厚度使质感更为饱满。无论是赛尔推出的 XAAR001 还是凯拉捷特推出的自主研发的喷头 k8 都能实现这一工艺。此外，为了满足个性化生产的需求，凯拉捷特的 k8 喷头更是开发了大（L）、中（m）、小（s）等不同型号的喷头，最大可实现 $4kg/m^2$ 的喷墨量，而最小也可达到 $500g/cm^2$，企业可根据自己产品的需求进行自由选择和组合。

值得一提的还有凯拉捷特的 k9 喷头，该喷头可直接喷干粒，堆干粒的立体效果将更为明显，估计这对瓷砖企业日后开发配件产品更有优势，小批量个性化的产品将更为丰富。同时，k8 和 k9 喷头也可兼容传统墨水，使得陶瓷企业的选择更为灵活。

另外，在 2014 年意大利里米尼陶瓷设备展中，多家设备供应商展示的数码施釉线产品使"整线数码化"正式引起关注。而其中凯拉捷特展示了一条总长 37m 的施釉线，该线可兼容 6～8 台设备共可实现 48 道工艺。当时大家对整线数码化的质疑，现已得到证实。目前数码喷墨的应用，第一步是实现"着色"功能，第一代喷头孔径的大小限制了墨水的颗粒大小，但是喷墨精确度较高，可喷印 20～30g/m^2 的油性墨水。而第二道工序，便是实现下陷釉墨水、亮光墨水、亚光墨水、金属墨水等特殊效果，可喷印 30～100g/m^2，也是油性为主。而最后一道工序是"后期装饰及保护"功能，既可以是喷固体干粒，也可能是喷釉料，大概需要的喷头孔径为 300～1000g/m^2。

未来的陶瓷喷墨将在喷釉、喷色、喷干粉等方面继续发展，将传统工艺无法实现的透明釉、凸釉、干粒、干粉、下陷釉金属、亮面、亚光等装饰效果，通过喷头和设备的进步，运用全新大墨量的喷头被整合应用在陶瓷喷墨打印的数码施釉线上，使陶瓷生产企业可以实现特殊装饰效果、釉料效果、颗粒效果及图案装饰。每种特殊的效果都可实现小面积纹理的处理，或大面积纹理的实现。这为产品设计融入更多的元素创造了极大的可能性。未来产品的表现内容也会更丰富，变化也会更多样。新的釉料及干粒喷印技术都在掌握之中，直接覆盖在瓷砖表面而无须人工操作，将会是陶瓷行业自数码打印机诞生后的又一变革。

技术与设备的创新，已经为新喷墨时代创造了无限可能存在的价值，随之而来的，是设计能力在产品开发中变得越来越重要。可以预测的是，新喷墨时代，国内陶瓷行业将会在色釉料、喷头、设备以及产品开发设计等环节的协同作战之下，实现价值的全面升级。

未来的陶瓷喷墨打印技术将进行技术良性整合，从而提升产品价值。

11.15　陶瓷喷墨打印技术的生产工艺条件要求、常见缺陷及处理方法

11.15.1　陶瓷喷墨打印技术的生产工艺条件

1. 喷墨打印机的生产环境

一台喷墨设备被应用得好坏至关重要，除了喷墨设备本身的软硬件外，喷墨设备工作的环境同样重要。我们知道，喷墨设备的核心部件是喷头，它是一款非常精密的零部件，也是喷墨打印机上最值钱的部件。那么为了让喷墨设备可以更为稳定高效地作业，不能不重视喷墨打印机房的环境问题。正常情况来说，影响喷墨打印机工作状态的环境因素，主要有三个方面，其一是房间内的清洁度、温度、湿度等，其二是房内的用电环境，其三是喷墨打印机的振动传导控制。

考虑到陶瓷生产环境的复杂性，建议将机器摆放于密闭的环境中，室内温度应维持在 $18\sim24℃$，湿度在 $40\%\sim65\%$ 为最佳，温度越低，房间内产生水汽的难度越大，对喷头水珠的形成有一定的辅助作用，湿度的合理则有效防止粉尘传播及提高环境舒适度，提高员工的工作效率；由于喷墨设备核心部件喷头的精密性能性质特点，决定了喷墨设备的工作用电环境相对苛刻。而由于中国属于粗放式发展中国家，其用电环境相对没有国外工业生产那么优良，比如存在短暂的断电现象或者电流不稳定等现象是非常常见的。而这些问题都或多或少地会影响到喷墨打印机喷头的工作，甚至是寿命，引起墨水沉淀堵塞喷头等问题的发生，鉴于此，建议采用 UPS 不间断电源对喷墨打印机供电，其主要功能有两个：一是可以在市电停电的情况下，为正在工作的负载提供可持续工作的电力保障；二是可以为负载提供高品质的电源，减少外在不稳定因素。在摆放机器的时候有一个重要的环节需要考虑，那就是振动，因为振动传导到机器上会严重影响打印的品质，因此喷墨打印机必须与生产釉线隔断连接。

2. 砖坯的温度及水分

水蒸气的凝结是造成喷头堵塞而产生拉线、滴墨的重要原因，因此，砖坯必须做好进喷墨房前的"净身"处理。砖坯的温度控制显得极为重要，温度过高，水蒸气产生明显；温度过低，砖坯在喷墨后表面墨水难以干涸，容易造成图案模糊，尤其对于深色全抛产品来说，后期的淋釉容易出现避釉现象。一般要求砖坯温度控制在 $35\sim40℃$，基本没有水汽冒出，可通过控制进喷墨房前风机的开启数量进行调控。

3. 釉料配方的选择

发色是目前喷墨打印技术在陶瓷应用中的相对弱势，特别是红、黄等鲜艳的颜色在高温烧成制度下效果更差，同时，与其他使用有机墨水不同的是，尽管喷墨打印机可以精确地喷出层次丰富的图案，但同样的图案和墨水，在不同的釉料和烧成制度下，发出的颜色和层次是不同的。虽然可以通过做 ICC

（色彩描述曲线）等手段校正烧后颜色与设计颜色的差异，但在实际生产中，会有各种因素造成明显的失真。所以，往往不是通过调整喷墨打印机参数就能达到好的产品效果，还需在确定墨水厂家后，适当调整釉料配方去适配相应的墨水，使其发色色域最大化，并摸索出最佳的烧成制度等，才能使产品颜色层次接近设计效果。

11.15.2 喷墨印刷生产常见缺陷及处理

1. 拉线、滴墨

拉线滴墨是喷墨打印机生产中常见影响质量和连续生产的问题，这主要是由于喷头堵塞引起的。因为喷孔和墨点都很细（微米级的），细小的杂质和灰尘、水汽都足以将喷孔堵塞，或将喷出来的墨点挡住，所以堵塞是喷墨打印机的常见病。一般来说，堵塞又分为喷头内堵和喷头外堵。喷头内堵一般由墨路污染、墨水沉淀两大原因引起，而墨路污染一般是由于新装零件清洗不彻底引起，所以凡有更换零部件时要严格清洗再上机。同时，选择合适的过滤器也十分关键，太粗易引起喷头堵塞，太细又会引起过滤器本身堵塞。在该类问题产生时，一般可通过以下几个方法解决：

（1）清洗喷头。清洗方式分自动清洗和手动清洗，一般在自动清洗不能解决问题时才采用手动清洗，通过清洗喷头可有效解决粉尘、水汽对喷头造成外堵污染后产生的拉线和滴墨现象。

（2）更换过滤器。在整个喷墨系统内部造成污染后，任何的调控都无法解决不定期出现的拉线和滴墨问题。此时应该更换过滤器。

（3）调整真空度及抽风机频率。喷头的真空度控制一般以墨水在核定温度下的黏度相匹配，墨水在黏度恒定的情况下，若真空度过高，会抑制墨水的正常喷射而产生拉线、缺墨；若真空度过低，喷头内部负压不足，难以有效吸附在喷头内部的墨水而造成滴墨现象。抽风机的作用是对砖坯产生的水汽进行脱离，在不影响墨滴的正常喷射下，适当加大抽风机的频率可有效防止水汽及漂浮墨水凝结喷头表面而造成滴墨现象。

（4）调整消泡泵参数。在管路混入空气后产生细小的气泡，气泡随着供墨系统的循环，运行至喷头而产生拉线，此时可适当增强消泡泵功率，排除气泡。

（5）调整喷头接口及更换喷头。一般情况下，喷头的接口位在装机时已得到处理，后期无须进行调整，随着喷头的长时间使用，某些喷嘴出现彻底堵死的情况下，必须更换新的喷头。

2. 阴阳色

产品在烧成后出现明显的阴阳色问题，产生该类问题的主要原因有以下几个方面：

（1）喷头本身各分区电压不合理。通过打印灰度条可发现，各喷头间或者单喷头上存在明显的阴阳色，可通过调整喷头整体电压及分区电压来解决。

（2）喷墨文件本身存在阴阳色。由于喷墨设计文件的变化较大，有可能出现局部位置颜色差异较大的问题，可通过设计本身来解决。

（3）砖坯表面水分散失不均衡。该情况主要针对瓷片类产品，由于大量熔块釉的使用，釉料的保水性比较差，水分散发较快，尤其在"产量越大，成本越低"的陶瓷生产理念下，窑炉越建越长，相应的釉线也越来越长，砖坯在施釉后历经釉线的过程中，由于边部水分散发较快造成砖坯表面对墨水的渗透能力不一致引起阴阳色。可通过控制淋釉房与喷墨房的距离及加装鸭嘴式风机来保持砖坯表面的一致性来减弱此类问题产生的可能性。

（4）砖坯表面釉量不均衡。现陶瓷厂大都使用钟罩式淋釉器，该设备在进行淋釉时，易产生边部釉量与中间釉量不一致的情况，可通过设定定期检测等生产制度来控制。

3. 图案模糊

砖坯在喷墨后，整体图案层次表现不清晰，产生该类问题的主要原因有以下几个方面：

（1）设计文件本身像素不高、清晰度不足引起。这个是硬伤，无法通过技术手段弥补，只能更换清晰度更高的文件。

（2）各色喷头错位引起。喷墨产品的色彩大都是不同颜色墨水复合形成，当出现类似于丝网印刷时套印不准的情况，整体图案就会模糊，此时可通过调整整体喷头位置来解决。

（3）喷墨打印灰度等级不合理。对于不同深浅的产品，一般采用不同的灰度等级进行打印，当选择的灰度等级无法表现文件的层次效果时就会出现模糊的情况。

（4）砖坯表面含水率过高。当砖坯表面含水率很高的时候，墨水无法快速渗透到釉层内部，漂浮在砖坯表面而相互混溶出现模糊。

4. 产品色号不稳定

（1）墨水温度不稳定造成喷墨量的变化。墨水温度的稳定性直接对其黏度产生影响，反映在喷头上就是喷墨量的变化，所以当墨水的温度不稳定时，在相同电压信号下的喷墨量必定不同，一般要求温度不能波动 4℃ 以上，否则颜色变动会很明显。

（2）砖坯温度出现较大变化。砖坯的温度高低对淋釉后的釉层水分蒸发有比较大的影响，当生坯出现较大的温差后，砖坯表面釉层含水率变化引起墨水渗透程度不同而造成颜色的变化。一般要求生坯温度稳定在 60℃ 左右比较合适。

（3）墨水的均匀性不够。在墨水国产化后，出现了很多喷头堵塞及色彩稳定性差的情况，这是因为国产墨水的悬浮性能相对较差的原因造成，加墨水前要充分摇匀，一般控制在 20~30min，并检查搅拌器是否正常工作。

（4）墨水批次间色差。由于制作墨水原材料的变化，以及生产控制不当的影响，各批次间墨水性能和发色能力会出现一定的变化。

11.16　数字喷墨渗花材料与技术

陶瓷渗花技术在陶瓷行业中具有举足轻重的地位，从整个行业发展来看，渗花技术是一项革命性的技术，是一项从国外引进并不断消化吸收，到超越国外的技术，是一项值得不断探索进步的技术。本章将从渗花技术的兴起与创新发展，传统渗花釉原理、配方、工艺参数，新型喷墨渗花抛光砖墨水配方、工艺流程参数、发色，传统渗花抛光砖技术与新型喷墨渗花抛光砖的比较等几个方面介绍渗花材料技术的发展与创新，最后列出近年来渗花材料技术申请的专利情况。

11.16.1　渗花技术兴起与发展

1. 渗花技术兴起综述

渗花瓷质砖是将一种渗透剂与色料调和，运用印刷技术对砖坯进行深度着色，经高温烧成制得的产品。色料在砖表面渗透深度达 2mm 以上，砖面花纹图案特别耐磨，它集天然花岗岩耐磨、耐腐蚀、高强度、不吸脏以及天然大理石、彩釉砖的丰富装饰效果于一体。该砖质地莹润，典雅华贵，抛光后晶莹如镜，富丽豪华，可广泛应用于商场、机场等公共场所地面，也是家居、别墅装饰的最佳材料，有着广阔的市场前景。

根据相关文献记载和行业专家回忆,渗花技术流行于 20 世纪 80 年代末,当时只有意大利等少数几个建筑陶瓷工业发达国家可以生产。1991 年沸山市石湾建陶厂研制成功了该产品,通过市经委组织的新产品鉴定,产品已投放市场。1992~2000 年期间,中国渗花抛光砖水平达到基本成熟的程度,无数陶瓷厂家上新线或者新建工厂,到 2000~2006 年,欧神诺雨花石、东鹏金花米黄等产品在市场上产生轰动性效益,是先进抛光砖技术的典型代表之作。2006~2012 年期间,随着全抛釉产品和微晶石产品的面世,抛光砖市场份额被逐步瓜分,渗花砖更是基本退出高档产品的舞台,基本是工程类的订单。2013 年至今,随着陶瓷喷墨打印技术全面发展与普及,市场竞争激烈,上游墨水和喷墨设备纷纷立项研发新的产品,喷墨渗花抛光砖技术应运而生。

2. 渗透喷墨抛光砖发展历程

2003 年,美高开始研发渗透墨水。

2011 年初,诺贝尔集团"通体质感数码喷墨渗透瓷质砖及其制造技术"项目立项。

2013 年初,东鹏博士后工作站开始攻关喷墨打印技术在玻化砖上的应用。历经一年试验,在 2014 首届中国国际陶瓷产品展上,东鹏"4G"智能喷墨打印技术终于面世,喷墨打印技术在玻化砖上的应用取得突破性成功。

2013 年,道氏技术立项研发渗透墨水。

2013 年,迈瑞思科技开始立项研发水性渗花墨水,并于 2014 年联合欧神诺与精陶机电三方共同研发,欧神诺购买精陶实验机,2015 年欧神诺购买 8 通道大机开发渗花墨水。

2013 年 4 月,法尼那陶瓷推出"天山玉石"系列喷墨抛光砖。

2014 年意大利博洛尼亚展期间,美高公司展示了具有渗透釉特性的陶瓷喷墨产品,用可溶性盐作为发色剂,高温煅烧生成色料,成为当时行业学者看好的陶瓷墨水研发方向之一。同年,美高在中国市场首先对诺贝尔陶瓷进行技术合作与援助,成功推出了渗透墨水瓷砖产品。

2014 年下半年,明朝科技开始研发渗透墨水。

2015 年,美高公司有计划、有步骤地对蒙娜丽莎、东鹏两家国内大型品牌陶企进行合作,开发数码渗透墨水瓷砖产品。

2015 年 6 月 30 日,诺贝尔通过"一次通体布料""瓷质面层涂布""数码喷墨渗透""超低磨削量抛光"等技术,推出"通体质感数码喷墨渗透瓷质砖"真如石。

2015 年 8 月 17 日,蒙娜丽莎推出罗马宝石,以传统通体瓷质砖的全玻化坯体为产品底坯,在产品纹理的成形上采取渗透墨水渗透下陷工艺生产。

2015 年 8 月 27 日,东鹏推出原石,采用喷墨渗透技术让色彩布料深入砖坯,实现通体 3D 打印,同时运用涌色材料配方加 24 头防污系统,提升产品致密度。

2015 年底,迈瑞思联合卓远陶瓷和彩神机电共同开发油性直接渗坯渗花技术。

2015 年底,新明珠推出天然石。

2015 年底,道氏渗透墨水在金意陶上线生产获得成功。

2016 年 3 月 9 日,佛山天弼陶瓷经过两年多对喷墨渗透 3D 打印技术的研发,推出了全瓷大理石砖新品。

2016 年广州陶瓷工业展,迈瑞思展出直接渗坯深度 2mm 以上渗花抛光砖样品,吸引整个行业眼球。

11.16.2 传统渗花釉

1. 传统渗花釉制备配方与产品性能参数

传统渗花釉是利用呈色较强的可溶性发色金属颜料,经过适当的工艺处理,采用丝网印刷技术将印花釉印刷到有一定表面温度的砖坯上，经过淋水，依靠坯体对渗花釉的吸附，可溶性颜料在表面活性物质（助渗剂）的帮助下，通过砖坯自身水分梯度渗入到坯体内部，经过高温烧成后，这些可溶性颜料与坯体发生化学反应而着色。坯体作为渗花釉的载体，在常温下与渗花釉发生一系列作用，即毛细管作用、离子扩散作用、表面吸附作用及离子交换作用等物理化学反应。通过高温烧成后，半成品渗透深度一般在 2～3mm 之间。

水溶解可溶性盐→浸泡→搅拌→乙二醇等溶解羧甲基纤维素钠→调整黏度→过滤（40～100 目）→调整 pH→陈腐→渗花釉。

可溶性无机盐与呈色分类见表 11-23。

表 11-23 可溶性无机盐与呈色分类

颜 色	无机盐	颜 色	无机盐
蓝青色	硝酸铷、氯化钴、硝酸钴等	棕色	氧化铁、氯化镍等
灰黑色	氯化钯、氯化钒、氯化铁、硝酸铜等	黄色	醋酸铜、络酸钠、酒石酸锑钾等
黑色	氯化钌等	金色	氯化金

渗花釉是以可溶性着色化合物为主体，用改性淀粉、甘油等为调黏物，与其他活性添加剂调配而成，具有一定黏度并能长期稳定存放的复杂络合物溶液。

传统渗花釉配方见表 11-24，控制参数见表 11-25。

表 11-24 传统渗花釉配方

类别名称	成 分	比例（%）	作 用
溶剂	去离子水等	40～60	溶解介质
增稠剂	CMC、改性淀粉、甘油等	3～10	调整黏度
可溶性无机盐	氯化钴、氯化铁、重铬酸钾、硝酸钴等	8～15	着色剂
添加剂	EDTA，工业酒精等	15～25	配合剂、助剂等

表 11-25 渗花釉控制参数

指 标	控制范围	作用/影响
黏度	15～20mPa·s（200mL 伏特杯）	黏度太大会造成堵塞网孔及渗透程度变浅，而黏度太小又导致渗透过快致使图案变得模糊不清
pH	6～8	与坯体反应，腐蚀设备，影响助剂作用
密度	1.2～1.8	稳定配方，防止配错料

2. 工艺流程及主要工艺技术参数

渗花釉的工艺流程：压制→干燥→砖面清扫→喷水（助渗剂）→网版印刷各颜色渗花液（部分工艺需在各道渗花液之间加喷助渗剂）→网版印刷甲基水（保湿剂）→喷水（助渗剂）→烧成→抛光→分选。

渗花工艺参数见表 11-26。

表 11-26 渗花工艺参数

类 别	控制范围	影 响
待印砖坯温度	45～70℃（参考）	温度过高，渗花釉容易蒸发掉一部分水分，渗花釉的浓度提高，黏度变大，渗入深度受到影响

类　别	控制范围	影　　响
网版目数	100～200目	目数太高，在印刷过程中渗花釉较难透过网孔而且易堵塞孔眼，渗花效果不佳，若选用低目数的网，则易出现图案扩散现象
印花前助渗剂	150～220g/m²	打开坯体毛孔
渗花液施加量	3～15g/m²	渗花深度
保湿剂施加量	40～60g/m²	减缓水分挥发速度，能及时封闭毛细孔并形成纳米过滤膜，能阻止高聚合度的螯合离子外泛
印花后助渗剂	200～280g/m²	由于砖坯温度的影响，渗透釉易固化在砖坯表面而使渗入深度变浅，水分过多加大窑炉排水负担，容易裂砖

11.16.3　喷墨渗花抛光砖墨水

现阶段的喷墨渗花抛光砖墨水是由陶瓷发色因子和与瓷砖生坯相容性良好的溶剂复合，再辅以强效助渗剂制成的溶液型渗花墨水。由于墨水和生坯内部孔道具有良好的相容性，以及墨水内部发色因子的尺寸细达分子程度，再加上助渗剂的助渗作用，渗花墨水的渗透深度可以达到2～3mm，适合各种瓷质抛光砖的图案装饰使用。抛光砖墨水属于渗透型墨水，不含颗粒物，不堵塞喷头和墨路，溶剂为化学惰性材料，不腐蚀墨路材料和喷头，挥发温度高，长期使用不会干涸。目前，渗花墨水在坯体上烧成后主要发色有蓝色、褐色、黄色、绿色、红色、黑色、白色等。

1. 喷墨渗花抛光砖墨水制备配方与性能参数（表11-27～表11-29）

表11-27　喷墨渗花抛光墨水配方主要成分

类别名称	成　分	比　例	作　用
溶剂	水性或者油性溶剂等	60～75	溶解介质、增强渗透能力
增稠剂	CMC等	3～10	调整黏度
可溶性无机盐	氯化钴、氯化铁、重铬酸钾、硝酸钴等	8～15	提供着色离子
螯合剂	EDTA等	15～25	为着色离子配位，pH调节剂
保湿剂	工业酒精、甘油等	3～5	保湿、溶解CMC等

表11-28　喷墨渗花抛光墨水主要参数

指　标	控制范围	作用/影响
黏度	8～20mPa·s（40℃）	黏度太大会使渗透程度变浅，容易断墨，而黏度太小又会导致滴墨
pH	6～8	与坯体反应，腐蚀喷头、墨路等，影响助剂作用
密度	1.1～1.5	稳定配方，防止配错料

表11-29　渗花墨水在不同坯体上的发色

坯体类型	烧成呈色
普通坯体	蓝、浅褐红、灰黄、浅灰、浅粉、褐黄等
特制黄坯	蓝、灰黄、粉红、灰、灰粉、桔、白等
特制白坯	钴蓝、灰黄绿、蓝绿、桔、桔红、灰绿、黑等

注：红色、黄色需要加助色剂才能发出较鲜艳的颜色。

2. 喷墨渗花抛光砖墨水应用工艺

（1）工艺路线一：直接渗坯法

直接渗坯法工艺流程：二次布料→压制→干燥→喷墨渗花颜色墨水→喷墨渗花助渗剂→釉线走砖控制 10 分钟左右→入窑烧成→刮平抛光。

喷墨相关技术参数见表 11-30。

表 11-30　喷墨相关技术参数 1

喷墨量	助渗剂用量	喷墨前温度	烧成后渗花深度
3～50g/m²	50～200g/m²	45～70℃	0.8～2.5mm

优点分析：

① 只需加一台喷墨打印机取代网版印花机即可，釉线无需大改动。

② 两次布料正常渗花布料工艺。

③ 渗花深度容易调节，深度可达到 2.5mm 左右，可以刮平抛光。

④ 图案比网版印花更丰富。

⑤ 节省成本。

缺点分析：

① 在普通坯体上发色仍不够鲜艳，不适合做图案鲜艳的产品。

② 工艺要求相对平板印渗花复杂，控制要求较高。

（2）工艺路线二：淋浆法

淋浆法工艺流程：压制→干燥→淋浆→干燥→喷渗花颜色墨水→喷助渗剂→釉线走砖控制 10min 左右→入窑烧成→软抛光。

喷墨相关技术参数见表 11-31。

表 11-31　喷墨相关技术参数 2

喷墨量	淋浆量	助渗剂量	喷墨前温度	烧成后渗花深度
3～50g/m²	200～400g/m²	30～150g/m²	45～70℃	0.5～0.8mm

优点分析：

① 部分色彩比直接渗坯相对鲜艳。

② 助渗剂用量相对直接渗坯少。

缺点分析：

① 工艺比直接渗坯相对复杂。

② 产品表面不能刮平，只能软抛。

③ 表面耐磨度介于抛釉釉面和抛光砖釉面之间。

④ 成本相对直接渗坯要高一些。

11.16.4　传统渗花砖与喷墨渗花抛光砖比较

从目前技术水平来看，喷墨渗花抛光砖技术有望解决现有传统渗花技术中存在的问题，例如渗花瓷质砖生产过程中采用渗花技术得到的图案发色不够鲜艳和丰富，后续抛光过程中消耗磨料、能源和工业用水较大，而且产生大量的抛光废料，影响和污染了环境，以及渗花瓷质砖对坯体原料要求较高导致生产成本增加、资源浪费较大等问题，也提供了一种更环保经济、装饰效果更丰富的渗花瓷质砖的生产方法。

1. 技术

抛釉砖产品花色丰富、工艺相对简单，但因其釉面耐磨度低、产品莫氏硬度低（莫氏 5 度以下）、产品寿命短的技术问题而受到发展限制。采取渗透、丝网工艺生产的传统抛光砖，只能印单线条，工艺简单、成熟，但在产品外观上，纹理的颜色与图案单一，花色不够鲜艳和丰富，渗花扩散问题严重。陶瓷学院张柏清教授在其主体为"喷墨渗花技术的现状及其发展前景"的演讲中指出，"喷墨渗花抛光砖技术产品具备传统抛光砖的性能和抛釉砖丰富花色的双重优势，既承袭了抛光砖高耐磨度、高硬度和防污耐腐蚀的优秀性能，又具备了堪比抛釉砖的丰富花色纹理。"渗花墨水的发色现在已经有超越传统墨水的地方，尤其是红色，比传统墨水的发色鲜艳度提高了很多倍。喷墨渗花抛光砖技术不同于以往的抛光砖和全抛釉产品，它在技术推广方面具有一定的技术门槛和难度。美柯公司叶志钢透露，"喷墨渗花技术的应用，并非仅仅是喷墨设备加渗花墨水那么简单，而需要从混色、墨水、面料、坯体、着色、渗透、纹理、设计、喷墨发色的全系列技术的成套应用和配合来考虑。任何一个环节都可能对产品造成影响，如要技术达到最佳，务必全盘纳入考虑，通盘布局。"不过，喷墨渗透抛光砖在偏细的纹理方面不好做，比如土耳其黄，墨水渗透了以后，釉面会散，发不了色。

2. 成本

据了解，在历史最高峰时，一片 800mm×800mm 的抛光砖，一般的出厂价达到了五十多元一片，品牌厂家甚至更高，而 2009 年以后，抛光砖的价格一路下跌，已经跌破 20 元/片。传统渗花砖卖价已经接近成本价，有些甚至低于部分厂家的成本价，曾有部分商家拉出的巨大条幅上打出了抛光砖批发价，"抛光砖 600mm×600mm 聚晶微粉 10.5 元/片，普拉提 11.5 元/片"。但没有最低，只有更低，有的品牌抛光砖 600mm×600mm 的处理价，甚至低于 10 元/片。

面对会场某企业代表提出的关于技术普及的成本问题以及终端市场对当前相对高价的接受程度和观念问题，意大利 Metco S.r.l 的老板在 2016 年广州陶瓷工业展曾说："既然大家都承认意大利 Metco S.r.l 在渗透墨水方面的技术是最好的，并且大家主要担心的是价格问题，那我们就把价格调整为原来的五折，每平方米瓷砖使用渗透墨水的成本降低到 10 元以内。"以前，当渗透墨水还属于小众产品的时候，企业必然要通过比较高的毛利来支撑技术创新。如今，渗透墨水产品和技术在全球范围内得到了认可，企业也决定适度放宽价格体系，降低毛利，从而获取更大的市场。

虽然国产渗透墨水已经研发成功，但大规模量产还是要有一个比较长的过程，因此，目前渗透墨水的市场，仍然为意大利的美高所垄断，价格也在每千克数百元。虽然现在有所下调，但每吨的价格还是在六位数左右，难以为大多数企业所接受。

3. 效益

传统抛光砖拥有瓷砖品类当中最为耐磨的物理性能，但在产品外观上，采取渗花、丝网工艺生产的传统抛光砖，只能印单线条，纹理的颜色与图案单一；与传统抛光砖相比，喷墨抛光砖图案更加丰富，色彩更加鲜艳，装饰性能得到极大地提升，在产品的纹理色彩和整体空间效果上都可以与全抛釉产品相媲美。对于渗透墨水为企业带来的价值，叶志钢说道，"目前渗透墨水的精细度、色彩的饱和度和产品表面的质感都是非常不错的。在玻化砖真正进入数码打印时代之后，我们通过渗透墨水的应用，在产品开发方面可以达到和现有的数码打印，也就是普通墨水，相当的水平。"

"如果喷墨抛光砖能够研发成功，将是抛光砖反攻全抛釉的开始。"尹虹表示，一直以来抛光砖都是中国陶瓷行业的主流产品，随着全抛釉的兴起，后者优越的装饰性能与相对稳定的物理性能，让该产品不断蚕食抛光砖的市场。目前墨水企业中，美高、迈瑞思、道氏、伯陶、明朝等墨水公司已经在研究喷墨抛光砖技术，如果该产品能够研发成功，喷墨印花或全抛釉能够做到的产品，喷墨抛光砖也都能够做到，同时抛光砖作为所有瓷砖产品中最优秀的物理性能也将延续，这也将是抛光砖反攻全抛釉、拿回自己失去的市场的最佳时机。

从环保的角度考虑，目前生产的微粉抛光砖切削量都在 0.4～0.8mm 之间，浪费了大量的材料，而目前喷墨渗花抛光砖由于渗透深度问题，必将需要配套改善坯体砖型问题，使得烧出来的转型更加平整。所以，喷墨渗花抛光砖技术的推出，不仅仅是喷墨墨水和喷墨设备的技术进步，同样推动了有关坯体技术、布料技术、烧成技术以及相关配套技术的进步。

11.16.5　传统渗花砖与喷墨渗花抛光砖专利情况

传统渗花砖与喷墨渗花抛光砖的专利情况见表 11-32。

表 11-32　传统渗花砖与喷墨渗花抛光砖的专利情况

专利名称	申请日期	特　点
立体瓷质彩色图案渗花大理石	1997.11.13	硅酸盐色块或加有渗花色的面积在 5cm² 以上的色块共有 10 块以上；从制品表面看，两种不同色彩的硅酸盐色块分界线上的不同色料细微颗粒互相相混，以其中具有相混宽度达 1～10mm 特点的分界线，在一块制品中，其一条或多条分界线相加的总长度达到 20cm 以上
一种陶瓷布料渗花砖的生产方法	2002.08.28	制造不同颗粒度且吸附一种或多种着色金属离子的固体颗粒，或者将含有一种或多种着色金属离子的结晶颗粒，利用干颗粒施撒布料设备或干粉丝网印花设备，将其施布于预先压制成形的陶瓷砖坯上
一种渗花抛光砖用釉料及使用方法	2003.06.16	常规渗花釉制备与网版印刷工艺
瓷质渗花砖新型工艺的生产方法	2004.08.27	干粒和液体渗花釉按 1.5～3∶1（质量比）浸泡后烘干再布料
渗花玻化抛光砖的生产方法	2004.08.27	将渗透色釉按设定轨迹喷洒在坯体面上，产品图案富于变幻，色彩饱和、过渡自然，有层次，立体感强
一种黑色渗花釉料	2006.03.13	生产应用过程中的可调节性和可控性提高，使用普及化
仿天然石材纹理的边界效果渗花釉及制备方法	2006.09.27	渗花釉具有增白效果，可取代用氟锆酸铵胶体溶液制成的白色渗花釉
一种渗花釉胶辊印花工艺方法	2008.12.25	通过滚动的硅胶辊筒与砖面接触印花，然后喷淋助渗剂水溶液
一种二价呈色金属柠檬酸铵盐及其制备方法与应用	2009.08.12	二价呈色金属柠檬酸铵盐在渗花砖生产中直接作为渗花液的应用，同时带有呈色金属离子和起助渗作用功能基团的单一化合物，具有配制简单，调色方便、储存稳定的优点
一种喷墨渗花陶瓷砖增色剂及使用方法	2015.07.21	添加剂的主体由超细二氧化硅组成，添加剂通过对发色金属氧化物实施有效包覆，从而保障金属氧化物在高温下能够稳定呈色，此添加剂的应用可大幅提高陶瓷墨水，特别是红色和黄色墨水的发色鲜艳度
一种陶瓷渗花打印墨水及其制备方法和应用	2015.12.15	采用苗霉多糖微生物高分子助剂，利用苗霉多糖结构的特点，多糖高分子结构的旋转性使主链在较宽的 pH 范围稳定，加上多糖高分子的羟基基团与金属离子的作用，起到了金属离子在苗霉多糖溶液中稳定不沉降
一种渗花陶瓷墨水及其制备方法	2016.03.24	渗花陶瓷墨水可通过喷墨打印机将该墨水直接喷射到陶瓷表面，发色纯正，渗透深度可达 1.7～2.8mm，且呈现出分辨率高及立体感强的渗花装饰效果

11.16.6　湿法喷墨渗花工艺及面浆加工控制

目前国内常用的喷墨打印色料墨水适合于釉面装饰工艺，无法在抛光砖上实现有效装饰。为了保持抛光砖特有的高耐磨性、高硬度，同时所制备的产品性能具有釉面砖表面装饰的效果，东鹏湿法喷墨渗花工艺应运而生。湿法喷墨渗花（以下简称湿法）工艺是指采用湿法淋浆方式形成内含具有诱导发色元素（如纳米硅、二氧化钛等）的面浆层，并在面浆层上喷墨打印具有渗透能力的有机离子型色料墨水，通过窑炉高温烧成下反应生成新的着色化合物（如硅铁红）而进行表面装饰的一种方法。针对湿法喷墨渗花工艺的特点，着重从面浆配方、面浆加工、面浆陈腐等几个方面阐述湿法喷墨渗花工艺及面浆加工控制要点。

1. 湿法工艺工艺流程、技术参数及关键控制要点

（1）湿法工艺流程图（图 11-74）

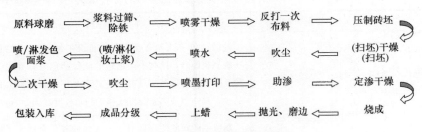

原料球磨 ⇒ 浆料过筛、除铁 ⇒ 喷雾干燥 ⇒ 反打一次布料 ⇒ 压制砖坯 ↓

喷/淋发色面浆 ⇐ （喷/淋化妆土浆） ⇐ 喷水 ⇐ 吹尘 ⇐ （扫坯）干燥（扫坯）↓

二次干燥 ⇒ 吹尘 ⇒ 喷墨打印 ⇒ 助渗 ⇒ 定渗干燥 ↓

包装入库 ⇐ 成品分级 ⇐ 上蜡 ⇐ 抛光、磨边 ⇐ 烧成

图 11-74　湿法工艺流程图

图 11-74 为湿法工艺流程图，喷（淋）化妆土浆工序可以根据砖坯白度及产品白度要求来考虑是否需要增加，为了解决"白线"问题建议取消。

（2）湿法工艺配方组成（表 11-33）

表 11-33　湿法工艺配方化学组成　　　　　wt%

化学成分	SiO_2	Al_2O_3	Fe_2O_3	CaO	TiO_2	MgO	K_2O+Na_2O	ZrO_2
湿法面浆层	68~72	17~21	0.1~0.3	0.1~0.3	0.1~0.5	0.5~1.0	6.5~8.5	0~3
底料层	68~72	17~21	0.3~0.6	0.3~0.6	0.1~0.5	0.5~1.0	5.0~7.0	0

（3）主要工艺技术参数

① 粉料制备：水分 6.5%~7.5%，堆积密度 0.86~0.92g/cm³，60 目以上颗粒 75%~90%。

② 布料：采用多维干混通体布料系统，一次布料成形，压机标准压力（400±10）×100kPa，冲压次数为 3.5~4.5 次/min。

③ 一次干燥：最高干燥温度 100~200℃，周期 55~65min，干燥坯水分 0.4%~0.8%；

④ 淋浆：喷水 30~90g/cm²，淋浆 1500~2300g/cm²，面浆密度 1.79~1.85g/cm³，流速 30~50s；

⑤ 二次干燥：干燥周期 30~60min，最高干燥温度 150~250℃，二次干燥坯水分 0.4%~0.8%。

⑥ 助渗时间 20~60min，定渗干燥温度 40~80℃，定渗时间 10~30min。

⑦ 烧成：烧成时间为 60~80min，烧成温度为 1200~1250℃。

⑧ 抛光：采用硬抛加柔抛相结合的方法，平均抛削量 0.1~0.2mm。

（4）关键控制要点

① 面浆性能要好。特别是面浆密度不低于 1.79g/cm³，水分不高于 29.5%，水分越低，后面二次干燥及窑炉面裂的压力就越小。

② 二次干燥时间不低于 30min，时间越长干燥越充分，越有机会增加面浆层厚度。同时二次干燥后的砖坯水分越低，对减少喷墨渗花色差梯度也越有利。

③ 定渗干燥温度 40~80℃，定渗时间 10~30min，定渗后的砖坯可以存放而色号稳定，有利于保证窑炉不空窑，同时也对减少渗花梯度有帮助。定渗干燥设备如图 11-75 所示。

2. 面浆加工工艺流程

面浆加工工艺流程如图 11-76 所示。

图 11-76 为面浆加工工艺流程图，其中面浆主要原料都是抛光砖面料所使用的原矿砂石料。球磨机

图 11-75　定渗干燥设备

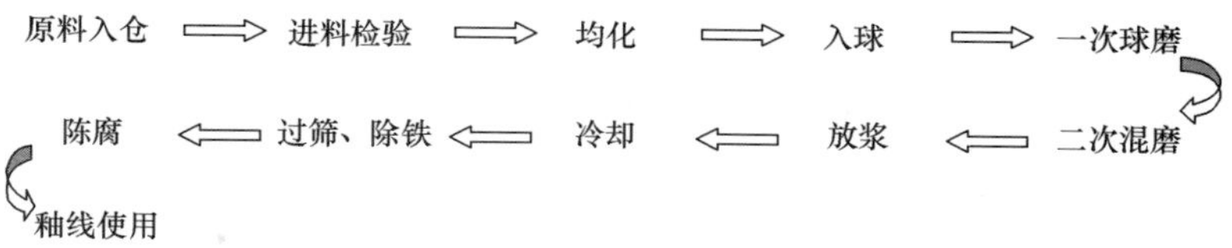

原料入仓 ⟹ 进料检验 ⟹ 均化 ⟹ 入球 ⟹ 一次球磨

陈腐 ⟸ 过筛、除铁 ⟸ 冷却 ⟸ 放浆 ⟸ 二次混磨

釉线使用

图 11-76　面浆加工工艺流程图

一般采用 14t 或 40t 等规格大球，喂料机、过筛机及除铁机均可以使用抛光砖原料加工设备。

3. 面浆加工工艺控制要点

（1）原料选取

喷墨渗花墨水的发色表现依赖于坯体面浆层的白度和温度。在面浆原材料的选择上，经过深入分析，我们选用钾钠长石以及一些白度较高的原材料，让烧成后的玻璃处于钾钠的中间态，使面浆层既具有钾质玻璃的高韧性、高强度，又具有钠质玻璃的高透感，且扩宽了面浆层的烧成温度；同时在原材料的选取上会选择杂质和油污少的原料，从源头上避免油污的带入，减少因凹釉缺陷造成的降级。

（2）球磨机球石级配和清洗

① 球石：高铝球石；球衬材质：高铝球衬。

② 球石配比：14t 球磨机可装 22t 球石，配比为 $\phi25 : \phi40 : \phi50 : \phi60 = 25\% : 30\% : 25\% : 20\%$。

③ 记录空高，当空高变大 10cm 后可加 $\phi60$mm 球石 40kg 和 $\phi50$mm 球石 60kg；当球磨时间变大 1h 以上也可适当地补加球石。

④ 初次使用新球需要注意球内杂质和油污，可用白度高的白砂、石粉等原料入球清洗。加满水后可再加 3 kg 清油剂（如威猛先生），球磨 5～6h 后放球；再加满自来水，球磨 5～6h，如此反复直至放出来的水较干净为止。

⑤ 正常球磨面浆时也要严格控制油污污染。可以通过添加 0.1%～0.5%诱渗剂来大幅减少面浆油污，同时它也有利于墨水实现快速下渗。

（3）球磨控制要点

① 面浆出球水分控制

面浆水分一般控制在 26%～30%之间。根据流速大小、解胶效果、球磨效率来综合评定，其中 27%～29%为最佳范围。

② 面浆密度控制

面浆密度分两个阶段分别进行控制。其中第一次为砂坭原料球磨阶段，第一阶段密度控制在

1.86～1.90g/cm³ 之间，预留好加入纳米硅助溶剂后引起密度的下降。第二次为加入助溶剂混磨阶段，纳米硅助溶剂在二次混磨时先化浆再加入。第二阶段密度控制在 1.80～1.85g/cm³ 之间。面浆密度过大易出现黏稠及结块现象，造成釉渣、釉痕等缺陷；面浆密度过小易出现飘釉现象，淋釉后会形成弧形钟罩纹。

③ 面浆球磨时间控制

面浆的球磨不同于普通的釉浆球磨，其需要进行两次球磨。第一次为砂坭的入料球磨，控制球时在 10h 左右。待第一次面浆砂坭原料球磨细度达标后，再加入助溶剂进行二次混磨，混磨时间控制在 0.5～1h 之间（根据试验研究发现，混磨时间过长或者过短对面浆性能及砖坯整体发色都有负面影响，混磨 0.5～1h 面浆性能和砖坯发色比较稳定，易于生产控制）。

当流速、密度、水分、细度接近的前提下，球磨总时间越长，其面浆性能越差，淋浆后的浆面效果越差。当球磨总时间超过 18h 后，容易出现较多的凹釉、针孔、桔皮、缩釉等缺陷。

（4）出球面浆性能

① 出球流速控制

一般出球流速控制在 50～90s 之间，根据陈腐 4～6d 内流速变化大小来定。当陈腐时流速变小超过 10s 可将流速控制在上限；当陈腐时流速变小 5s 或变大，则走下限；根据季节性变化，春夏季细菌繁殖迅速，甲基变质快，导致流速变小，可将流速控制到上限，也可使用 0.05％ 的防腐剂来缓解甲基变质。

流速控制方法及要点：通过调整配方和甲基的用量来调整流速的大小，中低黏甲基 0.05％～0.1％，中高黏甲基用量不要超过 0.05％，甲基过多会造成面浆中的气泡多，且难以排出，淋浆易出现凹釉、针孔等缺陷。

② 出球细度控制

出球整体细度一般控制在 325 目筛余 3.0～5.0g 之间，可根据面料的耐火度来调整大小。当然细度范围的选择也要顾及浆料沉淀等性能是否符合钟罩使用的要求。

（5）浆料降温及防杂要求

浆罐应该放置在阴凉通风的区域，要远离窑炉、喷雾塔、污水池等。因为到了夏秋季节随着环境温度的升高，浆罐罐体吸热造成面浆温度升高，会导致流速波动，必须安装排气口和降温设备（采用浆罐罐体喷水及接水槽装置，以达到降温效果）；浆罐区域安装顶棚防止上面铁锈掉落；浆罐的电机、罐面等区域每天都要保持干净，釉缸内部也需要定期清洗。

（6）陈腐

当面浆细度合格后，进行除铁、过 120～160 目筛至浆罐陈腐。陈腐周期必须在 2d 以上，最佳陈腐周期为 3～6d。陈腐周期不够会造成釉浆里的气泡和有机物难以排出，在淋浆时容易出现凹釉和针孔等缺陷。陈腐后面浆流速控制在 40～60s，为釉线使用时的最佳状态。浆罐电机必须由变频器控制搅拌速度，可通过调整搅拌速度来调整面浆的流速大小。

湿法喷墨渗花工艺属于近年来推出的新工艺，生产关键控制环节较多，其中面浆性能、二次干燥及定渗干燥是容易被大家忽视但非常重要的控制环节。所以制备高质量的湿法喷墨渗花产品，面浆的控制显得尤为重要。本节着重从面浆配方、面浆加工、面浆陈腐等几个方面阐述湿法工艺及面浆加工控制要点及方法，希望能给相关企业有一些借鉴作用。

11.16.7　两种喷墨渗花生产工艺的对比分析

喷墨渗花砖是以传统坯体为主，在产品纹理的成形上采取渗透墨水下渗并与坯体表面材料反应发色所生产的一种新型抛光砖。它与传统渗花砖概念类似，喷墨渗透砖在进行喷墨工艺后，渗透墨水渗透下陷进入砖体，通过助渗剂将渗透墨水做到定向渗透，烧成之后再进行抛光工艺，使得产品的图案丰富、清晰和更加立体；同时产品具有高硬度、高耐磨性。本节对现有建材行业内常见的两种喷墨渗花生产工艺进行对比分析，为稳定生产喷墨渗花产品提供一些技术建议，也为不同厂家应用喷墨渗花工艺开发新产品提供一些参考。

1. 两种常见喷墨渗花工艺的现状

2013 年 Metco 公司开始推广渗花墨水及技术，先后与东鹏、诺贝尔、蒙娜丽莎、宏宇、新明珠等企业合作，成功推出了渗花墨水瓷砖产品。

（1）干法和湿法工艺定义

所谓干法和湿法喷墨渗花工艺，也有人叫布料和淋浆喷墨渗花工艺，它们是对建材行业近年兴起的喷墨渗花新技术在瓷砖领域应用的两种最常见工艺路线的一种较通用的说法。其中干法喷墨渗花（以下简称干法）工艺是指采用两次布料方式形成内含具有诱导发色元素（如多孔纳米硅、二氧化钛等）的面料层，并在面料层上喷墨打印具有渗透能力的有机离子型色料墨水，通过窑炉高温烧成下反应生成新的着色化合物（如硅铁红）而进行表面装饰的一种方法。干法工艺是由东鹏陶瓷公司在行业内首先提出（目前已获得 8 项专利授权），其一代及二代原石系列产品是应用干法工艺的典型代表。

湿法喷墨渗花（以下简称湿法）工艺是指采用湿法淋浆方式形成内含具有诱导发色元素（如多孔纳米硅、二氧化钛等）的面浆层，并在面浆层上喷墨打印具有渗透能力的有机离子型色料墨水，通过窑炉高温烧成下反应生成新的着色化合物（如硅铁红）而进行表面装饰的一种方法。应用该工艺的典型代表是诺贝尔的瓷抛砖和东鹏原石 2.0＋系列等。

（2）干法和湿法工艺流程介绍

① 干法工艺流程

图 11-77 为干法工艺流程图，根据扫坯工序可以放在压机与干燥之间，也可以放在（二次）干燥与喷墨之间，各企业可以根据现场位置及砖坯强度等情况进行选择，建议优先考虑安装在压机与干燥之间。

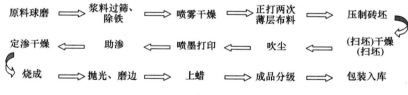

图 11-77 喷墨渗花产品干法工艺流程图

② 湿法工艺流程

图 11-78 为湿法工艺流程图，喷（淋）化妆土浆工序可以根据砖坯白度及产品白度要求来考虑是否需要增加，为了解决"白线"问题建议取消。

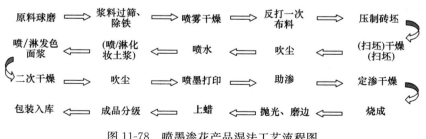

图 11-78 喷墨渗花产品湿法工艺流程图

2. 干法和湿法工艺生产对比与分析

（1）配方结构考虑点对比

干法工艺在发色面料配方上需要重点平衡好粉料的结合强度与发色性能，在确保配方强度的基础上保证墨水的稳定发色，尤其是红色墨水的发色。而湿法工艺在发色面浆配方上则要重点考虑浆料性能和浆料水分的关系，尽可能做到浆料性能满足淋浆要求的基础之上，浆料水分控制越小越好（表11-34）。

表 11-34　干法面料层及湿法面浆层化学组成　　　　　　　wt%

化学成分	SiO$_2$	Al$_2$O$_3$	Fe$_2$O$_3$	CaO	TiO$_2$	MgO	K$_2$O+Na$_2$O	ZrO$_2$
干法面料层	68~72	17~21	0.2~0.5	0.1~0.3	0.1~0.5	0.5~1.0	5.5~7.5	0~2
湿法面浆层	68~72	17~21	0.1~0.3	0.1~0.3	0.1~0.5	0.5~1.0	6.5~8.5	0~3

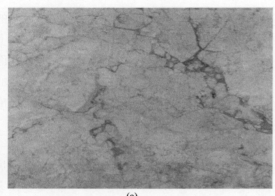
(a)

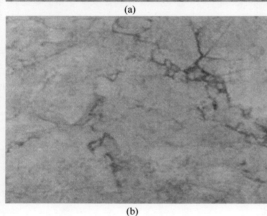
(b)

图 11-79　两种工艺产品的喷墨渗花产品效果
（a）干法工艺产品；（b）湿法工艺产品

（2）布料要求对比

由于发色面料层配方成本较高，所以如何实现既薄又均匀的表面层是干法工艺对压机布料环节的核心要求。目前行业水平普遍将面料层厚度控制在 0.8~2.0mm 之间，厚度越薄工艺控制要求越高而成本越低。而湿法工艺则对布料没有此项要求，因为湿法工艺发色层是通过淋浆或喷釉的形式施布上去的。

（3）二次干燥

由于湿法工艺形成的发色面浆层含水较大，而喷墨渗花墨水属于有机酸离子型态，对水不互溶，难以渗透到发色层内部。所以需要将淋浆后的砖坯进行二次干燥，彻底排除面浆层的水分至 0.4%~0.8%。水分排除越彻底，渗透效果越稳定。而干法工艺因没有淋浆工序也就没有此项要求。

（4）喷墨前的粉尘控制

由于砖坯表面的粉尘会在喷墨打印机喷射工作下产生飞扬并吸附到喷头表面，造成喷孔堵塞。所以保持砖坯表面清洁无尘至关重要，尤其是针对干法工艺，因为其在扫坯后就要直接喷墨打印，砖面粉尘更加容易飞扬造成喷头堵塞。

（5）两种工艺产品的表现力对比及原因分析

在同等渗透深度（0.4~0.6mm）的条件下，图11-79（a）所示的干法工艺产品纹理清晰度要好于图11-79（b）所示的湿法工艺产品，这是由于干法面料层经过压机压制后表面致密度高，并且粉料水分低，干燥后所形成的毛细孔也少，因而墨水在渗透过程中往横向渗透的速度就要慢一些。

（6）两种工艺产品性能对比分析（表11-35）

表 11-35　两种工艺产品与传统抛光砖性能对比

项　目	传统抛光砖	东鹏干法	东鹏湿法	备　注
断裂模数（MPa）	≥38	≥38	≥38	国标：≥35
摩氏硬度（度）	5级	5级	5级	—
耐磨性（mm^3）	92~112	92~112	92~112	国标：≤175
耐污性	5级	5级	5级	—
花纹呈现方式	料车布料	喷墨渗透打印	喷墨渗透打印	—
工艺特点	多管布料	正打薄层布料	淋浆工艺	—

续表

项　目	传统抛光砖	东鹏干法	东鹏湿法	备　注
通体效果	无	干混通体	干混通体	—
图案纹理丰富度	纹理变化少，颜色范围宽	纹理变化多，颜色范围偏浅中色域	纹理变化多，颜色范围偏浅中色域	渗花产品对深黑、深棕等特深色发色尚未完善
面相	抛坯、亚光、柔光、抛光	自然、亚光、柔光、抛光、凹凸面	亚光、柔光、抛光	湿法面相少
肌理立体感	较弱	强烈	居中	—
平均抛屑量	0.6～1.2mm	0.1～0.3mm	0.1～0.3mm	产品的抛屑量均为传统抛光砖的 1/5 以内
成本	较低	较高	居中	—

3. 两种工艺的优缺点对比分析

（1）干法工艺的优势分析

干法工艺由于其纹理清晰度相对要高，并且可以结合布料技术和不同的模具设计达成各种不同的立体纹理和表面凹凸效果，因而其综合的产品表现力和未来产品的可拓性更高一筹。由于其工艺流程基本与抛光砖一致，没有釉线的二次干燥，所以更适合在原来生产抛光砖的生产线进行技改，这样一次性技改的设备费用就相对较低。

（2）湿法工艺的优势分析

湿法工艺由于面浆不用考虑结合强度，其配方中用泥量少因而白度相对较高，比较适合开发一些高白度的卡拉拉等石材纹理。同时由于湿法面层较薄且墨水用量相对较少（表 11-36），因而其生产中实际耗用成本相对较低。由于其工艺流程与抛釉砖特别是厚抛釉基本一致，比较适合在原来生产抛釉砖的生产线进行技改。

表 11-36　发色面层厚度及两种工艺产品墨水使用量对比

项　目	干法工艺	湿法工艺
面层浆/粉料厚度（mm）	0.8～2.0	0.4～0.8
渗透层深度（mm）	0.4～0.8	0.3～0.6
颜色墨水总用量（g/m²）	0～50	0～40
助渗剂墨水用量（g/m²）	30～60	20～40

4. 两种工艺的发展趋势预测

从以上的分析可以看出两种工艺各自有不同的优缺点，目前从各公司推出该类产品的实际情况来看，干法和湿法工艺也基本呈现平分秋色的现象。甚至也有一些企业同时采用两种工艺进行生产销售的情况，如东鹏陶瓷。未来预计这种情况还会继续存在，并且将来也可能会出现在同一生产线上同时具备两种工艺进行生产的条件，企业完全可以按照产品设计及成本考量等因素对两种工艺进行选择和切换。

喷墨渗花工艺的成功推出并抢占部分抛光砖和全抛釉市场，将是具有革命性的技术研发新方向。目前常见的两种干法和湿法喷墨渗花工艺产品的各项物理性能基本与传统抛光砖一致，但也存在各自的优势。其中干法纹理相对更清新、面相更丰富，但生产成本相对较高，比较适合于原来生产抛光砖的企业进行选择；而湿法生产成本相对较低，但纹理清晰度稍差，面相较单一，比较适合于原来生产全抛釉或者厚抛釉的企业进行选择。当然企业也可以同时兼顾两种工艺，并根据实际产品的特性、设计、成本等因素随时对两种工艺进行选择和切换。预测未来这两种工艺还将继续保留下来，为传统陶瓷企业转型升级提供一些新的工艺思路和方法参考。

11.16.8 陶瓷喷墨渗花工艺技术研究进展

喷墨打印技术是 20 世纪 70 年代末开发成功的一种非接触式的数字印刷技术，它将墨水通过打印喷头上的喷嘴喷射到各种介质表面上，实现了非接触、高速度、低噪声的单色和彩色的文字和图像印刷。陶瓷喷墨打印技术是在喷墨打印技术的基础上，将特殊的粉体制备成墨水，利用特制的打印机可以将配置好的墨水直接打印到陶瓷的表面上进行表面改性或表面装饰。其与传统的陶瓷表面装饰技术相比具有诸多的优势，例如能够实现产品个性化设计与制造，既节省时间，又提高效率；同时有利于实现多种图案小批量的陶瓷制品生产，特别适合于设计复杂图案，进一步提高陶瓷装饰效果。

陶瓷喷墨打印技术 2009 年以来在国内陶瓷墙地砖生产中逐步普及，墨水的颜色也逐渐丰富，到现在全国几乎所有陶瓷厂都使用喷墨打印技术生产产品。但是目前大部分企业使用的喷墨墨水都只能在产品表面着色，因此抛釉砖必须在喷墨打印后再淋一层透明釉，烧成后抛光。抛釉砖产品的透明釉厚度不能太厚，否则会影响产品的颜色和透感，因此只能使用弹性模块抛光，产品平整度较差，表面呈波浪状起伏。抛光砖虽然表面平整，但是布料方式的图案清晰程度和纹理丰富性远不如喷墨打印。虽然有渗花抛光砖产品，图案变化相对较多，但是水性的渗花釉扩散严重，导致产品图案模糊。如果将渗花釉和喷墨打印技术结合起来，则既能获得清晰丰富的表面图案，又能提高产品抛光后的表面平整度。

2012 年，诺贝尔与 Metco 合作，在国内率先推出喷墨渗花抛光砖产品。至今，先后有东鹏、蒙娜丽莎、新明珠等与 Metco 合作研发生产。国内的道氏、伯陶、迈瑞斯、明朝、彩佳、安倍尔等公司相继推出渗花墨水，增加渗花墨水的选择性。同时，诸多厂家推出了喷墨渗花产品，产品取名各不相同，主要企业有天弼、宏宇、卡米亚、能强、金意陶、伟强、华硕、石博士、博德等。国内瓷砖逐渐进入了喷墨渗花产品时代。

1. 渗花墨水基本性能

渗花墨水最先由国外的 Metco 公司推出，并在较长一段时间内几乎独占市场。国产渗花墨水经过多年的研究，近两年推出市场的产品逐渐增多，包括道氏、伯陶、迈瑞斯、明朝、彩佳、安倍尔等，且大部分都与陶瓷墙地砖生产厂家联合推出喷墨渗花产品。从产品的效果上看，国产渗花墨水与进口渗花墨水已无明显区别，但是在使用过程中还是存在一些不足。

（1）渗花墨水与常规喷墨墨水的区别

渗花墨水是一种渗透型墨水，也是一种溶剂型墨水，采用可溶性金属盐作为着色剂，然后搭配相应的助剂以及溶剂制备成渗花墨水。与常规喷墨墨水相比，渗花墨水的着色剂一般为离子化合物，而常规墨水的着色剂为亚纳米级无机色料；助剂方面渗花墨水对悬浮性的要求没有常规墨水那么严格，但是对墨水的黏度、表面张力、pH 值有一定的要求。渗花墨水经喷墨打印机打印后在砖面具有渗透能力，烧成后着色剂在高温下转化为能呈现颜色的金属氧化物，形成图案。

渗花墨水的发色方式与常规喷墨墨水不同，常规喷墨墨水是无机颜料型墨水，一般采用分散法制得。分散法是目前陶瓷墨水制备中最常见的一种方法，其工艺是先将超细陶瓷粉体或着色剂颗粒同溶剂、分散剂等一起通过球磨混合，加入结合剂、表面活性剂、pH 调节剂、电解质等助剂后，通过机械分散得到稳定的悬浮液即陶瓷喷墨墨水。分散法与传统的浆料制备较为接近，根据静电位阻稳定机制，需要加入各种物性调节剂以及助剂使墨水达到稳定状态。分散法制备工艺简单，成本较低，且制得的陶瓷墨水发色效果及发色稳定性较好。

渗花墨水采用离子化合物作着色剂，制备成有机金属盐溶解在溶剂中，在高温下转化成能呈色的金属氧化物。渗花墨水的颜色由金属离子的发色规律决定，如钴呈蓝色，铁呈红色或褐色，铬呈黄色或绿色，镍呈绿色。受限于金属离子的着色方式，现有渗花墨水的颜色局限于蓝、棕、黄三种颜色，除了蓝色渗花墨水之外，其他的渗花墨水的发色能力远弱于常规喷墨墨水，需要配合大喷墨量的喷头使用。

（2）渗透性

渗花墨水具有一定的渗透性，但是无法控制其渗透方向，容易同时在纵向和横向扩散，若墨水横向扩散过多会导致图案模糊，因此生产中需要搭配助渗剂实现纵向渗透。助渗剂本质上是一种或几种矿物油的混合物，通过控制其表面张力、黏度，能够促进渗花墨水中着色剂沿着陶瓷坯体中的孔隙纵向渗透，并改善图案的清晰程度。但是助渗剂因为使着色剂纵向渗透，会减弱渗花墨水在产品表面的发色能力，因此要求助渗剂不能将着色剂完全渗透到坯体底部，而是要逐步渗透。此外，渗花墨水在产品表面的发色深浅还受坯体干燥时间影响。干燥时间越长则产品表面发色越浅，渗透深度越深；干燥时间越短则表面发色越深，渗透深度越浅。在生产中要平衡渗花墨水的渗透深度和表面发色深浅，使产品表面和内部发色接近，有利于提高产品抛光后的稳定性。

（3）其他特性

渗花墨水的稳定性比普通喷墨墨水差，主要表现为在 35～40℃时容易变质，渗花墨水黏度等参数发生变化，导致波形文件不匹配及喷墨拉线等问题。渗花墨水的黏度、表面张力、pH 值、电导率等特性均会影响其使用性能，通过测试多家公司的渗花墨水，40℃时的黏度在 13～19mPa·s，表面张力在 25～28mN/m，pH 值在 4.2～8.0。

① 黏度

黏度是影响打印效果的一个重要因素，黏度过高会造成墨水在墨盒中流动不畅，在喷射的过程中也难以保证墨水顺畅地通过细小的喷墨头，以至造成堵塞喷头的现象。过低的黏度也会造成喷射困难，影响墨水的正常喷射。墨水的黏度还需要和喷头相适应，不同的喷头对墨水的黏度范围有不同的要求。

② 表面张力

渗花墨水的表面张力适当时才能形成标准墨滴，如果表面张力过大，墨流将难以断裂，将导致墨滴打印不流畅。墨水的表面张力低，则墨滴与纸张的接触角小，有助于提高覆盖率，得到高质量的图案。但表面张力过小时，墨水非常容易扩散，影响图案的清晰程度。

③ pH 值

pH 值过低（呈酸性）墨水会腐蚀墨盒；pH 值过高（呈碱性）会产生额外的盐而减低墨盒的使用寿命，并提高电导率。墨水的电导率受墨水的盐类和离子性决定，墨水中的盐分会损坏墨盒甚至使墨盒失效。墨水的电导率反映的是墨水的含盐量的高低，含盐量过高，会产生结晶，造成喷头堵塞现象。

④ 扩散性

渗花墨水相对常规墨水有一定的扩散性，扩散较大时会影响图案的清晰程度，使产品丧失喷墨的优势。黄色墨水扩散较小，基本在 3％以内；蓝色墨水扩散一般在 10％～30％之间；棕色墨水扩散最严重，在 25％～45％。除墨水本身外，助渗剂的种类和用量、干燥的温度和时间、喷墨时的坯体温度都会影响渗花墨水的扩散性。此外，在设计文件时，要根据渗花墨水的扩散能力将喷墨文件做相应的处理，尤其是线条石纹纹理。

2. 渗花墨水使用设备

（1）喷墨打印机

渗花墨水使用的喷墨打印机与常规墨水使用的相同，保证不同产品交替生产时的稳定性，在国内主要使用的喷墨打印机有进口的 Cretaprint、Tecno、Kerajet，国产的有希望、新景泰、彩神等。进口喷墨打印机整体使用效果更好，体现在硬件及软件两个方面。

硬件方面进口喷墨打印机有更加完善的供墨、墨水循环、过滤、除尘等系统，能够单独调整每个喷头的喷墨量,并且能加载更大更多的文件,反应速度更快,Cretaprint 的喷墨打印机还可以实现两块砖同时打印不同图案。

软件方面,进口喷墨打印机的操作更加人性化,比如能同时加载多个喷墨文件,打印模式更加丰富,能在生产的同时渲染另外的喷墨文件,能够指定插入打印的文件和次数,有配套的色彩管理系统,可以减少工艺设计人员的工作量。

（2）喷头

无论是进口喷墨打印机还是国产喷墨打印机,所用的喷头都是进口的。渗花墨水因为喷墨量较大,需要使用大墨量的喷头,主要有东芝 XL、赛尔 GS40、星光 1024、精工、柯尼卡 KM1024ILHE。这些喷头的工作频率、对渗花墨水的性能要求不尽相同,共同特点是最大喷墨量大于 100pL。喷头生产厂家会根据自身喷头的特点,对使用的墨水做出相应的要求。其中精工喷头相对其他喷头属于高频喷头,要求配套墨水的黏度较低。

（3）波形文件

每一种墨水需要经过喷头生产厂家的认证,然后根据墨水的特性设计一个适合该墨水的波形文件。在喷墨打印机上使用该墨水的时候,要在对应的通道上加载经过认证的波形文件,喷墨打印机才能正常打印该墨水。如果没有对应的波形文件,即使使用同样的喷墨打印机和喷头,也有可能出现各种缺陷,主要缺陷如下:

① 无法打印,即喷墨打印机已经开始工作,但是无法打印出墨水。

② 缺墨,即打印过程中会随机时间和位置出现无墨水的情况。

③ 拉线,即打印时会随机出现偏深或偏浅的线状图案,宽度至少 1～3mm,严重时接近喷头宽度。

④ 水纹,即打印的图案像是浸入水中一般,有明显的深浅变化和波纹状纹理。

⑤ 模糊,即墨水打印位置无法按照文件设计打印,或者无法正常控制墨滴大小,造成图案模糊。

可见波形文件对于墨水的重要性,进口墨水在出厂前就已经通过喷头公司的认证。国产墨水这方面还需要加强,只有部分墨水得到喷头公司的认证;很多墨水只是在喷墨打印机上加载其他公司墨水的波形文件,通过实验选择能够正常工作的参数,但是长期生产的稳定性难以保证。

3. 喷墨渗花产品生产工艺

不同厂家实现喷墨渗花产品的生产工艺有所区别,产品也各有特点。有代表性的产品生产工艺方案有二次布料、淋面浆料以及通体一次布料结合淋浆 3 种。

（1）二次布料工艺

此工艺方案基本采用抛光砖二次布料的工艺流程,基本工艺流程为:二次布料→压制→干燥→磨坯→喷墨渗花→喷助渗剂→烧成→中性抛。采用此工艺方案的代表企业有东鹏、天弼、宏宇。由于工艺方案与二次布料的抛光砖基本一致,只是使用渗花墨水替代有色微粉布料,使产品的图案相对抛光砖更加清晰,变化更加丰富。

该工艺方案主要优点如下:一是产品的内质与抛光砖接近,莫氏硬度高于抛釉砖,由于图案深入面料中,耐磨程度更高,适用于人流量较大的场所;二是对生产线改造小,只需要在现有的抛光砖生产线加装一台喷墨打印机即可;三是对底料白度要求不高,可以较好地控制坯体成本。

该工艺方案的主要缺点如下:一是采用二次布料工艺,面料中需加入发色剂促进渗花墨水发色,而现阶段助色剂价格昂贵,导致产品成本居高不下;二是布料的均匀程度对砖型影响大,使产品的砖型难以控制,从而影响抛光平整度;三是无法实现天然石材表面石纹线的凹凸立体效果;四是二次布料工艺中面料的厚度一般在 3mm,而渗花墨水的渗透深度不足 1mm,因此采用此工艺方案的产品在经过倒边、拉槽等冷加工后,会显现出底料层、面料层、渗花墨水层 3 种完全不同的颜色,影响装饰效果;五是表面图案比较模糊。

（2）淋面料浆工艺

此工艺方案与常规瓷质釉面砖的生产工艺基本一致，基本工艺流程为：布白色粉料→压制→干燥→淋面料浆→干燥→喷墨渗花→喷助渗剂→烧成→中性抛。采用此工艺方案的代表企业有能强、石博士。该工艺方案与现有瓷质釉面砖生产线的布局一致，只是面料和喷墨墨水换成了渗花产品专用的，整个生产线布局和人员基本不需要调整，能够较快速地转换。

该工艺方案的主要优点如下：一是面料相对二次布料工艺明显偏薄，成本相对较低；二是淋浆厚度均匀，砖型相对容易控制；三是喷墨打印的图案较二次布料工艺更加清晰；四是产品表面平整度优于抛釉产品；五是产品表面莫氏硬度比抛釉产品高一个级别，耐磨性也更好；六是渗花墨水基本能渗透整个面料层，配合白度较高的坯体，产品的整体性更强。

该工艺方案的主要缺点如下：一是坯体粉料成本偏高；二是釉线在喷墨打印前需要增加一条较长的干燥窑，对釉线长度和布局有较高的要求；三是淋面料浆较薄或者没有化妆土时产品白度偏低，颜色不够鲜艳；四是无法实现天然石材表面石纹线的凹凸立体效果；五是倒边、拉槽等深加工效果仍然不如通体布料产品，拉槽偏深则会露出白色的坯体。

（3）通体一次布料结合淋浆工艺

此工艺方案坯体采用通体一次布料，淋浆工艺与淋面浆料工艺相同，基本工艺流程为：通体布料→压制→干燥→淋面料浆→干燥→喷墨渗花→喷助渗剂→烧成→中性抛。采用此工艺方案的代表企业有诺贝尔、新明珠。该工艺方案相对比较复杂，对坯体粉料要求较高，釉线与现有抛釉砖生产线基本保持一致。

该工艺方案的主要优点如下：一是坯体为通体布料，坯体的颜色与产品表面颜色接近，产品的整体感较好，可以满足倒边、拉槽等深加工装饰；二是面料相对二次布料工艺明显偏薄，成本相对较低；三是淋浆厚度均匀，砖型相对容易控制；四是产品表面平整度优于抛釉产品；五是产品表面莫氏硬度比抛釉产品高一个级别，耐磨性也更好。

该工艺方案的主要缺点如下：一是坯体粉料制备及压制方法与抛光砖产品类似，生产难度比使用白坯偏高；二是釉线在喷墨打印前需要增加一条较长的干燥窑，对釉线长度和布局有较高的要求；三是淋面料浆较薄或者没有化妆土时产品白度偏低，颜色不够鲜艳；四是无法实现天然石材表面石纹线的凹凸立体效果；五是总体成本偏高。

4. 现有喷墨渗花技术的不足及展望

喷墨打印技术自从应用在陶瓷墙地砖生产中，在行业中所占比重越来越大。随着喷墨打印技术的成熟，围绕着喷墨打印设备，行业内逐渐将亮光釉、下陷釉、白釉、金属釉等工艺转移到喷墨打印平台。渗花砖作为一种特殊产品，在此环境下也转化为喷墨打印工艺，在图案清晰程度方面比传统工艺有着长足的进步。但是，喷墨渗花工艺技术还有许多需要改进的地方：

（1）国产渗花墨水的研发远不如常规墨水，在发色能力和稳定性方面较 Metco 还有一定差距，与常规墨水相比色域明显偏窄。

（2）喷头和喷墨打印机制造商对国产渗花墨水接受程度不高，缺乏完善的认证和相应的波形文件。

（3）没有专门针对渗花墨水开发的喷头。

（4）助渗剂的定向渗透仍显不足，渗花墨水扩散性问题没有从根本上得到解决。

（5）渗透深度与传统渗花釉相比偏浅，导致生产难度偏大，抛光时也不能完全采用硬抛，产品表面平整度远不如抛光砖和微晶产品。

渗花墨水因其渗透性带来的产品表面图案透感和立体感则是常规墨水难以达到的效果。随着技术的不断进步，相信喷墨渗花工艺在墨水发色、渗透深度、扩散性方面均会有长远提升。届时更多的企业会投入喷墨渗花产品的生产，其产品效果也会有所突破。

11.16.9 渗透墨水在抛光砖生产中的运用

渗透墨水的宣传如火如荼。而且以渗透墨水渗花工艺生产抛光砖产品，即全称为渗墨抛光砖的生产工艺已日趋成熟。鉴于目前瓷砖市场的萧条，抛釉砖和抛光砖的市场争锋也愈演愈烈。从市场前景来看，渗墨抛光砖的异军突起，将必然超越抛釉砖和微粉抛光砖成为国内瓷砖消费先导。

抛釉砖因其生产工艺简单、整线投资成本较低、生产成本也相对较低而受投资者追捧，而且产品花色因喷墨打印机的开发运用而显得花色品种丰富多彩而受市场欢迎。其缺点是：产品硬度较低（莫氏5度以下），耐磨度较低，使用寿命在5～8年之间。而目前聚晶微粉抛光砖之所以还占据一定的市场，是因其产品色调简洁流畅、产品硬度高（莫氏7度以上）、耐磨度好，使用寿命达20年仍光洁如新。其缺点是：投资占地面积大、设备投资大、生产工艺复杂，生产控制难度大，因其产量严重过剩而利润率大幅降低，投资者也大大地减少了投资兴趣；市场上聚晶微粉抛光砖花色品种以浅色为主，复古建筑、重彩艺术装饰难以施展拳脚。渗墨抛光砖的兴起，正好决解了抛釉砖与抛光砖各自的缺陷，继承了两大系列产品绝对优势：① 渗透墨水适用于喷墨打印机的生产，多通道、多喷头的设备现状，解决了抛光砖深色产品的制造缺陷，丰富了抛光砖的色泽种类；② 产品莫氏硬度≥6度，解决了抛釉砖的硬度低、耐磨性差的缺陷，使用寿命可达10年以上；③ 采用一次布料，提高了产品压制成形速度，降低了大产量、超多台压机的投入成本。④ 因其产品色彩丰富、立体感强，适应了多类装饰效果的要求，增强了市场适应力。

尽管，喷墨抛光砖是今后瓷砖市场的发展趋势，是主流，但实际生产应用中的诸多问题亟待解决。

1. 渗透墨水的渗透深度

（1）目前市场开发的渗透墨水的平均垂直渗透深度是0.6～1.0mm。按抛光砖的加工工艺——刮平抛光的具体要求，800mm×800mm规格的抛光砖产品刮平抛光深度是0.8～1.2mm，由于实际生产管理控制过程中窑炉受多种因素的影响存在一定的波动，批量产品的平整度也将随窑炉的波动有所变化，如果按抛光砖的加工工艺标准去控制渗墨抛光砖的刮平抛光深度，那么，产品将存在批量的缺花、渗花不良或者渗花阴阳色等产品质量缺陷。

（2）为了稳定产品在烧制过程中的平整度，如将喷墨抛光砖的窑炉平整度按抛釉砖的标准去控制，即800mm×800mm规格的产品窑炉平整度控制在对角下弯≤0.8mm，单边下弯≤0.5mm，翘角、凹边不允许。那么为了得到相应的控制标准，所必然采取的手段是加大坯体厚度，加大坯体致密度来保证产品平整度，但坯体致密度增加后其渗透墨水的渗透难度进一步加大，渗透效果仍不理想。

（3）有喷墨墨水商家提出，其在国外的生产实验中有渗透深度达到3mm，但渗透深度过大时，墨水在不同层位产生一定的渗透梯度，抛光后的产品仍然会在一定的程度上存在花纹不均等缺陷。加之，我国抛光砖窑炉生产线在当前的设计均在往400m以上的方向发展，那么在高产量、快速度的情况之下，原有墨水的渗透深度会大打折扣。

因此，实际生产管理控制中，渗透墨水的垂直渗透深度应仍以1.2～1.5mm为控制标准，并且其表面扩张力也在保持花纹扩散均匀的范围内才能够在高产量下保持稳定的产品质量。个人认为，为保持渗透墨水的良好渗透性，建议生产中仍加入一定量的助渗剂来解决渗透深度问题。

2. 坯体裂纹问题

近年来相继有多家企业开始尝试生产喷墨抛光砖。根据生产一线反馈回来的问题，该类产品坯体裂纹较为普遍，有时达批量产品40%，该类裂纹均为肉眼难以观察到的细丝裂纹，只有过完抛光之后，在产品等级划分处迎着强光侧面细管才能发现，而且这种细丝裂纹在单片砖上不止一处，有的多达十几处。

坯体裂纹产生原因的客观分析：其一，渗透墨水在渗透过程中渗透的均匀性较差，表面扩散力也不十分均匀，导致烧成过程中排水不一致时产生细裂纹；其二，烧成窑入窑水分偏大，一般情况下，坯体入窑水分控制在 1.2% 以下，如果偏大则产生裂纹。生产工艺控制中若要解决裂纹问题，仍需在釉线加入适量的助渗剂，加强渗花墨水的垂直渗透深度和表面扩散力的均匀性，另外，为确保入窑水分符合生产工艺要求，彻底解决细丝裂纹问题，建议在烧成窑前加一段干燥器。

3. 产品质量与生产成本问题

我国陶瓷行业的现实情况是目前产品库存量大，各类产品竞争激烈。而随着生产技术的日益成熟、生产装备的日益先进，大产量是我国陶瓷生产的必然趋势，并且原料成本、燃料成本、生产控制成本等都得纳入新产品开发的基本任务之中。尽管渗墨抛光砖产品有良好的市场前景，有诱人的利润空间，但随着该类产品生产的风起云涌，市场的竞争仍会异常激烈，因此，各类成本控制问题也得在实际生产中进行综合考虑。

11.17　喷墨专用面釉

11.17.1　喷墨面釉的组成

汉字中的"釉"，其含义是油状的光泽，所以古代用"油"字表示陶瓷制品表面的光泽，但又因为"油"这个字代表食物，后人经过种种考虑，修改结果就是取表示光彩的"采"合成为"釉"。陶瓷制品表面多半穿着一件光滑、平滑、漂亮的外衣，"赤膊上阵"的很少，这件五彩缤纷的外衣就是我们通常所说的釉。一般陶瓷坯体疏松多孔，表面粗糙，即使在坯体烧结良好，气孔率很低的情况下，由于坯体里晶相存在，表面仍粗糙无光，易吸污和吸湿，影响美观、卫生和使用性能。施釉的目的在于改善坯体的表面性能，提高产品的使用性能，提高发色剂的发色能力，增加产品的美感。

不同用途的陶瓷，其制作工艺各不相同，釉的种类和组成也就各不相同。釉的种类很多，可根据制品类型、熔剂和原料组成、制造方法、烧成温度及外观特征等不同角度进行分类，按外观特性可以分为透明釉、乳浊釉、虹彩釉、无光釉等。无光釉是乳浊釉的一种特例，无光釉的显微结构是在釉玻璃中析出大量的细微晶体从釉表层一直到内部均匀分布，在显微镜下观察，可见釉表面不平整，呈波浪纹状态，波顶距波底的差值为 $6\sim8\mu m$，有效地减弱了入射光线的镜面反射，增强了漫反射。无光釉的宏观效果是釉面呈丝绢状、蜡状或者玉石状光泽，不炫目。无光釉中的微晶体一般为钙长石、钡长石、硅锌矿、滑石、辉石、莫来石等。影响无光釉效果的因素有釉料组成、釉层厚度、加工因素、烧成制度等。

无光釉可以分为三大类：碱性无光釉、硅质无光釉、高岭质无光釉。碱性无光釉中的 Al_2O_3 和 SiO_2 都少，硅质无光釉的 Al_2O_3 少，高岭质无光釉的特征是 Al_2O_3 多 SiO_2 少；硅质无光釉是一种稍有乳浊的细腻的有微弱光泽的釉，发色能力强。

喷墨专用面釉属于硅质无光釉中的一种，但它又跟普通的无光釉有很大的不同，它适合陶瓷墨水的发色，是专门为提高墨水发色能力而研发的面釉。喷墨专用面釉所用的釉用原料大部分都是我们常用的。釉用原料可分为两种：天然矿物（石英、长石、高岭土、石灰石等）和化工原料（ZnO、硼砂、硼酸）。现在主流的面釉一般由长石、石英、氧化铝、黏土、墨水发色助色熔块等组成。喷墨专用面釉原料组成大致为：钾长石 0%～40%、钠长石 0%～40%、方解石 0%～10%、滑石 0%～10%、石英 10%～30%、水洗高岭土 5%～10%、煅烧高岭土 5%～10%、氧化铝 5%～10%、发色熔块 20%～40%、氧化锌 0%～3%、硅酸锆 8%～15%。化学组成大致见表 11-37。

表 11-37　面釉的化学组成　　　　　　　　　　　　　　　　wt%

SiO_2	Al_2O_3	CaO	MgO	KNaO	Li_2O	BaO	SrO	B_2O_3	ZnO	ZrO_2	I.L
56～65	16～21	0～4	0～4	5～10	1～3	5～8	2～4	3～8	0～3	5～8	4～8

喷墨专用面釉的釉式大致如下：

$$
\left.
\begin{array}{l}
0.3\sim0.5KNaO \\
0\sim0.1\ Li_2O \\
0\sim0.1CaO \\
0\sim0.1MgO \\
0\sim0.1SrO \\
0.1\sim0.3BaO \\
0\sim0.1ZnO
\end{array}
\right\}
\left.
\begin{array}{l}
0.5\sim1.0\ Al_2O_3 \\
0\sim0.1\ B_2O_3
\end{array}
\right\}
\left.
\begin{array}{l}
2.0\sim4.0SiO_2 \\
0\sim0.2ZrO_2
\end{array}
\right\}
$$

11.17.2 喷墨面釉的制作工艺

1. 配料

釉料配方确定后配料至关重要，应严格控制。一般是干法配料。要求称量设备必须准确，特别是配方中含量较少的物料，如电解质、添加剂等称量必须准确，必要时可以用较精密的天平称量。

2. 釉料研磨

釉料细度的控制是整个釉料制作过程的关键工艺点，釉料细度不但影响釉浆质量，而且影响釉面质量。釉料越细则釉浆稠度越高，越容易触变，影响使用效果，一般喷墨面釉的细度控制在 325 目筛余 1.0% 左右。

釉料研磨应该采用独用的球磨机进行。

3. 喷墨面釉的制釉工艺流程

制釉工艺流程：配料→球磨→测细度后放浆→除铁→过筛→入釉浆池→陈腐→使用。

陶瓷釉性能与釉浆质量关系紧密，为了保证顺利施釉并使稍后釉面具有预期的性能，对釉浆质量须严格要求。一般从以下方面予以控制：

（1）釉浆细度

釉浆的细度要适当，不能过粗或者过细。釉浆细度直接影响釉浆稠度和悬浮性，也影响釉浆与坯的黏附能力、釉的熔化温度以及烧后制品的釉面质量。一般说来，釉浆细，则浆体的悬浮性好，釉的熔化温度相应降低，釉坯黏附紧密且两者反应充分。但釉浆过细时，会导致釉料容易触变，影响使用效果；另外因釉料过细，高温反应过急，釉层中的气体难以排除，容易产生釉面棕眼、釉裂、缩釉和干釉等缺陷。现在喷墨面釉的釉浆细度一般控制在 325 目筛筛余在 1.0% 左右。

（2）釉浆密度

釉浆密度对施釉时间和釉层厚度起决定性作用。釉浆密度越大，短时间也容易获得较厚釉层，但过浓的釉浆会使釉层厚度不均，易开裂、缩釉等。目前淋釉工艺的釉浆密度控制在 1.85g/cm³ 左右，密度太小，容易出现水波纹。

（3）釉浆流动性与悬浮性

釉浆的流动性和悬浮性是施釉工艺中重要的性能要求之一。釉料的细度和釉浆中的水分含量是影响流动性的重要因素。细度增加，可使悬浮性变好、流动性好；但太细时釉浆变稠，触变性增强，流动性变差。增加水量可稀释釉浆，但却使釉浆密度降低，釉浆与坯体的黏附性变差。有效地改变釉浆流动性和触变性而不改变釉浆密度的方法就是加入电解质，釉浆常用的电解质一般为三聚磷酸钠，适量加入可增加釉浆的流动性；加入 CMC（羧甲基纤维素）可提高釉浆的悬浮性，另外 CMC 可以起保水的作用。

11.17.3　喷墨面釉的性能

（1）光泽度：一般控制在 8～12 度。

（2）热稳定性：稳定性又称抗热震性、耐急冷急热性；在 15℃ 和 145℃ 之间进行 10 次循环实验不裂。

（3）耐化学腐蚀性：《陶瓷试验方法　第 13 部分：耐化学腐蚀性的测定》（GB/T 3810.13—2016）测定方法有三种，目前陶瓷行业一般采用低浓度溶液检测方法，100g/L 的柠檬酸溶液浸泡 24h，无可见变化即 GLA 级别。

（4）抗釉裂性：要求不裂。

（5）耐污染性：陶瓷砖表面耐污染性共分为 5 级，第 5 级相对应于最易将一定的污染物从专门上清除。喷墨面釉的耐污染性可以达到 5 级。

（6）莫氏硬度：喷墨面釉的硬度一般在 7 左右。

（7）耐磨性：釉面砖的耐磨性按国标 GB 11950—89 测定，喷墨面釉的耐磨等级要求达到四级，即转速在大于 1500 转的情况下釉面没有明显痕迹。

11.17.4　陶瓷企业生产技术参数

施釉方式有很多种，陶瓷企业常见的施釉方式是淋釉和喷釉两种，下面的工艺参数是以淋釉方式举例。

1. 陶瓷企业喷墨釉面砖的生产工艺流程

坯料配料→球磨→过筛→除铁→陈腐→造粒→陈腐→压制→干燥→除尘→喷水→施面釉→喷墨印花→施保护釉→烧成→磨边→拣选→打包→入库。

2. 工艺参数

（1）某工厂的下球工艺参数：保护釉：甲基：三聚：水：硅酸锆＝100：0.25：0.3：43：15。

（2）出球流速控制在 80s 左右，密度 1.90g/cm^3。

（3）釉浆细度：325 目筛筛余 1.0% 左右。

（4）施釉量：800mm×800mm 砖 100g/碟（800mm×200mm）。

（5）窑炉工艺参数：烧成温度 1180～1200℃；烧成时间 50～60min。

11.17.5　喷墨面釉对墨水发色的影响

目前陶瓷墨水的制备方式一般采用分散法。分散法会影响晶体的结构，最终会影响发色剂的发色，降低发色剂的发色能力，最终影响墨水的发色能力，因此喷墨专用面釉的发色能力好坏直接影响墨水的发色。面釉是由各种陶瓷原料组成，面釉影响发色主要是各原材料对墨水的发色，各原材料对墨水发色影响如下：

（1）氧化锌：对红色发色比较好，并且可以使发色鲜艳。

（2）方解石：对黑色发色比较好。

（3）滑石：有利于红色发色，但偏暗。

（4）石英：有利于色料的发色，尤其利于红色、黄色的发色。

（5）钠长石：有利于黄色发色。

（6）钾长石：有利于红色发色。

（7）喷墨发色熔块：含有 BaO、Li_2O、SrO、B_2O_3；有利于各个墨水的发色。

（8）硅酸锆：有利于红色、黄色的发色，使发色鲜艳；但不利于黑色发色。

11.18　喷墨保护釉

喷墨保护釉顾名思义就是一种起到保护作用的釉。它的主要作用有四点：（1）防止排墨，使抛釉分布均匀；（2）在喷墨图案与抛釉之间建立缓冲层，保持图案清晰；（3）保护墨水的发色能力；（4）提高墨水的发色能力。

11.18.1　喷墨保护釉的组成

喷墨保护釉跟喷墨面釉不同。喷墨面釉属于无光乳浊釉，而喷墨保护釉属于透明釉范畴。对喷墨保护釉的要求有：不能吃色，不可与面釉或者抛釉发生反应导致针孔、缩釉、分层等不良缺陷的产生。它的原料组成大致为：钾长石 0%～40%、钠长石 0%～40%、方解石 0%～10%、白云石 0%～10%、石英 10%～30%、水洗高岭土 5%～10%、煅烧高岭土 10%～15%、氧化铝 0～3%、发色熔块 30%～60%、氧化锌 3%～5%。它的化学组成见表 11-38。

表 11-38　保护釉的化学组成　　　　　　　　　　　　　　　　wt%

SiO_2	Al_2O_3	CaO	MgO	KNaO	Li_2O	BaO	SrO	B_2O_3	ZnO	I.L
60～68	15～17	3～8	0～4	5～10	1～3	5～8	2～4	3～8	3～5	3～5

喷墨保护釉的釉式大致如下：

$$\left.\begin{array}{l} 0.3\sim0.5KNaO \\ 0\sim0.1Li_2O \\ 0.1\sim0.2CaO \\ 0\sim0.1MgO \\ 0\sim0.1SrO \\ 0.1\sim0.3BaO \\ 0\sim0.1ZnO \end{array}\right\} \left.\begin{array}{l} 0.4\sim0.7\ Al_2O_3 \\ 0\sim0.1B_2O_3 \end{array}\right\} 1.6\sim3.0SiO_2 \}$$

11.18.2　喷墨保护釉的制作工艺

1. 配料

釉料配方确定后配料至关重要，应严格控制。一般是干法配料。要求称量设备必须准确，特别是配方中含量较少的物料，如电解质、添加剂等称量必须准确，必要时可以用较精密的天平称量。

2. 釉料研磨

喷墨保护釉的釉料细度的控制是整个釉料制作过程的关键工艺点。喷墨保护釉一般采用印刷或者喷釉的方式，如果釉料细度太大，则容易堵网或者堵枪，影响印刷效果或者喷釉效果，降低生产优等率，提高了生产成本。

3. 喷墨保护釉的制作工艺流程

配料→球磨→测细度后放浆→除铁→过筛→入釉浆池→陈腐→加入印膏搅拌→过筛→使用。
喷墨保护釉的使用效果与釉浆的质量关系紧密，为了达到良好的使用效果，对保护釉的加工要严格

要求。一般从以下两个关键点予以控制:

（1）釉浆细度

喷墨保护釉的使用方法有印刷与喷釉两种。细度要求严格，要求 325 目筛全过。釉浆细度太大，则容易堵网堵枪，这样会导致生产的连续性被打乱，优等率下降，生产成本上涨。

（2）喷墨保护釉的加工方式、生产要求、品管方式与喷墨面釉基本相似，只是多了一个搅拌工序。搅拌工序虽然是一个体力活，但却是一个至关重要的工序，如果该工序控制不好，搅拌不均匀会导致色差的产生，以至于影响陶瓷企业的效益。在陶瓷厂使用印刷方式时通常将其与印膏搅拌后的密度控制在 $1.20\sim1.40g/cm^3$ 之间，具体应根据实际生产情况及生产条件做出适当调整。用作喷釉时需添加喷墨助剂，否则会产生缩釉。

11.18.3　陶瓷企业生产技术参数

1. 陶瓷企业喷墨釉面砖的生产工艺流程

坯料配料→球磨→过筛→除铁→陈腐→造粒→陈腐→压制→干燥→除尘→喷水→施面釉→喷墨印花→施保护釉→烧成→磨边→拣选→打包→入库。

2. 工艺参数

（1）某工厂的下球工艺参数：保护釉∶甲基∶三聚∶水＝100∶0.15∶0.3∶43。

（2）出球流速控制在 60s 左右，密度 $1.90g/cm^3$。

（3）釉浆细度：325 目筛筛余全过。

（4）喷墨保护釉使用密度：印刷方式，密度 $1.20\sim1.40g/cm^3$；喷釉方式，$1.30\sim1.50g/cm^3$，$600mm\times600mm$ 砖施釉量 30g/碟（$600mm\times300mm$）。

（5）窑炉工艺参数：烧成温度 1180～1200℃；烧成时间 50～60min。

11.18.4　喷墨保护釉对墨水发色的影响

喷墨面釉虽然可以提高墨水的发色能力，但在某些颜色（如红色、黄色）发色方面达不到人们的要求。相对而言，喷墨保护釉就是针对这种情况而研发的。喷墨保护釉不但可以提高墨水的发色，还可以保护墨水不受窑炉的影响，保证发色纯正。在上一节详细介绍了各种原材料对墨水发色的影响，这里就不介绍了。

11.18.5　喷墨保护釉未来的发展方向

喷墨保护釉目前只起到保护釉面的作用，提高发色的作用，未来十年喷墨保护釉应该会具备多种功能如浮层、下陷、皮革等效果。

参考文献

[1]　张颂第. 石湾建陶厂研制成功渗花瓷砖砖[J]. 建材工业信息，1992(2)：5.

[2]　贺伏平. 渗花瓷质砖的生产[J]. 佛山陶瓷，1996(3)：47-48.

[3]　王世兴. 一次性快烧瓷质渗花砖的研制[J]. 吉林建材，1997(1)：34-36.

[4]　蔡飞虎，霍亦，恩潘，荣邓，润添. 一次烧成瓷质渗花砖工艺控制[J]. 佛山陶瓷，1999(1)：11-12.

[5]　吴为华，陈来辉，叶祥，陈云飞. 渗花砖生产过程中釉线的工艺控制[J]. 佛山陶瓷，2003(6)：15-16.

[6]　汪庆刚，张松竹. 鲜黄色陶瓷渗花釉的研制[J]. 陶瓷，2005(12)：27-42.

[7]　裴新美，王祥乾. 高性能渗花釉的研制[J]. 佛山陶瓷，2005(6)：14-15.

[8] 贺伏平 . 渗花彩釉的研制[J]. 景德镇陶瓷，1971，6(1)：7-11.

[9] 共话跨国工匠精神，畅聊喷墨渗花技术[N]. 陶瓷网，2016-05-27.

[10] 叶欢庆 . 渗透墨水能让抛光砖重归"地砖之王"[N]. 陶城报，2016-05-08.

[11] 叶欢庆 . 美高渗透墨水打五折，"价格战"开始打了[N]. 陶城报，2016-05-08.

[12] 叶欢庆 . 起步晚十年，中国墨水终于开启"渗透热"[N]. 陶城报，2015-06-21.

[13] 刘婷 . 喷墨抛光砖：开始反攻全抛釉市场[N]. 陶瓷信息，2015-04-17.

[14] 黄让春，王华明，熊勋旺 . 浅谈抛釉砖淋釉釉浆性能控制方法[J]. 佛山陶瓷，2016，6：25-27.

[15] 张翼，石教艺 . 陶瓷渗花墨水的性能及研究状况[J]. 佛山陶瓷，2016，8：1-3.

[16] 柯林刚，屠天民，武祥珊，等 . 陶瓷表面装饰墨水的制备研究[J]. 中国陶瓷，2009，45(1)：30-34.

[17] 郭瑞松，齐海涛，郭多力，等 . 喷射打印成型用陶瓷墨水制备方法[J]. 无机材料学报，2011，16(6)：1049-1054.

[18] 王利锋，王富民，张旭斌，等 . 喷墨打印用陶瓷墨水的研究进展[J]. 硅酸盐通报，2013，32(5)：863-867.

[19] 黄惠宁，柯善军，孟庆娟，等 . 喷墨打印用陶瓷墨水的研究现状及其发展趋势[J]. 中国陶瓷，2012，48(2)：4-7.

[20] 蔡晓峰 . 喷墨打印技术与陶瓷墨水的制备[J]. 佛山陶瓷，2006，7：35-37.

[21] 秦威，胡东娜 . 陶瓷喷墨色料的生产及其工艺探讨[J]. 佛山陶瓷，2011，8：23-25.

[22] 石教艺，李向钰，张翼 . 一种可调渗透深度的陶瓷喷墨打印油墨及方法[P]. 中国专利：201510141827.9.

第 12 章　陶瓷激光打印与数字施釉技术

Chapter 12　Ceramic Laser Printing and Digital Glazing Technology

12.1　陶瓷激光打印现状以及在陶瓷应用中的前景

12.1.1　陶瓷激光打印现状

纵观陶瓷发展史，最初的陶瓷的色彩装饰都是手绘，后来出现模印、喷彩，直至出现丝网印刷，到如今正在大幅度地迈进数码时代。陶瓷生产线上瓷砖的印花装饰也经历了由平面丝网印刷到辊筒印刷的发展，目前又发展到了喷墨打印，可以预见之后就是陶瓷激光打印。

陶瓷高温激光打印首次出现是在 20 世纪末，当初是在改装的佳能彩色数码复印机 CLC700 上实现的。但陶瓷激光打印自诞生以后就一直是定位在高档艺术品的制作上，用这个工艺制作陶瓷风景画或照片，高温陶瓷图案可以基本还原原图色彩，一般都用来制作需要长期不变色的个性图案，如风景画、人物照片、拼图等，一个巴掌大的个性激光打印陶瓷照片在欧美一般都可卖到数百美元或欧元。

随着近几年陶瓷墙地砖喷墨打印的井喷发展，也显露了一些陶瓷喷墨打印的先天缺陷，比如陶瓷色料在纳米级尺寸发色弱致使很多陶瓷颜色不能正常显现，无法很好地还原全彩图像；陶瓷墨水色料尺寸稍大就容易出现堵塞喷头的情况，而陶瓷激光打印却可以完全解决这些问题，打印烧成后陶瓷色彩饱和度跟原始色彩基本无异。

国内已经有多家陶瓷机械设备厂家着手工业陶瓷激光打印机的开发研制工作，并有一家公司推出了瓷砖直接打印机概念机，现正处于陶瓷激光打印中试阶段。欧洲已经有成熟的激光陶瓷花纸打印机供应，也可以买到单片进砖的瓷砖打印机。

陶瓷印刷的历史，丝网印刷→辊筒印刷→喷墨打印，在直印的瓷砖生产中体现特别明显，现在瓷砖喷墨打印正处于井喷状态，除了抛光砖外基本其他瓷砖都在大量从丝网印刷转成喷墨打印。

在日用陶瓷生产中大量采用丝网印刷来制作陶瓷花纸，陶瓷激光打印仅用于少量高精度要求或个性陶瓷及打样的花纸。

12.1.2　陶瓷激光打印种类

目前陶瓷激光打印实际上基本可以分为 3 种，即陶瓷激光花纸打印、陶瓷直印激光打印、激光打标。

1. 陶瓷激光花纸打印机

陶瓷激光花纸打印机是利用改装的激光打印机或数码复印机把特制的陶瓷激光色粉打印到水转印纸上形成可以耐高温的图案，在高温陶瓷图案上盖一层转移膜后就成为高温陶瓷花纸。激光水转印花纸把图案转移到陶瓷釉表面，干燥后经高温烧成把图案永久保留在陶瓷表面，如图 12-1 所示。

激光陶瓷打印在 20 世纪已经出现，当时是利用佳能

图 12-1　陶瓷激光花纸打印机

CLC700 复印机把图案打印在水转印纸上做成耐高温陶瓷花纸，那时只有 6 个釉上颜色，用二手复印机改装的陶瓷花纸复印机价格卖到两万欧元左右，主要用于一些户外标识、个性壁画、人物照片和文物复制等。

十年前桌上彩色激光陶瓷打印机在新加坡出现，颜色有 7 种不同釉上陶瓷颜料，4 种无铅无镉陶瓷激光碳粉，4 种玻璃搪瓷，4 种 1200℃以上的高温碳粉，从此以后陶瓷花纸打印机价格迅速下降，陶瓷碳粉也发展到几十种之多。

经过十多年的发展，激光陶瓷花纸打印机已经从单张打印发展到了连续打印，目前 6 色宽幅卷纸花纸打印机已经在多家陶瓷花纸厂中使用。

陶瓷激光花纸打印机有办公室型、生产型单页打印机、连续整卷纸打印机。这种激光陶瓷花纸打印机一般用于个性陶瓷产品装饰、陶瓷艺术品、人物风景照片、拼画等。这个技术已经相当成熟。

2. 瓷砖直印激光打印机

由于陶瓷花纸需要泡水转贴并要在干燥以后才能烧成，工艺复杂、操作困难、效率低下，给在瓷砖生产上推广使用带来很大难度，瓷砖市场一直在期盼一种能直接在瓷砖上打印的激光陶瓷打印机的出

图 12-2　瓷砖直印激光打印机

现，欧洲陶瓷设备制造商也做了不少研究和尝试。用这种激光打印机可以把图案直接打印在陶瓷釉面或坯体表面，这种机器用的是陶瓷墨粉。目前的这种瓷砖打印机还在开发中，直接打印在釉面上的机器已经可以用于个性陶瓷打印，直接打印在陶瓷生坯上的概念机已经诞生，并有数家公司已经着手开发此机器，如图 12-2 所示。

目前已经开发出的激光瓷砖打印机有单色机器和彩色打印机，彩色瓷砖激光打印机一般为 4 色（CMYK）打印，也有 5 色打印的机器，即 CMYK（红黄蓝黑印刷标准色）颜色加一个专色，烧成颜色还原可以达到原图的 95%，可达到还原风景画和人物照片的水平。

瓷砖直印激光打印机参数见表 12-1。

表 12-1　瓷砖直印激光打印机的参数

最大打印宽度	450mm	激光打印头	LED
最大打印长度	1500mm	鼓	OPC
最大打印厚度	20mm	电压	220V
最大打印速度	8m/min	电力消耗	2.4kW
颜色	CMYK 加一个专色	机器重量	600kg
图象分辨率	2400dpi	外观尺寸	3000mm×1400mm×750mm

目前该机器为单片打印模式，瓷砖是手工放在打印小车上，小车通过激光打印机打印后从另一端出来后退回进砖端重新开始打印，要在瓷砖生产线上实现连续生产需要把打印进砖小车改用连续皮带方可。

3. 激光打标机

陶瓷激光打标机是利用高能激光束在陶瓷表面产生局部瞬间高温烧出所要的标记，为了使得标记更加明显，通常在陶瓷表面涂上一层陶瓷颜料或贴上陶瓷颜料花纸，用激光雕刻机直接把激光打在覆于陶瓷釉面表面的陶瓷颜料上，被激光照射到的陶瓷颜料会在激光的高温下熔化黏附于陶瓷釉面上，而未被激光照射到的部分就可轻易除去。这种工艺一般用于陶瓷单色激光打标。

12.1.3　陶瓷激光打印机原理

激光打印是电脑把图像信号转换成光电信号，照射到带电的感光鼓上，然后在被照射处吸附带定量相反电荷的墨粉，最后墨粉再转移到同样带电的印刷承载物体上，这个承载体通常是纸，对特殊行业也可以是陶瓷、搪瓷、有机塑料板、三合板等板材上。为了固定墨粉在承载体上通常还要加热使墨粉黏附在承载体上。

12.1.4　彩色激光打印机结构

彩色激光打印机实际上是由多套单色激光打印机系统组成，彩色激光打印机一般都是四色系统，即标准 CMYK 四色系统，墨粉颜色是青色、洋红、黄色和黑色，其他颜色都可以由这四种颜色组合而成。也有极少的 5 色或 6 色甚至 7 色彩色激光打印机，一般都是在 CMYK 的基础上加一两个专色或加 RGB 通道而成。

陶瓷花纸打印机一般由彩色激光打印机或复印机改装而成，A4、A3、A3$^+$、卷纸机器。

12.1.5　陶瓷激光打印机耗材、原料、工艺

1. 陶瓷花纸激光打印机

（1）陶瓷激光墨粉

陶瓷激光墨粉是以陶瓷颜料为主体的激光墨粉，是带定量定性电荷的陶瓷颜料。

（2）陶瓷激光打印转印纸

丝网印刷陶瓷花纸一般采用 150g 和 170g 水转印纸，由于激光打印是一次打印，不需要套色印刷但需要定影，因此一般选用 80～120g 的水转印纸来作陶瓷花纸底纸。由于多数用户打印个性陶瓷产品，所以一般都选用 A4 和 A3 规格的纸，只有工业大机器才选用卷纸。

（3）陶瓷转移覆膜

陶瓷转移覆膜是用来代替丝网印刷中转移膜的一道工序，采用这个工艺后就不必添置丝网印刷设备和使用挥发性气味重的原料，使得整个陶瓷数码印刷得以在小工作室甚至办公室实现（图 12-3）。

由于目前陶瓷激光打印的主要用户还是要求比较高的艺术陶瓷如照片和艺术拼图，为了使陶瓷激光打印可以得到釉中彩的效果，往往把这个覆膜做成烧后光亮的覆膜。目前市场上该产品一般是 A3 规格纸。

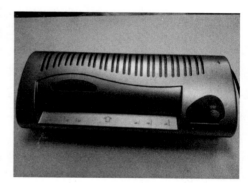

图 12-3　陶瓷数码印刷在办公室实现

2. 瓷砖直印陶瓷激光打印机

（1）对陶瓷激光墨粉的要求

瓷砖生产由于都是在线大生产，有的生产线可以一天就有万方的产量，大量生产使用的陶瓷激光墨粉使用量是艺术品陶瓷用量不可同日而语的，因此墨粉价格要求不能太高。

（2）感光鼓

跟艺术陶瓷不同的是瓷砖大量生产时产量极高，而激光打印机里的感光鼓的寿命即打印次数有限，因此感光鼓是一个经常要更换的损耗件。

感光鼓有长寿命的陶瓷鼓和低寿命的 OPC 鼓，陶瓷鼓由于价格很高使用量很有限，现在绝大多数激光打印机使用的都是 OPC 鼓，它是在金属管材表面涂了一层有机光导材料，目前纸张打印使用寿命最多几十万次。

（3）转移辊、转印带

由于激光打印是接触打印，转移辊或转印带又都是橡胶材质，也是有一定寿命的。

3. 陶瓷激光打标机

陶瓷激光打标机的耗材比较简单，只有陶瓷颜料或单色陶瓷色块花纸，如图 12-4 所示。

图 12-4　陶瓷激光打标机

12.1.6　陶瓷激光打印成本

陶瓷激光打印的成本很大程度上取决于陶瓷墨粉或陶瓷色带花纸的价格，目前由于市场主要还是在做陶瓷照片和个性艺术品，用的耗材极少，使得生产损耗比较大而造成成本较高，若是产量发展到目前喷墨打印的打印量的话，打印成本也可以跟喷墨打印达到同一水平。

1. 花纸打印

以目前天价的陶瓷墨粉计算，一般一张 A3 花纸的打印成本人民币五元左右，这个价格跟批量生产的丝印陶瓷花纸相比成本高出许多，但跟少量生产的花纸相比因省去了电脑分色、出菲林制网版的成本，也无需多次套色印刷，因此印的数量越少成本优势越明显。质量和速度方面的优势更是明显。随着应用的不断增加，陶瓷墨粉的使用量大量增加以后，陶瓷墨粉的生产可以连续化以及生产原料可以循环使用，生产成本可以极大地降低，一个陶瓷行业里全面取代丝印的时代就会到来。

2. 瓷砖激光打印

瓷砖激光打印的成本直接取决于陶瓷激光墨粉的价格，大量生产的陶瓷激光墨粉价格只要控制在陶瓷墨水价格的几倍纸内，就不会比喷墨打印增加太多打印成本，同时由于没有过滤器消耗及昂贵的打印喷头更换成本，实际使用成本是否比喷墨高还有待大生产数据验证。

3. 陶瓷激光打标

打印耗材成本就是陶瓷色料花纸成本，可以做到几分钱一个高温标的成本，跟普通陶瓷标成本相近，远比个性的数码高温标成本低。

12.1.7　陶瓷激光打印应用效果

陶瓷激光打印自诞生以来就一直是用于陶瓷照片、风景画、古代遗迹等对色彩还原度要求很高的应用领域，现在正在迈向工业化的路途中。如图 12-5 所示为陶瓷激光打印的应用效果图。

目前，利用激光打印制作私人游泳池、个性陶瓷正在开始盛行，所制作的水草和鱼的图案栩栩如生，是陶瓷锦砖和其他陶瓷装饰无法相比的。随着陶瓷激光打印技术的推广，给建筑穿上彩色服装的时代已经指日可待，大堂壁画和公司商标等也会大量走出室外。

图 12-5　陶瓷激光打印的应用效果图

12.2　数字施釉技术

数字施釉技术是指全数码陶瓷生产中的喷釉、纹理、装饰和加工技术。

Durst（得世）全数码喷釉生产线是通过五年时间研发和开发的最终结果（图 12-6），目的是打造一条全数码化的施釉生产线。该解决方案是采用最新一代 Durst Gamma DG 4.0 数码喷釉系统、印刷和加工技术，并可与常规产品一样能够进行釉面加工。在实验数据中可节省 70%～80% 的模具效果，同时减少了更换模具的时间，保证了最大的通用性、灵活性和质量稳定性，以及极具竞争力的管理成本，实现空间合理化，生产优化和通过过程自动化的高度管理控制。

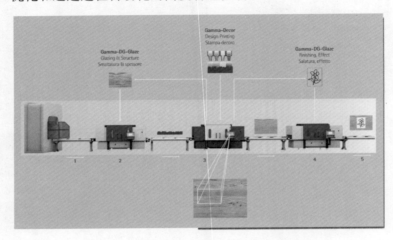

图 12-6　Durst（得世）全数码喷釉生产线

1. 全数码工作流程

完全同步整个生产过程作为 4.0 解决方案的一部分，全数码喷釉生产线采用 Durst Gamma DG 4.0 数码喷釉系统和 Durst Gamma XD 4.0 系列新型 8 通道喷墨打印机。其中，控制从文件处理到整理阶段的整个周期对于优化数码喷釉的优点以及确保可变纹理、磨具效果和打印图形设计、结构化和精准尺寸的套色打印尤为重要。

如图 12-7 所示为 2016 年 Durst 在 Tecnargilla 展览会上的全数码喷釉展厅。

2. 高品质数码釉砖

基于单排喷墨打印技术，Durst Gamma DG 4.0 喷釉系统采用 Durst 处理高黏度水性釉料的专利打印喷头。其设计用于具有高黏度大颗粒（$45\mu m$）水性釉料，而不会

图 12-7　Durst 全数码喷釉展厅 Tecnargilla 2016

降低生产率。这种特性允许使用各种各样的釉料，包括具有与常规釉料和低成本产品相似配方的釉料。系统的可靠性高，即使在非常高的温度（高达 70℃ 及更高）也能保证高质量的釉料喷射和覆盖于瓷砖表面，不会堵塞喷嘴，确保了整条生产线的产能稳定。Durst Gamma DG 4.0 单排数码陶瓷喷釉机如图 12-8 所示。

3. 模块化打印机配置

Durst 喷釉系统的关键优势在于其模块化设计，允许机器配置单排或双排施釉管路，并具有不同的打印宽度，能够根据不同的釉料，可以通过一个通道的釉料色道喷射出高达 $1kg/m^2$ 的釉料。这样，就可以达成很多的凹凸面效果。双排釉管配置允许同时应用两个不同颜色的釉料，从而达到前所未有无法实现的不限量的凹凸产品效果。当单独使用一个通道时，不会中断生产过程，也可以为后续的打印做准备，从而提高总体生产率。釉料变化在 1h 内得到保证，单排输送皮带的变速速度可以达到 20m/min。Durst Gamma DG4.0 数码喷釉机如图 12-9 所示。

图 12-8　Durst Gamma DG 4.0 单排数码
陶瓷喷釉机

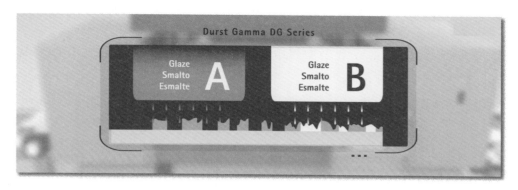

图 12-9　Durst Gamma DG 4.0 数码喷釉机

4. 纹理效果

Durst Gamma DG 4.0 能够全面覆盖无模具的一层釉料。这使得该系统可以创建具有极高清晰度和显著的真实纹理，给陶瓷表面提供不同的凹凸外观和触觉效果，并产生独特的纹理，如木纹、石纹、混凝土和布料纹理，从而颠覆重了瓷砖的外观和感觉。Durst Gamma DG 4.0 全数码喷釉效果如图12-10所示。

图 12-10　Durst Gamma DG 4.0 全数码喷釉效果

5. 数码高清晰度的瓷砖装饰

Durst Gamma XD 4.0 喷墨打印机是全数码釉线生产的重要组成部分，充分利用数码装饰和使用材

图 12-11　Durst Gamma XD 4.0 DM 大墨量喷墨技术
用于功能墨水（特殊墨水）

料的效果墨水。该系统能够实现 76m/min 的速度，属于新一代的 8 色陶瓷喷墨打印机系列。独一无二的高质量打印引擎提供可靠性和生产力水平，同时可以保证存储大量墨水。这个功能由 DM"数码材料打印技术"保证，具备了每平方米超过 100g 的落墨量。DM 喷头技术可以产生光亮、光滑、磨砂、金属和胶水等效果，如图 12-11 和图 12-12 所示。

6. 无与伦比的表现

Durst Gamma XD 4.0 配备了 Durst 高清技术，具有双墨水循环、电子对准和自校准功能。集成的适应性放置技术可以在整个打印区域内产生高质量和均匀色彩的无条纹图像（图 12-13）。传输系统有助于保持色彩的均匀性，避免生产停机，从而减少操作人员的干预。独特的集成长间隔自清洗系统保证了工艺的稳定性和喷头的寿命。

图 12-12　Durst DM 大墨量打印喷头的数码材料展厅

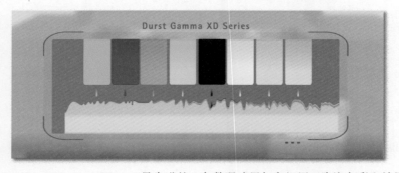

图 12-13　Durst Gamma XD 4.0 最先进的 8 色数码喷墨打印机用于陶瓷色彩和效果墨水

7. 创新设计

Durst Gamma XD 4.0 的创新设计符合新趋势，可配置多达 8 个色道，打印宽度为 319～1404mm，还可以装饰大尺寸的瓷砖。此外，它是唯一一台可以提供从两边提取墨水进入和抽出的打印机，减少了多余的隔板。该机器还可以配置为"双排"操作，允许同时或并排打印不同尺寸或不同设计的瓷砖（图 12-14）。这个功能，进一步提高了整个 Durst 全数码喷釉生产线的灵活性和生产力，这是目前市场上唯一完全满足瓷砖工厂在创新、高清晰度、高效率、高打印质量方面需求的全数码解决方案，具有低维护和服务成本。如图 12-15 所示为新的 Durst Gamma DG4.0 喷釉打印机。

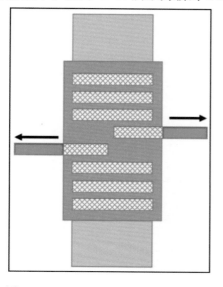

图 12-14　Durst Gamma XD 4.0 专利双
面色道提取系统

图 12-15　新的 Durst Gamma DG4.0 喷釉打印机

12.3　精陶数字施釉线简介

12.3.1　精陶数字施釉线概述

工业 4.0 概念由德国政府提出，在德国学术界与产业界的建议和推动下形成，工业 4.0 概念即是以智能制造为主导的第四次工业革命，该战略旨在通过充分利用信息通讯技术和网络空间虚拟系统相结合的手段，将制造业向智能化转型。

柔性制造是智能工厂的关键之一，第一方面是系统适应外部环境变化的能力，第二方面是系统适应内部变化的能力。"柔性"是相对于"刚性"而言的，传统的"刚性"自动化生产线主要实现单一品种的大批量生产。而柔性制造的模式是以消费者为导向的，以需定产的方式。在柔性制造中，考验的是生产线和供应链的反应速度。

瓷砖生产中表面的纹理、色彩以及表面装饰工艺，消费者最为关注，现实的消费理念朝着多元化、个性化、年轻化等方向发展，这使得瓷砖生产线需要具备相当的灵活性适应柔性制造，2017 年 9 月精工打印头的大墨量（大于 200g/m² ）打印技术走向成熟，大墨量打印头所允许通过釉料墨水的粒径大幅提高，墨水的黏度也相应提高，使得釉料喷墨可以实际使用到瓷砖生产当中，欧洲陶瓷墨水企业的釉料墨水也逐步走向成熟，打印头和墨水的突破奠定了数字施釉线的基础。

在此同时大规格瓷砖的压制、坯体、烧成技术不断完善，大规格板材很难通过传统的施釉工艺来实现复杂的色彩以及表面装饰效果的要求，通过数码打印技术的延展，实现基础釉＋色料墨水＋保护釉的全数码打印生产流水线，尽可能地满足当今瓷砖柔性化生产要求，更好地服务建陶的转型需求。

12.3.2 精陶数字施釉线的基本特征

（1）基础釉、色料、效果釉、保护釉全部实现喷墨打印，符合柔性化的转产需求；

（2）具备超宽幅面的打印能力（2140mm），解决大规格瓷砖施釉瓶颈；

（3）从基础釉到表面装饰、保护釉实现完全可变数据生产；

（4）具备瓷砖坯体纹理、色彩纹理、效果釉纹理以及保护釉纹理同步精准对位；

（5）堆叠墨水具备可变模花的能力，数码打印模花精准对位；

（6）坯体身份标识和识别功能使得瓷砖从基础釉到面釉都能实现每块瓷砖的差异化；

（7）具备 30 个通道以上的集约控制能力；

（8）具备坯体智能识别、分类模具印刷的能力；

（9）具备基础釉、色料、保护釉全数码图形同步处理能力。

12.3.3 精工大墨量打印头基本技术参数

精工大墨量打印头基本技术参数见表 12-2。

表 12-2 精工大墨量打印头基本技术参数

序号	项 目	内 容	序号	项 目	内 容
1	驱动方式	压电驱动喷墨方式	7	喷头最高喷墨频率	40kHz
2	单个喷头喷孔数	1536 个有效喷孔	8	循环系统	墨水内循环系统
3	物理精度	360dpi	9	墨滴喷射速度	8m/s
4	灰度级别	10 级灰度	10	喷射直线度偏差	≤20μm
5	单个喷头打印宽幅	108.3mm	11	喷射速度误差	≤15%
6	喷墨量	≥200g	12	喷孔喷墨墨滴误差	≤5%

12.3.4 精陶数字施釉线概览图

精陶数字施釉线概览图如图 12-16 所示。

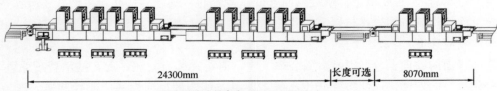

图 12-16 精陶数字施釉线概览图

12.3.5 精陶数字施釉线基本参数

精陶数字施釉线基本参数见表 12-3。

表 12-3　精陶数字施釉线基本参数

序号	项　目	内　容	序号	项　目	内　容
1	设备尺寸	32400mm×3320mm×2390mm（长×宽×高)	8	设备接入电源	380V(U＋V＋W＋FG)－50/60Hz
2	设备质量	24t	9	主机使用电源	220V(L＋N＋FG)－50/60Hz
3	喷头类型	SPT-RC1536 内循环	10	功率	30W(外辅设备 20kW－35kW)
4	数据传输方式	乙太网	11	气压	6bar
5	最大喷印宽度	2140mm	12	气流量	500L/min
6	喷印速度	12～30m/min	13	气源要求	洁净无油水
7	喷印分辨率	360dpi×360dpi 至 360dpi×1150dpi 多档可选	14	清洗方式	自动清洗系统

12.3.6　精陶数字施釉线技术特征

1. 整线瓷砖传输系统

超过 30m 的传输带纠偏控制系统，整个喷墨打印瓷砖流水线的联动控制，控制瓷砖在传输过程中的运行误差，实现在喷墨生产中，基础釉墨水、色料墨水、效果釉料墨水和保护釉料墨水的精准对位，对位精度在 0.2mm 以下。不同颜色通道间隔 30m，打印精度和 1 台喷墨机一致。

整个数字施釉线为了适应陶瓷大板的生产，可以承重高达 300kg，同时能做到精确运行控制。更大的承重能力，支持大规格瓷砖的运行稳定，瓷砖上下数码打印施釉线平稳过渡。支持多种规格瓷砖，同时也支持多流水线生产打印模式。

让陶瓷喷墨印刷技术达到联动整线控制，不再是独立的个体之间简单的堆积，可以随心所欲的组合喷墨打印釉线。

整个瓷砖传输系统，各个节点都做到闭环校验控制，伺服电机的闭环校验控制系统保证整个传输系统的运行一致。30 米的传输线，整体的运动速度误差在 0.1％以下，并且相互校验，整线是由多个节点灵活组合，可以根据客户现场生产线的实际情况，定制数码打印施釉线的长度来适应增加更多的表面装饰工艺。

2. 通道独立和一体兼容的控制系统

各个通道都有独立的控制系统，陶瓷生产会用到越来越多的效果釉墨水，这样陶瓷工厂就需要配置很多的效果釉墨水通道，并且不同的产品，会是不同的效果釉墨水组合。

精陶数字施釉线首先无限制的通道扩展，可以让客户根据需要升级这条生产线的效果墨水，并且每个通道都有独立控制系统，在瓷砖生产中，不生产的通道可以做自动清洗处理，当喷头状态需要进一步维护时，还可以将维护的通道下线，不影响其他正在工作的通道。

各个通道通过以太网连接，同时又能做到一体化的监控。客户可以实时的在一个屏幕上，监控到所有通道的状态信息。在主控制屏上，可以对所有的通道做统一个操作处理，也可以针对某些独立的通道操作。

3. 打印控制系统

精陶数字施釉线打印控制系统是通过千兆网传输数据，针对每一个喷头，都有自己独立的 IP 地址，并且 IP 地址支持无限量扩展。整个精陶数字施釉线支持超过 500 个喷头的阵列组合，通过网络数据控制分流技术，所有喷头都为并行数据处理，不会因喷头数量的增加，增加数据的传输处理时间。用千兆网络传输的方案，IP 地址对应，实现超大数据的分包独立分发，做到数据和喷头一一对应，减少网络数据传输中的堵塞。

每个喷头有独立的 IP 地址，所以设备阵列组合非常灵活。每个通道的喷头数量客户可以自定义，包括今后客户的升级，无需更换现有系统，仅仅增加 IP 地址即可。

喷头阵列组合控制，精陶自主开发的喷头监控系统，可以对所有在线喷头的打印数据、喷头电压、喷头温度、喷头墨路运行、光眼触发等做到实时监控，当发现异常会自动报警。并且精陶还做了无人值守时的自恢复功能，当打印系统满足自恢复条件时，会自动初始化打印系统，不会让打印错误持续发生，给客户造成不可挽回的巨大损失。

打印系统支持不同型号的喷头同时工作使用，色料墨水和效果釉料墨水可以选择不同墨滴的喷头，满足各种墨水的喷墨墨量需求。并且针对市面上经久不衰的纯色水泥灰类产品，可以做到精细墨点喷头（6pL）和普通墨点喷头（35pL/50pL）叠加使用，做到打印色彩的一致性。

陶瓷行业，墨水品牌和墨水型号众多，并且很多墨水都会进行不断的升级和更改，精陶设备的每一个喷头都可以独立设置驱动波形文件，满足不同墨水调用不同的打印配置驱动波形。

4. 供墨管理系统

精陶数字施釉线针对的产品，不是传统意义上的喷墨打印瓷砖，更多的是喷墨印花之前的预处理和之后的处理，这些传统工序原来都可以用喷墨的方案解决，真正实现瓷砖的全数字数码化生产。

针对基础釉墨水、保护釉墨水、效果釉墨水，外置了 100L 容量的加强型供墨系统，轻松应对大规格板材喷墨对墨水的使用量及持续性供应苛刻要求。外置大容量主墨桶，维持大墨量喷墨系统的墨水供应稳定，同时可以减少操作人员频繁加墨水的工作量。

整个供墨系统，全面的恒温控制，让墨水处于一致的稳定状态，并且通过软件闭环监控墨水温度，调整恒温系统功率，实现墨水的恒温控制。主墨桶及外置大容量供墨桶都配置了全自动搅拌功能，防止墨水存放时产生沉淀。

数字化智能定量供墨系统，精准控制二级墨盒墨水液位。整个墨路有大循环系统，在喷头和二级墨盒有二级循环系统，整个循环系统不间断持续工作，改善墨水的沉淀问题。

5. 色彩管理和 RIP 系统

支持 48 通道的 RIP，每个通道都支持设置线性管理，所有通道的处理优先级一致，色料通道和釉料通道可以随意组合，RIP 界面支持通道的自定义和互换。

自动色彩管理功能，应对陶瓷专色调图，结合 Adobe 公司的 PhotoPrint 软件强大的色彩处理算法，X-Rite 公司对于 RGB 标准图稿转专色通道的分色算法，无通道数量限制和无通道颜色设置限制。

6. 坯体标识和坯体识别系统

坯体标识和坯体识别功能，配合使用，在精陶数字施釉线的生产中，多台设备的串联流水线，可以通过坯体标识后，打印设备前做坯体识别，做到完全的对模花打印。

根据坯体压模图形，配合打印形状一致的图稿，可以实现类似真正的木纹凹凸纹理和图案的一一对应，并且还保持着图案多样性的喷墨优点。

坯体识别功能，还可以配合传统的网印，在喷墨和喷墨之间增加很多非喷墨工序，很好地解决了传统网印或辊印和喷墨图案精准对位的问题。

7. 防伪系统

精陶数字施釉线可选配防伪打印系统，在不影响瓷砖画面的前提下，对每一批次的瓷砖，甚至于可以精确到每一片瓷砖进行打印对应的标识，让瓷砖厂可以做到瓷砖的跟踪监控。

防伪系统可以完善瓷砖厂对于瓷砖生产的全数字化管理，并且可以监控到瓷砖的销售情况。

第13章 附录

Chapter 13 Appendix

附录1 陶瓷装饰用溶剂型喷墨打印墨水（广东省地方标准）

2015-09-07 发布 2015-12-07 实施
广东省质量技术监督局发布

附 1.1 前言

本标准由广东省质量技术监督局提出。

本标准由广东省建筑卫生陶瓷标准化技术委员会归口。

本标准起草单位：国家陶瓷及水暖卫浴产品质量监督检验中心、广东三水大鸿制釉有限公司、广东道氏技术股份有限公司、佛山市明朝科技开发有限公司、佛山市迈瑞思科技有限公司、广东宏海陶瓷实业发展有限公司、佛山市禅信陶瓷釉料有限公司、山东国瓷康立泰新材料科技有限公司、佛山市三水金鹰无机材料有限公司。

本标准起草人：区卓琨、李家铎、张翼、段蕴峰、郑元耀、石教艺、毛海燕、谭海林、桂劲宁、林海浪、卢广坚、曾繁明、沈少雄、胡猛、曹阳、吴清良、刘树、胡俊。

本标准为首次发布。

附 1.2 范围

本标准规定了陶瓷装饰用溶剂型喷墨打印墨水的术语和定义、技术要求、试验方法、抽样、判定和检验规则、标志、包装、运输和贮存。

本标准适用于需要经过高温烧结形成装饰图案的溶剂型陶瓷装饰用喷墨打印墨水。

附 1.3 规范性引用文件

下列文件对于本文件的应用是必不可少的。凡是注日期的引用文件，仅注日期的版本适用于本文件。凡是不注日期的引用文件，其最新版本（包括所有的修改单）适用于本文件。

GB 6566—2010 建筑材料放射性核素限量；

GB/T 191—2008 包装储运图示标志；

GB/T 3186—2006 色漆、清漆和色漆与清漆用原材料取样；

GB/T 6750—2007 色漆和清漆 密度的测定 比重瓶法；

GB/T 13217.4—2008 液体油墨黏度检验方法；

GB/T 19077.1—2008 粒度分析 激光衍射法 第1部分 通则；

GB/T 27842—2011 化学品 动态表面张力的测定 快速气泡法；

HJ/T 297—2006 环境标志产品技术要求 陶瓷砖。

附 1.4 术语和定义

附 1.4.1 陶瓷装饰用溶剂型喷墨打印墨水 solvent based jet-printing ink for ceramic decoration。

由陶瓷色料、有机溶剂、添加剂材料组成，经陶瓷喷墨打印工艺施加于陶瓷制品表面，在 600℃ 以上温度烧成后形成装饰效果的液态物质。

附 1.4.2　颗粒分布（D_{10}、D_{50}、D_{90}）　　particle size distribution（D_{10}、D_{50}、D_{90}）

D_{10}：占总体积 10％ 的颗粒直径小于这个值，μm；

D_{50}：颗粒的中位直径，μm；占总体积 50％ 颗粒直径小于这个值，另有占总体积 50％ 的颗粒直径大于这个值；

D_{90}：占总体积 90％ 的颗粒直径小于这个值，μm。

附录 1.5　技术要求

（1）外观质量

不得有可视杂质。

（2）黏度

40℃ 时，应在供应商提供的黏度数值 ±3mPa·s 内，且范围应在 8～40mPa·s。

（3）表面张力

40℃ 时，应在供应商提供的表面张力数值 ±3mN/m 内，且范围应在 20～35mN/m。

（4）粒度分布

D_{99} 应不大于 2μm，且制造商应提供墨水中颗粒的 D_{10}、D_{50}、D_{90} 报告。

（5）陶瓷色料含量

应不小于 30％。

（6）可溶性铅、镉含量

制造商应提供墨水可溶性铅、镉含量的报告。

（7）放射性核素限量

制造商应提供墨水放射性核素限量水平的报告。

附 1.6　试验方法

1. 外观质量

（1）仪器及材料

纳氏比色管：50mL 的玻璃纳氏比色管。

（2）检验程序和结果

将样品摇匀后，装入纳氏比色管中，在自然光下目视观察外观。

2. 黏度

按 GB/T 13217.4—2008 第 4 章旋转黏度计法的规定方法进行测量。

3. 表面张力

按 GB/T 27842—2011 规定的方法进行测量。

4. 粒度分布

1）仪器及材料

（1）激光粒度分析仪

应符合 GB/T 19077.1—2008 中第 5 章的规定。

（2）分散介质

可以用无水乙醇作为分散介质，无水乙醇中的乙醇含量应大于 99.5％；如果采用无水乙醇无法获得有效的分散效果，则可以使用其他分散介质，但所选的分散介质应满足 GB/T 19077.1—2008 中附录 C 的要求。

（3）分散剂

为提高分散效果，可以添加陶瓷墨水生产企业提供的分散剂。

2）检验程序和结果

（1）样品前处理

用合适的分散介质，将样品制成浓度合适的悬浮液。

（2）检测方法

按 GB/T 19077.1—2008 第 6 章规定的操作程序进行测量。

5. 陶瓷色料含量

1）仪器及材料

（1）马弗炉：最高使用温度大于 800℃。

（2）电子天平：天平的称量精度为 0.0001g。

（3）电阻炉。

2）检测方法

将坩埚和坩埚盖置于高温炉中，加热温度至 800℃灼烧 60min。取出稍冷后移至干燥器中，冷却至室温后取出称量，重复上述步骤直至坩埚及坩埚盖恒重，记录坩埚及坩埚盖的质量（m_1）。在坩埚中加入约 5g 试样，记录加入样品的质量（m_2）。将装有试样的坩埚置于电阻炉上，盖上坩埚盖，使坩埚与坩埚盖间留有缝隙。将电阻炉的功率逐渐升高，对试样进行灰化，加热直至没有烟、异味气体生成。

将经过灰化处理装有试样的坩埚置于马弗炉中，盖上坩埚盖，使坩埚与坩埚盖间留有缝隙。将马弗炉从室温升温至 800℃，并在该温度下灼烧 60min。取出坩埚和坩埚盖，稍冷后移至干燥器中，冷却至室温，称量坩埚、坩埚盖及灼烧后样品的总质量（m_3）

3）结果计算

按下式计算固含量 ω（%）：

$$\omega = \frac{m_3 - m_1}{m_2} \times 100\%$$

式中，m_1 为于 800℃灼烧后坩埚及盖的质量，g；m_2 为在坩埚中加入试样的质量，g；m_3 为于 800℃灼烧后盛有试样的坩埚及盖的质量，g。

6. 可溶性铅、镉含量

1）仪器及材料

（1）马弗炉：最高使用温度大于 800℃。

（2）高温烘箱。

（3）电阻炉。

（4）离心机。

（5）原子吸收分光光度计。

2）样品前处理

取适量有机溶剂型陶瓷墨水样品放入离心管中，用离心机将样品的有机溶剂和固体部分分离。取固体部分，放入 100mL 的坩埚内，将坩埚置于电阻炉上，缓慢加热。加热燃烧至试样没有烟、异味气体生成。再移入马弗炉以 800℃保温 60min。取出坩埚放入干燥器内冷却至室温待测。

3）检验程序和结果

测试方法按 HJ/T 297—2006 的规定进行。取经过灼烧或干燥处理过的样品固体进行可溶性铅、镉含量的测试。

7. 放射性核素限量

1）仪器及材料

（1）底本底多道 γ 能谱仪。

（2）天平：感量 0.1g。

2）检测方法

将有机溶剂型陶瓷墨水样品摇匀后，放入与标准样品几何形态一致的样品盒中，称重（精确至 0.1g）、密封。当样品中天然放射性衰变链基本达到平衡后（通常需要 4d 时间），在与标准样品测量条件相同情况下，采用低本底多道 γ 能谱仪对其镭-226、钍-232、钾-40 比活度测量。

3）结果计算

镭-226、钍-232、钾-40 比活度直接从仪器上读数，单位为贝克每千克（Bq/kg）。内照射指数和外照射指数按 GB 6566—2010 中第 4 章 4.4 计算规定方法计算。

附 1.7 抽样、判定和检验规则

1. 抽样

同一批原料、同一类别、同一条生产线的产品为一个生产批。样本的抽样按 GB/T 3186—2006 的规定进行，取样总量不少于 2kg。

2. 判定

检验的各项目中如有一项不合格，则需要进行两次复检（复检应取两倍的样品），复检仍不合格的，则判该批产品不合格。

3. 检验规则

1）出厂检验

陶瓷墨水的出厂检验项目为附 1.6 规定项目。每批产品必须经制造厂检验部门检验合格后方可出厂，出厂产品应附有证明产品质量合格的标识或文件。

2）型式检验

型式检验项目为本标准技术要求的全部内容，型式检验每年进行一次，遇有下列情况之一时，应进行型式检验。

（1）新产品定型鉴定。

（2）正常生产产品在原料、配方、工艺有较大改变时。

（3）停产 3 个月及以上，恢复生产时。

（4）出厂检验结果与上一次型式检验结果有较大差异时。

（5）上级质量监督机构提出进行型式检验的要求时。

注：型式检验的样本应从规定周期内制造的，并经生产厂检验部门检验合格的批次中随机抽取。

附 1.8 标志、包装、运输、贮存

1. 标志

应符合 GB/T 191—2008 的规定，产品包装上应注明：

（1）注册商标。

（2）产品名称。

（3）型号。

（4）净含量。

（5）生产批号、生产日期、有效期。

（6）执行标准号。

（7）质量检验合格标示。

（8）制造厂名、地址、电话。

（9）危险性说明和防范性说明。

2. 包装、运输

产品应该密封保存。产品包装、运输按购销合同执行，运输过程中应轻装轻卸，防止日晒雨淋，严禁尖锐物撞击或划破包装。

3. 贮存

产品应保存在通风良好、干燥、防暴晒、温度适宜的仓库中，避免包装风化损坏。

附录 2　溶剂型陶瓷喷墨打印墨水（中国建筑材料协会标准）

2016-09-06 发布　2016-10-01 实施
中国建筑材料联合会，中国建筑卫生陶瓷协会　发布

附 2.1　范围

本标准规定了溶剂型陶瓷喷墨打印墨水的术语和定义、技术要求、试验方法、抽样、判定和检验规则、标志、包装、运输和贮存。

本标准适用于溶剂型陶瓷喷墨打印墨水产品的生产、检验及使用。

附 2.2　规范性引用文件

下列文件对于本文件的应用是必不可少的。凡是注日期的引用文件，仅注日期的版本适用于本文件。凡是不注日期的引用文件，其最新版本（包括所有的修改单）适用于本文件。

GB/T 191—2008 包装储运图示标志；

GB/T 3186—2006 色漆、清漆和色漆与清漆用原材料取样；

GB 6566—2010 建筑材料放射性核素限量；

GB/T 6750 色漆和清漆　密度的测定　比重瓶法；

GB/T 9195 建筑卫生陶瓷分类及术语；

GB/T 10247—2008 粘度测量方法；

GB/T 16483—2008 化学品安全技术说明书　内容和项目顺序；

GB/T 19077.1—2008 粒度分析 激光衍射法　第 1 部分　通则；

GB/T 27842—2011 化学品 动态表面张力的测定　快速气泡法；

HJ/T 297—2006 环境标志产品技术要求　陶瓷砖；

HJ/T371—2007 环境标志产品技术要求　凹印油墨和柔印油墨；

JC/T 1046.1—2007 建筑卫生陶瓷用色釉料　第 1 部分：建筑卫生陶瓷用釉料。

附 2.3　术语和定义

GB/T 9195 界定的以及下列术语和定义适用于本文件。

1. 溶剂型陶瓷喷墨打印墨水　solvent based jet-printing ink for ceramics

由超细研磨的无机颜料、有机溶剂、添加剂等材料组成的分散体系，经由陶瓷喷墨设备印刷到陶瓷坯体上，经 600℃ 以上烧成后可在陶瓷表面着色的固液混合物。

2. 比对样　standard sample

经供需双方认可，由供方提供的用于批质量判定的比对样品。

3. 特征粒度（D_{10}、D_{50}、D_{99}）　characteristics of particle size distribution

D_{10}：占累积颗粒体积分布百分数的 10% 时所对应的粒径值；

D_{50}：占累积颗粒体积分布百分数的 50% 时所对应的粒径值；

D_{99}：占累积颗粒体积分布百分数的 99% 时所对应的粒径值。

4. 喷头孔径 nozzle diameter

墨水通过喷头有效空间最小处的直径，该数字由喷头供应厂家提供。

5. 经时稳定性 aging stability

产品分别在常温与恒温 70℃ 温度下存放一定时间后，墨水的分相、黏度及表面张力与比对样的差异。

附 2.4 技术要求

1. 外观质量

与比对样外观目视基本一致，不应有明显可视杂质。

2. 密度

测量值与标称值的偏差在 ±0.02g/mL 内。

3. 黏度

40℃ 时的黏度值与标称值的偏差在 ±1.5mPa·s 内，且范围应在 12~35mPa·s 内。

4. 表面张力

40℃ 时的表面张力值与标称值的偏差在 ±1.5mN/m 内，且范围应在 20~30mN/m

5. 特征粒度

应提供墨水中颗料的 D_{10}、D_{50}、D_{99} 报告，其中 D_{50} 与标称值的偏差应在 ±0.02μm 内，D_{99} 应小于喷头孔径的十五分之一。

6. 固含量

墨水固含量数值应不小于 30%，且实际平均固含量应大于或等于标称值，特殊情况由供需双方协商确定。

7. 烧成呈色

样品与比对样所制样板的色差值应符合：

$\Delta E^* \leqslant 1.0$，$|\Delta L^*| \leqslant 0.7$，$|\Delta a^*| \leqslant 0.6$，$|\Delta b^*| \leqslant 0.6$。

注：测试数据不足以提供判定依据时，由供需双方协商确定。

8. 经时稳定性

(25±3)℃ 恒温下样品静止存放 7d 后，外观质量与比对样基本一致，样品上部不同颜色分相带的容积小于 2.5mL，黏度与 4.3 测量的数值偏差在 ±2.0mPa·s 内，表面张力与 4.4 测量的数值偏差在 ±3.0mN/m 内。

注：快干类墨水由供需双方协商确定。

(70±3)℃ 恒温下样品静止存放 7d 后，外观质量与比对样基本一致，样品上部不同颜色分相带的容积小于 3.5mL，黏度与 4.3 测量的数值偏差在 ±3.0mPa·s 内，表面张力与 4.4 测量的数值偏差在 ±4.0mN/m 内。

注：快干类墨水由供需双方协商确定。

9. 可溶性铅、镉含量

应提供墨水可溶性铅、镉含量的检测报告。

10. 苯类含量

应提供苯、甲苯、乙苯和二甲苯含量的检测报告，且总量数值应不大于 500mg/kg。

放射性核素限量

11. 应提供墨水的放射性核素限量水平的检测报告。

附 2.5　检验规则

1. 抽样

同一批原料、同一类别、同一条生产线的产品为一个生产批。样本的抽样按 GB/T 3186—2006 的规定进行，取样总量不少于 2kg。

2. 判定

检验的各项目全部符合，则判该批产品合格；检验的项目中如仅有一项不合格，则需要进行加倍取样复检，复检仍有单项不合格的，则判该批产品不合格。

3. 检验分类

1) 出厂检验

产品出厂检验项目为本标准附 2.4 规定项目。每批产品应经制造商检验部门检验合格后方可出厂，出厂产品应附有证明产品质量合格的标识或文件。

2) 型式检验

型式检验项目为本标准第 4 章规定的全部内容，型式检验至少每年进行一次，有下列情况之一时，应进行型式检验。

(1) 新产品定型鉴定；

(2) 正常生产产品在原料、配方、工艺有较大改变时；

(3) 停产 3 个月或 3 个月以上，恢复生产时；

(4) 出厂检验结果与上一次型式检验结果有较大差异时。

附 2.6　标志、包装、运输、贮存

1. 标志

应符合 GB/T 191—2008 的规定，产品包装上应注明：

(1) 注册商标；

(2) 产品名称；

(3) 型号、颜色；

(4) 净含量；

(5) 生产批号、生产日期、有效期；

(6) 执行标准号；

(7) 质量检验合格标示；

(8) 制造厂名、地址、电话；

(9) 危险性说明和防范性说明。

产品应按 GB/T 16483—2008 提供化学品安全技术报告（MSDS）。

2. 包装、运输

产品应该密封保存。产品包装、运输按购销合同执行，运输过程中应轻装轻卸，防止日晒雨淋，严禁尖锐物撞击或划破包装。

3. 贮存

产品应保存在通风良好、干燥、防曝晒、温度适宜的仓库中，避免包装风化损坏。

附录3　喷墨打印技术常见名词术语中英文对照

1,2-diphenylethane　1,2-二苯乙烷

accelerator　加速装置

acetic acid　醋酸

acoustic interference　声波干扰

acrylate resin　丙烯酸酯树脂

active roller　主动辊筒

actuation uniformity　驱动均匀性

additive　添加剂，助剂

adjacent side　邻边

adjuvant emulsion　助乳剂

agglomeration　附聚作用

air ejector fan　抽风机

air inlet　进风口

air outlet　出风口

air volume　风量器

alcohol　醇

aliphatic amine　脂肪胺

aliphatic hydrocarbon　脂肪烃

alkane　烷烃

alkyd resin　醇酸树脂

alkyd resin　聚酯树脂

aluminate coupling agent　铝酸酯偶联剂

amino　氨基

aminopropyl trimethyl silicone　氨丙基三甲氧基硅烷

ammonium alginate　藻酸铵

ammonium dihydrogen phosphate　磷酸二氢铵

ammonium zirconium fluoride　氟锆酸胺

amorphous silicon　非晶硅

amphipathic compound　两亲化合物

anodic bonding　阳极键合

anti mildew agent　防霉剂

anti settling agent　防沉剂

antibacterial Ceramic ink　抗菌陶瓷墨水

applied voltage　外加电压

aqueous-based　水基的

arc fitting　弧形配件

aromatic hydrocarbon　脱芳香烃

assembly drawing　装配图

automatic nozzle cleaning system　喷头自动清洁系统

automatic reflux system　自动回流系统

benzoic acid　苯甲酸

binary　二态

binder　结合剂

blow pipe　吹风管

blue　蓝色

bonding layer　粘合层

borosilicate glass　硼硅玻璃

box　箱体

bubble generator　气泡发生器

buried layer　埋层

cabinet　机柜

castor oil　蓖麻油

center line　中心线

centering device　对中装置

ceramic nano-pigments　纳米陶瓷色料

ceramic surfaces　陶瓷表面

channel　通道

cleaner　清洁器

cleaning bracket　清洗支架

cleaning drive assembly　清洗驱动总成

cleaning strip　清洗条

CMYK colour system　四色印刷

coconut oil amine polyoxyethylene ether　椰油胺聚氧乙烯醚

collinear extension　线性扩展

color bar　色巴

color combination　配色

color intensity　颜色强度

colorant　着色剂

color-forming solid　成色固体

color performance　发色效果

comb line　梳状线

command signal　指令信号

complementary color　互补色

complementary distribution　互补分布

conductance salt　电导盐

constant humidity system　恒湿系统

constant temperature system　恒温系统

continuous ink-jet printing　连续式喷墨打印

control system　控制系统

controller　控制器

conveyer belt　输送带

copolymer　共聚物

cross-section　横截面

cross-sectional view　剖视图

crystallite size　晶体尺寸

curvilinear groove　曲线槽

cyan　蓝绿色

cyclopentane　环戊烷

decoration application　装饰应用

deflecting wall　变向墙

defoamer　消泡剂

defoaming agent　消泡剂

derivative　衍生物

desander　除砂器

descender　下降器

detecting element　检测元件

dielectric layer　介电层

dielectric loss　介电损耗

diethylene glycol　二甘醇

digital decoration　数码装饰

dimensional uniformity　尺寸一致性

dimethyl ether　甲醚

dimethyl sulfoxide　二甲亚砜

discharge pipe　出风管

dispersant　分散剂

dispersion method　分散法

double-row layout　双行排列

dpi（dots per inch）　每英寸点数

drive signal　驱动信号

driven roller　从动辊筒

drop size　液滴尺寸

drop-on-demand ink-jet printing　按需式喷墨打印

drying agent　催干剂

dust cover　防尘罩

dust removal system　除尘系统

electrode　电极

electronic system　电子系统

electrostatic interaction　静电作用

eleven alkane　十一烷

emulsifier　乳化剂

emulsion　乳浊液

enclosure　附件

enlarged view　放大图

epoxy acrylate　环氧丙烯酸酯

epoxy resin　环氧树脂

ester　酯

ethanolamine　乙醇胺

ethoxy compound　乙氧基化合物

exhaust fan　抽风机

exhaust trough　抽风槽

external circulating pump　外循环泵

external fan　外置风机

fatty acid glyceride　脂肪酸甘油酯

fatty acid polyoxyethylene　脂肪酸聚氧乙烯

fault-tolerant capability　容错能力

fill up ink　冲洗喷头

film forming agent　成膜剂

filter impedance　滤波器阻抗

filter　过滤器

fire pulse　发射脉冲

first stage filter　一级过滤器

flat belt　平皮带

flex print　柔性印刷

flow opening　流量控制阀

flow path　流程

flow velocity　流速

fluid density　流体密度

fluid viscosity　流体黏度

fluidized bed jet mill　流化床喷射磨

frame assembly　机架总成

frit　熔块

full width　全幅

functional ceramic ink　功能陶瓷墨水

glaze　釉

glaze supply system　供釉系统

glazed surface　抛光表面

gloss　光泽度

glycidyl triethyl silicone　环氧丙基三乙氧基硅烷

grading wheel　分级轮

gray-blue　灰蓝色

grey scale　灰度

grinding bin　研磨仓

grinding chamber　磨腔

hexanol　己醇

high loading density　高装填密度

high-resolution printing　高分辨率印刷

holding cavity　容置空腔

homogeneous system　均相体系

horizontal guide　水平导轨

hot melt　热熔

hydrocarbon　碳氢化合物

hydrocarbon　烃

hydroxy stearic acid　聚羟基硬脂酸

hyperdispersant　超分散剂

indium tin oxide　氧化铟锡（ITO）

industrial decoration ink　工业用装饰墨水

injection valve　喷射量

ink box　墨盒

ink chamber　墨腔

ink dot　墨点

ink drop ejection　墨滴喷射

ink hanging　挂墨

ink jet hanger assembly　喷墨吊笼总成

ink jet printer　喷墨打印机

ink jet printhead　喷头

ink jet printing unit　喷墨打印单元

ink outlet　排墨口

ink path　墨路

ink path　墨道

ink plate conveying system　墨盘输送系统

ink plate　墨盘

ink pump　墨泵

ink supply system　供墨系统

ink system　墨路系统

inorganic pigment　无机颜料

inorganic salt　无机盐

interfacial film　界面膜

intermediate color　中间色

isopropyl alcohol　异丙醇

isopropyl laurate　月桂酸异丙酯

isotropic　各向同性

jet distance　喷距

jet-printing ink for ceramic decoration　陶瓷装饰用喷墨打印墨水

ketone　酮

lauryl polyethylene glycol ester　月桂基聚乙二醇酯

lauryl polyoxyethylene ether　月桂基聚氧乙烯醚

leveling agent　流平剂

line design　线路设计

linear actuator　电动推杆

liquid carrier　液体载体

load impedance　负载抗阻

local deposition　局部沉积

long chain fatty acid salt　长链脂肪羧酸盐

magenta　品红色

magic eye　电眼

main draft tube　主抽风管

mean particle size　平均颗粒尺寸

membrane　膈膜

mesh　网孔

metacrylic acid ester resin　甲基丙烯酸酯树脂

metal alkoxide　金属醇盐

metal inorganic salt　金属无机盐

metallic effect Ceramic ink　金属效果陶瓷墨水

metallic oxide　金属氧化物

micron　微米

microsecond　微秒

mixing barrel　搅拌桶

monolithic circuit　单片电路

monolithic semiconductor　单片半导体

morpholine　吗啉

mounting plate　安装板

multicolor decoration　多色装饰

multiple color channel 多彩色通道

multiple head 多头

multiple nozzle 多喷头

multiple print 多路打印

multiple rows 多行

myristic acid isopropyl ester 肉豆蔻异丙酸酯

nano ceramic pigments 纳米色料

nano CoAl$_2$O$_4$ pigment 纳米钴铝尖晶石色料

nanoparticles 纳米颗粒

nano-sized ceramic inks 纳米陶瓷墨水

naphthenic hydrocarbon 环烷烃

negative pressure device 负压器

negative pressure system 负压系统

non-contact process 非接触过程

nozzle cleaning assembly 喷头清洗总成

nozzle diameter 喷嘴直径

nozzle hole 喷孔

nozzle mounting plate 喷头安装板

nozzle opening 喷嘴口

nozzle plate 喷嘴板

nozzle 喷头

oblique view 斜视图

octane 辛烷

offset voltage 偏移电压

oil amine 油胺

oil-in-water type 水包油型

operating system 操作系统

optics 光学

ordinary motor 普通电机

organic adhesive 有机胶粘剂

organosilicon polymer 有机硅聚合物

orifice set 孔间距

overall height 全高

overall length 全长

overall width 全宽

overprinting 套印

oxidized polyethylene 氧化聚乙烯

paraffin oil 石蜡油

parallel structure 平行结构

particle size distribution 颗粒分布

partition 隔板

perspective view 透视图

petroleum ether 石油醚

pH modifier pH 调节剂

physico-chemical properties 物理化学性能

piezoelectric actuator 压电传动装置

piezoelectric actuators 压电致动器

piezoelectric constant 压电常数

piezoelectric deflector 压电偏转器

piezoelectric layer 压电层

piezoelectric 压电的

pigment 颜料

pigmented inks 含有色料的墨水

pink 粉红色

pipeline 管路

pixel location 像素定位

pL (picoliter) 皮升

polyacrylamide 聚丙烯酰胺

polyacrylic acid 聚丙烯酸

polyamide wax 聚酰胺蜡

polybasic ether 多元醚

polyether modified siloxane 聚醚改性硅氧烷

polyethylene glycol stearate 硬脂酸聚乙二醇酯

polyethylene 聚乙烯

polymeric dispersant 高分子分散剂

polymeric resin 聚合性树脂

polyol benzoic acid ester 多元醇苯甲酸酯

polyol method 多元醇法

polyol 多元醇

polyoxyethylene ether 油醇聚氧乙烯醚

polyoxyethylene nonylphenol ether 壬基酚聚氧乙烯醚

polypropylene 聚丙烯

polystyrene resin 聚苯乙烯树脂

polystyrene 聚苯乙烯

polyurethane resin 聚氨酯树脂

polyvinyl chloride 聚氯乙烯

positive pressure 正压

precisely control 精确控制

precursor 前驱体

pressure drop　压强下降

print driver　打印驱动

print head　打印头

print speed　打印速度

print width　打印宽度

printed small dot　印花小点

printing accuracy　印刷精度

printing channel　打印通道

printing plate　印版

printing platform assembly　打印平台总成

printing substrate　承印材料

pump　泵

pumping chamber　增压室

rack　齿条

rear cabinet　后部柜

reddish brown　红棕色

reducer　减速机

regulator　调节剂

reinforcing plate　加强板

relative dielectric constant　相对介电常数

relative motion　相对运动

residual humidity　残余含水量

resin　树脂

reverse microemulsion method　反相微乳液法

reverse microemulsion　反相微乳液

rheological property　流变性

roller machine　辊筒机

roller printing　辊筒印刷

saturated hydrocarbon　饱和烃

scanning lamp　扫描灯

scraping plate　刮片

second stage filter　二级过滤器

sedimentation　沉淀

semiconductor wafer　半导体薄片

sequence faceplate　顺序面板

serigraphic screen printing　丝网印刷

servo motor　伺服电机

shell　罩壳

silane coupling agent　硅烷偶联剂

silicon on insulator　绝缘硅（SOI）

silicon tetramethoxyl　四甲氧基硅

silicon wafer　硅片

single nozzle　单喷头

single-color decoration　单色装饰

single-pass operation　单程操作

single-row layout　单行排列

slipperiness　防滑性

sodium citrate　柠檬酸钠

sodium silicate　水玻璃

sol - gel method　溶胶凝胶法

solid content　固含量

solid milled colored pigment　固体研磨彩色颜料

soluble chromium and antimony complexes　可溶性铬、锑配合物

soluble cobalt complex　可溶性钴络合物

soluble gold complex　可溶性金络合物

soluble nickel and antimony complexes　可溶性镍、锑配合物

soluble praseodymium complex　可溶性镨络合物

soluble ruthenium complex　可溶性钌络合物

soluble transition metal complex　可溶性过渡金属络合物

solvent　溶剂

sorbitan fatty acid　脂肪酸山梨坦

spectra of colours　色域

spectrophotometer　分光光度计

split combination　分体组合

standard sample　标样

steam jet mill　蒸汽喷射磨

steel structure　钢结构

steric hindrance　空间位阻

storage tank　储存桶

straw　吸管

subsidence ceramic ink　下陷陶瓷墨水

suction nozzle　吸嘴

super-thin architectural ceramic tile　大规格超薄建筑陶瓷砖

supply path　供给路径

surface active agent　表面活性剂

surface tension　表面张力

surfactant　表面活性剂

suspended solids　悬浮固体

suspension　悬浊液

switch valve　开关阀

synchronous belt　同步带

synthesis　合成

technical white oil　白油

temperature control system　温控系统

the stable colloidal suspensions　稳定的分散液

thermal decomposition　热分解

thickness uniformity　厚度均匀性

tile belt　送砖皮带

tile platform　送砖平台

titanate coupling agent　钛酸脂偶联剂

titanium ester　钛酸酯

top view　顶视图

triethanolamine　三乙醇胺

UV curable　紫外线固化

vacuum pump　真空泵

velocity uniformity　速度均匀性

viscosity　黏度

void filler material　填充材料

water soluble metallic salt　水溶性金属盐

water-immiscible　与水不混溶的

water-in-oil type　油包水型

Yellow　黄色

yellowish-brown　黄棕色

zirconium oxychloride　氧氯化锆

附录 4　国内外陶瓷数字喷墨打印技术装备与喷墨墨水专利

附 4.1　喷墨技术装备国内外专利

1. 国外专利

喷墨技术装备国外专利见附表 1。

附表 1　喷墨技术装备国外专利

序号	专利名称	专利号	发明人	申请人/单位
1	Inks for digital printing on ceramic materials, a process for digital printing on ceramic materials using said inks, and ceramic materials obtained by means of said printing process	MY150970（A）	[IT] Graziano Vignali [IT] Fabrizio Guizzardi [IT] Elisa Canto [IT] Iuri Bernardi [IT] Michele Giorgi	[IT] Metco SRL
2	Ceramic ink composite for inkjet printing	KR20140128510（A）	[KR] Han Kyu Sung [KR] Kim Jin Ho [KR] Hwang Kwang Taek [KR] Cho Woo Seok [KR] Lee Ki Chan	Korea Inst Ceramic & [KR] Tech
3	Piezo electric element and ink jet device and method using the same	JP2014232789（A）	Yoshida Hidehiro	Panasonic Corp
4	Manufacturing method of inkjet head	JP2014231229（A）	Tanuma Chiaki, Yokoyama Shuhei, Arai Ryuichi, Kusunoki Ryutaro	Toshiba Tec KK

序号	专利名称	专利号	发明人	申请人/单位
5	Digital enamel ink	MX2014007000（A）	Ventura Juan Francisco [ES] Aparisi Borras，Natalia Martínez，Fuentes Antonio Blasco，Vargas Vicente Bagán，Valenzuela Jesús Fernández	[ES] Esmalglass Sau
6	Inkjet ink，method of producing the same and method of using the same	JP2014159520（A）	Ozaki Tomoaki，Uenishi Masahiro，Iida Yasuharu	Kishu Giken Kogyo Kk
7	Improved ink recirculation system，integral tank structure，and printing rod structure for printing system	CN203792900（U）	Roque Nebot，Pedro Benito，Jose Manuel Plaja Roig，Alfredo Girbes，Ricardo Mendoza，Mario Kuehn	Electronics For Imaging Inc
8	Device for ink-jet printing a surface	US2014246510（A1）	[IT] Albertin Alberto，[IT] Belforte Guido，[IT] Sandri Tazio，[IT] Sassano Duccio Spartaco，[IT] Viktorov Vladimir，[IT] Visconte Carmen，[IT] Benedetto Francesco，[CH] Delacretaz Charles-Henri，[IT] Ferrarotti Rinaldo，[IT] Martinelli Matteo，[IT] Raparelli Terenziano	[IT] Albertin Alberto [IT] Belforte Guido [IT] Sandri Tazio [IT] Sassano Duccio Spartaco [IT] Viktorov Vladimir [IT] Visconte Carmen [IT] Benedetto Francesco [CH] Delacretaz Charles-Henri [IT] Ferrarotti Rinaldo [IT] Martinelli Matteo [IT] Raparelli Terenziano [CH] Sicpa Holding Sa
9	Improved ink recirculation system，integral tank structure，and printing rod structure for printing system	CN203792900（U）	Roque Nebot，Pedro Benito，Jose Manuel Plaja Roig，Alfredo Girbes，Ricardo Mendoza，Mario Kuehn	Electronics For Imaging Inc
10	Device for ink-jet printing a surface	US2014246510（A1）	[IT] Albertin Alberto，[IT] Belforte Guido，[IT] Sandri Tazio，[IT] Sassano Duccio Spartaco，[IT] Viktorov Vladimir，[IT] Visconte Carmen，[IT] Benedetto Francesco，[CH] Delacretaz Charles-Henri，[IT] Ferrarotti Rinaldo，[IT] Martinelli Matteo，[IT] Raparelli Terenziano	[IT] Albertin Alberto [IT] Belforte Guido [IT] Sandri Tazio [IT] Sassano Duccio Spartaco [IT] Viktorov Vladimir [IT] Visconte Carmen [IT] Benedetto Francesco [CH] Delacretaz Charles-Henri [IT] Ferrarotti Rinaldo [IT] Martinelli Matteo [IT] Raparelli Terenziano [CH] Sicpa Holding Sa
11	Coloured frits with a lustre effect	WO2014111608（A1）	[ES] Gonzalvo Lucas Carlos，[ES] Segura Mestre María Del Carmen，[ES] Renau González Miguel，[ES] Pasies García Gabriela	[ES] Vernis S A

续表

序号	专利名称	专利号	发明人	申请人/单位
12	Procedure for the manufacture of inks for the digital printing on ceramic products	WO2014191971（A2）	［IT］Serpagli Paolo	［IT］Lizel S R L
13	Digital glaze composition for ink jet printing	WO2014072553（A1）	Forés Fernandes， ［ES］Alejandro， ［ES］Tirado Francisco Francisco Alejandro ［ES］Ribes Torner Jorge， ［ES］Altaba Tena Ra L， ［ES］Corts Ripoll Juan Vicente， ［ES］Guillamón Vivas Enrique	［ES］Torrecid S A
14	Inks for inkjet printers	WO2014146992（A1）	［IT］Fornara Dario， ［IT］Nappa Alan， ［IT］Verzotti Tamara， ［IT］Prampolini Paolo， ［IT］Crespi Stefano， ［IT］Floridi Giovanni， ［IT］Li Bassi Giuseppe	［IT］Lamberti Spa
15	Inkjet printing of dense and porous ceramic layers onto porous substrates for manufacture of ceramic electrochemical devices	US2014072702（A1）	［US］Sullivan Neal P	Colorado School of ［US］Mines
16	Printable ink mixture, method for producing a colored overprint, and use of the ink mixture	US2014020586（A1）	［DE］Schiplage Matthias， ［DE］Poesl Ewald， ［DE］Schmidt Matthias	［DE］Schiplage Matthias ［DE］Poesl Ewald ［DE］Schmidt Matthias ［DE］Osram Gmbh
17	Ink composition for decorating non-porous substrates	EP2818523（A1）	Concepcion Heydorn， ［ES］Carlos， ［ES］Sanmiguel Roche Francisco， ［ES］Ruiz Vega Óscar， ［ES］Corts Ripoll Juan Vicente	［ES］Torrecid S A
18	Method for obtaining optical interference effects by means of digital inkjet technique	WO2014001315（A1）	［ES］Juncosa Gasco Elena， ［ES］Nebot Aparici Antonio， ［ES］Peiro Benazet David， ［ES］Sereni Sergio	［ES］Colorobbia Espana Sa

2. 国内专利

喷墨技术装备国内专利见附表2。

附表2 喷墨技术装备国内专利

序号	专利名称	专利号	发明人	申请人/单位
1	一种适用于喷墨打印陶瓷墨水的灰蓝色颜料	CN104229873（A）	张建荣，谭芳	宁波今心新材料科技有限公司
2	陶瓷喷墨打印机的喷嘴板及喷头	CN104228336（A）	周梅，冯斌，钟小棵，周耀	佛山市南海金刚新材料有限公司
3	一种陶瓷印刷墨水的摇匀装置	CN204054950（U）	陈向阳	广西北流仲礼瓷业有限公司
4	一种喷头墨腔流道结构	CN204054949（U）	唐晖，王磊，蒋梢丽	广州市爱司凯科技股份有限公司
5	一种分离下陷的陶瓷喷绘墨水及其制备和使用方法及瓷砖	CN104194495（A）	周克芳，刘咏平	佛山市禾才科技服务有限公司
6	一种墨水专用锆黄色料的配方及生产方法	CN104194493（A）	梁玉成，王允强，杨哲峰	淄博陶正陶瓷颜料有限公司
7	一种自动化陶瓷轮驱动式印刷着墨辊镀池	CN203999775（U）	段玉宝	段玉宝
8	一种印刷油墨搅拌流动储墨池	CN203995095（U）	林建强	宁波市镇海昱达网络科技有限公司
9	一种高分离釉效果的陶瓷墨水及其制备和使用方法及瓷砖	CN104177922（A）	周克芳，刘咏平	佛山市禾才科技服务有限公司
10	一种八通道陶瓷喷墨机	CN203937329（U）	何小燕	佛山市希望陶瓷机械设备有限公司
11	一种八通道陶瓷喷墨机	CN104118209（A）	何小燕	佛山市希望陶瓷机械设备有限公司
12	一种陶瓷印刷墨水的摇匀装置	CN104129165（A）	陈向阳	广西北流仲礼瓷业有限公司
13	一种模块化陶瓷打印机	CN203818273（U）	万弋林	万弋林
14	一种喷釉单元	CN203807348（U）	万弋林	万弋林
15	3D打印机喷墨供应阀	CN203847714（U）	刘素民，李军	河北工程大学
16	一种打印金属、陶瓷制品的溶剂型墨水	CN104059427（A）	高为鑫，韩奎，王飞	江苏天一超细金属粉末有限公司
17	一种打印金属、陶瓷制品的水溶型墨水	CN104057084（A）	高为鑫，王飞，戴静	江苏天一超细金属粉末有限公司
18	一种高钒陶瓷喷绘墨水及其制备和使用方法	CN103992694（A）	徐超，黄曦	佛山远牧数码科技有限公司
19	一种具有下陷效果的陶瓷墨水及其制备方法	CN103965687（A）	张翼，石教艺，余水林，刘敏	佛山市道氏科技有限公司
20	一种水溶性陶瓷墨水及其制备方法	CN103937327（A）	吴华忠，杨春蓉，陈为健，黄杏芳	闽江学院

序号	专利名称	专利号	发明人	申请人/单位
21	墨水再循环系统、整体式罐结构和用于印刷系统的印刷杆结构	CN203792900（U）	Roque Nebot，Pedro Benito，Jose Manuel Plaja Roig，Alfredo Girbes，Ricardo Mendoza，Mario Kuehn	Electronics for Imaging Inc
22	一种陶瓷油墨用分散剂及其制备方法	CN104004413（A）	石教艺，李向钰，黄国花，张翼	佛山市道氏科技有限公司
23	一种陶瓷喷墨打印用蓝色油墨及其制备方法	CN104004412（A）	朱志刚，朱海翔，陈诚	上海第二工业大学
24	一种通用油墨及其制备方法和使用方法	CN103952033（A）	沈建国	沈建国
25	具有结晶效果的陶瓷喷绘墨水及其制备和使用方法	CN103992695（A）	徐超，黄曦	佛山远牧数码科技有限公司
26	压电喷墨头及包括该压电喷墨头的打印设备	CN103991288（A）	仲作金，张淑兰，崔宏超	北京派和科技股份有限公司
27	一种用于陶瓷喷墨的紫外光固化油墨及其制备方法	CN103965692（A）	巫汉生，徐超，徐平	佛山远牧数码科技有限公司
28	压电喷墨头及包括该压电喷墨头的打印设备	CN103963468（A）	黄大任，崔宏超	北京派和科技股份有限公司
29	陶瓷喷墨墨水及使用方法	CN103937326（A）	鲁继烈	鲁继烈
30	一种具有墨水循环系统的瓷砖生产设备	CN103936459（A）	汤振华	汤振华
31	液体喷头制造方法、液体喷头和打印装置	CN103935127（A）	陈晓坤，佟鑫	珠海纳思达企业管理有限公司
32	陶瓷粉末印花机的墨水磁力搅拌装置	CN203710965（U）	梁桐灿，余国明，徐朝辉，余心蕊	广东东陶陶瓷有限公司 广东宏威陶瓷实业有限公司 广东宏海陶瓷实业发展有限公司
33	一种施釉金属化陶瓷管釉下打码标识的印刷油墨的生产方法	CN103923520（A）	毕军，邱志忠	锦州金属陶瓷有限公司
34	一种施釉陶瓷金属化管釉下打码标识的方法	CN103910536（A）	毕军，邱志忠	锦州金属陶瓷有限公司
35	一种特白水性陶瓷喷墨油墨及其制备方法	CN103804993（A）	毛海燕	佛山市明朝科技开发有限公司
36	陶瓷喷墨印花机的墨水磁力搅拌装置	CN103801220（A）	梁桐灿，余国明，徐朝辉，余心蕊	广东宏陶陶瓷有限公司，广东东陶陶瓷有限公司，广东宏威陶瓷实业有限公司，广东宏海陶瓷实业发展有限公司
37	喷墨打印头及喷墨打印机	CN203557841（U）	冯斌，周梅，褚祥诚，黄大任	佛山市南海金刚新材料有限公司 佛山市陶瓷研究所有限公司

序号	专利名称	专利号	发明人	申请人/单位
38	压电陶瓷喷头的电源控制装置	CN203552001（U）	郑新，冯灿东	中山火炬职业技术学院
39	陶瓷喷墨打印用色釉混合型负离子墨水及其制备方法	CN103709830（A）；CN103709830（B）	周燕，丘云灵	佛山市东鹏陶瓷有限公司，广东东鹏控股股份有限公司，丰城市东鹏陶瓷有限公司，广东东鹏陶瓷股份有限公司
40	一种喷墨机进砖装置	CN203511000（U）	何小燕	佛山市希望陶瓷机械设备公司
41	一种陶瓷喷墨机摇墨装置	CN203510983（U）	何小燕	佛山市希望陶瓷机械设备公司
42	一种双负压陶瓷喷墨装置	CN203510970（U）	何小燕	佛山市希望陶瓷机械设备公司
43	陶瓷喷墨打印用色釉混合型夜光墨水及其制备方法	CN103666112（A）	周燕，丘云灵	佛山市东鹏陶瓷有限公司，广东东鹏控股股份有限公司，丰城市东鹏陶瓷有限公司，广东东鹏陶瓷股份有限公司
44	一种低温陶瓷喷墨墨水	CN103642317（A）	王祥乾	佛山市三水区康立泰无机合成材料有限公司
45	陶瓷喷墨打印用黄色釉料油墨及其制备方法	CN103627254（A）；CN103627254（B）	赵戈，徐亚洲，徐水龙，赖国军	江西锦绣现代化工有限公司，景德镇陶瓷学院
46	陶瓷喷墨打印用防静电的色釉混合型墨水及其制备方法	CN103614003（B）；CN103614003（A）	周燕，丘云灵	佛山市东鹏陶瓷有限公司，广东东鹏控股股份有限公司，丰城市东鹏陶瓷有限公司，广东东鹏陶瓷股份有限公司
47	陶瓷喷墨打印用色釉混合型抗菌墨水及其制备方法	CN103602144（B）；CN103602144（A）	周燕，丘云灵	佛山市东鹏陶瓷有限公司，广东东鹏控股股份有限公司，丰城市东鹏陶瓷有限公司，广东东鹏陶瓷股份有限公司
48	一种陶瓷喷墨打印用色釉混合型墨水及其制备方法	CN103555066（A）；CN103555066（B）	龙海仁，张帆，罗茂来	澧县新鹏陶瓷有限公司，广东东鹏控股股份有限公司
49	一种喷墨打印机用陶瓷墨水的制备方法	CN103509409（A）	杨忠辉	苏州忠辉蜂窝陶瓷有限公司
50	喷墨打印头及喷墨打印机	CN103496257（A）	冯斌，周梅，褚祥诚，黄大任	佛山市南海金刚新材料有限公司，佛山市陶瓷研究所有限公司

附4.2　陶瓷墨水国内外相关专利汇总

陶瓷墨水国内外相关专利见附表3、附表4。

附表 3　陶瓷墨水相关的外国专利

序号	名　称	申请人	专利号	申请时间
1	Jet Printing Ink Composition for Glass	A. B. Dick Company	US 4024096	1975. 7. 7
2	Ink Jet Printer Ink for printing on ceramics or glass	British Ceramic Research Limited	US 5407474	1992. 2. 26
3	Inks for the marking or decoration of objects, such as ceramic objects	IMAJE S. A.	US 5273575	1992. 5. 23
4	Individual Ink and an Ink set for use in the color ink jet printing of glazed ceramic tiles and surfaces	Ferro Coporation	US 6402823	2000. 1. 7
5	Method of decorating a ceramic article	Ferro Coporation	US 6696100 B2	2000. 12. 4
6	Methods for digitally printing on ceramics	Hewlett-Packard （HP） Development Company，L. P.	US 7270407 B2	2001. 6. 29
7	Ink for ceramic surfaces	DIP Tech LTD.	US 7803221 B2	2004. 8. 24
8	Ceramic Colorants In the form of Nanometric suspensions	Colorobbia Italia S. p. A.	US 7316741 B2	2004. 10. 12
9	Process For Preparing Dispersions of TiO_2 In The Form of Nanoparticles, And Dispersions Obtainable With This Process And Functionalization of Surfaces By Application of TiO_2 Dispersions,	Colorobbia Italia S. p. A.	EP1833763 A1	2005. 12. 5
10	Industrial decoration ink	Torrecid S. A.	EP 1840178 A1	2006. 1. 17
11	Pigmented inks suitable for use with ceramics and method of producing same	SIMON KAHN-PYI Tech，Ltd.	US 20080194733A1	2006. 5. 21
12	Method for the preparation of aqueous dispersions of TiO_2 in the form of nanoparticles, and dispersions obtainable with this method	Colorobbia Italia S. p. A.	EP2007. 050826	2007. 1. 29
13	Inks for digital printing on ceramic materials, a process for digital printing on ceramic materials using said inks, and material obtained by means of said printing process	METCO S. R. L.	EP20080861549	2008. 12. 18
14	Process for preparing stable suspensions of metal nanoparticles and the stable colloidal suspensions obtained thereby	Colorobbia Italia S. p. a.	EP2403636 A2	2010. 3. 1
15	Procedure for obtaining a metallic effect on ceramic bases by ink injection	Sociedad Anónima Minera Catalano-Aragonesa	EP2562144A2	2013. 2. 27
16	Inkjet Compositions For Forming Functional Glaze Coatings	Ferro Corporation	US 20130265376 A1	2013. 10. 10

附表 4　陶瓷墨水相关的中国专利

序号	名　　称	申请人	专利号	申请时间
1	用于标记或物品装饰，尤其是陶瓷物装饰的墨水	伊马治公司	92104899	1992.5.23
2	用于陶瓷釉面砖（瓦）和表面的彩色喷墨印刷的独特墨水和墨水组合	费罗公司（福禄）	818261	2000.12.8
3	用于着色陶瓷的饱和可溶性盐的浆料	费罗公司（福禄）	1816373	2004.1.7
4	一种无机颜料水溶胶及制备方法和应用	中科院化学所	200410001432	2004.1.8
5	高色浓度微细化无机颜料、其制法及无机颜料墨水组合物	中国制釉（台湾）	200610106160.X	2006.7.20
6	含无机颜料的高温固化水性喷墨墨水	个人	200610123065	2007.4.18
7	用于装饰玻璃或陶瓷制品的方法、印刷设备和制剂	齐尼亚科技有限公司	200780052638	2007.12.12
8	在陶瓷材料上进行数字印刷所使用的油墨，使用所述油墨在陶瓷材料上进行数字印刷的方法，以及通过所述的印刷方法制备的陶瓷制品	美科有限责任公司	200880120613	2008.12.18
9	用于在陶瓷表面形成图像的油墨组合、油墨及方法	天然宝杰数码/广东道氏	201010117935	2010.3.4
10	一种陶瓷转移数码印花喷墨墨水及其使用方法	郑州鸿盛数码	201110006129	2011.1.12
11	一种使用于喷墨打印的陶瓷渗透釉及其用于陶瓷砖生产的方法	佛山欧神诺/博今科技	201110187245	2011.7.5
12	一种低黏度陶瓷喷墨油墨及其制备方法	佛山市明朝科技开发有限公司	201110375883	2011.11.23
13	一种用于3D数码喷墨瓷砖的墨水	新中源陶瓷	201110342761	2011.11.2
14	一种水性陶瓷立体图案打印墨水及其制备方法	中山大学	201210139834	2012.5.8
15	一种陶瓷喷墨墨水组合物及陶瓷釉面砖	蒙娜丽莎陶瓷	201210293216	2012.8.17
16	一种陶瓷喷墨打印用油墨及其制备方法	广东道氏	201210489664	2012.11.27
17	一种喷墨打印用黑色陶瓷墨水及其使用方法	天津大学	201210556995	2012.12.18
18	一种喷墨打印用红色陶瓷墨水及其使用方法	天津大学	201210549391	2012.12.18
19	一种蓝色陶瓷喷墨打印油墨的组合物及其制备方法	佛山科学技术学院	201310016182	2013.1.17
20	一种环保型陶瓷喷墨打印用釉料墨水及其制备方法	广东道氏	201310119279	2013.4.8
21	一种陶瓷喷墨打印用白色釉料油墨及其制备方法	广东道氏	201310119277	2013.4.8
22	一种陶瓷喷墨打印用皮纹效果釉料墨水及其制备方法	广东道氏	201310119278	2013.4.8
23	一种陶瓷喷墨打印用亚光釉料油墨及其制备方法	广东道氏	201310119270	2013.4.8

序号	名　称	申请人	专利号	申请时间
24	在陶瓷材料上进行数字印刷所使用的油墨	美科有限公司	200880120613	2008.12.28
25	一种瓷砖喷墨专用白色釉料	卡罗比亚（昆山）	201210014596	2012.1.18
26	一种用于喷墨印刷的基础釉料及其制备方法和陶瓷砖	广东金意陶陶瓷	201210588728	2012.12.31
27	一种连续纹理的凹凸面陶瓷砖的设备及制备方法	佛山远牧	201110167893	2011.6.20
28	一种渗花瓷质砖及其生产方法	杭州诺贝尔陶瓷	201210331440	2012.9.10
29	一种喷墨微晶陶瓷复合砖	广东道氏	201220636563	2012.11.27
30	一种实现个性化打印的喷墨陶瓷砖	广东道氏	201220640022	2012.11.27
31	一种陶瓷喷墨打印用黑色颜料及其制备方法	广东道氏	200910311865	2009.12.19
32	一种陶瓷喷墨打印用棕色颜料及其制备方法	广东道氏	200910311822	2009.12.19
33	一种陶瓷喷墨打印用锆铁红颜料及其制备方法	广东道氏	200910311976.X	2009.12.22
34	一种 Mn-Al 红陶瓷色料的制备方法	广东科信达	201010104665.9	2010.2.1
35	制备金属纳米粒子的稳定悬浮液的方法和由其获得的稳定胶体悬浮液	卡罗比亚	201080009826	2010.3.1
36	一种喷墨打印用硅酸锆包裹型陶瓷色料及其制备方法	广东东鹏陶瓷	201010604806	2010.12.24
37	一种喷墨打印用黄色硅酸锆色料的制备方法及其制得的产品	景德镇陶瓷学院	201110054101	2011.3.4
38	一种喷墨打印用蓝色硅酸锆色料及其制备方法	景德镇陶瓷学院	201110054108	2011.3.4
39	一种用于喷墨打印的玛瑙红陶瓷颜料及其制备方法	华山色料	102584340A	2012.3.19
40	一种蓝色喷墨陶瓷色料及其制备方法	万兴色料	201310108602	2013.3.29

附录 5　近五年发表的有关陶瓷喷墨打印论文文献汇总

近五年发表的有关陶瓷喷墨打印的论文见附表 5。

附表 5　近五年发表的有关陶瓷喷墨打印的论文

序号	题　名	作　者	刊　物	发表时间
1	专用高速喷墨打印机喷头驱动电路的设计与实现	王乐	西安电子科技大学	2012.01.01
2	喷墨打印用陶瓷墨水的研究现状及其发展趋势（连载）	黄惠宁，柯善军，孟庆娟，万小亮，戴永刚，钟礼丰	中国陶瓷	2012.01.05
3	提高陶瓷墨水稳定性的途径	胡俊，区卓琨	佛山陶瓷	2012.01.15

序号	题 名	作 者	刊 物	发表时间
4	喷墨打印技术在陶瓷行业应用中相关问题的探讨	彭基昌	佛山陶瓷	2012.01.15
5	喷墨打印用陶瓷墨水的研究现状及其发展趋势（连载完）	黄惠宁，柯善军，孟庆娟，万小亮，戴永刚，钟礼丰	中国陶瓷	2012.02.05
6	喷墨打印用陶瓷墨水的研究现状及其发展趋势	黄惠宁，柯善军，孟庆娟，万小亮，戴永刚，钟礼丰	中国陶瓷工业	2012.02.15
7	陶瓷装饰用高清三维胶辊印刷的新技术研究及其优势	余国明，高朝铃，朱丽萍，冯浩	佛山陶瓷	2012.02.15
8	非晶铟镓锌氧化物薄膜的制备及其在薄膜晶体管中的应用	李光，郑艳彬，王文龙，姜志刚	硅酸盐通报	2012.02.15
9	喷墨印花工艺对模具的要求及三维立体模具对喷墨印花的促进	陈迪，乔富东，谢家声	佛山陶瓷	2012.03.15
10	喷墨技术给建陶行业带来的影响	彭基昌	佛山陶瓷	2012.03.15
11	陶瓷喷墨打印设备的发展前景展望	张柏清，刘继武，田涛	陶瓷	2012.04.10
12	喷墨打印快响应的图案化光子晶体传感器	王利彬，王京霞，宋延林	中国化学会第28届学术年会第12分会场摘要集	2012.04.13
13	陶瓷墨水的国内外专利研究与实例剖析	胡俊，区卓琨	佛山陶瓷	2012.04.15
14	分散红喷墨墨水的制备及性能研究	王丹，张颂培	染料与染色	2012.04.28
15	全印制电子喷墨打印技术研究与实现	宋瑞	华南理工大学	2012.05.01
16	浅谈喷墨与陶瓷的渊源	韩复兴	佛山陶瓷	2012.05.15
17	关于陶瓷喷墨色料的几点探讨	秦威	佛山陶瓷	2012.05.15
18	喷墨纳米银导电墨水的制备及性能研究	李景涛	华南理工大学	2012.06.01
19	喷墨印刷系统的分析与研究——压电式喷墨印刷中液滴喷射过程分析	宋波	江南大学	2012.06.01
20	喷墨印刷技术在我国陶瓷领域中的应用现状	黄惠宁，柯善军，钟礼丰，戴永刚，孟庆娟，万小亮	佛山陶瓷	2012.06.15
21	有机绝缘层材料聚（4-乙烯基苯酚）（PVP）喷墨打印工艺研究及薄膜表征	何慧	北京交通大学	2012.06.12
22	纳米银胶与导电喷墨的制备及在柔性电路的应用	翟丹丹	北京化工大学	2012.06.21
23	纳米金属喷墨导电墨水研究进展	吴美兰，周雪琴，李巍，莫黎昕，刘东志	化工进展	2012.08.05
24	浅谈陶瓷墨水的关键性能指标	胡俊，区卓琨，郭武生	佛山陶瓷	2012.08.15
25	陶瓷喷墨打印技术的现状与展望	谭灵，郑乃章	中国陶瓷工业	2012.08.15
26	基于色彩管理的彩色喷墨打样系统比较研究	梁艳梅，程常现，鲍伟成，蔡田甜	北京印刷学院学报	2012.08.26
27	基于PLC的喷印供墨控制系统设计	罗明，张祥林，吴彤，周晓舟	机电技术	2012.08.31
28	喷墨打印高精度图案研究进展	邝旻旻，王京霞，王利彬，宋延林	化学学报	2012.09.28
29	有机绝缘层材料聚（4-乙烯基苯酚）喷墨打印工艺研究	何慧，王刚，赵谡玲，刘则，侯文军，代青，徐征	液晶与显示	2012.10.15

续表

序号	题 名	作 者	刊 物	发表时间
30	再谈陶瓷墨水的国外专利研究	胡俊	佛山陶瓷	2012.10.15
31	关于选购喷墨机考虑的主要因素等	彭基昌，秦威	佛山陶瓷	2012.10.15
32	纳米分散液推动传统产业无机颜料之陶瓷喷墨技术交流	雷立猛	陶瓷	2012.11.10
33	数字喷墨打印用陶瓷颜料的制备工艺进展	朱振峰	中国硅酸盐学会陶瓷分会 2012 年学术年会论文集	2012.11.19
34	国建陶行业应用喷墨打印技术的概况	张柏清	中国硅酸盐学会陶瓷分会 2012 年学术年会论文集	2012.11.19
35	浅析中国陶瓷喷墨技术发展之现状	李万平	佛山陶瓷	2012.11.15
36	气溶胶喷墨打印在有机器件制备中的应用	杨春和，唐爱伟，滕枫	液晶与显示	2012.12.15
37	关于喷墨打印喷头内、外循环的答疑等	彭基昌，程昭华，秦威	佛山陶瓷	2012.11.15
38	用于喷墨打印快速成形技术的纳米铝热剂含能油墨研究	张晓婷	南京理工大学	2013.01.01
39	喷墨釉面砖生产工艺的改进	陈冀渝	陶瓷	2013.01.05
40	高安或迎来喷墨全抛釉热潮	邓小亮	陶瓷	2013.01.05
41	印制电子喷墨打印机喷墨检测系统的开发	叶飞	华东理工大学	2013.01.16
42	用纳米铜油墨印刷 RFID 标签天线	孙亮权，安兵，李健，张文斐	电子工艺技术	2013.01.18
43	中美联合开发利用喷墨打印技术的快速催化剂研究方法	程薇	石油炼制与化工	2013.02.12
44	有机薄膜晶体管的研制——交联 PVP 介质膜的制备工艺及电学特性研究	邱禹	江南大学	2013.03.01
45	有机薄膜晶体管性能的改善及其理论计算——Tips. pentacene 有机薄膜晶体管中源漏电极接触的研究	刘欢	江南大学	2013.03.01
46	喷墨过程模拟分析及参数研究	常莹莹	江南大学	2013.03.01
47	喷墨印刷成像过程研究	陈剑锋	江南大学	2013.03.01
48	基于喷墨打印 PVA 膜的水转印硝化纤维过渡材料制备及应用	付翠霞	湖南工业大学	2013.03.10
49	赛尔喷印头引发行业变革	Mark Alexander，张鸣	印刷杂志	2013.03.10
50	紫外光固化喷墨墨水的配方研究	刘迎沛	郑州大学	2013.04.01
51	喷墨打印周期性墨点特征成因探究	韩元利，韩星周	中国防伪报道	2013.04.10
52	浅析分散法陶瓷喷墨打印墨水的研制	秦威，鲁欢欢，田洪鑫，周亮	佛山陶瓷	2013.04.15
53	Tips. Pentacene OTFT 电极接触电阻的研究	刘欢，余屯，邱禹，钟传杰	液晶与显示	2013.04.15
54	基于银纳米颗粒墨水在柔性基材表面制备导电薄膜及其电阻率	张礼杰，应俊林，邹超，黄少铭	材料科学与工程学报	2013.04.20
55	UV 固化水性树脂的应用开发研究	刘楠	广东工业大学	2013.05.01
56	聚合物太阳能电池活性层掺杂及器件制备技术研究	刘博雅	河北大学	2013.05.01
57	石墨烯基智能材料的制备及应用研究	黄璐	南开大学	2013.05.01

续表

序号	题　名	作　者	刊　物	发表时间
58	陶瓷喷墨打印喷头的工作原理、技术指标及其发展趋势	胡俊，区卓琨	佛山陶瓷	2013.05.15
59	数字喷墨打印用陶瓷颜料的制备工艺进展	朱振峰，付璐	佛山陶瓷	2013.05.15
60	喷墨打印用陶瓷墨水的研究进展	王利锋，王富民，张旭斌，王录，蔡哲	硅酸盐通报	2013.05.15
61	喷头在陶瓷行业中的应用现状及其重要性	Mark Alexander	佛山陶瓷	2013.05.15
62	喷墨装饰工艺对陶瓷行业的影响	乔富东	佛山陶瓷	2013.05.15
63	关于喷墨印刷时产品出现拉线的答疑	彭基昌	佛山陶瓷	2013.05.15
64	喷墨打印材料的制备及颜料用量对其性能的影响	巩桂芬，于珊珊，姜波，刘丽，李莹莹	化学与黏合	2013.05.15
65	喷墨墨水中禁用偶氮染料定性检测方法的研究	裴亭，朱洁，汪剑	山东化工	2013.05.15
66	PTDPV 的喷墨打印研究	刘静	北京交通大学	2013.05.20
67	陶瓷装饰为数字喷墨印刷带来新商机	吕剑	数码印刷	2013.05.31
68	喷墨打印用陶瓷表面装饰墨水的制备及其性能分析	王利锋	天津大学	2013.06.01
69	压电式喷墨打印研究——低黏度流体下喷墨墨滴控制技术研究	沈旭峰	江南大学	2013.06.01
70	TiO_2/SiO_2 超亲水薄膜的制备及性能研究	代珊	华南理工大学	2013.06.01
71	印刷法制备高性能银网格透明电极	张园，蒲甜松，侯莹，吕昭月，徐海生	现代显示	2013.06.05
72	我国陶瓷喷墨打印技术专利信息检索汇总分析	杜付成，刘杰	佛山陶瓷	2013.06.15
73	内墙砖产品的色差缺陷的解析	毛旭琼，周艳芳，吴志军，陈锦恒，袁洪光	佛山陶瓷	2013.06.15
74	提高喷墨釉面砖显色性的工艺	周忠华	山东陶瓷	2013.06.25
75	现场因素对陶瓷喷墨打印效果的影响	李惠文，刘荣勇，赵存河，童星	陶瓷	2013.07.10
76	用银油墨打印及化学镀铜法制备印制电路板电路图形	刘正楷，郑海彬，王鹏凌，黄少銮，陈焕文，苑圆圆，龚晓钟	电镀与涂饰	2013.07.15
77	用于喷墨打印微装药方法的纳米铝热剂含能油墨研究	汝承博，张晓婷，叶迎华，沈瑞琪，胡艳	火工品	2013.08.15
78	喷墨打印有机晶体管早期失效机理的光谱学研究	梁堃，龚敏，李毅，Russel Torah，Steve Beeby，John Tudor	光散射学报	2013.09.15
79	研磨条件对陶瓷喷墨墨水分散性的影响研究	吴艳平，张阳，刘阳，苏晓璇	佛山科学技术学院学报（自然科学版）	2013.09.15
80	喷墨打印图案化光子晶体研究进展	王京霞，王利彬，宋延林，江雷	2013 年全国高分子学术论文报告会论文摘要集——主题 G：光电功能高分子	2013.10.12

序号	题　名	作　者	刊　物	发表时间
81	表面修饰对喷墨打印聚噻吩薄膜形貌及场效应性能的影响	李鹏，陈梦婕，邱龙臻	2013 年全国高分子学术论文报告会论文摘要集——主题 F：功能高分子	2013.10.12
82	浅谈陶瓷喷墨打印技术在生产中的常见问题	卢庆贤，蔡晓峰，于伟东	佛山陶瓷	2013.10.15
83	纳米金属电子喷墨打印技术研究及应用	茅艳婷，张哲娟，熊智淳，孙卓	第八届华东三省一市真空学术交流会论文集	2013.10.18
84	数码喷墨印花墨水的研究现状与发展趋势	许增慧，沈莉萍，李翠萍，张彦	2013 全国染整可持续发展技术交流会论文集	2013.10.22
85	锂离子电池纳米电极薄膜的喷墨打印研究	王永庆，郭玉国，万立骏	科学通报	2013.11.10
86	浅谈陶瓷喷墨用色料的制备技术	胡俊，区卓琨	佛山陶瓷	2013.11.15
87	喷墨技术运用提升陶瓷企业清洁生产水平	林灏力	佛山陶瓷	2013.11.15
88	纳米银喷墨导电墨水印制 RFID 标签天线的研究	高志强，赵秀萍	2013 中国食品包装学术会议论文摘要集	2013.11.23
89	相纸基材结构对喷印导电图案性能的影响	何军，吕丽云，王虹	材料导报	2013.11.25
90	陶瓷喷墨印刷技术全面发展乃大势所趋	黄惠宁	佛山陶瓷增刊	2013.11.30
91	陶瓷喷墨打印的市场和技术的新发展	张柏清	佛山陶瓷增刊	2013.11.30
92	喷墨印刷机基本故障排查及维修	李洋平	佛山陶瓷增刊	2013.11.30
93	陶瓷喷墨常见问题分析	赵天鹏，黄承艺	佛山陶瓷增刊	2013.11.30
94	喷墨打印常见故障及解决方案	江翔宇	佛山陶瓷增刊	2013.11.30
95	新景泰喷墨机的性能及特点	彭基昌	佛山陶瓷增刊	2013.11.30
96	美嘉牌喷墨机产品的特点及其使用要求	李洋平	佛山陶瓷增刊	2013.11.30
97	凯拉杰特喷墨设备特点介绍	涂磊	佛山陶瓷增刊	2013.11.30
98	EFI Cretaprint 新一代数码陶瓷打印机功能配置概述	李茉莉	佛山陶瓷增刊	2013.11.30
99	C8.600/1200 型彩神陶瓷数字喷墨印刷机性能与特点	钟声宏	佛山陶瓷增刊	2013.11.30
100	泰威喷墨印刷机性能及特点介绍	徐蕾	佛山陶瓷增刊	2013.11.30
101	数码喷墨打印技术的优势	邓永华	佛山陶瓷增刊	2013.11.30
102	国内代表性主流喷头——赛尔喷头的工作原理解析及性能介绍	邓永华	佛山陶瓷增刊	2013.11.30
103	柯尼卡美能达喷头技术解析	陈军，潘春花	佛山陶瓷增刊	2013.11.30
104	喷头的维护和保养	邓永华	佛山陶瓷增刊	2013.11.30
105	星光 1024 喷头的性能与特点解析	潘春花	佛山陶瓷增刊	2013.11.30
106	陶瓷墨水的发展历程及相关专利剖析	胡俊	佛山陶瓷增刊	2013.11.30
107	陶瓷墨水的关键性能、常规检测项目及其检测方法	胡俊	佛山陶瓷增刊	2013.11.30
108	陶瓷墨水的生产概述	沈少雄	佛山陶瓷增刊	2013.11.30

序号	题 名	作 者	刊 物	发表时间
109	康立泰伯陶墨水的性能指标和特点	沈少雄	佛山陶瓷增刊	2013.11.30
110	陶瓷墨水的生产及性能	桂劲宁	佛山陶瓷增刊	2013.11.30
111	谈陶瓷生产工艺对喷墨打印墨水发色的影响	黄承艺	佛山陶瓷增刊	2013.11.30
112	陶瓷墨水使用常见问题释疑	彭基昌	佛山陶瓷增刊	2013.11.30
113	喷墨印刷技术与装饰设计	邱子良	佛山陶瓷增刊	2013.11.30
114	喷墨机机房的环境、配置及其注意问题	叶焯林	佛山陶瓷增刊	2013.11.30
115	喷墨打印之后可能是激光陶瓷打印	曹贵洪	佛山陶瓷增刊	2013.11.30
116	压电喷墨印刷墨滴成形及特性研究	贾春江	华南理工大学	2013.12.05
117	喷墨打印银电极用于有机晶体管器件与电路	唐伟，冯林润，赵家庆，蒋琛，崔晴宇，郭小军	印制电路信息	2013.12.10
118	纳米导电油墨及其在印刷天线中的应用	聂宜文，张兴业，宋延林	印制电路信息	2013.12.10
119	喷墨打印用超支化聚酯阻焊剂的制备与表征	杨超，杨振国	印制电路信息	2013.12.10
120	浅谈陶瓷喷墨用色料的制备技术	胡俊，区卓琨	佛山陶瓷	2013.12.15
121	喷墨印花技术对瓷砖和釉料的影响	关宝强	佛山陶瓷	2013.12.15
122	动态喷墨液滴两相流模拟（英文）	赵中兴	南通大学学报（自然科学版）	2013.12.20
123	喷墨墨水染料	周鑫，郭世明，何岩彬	染料与染色	2013.12.28
124	喷墨印刷时代下的木纹瓷砖产品研发	张春艳	佛山陶瓷	2014.01.15
125	陶瓷墨水的制备及其应用	丁宁	佛山陶瓷	2014.01.15
126	基于聚（4-乙烯基苯酚）衬底修饰层喷墨打印的小分子有机半导体薄膜制备和表征	熊贤风，元淼，林广庆，王向华，吕国强	发光学报	2014.01.15
127	高分子分散剂对 UV 喷墨色浆分散稳定性的影响	张开瑞，张涛，李涛，王潮霞	现代化工	2014.01.20
128	喷墨打印用陶瓷墨水的研究现状及发展趋势	宋晓岚，祝根，林康，段海龙，张应，陈鑫鑫	材料导报	2014.02.10
129	我国应快速发般陶瓷喷墨印刷机喷头产业（续一）	黄惠宁	陶瓷	2014.02.15
130	水性喷墨色浆制备关键技术探究	孙加振	广东印刷	2014.02.20
131	色料在喷墨行业的应用改进和发展	王丽坤	丝网印刷	2014.02.25
132	我国应快速发般陶瓷喷墨印刷机喷头产业（续二）	黄惠宁	陶瓷	2014.03.15
133	喷墨打印有机电致发光显示屏的制作工艺及研究进展	刘会敏，郑华，许伟，彭俊彪	中国材料进展	2014.03.15
134	喷墨打印技术在釉面砖上的应用及优势	王艳娣	佛山陶瓷	2014.03.15
135	数码颜料墨水的制备	章少武	武汉纺织大学	2014.03.20
136	喷墨印刷的发展瓶颈分析	王灿才	丝网印刷	2014.03.25
137	陶瓷喷墨打印用蓝色颜料的合成与油墨的制备	朱海翔	景德镇陶瓷学院	2014.04.01
138	浅谈陶瓷喷墨技术的应用与展望	金小军，刘杰，罗旋，李济，杨乐坪	陶瓷	2014.04.15

序号	题 名	作 者	刊 物	发表时间
139	无颗粒型金属导电墨水的研究进展	单静，王虹	化工新型材料	2014.04.15
140	活性染料数码喷墨印花技术的研究	郭开银	苏州大学	2014.05.01
141	基于 UV 油墨的 3D 打印数学模型及质量控制研究	王焕美	华南理工大学	2014.05.01
142	高速喷墨打印机高精度实时控制系统	谢斌强	重庆大学	2014.05.01
143	我国陶瓷墨水生产企业的现状及与进口墨水品质的对比	黄惠宁	佛山陶瓷	2014.05.15
144	陶瓷印花技术的发展现状	郭庆	佛山陶瓷	2014.04.15
145	陶瓷喷墨印刷技术的优势及不足	朱丽萍	佛山陶瓷	2014.05.15
146	喷墨印花技术对瓷砖和釉料的影响	关宝强	2014 全国服装服饰图案设计与印制技术研讨会论文集	2014.05.19
147	提高数字喷墨印花效率控制方案	查晓文，韩强	2014 全国服装服饰图案设计与印制技术研讨会论文集	2014.05.19
148	钴蓝颜料的合成、表面改性以及蓝色陶瓷墨水的初步配制	贺帆	华南理工大学	2014.05.21
149	数码喷墨印花化学品	张振东，钮海丹，李慧霞，张庆	丝网印刷	2014.05.25
150	水性光敏印刷电子材料的制备及其在喷墨打印中的应用	吴海强	江南大学	2014.06.01
151	基于 YNSN 模型的喷墨打印机颜色特性化研究	陈琳琳	华南理工大学	2014.06.10
152	喷墨打印应用在电池制造中的专利分析	姜峰，周小沫，吴冰，胡明军，严薇，张施露	科技创新导报	2014.06.11
153	当传统色料遇到陶瓷墨水，行业升级转型进行时	姚远	陶瓷	2014.06.15
154	数字喷墨印花图案设计与工艺	李朝阳，李慧霞，张庆	丝网印刷	2014.07.25
155	喷墨印刷墨水	覃有学	丝网印刷	2014.07.25
156	喷头的维护改进方法	和欢庆	丝网印刷	2014.07.25
157	喷墨打印技术在制备太阳电池中的应用	黄琦金，沈文锋，徐青松，宋伟杰	科学通报	2014.07.30
158	柔性薄膜太阳能电池的研究进展	李荣荣，赵晋津，司华燕，边志坚，马辉东，丁占来	硅酸盐学报	2014.07.30
159	基于喷墨打印对甲烷氧化偶联催化剂的筛选	王申亮，范杰	中国化学会第 29 届学术年会摘要集——第 12 分会：催化化学	2014.08.04
160	喷墨打印合成及组策略筛选正己烷催化燃烧反应多组分介孔金属氧化物催化剂	黄芬芬，易武中，邹世辉，范杰	中国化学会第 29 届学术年会摘要集——第 27 分会：多孔功能材料	2014.08.04

序号	题 名	作 者	刊 物	发表时间
161	陶瓷墨水的最新发展趋势	张翼，石教艺	佛山陶瓷	2014.08.15
162	压电式喷墨头的结构特点与发展现状	高勇，许文才，王仪明	北京印刷学院学报	2014.08.26
163	伺服控制在可移动喷墨打印系统中的应用	庞敏，黄斌香	制造业自动化	2014.09.10
164	陶瓷墨水对传统色釉料行业的影响	秦威	佛山陶瓷	2014.09.15
165	UV 光固化墨水技术及其绿色营销	王怀功，姚群，黄剑莉，汪玉东	信息记录材料	2014.10.15
166	陶瓷喷墨打印机喷头结构特点及应用现状	郭亚琴，曾令可，王慧	山东陶瓷	2014.10.25
167	面向数字喷墨打印工艺的 $Li_4Ti_5O_{12}$ 薄膜电极制备控制系统设计	孙玉满，吕赐兴，张磊，武佳贺	制造业自动化	2014.10.25
168	喷墨印花中的计算机图像处理	胡建	丝网印刷	2014.10.25
169	陶瓷数字喷墨打印机用喷头现状及应用展望	胡校兵，朱海翔，余江渊，陈诚，朱志刚，王艳香	陶瓷学报	2014.10.30
170	喷墨打印中的银导电墨水综述	张楷力，堵永国	贵金属	2014.11.15
171	不同还原体系银油墨打印对聚酰亚胺基板化学镀铜制备印制电路板的影响	陈焕文，文琳森，邓天良，廖丽君，刘晓楠，朱晓苑，龚晓钟	电镀与涂饰	2014.11.15
172	数码印刷在玻璃印刷中的应用	胡御霜	网印工业	2014.11.15
173	喷墨彩色打印系统喷头控制电路的设计与实现	于菲	北京印刷学院	2014.12.1
174	喷墨印花用纳米级包覆颜料的制备及其性能	关玉	江南大学	2014.12.1
175	建筑陶瓷激光印刷技术初探	郝小勇	陶瓷	2014.12.15
176	喷墨印刷中重影检测及修复技术	张永太，刘志红	计算机应用	2014.12.15
177	陶瓷印刷技术变革——喷墨印花技术应用与前景	陈华龙，洪燕，陈少波，朱永平	中国陶瓷工业	2014.12.15
178	基于数字化液滴微喷射技术的 RFID 天线印制系统的设计及实验研究	李茜	南京理工大学	2015.01.01
179	陶瓷喷墨打印墨水用镨黄颜料的研究	刘闰源	华南理工大学	2015.01.15
180	陶瓷打印墨水生产标准化的意义	林海浪	佛山陶瓷	2015.01.15
181	"负离子"陶瓷墨水的作用及应用	林海浪	佛山陶瓷	2015.02.15
182	浅谈陶瓷喷墨打印技术	田怡	陶瓷	2015.02.15
183	我国陶瓷喷墨打印喷头存在的不足及趋势	陈广玉	佛山陶瓷	2015.02.15
184	陶瓷喷墨打印机的结构探讨	邱根华	佛山陶瓷	2015.03.15
185	浅谈陶瓷喷墨机的性能优势	陈广玉	佛山陶瓷	2015.03.15
186	陶瓷喷墨墨水制备的探讨	吴娇	数字印刷	2015.04.10
187	焦硅酸钕变色陶瓷色料及其墨水的制备与性能研究	柯善军	华南理工大学	2015.04.15
188	溶胶—共沉淀法合成硅酸锆包裹硫硒化镉色料的研究	刘华锋	华南理工大学	2015.04.15
189	亚微米镨掺杂硅酸锆颗粒在水中的超细研磨和分散行为	梁立斌	华南理工大学	2015.04.20

序号	题　名	作　者	刊　物	发表时间
190	陶瓷喷墨打印墨水烧成前后的颜色对比研究	邓体俊，黄钟	轻工科技	2015.04.30
191	棕色陶瓷墨水的制备及稳定性研究	熊超圆	华南理工大学	2015.06.05
192	建筑陶瓷装饰技术的现状和发展趋势分析	刘士民	中小企业管理与科技（中旬刊）	2015.06.15
193	按需式喷墨打印沉积系统的研制	刘荣辉	哈尔滨工业大学	2015.07.01
194	3D 喷墨打印带来陶瓷行业新革命	王志华	中国印刷	2015.08.15
195	喷墨打印陶瓷颜料的微粉化处理 第一部分：易磨性和粒径分布	Glsen L. Gngr；Alpagut Kara，et al	中国硅酸盐学会陶瓷分会 2015 学术年会论文集	2015.09.12
196	喷墨打印陶瓷颜料的微粉化处理 第二部分：相组成和颜色影响	Chiara Zanelli；Glsen L. Gngr；Alpagut Kara，et al，	中国硅酸盐学会陶瓷分会 2015 学术年会论文集	2015.09.12
197	Au-Ag 纳米粒子在陶瓷油墨中作为红色颜料应用于数码装饰	M. Blosi，S. Albonetti，F. Gatti，G. Baldi，M. Dondi	中国硅酸盐学会陶瓷分会 2015 学术年会论文集	2015.09.12
198	不同分散剂对纳米 $CoAl_2O_4$ 陶瓷墨水物理性能的影响	Masoud Peymannia，Atasheh Soleimani-Gorgani，Mehdi Ghaharib，Mojtaba Jalili	中国硅酸盐学会陶瓷分会 2015 学术年会论文集	2015.09.12
199	创新驱动陶瓷喷墨印花技术异军突起	邓桂芳	网印工业	2015.09.15
200	陶瓷喷墨印花技术"履历"	邓桂芳	印刷工业	2015.09.15
201	基于喷墨印刷的陶瓷制品色彩管理技术研究	郑新	今日印刷	2015.10.10
202	陶瓷墨水的技术创新及功能化发展	郑树龙，张缇，林海浪	佛山陶瓷	2015.10.15
203	陶瓷喷墨印花技术教学项目的建设与研究	陈少波，郑志刚，马岚	江西化工	2015.10.15
204	陶瓷喷墨技术未来发展趋势		建材发展导向	2015.10.16
205	创新驱动陶瓷喷墨印花技术异军突起	邓桂芳	现代技术陶瓷	2015.10.28
206	存放时间对陶瓷墨水细度稳定性的影响	林海浪，王光驰	佛山陶瓷	2015.11.15
207	陶瓷喷墨打印机供墨结构与控制设计	祝秀娇	华南理工大学	2015.12.01
208	陶瓷多通道喷墨印刷总墨量限制研究	付文亭，黄钟	中国陶瓷	2015.12.05
209	$CoAl_2O_4$ 蓝色的色料粒径对其色度的影响	王霞，胡淑云，汪其堃，常启兵，汪永清	陶瓷学报	2015.12.15
210	陶瓷喷墨印刷设备线性校准的研究	付文亭，邓体俊	陶瓷学报	2015.12.15
211	陶瓷墨水用陶瓷颜料制备的研究进展	朱振峰，戚学慧，刘辉，邓璐，闫颖	中国陶瓷	2016.01.05
212	喷墨打印用陶瓷墨水的研究现状	莫云杰，杨天睿，郑乃章	中国陶瓷	2016.02.05
213	用于陶瓷喷墨打印墨水的纳米 $Mg.ZrO_2$ 白色料的研究	徐晓虹，任潇，李坤，陈霞，周炀	武汉理工大学学报	2016.02.29
214	喷墨打印用包裹型硫硒化镉颜料的制备	戚学慧	陕西科技大学	2016.03.01
215	三维石墨烯基多功能材料可控制备与性能研究	张强强	哈尔滨工业大学	2016.04.01
216	陶瓷喷墨打印技术管理要点	林海浪，黄承艺	佛山陶瓷	2016.04.15
217	瓷砖装饰用压电喷墨打印头关键技术研究	仲作金，褚祥诚，陈海超，张淑兰，崔宏超	压电与声光	2016.04.15

序号	题 名	作 者	刊 物	发表时间
218	陶瓷墨水稳定性及其发展趋势	康永	陶瓷	2016.04.15
219	陶瓷配饰砖工艺技术的研究	刘学斌，盛正强，古战文，刘任松，李小女	佛山陶瓷	2016.04.15
220	陶瓷喷墨打印技术管理要点	林海浪，黄承艺	佛山陶瓷	2016.04.15
221	剪切型压电喷头驱动电源的研究与实现	孔春伟	兰州理工大学	2016.04.18
222	基于细胞打印的压电式喷墨头研究进展	夏京瑞，周奕华，钱俊，张文菡	包装工程	2016.05.10
223	共论陶瓷喷墨技术之海外发展	晓昕	佛山陶瓷	2016.05.15
224	陶瓷墨水用锆镨黄陶瓷色料的制备及其发色机理的研究	祝邦瑞	华南理工大学	2016.06.12
225	喷墨印刷记录材料的研究现状——承印材料	曲婷，詹仪	网印工业	2016.07.15
226	陶瓷喷墨打印墨水的研究进展	曹秀丽，王赛丹，李肖，江振西，任保增	河南化工	2016.08.15
227	陶瓷渗花墨水的性能及研究状况	张翼，石教艺	佛山陶瓷	2016.08.15
228	陶瓷表面装饰墨水的制备研究	罗凤钻，范新晖，廖花妹，吴志坚，周子松	佛山陶瓷	2016.08.15
229	陶瓷砖印刷专利技术综述	李新元，周玲艳	中国包装工业	2016.08.17
230	陶瓷喷墨印刷与普通喷墨印刷呈色对比研究	付文亭，邓体俊	陶瓷学报	2016.08.31
231	2015 年陶瓷喷墨印花机装备、技术与墨水研究发展概述	胡飞，刘小明	佛山陶瓷	2016.09.15
232	陶瓷制品装饰的喷墨打印新技术迎来黄金时代	洪桂香	网印工业	2016.09.15
233	建筑陶瓷数字喷墨打印技术关键材料——陶瓷墨水的研制	罗凤钻，范新晖，廖花妹，吴志坚，周子松	陶瓷	2016.09.15
234	2015 年陶瓷喷墨印花机装备、技术与墨水研究发展概述	胡飞，刘小明	佛山陶瓷	2016.09.15
235	陶瓷印花中的印刷工艺解析	史孔鹏，王建华，陈志雄，燕雯瑾	广东印刷	2016.10.20
236	艺术陶瓷板的研制	张东升，谢志军，潘利敏	佛山陶瓷	2016.10.20

附录6　美嘉喷墨打印机培训说明书

附 6.1　环境和安装

附 6.1.1　安装环境

（1）由于工作环境和工业性质，建议把本机放置在一个封闭的生产空间，安装空调系统，确保机器在最佳的工作条件中使用。

（2）为了使机器在温度和清洁度方面有更好的保护，最好留一个旁路釉线，当不使用机器时可用于过砖。

（3）机器功能所必需的工作室内温度正常是 15～25℃ 之间，定位机器时要牢记的一个重要因素是尽量减少地面运输的震动。必须要考虑到这个因素，因为可能会影响印刷质量。

（4）适应以上条件是必不可少的，机器以及保护所有的组件才可以得到最佳利用。

（5）本机需要专业美嘉技术人员在客户的工厂组装，为期大约一个星期。此外，请牢记启动机器后培训客户使用所需的时间。（一般情况下是客户在使用前先到美嘉公司进行 3～7d 的培训。）

（6）本机在客户使用安装中必须接入 UPS（不间断电源），如果你想知道 UPS 系统所需的技术规格，请联系美嘉技术人员或销售人员。

附 6.1.2　安装前的安全注意事项

（1）用叉车运输到最终位置，在美嘉技术人员的监督下使设备稳定并给予特殊的照顾。

（2）如果机器在使用前需要存储较长一段时间，建议保留原包装，因为它能保护机器。

（3）应特别注意生产线上设备正常运作的电源和环境要求。

（4）请特别注意产品规格的要求，并检查这些参数是否符合国家的电气规范，确保机器正常工作。

（5）本机自带完整木制容器包装。拆卸应该在美嘉技术人员的监督下进行，以便为后续的重新组装准备好零配件。

附 6.1.3　安装前的准备工作

在安装和组装设备时，应事先准备好机器运作所需的空间。

（1）放此设备的室内尺寸（长×宽×高）不小于：8500mm×4200mm×2800mm，建议设备房室内尺寸为：8800mm×4800mm×3700mm。

（2）门的展开尺寸为 1000mm，设备房的高度应从机架的机脚到设备房的天花板为准。

（3）放置此设备室内温度应在 15～25℃。

（4）从淋釉后到喷墨打印机进砖处安装 14 道吹风（也可以不安装这么多，但要保证砖坯进入机器前温度在 40℃ 以下或是保证砖坯没有水蒸气产生）。

（5）在砖坯进入喷墨打印机前 1.5m 的釉线上再安装一台吹尘机，建议室内提供正压，采用三层过滤功能。

（6）建议釉线进、出口安装风帘。

（7）设备的装机功率为 8.5～10kW，需配备三相五线制电源。

（8）为保证此设备的正常操作和检修，前后照度应不小于 500lx。

（9）用 40mm×40mm 的热镀锌角钢作独立地线，该地线要接地 3m。

（10）室内灰尘过滤功能，每天清洗过滤网一次，每月更换过滤网一次。

（11）室内湿度应该控制在 30%～70%。

（12）确保插入喷墨打印机控制计算机的可移动盘无病毒。

（13）该设备要安装在可移动平台上，或安装旁线，在不使用该设备时候将其移出生产线或走旁线过砖。

（14）保证喷墨打印机工作室的空气中大于 $2.5\mu m$ 的粉尘不多于 350 个/L。

这些尺寸起指导的作用，并可以随着可用空间的不同而改变。始终要记住，万一尺寸较小，也必须要预留出处理和维护操作机器的空间。

附 6.1.4　美嘉喷墨打印机型号尺寸

美嘉喷墨打印机的具体安装尺寸要根据所购买的机器尺寸为标准，详细参考附图 1。

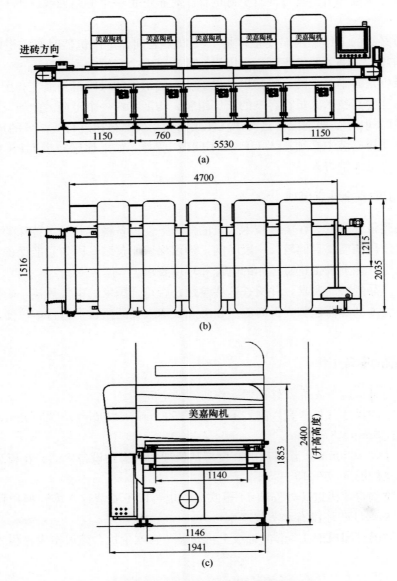

附图 1　美嘉喷墨打印机房间布局图

（a）正视图；（b）俯视图；（c）右视图

附表 6、附表 7 提供所有机型参考尺寸。

附表 6　700 型机架

型　号	DP-X-350-4	DP-X-350-5	DP-X-420-4	DP-X-420-5	DP-X-700-4	DP-X-700-5
砖坯规格 （mm）	50×50～345×1800		50×50～415×1800		50×50～695×1800	
长，宽，高 （mm）	4730，1650，1900	5530，1650，1900	4730，1650，1900	5530，1650，1900	4730，1650，1900	5530，1650，1900
质量 （kg）	2300	2600	2300	2600	2300	2600

附表 7　1120 型机架

型　号	DP-X-1120-4	DP-X-1120-5	DP-X-1190-5	DP-X-1190-6	SDP-X- 280-4 SDP-X- 350-4 SDP-X- 420-4 SDP-X- 490-4	SDP-X- 280-6 SDP-X- 350-6 SDP-X- 420-6 SDP-X- 490-6
砖坯规格 （mm）	50×50～1110×1800		50×50～1190×2000		—	
长，宽，高 （mm）	4730, 2050, 1900	5530, 2050, 1900	5530, 2050, 1900	5530, 2050, 1900	3240, 1500, 1950	4350, 1500, 1950
质量 （kg）	3000	3300	3300	3600	2300	2600

附 6.1.5　安装和组装

机器在专业的美嘉技术人员安装和组装后，可以准备开始生产。

本机由多少个模块组成，由机器通道的数量而定。每个模块包括两个通道。在运输和拆卸后，在一些工具和其他组件的帮助下互相连接起来。放置和对齐皮带运输系统，连接其他电子元件，如电脑、电源、UPS（不间断电源）等。

在机器实施运行前，要校准和配置系统，并开展相关的打印测试，这样客户就可以开始使用机器。

附 6.1.6　安全注意事项

（1）需要配置、安装或处理这台机器的任何人，应该认真阅读这个文件的内容。本文件所提供的信息，旨在强调安全性的措施，使用户能够获得对机器操作的基本了解。

（2）设备的安装、操作和维护工作应该由合格的人才操作，熟悉所有的信息和既定的安全惯例，意识到工业机械经营和维护的相关危险性。

（3）任何人使用机器，或在与油墨接触的时候，应该按照个人防护装备的现行法例规定使用。以下是安全防护的建议：

① 护目镜：以防止可能的油墨飞溅，特别是填充空罐和排空罐的时候，并在机器的供墨系统的清洗和维护操作中使用。

② 乳胶手套：在对机器的墨水系统做任何更改的时候佩戴。

③ 安全鞋：以防止任何机械的风险

附 6.1.7　由于操作不当而导致的风险

操作系统包括在一个控制面板上紧急按钮：在危险的情况下，按下紧急按钮，可使机器完全停止，避免不良后果。

美嘉不对系统的无安全描述组件产生任何可能损害或伤害负责。如果激光传感器与眼睛直接接触，会损害视力，因此，只有经过授权的美嘉人员才知道应该如何处理，以确保拥有足够视力来操作机器。当机器运行时，严禁在传送带上拿起砖或放砖。当机器停止运行时，在设备的入砖口或出砖口处，以及颜色通道之间的区域可以拿起砖坯。

附 6.2　技术参数

（1）喷头技术　XAAR 1001（GS6、GS12）。

（2）打印速度　GS6：0～24m/min；GS12：0～48m/min。

（3）喷头灰度　8 级灰度可选。

（4）喷头精度　360dpi。

（5）喷墨技术　压电式喷墨打印（低电压）。

（6）墨水类型　陶瓷墨水（意达加、陶丽西、卡洛比亚、福禄等）由客户指定，最好是喷头认证的墨水供应商。

（7）颜色配置　4～6色可选。

（8）色彩控制　国际标准ICC颜色控制。

（9）文件格式　TIF、PRT、JOB。

（10）介质最大厚度　≤40mm。

（11）数据接口　千兆以太网。

（12）操作环境　15～25℃。

（13）工作气压　5～8bar。

（14）地面到平台的工作高度　（1050±50）mm。

（15）电源　380V AC/三相五线±5%，50/60Hz。

（16）装机功率　8.5～10kW。

附6.3　基本概念

附6.3.1　机器外观

附图2展示了左向打印的机器的外观（机器的进砖坯方向为从左往右）。

附图2　机器的外观图

1—颜色1通道；2—颜色2通道；3—颜色3通道；4—颜色4通道；5—颜色5通道；6—操作控
制界面；7—传送皮带；8—供墨控制系统门；9—主墨桶门；10—吸风管口；11—进砖导向

有些其他机器的结构跟这个文件里面所提及的可能不一致（"右向"或者"左向"机器，或者颜色通道数量少或多的机器，以及本公司不断研发创新的机器）。

附6.3.2　控制面板

控制面板如附图3所示。

（1）A 急停按钮（红色）：紧急停止按钮，机器处于紧急情况下使用，一般情况下不要按此按钮。

（2）B 电源指示灯（红色）：当机器接入电源后该指示灯常亮。

（3）C 启动按钮和启动指示灯（绿色）：在机器接入电源后，急停按钮在正常状态下按此按钮，机器进入启动运行状态，此时该绿色指示灯常亮，机器进入运行状态。

附图3　控制面板

（4）D 停止按钮（红色）：机器处于启动状态下按此按钮机器进入待机状态，机器所有动作将停止，不能进行操作（供墨系统除外）。

（5）E 皮带运行按钮和指示灯（黄色）：在机器启动的状态下，按一次皮带开始运行，再按一次皮带停止运行。

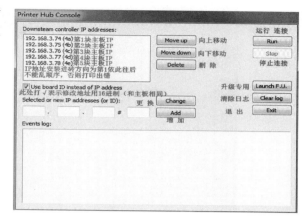

附图 4　Print Hub Consde 界面

（6）F 报警指示蜂鸣闪灯（红色闪烁蜂鸣）：出现报警或警告的时候会闪烁和蜂鸣。

（7）G 机器待机指示灯（黄色闪烁）：当机器通电，皮带不在运行状态下的时候灯闪烁，当皮带在运行中的时候灯灭。

附 6.3.3　主屏幕控制（打印和编辑图像控制）

1. 点击"Printer Hub"图标连接控制主板，弹出 Print Hub Console 界面（附图 4）。

2. 点击"Run"连接机器主板显示（附图 5）。

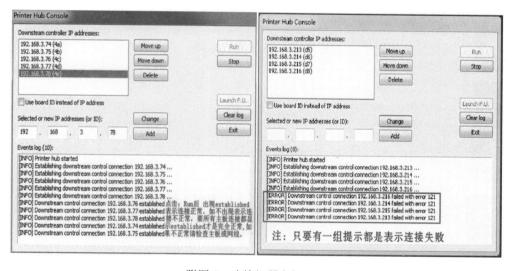

附图 5　连接机器主板显示

如果需要连接的主板 IP 地址连接建立，会显示例如：Downstream control connection 192，168.3.9 established，如果与主板的 IP 的连接不正常，则会显示"ERROR Downstream control connection 192，168.3.9 failed with…"。此时进入控制系统机器会显示"无连接"，机器不能进行打印。

3. 点击"New_Str…"图标进入控制系统，机器显示"已连接"表示机器连接正常，可以进行图像编辑和打印操作（附图 6）。

（1）　调节各个通道颜色的灰度。

（2）　进行单色图案打印，或是选择喷头打印。

（3）　喷头进行闪喷动作按钮。

附图6　控制系统

(4) 对需要打印的图像（TIF 格式）进行加网编辑，生产打印的 .JOB 格式进行打印。

(5) 对机器的供墨系统控制和维护。

(6) 记录机器所有报警故障情况。

(7) 当前使用软件的版本。

(8) 添加打印对象或是添加加网图片。

(9) 删除打印队列。

(10) 对 TIF 格式图片进行加网处理。

(11) 对已经加网好的图片进行保存，生成 .PRT 和 .JOB 格式。

(12) 打印在皮带时点击"开始"（有砖时不用）。

(13) 停止正在进行的打印队列。

（14） 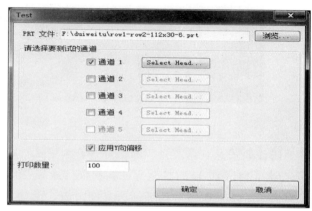 返回上一级操作菜单。

（15） 主墨桶墨量显示和墨桶、墨盒的温度控制。当墨桶墨水正常时候，显示黄色；墨桶墨量低于警戒值时候，显示为红色，墨桶图标闪烁，报警蜂鸣指示灯闪烁和蜂鸣，此时要尽快加墨水入墨桶，防止由于缺墨打印，导致喷头损坏。

（16） 对机器喷头进行设定，此设定要专业技术人员才能进行此操作，请在操作前咨询美嘉技服工程师。

4. 点击"测试"按钮，弹出如附图 7 所示的对话框，点击"浏览"选择要测试的图片，选择测试通道选择要测试的颜色，（选定通道√）通道 1 表示色 1，依此类推。

这里的通道数量根据所购买的机器有所不同，如果所购买的是 4 色机器，则通道 5 为不可用。

（1）"应用 Y 向偏移"选定表示 Y 向的修正应用，不选定则 Y 向修正不应用，打印图片在喷头拼接口有重合。

（2）"打印数量"：设定所需要打印的数量。

选定通道后，还可以选择要测试的通道的喷头，点击"Select Head"弹出如附图 8 所示的对话框。

附图 7　选择测试通道对话框

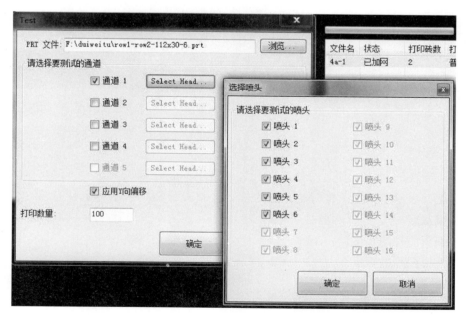

附图 8　选择喷头对话框

选择你想测试的喷头，选定"√"，反之为没有选定。这里的喷头数量根据所有购买的机器有些不同，根据所购买机器每个通道喷头数量，多出的为不可选。

选定通道和要测试的喷头后，点击"确定"就可以进行测试打印了。

测试打印，很有必要进行机器对位校正和色差校正。

5. 点击"编辑作业"按钮，屏幕显示如附图9所示。

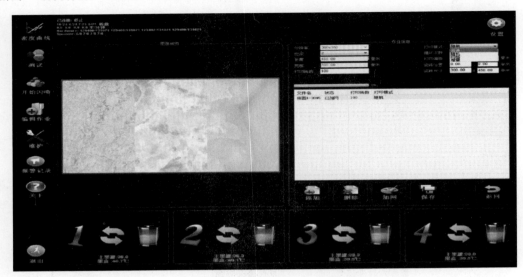

附图9　编辑作业屏幕显示界面

编辑作业：是对需要打印的图片（TIF格式）进行加网处理，使图片转换为计算机可以进行打印的格式（PRT格式），此时控制界面会出现"添加""删除""加网""保存"按钮。

点击"添加"按钮，添加你所要加网的TIF格式的图片，此时在"作业信息"（附图10）中你可以进行选择。

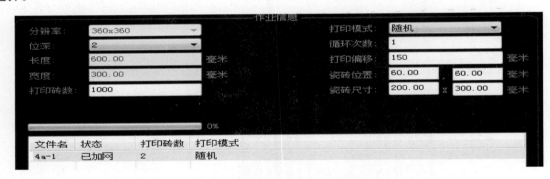

附图10　"作业信息"界面

（1）分辨率：所要加网TIF图片分辨率，此处分辨率不能大于360dpi×360dpi。

（2）位深：此处表示用几级灰度打印，用的是2进制表示，"1"表示：无灰度，"2"表示4级灰度，"3"表示8级灰度。

（3）长度：编辑图片的长度。

（4）宽度：编辑图片的宽度。

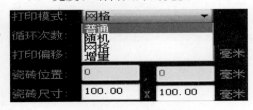

附图11　打印模式

（5）打印砖数：编辑图片要打印砖的数量

（6）打印模式：可以选择的打印模式有普通、随机、网格、增量（附图11）。

① 普通：表示打印的图案为设计中指定的某个固定的区域打印。

② 随机：打印出的图片以计算机随机在图片上跳动的

区域来打印。

③ 网格：把要打印的图片分成格子状进行打印，这样打印完后所有的瓷砖按顺序拼接起来就是一幅完整有规则的并同打印的原图一样的图案。

④ 增量：打印瓷砖的每个打印区域是之前打印区的位移，位移可以是水平的、垂直的，也可以是水平和垂直同时进行的，增量的数值可以由你自己设定。

（7）循环次数：多图案打印时候，打印完一个队列以后循环的次数。

（8）打印偏移：打印图案的 Y 向可以整体向前（人操作方向）偏移。例如每通道喷头数量为 10 个，有效打印总宽度为 700mm，如果设定偏移 100mm，则打印图案 Y 向会整体向前偏移 100mm，也就是只能打印 600mm 的宽度。

（9）瓷砖位置：设定瓷砖打印的位置，如果是 0 则表示全瓷砖打印，单位为 mm。

（10）瓷砖尺寸：你所打印的瓷砖的长度和宽度，单位为 mm。

附6.3.4 机器外部系统控制和供墨系统控制操作界面

如附图 12 所示为机器外部系统控制和供墨系统控制操作界面。

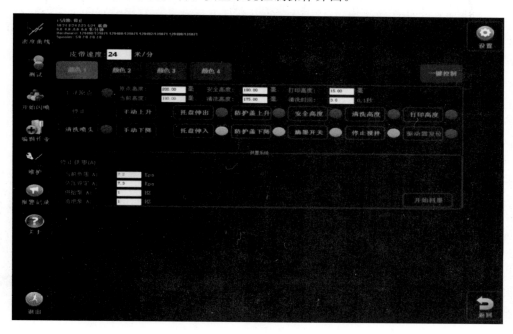

附图 12 机器外部系统控制和供墨系统控制操作界面

附6.3.5 通道数据设定

（1）皮带速度：此机器打印的速度，范围为 1～24m/min。本机所有的数据设定是在输入数据后按键盘"回车键"才生效，请牢记。

（2）原点高度：通道 1 升降的最高高度，一般设定为 200.00mm；表示喷头到皮带面的高度。设定后一般不要随意更改。

（3）安全高度：设定的通道 1 的安全高度，一般设定为 180.00mm。此高度下喷头高过托盘的高度，托盘在进出时不会对喷头造成损坏。设定后一般不要随意更改。

（4）打印高度：通道 1 喷头与皮带面的高度，此高度必须是砖坯厚再加上 2～4mm 高度。一般打印的最佳高度为喷头离砖坯 2～4mm。

（5）当前高度：通道 1 当前喷头与皮带面的实际高度，此高度必须是在进行过"寻原点"的操作后才有效，如果出现过错误，请先"寻原点"操作。

（6）清洗高度：通道1进行喷头清洗时候喷头离皮带面的高度，一般调整为喷头压住托盘真空吸盘1mm为最佳。此高度设定后不能随意更改，如果随意更改将会对喷头造成致命的损坏。

（7）清洗时间：通道1喷头进行真空清洗过程中清洗时间，前后各进行一次需要的时间，一般设定为3.0s。

附6.3.6　通道操作

（1）寻原点：通道1的高度回原点操作，点击"1寻原点"，通道1升高到原点高度，原点高度由你所设定原点高度决定。

（2）停止：当通道1升降进行中，按停止按钮，机器升降停止运动。

（3）手动上升：通道1升高微动，按住此按钮，通道1缓慢向上升高，松开按钮，停止上升。

（4）手动下降：通道1下降微动，按住此按钮，通道1缓慢向下降低，松开按钮，停止降低。

（5）托盘伸出：按此按钮托盘向外伸出，此时相应的指示灯为绿色。

（6）托盘伸入：按此按钮托盘向里伸入，此时相应的指示灯为绿色。

（7）安全高度：点击此按钮，通道1向设定的安全高度移动，直至当前高度到安全高度结束。点击"停止"按钮可以随时停止移动。

（8）清洗高度：点击此按钮，通道1向设定的清洗高度移动，直至当前高度到清洗高度结束。点击"停止"按钮可以随时停止移动。

（9）打印高度：点击此按钮，通道1向设定的打印高度移动，直至当前高度到打印高度结束。点击"停止"按钮可以随时停止移动。如果托盘处于伸入状态，则不能下降，必须是托盘在伸出状态，并且伸出状态的检查磁开关接通的情况下才能移动。

（10）清洗喷头：点击此按钮，托盘进行吸真空和清洗喷头动作。

（11）滴墨开关：点击此按钮，配合"一键控制"中自动清洗，边滴墨边自动清洗。

（12）驱动器复位：当通道1的升降伺服电机出现故障时点击此按钮就进行驱动电机的复位操作。

附6.3.7　通道供墨系统控制

（1）停止供墨（A）：当前通道，A墨盒停止供墨系统。

（2）开始供墨（A）：当前通道，A墨盒开始启动供墨系统。

（3）当前负压A：当前通道墨盒A的实际负压值，单位为kPa。

（4）负压设定A：当前通道墨盒A设定的负压值，单位为kPa。一般负压值设定为墨水在进行循环的时候墨水保持不滴墨为标准，一般根据各个墨水公司不同墨水的特性，设定范围在7.2~8.0kPa之间。（有可能会更大，要根据实际情况而定，我们给定的只是一个基本值。）

（5）供给泵A：当前通道墨盒A的供墨泵的频率，单位为Hz。频率越高，供墨越大，一般根据实际情况而设定，一般设定范围在5~10Hz之间。（有可能会更大，要根据实际情况而定，我们给定的只是一个基本值。）

（6）消泡泵A：当前通道墨盒A的消泡泵的频率，单位为Hz。频率越高，消泡越多，一般根据实际情况而设定，一般设定范围在1~5Hz之间。（有可能会更大，要根据实际情况而定，我们给定的只是一个基本值。）

（7）开始回墨：在墨路系统墨水需要进行回墨的时候，点击此按钮，此时供给泵A停止工作，供墨系统墨水开始回落到墨桶中。（进行回墨操作的时候要在供墨管的另一管路放入墨桶中，具体请参考附图13。）

根据所购买的设备，供墨系统可能会有更多，操作同上说明。墨盒位置为靠近机器操作面为A，依次为 B、C，最多每个通道 3 个墨盒。

其他各个通道的调整和设定都是同上附 6.3.4～附 6.3.7 说明的操作一致。

附 6.3.8　供墨系统控制图

供墨系统控制图如附图 13 所示。

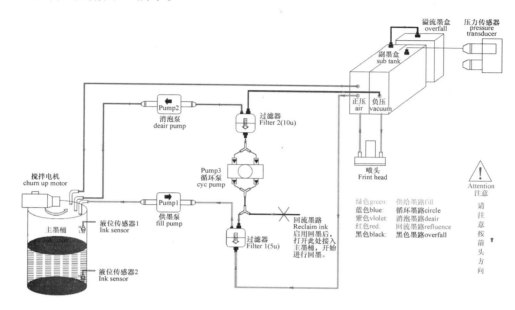

附图 13　供墨系统控制图

附 6.3.9　一键控制画面

一键控制画面如附图 14 所示。

此画面可以一键控制所有通道的基本动作和显示所有通道的基本状态。

（1）当前高度：当前所有机器喷头的实际高度，单位为 mm。

（2）寻原点：点击此按钮，所有通道进行寻原点动作，高度到达设定的原点高度。

附图 14　一键控制画面

（3）安全高度：点击此按钮，所有通道高度将到达设定的安全高度。

（4）打印高度：点击此按钮，所有通道高度将到达设定的打印高度。

（5）防护盖上升：点击此按钮，所有通道防护盖上升，防护盖上升指示灯变绿色，防护盖下降指示灯变红色。

（6）防护盖下降：点击此按钮，所有通道防护盖下降，防护盖下降指示灯变绿色，防护盖上升指示灯变红色。

（7）皮带复位：当皮带电机伺服驱动器出错的时候，点击此按钮，皮带电机驱动器复位，恢复正常状态。

（8）开始搅拌/停止搅拌：点击此按钮开启所有墨桶搅拌电机或关闭所有墨桶搅拌电机。

（9）开始自动清洗/停止自动清洗：点击此按钮，开启自动清洗喷头或停止自动清洗喷头，当开启自动清洗后，定时清洗和手动清洗才有效，选择进行自动清洗或手动清洗。

（10）开始定时清洗/停止定时清洗：当开启了自动清洗后，开启定时清洗，则可以设定定时清洗时间。定时清洗时间的单位为 min，可以任意设定，一般为 120~240min，可以根据实际的打印效果来进行设定。

（11）开始手动清洗/停止手动清洗：当开启了自动清洗后，开启手动清洗，则手动清洗喷头有效，此时，"色 1 开始"，"色 2 开始"，"色 3 开始"，"色 4 开始"变为有效，点击这些按钮，则按钮对应的通道进行自动清洗动作一次，清洗完成后喷头下降到打印高度。

注意：一般情况下，不建议开启定时清洗功能，一般喷头的自动清洗时间小于 1min，可以在实际生产过程中，根据喷头实际生产状态，进行手动清洗喷头。

附 6.4　系统设置（系统内部设定）

点击"设置"按钮进入系统内部设定。

附 6.4.1　应用程序设置

应用程序设置界面如附图 15 所示。

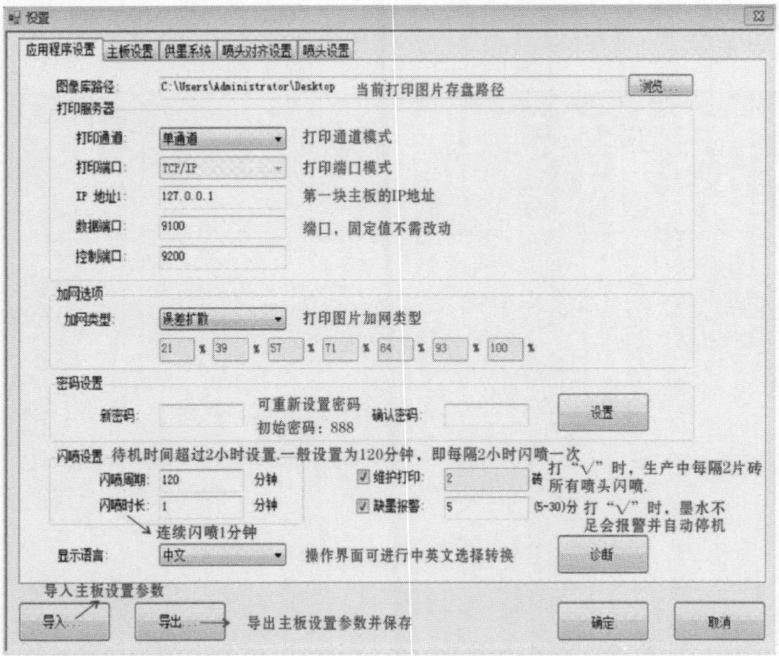

附图 15　应用程序设置界面

此界面操作参数一般不要更改。

系统参数的存储和导入的文件格式是 .dat。

附 6.4.2　主板设置

主板设置界面如附图 16 所示。

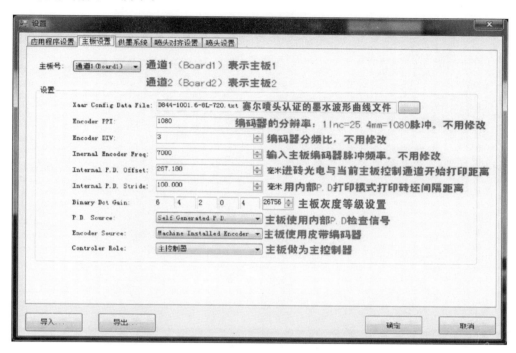

附图 16　主板设置界面

附 6.4.3　供墨系统（墨桶和墨盒温度设定）

供墨系统设置界面如附图 17 所示。

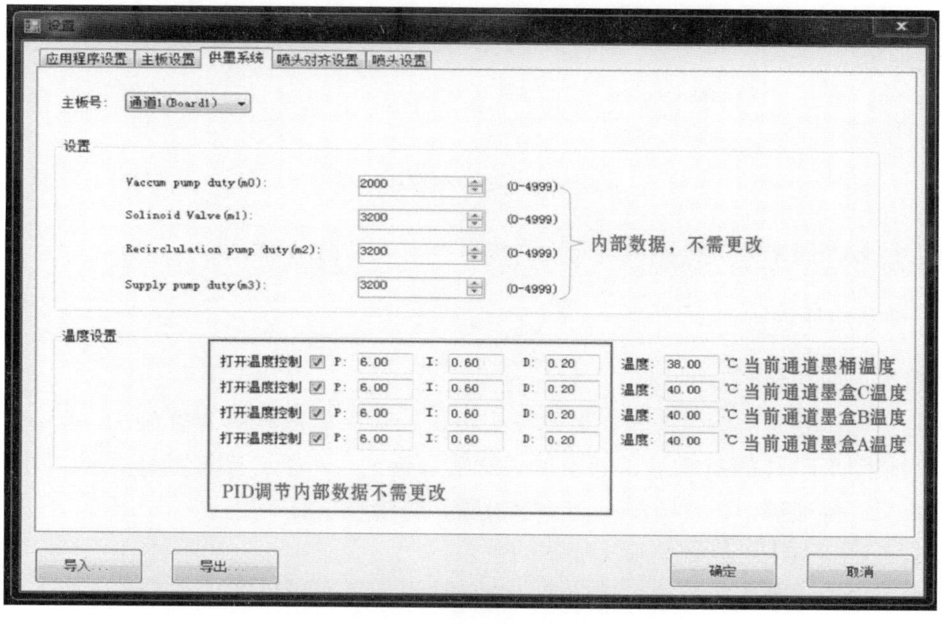

附图 17　供墨系统设置界面

附6.4.4 喷头对齐设置

喷头对齐设置界面如附图18所示。

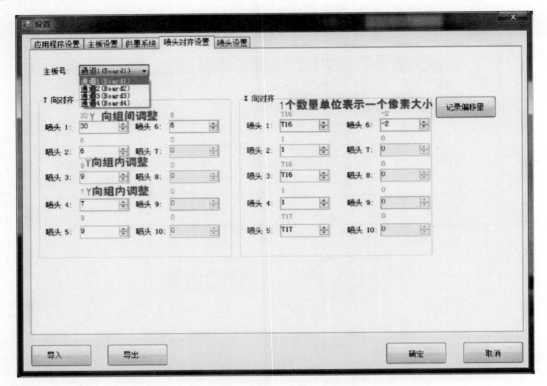

附图18 喷头对齐设置界面

进行喷头对齐设置的时候请用打印安装软件目录下 C：\ StreamPrint \ TestFiles \ 校准图.prt 的校准图进行喷头 X，Y 相的组内和组间调整（附图19）。

附图19 校准图存放路径

具体如何参照校准图来调节机器，请向美嘉售后技术人员询问和学习。

附6.4.5 喷头电压设置

喷头电压设置界面如附图20所示。

选择主板号：选择相应的颜色通道，更改喷头电压，喷头电压等级为直流 16～30V 之间，调整电压的大小可以调整喷头喷孔的喷墨量，电压越高喷墨量越大。（赛尔 GS6 喷头墨滴大小从 6～42PL）。每个赛尔喷头共有 2 排喷嘴，每排喷嘴有 500 个喷嘴，每排喷嘴有 8 个区，每个区可以单独调整电压等级；通过调整喷头区间电压可以调整喷头喷墨的色差。

具体如何参照校准图来调节机器，请向美嘉售后技术人员询问和学习。

赛尔喷头标准测试图如附图21所示。

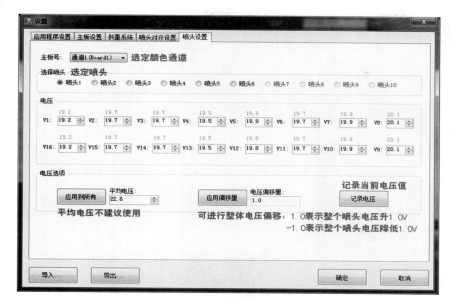

附图 20　喷头电压设置界面

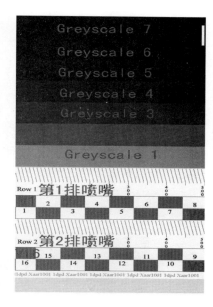

附图 21　喷头电压调整对应于
赛尔喷头标准测试图

附 6.5　喷墨机图案加载打印操作程序

（1）点击"编辑作业"铵钮，再点击"添加"按钮。

（2）选"TIF"格式，找到要"加网"（转换打印格式）的图，如附图 22、附图 23 所示。

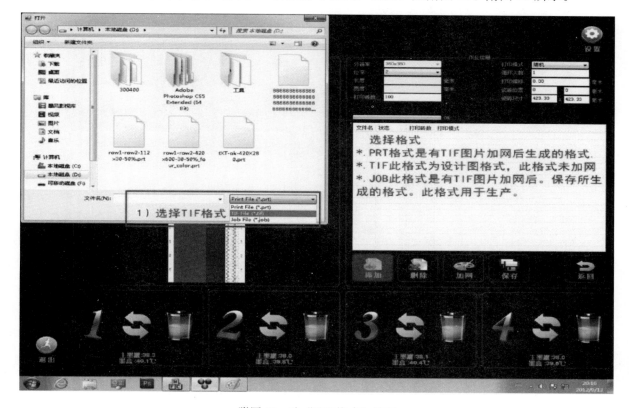

附图 22　选"TIF 格式"界面

（3）点击"加网"按钮（转换打印格式），如附图 24 所示。

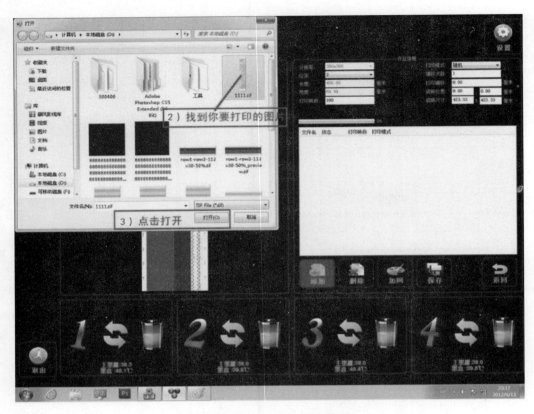

附图 23　找要"加网"的图的界面

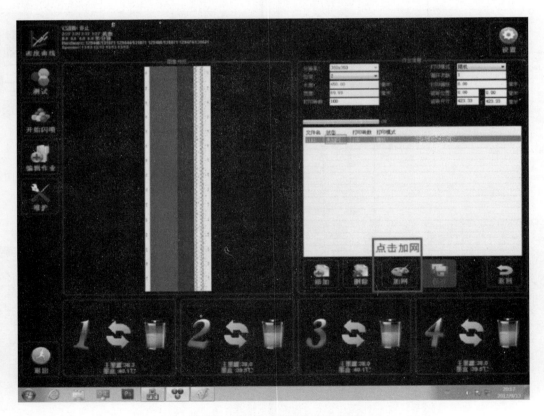

附图 24　点击"加网"按钮界面

（4）加网后，选择打印模式、参数，设置砖坯尺寸，如附图 25 所示。

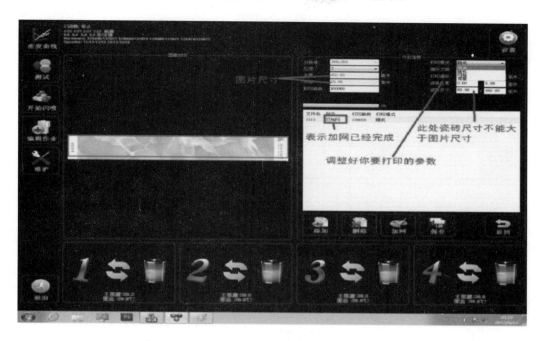

附图 25　设置打印参数

（5）点击"保存"按钮，如附图 26 所示。

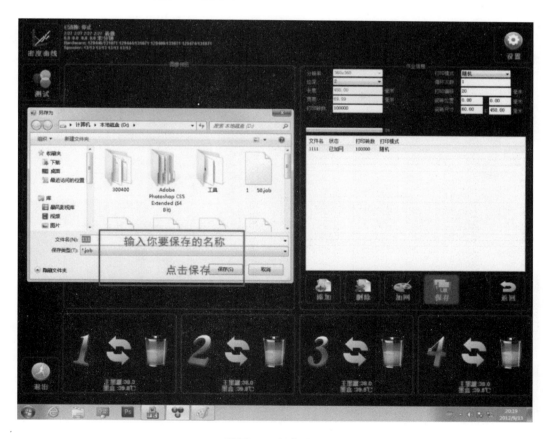

附图 26　保存设置

（6）点击"返回"按钮即进入生产前打印准备状态，如附图 27 所示。

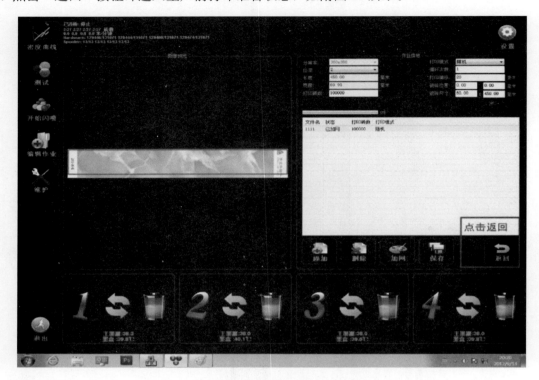

附图 27　返回打印准状态

（7）点击"添加"按钮，找到刚才保存的文件并打开，如附图 28 所示。

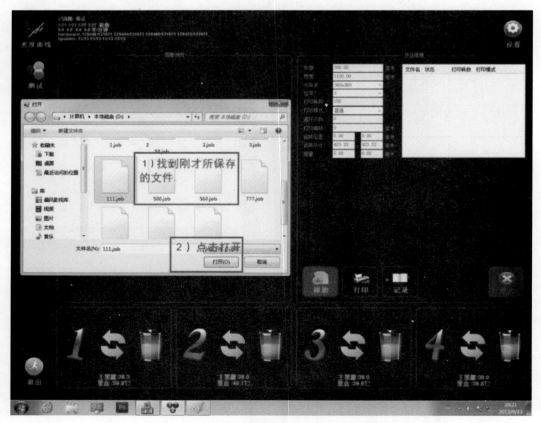

附图 28　找到刚才保存的文件

（8）点击"打印"按钮，系统准备完毕，如附图 29 所示。

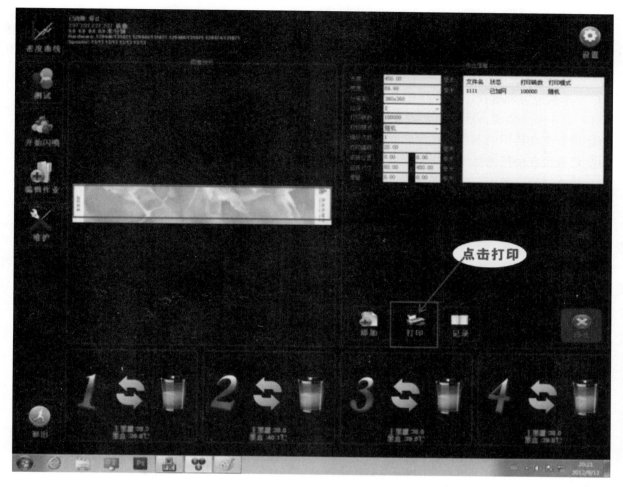

附图 29　系统准备完毕

（9）准备好砖坯，按显示器外框下端的"皮带运行"按钮，即开始打印。

附 6.6　设备维护

本节介绍一些维护方法，应定期对设备进行保养和清洁，以获得最佳的印刷效果。

附 6.6.1　自动打印头清洗

可以通过点击按钮在主界面：一键控制—开始自动清洗—开始手动清洗—色×开始—清洗喷头。

在设备使用时，油墨残留物和在印刷过程中使用的其他材料，会很容易弄脏皮带。在皮带出砖口处，通过位于其底部的清洗系统，可以执行自动清洗操作。

请记住，循环使用干净的水或洗涤剂每周要更换一次，因为水或清洁剂与油墨残留物和砖坯上的粉尘会越积越多。否则，清洗皮带的功能会大大降低。

附 6.6.2　机器的基本维护

（1）用户注意检查墨桶的墨量，从墨桶状态框在主屏幕的界面进行检查。墨水量不足时，墨桶应尽快加入墨水以确保墨桶的墨量超过最低墨量，如果在墨水不足的情况下喷墨会极易损坏喷头。

（2）要防止任何异物进入墨桶，在加入墨水进入墨桶前要用墨水摇摆机摇摆 20～25min，具体时间请参考墨水制造商建议。

（3）墨桶墨水不要来自不同的制造商。每种油墨都有其自身特性的组成和内机的工作参数。混合来自不同厂家的油墨系统会造成不可挽回的损失。对于一个特定的油墨的变化过程，从不同的制造商使用的墨水，应执行检测，以避免任何功能问题并检查是否有任何问题。

（4）本机应定期检查，以获得最佳的印刷效果，并防止将来可能出现的问题。

（5）其中一个重要方面是验证墨系统的正常运行和探测到任何潜在异常。

① 检查正在使用的墨水，并相应地改变设定值的温度是足够的。

② 检查正在使用的墨水，并相应地改变设定值的真空度是足够的。

③ 检查真空（负压）比值，并确保它是不是太高。

④ 检查供墨系统联机活动是否正常运行。

这也是客户的责任，检查机器的组成部分，需要预防性的维护，必要时联系美嘉公司的售后部门，进行必要的组件更换。每个机器的元素，需要定期审查。更多信息，请参阅本书其他章节。

当机器一段时间不使用（例如周末、寒假、维护期间、拆迁等），应存放在合适的环境，使它尽可能快地避免任何后续印刷产生的问题。

附6.7 标准操作规程

具体的操作说明以及注意事项见《美嘉数码嘉年华喷墨机使用手册》。

1. 开机

（1）接通电源，观察喷头主板和喷头控制板的绿灯是否亮，如果亮红灯则表示不正常。

（2）开启电脑主机，打开显示屏。

（3）电脑开启后，进入 Win7 界面，观察所有主板是否连接正常，打开连接软件（Printer Hub）。

（4）打开打印软件（Stream Print）。

2. 观察供墨系统是否正常（压力以及温度）

（1）真空度：蓝色，7.3kPa；棕色，7.5kPa；黄色，8.0kPa；粉色，7.8kPa。

（真空度跟墨水的密度相关，密度越大，真空度越高）。

（2）墨盒温度：蓝色，40℃；棕色，40℃；黄色，40℃；粉色，40℃；

（3）墨桶温度：蓝色，38℃；棕色，38℃；黄色，38℃；粉色，38℃；

3. 调用喷印图像。

4. 按打印按钮。

5. 检查喷印高度及传动速度（24m/min 以下）是否正确。具体的打印高度和速度参与《美嘉数码嘉年华喷墨机使用手册》。

6. 等待喷头降到打印高度然后进砖。

7. 启动皮带。

8. 关机

（1）点击打印界面的停止，停止打印，再点退出，关闭打印软件。

（2）点击 HUB 连接界面的 Stop，再点 Exit，退出 Hub 连接软件。

（3）关闭电脑。

9. 用手清洗喷头（软麻布或非纤维擦拭布＋清洗液）

（1）要佩戴防静电手套。

（2）观察喷头底板是否在原点位置。

（3）喷头严禁来回擦拭。

10. 更换过滤器

（1）更换过滤器时一定不能污染新的过滤器。

（2）拆旧的过滤器时要最后拆卸出口的接头，安装新的过滤器时，要先安装出口的接头；确保出口的接头不受任何污染。

11. 墨水加载

如果缺墨报警指示灯亮，则需立即准备加墨。按墨水使用标准加入 4L 釉料。如果在缺墨水情况下打印图案，会很容易损坏喷头。

12. 设备的维护

（1）设备不能用水清洗。

（2）每 8h 清洗一次设备上的灰尘及残留物，保持设备处于清洁状态。

（3）轴承、调节丝杆等部位每 8h 加载润滑油。

（4）喷头严禁来回擦拭，严禁使用专用清洗布以外的物质擦拭，否则会损坏喷头。

（5）不能移动电眼位置，不能松动机械部件。

13. 设备房的使用环境

（1）保持设备房门处于关的状态。

（2）保持室内温度处于 15～25℃；保证湿度在 30％～70％以下。

（3）进出砖口风帘处于常开状态。

（4）室内保持正压。

（5）保持室内清洁。

（6）具体见设备安装示意图说明的要求。

14. 清洗真空清洗帽

（1）真空清洗帽要每天用无纺布清洗，清洗完成后要用干净的无纺布擦拭干净。

（2）在清洗时要戴防静电手套。

附 6.8　墨水使用注意事项

为了能使墨水达到理想的生产效果，我们的建议如下：

附 6.8.1　墨水的使用期限

使用期限指的是墨水从装瓶日期（详见瓶身标签纸）开始计算，在理想贮存条件下，墨水没有改变物理和化学性能（或只发生了微小变化，但不会影响设备性能和打印质量）的时间。

一般墨水的建议使用期限：6 个月以内。

附 6.8.2　墨水的贮存条件

墨水应避免贮存在高温和潮湿的条件下，而应贮存在整洁、干燥、恒温（温度不超过 25℃）的场所，同时避免阳光直射。另外，如果可以将墨水贮存在－15℃的冰柜中能有效地延长使用期限。

附 6.8.3　客户的墨水库存管理建议

（1）根据生产计划和用量预测墨水的安全库存量。

（2）合理控制库存量使其不超出建议的使用期限。

（3）合理规划仓库内通道，便于提取装瓶日期较早的墨水桶。

（4）在墨水贮存期间，每月定期充分摇动墨水桶有助于保持墨水的稳定性。

附 6.8.4 墨水理想的使用条件

（1）仔细查看墨水桶上的装瓶日期，以确保墨水没有超过建议的使用期限。请注意，始终坚持先使用生产时间较早的墨水。

（2）不同颜色的墨水不能物理混合。请勿将不同供应商的墨水混合。

（3）墨水不能用清洗液或任何溶剂进行稀释。

（4）在摇动墨水前和准备将墨水装入机器前，如果墨水原先处于较低或较高温度的环境中，最好先将墨水桶置于温度在 20～30℃ 的环境一段时间。

（5）在使用前请将墨水置于美嘉公司提供的摇墨机上进行充分的摇动，时间为 20～25min，摇完后请静置一会以便消除墨水中的气泡。只有充分摇动后墨水才能混合均匀并保持色调一致。一旦摇动墨水并开启墨水桶后，倒出近一半墨水桶的墨水进机器的墨水槽，倾斜墨水桶直到能看见桶底，在倒空剩余墨水进机器墨水槽之前先检查桶底是否干净（可以用光源在桶底照射，能看到透光），如果桶底有沉淀，就将盖子盖好并重新摇动直到桶底干净为止。

（6）用机械搅拌器直接接触墨水（如螺旋桨，机器内部的除外）。请勿用细筛过滤墨水。

（7）建议将墨水桶的墨水全部倒入机器的墨水槽，如果不能倒空墨水桶，请在使用后盖紧墨水桶的盖子，并在使用期限内用完。

（8）避免墨水桶上有灰尘或在使用前擦拭干净。同时避免机器舱和机器上有灰尘。因为灰尘颗粒会污染墨水并会堵塞机器的过滤器和打印头。

（9）使用软麻布或非纤维擦拭布清洁机器的机身或零配件。纤维擦拭布会污染墨水。

（10）请勿用水清洗，要用清洗液清洗。水会污染墨水并引起严重的机器问题，特别是打印头。

（11）一直坚持用干净且干燥的辅助工具处理墨水，如使用干净且干燥的漏斗来灌注墨水。每种颜色的墨水拥有各自独立的一套辅助工具。

附 6.8.5 工厂的人员安排建议

选择喷墨打印机可以帮助我们生产出传统印刷技术无法生产的瓷砖，应用更多的设计来获得独一无二的产品和高效的生产效率，取得产品的与众不同和利润的高收益。

为了得到理想的生产状态，美嘉陶瓷设备公司和主要的墨水供应公司都会相互配合，我公司的每台机器出厂前都会同用户所选定的墨水供应商一起测试和调试设备。当然我们也需要用户的技术和设计人员配合，人员数量依据工厂实际情况安排。一般情况下，需要固定的人员学习操作机器，学习人员在 2～3 人为宜，需具备较强的责任感，能够熟练运用 Photoshop 软件。

当我们的技术和设计人员开始调试喷墨打印机的时候，需要设计人员全程参与，以便能更好、更快地掌握喷墨产品的设计生产。另外需要客户（工厂）技术研发部门能及时配合所选用墨水供应商同美嘉陶瓷设备有限公司做好生产前的各项调试准备工作。

在使用墨水中有任何疑问请直接联系你所选用的墨水供应商。

附 6.9 系列喷墨打印机房间布置要求

喷墨打印机是目前陶瓷墙地砖印花设备中的高端产品，由于其本身固有的特性，决定了它对工作环境的要求，如未达到最低标准条件，可能会造成所生产出的产品质量差、设备的不稳定，甚至对设备寿命造成严重影响，故此，我公司特制定以下标准，以确保喷墨打印机的正常使用。

（1）喷墨打印机房间必须是独立的，其内部应该是密封的、清洁的、恒温的、明亮的、隔声的环境，不可与其他釉线设备共用。不同型号的喷墨打印机，房间大小是不一样的，也会因客户现场实际情况的不同而有所差异，最低要求为：

① DP-X-350/420/700（4 色），内部空间大小是（长×宽×高）7200mm×4000mm×3200mm。

② DP-X-1120（5 色），内部空间大小是（长×宽×高）8500mm×4500mm×3200mm。

（2）房间地基牢固，表面平整并铺设瓷砖，设置留有排水沟。

（3）房间的搭建材料最低采用夹生板，其屋顶上面任意位置都要可以承受净重 80kg。

（4）房间内温度应保持恒定，一般控制在 15～25℃，可以选用两台 3P 以上的柜式空调，或者用中央空调。

（5）喷墨打印机生产热坯产品时，必须在釉线上从表面淋釉后到房间进砖口之间安装 14 套以上吹风设备；生产冷坯产品时必须安装 8 套以上吹风设备，吹风口斜对入砖方向角度 30°～45°，每套吹风的间距为 0.5～1m 之间。吹风机选用九州风神品牌，功率为 0.75kW，吹风口为扁平的鸭嘴形式（美嘉公司自制整套吹风设备）。

（6）房间的外部，进、出砖口处各安装风帘扇一台，品牌选用南洋钻石牌，型号是 FM-1212X-2(L = 1200mm)。

（7）房间内安装空气过滤器一台，品牌选用远大牌，型号是 SL250。

（8）DP-X-350/420/700 机型选用 1 台恒净正压空气过滤器，型号是 ZY-2T-28-2.2，DP-X1120 机型选用 1 台恒净正空压气过滤器，房间的入风口可以选用 Φ160mn 的 PVC 管制作，安装在屋顶。室内正压正常情况是将 A4 纸放到房间的进、出砖口处，其能向外轻飘为合格，如不能，应增加风机加大进风量。

（9）房间内的前、后墙壁各安装 3 根 40W 日光灯管，出砖口上方也安装一根。

（10）房间内的相对湿度应控制在 30%～70%。

（11）房间内放置 UPS 不间断电源一台，品牌选用金武士，型号为 MG3320K。

（12）从总电房直接引入三相 380V±5%，功率 20kW 电源进入房间，并在房间内加装好电源接入端口，并保证设备到达后能即时使用。

（13）在房间内部的右后角落，用 2m 长 40mm×40mm×4mm 规格的热镀锌角钢作独立地线，直接打入地下，再用面积 4mm² 以上铜线将独立地线直接连接到喷墨打印机接地铜排。

（14）喷墨打印机在拆除包装前，房间内部要保证干净，除进出砖口、门等处，其余均需要密封。

（15）喷墨打印机到达客户前，客户应准备好每种颜色不少于 10kg 的墨水，并保证设备进入到房间后 24h 之内能供墨，使供墨系统正常运行。

（16）喷墨打印机建议采用直接固定在地面上的安装方式，应远离压机和尽可能远离窑炉，以减少压机工作时产生的震动和窑炉废气、热量等对设备造成的不稳定。

（17）喷墨打印机如果需要安装在移动平台上，平台必须有足够的刚性，不能变形，建议选用美嘉自制专用平台，以减少后期的故障隐患。

（18）房间内如果有釉线穿过，必须在喷墨打印机与釉线之间加装屏蔽帘，并做好密封。

（19）房间内放置一张工作台，一个储物柜，一个带盖垃圾桶等日常物品。

（20）本清单附带"喷墨机房间布置图"图纸一份，相关尺寸和位置摆放等供参考（附图 30、附图 31）。

以上内容请客户严格执行。

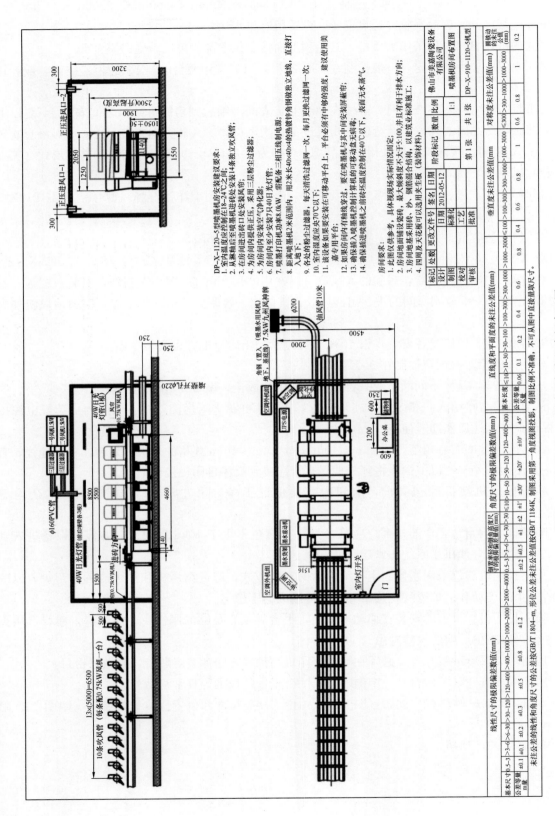

附图 30　DP-X-1120-5 型喷墨打印机房间布置图

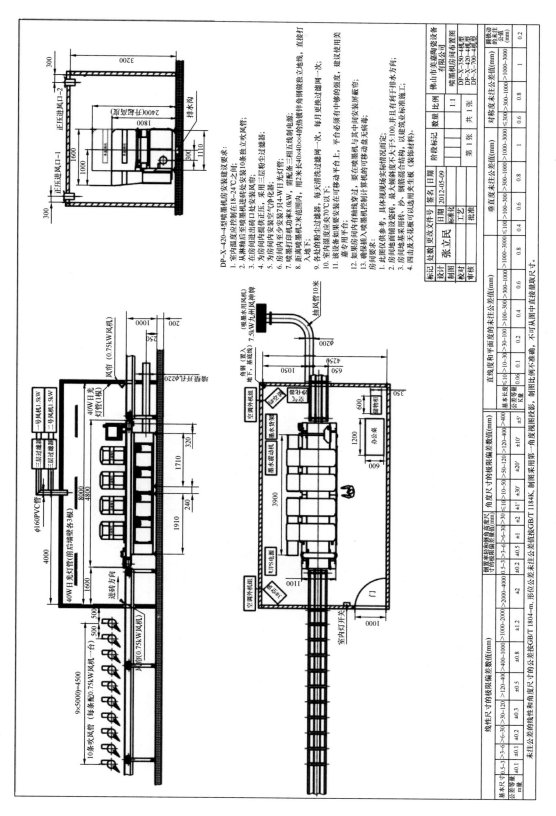

附图 31 DP-X-420-4 型喷墨打印机房间布置图

附6.10 美嘉喷墨打印机喷头数据线接口安装方法

喷墨打印机喷头是很精密的器件，价格比较昂贵，喷头数据线和喷头控制板的接口非常精密，在安装或拆除喷头数据线接口的时候要特别注意，要特别小心。不然很容易造成喷头数据线的损坏，从而造成喷头的损坏。在安装或重新拆装喷头数据线时要严格按照以下安装流程来做。（如果喷头的某个区间或是 Row1，Row2 不能打印出墨水时需要擦拭接口重新安装。）

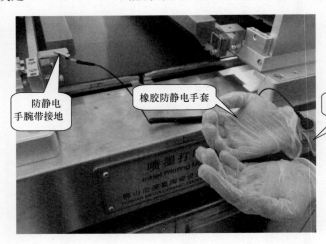

附图32　做好防静电措施

（1）在开始安装前，先戴好防静电橡胶手套和防静电手腕带（附图32）。（防静电手腕带夹子接地）因为喷头和喷头控制板由很多电器元件构成，是精密的电器元件，在操作过程中如果有静电会造成喷头控制板和喷头的损坏。

（2）在拆或安装前要关掉主板 5V 电源，以及喷头控制板的 12V 和 30V 电源，拔掉喷头板的电源接头和数据线接头（附图33）。

（3）拆掉喷头控制板的保护不锈钢板（附图34）。

附图33　拔掉喷头板的电源接头和数据线接头

附图34　拆掉喷头控制板的保护不锈钢板

（4）轻轻拨开喷头控制板的数据接口，拔出喷头数据线（附图35）。

在拨开或是压紧喷头控制板数据接口的黑色压条的时候要特别小心，不要用太大力，要从中间用手拨或压紧，如果用力不均匀黑色接口压条很容易拨坏，要特别注意。

如果是要安装或拆出背面数据线，需要先把喷头控制板从固定板上卸下（附图36），然后再把喷头数据线插入或拔出来，然后按照接下来（5）、（6）、（7）、（8）的步骤进行，最后再把喷头控制板固定在固定板上，最后再进行正面喷头数据线的安装或擦拭步骤。

（5）如附图37所示，用两手指夹住喷头数据线。

（6）用手拿一块无尘擦拭布轻轻左右擦拭数据接口（附图38）。（如果是喷头有某个区不能打印，加点酒精清洗，用无尘擦拭布擦拭干净，第一次安装新喷头时不需要加酒精清洗。）

轻轻拨开喷头控制板的数据接口，拔出喷头数据线。

附图 35　拔出喷头数据线

安装或拆出背面喷头数据线，喷头控制板不能安装在固定板上面，因为如果安装在固定板上面不方便正确地安装好喷头接口。

附图 36　喷头控制板不能安装在固定板上面

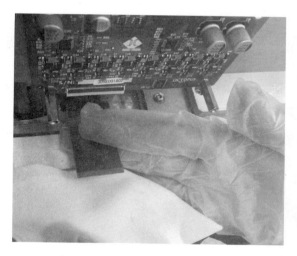

附图 37　用两手指夹住喷头数据线

清洗布加酒精上下或左右擦拭喷头数据线的接口处

附图 38　擦拭数据接口

（7）擦拭好后插入喷头控制板的数据接口处（附图 39）。

（8）数据线完全插入后，用另一只手（一般是右手）压紧喷头数据接口条（黑色固定条），注意不要用太大力（接口压条用力很容易压坏）。如附图 40 所示。

（9）插上喷头控制板的电源线和数据线，安装好喷头控制板的不锈钢保护盖。

（10）检查电源线和数据线确认无问题后通电试运行。

如果是初始安装喷头数据线，按照：（1）、（2）、（4）、（5）、（6）、（7）、（8）、（9）、（10）步骤进行。一般不需要用酒精擦拭。

如果是重新擦拭喷头数据线接口线，按照（1）到（10）的所有步骤进行。

完全插入，两边要一样

完全插入，两边要一样

用眼平视喷头接口完全插入后左右高度一样。切记！！

附图 39　插入喷头控制板
数据接口条，两端要平齐

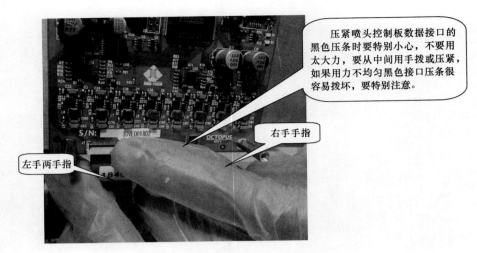

附图 40 轻轻压紧喷头数据接口条

附 6.11 美嘉喷墨打印机停产维护和停产后开机指导

为使喷墨打印机在不使用时保持喷头良好状态，请使用美嘉喷墨打印机的客户严格按照下面要求操作：

1. 每天早、午、晚用 100％灰度图连续喷印 3～5min，其他时间把喷墨打印机设为闪喷模式。闪喷模式开启时在"设置"中"应用程序设置"中开启。如附图 41 所示。

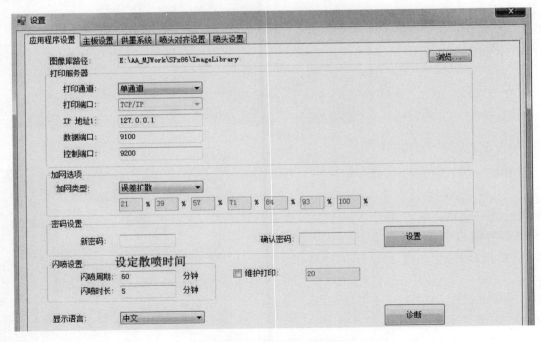

附图 41 开启闪喷模式

设定好后要在主界面中开启闪喷才能进行闪喷。

点击"开始闪喷"（开启闪喷功能），开启后"停止闪喷"按钮出现。

这样闪喷功能开启。闪喷开启后要把喷头升到安全高度，托盘在深入状态接墨。

在进行全灰度打印的时候，先"停止闪喷"才能进行打印，打印完后再开启闪喷功能。

2. 喷印时须每天检查供墨系统的真空度、温度是否稳定。喷墨打印机停用时间在 30d 以上，必须按以下操作：

（1）将喷墨打印机内墨水打出，更换成同品牌同一型号出厂日期在 3 个月内的墨水。

（2）按操作（1）每一个月更换一次新墨水。更换墨水前后均用纸打印喷头测试图，详细标注"打印时间、更换墨水前或后"并存档。

（3）每 1～2 个月定期更换过滤器。

（4）禁止喷墨打印机不使用时用清洗液代替墨水使用，否则造成供墨系统损坏后果自负。

（5）禁止关停供墨系统，关停供墨系统将造成墨水沉淀引起喷头堵塞及供墨系统损坏等严重后果。

（6）绝对禁止喷墨打印机停电，否则会引起喷墨打印机的严重损坏（特别是喷头）。由于停电导致喷墨打印机配件的损坏心须由厂方自行购买。在电源不稳定的地区除要安装 UPS（不间断电源）之外，还必须增加后备电源（如发电机，发电机功率大于 10kW；UPS 功率 20kVA）。如用发电机应急供电的只要每天将喷头滴墨 3 次，每次 2min。

（7）喷墨打印机房进出砖口用海绵封住。

（8）房间温度要求 15～25℃，任何时间不能低于 15℃，禁止在喷墨房内生煤炉取暖。房间湿度要求 30％～70％。

（9）将正压风机关闭，正压风机出口处用海绵封住。

（10）每天按照正常的维护喷印，墨水用量每月大约 3000～5000 元。

（11）喷墨打印机打印时功率 6～10kW（根据机器型号不同有所不同），在微喷状态功率约 3kW。

（12）要按照贵司喷墨打印机机型准备好停产过程中的易损件，所要更换供墨系统主过滤器的数量，且每次在更换过滤器前、后都要用纸打喷头状态图存档并写上打印时间。

（13）如贵司喷墨打印机停产期间，需要我司安排技术员帮助维护的，每天维护的费用 1000 元/台。

（14）非上述方式操作均有可能导致喷墨打印机损坏。

如果贵公司喷墨打印机停线生产 2 个月以上，我司要求贵司严格按照我司所提供的喷墨打印机的停产维护指导书来维护保养以保证喷头状态，且维护成本较低。我司不建议贵司将供墨系统清洗干净，把喷头拆下保存，因为有以下风险存在：

① 管路清洗干净，每道颜色要 100～200kg 清洗液，清洗时间至少需要 5～10d，效果视实际情况而定，必须将管路清洗干净。

② 供墨系统清洗后，喷头状态无法保证最好状态，且喷头清洗后很难保管，喷头保管不好，会造成喷头不能使用。

③ 贵司若坚持清洗供墨系统拆下喷头，对贵公司的喷头、喷头控制板、电动泵、主循环泵请恕我司不能保修，还望贵司能够理解。

3. 停产后开机程序

当喷墨打印机正常生产前，出现长时间停机状态，要开机时请按以下步骤操作：

（1）请对设备各部件做相应的保养，检查各部件的工作状态，对必要更换的配件做更换处理，以免影响墨路正常运行。

（2）放空设备中每个通道墨盒和主墨桶内的墨水。操作方法是：进行回墨，参考本手册中如何回墨或是电话咨询美嘉售后服务，然后再把回到墨桶中的所有墨水放空。在每颜色通道中加入 5～10kg 新墨水循环 4h，同时降低负压让墨水从喷头滴墨 60s，然后恢复负压。打印色块图以确认供墨系统的墨水流畅性，同时检查设备供墨系统各配件工作是否正常。无论工作正常与否请更换新的过滤器（此点很重要，切记）。一定要保证不能停电。

附 6.12　美嘉喷墨打印机陶瓷墨水使用和指导

1. 目的

规范喷墨打印机的陶瓷墨水使用操作方法，避免陶瓷墨水浪费和损坏设备。

2. 适应范围

本方法适用于喷墨打印机的生产、调试和试运作。

3. 陶瓷喷墨打印机的生产或调试运作

（1）陶瓷墨水是陶瓷印花使用材料，属于贵重物品，带多种化学酸性成分，要求存放在室内 26℃以下并保持清洁，严禁存放在高温或有阳光暴晒的地方。

（2）陶瓷墨水一定要在使用期限内进行使用，到期或过期的墨水严禁使用。

（3）墨水的包装上没有标明保质期或要求使用日期、颜色（含编号）的，包装物泄漏的，一律禁止使用。

4. 添加墨水的操作规程

（1）添加使用墨水前要将墨水在振动机上摇动 20~25min，摇墨水前要认真检查包装瓶盖是否密封，是否标明墨水颜色、使用日期。

（2）墨水摇动后需存放 5~10min 进行消泡才能使用。

（3）每次摇动墨水要严格按规定只能摇一种颜色的墨水，并且不能超出两瓶。

（4）喷墨打印机缺墨水报警灯亮后，要确认好装墨水的颜色指示灯，立即准备好墨水（需要预热）。

（5）加墨水前要看清楚墨水颜水及编号、保质期，并必须将墨水瓶周围的杂物、灰尘彻底擦干净，避免混进墨水桶中而造成喷头堵塞、缺墨。

（6）每次添加墨水时，必须严格按照要求有两人在现场操作（一人添加墨水，另一人在旁边监督确认），方可进行添加墨水（防止加错墨水造成重新清洗墨路及损坏喷头和供墨系统元器件）。

（7）每次添加墨水时，必须在记录本上清楚记录添加时间、颜色（含编号）、墨水使用期，并要两人签名确认。

（8）每次添加墨水都必须按照要求每瓶墨水一次性加完。

5. 更换墨水厂商的操作规程

如果更换墨水厂家，请务必第一时间通知设备制造商，如果不通知就更换墨水厂家而导致喷墨打印机喷头和供墨系统的损坏，设备制造商不承担任何的责任。

附6.13 美嘉喷墨打印机日常维护保养方法

1. 目的

为规范喷墨打印机生产管理，保障喷墨打印机的正常运作，特制定车间日常维护保养方法。

2. 范围

本方法适用于喷墨打印机正常使用的全过程以及设备操作调试员，维修服务人员等。

3. 维护保养内容

（1）喷墨打印机房要保持正压，温度保持在 15~25℃，室内空气湿度控制在 30%~70%。

（2）生产过程中进入喷墨打印机房的砖坯温度不能超过 38~42℃。

（3）室内地面每班要用拖把清洗和吸尘两次，不要用扫把扫地，避免扬起灰尘。

（4）室内的机器卫生每班要清洁两次，清理时要用拧干的湿毛巾擦机器外表。不能使用扫把和吹风，避免扬起灰尘。

（5）操作者接触、清理喷墨打印机的喷头、墨水、清洗液、皮带清洁机构必须戴专用手套。

（6）喷墨打印机上清洗喷头的各色托盘要保持干静，托盘上吸真空的清洁帽不能沾有墨水。

（7）清洗喷头时一定要用无纺布加清洗液清洗，不能用其他东西代替，只可单向擦拭，禁止来回擦拭。

（8）清洗铝板上的清洁帽，每班工作前需戴防静电手套，用无纺布和专用清洁液清洗一次，清洁后再用干燥的清洁布擦干净。

（9）在短期内没有生产时，每个班按照 100％灰度打印两次，每次打印 100 张，时间限定在 5min 左右。打完清洗喷头，每天滴墨一次。每次打印完要把喷头升到托盘上面，机器生产时每 2h 清洗喷头一次。

（10）如果打印的图案颜色灰度比较浅或是此通道使用灰度很少，一定要开启喷头"维护打印"功能，建议每隔一片瓷砖进行一次维护喷墨打印，避免因为喷头少用导致的堵塞喷头情况。具体操作方法请参考本使用手册第三条的设定。

（11）喷墨打印机处于打印状态时一定要开启抽风，避免飞墨形成的滴墨和飞墨乱溅，导致腐蚀电器元件。

（12）正压风机的空气过滤器每天清洁一次，每个月更换过滤网一次。空调机的滤网每星期清洁一次。

（13）供墨系统的主过滤器要 1～2 个月更换一次，具体更换频率根据使用情况而定，超过 2 个月一定要更换。

（14）每天检查托盘清洗喷头处的真空有没有吸力。

（15）定期更换墨水过滤器以及供墨系统易损件，禁止使用超过使用期限的墨水，禁止不同颜色的墨水物理混合，禁止不同供应商的墨水混合使用。

（16）升降导轨、调节丝杆、轴承定期添加润滑油。

（17）皮带清洗机构的刮刀定期清洗。

（18）禁止在喷墨打印机房间内使用易产生粉尘和悬浮颗粒的方式取暖（如煤炉、木炭等）。

（19）喷墨打印机在没有使用时，严禁过砖，否则易造成喷头堵赛。因此而造成的损失本公司不负责。

4. 注意事项

喷墨打印机的日常维护直接影响到生产产品的质量，操作调试、维修服务人员必须严格按照规定实施维护保养工作。

（1）喷墨打印机操作调试人员必须每班按照第 3 条的内容操作，并做好现场的 6S 管理，注意现场环境保护，减少导致颗粒物产生和飞扬的隐患。

（2）维修服务人员必须做好喷墨打印机现场管理，将工具、零配件、清洁用品等物料摆放整齐，离开时整理现场，清洁作业区域，收齐物料，禁止现场遗留作业的工具用品和其他杂物。

（3）喷墨打印机操作调试人员有责任监督临时进入本区域人员保持现场整洁，并做后续现场整理。

本办法自喷墨打印机进入喷墨房日起开始实施。

该规程只是喷墨打印机房间要注意的事项，具体的喷墨打印机使用和维护请参考本手册前述内容。

附录 7　精陶 T1320、2150-32H 导带设备的使用

附 7.1　前言

欢迎您选用精陶机电扫描打印式印花机。为帮助您正确操作使用精陶机电扫描打印式印花机，请您务必仔细阅读本手册。

在使用精陶机电扫描打印式印花机之前，请认真阅读和理解本书的内容，此外，请将本书保留好，便于将来参考使用。

请确保本书确实无疑地交到使用精陶机电扫描打印式印花机的人员手里，并仔细阅读；本说明书未经授权许可不得进行复制。

我们已十分认真地编写本书的内容，但万一发现了任何不妥之处，请与我司联系。

为提高本书质量，我们将会不定期地进行修改，但不作预告，敬请谅解。

当遗失或损坏了本书而不能阅读时，请向我司或经销商索取新的使用说明书。

在操作使用设备时，请先查阅设备的安全和维护警告内容以及详细熟悉设备的操作说明书的操作内容。

为了自己和他人的人身安全，请集中精神来认真操作设备。切忌带有睡意等不良的工作精神态度来操作设备，大意和精神不集中是造成安全事故的根本原因。

说明书会与设备上的操作界面存在一些不同，但不会影响对设备的操作使用。

附7.2　安全和维护注意说明

1. 注意事项

为确保本打印机能正常工作，我们强烈建议您按符合本说明书的方法，并在本说明书的指定条件下使用本打印机，在使用本打印机时请注意以下要求和注意事项：

（1）请勿撞击设备上面的主要部件，尤其是设备运动部件，例如喷车和皮带等，以避免损坏。

（2）请使用标准频率50Hz，220V的稳压电源。

（3）电源前加装30kVA带隔离的稳压器。防止电源的波动而损害设备，影响其正常工作。

（4）请在第一次启动设备前先检查各运动部件是否有杂物存在卡住的情况，电路部分是否出现结冰或者水汽等现象，防止设备运动部件出现被撞坏情况和设备电路部分出现短路导致烧坏。

（5）请勿自行拆卸维修设备上面的电路板器件。

（6）请勿在设备周围使用大功率电器或强磁场电器。

（7）请勿在通电情况下，对设备各种电路部件及数据线进行热插拔。

（8）请备份校准好打印精度的软件"Config. ini"文件，最好每天备份一次，以免电脑故障造成参数变动。

（9）为确保设备可靠工作并防止过热而影响设备正常工作，请保持设备喷墨房里面环境温度和湿度，温度为20~28℃；湿度为40%~75%RH。

（10）安装设备的地面，要求平整，防止设备在工作过程中震动而损害设备。

（11）安装设备的地面，要求无灰尘，防止因为灰尘而影响喷头正常工作，甚至堵塞喷头。

（12）要时刻注意设备运动部件，尤其是设备在工作过程中，要与皮带和喷车的运动部件保持一定距离，防止安全事故的发生。

（13）设备在开始打印前，请先注意观察和提醒设备周围工作人员注意安全，确定安全后，再进行操作设备，防止安全事故的发生。

（14）设备在打印砖时，注意喷头托盘的高度。尤其是打印砖坯种类很多的客户，要注意每次打印砖坯高度与上次打印高度是否有区别。

（15）要注意进入设备打印的砖厚度和变形度，是否与喷车调整高度合适，防止刮伤喷头。

（16）要时刻注意设备上使用气源的干净，防止因为设备使用气源的油水和粉尘进入到设备墨路系统，损坏喷头。

（17）要养成设备维护的习惯，保持每天对设备空压机进行一次排水操作。尤其是设备气源的储气罐和油水过滤器油水的排放。

（18）为了防止设备使用气源的杂质进入到设备而引起损失，请根据贵公司购买气路上的油水过滤器的过滤芯更换时间和要求及时进行更换，防止滤芯的过滤效果出现异常而导致气路杂质进入到设备的墨路系统。

(19) 为了能够保证喷头打印状态良好，请保持喷头正压压力值为 40～45kPa；正压时间为 35～40s。并且每天上下班都要打印一个完整的喷头状态图。

(20) 打印喷头状态图，要注意喷头状态是否出现断针、偏针情况。如果多次正压都无法解决该情况，请及时用清洗液把喷头清洗一次，防止喷头喷孔堵塞和断针情况。

(21) 为了使墨水得到有效的过滤，建议 1～1.5 个月更换一次墨水过滤器，防止墨水过滤器里面沉积的墨水进入副墨瓶而引起堵塞。

(22) 防止正压气源杂质进入到副墨瓶等墨路，建议要求及时更换设备正压气源过滤器，防止过滤器过滤效果变差，导致气源杂质进入副墨瓶和喷头。空气过滤器更换周期为 2～3 个月更换一次。

(23) 要养成对设备水浴加热系统检查的习惯，要求每天上下班对加热系统进行一次检查。检查方法是用手去感觉喷头托盘是否有温度和观察设备人机界面的墨水加热系统水箱温度值。防止因为水箱加热出现异常而引起喷头和副墨瓶里面的墨水黏度变高而堵塞喷头。

(24) 养成对设备和皮带上面的灰尘进行清洁习惯，尤其是设备皮带上面的釉料清洁。在清洁过程中要注意安全，确定设备处于停止工作状态下清洁，防止出现安全事故。

(25) 上下班前要注意设备喷头和海绵高度，防止因为出现喷头保湿高度等异常情况而导致设备正压回收系统出现异常，浪费墨水和损坏喷头。

(26) 为了设备操作人员和其他工作人员的人身安全，设备操作人员要注意自己的工作精神状态，请勿在不佳的精神状态下操作设备，防止发生安全事故。

2. 设备标志的介绍

设备标志如附图 42 所示。

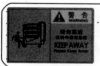

KEEP AWAY
… 该警告标示：
表示设备正在运行中，请勿靠近设备的运动部件
ROLLING
… 该警告标示：
表示设备正在运行中，请勿将手伸入运动部件
MOVING
… 该警告标示：
表示设备正在运行中，请勿将手伸入运动部件
……… 该警告标示：
表示设备正在运行中，有电请关闭仓门

附图 42　设备标志介绍

附 7.3　设备结构介绍

附 7.3.1　设备的大体结构

设备的大体结构如附图 43 所示。

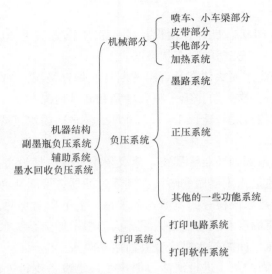

附图 43　设备的大体结构图

附 7.3.2　设备机械的几大组成部分

设备机械的几大组成部分如附图 44 所示。

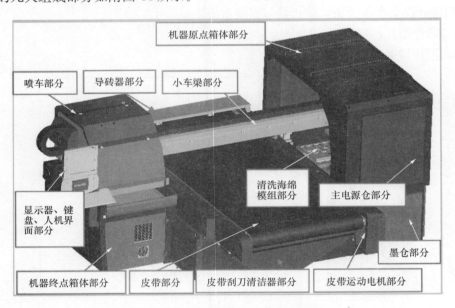

附图 44　设备机械的几大组成部分

附 7.3.3　设备操作注意事项

（1）设备在运行过程中，喷墨房工作人员要与机器保持一定安全距离，要求保持 50cm 以上的安全距离。

（2）设备在工作过程中，严禁对设备进行一切维护和操作，尤其是喷车、皮带等运动部位。

（3）皮带两端张紧辊轴是一个主要运动部位，切记在设备运动过程中，绝不能对皮带和清洁器维护操作，防止夹伤。

（4）喷车运动小车梁的两端，严禁站人。

（5）设备打印过程中，箱体的门要注意是否关闭。切记要关闭机箱舱体门，防止因工作大意而出现安全事故。

附 7.3.4　设备各仓体的电气元器件的名称

1. 电控仓介绍

电控仓实物图如附图 45 所示。

电控仓标注 1：设备总的空气保护开关，输入的电压是 220V 的高压危险电压。高压电路，切记注意安全。

电控仓标注 2：交流接触器，由设备的总开关控制其交流接触器的线圈是否得电来控制交流接触器的 220V 电源线的触点是否接触导通。

电控仓标注 3：交流接触器，该接触器的通过电流安培量会比标注 2 的交流接触器的通过电流的安培量小。

电控仓标注 4～6：220V 的空气保护开关。高压电路，切记注意安全。

电控仓标注 7：接线柱，是 220V 的电压接线柱。高压电路，切记注意安全。

电控仓标注 8：接线柱，是 220V 的电压接线柱。高压电路，切记注意安全。

电控仓标注 9：主墨桶的搅拌电机驱动器。

电控仓标注 10：接地铜柱。

电控仓标注 11、12：220V 电源滤波器。

电控仓标注 13：继电器。

电控仓标注 14：24V－电源接线端子排。

电控仓标注 15：24V＋电源开关。

电控仓标注 16：PLC 控制器。

电控仓标注 17：24V 和 32V 开关电源。

电控仓标注 18：清洗控制板

电控仓标注 19：PLC 一级转接板。

2. 喷车架后部电气配件介绍

喷车架后部电气配件如附图 46 所示。

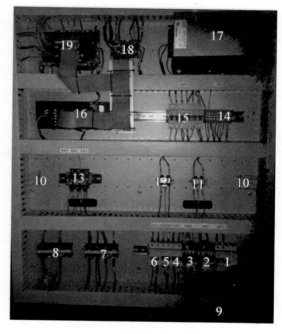

附图 45　电控仓实物图

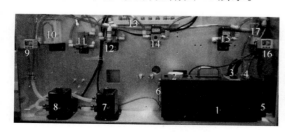

附图 46　喷车架后部电气配件

喷车架后部电气配件标注 1：水循环加热水箱，设备只有一个水箱。

喷车架后部电气配件标注 2：水箱的加水口。

喷车架后部电气配件标注 3：水箱的加热管。加热管的电压为 220V 的高压电路，切记注意安全。

喷车架后部电气配件标注 4：水浴循环加热系统的一个回流口和水箱的一个排水蒸气口。

喷车架后部电气配件标注 5：水箱的加热保险管和温度传感器安装位置。

喷车架后部电气配件标注 6：水箱的液位管，主要是观察水箱的液位高度。

喷车架后部电气配件标注 7：水浴加热的 1 号循环水泵。

喷车架后部电气配件标注 8：水浴加热的 2 号循环水泵。

喷车架后部电气配件标注 9：设备的副墨瓶负压系统的负压值显示表。

喷车架后部电气配件标注 10：设备的负压气路的安全瓶。

喷车架后部电气配件标注 11：气动阀，是当设备停电或者气源欠压或者缺压时，此气动阀将会切断不导通，保持副墨瓶里面的负压真空度，防止副墨瓶的墨水因为负压的失效而出现滴墨的情况。

喷车架后部电气配件标注 12：正负压切换电磁阀，主要是负责设备的正压系统和负压系统在切换工作。

喷车架后部电气配件标注 13：汇流条，与八个副墨瓶连接。主要是把八路副墨瓶的负压值汇流到一路负压上，由一路负压控制八路的负压值。

喷车架后部电气配件标注 14：负压保护电磁阀，当设备断电或者停电时，该电磁阀把气动阀的控制气源切断，使气动阀处于断开状态，保证副墨瓶里面的真空度，防止设备因为断电而出现滴墨的情况。设备启动后，该电磁阀是长期处于带电状态。

喷车架后部电气配件标注 15：正压电磁阀。当设备进入正压清洗状态时，标注 15 和标注 12 的电磁阀同时得电，设备就进入正压清洗状态。

喷车架后部电气配件标注 16：设备的副墨瓶正压系统的正压值显示表。

喷车架后部电气配件标注 17：负压发生器。高速气源通过负压发生器后，就会使副墨瓶里面产生一定的负压真空度，保证喷头能够达到一个稳定打印的状态。

3. 喷车架顶部和侧边电气配件介绍

喷车架顶部电气配件如附图 47 所示。

附图 47　喷车架顶部电气配件

喷车电气配件标注 1：精工 32H 喷头板。

喷车电气配件标注 2：副墨瓶搅拌步进驱动器，设备上有四个搅拌步进驱动器，两个副墨瓶搅拌电机和两个主墨桶搅拌电机使用。

喷车电气配件标注 3：喷车升降伺服驱动器。

附图 48　喷车架侧边电气配件

喷车电气配件标注 4：喷车升降伺服驱动器的电源滤波器。

喷车电气配件标注 5：水箱加热继电器。

喷车电气配件标注 6：喷车架控制板。

喷车电气配件标注 7：喷头板 5V 开关电源。

喷车电气配件标注 8：接线端子排。

喷车电气配件标注 9：喷车顶盖保护开关，防止盖子打开后忘记合上而出现喷车撞到右箱而变形。

喷车架侧边电气配件如附图 48 所示。

喷车电气配件标注 1：喷车升降伺服电机，主要是调整喷头与打印介质的打印距离。安装在喷车侧边。

喷车电气配件标注 2：喷车升降伺服电机的减速机。

喷车电气配件标注 3：喷车最低打印高度的保护开关。如果该开关无效，则喷车不会打印。

喷车电气配件标注 4：喷车原点电子限位开关。

喷车电气配件标注 5：磁栅数据检测传感器的转接接线端子排（附图 49）。

附图 49　传感器的转接接线端子排

喷车打印过程中的触碰保护开关，主要是在打印不同的介质时，介质的高度不一致或者变形而引起的撞到喷车刮伤喷头，也是喷车升降的下限位保护开关。安装位置主要在喷车的两侧，一共有四个出喷开关。

4. 设备电脑仓体的电气配件介绍

设备电脑仓体的电气配件如附图 50 所示。

附图 50　设备电脑仓体的电气配件

设备电脑仓体的电气配件标注 1：精工主板。

设备电脑仓体的电气配件标注 2：精工主板和 PLC 的通讯转接板。

设备电脑仓体的电气配件标注 3：提供精工主板 5V 开关电源。

设备电脑仓体的电气配件标注 4：24V 接线柱。

设备电脑仓体的电气配件标注 5：打印两个光眼的切换继电器。

设备电脑仓体的电气配件标注 6：接地铜柱。

设备电脑仓体的电气配件标注 7：横向伺服驱动器电源滤波器。

设备电脑仓体的电气配件标注 8：横向伺服驱动器。

设备电脑仓体的电气配件标注 9：纵向伺服驱动器电源滤波器。

设备电脑仓体的电气配件标注 10：纵向伺服驱动器。

附 7.4　设备辅助系统的介绍

附 7.4.1　电路板和电路板的端口

1. 喷车架控制板的介绍

喷车架控制板如附图 51 所示。

喷车架控制板标注 1 和 33 插座：墨水液位保护功能。

喷车架控制板标注 4 插座：水箱液位开关信号。

喷车架控制板标注 5 插座：压力表保护信号。

喷车架控制板标注 6 插座：喷车盖板信号。

喷车架控制板标注 7 插座：喷车托盘防撞开关信号。

喷车架控制板标注 8 插座：喷车升降原点信号。

喷车架控制板标注 9 插座：气源保护电磁阀输出。

喷车架控制板标注 10 插座：蜂鸣器和报警灯报警输出。

喷车架控制板标注 12 插座：正负压电磁阀信号输出。

附图 51　喷车架控制板

喷车架控制板标注 13 插座：防泄电磁阀输出。

喷车架控制板标注 18 插座：水箱加热信号输出。

喷车架控制板标注 19 插座：水循环水泵输出 1。

喷车架控制板标注 20 插座：水循环水泵输出 2。

喷车架控制板标注 21 插座：24V 电源输入。

喷车架控制板标注 22 插座：水箱温度传感器输入信号。

喷车架控制板标注 23 插座：副墨瓶搅拌输出信号。

喷车架控制板标注 25～32 插座：副墨瓶液位开关输入信号。

喷车架控制板标注 37～38 插座：与 PLC 一级转接板联络通讯的电缆线插座。

2. PLC 一级转接板的介绍

PLC 一级转接板如图 52 所示。

附图 52　PLC 一级转接板

PLC 一级转接板标注 1 的插座：供墨泵输出端口。

PLC 一级转接板标注 3 的插座：打印信号切换输出。

PLC 一级转接板标注 4 的插座：压墨指示灯输出。

PLC 一级转接板标注 5 的插座：导砖器挡杆气缸输出。

PLC 一级转接板标注 6 的插座：推杆气缸输出。

PLC 一级转接板标注 10 的插座：急停输出。

PLC 一级转接板标注 11 的插座：墨水回收输出。

PLC 一级转接板标注 13 的插座：进砖许可输出。

PLC 一级转接板标注 15 的插座：亿能信号输入。

PLC 一级转接板标注 23 的插座：喷车原点。

PLC 一级转接板标注 24 的插座：喷车原点。

PLC 一级转接板标注 25 的插座：打印信号输入。

PLC 一级转接板标注 26 的插座：出砖信号输入。

PLC 一级转接板标注 27 的插座：进砖信号输入。

PLC 一级转接板标注 28 的插座：右箱门信号。

PLC 一级转接板标注 29 的插座：右箱门信号。

PLC 一级转接板标注 31 的插座：水箱温度传感器。

PLC 一级转接板标注 32 的插座：主墨桶搅拌输出。

PLC 一级转接板标注 34～35 的插座：PLC 一级转接板到喷车控制板的拖链电缆线。

PLC 一级转接板标注 36 的插座：PLC OD 262-2 排线。

PLC 一级转接板标注 38 的插座：PLC OD 262-1 排线。

PLC 一级转接板标注 39 的插座：PLC ID 262-1 排线。

PLC 一级转接板标注 42 的插座：PLC ID262-2 线。

PLC 一级转接板标注 43 的插座：喷车升降金属按键。

PLC 一级转接板标注 44 的插座：瓷砖定位信号。

3. 清洗控制板的介绍

清洗控制板如附图 53 所示。

清洗控制板标注 1 的插座：24V 电源输入。

清洗控制板标注 2 的插座：喷车上线限位开关信号。

清洗控制板标注 4 的插座：横向伺服急停输出。

清洗控制板标注 5 的插座：皮带伺服急停输出。

清洗控制板标注 6 的插座：与 PLC 一级转接板的急停输出端口连接。

清洗控制板标注 7～8 的插座：设备急停开关输入信号。

附图 53　清洗控制板

清洗控制板标注 10 的插座：喷头原点信号。

清洗控制板标注 11 的插座：与 PLC 相连接的排线插座。

清洗控制板标注 12 的插座：喷车升降的伺服驱动线。

附 7.4.2　供墨部件的原理、故障问题和解决方法

1. 供墨系统组成

供墨系统主要由主墨桶、活塞泵、过滤器、副墨瓶、液位传感器、喷头几部分组成。

2. 介绍墨路系统的一些配件的作用和组成部分

（1）主墨桶：主要是储存墨水的一个容器，是设备的一级墨盒，里面由搅拌系统等方面组成。

（2）活塞泵：主要是负责把墨水从主墨桶抽到设备的副墨瓶上。

（3）过滤器：主要是过滤墨水中的杂质，防止墨水中的杂质供到副墨瓶，再由副墨瓶流到喷头引起

喷头堵塞。

（4）液位传感器：主要负责检测副墨瓶的液位高度，发送信号控制供墨泵的启停。

（5）副墨瓶：是设备的二级墨盒，主要是负责供墨给喷头，由喷头进行执行打印动作。副墨瓶里面也存在搅拌系统。

（6）喷头：是喷墨打印机的主要组成部分，是打印机的核心。主要负责在打印过程中的喷印工作。喷头是易损品，要注意平常的保养工作。使用过程中，切记要防止喷头被打印介质刮伤。

3. 供墨的墨路原理图

供墨的墨路原理图如附图54所示。

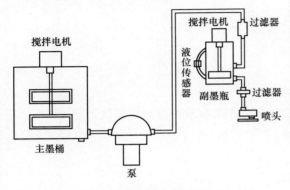

附图54 供墨的墨路原理图

4. 故障问题

故障问题有缺墨、供墨异常、堵塞、副墨瓶缺墨而活塞泵不工作或者损坏等。

（1）缺墨

缺墨是指副墨瓶在一定的时间上如果还没有供墨到液位传感器的位置，则供墨泵会停止工作，并且出现声光报警。

（2）供墨异常

副墨瓶的液位高度已经达到传感器控制的液位高度位置时，活塞泵还没有停止工作，引起副墨瓶的液位过满等出现的串墨问题。出现此种情况一般是由于设备维护和维修时，因为副墨瓶的液位传感器的信号与该通道的活塞泵没有一一对应导致信号异常。

（3）堵塞

由于墨水长时间在墨管和过滤器上没有进行循环而引起的沉淀。导致墨路的堵塞或者过滤器的堵塞等现象。

（4）副墨瓶缺墨而活塞泵不工作供墨

出现这种情况，一般是副墨瓶的液位管的管壁因为长期有墨水在里面，引起墨管内壁出现墨水残留颜色存在，导致液位传感器一直以为副墨瓶墨水是满的状态（已经达到液位开关的位置），活塞泵不会接收到供墨信号而不会工作。或者副墨瓶的液位管的管壁上面挂有墨水而引起液位保护开关有效，导致PLC误判副墨瓶出现串墨而保护停止了供墨活塞泵的工作。

（5）活塞泵烧坏或者供墨墨路压力过大

由于设备长期在工作，设备的拖链在长期的运动打印过程中，拖链里面的墨管有可能会被磨损导致墨管的破裂而供墨的墨水没有到副墨瓶里面，而是直接流到副墨瓶外面。活塞泵也会因为供墨墨路压力过大而导致供墨不上；主墨桶缺墨而导致活塞泵空转致使温度过高而烧坏。

5. 故障解决方法

（1）缺墨的解决方法

① 先检查触摸屏是否提示缺墨报警，检测设备的哪个通道供墨报警。

② 检查主墨桶是否出现缺墨情况，及时进行补充墨水。

③ 如果主墨桶不缺墨而又提示供墨超时保护，可以多次按触摸屏里面的"供墨复位"按键进行供墨复位。多次复位后还出现缺墨，则需要检查副墨瓶进墨口前端的过滤器是否堵塞和活塞泵是否空抽或者烧坏。

（2）供墨异常的解决方法

① 出现供墨异常的情况，一般是副墨瓶液位信号与对应控制的活塞泵出现连接控制上的错误；也有可能是液位传感器损坏而导致。此类情况一般是出现在设备维修和保养等时候，对设备电路上的热拔

插而导致损坏或者出现异常。

② 如果是液位传感器与供墨活塞泵不对应，活塞泵会一直供墨，使副墨瓶的液位达到副墨瓶的液位保护开关的地方。只需要把液位传感器与供墨活塞泵对应起来，并且把副墨瓶的墨水降低到液位开关以下的位置，重启设备或者复位供墨信号就可以进行正常的供墨。如果液位传感器损坏，则需要更换。

（3）堵塞的解决方法

① 如果是墨管堵塞，则需要用清洗液把墨管清洗干净或者更换，不过此类情况一般不会出现，除非设备停机不使用，而墨管里面还有墨水没有排空而导致墨水在里面沉淀形成墨水固块。

② 如果过滤器出现堵塞，则需要直接更换过滤器。设备如果经常使用，则需要在 1～1.5 个月更换过滤器；如果设备不是经常使用，建议过滤器在 2 个月以内更换，因为过滤器里面的墨水长期在过滤器内部会引起沉淀。

（4）副墨瓶缺墨而活塞泵不工作的解决方法

① 出现这种情况，一般是副墨瓶的液位管的内壁挂有墨水的残留颜色存在，影响液位保护传感器读取液位信号。一般直接更换副墨瓶的液位管为最佳的解决方法。

② 如果发现副墨瓶负压管上面的液位保护开关出现灯亮的现象，说明负压管里面有墨水，使副墨瓶的负压管上面的液位保护开关读取到有墨的信号。出现此类情况，需要把副墨瓶上面的负压气管清洗干净或者更换，否则会一直出现异常。

（5）活塞泵损坏和空抽的解决方法

① 不管是拖链里面的墨管还是活塞泵烧坏，都需要更换。

② 活塞泵是不允许空抽的，如果出现空抽，空抽一段时间后，会把活塞泵烧坏或者工作异常。

附 7.4.3　负压系统的原理、调节方法、负压值如何才合适

1. 负压系统的原理

负压是通过空压机输送一个快速的气流，气流通过负压产生器吹向自然界，负压发生器的另一端因为气流而带动副墨瓶里面的空气，因此副墨瓶会存在一个负压真空度。而副墨瓶里面的负压真空度通过一个压力表显示出来。

2. 负压的调节方法

负压值的大小是通过调节气流的流速而定。而气流的大小是通过一个压力调节阀来调节，而气流的流速不同，产生的负压真空度也会不同，数显压力表的数值也会跟着不同。所以副墨瓶的负压真空度是通过压力调节阀调节气流的流速或者调节单位时间内通过压力调节阀的气流量来控制，我们只需要旋转调整压力调节阀来控制气流量，从而达到自己需要的负压值。

3. 如何判断和调整喷墨打印机的负压值适合喷墨打印机的稳定工作

（1）先把副墨瓶的安装高度调整固定在副墨瓶升降固定支架的中间偏下的位置。

（2）打开球阀，一边用棉棒擦拭喷头的喷嘴，观察喷嘴的滴墨情况，一边调节负压系统的压力调节阀。在擦拭喷嘴观察滴墨情况时，要注意其中哪个喷头的喷嘴最先没有出现滴墨现象。只要有一个喷头的喷嘴没有出现滴墨并且保持墨水在喷嘴的弯液面现象，就以此负压值为设备的基准负压值，并且锁紧该副墨瓶保持液位不变。

（3）设备的基准负压值（一般在 -5.7kPa）调节好后，通过调节其他几个喷头的副墨瓶的安装高度，达到喷头喷嘴出现不滴墨的弯液面的现象。

（4）调整好设备的负压值和副墨瓶的安装高度后，进行打印一个 60％ 的色块，观察负压值是否调整完善。如果打印没有断墨等异常情况，则说明副墨瓶的液位调整完成，负压值符合打印要求。如果打印出现个别的断墨等不稳定情况，再可以通过观察喷头的喷嘴情况来调节副墨瓶的安装高度，实现每个副墨瓶对应的喷头喷嘴的液位平衡，保持墨水在喷嘴形成一个弯液面。

（5）什么叫做墨水在喷嘴里面形成良好的弯液面，如附图 55 所示。

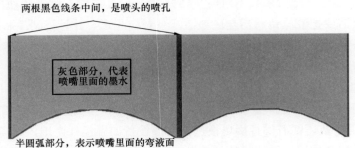

附图 55　墨水在喷嘴里面形成良好的弯液面

附 7.4.4　正压系统原理和目的、调节正压压力的适合范围，以及注意事项

1. 正压系统的原理

空压机的气流，通过油水过滤器把气流中的油和水过滤干净后，经过三通电磁阀的切换，把气流压进副墨瓶腔内，同时气压也给到压力表，使压力表显示一个目前的正压压力值。副墨瓶和喷头里面的墨水，因为气流在副墨瓶里面形成一个压力值，使墨水从喷头的喷嘴被正压到喷头外面。

2. 正压系统的目的

目的是把喷头和副墨瓶腔里面的墨水快速循环更换，防止墨水在喷头里面的沉淀引起喷头喷嘴堵塞，而引起断墨。

3. 正压气压的调节

（1）正压的调节与负压的调节一样，都是通过压力调节阀来进行调节控制正压和负压的压力值。

（2）调节压力调节阀的作用就是控制正压的气流量的大小，单位时间内通过压力调节阀的气流量越大，正压的压力值越大。但是要注意喷头有一个最高的正压压力值范围（最大承受压力为 50kPa，并且在 5s 以内不能瞬间达到 50kPa，所以正压压力值不能超过 50kPa，安全幅度在 45kPa 以下），如果正压的压力值超过喷头最大的承受压力值，喷头容易损坏。

4. 喷头的正压压力范围

喷头的最大承受压力值为 50kPa，并且不能在 5s 内瞬间达到 50kPa。所以在调节设备的正压压力值时，要保持在 50kPa 以内。为了保护喷头，设备针对正压压力上会有两个保护功能：低压保护和高压保护。而低压保护值是 30kPa，高压保护值是 45kPa。设备出厂时，会把这两个参数设定好，客户无须再调整两个保护参数。如果客户在调节设备的正压压力值时，正压压力值低于设备设定的保护最低气压或者高于设备的保护最高气压值，设备会切断正压切换的电磁阀电源，并且有声光报警。

设备的稳定正压值是 40kPa，所以要求设定设备的正压气压压力值在 40kPa 以下。

5. 设备出现正压报警

（1）如果设备出现声光报警，则需要客户先确定是否出现正压压力超压保护或者欠压保护。如果出现欠压保护，则需要检查空压机的气压是否达到正常值，是否不工作。

（2）如果出现超压保护，则需要客户调节压力调节阀把气压值调整在正常值（40kPa）。设备的气源压力会自动复位，停止报警提醒功能。

6. 正压系统需要注意的事项

（1）要注意空压机和设备正压系统的油水分离器是否存在很多水，要求客户每天对设备的正压系统的空压机和正压气路上的油水过滤器进行排水措施。

（2）要注意观察喷头的压墨量的大小。

（3）要时刻留意设备的正压气路上的气管的管壁是否有水等存在。

（4）要时刻注意设备的正压压力值，最好一直保持在 40～42kPa 之间。

附 7.4.5　加热系统的原理和调整，温度的要求

1. 水浴循环加热系统的原理

整个设备的副墨瓶和托盘喷头的加热方式是通过对设备水箱里面的水加热后，水箱里面的水通过两个水泵进行交替工作，把水箱里面已经被加热的水抽到副墨瓶的加热水板里面，热水在水板里面做出水循环，给整个加热水板加热。副墨瓶与加热水板贴紧，加热水板上面的热量会传递到副墨瓶上，给整个副墨瓶进行加热。热水经过加热水板后，再进入托盘，由托盘的另一端的出水口进入水箱，形成一个水浴加热循环系统。

2. 水浴加热原理图

水浴加热原理图如附图 56 所示。

3. 设备对墨水和喷头的加热温度要求

陶瓷墨水的成分和黏度比重很高，必须通过加热和搅拌系统来调整墨水的黏度值，否则喷头无法进行喷印工作。墨水和喷头的工作温度在 38～42℃ 之间，喷墨才稳定。所以要求设备的温度设定在 38～42℃ 之间，一般设定值为 40℃。

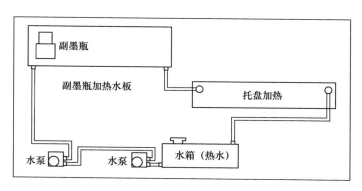

附图 56　水浴加热原理图

4. 水箱里面的加热系统和水泵的控制

水箱里面的加热系统和水泵的工作，是由水箱里面的浮子开关控制。如果水箱里面出现缺水，则水箱里面的加热系统和水泵就会停止工作，保护水泵不会因为水箱缺水空转而损坏。水箱缺水时，设备会声光报警提示。切记要注意水箱里面水的液位高度，加水时不需要加得太多，否则水会因为设备在打印时水箱里面水的晃动而渗透出来，流到皮带上去。

5. 水浴加热的故障解除

（1）故障

① 水浴加热的故障一般由于水泵空转而导致损坏，所以要注意水泵是否在有水的状态下工作或者水泵进入空气导致空转。

② 水路的堵塞，导致水浴加热不能循环。

③ 水箱的液位过低，导致水箱的加热系统和循环水泵不工作。

④ 循环水泵的开关没有启动。

（2）故障解除方法

① 要注意故障提示，即水泵是否空转和水箱是否出现缺水的报错提示，水箱缺水时，水泵和水箱加热将停止工作。需要给水箱加水后才可以正常继续工作。

② 要注意水循环的管路是否有水通过，防止堵塞导致循环失效而引起其他问题出现。

③ 要经常注意水箱液位高度，保证水循环系统和加热系统工作正常。

④ 观察人机界面的水浴循环开关是否在启动状态下。

附 7.4.6　设备各个运动动作的解析

1. 设备开机动作介绍

喷车上升到喷车原点位置，打开软件后，喷车横向和纵向同时回到横梁的原点位置，设备连上软件。延时一段时间，喷车会下降到保湿位置，进行正压清洗喷头的动作。

2. 喷车手动移动动作介绍

手动单击软件的喷车横向左移或者喷车纵向后移按键，喷车上升到打印位置高度，喷车移出原点位置。如果此时不再单击软件的常亮喷车横向左移动按键（左移按键）或者喷车纵向后移按键，喷车会一直移动到设备的终点位置。如果喷车在移动过程中，单击软件的常亮喷车移动按键，喷车会马上停止移动，停止在当前的位置。如果需要移动回喷车的原点位置，则可以单击软件界面的"原点"按键或者单击软件的原点方向（右移）的移动按键，喷车会自动回到原点位置后停止。

按键如附图 57 所示。

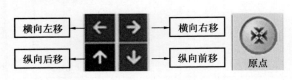

附图 57　喷车手动移动按键

3. 打印动作介绍

软件作业栏上选择打印文件后，单击"打印"按键，确定打印。喷头会先进行一次清洗动作，喷车 Z 向上升到打印起始位置高度，纵横会回一次原点清零，同时平台会进行送砖进来，要打印的砖送进平台后，进行整砖。整砖完成，给软件一个整砖完成信号，软件控制喷车进行运动扫描打印。

4. 打印完成动作介绍

喷车打印完成后，软件给出一个打印完成信号，喷车纵向和横向回原点，而 PLC 同时控制喷车 Z 向回到原点位置，喷车 Z 向升高到原点位置后，平台再进行送砖出打印平台。送砖传感器读到砖送出去，又再次进行进砖、整砖、打印等动作的循环过程。

此动作会一直进行打印到设定的清洗条件（打印完成设定份数或者打印的时间）后，喷车才会进入到原点进行清洗动作。打印完成后，平台还是会进行一次进传、整砖动作，只是喷车没有执行打印动作而已。

5. 打印过程中，停止打印动作介绍

打印过程中，如果需要停止打印，则需要选择打印软件工具栏上的"停止"按键，喷车进行停止打印，并且横向和纵向执行回原点动作，喷车 Z 轴上升到原点位置，打印平台把平台上面的砖送出打印平台。喷车回到原点后，延时一段时间，负压回收系统启动，把主墨桶里面的空气抽空，使主墨桶里面形成一定真空度。同时喷车会下降到喷头保湿位置，海绵贴紧喷头，进行正压清洗喷头动作。

附 7.4.7　喷车与打印介质的打印距离调整和调整方法

（1）先用钢尺测量出打印砖坯的实际高度。

（2）在人机界面的喷车设置界面设定砖坯的厚度，喷车打印高度会自动变化为现在设定的打印高度。

（3）如果打印高度过高，可以通过降低"安全高度"参数来降低喷车与砖坯之间的打印距离。"安全高度"参数设定最低为 2mm，不能低于 2mm 高度，否则容易出现喷车碰撞到砖坯的安全事故。

注：安全高度是保证喷头与砖表面的一个安全距离高度，过低容易刮伤喷头。过高会影响打印效果。

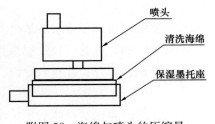

附图 58　海绵与喷头的压缩量，根据清洗效果确定

（4）喷车与海绵贴合的状态，回收效果还需要根据实际情况来调整喷头托盘与海绵之间的距离（保湿高度距离），如附图 58 所示。

附 7.4.8　喷车高度与海绵保湿模组对位调节的介绍和培训

（1）调整喷车保湿高度距离，该距离是喷车从原点下降到保湿位置的高度距离，托盘与海绵之间的贴紧密封状态。

（2）调整好保湿高度后，观察正压清洗回收效果。如果回收效果好，说明保湿高度调整合适。如果回收清洗效果差，可以上升或者下降"喷车保湿高度"参数，使喷头清洗效果和回收效果达到合适要求。

（3）调整喷车保湿高度后，还要注意喷头与清洗海绵之间左右对位情况。如果出现左右和前后偏差，需要调整海绵清洗模组的海绵墨托座位置。如附图 59 所示。

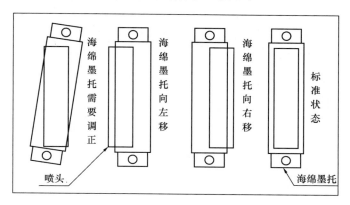

附图 59　喷头与海绵清洗模组的对位调节

附 7.5　打印系统的培训和介绍

附 7.5.1　打印系统的板卡、端口和电路部分的介绍

1. 精工主板和接口板的介绍

精工主板和接口板如附图 60 所示。

附图 60　精工主板和接口板

精工主板标注 1：喷车横向原点传感器插座。

精工主板标注 2：喷车横向终点传感器插座。

精工主板标注 3：喷车横向伺服电机控制线线插座。

精工主板标注 4：喷车横向光栅反馈脉冲插座。

精工主板标注 5：喷车纵向原点传感器插座。

精工主板标注 6：喷车纵向终点传感器插座。

精工主板标注 7：喷车纵向伺服电机控制线线插座。

精工主板标注 8：精工主板与电脑连接的 USB3.0 插座。

精工主板标注 9：精工主板与精工喷头板的通讯光纤插座。

精工主板标注 10：PLC 给板卡的通讯信号插座。

精工主板标注 11：板卡给 PLC 的通讯信号插座。

精工主板标注 12：板卡 24V 和 5V 的电压供电插座。

2. 精工喷头板介绍

精工喷头板如附图 61 所示。

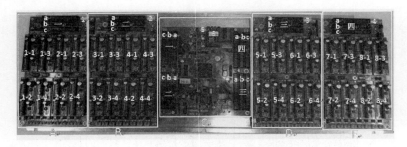

附图 61　精工喷头板

精工喷车板卡：是由"A、B、D、E"四块喷头板和"C"一块喷车核心板组合而成。A 喷头板是通道一和通道二的数据；B 喷头板是通道三和通道四的数据；D 喷头板是通道五和通道六的数据；E 喷头板是通道七和通道八的数据；喷头板和喷车核心板的连接是通过 50Pin 的排线进行通信连接在一起使用。如附图 62 所示。

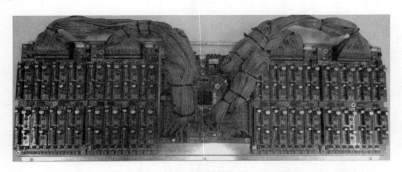

附图 62　喷头板和喷车核心板的连接

精工喷车板卡：C 喷车核心板的"一"插座与 A 喷头板的"一"插座相连；C 喷车核心板的"二"插座与 B 喷头板的"二"插座相连；C 喷车核心板的"三"插座与 D 喷头板的"三"插座相连；C 喷车核心板的"四"插座与 E 喷头板的"四"插座相连。两个插座的 a、b、c 的 50Pin 的排线要一一对应，不能相互交叉连接。

精工喷车板卡的标注"1-1、1-2、1-3、1-4"：分别代表通道一的四块喷头小板。

精工喷车板卡的标注"2-1、2-2、2-3、2-4"：分别代表通道二的四块喷头小板。

精工喷车板卡的标注"3-1、3-2、3-3、3-4"：分别代表通道三的四块喷头小板。

精工喷车板卡的标注"4-1、4-2、4-3、4-4"：分别代表通道四的四块喷头小板。

精工喷车板卡的标注"5-1、5-2、5-3、5-4"：分别代表通道五的四块喷头小板。

精工喷车板卡的标注"6-1、6-2、6-3、6-4"：分别代表通道六的四块喷头小板。

精工喷车板卡的标注"7-1、7-2、7-3、7-4"：分别代表通道七的四块喷头小板。

精工喷车板卡的标注"8-1、8-2、8-3、8-4"：分别代表通道八的四块喷头小板。

精工喷车板卡的标注"1、2、3、4、5"：分别代表喷头板和喷车核心板的供电电源插座，喷车核心板的供电电源是 5V 的电压，而喷头板的供电电源有 5V 和 30V 的电源。绝对不允许把喷头板的 30V 电压插到喷车核心板的 5V 插座上面，否则会烧坏喷车核心板主芯片。喷头板的 5V 和 30V 的电压也不允许出现对调的现象，高压不允许接到低压的位置，否则会烧坏芯片板块。

精工喷车板卡的标注"6"：是喷车核心板的光纤模块插座。主板和喷车核心板是通过光纤把两块板卡的数据进行传输和接收的，光纤是数据传输的主要路径，所以光纤一定不允许出现对折等现象。

精工喷头小板的介绍：喷头板上面一共有 32 块喷头小板，一块喷头小板与一个 508GS 喷头的 30Pin 扁平线连接。如附图 63 所示。

附图 63　喷头小板与 508GS 喷头的连接

精工喷头小板的标注 1：是整块打印系统板卡的接地。

精工喷头小板的标注 2、3：是测量连接喷头扁平线的电压位置。

精工喷头小板的测试电压的方法：

（1）把万用表打到测量直流电压测量档位，黑表笔插到 Com 端，红表笔插到 VΩ 端。

（2）把黑表笔放到附图 63 标注 1，红表笔分别放到附图 63 的标注 2、3 位置。

（3）观察万用表的显示值，万用表显示的值就是喷头小板的两个扁平线插座的输出电压值。测量出电压值后，再与软件里面的喷头电压设置窗口设置的电压值比较。

注意：测量出的电压值不能超过 28V，如果超过 28V，切记不要连接喷头。否则有可能会烧坏喷头。

附 7.5.2　软件安装

1. 打印控制软件安装步骤（以 T1320 的打印软件的安装为例）

（1）找到软件安装包文件（附图 64）。

（2）双击打开软件安装包文件。进入开始安装界面（附图 65）。

（3）单击"下一步"按键，进入下一个安装界面（附图 66）。

附图 64　软件安装包文件

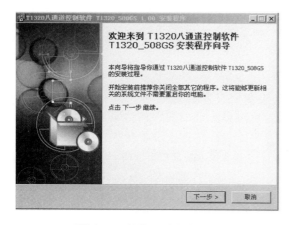

附图 65　软件开始安装界面

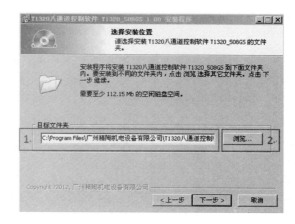

附图 66　选择安装位置界面

标注 1：软件默认安装位置。

标注 2：自定义软件安装位置，根据个人需要把软件安装到自己想安装位置。

（4）单击"下一步"按键，进入下一个安装界面（附图67）。

注：该界面无需做任何设定。

（5）单击"下一步"按键，进入下一个安装界面（附图68）。

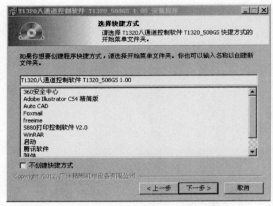

附图67 选择快捷方式界面

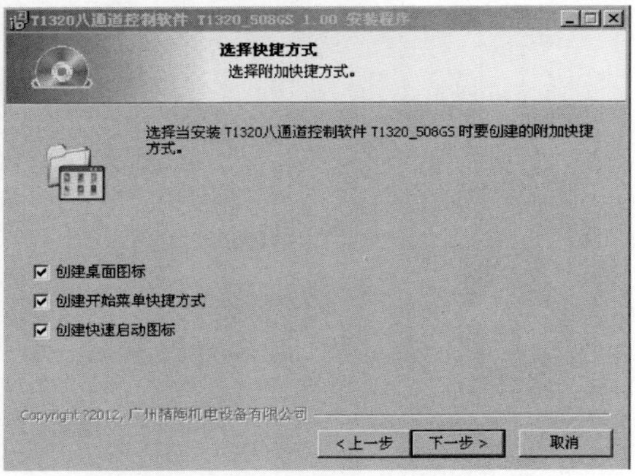

附图68 选择附加快捷方式界面

注：该界面无需做任何设定。

（6）单击"下一步"按键，进入一个安装界面（附图69）。

（7）单击"安装"按键，进入下一个安装界面（附图70）。

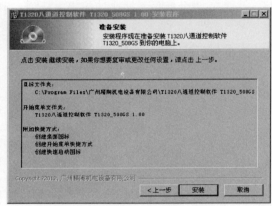
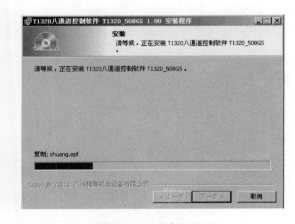

附图69 准备案装界面

附图70 正在案装界面

注：软件已经进入在安装的过程中。

（8）几分钟后，软件会自动弹出一个窗口（附图71）。

注：弹出该窗口后，直接单击"确定"按键。

（9）单击弹出来窗口"确定"按键，将会再弹出一个窗口（附图72）。

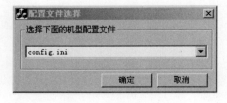

附图71 配置文件选择界面

附图72 文件配置成功界面

（10）单击选择"确定"按键，文件配置成功。该窗口会自动消失，并且进入下一个窗口（附图73）。

（11）单击选择"完成"按键，该窗口会自动消失。打印控制软件安装完成。

2. Rip 软件的安装步骤

（1）先找到 Adobe Photoshop CS5 安装位置。找到 Adobe Photoshop CS5 的快捷方式，右键，单击选择"属性"按键（附图 74）。

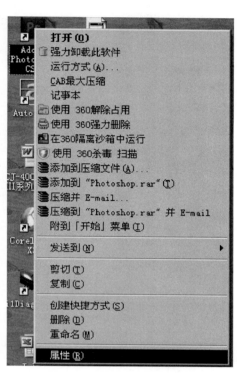

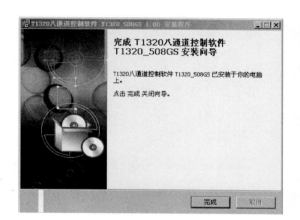

附图 73 软件安装成功界面

附图 74 单击选择"属性"按键

（2）单击打开"属性"后，进入下一个界面（附图 75）。

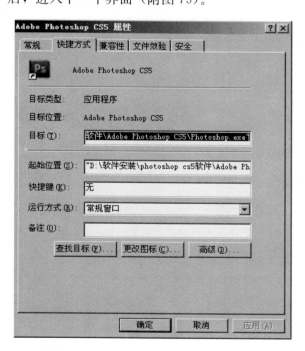

附图 75 Adobe Photoshop CS5 的属性界面

（3）进入上面窗口，单击选择"查找目标"按键，进入到 Adobe Photoshop CS5 安装位置（附图 76）。

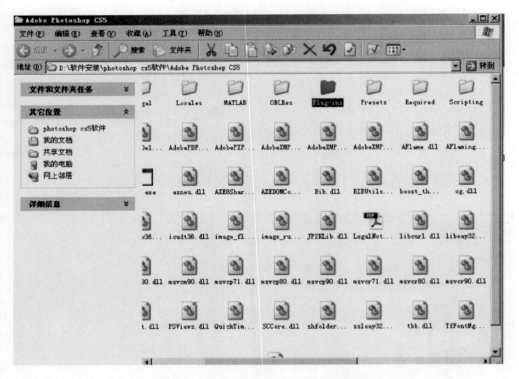

附图 76　Adobe Photoshop CS5 安装位置

（4）进入到 Adobe Photoshop CS5 的安装文件夹，找到"Plug-ins"文件夹，并且双击打开该文件夹，在里面新建一个文件夹，命名为"KingTau"（附图 77）。

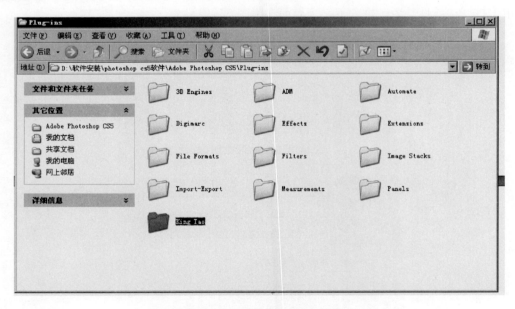

附图 77　新建"KingTau"文件夹

（5）在随机出货的附件箱里面，找到一张 Rip 插件的光盘。并且把光盘里面"RipService"和"RipExport"文件复制到电脑一个硬盘上保存，在复制到电脑的文件中，找到"RipExport"文件（附图 78）。

（6）在电脑上打开"RipExport"文件夹后，里面有"PlugIn"文件夹。打开"PlugIn"文件夹后，里面有"X64"和"X86"的两个文件夹（附图 79）。

附图 78　找到复制的 RipExport 文件　　　　附图 79　找到"X64"和"X86"两个文件夹

① 名为"X64"的文件夹，里面文件是对应 64 位 Adobe Photoshop CS5 的 Rip 插件文件。

② 名为"X86"的文件夹，里面文件是对应 32 位 Adobe Photoshop CS5 的 Rip 插件文件。

③ 安装 Rip 插件前，先确定 Adobe Photoshop CS5 是 32 位还是 64 位的。

④ 目前 32 位 Adobe Photoshop CS5 软件会比 64 位 Adobe Photoshop CS5 软件稳定，建议使用 32 位 Adobe Photoshop CS5 软件。

⑤ 打开安装 Adobe Photoshop CS5 快捷方式时，会有显示 Adobe Photoshop CS5 是 32 位还是 64 位软件（附图 80）。

（7）如果 Adobe Photoshop CS5 是 64 位，则把"X64"文件夹里面的三个文件复制到 64 位 Adobe Photoshop CS5 安装文件夹中"Plug-ins"文件夹里面的"KingTau"文件夹里面。

如果 Adobe Photoshop CS5 是 32 位，把"X86"文件夹里面的三个文件复制到 32 位 Adobe Photoshop CS5 安装文件夹中"Plug-ins"文件夹里面的"KingTau"文件夹里面。如附图 81 所示。

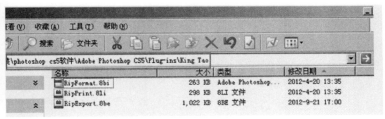

附图 80　安装 32 位的　　　　　　　　附图 81　复制文件到"KingTau"文件夹中
Adobe Photoshop CS5 软件

（8）Rip 插件安装完成。

附 7.5.3　打印系统的控制软件和 Rip 软件的驱动程序安装

1. 打印控制软件的 USB 驱动文件

USB 驱动文件是指电脑与板卡之间的连接，需要通过 USB 线相连。USB 线是否有效使打印主板和软件相连，则需要安装 USB 线驱动文件，否则软件与板卡无法连接上，软件会呈现一片灰白，无法有效控制设备运行。

2. Rip 插件的加密锁驱动文件

Rip 插件加密锁驱动文件是指用图片在 Rip 中转换成打印机可以识别的信号时，需要启动安装在 Adobe Photoshop CS5 里面的 Rip 插件。在启动插件前，必须要读取到 Rip 插件加密锁才可以运行。要想 Rip 加密锁能够被电脑读取到，必须安装 Rip 插件加密锁驱动文件，否则不能启动 Rip 插件。

3. 打印控制软件 USB 3.0 驱动文件的安装步骤

（1）找到驱动文件的存放位置，一般会放置在设备打印控制软件的光盘里面（附图 82）。

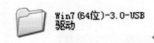

附图 82　USB 驱动文件

① 设备控制电脑的 Windows 系统不一样，安装的驱动文件也会不一样。所以在安装驱动文件前，需要确定设备控制电脑的 Windows 系统是否是 Win7-64 位系统。

② 光盘里面只有一个驱动文件，请确定电脑系统是不是 Win7-64 位系统，再安装 USB 驱动文件。

③ 驱动文件与电脑系统不对应，将会出现严重后果。电脑可能会出现蓝屏等现象，导致电脑系统崩溃。

④ 如果系统出现故障，请使用一键还原或者安装设备附件箱配送的 Win7-64 位系统。

（2）USB3.0 驱动的安装过程，下面以 Win7-64 位的 USB3.0 的驱动安装为例子进行介绍。

① 先把软件包里面的打印软件和驱动光盘里面的 Win7-64 位的 USB3.0 的驱动拷贝到电脑硬盘里面。并且把主板的 USB3.0 的线插到电脑的 USB3.0 接口。

② 鼠标移动到"计算机"，右键，显示一个窗口（附图 83）。

③ 双击打开"属性"，弹出一个界面（附图 84）。

④ 进入属性界面后，先检查电脑的系统是不是 Win7-64 位系统。如果不是 Win7-64 位系统，则需要重新安装 Win7-64 位系统；如果是 Win7-64 位系统，则双击界面的"设备管理器"，进入下一个窗口界面（附图 85）。

附图 83　右键显示窗口

⑤ 进入上面界面后，如果板卡的 USB3.0 的驱动没有成功安装，则会出现附图 85 的一个图标。需要安装板卡的 USB3.0 的驱动。

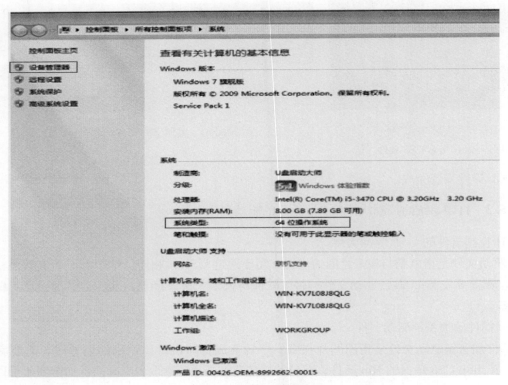

附图 84　计算机属性界面

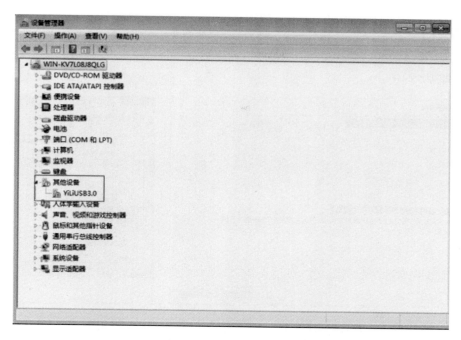

附图 85　设备管理器界面

鼠标移动到附图 85 的"YiLiUSB3.0"，右键选择"更新驱动程序"。进入下一个窗口界面（附图 86）。

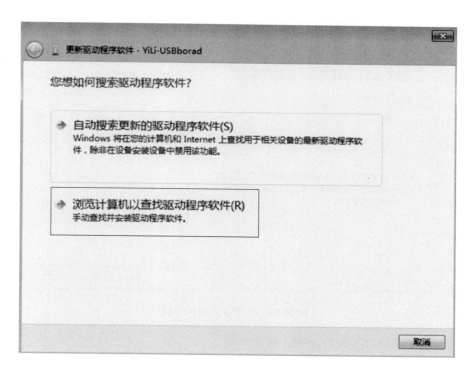

附图 86　更新驱动程序界面

⑥ 进入上面界面后，选择"浏览计算机以查找驱动程序软件"，进入到下一个界面窗口（附图 87）。

⑦ 进入上面界面后，选择"浏览"按键，进入到下一个查找 USB3.0 的驱动界面窗口（附图 88）。

⑧ 找到 USB3.0 的驱动文件后，选择"确定"按键，进入下一个界面（附图 89）。

⑨ 进入上面界面窗口后，选择"下一步（N）"按键。进入下一个界面窗口（附图 90）。

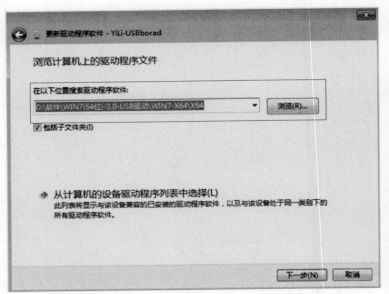

附图 87　搜索驱动程序界面

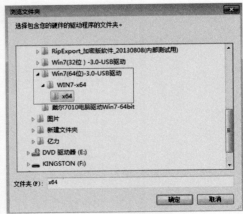

附图 88　选择驱动程序界面

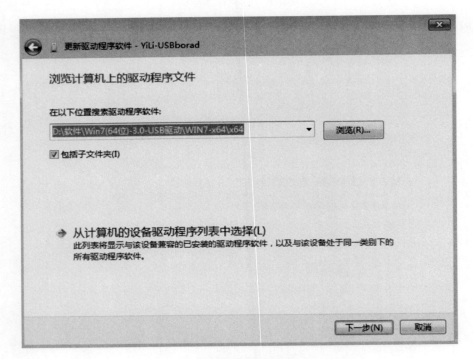

附图 89　确定驱动程序界面

⑩ 驱动安装完成，选择"关闭"按键，界面关闭。

⑪ 重启电脑。驱动安装完成，检查驱动是否安装完成正常（附图91）。

⑫ 驱动安装完成，可以正常使用设备。

4. Rip 插件加密锁驱动文件安装步骤

（1）打开"我的电脑"，进入系统盘"C盘"，并且在C盘根目录下新建一个文件夹，把文件夹命名为"RipExport"（附图92）。

（2）在"RipExport"文件夹里面，也新建一个文件夹，命名为"RipService"（附图93）。

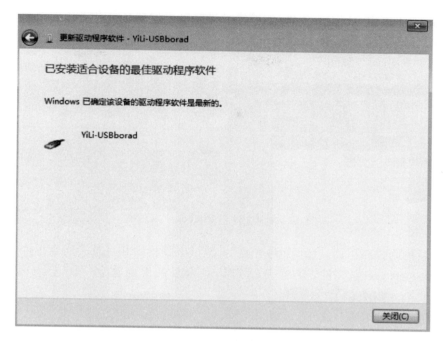

附图 90　成功安装驱动程序界面

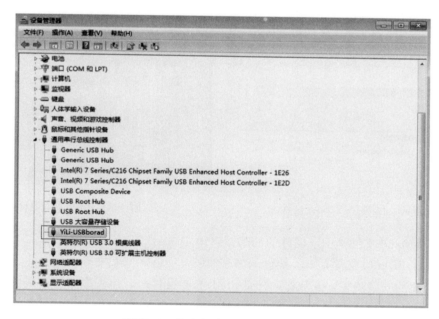

附图 91　检查驱动是否安装完成正常

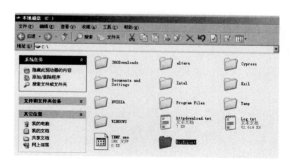

附图 92　新建 RipExport 文件夹

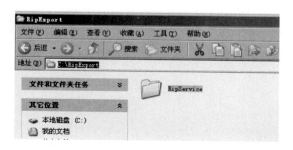

附图 93　新建 RipService 文件夹

（3）把随机出货附件箱里面"Rip 插件光盘"，放进电脑里面并且打开光盘里面的"RipService"文件夹。找到"ServiceInstall. cmd"和"ServiceUninstall. cmd"文件，并且复制到 C 盘根目录里面建立的"RipExport"文件夹里面（附图 94）。

附图 94　复制文件到 RipExport 文件夹

（4）把随机出货的附件箱里面"Rip 插件光盘"，放进电脑里面并且打开光盘里面"RipService"文件夹。找到"RipService. exe"文件，并且复制到 C 盘根目录里面建立"RipExport"文件夹里面的"RipService"文件夹内（附图 95）。

（5）运行 C 盘根目录"RipExport"文件夹里面的"ServiceInstall. cmd"文件。

如果是"Win7"系统，需要单击鼠标右键，选择以管理员权限运行"ServiceInstall. cmd"。运行"ServiceInstall. cmd"文件，然后等待弹出的 DOS 界面启动完毕（附图 96）。

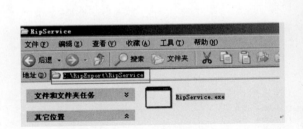

附图 95　复制文件到 RipService 文件夹

附图 96　DOS 启动界面

① ServiceInstall. cmd 文件是 Rip 插件的加密锁启动文件。

② ServiceUninstall. cmd 文件是 Rip 插件的加密锁驱动文件的卸载文件。

③ 如果按照上述的安装步骤，安装 ServiceInstall. cmd 文件时，出现报错等错误信息时，是电脑里面的一个程序版本过低而导致，需要安装 Rip 光盘里面的"microsfot_framework20chs. exe"文件才可以安装。

④ 安装 Rip 插件驱动文件前，请先安装好"Adobe Photoshop CS5"软件，并且在"Adobe Photoshop CS5"安装文件里面安装好 Rip 插件文件。否则 Rip 插件加密锁驱动无法安装。

（6）等待 DOS 界面启动完毕后，Rip 插件加密锁驱动安装完成。

（7）打开运行"Adobe Photoshop CS5"软件，并且在"Adobe Photoshop CS5"软件里面打开一张 CMYK 或者多通道模式的图片（附图 97）。

① 如果打开的图片是 RGB 的图片，则插上 Rip 加密锁，在"Adobe Photoshop CS5"软件的"帮助"菜单下面"RipExport"功能选项会出现灰色，无法运行其 Rip 功能。

② 只有"CMYK"和"多通道"模式的图片，Adobe Photoshop CS5 软件里面的帮助菜单下面的"RipExport"功能选项才有效。

附图 97　打开一张 CMYK 或者多通道模式的图片

③ 图片的格式，可以通过 Adobe Photoshop CS5 软件的"图像"菜单里面的"模式"下面选择转换。RGB、CMYK 和多通道格式图片可以互相转换。

（8）打开 Adobe Photoshop CS5 软件里面的帮助菜单"RipExport"功能。

① 如果弹出如附图 98 所示的窗口，则说明 Rip 插件和 Rip 插件加密锁驱动安装正常，Rip 插件可以正常使用。

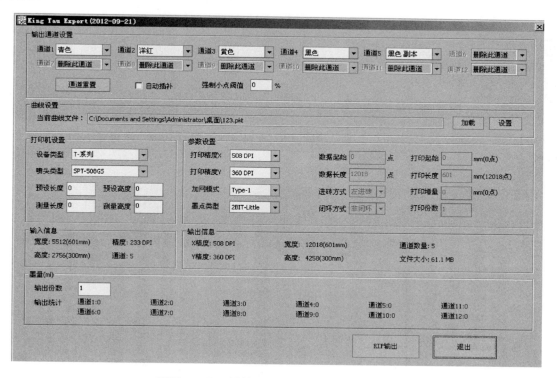

附图 98　Rip 插件和 Rip 加密锁驱动安装正常

② 如果弹出如附图 99 所示的窗口，则说明加密锁没有被找到或者 Rip 加密锁没有插到电脑 USB 口上。

③ 如果弹出如附图 100 所示的窗口，则说明 Rip 插件加密锁驱动程序在安装过程中出现错误或者 Rip 插件加密锁驱动程序没有启动。

附图 99　Rip 加密锁未被找到　　　　　　　　附图 100　Rip 插件加密锁驱动程序没有启动

"右键我的电脑"→"管理"→"服务和运用程序"→"服务"→ 找到选中"Ripwinservice"，在"服务"项目里面启动加密锁服务程序（附图 101～附图 104）。

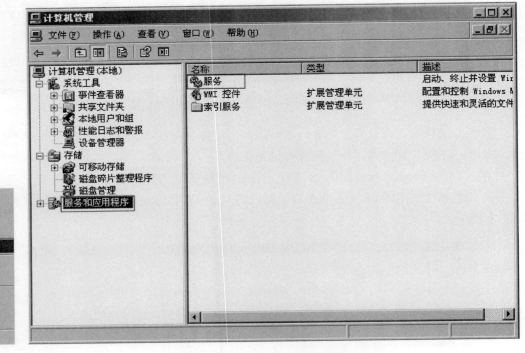

附图 101　点击
　"管理"按键

附图 102　点击"服务和应用程序"选项

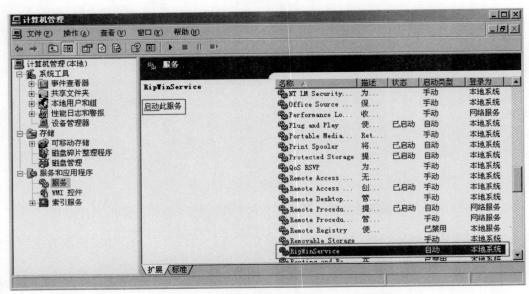

附图 103　加密锁服务程序处于停止状态下的窗口

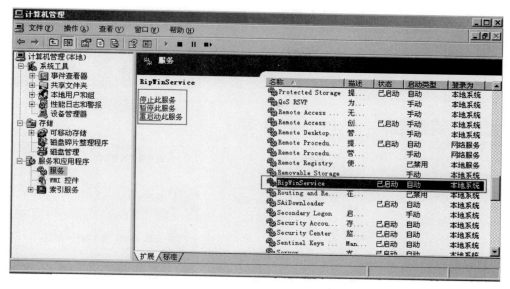

附图 104　加密锁服务程序处于启动状态下的窗口

④ 如果还出现"Rip 加密锁服务程序未启动",重新启动后,重启打开 Adobe Photoshop CS5 软件帮助菜单"RipExport",就可以正常运行 Rip 插件功能。

注:Win 7 系统的电脑,安装 Rip 加密锁时,要用管理员的身份运行"ServiceInstall. cmd"文件。

附 7.5.4　打印系统的控制软件的卸载

1. 打印控制软件的卸载步骤

(1) 打开电脑左下角"开始",找到"控制面板",如附图 105 所示。

附图 105　找到"控制面板"

（2）双击打开"控制面板"，进入"控制面板"菜单界面（附图106）。

附图106　进入"控制面板"界面

（3）双击打开"添加/删除程序"，进入下一个界面（附图107）。

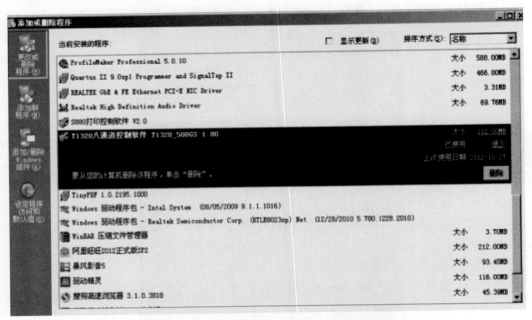

附图107　进入"添加/删除程序"界面

（4）找到 T1320 八通道控制软件，单击选择"删除"按键，会进入下一个卸载界面（附图108）。

（5）进入该界面，单击选择"卸载"按键，进入卸载过程界面（附图109）。

（6）软件在卸载过程中，会自动进入到下一个界面（附图110）。

（7）单击"完成"按键，软件卸载成功。

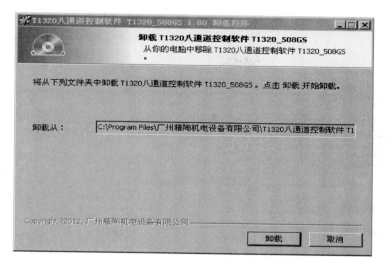

附图 108　点击"删除"按键

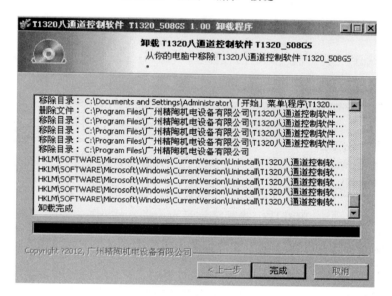

附图 109　软件卸载界面

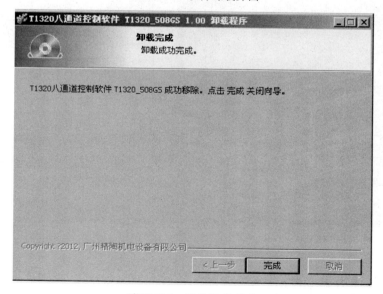

附图 110　软件卸载成功

2. Rip 插件的加密锁驱动文件的卸载步骤

（1）打开"我的电脑"，进入系统盘"C 盘"，并且在 C 盘根目录下找到"RipExport"文件夹（附图 111）。

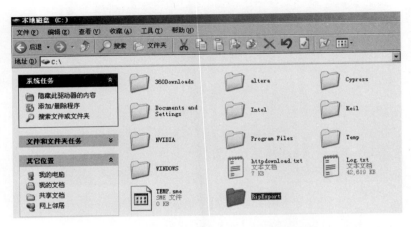

附图 111　在 C 盘找到 RipExport 文件夹

（2）打开"RipExport"文件夹，在文件夹里面可以找到一个"ServiceUninstall. cmd"文件名的文件（附图 112）。

附图 112　找到 ServiceUninstall. cmd 文件

（3）双击打开"ServiceUninstall. cmd"文件，会出现如附图 113 所示的 DOS 界面窗口。Rip 插件驱动服务就会停止工作。

附图 113　DOS 界面窗口

（4）Rip 加密锁驱动程序卸载停止工作。

附 7.5.5 打印系统的控制软件介绍、使用和操作

1. 软件的几大框架

软件界面如附图 114 所示。

附图 114 软件界面

软件界面标注 1：菜单栏。菜单栏里面不仅有工具栏上的所有功能，还有喷头电压的输入等窗口。

软件界面标注 2：工具栏。软件打印开始、停止等功能操作按键，集成了软件的打印和校准等功能按键。

软件界面标注 3：状态显示栏。是显示设备目前的工作状态。

软件界面标注 4：控制按键。是手动移动喷车和皮带的功能按键。

软件界面标注 5：作业栏。设备要打印的作业通过软件打开后，作业会在此显示出作业的名称等信息。作业栏也分为目前作业栏和历史记录作业栏。

软件界面标注 6：参数设置栏。是设定到设备在打印的一些参数设置和打印精度的校准等设置栏。包括打印机设定栏、同色校准栏、各色校准栏、双向校准栏、纵向校准栏。

软件界面标注 7：作业预览栏。是软件打开软件后，显示作业文件的图文显示栏。

软件界面标注 8：作业信息栏。是显示软件打开的打印文件的一些文件大小等信息内容。

软件界面标注 9：USB3.0 的显示窗口。

软件界面标注 10：公司 Log 图片。

2. 软件菜单栏里面的各项介绍说明

（1）文件菜单里面有"打开、导入 Config、导出 Config、退出"功能。

① 打开功能：与软件工具栏里面的打开功能一样，具有把电脑里面的打印文件打开导入到软件作业栏进行打印的功能。

② 导入 Config 功能：是把电脑里面备份好的 Config 重新导入软件使用。

③ 导出 Config 功能：是把软件里面的 Config 备份到电脑的功能。也可以通过进入到软件文件安装位置，把 Config 复制到电脑其他位置进行备份。

④ 退出：关闭软件。

（2）作业菜单里面有"小车回原点、喷头清洗、开始打印、结束打印、暂停打印、恢复打印、删除

作业、步进增加、步进减少"等功能。

　　注：作业菜单里面的功能，与软件工具栏里面的一些功能一样。如附图 115 所示。

附图 115　作业菜单的工具栏

　　（3）设置菜单里面有"打印设置、喷头电压参数设置、设置喷头位置、设置 UV 灯、保湿喷头、T 瓷砖机纵向移动"等功能。

　　① 打印设置：是设置单击软件工具栏"开始"按键时，设备直接进行打印，还是设备打印前，需要"确定"后才可以开始打印文件。如附图 116 所示。

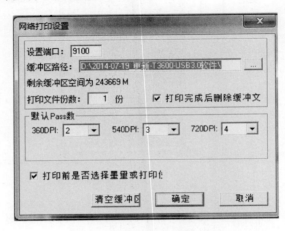

附图 116　网络打印设置界面

　　如果"打印前是否选择墨量或打印位置"前面打上"√"，则选择打印"开始"按键，需要"确定"才可以开始打印。如附图 117 所示。

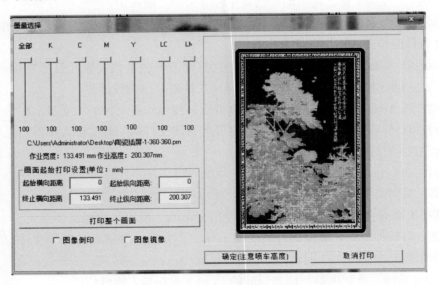

附图 117　开始打印界面

　　② 喷头电压参数设置：具有设定每个通道的每个喷头基准电压和调整喷头偏移电压参数的功能。如果喷头基准电压与喷头上面标注的基准电压值相差很大，则打印出来的墨点会发虚，甚至打印不出墨水。所以喷头基准电压要求设置值与喷头上面标注的基准电压值一致。

a. 颜色通道选择：是指设备有 8 个通道，选择相对应的通道后，就会显示相对应的喷头等相关参数的设定和显示窗口和界面。

b. 喷头基准参数：是指喷头本身上有一个基准电压参数，只要把对应通道的对应喷头电压参数输入到软件对应的通道喷头位置，就可以正常打印。

c. 喷头偏移基准参数：是指喷头在打印过程中，喷头工作电压需要在基准电压基础上升高或者降低电压值。

d. 喷头的电压：是指喷头在工作过程中的实际工作电压，通过喷头扁平线反馈回到软件实际电压窗口显示。

e. 喷头的温度：是指托盘通过加热后，把热量传送到喷头或者喷头在工作过程中产生的热量，使喷头达到一定温度。喷头上的温度传感器通过扁平线把温度反馈回到软件的"喷头的温度"窗口显示。

注：如果喷头温度窗口没有显示喷头温度，则说明喷头左右两根扁平线插反，导致温度无法反馈回到软件。需要把喷头左右两根扁平线对调。如附图 118 所示。

注：颜色通道选择窗口里面有：通道一、通道二、通道三、通道四、通道五、通道六、通道七、通道八的八个选项。选择一个通道选项后，下面的"喷头基准参数、喷头偏移基准参数、喷头电压、喷头温度"就是相对应的通道喷头的一些参数。

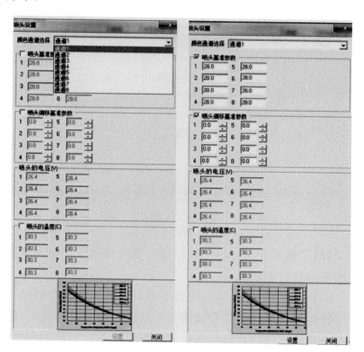

附图 118 喷头温度窗口

1 代表第一个 508GS 喷头的第一排喷孔的电压参数；

2 代表第一个 508GS 喷头的第二排喷孔的电压参数；

3 代表第二个 508GS 喷头的第一排喷孔的电压参数；

4 代表第二个 508GS 喷头的第二排喷孔的电压参数；

5 代表第三个 508GS 喷头的第一排喷孔的电压参数；

6 代表第三个 508GS 喷头的第二排喷孔的电压参数；

7 代表第四个 508GS 喷头的第一排喷孔的电压参数；

8 代表第四个 508GS 喷头的第二排喷孔的电压参数。

以此类推，喷头基准偏移参数、喷头电压、喷头温度窗口 1～8 设置窗口与上面规律一样。不再赘述。

修改参数后，一定要"设置"保存下，否则修改的参数会无效。

③ 设置喷头位置、设置 UV 灯、保湿喷头：该三项功能，在 T3600 设备上使用不到，所以无效。但不允许修改里面的参数。

（4）机器测试：该功能少用，是检测设备的一些运动轨迹的控制，要求不使用。

（5）关于：关于是软件的一些说明介绍。里面有一项是检测 USB3.0 的功能，这项功能经常需要使用。如果发现软件打印出错不正常，则打开"关于"，可以判断是否是 USB3.0 出错。如果不是，则打印会出现乱码，数据不对。如附图 119 所示。

3. 软件工具栏里面的各项介绍说明

（1）"打开"项：打开保存在设备电脑里面需要打印的文件。

附图 119　"关于"界面

（2）"原点"项：喷车横向回原点按键。

（3）"开始"项：选中需要打印文件后，单击此按键，设备开始打印选中的文件。

（4）"停止"项：设备在打印过程中，如果不想继续打印或者遇到问题而需要停止打印，可以通过单击此按键停止当前打印动作。

（5）"暂停"项：设备在打印过程中，因为断针等问题而需要暂停打印，可以通过单击此按键，暂停当前的打印动作。暂停后，可以通过"清洗"按键下面的手动清洗和自动清洗进行清洗喷头。

（6）"恢复"项：打印过程中，暂停打印后，需要恢复打印状态，可以通过单击"恢复"按键来实现恢复当前打印状态。

（7）"清洗"项：清洗按键下面有两种功能，即自动清洗和手动清洗。自动清洗是指在打印过程中暂停打印，如果选择"自动清洗"功能，喷车会自动回到横向原点进行喷头正压清洗动作。手动清洗，喷车会自动运动到横向终点位置，观察喷头表面状态和擦洗喷头。

（8）"删除"项：是删除软件作业栏里面一些没有用的打印文件。选中作业栏文件后，再单击此项，会弹出一个"是否删除电脑中的 Prn 文件"的提示框，打"√"后，可以把电脑里面的 Prn 文件一起删除。如果不打"√"，则只删除软件作业栏的打印文件。

（9）"实时双向"项：在双向打印下，如果在打印过程中，发现双向打印精度不够，出现向左和向右打印不能够重叠在一起（向左和向右打印不能在一条线上），则可以通过"实时双向"按键来进行一边打印一边调整校准好双向打印精度。

（10）"实时步进"项：在打印过程中，如果发现打印的步进精度不够，出现一些白线或者黑线的现象，则可以通过一边打印一边校准设备打印的步进精度。

（11）"状态"项：是设备检测喷头当前的打印状态的按键。单击该按键，喷车自动进入"打印喷头状态图"，此过程要注意喷车运动，防止出现安全事故和喷车被撞的情况。如附图 120、附图 121 所示。

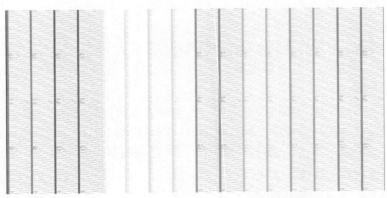

附图 120　八个通道，八个喷头的状态图

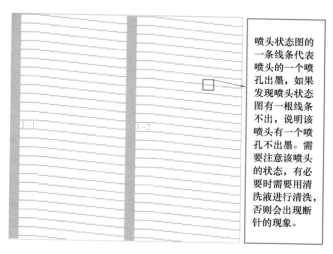

附图 121　单个喷头的状态图

注：

① 一个通道里面的四个喷头，调整精度时，一定要求喷头与喷头之间的连接地方精度高，保证在一个喷孔的宽度（0.141mm）。如附图 122 所示。

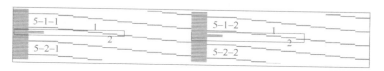

附图 122　调整喷头精度

5-1-1 是指第五通道的第一个喷头的第一排喷孔，5-1-2 是指第五通道的第一个喷头的第二排喷孔。1 是指第一个喷头的最后一个喷孔，也就是与第二个喷头连接的最后一个喷孔。5-2-1 是指第五通道的第二个喷头的第一排喷孔，5-2-2 是指第五通道的第二个喷头的第二排喷孔。2 是指第二个喷头的第一个喷孔，也就是与第一个喷头连接的第一个喷孔。

② 如果喷头的状态图调整不好，则打印出来的图稿的精度将会很低，出现黑白线和模糊现象。

（12）"垂直"项：是校准喷头垂直打印精度的按键。主要是在调试校准喷头打印精度时，使用到该按键。垂直校准图如附图 123、附图 124 所示。

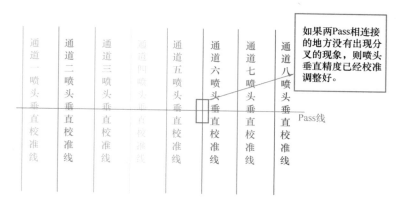

附图 123　八个通道的喷头的垂直校准图

注：每个喷头的垂直精度一定要校准好，否则将会出现喷头与喷头的连接出现不在一条直线上。打印出来的图稿也会出现横向重影，模糊不清晰。

（13）"同色"项：是校准同一个通道喷头的打印精度。该按键只是一个在校准喷头同色精度一个按键，单击该按键，喷车会自动执行打印同色校准图。

同色校准参数是根据喷头安装位置而定。每次重新安装喷头后，该参数都会不一样。所以在调整好

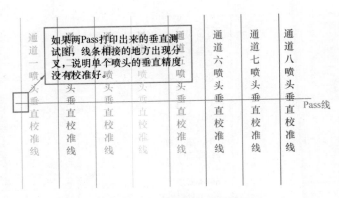

附图124　喷头的垂直校准精度的图片

喷头水平精度和垂直精度后，就要锁紧固定好喷头，不能让喷头产生移动的情况发生。否则软件"同色校准参数"需要重新校准。

注：详细同色校准介绍，请看下面打印软件的"参数设置栏"中"同色参数"校准介绍。

（14）"各色"项：是校准不同种颜色喷头打印的精度，在校准时，都是以第一通道的喷头打印为基准校准参数。两个不同颜色喷头打印出来的颜色线条要重叠在一起。

各色精度参数是根据喷头安装位置而定。每次重新安装喷头后，该参数都会不一样。所以在调整好喷头水平精度和垂直精度后，就要锁紧固定好喷头，不能让喷头产生移动的情况发生。否则软件"各色校准参数"需要重新校准。

该按键只是一个在校准喷头的各色精度的一个按键，单击该按键，喷车会自动执行打印各色的校准图。

注：详细各色校准介绍，请看下面的打印软件的"参数设置栏"中的"各色参数"的校准介绍。

（15）"双向"项：设备有单向打印和双向打印的两种模式。双向打印时，才需要校准双向打印精度。

注：详细双向校准介绍，请看下面打印软件"参数设置栏"中的"双向"的校准介绍。

（16）"步进"项：设备是多 Pass 打印的扫描型喷墨设备，所以会存在每 Pass 相接的情况发生。如果每 Pass 之间相连接是否完美，就是步进校准精度问题。如果步进校准精度达到要求，则打印出来图稿每 Pass 之间相接完美，不会出现白线和黑线现象。如果步进校准精度没有达到要求，则打印出来的图稿每 Pass 之间相接地方会出现白线或者黑线情况。如果每 Pass 相接处出现白线，则步进校准参数需要减少；如果出现黑线，则步进校准参数需要增大。

① 步进校准时，要注意打印精度与参数调整所对应精度是否一致。如果打印是两 Pass 校准图，校准参数应该在两 Pass 参数校准栏里面校准。若在其他打印模式下校准，会直接改变其他打印模式的步进打印精度。

② 详细步进校准介绍，请看下面打印软件的"参数设置栏"中"步进"的校准介绍。

4. 详细介绍软件"参数设置栏"里面的各项参数

1）打印机软件设置栏

打印机软件设置栏如附图 125 所示。

（1）横向电机速度：是指喷车横向运动速度。该窗口有三种速度，分别为快、中、慢三种。

（2）纵向电机速度：是指喷车打印过程中，喷车纵向走步速度。该窗口有三种速度，分别为快、中、慢三种。

（3）横向起始位：是指打印图稿时，横向开始打印位置。该窗口可以通过输入不同参数而使图稿的打印起始位置不同。该参数以 mm 为单位。

（4）纵向起始位：是指打印图稿时，纵向开始打印位置。该窗口可以通过输入不同参数而使图稿的纵向打印起始位置不同。该参数是以 mm 为单位。

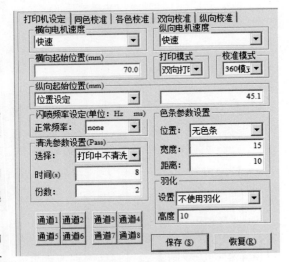

附图125　打印机软件设置栏

（5）打印模式：设备有两种打印模式，即单向打印和双向打印。所谓单向打印是指喷车从横向原点向横向终点运动时打印，而喷车从横向终点向横向原点运动时不打印。所谓的双向打印是指喷车不管是从横向原点向横向终点运动，还是横向终点向横向原点运动，喷头都进行打印。

（6）校准模式选择：是喷头打印时，横向打印精度的选择，设备有"180 模式、240 模式、360 模式、720 模式"为标准内置光栅打印模式机型。该选项只在打印校准时才有效，打印文件时，无需选择，软件是根据打印文件的 Rip 精度自动读取相对应的模式的校准参数。

另外还有一种 508 模式、360 模式的磁栅打印机型，需要更改各方面条件才可以实现。

（7）打印待机时间设定：是指设备在连续生产过程中，生产线输送带如果长时间没有砖送进设备皮带进行打印时，设备会进入休眠状态。喷头回到横向原点进行保湿清洗，皮带进入停止状态，处于待机状态。如果生产线输送带前面的唤醒光眼读取到砖后，设备会马上进入打印状态，进行连续生产。

（8）闪喷频率设定：是指设备横向回到原点或者设备在停机保湿时，可以通过开启喷头闪喷功能，保护喷头，防止喷头出现堵塞现象。如果在生产打印时，要求把闪喷关闭。闪喷的频率有多种选择，设备停机保湿时，建议喷头闪喷选择 256Hz 的频率进行保湿。

（9）色条参数设置：是指设备在打印时，图稿左右两边是否需要色条出现。色条选择有四种，分别为左右色条、右边色条、左边色条、无色条。根据不同的选择，色条功能也会不一样。色条选择下面还有宽度和距离两个选择，宽度是指设备所有通道的色条总宽度；距离是指色条与打印画面之间的距离。

（10）清洗参数设置：是指设备在连续生产过程中，喷车会根据设定的自动清洗参数来让喷头执行回原点清洗动作。

① 清洗功能选择有三项：砖数清洗、时间清洗和打印中不清洗。

② 砖数清洗：是指连续生产过程中，当打印到设定清洗份数后，喷车会执行回到原点进行一次清洗喷头动作。喷车清洗完后，又会马上执行连续生产的动作。

③ 时间清洗：是指连续生产过程中，当连续生产到设定清洗时间后，喷车会执行回到原点进行一次清洗喷头动作。喷车清洗完后，又会马上执行连续生产动作。

④ 打印中不清洗：是指连续生产过程中，设备会一直打印，中间喷车不会执行回原点清洗动作。

（11）羽化：是指设备在打印时，可能会有 Pass 道出现。可以通过羽化功能，使 Pass 道不明显。

① 羽化窗口里面有四种选择：大羽化、小羽化、自定义羽化和不使用羽化。

② 大羽化和小羽化：是一种羽化点数固定羽化功能，不可以通过修改参数而让羽化范围幅度减少。

③ 自定义羽化：是一种可以根据 Pass 道的幅度而自我设定羽化范围的羽化功能。选择自定义羽化后，下面会有一个羽化高度设定窗口，可以在该窗口设定自己需要的羽化值。

④ 不使用羽化：是指设备在打印过程中，每 Pass 之间不使用羽化功能。

注：上面羽化功能，各有优势，根据个人需要来进行选择。

（12）通道选择：是指设备上面八个通道的排列顺序，该功能不能进行修改，只能作为显示设备通道的墨序功能。一经修改，打印将会出现错误。请勿自行进行修改，非专业人士请勿修改。

（13）修改参数后，切记要在当前的页面上进行保存，否则修改的参数会无效。

2）打印机软件同色校准参数栏

打印机软件同色校准参数栏如附图 126 所示。

（1）同色校准：是指同一个通道喷头和单个喷头两排喷孔的打印校准，同色的校准要求是同一通道喷头和同一个喷头两排喷孔打印的位置，要求在一个点或者一条直线上。否则打印出来的图片会出现左右错位重影，影响图片的打印精度和清晰度。

（2）同色校准窗口的颜色校准：是选择和显示相对应通道同时的参数界面窗口，该窗口有 8 项，代

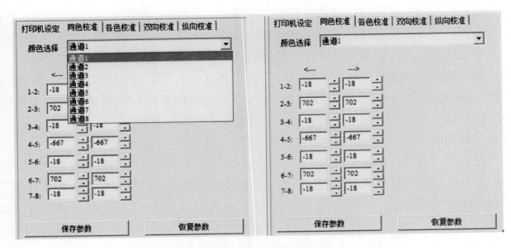

附图 126　同色校准参数栏

表 8 个通道。

（3）"箭头"：是指不同的打印方向，同色的校准位置。

（4）"1-2、2-3、3-4、4-5、5-6、6-7、7-8"：是指同一个通道不同喷头的校准。

例如 508 的喷头，1-2、3-4、5-6、7-8 是指同一个通道的 1 号、2 号、3 号、4 号喷头内部两排喷孔之间的同色校准；2-3 是指同一个通道的 1 号喷头和 2 号喷头之间的同色校准；4-5 是指同一个通道的 2 号喷头和 3 号喷头之间的同色校准；6-7 是指同一个通道的 3 号喷头和 4 号喷头之间的同色校准。

喷头的安装位置变化后，该参数也会发生变化，所以喷头的水平和垂直校准好后，切记锁紧固定喷头，防止喷头安装位置变化。

（5）每个参数校准窗口"上下"按键：向上的按键代表加参数；向下代表减参数。按一次，则是加 1 或者减 1。

同色校准，如附图 127 所示。

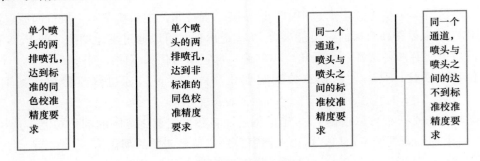

附图 127　同色校准

注：单个喷头两排喷孔的同色校准和同一通道喷头与喷头之间的同色校准，校准精度一定要高。否则打印出来的图片会出现重影等现象，影响打印出来的图片精度。

3）打印机软件各色校准参数

打印机软件各色校准参数如附图 128 所示。

（1）各色校准：是指两种不同颜色喷头（不同通道之间的喷头），打印位置要在同一个点或者同一条直线上，否则打印出来的图稿会有左右重影现象，直接影响打印出来的图片清晰度以及打印精度。

（2）附图 128 红色框内容，如果打"√"后，"各色喷头基准参数设置"才会显示出来。

（3）"各色喷头基准参数设置"是指两种不同颜色喷头（不同通道喷头）之间各色的校准参数设置，是让不同通道之间喷头的套色精度粗略达到校准要求。

附图 128 各色校准参数

（4）"各色喷头偏移参数设置"是指两种不同颜色喷头（不同通道喷头）之间的各色校准参数微调设置框。当各色校准粗略校准完成后，可以通过微调"各色喷头偏移参数设置框"里面的参数，让不同通道喷头套色达到标准的要求。

（5）"各色喷头的纵向设置"窗口，设备打印过程中使用不到的一个校准窗口，不需要进行修改校准参数。

（6）每次校准各色参数时，切记在各色校准界面上保存一次校准参数，否则修改的参数会无效。

各色校准，如附图 129、附图 130 所示。

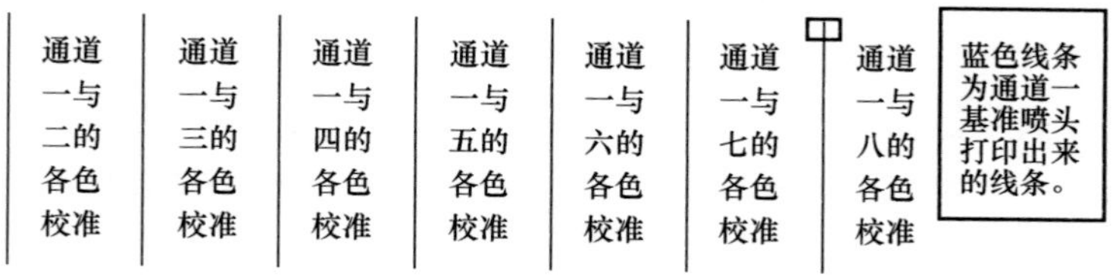

| 通道一与二的各色校准 | 通道一与三的各色校准 | 通道一与四的各色校准 | 通道一与五的各色校准 | 通道一与六的各色校准 | 通道一与七的各色校准 | 通道一与八的各色校准 | 蓝色线条为通道一基准喷头打印出来的线条。 |

附图 129 校准好的喷头各色精度

| 通道一与二的各色校准 | 通道一与三的各色校准 | 通道一与四的各色校准 | 通道一与五的各色校准 | 通道一与六的各色校准 | 通道一与七的各色校准 | 通道一与八的各色校准 | 打印出来的线条，出现分离的现象。说明各色没有校准好。 |

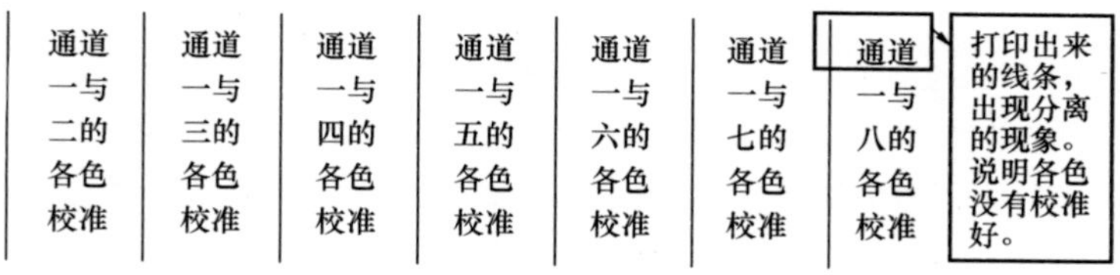

附图 130 没有校准好的喷头各色精度

注：各色校准，是以通道一喷头打印出来的数据为基准数据，其他通道打印数据要求以通道一打印的数据重叠。所以只能够把其他通道的数据向通道一打印的数据偏移重合。

4）打印机软件双向校准参数

打印机软件双向校准参数如附图 131 所示。

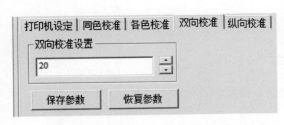

附图131 打印机软件双向校准参数

（1）双向校准：是指喷车进行来回双向打印时，要求把两次打印位置校准在一个位置上，否则打印会出现左右重影，影响图片的打印精度和清晰度。

（2）双向校准只有在使用双向打印时，才会用到。单向打印无需使用双向校准。

（3）在校准调整双向打印参数时，切记在双向校准的界面上进行对参数保存，否则修改的参数会无效。

双向校准，如附图132所示。

5）打印机软件纵向校准参数

打印机软件纵向校准参数如附图133所示。

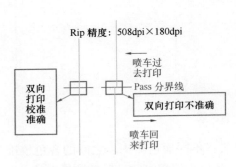

附图132 双向校准

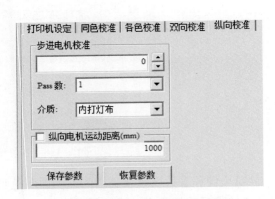

附图133 打印机软件纵向校准参数

（1）步进校准：是指设备在打印时，步进走多或者走少而导致打印出来的图片出现Pass道，则需要使用步进校准，把步进达到打印要求。

（2）步进电机校准：是指步进参数输入窗口，根据不同打印Pass数，步进电机校准参数会不一样。

（3）Pass数：是指校准不同的Pass数的步进参数时，需要在此项选择相对应的Pass数，再进行修改"步进电机校准"窗口参数。

（4）介质：打印不同的材料，步进参数也会不一样。

（5）纵向电机运动距离：是测试步进电机走步精确度的一项功能。例如我要求皮带运动1m，则在该窗口输入1000mm参数，运动皮带，测量皮带实际是否运动了1m长度。如果实际运动没有或者超过1m的长度，则需要重新校准皮带的一步步长的参数。

注：

（1）纵向打印的精度（Pass数）不一样，步进的参数也可能会不一样。所以需要分别校准不同纵向打印精度（Pass数）的步进值。

（2）不同的纵向打印精度（Pass数）校准，需要用不同的纵向打印精度（Pass数）的步进校准图来进行校准。

（3）在校准不同的纵向打印精度（Pass数）步进值时，修改步进参数前，要注意步进校准界面的"Pass数"窗口的Pass数参数与打印校准图的Pass数是否一致，否则修改参数会无效，还会直接影响其他纵向打印精度（Pass数）步进值修改（因为把其他纵向打印精度（Pass数），导致其他打印精度步进参数被修改。

步进校准，如附图134所示。

附图134 步进校准

注：

（1）校准步进图时，需要用钢尺测量整幅图打印出来的尺寸与图稿的尺寸是否一致。

（2）打印测试图，用 PS 制作 30%墨量的单色纯色块。

（3）打印后，用 100 倍的放大镜观察色块里面 Pass 交接的地方是否刚好，有没有出现白线和黑线的情况。

（4）调整不同 Pass 数的步进参数，就要打印不同步进精度校准图。例如我现在打印校准两 Pass 的图，校准参数也要对应两 Pass 步进参数修改。如果不对应修改，则会导致其他打印步进精度参数被修改，影响其他打印步进精度。

附 7.5.6　Rip 插件介绍、使用说明

1. 输出通道设置参数栏

输出通道设置参数栏如附图 135 所示。

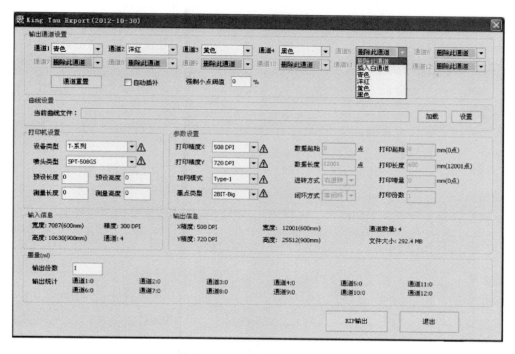

附图 135　输出通道设置参数栏

（1）插件输出通道设置，目前有 12 通道。打开 Rip 插件时，插件通道数目会自动与图稿通道数目一样，并且排列也是按照图稿通道顺序排列。

（2）图稿的颜色通道排列要与设备的通道墨水一致，否则打印出来的颜色与图稿的实际颜色不一致。

（3）如果设备中间有通道没有上墨，而图稿通道中也没有对应插入白通道，则需要在 Rip 时在对应通道上选择插入白通道。否则打印出来的颜色与图稿的实际颜色不一样。

（4）需要在一个通道上插白通道时，只需要在对应通道窗口上单击选择，会出现一个下拉菜单，在下拉菜单中选择"插入白通道"选项。

（5）如果设备中间有通道没有上墨，而图稿通道中也对应插入白通道，则在 Rip 时通道会自动与图稿的通道一致，无需再修改 Rip 时的通道。

（6）通道重置：也在自己调整 Rip 的通道排列后，如果想恢复原来的通道排列，则可以通过"通道重置"来实现。

（7）强制小点阈值：是指有些灰度变化很大的位置，会用小点进行打印。

2. 曲线设置参数栏

曲线设置是一条线性化曲线，根据打印出来的渐变色来限制和控制喷头喷墨量。如果80％～100％的墨量没有发生渐变变化，则在线性化曲线上把最大墨量限制在80％出墨。因为80％～100％墨量没有变化，所以喷头喷90％、100％的墨量与80％的墨量一样，没有渐变色变化效果。

3. 打印机设置栏

（1）设备类型：是指选择相应的设备和设备型号。如果设备是 D 系列，而选择 T 系列或者 S 系列，则 Rip 出来的文件不能打印，或者打印有异常。

（2）D 系列设备是在线直喷型的设备，而 T 系列和 S 系列是扫描型的设备。在线直喷型和扫描打印型的设备的横向和纵向打印精度也会不一样。

（3）喷头类型：Rip 插件支持多种喷头，有 510_35pL、508GS 和 1020_35pL 喷头。而每个喷头的工作特性也会不一样。所以要根据设备安装的喷头来选择 Rip 插件里面的喷头类型。

（4）预设长度、测量长度；预设高度、测量高度：是针对打印出来的砖经过高温烧成后，出现尺寸与图稿尺寸不对应现象而开发出来的一个长度补偿功能。如果图稿长度是 600mm 而打印出来的长度只有 580mm，可以通过预设和测量参数窗口进行修改补偿。在预设窗口输入 600mm，而测量窗口输入 580mm，打印出来的尺寸会自动进行补偿。

4. 参数设置栏

（1）打印精度 X：是指设备的一个方向的打印精度。选择 T 系列机型，则该方向的精度是指喷车运动方向的精度。

（2）打印精度 Y：是指设备的另一个方向的打印精度。选择 T 系列机型，则该方向的精度是指皮带运动方向的精度。

（3）加网模式：里面有 3 种加网模式，加网模式不一样，打印的效果也不一样。但是经过测试，只有 Type-1 的加网模式打印效果比其他加网模式打印效果要好。所以要求在 Rip 时，选择 Type-1 加网模式。

（4）墨点类型：里面有多种墨点类型选择，设备类型和喷头安装类型不一样，墨点类型选择也会不一样。T 和 S 机型的 508GS 喷头，选择 2BIT-Big、2BIT-Middle、2BIT-Little、2BIT-Gray。

数据起始、打印起始；数据长度、打印长度；进砖方式、打印增量、闭环方式、打印份数：该功能是针对 D 系列而开发，而 T 系列和 S 系列没有使用到该功能。详实功能介绍，请看 D 系列 Rip 插件的说明书。

（5）输入信息：是指图稿的一些墨量、颜色、通道等信息（Rip 前的信息）。

（6）输出信息：是指图稿经过 Rip 后，得到的 Rip 后的信息。

（7）墨量：是指图稿经过 Rip 后，RiP 插件估计打印消耗的墨量。

5. Rip 输出

选择设定好参数后，单击现在"输出"，会弹出一个提示保存窗口。保存文件名称会由 Rip 自动产生一个。希望客户能够根据自己窑炉烧成温度和 Rip 时选择点型和精度等方面的参数形成一个文件名称保存。方便以后再次生产时打印和设定窑炉温度。

附 7.6 触摸屏人机界面的培训和介绍

附 7.6.1 主菜单

主菜单界面如附图 136 所示。

（1）主界面：是设备触摸屏显示所有主要菜单的一个界面。主界面里面包括了瓷砖设定、喷头清洗、供墨状态、墨水温度、喷车设定和报警信息等子界面。

（2）单击主界面里面的子界面菜单的按键，就会进入自己所需要的子菜单界面里面。进入子菜单界面里面后，就可以对里面的功能进行一些操作和使用。

（3）在主菜单界面按键下面，有一个设备状态，是一个提示设备目前所处的状态和报警信息。

（4）用户登陆：是用户使用密码登陆进去，才拥有对设备的一些参数的修改权限的一个登陆窗口。

附 7.6.2 瓷砖设定子菜单界面

（1）瓷砖设定界面：进入瓷砖设定界面（附图137），里面有砖坯高度设定、安全高度设定、喷车打印位开关、进砖开关、导砖器开关、导砖器手动、砖坯超高指示、砖坯超高复位等功能。

附图 136　主菜单界面

附图 137　瓷砖设定界面

（2）砖坯高度设定：是指我们打印砖坯的厚度。如果打印厚度为 10mm 的砖，则在该窗口输入 10；如果打印 6mm 的砖，则在该窗口输入 6。

（3）安全高度设定：是指喷车与打印介质之间的距离。喷墨印刷是非接触式印刷，所以在印刷过程中，喷车要与打印介质保持一定的安全距离，否则会容易刮伤喷头，损坏喷头。安全高度设定参数一般在 2～4mm 的高度，过低会容易刮伤喷头，过高又会影响打印精度。

（4）喷车打印位：是一个开关按键，常按该按键，喷车会从保湿位或者原点位置回到设定的打印高度位置。

（5）进砖开关：是设备前端生产线的一个是否连续进砖的开关。启动进砖开关，设备前端生产线会连续进砖；关闭进砖开关，则设备前端生产线会停止连续进砖。

（6）导砖器开关：设备两个光眼（导砖器和横梁下面的两个皮带起始位传感器光眼）的切换开关按键。

（7）导砖器手动：单击"导砖器手动"按钮，会进入导砖器手动控制界面，如附图 138 所示。

① 进入到导砖器手动界面，界面里面有挡砖延时、推砖延时、第一次走砖时间、出砖后延时进砖时间、推砖伸出、推砖推杆、推砖收回、挡砖降下、挡砖推杆、挡砖升上等功能。

② 挡砖延时：是指砖坯进入到导砖器时，导砖器的挡砖气缸延时工作时间设定窗口。

③ 推砖延时：是指砖坯进入到导砖器时，导砖器的推砖气缸延时工作时间设定窗口。

④ 第一次走砖时间：设备第一次打印时，让设备皮带连续运转一段时间后，设备后端输送带才可以送砖进来打印。

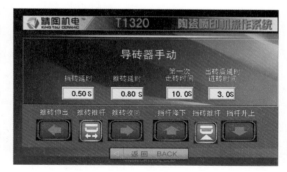
附图 138　导砖器手动控制界面

⑤ 出砖后延时进砖时间：是送砖传感器读取到有砖送出去后，延时让设备前端生产线送砖进来打印。

⑥ 推砖推杆：是一个开关按钮，是控制推砖推杆的工作开关按钮。

⑦ 推砖伸出、推砖收回：是一个状态显示窗口。显示推砖推杆的工作状态位置。

⑧ 挡砖推杆：是一个开关按钮，是控制推砖推杆的工作开关按钮。

⑨ 挡砖降下、挡砖上升：是一个状态显示窗口。显示推砖推杆的工作状态位置。

（8）砖坯超高指示：是设备的限高保护装置的传感器有效后，会控制设备的喷车停止打印，并且在该窗口的砖坯超高指示灯亮。如果砖坯超高指示灯灭，说明设备的限高装置的传感器没有被触发。

（9）砖坯超高复位：是指砖坯限高装置的传感器有效后，人为手动搬走皮带上面的砖后保护依然存在，只有通过手动长按该按键，保护动作信号采会取消，设备才可以正常工作。

（10）返回：是返回上一级菜单的按键。

附 7.6.3　喷头清洗子菜单界面

（1）喷头清洗界面：进入到喷头清洗界面（附图 139），里面有多个功能和按键，如压墨时间、正压清洗、喷头保湿、保湿解除、保湿设置、和外置运动使能功能等按键。

附图 139　喷头清洗界面

（2）压墨时间：单击打开压墨时间，会出现一个压墨时间输入界面。在该界面可以输入目标正压清洗时间，压墨时间输入范围在 1～40s 之间。由于陶瓷墨水特性，需要压墨时间比较长，一般设备要求输入正压清洗时间在 30s 以上，喷头状态才可以清洗干净，状态才良好，才可以保证喷头打印效果。

（3）正压清洗：是一个手动正压清洗喷头的开关键，只要用手长按 3s 该按键，喷头就会执行正压清洗动作，该动作时间为设定的压墨时间。喷头里面的墨水会因为正压的压力从墨囊里面通过喷嘴喷射出来。

注：正压清洗功能，只在喷车横向原点位置操作才有效，在其他位置操作无效。

（4）保湿状态：只是一个开关启动按键。当单击一次该按键后，喷头会执行正压清洗一次喷头，压墨时间为设定的正压清洗时间。

"保湿状态"不仅是一个按键，还起到显示作用，显示设备目前的状态。如果喷头在原点位置，处于保湿和联机（连接上设备打印操作软件）状态，该按键会自动隐藏；如果喷头不在原点位置，处于联机（连接上设备打印操作软件）状态，该按键会在"联机保湿"显示状态下；如果喷头不在保湿状态和非联机状态，该按键在显示可操作状态。

注："保湿状态"功能，喷车不在横向原点位置时，也可以进行操作使用，清洗喷头。所以使用"保湿状态"功能时，要注意喷车是否在横向原点和终点位置，否则墨水会被正压到设备的其他位置。

（5）保湿解除：只是一个开关启动按键。当单击一次该按键后，喷头会执行正压清洗一次喷头，压墨时间为设定的正压清洗时间。

"保湿解除"不仅是一个按键，还起到显示作用，显示设备目前的状态。如果喷头在原点位置，处于保湿和联机（连接上设备打印操作软件）状态，该按键会自动隐藏；如果喷头不在原点位置，处于联机（连接上设备打印操作软件）状态，该按键会在显示状态下；如果喷头不在保湿状态和非联机状态，该按键也处于显示可操作状态。

注：保湿解除功能，喷车不在横向原点位置时，也可以进行操作使用，正压清洗喷头。所以使用保湿解除功能时，要注意喷车是否在横向原点和终点位置，否则墨水会被正压到设备的其他位置。

（6）外置运动按键使能：喷车升降运动，是由两个触摸屏里面的开关按键（在喷车设定菜单里面）和设备上面的两个金属按键开关控制。当要操作设备上面的两个金属按键开关时，必须把该使能按键打开，否则金属按键开关操作无效。该使能开关是为了防止误操作金属按键开关引起事故而设定使能保护按键。

该按键需要长按 3s 才有效，否则无效；关闭该按键时，也必须长按 3s。当不需要操作金属开关时，必须把该使能按键关闭，否则金属按键一样会有效，起不了保护作用。

（7）保湿设置：长按 3s 该按键，触摸屏会进入另一个子界面，该子界面称为闪喷设定界面。如附图 140 所示。

进入到闪喷设定界面，里面有闪喷回收使能、闪喷回收时长、闪喷回收间隔和保湿后清洗间隔等功能。

① 闪喷回收使能：是指喷头在保湿状态时，如果开启喷头闪喷功能，则喷头会不停地往海绵上闪喷墨水，导致海绵的墨水往四周流。如果开启"闪喷回收使能"，则主墨桶负压回收功能会进行定时工作，把海绵上的墨水吸回主墨桶里面。

附图 140　闪喷设定界面

② 闪喷回收时长：是指主墨桶的负压回收系统工作时间，该时间设定以开启喷头的闪喷频率大小为前提，开启的闪喷频率高，则设定的时间长；闪喷频率低，则设定的时间短。

③ 闪喷回收间隔：是指主墨桶负压回收系统工作频率间隔时间。该时间设定以开启喷头的闪喷频率大小为前提，开启的闪喷频率高，则设定的时间短；开启的闪喷频率低，则设定的时间长。

④ 保湿后，清洗间隔：是指喷头保湿后，正压清洗喷头的工作频率间隔时间。一般设定为 5～10min 正压清洗一次喷头，可以更有效地防止喷头堵塞。

⑤ 返回：是回到上一级菜单的返回按键。

附 7.6.4　供墨状态子菜单

（1）进入到供墨状态子菜单界面（附图 141），可以看到副墨瓶的供墨状态情况、供墨信号复位按键、压力复位按键、墨水搅拌设置按键和墨水通道选择按键等。

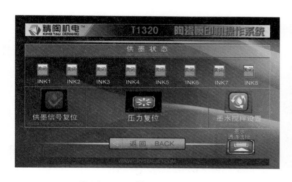

附图 141　供墨状态子菜单

（2）INK1～INK8：是指八路副墨瓶的供墨显示情况。只是一种显示作用，不作为操作使用。

（3）供墨信号复位：是指供墨泵工作一段时间后，副墨瓶的墨水还没有达到液位开关位置（满状态），则供墨泵会停止工作，并且会出现声光报警状态。而副墨瓶的供墨显示状态（INK1～INK8）也会出现副墨瓶墨水不满等显示信息。此时如果需要恢复供墨泵工作，则只需要单击点动一下"供墨信号复位"按键，供墨泵就可以继续工作。

（4）压力复位：是指喷头正压清洗的压力值高于或者低于正压压力表的上下压力限位值时（超压或者欠压），正压系统的正压电磁阀会被锁住，气压无法通过正压电磁阀进入副墨瓶，并且设备做出声光报警提示。可以通过单击该按键来恢复正压系统正常工作。目前设备的气压复位都是自动复位，只要气压的压力值在压力保护上下限位范围内，气压报警都会自动复位，无需手动复位。

出现超压和欠压情况后，必须先检查气源压力值。如果压力值过高或者过低，则需要通过调节精密压力调节阀来调整正压压力值。调整好压力值后，就可以取消声光报警提示和恢复正压系统正常工作。

注：正压的压力最大值为45kPa。

（5）墨水搅拌设置：单击该按键，则会进入墨水搅拌设置窗口界面。如附图142所示。

进入到墨水搅拌设置窗口，里面有主墨瓶搅拌参数设置窗口和副墨瓶搅拌参数设置窗口。

① 主墨瓶搅拌：有搅拌时间设定和间隔时间设定。

搅拌时间设定：是指主墨瓶搅拌电机搅拌工作的时间。

间隔时间设定：是指主墨瓶的搅拌电机启停间隔时间，也叫搅拌启停频率。

注：主墨瓶搅拌最佳设定参数为：搅拌时间90s；间隔时间300s。

② 副墨瓶搅拌：搅拌时间设定和间隔时间设定。

搅拌时间设定：是指副墨瓶搅拌电机搅拌工作时间。

间隔时间设定：是指副墨瓶搅拌电机启停间隔时间，也叫搅拌启停频率。

注：副墨瓶搅拌最佳的设定参数为：搅拌时间90s；间隔时间150s。

③ 返回：单击返回按键，则回退到上一个菜单界面。

（6）墨水通道选择：单击该按键后，会进入墨水通道启停关闭选择界面。如附图143所示。

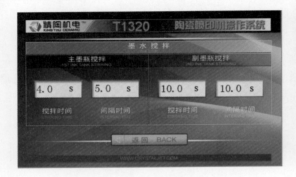
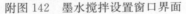

附图142　墨水搅拌设置窗口界面

附图143　墨水通道选择窗口界面

① 进入墨水通道选择窗口界面，该界面上有八个通道选择开关。

② 通道一～通道八：是指设备上的八个通道供墨泵的启停开关按键。当开关按键处于常亮状态，则表示该通道处于开启状态；当开关按键处于常暗状态，则表示该通道处于关闭状态。

③ 界面八个开关按键，是独立对应控制供墨墨路上的八个供墨泵是否启动。它们之间互不影响。

④ 返回：单击返回按键，则回退到上一级菜单。

附7.6.5　墨水温度控制子菜单

（1）墨水温度控制子菜单界面：界面里面有加热状态、墨水温度、温度设置、水循环开关、循环时间功能和副墨瓶温度等功能，如附图144所示。

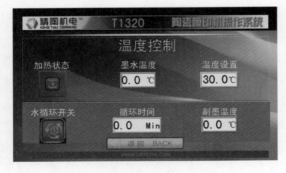

附图144　墨水温度控制子菜单界面

（2）加热状态：是水箱加热开关按键，是一个由水箱浮子开关控制的开关按键。该按键无需人工启动，是由设备水箱里面的浮子开关来自动控制它的启动。如果水箱液位过低（缺水）则水箱就会停止加热状态，并且出现报警提示。给水箱进行加水，恢复了水箱原来的液位高度，水箱加热系统会自动进入加热状态。

① 水箱缺水，会直接控制水箱加热和循环水泵工作。

② 水箱缺水，会有声光报警提醒功能。

（3）墨水温度：只是一个显示窗口，没有设定功能，显示水箱里面水温的一个窗口。

（4）墨水设置：是水箱加热温度设定窗口。也就是我们需要水箱加热温度达到多少摄氏度，就在这里设定加热温度值。但是水箱加热温度是根据喷头对墨水要求温度决定，喷头对墨水要求温度一般在38～40℃之间。所以水箱设定温度一般在40℃。

（5）水循环开关：是水泵启停开关按键。该按键是一个带有记忆功能的开关按键，也就是开关启动后，重启机器，开关依然会记忆在上次的开关启动设定状态。如果重启设备前，该开关处于关闭状态，重启后该开关也会自动默认为"关闭状态"；如果重启设备前，该开关处于启动状态，重启设备后该开关也会自动默认为"启动状态"。

（6）循环时间：是指两个水泵切换循环工作的时间，也可以称为两个水泵的切换频率。

（7）副墨瓶温度：是副墨瓶经过水浴系统加热后，该窗口会显示一个温度值，是副墨瓶当前的温度值。

注：当墨水温度与副墨瓶温度相差5℃时，设备的人机界面的"设备状态"会出现水泵没有启动的显示。

（8）返回：返回上一级菜单界面按键。

附7.6.6　喷车设定子菜单界面

（1）单击喷车设定按键，进入喷车设定子菜单（附图145）。菜单里面有喷车上限位、喷车下限位、喷车升、喷车降、外置运动按键使能、喷车点动速度、喷车当前高度、喷车设定、运动停止、喷车回原点和用户登入等功能。

（2）喷车上限位：是指喷车上升时，上升的距离超出设定距离，则喷车会压到喷车升降上限位开关。此时喷车会停止并且设备会有声光报警提醒功能。

（3）喷车下限位：是指喷车下降时，下降距离超出设定距离，则喷车会压到喷车升降的下限位开关。此时喷车会停止并且设备会有声光报警提醒功能。

注：如果喷车出现压住上下限位开关时，需要用手动操作伺服驱动器把喷车升降离开限位开关。喷车才可以正常执行升降运动。

附图145　喷车设定子菜单界面

（4）喷车升、喷车降：只是一个手动操作喷车升降按键开关。它是一个需要常按的点动开关，只要不操作，开关会自动无效，喷车停止运动。

（5）外置运动按键使能：喷车升降运动，是由两个触摸屏里面的开关按键（在喷车设定菜单里面）和设备上的两个金属按键开关控制。当要操作设备上的两个金属按键开关时，必须把该使能按键打开，否则金属按键开关操作无效。该使能开关是为了防止误操作金属按键开关引起事故而设定使能保护按键。

该按键需要长按3s才有效，否则无效；关闭该按键时，也必须长按3s。当不需要操作金属开关时，必须把该使能按键关闭，否则金属按键一样会有效，起不了保护作用。

（6）喷车点动速度：是指操作界面喷车升、喷车降按键时，喷车升降的运动速度。该速度不宜过快，一般参数设定在500m/min。

（7）喷车当前高度：是指喷车升降到某一个位置时，此时喷车高度值会在该窗口显示，所以该窗口只是一个显示窗口。

（8）运动停止：是一个操作开关按键，打开该开关按键，喷车处于停止状态，不会执行升降动作。关闭该开关按键，则喷车可以进行上升下降运动。

（9）喷车回原点：是一个操作开关按键，长按该按键，喷车会自动执行上升回到喷车最高原点位置。

（10）喷车设定：当用户不登录进去时，该按键不会显示。当用户登陆进去后，才会显示出来，并且是一个可操作的操作按键。

① 输入密码后，"喷车设定"会显示出来，进入喷车设定界面。如附图146所示。

附图146　喷车设定界面

② 进入"喷车设定"界面，有喷车打印位、喷车保湿位、喷车自动速度、喷车当前高度、喷车原点到皮带实际高度、喷车保湿偏差设定、外置运动按键使能、运动停止和喷车回原点等功能。

③ 喷车打印位：只是一个按键开关，操作该按键，喷车会自动运动到设定打印高度位置。

④ 喷车保湿位：只是一个按键开关，喷车在横向原点位置时，操作该按键，喷车会自动运动到设定的保湿位高度。如果喷车不在横向原点位置，喷车不会作保湿下降运动动作。

⑤ 喷车自动速度：是一个速度设置窗口，该参数不宜过大，安全设定参数为1000m/min。除了喷车点动运动速度，其他一切喷车升降运动速度均以该窗口设定参数运动。

⑥ 喷车当前高度：是指喷车升降到某一个位置时，此时喷车高度值会在该窗口显示，所以该窗口只是一个显示窗口。

⑦ 喷车原点到皮带实际高度：喷车上升到原点位置，托盘与皮带高度距离。该窗口参数只能在0～56mm之间设定，不能设定大于56mm的参数。该功能设定好后，一般不会进行更改参数。

⑧ 喷车保湿偏差设定：是喷车在原点保湿时，喷车保湿高度与皮带表面实际高度的偏差设定参数。设定范围在0～10mm。该功能设定好后，一般不会进行更改参数。

⑨ 外置运动按键使能：喷车升降运动，是由两个触摸屏里面的开关按键（在喷车设定菜单里面）和设备上的两个金属按键开关控制。当要操作设备上的两个金属按键开关时，必须把该使能按键打开，否则金属按键开关操作无效。该使能开关是为了防止误操作金属按键开关引起事故而设定使能保护按键。

该按键需要长按3s才有效，否则无效；关闭该按键时，也必须长按3s。当不需要操作金属开关时，必须把该使能按键关闭，否则金属按键一样会有效，起不了保护作用。

⑩ 运动停止：是一个操作开关按键，打开该开关按键，喷车处于停止状态，不会执行升降动作。关闭该开关按键，则喷车可以进行上升下降运动状态。

⑪ 喷车回原点：是一个操作开关按键，长按该按键，喷车会自动执行上升回到喷车最高原点位置。

⑫ 返回：返回上一级菜单界面的按键。

（11）用户登入：单击该按键，会进入一个输入密码的界面。如附图147所示。

① 用户名，只有"操作员"一个用户名，用户登陆进去后，才可以对设备的部分参数进行修改。

② 输入密码后，喷车设定会显示出来（附图148），显示后才可以进行操作。如果输入密码错误，则不会显示，并且会有提示。

③ 修改密码：是指登陆的用户可以对密码进行修改。设备是对贵公司指定的"操作员"进行操作，所以建议密码不要进行修改，保存原来密码（操作员：1111）。

附图147　输入密码的界面

进入密码修改窗口界面，如附图 149 所示。

附图 148　显示"喷车设定"

附图 149　密码修改窗口

注：YES 是确认修改密码；NO 是退出不修改密码。

④ 取消：是进入用户登陆界面，如果输入密码后，不想进入"喷车设定"界面，可以通过"取消"功能，取消返回用户登陆界面的上一层菜单。

⑤ 返回：是返回上一层操作界面。

附 7.6.7　报警信息界面

（1）设备报警信息界面（附图 150）：是整台设备报警信息的显示窗口，只要设备出现报警错误，均会在此显示，并且会长期保存在该窗口。

① 报警信息正在发生：显示红色。

② 确认的，但没有消除：显示黄色。

③ 报警已经消除：显示绿色。

（2）返回：单击返回，可以回退到上一级菜单界面。

附 7.6.8　待机界面

设备在长时间不对触摸屏进行操作时，触摸屏会自动进入到一个待机界面。在待机界面，只要触摸人机界面，就会退出待机界面。如附图 151 所示。

附图 150　设备报警信息界面

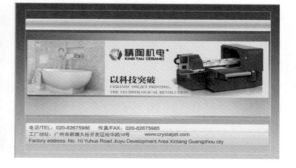

附图 151　待机界面

附录 8　西班牙陶瓷喷墨打印技术与设备

附 8.1　前言

During thousands of years the human being has been used ceramic for different uses. Nowadays still is not clear in what moment of the human's history the ceramics appear, but every piece found it from the ancients civilizations, is a mixing of technique, history, tradition, economic and social situation, religion and artistic sample for each folk. It had been a loyal witness of all changes in the human history, shaping through art and colors the characteristics of each epoch. From pot to tiles, ceramics industry always leaves their stamp in the civilizations. It's believed that the first ceramics appear during the Neolithic period, when the humans covered their bag to carry fruits, with a clay mixed with water. Then they leave that bags nearby the fire, and the clay become strong. After that, the technique for toughen the clay becomes complex, at first burring the clay in the ground, and placing fire up there, and finally with the constructions of the kilns. This great advanced technique gave the artist and the artisans great tool for develop their imagination, as well as allows the apparition of the tile as is known today.

几千年以来人类一直广泛地应用陶瓷于不同的用途。现如今仍然没有明确陶瓷是何时诞生于人类的历史长河之中，但是从远古文明中发现的点点滴滴可以发现，陶瓷可以看做是承载着各个民族的技术、历史、传统、经济和社会环境、宗教和艺术创作的结晶。它也是人类社会所有变革的忠实见证，脱胎于每个时代的艺术和色彩元素。从早期的陶罐到当代的瓷砖，陶瓷行业始终在文明中镌刻着它们的烙印。可以确信的是，早期的陶瓷诞生于新石器时代，据说那时候人类用来盛水果的容器外部糊有混着水的黏土。之后他们无意中把整个容器放置于篝火旁，后来这些黏土变得坚固了。从此以后，这演变成煅烧黏土使其复合的工艺，从最开始直接把黏土放在火里面烤，然后发展到专门在黏土上面生火，到最后打造窑炉进行烧成（的过程）。这项伟大的先进工艺给无数的艺术家和工匠们传承了无数的灵感，从而进行天马行空的创意，就像当今的瓷砖一样，如同精灵一般地诞生。

In all the early civilizations, from Mesopotamia and Egypt onward, pottery based in ceramics, is a highly developed craft. An outstanding achievement is the Greek ceramic tradition of the 6th and 5th century BC. But technically all these pots suffer from a major disadvantage. Fired earthenware is tough but it is porous. Liquid will soak into it and eventually leak through it. This has some advantages with water (where evaporation from the surface cools the contents of the jug) but is less appropriate for storing wine or milk. The solution is the addition of a glaze. This technological breakthrough is made in Mesopotamia in the 9th century BC for decorative tiles. It is not adapted for practical everyday purposes until many centuries later. A glaze is a substance, applied to the inner or outer surface of an unfired pot or tile, which vitrifies in the kiln - meaning that it forms a glassy skin, which fuses with the earthenware (clay) and makes it impermeable to liquids.

在人类的早期文明进程中，从美索布拉达文化到埃及文化一路驰骋，早期的陶器在工艺领域得到高度的发展。希腊传统陶器在公元前五世纪到六世纪首度做出了卓越的贡献。但是所有这些瓶瓶罐罐都存在着一个主要的技术缺陷。虽然烧成过的陶器质地坚硬但是透水。液体容易渗入其中，甚至最终漏掉。当然它也有着一些优点（陶器表面蕴含着水分的蒸发使得整个罐体保持清凉），不过它还是不太适合存储美酒和牛奶。解决方案就是另外添加一层釉。此项技术突破发源于美索不达米亚时期，应用于公元前九世纪装饰用的砖体。不过这项技术在之后的几个世纪都一直没有应用到日常的实际生活之中。釉料是一种特别的物质，施于在烧成前的陶器和瓷砖的内部或外部，之后经过窑炉的烧成而形成一层玻璃质表面，黏土和釉的结合使得陶器储存液体变成可能。

But glazes, which can be of any color, also have a highly decorative quality. It is for this purpose that they are first developed, as a facing for ceramic tiles, in Mesopotamia from the 9th century BC. The most famous examples are from the 6th century palace of Nebuchadnezzar in Babylon. Glazed pots make their appearance in the Middle East in about the 1st century BC, possibly being developed first in Egypt. The characteristic color is green (fig 152), from copper in the glaze. Pottery of this kind is common in imperial Rome a century later.

此外，釉还可以赋予任何色彩，同时也具有很强的装饰性。正是出于这一目的，色彩釉在公元前九世纪的美索不达米亚文明时代作为瓷砖的表面装饰而取得首次发展。最具代表性的是公元六世纪巴比伦的尼布甲尼撒宫殿。釉质陶壶在公元前 1 世纪出现在中东地区，可能从此发展于埃及，当时最具代表性的釉陶是绿色的（附图 152），因为这个时期的釉中加了适量铜的缘故。这种陶器多见于一个世纪之后的罗马帝国。

附图 152　古埃及王国，公元前 2668 年至公元前 2649 年

By this time glazed pottery is also being manufactured in Han dynasty China. It may be that the development occurs independently in the Middle East and in China, but by now there could also be a direct influence in either direction. Rome and China are already linked by the Silk Road, and glazed ceramics are attractive commodities.

同一时期中国汉朝也制造釉质陶器，大概是由于中东和中国独立发展或者地理位置的原因，也受著名的"丝绸之路"的直接影响，"丝绸之路"早已将中国和罗马连接起来，瓷器成为了热销产品。

The earliest known examples of tiles in western countries, are Egyptian from 4,000 BC. Through history, tiles were made by Assyrians, Babylonians and the Islamic Empire. Early tiles can be seen in Tunisia (c. 9th), Kashan Iran (c. 11th), and many middle- eastern mosques display Koranic scripts using highly colored relief tiles (c. 12th onward).

附图 153　Delftware depicting Chinese scenes, 18th century. Musee Ernest Cognac
代尔夫特蓝陶描绘中国的风景，
18 世纪欧内斯特干邑博物馆

已知的最早的西方瓷砖大约出现在公元前 4000 年的古埃及，据历史记载，瓷砖最早是由亚述人、巴比伦人和伊斯兰帝国制造的。早期的瓷砖出现于突尼斯（公元 9 世纪）、卡尚伊朗（公元 11 世纪），许多中东清真寺陈设着深颜色的镌刻着古兰经碑文的陶瓷制品（公元 12 世纪起）。

In the 13th and 14th centuries Europe's churches were paved with decorated tiles. Holland was an important center for tiles in the 17th and 18th centuries and in the 19th century Britain pioneered mass-produced tiles.

The earliest tiles in Western Europe (late c. 10th) were found in a number of locations in England. Glazed tiles were an really expensive building item which resulted in their use being restricted to wealthy ecclesiastic establishments. From the 16th century onward Moorish tile making slowly spread north through Spain. Some of the most spectacular ceramics can be found at the Alhambra Palace in Granada, and in the Great Mosque in Cordoba both buildings in Spain. From the14th century tin glazed tile making spread from Holland over to England. In 1584 the first potters established themselves in the Dutch town of Delft, which got a good reputation for excellence and the city of Delft became famous as the place of characteristic blue-and-white earthenware. By the latter part of the 19th century only one earthenware factory survived in Delft.

13 和 14 世纪欧洲的教堂都铺有装饰瓷砖。公元 17 世纪到 18 世纪荷兰是重要的瓷砖生产中心（附图 153），19 世纪英国率先开始批量生产瓷砖。西欧最早一批瓷砖发现于英格兰（10 世纪后期）。釉面砖由于其昂贵的价格而只被用于富裕的教会机构建筑。公元 16 世纪开始摩尔瓷砖通过西班牙逐渐向北发展。至今发现的最壮观的摩尔瓷砖铺贴在西班牙两大建筑——位于格拉纳达的阿兰布拉宫和科尔多瓦的大清真寺。从 14 世纪开始锡釉瓷砖生产从荷兰发展到英国。1584 年第一批陶艺工在荷兰享有盛誉代尔夫特镇建立了他们的基地，代尔伏特镇成为了著名青花瓷生产基地。到 19 世纪后半期代尔伏特镇仍有一家陶瓷工厂传承下来。

Two of the great European decorative traditions were Maiollica from the Spanish Island of Mallorca, distributed by sea to all the Roman Empire, and Delft from Holland. When applied to ceramics these processes of tin glazing produced distinctive effects. The Maiollica tiles display a lively sense of color and geometric design and, were often used as flooring. Delft tiles however gradually grew away from flamboyant color use and evolved the Chinese influenced blue and white style familiar today.

欧洲装饰的两项伟大传承是来自西班牙被大海划分到罗马帝国的马洛卡岛和来自荷兰的代尔伏特。把锡釉运用到瓷器生产过程出现了独特的效果。马约利卡彩陶因其充满生机的色彩和几何设计被经常用作地板砖。然而代尔伏特瓷砖却逐渐远离华丽的用色，受到中国青花瓷的影响慢慢演变为我们今天熟悉的样子。

附图 154　Alhambra Grenade Spain
阿罕布拉宫　西班牙

The 20th century has seen both a decline and a revival in tile-making. Tiles are now much collected and studied. Tiles are all around us for everyone to enjoy. Ceramic tiles cover walls and floors, roofs and pavements, furniture and stoves, and can be seen in churches and mosques, pubs and shops, hospitals and homes (fig 154). They are often combined with other forms of ceramics such as terracotta, faience and mosaic.

20 世纪瓷砖制造业也是饱经浮沉。现在有很多关于瓷砖的收藏和研究，我们周围有很多供大家欣赏的瓷砖工艺品。在墙壁、地板、天花板以及道路、家具、壁炉上，瓷砖无处不在。很多建筑上也贴了瓷砖：教堂、清真寺、酒吧、商店、医院和居民楼（附图 154）。瓷砖也经常和其他类的陶瓷融为一体，像陶器、彩陶和马赛克。

The technique of decoration has suffer the major change in this 20th century. In relative few years, the ceramic tile industry has passed from decorating through manual process (means handmade decoration on the tile), to silk screens printing, roller printing and finally, the digital jump that comes through the ink jet printer. That was at the end of the 20th century when a couple of friends, both of them engineers, from the Spanish's shire of La Plana Baixa well known for it's tradition for ceramics tiles production (actually one of the biggest areas of ceramics production in the world) Jose Vicente Tomas Claramonte (fig 155) and Rafael Albella joint in one venture in order to develop a new technology which allow the digital printing. Why? Let starts this history from the voice of the protagonist, and inventor of this revolution in ceramics tiles industry Jose Vicente Tomas：

在 20 世纪装饰技术已经发生了翻天覆地的变化，近几年，瓷砖行业已经经过了人工装饰（即瓷砖表面手工装饰）、丝网印刷以及辊筒印刷，最后通过喷墨打印跳跃到数码时代。那是 20 世纪末，一对工程师朋友，他们来自西班牙卡斯特里翁的德拉普拉纳，即西班牙众所周知的传统瓷砖生产基地（实际上也是世界上最大的陶瓷生产地之一），何塞·文森特·托马斯·克拉拉蒙特（附图 155）和拉斐尔·阿尔贝拉共同成立了一家企业，旨在开发一项引入数码喷印的新技术。为何如此？让我们听听这个故事的主角的原话，他就是这次陶瓷行业革命的发起人何塞·文森特·托马斯：

附图 155　何塞·文森特·托马斯

"I begin developing one engraving machine specially adapted for ceramics industry EPC Galileo. Galileo, was an Italian physicist, mathematician, engineer, astronomer, and philosopher who played a major role in the scientific revolution during his life, and that was the role that our company target to achieve. We called Galileo due was the first machine with software specially adapted for the carving of ceramics green tiles, the first who have it Numeric control, as until that time any other machine was adapted to the needs of the ceramics producers. I think that was the first revolution that our company achieves. Before made this machine, when I went to the factories, the carving of the tiles were made it by specialist workers who expend at least several weeks to finish one tile perfectly. With our Galileo the time reduced to several hours, giving our customers really great advantage in design terms, and the final result was perfect. I got many Delftware depicting Chinese scenes, 18th century (fig 153). Musee Ernest Cognac Alhambra Grenade Spain Mr. Jose Vicente Tomas customers in the world, who were really happy with this machine, but then the same customers told me that they got one more problem. Although the reliefs that they achieve was really good, and was the finest quality on the market, they have to decorate this relief by hand, that expend many time and many resources, due with the normal decoration machines, silk screens and rollers, was impossible to decorate it. At that time, at the end of 90's, I got the idea from my home printer, one printer that just has been launched to the market ink jet printer (before the printer was all of them were needle printer). My mind starts to think how to apply this technology in the ceramic decorations lines. The project named Kerajet make the first steps when I met my friend Rafa (Rafael Albella), who also shows great interest in that development, and he developed the first (…and last) electronics circuits used in Kerajet machines (fig 156). The technology at that time was not like today, cell phones was rarely seen, you can make it an idea of all the work that we did it in order to achieve stability in our technology. In 1998 we funded our company Kerajet, and we got close cooperation in the researching of the inks for ceramics tiles from Ferro Spain, (you know, printer without ink no have sense) after more than one year of continuous effort, investment, research, testing and resources the first ink jet printer (fig 157) was presented in Cevisama 2000 and we were really happy and proud to obtain the first Alfa de Oro to our project (fig 159)."

"在此之前我研发了一款专门用于陶瓷行业的雕刻机（名为 EPC Galileo），Galileo（伽利略）是一位意大利著名的物理学家、数学家、工程师、天文学家和哲学家，在他那个时代的科学革命中扮演了重要的角色，他的角色是我们公司努力的目标。我们给机器命名为伽利略是由于它是第一台装有适用于陶瓷坯体雕刻设计软件的机器，是第一台数控雕刻机，直到我们的机器被改进到能满足陶瓷企业生产的需求。我觉得这是我们公司完成的第一场革命。在研发这台机器之前我去工厂看到的是瓷砖坯体雕刻是由专门的工人花费至少几个星期才能做完一个成品。而我们的伽利略几个小时就可以完成，给我们的客户的产品设计方面带来巨大的优势，雕刻完成的作品也是近乎完美。我得到了 18 世纪许多代尔伏特风格绘有中国风景的陶器（附图 153）。西班牙阿尔罕布拉宫美术馆是何塞·文森特·托马斯的世界级客户，他们对这台机器很满意，但不久之后他们反应说他们遇到了问题，虽然雕刻出来的浮雕确实不错，也是当时市场上质量最高的，但是他们必须人工在坯体模花上进行装饰，这导致浪费了很多时间和资源，这是因为传统的印刷设备，丝网印刷机和辊筒印刷机都无法在模花坯体上进行装饰。当时即 20 世纪 90 年代末，我从自己家的家用打印机得到灵感，那是一台刚刚推出市场的喷墨打印机（在此之前的打印都是针式打印机）。我开始琢磨怎样才能将喷墨打印技术应用于陶瓷装饰生产线上。我将这个项目命名为 Kerajet，这个项目迈出了第一步是在我遇见的一位朋友拉法（拉斐尔 阿尔贝拉）之后，他对我的想法非常感兴趣，他发明了最初版的（以及最终版）用于 Kerajet 机台的电路系统（附图 156）。当时的技术无法与今日相提并论，手机都难得一见，可想而知我们当初为了达成此项稳定的技术的难度。1998 我们成立了 Kerajet 公司，同时我们公司和 Ferro 西班牙公司合作共同研发适用于陶瓷喷墨打印机的墨水（众所周知，没有墨水的打印机是毫无意义的），经过一年持续不断的努力、投资、研究、测试和资源供应，在 2000 年的 Cevisama（西班牙陶瓷卫浴展）上，我们展出了世界上第一台喷墨打印机（附图157），我们无比高兴和自豪，并且斩获了我们公司的第一个阿尔法金奖（附图 159）"。

附图 156　1998 年 Kerajet 的实验室和研发
出来的陶瓷喷墨打印机机器雏形

附图 157　第一代工业用陶瓷喷墨打印机

During the following years Kerajet and Ferro sold the complete package of machines and inks, based insoluble salts, with just one combination of colors Cyan, Magenta, Yellow, and Black. The ceramics producers who start to use it, realize that just with this four colors they can achieve very huge range of colors, from real red, to very dark black. That supposed a great advantage, as until that date, every tonality of the color used in the tiles needed to be controlled in the lab, and never found the same tonality between productions (fig 158). Even when the ceramic producer made one color for one roller for example, need to finish the color although the quantity of production desired already reach it. That provokes over stock for undesired tiles in the factories. All those disadvantages were removed through this technology, but at the same time other appear, were the really expensive Ink.

附图 158　瓷砖色调

随后几年 Kerajet 和 Ferro 合作配套机台和墨水（整套解决方案），通过不溶性盐，开发出一套颜色组合：青色、洋红、黄色和黑色。陶瓷生产商们也开始采用我们的方案，认识到仅用这四种基本色他们就可以调配出宽广的色域，从纯红色到深黑色都能打印。这是一项重大突破，因为在此之前每种用于瓷砖上的色调都要经过在实验室进行调色，而且从来不能在不同批次的产品中达到同样的色调（附图 158）。举个例子，每个辊筒需要印刷一个颜色（版面），但是最好要把（用于辊筒印花）花釉用完，尽管生产商需要的产量已然达到。

这就导致了陶瓷工厂囤积了超过预期的大量瓷砖。但是有了我们的喷墨打印技术后，之前所有的问题都不复存在了。但同时新的问题出现了，那就是此时墨水实在很贵。

That was due the soluble salt inks had in their formulation particles of gold in magenta, or ruthenium in the black, that make over cost the productions. In any case, as the product made by Kerajet machines was unique at that time, this over cost was covered with big margin due the expensive product that this machine could make. Just the most reputable factories in the world had the resources to afford this investment, and these expensive prices. At that time, 2005-2006 Kerajet's inventor, Mr. Jose Vicente Tomas, found one solution for make that technology accessible to all factories in the world, inks made it with nanoparticles of pigment. This year was break point of this industry when, again this company based in the research and development, Kerajet, achieve the first pigmented inks applied through inkjet technology. It was 2006 when the first pigmented inks start to work in continuously in Spain, and really faster spray it to the old customers in all the world（fig 160）.

这是因为可溶盐墨水配方是这样的：洋红墨水配方里面含有黄金颗粒，黑色墨水配方里面含有钌颗粒，这大大提高了墨水生产成本。因为在那时由 Kerajet 研发的机器生产的产品在当时世界范围都是独一无二的，相比这台机器能给陶瓷商带来的利益和当时昂贵的喷墨瓷砖，喷墨打印机的成本简直微不足道。这样巨大的投资和高昂的价格可能只有世界上最著名的陶瓷商才能负担得起。在 2005—2006 年间，Kerajet 的创办者何塞·文森特·托马斯先生针对这个问题找到了解决方案，使世界上所有陶瓷工厂都能受益于我们的技术。那就是以纳米级别的色料制造墨水。该年度是陶瓷行业重大突破的

附图 159　西班牙瓦伦西亚政府
颁发年度最佳企业奖

一年，Kerajet 公司再次凭借自身强大研发实力，研制出世界上首批可应用于陶瓷喷墨技术的色料基墨水。2006 年这首批色料基墨水开始在西班牙投入并连续生产，之后很快推广到 Kerajet 世界范围内的其他老客户（附图 160）。

附图 160　2006 年权威陶瓷刊物已经披露 Kerajet 研发的色
料基（二代）墨水的应用

Later on, the inks suppliers learn from Kerajet how to develop this ink, adapting the inks and the colors to the needs of the ceramics producers, developing more colors, and more options for the companies, and Kerajet resources were focus on the development of machines, adapting all the new technologies launched in the market, in order to achieve the best performance in their machines. At the same time, Kerajet never stop to research and develop new machinery types, adapting the machines to the real need of the factories, improving inks system, electronics, (that until now also where developing very fast) mechanical and electrical setting. The strong point of Kerajet machines were and are the development of the software and electronics, always did it "in-home" fitting perfectly on the most exigent markets in the world.

随后，墨水供应商向 Kerajet 学习如何研发这种墨水，改进墨水和发色以适应陶瓷生产商的需求，并研发出更多颜色的墨水供陶瓷厂家选择。Kerajet 仍然是专注于研发陶瓷喷墨打印机，不断引进高新科技并投入市场，致力于向市场推出性能最佳的机器。同时，Kerajet 从未停止研发适用于工厂实际需求的新的机器类型、改善墨水系统、电子部分（这个领域至今发展也很快）及机械和电路部分。Kerajet 机器的强项始终是软件和电子部分，始终像家用终端一样完全适应和满足市场的迫切需求。

After that, until 2008 Kerajet was the only supplier of this technology in all the world spraying the technology worldwide, from Spain to Italy and Portugal at first, and China, Brazil, Mexico lately. Nowadays this giant of the digital printing have presence in all ceramics market around the world. All of that comes from the imagination, research, development and use of the technology in order to improve the ceramic industry. Now this company who start in the backside of the "mother company" EPC with five people working on it, nowadays are one the most important supplier of digital printers for ceramics tiles in the world, with more than 300 workers in the headquarters in Spain (fig 161, fig 162).

从那以后到 2008 年，Kerajet 作为此项技术世界范围唯一的供应商，将此项技术传播到整个世界，从最初的西班牙、意大利和葡萄牙，紧接着又远销中国、巴西以及墨西哥。现如今我们的数码喷墨打印机纷纷出现在世界各地所有的陶瓷市场。所有这一切都源于思考、研究、开发和旨在改善陶瓷行业的技术应用。Kerajet 从一开始只有 5 个人在其母公司 EPC 的后方（为 Kerajet 项目）工作到现在发展到仅西班牙总部就有三百多人，并成为世界各地瓷砖行业最重要的数码喷墨设备供应商（附图 161、附图 162）。

附图 161　2002—2003Kerajet 数码喷墨设备

附图 162　2007 年 Kerajet 数码喷墨设备

From 2008 in advance, all the ceramic machinery suppliers start to develop their own digital printers，spaying this technology to limits never imagine before by its creators. The marketing for that technology was hot，and the same companies that never trust in this technology before (as this technology makes obsolete the actual one that they provided at that time) start to rush to achieve similar performance that the original brand of printers (fig 163，fig 164).

早在 2008 年前，世界上所有的陶瓷机械供应商开始研发他们自己品牌的数码打印机，但是他们的喷墨技术还远远赶不上这项技术的发明者——Kerajet。这项技术的市场化成为热点，一些之前完全不相信这项技术的陶瓷机械供应商（因为这项技术开始淘汰他们那时提供的现有技术）开始努力（研发）能达到和最早品牌喷墨打印机差不多效果的机器（附图 163、附图 164）。

附图 163　2013 年广交会样砖

附图 164　2012 年西班牙展样砖

The race starts，but just one of them is considered worldwide as the pioneer and inventor of this technology，Kerajet，and still nowadays is the reference in the field of digital printer，having a target the improvement of all the ceramics line，not just the decoration，also glazing and grains applicable over the tile. This point we'll consider at the end of this article.

比赛开始了，但是只有 Kerajet 这家公司被公认为是这项技术在全球的先锋和发明者，至今仍然是数码打印领域的榜样。接下来我们的目标是改善整个陶瓷生产线，而不仅仅局限于装饰部分，也将把数码喷釉技术和喷干粉技术应用于瓷砖表面。这点我们将在文章结尾娓娓道来。

附 8.2　国内设备条件

In terms of production capacity，production facilities，and brands in ceramics tiles，China is the biggest country and is the biggest market in the world. That allows to have really different opinions，really different ways to understand ceramic tiles production. While some companies think on ceramics tiles as the way to make money fast，other companies are really interest in the development of the industry，trying to give high value to the ceramics through the research，development，not just of the machinery also in terms of design，and raw materials. There is other type of companies that are focus in mass production，in order to reduce the cost and be competitive in this strong market that is China，as well other that focus their production and style focus in overseas markets.

就生产能力、生产设施和瓷砖品牌而言，中国都算得上最大的国家和最大的市场。那里对瓷砖生产有不同的选择，对陶砖的生产也有各种不同的理解。有些企业把陶瓷生产看作快速赚钱的方式，有些企业确实是对陶瓷行业的发展感兴趣，试图通过在机械、设计和原材料方面进行研究开发以赋予其更高的价值。还有另外一种企业企图通过大规模生产来降低成本，在激烈的中国市场中取得竞争力。同时还有一些企业注重生产风格，其将精力集中于海外市场。

Some of the companies that realize that the development of the ceramic tiles are the the way for their companies, as permit wider margin in the selling, and at the same time improve their reputation and their brand in the market, has found the best partner in the original inventor and service provided by Kerajet. It's normally this types of factories which have better equipment, better condition for the workers, and strict rules in safety working, making their worker to have completely dedication to their work, applying their skills in the well functioning of the facilities. Some other companies that based their strategy in mass production also got the best performance and production capacity from Kerajet machines, as is the machine who allow the maximum quantity of production in the market, with the data of $12000 m^2$ by day in China and $24000 m^2$ by day in Brazil. Those companies also are well equipped with good machinery. Even with all of them we found one point in common: The equipment made in China is one step behind that the machinery produced in Europe due the European standard are more higher than Chinese ones.

部分企业把陶瓷行业的发展作为他们企业发展的方向，如此才会有更宽的销路，同时提高企业在国际上的声誉和品牌知名度，并把喷墨打印机的发明者、拥有先进技术和满意售后服务的 Kerajet 作为最佳合作伙伴。这很正常，这类工厂装备精良，工作环境优越，安全有保障，这样的企业，员工愿意为它奉献所有，将自身技能应用于高性能设备。一些大规模生产的陶瓷企业也从 Kerajet 高性能、高产量的数码喷墨打印机获益匪浅。因为 Kerajet 数码喷墨打印机是当今市场生产效率最高的机器。在中国单日产量可达 $12000 m^2$，在巴西单日产量可达到 $24000 m^2$。这些企业都装备精良，但是我们发现了他们的一个共同点：那就是目前国产设备仍然落后原产欧洲的设备一步，而且欧标比国标要严格不少。

We also found in the sector of ceramics, producers that not care the condition of the factory at all, but these ones are the less part of the sector. Most of them just invest in the ceramics to win fast money, and normally his passing for this sector is brief.

我们也发现陶瓷行业有些瓷砖生产厂家不太关心厂区的生产环境，但是这只是其中的极少部分。不少厂家仍然把陶瓷厂的投资定位于赚快钱，这就注定他们的企业不会长久。

Concerning the local enterprises who are selling inkjet machinery we can consider that they quality and performance level is Medium-Low, as they are using systems developed for other industries, and provides by the printing head's manufacturer. In addition, there is not Research and Development in those producers, who use technology already using and apply in their systems, which the result not bad for some ceramics producers. Mainly all the ceramics that at first give their trust to Kerajet never change the supplier, not just in China market, the most competitive market in the world, also in all the ceramic world. The other weak point of the machinery Made in China is the software and data transmission. Kerajet machine develop own software and data transmission, and after more than 15 years having big effort, investment and resources dedicated exclusively to this area the software and programs used by Kerajet machine is specially adapted to the condition in the working line, giving the ceramics workers all the tools in simple and easy mode.

在我们看来，一些国产的陶瓷喷墨打印机械销售企业，他们的质量和性能目前属于中低水平，因为他们在使用的软件却是由喷头厂家早前研发给其他行业的。此外，这些生厂商没有属于自己的掌握机器内部核心技术的研发团队，当然其应用于一些瓷砖厂家的结果也不差。基本上所有最初选择并信赖 Kerajet 的客户从此不再更换此供应商，这不仅是在竞争最激烈的中国市场，甚至在全球市场也是如此。中国制造的喷墨打印机的另一个弱点就在软件和数据传输上。而 Kerajet 喷墨打印机搭载自主研发的软件和软件传输系统，经过 15 年的巨大努力，不断将资源和资金集注入到研发适用于陶瓷生产线的机器软件和程序，这样才给予了陶瓷行业工作者所有简单便捷的工具。

附 8.3　经典设备分析

We can consider the classic equipment machinery like before glazing, Silk screen machines, Rollers, or sprayer grain. All those machinery have more disadvantage than advantages, as the expending of the materials are really high, which means that the material that is wasted have a high percentage over the total. The second main disadvantage are that it's impossible have a digital control of the particles disposed over the surface of the tile, although the last series of those machines have really notable improvement. In the case of grain sprayer it's totally impossible to control it.

我们来回顾之前的一些代表性的陶机设备，例如甩釉机、丝网印刷机、辊筒印刷机以及干粒机，所有这些机型都是缺点多于优点，因为其耗材方面的花费是相当高的，这就意味着被浪费的资源在总资源中的占比非常高；另外一个主要缺点就是尽管这些机器最新的机型都有着显著的进步，但是它们始终无法对瓷砖表面的粒子实现数字化的精确控制。在此案例中，干粒机就无法实现数字化控制。

Considering the silk screen or the rollers we found several similitude in their way to work, both of them touch the tile for decorate, and depend of the number of the screens or number of rollers you can get one color or combination of the colors, but it's really hard, no say impossible, repeat the tonality in different productions. Even the touch of the screen or roller to the tile could mean that the roller or screen could be broken, as well as the tile itself, and force to the producer to have a high stock of those material in the warehouse, just in case that some of them broke during the production. The broken of the tile was significantly high loses on green material. At the same time every roller or screen, just can apply one picture with one tonality of the color chosen, which means that if the ceramic producer want to make one tile with four different tonality of blue need to have four different rollers or silk screen able to do it. During this time isn't able to produce other type of tile. At the time to change the production design with this old machines, the time necessary to change with the same support was several hours, depending of the skills of the worker, as all the machines were mechanical basis. The same for make a test for new design, several hours to change to test, then several hours to back to the first production.

比较丝网印刷机和辊筒印刷机我们发现它们在工作原理上存在一些相似之处，二者都必须接触瓷砖的表面来装饰，得到的单色或者混合色取决于丝网或者辊筒的数量，而且要完美再现不同产品的色调的话，尽管不是说不可能，但也是非常的困难。况且用丝网和辊筒去接触瓷砖表面，丝网和辊筒也很容易破损，瓷砖破损率也很高，就要求生产商仓库储备大量的原材料，以防生产过程中有破损需要更换。而损坏的瓷砖也意味着消耗大量瓷坯材料。与此同时，每个丝网或辊筒只能印出图像中的一种色调的颜色，这表示生产商若想在一块瓷砖上印出四种不同色调的蓝色，就必须使用四个丝网或者辊筒，在这过程中不能生产其他图案的产品。如果要换成生产其他产品的瓷砖，改换这些装备需要花费好几个小时，还要保证工人技术熟练。因为所有的设备都是机械化的。同样为了测试一个新的设计，需要耗费好几个小时进行测试，再耗费好几个小时返回最初的生产。

Nowadays we can think that this old equipment on samples without stop the production, silk screens and rollers, has been replaced for the actual ink jet machinery as all this disadvantages changes radically when Kerajet invent the first digital printer for ceramics. This technology means no contact with the tile, which allow reduce considerably the broken tiles due the contact, also permit the ceramic producer change the production in few second as well as other big advantages, as the reduction of the stock of the rollers or screens. In near future the other machines like bell or grain sprayer also are going to be replaced for the new technology developed in the past months of 2014 by Kerajet.

自从 Kerajet 生产出世界上第一台陶瓷喷墨打印机，可以在不停止生产的情况下进行打样，如今陶瓷喷墨打印机已取代了丝网印刷和辊筒印刷技术，并弥补了它们的缺点。这项技术意义在于不需要直接接触瓷砖表面，大大减少了因为接触而导致的瓷砖坯体破损率，它的更大的优势在于让陶瓷生产厂家能在数秒内切换生产的产品，从而大大减少了丝网和辊筒的库存。在不久的将来，其他一些陶瓷机械，比如钟罩淋釉机或者传统干粒机也将被 Kerajet 在过去的 2014 年发明的新技术的设备所代替。

附 8.4 喷墨打印机的结构

The Ink jet machine (fig 165) is build over one metal support, strong, which allows the carry on the other parts of the machine. Normally the support is build in strong material, metal one that depends of the composition of the metal, could be stronger enough. This part is very important as over this frame is building the other parts of the machine. Also the precision required for that job is very high as the minimum change could affect the entire machine.

附图 165　喷墨打印机

喷墨打印机是由坚硬的金属材质建造的，能够支撑机器上的其他零件（附图 165）。机器支撑体都是由刚硬的材料构成，金属材质取决于所含的金属成分，一般来说坚硬程度是足够的。该支撑体很重要，因为机器的其他部分是通过这个框架构建的。同时要求的精准度也非常高，因为一点点的误差都会影响整台机器。

The heavy parts that the frame are going to carry is the belt, using for the transportation of the tiles, and the belt itself, made from one special material that could resist the temperature, as well as the erosion caused by the tile. The engine to carry out this belt should be the most precise one, as that will allow the perfect synchronize between the printing heads and the movement of the belt.

框架承载较重的部分当指皮带，用于传送瓷砖，而皮带本身是由特殊材料制成，可耐高温及瓷砖坯体的冲击。驱动皮带所用的电机非常精确，能够使喷头和皮带完全同步。

Other Parts that we can see in Kerajet machine is the vacuum system, used for avoid the steam in the surface of the tile during the printing process, the belt cleaning, as well as the Temperature Control system, which control all the temperatures in the machine, in order to keep the inks in the correct temperature for optimize work.

我们现在看到的 Kerajet 机器的另外部分是真空系统，用来消除在喷印过程中瓷砖表面产生的水蒸气，以及能够控制机器所有温度使油墨在正确的温度下优化工作的温度控制系统。

附 8.5 墨水储存系统

The ink storage (fig 166) is composed by one tank for every color or application the final user chooses for every machine. Those tanks are installed in the machine in order to supply ink during the printing process. It's very important that the inks have their correct properties as the wrong ink could bring undesired problems while the printing. In order to always have suitable ink for the ink jet processes it's very important to follow the advices and procedure suggested from the ink supplier in terms of shaking time, expired time, average temperature for storage. In order to keep the correct properties, Kerajet machines use also one internal agitation system of the inks, which ensure the perfect mixing of the pigment with other additives that the ink is composed.

储墨系统（附图 166）由最终用户选择的颜色配置决定其构成。这些墨桶安装在机器里，在打印过程中提供墨水。每种墨水都有其恰当的性能，这点非常重要，因为在打印时，不好的墨水会带来意想不到的问题。为了确保墨水保持其适当的性能，Kerajet 机器配置了内部墨水搅拌系统，保证墨水中的色料与其他添加剂完美混合在一起。

附图 166　墨水储存系统

In any case the color inks are not just the item to found one color or other color there is other factors to have in mind . The final result of the color range over the tile will be deducted from：Inks Combination, applied glazes, body color, protections or cover rages, temperature and time for cooking.

在任何情况下，彩色墨水不是唯一的构成一种或者其他色彩的因素，还有其他因素需要考虑进去。影响瓷砖色彩范围的最终结果有以下几个方面：油墨组合、应用的釉料、坯体颜色、保护层或覆盖部分，烧制的温度和时间。

All those parameters could affect the final result of the color range, even if just one change the final result could be significantly different. But if at the same time, the ceramic producer can keep stable this parameters, the differences, even between the productions could be really petty. Using the correct Color Management Programs, the differences between production is almost none. All Kerajet machines are equipped with the most advance programs also developed by Kerajet, Colorjet & ColorDirect.

所有的参数都会影响色彩范围的最终结果，即使是一种工艺参数的改变，最后的结果都会产生巨大差异。但是如果与此同时陶瓷厂家能够稳定工艺参数，最终产品之间的差异化也会微乎其微。使用正确的色彩管理程序，可以使不同批次的产品几乎毫无差别。Kerajet 所有机器都配备了由 Kerajet 研发的最先进的色彩管理软件——Colorjet & ColorDirect.

The temperature of those inks on the machine also it's really important to have in mind. In general, the work space of the inks is from 35C to 45C. In order to have the correct development and performance of the inks Kerajet machines are equipped with total control of temperature, which means that the temperature inside the working tank, the temperature of the printing head, as well as the temperature of the inks during the whole recirculation system is controlled and could be modified if required. That allows the highest control in all those parameters, that allows better performance in the final result of Kerajet ink jet printers.

机器上墨水的温度也很重要，需要考虑进去。通常情况下，墨水工作台的温度范围是：35～45℃。为了正确地储墨和使用墨水，Kerajet 机器配备了完整的温控系统，那就意味着工作墨盒的温度、喷头的温度以及整个墨水循环系统的温度都可以根据需要进行控制和调整。因此，所有的参数都能得到最好的控制，使 Kerajet 喷墨打印机达到更好的效果。

附8.6 灌墨、过滤以及打印系统

Concerning the ink system and filter system there is the basic diagram of the working flow inside the machines (fig 167).

关于墨水系统和过滤系统，请见如附图167所示的简单的机器内部工作原理图。

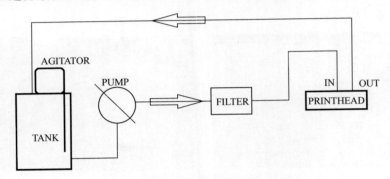

附图167 简单的机器内部工作原理图

As we can see clearly in the diagram the movement of the inks is in continuously, which means that the ink are always moving. This is due the high sediment of pigmented inks when it's not movement.

通过此图，可以清楚地看到墨水一直在连续不断地流动。那是因为在墨水不流动的情况下易产生严重的沉淀。

The ink remains in the tank, equipped with the agitator to keep the physical properties of the inks. Then is pumped through the filter, which avoid the entrance of big particles of pigment in the printing head, and avoid the main cause for the blocked nozzle.

墨桶内设搅拌器用以保持墨水的物理特性，然后通过过滤器过滤杂质后再输送。这可避免颜料的大颗粒物进入喷头，以避免造成喷头堵塞。

Based on that diagram Kerajet, have improve the working of that diagram to levels much more advanced. For example, the filter used in Kerajet machines are 5 Microns diameter, and could be use one at the entrance of the printing head, as well as other one at the out of the main tank.

依附图167可见，Kerajet已经将其墨路系统改善得较为先进。例如，Kerajet机器所使用的是直径为$5\mu m$的过滤器，一个安装于喷头的入口处，另一个安装在主墨桶出口处。

The pump that Kerajet are using for those propulsions of the ink ensure the perfect balance between the external pressure of the atmosphere and the correct pressure inside the nozzle.

Kerajet使用的泵用于油墨的驱动，确保大气的外部压力和喷嘴内部正常的压力之间能够实现完美平衡。

For proper working of the printing head, the pressure of the nozzle has been given for the print head manufacturer, and should be exactly inside the print head to ensure the quality on the printing. For example, if the print head supplier demands this meniscus pressure of 20mbar, means that in the internal pressure at the nozzle should be exactly that pressure. The Meniscus it's where the drop is forming, inside the channels of the nozzle (fig 168).

喷头正常运作方式：喷嘴内部墨水压力设置参数由喷头制造商提供，并通过精准的控制来确保打印质量。例如，如果喷头供应商要求20mbar的液位压，意味着喷嘴的内部压力必须是这个值。弯液面是墨滴形成的地方，位于喷嘴的内部通道（附图168）。

Through continuous development Kerajet achieve the best stability in this procedure. Due to the strong effort in research and development, Kerajet system achieve the total control of the drop forming, and drop position in the printing, thanks to the Active Ink System which is capable to control all the procedure to forming the drop through complex electronic procedures (fig 169).

通过不断地发展，Kerajet 在整个历程中实现了最佳的稳定性。得益于其在研发方面的不懈努力，Kerajet 系统在打印过程中实现了墨滴形成和墨滴位置的完全控制，由于其灵活的墨水系统，能够通过复杂的电子程序控制整个滴墨形成的过程（附图 169）。

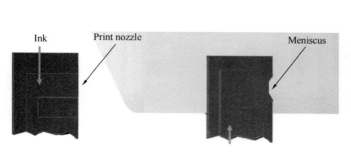

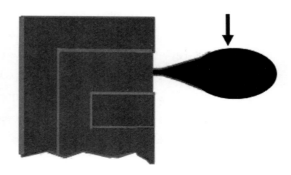

附图 168　喷头弯液面　　　　　　　　　　　附图 169　精确控制墨滴形成

As we can see in the up diagrams, the nozzles move in order to form the drop, and then moving back to the original position is where the drop jets from the printing head to the surface. There is the way that the printing head shoot, but there is two main ways to work, as Binary mode or Gray Scale mode.

由附图 169 可见，喷嘴的运动形成墨滴，然后再运动返回到墨滴从喷头喷射出表面的最初位置。这就是喷头喷射的方式，但主要有两种工作方式：二进制模式和灰阶模式。

附 8.7　二进制模式

Binary mode means that or the print head print or not print, and the volume of the drop is the same every time that that print head print, as we can see in the diagram (fig 170). Also depend on the volume (Size) of the drop the coverage of the surface could change. Every print head using in ceramics, have minimum 508 nozzles in a space of 70 mm. Depend on the volume of the drop, the coverage of the surface have range from 0% to 100%, considering 0% as no printed.

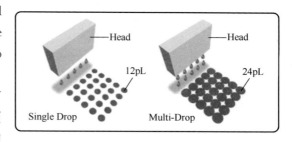

附图 170　二进制模式打印

由附图 170 可见，二进制模式表示不管喷头打不打印，每次喷头打印时，墨滴的体积是相同的。表面的覆盖范围还可根据墨滴的体积或大小改变。每个应用于陶瓷业的喷头在 70mm 的空间内都最少有 508 个喷嘴。根据墨滴的体积，表面的覆盖范围从 0%～100%，范围为 0%时视为没有打印。

附 8.8　灰阶模式

The common printing heads have Gray Scale mode, which means that every drop could be added to more drop in order to get bigger drop. Those drops could be combined in the same printing, and it's totally different result depends of the design. For design that need really high discharge of the inks, we have to use big Gray Scales, for small discharges the small scale of Grey will fit better with the requirements of the final product. There is design that combine high discharge with low discharge, at this case the better solution is use medium gray scale.

常规的喷头都具有灰阶模式，也就是说单墨滴可以融合到更多的墨滴以形成更大的墨滴。这些墨滴可以在相同的打印中相结合，设计要求不同，结果也会完全不一样。设计需要非常高的墨水用量时，我们必须使用大灰阶值。对于要求使用墨量较小的设计，小灰阶值会更符合最终产品的要求。有些设计是大墨量和小墨量相结合的情况下，最好的解决方案就是使用中等的灰阶值。

The gray scale in the normal ceramic print heads it's like as follow (fig 171):

将一款常规的陶瓷打印喷头的灰阶罗列如下（附图171）：

Level of Grey 0 Drop size 0pL (0 Drops);
Level of Grey 1 Drop size XpL (1 Drops);
Level of Grey 2 Drop size 2XpL (2 Drops);
Level of Grey 3 Drop size 3XpL (3 Drops);
Level of Grey 4 Drop size 4XpL (4 Drops);
Level of Grey 5 Drop size 5XpL (5 Drops);
Level of Grey 6 Drop size 6XpL (6 Drops);
Level of Grey 7 Drop size 7XpL (7 Drops)。

灰阶 0 滴墨大小 0pL（0 滴墨）；
灰阶 1 滴墨大小 XpL（1 滴墨）；
灰阶 2 滴墨大小 2XpL（2 滴墨）；
灰阶 3 滴墨大小 3XpL（3 滴墨）；
灰阶 4 滴墨大小 4XpL（4 滴墨）；
灰阶 5 滴墨大小 5XpL（5 滴墨）；
灰阶 6 滴墨大小 6XpL（6 滴墨）；
灰阶 7 滴墨大小 7XpL（7 滴墨）。

附图 171　七级灰阶

Those drops, depending of the print head manufactures, have some values or other. It's not just the parameter to study there is also other different parameters to have in mind:

这些墨滴有如上的参数，或者其他参数，不过都取决于喷头制造商。不只是这些参数需要参考，还有一些其他的参数也需要注意：

(1) Resolution

As per normal definition, resolution is the number of points that could be in one square inch. The normal print head resolution used in ceramics is 180~400dpi, with variations depending of the manufacturer of the print head. The most highest resolution in Ceramics using today it's 400dpi. All those resolutions are measured in vertical size, means the resolution of the print head. In horizontal the resolution also are according with the final frequency of the printing head, as well as the speed of printing. There is maximum resolution for some designs until 1168dpi in horizontal mode.

(1) 分辨率

按正常的定义，分辨率是指在每平方米英寸中所包含的像素点数。陶瓷业中通常使用的喷头分辨率为 180～400dpi，根据喷头制造商的不同而有所区别。当今陶瓷业应用的喷头的最高分辨率是 400dpi。所有的分辨率都用垂直尺寸测量，表示喷头的分辨率。水平分辨率也是根据喷头的最终频率和打印速度测量的。一些设计的最大水平分辨率达 1168dpi。

（2）Frequency

It's the times per second that the print head could shoot. There is a huge range between the manufacturers of the print head from 6kHz to 65kHz. This parameter is very important in order to improve the speed of the printing. With more internal work frequency more fast the print head could print，and faster could be the production.

（2）频率

频率指喷头每秒喷射的次数。厂家的喷头频率范围很广，从 6000～65000Hz。该参数对于提高打印速度来说非常重要。内部工作频率越快，喷头打印速度越快，生产效率也高。

（3）Other internal parameters

For the better performance of the print heads，Kerajet has develop one system which allow to control all the procedure of the forming the drop，adapting perfectly to the needs of every customers，and customizing the machine to fit with the customer expectations. There is other parameter that could be change in order to found the better relation with the speed，resolution and drop size. Inside the print head we can found parameter like delay or rank that adjust the printing to fit perfectly with the rest of the print head.

（3）其他内部参数

为了完善喷头性能，Kerajet 研发了一套完美的系统，控制滴墨形成的整个过程，完全适应每个客户的需求，并可根据客户期望定制机器。还有其他可变参数可帮助更好地提高打印速度、分辨率和墨滴大小之间的关系。在喷头内部，我们可通过设置像 delay（延迟值），或者 rank（电压）这样的参数来调整其打印，使其与喷头更好地配合。

附 8.9　清洗系统

All the digital printers for ceramics tiles need a cleaning system. Due the conditions of humidity and steam in the glazing line，the printing heads tend to accumulate small drops of water mixed with ink in the nozzle plate of the print head. That water could induce to two errors，the blocking of the nozzle plate when the drop is retained in the print head，but if the drop fall down，have high possibility to fall over the tile.

所有陶瓷用的数字打印机都需配备清洗系统。由于在施釉线的湿气和蒸汽环境下，喷头的喷嘴处容易积聚混合着墨水的小液滴。此类液滴会带来两个问题，一是如果水滴留在喷头会导致喷头喷嘴的堵塞，另外一个是如果该液滴坠落，很有可能会滴在瓷砖表面上。

Due that reason the cleaning system is essential in the ink jet printer. Kerajet have developed this cleaning system in different areas：

因此，清洗系统是喷墨打印机必不可少的一部分。Kerajet 已经将机器不同部分的清洗系统升级换代。

附 8.10　海绵及其清洗

The sponges have the function to avoid drops after the cleaning （fig 172）. During the cleaning process over pressure in the ink circuit make the print head loose and drops ink trough the injector or nozzles (Purge). The sponge absorbs those inks and returns it back to the main tank. At the same time the sponge clean the nozzle plate touching just a few this print head part. The sponges are building with special material that can't damage the print head plate, as there is the most sensitive part of all the digital printers.

附图 172　海绵及其清洗

海绵的作用就是避免清洗后的墨滴（附图 172）。清洗过程中，因为墨路系统的正压会使得喷头的墨水通过喷嘴滴落（加压清洗）。海绵会吸收这些墨滴然后送其回主墨桶，同时海绵通过轻微接触喷头部分来清洗喷头。此海绵由特殊的材料制成，不会损坏喷头部分，而这部分是整个数字打印机的最敏感部分。

The purge is overpressure on the ink circuit near to the printing head. At the same time the valve which control the output of the inks in the printing head is close, all the ink pass through the nozzles, cleaning the possible residue of the ink and making the nozzle completely free of those undesired particles that could block the nozzle.

清洗是指在靠近喷头的墨路部分进行加压。同时控制墨水输出的阀门会关闭，所有的墨水都通过喷嘴，清洗墨水可能的墨水残渣并把可能导致喷孔堵塞的顽固颗粒从喷孔排出。

附 8.11　喷头真空系统

The vacuum system of Kerajet machines is designed to return the surplus ink from the overpressure in the purges and the cleaning. At the same time, this vacuum system allows the sponge to be dry in the first moment that touches in the normal cleaning. That ensures the best cleaning in all the types of print heads, no matter size of the print heads or quantity of them.

Kerajet 机器的真空系统是设计于回收在加压和清洗过程中正压带来的多余墨水。同时，真空系统使得海绵能在正常清洗后第一时间变干燥。这样才能保证所有喷头得到最好的清洗，无论喷头的尺寸或者数量。

附 8.12　瓷砖真空系统

This type of vacuum system is designed to avoid the steam inside the Kerajet printer. Every bar is equipped with this system which helps the producer to have controlled environment of the digital ink jet procedures.

设计此类型的真空系统用来避免存在于 Kerajet 喷墨打印机内的水蒸气。每个通道都装载了该系统，可以帮助厂家控制数码喷墨的工作环境。

附 8.13　数据转换系统 & 控制系统

The working of one Kerajet printer concerning the data transferring it's really easy to understand. Every print head have assigned IP address which independent electronic control board, which acts like a computer. Every computer has to be synchronized with the other one as well as the main control. Inside this network could be found those different items (fig 173).

Kerajet 喷墨打印机关于数据传输的工作方式很容易理解。每个喷头都匹配了一个 IP 地址，有独立的电路板，可以像电脑一样工作。每台电脑都必须与其他电脑以及主控制同步。在附图 173 所示的网络图中，可看到这些不同的项目。

Main switch 1GB: With 1 GB of speed for transmission data, Kerajet machines are totally connected with all the rest of the elements of the machine, giving instant data to the programs to synchronize perfectly the working of the machine.

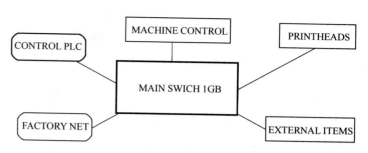

主交换机 1GB：拥有 1GB 传输数据的速度，Kerajet 机器可与所有其他元件连接，给程序提供即时数据，完美实现机器的同步工作。

附图 173　Kerajet 喷墨打印机网络图

Print head: Every print head have one small microprocessor who allows the control of the nozzles as well as Memory for storage the design files. Inside this electronic control card there is also storage others data that the print head need to use, as the printing parameters.

喷头：每个喷头都具有一个小的微处理器，用来控制喷嘴以及用于存储设计文件的存储器。电路板内部也存储了喷头需要用到的其他数据，比如打印参数。

Control PLC: Control all the movements and analogical elements of the machine itself, as temperature control, speeds of the line, percentage of working of the pumps.

PLC 控制：控制机器所有的动作和本身的基础工艺，例如温度控制、输送带速度以及泵的工作百分比等。

Machine Control: Understand machine control as all the parameters that could be controlled by the machine computer, as loading of the data to the print heads, controlling the data for speed, resolution. Even is equipped with Color Management in order to avoid delays in the production changes.

机器控制：机器控制也需要了解，因为所有的参数都可由机器电脑控制，例如喷头数据的载入、速度以及分辨率数据的控制。为避免切换生产设计出现延迟，机器还安装了 Color Management（色彩管理）软件。

External Items: Like relief detector, used to distinguish different relief and synchronize the printing of the machine to fit with until 8 different reliefs, or high detector, used to allow the machine change automatic the high of working in case that some tiles have different thickness than others.

外部项目：比如模花探测仪，用于区分不同的（坯体表面）模花和机器打印并同步 8 种不同的模花的打印。又如高度探测仪，当出现一些瓷砖的厚度与其他瓷砖不一样时，使得允许机器能够自动更换工作高度。

Factory network: Kerajet machines are ready to connect with the factory network, allowing the remote control from the official technical service, as well as real useful software to control the production online.

工厂网络：Kerajet 机器随时都可以连接工厂的网络，使技术服务人员能够在办公室进行远程控制，的确是一款真正实用的在线控制生产的软件。

All those items permit the user to have a total control of all the mechanical, electrical, Electronic and pneumatic parts of the machine. Controlling that items by the end user, allow the complete adaptation to the final requirements of every tile-maker, matching perfectly with the target to achieve the desired product.

所有这些项目都允许用户实现关于机械、电子、电气、气动等机器元件的总控制。终端用户通过控制这些项目，能够实现完全适应每个瓷砖厂家的最终要求，助其完美实现预期产品。

The parts that Kerajet use in the machines are worldwide brand with recognized quality in order to achieve complete stability in the equipment. The electronic, mechanical and electrical part of Kerajet is always developed and produced in home, which means that there is more wide range to fit with the requirements of the tile-maker. During the process of production all those parts have to pass through severe quality controls, to ensure the quality in Kerajet products. In addition, all the programs for control the machine, control the picture to print, configuration of the print heads and machine, everyone has been developed by Kerajet in the factories. That permits to the Researching and develop department to have a real idea that how is the work in the ceramic lines, in order to adapt their work to the final condition in the glazing line.

Kerajet 机器使用的元件都是质量得到认可的国际品牌，实现了设备的全面稳定。Kerajetj 机器元件的电子、机械以及电气部分都是由 Kerajet 自主研发和生产的。这也意味着能提供广泛的选择以适应瓷砖生产商的要求。在生产过程中，这些元件都通过了严格的质量控制来保证 Kerajet 产品的质量。此外，所有用来控制机器、图片打印、喷头和机器配置的程序都是由 Kerajet 自主研发的。这更有助于研发部门能够研发出更适应陶瓷生产线工作的实际解决方案，旨在让这些方案真正适合最终釉线上的生产状况。

In Kerajet machines, every bar has independent ink system, independent control which permits to have a single control of all the parameters independently. That allows that if there is some unexpected human mistake in one bar, the rest of the machine could work without problem, but the main advantage of this system are that allow to use different brands of print heads in the same machine.

Kerajet 机器每个通道都有独立的墨水系统，以及独立的控制系统，所有参数都可以实现独立地控制。也就是说即使一个通道遭遇一些非预期的人为错误操作，机器的其他部分仍旧可以照常工作。但是该系统最主要的优点是同一台机器可搭载不同品牌的喷头。

The equipment is provided with one software package that includes different programs, each one with specific functions at the time to control, motorizing and configure Kerajet machine. All the software programs have two levels of use, User mode (Could be manipulated during the daily work) or technical mode (without restrictions).

The program called "Carga" permit the management of the design files(Open, close, alignment. ...) The management of two different productions, that allow the user to change the production immediately, the printing of the test for new productions also without stop the production, as well as the number of square meters produced and number of tiles printed.

每台设备都提供了一个软件包，包含了不同的程序。每个程序都有特定的功能，用于控制、启动和配置 Kerajet 机器。所有的软件都有两个使用级别，一种是操作者模式（可以进行日常操作），一种是技术模式（无限制）。该程序叫 "Carga"，可以管理设计文件（打开、关闭、校准……）。可管理两种不同的生产方案，使用户能够迅速切换生产方案，可以在不中断生产的情况下，在线进行新产品的打印测试，也不影响已生产的平方米数和打印瓷砖数目。

Then other programs has been designed to the control of internal parameters of the print heads to activate and deactivate the Printing Units, as well as the program dedicate to the control of the parameters of the machine itself, like movements and distances.

另外还设计了其他程序用来控制喷头的内部参数来启动或禁用打印单元，这些程序也可以控制机器本身的参数，如行程和距离。

Installed in Kerajet's machines, ColorDirect is the RIP system (Raster Image Processor Rendered), which permits the processing of the images from RGB, CMYK and MULTICHANNEL into the correct format for print in Kerajet machines. In other hand, the machine also is equipped with Colorjet, other RIP software more complete, designed for using of the designer. Those programs have been designed by Kerajet in order to have a good interface to interactive with the user. After 15 years of hard working in those programs, the interface is friendly using, as well as intuitive and clear. There is not requested special formation for the operator of the machine but the operator's training given by Kerajet technicians at the installation period. In the section operation there is a wider explanation of the programs.

安装在 Kerajet 机器上的 ColorDirect 属于 RIP 系统（光栅图像处理器），允许 RGB，CMYK 和 MUTICHANNEL 格式的图片处理为 Kerajet 机器能打印的格式。另一方面，机器还安装了 Colorjet，（这是）另外一种更完善的 RIP 软件，专为设计师量身定制。这些程序都是 Kerajet 旨在呈现给用户一个友好的操作界面而专门设计的。经过 15 年致力于程序的辛勤工作，我们的操作界面更加友好，易于操作，简捷明了。对机器操作员来说，无需特殊技能要求，而且 Kerajet 技术员会在安装阶段对操作员进行培训。关于安装操作方面，下面进行详解。

附 8.14　安装

The installation of the units should be carry by experimented Kerajet's technicians in order to install it properly. The technicians will guide the first steps of the machine, as well as give the proper training to the requested people. The requirements of the machine for connect it are electric power & Compressed Air. Due the condition on the actual production lines, it's strongly suggested one cabin to protect the machine. We have to consider that the condition specially of humidity in the normal glazing line, could induce some problem with the electronics of the printing head, as well as the machine itself, so have the machine in a controlled cabin will keep the machine working for longer time. That cabin will protect the machine and its components from external erosion caused by the weather of each area.

打印单元的安装必须由专业的 Kerajet 技术员来进行，以保证安装万无一失。技术员会引导机器的第一步安装，也会对相关人员进行适当的培训。机器的连接需要电源和压缩空气。基于实际生产线环境因素，我们强烈建议客户建立喷墨房用以保护机器。考虑到正常釉线特殊的湿度条件，会导致喷头的电路部分以及机器本身出现问题，所以把机器放置在一个可控的喷墨房内，可以延长机器的使用寿命。该喷墨房可以保护机器和其他部件免受外部气候的影响。

Here we can see in the diagram (fig 174) the suggested measures for the cabin.

附图 174 是我们提供的喷墨房建造参考尺寸。

Depending on production requirements previously established for the acquisition of equipment, Kerajet's technician states: the print format, the line speed, configuration and installation of the system, if it is a machine twin-input or single pieces, specific software installation. General review equipment, test and print settings.

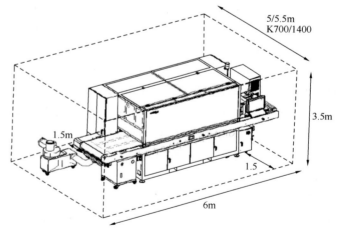

附图 174　喷墨房建造参考尺寸

根据前期购置设备时预先确认的生产要求，Kerajet 技术员对以下内容进行说明：打印格式、生产线速度、系统的配置和安装。如果机器要求双排进砖或单排进砖，需要进行特定的软件安装。设备的总体描叙，测试和打印设置。

附 8. 15   操作

Concerning the operation of the machine, in Kerajet's machines, it's really easy and intuitive due the home made programs which allow fast and productive work. These programs have been divided in different parts, to control different parts of the machine：

关于 Kerajet 机器的操作部分，由于程序都是自主研发的，所以操作起来比较简单和直观，并能实现高速量产。这些程序归为几个不同的部分，用以控制机器的不同部分。

Carga：Allows user, file management design：open, close, focus... as well as the management of two productions at once, staying active and inactive，(this allows preparing the next production without stopping production, performing it simultaneously).

Carga：允许用户管理设计文件的打开、关闭、加载……也可以同时管理两组生产方案，同时保持激活和禁用状态（无须停止当前生产即可载入下一组生产方案，允许同步进行）。

It also allows the user to print test run, which check that the print settings machine are correct, the immediate monitoring of the general parameters of both production 1 and production 2：speed, height printing, meters produced.

用户也可以运行打印测试，确认机器打印设置是否正确，即时监控生产方案 1 和生产方案 2 的基本参数：当前线速度、打印高度和已生产的平方米数。

ConfigCA：Allows the user, editing and monitoring of the characteristics of the various print units：print settings, status, installed versions of software and hardware, parameters for internal using, etc. It also has a number of useful tools for the client. These tools are small supervised programs that assist the user in purely technical tasks：change printing unit and the programs of the cards, save or retrieve copies of presets etc.

ConfigCA：用户可以编辑和检测各个印刷单元的特征，如打印设置、状态、所安装的软件和硬件的版本、内部应用参数等。此外它还有许多针对用户的实用工具，这些工具是小型的辅助程序，在技术上全面协助用户，如更换喷头和电路板的程序，备份及恢复当前副本的程序等。

ConfigPLC：This program allows working set values at both levels, user and technical，(factory settings) are general parameters that establish a stable working routines.

ConfigPLC：该程序允许设置为两个两种（权限）操作模式，即普通用户模式和技术员模式，（出厂设置）都是影响到机器稳定工作性能的基本参数。

Allows：Enable or disable the components and parts of the unit, and control and change the technical configuration for other factory settings, such as setting temperatures of the inks, speed....

允许：启动和禁用组件和单元部分，控制或者改变它的出厂设置的技术配置，例如设定墨水温度、（皮带）速度等。

When the parameters have been read the system acquires the actual values being captured by the PLC via the various sensors. Those sensors, are in charge of control all the psychical parameters of the machine.

当各种系统读出由 PLC 通过传感器捕捉到的参数。那些传感器，就是负责控制机器的所有内部参数。

With these 3 programs, the user can control and work with the machine without any impediment, making stable productions, controlling every moment of the printing process. All the programs contain useful tools, and easy to use, that will make the operating of the printing unit really accessible to the final user. Even the unit includes the software necessary for remote control operation, which means that if the machine disposes network connection to the normal internet line, the official technical service could connect directly to the machine in order to help in some unexpected matter that the user can't solve it.

有了这 3 个程序，用户就可以随心所欲地控制机器进行工作，实现稳定生产，全面控制每个打印进程。所有程序附带实用工具，并且使用简单，这就使得最终用户更为贴近地操控喷头。甚至这一块还能实现远程控制操作的功能，也就是说如果机器连接到互联网，在办公室里的专业技术服务人员可以直接连到机器，帮助用户解决一些无法处理的非预期故障。

Print Heads：

As it's mentioned before in this article, all the print heads have common parameters, for internal working, also for printing settings. How many drops in each point, which point has to be print and when, are printing parameters that have to be controlled. This is the function of the Firmware and Hardware of the printing unit. Kerajet has huge experience in this matter, and has been developing these small programs during many years. With the Firmware and Hardware developed by Kerajet the final user could control all the process of the forming drop. This is a really useful advantage, as permit the customer adapt the working of the printing units to their requirements of design, production even production line's condition.

喷头：

就像文章前面提到的一样，所有的喷头内部设置和打印设置都有共通的参数。每个点包含的墨滴数，哪个点什么时候工作，这些打印参数全是可控的。这是打印单元固件和硬件的功能，在这方面 Kerajet 有丰富的经验，并且已经花费很多年来开发这些程序，通过 Kerajet 开发的固件和硬件，最终用户可以控制墨滴形成的整个过程。这是一个很实用的优点，允许客户按照设计、产品的需要，甚至结合生产线的条件来调整喷头的工作。

There is other parameters of the printing that we can summarize as follow：
- Start point：The point where the design begin.
- End point：The point where the design end.
- Length：Number of points to be printed.
- Increment：Number of points to jump between printings.
- Start print：The point where the printing start.
- End Print：The point where the printing end.

下面是我们概括的打印的其他参数：

初始点：设计初始的地方。

结束点：设计结束地方。

长度：打印的点的数量。

增量：打印之间跳过的点数。

开始打印：开始打印的点。

结束打印：结束打印的点。

Other parameters of the print heads are not common between them. Every supplier of print heads has their own technology to produce it, as well as their own raw material supplier. That means that every print head have different parameters. The most common are：
- Resolution (Dots per inch);
- Frequency (Dots per second);
- Volume of the drop（X picoliter);
- Levels of Grey（8 levels);

- Active nozzles；
- Print swathe width；
- Drop velocity；
- Compatible jetting fluids。

喷头的其他参数之间不是共通的，每个喷头供应商都有他们自己的生产技术，也有属于他们自己的原料供应商。这就导致喷头的参数存在差异，最常见的差异有：

分辨率（每英寸点数）；

频率（每秒喷射墨滴数）；

墨滴体积（XpL）；

灰阶（8级）；

可用喷嘴；

打印宽度；

墨滴（喷射）速度；

可兼容喷射的液体。

后 记

2009 年至 2017 年，中国陶瓷墙地砖行业数字喷墨印刷技术与设备应用飞速发展，在陶瓷墙装饰生产工艺领域发生了一次技术革命。

2014 年 8 月至 9 月，中国建材工业出版社为了及时总结数字喷墨印刷技术领域的技术进步，推动行业不断发展，计划出版一本关于陶瓷喷墨技术方面的书籍，王萌萌来佛山找到我，并希望我能够接受这项图书编写工作，考虑到个人能力与水平有限，经认真思考并与同行业多位专家交流后，计划组成一个团队利用业余时间从事图书编写工作。鉴于编写图书对自己来说是学习与交流的机会，同时对行业技术进步也是一件十分有意义有价值的工作，尽管任务艰巨，尽管行业内还有许多专家与学者更有能力与水平做此事，我还是接受了中国建材工业出版社的邀请。

2015 年 1 月至 2017 年 12 月，我们联系作者，拟定目录与内容要求，组织团队，先后请这一领域的六十多位企业家、营销专家、技术专家与科技工程师进行了资料收集、论文撰写、修改、完善、汇总整理等工作，并由这一领域的企业家、教授、专家组成了编委会，由我担任本书主编，黄宾为本书副主编。由于编写工作均在业余时间进行，因此编写与出版并没有按原计划快速完成，特别是在出版经费的筹措方面也经过很长一段时间才得到落实。在此书即将交付出版社印刷出版前写一段文字，实际上我想要表达更多的是感谢与感恩！

首先要感谢的是国内外从事陶瓷数字喷墨印刷技术与设备研发、产品设计、设备应用等方面的企业、大学、研发机构、瓷砖生产厂、墨水生产厂、设备生产厂、设计公司、配套企业等在这一领域里卓有成效的工作与业绩，这是本书编写的基础，没有这些理论与实践，书是没法编写的。

其次要感谢中国建材工业出版社对这一领域的关注并制定出版计划，对编书团队与我个人的信任和给予的机会。

再次要感谢全体参与本书组织落实、提供收集资料、撰写论文的组织者、编者与作者，正是由于你们辛勤的工作才能使本书得到出版，感谢编委会的全体专家。

最后要感谢中国建筑卫生陶瓷协会中陶基金会、广东道氏科技股份有限公司、广东广州精陶机电有限公司、广东美嘉陶瓷机械有限公司、广东科达洁能股份有限公司、佛山市三水盈捷精密机械有限公司、佛山禅信新材料科技有限公司、山东陶正新材料科技有限公司、快达平中国公司对本书出版给予的资助！感谢佛山市陶瓷学会、广东金意陶陶瓷集团公司对本书出版给予的支持！感谢黄宾副主编对本书编写与出版给予的帮助与配合！

由于种种因素，本书还存在不少不足之处，期待在今后再版时完善。

希望本书的出版对推动中国陶瓷墙地砖数字喷墨印刷技术与设备应用的进一步升级发挥积极作用！

黄惠宁

2018 年 1 月 1 日于佛山